农药应用指南

袁会珠　徐映明　芮昌辉　编著

陈万义　主审

中国农业科学技术出版社

图书在版编目（CIP）数据

农药应用指南／袁会珠编著. -- 北京：中国农业科学技术出版社，2011.01
ISBN 978-7-80233-709-1

Ⅰ. ①农… Ⅱ. ①袁… Ⅲ. ①农药施用－指南 Ⅳ. ①S48-62

中国版本图书馆 CIP 数据核字（2011）第 211044 号

责任编辑 徐 毅
责任校对 贾晓红

出 版 者 中国农业科学技术出版社
北京市中关村南大街 12 号 邮编：100081
电 话 （010）82109704（发行部）（010）82106631（编辑室）
（010）82109703（读者服务部）
传 真 （010）82106636
网 址 http://www.castp.cn
经 销 者 新华书店北京发行所
印 刷 者 北京画中画印刷有限公司
开 本 889mm × 1194mm 1/16
印 张 60.5
彩 插 52
字 数 1 000 千字
版 次 2011 年 1 月第 1 版 2011 年 1 月第 1 次印刷
定 价 980.00 元

序一

我国是世界上病、虫、草、鼠等生物灾害发生最频繁和最严重的国家之一，频繁暴发的生物灾害威胁着我国的农业生产和粮食安全。我国以占世界7%的耕地面积养活着世界上22%的人口，任务十分艰巨。农作物病、虫、草、鼠害的防治是农业稳产、高产的保证，在现阶段及今后相当长一段时间内，化学防治仍将是农作物有害生物综合治理（IPM）的重要组成部分，特别是遇到突发性生物灾害时，化学防治仍然是最有效的方法。

我国农药总产量已经超过美国，成为世界第一大农药生产国。虽然我国已经是世界农药生产大国，但是我国农药应用技术仍远落后于发达国家。我国各地普遍存在滥用、乱用农药的现象，如不同理化性质的农药随意混用、普遍采用大雾滴大容量方式喷药、药液流失严重、除草剂雾滴飘移导致邻近作物药害等等。由于农药的不合理使用和滥用，造成了大量的浪费、环境污染、农药残留、人畜中毒、有害生物的抗药性、农作物药害等问题。近十年来，农副产品因农药残留超标导致出口退货、索赔事件屡有发生。据有关部门估算，自2002年以来，国外的技术壁垒，特别是绿色壁垒，造成我国农产品出口的直接和间接损失已达100多亿美元以上，严重影响我国农产品在国际上的声誉。同时，也影响了社会公众对农药的错误认识，甚至“谈药色变”。

农药之所以被指责为环境安全、食品安全、人员中毒的罪魁祸首，与应用不当密切相关。农药是一把双刃剑，一方面它通过控制农作物病虫草害为农作物的增产、稳产提供技术保证；另一方面，假如应用不当，农药就会带来各种各样的安全问题。因此，研究、推广、宣传普及农药应用知识，提高农药科学使用技术水平，是解决农药应用问题最有效途径。

本书的编写者来自中国农业科学院植物保护研究所农药研究室，他们分别是中国农业大学农药学专业于20世纪50年代和80年代培养的学生，他们长期工作在农药应用与植物保护的科研战线上，对于我国农药应用发展历史非常了解，对于我国农药应用中的问题也多有研究，他们结合自己的研究工作体会，参考了大量资料，编写成了本书。

该书是农药应用领域的专著，相信此书的出版，将会推动农药应用技术的研究发展，将会推动农药应用技术的普及，将有助于大幅度提高我国农药应用的技术水平。

江樹人

（江树人）

北京农药学会 理事长

中国农业大学 原常务副校长

北京吉利大学 校长

2010年10月

序二

农药是保证农作物高产丰收的重要农业生产资料，是减少病虫草害损失、提高作物单产和种植业水平的关键，科学用药是减少农产品污染、提高农产品质量的源头，是控制农业污染的重点。所以，农药和维系我们生命的医药一样，对农业、对人类发挥着极为重要的作用。据统计，由于使用农药，我国平均每年挽回粮食2500万吨、棉花40万吨、蔬菜800万吨、果品330万吨，减少经济损失约300亿元。一般农药品种的投入产出比可达1：4以上；近年来，由于许多高效、低毒、安全、低残留、环境友好型新农药的出现，农药使用的投入产出比已高达1：10以上。

中国农药工业经历了半个多世纪的风风雨雨，随着我国经济的发展，由小变大，从弱渐强，为我国的农业增产、丰收，乃至世界农作物保护事业作出了重要贡献。已经形成了包括原药生产、制剂加工、科研开发和原料中间体生产在内的完整的农用化学品生产体系，是我国化学工业的一个重要组成部分，是与国家安全、社会稳定、人民群众安居乐业息息相关的基础产业。

现在，中国农药年产量已达百万吨以上，农药原药品种达六百个左右，较好地满足国内农业生产防治病虫草害的需要，使我国成为全球主要的农药生产和出口国；农药科研取得巨大成就，近年来我国农药行业研发了二十多个具有自主知识产权的新品种，同时还创新研发了一批农药绿色新工艺；农药产业结构调整卓有成效，国家削减和淘汰高毒有机磷杀虫剂计划顺利完成，大大促进了农药工业品种结构调整，使高毒品种比例下降至5%以下，杀虫、杀菌、除草剂产量比例达到40：10：30；农药制剂水平不断提高，高效环保型水性新制剂发展态势良好；通过改革改组、兼并联合，组建了一批科工贸、产学研结合的具有较强经济实力的大型企业集团；农药行业呈现生机勃勃、欣欣向荣的景象。

农药工业的持续发展，对我国现代农业和种植业水平的提高起到了不可替代的积极作用，为全面建设“小康”社会，服务“三农”，作出了重要的贡献。但是，我们也应该注意到，近年来，重大病虫草害发生日趋严重、外来有害生物的大肆侵入、病虫草害抗性及发生规律复杂化，使我国生物灾害防治形势日益严峻。在农药的科学使用上还远远落后于发达国家，乱用误用现象时有发生，土壤和水体污染日趋严重，农产品安全问题亟待解决。这一切都与人民的生命健康、生态环境、社会的可持续发展，乃至社会的和谐进步息息相关。总之，广大农民朋友渴望得到高效、低毒、安全、环境友好的农药并且能够科学用药，广大民众渴望消费使用放心的农产品。《农药应用指南》正是在这种社会和历史背景下诞生的，该书从农药应用的基础入门，通过对农药与农药剂型、农药的毒力与药效、施药方法与施药质量、农药药液浓度计算和药液配制以及农药应用中的安全问题进行阐述，对农药应用的原理由浅入深作出概况性说明，然后分门别类，对市场上通用的杀虫、杀螨剂、杀菌剂、除草剂、植物生长调节剂等从作用机理到防治对象，从制剂的复配到田间的施用逐一进行周到细致的描述，旨在为使用者如何科学合理使用农药，减少滥用、乱用和误用农药事故的发生提供参考和指导。我真诚希望《农药应用指南》成为指导各地农药应用的“指南”，成为广大农民兄弟的挚友，为建设资源节约、环境友好、生态文明的社会做出贡献。

（罗海章）

中国农药工业协会 理事长

2010年10月

前言

农药是人类在长期的农业生产劳动过程中所发现研究出来的可以防治病虫草鼠害的化学物质。生活在1 600多年前的东晋大诗人陶渊明在《归园田居》中写到“种豆南山下，草盛豆苗稀”，对于农田有害生物的防治，当时的方式只能是“晨兴理荒秽，带月荷锄归”。在与有害生物的斗争过程中，人们逐渐发现可以通过应用药物防治病虫草害，明代出版的《天工开物》(1637年)明确地告诉农户可以应用砒霜(As_2O_3)“蘸秧根则丰收也”。随着人类科学技术知识的发展，农药应用越来越普遍，技术水平越来越高。

人类在历史长河中，创建了埃及金字塔、巴比伦空中花园等“世界七大奇迹”，代表了人类文明的历史成就。现阶段，我国经济发展突飞猛进，为突出我国对世界文明的贡献，很多地方的仁人志士都在发掘各自领域的文明奇观，争相标榜为“世界第八奇迹”，以期引起世界瞩目。

论及20世纪北美经济的快速发展，Cortez F. Enlowe博士由衷地称赞北美农业的发展堪称“世界第八奇迹”，正是由于农业的快速发展，为人类提供了足够的粮食，才能够为西方现代文明发展提供自由的空间。笔者认为，新中国农业的迅速发展才是真正意义上的“世界第八奇迹”。新中国成立之初，不少人认为能否生产足够的粮食满足全国人们的需求才是新中国能够稳定发展的关键。1995年，世界观察研究所所长Lester Brown博士出版了《谁来养活中国人》(Who Will Feed China? Wake-Up Call for a Small Planet)一书，更是引起世界对中国农业问题的关注。让我们自豪的是，新中国粮食单产由1949年1 035千克/公顷增长到2007年的4 767千克/公顷，粮食单产在短短的58年内增幅高达3.7倍，满足了全国人口消费和工业需求，为新中国国民经济发展奠定了基础，实为“世界第八奇迹”。

为什么我国粮食产量能有如此大的飞跃呢？这不能不说与我国的农药应用关系密切。新中国成立后，我国农药从无到有，快速发展，现阶段，已经能够生产600多个农药有效成分，22 000多个农药产品(正式登记3 287个，临时登记18 630个)，年产量达到了173万吨(2007年)，农药年使用量达到46万吨(其中农业用量为30万吨)，农药在农业上应用面积达到48亿亩次，农药应用作物主要包括水稻、棉花、果树、蔬菜、小麦和玉米等，杀虫剂、杀菌剂、除草剂在农药应用中的比例为48：17：27，年直接挽回经济损失超过800亿人民币。

分析我国农药应用面积和我国农产品产量的数据很容易看出，我国农产品产量随着农药应用面积的增加而增加，关系密切。各地农业生产实践表明，农药的应用，有效地防治了农作物病、虫、草、鼠害，为我国农业生产提供了保障，挽回了粮食损失的30%，挽回了棉花损失的30%。农药应用已经成为目前农业生产中高产、稳产的重要环节。英国Copping博士研究表明：假如全球停止农药的应用，则全世界将损失果品78%，蔬菜损失54%，粮食损失32%。此种局面的出现，必然导致全球的混乱。农药应用已成为目前农业生产中有害生物防治的重要手段，虽然转基因作物种植面积在扩大，但在可预见的历史时期内，农药的应用仍将是农作物病、虫、草、鼠害防治中最为有效的技术措施之一。

农药对于农业生产至关重要、不可或缺，但要把农药用好则不是一个简单的剂量问题，而需要农药使用者掌握大量的专业知识。农药是一把“双刃剑”，用好可以有效防治病虫草害，应用不当则会产生人员中毒、作物药害、环境污染、食品安全等问题。由于农药知识缺乏，由于没有自我保护意识，由于用药方法不当，我国每年都有田间从事农药施用作业的人员中毒事故，何其悲也！本书作者经常碰到农业生产中错用、误用农药的事例，例如，有农户把灭生性除草剂草甘膦喷洒到小麦田造成药害的案例；有农户在温室大棚点燃硫黄熏蒸防治草莓病害却导致严重药害的事故；有农户在高温季节喷洒高毒杀虫剂不当导致中毒事故等，农药应用不当造成药害、中毒事故乃至残留超标的案例时有发生。2007年10月，河南省某县的工商执法人员带着一瓶河南某厂生产的小麦拌种药剂来到作者办公室，希望作者能够证实该农药是造成当地小麦播种后出苗率低的原因。作者试验表明，该药剂在小麦拌种超量使用时很容易造成小麦药害，推断当地小麦大面积药害事故乃药剂应用不当所致。

农药学科是一门综合性的边缘学科，其涉及化学、化工、农学、昆虫、微生物、植物、气象等多门学科，农药的应用更是涉及农作物品种、病虫害发生种类和危害程度、施药器械种类和性能、农药选择、药液配制、施药技术等多种因素，科学合理地使用农药，将有效地控制病虫草等有害生物的为害，相反，农药误用、错用、滥用、乱用等，都将是事倍功半，甚至是“搬起石头砸自己的脚”。

笔者工作单位中国农业科学院植物保护研究所农业部农药化学与应用技术重点开放实验室是我国成立最早的专业农药研究机构之一，其主要的研究工作内容之一就是农药科学应用。在研究工作中，笔者深感农药应用“博大精深”，非一本书所能包罗万象。笔者只是根据自己的研究工作体会，结合自己所学，参考众多资料，写成此书，为农药应用环节提供指导和参考。随着我国新农药创制工作的快速发展，每年都有新的农药化合物进入市场；现代表面化学技术、电子技术的应用，新的农药应用手段也层出不穷，因此，农药应用是动态发展、与时俱进的。

本书的编写，得到我国资深农药专家、中国农业大学陈万义教授的鼓励，在编写过程中，参考了我所屠豫钦研究员、姚建仁研究员、郑斐能研究员等我国知名农药专家的大量论述，在此深表谢意。本书编写过程中，本研究室的齐淑华老师、杨代斌博士、闫晓静博士承担了大量研究工作，使笔者能够集中精力完成此书，在此真诚致谢；本室的研究生崔丽、王娜、孙丽娜、冯超、王雅玲、董崭、孙丽鹏、陈小霞、秦维彩等同学在资料收集、文字录入等方面都给予了极大的帮助；贵州大学的宋宝安教授、农业部农药鉴定所的张宏军博士、德国拜耳作物科学公司孟香清博士、上海杜邦农化有限公司的史治国经理等农药界专家都热情提供了最新的资料。作者在此一并致谢。本书的编写出版，自始至终都得到了北京疆域文化有限公司的大力支持，在此深表感谢。

本书由袁会珠负责农药应用基础篇、杀菌剂应用篇、抗病毒剂应用篇和种子处理剂应用篇的编写；徐映明负责除草剂应用篇和植物生长调节剂应用篇的编写；芮昌辉负责杀虫剂应用篇、杀螨剂应用篇、杀线虫剂应用篇、杀软体动物应用篇和杀鼠剂应用篇的编写。

本书为面向基层、专业性、普及性的实用书籍，非一人能力之所及。本书在编撰过程中，参阅了《中国农业百科全书　农药卷》、《农药登记公告汇编》、《农药问答》、《新编农药手册》、《农药使用技术指南》等专业书籍，在此向以上图书的出版单位和编写人员表示感谢。本书的出版如能减少滥用、乱用、误用农药事故的发生，对各地农药科学应用有所裨益，对提高我国农药有效利用率有所推动，作者将深感欣慰。由于作者才疏学浅、水平有限、实践不足、收集资料不全，书中疏漏或谬误之处，企望能得到众多的读者朋友、农药界和植保界同行、学者们的赐教指正。

袁会珠

中国农业科学院植物保护研究所

农业部农药化学与应用重点开放实验室

2010年10月于北京

目录

第一篇　农药应用基础篇

第二篇　杀虫剂应用篇

第三篇　杀螨剂应用篇

第四篇　杀线虫剂应用篇

第五篇　杀菌剂应用篇

第六篇　抗病毒剂应用篇

第七篇　除草剂应用篇

第八篇 植物生长调节剂应用篇

第九篇 种衣剂应用篇

第十篇　杀软体动物剂应用篇

第十一篇　杀鼠剂应用篇

附　录

1-1 水稻叶片难以被润湿

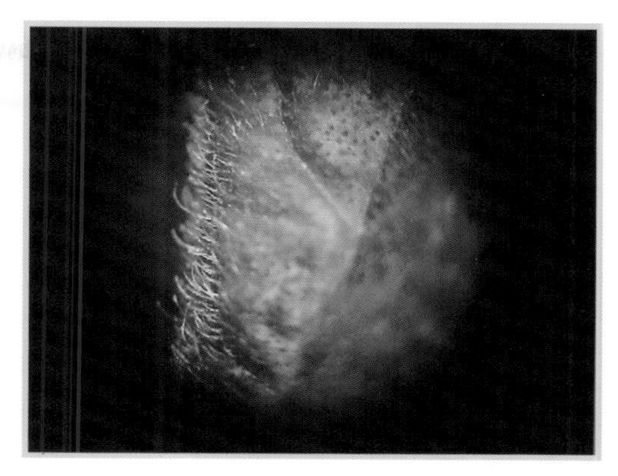

1-2 植物叶片的茸毛－阻碍药液在叶片的润湿分布

1-3 甘蓝叶片难以被润湿

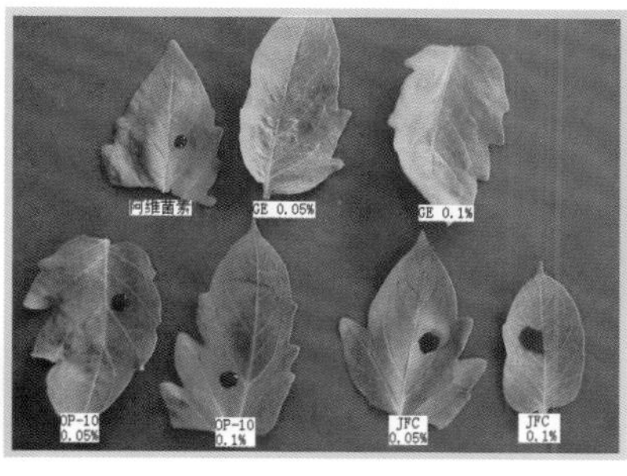

1-4 阿维菌素药液添加表面活性剂后在番茄叶片的铺展情况

1-5 阿维菌素药液添加表面活性剂后在甘蓝叶片的铺展情况

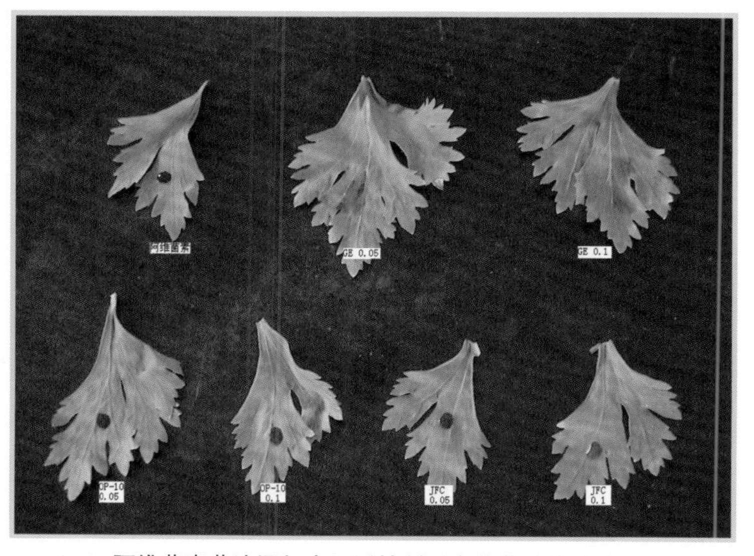

1-6 阿维菌素药液添加表面活性剂后在芹菜叶片的铺展情况

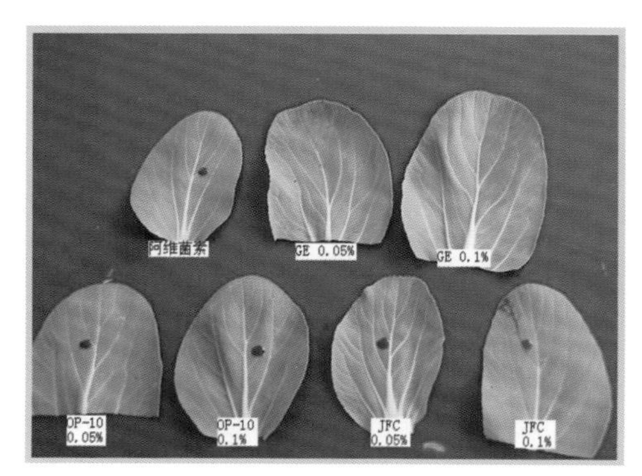

1-7 阿维菌素药液添加表面活性剂后在油菜叶片的铺展情况

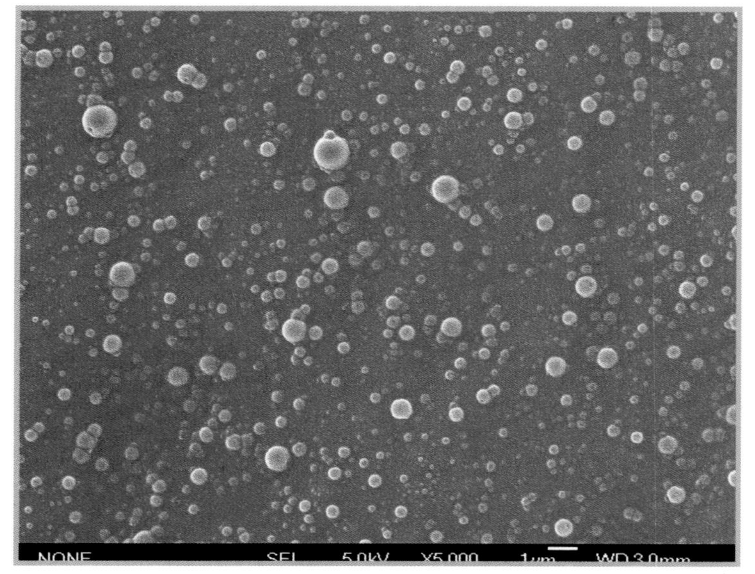

1-8 阿微菌素纳米微胶囊（中国农业科学院植保所研制）

1-9 农药悬浮种衣剂分层严重

1-10 可逆弱絮凝态农药悬浮剂

1-11 新型种衣剂包衣小麦种子（中国农业科学院植保所研制）

1-12 种衣剂包衣处理玉米和大豆种子

1-13 硫磺药害

1-14 农药烟剂成烟率的测定

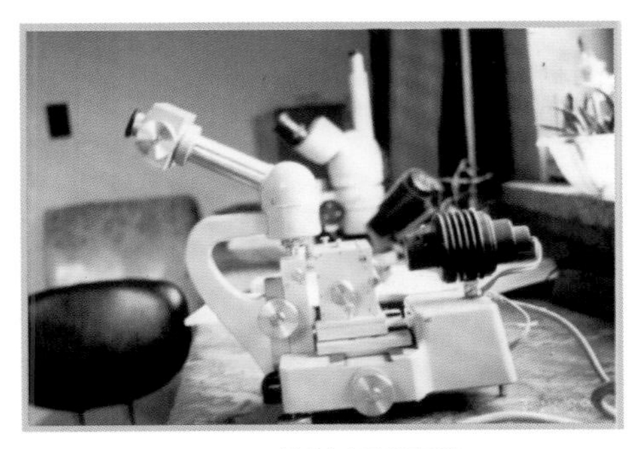

1-15 接触角测定仪

1-16 农药药液表面张力的测定

1-17 三唑酮在高浓度下对小麦生长的抑制作用（王雅玲 摄）

1-19 硫黄电热熏蒸技术在草莓上应用

1-18 硫黄电热熏蒸技术防治草莓白粉病

1-20 硫黄电热熏蒸技术防治番茄病害

1-21 硫黄电热熏蒸防治草莓病害

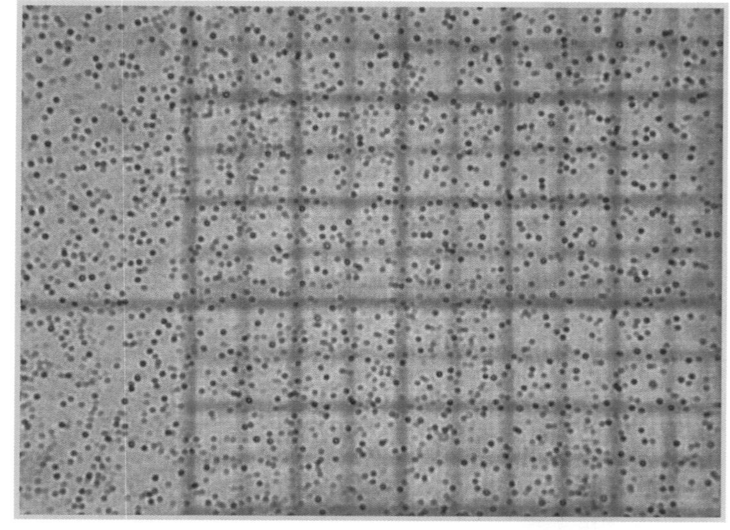

1-22 硫黄电热熏蒸法形成的细小微粒在靶体表面均匀沉积分布

1-23 粉尘剂开发及在保护地中的应用

1-25 甲醛土壤消毒

1-26 棉隆土壤消毒（机动）

1-24 粉尘法施药对操作者污染程度的测定

1-27 土壤熏蒸消毒对五彩椒土传病害的防治效果

1-28 硫酰氟土壤熏蒸消毒

1-29 溴甲烷（小包装）土壤熏蒸消毒

1-30 硫酰氟土壤熏蒸用药量的计量方法

1-31 温室大棚土壤覆膜熏蒸消毒

1-32 颗粒撒施

1-33 颗粒撒施器把颗粒农药撒施到作物根部

1-34 立摇式喷粉器在棉田下层喷粉作业

1-35 劣质背负式喷雾器

1-36 劣质喷雾器是造成农药使用问题的原因之一

1-37 劣质喷雾器开关农药漏液现象

1-38 配备双向喷头的背负式气力喷雾机

1-39 药液配制

1-40 液态农药的量取

1-41 扇形雾喷头的工作状态

1-42 手动喷雾器的稳压装置

1-43 桃园喷雾时配制药液

1-44 水唧筒给荔枝树喷药

1-46 手持喷枪在荔枝园喷雾

1-45 水唧筒在稻田的应用

1-47 背负式气力喷雾机防治水稻病虫害

1-48 背负式气力喷雾机在棉田后期穿透法喷雾

1-49 背负式气力喷雾机在棉田喷雾防治棉铃虫

1-50 棉田穿透法喷雾

1-51 背负式气力喷雾机防治小麦蚜虫

1-52 安装防护罩在棉花行间喷施除草剂

1-53 背负式气力喷雾机在小麦田应用

1-54 脚踏式喷雾器

1-55 电动微量弥雾器

1-56 树干注射前用电钻打孔

1-57 树干注射

1-58 手动微量弥雾器在小麦田应用

1-59 手动微量弥雾器用于防治小麦蚜虫

1-60 树干注射防治介壳虫（北京植物园）

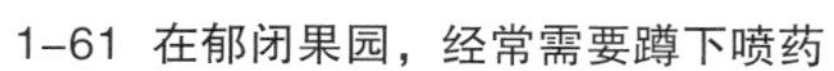

1-61 在郁闭果园，经常需要蹲下喷药

1-62 用颗粒撒施器把棉隆颗粒均匀撒施于土表

1-63 水面铺展施药技术（袁会珠 摄）

1-64 水面铺展施药技术

1-65 我国生产的部分背负手动喷雾机具

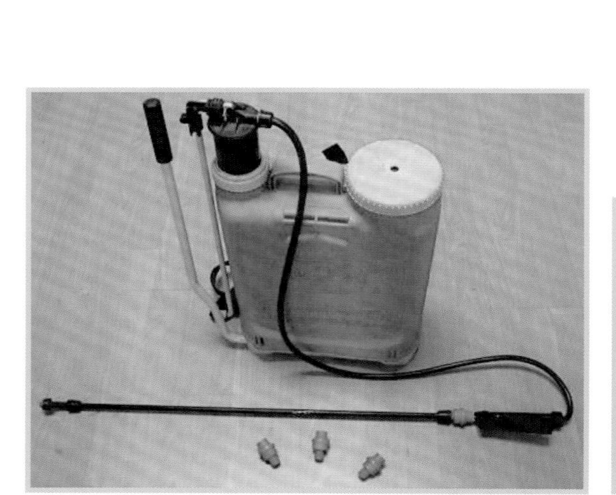

1-66 新型背负手动喷雾器

1-67 预贮气式高压喷雾器

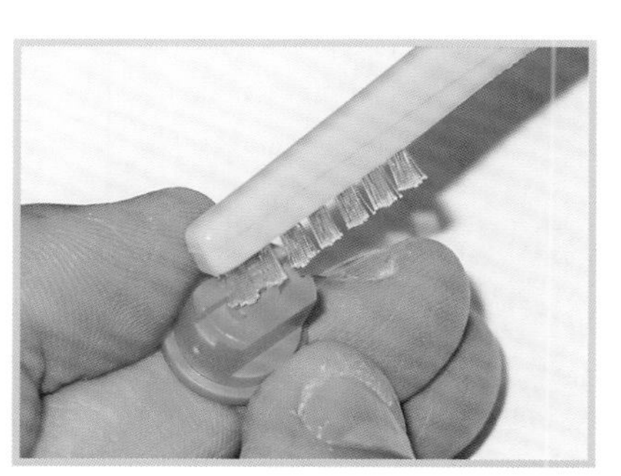

1-68 用毛刷清理喷头

1-69 半悬挂式果园风送喷雾机

1-70 浙江市下公司的手动喷雾器车间

1-71 车载式风送喷雾机在防治蝗虫

1-72 北京丰茂植保机械有限公司研制的大型风送式喷雾机

1-73 大型风送式喷雾机在稻田喷洒农药

1-74 北方苗前除草剂喷洒后混土（王险峰摄）

1-75 除草剂飘移造成的邻近作物药害（黑龙江）

1-76 大型温室配备用于农药喷雾的液泵系统

1-77 大型温室配备的喷雾系统

1-78 高效远射程喷雾机

1-79 风罩式喷杆喷雾机在喷洒除草剂

1-80 高效远射程喷雾机防治水稻病虫害

1-81 组合喷枪在玉米田应用

1-82 组合喷枪在小麦田应用

1-83 小型喷杆喷雾机在玉米田作业

1-84 小型喷杆喷雾机在小麦田应用

1-85 黑龙江省开展小型喷杆喷雾机应用

1-86 喷雾均匀性测试板

1-87 喷杆喷雾机在作业前进行喷头流量测定

1-88 前置式喷杆喷雾机

1-89 喷杆喷雾机加装防护罩，控制雾滴飘失

1-90 黑龙江研制的大型气流辅助式喷杆喷雾机

1-92 邯郸生产的宽幅喷杆喷雾机在田间作业

1-91 邯郸生产的喷杆喷雾机

1-93 北京丰茂公司生产的自走式喷杆喷雾机在麦田作业

1-94 苹果园喷雾农药沉积分布测定

1-95 果园大雾滴、大容量喷雾，药液流失严重

1-96 机动喷雾机在果园中应用（空气室和压力表）

1-97 果园风送式喷雾机在防治葡萄园病虫害

1-98 炮筒式风送喷雾机

1-99 炮筒式风送喷雾机用于行道树喷雾

1-100 我国研制的静电风送果园喷雾机

1-101 我国生产的牵引式果园风送喷雾机

1-102 我国开发的多功能风送果园喷雾机

1-103 温室大棚常温烟雾机的应用

1-104 我国开发的风送喷雾机在防治水稻病虫害

1-105 液压操作的果园风送式喷雾机

1-106 静电喷雾机在葡萄园应用

1-109 悬翼机喷洒农药

1-107 仿型静电喷雾机在葡萄园应用

1-108 直升飞机喷雾

1-110 无人驾驶遥控飞机喷雾

1-111 逆温层存在时施药便于控制农药飘失

2-1 小菜蛾成虫

2-2 小菜蛾幼虫

2-3 人工饲养的棉铃虫成虫、幼虫和蛹

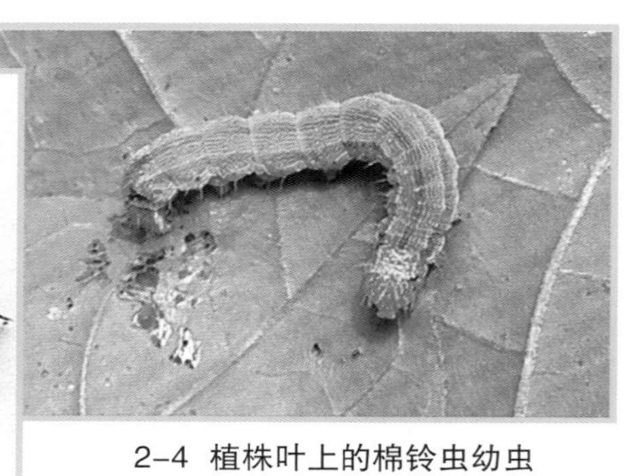

2-4 植株叶上的棉铃虫幼虫

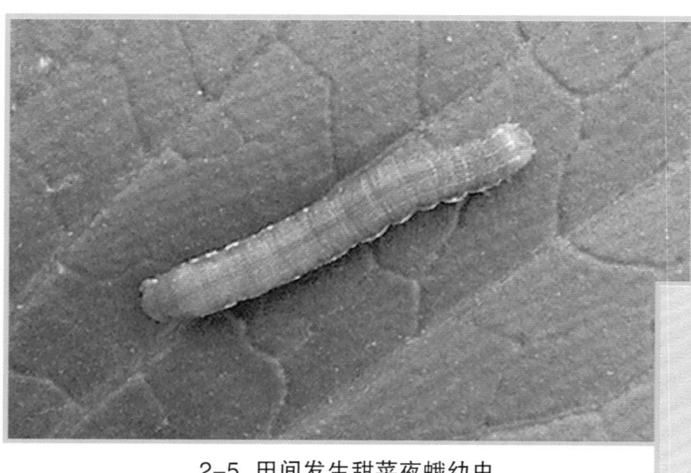

2-5 田间发生甜菜夜蛾幼虫

2-6 甜菜夜蛾蛹

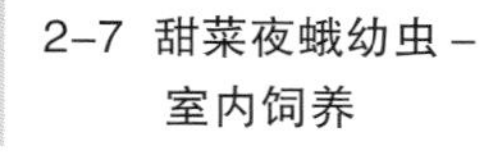

2-7 甜菜夜蛾幼虫-室内饲养

2-8 菜青虫幼虫

2-9 斜纹夜蛾幼虫

2-10 纵卷叶螟为害状

2-11 纵卷叶螟幼虫

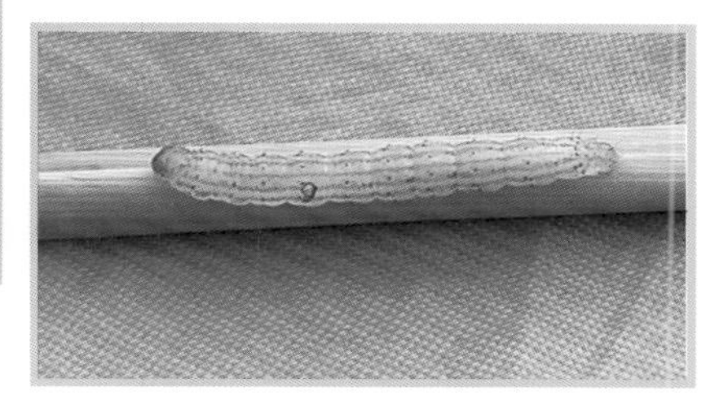

2-12 二化螟幼虫

2-13 水稻二化螟为害状

2-14 水稻褐飞虱危害状

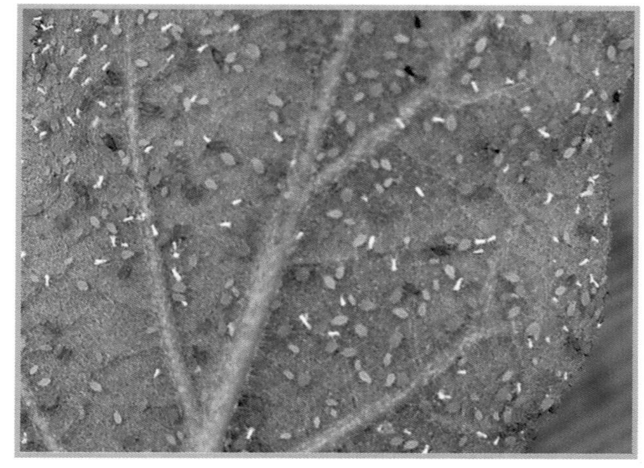

2-15 茄子叶上的瓜（棉）蚜

2-16 黄瓜叶上的烟粉虱成虫和卵

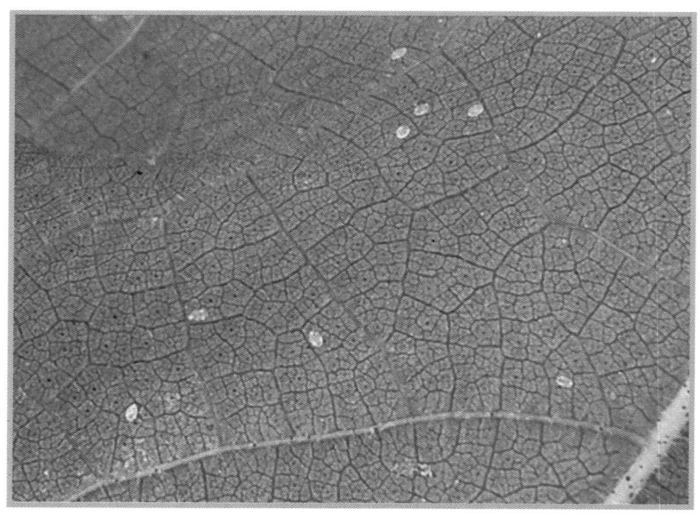

2-17 棉花叶上的烟粉虱若虫

2-18 桃蚜－无翅型

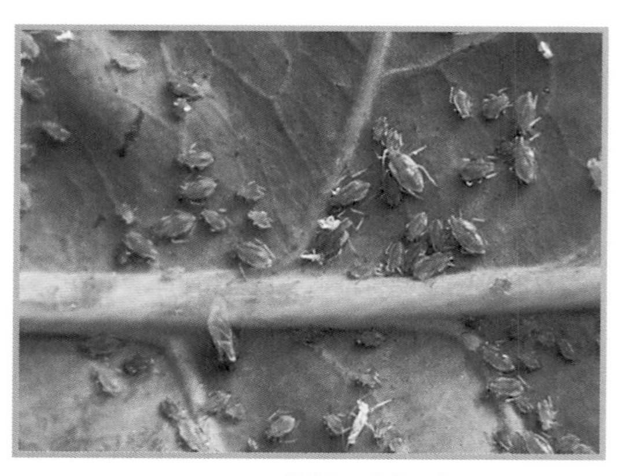

2-19 桃蚜－有翅型

2-20 苹果黄蚜

2-21 美洲斑潜蝇及为害状

2-22 蓟马刺吸大葱汁液后的为害状

2-23 菜蝽若虫

2-24 菜蝽成虫

2-25 绿盲蝽和烟粉虱

2-26 盲蝽

2-27 盲蝽为害棉花状

2-28 茶翅蝽

2-29 红脊长蝽

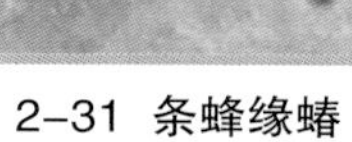

2-31 条蜂缘蝽

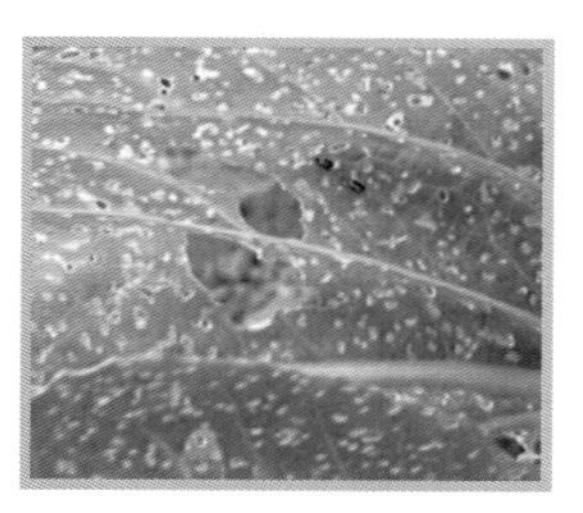

2-30 黄条跳甲及为害状

2-32 二十八星瓢虫成虫

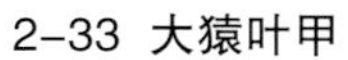

2-33 大猿叶甲

2-34 小猿叶甲

2-35 白星花金龟

2-36 蝗虫若虫

2-37 短额负蝗

2-38 梨瘿蚊

2-39 小麦蚜虫

2-40 小麦吸浆虫

2-41 玉米螟

2-42 小地老虎幼虫

3-1 二斑叶螨（孙瑞红 摄）

3-2 二斑叶螨的卵、雄虫和雌成虫（孙瑞红 摄）

3-3 山楂叶螨（孙瑞红 摄）

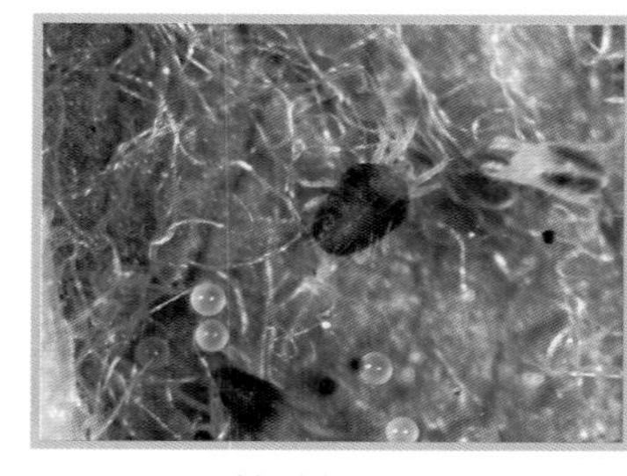

3-4 山楂叶螨雌成螨和卵（孙瑞红 摄）

3-5 山楂叶螨雄螨（孙瑞红 摄）

3-6 山楂叶螨危害桃叶（孙瑞红摄）

3-7 山楂叶螨危害状（孙瑞红 摄）

3-8 苹果叶螨危害初期症状（孙瑞红 摄）

3-9 苹果叶螨危害后期症状（孙瑞红 摄）

3-10 板栗红蜘蛛（孙瑞红 摄）

3-11 板栗红蜘蛛危害状（孙瑞红 摄）

3-12 茄子叶片背面的朱砂叶螨

3-13 朱砂叶螨为害茄子症状

3-14 朱砂叶螨为害豇豆苗症状

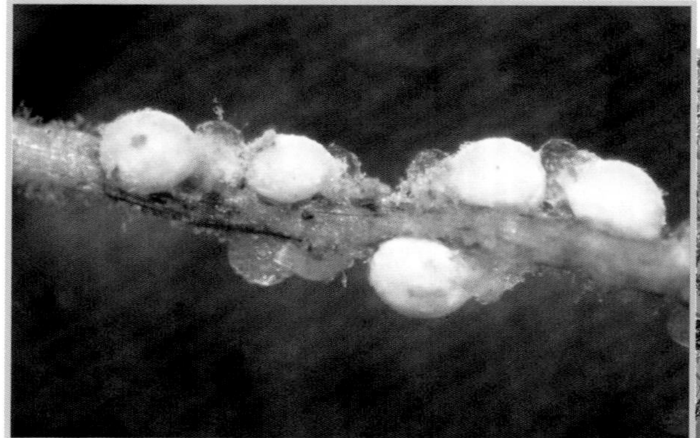

4-1 大豆孢囊线虫（彭德良摄）

4-2 大豆孢囊线虫病株（彭德良摄）

4-3 番茄根结线虫（彭德良摄）

4-5 花生线虫症状（彭德良摄）

4-4 甘薯茎线虫（彭德良摄）

4-6 阿维菌素土壤处理对根结线虫的防治效果

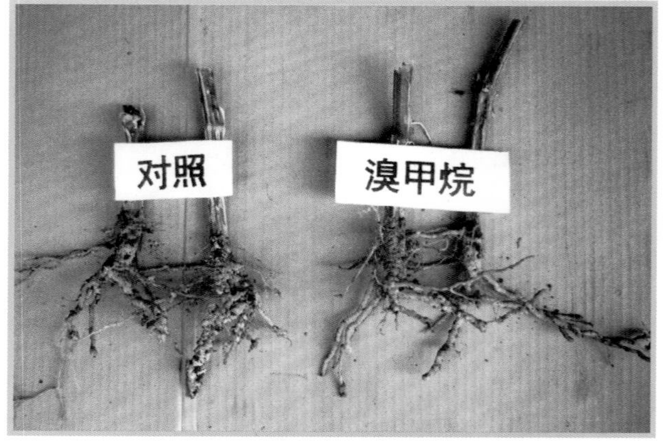

4-7 溴甲烷土壤处理对根结线虫的防治效果

4-8 根结线虫危害（曹坳程 摄）

4-9 药剂注射处理土壤（曹坳程 摄）

4-10 小包装溴甲烷土壤消毒出路

4-11 土壤覆膜熏蒸消毒

4-12 采用滴灌施用威百亩（化学灌溉）

4-13 土壤覆膜药剂熏蒸防治根结线虫病

4-14 1,3-D 土壤消毒对根结线虫病的防治效果（曹坳程 摄）

4-15 溴甲烷土壤熏蒸对根结线虫病的防治效果（曹坳程 摄）

4-16 姜瘟和根结线虫对生姜的危害（曹坳程 摄）

4-17 土壤消毒后生姜生长良好（曹坳程 摄）

5-1 棉苗立枯病（简桂良摄）

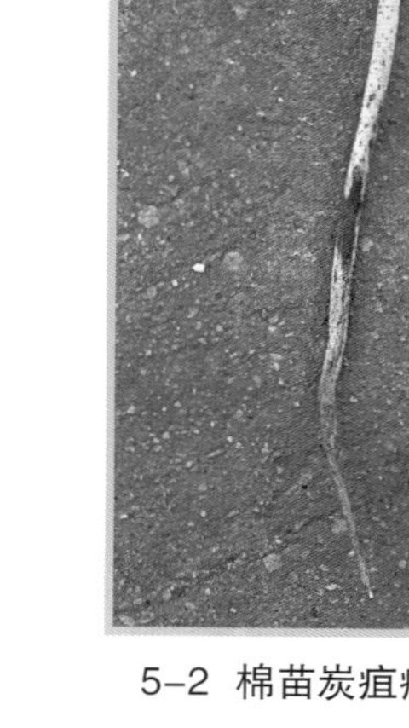

5-2 棉苗炭疽病（简桂良摄）

5-3 棉苗红腐病（简桂良摄）

5-4 棉花枯萎病（简桂良摄）

5-5 棉花枯萎病－叶片紫红型（简桂良摄）

5-6 棉花黄萎病（简桂良摄）

5-7 棉花黄萎病导致的棉花大面积枯死（简桂良摄）

5-8 棉铃疫病（简桂良摄）

5-9 小麦散黑穗

5-10 小麦锈病

5-11 小麦纹枯病

5-12 玉米（瘤）黑粉病

5-13 玉米丝黑穗病

5-14 玉米粗缩病

5-15 稻曲病

5-16 水稻穗颈瘟

5-17 水稻白叶枯病

5-18 水稻条纹叶枯病

5-19 水稻纹枯病

5-20 稻瘟病

5-21 黄瓜枯萎病

5-22 草莓白粉病

5-23 番茄早疫病

5-24 番茄灰霉病

5-25 番茄灰霉病

5-26 辣椒灰霉病

5-27 辣椒疫病

5-28 茄子黄萎病

5-29 盘瓜白粉病

5-30 梨黑星病（孙瑞红 摄）

5-31 梨轮纹病（孙瑞红 摄）

5-32 苹果轮纹初期症状（孙瑞红摄）

5-33 苹果轮纹病（孙瑞红 摄）

5-34 苹果炭疽病（孙瑞红 摄）

5-35 苹果白粉病 （孙瑞红 摄）

5-36 苹果粗皮病（轮纹枝干发病）

5-37 苹果腐烂病（孙瑞红 摄）

5-38 苹果斑点落叶病（孙瑞红 摄）

5-39 葡萄霜霉病（孙瑞红 摄）

5-40 葡萄小褐斑病（孙瑞红摄）

5-41 甘蓝黑腐病（赵廷昌 摄）

5-42 哈密瓜细菌性果斑病（赵廷昌 摄）

5-44 黄瓜灰霉病

5-46 黄瓜霜霉病在温室大棚中的发生

5-43 番茄细菌性斑点病危害症状（赵廷昌 摄）

5-45 黄瓜霜霉病

5-47 杀菌剂对黄瓜霜霉病的防治效果

6-1 白菜病毒病 （李兴红 摄）

6-2 番茄病毒病－病果 1（李兴红 摄）

6-4 黄瓜病毒病

6-3 番茄病毒病－病果 2（李兴红 摄）

6-5 黄瓜绿班驳病毒危害青椒状（曹坳程 摄）

6-6 苹果花叶病毒病（孙瑞红 摄）

6-7 玉米粗缩病（河北植保所提供）

6-8 烟草花叶病毒（李兴红 摄）

6-9 辣椒病毒病（李兴红 摄）

6-10 南瓜病毒病（李兴红 摄）

6-11 南瓜病毒病

6-12 西葫芦病毒病（李兴红 摄）

6-13 葡萄病毒病（李兴红 摄）

6-14 豇豆病毒病（李兴红 摄）

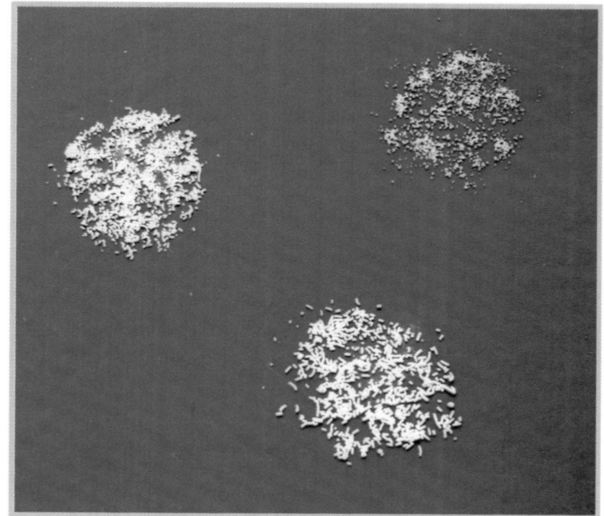

7-1 三种除草剂的水分散粒剂

7-3 15% 噻吩磺隆可湿性粉剂 2000 倍液常规喷雾

7-2 除草剂水分散粒剂形成喷洒液的过程

7-4 15% 噻吩磺隆可湿性粉剂 2000 倍液，另加药液的 0.05% 表面活性剂，喷雾后药液在杂草叶面展散成液膜覆盖，不见液滴

7-5 15% 噻吩磺隆可湿性粉剂 2000 倍液对较大灰菜的防效

7-6 15% 噻吩磺隆可湿性粉剂 2000 倍液，另加药液的 0.05%表面活性剂，对高大灰菜喷洒后3周全株叶茎枯黄死亡

7-7 在果园喷洒百草枯的除草效果

7-9 噻吩磺隆在玉米 8 ~ 9 叶期喷施后，严重抑制玉米生长，抽不出雄

7-8 扑草净 + 乙草胺播后苗前喷雾

7-10 看麦娘

7-11 牛筋草

7-12 马唐

7-13 狗尾草（李香菊 摄）

7-14 早熟禾（李香菊 摄）

7-15 雀麦（李香菊 摄）

7-16 野燕麦

7-17 毒麦（李香菊 摄）

7-18 硬草（李香菊 摄）

7-19 稗草

7-20 荠菜

7-21 播娘蒿（李香菊 摄）

7-22 米瓦罐

7-23 独行菜（李香菊 摄）

7-25 豚草

7-24 曼陀罗

7-26 三裂叶豚草（李香菊 摄）

7-27 田旋花（李香菊 摄）

7-28 打碗花（李香菊 摄）

7-29 繁缕（李香菊 摄）

7-30 藜

7-31 泥胡菜

7-32 马齿苋

7-33 铁苋菜

7-34 苦荬菜

7-35 小飞蓬（李香菊 摄）

7-36 野西瓜苗

7-37 苘麻

7-38 刺儿菜

7-39 苣荬菜

7-40 苍耳
（李香菊 摄）

7-41 萹蓄（李香菊 摄）

7-42 卷茎蓼
（李香菊 摄）

7-43 酸模叶蓼
（李香菊 摄）

7-44 龙葵

7-45 满天星

7-46 鬼针草

7-47 鲤肠

7-48 黄顶菊
（李香菊 摄）

7-49 空心莲子草（李香菊 摄）

7-50 水葫芦（李香菊 摄）

7-51 鸭舌草

7-52 眼子菜

7-53 野慈姑

7-54 菟丝子为害甜菜

7-55 藿香蓟

7-56 异型莎草

7-57 香附子

7-58 萤蔺

7-59 碎米莎草

8-1 20% 甲多微乳剂防止小麦倒伏（段留生 提供）

8-2 调环酸对小麦的调控作用（杨代斌 提供）

8-3 福建浩伦 30% 胺－乙水剂防止玉米倒伏（段留生 提供）

8-4 福建浩伦 30% 胺－乙水剂防止玉米秃尖（左：对照）（段留生 提供）

8-5 生长调节剂对棉花的调控效果（左：对照；段留生 提供）

8-6 生长调节剂对棉花的调控效果（左：对照；段留生 提供）

8-7 烟草对照（李香菊 提供）

8-8 氟节胺处理对烟草的抑芽效果（李香菊 提供）

8-9 赤霉素膏剂处理莱阳梨果和对照（孙瑞红 提供）

8-10 1- 甲基环丙烯在贮藏梨中效果（孙瑞红 提供）

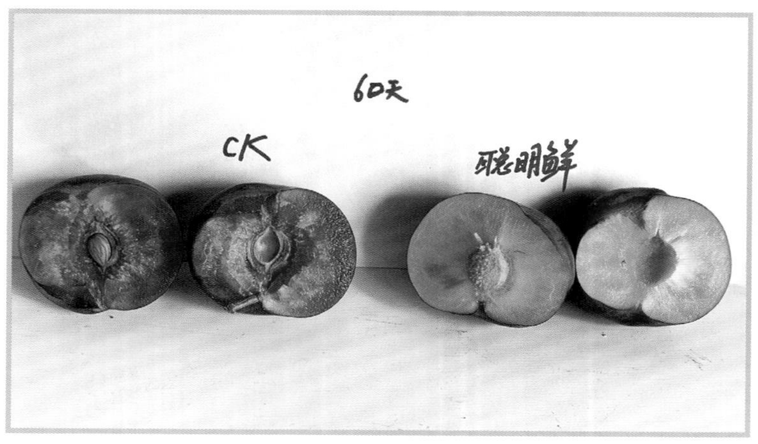

8-11 1- 甲基环丙烯在贮藏李子中的保鲜作用（孙瑞红 提供）

8-14 单氰胺（左行）可提早打破葡萄芽休眠，对照（右行）（孙瑞红 提供）

8-15 单氰胺调节葡萄成熟期（左边为对照，孙瑞红 提供）

8-12 赤霉素对苹果果形的调控效果（孙瑞红 提供）

8-13 赤霉素对苹果果形的调控效果（右边为对照，孙瑞红 提供）

8-16 调节剂在花卉保鲜中的应用（李香菊 提供）

9-1 包衣小麦种子

9-2 种衣剂包衣处理玉米和大豆种子

9-3 玉米种子包衣

9-4 包衣棉花种子

9-5 包衣甜玉米种子

9-6 包衣西瓜种子

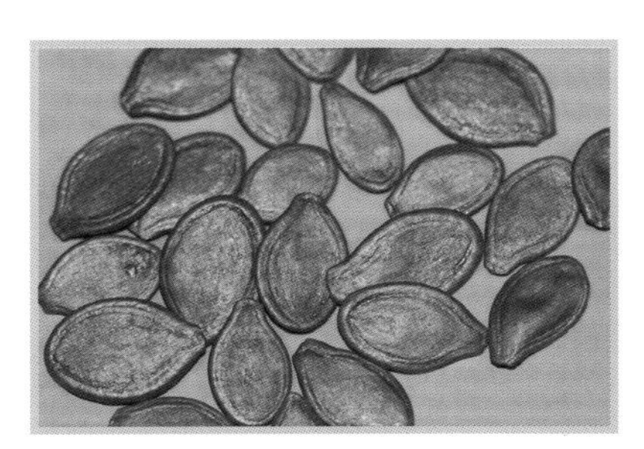

9-7 包衣南瓜种子

9-8 包衣洋葱种子

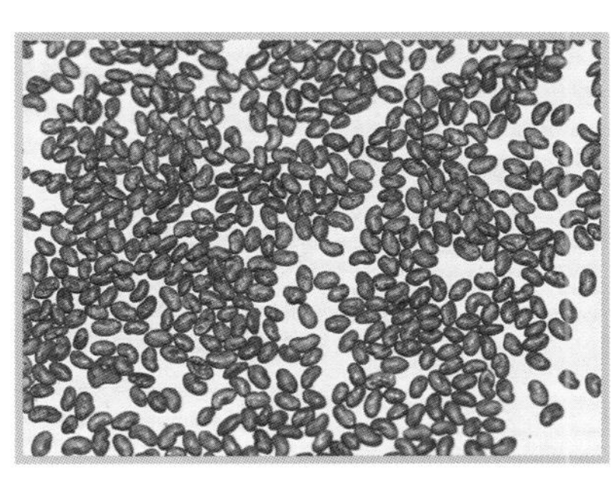

9-9 包衣苜蓿种子

9-10 包衣菠菜种子

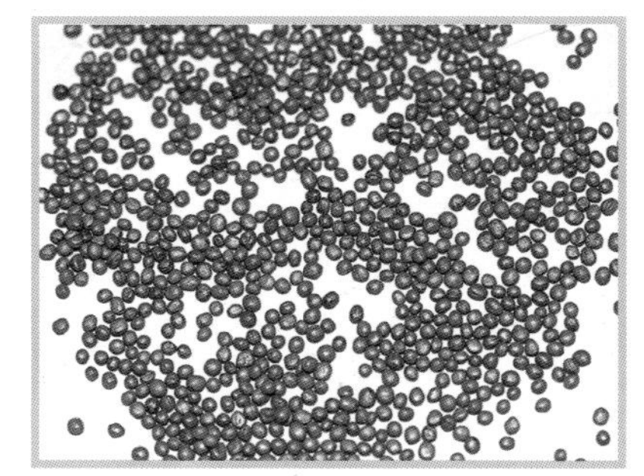

9-11 包衣油菜种子

9-12 包衣番茄种子

9-13 包衣赋型甘蓝种子

9-14 向日葵种子（带壳）

9-15 脱壳后的向日葵种子

9-16 脱壳向日葵种子包衣处理

9-17 向日葵种子带壳包衣

9-18 水稻苗期病害

9-19 地老虎对玉米的危害

9-20 地老虎－幼虫（王庆雷 摄）

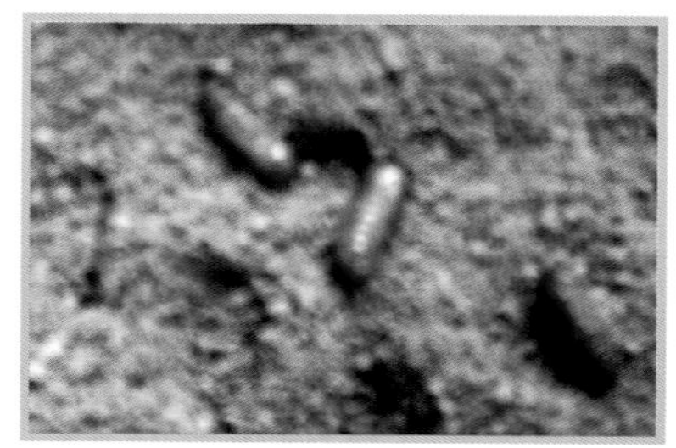

9-21 地老虎－蛹

9-22 小地老虎危害玉米苗（刘小涛 摄）

9-23 氟虫腈对蛴螬的效果试验

9-24 玉米出苗情况

9-25 戊唑醇种子包衣在低温下对玉米的药害（王雅玲 摄）

9-26 苯醚甲环唑种子包衣玉米出苗情况（王雅玲 摄）

9-26 苯醚甲环唑种子包衣玉米出苗情况（王雅玲 摄）

9-27 低温下种衣剂对玉米出苗情况的影响（王雅玲 摄）

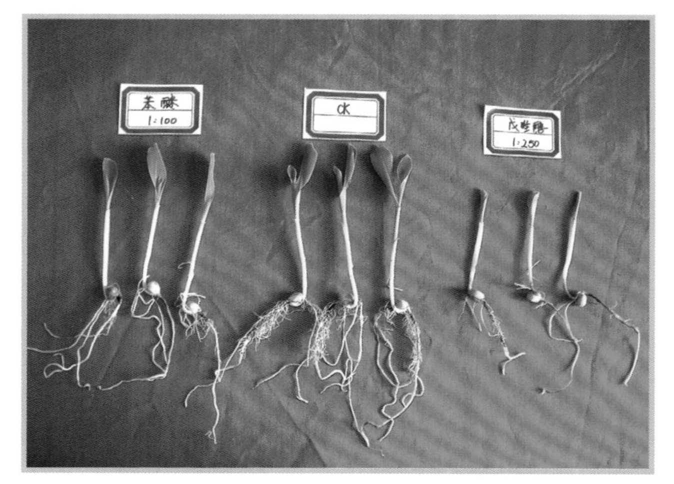

9-28 低温下种衣剂对玉米生长的抑制作用（王雅玲 摄）

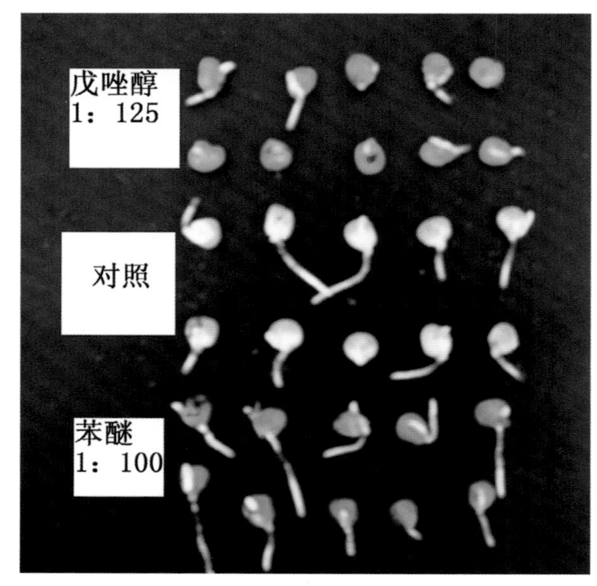

9-29 常温下玉米种子萌发情况（王雅玲 摄）

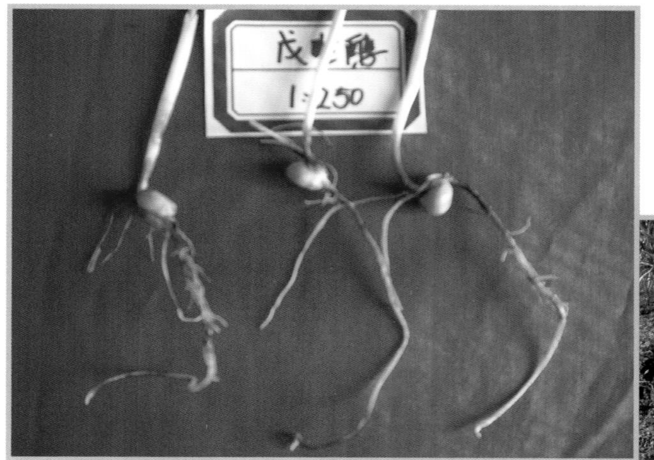

9-30 低温下戊唑醇对玉米根系影响（王雅玲 摄）

9-31 种子包衣后对玉米苗的保护作用（左：空白对照；右：包衣处理）

9-32 苯醚甲环唑包衣对玉米生长的促进作用

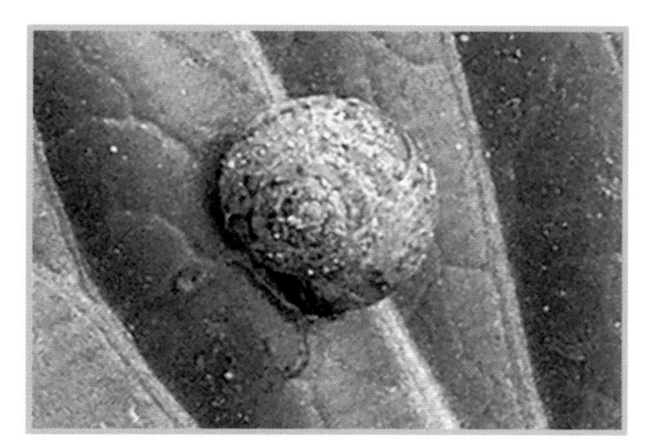

10-1 灰巴蜗牛

10-2 灰巴蜗牛危害蔬菜

10-3 同型巴蜗牛危害蔬菜

10-5 蜗牛危害树木

10-6 福寿螺危害农田

10-4 蜗牛危害

10-7 福寿螺产的卵

10-8 福寿螺卵（杨晓军 摄）

10-9 琥珀螺

10-10 蛞蝓

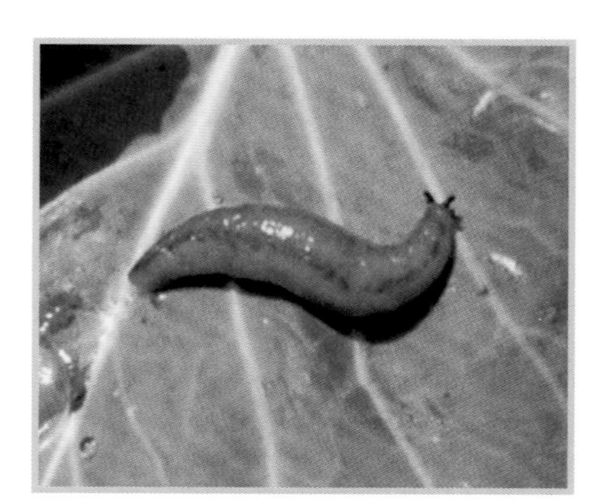

10-11 蛞蝓危害叶片

10-12 蛞蝓危害番茄果实

11-1 大仓鼠（刘晓辉摄）

11-2 褐家鼠（刘晓辉摄）

11-3 黑线姬鼠（刘晓辉摄）

11-4 黄毛鼠（刘晓辉摄）

11-5 长爪沙鼠（刘晓辉摄）

11-6 布氏田鼠（刘晓辉摄）

11-7 高原鼢鼠（刘晓辉摄）

11-8 巢鼠（刘晓辉摄）

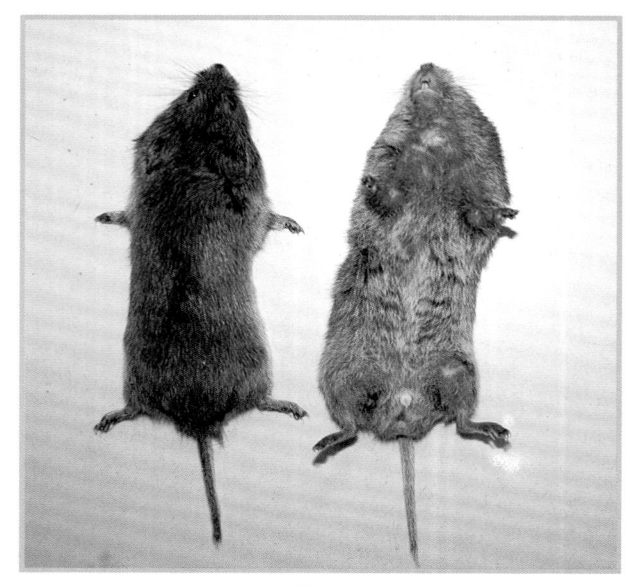

11-9 根田鼠（刘晓辉摄）

11-10 黑线毛足鼠（刘晓辉摄）

11-11 黄胸鼠（刘晓辉摄）

11-12 三趾跳鼠（刘晓辉摄）

11-13 五趾跳鼠（刘晓辉摄）

11-14 小家鼠（刘晓辉摄）

11-15 小毛足鼠（刘晓辉摄）

第一篇

农药应用基础篇

第一篇

农药应用基础篇

第一章

农药、农药剂型与农药标签

第一节 农药的含义

一、农药的定义

"农药"是"农用药剂"的简称，根据2001年11月29日国务院发布的《中华人民共和国农药管理条例》(2001修订版)，我国对农药的定义为：农药是指用于预防、消灭或者控制危害农业、林业的病、虫、草和其他有害生物以及有目的地调节植物、昆虫生长的化学合成或者来源于生物、其他天然物质的一种物质或者几种物质的混合物及其制剂。

从我国农药管理条理中有关农药的定义可以看出，农药广泛应用于农林牧业生产的产前、产中到产后的全过程，同时也应用于环境和家庭卫生除害防疫上以及工业品的防蛀、防霉等。根据应用目的或者应用场所，农药包括下列各类：

（1）预防、消灭或者控制危害农业、林业的病、虫（包括昆虫、蜱、螨）、草和鼠、软体动物等有害生物的；

（2）预防、消灭或者控制仓储病、虫、鼠和其他有害生物的；

（3）调节植物、昆虫生长的；

（4）用于农业、林业产品防腐或者保鲜的；

（5）预防、消灭或者控制蚊、蝇、蜚蠊、鼠和其他有害生物的；

（6）预防、消灭或者控制危害河流堤坝、铁路、机场、建筑物和其他场所的有害生物的。

农药包括农药原药、农药剂型和农药制剂，一种农药原药可以加工成多种剂型（如可湿性粉剂、乳油、微乳剂等），同一种剂型又可加工成不同规格的多种制剂（如50%可湿性粉剂、75%可湿性粉剂等）。用户所购买使用的农药都是农药企业用农药原药经过特殊加工后的产品（即农药制剂）。

二、农药应用的历史、现在和未来

农药是人类在长期的农业生产劳动过程中，发现总结研究出来的可以防治病虫草鼠害的化学物质。生活在1 600多年来前的东晋大诗人陶渊明在《归园田居》中写到"种豆南山下，草盛豆苗稀"，为防除农田杂草，当时采用的方式只能是"晨兴理荒秽，带月荷锄归"。人类在与病虫草等有害生物的长期斗争过程中，逐渐发现可以通过应用药物防治病虫草害，逐渐形成了农药应用的历史。

农药应用大致可划分为三个历史时期，即经验主义时期（1883年以前），近代农药应用发展时期（1883～1945年）和现代农药应用发展时期（1945年至今）。

1．农药应用的经验主义时期

农药应用的经验主义时期可从1883年追溯到远古，为防治农作物的病虫害采取的一些经验方法，又通过实践而不断丰富和发展。这个时期农药应用的主要特征是根据民间经验采用以天然化合物为主的药物种子处理或喷洒。我国古代劳动人民很早就开始了植物性杀虫剂的应用，《本草纲目》记载了许多具有杀虫作用的植物如百部、青蒿、使君子等；我国在矿物性杀虫物质，如雄黄（As_4S_4）、砒霜（As_2O_3）和银朱（HgS）的应用也早已开始，在公元900年左右，我国民间开始使用砷制剂防治蔬菜病虫害，明朝的《天工开物》记载用砒霜"蘸秧根则丰收也"，砒霜这一妇孺皆知的剧毒药物广泛用于农田害虫防治。在西方国家，早期的农药应用经验也是从植物性杀虫剂开始的，如藜芦、烟草、柏叶以及其他植物材料都曾用于防治病虫害。但是后来也都逐渐转向化学物质的利用，如石灰与硫黄的制备液、石灰与硫酸铜的反应物以及磷和汞的化合物等。

1870年法国从美国引进一种抗根瘤蚜的葡萄品种，不幸的是，同时引进了葡萄霜霉病，由于葡萄霜霉病暴发流行，法国的葡萄种植业几乎毁于一旦，法国葡萄酒业也面临破产。植物病理学家Millardet偶然发现的波尔多液（1883年）的推广应用，迅速控制了法国的葡萄霜霉病，并逐渐发现此药剂对马铃薯晚疫病以及其他病害也有极好的防治效果。为了把这种胶状的杀菌剂喷洒均匀以获得满意的防治效果，使用技术的研究也提到了日程上，不久就成功地开发出一种涡流芯喷头（Vermorel喷头），推动了一门新的工业的诞生即农药喷洒机具生产工业。波尔多液的应用，挽救了法国的葡萄产业，迅速推广到美国及欧洲其他国家。波尔多液作为历史上最重要农药在全世界范围内开始广泛应用，目前在我国大多数果园仍然广泛应用。

农药应用必须以药剂学和植保机械的共同支撑为基础，1883年研究发现的波尔多液和研制出的喷雾机具，极大地推动了农药在全世界的应用，奠定了农药应用的理论和技术基础，农药应用也由经验主义时期转而进入近代农药应用时期。

2. 近代农药应用的科学发展时期

（1）药物学研究取得突破

波尔多液研究所取得的巨大成功对其他化学农药的研究是很大的推动力。首先在铜制剂方面相继有硫酸铜与碳酸钠、硫酸铜与氨水的化合物问世，另外如碱式碳酸铜、碱式氯化铜、氧化铜和氧化亚铜以及硅酸铜、磷酸铜等一系列制剂也陆续进入铜素杀菌剂行列。1905年法国已开始进行氧氯化铜的工业化生产，这表明铜制剂作为一种化学杀菌剂已得到了长足的发展。硫制剂在这一时期也有很大的发展，硫黄粉剂、胶体硫制剂及可湿性硫制剂均进入了工业化生产。这些发展也说明了农药的剂型加工在这一时期有了很大进步，同一种有效成分可以加工成不同的剂型以适应不同的防治目的。实验证明了细的硫黄粉粒对白粉病菌孢子的杀伤力比粗粉粒强，在田间喷撒中药液在植物表面的润湿和黏附能力对防治效果也有明显影响。这些研究工作为剂型加工提供了科学依据，在科学理论上促进了农药更大面积的应用。

这一时期杀虫剂主要是无机杀虫剂品种。1892～1907年期间先后研究开发出砷酸铅和砷酸钙，对植物的安全性很好，因此，以喷粉法大量用作叶面喷撒剂；到二次大战结束前这两种砷制剂一直是杀虫剂市场的主要品种。除了这两种杀虫剂，还广泛研究开发了十多种其他砷酸制剂如铜、镁、铝、铁的各种砷酸盐杀虫剂。除砷素剂外，无机氟素杀虫剂如氟化钠、氟矽酸钠、氟铝酸钠（冰晶石）等及与其他金属盐类也被系统开发出来。

在除草剂方面主要使用的也是无机药物，如硫酸、硫酸铜、氯酸钠、硫酸亚铁等。直到1942年发现了2，4-D的强大效力后，除草剂才迅速转向于开发有机合成药剂。

由于无机农药在毒力和防治对象方面的明显的局限性，对开发有机合成除草剂、杀虫和杀菌剂的需求日益增长，借助于这一时期有机化学在合成技术方面的长足发展，开发有机合成农药得以迅速加快。1949年第一个人工合成的拟除虫菊酯丙烯菊酯的诞生，标志着人类仿制天然杀虫剂的首次成功，为后来拟除虫菊酯类杀虫剂的大发展开创了先河。在杀菌剂方面，1934年研制出的二硫代氨基甲酸盐类杀菌剂具有重要意义，并由此发展出代森系列和福美系列有机硫杀菌剂，标志着系统开发有机合成杀菌剂的开始。

（2）农药使用技术逐渐完善

在农药快速研究发展的基础上，为有效把药剂喷撒到农田，有人在1896年研究开发出农药喷头，并很快设计出喷雾器械，喷雾器械和喷粉器械的研究开发以及农药药物学的发展，使农药应用变得非常普遍。

为提高农药应用的效果，人们开始研究影响药效的因素，并试图寻找提高药效的方法。早在

1918年就发现昆虫的气管是拒水性的，但是当水溶液中加入了表面活性剂使水的表面张力降低后就能够渗入气管内，从而提高了药剂的防治效果。20世纪30年代有人详细研究了药液的表面张力、湿润能力对于防治效果的影响，研究了药液的接触角大小同液斑覆盖面积大小的关系。有专家观察了药液接触角同烟碱的触杀毒力的关系为反相关。同样在杀菌剂应用研究中也注意到，铜制剂悬浮液在作物上的黏附能力与病害防治效果有密切关系，波尔多液的优异防治效果与胶状的颗粒在叶面上黏附力强有关。采用其他铜制剂的悬浮液喷洒时效果逊于波尔多液。但是药液在植物表面上的黏附力也与药液润湿能力有关。润湿性能很差时，药液会从叶片表面滚落，如果润湿性能过强则会导致药液从表面流失，对防治效果都会有不利影响。这种情况在昆虫体上也同样存在，润湿助剂含量变化时会直接影响到药剂在虫体上的黏附量。这方面的探索观察和研究很活跃，为农药的喷撒技术和质量要求提供了科学依据。当时已经注意到了雾滴细度、沉降速度与防治效果之间的相关性。

3．现代农药应用的科学性和体系化

1945年以后，有机合成农药的问世和应用，不仅根本改变了农药工业的面貌，而且使整个农药科学包括农药药物学、农药毒理学、农药制剂及农药使用技术等一切方面都发生了巨大而深刻的变化。有机氯和有机磷农药的出现，使农药结构出现重大转变，有机合成农药逐渐在农药市场中占据绝对优势。与无机农药相比较，有机合成农药有一种特点，即大多数化合物都具有一定的或很强的亲脂性（特别是杀虫剂），而且具有一定的或很高的蒸气压，有些甚至很容易气化。这些特点给农药应用带来了一系列重大变化。

（1）扩大了药剂的作用方式

无机杀虫剂对昆虫通常只有胃毒杀虫作用，除个别特殊表现方式外，一般都不具备接触杀虫作用和熏蒸杀虫作用；但有机合成杀虫剂则以接触杀虫作用为主要作用方式，很大一部分则兼具胃毒杀虫作用，或兼具熏蒸杀虫作用，或三种作用方式兼而有之，有些还具有杀卵作用或者是专用的杀卵剂。至于内吸作用方式，可以说只是在有机合成农药问世后才真正具有了实际应用价值，虽然某些无机药剂也可以被植物吸收输导。

（2）扩大了防治对象的范围

由于上述原因，无机杀虫剂对刺吸式口器的害虫和蜱螨类以及害虫和害螨的卵无效，但有机合成杀虫剂和杀螨剂却可以表现出广泛的效力，以至于可以说没有任何有害生物是有机合成农药所不能防治的。

（3）改变了农药的作用部位或作用机制

无机杀虫剂的作用部位主要是昆虫的消化系统，如砷素和氟素杀虫剂首先攻击消化道的中肠肠壁组织使其上皮细胞解体、脱落，造成肠壁组织破坏、崩解，引起血细胞的病变和解体；但对于神经系统并无致毒作用。而有机合成杀虫剂则绝大部分作用于神经系统和循环系统。神经系统的外膜是亲脂性的，因此，为有机杀虫剂的渗透提供了有利条件。昆虫体壁上分布有大量的感觉器官（如感觉毛、钟状感觉毛、化学感受器等），这些器官与神经系统相联结。所以接触杀虫剂只要同这些感觉器官接触，就会迅速向神经系统渗透，这是有机杀虫剂快速作用的重要原因之一。

（4）丰富了农药的使用技术手段

无机农药一般只能加工为粉剂、可湿性粉剂和水溶液制剂，因此，农药的使用方法、使用技术也比较简单，主要采取喷粉、喷雾、毒饵等使用方法。但有机合成农药可以加工成为多种剂型如油剂、乳剂、油雾剂、烟雾剂、气雾剂、缓释剂等，当然也可加工成粉剂、可湿性粉剂和毒饵。因此，使用技术也大为扩展，除了喷粉、喷雾、撒毒饵以外，还可以采取烟雾法（包括冷烟雾和热烟雾）、弥雾法、气雾法、超低容量喷雾法乃至静电喷雾法、注射法、包扎法等，这就丰富和扩展了化学防治法的手段，提高了化学防治法的效率和防治效果，把化学防治法提高到新的水平。

4．未来的农药应用

在可预见的历史内，应用农药仍将是农作物病、虫、草、鼠害等有害生物防治最重要的手段。不过，随着现代化学信息学、分子生物学和基因工程技术的发展，一大批超高效、低毒、多种作

用机制的新型农药将进入到、应用到有害生物防治中来。

信息技术、电子计算机技术和控制技术也将在喷雾机械中得到应用，静电喷雾技术、精准喷雾技术、循环喷雾技术等技术将会有应用，农药使用中的对靶效果显著提高，农药应用不再是一项粗放的喷撒过程，而是像一项农田流水线上的“工艺”一样，农药应用将进入高效、自动化阶段（表1–1）。

表 1–1 农药应用简史

年代	重要农药品种和应用事件	植保机械 / 农药使用方法
公元前1 000年	古希腊诗人荷马在其著作中提到用硫黄熏蒸驱除害虫	熏蒸法
公元（年）900	唐代用亚砷酸防除庭院害虫	撒粉
1596	《本草纲目》记录百部、藜芦、狼毒、苦参等防治害虫	
1670	日本用鲸鱼油撒施于水面防治叶蝉和飞虱	稻田漂浮油剂法
1673	《天工开物》记载应用砒霜（As_2O_3）“蘸秧根则丰收也”	蘸根法
1690	烟草水在法国用作杀虫剂	用刷子、扫把泼洒
1800	除虫菊粉末用于防治虱子和跳蚤	把粉状药剂用简易器具撒施
1821	英国应用硫黄防治植物病害	
1848	鱼藤根粉用于杀虫	
1868	石油产物用于害虫防治	“水唧筒”喷撒
1883	波尔多液用于防治葡萄霜霉病	简易喷雾器械喷雾
1892	砷酸铅粉末用于害虫防治	喷粉
1896	无机氟化合物用于害虫防治；硫酸铜在谷物田中用作选择性除草剂	研制出空心圆锥雾喷头和扇形雾喷头；手摇喷粉器
1908	氯化苦用于害虫熏蒸防治	手动喷雾器、畜力喷雾器用于农药田间喷雾，研制出小型汽油机为动力的喷雾机
1921	美国首先用飞机喷药防治害虫	飞机喷粉，研制出拖拉机牵引喷雾机
1932	溴甲烷用于防治害虫	熏蒸法
1935	吴福桢（新中国成立后任职中国农业科学院植物保护研究所）研究杀虫剂喷雾防治棉花、蔬菜蚜虫，为我国大规模应用农药之始	喷雾法
1924	除虫菊素化合结构确定；发现赤霉素	
1939	瑞士发现滴滴涕的杀虫活性	
1941	六六六用于害虫防治，随后几年，氯丹、艾氏剂、狄氏剂等有机氯杀虫剂都应用到害虫防治	
1944	对硫磷用于害虫防治；第一个抗凝血剂杀鼠剂品种杀鼠灵开始应用	开始应用低容量技术喷雾
1949	第一个人工合成的拟除虫菊酯杀虫剂丙烯菊酯用于害虫防治	
1950	我国开始应用六六六防治害虫；齐兆生（后任中国农业科学院植物保护研究所所长）发现利用八甲磷的内吸活性防治苗期蚜虫	随着“二战”结束，大量飞机开始用于农药喷撒；风送喷雾技术开始应用于果园，背负机动喷雾喷粉机研制成功
1952	微毒有机磷杀虫剂马拉硫磷开始应用	
1958	氨基甲酸酯类杀虫剂甲萘威用于害虫防治；乙蒜素开始应用于水稻苗期病害和甘薯黑斑病的防治	
1960	我国屠豫钦教授研制出硫黄烟剂，并用于大面积防治小麦锈病	熏烟法
1965	剧毒杀虫剂、杀线虫剂涕灭威开始应用	大田喷粉技术广泛应用

（续 表）

年代	重要农药品种和应用事件	植保机械 / 农药使用方法
1967	第一个昆虫激素类似物杀虫剂保幼激素开始应用	
1969	丙硫磷、丙溴磷用于害虫防治；多菌灵在我国开始应用	旋转离心喷雾机开始应用
1971	广谱灭生性除草剂草甘磷用于杂草防除	除草剂喷雾助剂应用
1972	第一个光稳定农用拟除虫菊酯（氯菊酯）用于害虫防治	常温烟雾机应用
1972	几丁质合成抑制剂除虫脲开始应用	静电喷雾机研究成功
1973	我国宣布停用赛力散和西力生等高毒、高残留有机汞农药	
1973	微生物源杀菌剂井冈霉素用于水稻病害防治	
1976	沙蚕毒素农药杀虫双用于害虫防治	
1982	杀虫农用抗生物阿维菌素开始用于防治害虫	
1983	我国宣布停用滴滴涕和六六六	喷粉法应用面积迅速减少
1984	氟硅菊酯（对鱼低毒）用于水稻害虫的防治	
1987	转 Bt 基因烟草研制成功	手动吹雾器研制成功
1989	氟虫腈的开发应用	
1990	新烟碱类杀虫剂吡虫啉开始用于害虫防治，杀虫剂进入新烟碱类杀虫剂时代	
1992	虫酰肼开始应用	
1995	农用杀虫抗生素多杀菌素用于害虫防治	
1996	广谱、高效的甲氧基丙烯酸类杀菌剂嘧菌酯开始用于病害防治	
1999	嘧啶胺类新颖杀虫剂环虫腈用于害虫防治	
2000	硅氟唑的杀菌活性被发现，说明三唑类杀菌剂仍有开发价值	智能喷雾机研制成功，精准喷雾技术
2007	我国全面禁止甲胺磷、甲基对硫磷、对硫磷、久效磷和磷胺在农业上的应用	我国推广专业化防治，“打药专业户”在各地出现
2008	我国宣布停止使用农药商品名	
	氯虫苯甲酰胺在我国登记应用	

三、农药品种类型

农药品种很多，迄今为止，在世界各国注册的已有 1 500 多种，其中常用的达 300 余种。为了研究和使用上的方便，常常从不同角度把农药进行分类。其分类的方式较多，主要的有以下三种。

（1）按主要用途分类，有杀虫剂、杀螨剂、杀鼠剂、杀软体动物剂、杀菌剂、杀线虫剂、除草剂、植物生长调节剂等。

（2）按来源分类，可分为矿物源农药、生物源农药及化学合成农药三大类。

（3）按化学结构分类，有机合成农药的化学结构类型有数十种之多，主要的有：有机磷（膦）、氨基甲酸酯、拟除虫菊酯、有机氮、有机硫、酰胺类、脲类、醚类、酚类、苯氧羧酸类、三氮苯类、二氮苯类、苯甲酸类、脒类、三唑类、杂环类、香豆素类、甲氧基丙烯酸类、有机金属化合物等。

1. 矿物源农药

起源于天然矿物原料的无机化合物和石油的农药，统称为矿物源农药。它包括砷化物、硫化物、铜化物、磷化物和氟化物以及石油乳剂等。可以用作杀虫剂、杀鼠剂、杀菌剂和除草剂。

矿物源农药历史悠久，为农药发展初期的主要品种，随着化学合成农药的发展，矿物源农药的用量逐渐下降，其中有些品种如砷酸铅、砷酸钙等已停止使用。目前使用较多的品种有：硫悬浮剂、石灰硫黄合剂（液体的或固体的）、王铜（氧氯化铜）、氢氧化铜、波尔多液、磷化锌、磷化铝以及石油乳剂。

用矿物源农药防治有害生物的浓度与对作物可能产生药害的浓度较接近，稍有不慎就会引起药害。喷药质量和气候条件对药效和药害的影响较大，使用时要多注意。

2. 生物源农药

生物源农药是指利用生物资源开发的农药，简称生物农药。生物包括动物、植物和微生物。因而生物源农药相应地分为动物源农药、植物源农药和微生物源农药三大类。而今，把一些具有农药作用或抗农药作用的转基因作物也归于生物农药。

在农药的发展历史中，生物源农药是最古老的一类，早在公元前的文献中就记载有采用某些动植物体用撒灰、浸拌、熏烟等方法防治有害生物。随着现代科学技术迅速发展，特别是现代生物技术如遗传工程、细胞工程、酶工程等新的研究开发手段应用，使生物源农药的概念和发展都有了很大的变化。生物源农药包括：①直接利用生物产生的天然活性物质，经提取加工作为农药，如从烟草中提取烟碱，从豆科植物鱼藤根提取的鱼藤精（酮）；②鉴定生物产生的天然活性物质的化学结构之后，用人工合成方法生产的农药；③利用微生物发酵而得的农用抗生素；④直接利用生物活体作为农药，例如，将天敌昆虫通过商品化繁殖、施放，能起到防治害虫的作用；利用微生物、线虫、病毒等使有害生物被感染或被浸蚀而死。因其施用方法与农药施用方法相同，故而称其为农药；但也有人认为其实质是活的生物体对活的生物体之间的生存竞争，实际上是生物防治。

生物源农药的特点，比化学合成农药更适合在有害生物综合防治策略中应用。因为生物源农药一般在环境中较易降解，其中的不少品种具有靶标专一的选择性，使用后对人、畜和非靶标生物相对安全。某些生物源农药的作用方式是非毒杀性的，包括引诱、驱避、拒食、绝育、调节生长发育、寄生、捕食、感染等，比化学合成农药的作用更为广泛。但是这些非毒杀性生物源农药的作用缓慢，在有害生物大量迅速蔓延时，难以控制住为害，届时需要施用化学合成农药以压低有害生物种群数量，或是与化学合成农药混用。

生物源农药虽具诸多优点，但其发展并不像某些人预期的那样快。1992年“世界环境与发展大会”曾提出：到2 000年要在全球范围内控制化学农药的销售和使用，生物农药的产量达到农药总产量的60%。然而事实并非如此，其原因是多方面的。

（1）植物源农药

按性能划分，植物源农药可分为九大类：

①植物毒素，植物产生的对有害生物具有毒杀作用的次生代谢物。例如，具有杀虫作用的除虫菊素、烟碱、鱼藤酮、假木贼碱、藜芦碱、茴蒿素；具有杀鼠作用的马钱子碱、海葱糖苷；具有杀菌作用的大蒜素；具有抗烟草花叶病毒病作用的海藻酸钠等。

②植物源昆虫激素，多种植物体内存在昆虫蜕皮激素类似物，含量较昆虫体内多，且较易提取利用。从藿香蓟属植物中发现提取的早熟素具有抗昆虫保幼激素的功能，现已人工合成活性更高的类似物，如红铃虫性诱剂。

③拒食剂，植物产生的能抑制某些昆虫味觉感受器而阻止其取食的活性物质。已发现的此类物质化学类型较多，其中拒食作用最强的几种属于萜烯和香豆素类，例如，从印楝种子中提取的印楝素和从柑橘种子提取的类柠檬苦素都是萜烯类高效拒食剂。

④引诱剂和驱避剂，植物产生的对某些昆虫具有引诱或驱避作用的活性物质。例如，丁香油可引诱东方果蝇和日本丽金龟，香茅油可驱避蚊虫。

⑤绝育剂，植物产生的对昆虫具有绝育作用的活性物质。例如，从巴拿马硬木天然活性物质衍生合成的绝育剂对棉红铃虫有绝育作用，从印度菖蒲根提取的β-细辛脑能阻止雌虫卵巢发育。

⑥增效剂，植物产生的对杀虫剂有增效作用的活性物质。例如，芝麻油中含有的芝麻素和由其衍生合成的胡椒基丁醚，对菊酯类杀虫剂有较强的增效作用。

⑦植物防卫素，由感病植物自身诱导产生的抗菌活性物质。已研究阐明的化学结构类型较多，但至今尚未达到实用化。

⑧异株克生物质，植物产生的某些次生代谢

物质，释放到环境中能刺激或抑制附近异种或同种植物的生长。已发现的化学结构类型较多，但尚未实用化。它们具有不同的作用机制，是开发除草剂或植物生长调节剂的潜在资源。

⑨植物内源激素，植物产生的能调节自身生长发育过程的非营养性的微量活性物质。它在植物界普遍存在，主要类型有生长素（吲哚乙酸）、乙烯、赤霉素、细胞分裂素、脱落酸和芸薹素内酯（油菜素内酯），它们都有特定的生理功能。它们在植物体内含量极微，不可能人工提取利用，因此，根据其化学结构进行衍生合成或半合成，开发出植物生长调节剂，例如，乙烯利、2，4-D、萘乙酸、玉米素等。

按防治对象划分，植物源农药可分为植物杀虫剂（烟碱、鱼藤酮、除虫菊素、藜芦碱、川楝素、印楝素、茴蒿素、百部碱、苦参碱、苦皮藤素、松脂合剂、蜕皮素A、蜕皮酮、螟蜕素等）、植物杀菌剂（大蒜素、香芹酚、活化酯——植物抗病激活剂等）、植物杀鼠剂（海葱苷、毒鼠碱等）、植物源植物生长调节剂（吲哚乙酸类、赤霉素、芸薹素内酯、植物细胞分裂素、脱落素等）以及具有除草活性的植物。

某些植物不仅可直接加工成为农药，人们也可以从植物活性物质中发现农药先导化合物，为新农药分子设计提供契机，植物源活性物质的研究无疑将成为新农药开发的宝贵资源和钥匙。

我国植物资源极为丰富，也是研究和应用植物源农药最早的国家，早在20世纪30年代以来就对有杀虫效果的植物烟草、鱼藤、除虫菊、厚果鸡血藤、雷公藤、巴豆、闹羊花、百部等进行过比较广泛的研究。20世纪80年代以来，这项研究进入一个新的发展阶段，某些方面已接近和达到国际先进水平。特别是对楝科植物的研究，用川楝、苦楝和苦皮藤等提取物对数十种昆虫进行了系统的活性试验，并对其化学成分、作用机理乃至工业化生产都进行了研究；已取得农药登记证进行商品化生产的品种有：油酸烟碱、皂素烟碱可溶性乳剂、双素碱水剂、茴蒿素水剂、鱼藤酮乳油、楝素杀虫乳油、苦参碱等。

（2）动物源农药

动物源农药按照其使用性能可分为三类：

①动物毒素，由动物产生的对有害生物具有毒杀作用的活性物质。例如，由阿根廷蚁产生的防卫毒素、大胡蜂产生的曼达拉毒素、斑蝥产生的斑蝥素等，但均未商品化。根据沙蚕产生的沙蚕毒素化学结构衍生合成开发的沙蚕毒类杀虫剂，如杀螟丹、杀虫环、杀虫双等品种已大量生产应用。

②昆虫激素，由昆虫内分泌腺体产生的具有调节昆虫生长发育功能的微量活性物质。主要有脑激素、蜕皮激素和保幼激素三类。前两类作为农药尚未实用化。保幼激素衍生合成的多种保幼激素类似物已经商品化，如烯虫酯。

昆虫信息素则由昆虫产生的作为种内或种间个体之间传送信息的微量活性物质，又称昆虫外激素。能引起其他个体的某些行为反应，包括引诱、刺激、抑制、控制取食或产卵、交配、集合、报警、防御等功能，且具有高度专一性。每种信息素有其特定的立体化学结构，多数是由几种化合物按一定比例的混合物。根据它们化学结构衍生合成，已商品化的昆虫信息素达50种左右，其中应用最多的是性信息素（性引诱剂），较广泛地用于测报害虫发生和防治。

③天敌动物，对有害生物具有寄生或捕食作用的天敌动物进行商品化繁殖、施放，以防治有害生物。如寄生性的赤眼蜂、绒茧蜂、捕食性的草蛉、蜘蛛。另有能使害虫致死的病原线虫，目前已发现的有斯氏线虫、异杆线虫及索氏线虫等三个属。

（3）微生物源农药

微生物源农药是指由细菌、真菌、放线菌、病毒等微生物及其代谢产物加工制成的农药。按来源不同微生物源农药包括农用抗生素和活体微生物农药两大类。

农用抗生素是由抗生菌发酵产生的具有农药功能的次生代谢物质，它们都是有明确分子结构的化学物质。现已发展成为生物源农药的重要大类。用于防治真菌病害的有井冈霉素、武夷菌素、灭瘟素、春雷霉素、多抗霉素、有效霉素等；用于防治细菌病害的有链霉素、土霉素等；用于防治螨类的有浏阳霉素、华光霉素、橘霉素（梅岭霉素）等；用于防治害虫的有阿维菌素、多杀菌素、虫螨霉素等；用于除草的双丙氨膦；用作植物生长调节剂的赤霉素、比洛尼素（pironetin）等。

活体微生物农药是利用有害生物的病原微生物活体作为农药，以工业方法大量繁殖其活体并加工成制剂来应用，而其作用实质是生物防治。按病原微生物分类有：①真菌杀虫剂，如白僵菌、绿僵菌；②细菌杀虫剂，如苏云金杆菌（Bt制剂）、日本金龟子芽孢杆菌、防治蚊虫的球状芽孢杆菌；③病毒杀虫剂，包括核多角体病毒、颗粒体病毒、质多角体病毒，均有高度专一性；用弱毒化病毒防治植物病毒病也是一种利用途径；④微孢子原虫杀虫剂，例如，防治蝗虫的微孢子原虫已有商品化应用；⑤利用对昆虫无专性寄生的线虫开发作为杀虫剂的研究，正进入实用阶段；⑥真菌除草剂，如中国开发的鲁保一号；⑦细菌杀菌剂，如地衣芽孢杆菌、蜡状芽孢杆菌、假单胞菌、枯草芽孢杆菌、木霉菌等；⑧细菌杀鼠剂，如C型肉毒梭菌毒素、D型肉毒梭菌毒素。

基于保护环境及化学农药研究开发费用高等原因，微生物源农药越来越受到人们的青睐，研究开发也取得了迅速发展，而农用抗生素的发展远比活体微生物农药的发展快得多。

3. 转基因生物农药

基因是具有特定核苷酸顺序的核酸（大多为脱氧核糖核酸，即DNA）分子中一个片段，是贮存特定遗传信息的功能单位，存在于细胞内，有自体繁殖能力。通过基因工程技术，将具有某种特性的功能基因转移到农作物植株中，以改良作物特性，由此得到的作物则称为转基因作物，其中具有防治农林业病、虫、草及其他有害生物的和耐除草剂的转基因作物则称为转基因生物农药。这种提法，初看似乎有误，但就其本质来讲，也无可厚非，因这类转基因作物可以起到抗虫、抗病或抗除草剂的作用，是这些外来基因促进作物产生抗虫物质、抗病物质或同特定除草剂具有拮抗作用的物质——除草剂安全剂，所以起作用的还是化学作用。一个化学物质，不管它是由化学合成生产而得，还是由植物生产而得，只要它能起到农药的功能，都属于农药。

在转基因生物农药中，最为典型并广泛应用的为具有抗虫作用的含苏云金杆菌（Bt）抗虫基因的作物。它是在种子时期即转入苏云金杆菌基因，当种子萌发出土长成植株后，在植株各部位均含有苏云金杆菌毒素，从而达到杀虫的目的。我国研究开发的抗虫棉即是如此。

转基因生物农药中另一个成功的范例，就是耐除草剂转基因作物。草甘膦是全球用量最大的灭生性除草剂，而黑麦草对其具有很高的耐药性，因而有人由此得到启示，设想通过基因工程技术将耐草甘膦基因转入作物体中，以提高作物对除草剂的耐药水平。经过不懈努力，终于在1991年培育出耐咪唑啉酮类除草剂的转基因玉米。而今，已针对12种除草剂研制出30余种耐除草剂的转基因作物，包括棉花、大豆、玉米、水稻、油菜、番茄、马铃薯、烟草、甜菜、苜蓿、白杨等；能耐的除草剂有咪唑啉酮类除草剂、磺酰脲类除草剂、草甘膦、草铵膦、溴苯腈、烯禾啶等。

在转基因生物农药中，近年来又将苏云金杆菌基因和耐除草剂基因同时转入作物体中，培育出既抗虫又耐除草剂的双重作用的转基因作物。目前取得成功的是玉米和棉花，它们的种植面积，1998年仅为30万公顷，1999年即达到290万公顷，2007年已经突破1亿公顷，发展速度极快。转基因生物农药的诞生，对世界农药事业产生很大影响，并带来了可观的经济效益，但也引起世界性的争论。面临着一些问题，如抗性风险问题、昆虫群落演替问题，有人担心转基因作物有可能产生杂草化，也可能通过基因漂移使野生近缘种变成无法防除的杂草，食用转基因作物的食品对人体健康有无不良影响等。为此，不少国家也采取了相应措施，完善相关制度，我国也不例外。相信对转基因作物的研究和利用一定会健康地发展。

4. 化学合成农药

化学合成农药是由人工研制合成，并由化学工业生产的一类农药，其中有些是以天然产品中的活性物质作为母体，进行模拟合成或作为模板据以结构改造、研究合成效果更好的类似化合物，这叫仿生合成农药。

化学合成农药的分子结构复杂，品种繁多（常用的约300种），生产量大，是现代农药中的主体，其应用范围广，很多品种的药效很高，而且由于化学合成农药的主要原料为石油化工产品，资源丰富，产量很大。

化学合成农药的发展经历了三个阶段：20世纪50年代中期以前为开创时期，50年代后期至60年代末为发展时期，70年代以后为高效化时期。现阶段化学合成农药的主要特点有二。①高效化。20世纪40年代以前防治病、虫、草的农药每公顷平均用药量高达7～8kg；50～70年代的新一代化学合成农药用药量降低了一个数量级，为0.75～1kg；而70年代以后出现的高效和超高效农药的用药量已降低达15～150g，某些品种已降至15g以下，芸薹素内酯在10～100mg/L的浓度下，便对植物显示生理活性。②随着人们对环境要求的提高，农药的管理及登记日趋严格，致使新农药品种出现速度滞缓，部分老品种因毒性或残留等原因而被禁用。

化学合成农药发展趋势大致有三个方面：

①增加新品种，特别是具有特异性能的新品种；②提高合成农药质量，由低纯度的粗制品向精细化工产品方向发展；③更新筛选方法，提高新化合物的命中率。总之，随着科学技术的飞速发展，21世纪的农药应是“绿色化学农药”、“生物合理农药”或“环境和谐农药”。

四、生物农药与化学农药的争论

现在有一种流行的观点，即认为凡是来自天然的、生物的（包括动植物的）农药似乎都是无毒、无害的，对目标外的生物、生态、环境均安全无污染，甚至在某些农药产品的说明书和宣传资料中也标称为“天然产物、无毒、无污染”等字样。这是不符合事实、不尊重科学的观点。

众所周知，天然的和生物体中本身就含有大量对人类有害的物质，其中有些是可致癌的。作为西方主要粮食作物之一的马铃薯中就含有剧毒的癫茄碱；因吃了未煮熟的扁豆而发生食物中毒的不幸事件也时有报道；也不是所有的蘑菇和野菜全可以吃；就连为人类治病的中草药也有“以毒攻毒”之说。据食品药理学家的研究成果表明，不少植物能自行合成具有抗敌作用的有毒成分，如果吃多了同样威胁人类的健康。上海农药研究所曾开发的一种农用抗生素，药效很高，但因其毒性太高而被否定了。还有一种杀鼠病毒，因为它对人的危害性难于评价而中止了开发研究。这些都说明来自天然的农药并不都是无毒、无害的，必须坚持和化学合成农药同样的标准，进行毒理和环境评价，才能确定其是否安全，有无污染。

对由菌类所提取的物质和自植物体内提取的物质，除了作为农药的有效成分外，其他各种成分对人类和环境有没有危害，在没有进行大量过细的研究和流行病学考察之前，也不应断言其是安全无害的。

所以说天然农药未必等于无害。无论是来自天然的或化学合成的农药，是否安全，关键在于科学使用，将其不良影响减少到国家允许的限量之下。

五、农药的名称

农药名称是它的生物活性即有效成分的称谓。一般来说，一种农药的名称有化学名称、通用名称和商品名称（我国从2008年开始取消商品名），为突出品牌效应，农药也有商标名称。

（1）化学名称

是按有效成分的化学结构，根据化学命名原则，定出化合物的名称。化学名称的优点在于明确地表达了化合物的结构，根据名称可以写出该化合物的结构式。但是，化学名称专业性强，文字太长，特别是结构复杂的化合物，其文字符号繁琐，使用很不方便。故除专业文章外，在科普书籍中一般不常采用。但国外农药标签和使用说明书上经常列有化学名称。

（2）通用名称

即农药品种简短的“学名”，是农药产品中起药效作用的有效成分的名称，是标准化机构规定的农药生物活性有效成分的名称，一般是将化学名称中取几个代表化合物生物活性部分的音节来组成，经国际标准化组织（简称ISO）制定并推荐使用，例如，敌百虫的通用名称为trichlorfon，三环唑为tricyclazole。通用名称第一个字母为英文小写。

我国使用中文通用名称和国际通用名称（英文通用名称）。中文通用名称在中国范围内通用，国际通用名称在全球通用。通用名称的命名是由

1

标准化机构组织专家制定的，并以强制性的标准发布施行。我国《农药通用名称》国家标准（GB4839–1998）由国家质量技术监督局于1998年7月13日发布，并于1999年1月1日实施。标准中规定了1 000个农药的通用名称，分杀虫剂、杀螨剂、增效剂、杀鼠剂、杀菌剂、除草剂、除草剂安全剂和植物生长调节剂等八类。因此，在国内科研、教学、生产、商贸、出版物、广告等有关领域，凡涉及农药有效成分名称的，均应使用该标准规定的通用名称，任何农药标签或说明书上都必须标注农药的中文和英文通用名称，以免混乱。

（3）商品名称

是指在市场上用以识别或称呼某一农药产品的名称，是农药生产厂为其产品在有关管理机关登记注册所用名称。农药通用名只有一个，但是商品名不同生产企业有不同的名字，五花八门，同样一个药剂，有多达七百多个商品名，"一药多名"现象非常普遍。

（4）商标

是农药生产企业为使自已的农药产品与其他企业相同通用名称的农药产品相区别，而使用在商品及其包装上或服务标记上的由文字、图形、字母、数字、三维标志和颜色组合以及上述要素的组合所构成的一种可视性标志。

由于近年来一些农药企业在农药商品名称问题上故弄玄虚、沽名钓誉，很多农药商品称让用户无所适从，例如，以通用名称吡虫啉为有效成分的可湿性粉剂，其商品名称有一遍净、大功臣、蚜虱净、蚜虫灵、虱蚜丹、四季红、大丰收、乐山奇、蚜克西、快杀虱、赛李逵、边打边落、大铡刀、蚜虎、速擒等600多个商品名称，商品名称花样翻新，但产品质量和应用技术没有突破，增加了用户选择农药的难度，也增加了用户的农药成本。

为解决这种农药产品数量多、"一药多名"和标签管理不规范等比较突出的问题，农业部在2007年底发布通知，决定取消农药的商品名，只允许用通用名和简化通用名，不能用其他的商品名代替通用名。取消农药商品名称后，农药的商标仍然可以使用，在公平竞争的环境下，企业靠商标创立自己的品牌，可以促使企业在产品质量和技术服务上提高竞争力，有利于农药应用的科学化。停止使用商品名称后，农药名称一律使用通用名称或简化通用名称，直接使用的卫生农药以功能描述词语和剂型作为产品名称；自2008年7月1日起，生产的农药产品一律不得使用商品名称。农药名称应当标注在标签的显著位置，商标标注的单字面积不得大于产品名称标注的单字面积。

同一种农药产品只有一个统一的以中文通用名称为核心的正式名称，它由三部分组成：有效成分质量百分数 + 有效成分中文通用名称 + 加工剂型名称，例如，80%敌敌畏乳油，不同厂家生产同一种农药制剂以注册商标相区别。原药名称的第三组成部分可以只写"原药"，也可按物态分别写为"原粉"、"原油"，例如87%辛硫磷原油、96%多效唑原粉等。

第二节 农药的作用方式

农药到达作用部位的途径和对有害生物靶标（害虫、病原菌、杂草等）发挥生物效果的方式，称为农药的作用方式。农药的作用方式有多种，只有掌握了每一种农药的作用方式，才能做到科学使用。例如，有内吸作用的农药在一天的傍晚或清晨内吸作用比较强，尤其是傍晚最强，这是因为傍晚时作物叶片和根系的生理吸水力最强，对于内吸药剂在使用中最好在傍晚前使用。因此，了解农药的作用方式对科学用药，提高防治效果与经济效益，减少对环境的污染都有重要的理论意义和实用价值。

一、杀虫剂的作用方式

杀虫剂对害虫发挥杀虫作用，首先要求以一定的方式浸入虫体，到达作用部位，然后才是如何在害虫体内靶标部位起作用，这种杀虫剂浸入害虫体内并到达作用部位的途径和方法，称为杀虫剂的作用方式。

常规杀虫剂的作用方式有胃毒、触杀、熏蒸三种，对于无机杀虫剂和植物性杀虫剂，一种药剂通常只有一种作用方式；对于有机合成杀虫剂，除了以上三种作用方式，还有内吸作用，并且一种药剂通常兼有多种作用方式，如毒死蜱对害虫具有胃毒、触杀和较强的熏蒸作用。特异性杀虫剂的作用方式有引诱、忌避与拒食、不育、调节生长发育等多种。

1. 触杀作用（action of contact poisoning）

药剂通过害虫表皮接触进入体内发挥作用使害虫中毒死亡，这种作用方式称为接触杀虫作用，简称触杀作用。具有触杀作用的杀虫剂称触杀剂，这是现代杀虫剂中最常见的作用方式，大多数拟除虫菊酯类及很多有机磷类、氨基甲酸酯类杀虫剂品种都有很好的触杀作用。

害虫表皮接触药剂有两条途径：一是在喷粉、喷雾或放烟过程中，粉粒、雾滴或烟粒直接沉积到害虫体表；二是害虫爬行时，与沉积在靶标表面上的粉粒、雾滴或烟、粒摩擦接触。药剂与害虫接触后，就能从害虫的表皮、足、触角或者气门等部位而进入害虫体内，使害虫中毒死亡，以触杀作用为主的杀虫剂，如氰戊菊酯，对于体表具有较厚蜡质层保护的害虫如介壳虫常常效果不佳。无论是哪一条途径，触杀作用杀虫剂在使用时，都要求药剂在靶体表面（害虫体壁和农作物叶片等）有均匀的沉积分布。

研究表明，农药喷雾时害虫对细雾滴的捕获能力优于粗雾滴（参见生物最佳粒径理论），另外，细雾滴在靶体叶片上的沉积分布均匀，因此，触杀杀虫剂喷雾作业时应该采用细雾喷洒法。生物靶标表面的不同结构也会影响其与农药雾滴的有效接触，例如，介壳虫体表以及水稻、小麦等作物叶片，由于存在较厚蜡质层，较难被药液润湿。由于多数杀虫剂的水溶性很低（如溴氰菊酯在水中的溶解度小于0.002g/L），沉积在植物体表面的药剂几乎不能被植物叶片吸收。因此，采用喷雾法时还应采取措施，使药液对靶体表面有良好的润湿性能和黏附性能。

2. 胃毒作用（action of stomach poisoning）

药剂通过害虫口器摄入体内，经过消化系统发挥作用使虫体中毒死亡称胃毒作用，有胃毒作用的杀虫剂称胃毒剂。胃毒杀虫剂只能对具有咀嚼式口器的害虫发生作用，例如，鳞翅目（幼虫）、鞘翅目和膜翅目等害虫。敌百虫是典型的胃毒剂，药液喷洒在甘蓝叶片上，菜青虫嚼食菜叶就把药剂吃进体内，中毒死亡。胃毒农药是随同作物一起被害虫嚼食而进入消化道的，由于害虫的口器很小，太粗而坚硬的农药颗粒不容易被害虫咬碎进入消化道；与植物体黏附不牢固的农药颗粒也不容易被害虫取食。

胃毒杀虫剂在植物叶片上的沉积量及沉积的均匀度，与胃毒作用的效果相关。要充分发挥胃毒作用，从施药技术方面考虑，要求药剂在作物上有较高的沉积量和沉积密度，害虫只需取食很少一点作物就会中毒，作物遭受损失就比较小。

3. 内吸杀虫作用（action of systemic poisoning）

药剂被植物吸收后能在植物体内发生传导而传送到植物体的其他部分发挥作用，这种作用方式称为内吸杀虫作用。内吸作用很强的杀虫剂称为内吸杀虫剂，如乐果、克百威、吡虫啉等，内吸杀虫剂的水溶性通常大于触杀药剂，如乐果在水中的溶解度为25g/L。内吸杀虫剂被植物吸收后在植物木质部、部分在韧皮部中转运分布，可以杀死那些以植物为食或刺吸植物汁液以及在植物体内为害的害虫。因此，内吸杀虫剂主要用于防治刺吸式口器的害虫，如蚜虫、螨类、介壳虫、飞虱等，不宜用于防治非刺吸式口器的害虫。

我国农业昆虫学家齐兆生（1911～1999年）于1949年在英国ICI公司进修期间设计了水培蚕豆苗试验，向水中添加不同浓度的八甲磷，在豆苗叶片上接种豆蚜，豆苗根部与茎叶部分完全隔离开以排除触杀与熏蒸作用的影响，结果显示各处理豆蚜的死亡率与向水中添加八甲磷的浓度成正相关性，首次发现了有机农药品种具有内吸作用。随后，根据八甲磷的内吸作用而发展的使用方法申请了相关专利。

内吸作用可以通过叶部吸收、茎秆吸收和根部吸收等多种途径，所以，内吸药剂施药方式多样化。茎秆部吸收一般采取涂茎和茎秆包扎等施药方法，根部吸收则通过土壤药剂处理、根区施药以及灌根等施药方法，叶部的内吸作用则主要通过叶片施药方法。目前发现的内吸杀虫剂，大多是以向植株上部传导为主，称为“向顶性传导作用”。叶片处理的内吸杀虫剂很少向下传导，喷撒在植物叶片上的内吸杀虫剂，如果分布不均匀，往往也不能获得理想的杀虫效果。所以，并不是内吸药剂就可以随意喷药，也应注意施药质量。

内吸杀虫剂也可以被种子吸收，如通过浸种方法，药剂分布在种皮和子叶，可以防止害虫为害；种子发芽后，某些内吸药剂（如吡虫啉）可以转运到幼苗中，保护幼苗免受虫害。

内吸杀虫剂可以有多种使用方法，一定要根据作物、天气等具体情况加以选择。利用农药的内吸作用方式使用农药时，需要根据植物的生理活动特性决定农药使用时间。植物在一天中呼吸作用有差异，在日出前后呼吸作用最强，因此，在日出前后处理植物，更容易发挥其内吸作用，取得满意的防治效果。

4. 熏蒸作用（action of fumigant posioning）

药剂以气体状态经害虫呼吸系统进入虫体，使害虫中毒死亡的作用方式，称为熏蒸杀虫作用。典型的熏蒸杀虫剂都具有很强的气化性，或常温下就是气体（如溴甲烷、硫酰氟），熏蒸杀虫剂的使用通常采用熏蒸消毒法。由于药剂以气态形式进入害虫体内，因此，熏蒸消毒在施药技术方面有两方面的要求：（1）必须密闭使用，防止药剂逸失，例如，溴甲烷、氯化苦土壤熏蒸消毒时需要在土壤表面覆盖塑料膜，磷化铝粮仓消毒时需要整个粮仓密闭等。（2）要求有较高的环境温度和湿度，较高的温度有利于药剂在密闭空间扩散，对于土壤熏蒸，较高的温湿度还有利于增加有害生物的敏感性，增加熏蒸效果。在熏蒸消毒实施过程中容易造成人员中毒事故，因此，需要受过专门培训的技术人员操作实施。

很多杀虫剂并不局限于一种作用方式，像氟虫腈（fipronil）等，常常是几种作用方式都起作用。对于取食植物叶片为主的害虫，例如，粉纹斜蛾，胃毒作用为主；但对于棉铃虫这种取食棉铃幼蕾为主的害虫，在植物叶片上爬行过程中，也能通过摩擦捕获药剂，此时触杀作用在害虫防治中也起到重要作用。因此，对于这类害虫要选择兼有胃毒和触杀作用的杀虫剂，在施药过程中要求药剂沉积分布均匀，增加害虫捕获药剂的几率。

二、杀菌剂的作用方式

杀菌剂的使用是防治植物病害的有效措施。杀菌剂对病原菌毒力表现为杀菌和抑菌两种作用方式，对植物表现为保护作用和治疗作用两种作用方式，非内吸性杀菌剂多表现为杀菌作用和保护作用，内吸性杀菌剂多表现为抑菌作用和治疗作用。

1. 保护作用（protective action）

病原菌浸染植物之前施用杀菌剂，由于植物表面上已经沉积了一层药剂，病原物就被控制而不能萌发、浸入，从而达到保护作物免受病原菌为害的目的，这种作用方式称为“保护性杀菌作用”，简称保护作用，具有这种作用的杀菌剂称为保护性杀菌剂。保护性杀菌剂使用时要求在植物上黏着力强、持留期长，才能达到预期的目的，在植物生长期间或者因为天气影响等原因，保护性杀菌剂必须连续多次用药，方能奏效。

保护作用防治病害的施药途径有两种：一种是在病害浸染源施药，如处理带菌种子或发病中心；另一种是在病原菌未浸入之前在植物表面施药，阻止病原菌浸染。波尔多液、代森锰锌、百菌清等都是保护性杀菌剂。保护作用杀菌剂施药要求在病原菌浸染以前或浸染初期及时施药，施药要求药剂沉积分布均匀。露地施用保护性杀菌剂通常采用常量喷雾法。温室、大棚等保护地施用保护性杀菌剂可以采用常量喷雾法、低容量喷雾法、粉尘法、烟雾法等施药方法，根据种植作物、杀菌剂剂型、施药器械、气象条件选用，例如，常用保护性杀菌剂百菌清就有75%可湿性粉剂、5%粉剂、20%烟剂等剂型可供选用。

使用保护性杀菌剂，使药剂在植物表面形成严密的沉积覆盖是十分重要的，因此，采用喷雾方法、喷粉方法，一定要使药剂沉积分布均匀。采用浸种方法处理可以保护种子免受病原菌侵害。浸种的方法不仅可以使种子免受病原菌危害，而且有些药剂还可以对胚芽和幼苗起保护作用。保护性杀菌剂不能有效地防治植物根部病害，尽管有时在根周围的土壤中施药处理可以形成一个保护层，但由于根的不断生长，植物根的新生部分接触不到药剂，因而防治效果不理想。

2. 治疗作用（therapeutic action）

在病原菌侵染植物或发病以后施用杀菌剂，拟制病菌的生长或致病过程，使植物病害停止发展或使植物恢复健康的作用。根据作用部位的不同，治疗作用又分为表面治疗、内部治疗及外部治疗。（1）杀菌剂只能杀死附着于植物和种子表面的病菌或抑制其生长为表面治疗，例如，用硫制剂防治多种植物的白粉病，只要杀死叶面的病菌孢子就能达到治疗目的。（2）杀菌剂渗透到植物内部并传导到其他部位，抑制病菌的致病过程称为内部治疗，大部分内吸杀菌剂都具有此种治疗作用，在实际病害防治中主要依赖此种作用。（3）将被病原菌侵染的树干或枝条刮去病部，然后用杀菌剂消毒，再涂上保护剂防止病菌再次侵染，这种方法称为外部治疗，这种方法在苹果腐烂病防治中经常采用。

内吸杀菌剂不仅可以在施药部位发挥生物效果，可吸收和转运之后，药剂的有效成分还可以在远离用药部分的植物部分起作用，因此，受到人们的欢迎。许多杀菌剂可以通过植物的叶和根的表皮吸收，分布在植物体内；许多内吸杀菌剂可以进入植物的维管束内，相当多的内吸杀菌剂在植物的木质部内随着水流从根向上到达植物的地上部分，分布到蒸腾能力强的叶片中。内吸杀菌剂采用叶片喷雾，药剂只能在叶片内分布，因为药剂不可能从处理的叶片中输出，因此，即使内吸杀菌剂在叶片喷雾时也要求喷雾均匀。

现在的内吸杀菌剂多为木质部运输的药剂，具有韧皮部运输性能的杀菌剂还非常少。因此，现在开发新杀菌剂的目标之一就是要求药剂具有良好的韧皮部转运性能。假如杀菌剂可以在韧皮部转运，当药剂作叶面喷雾时，药剂就可以转运到其他没有喷到的叶片上去，有效地控制没有直接接触药剂部位的病害。

内吸治疗作用杀菌剂在使用上可以采用种子处理、土壤处理和叶面喷雾喷粉等技术。内吸性杀菌剂多数具有保护和治疗的双重作用，治疗作用也要求杀菌剂与病原菌形成良好的接触，因此，在喷雾喷粉过程中要求均匀的沉积分布并达到较高的沉积密度。

三、除草剂的作用方式

从生物学角度讲，杂草和作物都是依靠光合作用而生存的绿色植物，许多重要杂草与农作物在分类地位上十分接近，在生理生化特性上也非常相似，因此，除草剂的使用要比杀虫剂和杀菌剂的使用更为复杂。如何使除草剂仅仅对杂草发挥作用而又不影响作物的生长发育，就成为除草剂使用中的一个突出问题。

杂草的生长发育也要经过萌发、幼苗、成株、开花、结籽等阶段。毫无疑问，不同阶段对除草剂的敏感性是不一样的，一般说幼嫩杂草比成株期更要敏感些。对于除草剂来说，由于除草剂作用机制差别很大，杂草的敏感性同除草剂的类型和作用方式有很大关系。

除草剂对杂草的作用方式有触杀除草和内吸输导两种。

1. 触杀除草作用

只能杀死杂草接触到除草剂部位的作用方式，这种作用方式的除草剂称为触杀除草剂。触杀除草剂只能杀死杂草的地上部分，而对接触不到药剂的地下部分无效。因此，触杀除草剂只能防除由种子萌发的杂草，而不能有效防除多年生杂草的地下根、地下茎。例如，百草枯就是一种灭生性触杀除草剂，几乎任何植物的绿色部分接触到百草枯药剂都会受害干枯。

大多数除草剂都具有很强的触杀作用，可以进行茎叶处理和土壤处理，用于土壤处理的除草剂在土壤中与杂草的幼苗和根系发生的接触也属于触杀作用。有触杀作用的除草剂，一般具有渗透杂草表皮进入植株体内的能力，才能破坏植物体内的生命代谢过程，杀死杂草。除草剂一般都具有很强的极性，因此，比较容易渗透进入植物体内。除草剂制剂中所含有的表面活性剂有利于药剂渗透，为提高防治效果，除草剂在使用时要加入喷雾助剂，提高触杀除草剂在杂草叶片的沉积量和渗透速率，矿物油和植物油是很好的喷雾助剂。

触杀除草剂可以采用喷雾法、涂抹法施药技术，施药过程中要求喷洒均匀，使所有杂草个体都能接触到药剂，才能收到好的防治效果。

2．内吸输导除草作用

除草剂施用于植物或土壤，通过植物的根、茎、叶吸收，并在植物体内输导，最终杀死植物，这种作用方式称为内吸输导除草作用。苯脲类、均三氮苯类和一些类似除草剂可以在植物的木质部内自由输导，是内吸除草剂。内吸输导除草剂的使用方法可以是土壤封闭处理，也可以是茎叶处理，如莠去津可以茎叶喷雾，也可以土壤封闭处理；草甘膦有强烈内吸作用，可向顶性、向基性双向输导，施用于植物后可杀死植物的地上部分，也可杀死植物的地下部分。由于草甘膦接触土壤后很快失效，只能用作茎叶处理。

除草剂喷雾时的着药叶片在植株上的着生部位对于药剂的内吸运输起着重要的作用。若着药叶片位于植株的上部区域，则药剂优先向植株茎的上部运输，而向根的方向运输的比例很小。所以在生长稠密和比较高的植物上施用除草剂时，要注意植株上部叶片对下部叶片的明显遮盖效应。

无论触杀作用和内吸作用，对施药技术都有如下要求：（1）药液对杂草叶片表面有良好的润湿能力，否则除草剂难以进入杂草体内，即使是触杀作用除草剂，如果不能渗入植物细胞，则不能表现杀草活性，因此，除草剂施用时通常需要加入表面活性剂；（2）喷雾过程中防止雾滴飘移引起的非靶标植物的药害，可以通过更换喷头、降低喷雾压力等措施减少细小雾滴的产生或采用防护罩等措施减少雾滴飘移；（3）喷雾均匀，避免重喷、漏喷，药剂在田间沉积量的变异系数不得大于20%，以保证防治效果，避免对后茬作物得药害。

3．除草剂使用中的人为选择

除草剂使用中的选择方式有形态选择、生理选择、生化选择、人为选择等多种选择原理，与农药使用技术更为密切相关的是人为选择。本书只介绍除草剂的人为选择及与农药使用技术的关系。

除草剂人为选择是指本身无选择性或无明显选择性，在人为条件下造成时间和空间的差异，使杂草尽量多地吸收除草剂而被杀死，而作物尽量避开吸收除草剂而得到保护。人为选择可分为位差选择和时差选择。

（1）位差选择

利用除草剂药层分布于土壤不同部位、杂草和作物种子分布于不同层次，达到防除杂草而不伤害作物的目的（图1–1）。如有些在土壤中难以移动的除草剂用来作土壤处理时，作物种子萌发的根在土壤深层生长，地上部长出土壤药层后也能安全生长，而杂草种子在土壤较浅的药层萌发，接触较多的除草剂而被杀死。

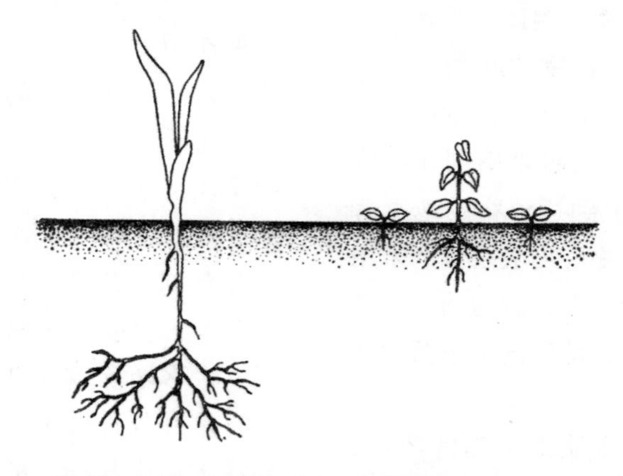

图1–1 利用位差进行化学除草，达到选择性目的（kurt 1968）

（2）时差选择

利用作物和杂草的不同生育期，施用除草剂达到选择性防除目的。如先杀死杂草而后播种或移植作物，在免耕地常用草甘膦将萌发后的杂草先杀死，再进行播种。

对于非选择性除草剂，广泛应用于人为选择防除杂草，如在定植作物的行间喷雾，是综合利用时差选择和位差选择的综合应用。需要注意的是，在进行除草剂行间喷雾时，一定要在喷头处加装保护罩，或采用粗雾滴喷雾法，避免药剂飘移到敏感作物上（图 1–2）。

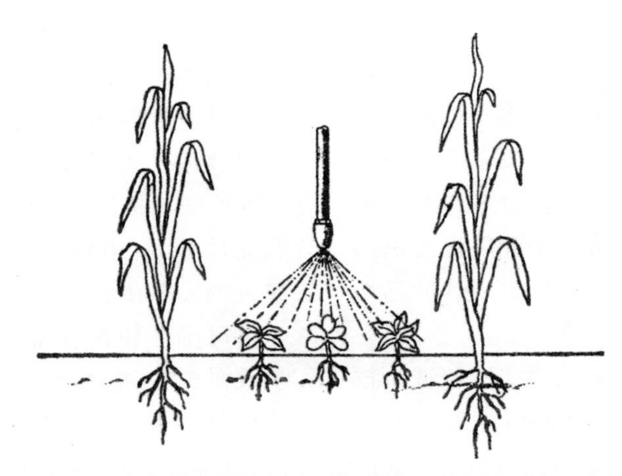

图 1–2 在敏感作物行间定向喷洒除草剂，达到选择性目的（米勒，1988）

不论是位差选择，还是时差选择，都是采用人为措施使除草剂与杂草接触，而避免与敏感作物的接触。因此，在除草剂的喷雾技术中，防止细雾滴飘移则成为技术成功与否的关键。而很多除草剂使用不太注意这方面的问题，特别是在早春季节进行除草剂土壤处理（位差选择），不注意天气条件，在风速较大、不适合除草剂喷雾的条件下仍从事喷雾作业，虽然在自家农田达到了位差选择的作用，却使细小除草剂雾滴飘移到邻近敏感作物上，造成作物药害，引起邻里纠纷，则是很不应该的。

第三节　农药剂型与应用

一、农药制剂与剂型

农药是一类特殊的化学药物。从其定义可知，农药是有效成分及其制剂的总称。农药有效成分一般由农药生产厂经化学合成或生物发酵等方法获得，有效含量较高而统称为农药原药。除少数品种外，农药原药一般不能直接施用，必须根据原药特性和使用的具体要求与一种或多种没有药物作用的非药物成分（通常称农药辅助剂，或简称农药助剂）配合使用，加工或制备成某种特定的形式，这种加工后的农药形式就是农药剂型（formulations），如乳油、可湿性粉剂、悬浮剂等。剂型选定后，农药生产厂就可以根据企业中有机溶剂、乳化剂及其他成分获得的难易对农药原药进行加工，如将 92% 阿维菌素原药加工成 1.8% 阿维菌素乳油或 0.9% 阿维菌素乳油，将 95% 腈菌唑原药加工成 12.5% 腈菌唑乳油或 25% 腈菌唑乳油等。这种农药剂型确定后的具体农药品种就叫农药制剂（preparations）。由此可见，农药剂型与农药制剂并不是一回事，农药剂型是一类具有一定理化性状、适用于一定使用方法的农药制剂的总称；

农药制剂却是具有一定农药有效含量的、可以进行销售和使用的具体商品。

农药有效成分通常只是农药制剂配方的一部分。可以说，农药剂型加工研究的是一个农药在被批准正式应用于生产之前的一个关键性工作。在开始农药剂型研究之前，农药有效成分的化学结构、理化性质、药理学及毒理学等性质已经明确，将农药原药加工成农药制剂一般不会改变农药有效成分对有害生物作用的本质和特点。理论上讲，每一个农药有效成分可以加工成许多不同的农药剂型。但到底加工成什么剂型，首先需要考虑农药有效成分的特点和使用技术对农药分散体系的要求；除此之外，随着人类科技进步和环保意识加强，降低使用毒性、减少环境污染、优化生物活性也成为农药剂型加工必须考虑的因素。

农药剂型加工涉及到多学科的理论及试验技术，主要利用表面活性剂的两亲特性或填料的黏着、吸附作用，达到农药原药的极大分散。不管这种分散形式如何，助剂的选择都起着关键作用。农药原药加工成农药制剂以后，理化性质变得更为复杂了，贮藏运输、药液配制以及对施药机械和施用技术的要求都会因剂型不同而异，使用时必须认真对待。

农药剂型目前被设计成两字母代码系统，根据最新国际剂型代码系统统计目前已有各种农药剂型近百种，常用的有几十种。按剂型物态分类，有固态、半固态、液态、气态；按施用方法分类，有直接施用、稀释后施用、特殊用法等。多数农药加工成水中分散使用的剂型，这主要是考虑了实际使用中水来源丰富和水基性药液配制及施用的便捷。而这些水中分散使用的剂型中，液体剂型又占较大比重，这与液体剂型加工及使用中计量和添加方便有关。

下面就几种主要农药剂型分别进行介绍：

1. 可湿性粉剂（wettable powder，WP）

可湿性粉剂是农药的基本剂型之一，是由农药原药、载体或填料、表面活性剂（润湿剂，分散剂）等经混合（吸附）、粉碎而成的固体农药剂型。加工成可湿性粉剂的农药原药一般既不溶于水，也不易溶于有机溶剂，很难加工成乳油或其他液体剂型。常用杀菌剂、除草剂大多如此，因此，可湿性粉剂的品种和数量比较大。

根据使用、贮藏等多方面的要求，可湿性粉剂必须具有好的润湿性、分散性、流动性以及高的悬浮率和冷贮、热贮稳定性。加水稀释可以较好润湿、分散并可搅拌形成相对稳定的悬浮液。这主要取决于配方中使用的润湿剂和分散剂是否合适。以往我国的可湿性粉剂质量较差，主要是使用助剂不好、粉体细度不够而导致的制剂悬浮率太低。近年来，随着我国助剂质量提高及加工设备改进，大多数可湿性粉剂产品的技术指标接近或达到了联合国粮农组织（FAO）的标准，制剂润湿时间小于60秒、悬浮率达到70%或更高、粉粒直径大多在5μm以下。

可湿性粉剂常常含有较高的有效成分含量，多数在50%或更高。有效成分含量的高低主要由填料数量决定，例如，像水合二氧化硅（白炭黑），具有较高的吸油率，可以很好阻止农药颗粒在粉碎加工时熔和团聚和加工的产品在贮存期间结块和聚集。当然，由于水合二氧化硅非常耐磨，配方中应尽可能少用。否则，除了加工机械的磨损，喷雾机具的喷孔也会受到磨损而降低使用寿命。

与乳油相比，可湿性粉剂的加工至少需要粉碎与混合设备，而且一般需要气流粉碎才能达到较高质量水平，能耗比较大；但是，其不用或很少用有机溶剂和乳化剂，润湿剂和分散剂的用量也比较少（一般5%以下），整体加工成本要低。可湿性粉剂属于固体剂型，易于包装与贮运，不易燃；但是，加工与使用过程中的粉尘飘移，特别是除草剂又带来作物药害和操作者吸入的风险，另外生产和贮存时也必须保证原料和产品不受潮、不受压，以免结块。

为了避免可湿性粉剂使用过程中对操作者的危害，适于手动喷雾器一次喷雾使用的小包装在一些地区国家发展起来，有些农药生产企业甚至使用了水溶性塑料小包装袋，对这种方便形式做了发展，可以整个包装一起加到喷雾器药桶中。另外，为了充分发挥药效、降低成本，尽可能提高可湿性粉剂有效含量也是近年发展的主要方向。当然，要想从根本上解决可湿性粉剂粉尘飘移带来的问题，保留其优点，克服其缺点，或许是水分散粒剂发展的重要方向。

2. 可溶性粉剂（water soluble powder，SP）

可溶性粉剂是在可湿性粉剂基础上发展起来的一种农药剂型，其农药原药必须溶于水或在水中溶解度较大，配方中载体或填料也最好溶于水（允许有少量不溶于水但与水亲和性较好、细度较高的填料），在形态和加工上与可湿性粉剂类似。

3. 水分散粒剂（water dispersible granule，WG）

为了解决可湿性粉剂存在的粉尘问题，粉剂可以与高水溶性或高水吸附性材料和凝固剂进行粒性化而加工成水分散粒剂。这种粒性化制剂与水混合时可迅速崩解并形成与可湿性粉剂一样的细小颗粒悬浮液。水分散粒剂的配方，特别是助剂系统比可湿性粉剂复杂，除了润湿剂和分散剂，还要加入合适的崩解剂、黏结剂等，而且用量要大。

水分散粒剂是在可湿性粉剂和悬浮剂的基础上发展起来的农药新剂型，在技术指标控制上，除了要求入水崩解迅速外，其他基本上与可湿性粉剂相同。

水分散粒剂的加工涉及到多学科的理论与试验技术，技术含量较高，制作工艺复杂，连续化生产设备投资大。水分散粒剂多采用干法生产，首先按配方要求将农药原药、助剂及载体混合均匀，然后经气流粉碎到规定的细度，再加入水搅拌、造粒，最后烘干、过筛即得产品。混合与粉碎工艺和可湿性粉剂相差不大，造粒方法包括盘式造粒、硫化床造粒和喷雾干燥造粒等多种方法。另外，水分散粒剂还有湿法生产，即先按配方要求将农药原药、助剂及载体等用砂磨机加工成水悬浮剂，再烘干、造粒的方法。此法工艺更为复杂，成本也高，所以应用较少。正是由于水分散粒剂使用助剂量大、加工工艺复杂、生产成本高，所以其有效含量也比其他相应剂型高。否则，其在市场上远不如同等浓度的其他剂型更具竞争力。

水分散粒剂的优点是非常明显的，一方面继承了可湿性粉剂和水悬浮剂的优点；另一方面又克服了这两类剂型的一些缺点，再加上制剂粒性化后带来的包装、贮运及计量上的方便，无疑是未来农药新制剂的重要发展趋势之一。

4. 悬浮剂（suspension concentrate，SC）

农药水基性悬浮剂是一种发展中的环境相容性好的农药新剂型，是由不溶于水的固体或液体原药、多种助剂（润湿分散剂、防冻剂、增稠剂、稳定剂、填料等）和水经湿法研磨粉碎形成的多组分非均相粗分散体系，分散颗粒平均粒径一般为2～3μm，属于动力学和热力学不稳定性体系，流变学上多表现为非牛顿流体性质。

由于农药悬浮剂一般具有较高的有效成分含量或固体填充物含量，不用或很少使用有机溶剂，施用时对水喷雾，分散性好、悬浮率高，又没有粉尘飘移问题；使用中药效比可湿性粉剂高，基本接近乳油，可以说悬浮剂具有乳油与可湿性粉剂两类重要剂型的优点，避免了它们的主要缺点。对于两类农药的混合物，如果不容易加工成乳油则可以选择加工成悬浮剂。另外，农民一般更喜欢使用液体剂型，因为液体制剂容易计量和进行少剂量量取。再加上为加强环境保护，国家将严格限制一些有机溶剂的使用。这些因素都导致人们对悬浮剂具有了更多的兴趣。因此，只要有可能，农药生产企业正在努力尝试用悬浮剂取代乳油和可湿性粉剂，从而使农药悬浮剂在我国得到了迅速发展。

根据生产、应用和贮运等多方面的要求，悬浮剂一般需要控制外观、黏度、细度、分散性、悬浮率及冷、热贮稳定性等技术指标。由于受加工设备及润湿分散剂等多方面的影响，我国农药悬浮剂生产与使用中长期存在贮存稳定的关键技术问题。农药的沉降导致制剂贮存过程中形成了块状沉淀，不容易再次悬浮而严重影响了正常使用。

农药悬浮剂的稳定与多种因素有关。首先是与悬浮体系中颗粒的粒径与分布有关。颗粒越大，沉降越快。而粒径分布是通过奥氏特瓦多熟化作用（Olstwald Ripening），使颗粒不断变大导致悬浮体的不稳定。其次是与体系中各种组分特别是表面活性剂在原药粒子上的吸附密切相关。通过表面活性剂在原药粒子上的吸附（化学吸附或物理吸附）可以使原药粒子界面能减少，从而减少粒子聚结合并；或者在原药粒子周围形成扩散双电层，产生电动电势，从而阻碍原药粒子之间的聚结合并；也可以通过吸附在原药粒子界面上形成一个致密的保护层，通过“位阻”作用迫使粒子分开，从而增加悬浮剂的抗聚结稳定性。另外，悬浮体黏度也是影响悬浮体系稳定的重要因素。

当然，悬浮剂完全不分层或不沉降是不可能的，只要稍加摇动或搅拌仍能恢复，并且对水较好分散、悬浮就不影响正常使用。

5. 乳油（emulsifiable concentrate，EC）

乳油是农药最基本剂型之一，是由农药原药、乳化剂、溶剂等配制而成的液态农药剂型。主要依靠有机溶剂的溶解作用使制剂形成均相透明的液体；利用乳化剂的两亲活性，在配制药液时将农药原药和有机溶剂等以极小的油珠（0.1～5μm）均匀分散在水中并形成相对稳定的乳状液。一般来说，凡是液态或在有机溶剂中具有足够溶解度的农药原药，都可以加工成乳油。

乳油的最主要技术指标是乳化分散性和乳液稳定性，这主要取决于制剂中使用乳化剂的种类和用量；其次是制剂中水分、酸度及耐贮存稳定性，这主要取决于农药原药在制剂中的溶解度和稳定性情况。

与其他农药剂型相比，乳油的主要优点是加工技术比较简单，生产设备投资少，整个加工过程中基本无三废产生，而且生产量容易扩大，所以乳油产品在我国占有非常大的市场份额（约60%以上）。另外，乳油剂型的药液配制和施用都很方便，质量优异的乳油制剂对水可自发乳化分散，稍加搅拌即可使用，而且也不受稀释倍数的限制。其缺点是制剂中使用了大量的有机溶剂，生产与贮运中存在安全隐患，使用中存在环境污染和人、畜毒性问题。另外，乳油生产中还必须严格控制制剂水分含量，贮运中注意包装容器的密封。

乳油是一个发展非常成熟的农药剂型，也是日趋被淘汰的一种剂型。乳油因耗用大量对环境有害的有机溶剂，特别是芳烃有机溶剂而被限用、甚至禁用的呼声甚高，美国等西方发达国家甚至相继颁布条款不再登记以甲苯、二甲苯为溶剂的农药。由于历史原因，乳油在一定时期内仍将是我国农药制剂的主导剂型。对必须加工成乳油的农药，应充分利用有机溶剂的溶解度，尽可能提高乳油制剂有效含量，鼓励并发展乳油高浓度制剂，不用或尽可能少用高毒有机溶剂，从而尽可能避免传统乳油大量使用有机溶剂对环境带来的危害。

6. 水乳剂（emulsion，oil in water，EW）

水乳剂有时也称做浓乳剂。是不溶于水的农药原药液体或农药原药溶于不溶于水的有机溶剂所得的液体分散于水中形成的一种热力学不稳定分散体系。实际应用中为水包油型不透明乳状液，分散油珠粒径通常为0.7～20μm，比较理想的是1.5～3.5μm。

水乳剂的加工主要是一个物理混合过程，关键是如何将配方中的原药、各种助剂及水能均匀地混合，并使原药以微小的液滴分散于水中，形成长期稳定的均相体系。目前大多采用高速均质混合系统，加工出产品的各项性能指标均可达到较高水平。

水乳剂是部分替代乳油中有机溶剂而发展起来的一种水基化农药剂型。与乳油相比，减少了制剂中有机溶剂用量，使用较少或接近乳油用量的表面活性剂，提高了生产与贮运安全性，降低了使用毒性和环境污染风险，是目前我国大力提倡发展的农药剂型。但是，由于制剂中大量水的存在，配方选择的技术要求较高。一方面，大批水中不稳定的农药有效成分不能加工成水乳剂；另一方面，随着温度和时间的变化，制剂在贮运过程中会产生油珠的聚集而导致破乳，影响贮存稳定性，必须选择合适的乳化剂，有时还需要加入一定量的增黏剂。再加上加工设备要比乳油复杂，这都在不同程度上限制了农药水乳剂的发展。

7. 微乳剂（micro-emulsion，ME）

农药微乳剂是借助表面活性剂的增溶作用，将液体或固体农药均匀分散在水中形成的光学透明或半透明的分散体系，微观结构上是由表面活性剂界面膜所稳定的一种或两种液体的微细液滴（10～100nm）构成，是热力学稳定体系。

从本质上讲，农药微乳剂和水乳剂同属乳状液分散体系。只不过微乳剂分散液滴的粒径比水乳剂小得多，可见光几乎可完全通过，所以我们看到的微乳剂外观几乎是透明的真溶液。农药微乳剂比水乳剂分散度高得多，可与水以任何比例混合，而且所配制的药液也近乎真溶液。这并不代表其药效会比乳油或水乳剂所配制的白色浓乳状药液差，反而由于有效成分在药液中高度分散，提高了施用后的渗透性，从而提高了药效。否则，如果微乳剂对水稀释配制的药液为白色乳浊液，说明这种微乳剂质量不合格。

微乳剂的配方组成比水乳剂还要严格，特别是使用表面活性剂、助表面活性剂的种类和用量，完全决定着微乳剂的自发形成与贮存稳定，生产中绝对不能随便更换或减少。微乳剂的加工工艺要比水乳剂复杂，一般油相、水相分别配制，然后再混合形成微乳剂；有的还需要注意加料顺序和加料速度。微乳剂只要配方合理在动力学上可以自发形成，一般不需要外界提供过多能量。所以，其加工设备与乳油相似而比水乳剂简单。

和水乳剂一样，农药微乳剂也是乳油剂型的替代发展方向，国内外都比较重视。但是，由于农药制剂微乳化的研究起步较晚（国外始于20世纪70年代；我国始于20世纪90年代），农药微乳剂并未形成大规模工业化生产和实际应用，且大多产品存在表面活性剂用量大、制剂有效含量低，产品贮存稳定性差等问题。

8. 粉剂（dustable powder，DP）

粉剂是由农药原药、填料及少量助剂经混合（吸附）、粉碎至规定细度而成的粉状固态制剂。按照粉粒细度可分为DL型粉剂（飘移飞散少的粉剂，平均粒径20～25μm）、一般粉剂（通用粉剂，平均粒径10～12μm）和微粉剂（平均粒径小于5μm）。我国以通用粉剂为主，可以喷粉、拌种和土壤处理使用。

我国多数粉剂含有0.5%～10%的农药有效含量，要求粉粒细度95%以上过200目筛（筛孔内径74μm），水分含量小于1.5%，pH值为5～9，并具有较好的流动性和分散性能。粉剂可以直接由农药原药、填料、助剂等一起混合粉碎而成，也可以利用挥发性有机溶剂把农药原药溶解，再与达到细度的粉状载体混合搅拌而成。另外，由于运输大量填料比较昂贵，粉剂生产厂也可以提供给客户有效含量较高的母粉，使用前与填料混合后再用。母粉由高吸附容量填料吸附农药溶液制成，选择合适的加工机械将填料与农药混合粉碎而成。母粉的使用一般按照田间使用量在田间与同种填料混合使用。为了保证粉剂制剂稳定，尽量避免使用具有高表面酸碱度，或者高吸油率的填料。比较适合的填料是各种矿土，比如凹凸棒土、蒙脱土、高龄土、滑石粉等。

粉剂加工容易、包装与贮运简单，一般直接施用、不需用水，成本低、工效高。所以，在相当一定时期内，粉剂一直是我国重要的农药剂型。目前，由于粉剂中大量相当小的颗粒容易顺风飘移，而且也会产生农药有效成分与填料分离的现象，多数粉剂不再喷洒使用，大部分用来进行种子处理。进入20世纪90年代后，我国北方保护地面积逐年扩大，在粉剂基础上一种适于保护地使用的“粉尘剂”得到开发，并广泛推广，重新带动了我国粉剂发展。这种粉剂要求细度高，填料相对密度小，在保护地这样相对封闭的环境中施用，操作简便、药剂穿透性好，还有利于降低湿度，因此，较受欢迎。

9. 颗粒剂（granule，GR）

颗粒剂是由农药原药、载体、填料及助剂配合经过一定的加工工艺而成粒径大小比较均匀的松散颗粒状固态制剂。按粒度大小分为大粒剂（粒度范围为直径5～9mm），颗粒剂（粒度范围为直径1.68～0.297mm，即10～60目）和微粒剂（粒度范围为直径0.297～0.074mm，即60～200目）。

颗粒剂对粉剂和其他喷雾剂型具有较好的补充。由于粒度大，下落速度快，施用时受风影响小，可实现农药的针对性施用，如土壤施药、水田施药及多种作物的心叶施药等。由于制剂粒性化，可使高毒农药制剂低毒化，使颗粒剂可以采用直接撒施的方法施用。另外，颗粒剂粒径范围窄小，施用时没有粉尘问题，不会黏附在操作人员身上，也不会附着在作物的茎叶上，提高了使用安全性。颗粒剂为直接施用的农药剂型，有效含量一般不能太高（小于20%），否则农药有效成分很难均匀分布。但当有效含量太低（小于5%）时，又要考虑所用填料的经济性。

颗粒剂的加工对农药原药没有特殊要求，其配方组成和造粒方法可根据原药性状及理化性质选择。常用的加工方法有包衣法、浸渍法、捏合法三种。包衣法可以使用低吸附性的载体，药剂的释放速度可以通过选择黏结剂来控制。后两种加工方法一般使用吸附性较好的载体，药剂大部分处于载体颗粒里面，施用后再缓慢释放出来，因此，具有明显的缓释作用。

颗粒剂的研究在我国已具有较长的历史，工业化生产也初步形成体系，并具有了一定规模。特别是近年来农药制剂粒性化发展得到普遍重视，粒状制剂质量得到较大提高，颗粒剂在精准施药技术体系中得到应用。这都将促进颗粒剂在我国的发展。

10. 烟剂（smoke generator，FU）

烟剂是由农药原药、供热剂（氧化剂、燃料等助剂）等经加工而成的固态农药剂型，根据使用要求可以加工成粉状、锭状或片状。只需要用火点燃，依靠供热剂燃烧释放出的足够热量，使农药原药升华或汽化到大气中冷凝后迅速变成烟（微粒细度0.5～5μm）或雾（微粒细度1～50μm），并在空气中长时间悬浮和扩散，从而起到防治病虫害的目的。

烟剂的最大特点是药剂的分散度高，扩散快。烟剂点燃后很快即可成烟并迅速扩散、充满整个保护空间，具有巨大的表面积和表面能，使药剂的穿透、附着能力大大增强。不管防治靶标所处位置如何，药烟可以扩散到保护空间的任何一个角落，并在各种物体表面形成均匀沉积，从而大大提高药效。烟剂的另一个特点是使用时不需要任何器械，不用对水稀释，也不需要进行任何处理，使用简便省力。烟剂适于在温室大棚、仓库及商店库房等密闭环境使用，也可以在森林、灌木丛及山谷和洼地等山高路远、缺水的地方使用。但必须注意烟雾有可能从处理场所泄漏，应避免烟雾分散进入临近的办公室及住房。

烟剂配方的选择是烟剂加工的关键。加工成烟剂的农药有效成分必须在成烟条件下易挥发，但又能保持一定时间不分解或分解较少。烟剂的助剂搭配要合理，既要保证烟剂点燃容易、燃烧迅速彻底、发烟量大，又不能产生明火、余火，还要处理好燃烧与消焰、生热发烟与有效成分稳定及氧化与还原等之间的关系。否则，配方不合理或加工技术不高，生产或贮运过程中就会存在自燃或爆炸的危险。一般烟剂都采取助剂、主剂、引线分别加工处理，然后再进行混合、组装或成型。

一个好的烟剂要求一次点燃、无名火，烟雾连续不断、有冲力，农药有效成分成烟率在80%以上，燃烧时间杀虫剂每公斤7～15min、杀菌剂10～20min，20～30g制剂在80±2℃恒温条件下连续72h不自燃。

蚊香是烟剂的一种特殊形式，是由木屑、淀粉及多种其他添加剂、颜料（通常为绿色）与天然除虫菊酯或丙烯菊酯一起经挤压而成的带状物，主要用于家庭、医院和公共场所驱赶或杀死蚊子，为人们提供了一种减轻夜间蚊子为害的一种方式。每个蚊香带一般重12g，在没有空气对流的情况下至少可以连续燃烧7.5h。

11. 超低容量喷雾（油）剂（ultralow volume concentrate，UL）

超低容量喷雾（油）剂是以高沸点的油质溶剂为农药有效成分分散介质，添加适当助剂配制而成的一种特制油剂。一般具有较高的农药有效含量，配方中选用高沸点溶剂或加入抑蒸剂以避免细小雾滴挥发变小。与其他超低容量喷雾（油）剂相比，静电油剂的配方中必须含有静电剂。

大多数情况下，超低容量油剂的黏度需要使用合适的有机溶剂调整，这种有机溶剂的主要作用是溶解化学农药，有效地阻止雾滴蒸发。除此之外，适合超低容量油剂使用的溶剂还应该具有低的黏度系数、黏度不随温度变化而变化、与一定范围的化合物具有好的协调性、没有药害。这种溶剂的比重要高，以增加小雾滴最终的沉降速度，农药有效成分必须完全溶解在其中。同时具有这些优良特性的溶剂是不可能的，所以一般使用混合溶剂。

超低容量喷雾（油）剂一般不用对水而直接施用，既可用机械进行弥雾，也可进行超低容量喷雾。超低容量喷雾（油）剂施用后形成的雾滴非常细而且均匀，所以用量少、药效高。但是，由于受施药机械的限制，我国超低容量喷雾（油）剂的品种不多。

12. 其他农药剂型

上面介绍的是我国应用比较普遍的农药剂型，另外还有许多农药剂型由于制剂用量不大而不常见。例如，水剂、种衣剂、气雾剂、热雾剂、缓释剂等，有的是在其他剂型基础上发展起来的，有的是其他剂型的一种新使用方法。总之，农药剂型种类很多，而且发展很快，随着农药新品种的出现，新的施药器械和使用方法也会不断出现，由此就会要求发展新的农药剂型与之相适应。只要我们掌握了农药剂型的基本知识，就会比较容易地掌握农药新剂型的发展动向与基本情况。

二、不同农药剂型的使用技术

农药剂型与使用技术是密不可分的。假如把农业有害生物防治比喻成一场战争，农药生产企业把农药原药加工成不同农药剂型，只是完成了战争所需弹药的制造。如何使用这些弹药准确而又最大限度地消灭敌人，则还需要能够发射这些弹药的枪炮和有效的指挥系统与之配套，这就是农药使用技术的任务。实际上，农药剂型加工与使用技术的最终目的都是为了最大限度地增加农药原药的分散度，以尽可能少的农药使用量达到最好的防治效果。如前所述，不同的农药剂型具有不同的特性，使用中必须扬其长避其短，既要达到理想防效，又要注意环境和人、畜安全。

下面就主要剂型的使用技术及使用中应该注意的问题进行阐述。

为了叙述方便，将按农药剂型的施用方法分类阐述：

1. 不用稀释而直接使用的农药剂型

这类农药剂型主要包括粉剂、颗粒剂、超低容量喷雾（油）剂等，使用前一般不须做什么处理，但要求特定的施药机械与施用方法。

（1）粉剂

粉剂可以喷粉、拌种和土壤处理使用，适合于供水困难地区和防治暴发性病虫害。

喷粉法是最常用的粉剂施用方法，主要是利用气流把药剂吹散使粉粒飘扬在空气中，然后再利用粉粒的重力作用沉落到防治对象上起作用。粉剂的喷施一般需要专用的喷粉器具，以形成足够的风力克服粉粒的絮结。由于喷粉法喷施的粉粒在空气中具有很强的飘翔能力，操作者必须戴口罩和穿防护服，喷施时还必须严格注意气象条件。粉剂最好在无风或相对封闭的环境（温室大棚）中施用。

拌种法也是一种常用的粉剂施用方法，主要利用干燥的药粉在处理种子表面形成均匀黏附，从而对种子起到保护作用。拌种法一般要求使用专用拌种机，并在相应速度下拌种，以形成药剂与种子的均匀黏附。

粉剂做土壤处理使用可分为撒施和沟施等方法。采用撒粉法，一般先用细干土将药粉稀释并结合土壤耕耘耙耥，以便于药剂与土壤混合均匀。采用沟施法，则要注意所用药剂与种子或作物的安全性。

粉剂一般不被水润湿，在水中很难分散和悬浮，所以不能加水喷雾使用。

（2）颗粒剂

颗粒剂主要采用直接撒施的方法施用。可以直接用手撒施，也可以借助于机械撒施，主要用于防治地下害虫、禾本科作物的钻心虫和各种蝇类幼虫。由于水稻田喷雾施药难度较大，目前许多除草剂品种和防治水田稻飞虱等害虫的杀虫剂品种也加工成颗粒剂施用。由于颗粒剂粒度大，下落速度快，施用时受风影响小，可实现农药的针对性施用。另外，由于制剂粒性化，可使高毒农药制剂低毒化，使颗粒剂可以采用直接撒施的方法施用。尽管如此，施用时仍须做好安全防护，尤其是用手直接施用时，必须戴手套并保持手掌干燥。

在可以预测有害生物发生危害的情况下，使用颗粒剂预防要比喷雾防治更加有效，特别是在许多不利于喷雾使用的气象条件下。如果土壤干燥，那么植物对农药的吸收将很低，此时农药像植物根部的移动也很有限。因此，一些农药颗粒剂最适合使用在土壤湿度有保证的灌溉型土壤中。当然，土壤湿度过大也会引起植物药害。颗粒剂一般撒在种子附近或在种植时进行种子处理，另外在植株生长季节也可以对单个植株进行针对性处理。

颗粒剂做土壤处理与种子同播或施在植株根系周围，需要做药害试验，否则需要保持相对位置。水田施用颗粒剂，一般需要保持一定的水层，以便于药剂分散和与靶标接触。

农药颗粒剂有效含量一般较低（10%以下），有效成分毒性较高，而且一般不加表面活性剂，所以颗粒剂不能泡水喷雾施用。一方面，容易造成操作者中毒，达不到应有的防效；另一方面也不能发挥颗粒剂使用简单、针对性强的剂型优势，还造成经济上的浪费。

（3）超低容量喷雾（油）剂

超低容量喷雾（油）剂主要施用方法是弥雾法或超低容量喷雾法，不用对水稀释，使用弥雾机或超低容量喷雾机直接喷施制剂。这种方法施药特别适合于山林有害生物防治，也适合于温室保护地、仓库等相对封闭环境。但由于超低容量喷雾（油）剂施用时形成的雾滴非常细，雾滴受风影响较大，不适于在有风天气操作。另外，施用时也必须注意施药人员要处在上风口，避免置身药雾中，以免中毒。

超低容量喷雾（油）剂中含有较多高沸点油质溶剂，不能做常量喷雾使用；一般不含或很少含乳化剂等表面活性剂成分，不能加水喷雾使用，以免对作物产生药害。

参照我国农药剂型名称及代码标准，表1–2列出了不用稀释而直接使用的部分农药名称及代码，使用者可以根据具体的农药使用环境而选用。

表1–2 不用稀释而直接使用的部分农药剂型名称及代码

剂型名称	剂型英文名称	代码	说明
喷粉技术使用的粉状制剂			
粉剂	Dustable powder	DP	适用于喷粉或撒布的自由流动的均匀粉状制剂
触杀粉	Contact powder	CP	具有触杀性杀虫、杀鼠作用的可直接使用的均匀粉状制剂
漂浮粉剂	Flo–dust	GP	气流喷施的粒径小于10μm，在温室用的均匀粉状制剂
撒颗粒法使用的制剂			
颗粒剂	Granule	GR	有效成分均匀吸附或分散在颗粒中，及附着在颗粒表面，具有一定粒径范围可直接使用的自由流动的粒状制剂
大粒剂	Macro granule	GG	粒径范围在2 000～6 000μm之间的颗粒剂
细粒剂	Fine granule	FG	粒径范围在300～2 500μm之间的颗粒剂
微粒剂	Micro granule	MG	粒径范围在100～600μm之间的颗粒剂
微囊粒剂	Encapsulated granule	CG	含有有效成分的微囊所组成的具有缓慢释放作用的颗粒剂
特殊形状制剂			
块剂	Block formulation	BF	可直接使用的块状制剂
球剂	Pellet	PT	可直接使用的秋状制剂
棒剂	Plant rodlet	PR	可直接使用的棒状制剂
诱饵制剂			
饵剂	Bait	RB	为引诱靶标害物（害虫和鼠等）取食或行为控制的制剂
胶饵	Baitgel	BG	可放在饵盒里直接使用或用配套器械挤出或点射使用的胶状饵剂
诱芯	Attract wick	AW	与诱捕器配套使用的引诱害虫的行为控制制剂
超低容量喷雾技术使用的制剂			
超低容量液剂	Ultra low volume concentrate	UL	直接在超低容量器械上使用的均相液体制剂
超低容量微囊悬浮剂	Ultralow volume aqueous capsule suspension	SU	直接在超低容量器械上使用的微囊悬浮液制剂

（续 表）

剂型名称	剂型英文名称	代码	说明
烟雾技术使用的制剂			
热雾剂	Hotfogging concentrate	HN	用热能使制剂分散成为细雾的油性制剂，可直接或用高沸点的溶剂或油西式后，在热雾器械上使用的液体制剂
冷雾剂	Coldfogging concentrate	KN	利用压缩气体使制剂分散成为细雾的水性制剂，可直接或经稀释后，在冷雾器械上使用的液体制剂

2．稀释后再使用的农药剂型

这类农药剂型主要以加水稀释施用为主（我国目前还没有登记加有机溶剂稀释施用的农药剂型），主要包括乳油、可湿（溶）性粉剂、悬浮（乳）剂、水剂、水乳剂、微乳剂、水分散粒剂等。这类农药剂型的共同特点是：不管什么形态，使用前都必须加水稀释配制成药液，然后采用喷雾法施用。几乎所有农药原药都可以加工成喷雾剂型，而且根据剂型特点可适合于不同容量的喷雾方式。另外，这类制剂大多含有适宜的表面活性剂（乳化剂、分散剂、润湿剂等），配制药液时可以在水中较好分散和悬浮，施用后可以在靶体上形成润湿与黏着，这是其有效使用的基本前提。药液雾化并形成不同细度的雾滴喷洒到防治对象上，则主要取决于喷雾方法的选择和喷雾机具的性能。

由此可见，加水稀释后使用的农药剂型的使用技术比较复杂，必须根据剂型特点和使用技术的要求，认真对待。

（1）乳油

乳油主要利用其制剂中乳化剂的两亲活性将农药原药和有机溶剂等以极小的油珠（1～5μm）均匀分散在水中并形成相对稳定的乳状液喷雾使用。

乳油的乳化受水质（如水的硬度）、水温影响较大，使用时最好先进行小量试配，乳化合格再按要求大量配制。如果在使用时出现了浮油或沉淀，药液就无法喷洒均匀，导致药效无法正常发挥，甚至出现药害。乳油对水形成的乳状液属热力学不稳定体系，乳液稳定性会随时间而发生变化，农药有效成分大多也容易水解。所以，配制药液需搅拌，药液配好要尽快用完，对于机动喷雾器施药药液箱还必须加搅拌装置。

乳油大多使用挥发性较强的芳烃类有机溶剂，贮运中必须密封，未用完的药剂也必须密闭保存，以免溶剂挥发，破坏了配方均衡而影响使用。另外，乳油一般不直接喷施，但可以加水稀释成不同浓度，以适用于不同容量的喷雾方式。

（2）可湿（溶）性粉剂

可湿性粉剂主要利用制剂中表面活性剂（润湿剂，分散剂）的作用，在加水稀释时可以较好润湿、分散并可搅拌形成相对稳定的悬浮液供喷雾使用。

由于可湿性粉剂的颗粒一般较粗（我国一般要求95%以上通过325目），药粒沉降较快，施用中更应该加强搅动，否则就会造成喷施的药液前后浓度不一致，影响药效。可湿性粉剂的粉粒在高硬度水中可能会发生团聚现象，所以，配制药液时必须考虑水质对可湿性粉剂悬浮性能的影响。

可湿性粉剂为固态农药制剂，配制低容量喷雾药液（一般每亩施药液量小于2L）时会显得黏度太大而不能有效喷雾，所以，可湿性粉剂一般只做常量喷雾使用。另外，可湿性粉剂一般添加比粉剂更多的助剂和具有更高的有效含量，尽管两者外观相似，但干粉状态可湿性粉剂粉粒的分散性较差，所以可湿性粉剂不能直接喷粉使用，贮运或使用过程中也要注意防止吸潮，以免影响使用。尽管有些产品混合了特殊的乳化剂，但可湿性粉剂一般不与其他剂型混合使用。由于易与乳油中的乳化剂发生反应，可湿性粉剂与乳油混合常常引起聚结和沉淀。有时候少量的乳油可以加入已经按施药比例配制好的可湿性粉剂药液中，但是混容性须在配制之前进行试验。

像粉剂一样，可湿性粉剂含有非常小的颗粒，所以喷雾操作者必须小心粉尘飘移到脸上。尽管可湿性粉剂在对水使用时容易分散和润湿，但为了保证好的混合性，有些农药可湿性粉剂需要用总用量5%的水提前混合成糊状物，这些糊状物在和剩余水混合时应该在搅拌时容易分散并保持一定的悬浮稳定期。

可溶性粉剂是在可湿性粉剂基础上发展起来的一种农药剂型，其农药原药必须溶于水，在使用上与可湿性粉剂类似。

（3）悬浮（乳）剂

一般地讲，水不溶性固体原药形成的悬浮体系叫悬浮剂，水不溶性液体原药形成的悬浮体系叫悬乳剂，两种原药皆有的悬浮体系叫悬浮乳剂。

不管悬浮体系中农药原药的形态如何，悬浮（乳）剂的使用与乳油和可湿性粉剂类似，皆是加水稀释形成均匀分散和悬浮的乳状液，供喷雾使用，使用中的操作要求也与乳油和可湿性粉剂相似。但悬浮（乳）剂以水为分散相，可与水任意比例均匀混合分散，使用时受水质和水温的影响较小，使用方便且不污染环境，是比较理想的稀释后使用的农药剂型。

悬浮（乳）剂属于热力学不稳定体系，且大多是非牛顿流体，贮运过程中影响制剂稳定性的因素非常复杂。目前，还很少有制剂贮存不分层或不沉淀。所以，悬浮（乳）剂使用时必须进行外观检验，如有分层或沉淀经摇动可恢复，加水分散和悬浮合格，可正常使用；否则不能使用，以免因上下部分农药有效成分含量不同，或制剂分散、悬浮性不合格造成在药液桶中分布不均，使喷出的药液前后农药有效成分不同而影响药效，甚至出现药害。

（4）水剂

水剂中的农药原药在水中溶解性好而且化学性质稳定，加水稀释可以形成非常稳定的水溶液，可供多种喷雾法使用。由于农药原药在水中溶解性很好而且稳定，所以药液配制时一般不会遇到什么问题。但是，由于我国水剂的加工一般不添加润湿助剂，喷洒后的药液对防治靶标润湿性差，容易造成药液流失，影响防效并污染环境，所以，水剂的使用应根据实际使用情况适当添加润湿助剂。

（5）水乳剂

水乳剂是对水稀释后喷雾使用的农药剂型，在加水稀释施用时和乳油类似，都是以极小的油珠（1～5μm）均匀分散在水中形成相对稳定的乳状液，供各种喷雾方法施用。

水乳剂在外观及理化形状上类似于悬浮（乳）剂，属于热力学不稳定体系。贮存过程中，随温度和时间的变化，分散油珠可能会发生凝聚变大而破乳。所以，使用水乳剂时一般要求先检查制剂的外观，理想的水乳剂产品应该是均相稳定的乳状液，没有分层与析水现象。如果有轻微分层或析水，经摇动后可恢复成均相，也可以使用。水乳剂对水稀释时与乳油一样，也要求可自发乳化分散或稍加搅拌即能形成相对稳定的乳状液。

由于水乳剂中含有比较多的水，所以制剂中一般都加入一定量的防冻剂。即便如此，使用中也必须注意水乳剂的正确贮存，尤其是未使用完的制剂，必须密封并放置在0℃以上。

（6）微乳剂

从本质上讲，农药微乳剂和水乳剂同属水包油的乳状液分散体系，只不过微乳剂使用了较大量（一般在20%以上）的乳化剂和辅助剂，将不溶于水的农药有机相高度分散在水中，使制剂看起来与真溶液一样。在一定温度范围内，微乳剂属于热力学稳定体系。超出这一温度范围，制剂就会变浑浊或发生相变，稳定性被破坏从而影响使用。

微乳剂在加水稀释施用时与水剂类似，入水自发分散并可形成近乎透明的乳状液。此处需要说明的是，微乳剂对水稀释呈近乎透明的乳状液，而不像乳油形成浓乳白色乳状液。主要是由于微乳剂使用了大量乳化剂和辅助剂，在水中分散的液珠极其细微所致。也正是由于如此高的分散度，才使微乳剂在使用中表现出好于乳油等常规剂型的药液渗透性能。并非传统习惯认为的乳状液越浓越白药效越好，如果微乳剂对水稀释呈乳白色，反而表明这种微乳剂产品质量不合格。

水乳剂和微乳剂都是为替代乳油而开发的水基化农药剂型，具有较好的环境相容性。

（7）水分散粒剂

水分散粒剂一般呈球状或圆柱状颗粒，在水中可以较快地崩解、分散成细小颗粒，稍加摇动或搅拌即可形成高悬浮的农药分散体系，供喷雾施用。使用上更像可湿性粉剂和悬浮（乳）剂。

水分散粒剂是在可湿性粉剂和悬浮（乳）剂基础上发展起来的农药制剂粒性化新剂型，它避免了可湿性粉剂加工和使用中粉尘飞扬的现象，克服了悬浮（乳）剂贮存与运输中制剂理化性状不稳定的问题。尤其对于高活性的除草剂，加工成水分散粒剂具有很高的使用价值。所以，水分散粒剂在生产、贮运和使用中应该避免过度挤压，以免颗粒破碎而失去了剂型优势。水分散粒剂外形像（颗）粒剂，具有粒剂的性能，但由于生产及加工成本方面的原因，一般都具有较高的有效含量，不能用来直接撒施。

稀释后再使用的农药剂型名称、代码及使用说明见表1–3。操作者可以根据具体情况选择使用。

表1–3 稀释后再使用的部分农药剂型名称、代码及使用说明

剂型名称	剂型英文名称	代码	说明
可稀释喷雾用的固体制剂			
可湿性粉剂	Wettable powder	WP	可分散于水中形成稳定悬浮液的粉状制剂
油分散粉剂	Oil dispersible powder	OP	用有机溶剂或油分散使用的粉状制剂
水分散粒剂	Water dispersible granule	WG	加水后能迅速崩解并分散成悬浮液的粒状制剂
乳粒剂	Emulsifiable granule	EG	加水后成为水包油乳液的粒状制剂
可分散片剂	Water dispersible tablet	WT	加水后能迅速崩解并分散形成悬浮液的片状制剂
泡腾片剂	Effervescent tablet	EB	投入水中能迅速产生气泡并崩解分散的片状制剂，可直接使用或用常规喷雾器械喷施
可稀释喷雾用的液体制剂			
乳油	Emulsifiable concentrate	EC	用水稀释后形成乳状液的均匀液体制剂
可分散液剂	Dispersible concentrate	DC	有效成分溶于水溶性的溶剂中，形成胶体液的制剂
可溶液剂	Soluble concentrate	SL	用水稀释后有效成分形成真溶液的均相液体制剂
水剂	Aqueous solution	AS	有效成分及助剂的水溶液制剂
微乳剂	Micro–emulsion	ME	透明或半透明的均一液体，用水稀释后成微乳状液体的制剂
水乳剂	Emulsion，oil in water	EW	有效成分溶于有机溶剂中，并以微小的液珠分散在连续相水中，成非均相乳状液制剂
悬浮剂	Suspension concentrate	SC	非水溶性的固体有效成分与相关助剂，在水中形成高分散度的黏稠悬浮液制剂，用水稀释后使用
悬乳剂	Aqueous suspo–emulsion	SE	至少含有两种不溶于水的有效成分，以固体微粒和微细液珠形式稳定地分散在以水为连续流动相的非均相液体制剂
微囊悬浮剂	Capsule suspension	CS	微胶囊稳定的悬浮剂，用水稀释后成悬浮液使用

3. 特殊用法的农药剂型

除了以上两类常用农药剂型外，还有一些具有特殊用途的农药剂型。这类剂型种类有许多，但常用的主要有烟剂和种衣剂。

（1）烟剂

烟剂的施用主要依靠点燃后供热剂燃烧释放出足够热量，使农药原药升华或气化，冷凝后迅速变成烟（微粒细度0.5～5μm）或雾（微粒细度1～50μm），并在空气中长时间悬浮和扩散运动，从而起到防治病虫害的目的。

烟剂的施用基本上不需要任何机械，而且农药有效成分以气体状态发挥作用，穿透性强，特别适合于相对密闭体系（如保护地）和野外不能喷洒农药的场所（如森林）。但在气流相对运动较大时，应避免施用烟剂，以免农药有效成分流失。另外，烟或雾在较低温度条件下（如低温冷库）扩散能力减弱，所以，烟剂在低温环境施用，要考虑烟或雾的扩散能力与施用空间的矛盾，以免影响药效。

烟剂中由于同时含有燃料和氧化剂成分，遇外部高温或热源辐射，内部热量积累达到其燃点时容易发生自燃而引发事故，所以贮运时要特别注意。

（2）种衣剂

种衣剂是含有黏结剂或成膜剂的农药或肥料等的组合物。从农药剂型讲可以是特殊配方的悬浮（乳）剂、可湿（溶）性粉剂、粉剂、溶液制剂等，并不是一种农药新剂型。种衣剂的使用主要依靠配方中所含的黏结剂或成膜剂使药肥等有效物质包覆在种子表面形成比较稳定和牢固的膜，播种后药肥膜逐渐溶散在土壤中形成局部小环境，保护或促进种子的生长与发育。

目前我国常用的种衣剂大多为悬浮（乳）剂形式，贮运过程中也同样存在制剂稳定性问题，而且种衣剂种类和型号很多，与种子之间的选择性或专用性很强，这是使用中必须首先注意的问题。

种衣剂为专供种子包衣配制，一般不做其他用途，施用时比较适宜于在种子公司采用专用种子包衣机械对种子进行成批处理。种子包衣要求均匀、牢固不脱落，包衣后的种子必须在规定的条件贮存并在规定时间内使用。另外，种衣剂不能依靠加大使用剂量来延长其持效期。

有关的部分特殊用法的农药剂型名称及其说明见表1-4。农药使用者可以根据具体情况选用。

表1-4 部分特殊用法的农药剂型名称、代码及使用说明

剂型名称	剂型英文名称	代码	说明
熏烟技术使用的制剂			
烟剂	Smoke generator	FU	可点燃发烟而释放有效成分的固体制剂
烟片	Smoke tablet	FT	片状烟剂
烟罐	Smoke tin	FD	罐状烟剂
种子处理技术使用的制剂			
种子处理干粉剂	Powder for dry seed treatment	DS	可直接用于种子处理的细的均匀粉状制剂
种子处理可分散粉剂	Wtare dispersible powder for slurry seed treatment	WS	用水分散成高浓度浆状物的种子处理粉状制剂
悬浮种衣剂	Flowable concentrate for seed coating	FS	含有成膜剂，以水为介质，直接或稀释后用于种子包衣的稳定悬浮液种子处理制剂
种子处理微胶囊悬浮剂	Capsule suspension for seed treatment	CF	稳定的微胶囊悬浮液，直接或用水稀释后成悬浮液种子处理制剂
熏蒸技术使用的制剂			
气体制剂	Gas	GA	装在耐压瓶或罐内的压缩气体制剂，主要用于熏蒸封闭空间的害虫
涂抹技术使用的制剂			
涂抹剂	Paint	PN	直接用于涂抹物体的制剂
滴膜法使用的制剂			
展膜油剂	Spreading oil	SO	施用于水面形成油膜的制剂

农药剂型和农药使用技术是相互依存、相互促进和相互发展的。任何一个方面的发展或技术进步，都在一定程度上影响或促进了另一方的发展或技术进步。农药新品种不断出现，农药剂型也

在不断推陈出新，自然就对农药使用技术提出了更高要求，从而也就带动了整个农药学科的发展。这里介绍的是我国主要农药剂型的使用技术，其他剂型还很多，各自的施用技术可以参考相关产品标签和使用说明书。

第四节 农药标签

农药标签是紧贴或印制在农药包装上的介绍农药产品性能、使用技术、毒性、注意事项等内容的文字、图示式技术资料。农药标签反映了包装内农药产品的基本属性。如果农药标签上不能说明上述全部内容，还要随包装附上与标签内容相同或更详细的使用说明书。

从一定意义上讲，使用者能不能安全、有效地使用农药在很大程度上取决于其对标签上的内容是否能看懂并完全理解，因此，为了用好农药，不出差错，避免造成意外的危害和损失，在使用农药前一定要仔细、认真地阅读标签和说明书。

一、农药标签的重要性

农药标签上有关产品性能及用途的每项内容都有足够的研究和试验数据为依据，是生产厂和公司试验结果的高度概括和总结。农药标签也是将有关的技术信息传达给广大农民和用户，指导安全合理用药的最重要最直接的方法和途径。另外，由于标签上的内容是经过农药登记部门严格审查并获得批准后才允许使用的，因此，在一定程度上具有法律效力。使用者按照标签上的说明使用农药，不仅能达到安全、有效的目的，而且也能起到保护消费者自身利益的作用。如果按照标签用药，出现了中毒或作物药害等问题，可向有关管理部门或法院投诉，要求赔偿经济损失。生产厂家或经销单位应承担法律责任。反之，不按标签指南和建议使用农药，出现上述问题，则由使用者自己负责。近年来，因不按标签说明用药出了事故，而在法律纠纷中败诉的教训是不少的。由此可见，农药标签对于广大农民用户无论是在技术上，还是在维护自身利益方面都是十分重要的。

二、农药标签的基本内容

农药标签上的内容应准确无误地反映出包装内产品的特点和用途，应告诉用户包装或容器内是什么药，其特性及毒性，在操作时应采取什么防护措施，何时、何处和怎样使用，如何清洗施药器械，如何贮存和处理剩余的农药，生产厂家的地址和名称以及是否取得登记等事项。根据农业部2007年12月6日发布的《农药标签和说明书管理办法》的的规定和要求，一个合格的农药标签必须包括以下内容：

1．农药的名称、含量及剂型

农药产品名称，应以醒目大字表示，并位于整个标签的显著位置。农药有效成分含量通常采用质量百分数（%）表示，也可以采用质量浓度（g/L）表示，特殊农药可用其特定的通用单位表示。

2．产品的批准证（号）

标签上应注明该产品在我国取得的农药登记证号（或临时登记证号）；实施农药生产许可证或农药批准文号管理的产品，应注明有效成分的农药生产许可证号或农药生产批准文件号；境内生产使用的产品，应注明执行的产品标准号。

3．使用范围、剂量和使用方法

农药产品应按照登记批准的内容标注产品的使用范围、剂量和使用方法，包括适用作物、防治对象、使用时期、使用剂量和施药方法等。

4．净含量

在标签的显著位置应注明产品在每个农药容器中的净含量，用国家法定计量单位克（g）、公斤（kg）、吨（t）或毫升（ml）、升（L）、千升（kL）表示。

5．产品质量保证期

农药产品质量保证期可以用以下三种形式中的一种方式标明：

（1）生产日期（或批号）和质量保证期，如生产日期（批号）“2008-06-18”，表示2008年6月18日生产，注明“产品质量保证期为2年”。

（2）产品批号和有效日期。

（3）产品批号和失效日期。

分装产品的标签上应分别注明产品的生产日期和分装日期，其质量保证期执行生产企业规定的质量保证期。

6．毒性标志

应在显著位置标明农药产品的毒性等级及其标志，我国农药毒性分级登记与标志见下节内容。

7．注意事项

（1）应标明该农药与哪些物质不能相混使用。

（2）按照登记批准内容，应注明该农药限用的条件（包括时间、天气、温度、湿度、光照、土壤、地下水位等）、作物和地区（或范围）。

（3）应注明该农药已制定国家标准的安全间隔期，一季作物最多使用的次数等。

（4）应注明使用该药时需要穿戴的防护用品、安全预防措施及避免事项等。

（5）应注明施药器械的清洗方法、残剩药剂的处理方法等。

（6）应注明该农药中毒急救措施，必要时应注明对医生的建议等。

（7）应注明该农药国家规定的禁止使用的作物或范围等。

8．贮存和运输方法

应详细注明该农药贮存条件的环境要求和注意事项等。应注明该农药安全运输、装卸的特殊要求和危险标志。

9．生产者的名称和地址

应标明与其营业执照上一致的生产企业的名称、详细地址、邮政编码、联系电话等。

10．农药类别特征颜色和颜色标志带

各类农药采用在标签底部加一条与底边平行的、不褪色的农药类别特征颜色标志带，以表示不同类别的农药（卫生用农药除外）。

11．象形图

农药标签应使用有利于安全使用农药的象形图。象形图应用黑白两种颜色印刷，通常位于标签的底部。象形图的适用应根据产品安全使用措施的需要而选择使用，但不能代替标签中必要的文字说明。

12．其他内容

标签上可以标注必要的其他内容，例如，对用户有帮助的产品说明、有效期内商标、质量认证标志、名优标志、有关作物和防治对象图像等。但标签上部的出现未经登记批准的作物、防治对象的文字或图案等内容。

三、农药标签上的标志

农药标签上除了文字说明外，还有一些含有一定意义的标志，正确理解这些标志的含意，有助于对标签内容的理解。

1．色带

不同类别的农药采用在标签底部加一条与底边平行的、不褪色的特征颜色标志带表示（见表1-5）。

除草剂用“除草剂”字样和绿色带表示；杀虫（螨、软体动物）剂用“杀虫剂”或“杀螨剂”、“杀软体动物剂”字样和红色带表示；杀菌（线虫）剂用“杀菌剂”或“杀线虫剂”字样和黑色带表示；植物生长调节剂用“植物生长调节剂”字样和深黄色带表示；杀鼠剂用“杀鼠剂”字样和蓝色带表示；杀虫、杀菌剂用“杀虫、杀菌剂”字样、红色和黑色带表示。农药种类的描述文字应当镶嵌在标志带上，颜色与其形成明显反差。记住这些颜色分别代表的农药类别，有助于避免误用农药。

表 1–5 不同类别农药的特征颜色标志带

农药类别	颜色标志带
杀虫剂、杀螨剂、杀软体动物剂	红色
杀菌剂、杀线虫剂	黑色
除草剂	绿色
植物生长调节剂	深黄色
杀鼠剂	蓝色

2. 毒性标志

农药是有毒的化学品。为安全起见，在标签上都印有毒性标识，以引起使用者的警觉（表 1–6）。

根据我国农药急性毒性分级标准，农药毒性分为五级：剧毒、高毒、中等毒、低毒和微毒。

表 1–6 农药毒性标识

农药毒性分级	标识	文字
剧毒		用红字注明“剧毒”
高毒		用红字注明“高毒”
中等毒		用红字注明“中等毒”
低毒	低 毒	用红字注明“低毒”
微毒	无	用红字注明“微毒”

剧毒、高毒农药只要接触极少量就会引起中毒甚至死亡。中等毒、低毒农药虽然毒性较剧毒、高毒农药低，但接触多了，抢救不及时也会造成死亡。因此，凡带有剧毒、高毒标志的农药，在贮、操作和使用过程中均需严格按照标签上的建议行事。注意安全防护，不得任意扩大使用范围或改变施药方法。1982 年我国农牧渔业部、卫生部联合颁发的《农药安全使用规定》对高毒农药的使用范围及施药方法等做了如下的限制：高毒农药不准用于蔬菜、茶叶、果树、中药材等作物，不准用于防治卫生害虫与人、畜皮肤病。除杀鼠剂外，也不准用于毒鼠。氟乙酰胺禁止在农作物上使用，不准做杀鼠剂。“3911” 乳油只准用于拌种，严禁喷雾使用，克百威颗粒剂只准用于拌种、用工具沟施或戴手套撒毒土，不准浸水后喷雾。另外，规定中还要求在“施过高毒农药”的地方竖立标志，在一定时间内禁止放牧、割草、挖野菜，以防人、畜中毒。以上这些要求和限制均反映在标签上。使用农药前仔细阅读标签，严格按标签要求用药，是可以避免发生意外事故并能达到有效防治目的的。

3. 象形图

考虑到大多数发展中国家农民文化素质较低，国际农药工业协会（GIFAP）和联合国粮农组织（FAO）联合提出了一套象形图标示，以此作为农药标签上文字说明的一种辅助形式，用于帮助识字不多的农民用户了解文字内容。象形图分为贮存、操作、忠告和警告四部分。象形图的位置一般在标签的下方，也有在说明文字旁边的。我国已经开始采用这套象形图系统，要求在标签上印刷有利于安全使用的象形图。

（1）贮存象形图，表示农药应该放在远离儿童的地方，并加锁。

（2）操作象形图，这组图不会单独出现在标签上，而是与其他忠告象形图搭配使用的。

配制液体农药时……

配制固体农药时……

喷洒农药时……

（3）忠告象形图，这组图与安全操作和施药有关，包括防护服和安全措施。

（4）警告象形图，这组图与标签安全内容相一致时，应单独使用。例如，当药液或喷雾雾滴飘移对鱼有毒时，标签上会出现对鱼有毒的象形图。

对家畜

对鱼有害，不要污染湖泊、河流、池塘和小溪等水源地

例如，假如农药标签上有如下象形图，则说明在该农药在用后，要注意个人清洗，并注意切勿污染湖泊、河流、池塘和小溪等水源地。

第二章
农药的毒力和药效

农药是一种功能性产品，其对农作物病虫害的防治效果的好坏是使用者最关心的问题。农药作为毒剂，其含义是使用很少剂量就会造成有害生物有机体的死亡，或抑制其生长发育、干扰破坏其生理生化各个系统的正常功能，甚至对许多生物学特性的遗传引起变异。农药应用就是根据防治对象，选择药剂的种类、合理的使用方法和最有利的施药时期，与其他防治方法配合，以达到经济而有效的防治病、虫、草、鼠害，确保人、畜及其他有益生物的安全。因此，农药使用者需要了解农药的毒力、药效以及影响药效的主要因素。

第一节　农药毒力和药效

农药应用的目的是控制农田病、虫、草、鼠害等有害生物，使用者需要了解农药对防治对象的致死能力或控制效果，农药毒力和药效是比较及估价农药应用的最基本和最重要的指标。

一、农药毒力与药效的含义

农药能防治病虫草鼠，是由于药剂对这些有害生物具有毒杀致死的能力，表示农药这种毒杀能力的大小，通常称为毒力。严格地讲，毒力是指药剂本身对防治对象发生毒害作用的性质和程度，是药剂对有害生物所具有的内在致死能力。因此，测定农药毒力，必须在实验室内一定的控制条件下（如光照、温度、湿度等），采用精确的器具和熟练的操作技术，使用标准化饲养或培养出的供试生物进行测定。如比较多种药剂的毒力大小，可以其中某一药剂作为标准，设定其相对毒力指数为100，来计算其他药剂的相对毒力指数。

农药的药效是指在实际使用时，除药剂的毒力在起作用外，而实际使用时其他各种条件都对药剂毒力的发挥产生影响，包括不同施药方法、施药质量、作物生长情况、防治对象生育情况以及天气条件等都对药剂毒力发挥有影响，所以说药效是药剂在田间条件下对作物的病虫草害产生的实际防治效果。药效数据是在田间生产条件下或接近田间生产条件下实测得的，对生产防治更具有指导意义。

农药的毒力和药效在概念上并不等同，但是在大多数情况下应该是一致的，即毒力大的药剂，其药效也应该是高的。

二、农药毒力

1. 农药毒力大小的表示单位

农药毒力是在规定的室内控制条件下对药剂进行生物测定，把得到的数据进行统计分析，计算出能表示药剂毒力大小的指标，这些指标有如下几种。

（1）致死中量（LD_{50}），能使供试生物群体的50%个体死亡所需的药剂用量，用LD_{50}表示。药剂剂量单位有两种：一是以供试生物体的单位质量所接受到的药量为单位，如mg/kg或μg/g；另一是以供试生物个体所能接受的药量为单位，如每一个体接受的毫克量（mg/个），或每一个体接受的微克量（μg／个）。

（2）致死中浓度（LC_{50}），能使供试生物群体的50%个体死亡的药剂浓度，用LC_{50}表示。药剂浓度是以单位体积或单位质量的药剂中含有药剂有效成分的量（一般是以质量为单位）的百分比、千分比以至万分比，如1%、0.1%等。

（3）有效中量（ED_{50}），能使供试生物群体的50%个体产生某种药效反应所需的药剂用量，用ED_{50}表示。某种药效反应是指能使供试生物产生任何不正常反应表现，如昆虫被击倒、失去活动能力、体重减轻、停止取食、死亡、病菌孢子不发芽、菌丝生长速度减慢、种子失去萌芽力、萌发生长缓慢甚至萎死、植株叶片退绿、叶片卷曲、产生枯斑等。

（4）有效中浓度（EC_{50}），能使供试生物群体中有50%个体产生某种药效反应所需的药剂浓度，用EC_{50}表示。

（5）相对毒力指数，在对多种药剂进行毒力比较时，有时需要分批进行毒力测定，由于测定时供试生物个体的内在因素和测定时处理条件等的差异，致使不同批次的试验结果有一定程度的变化。为消除上述差异的影响，选一种农药作为标准药剂，求出每种被测药剂与其毒力的比值。这种与标准药剂的比值，即称为相对毒力指数，相对毒力指数用下式算出：

$$\text{相对毒力指数} = \frac{\text{标准药剂的等效剂量}}{\text{其他药剂的等效剂量}} \times 100$$

等效剂量是在相同的试验条件下，两种以上药剂对供试生物产生同样大小的反应所需的剂量（或浓度）。通常是采用致死中量，也可用致死90%的剂量（LD_{90}）或其他致死率的剂量。例如，A、B两种药剂对某种害虫的致死中量分别为10 μg/g和7 μg/g，将B药剂作为标准药剂，相对毒力指数为100，则A药剂的相对毒力指数为：

$$\text{A药剂相对毒力指数} = \frac{7}{10} \times 100=70$$

相对毒力指数越大，表示药剂的毒力越大。用相对毒力指数可以把经过生物测定的药剂的毒力，按顺序排列出来。

2. 毒力对农药应用的指导作用

根据测定的农药毒力，可以指导田间科学合理地使用农药。中国农业科学院植物保护研究所对常用杀螨剂对棉叶螨（棉花红蜘蛛）的毒力大小进行比较测定研究，结果见表1-7。对棉叶螨毒力最高的药剂为阿维菌素，LC_{50}只有0.0012mg·L^{-1}，对棉叶螨表现出超高效作用；唑螨酯、哒螨灵、甲氨基阿维菌素和四螨嗪4种药剂都表现出了非常好的杀螨活性，其对棉叶螨的LC_{50}在1mg·L^{-1}以下；多杀菌素、甲氰菊酯、浏阳霉素、联苯菊酯和倍硫磷5种药剂对棉叶螨的LC_{50}在25mg·L^{-1}以下，小于三氯杀螨醇的LC_{50}值。以上10种药剂对棉叶螨的生物活性均高于三氯杀螨醇。在防治棉叶螨时，就可以根据不同药剂的毒力以及当地实际情况选择药剂。

表1-7 棉叶螨防治药剂的毒力测定（袁会珠，2005年）

药剂	毒性	毒力回归方程	LC_{50}及置信限/（mg·L^{-1}）	LC_{90}/（mg·L^{-1}）
阿维菌素	高毒	Y=0.7172x+7.0916	0.0012（0.0004～0.0017）	0.0065
唑螨酯	中等毒	Y=1.0679x+6.0103	0.113（0.068～0.187）	1.801
哒螨灵	低毒	Y=0.7616x+5.6741	0.1303（0.071～0.322）	6.3073
甲氨基阿维菌素	中等毒	Y=0.7449x+5.5139	0.1499（0.0678～0.3254）	7.8378
四螨嗪	低毒	Y=0.3558x+5.0209	0.8733（0.5432～1.7428）	3457.69
多杀菌素	低毒	Y=1.342x+4.087	4.79（2.403～9.536）	43.26
甲氰菊酯	中等毒	Y=0.8116x+4.3333	6.63（2.541～17.281）	252.53
浏阳霉素	低毒	Y=1.0169x+3.7538	16.81（8.840～31.964）	307.28

（续 表）

药剂	毒性	毒力回归方程	LC_{50}及置信限/（$mg \cdot L^{-1}$）	LC_{90}/（$mg \cdot L^{-1}$）
联苯菊酯	中等毒	Y=2.0624x+2.2736	20.99（6.39～68.88）	87.61
倍硫磷	中等毒	Y=1.2434x+3.3518	21.17（14.89～30.33）	1583.0
三氯杀螨醇	低毒	Y=1.6127x+2.7345	25.40（21.48～26.62）	157.94
双甲脒	中等毒	Y=0.9474x+3.4271	45.73（29.384～71.177）	1034.38
噻螨酮	低毒	Y=0.8088x+3.5587	60.52（32.291～113.433）	2335.43
克螨特	低毒	Y=0.8812x+3.3828	68.43（35.403～132.654）	1956.89
毒死蜱	中等毒	Y=1.6032x+1.7883	100.75（76.458～132.749）	636.27
喹硫磷	中等毒	Y=1.2042x+2.3579	156.34（105.23～232.27）	1818.60
氯氟氰菊酯	中等毒	Y=1.6971x+0.9771	238.21（194.17～298.02）	1332.55
对硫磷	高毒	Y=2.1406x–0.6395	431.04（318.29～618.28）	1708.07
伏杀硫磷	中等毒	Y=0.6118x+3.2703	671.79（537.28～894.29）	83065.01

三、农药药效

1．农药药效的表示单位

药效的表示方法与毒力不同，一般是因防治对象、作物的种类而异。常以调查防治前后有害生物种群数量变化、危害程度、作物长势及产量等评价药效好坏。杀虫剂药效主要用种群减退率、防治效果、被害率、保苗效果、保蕾铃效果等表示；杀菌剂药效常用发病率（普遍率）、病情指数、防治效果等表示；除草剂药效常用杂草覆盖度、地上鲜重或干重减少百分率、防除效果、选择性指数、选择性程度及产量等表示。

2．杀虫剂药效的表示

（1）衡量杀虫剂药效速度的指标

速效性杀虫剂的技术指标主要有如下几种：

①半数致死时间，也称致死中时，是指在一定条件下，供试生物群体50%个体死亡所需的时间，用LT_{50}表示，计量单位一般是天。

②击倒中时，也称半数击倒时间，是指在一定条件下，供试昆虫50%个体被麻痹而击倒不能步行或飞翔所需的时间，用KT_{50}表示，计量单位是min。例如，卫生用气雾剂的药效标准是对蚊蝇的KT_{50}为小于2min，对蟑螂的KT_{50}为小于4min。

③击倒中量，在一定条件下，供试昆虫50%个体被击倒所需的药量，用KD_{50}表示。与致死中量不同，昆虫反应是击倒（麻痹）而不是死亡，是群体接受的药量，而不是个体接受的药量，因而其计量单位为g/m^2或g/m^3。

④击倒率，也是衡量杀虫剂毒力或药效大小的一种量化指标。指用药处理后，在一个昆虫群体中，中毒击倒的个体数占群体总个数的百分率，其计算公式为：

$$击倒率（\%）= \frac{击倒个体数}{供试总虫数} \times 100$$

击倒实际上是快速麻痹，昆虫表现为跌倒爬不起来，麻痹不动，昏迷如死状，但心脏仍在微弱跳动。由于虫体是快速被击倒，不再继续摄入药剂，经过一段时间后，大部分个体可能复活，少部分个体可能死亡。

（2）衡量杀虫剂田间防治效果的方法

①死亡率，检查结果时能够准确知道死虫、活虫数量时，可用死亡率表示杀虫剂的药效。

$$死亡率（\%）= \frac{死虫数}{总虫数（死虫+活虫）} \times 100$$

②虫口减退率，田间调查时，只能准确地查明活虫数而不能查明全部死虫时，最好用虫口减退率来表示杀虫剂的防治效果。

$$虫口减退率(\%)=\frac{施药前虫数-施药后虫数}{施药前虫数}\times 100$$

③被害率，田间调查药效时，不能准确地查清害虫数量，或不便查清，或害虫有转移为害习性时，最好用被害率表示杀虫剂的药效。

$$被害率(\%)=\frac{被害株数（叶片数、蕾铃数等）}{调查总株数（叶片数、蕾铃数等）}\times 100$$

④保产效果，当要考察杀虫剂应用后的经济效益时，可用收获量（产量）表示药效。

$$保产效果(\%)=\frac{施药区产量-不施药区产量}{不施药区产量}\times 100$$

杀虫剂防治不同害虫时药效调查计算方法不同，请参阅《农药田间药效试验准则》，举例如下：

[例]杀虫剂防治稻纵卷叶螟的药效，调查计算卷叶率

$$卷叶率(\%)=\frac{调查卷叶数}{调查总叶数}\times 100$$

$$防治效果(\%)=\frac{不施药区卷叶率-施药区卷叶率}{不施药区卷叶率}\times 100$$

[例]杀虫剂防治温室白粉虱（一般在早晨成虫不大活动时调查）

$$虫口减退率(\%)=\frac{施药前虫数-施药后虫数}{施药前虫数}\times 100$$

$$防治效果(\%)=\frac{施药区虫口减退率-不施药区虫口减退率}{100-不施药区虫口减退率}\times 100$$

3. 杀菌剂药效的表示

杀菌剂药效表示方法以病害种类及为害性质而定。

$$发病率(\%)=\frac{病苗（株、叶、秆）数}{调查总苗（株、叶、秆）数}\times 100$$

$$病情指数=\frac{\Sigma（各级病叶数\times 相对级数值）}{调查总数\times 最高级数值}\times 100$$

病级数值的划分标准，依不同病害而异，读者可参考《农药田间药效试验准则》，举例如下。

[例]小麦白粉病的分级标准（以叶片为单位）如下：

0 级：无病；
1 级：病斑面积占整片叶面积的 5% 以下；
3 级：病斑面积占整片叶面积的 6% ~ 15%；
5 级：病斑面积占整片叶面积的 16% ~ 25%；
7 级：病斑面积占整片叶面积的 26% ~ 25%；
9 级：病斑面积占整片叶面积的 50% 以上。

[例]辣椒疫病分级方法（按症状类型分级）：
0 级：健康无症；
1 级：地上部仅叶、果有病斑；
3 级：地上茎、枝有褐腐斑；
5 级：茎基部有褐腐斑；
7 级：地上茎、枝与茎基部均有褐腐斑，并且部分枝条枯死；
9 级：全株枯死。

如果在施药前没有调查病情基数，杀菌剂防治效果可按下式计算：

$$防治效果（\%）=\{1-\frac{空白对照区施药前病情指数\times药剂处理区施药后病情指数}{空白对照区施药后病情指数\times药剂处理区施药前病情指数}\}\times 100$$

4．除草剂药效的表示单位

除草剂药效可用下列式子表示：

$$防除效果（\%）=\frac{对照区杂草数量或鲜重-施药区杂草残留或鲜重}{对照区杂草数量或鲜重}\times 100$$

$$选择性指数=\frac{杂草生长抑制（或死亡）90\%的剂量}{作物生长抑制（或死亡）90\%的剂量}\times 100$$

第二节　影响农药药效的因素

药效实际上是反映农药毒力、有害生物群体、环境条件三个环节之间的相互联系和综合作用的结果，影响因子很多，其中最基本、也是最重要的是做到“对症下药”，这就需要用户认识掌握田间病虫草鼠害的发生种类和发生规律，再选择合适的药剂，本书作者经常遇到用户来咨询，抱怨农药药效太差，可经作者调查，发现多是用户在没有查明病虫害种类的情况下，盲目用药，药效自然就达不到预期的效果。例如，某温室黄瓜发生了茶黄螨为害，黄瓜叶片皱缩、秃尖等，该农户误认为是病毒病，结果打了数遍防病毒剂也不见效，就埋怨药剂药效差；再比如辽宁省某地菜农种植蛇豆，收益颇佳，当蛇豆发生黑星病时，农药销售商却误认为是细菌性病害，菜农购买并喷洒了多种杀细菌剂，根本无法控制病情，最后在省植保站专家的指导下，使用了杀真菌剂，才算缓解病情，勉强保住了少量收成。曾有河北省菜农拿着叶片发黄的大豆叶片到笔者实验室来咨询，问怎么病情一直控制不住，经笔者诊断发现是潜叶蝇造成的为害，而菜农却把虫害当作病害防治，结果可想而知。因此，要想获得好的农药药效，首先要选好药剂“对症下药”。

关于如何判断田间病虫草害种类，请向当地技术部门咨询，也可查阅其他植物保护图书。本书主要分析与农药应用有关的主要因素。

一、农药的理化性质

农药的不同化学成分、理化性质、作用机制及使用时根据不同防治对象所需的浓度或剂量，都会对药效产生不同程度的影响，根据防治对象，必须选择合适的农药品种，同时药剂的溶解性（脂溶性及水溶性）、润湿性、展着性、分散性及稳定性都直接或间接影响药效。

杀虫剂的药效决定于传递到害虫的作用靶标，杀虫剂接触到害虫后，要经过一系列的复杂过程，一般要经过通透、运转、分布，最后才能到达作用部位，杀虫剂的脂溶性（亲脂性或非极性）和药剂在血淋巴中的溶解性是决定这一系列复杂过程的重要因素，也就是决定杀虫效果的重要因素。一种药剂纵然对害虫有很大的毒性，但若不能通透进入虫体到达作用部位，仍然不能发挥它的毒效。

对于蒸气压高的杀虫剂，在室温条件下能挥发成气体，则可从害虫气门或触角接触进入害虫体内。表面张力低的药剂亦可从害虫气门气管进入害虫体内。

除草剂使用中，蒸气压高的药剂如氟乐灵、禾草特等在土壤表面喷雾后挥发速度较快，则除草效果相应地降低。因此，这类除草剂在喷雾时应采用混土施药法，即在喷雾后立即耙地混土，把药剂混入土中。

二、生物行为

农业有害生物种类很多，在长期的进化过程中，害虫形成了自身独特的行为特征来适应自然，而这些独特的行为特征直接影响到农药的药效。例如，害虫钻蛀危害或者卷叶危害行为，桃蛀螟幼虫孵化后不久就蛀入高粱和向日葵幼嫩的籽粒内，在其中为害；水稻稻纵卷叶螟的初孵幼虫爬入心叶或心叶附近的嫩叶叶梢内啃食叶肉，药剂较难直接喷洒到害虫身体上。防治钻蛀性害虫和卷叶害虫，最好选择有内吸活性杀虫剂，如果采用没有内吸作用的杀虫剂喷雾，一定要把握好用药时间，将害虫消灭在钻蛀和卷叶之前，错过防治时期，势必影响防治效果。

绿盲蝽是近年危害日益严重的害虫，正逐步上升为我国北方棉田、果园等的主要害虫，绿盲蝽受惊就飞，因此，害虫在喷雾防治时转移到安全地带，这些害虫接触药液的概率就很小，制约了药剂药效的发挥。

介壳虫的特点是在虫体外面形成蜡质，这层蜡质不利于杀虫剂药剂的发挥；很多杂草表面，如芦苇叶片表面也有一层蜡质，也不利于除草剂药效的发挥。

三、环境因素

在农药应用时，环境条件的改变一方面影响了植物和有害生物的生理活动；另一方面影响药剂的理化性质，结果都会影响药效。在防治病虫草害时，常发现使用同一种药剂防治同一种病、虫、草时，由于不同地区环境条件不同，药效差别很大。其中主要的原因就是温度、湿度、雨水、光、风及土壤性质等环境条件发生了变化。

1. 温度

温度可以影响农药药效的发挥，很多农药在温度较高时的药效要明显好于低温状态（如棉隆土壤熏蒸必须保持地温在 6℃以上），温度对药效的影响可分为正温度系数和负温度系数。

（1）正温度系数

农药药效在一定适宜温度范围内随着温度增高而增强的现象称为正温度系数，例如，应用敌百虫防治荔枝蝽象，田间温度上升，荔枝蝽象死亡速率特别显著；熏蒸剂（如溴甲烷）在高温时药效明显好于低温状态，因此，使用溴甲烷时最好采用热法施药；吡虫啉在高温（32℃）条件下对棉蚜的毒力是低温条件（11℃）时的 60.7 倍（表 1-8），因此，在生产实践上，春季低温季节应用吡虫啉的效果不理想，在使用吡虫啉时应扬长避短，在高温（25℃以上）使用，在一天之中，在晴天中午或下午高温时段喷雾有利于吡虫啉药效的发挥。

表 1-8 吡虫啉在不同温度条件下对棉蚜的触杀毒力（王开运）

温度（℃）	LD50（μg/头）	毒力指数
11	1.4×10^{-4}	1
18	6.9×10^{-4}	2.1
25	2.6×10^{-5}	5.5
32	2.4×10^{-6}	60.7

（2）负温度系数

农药药效在一定适宜温度范围内随着温度增高而降低的现象称为负温度系数，例如，DDT和部分拟除虫菊酯类杀虫剂为负温度系数杀虫剂，在15～35℃，温度增高，杀虫效果反而降低；植物源杀虫剂苦皮藤素也是负温度系数药剂。负温度系数药剂要避免在高温季节和高温时段使用。

用户在使用农药时应扬长避短，例如，菊酯类杀虫剂应在春季或者在一天中的傍晚使用，有利于药效发挥；而使用吡虫啉应在夏季使用。

2. 湿度

空气湿度大，可推迟除草剂雾滴在杂草茎叶表面的干燥时间和提高角质层的水化，有利于苗后除草剂的吸收和传导。当空气干燥时，农药雾滴蒸发速度快，特别是小于100μm的小雾滴，由于雾滴蒸发快，影响了细小雾滴在靶标生物上的沉积分布，进而影响防效。

3. 光照

农药作为一类化学物质，在光照条件下会发生光分解，造成农药药效的降低。有的农药对光敏感，如辛硫磷在光照下不稳定，容易降解失效。氟乐灵等二硝基苯胺类除草剂容易分解，因此，施药后采用耙土方法把药剂混入土中可防治药剂分解。

4. 降雨

降雨是大田农药喷洒的重要制约因素，农药喷洒到农作物上后，一旦下雨，雨量小时可使沉积分布在叶片上的药剂重新分布，降低药剂浓度，可能会降低杀虫剂的药效；雨量大时则会将农药从植物上冲刷下来，使农药完全不起作用。因此，田间农药喷洒后若短时间遇到降雨，需要重新喷雾。

5. 风

风速是农药喷洒中的非常重要的因子，风速大时会将细小的雾滴吹离开靶标表面，影响药效。但若在完全静风条件下进行农药喷雾，也不利于药效的发挥，这是因在在静风状态下，由于空气黏滞力的作用，叶片表面附着一薄层静止的空气（片流副层），又称空气阻抗（图1-3）；片流副层厚度主要与气流速度有关，随气流的增大而减小。

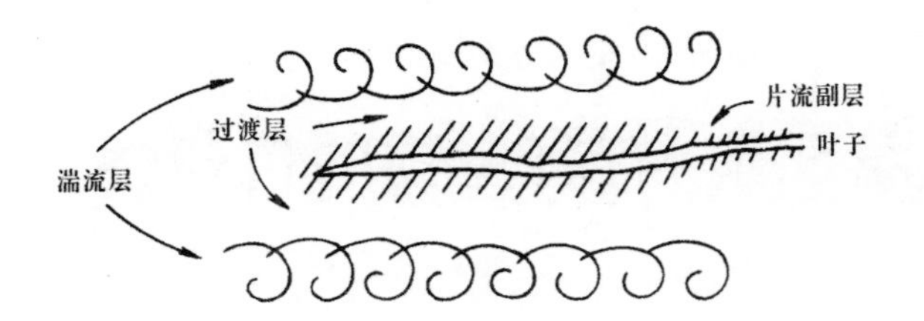

图1-3 植物叶片表面的片流副层

当采用喷雾方法时，一定的风速条件有利于农药药效的发挥，因此，本书作者推荐在轻风条件下进行田间农药喷雾作业，1～4m/s的风速有利于雾滴在生物靶标上的沉积。田间喷雾作业时请参照表1-9的风速条件，在不合适的条件下要避免喷雾。

表1-9 不同风速条件下对田间喷雾的影响

名称	风速（m/s）	可见征相	喷雾作业
无风	< 0.5	静、烟直上	不适合
软风	0.5～1.0	烟能表示风向	不适合
轻风	1.0～2.0	人面感觉有风，树叶有微响	适合喷雾
微风	2.0～4.0	树叶和小枝摇动不息	不适合除草剂，适合杀菌剂和杀虫剂
和风	> 4.0	能吹起地面灰尘和纸张，树枝摇动	避免喷雾

综上所述，在应用农药时，必须根据具体的环境条件，充分掌握药剂的性能特点及病、虫、草、鼠等有害生物的基本规律，适时合理地使用农药，充分利用一切有利因素，控制不利因素，才能获得

比较好的防治效果。

四、农药的持效期

用户在使用农药后，总是希望喷洒一次药剂可以长期控制农田的病虫草害，即希望农药的持效期长，这种农药施用后能够有效控制病、虫、草、鼠害所持续的时间称之为持效期。

农药持效期与农药残留有一定的关系，持效期的长的药剂更容易残留在农产品中，但持效期不等于残留期，“残”字含有贬意，如残渣余孽、残羹剩饭，因此，农药残留是人们不希望看到的现象，例如，黄酰脲类和咪唑啉酮类除草剂在土壤中的残留时间长，有的可达2～3年，而且连续使用还会在土壤中继续积累，因而极易对后茬敏感作物产生药害，造成减产甚至毁种。例如，江苏省1994年推广应用胺苯磺隆防除油菜田杂草，结果造成后茬约2万亩水稻残留药害。

农药持效期的长短与药剂的性质和施药条件等因素有关，例如，辛硫磷叶面喷雾，受日光照射容易分解，持效期只有3～5d，若施于土壤防治地下害虫，因避免了日光照射，持效期就很长。

农药持效期的长或短都不是缺点，人们根据防治病、虫、草、鼠害的需要选择应用，对收获期短或直接食用的蔬菜、瓜果、茶叶等作物，适宜选择应用持效期短的药剂，以减少农药在农产品中的残留，对大田粮棉作物，宜选用持效期较长的农药，以减少施药次数。

第三节 有害生物的抗药性

农药应用是人类用化学物质（生物源或化学合成的）与病原菌、害虫、杂草、老鼠等有害生物斗争的一个过程，在长期农药应用的选择压力下，依据生物进化理论，病、虫、草、鼠等有害生物种群必然会对所用农药产生越来越高的耐受能力，这种能力就是有害是生物的抗药性。

世界卫生组织（WHO）曾于1957年对昆虫抗药性做出了如下定义：“昆虫具有耐受杀死正常种群大部分个体的药量的能力在其群体中发展起来的现象。”也就是说，在多次使用药剂后，害虫对某种药剂的抗药力较正常情况下有明显增加的现象，其特点是这种因使用药剂而增大的抗药力是可以遗传的。在自然界同一种有害生物的种群中，各个体之间对药剂的耐受能力有大有小。一次施药防治后，耐受能力小的个体被杀死，而少数耐受能力强的个体不会很快死亡，或者根本就不会被毒杀死。这部分存活下来的个体能把对农药耐受能力遗传给后代，当再次施用同一种农药防治时，就会有较多的耐药个体存活下来。如此连续若干年、若干代以后，耐药后代达到一定数量，形成了强耐药性种群，且耐药能力一代比一代强，以致再使用这种农药防治这种强耐药种群时效果很差，甚至无效。

一、抗药性的种类

（1）单一抗性，有害生物只对一种农药产生的耐药性，称为单一抗性。但有时由于抗性的生理、生化机制相同而对同类农药的其他品种也产生抗性，仍属于单一抗性。例如，黑尾叶蝉由苯基氨基甲酸酯类杀虫剂某一个品种（如异丙威）的选择作用而产生的耐药性，对此类的其他品种也具有抗性。

（2）多抗性，亦称集团抗性、联合抗性。对一种有害生物不断地、同时连续使用作用机制不同的几种药剂，而使有害生物对多种药剂产生了抗性，称为多抗性。有时具有单一抗性的有害生物品系，又在另一类药剂的选择作用下，结果是不仅保持了对前种药剂的抗性，又产生了对新药剂的抗性。

（3）交互抗性，一种有害生物对某种常用农药产生抗性，对另一种（类）从未用过的农药也有抗性，称为交互抗性。交互抗性的产生给轮换用药及新药开发带来了困难。

（4）负交互抗性，与交互抗性相反，对某种农药产生抗性的有害生物种群，对另一种从未用的新农药，反而比无抗性种群更敏感，这种现象称为负交互抗性。例如，杀菌剂乙霉威属氨基甲酸酯类化合物，是苯并咪唑类杀菌剂的负交互抗性药剂，即对苯并咪唑类杀菌剂的抗性水平越高的菌种，则对乙霉威越敏感。但是必须说明：负交互抗性必须是某种有害生物品系对甲药剂产生了抗性，但对本来不敏感的乙种药剂发展了敏感性，这才是真正的负交互抗性。如果本来就对乙药剂敏感，则不能叫负交互抗性，这是一种假负交互抗性。

二、有害生物抗药性的判断

有些药剂的药效减退或药效不佳等现象，并非是由于有害生物产生了抗药性的缘故，而是由于其他某些原因。当使用药剂防治病、虫、草害时，如果发现有药效减退现象，不宜仓促做出结论，认为是有害生物产生了抗药性。须知，抗药性的形成是有害生物体生理机制上发生了一些变化，不是肉眼所能直接看到的，必须从多方面加以调查、分析及借助测试手段与方法，才能得出可信的结论。首先可根据以下四方面来考虑是否发生了抗药性问题。

第一，抗药性的出现，一般都不是在毫无预兆的情况下突然出现的。在出现药效严重减退现象之前，必定有一段药效持续减退的过程，这个过程因病虫草、药剂种类不同而有长有短。对于1年内发生世代很多的害虫，如蚜虫、螨类、白粉虱、蚊、蝇等，用同一种农药多次反复喷洒，抗药性出现的概率就比较高，例如，用溴氰菊酯防治棉蚜，连续2～3年后棉蚜就产生抗药性。对于1年内发生世代少的害虫，如多种鳞翅目、鞘翅目害虫，则往往要经过几年连续使用同一种农药后才有可能表现出抗药性现象。稻飞虱对氨基甲酸酯类杀虫剂的抗药性发展是较缓慢的。而甜菜褐斑病对多菌灵的抗药性发展相当快，仅2～3年的时间。

抗药性是个群体概念。单独的抗药个体不能表明有害生物已产生了抗药性，而是要经过农药的不断选择，及有害生物的多代繁殖，将抗药能力遗传给后代，当抗性后代达到一定的数量，形成了抗性种群，才能认为是产生了抗药性。

第二，用药剂防治的有效使用浓度或用量发生明显的逐次增高的现象。

第三，防治后病虫回升的速度比过去明显加快。

第四，抗药性的发生，在一定范围地区内的表现应该是基本一致的。多数地区的农田虽由农户分片承包，但却是成百上千万亩地连片种植同一种作物，如水稻、小麦、玉米、棉花等，只要作物品种和栽培条件基本一致，一般来说抗药性的表现不应有多大的差别。若在某一部分田里药效好，而另外一部分田里药效很差，就不能轻率做出抗药性现象的判断。

当初步确诊是抗药性现象，就应做小区药效比较试验，其方法：选择比较平整而且肥力均匀、作物生长比较整齐的地块，划分小区，每小区15～30m²，每个处理重复3次，随机排列，并调查每小区虫口基数；把某种药剂配成3～5个浓度，其中最低浓度为常用浓度，其余浓度可分别比常用浓度提高20%、40%、60%、80%、100%等；把配成的各浓度药液准确地喷施在相应的小区内，经一定时间后（如24h、48h……），调查各小区残存虫口数，与施药前虫口基数相比较，计算虫口减退率或防治效果；如果常用浓度的防治效果确实降低了，而提高了浓度的各处理区的防治效果都相应地提高了，就可初步判断确实存在抗药性问题，这样，就应采用毒力测定方法做进一步的确诊。

三、害虫抗药性

田间使用一种杀虫剂后形成了有毒环境，适应这种有毒环境而生存下来的害虫即为对该种杀虫剂有耐药性的个体，具有抗性基因。抗性基因在群体中所占的比例为抗性基因频率。使用该种杀虫剂之前，对该药的抗性基因频率一般很低。同时，具有耐药性基因的个体在非杀虫剂环境中的自然选择中往往处于劣势，因此，对于某种害虫的群体而言，对该杀虫剂是敏感的。使用杀虫剂后，大量敏感个体死亡，抗性个体生存下来。不断地用药，不断地杀死敏感个体，抗性个体不断地积累。当抗性个体积累到一定的量以后，再施用这种杀虫剂的同样剂量，防治效果就不如以前，表明害虫产生了耐药性。一年内世代数多的害虫，用药次数也多，耐药性发展比世代少的要快，因为耐药性是可以遗传的。

害虫产生抗药性的主要机制之一是杀虫剂穿

透害虫表皮的能力下降；杀虫剂作用位点的敏感性降低；害虫体内的解毒酶分解杀虫剂的能力得到了加强，加快了杀虫剂的分解和排除。当害虫对一种杀虫剂产生耐药性以后，对作用机制相同，可能还未曾使用过的其他杀虫剂品种也具有了不同程度的耐药性现象，即交互抗性。一种害虫具有抗两种以上不同作用机制的杀虫剂的现象，称为多抗性。

因此，当害虫对某种杀虫剂产生了耐药性后，可能已经使一批杀虫剂失去了对该种害虫的控制作用。防治耐药性害虫最有效的方法是换用作用机制不同的杀虫剂。但由于随意加大用药量和用药次数，缩短了害虫产生耐药性的周期，使害虫很快具有抗多种杀虫剂的能力。多抗性加交互抗性，可影响一大批杀虫剂的实际防治效果。

1908 年首次发现梨园蚧对石硫合剂产生抗药性，截至 2 000 年，据不完全统计，我国已有 45 种昆虫和螨产生抗性，抗性的广泛性和严重性影响了农药应用的防治效果。

四、害螨的抗药性

农业害螨是农作物、果树、蔬菜、林木和花卉等的重要有害节肢动物，由于害螨的产卵量大，生活史短，一年内发生代数多，因而需要在一年内多次喷药防治，害螨与药剂接触机会到，容易形成抗药性；另外，害螨的活动范围小，近亲交配率高，容易形成血缘群体结构，其抗药性因子容易在种群内加快提高，再加上害螨可寄生在多种植物上，具有很多的降解酶系，因此，害螨的抗药性要比害虫抗药性更为严重，并且害螨种群多为多抗性因子。

我国自 20 世纪 60 年代初陆续报道了山楂叶螨对内吸磷、三氯杀螨醇，柑橘全爪螨对三氯杀螨砜，苹果叶螨对三氯杀螨醇及截形叶螨对有机磷等农药的抗药性。法国苹果全爪螨（*Panony chusulmi* Koch）对喹螨醚和吡螨胺已经产生了抗药性；我国多个地方的监测数据表明二斑叶螨、朱砂叶螨对阿维菌素产生了中等水平的抗药性。

五、病原真菌抗药性

杀菌剂应用中，病原真菌长期在单一药剂选择作用下，通过遗传、变异，对此杀菌剂获得的适应性称之为病原真菌抗药性。

近代农药应用时期，杀菌剂主要是传统的保护性杀菌剂，虽然长期使用，但病原真菌对铜制剂、硫制剂等未产生严重的抗药性，直到 20 世纪 70 年代初，才相继发现有的病原真菌对某些传统杀菌剂诸如五氯硝基苯、多果定、敌菌灵等产生抗药性。但是这些抗药性都是在长期使用后出现的，例如，多果定在美国纽约州防治苹果黑星病，是在使用 10 年后即 1969 年才发现防治效果降低。而且在农业生产中并未构成实质性威胁。

随着高效、内吸、选择性强的现代杀菌剂的研究与应用，病原真菌抗药性问题越来越突出，常导致杀菌剂应用效果的大幅度降低。例如，新近研究开发的甲氧基丙烯酸类杀菌剂在德国应用 2 年后，即检测到抗性倍数高达 500 的抗药性个体；我国很多地方都监测到灰霉病菌和叶霉病菌对多菌灵的抗药性菌株。

病原真菌的抗药性是病原菌力图躲避、抵制和消除杀菌剂对其作用而获得的适应性后代，是生物进化的一个必然结果。这种变化归纳起来有：（1）病原真菌细胞产生某种变化，如降低原生质膜的通透性，使杀菌剂不能达到作用靶点；（2）病原真菌增强了对杀菌剂的解毒能力，使杀菌剂降低或丧失活性，例如，对五氯硝基苯产生抗药性的镰刀菌，能够把五氯硝基苯转化成低活性的五氯苯胺和五氯甲硫基甲烷；（3）病原菌通过代谢变化，阻止了杀菌剂在体内的活化作用；（4）杀菌剂虽然能到达作用点，但降低了作用点对杀菌剂的亲和力。苯菌灵、多菌灵、甲基硫菌灵和放线菌酮的抗药机制均属这一类。其作用点上的微小变化，均能降低对杀菌剂的亲和力，而产生抗药性；（5）迂绕作用。病原真菌通过改变代谢，从旁路绕过杀菌剂阻碍的代谢反应，使其不能发挥杀菌作用；（6）补偿作用，某些杀菌剂以特异性酶作为主要作用点时，病原真菌通过增加酶的数量，以弥补因药剂作用的损失，使整体代谢正常。

六、植物病原细菌的抗药性

农作物细菌病害防治中，发现水稻白叶枯病菌对噻枯唑的抗药性已经形成，在安徽省稻区发现在水稻活体上存在噻枯唑抗药突变体，其比例为67.65%。安等在辣椒疮痂病菌（*Xanthomonas vesicatoria*）和水稻细菌性条斑病菌（*X.oryzaepv. oryzicola*）中均发现耐链霉素菌株。对采自云南省各地州的73株烟草野火病菌进行抗药性监测，发现抗性菌株频率为61.64%，抗性最强的菌株能在含2 500μg/ml链霉素的KBA培养基上生长，说明云南省烟草野火病菌对链霉素已普遍产生了抗药性。

七、杂草抗药性

随着除草剂的大面积推广应用，杂草的抗药性发展非常迅速。到目前为止，抗药性杂草已达到258种。其中主要分布在欧洲和北美洲。在全球其他区域，杂草抗药性以惊人的迅速发展。杂草抗药性的不断蔓延，给农业生长带来了巨大的困难。近年来，许多学者致力于杂草抗药性机制的研究，并取得了一定的成果。一般来说，在田间情况下，杂草抗药性群体的形成有两种途径:一种是在除草剂的选择压力下，自然群体中一些耐药性的个体或具有抗药性的遗传变异类型被保留，并能繁殖而发展成一个较大的群体；另一种是在田间表现形式上来看，是由于一类或一种除草剂的大面积和长期连续使用，使原来敏感的杂草对除草剂的敏感性下降，以致于用同一种药剂的常规剂量难以防除。

第四节　提高农药药效的方法

提高农药药效的方法多种多样，可从农药应用的各个环节寻找措施，例如，可以选择合适的药剂保证防治效果；通过农药混用或轮用的多分子靶标治理策略，有效治理有害生物的抗药性；通过改善喷雾机具和施药方法提高农药有效成分在生物体上的沉积分布效率；通过增效助剂和喷雾助剂来提高药效等。

一、轮换用药或混合用药

轮换用药是克服病、虫、草、鼠害等有害生物抗药性的重要措施，前述抗药性的形成，是一定浓度的药剂对某一有害生物种群中敏感性不同的个体发生汰选的结果。因而，有人认为，药剂的浓度（或剂量）越高，则被杀死的有一定耐药力的个体就越多，但残存的个体数是少了，其耐药力却特别强，繁殖的后代往往是抗药性很强的种群。也有人认为，长时间多次的低浓度（或剂量）处理，会诱导有害生物产生抗药性。此外，有害生物产生抗药性还有更深刻的生理、生化方面的内在因素，也有农药应用技术方面的因素。为预防和治理抗药性，目前一般采取的主要措施如下。

1．轮换用药

就是轮换使用作用机制不同的农药类型，以切断生物种群中抗性种群的繁殖和发展过程。例如，杀虫剂中的有机磷、氨基甲酸酯、拟除虫菊酯、沙蚕毒素类、苯甲酰脲、烟碱类、生物源杀虫剂等几大类，作用机制都不相同。同一类杀虫剂中无交互抗性的品种间也可轮换使用，例如，对乐果产生抗性的棉蚜，改用杀螟硫磷防效仍好。

在杀菌剂中，一般内吸杀菌剂比较容易引起抗药性，如苯并咪唑类的多菌灵、苯基酰胺类的甲霜灵和噁霜灵等，但保护性杀菌剂不易引起抗药性，像代森类、福美类的有机硫杀菌剂，无机的硫制剂、铜制剂以及百菌清等，都是与内吸杀菌剂轮换使用的较好品种。

除草剂的抗药性虽不及杀虫剂、杀菌剂那么严重，在我国大面积应用除草剂较晚，杂草耐药性问题不明显，但近年来也已发现稻田稗草对丁草胺产生了明显抗性，某些阔叶杂草对莠去津产生了抗性，今后随着单一作用靶标除草剂品种增多及迅速应用，杂草抗药性势将随之加重。除草剂化学结构类型多，为轮换使用提供了较多的选择机会。

2．混合用药

两种作用方式和机制不同的药剂混合使用可

以延缓抗药性的形成和发展。例如，多菌灵与三乙膦酸铝混用防治苹果轮纹烂果病、甲霜灵与代森锰锌混用防治霜霉病和疫病、有机磷与拟除虫菊酯混用、苯丁锡与硫黄混用等，都是较为成功的混用方案。一旦抗药性出现，采取混合使用或改用混剂往往也能奏效。但必须注意，混剂也不能长期单一使用，以防有害生物产生多抗性。

3. 暂停使用已有抗性的农药

当一种农药已经引发了抗药性以后，可以暂时停止使用这种农药，使抗药性逐渐减退，甚至消失，然后再重新使用。

二、改善喷雾机具和喷雾方法

传统大容量喷雾方法，雾化性能差，不能充分发挥农药的药效。大量研究已经证明，选择合适的农药雾滴有利于农药药效的发挥。笔者在田间试验中发现，在小麦蚜虫防治中，采用手动微量弥雾器低容量喷雾的防效明显好于常规大容量、大雾滴喷雾技术。为提高药效，建议用户：

（1）在有效控制农药雾滴飘移的前提下，尽量选用雾化性能优良的喷头作业，采用细雾滴喷雾技术，如采用根据气力雾化原理设计的微量弥雾喷头或旋转离心喷头。

（2）尽量采用降低容量、低容量喷雾技术，把大田作物每亩施药液量从40L以上降至10～20L，由于使药液量的降低，药液浓度提高，更有利于药效的发挥。

（3）有条件的地区，可采用装配优质喷头的拖拉机悬挂或牵引喷杆喷雾机喷洒除草剂、植物生长调节剂等，农药雾化质量好、药剂在田间沉积分布均匀，有利于药效的发挥。

有关农药雾滴、施药机具与喷雾性能的内容请参考本篇第六章。

三、添加喷雾助剂

在农药喷雾过程中，药液表面张力、药液在生物靶标上的接触角等对其药效均有影响。本书作者曾测定了很多市场上的农药品种，其稀释液的表面张力常常高达50mN/m（清水的表面张力大概为72mN/m），农药药液不能很好润湿靶标，因此，影响了其防治效果。

在农药药液中添加合适的喷雾助剂，可以显著降低药液的表面张力，降低药液在靶标表面的接触角，提高药液在靶标表面的润湿性和渗透性，提高防治效果（表1–10）。

表1–10 喷雾助剂选用建议

环境、植物、气象等	选择助剂种类	备注
干燥、空气湿度小	雾滴蒸发抑制剂	纸浆废液、硬脂酸胺、尿素等
表面有蜡质	润湿展着剂	有机硅表面活性剂“丝润”、非离子表面活性剂
附近有敏感植物	飘移抑制剂	聚乙烯醇、聚甲基丙烯酸钠等
风速较大		
喷雾后可能有降雨	黏着剂	淀粉、聚乙烯醇等
内吸农药	渗透剂	“力透”表面活性剂，氮酮等

当然，不同种类农药所需要的喷雾助剂有差异，用户需要根据厂家建议选择合适的喷雾助剂。

第三章 农药毒性和农药中毒

农药一般都是有毒品，其对生物（动物、植物和微生物）可产生直接或间接的毒害作用，造成生物体器官或生理功能损伤。这种对人、畜、禽等非防治目标生物产生的毒害作用称之为农药的毒性。农药毒性可分为急性毒性和慢性毒性两种。

第一节 农药毒性

一、农药的急性毒性

农药的急性毒性是指药剂进入生物体后，在短时间内引起的中毒现象。农药毒性大小通常用对试验动物的致死中量（LD_{50}）、致死中浓度（LC_{50}）和无作用剂量（NOEL）来表示。

LD_{50}：在给定时间内，使一组实验动物的50%发生死亡的毒物剂量，称“半数致死量”。

LC_{50}：在给定时间内，使一组实验动物的50%发生死亡的毒物浓度，称“半数致死浓度”。

致死中量越小，农药的毒性越大，反之，致死中量越大，农药毒性则越小。

按我国农药毒性分级标准，农药毒性分为剧毒、高毒、中等毒、低毒、微毒五级（表1-11）。

表1-11 农药的急性毒性分级

毒性分级	级别符号语	经口LD_{50}（mg/kg）	经皮LD_{50}（mg/kg）4h	吸入LC_{50}（mg/m³）2h
Ia级	剧毒	＜5	＜20	＜20
Ib级	高毒	5~50	20~200	20~200
II级	中等毒	50~500	200~2000	20~200
III级	低毒	500~5000	2000~5000	2000~5000
IV级	微毒	＞5000	＞5000	＞5000

二、农药急性毒性分级

根据现行的农药急性毒性分级标准，把我国常用农药毒性分级结果汇于表1-12、表1-13和表1-14。在常用的农药品种中，在我国使用的农药中，杀虫剂毒性最高，其次是杀菌剂，除草剂毒性最低，这就是引起农药中毒最多的往往是杀虫剂的原因所在。

表 1-12 杀虫剂毒性分级

剧毒	高毒	中等毒		低毒		微毒
特丁硫磷	蝇毒磷	甲基内吸磷	速灭威	双甲脒	氟氰菊酯	马拉硫磷
涕灭威	氧乐果	乙硫磷	混灭威	四螨嗪	醚菊酯	苦参碱
	甲拌磷	二嗪磷	灭杀威	氟虫脲	氟酯菊酯	灭幼脲
	甲基硫环磷	敌敌畏	丙硫克百威	棉隆	高效氯氰菊酯	氟铃脲
	甲基异柳磷	稻丰散	丁硫克百威	乙酰甲胺磷	虫螨腈	抑太保
	水胺硫磷	丙溴磷	硫双灭多威	丁醚脲	杀螟硫磷	氯虫苯甲酰胺
	克百威	喹噁磷	唑蚜威	杀虫双	杀螟腈	
	克线磷	嘧啶氧磷	溴氰菊酯	噻嗪酮	甲基毒死蜱	
	齐螨素	倍硫磷	氰戊菊酯	杀虫隆	敌百虫	
	甲胺磷	三唑磷	氯氟氰菊酯	除虫脲	丁酯磷	
	内吸磷	毒死蜱	顺式氰戊菊酯	苯丁锡	丙硫磷	
	对硫磷	亚胺硫磷	氟氰戊菊酯	辛硫磷	双氧威	
	甲基对硫磷	伏杀硫磷	氟胺氰菊酯	吡丙醚	丙烯菊酯	
	久效磷	灭梭威	三氟氯氰菊酯	烯炔菊酯		
		异丙威	甲氰菊酯	甲醚菊酯		
		残杀威	甲萘威	戊菊酯		
		仲丁威	抗蚜威	顺式氯氰菊酯		
		杀螟丹	农虫威			
		氟虫腈	抑食肼			
		唑螨酯	速螨酮			
		三唑锡	氯氰菊酯			
		氟氯菊酯	硫丹			
		吡虫啉	啶虫脒			
		溴甲烷	丙线磷			
		单甲脒	杀螨脒			

表 1-13 杀菌剂毒性分级

高毒	中等毒	低毒	微毒	
戊唑酮	代森铵	甲基立枯磷	代森锌	代森锰锌
	福美双	丙环唑	三乙磷酸铝	咪鲜胺
	稻瘟净	氟菌唑	邻酰胺	百菌清
	福美胂	苯醚甲环唑	甲基托布津	多菌灵
	双胍辛胺	异菌脲	双苯三唑醇	丙森锌
	敌磺钠	菌核净	春雷霉素	井冈霉素
	三唑酮	甲霜灵	多抗霉素	链霉素
	三环唑	噁霉灵		
	公主岭霉素	氯苯嘧啶醇		
		腈苯唑		

表 1–14 除草剂毒性分级

中等毒		低毒		微毒	
敌草快	氯嘧磺隆	敌稗	烯草酮	甲磺隆	毒莠定
百草枯	醚磺隆	新燕灵	草除灵	绿磺隆	咪草烟
溴苯腈	2甲4氯	克草胺	灭草松	噻磺隆	灭草喹
辛酰溴苯腈	2，4-滴丁酯	普乐宝	拿捕净	苯磺隆	稗草烯
碘苯腈	吡氟禾草灵	莎稗磷	莠去津	苄嘧磺隆	噁草酮
氰草津	噁唑禾草灵	甲草胺	莠灭净	嘧磺隆	阔草清
	酚硫杀	异丙甲草胺	特丁净	烟磺隆	西玛津
	丁草特	乙草胺	嗪草酮	吡嘧磺隆	绿麦隆
	禾草丹	丁草胺	氰草净	乳氟禾草灵	氟烯草酸
	灭草猛	三氟梭草醚	扑草净	氟乐灵	
	麦草畏	氯草定	西草净	萘丙酰草胺	
	二甲戊乐灵	异噁草酮		丙草胺	
	双丁乐灵	使它隆		甲羧除草醚	
	草甘膦	三氯喹啉酸		甲氧除草醚	

三、农药慢性毒性

1．农药慢性毒性认定

农药的慢性毒性是指生物体长期摄入或反复持续接触农药造成在体内的积蓄或器官损害出现的中毒现象。一般来说，性质稳定的农药易造成慢性中毒。

评价农药慢性毒性的大小，一般用最大无作用量或每日允许摄入量（ADI）表示。ADI是指将动物试验终生，每天摄取也不发生不利影响的农药浓度。ADI数值大小系根据最大无作用量，再乘以100乃至数千倍的安全系数确定的，以（mg/kg）表示。

2．农药慢性中毒

农药的慢性中毒是指长期连续摄入低剂量的农药引发的中毒现象。主要摄入途径来自食入、呼吸和皮肤接触。这些农药的有效成分及其有毒降解物、衍生物、代谢物、副产物被人体纳入，而在某些器官或组织中不断积累，表现出的中毒症状。这类毒性又称“蓄积性毒性”。由“蓄积性毒性”引发的病理反应，或造成的器官损伤才是毒理学意义上的农药慢性中毒。长期生活在被农药污染的环境，如农药车间，喷洒过农药的农田以及食用被农药污染的农牧产品等，都会对人体构成慢性中毒的威胁。

有机磷和氨基甲酸酯类农药慢性中毒，主要表现为血液中胆碱酯酶活性下降，并伴有头晕、头痛、恶心、呕吐、多汗、乏力等症状。有机氯和菊酯类农药慢性中毒，主要表现为食欲不振、腹痛、失眠、头痛等症状。由于慢性中毒系农药的“蓄积”反应，起病缓慢，持续期长，具有隐蔽性，不易引起注意。因此，农药慢性中毒比急性中毒对人体造成的潜在危害更值得关注。

四、农药的生态毒性

1．农药对水生动物的毒性

（1）农药对鱼类的急性毒性

农药对水生动物的毒性研究最多的是有机磷农药对鱼类的毒性。在高浓度有机磷农药环境中生活的鱼类容易造成急性中毒。其表现症状：开始出现急躁不安，狂游冲撞等激烈行为，然后游态不稳，张口呼吸，最后痉挛麻痹，失去平衡，直至昏迷死亡。有时急性中毒也伴有黏液增多，体色变黑等体症。农药对鱼类的毒性大小，取决于农药自身性质和鱼类的种群。不同的农药对同一种群的鱼类，其毒性效应差异较大。

（2）农药对鱼类的慢性毒性

长期生活在低浓度农药环境中的鱼类可能产生慢性中毒。中毒症状多表现出食欲减退、呼吸困难、食物转化率降低、生长缓慢，甚至停止生长发育。如在10mg/L磷胺环境中生活的莫桑比克罗非鱼，摄食率和食物转化率分别较正常情况下降低35%和47%，且农药浓度越高，摄食率和食物转化率越低。有机磷农药可致使鱼体鳃丝破坏，导致呼吸障碍，引起死亡。此外，农药对鱼类的胚胎发育，生殖能力和酶活力都会产生不良影响，还可以造成内脏器官和造血系统损伤，威胁到正常生理活动。

2. 农药对土壤动物的毒性

撒施在作物、水面、森林、牧草上的农药，其最终移动归宿是土壤。生活在土壤中的有益生物，由于取食于土壤中的有机物，势必将残存于土壤中的农药摄入体内，威胁土壤动物的正常生活。

作为土壤代表动物的蚯蚓，在保持土壤结构，改善通透性，提高肥力起着重要作用。由于蚯蚓个体大，繁殖快，便于检测，常作为土壤指示生物的代表。因此，研究农药对蚯蚓的毒性作用，基本上代表了农药对土壤动物毒性的影响。

农药对土壤动物的毒性效应和中毒症状因农药的作用机制不同差异很大。呋喃丹造成蚯蚓中毒的症状表现为：躯体极度蜷缩、卷曲、体表红肿充血、不时扭曲挣扎、丧失逃避能力、体态僵硬、环节肿大糜烂、直至死亡。而杀虫双中毒则表现为：蚯蚓的活动逐渐减弱、躯体伸展、全身麻痹、糜烂直到死亡。

3. 农药对经济昆虫家蚕的毒性

杀虫剂杀螨剂对家蚕的24h毒力大小（LC_{50}值）依次为阿维菌素 > 甲氨基阿维菌素苯甲酸盐 > 顺式氯氰菊酯 > 氯菊酯 > 啶虫脒 > 丁硫克百威 > 三唑磷 > 毒死蜱 > 吡虫磷 > 二嗪磷 > 仲丁威 > 喹螨醚 > 苯氧威 > 氟铃脲 > 伏虫隆 > 印楝素 > 吡丙醚 > 苯丁锡。其中属于抗生素类的阿维菌素和甲氨基阿维菌素苯甲酸盐对家蚕的毒性最高；拟除虫菊酯类的顺式氯氰菊酯和氯菊酯对家蚕的毒性次之；氯化烟酰类的吡虫啉和啶虫脒，有机磷类的三唑磷、毒死蜱和二嗪磷；氨基甲酸酯类的丁硫克百威和仲丁威对家蚕的毒性都较高；属特异性杀虫剂的苯氧威、氟铃脲和伏虫隆；植物性杀虫剂印楝素；杀螨剂吡丙醚和苯丁锡对家蚕的急性毒性都较低。

家蚕对不同的农药品种的中毒症状表现各异，高浓度0.015mg/kg桑叶的阿维菌素表现为：吐液、侧翻、拒食、躯体僵直、体色变褐、体型缩小、1天后出现死亡；氟虫腈中毒表现：吐液、拒食、扭曲身体、挣扎，1天后出现死亡；氟铃脲中毒表现：给药后的前3天家蚕表现异常，4天开始体色变褐、身体肿胀、失去蜕皮能力、个体开始死亡。甲氧虫酰肼的中毒症状为提前蜕皮，头壳无法蜕掉、形成似口罩头壳、无法取食、脱水、饥饿而死亡。

4. 农药对鸟类的毒性

农药对鸟类的毒性最直观的表现特征是农药对鸟类的急性中毒，通常农药的毒性越大，引起的鸟类中毒的可能性也越大。因此，在农药登记与环境安全性评价中，农药对鸟类的毒性是一个必不可少的重要指标。不同农药品种因其分子结构，理化性质，作用机制不同，对鸟类的毒性差异较大。即若同一种农药，也可因剂型不同而有差异。在所有的农药中，农药对鸟类的室内急性毒性一般为乳油 > 悬浮剂、乳剂 > 水剂、可溶性粉剂 > 可湿性粉剂，在野外对鸟类的危害以毒饵、种衣剂与颗粒剂影响最大。为此1990年美国鸟类科学家联盟通过决议，呈请政府取消克百威颗粒剂的生产和使用。1994年又发布了防止其中12种高毒颗粒剂对鸟类危害的行动计划报告，要求农药生产厂家采取措施降低其危害性。这12种农药是二嗪磷、毒死蜱、灭多威、地虫磷、乙拌磷、嘧虫磷、涕灭威、灭克威、甲拌磷、特丁磷、异丙胺磷和苯胺磷。

农药对鸟类生存构成的危害事例不胜枚举。长期接触农药，除可直接引起鸟类急性中毒危害外，农药对鸟类的影响还包括许多亚急性或慢性毒害，如产蛋量下降，蛋壳变薄，孵化率下降，体重减轻，对孵育出的幼鸟照顾减少，求偶和筑巢行为减退，活动能力或对刺激的反应能力降低，导致回避天敌反应迟钝，易被其他动物取食等。

第二节 农药中毒

在使用接触农药的过程中，农药进入人体内超过了正常人的最大忍受量，使人的正常生理功能受到影响，出现生理失调，病理改变等系列中毒现象，如呼吸障碍、心搏骤停、休克、昏迷、痉挛、激动、不安、疼痛等症状，就是农药中毒现象。

一、农药中毒的类型

以农药中毒后引起人体所受损害程度的不同可分为轻度、中度、重度中毒。以中毒快慢可分为急性中毒、亚急性中毒、慢性中毒。

1. 急性中毒

农药被人一次口服、吸入或皮肤接触量较大，在24h内就表现出中毒症状的为急性中毒。

2. 亚急性中毒

一般是人在接触农药48h内，出现中毒症状，时间较急性中毒较长，症状表现较缓慢。

3. 慢性中毒

接触农药量较小，时间长容易产生累积性慢性中毒。农药进入人体后累积到一定量才表现出中毒症状，一般不易被察觉，诊断时往往被认为是其他症状。所以慢性中毒易被人们忽略，一旦发现，为时已晚，在日常生活中食用了农药残留量超标的蔬菜、水果，饮用了农药残留最超标的水，或接触、吸入了卫生杀虫剂等大多会引起累积性的慢性中毒。

二、农药中毒的途径

1. 经皮

农药通过皮肤吸收引起的中毒。不按安全操作规程，如不穿防护服，不戴手套施药，喷雾器在喷药前未检查漏水，药液浸湿了衣裤，迎风喷药药液吹到了操作者身上或眼内均会引起经皮中毒。

2. 吸入

农药从呼吸道吸入引起的中毒。很多具有熏蒸作用的农药和容易挥发成气体的农药，在喷药过程中不戴口罩，贮藏农药的地方不通风或将农药放在人住的房内，都会因吸入了农药而引起吸入中毒。

3. 经口

通过嘴和消化道吸收引起的中毒，如食用了拌了农药的种子；长期食用了农药残留量超标的瓜、果、蔬菜，在喷药时不按操作规程，不洗手就吃东西、喝水、抽烟等都能引起经口中毒。

农药中毒又分为生产性中毒和非生产性中毒。

生产性中毒是农药在生产、运输、销售、保管、使用等过程中不按安全操作规程操作发生的中毒。

非生产性中毒是在生活中因接触农药（包括服毒自杀）发生的中毒。

第三节 农药中毒一般症状和急救措施

一、中毒症状

由于不同农药中毒作用机制不同，所以有不同的中毒症状表现，一般表现为恶心呕吐、呼吸障碍、心搏骤停、休克、昏迷、痉挛、激动、烦躁不安、疼痛、肺水肿、脑水肿等。为了尽量减轻症状和死亡必须及早、尽快、及时的采取急救措施。

二、急救措施

（1）去除农药污染源，防止农药继续进入人体内，是急救中很重要的措施之一。

经皮引起的中毒者，应立即脱去被污染的衣裤，迅速用温水冲洗干净，或用肥皂水冲洗（敌百虫除外，因它遇碱后会变为更毒的敌敌畏），或用4%碳酸氢钠溶液冲洗。若眼内溅入农药，立即用生理盐水冲洗20次以上，然后滴入2%可的松和0.25氯霉素眼药水，疼痛加剧者，可滴入1%～2%普鲁卡因溶液。

吸入引起中毒者，立即将中毒者带离现场到空气新鲜地方去，并解开衣领、腰带、保持呼吸畅通，除去假牙，注意保暖，严重者送医院抢救。

经口引起中毒者，应及早引吐、洗胃、导泻或对症使用解毒剂。

①引吐是排除毒物很重要的方法:

——先给中毒者喝200～400ml水，然后用干净手指或筷子等刺激咽喉部引起呕吐。

——用1%硫酸铜液每5min一匙，连用三次。

——用浓食盐水、肥皂水引吐。

——用中药胆矾3g、瓜蒂3g研成细末一次冲服。

——砷中毒用鲜羊血引吐。

注意事项

引吐必须在人的神智清醒时采用，人昏迷时决不能采用，以免因呕吐物进入气管造成危险，呕吐物必须留下以备检查用。

②洗胃，引吐后应早、快、彻底的进行洗胃，这是减少毒物在人体内存留的有效措施，洗胃前要去除假牙，根据不同农药选用不同的洗胃液。

注意事项

——若神志尚清醒者，自服洗胃剂神志不清者，应先插上气管导管，以保持呼吸道畅通，要防胃内物倒流入气管，在呼吸停止时，可进行人工呼吸抢救。

——抽搐严重者应控制抽搐后再进行洗胃。

——服用腐蚀性农药的不宜采用洗胃，引吐后，口服蛋清及氢氧化铝胶、牛奶等以保护胃黏膜。

——最严重的患者不能插胃管，只能用手术剖腹造瘘洗胃，这是在万不得已时采用。

③毒物已进入肠内，只有用导泻的方法清除毒物。导泻剂一般不用油类泻药，尤其是苯作溶剂的农药。导泻可用硫酸钠或硫酸镁30g加水200ml一次服用，再多饮水加快导泻。有机磷农药重度中毒时，呼吸受到抑制时不能用硫酸镁导泻，避免镁离子大量吸收加重了呼吸抑制。硫化锌中毒也不能用硫酸镁。

（2）及早排出已吸收的农药及其代谢物，可采用吸氧、输液、透析等方法。

吸氧，气体状或蒸气状的农药引起中毒，吸氧后可促使毒物从呼吸道排除出去。

输液，在无肺水肿、脑水肿、心力衰竭的情况下，可输入10%或5%葡萄糖盐水等促进农药及其代谢物从肾脏排除出去。

透析采用结肠、腹膜、肾透析等。

三、农药中毒的急救措施

1. 及时服用解毒药品

及时服用解毒药，可使毒物对人体的症状减轻或消除，但还要配合其他治疗措施才行。

现将几种常用的解毒剂介绍如下：

（1）胆碱酯酶复能剂，国内使用的复能剂有解磷定、氯磷定、双复磷、双解磷。这种解毒药能迅速复活被有机磷农药抑制的胭碱酯酶，对肌肉震颤、抽搐、呼吸肌麻痹有强有力的控制作用。但它们只对有机磷农药的急性中毒有效，而对慢性有机磷农药中毒、氨基甲酸酯类农药中毒无复能作用，对某些农药反而会增强抑制胆碱酯酶的活性，如西维因农药，应禁止使用。

（2）硫酸阿托品，用于急性有机磷农药中毒和氨基甲酸酯类农药中毒的解毒药物。

（3）巯基类络合剂，这类药物对砷制剂、有机氯制剂有效，也可用于有机锡、溴甲烷等中毒，常用的有二巯基丙磺酸钠、二巯基丁二酸钠、二巯基丙醇、巯乙胺等。

（4）乙酰胺，它可使有机氟农药中毒后的潜伏期延长，症状减轻或制止发病，效果较好。

2. 对症治疗

（1）对呼吸障碍者的治疗，由有机磷农药中毒引起呼吸困难，呼吸间断或感到呼吸困难时，可用阿托品、胆碱酯酶复能剂。还可用呼吸兴奋剂洛贝林3mg肌肉注射，尼可杀米1.5ml肌注或9mg加入5%葡萄糖生理盐水100ml中静脉点滴。应注意的是使用兴奋剂时，必需在通气功能改善，呼吸道阻力减少时才能使用，不然会因增加呼吸功率而增加了氧气的消耗量。如果中毒者呼吸停止，应立即进行输氧，口对口人工呼吸，在进行口对口呼吸时应先解开中毒者的裤带及上衣全部扣子，清洁中毒者的口、鼻、咽等上呼吸道，保持畅通，开始时吹气压力要大些，频率也要快，10～20次后逐渐减少压力，维持上胸部升起即可。吹气过大会造成肺泡破裂，或使肺泡极度扩张，肺泡内气体停留，使功能性残气增加，对气体交换不利，吹气时不宜过长或过短，不然会影响通气效果。

（2）对心搏骤停者的治疗，此种症状很危险，直接危及患者生命，是发生在呼吸停止后或农药对心脏直接的毒性作用所致，所以要分秒必争地及时抢救，其方法是：心前区叩击术，用拳头叩击心前区，连续3～5次用力中等，这时可出现心跳恢复脉搏跳动。如此法也无效，应立即改用胸外心脏按摩，每分钟达60～80次，在作胸外按摩时必需同时进行人工呼吸，不然难于复苏或不持久。做胸外按摩时应注意，将中毒者放在硬板上或地上，用力不能过猛，避免发生肋骨骨折和内脏受伤。还可用浓茶做心脏兴奋剂，必要时注射安息香酸钠咖啡因等。

（3）对休克者的治疗，急性农药中毒或剧烈头疼均可引起休克，症状表现全身急性衰竭、神情呆滞、体软、四肢发凉、脸色苍白、青紫、脉搏快而细，血压下降。急救休克者，应使病人足高头低，注意保暖，必要时进行输血、输氧和人工呼吸。

（4）对昏迷者的治疗，急救时将患者放平、头略向下垂，输氧，对症治疗。还可采用针刺治疗，针刺人中、内关、足三里、百会、涌泉等穴位。要补充水分、营养，给克脑迷、氯酯等苏醒剂与5%～10%葡萄糖水静脉点滴。

（5）对痉挛者的治疗，缺氧引起的痉挛给予吸氧，其他中毒引起的痉挛可用水合氯醛灌肠，肌注苯巴比妥钠或吸入乙醚、氯仿等药物。

（6）对激动不安者的治疗，用水合氯醛灌肠，服用醚缬草根滴剂可缓解中毒的躁动不安。

（7）对疼痛者的治疗，对头、肚、关节等疼痛可使用镇痛剂止痛。

（8）对肺水肿者的治疗，输氧，使用较大剂量肾上腺皮质激素，利尿剂、钙剂、抗菌剂及小量镇静剂。

（9）对脑水肿者的治疗，输氧、头部用冰袋冷敷，用能量合剂、高渗葡萄糖、脱水剂、皮质激素，多种维生素等药物。

第四章 农药药液的配制

对于用户来说，农药的配制是田间喷雾作业的开始，操作者需要准确取出所需要的药剂，并用适量的水稀释。除少数可以直接使用的农药制剂以外，一般农药在使用前都需要经过配制才能使用。农药的配制就是把商品农药配制成可以施用的状态。例如，乳油、可湿性粉剂、水分散粒剂等本身不能直接施用，必须对水稀释成所需浓度的药液才能用喷雾器械喷洒出去。

一、农药稀释后的表示方法

农药制剂用水稀释后的药液表示方法有如下三种，用户应按照农药标签上的要求或请教农业技术人员，根据单位农药制剂用量、防治面积、喷雾器械等因素确定农药制剂的稀释方案，计算确定农药稀释后的浓度，并据此计算稀释用水量。

（1）百分含量，其符号是%，表示用清水把农药制剂稀释后，药液中含有农药有效成分量的比例，例如，含量0.1%的百菌清悬浮液，即表示10L药液中含有百菌清10g。

（2）百万分之一，过去习惯用ppm表示，即在一百万份的药液中含有的有效成分的份数，现根据国际规定百万分率已不再使用ppm表示，而统一用mg/L或mg/kg来表示。

（3）倍数法，即对水或其他稀释剂的量为商品农药量的倍数，例如，用40%毒死蜱乳油1 000～1 500倍液喷雾防治柑橘潜叶蛾，即用40%毒死蜱乳油1mL，对水1～1.5L稀释。

针对我国大多采用常规喷雾方法，因此，为方便用户计算方便，很多农药习惯采用倍数法表示，如江苏省正大农药化工公司生产的80%波尔多液WP要求稀释600～800倍喷雾防治葡萄霜霉病。有些产品则采用有效成分含量来表示药液浓度，例如，美国仙农公司在80%波尔多液WP使用要求时，要求采用2 000～2 667mg/kg浓度的药液喷雾防治葡萄霜霉病，此时，有的用户就会说，那需要稀释多少倍呢？下面简单介绍一下两者之间的换算关系：

$$\frac{\text{农药制剂质量分数（g/kg或L）}\times 1\ 000}{\text{稀释倍数}}=\text{药液浓度（mg/kg或L）}$$

因此，知道波尔多液WP的质量分数为80%（即800g/kg）；知道喷雾药液的浓度2 000～2 667mg/kg，那么，需要的稀释倍数：

$$\text{稀释倍数}=\frac{\text{农药制剂质量分数}\times 1\ 000}{\text{药液浓度}}=\frac{800\times 1\ 000}{2\ 000\sim 2\ 667}=400\sim 300$$

经过计算知道，80%波尔多液WP稀释300～400倍液，就是2 000～2 667mg/kg的药液。

二、配制药液的用水

一般而言，配制药液要用洁净水，不要用脏

水、泥水。含固体悬浮物太多的水，其中的固体杂质可能会堵塞药液喷雾器的喷嘴，可能影响药液有效成分的稳定性，更可能破坏药液的良好理化性状。即使是洁净水，也存在硬度、pH值（酸碱度）、其他水溶性有害杂质等问题，其中主要是硬度。

水的硬度指水中含有无机盐的浓度。该浓度越高，硬度就越大。国内外统一以含有碳酸钙计浓度为342mg/L的水为标准硬水。标准硬水中无机盐含量数值是全世界水源情况综合平均得来的，具有代表性。国内外对于须对水使用的农药制剂的质量技术指标要求之一，即是其用标准硬水配制的药液在一定时间内理化性状良好。

优良的须对水使用的农药制剂，适应配制药液用水硬度范围较宽，既可用硬度在标准硬水左右的水（如以地下水为水源的北方城镇自来水），可用“软水”，即硬度很低的水（如雨水、河水），也可用硬度明显高于标准硬水的水（如石灰岩地区的井水）。但一般农药制剂，只适应硬度在软水到硬度在标准硬水左右的水质。含无机盐太多的水，会产生“盐析作用”，破坏药液的良好理化性状。如果水中含有重金属离子，更会使一些农药有效成分减效或失效。因此，农药用户在配制药液时，尽量利用水质好一点的水源，不要用无机盐含量过高的“苦水”。只有“苦水”水源才取水方便的地区，须先用少量药剂试配一下药液，至少看看其理化性状是否尚可，再决定该水源是否可用。

三、药液的良好理化性状

药液的“良好理化性状”关系到喷雾操作及施药后的药效、药害等一系列问题。

药液有以下三种情况。

水剂、可溶粉剂等对水配成溶液，良好者澄清透明，不应有固体悬浮物。可溶粉剂等固体可溶制剂的药液中，有效成分必须完全溶解，允许填料不完全水溶，但这样的填料必须亲水性很强，细度很高，均匀悬浮在药液中，不会沉淀，不会在喷雾操作中堵塞喷嘴，如白炭黑、硅藻土。

乳油、水乳剂等对水配成乳浊液（简称乳液），即细小的油珠均匀悬浮在水中。油珠平均粒径较大（即分散度低）时，药液呈牛奶状乳白色；油珠平均粒径较小（即分散度高）时，药液呈蛋清样泛蓝浅白色；油珠平均粒径很小（即分散度很高）时，药液也能近乎澄清透明，但此时有效成分并不是溶解，药液还是乳液。良好的乳液在一定时间内要求保持稳定，不能出现分层、析出浮油、沉油或固体物。有的农药用户以为乳液越“白”、越“不透明”，就越“有劲”，这是不对的。乳液越“白”，说明其中油珠粒径越大，分散度不高，药液理化性状较差，药剂质量不佳，不但会影响药效，而且可能酿成药害。微乳剂药液近乎澄清透明，说明其中油珠粒径很小，分散度很高，不但利于药效发挥，还提高了有效成分对植物体表和有害生物体表的渗透性。

可湿性粉剂、水分散粒剂等对水配成悬浊液（简称悬液），即细小的固体微粒悬浮在水中，良好者呈均匀浑浊状，且一定时间内要求保持相对稳定，不能出现大量沉淀。当然，悬浮性能主要指有效成分。所谓“悬浮率”80%，指在一定条件下、一定时间内，有效成分悬浮在药液中≥80%。但是，填料也应该有较高细度和较高“悬浮率”，不能堵塞喷雾器的喷嘴，也不应该发生装满悬浮药液的喷雾器开始作业之初喷出“清水”、结束作业之前喷出“泥浆”的现象。有经验的农药用户在拿质量不太好的制剂配成悬液喷雾作业一半时间左右，往往会使劲摇振一下喷雾器，或者对手动喷雾器补充打打气，以便把剩余的悬液再混匀混匀。

悬乳剂属混合制剂，也属混合剂型。其中一种溶于有机溶剂但不溶于水的原药（如乙草胺）在制剂中相当于水乳剂状态；另一种既不溶于有机溶剂又不溶于水的原药（如莠去津）在制剂中相当于悬浮剂状态，组成“三相”（水连续相、油分散相和固体分散相）制剂（如40%乙·莠悬乳剂），对水稀释后，既是乳液，又是悬液。

制剂对水稀释，在一定范围内，稀释倍数越高，药液理化性状越稳定。我国对乳液稳定性的要求是测定200倍稀释液，这就充分保证实际应用时稀释一两千倍药液的稳定性。药液放置时间越长，理化性状越差。故药液应现配现用，及时“消费”，不要久存，更不要过夜。

制剂对水稀释，如稀释液理化性状太差，则该制剂质量不合格，应按伪劣农药处理。凡超过质量保证期的制剂，使用前必须先用少量药剂试配药液，如药液理化性状太差，则该制剂就不能再使用，应按过期失效农药处理。

表1–15是农药制剂及稀释液的状态。

表1–15 对水施用的主要农药制剂及稀释液的状态

剂型名称	制剂状态	药液状态	剂型名称	制剂状态	药液状态
水剂	水溶液	溶液	泡腾片剂	片状固体	悬液
可溶液剂	油溶液	溶液	可分散液剂	油溶液	悬液
可溶粉剂	粉状固体	溶液	悬浮剂	悬液	悬液
可溶粒剂	粒状固体	溶液	微囊悬浮剂	悬液	悬液
可溶片剂	片状固体	溶液	乳油	油溶液	乳液
可湿性粉剂	粉状固体	悬液	水乳剂	乳液	乳液
水分散粒剂	粒状固体	悬液	微乳剂	微乳液	微乳液
可分散片剂	片状固体	悬液	乳粒剂	粒状固体	乳液
泡腾粒剂	粒状固体	悬液	悬乳剂	悬液、乳液	悬液、乳液

四、配制药液时药剂用量的计算

制剂中有效成分的多少称“含量”。固体制剂有效成分含量是以百分数表示的质量分数。“20%”即100g制剂中含有20g有效成分。液体制剂有效成分含量有的也是以百分数表示的质量分数，但我国在这一点上将与国际接轨，即以质量浓度表示，单位为“克/升”（g/L）。

“200g/L”即1L液体制剂中含有200g有效成分。

药液中有效成分的多少称“浓度”，单位如“mg/升”（mg/L）。单位面积施用多少有效成分称用药的“剂量”，单位如“克（有效成分）/公顷”[g（a.i.）/hm²]。当然，用药剂量为药液浓度与药液用量之积。

当前，对用药剂量或药液浓度主要有两种表述方法。对一般大田作物，用药剂量以单位面积施用多少有效成分表示，单位为“克（有效成分）/公顷”，故同一种有效成分不同剂型、不同规格的多种制剂，或者不同药械、单位面积不同药液用量，其用药剂量都可以统一起来；对果树林木，因不同地块树冠大小、种植密度差别悬殊，从而单位面积药液用量及其药剂用量无法一致，只有药液浓度是一样的，此时药液浓度往往变相地以某制剂多少倍稀释药液表述，如施用20%固体制剂1 000倍液，即相当于药液浓度为200mg/L，算式为：

1g（制剂）× 20%/1 000g（水）= 0.2g（有效成分）/1 000ml（水）= 200mg/L

关于“倍液”的表述，一要注意指的是“制剂”稀释多少倍，不是指有效成分。二要注意所谓稀释多少倍，对于以质量浓度表示含量的液体制剂，一般是体积对体积的概念，即1份体积稀释到多少倍体积；对于固体制剂以及以质量分数表示含量的液体制剂，则是质量对质量的概念，即1份质量稀释到多少倍质量。但鉴于水的相对密度就是1，用多少升与用多少kg是一回事，50g药剂的1 000倍液，可以说要对50kg水，也可以说对50L水。三要注意稀释100倍及不到100倍，对的水要减去药剂所占1份，如50倍液是1份药剂对49份水，若是对50份水，药液浓度偏低达2%左右。而稀释100倍以上，这个误差可以忽略不计，何况取水量本身也总会有点误差，如200倍液，用1份药剂对200份水即可。

对于用“倍液”表述用药情况的计算，不涉及施药面积，或者有多少制剂算出加多少倍的水，或者有多少水算出需用多少制剂。

对于“g（a.i.）/hm²”表示的用药剂量，只要知道所用制剂的含量就可以方便地计算出每公顷制剂用量。计算公式如下：

用药剂量［g（a.i.）/hm^2］/ 制剂质量分数［%（a.i.）］= 制剂用量（g/hm^2）

或者：

用药剂量［g（a.i.）/hm^2］/ 制剂质量浓度［g（a.i.）/L］= 制剂用量（L/hm^2）

如果习惯以亩为单位面积，则按 1 公顷（hm^2）=15 亩（mu）换算。如某 20% 制剂用药剂量为 30g（a.i.）/hm^2，则制剂用量为 150g/hm^2，或 10g/mu。无论施药农田大小，按照面积计算即可。如果在药械的药液箱内直接配药，则按该箱药液施用多大农田面积计算即可。

农药标签或使用说明书上给出的施药剂量往往是一个范围，一般情况下取其中值。如有害生物尚未严重发生、尚无明显抗药性、施药又掌握在其敏感的生育期、气象条件适合药效的发挥，则取其下限。如有害生物严重发生、有一定抗药性、不在或不完全在敏感的生育期、气象条件不完全适合药效的发挥，则取其上限。常规施药不要低于下限，也不要高于上限，以免影响药效或提高用药成本及加大药剂的副作用。

单位面积药液用量（相当于用水量）主要根据药械性能与作物情况调整，有时也与药剂性质（如内吸药剂可粗放喷雾而减少用水量）、防治对象（如防治稻飞虱要加大用水量）有关，不是每亩 50L 的固定值。

五、配制药液的具体操作

1．制剂的量取

有的厂家为方便用户对固体制剂或液剂都采用小包装，根据药效高低最小包装净重只有 10g（ml）或 5g（ml），甚至更少，也有恰好为 1 亩用量者。故用量即以 1 个或若干个小包装计，如小包装本身或内袋材质是水溶性薄膜，配制药液时可以连同包装投入水中，省去了量取制剂的麻烦。国外有的厂家设计出具有量取功能的较大包装（数百克或数百 ml），可以分批次”半自动”取出一定量的制剂，很是方便，可惜在我国还不多见。

通常情况下，农药用户要学会自己量取制剂，何况小包装增加了药剂成本。量取制剂一般在配药现场，在避风避阳光的位置上操作。对固体制剂，要使用称量器具，如“感量”0.1g 的台秤。取药可用小塑料勺，在台秤上可用烧杯或蜡光纸盛药，也可将制剂最小包装放在台秤上用“减重法”量取。量取药剂尽量准确一点，不要以为“差不多”就行，以免最终影响施药剂量。从包装中取出制剂尽量稳与准，不要撒落他处，也不要取出太多再往回倒。对液体制剂，有的药瓶上有体积刻度，可以参照着量取，但这样取药体积不太准确，最好使用体积量具，如量杯、量筒、量液吸管等。不要随意用药瓶外盖量药，既不准确，又会污染包装。有的液体制剂附送量杯，套在药瓶“肩”上，可以利用。有的液体制剂规格是以百分数表述的质量分数，则量取药剂用称重法。对乳油等含有大量有机溶剂制剂的量取，不要用如聚氯乙烯材质的器具，以免发生塑料“溶胀”现象。对悬浮剂，先检查一下是否上有清水层或下有沉淀层，必要时摇匀或搅匀，再依据其规格按质量或体积量取药剂。

2．对水的操作

农药用户配制药液常用水桶取水，可在取水桶内侧根据所盛水的重量如用油漆标出不同水平面的刻度，以便取水量的相对准确，不要“满桶水”、“半桶水”地计量。

对于理化性状优良的制剂，缓缓倾入（除非是水溶性薄膜小包装，不要“一次性”倾入）水中后，马上“自分散”，水中翻起“蘑菇云”，甚至不经搅拌，就能达到均匀分散（溶解、乳化或悬浮）的效果。这种情况下，可将计量的制剂对入到足量的水中，为保险起见，亦可稍加搅拌。

对于理化性状相当差的制剂，其中特别是可湿性粉剂、悬浮剂剂型，要在适当容器中置入计量的制剂，从配药总用水中取少量水分次倒入，先让水润湿制剂，再在强烈搅拌下配成均匀的“母药液”，后者在搅拌下对到剩余的足量水中。这叫“两步法”配制。

对“两步法”的理解，可对照一下日常生活中用水调制芝麻酱。在向顺时针或反时针一个方向搅拌下，将水少量多次地倒在碗里的芝麻酱（相当于乳油。这里不考虑其中还有固体悬浮物）上，经过变稀（形成油包水乳液）、变稠（相转换）、再变稀（形成水包油乳液）的过程而完成操作。无论将一坨芝麻酱丢到大量水中，或者大量水一次性倒在一坨芝麻酱上，再怎么搅拌也难调制均匀。

对于理化性能不太差，但也不太好，特别是自分散性能不佳的制剂，可将计量的制剂缓缓倾入在搅拌下的一半用量的水中，配制均匀后，再在搅拌下把另一半用量的水对进来。虽然自分散性能极大地影响到配制操作，但只要配成的药液能达到均匀分散，这样的制剂质量也算合格，这样的药液也可正常使用。

配制好的药液都应该尽快用掉，特别是质量较差的制剂配出的药液，以免放置时间过久影响药液理化性状。

配制药液时，如果一般措施包括使劲搅拌也难于均匀分散，甚至出现浮油、沉油、大量沉淀、药粉或药粒漂浮在水面上等情况，则制剂质量不合格，配出的“药液”不能用。

3. 混用药液的配制

所谓混用农药，一般即指液用制剂的混用，这是农药用户应该掌握的配药方法，主要目的是为了兼治，或者为了提高对同一防治对象的药效。当然，混用的前提条件是有效成分可以配伍，制剂也可以配伍。必要时先用少量药剂对水试配一下，看看配出的药液理化性状是否可以“达标”。“小试”不过关，就不要应用到大田去。

二元混用农药，要用同一个总用水量分别计算两制剂用量。先用一种制剂对到足量水中配成单剂药液，再将另一种制剂对到该药液中配成混合药液。如两制剂用量不一，则先将用量少的制剂配成单剂药液。一般不采取乳液与悬液之间的混用，以免“破乳”。如实在有必要，且混合药液理化性能尚可，则先配单剂乳液。总之，应避免两制剂的“浓药液”相混，更要避免两制剂直接相混。

混用农药有一类是桶混制剂，购得的两制剂是套装形式，产品保证其中有效成分及制剂性能良好，施药时按其使用说明书配制成混合药液即可。

六、其他农药使用形式的配制

农药商品形式如既不与使用形式一致，又不配制成水为介质的药液，而要配制为其他使用形式的情况较少，问题也相对简单。

如有的油剂、油悬浮剂等含量较高，使用时须取使用说明书中指定的适当有机溶剂或油加以稀释，稀释液混匀即可。

如有的除草剂可湿性粉剂为了撒施均匀，用于稻田要用“毒土”法，实际上，“毒土”法是不科学的，但取材方便。可取田边路旁常见的细土，每亩大致用20～30kg，与计量的药剂拌和均匀后撒施。细土可以是有点湿润的，避免毒土飞扬。

七、安全配制药液及其善后工作

农药的应用，既要充分发挥药效，又要尽量减免副作用。后者就是“安全”的概念，内容包括毒性、药害、环境污染等。药害不在这里讨论，且前文反复强调药液要有良好理化性状，目的之一就是避免发生药害。

配药时，应穿长袖衣、长裤，还可戴上乳胶手套、帽子、口罩、风镜，要完全避免人体直接接触或摄入农药制剂。制剂中有效成分及其有害杂质浓度高，对人体相对危险性大。液体制剂、粉状制剂不要沾染皮肤，尤其不要溅入或“吹入”眼睛或吸入口鼻，眼睛和口鼻黏膜比皮肤更容易吸收药物。乳油或油剂中的有机溶剂能加剧皮肤对药物的吸收，须特别注意。同理，对待浓度较高的“母药液”要比对配制完成的药液更加谨慎小心一些。反之，即使是“低毒”的药剂，也要当作“毒剂”对待。

量取制剂时，不要撒落或洒落他处，不要污染药剂包装外侧。用药要有计划，购得的药剂最好当年用完，在一次施药时最好用掉最小包装的整包装药剂。万一药剂用不完，对固体制剂而言，包装开口尽量小一些，保持标签的完整，还要考虑到取出所用药剂后能方便地把开口封好；对液体制剂而言，药瓶的内外盖开启后要倒过来放在配药台面上，因为盖子的下侧面可能沾有药剂，这样做既不致污染台面，又不致将台面上的脏东西带到药瓶之内，向外倒药时尽量不要让药剂流到药瓶外侧，操作时标签冲手心，以免被不慎流出的药剂污染，取出所用药剂后立刻盖好拧紧内外盖。

在配制药液或连续配制同一种药液的最后一次配制时，可从“足量水”中先分出一部分，“少量多次”地反复冲洗全部用毕的配药器具以及用完的液体制剂的空药瓶，洗涤液一并对入药液中，搅匀使用。这样既避免了浪费药剂，又避免了药剂的污染，还完成了对配药器具及空药瓶的清洗工作，“一举三得”。

用完的药剂包装，要按规定处理，如农药企业回收、纸质等可燃性包装集中焚毁、玻璃及金属等包装集中深埋等措施，切不可胡乱丢弃，更不可挪作他用。

农药使用形式的配制是“技术工作”，也存在一定危险性，为确保安全，应由健康的明白人操作，不要让老人、未成年人、体弱有病的人、皮肤有外伤尚未愈合人员、智障人以及“三期”（经期、孕期、哺乳期）的妇女介入。

第五章 施药方法

施用农药就是通过各种各样的方法把药剂“输送”到种子、土壤或作物等病、虫、草、鼠害等有害生物栖息或为害部位的过程。农药使用过程中，针对农作物不同病虫害种类和发生特点，农药分散输送途径可分为以下几类：

（1）农药在空气中分散，然后沉积到靶标上（喷粉法、喷雾法、烟雾法、粉尘法等）；

（2）农药有效成分以分子形态在空气中自行扩散（熏蒸法）；

（3）农药直接包衣种子（包衣法）；

（4）农药直接注入植物内部（树干注射）；

（5）农药直接施入土壤（土壤消毒）；

（6）农药在灌溉水中分散，而后浇灌土壤（化学灌溉法）等。

根据不同农作物病、虫、草、鼠害发生特点和环境条件以及药剂的理化特性，农药使用方法包括种子包衣、土壤熏蒸、种苗处理、喷粉、喷雾、熏烟、树干注射、化学灌溉等多种多样的方法，这些方法都是农药应用过程中人们研究总结出的切实可行的技术手段，用户可根据自己的具体情况来选择，也可根据情况和农药基本原理自行设计更合理的农药使用方法。

农药的使用方法绝不是唯一的，针对农作物病、虫、草害的发生种类和发生特点，根据农作物的作用方式和作用特性，选择不同的农药剂型，选择不同的施药机具，可以采用多种多样的农药使用方法，本书不可能面面俱到，只介绍目前在生产中常用的农药使用方法。由于喷雾法是最重要、应用最广泛的施药方法，将在下一章单独介绍，本章介绍种子处理、颗粒撒施、喷粉等方法。

第一节 种子处理法

种子是植物生长发育的开始，是植物发育生长过程中最早遭受病虫等有害生物危害的阶段，种子往往带有病菌，在播种以后引起植株发病，种子播种后也会引起土壤害虫的危害。因此，为植物全程健康考虑，需要对种子进行药剂处理。把农药施用在种子上，或者对种子进行各种物理或生物措施处理，都属于种子处理。种子处理技术的主要特点是经济、省药、省工，操作比较安全。

一、浸种法

浸种法是将种子浸渍在一定浓度的药剂水分散液里，经过一定的时间使种子吸收或黏附药剂，然后取出晾干，从而消灭种子表面和内部所带病原菌或害虫的方法。浸种法处理种子操作手续比较简单，一般不需要特殊的设备，可以将待处理的种子直接放入配制好的药液中，稍加搅拌，使种子与药液充分接触即可。为了避免种子吸水膨胀后露出药液而影响浸种效果，浸种药液一般需要高出浸渍种子 10 ~ 15cm。

浸种法处理种子的防病虫效果与使用药液的浓度、药液温度以及浸渍时间有密切关系。浸种所用的药液浓度并不是根据种子重量计算所得，而是表示药液中农药有效成分的含量。例如，当使用福美双浸种，如果使用药液的浓度为0.2%，则表示每100kg药液中含有福美双（折百计）0.2kg。浸种法使用的药液可以连续使用，但要清楚配制一次药液可连续使用几次，既不要盲目地无限制地重复使用，也不要随便将还可以继续使用的药液倒掉。重复使用的药液必须及时补充所减少的药液；如果农药有效成分在水中不稳定，则最好现配现用。

浸种时间长短主要决定于种子的吸水量和吸水速度，并与水温、种子成熟度和饱满度有关。一般情况下浸种时间为：番茄5~6h；辣椒8h；茄子10~12h，最多24h；黄瓜4~6h；水稻种子可达48~72h。浸种时间过长和不足都将影响种子萌发，原则上是使种子吸足水分但不过量。浸种结束的标志是：种皮变软，切开种子，种仁（即胚及子叶）部位已充分吸水时为止。比较准确的方法是按种子的吸水量来计算，茄果类种子的吸水量应达到种子干重的70%~75%，瓜类为50%~60%，豆类在100%左右。但是，实际操作过程中必须注意，药液浓度、药液温度和浸种时间与浸种效果是互相关联的。对于同等浓度的药液，药液温度高，浸种时间就要缩短；药液温度低，浸种时间可适当加长；反之药液浓度大、温度高，浸种时间就短；药液浓度小、温度低，浸种时间就长。具体浸种时间要根据药剂使用说明进行操作。

浸过的种子一般需要晾晒，对药剂忍受力差的种子浸种后还应按要求用清水冲洗，以免发生药害；有的浸种后可以直接播种，这要依农药种类和土壤墒情而定。

二、拌种法

拌种法就是将选定数量和规格的拌种药剂与种子按照一定比例进行混合，使被处理种子外面都均匀覆盖一层药剂，并形成药剂保护层的种子处理方法。药剂拌种既可湿拌，也可干拌，但以干拌为主。药剂拌种一般需要特定的拌种设备，具体做法是将药剂和种子按比例加入滚筒拌种箱内，滚动拌种，待药剂在种子表面散布均匀即可。一般要求拌种箱的种子装入量为拌种箱最大容量的2/3~3/4，以保证种子与药剂在拌种箱内具有足够的空间翻动和充分接触，达到较好的拌种效果。拌种箱的旋转速度一般以每分钟30~40转为宜，拌种时间3~4min，可正反方向各旋转2min。拌种完毕后一般要求停顿一定时间，待药粉在拌种箱沉降后再取出种子。

为了保证种子的安全，药剂拌种一般是在播种前一段时间对种子进行药剂处理，但对于某些对种子比较安全的药剂，可以采用预先拌种法。预先拌种法一般是在播种前较长一段时间，如几个月甚至一到两年，进行药剂拌种，可以增加药剂作用时间，降低药剂使用量。有时为了增加药剂在种子上的黏附效果，也可以先将种子用少量清水沾湿，再拌药粉，但是拌种完毕后需要晾晒，并尽快播种，以免发生药害。对于像棉籽一样的种子，由于种子外部带有一层绒毛，不能直接用来药剂拌种，可以先行脱绒或浸泡后再与药剂混合拌种。

拌种使用的农药剂量因作物种类不同而异，表面光滑的种子表面药剂附着量小，表面粗糙的种子药剂附着量大。比如使用可湿性粉剂拌种，禾谷类种子（水稻种子例外）表面比较光滑，药粉附着量一般为种子重的0.2%~0.5%，而棉花种子的药剂附着量可以达到0.5%~1.0%。所以，在实际使用中必须根据种子种类及药剂特性认真选择拌种药剂的浓度。药剂拌种的浓度主要有两种计算方法，一是按照农药拌种制剂占处理种子的重量百分比，如50%多菌灵可湿性粉剂拌种浓度为0.2%，表示每100kg种子需要50%多菌灵可湿性粉剂0.2kg；另一种计算方法是按照拌种药剂的有效含量占处理种子的重量百分含量计算，同样以50%多菌灵可湿性粉剂拌种为例，如拌种浓度为0.2%，则表示每100kg种子需要50%多菌灵可湿性粉剂0.4kg。目前生产上多采用第一种计算方法。

拌种使用的农药剂型以粉剂、可湿性粉剂等粉体剂型为主。拌种使用的农药有效成分一般以内吸性药剂为好，当然也可以根据实际防治对象选择适宜的药剂。拌种用药剂选择的原则是在保证不至于出现药害的前提下达到最好的防治效果。药剂拌种防治病虫效果的好坏不仅与药剂选择及其性能指标有关，还与拌种质量的好坏有关。有些地方仍然采用比较原始的木锨翻搅的拌种方式，药剂黏附不均且容易脱落，还容易损伤种子，达不到理想的拌种效果。在有条件的地方应该尽可能利用专用拌种器拌种，如果确实没有专用拌种器，也可以使用圆柱形铁桶，将药剂和种子按照规定的比例加入桶内，封闭后滚动拌种。

拌好药的种子一般直接用来播种，不需再进行其他处理，更不能进行浸泡或催芽。如果拌种后并不马上播种，种子在贮存过程中就需要防止吸潮。

三、闷种法

闷种法是将一定量的药液均匀喷洒在播种前的种子上，待种子吸收药液后堆在一起并加盖覆盖物堆闷一定时间，以达到防止病虫危害目的的一种种子处理方法。闷种法实际上是界于浸种与拌种之间的一种种子处理方法，又称为半干法。

闷种法主要利用了挥发性药剂在相对封闭环境中所具有的熏蒸作用而起到防治病虫害的目的，所以闷种法多选用挥发性强、蒸气压低的农药有效成分进行闷种处理，例如，福尔马林、敌敌畏等。近年来，一些内吸性较好的杀菌剂品种也被用来进行闷种处理。闷种法使用的药液浓度比浸种法高的多，要求农药制剂必须能够在水中较好分散，所以闷种经常使用的农药剂型有水剂、乳油、可湿性粉剂、悬浮剂等，但不能使用粉剂。

闷种法使用药液的具体浓度主要根据药剂特性和种子情况决定，一般按照规定定量加入药剂稀释液。药液浓度高、种子对药剂敏感，闷种时间要短；药液浓度低、种子耐药性强，闷种时间可适当加长。例如，水稻种子用2%的福尔马林水溶液闷种，时间为3h；小麦种子用0.1%萎锈灵水溶液闷种，时间为4h。

闷种法处理后的种子晾干即可播种，一般不需其他处理。但是由于闷种后种子已经吸收了较多水分，不宜久贮，以免贮存过程中种子发热影响发芽率。这也是闷种法使用受到限制的主要原因。

四、包衣法

包衣法是将种衣剂包覆在种子表面形成一层牢固种衣的种子处理方法，也是一项把防病、治虫、消毒、促长融为一体的种子处理技术。种子包衣需要专用的农药剂型，即种衣剂；需要专用的包衣设备，即种子包衣机；也需要规范的包衣操作程序，即一般需要脱粒精选、药剂选择、包衣处理、计量包装等过程。通过种子包衣，可以防止病、虫、草、鼠等有害生物对种子和幼苗的为害，起到保护种苗的作用；可以为种子萌发和幼苗生长提供相关营养物质，起到促芽助长的作用；还可以调整种子大小、形状，利于机械播种，起到种子丸粒化、标准化的作用。

种子包衣法具有许多优点。种子包衣使用的药剂配方中可以包含杀菌剂、杀虫剂、植物生长调节剂，也可以含有肥料、微量元素等利于种子萌发与生长的营养物质；这些有效成分可以单独使用，也可以复合使用，而且与浸种或拌种所用药肥不同，种子包衣后这些成分能够在种子上立即固化成膜，在土中遇水溶胀，但不被溶解，不易脱落流失，具有更好的靶标施药性能；另外，种子包衣是一种隐蔽施药技术，对人、畜及天敌安全。

五、种苗处理

与种子处理方法相似，配制一定浓度的药液，采取浸秧法或者蘸根法处理植物幼苗，达到防治病虫害目的的处理方法为种苗处理。种苗处理的作用原理是：（1）药剂对种苗表面上或内部潜伏的病原菌产生灭杀作用，作用方式有触杀、熏蒸和内吸（或内渗进入种皮）等。（2）药剂在种苗周围的土壤环境中形成扩散层。在扩散层内活动的病原菌、害虫和杂草种子（或已萌发的草籽）可被药剂杀死或受到抑制。

第二节　毒饵法

利用能引诱取食的有毒饵料（毒饵）诱杀有害生物的施药方法称为毒饵法。

毒饵法具有使用方便、效率高、用量少、施药集中、不扩散污染环境等优点，适用于诱杀具有迁移活动能力的、咀嚼取食的有害动物，包括脊椎动物如害鼠、害鸟和无脊椎动物如有害昆虫、蜗牛、蛞蝓、红火蚁等。毒饵法在卫生防疫上（尤其是在防治蟑螂、蚂蚁等害虫上）有广泛的使用。

一、毒饵法的原理

毒饵是在对有害动物具有诱食作用的物料中添加某种有毒药物，再加工成一定的形态。诱食性的物料包括有害物所喜食的食料、具有增强诱食作用的挥发性辅料，如植物的香精油、植物油、糖、酒或其他物质。使用较普遍的是有害动物最喜爱的天然食料，如谷物或植物的种子、叶片、茎秆以及块茎等。根据有害动物的习性，有时须对食料进行加工处理，如粉碎、蒸煮、焦炒，或把几种食料配合使用，以增强其诱食性能。有些动物对毒饵的形状和色彩也有选择性，特别是鼠类和鸟类。毒饵的作用方式是被害物取食后引起胃毒作用，因此，毒饵的粒度以及硬度对于毒饵的毒杀效果有影响，这种影响决定于防治对象。

根据毒饵的加工形状和使用方法可以把毒饵法分为固体毒饵法、液体毒饵法和毒饵喷雾法等三种。

二、固体毒饵法

加工成固态的毒饵法为固体毒饵法，固体毒饵可加工成粒状、片状、碎屑状、块状等形态，近年来在卫生害虫防治中新开发了凝胶状的胶饵形式，也归入固体毒饵，固体毒饵有堆施、条施和撒施三种施用方法：

1．堆施法

把毒饵堆放在田间或有害动物出没的其他场所来诱杀的方法。对于有群集性以及喜欢隐蔽的害虫如蟋蟀等，堆施法的效果很好。可根据有害动物的习性和分散密度来决定毒饵的堆放点和数量。对于很分散或密度较大的害物，可采取棋盘式的毒饵堆放法。

2．条施法

顺着作物行间在植株基部地面上施用毒饵的方法称之为条施法。条施法比较适合于防治为害作物幼苗的地下害虫，如地老虎、蝼蛄等。

3．撒施法

将粒状毒饵撒施在一定的农田或草地范围内进行全面诱杀的方法，撒施法比较适合于防治害鼠和害鸟。

在实际应用中，毒饵法常与其他农药使用方法结合起来使用，毒饵堆施常与撒施相结合。例如，在我国南方采用毒饵法防治外来生物红火蚁时，就需要采用全面撒施与堆施相结合的毒饵方法，一是在红火蚁发生区域全面撒施毒饵，再就是在蚁巢附近堆施毒饵，做到毒饵撒施与堆施相结合；或是用药液浇灌蚁巢，做到毒饵毒杀和药液淋灌相结合。这种结合使用毒饵的方法可以保证红火蚁发生中心区防治和周围边缘地区防治相结合，达到根治外来生物红火蚁的目的。

需要注意的一点是，室外施用毒饵时，由于降雨以及土壤湿度的影响，毒饵很容易发生霉变，影响有害生物的取食，降低了防治效果。因此，毒饵的配方研究中不仅要考虑有害生物对新鲜毒饵的取食特性，还要防止毒饵的霉变问题。

三、液体毒饵法

加工为液态的毒饵可以采用盆施法、舔食法和喷雾法来施用，由于毒饵喷雾法比较特殊，将专门介绍。

1．盆施法

液态毒饵分装在敞口盆中，引诱飞翔性害虫飞来取食而中毒的方法，此种方法有时甚至可以不用毒剂，只要能诱使害虫坠入液体饵料中淹没致死即可。我国多年来所采用的糖醋诱杀法，即属于此类方法。

2. 舔食法

把液体毒饵涂布在纸条或其他材料上引诱害虫来舔食而中毒的方法，如灭蝇纸等。

四、毒饵喷雾法

把饵料（如蛋白质的酸性水解产物）和杀虫剂混在一起喷洒，利用害虫对饵料的取食习性，诱集杀死害虫，这种喷雾方法称为毒饵喷雾法。这种诱集喷雾技术必须在大面积果园使用，或相邻果园同时使用。喷雾过程不必对整株果树全面喷雾，只需对果树局部叶片喷雾，即可取得很好的防治效果（图1-4）。

在太平洋的一些岛屿上采用这种方法防治果蝇取得了非常好的效果，其原理就是利用雌性果蝇对蛋白质的取食特性，以蛋白质的酸性水解产物为饵料，和杀虫剂一起喷洒在果树叶片上，显著降低了杀虫剂的用量。目前，市场上有“Promar”（马来西亚）、“Mauri's Pinnacle Protein Insect Lure”（澳大利亚）等多种蛋白质饵料出售。采用饵料喷雾技术时，需要在喷雾药液中加入黏着剂（Sticker），使喷洒在果树叶片上含杀虫剂的蛋白质饵料能够耐雨水冲刷，保持持久的杀虫活性。

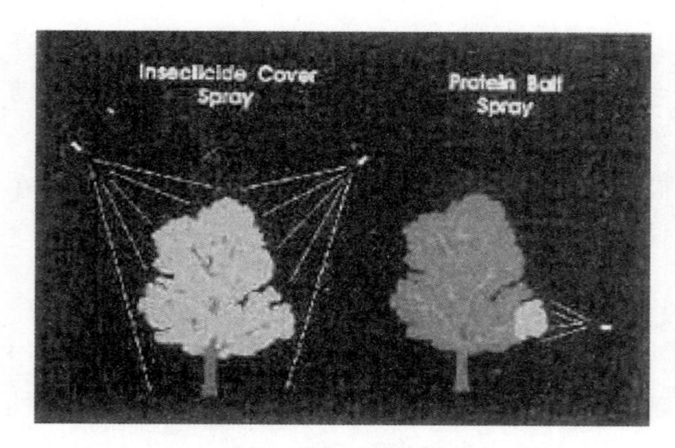

图1-4 毒饵喷雾法示意图

第三节 喷粉法

喷粉技术就是利用机械所产生的风力把低浓度的农药粉剂吹散后，使粉粒飘扬在空中，再沉积到作物和防治对象上的施药方法。喷粉是比较简单的一种农药使用技术，其主要特点是使用方便、工效高、粉粒在作物上沉积分布比较均匀、不需用水，在干旱、缺水地区更具有应用价值。喷粉法曾是农药使用的主要方法，但由于喷粉时飘翔的粉粒容易污染环境，在更加注重环境保护的今天，喷粉法的使用范围受到限制，飘失严重的飞机喷粉技术更是受到严格限制。但是，在特殊环境的农田如封闭的温室、大棚，郁闭度高的森林、果园、高秆作物、生长后期的棉田和水稻田，喷粉法仍然是较好的施药方法。在大面积水生植物如芦苇、辽阔的草原、滋生蝗虫的荒滩等使用飞机喷粉也不失为一种有效的方法。

按照喷粉时的施药手段可以把喷粉法分为以下几类：

（1）手动喷粉法

是指用人力操作的简单器械进行喷粉的方法，如利用手摇喷粉器，以手柄摇转一组齿轮使最后输出的转速达到1 600转/min以上，并以此转速驱动一风扇叶轮，既可产生很高风速的气流，足以把粉剂吹散，由于手摇喷粉器一次装载药粉不多，因此，只适宜于小块农田、果园以及温室大棚采用。手摇喷粉法的喷粉质量往往受手柄摇转速度的影响，达不到规定的转速时，风速不足，就会影响到粉剂的分散和分布。

（2）机动喷粉法

用发动机驱动的风机产生强大的气流进行喷粉的方法。这种风机能产生所需的稳定风速和风量，喷粉的质量能得到保证；机引或车载时的机动喷粉设备，一次能够装载大量粉剂，适用于大面积农田中采用，特别适合于大型果园和森林，如用机动喷粉机喷撒巴丹粉剂，可有效防治平均株高8m

的云南松人工林的纵坑切梢小蠹的危害。

（3）飞机喷粉法

利用飞机螺旋桨产生的强大气流把粉剂吹散，进行空中喷粉的方法。使用直升飞机时，主螺旋桨所产生的下行气流特别有助于把药粉吹入农田作物或森林、果园的株丛或树冠中，是一种高效的喷粉方法。对于大面积的水生植物如芦苇等，利用直升飞机喷粉也是一种有效方法。

细粉粒对叶片或病虫体的附着力强，一般说5～10μm的粉粒对害虫的附着力较好，大于15μm的粉粒附着力显著下降，粗大的粉粒几乎不能在叶面上持留、容易脱落。触杀性杀虫剂越小，单位重量的药剂与虫体接触的面积越大，触杀效果越强。一般害虫的咽喉直径只有数十微米，较大的粉粒往往被害虫拒绝取食，细小的粉粒易被害虫取食，吃进消化道也易于溶解吸收而发生毒效作用。病原菌孢子很小，又不能在作物表面自主移动，更需要细小粉粒的均匀沉积分布，方能收到预期的防治效果。试验表明，大于37μm的硫黄粉粒没有多少防病效果，平均粒径18μm粉粒的防效比27μm粉粒的防效高4倍。

但必须说明，喷粉用的粉剂过细，喷撒过程中易受气流的影响而在空中飘浮，飞机喷粉时粉粒飘失现象更为严重。所以露地作物喷粉和保护地温室大棚内喷粉的操作要求是要差别的。保护地棚室内喷粉，不存在粉粒飘失问题，粉粒细度越小越好，粉剂细度在10μm以下为好；而对于露地环境喷粉，粉剂的细度则要求适中，10～20μm为合适。

由于喷粉法，特别是飞机喷粉法的药粉发生飘移现象，严重污染环境，近些年来喷粉法的应用面积逐年下降，但在一些特殊场合，喷粉法仍有其优势。例如，缺水、干旱地区和暴发性病虫害（如蝗虫、草地螟危害）发生时，就特别需要粉剂和喷粉法；在密闭空间（如温室大棚）和田间作物呈郁闭状态的情况下（如棉田、树林、甘蔗田等）防治病虫害，广大农民迫切需要高效的喷粉方法。因此，喷粉方法作为农药应用的一种方法仍将存在，并将在一定时间和地区得以发展。

一、喷粉器械

喷粉器械有手动喷粉器和机动喷粉机两大类，它们的工作原理是相同的，都是产生强大的气流。依靠人力操作的喷粉器械称为“喷粉器”，由汽油机、柴油机或电动机提供动力的喷粉器械称为“喷粉机”。

手摇喷粉器根据操作者的携带方式有胸挂和背负式；按风机的操作方式分为横摇式、立摇式和掀压式，目前，国内也生产电动式喷粉器。北京丰茂植保机械有限公司生产一种蜗轮蜗杆增速的手摇喷粉器，操作方便（图1-5、图1-6、图1-7）。

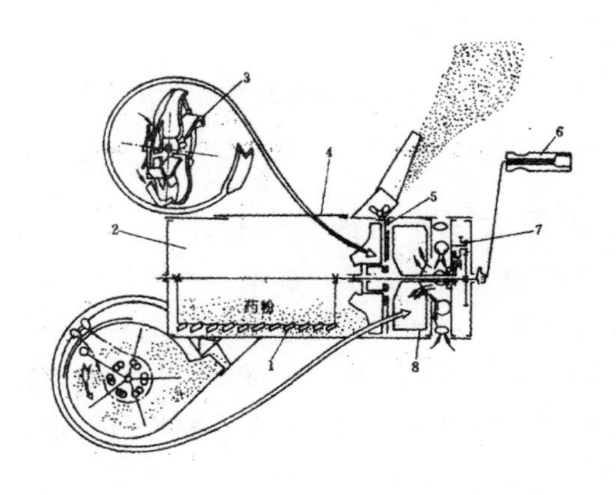

图1-5 手摇喷粉器（齿轮箱增速）

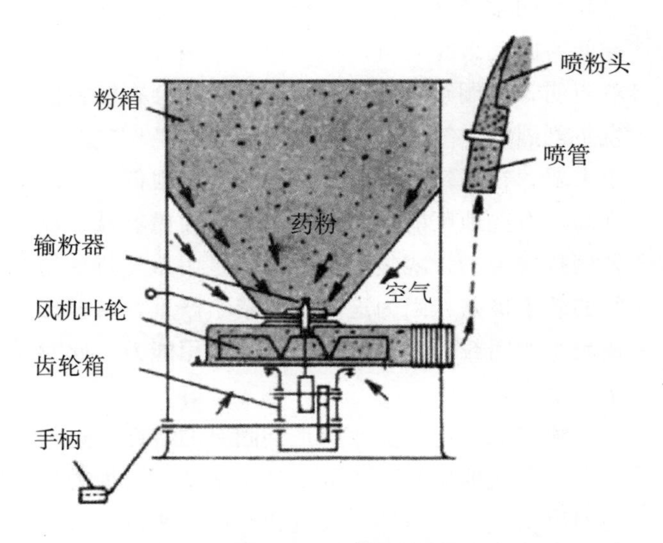

图1-6 手摇喷粉器（蜗轮蜗杆增速）

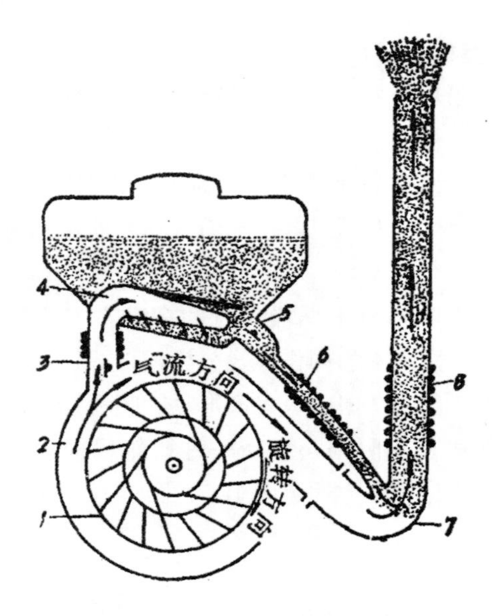

图 1–7　机动喷雾喷粉机喷粉作业

二、温室大棚粉尘法施药技术

所谓粉尘法，就是在温室、大棚等封闭空间里喷撒具有一定细度和分散度的粉尘剂，使粉粒在空间扩散、飞翔、飘浮形成飘尘，并能在空间飘浮相当长的时间，因而能在作物株冠层很好地扩散、穿透，产生比较均匀的沉积分布。

粉尘的形成需要两个必要条件：一是要有一个相对稳定的空间，气流不发生剧烈的波动；二是粉粒的絮结度很低。保护地是一个相对封闭的空间，因此，完全可以满足第一个条件。实地观察表明，当棚布发生大块破损时也不会在棚室内发生剧烈的空气运动。施用粉尘时的工作气流也很重要，在强气流下粉粒的絮结度则很低，反之则高。有些地区的菜农，由于没有喷粉器械，就采用抖布袋的方式施用粉剂，但是用布袋抖落粉剂的效果极差，因为这时粉粒絮结严重，甚至形成粗大的团粒，完全丧失了飘翔作用能力，此时不能称为粉尘法了。

粉粒的飘翔扩散效应是其固有的特性，这种特性，在露地喷粉时的沉积效率很低，因为粉粒会飘出田外，并污染了大气和环境，所以过去在大田作物上采用喷粉技术时，提倡在露水未干时进行，以便粉粒能被水沾住。也有提倡用布袋直接抖落的方法施用粉剂的，希望把药粉直接抖落在植株上，但是这种施药方法，违背了粉粒的固有特性，因此，粉剂的独特优点不能发挥出来，反而增加了粉粒的絮结而降低了粉剂的沉积能力和分布均匀性。但是在保护地特殊的封闭环境条件下，却可以在不发生粉粒飘失的有利前提下，充分发挥和利用粉粒的飘翔扩散效应，把粉剂的优越性最大限度地发挥出来。在保护地温室大棚内，使喷撒出去的粉剂形成飘尘，在空间内自由扩散、自由穿透浓密的作物株冠层，获得多方位的沉积分布效果。试验研究表明，粉粒的飘翔时间如能维持在20min以上，其扩散分布和沉积状况就非常好了，粉粒在作物上的沉积率可高达70%以上。粉剂是一种比较稳定的剂型，也没有烟剂燃烧中的热分解问题，且绝大多数农药都可以加工成粉剂，因而，利用现有的粉剂加工设备和加工手段，提高粉剂细度的企业标准，提高细粉粒粉剂的比重，减少粉粒的絮结，采用合格的喷粉器械即可使粉剂在保护地空间内形成飘尘。为区别过去露地的喷粉技术，把保护地温室大棚采用的这种细粉剂喷撒方法称为粉尘法。

粉尘法施药喷撒的粉尘剂粉粒细度要求在10μm以下。粉尘法的优点是工效高、不用水、省工省时、农药有效利用率高、不增加棚室湿度、防治效果好。但不可在露地使用，也不宜在作物苗期使用。

1．粉尘法施药所需要的粉尘剂

粉尘法施药技术所使用的农药粉剂（如5%百菌清粉剂）是用高效能气流粉碎机粉碎而成，要求粉剂全部通过325目标准筛，小于10μm的粉粒应占60%以上，且产品的表观比重应小于0.6g/cm^3，这种粉剂在空气中的飘悬能力很强，能在较长时间内保持飘尘状态，形成粉尘。为区别于以前露地使用的常规粉剂，把这种高分散度的粉剂称为粉尘剂。

粉尘法的技术要点是粉粒能在棚室内形成飘尘，并能保持30min以上。在此条件下，便能充分利用粉粒的飘翔效应以及喷撒时产生的粉浪，使粉粒能在棚室内充分扩散分布，并充满整个棚室内。结果就能在植株上形成十分均匀的沉积分布（表1–16，屠豫钦），充分显示了粉尘法施药的粉粒立体式沉积分布状态。

表 1–16 粉尘剂在大棚黄瓜植株上的沉积分布情况*

植株层次	在植株离开大棚中间走道不同距离**处的沉积量（mg/73cm²）		
	近距	中距	远距
上层	4.91	4.34	2.74
中层	6.35	4.82	2.69
下层	4.57	5.82	3.08

* 施药量为 5% 百菌清粉尘剂 1 000g/667m²，采用丰收 –5 型手摇喷粉器

** 近距：离中央走道 0.5m，中距：离中央走道 2.5m，远距：离中央走道 5.5m

对粉尘法的粉粒沉积分布状态进行的测试证明了粉尘法的高效率沉积分布能力。大棚总面积为 730m²，采样盘面积 73cm²，黄瓜叶片的 LAI（叶面积系数）为 4 计，施药量为 1kg/667m²。实测结果证实沉积粉剂的回收率达 72.1%，由于细小粉粒的飘降穿透作用，粉粒在不同位置的黄瓜植株的不同部位都能达到比较均匀的沉积分布，这是常规大容量喷雾方法所不能达到的。

2．粉尘法施药减轻了对操作者的污染程度

采用粉尘法施药技术和常规大容量喷雾技术，分别处理 667m² 的棚室。施药前，在操作者身体不同部位布置纸卡，用于收集沉积到操作人员身体不同部位的药剂。喷药结束后，迅速取下纸卡，测定药剂在操作人员身体不同部位的污染量，结果见表 1–17。

表 1–17 采用粉尘法和大容量喷雾法，药剂对操作人员的污染差异

施药技术	处理 667m² 棚室，药剂在操作者不同身体部位的沉积量（g/cm²）										平均
	头顶	前额	鼻	右胸	左胸	右臂	左臂	右腿	左腿	后背	
喷雾（A）	2.73	1.53	1.41	2.43	1.11	18.5	2.39	15.5	5.70	–	5.70
粉尘法（B）	0.19	0.18	0.31	–	–	0.26	0.21	0.20	0.17	0.18	0.21
A/B	14.4	8.50	4.55	–	–	71.1	11.4	77.7	33.5	–	27.10

3．粉尘法施药技术的应用

（1）喷粉时间的选择

在晴天天气条件下，植株叶片温度在一天之中会随着日照的增加而增加，中午日照强烈时叶片的温度高于周围空气的温度，因而，植株叶片此时便成为“热体”（即环境温度低于靶标温度），这种热体不利于细小粉粒在植株叶片上的沉积。试验表明，晴天中午采用粉尘法施药技术对黄瓜霜霉病的防治效果不理想；在阴天和雨天，由于叶片温度与周围空气温度一致，不同喷粉时间对防治效果影响不大。

粉尘法施药技术最好在傍晚进行，这样，即可取得比较好的防治效果，又不影响清晨人员在棚室内的农事劳动。如果在阴雨天则可全天采用粉尘法施药技术（表 1–18）。

表 1–18 不同天气条件及不同时间喷粉对黄瓜霜霉病的防治效果（%）

天气＼时间	清晨	上午	中午	下午	傍晚
晴天	95.9	74.0	55.3	68.0	98.1
阴天	95.2	93.5	92.1	95.5	91.2
雨天	92.3	95.1	90.4	97.6	98.8

（2）喷粉方法的选择

粉尘法施药技术主要是利用细小粉粒的飘翔扩散能力使药剂在保护地内的植株上产生多向均匀沉积，因而，粉尘法施药技术要求采取对空均匀喷撒方法，以使药粉有充分的空间和时间进行“飘翔”，避免直接对准作物进行喷粉（见表1-19）。

表1-19 粉尘施药技术采用不同的喷粉方法对蔬菜病害的防治效果

喷粉方法	对空喷撒		对植株喷撒	
	均匀喷粉	非均匀喷粉	均匀喷粉	非均匀喷粉
黄瓜霜霉病	95.0%	65.0%	20.0%	12.5%
番茄叶霉病	90.0%	56.0%	28.0%	10.5%

图1-8 日光温室喷粉作业

由于粉尘法施药技术要求均匀对空喷撒，依靠粉粒的飘翔效应在植物体上均匀沉积分布，这种特性就决定了采用粉尘法施药时，操作者只需要控制喷粉的角度，不必看清植株的位置，因此，操作者就可以在棚室外向棚室内喷撒粉尘剂，这是粉尘法施药技术的重要特点。因为我国保护地温室大棚种类繁多，特别是有些地区主要是矮棚为主，操作人员很难进入这种矮棚进行喷雾作业，此时就可以采用粉尘法施药技术。不同类型的温室大棚，根据其结构特点，应选择不同的喷粉操作方法，具体的实施方法如下。

①拱形大棚粉尘法实施方法

一般拱形大棚都是南北向，南北各有一门，两门之间是大棚的中央走道贯通整个大棚，大棚的东西宽度一般为12m左右。

进行粉尘法施药时，可选用任何型号的手摇喷粉器或机动喷粉机，在药粉箱中装入所需的粉尘剂，从大棚的南门进入棚室。粉尘法所用的粉剂均加工为每667m²喷粉量1kg，其有效成分含量均预先设定为该有效成分的喷雾法施药量的50%。例如，百菌清，其75%可湿性粉剂喷雾时的有效成分用量每667m²100g，但粉尘法的有效成分用量仅需50g。据此，百菌清粉尘剂的有效成分含量设定为5%，每667m²喷撒粉尘剂1kg，即有效成分施药量为50g。其他农药由常规喷雾法改为粉尘法施药时，其施药量也可降低50%以上。这是因为粉尘法施药技术的农药有效利用率高于常规喷雾法，所以能够节省大量农药。又如50%腐霉利可湿性粉剂喷雾时有效成分用量为每667m²20g，而加工成粉尘剂时有效成分含量为1%，喷粉量为每6767m²1kg，有效成分用量仅为每667m²10g，比常规喷雾法的有效成分用量减少50%左右。

把喷粉量统一规定为每667m²1kg，一方面可以避免用户对施药量的反复计算，另外可以避免对喷粉器（机）排粉量进行计算和调节（排粉量固定在每分钟200g）。这样便可以把温室大棚保护地粉尘法施药技术高度简化和标准化。

②半坡式日光温室粉尘法实施方法

此类温室的特征是北面是保温墙，走道紧贴北墙而呈东西向，宽度一般在6～7m。粉尘法施药时，操作者应背向北墙，从温室的终端（即不开门的一端）开始喷撒，喷粉管无需摆动，但须注意不要让喷粉口直接针对作物植株喷撒，应向作物上方的温室空间喷撒（图1-8），让粉尘自由扩散分布而自由沉积到作物上。操作者在喷粉的同时逐渐向温室的出口方向缓慢作侧向移动，最后退出温室，把温室门关闭，喷粉量控制在 1kg/667m² 左右。

③矮棚的粉尘法施药方法

我国很多地区在种植韭菜、辣椒中多采用矮棚种植方式，棚高通常只有 50cm 左右，操作人员蹲下方能进入棚内作业。此时进入棚内进行施药作业非常困难，就可以采用从棚外喷撒的粉尘法技术。根据棚室的高矮、长短，可采用多种喷撒方法。

（a）棚室两端喷粉法

对于长度不超过 15m 的矮棚，可以从棚室的两端向棚内水平喷粉。在两端的棚布上各开 1 小孔，把喷粉管插入孔内，进行喷粉作业，喷粉时喷粉管尽量与地面平行，不可对着地面喷粉。把所需粉尘剂的量分为两份，两端各喷撒 1 次。注意必须使喷粉器的摇柄转速达到最高速度，以便在棚室内形成较强的粉浪。

（b）单侧间隔喷粉法

对于较长的宽度在 6m 以下的矮棚，可以在棚的一侧棚布上每隔 5m 左右开 1 孔（或把棚布揭开一条小缝隙），把喷粉管插入进行水平喷粉，喷粉时都向一方向进行斜喷，大致与棚室的中轴线呈 25°～30° 角。不要对着棚的相对一侧直喷，以使喷撒出去的粉粒在棚室内能够更好地飘翔扩散。也可以根据棚室的长度在棚室的两端各开一孔如上法进行水平喷撒，而在棚室的中部再加开一定数量的小孔进行补充喷撒。

（c）两侧间隔相对喷粉法

对于宽度在 10m 左右的矮棚，粉尘法施药时可以先从矮棚的一侧每隔 5m 左右开 1 孔（或把棚布揭开一条小缝隙），把喷粉管插入进行水平喷粉，然后把小孔或缝隙关闭；喷完一侧后再从另一侧每隔 5m 左右开 1 孔（或把棚布揭开一条小缝隙），把喷粉管插入进行水平喷粉。假如有两台喷粉器械，最好同时从宽矮棚的两侧同时相对方向喷粉（图 1-9）。喷粉时都向同一方向进行斜喷，大致与棚室的中轴线呈 25°～30° 角。不要对着棚的相对一侧直喷，以使喷撒出去的粉粒在棚室内能够更好地飘翔扩散。

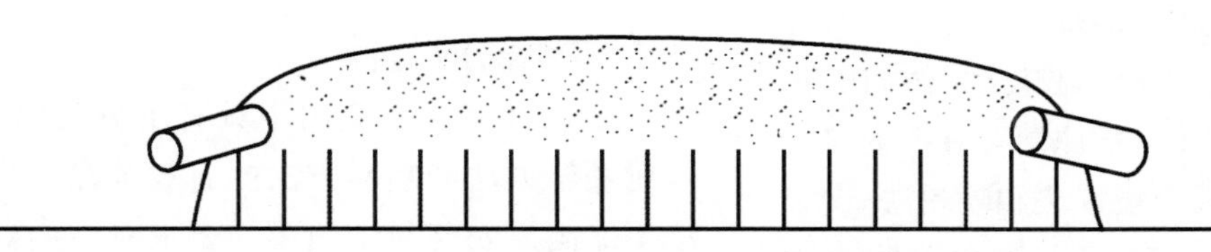

图 1-9 宽矮棚的两侧相对喷粉法

喷粉以后需经 2h 以上才能揭棚，以免细小粉粒飘逸出来。如果傍晚喷撒可以等到第二天早晨再揭开棚膜。

4. 粉尘法施药的优点

（1）沉积效率高

温室大棚保护保护地中粉尘剂的沉积效率测定可高达 72% 以上，在各种施药方法中是最高的。而烟剂施用后有相当多的烟粒黏附在温室保护地的四壁和棚布上，这是烟态微粒的行为特征所导致。

（2）工作效率高

由于粉尘剂的强大扩散分布能力，处理 667m² 保护地只需 5min 左右，因此，在部分地区，此项技术被菜农称为“懒人技术”。对于病虫害比较严重、施药比较频繁的温室保护地，具有重要意义。其结果必然减轻操作人员的劳动强度。这样的高工效是由于粉尘剂的强大扩散分布能力所提供的。

（3）大幅度节省农药

粉尘法高的沉积率必然会降低农药用量，保护地粉尘法施药技术一般可降低农药有效成分用量50%左右。例如，用75%百菌清可湿性粉剂防治黄瓜霜霉病，有效成分用量为每667m²100g，加水配制成水悬浮液；但在使用5%百菌清粉尘剂时，每667m²只需要1kg，相当于使用50g有效成分，而防治效果均达到92%以上。在番茄上用甲霜灵防治番茄灰霉病也有同样的效果，这当然是因为粉尘剂相对较高的沉积率的缘故。所以，粉尘法必然会产生显著的经济效益。

（4）低能耗

粉尘法是一种低能耗施药技术，施药过程中不需要热能，也不需要电能，只需要气流吹送所提供的能量，手摇喷粉器操作中只需要摇动即可。

从农药的加工制造方面比较，粉尘剂与烟剂相比，也是成本最低的制剂，并且几乎各种类型的农药均可加工成粉尘剂。但是烟剂只能选用可以气化而不发生热分解的农药，并需要配加大量化学发热剂和安全助剂等，因此，成本远高于粉尘剂。

第四节 撒粒法

在农药发展的过程中，对于那些毒性高的农药品种，或者那些容易挥发的农药品种，不便采用喷雾方法，此时，采用颗粒撒施方法是最好的选择。另外，从农药的使用手段来说，撒粒法是最简单、最方便、最省力的方法，无须药液配置，可以直接使用，并且可以徒手撒施。

颗粒剂的分散度比较小，撒粒法也是一种比较原始的分散体系，撒施出去的颗粒与有害生物的直接接触机会与喷雾方法相比明显减少，假如依靠撒施出去的颗粒直接与害虫、病原菌等有害生物直接接触，其效率显然要低于喷雾法和喷粉法。

颗粒撒施法在大多数情况下（微粒剂防治杂草除外）不是直接与有害生物接触，而是撒施出去的药剂在到达施药区域后，吸收水分分散，利用作物对药剂的内吸输导作用在植物体内分布，进而控制有害生物。从根系吸收进入植物体内的内吸药剂，在植物体内的运输和传导方式是不完全相同的。有些药剂可以自由地在植物体内由下向上运输传导，如呋喃丹、吡虫啉等。

撒施的颗粒到达（或混入）土壤、落入田水中后，能够吸收土壤或田水中的水分，释放药剂（如杀虫双）或分解出活性物质（如棉隆分解成异硫氰酸甲酯），释放出的药剂或分解出的活性物质能够在土壤或水中扩散，或被生物吸收、或接触有害生物，达到控制有害生物的目的。室内研究测定表明，5%杀虫双大粒剂施入水稻田中后，有效成分能够在12h内扩散到1m的距离。药剂的这种扩散能力为颗粒撒施法提供了基础，因为颗粒撒施方法的药剂分散度比较小，药剂与靶标生物的接触机率较小，但由于药剂具有这种扩散能力，撒施的颗粒在土壤或水中二次分散，增加了药剂与靶标生物的接触机率。

一、撒粒法的特性

撒粒法在农药应用中具有十分突出的优点，是对喷粉方法和喷雾方法的有效补充。当喷雾方法不能满足农药科学使用的要求时，如对于高毒农药克百威，不能采取喷雾措施，此时就可以采用撒粒法。当牧草地有重要防治害虫但又要保证牧草仍可以供应饲养用时，就只能采用撒粒法，颗粒滚落地面，减少了药剂在苜蓿植株上的持留量。概括起来，撒粒法具有以下特性。

1．无飘移，避免污染环境

颗粒剂的特点是粒径粗大，撒施时受气流的影响很小，容易落地而且基本上不发生飘移现象。因此，特别是适合于地面、水田和土壤施药，用于防治杂草、地下害虫以及各种土传病害。

2．减少操作人员接触，避免中毒事故

撒粒法施药过程中不需要进行药剂稀释，不存在粉尘飘扬以及雾滴飘移，操作人员身体接触

药剂或吸入药剂的风险大幅度减少，可避免人员中毒事故。而在喷粉、喷雾操作过程中，操作人员则容易接触药剂，容易造成人员中毒。

3. 高毒农药低毒化

涕灭威、克百威、甲拌磷等均为高毒杀虫剂，严禁喷雾使用，但加工成颗粒剂后，由于其经皮毒性显著降低，就可以在大田撒粒使用。

4. 可控制药剂释放速度

颗粒中的农药有效成分是吸附在惰性载体上，撒粒施用后，有效成分才能缓慢从载体表面通过解吸附释放出来。这种缓慢释放可以延长药剂的作用时间。为防治草坪病害，中国农业科学院植物保护研究所研究了 10% 三唑酮颗粒剂以及 10% 三唑酮包衣缓释颗粒剂，撒施到草坪后，不同颗粒剂的缓释动态见图 1-10。采用颗粒撒施技术，显著延长了三唑酮控制草坪病害的时间，降低了用药次数。

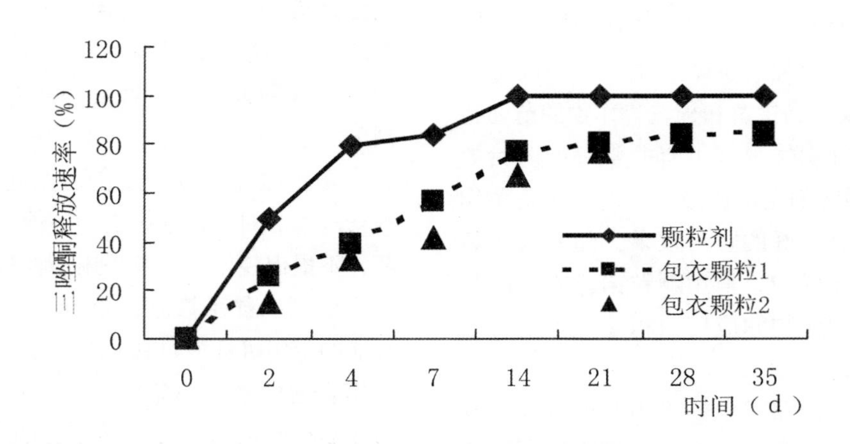

图 1-10 三唑酮颗粒剂在土壤中药剂释放动态

5. 施药时具靶标针对性

由于颗粒粒径粗大，操作者在撒施过程中能很容易地使之落到需要的地点。如在用颗粒剂防治玉米螟时，操作者可以准确地把颗粒撒入玉米的喇叭口内。而采用喷雾法或喷粉法则不能达到这样的准确度。

6. 对作物安全

颗粒撒施后，由于其重力作用，很少会附着在作物叶片，这样就会避免直接接触产生药害。而在喷雾、喷粉过程中，则很难避免药剂在植物叶片上的附着。

二、颗粒撒施器械

手动颗粒撒布器有手持式和胸挂式（图 1-11）两种。使用手持式颗粒撒布器，施药人员边行走边用手指按压开关，打开颗粒剂排出口，颗粒靠自身重力自由落到地面。使用胸挂式颗粒撒布器，将撒布器挂在胸前，施药人员边行走边用手摇动转柄驱动药箱下部的转盘旋转，把颗粒向前方呈扇形抛撒出去，均匀散落地面。

机动撒粒机有背负式和拖拉机牵引或悬挂式两种。有专用撒粒机，也有喷雾、喷粉、撒粒兼用型。撒粒机多采用离心式风扇把颗粒吹送出去。有一种背负式机动喷雾、喷粉、撒粒兼用机，单人背负进行作业，只要更换撒粒用零部件即可，作业效率高。

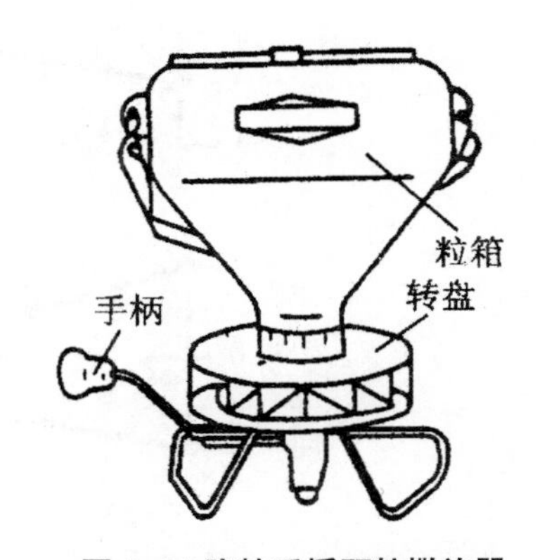

图 1-11 胸挂手摇颗粒撒施器

三、撒粒法的应用

1. 地下害虫和苗期蚜虫的防治

颗粒剂最早使用是从土壤消毒开始的，在颗粒撒施法的研究开发中，应用最广泛的还是土壤处理防治地下害虫和苗期蚜虫。

早在1953年，Farrar就预言，颗粒杀虫剂在防治地下害虫方面是非常有前途的，20世纪50年代，具触杀性或趋避性的颗粒杀虫剂（如2%对硫磷和2%地亚农等）被广泛应用防治金针虫、蛴螬等。第一个具内吸作用的颗粒杀虫剂是乙拌磷颗粒剂和甲拌磷颗粒剂，这两种有机磷杀虫剂均为高毒农药品种，当在甜菜、马铃薯和棉花等作物的苗期施用时，对苗蚜、红蜘蛛等害虫有非常好的防治效果。5%毒死蜱颗粒剂全面撒施，其对多种蔬菜作物的地下害虫均有很好的防治效果。随着大量新型内吸农药的开发成功，采用颗粒沟施方法防治苗期病虫害的应用作物和应用面积逐步扩大，以后还会有大量发展。

在土壤线虫防治技术中，采用非熏蒸性杀线虫剂颗粒撒施是一种有效的方法，杀线虫颗粒剂撒施的方法有三种：

（1）全面撒施

为防治土壤中的大部分线虫，可以把非熏蒸性杀线虫剂颗粒（如克百威）均匀全面地撒施于土壤表面；如果撒施颗粒后再和10～20cm深的土混合，效果会更好。

（2）行施

如果作物是以每隔60cm或更大间隔成行种植的话，可以成行处理。在作物播种或移栽前，在播种行开25～30cm宽的沟，把杀线虫剂颗粒撒施在沟内，覆土、播种，作物行间是不需要处理的。对很多蔬菜和大田作物可用这种行施方法，这样处理的农药用量可以节省1/2～3/4，并且减少劳动力投入。这种方法是一种最经济有效的施用杀线虫剂的方法。

颗粒撒施可以采用全面撒施，也可以采用播种行沟施。对于地下害虫的防治，全面撒施浪费农药，不提倡使用，推荐采用播种行沟施技术。播种行沟施可以徒手撒施，也可采用具有计量和散布功能的专用机具（如Horstine Farmery颗粒撒施机）。采用合适的颗粒撒施机具，农药颗粒在播种沟内和甜菜种子的位置分布情况见图1-12。农药颗粒在播种沟内的分布大部分均在种子周围1cm以内，围绕种子周围，药剂颗粒按照颗粒数目以正态分布散布在种子周围。

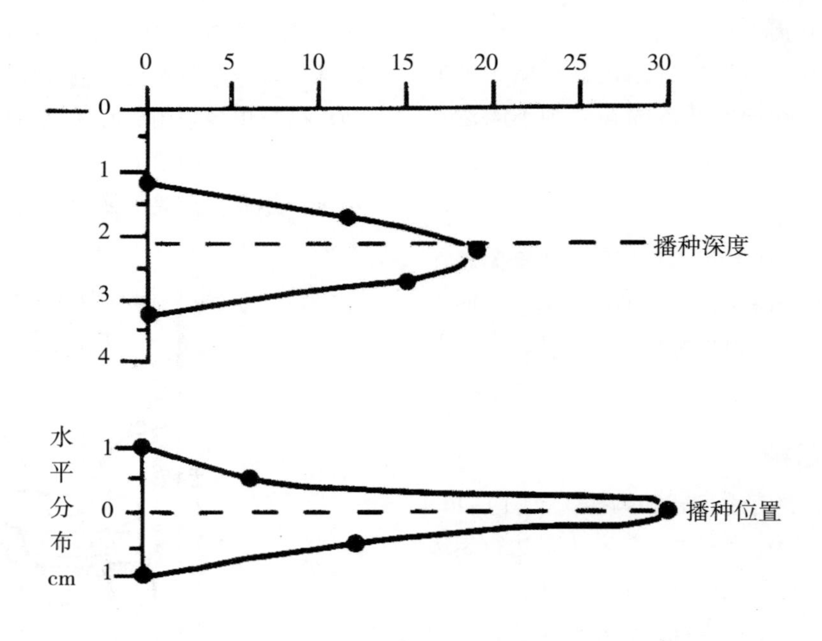

图1-12 播种行沟施，药剂颗粒和甜菜种子在沟内的位置分布

（3）点施

如果作物的株行距都很宽（如果树），用“点施”的方法可节省大量药剂，但这种点施的方法必须采用手动施药，比较费工、费时。

颗粒剂沟施过程中，需要解决的是如何把药剂量准确均匀地施入田间。单纯依靠人员徒手操作，很难做到。

2．禾谷类作物茎秆钻蛀害虫的防治

颗粒撒施除了可以用于地下害虫的防治外，还可以用于禾谷类作物茎秆钻蛀害虫的防治，如用3%杀虫双大粒剂撒施处理水稻田，可以有效地防治水稻二化螟。

3．水稻田杂草的防治

水稻田杂草防除中，可以采用颗粒撒施技术进行。在日本，自1955年以后便广泛采用撒粒法施用水稻田除草剂，约有86%的水稻田除草剂采用撒粒法。当采用徒手撒施颗粒时，为保证颗粒撒施均匀，通常参照花费撒施的量，把除草剂颗粒剂通常设计为每公顷水田30kg颗粒剂；随着颗粒撒施配套机具的推广，颗粒撒施均匀性得到了保障，就把水田除草颗粒剂设计为每公顷10kg颗粒（1kg/0.1ha），日本称之为1kg剂量制剂（即每0.1ha水田撒施1kg除草颗粒剂），以方便农民使用。这种1kg剂量制剂在日本登记了很多除草剂品种。

四、颗粒撒施的方法

1．徒手撒施

目前国内可供选用的颗粒撒施机械较少，在颗粒剂的使用中多采用徒手撒施的方法，如同撒施尿素颗粒一样。对于接触毒性很小的药剂来说，徒手撒施还是很安全的，但仍须注意安全防护，最好戴薄的塑料或橡胶手套以防万一。而毒性较大的颗粒剂则不能采用手撒法，例如，特丁硫磷颗粒剂、甲拌磷颗粒剂、涕灭威颗粒剂等，含有剧毒的特丁硫磷和涕灭威。关于克百威（即呋喃丹）颗粒剂，虽然其经口毒性极大，但经皮毒性极小（经皮LD_{50}仅为10 200mg/kg体重），并且颗粒剂表面有防护膜，因此，可以采用手撒法。但必须保持手掌干燥，皮肤无伤口。最好仍戴塑料薄膜防护手套或采用撒粒器撒施，因为一旦遇汗水或其他水分，克百威有可能溶出，通过皮肤污染间接入口而发生意外。但甲拌磷、涕灭威等药剂则经口和经皮的毒性都很大，不得采用手撒。

2．自行设计撒布设备

在地面撒施颗粒剂时，可以就地取材，自行设计简单的撒布设备，进行颗粒撒施。

（1）塑料袋撒粒法

选取1只牢固的厚塑料。可根据撒施量决定塑料袋的大小，袋内外需保持干燥。把塑料袋的一个底角剪出1个缺口作为撒粒孔，孔径约1cm。把所用的颗粒剂装入袋中（此时让撒粒孔朝上，或用一片胶膜临时封住撒粒孔）。每袋所装的颗粒剂量为处理农田所需之量，便于撒粒时掌握撒粒量。如果农田面积较大，最好把颗粒剂分为几份，每一份用于处理相应的一部分农田。

（2）塑料瓶撒粒法

选取适当大小的透明塑料瓶，保持内部干燥。在瓶盖上打出一孔，孔径根据所用的颗粒剂种类决定，微粒剂须用较小的孔径，以免颗粒流出太快，不便于控制颗粒排出速度。可预先试做，观察颗粒流速后决定孔径大小。使用时也按照处理面积所需的颗粒剂量，往瓶中装入定量的颗粒剂。加盖后即可撒施。

以上两种安全撒粒法，撒粒的速度和均匀性需要操作人员掌握。把处理地块划分为若干个小区，根据小区面积预先计算好每区地撒粒量，把颗粒剂分成相应地若干份，再分别进行撒施，即可保证撒粒地相对均匀性。

五、大粒剂的使用

大型颗粒（即大粒剂）较重，粒径常在5 000μm以上，与绿豆的大小近似，可以抛掷到很远的农田中。这是大粒剂的主要特点，也是它的特殊用途。日本最早提出了在水稻田抛施杀虫脒大粒剂防治水稻螟虫的方法，是根据杀虫脒的强水溶性和土壤不吸附性，取得了良好效果。20世纪80年代初，中国农业科学院植物保护研究所的研究人员根据杀虫双和杀虫单的水溶性以及稻田土壤对杀虫双和杀虫单的不吸附性这两个特征，把这两种杀虫剂研制成了3%和5%两种大粒剂，在防治水稻螟虫上取得了良好的效果。大粒剂撒施法消除了喷雾法的雾滴飘移对蚕桑的危害，使杀虫双得以在稻区推广应用。大粒剂的使用主要是采取抛施的方法，这样不仅可以减少操作人员在稻田中的作业时间，减轻了劳动强度，对稻田的破坏性也比较小。大粒剂都属于崩解型粒剂，在田水中很快崩解而溶入田水中，很快被水稻根系所吸收。

5%杀虫双大粒剂每公斤约有2 000粒，每667m^{2}稻田的撒粒量为1kg左右，平均每平方米水田着粒量为2～4粒。在8h内有效成分便可扩展到全田，24h内可以达到全田均匀分布。抛掷距离最远可达20m左右，不过一般应控制在5m左右的撒幅中，比较便于掌握撒施均匀性。在各种规模的稻田中均可使用。在面积较小的稻田中操作人员无须下田，在田埂上抛施即可。在面积较大的稻田中，可以分为若干个作业行，行间距离可保持10m左右，所以工效很高。在漏水田不能使用，因为杀虫双或杀虫单在土壤颗粒上不能吸附，容易发生药剂渗漏。另外，撒粒时稻田必须保水5cm左右，以利于药剂被水稻充分吸收。

与小型颗粒剂相比，大型颗粒剂尤其是圆粒状大粒，不会被叶鞘夹持，能够全部落入田水中。而短柱状或其他不规则形状的大粒剂则容易发生叶鞘夹粒现象，不能全部落入田水。

除采用以上两种方法外，还可根据需要采取其他方法施用颗粒剂。例如，在棉田使用涕灭威颗粒剂，可以在开沟播种时按一定比例随种子一同播下，最后盖土，这种方法也有人称之为“伴种”。在棉花生长期间，也可用特制的施粒机在棉行一侧开沟下药，或用木棒在棉花旁戳洞把颗粒剂投入再盖土。这种方法在果树上早已采用。在水稻田稻株基部施用粒剂的方法被称为水稻根区施药法。

有些用户有时把颗粒剂溶散在水中再进行喷雾，这种用法一部分是由于用户对颗粒剂的用途不了解，还有一部分用户误认为泡水喷雾的效果优于撒粒。这些认识都是不正确的。因为一方面有许多颗粒剂的有效成分是剧毒的，撒粒时比较安全，喷雾则很危险，如甲拌磷、克百威（即呋喃丹）、涕灭威等，也是国家明文规定禁止喷雾用的；另一方面，颗粒剂这种剂型有其特殊的功能和效力，生产成本也比喷雾用的制剂高，所以把颗粒剂泡水喷雾是得不偿失。

第五节 土壤处理

土壤处理是采用适宜的施药方法把农药施到土壤表面或土壤表层中对土壤进行药剂处理。土壤处理的目的通常有：（1）杀灭土壤中的植物病原菌、害虫、线虫、杂草；（2）阻杀由种子带入土壤的病原菌；（3）内吸性杀虫剂、杀菌剂由种子、幼芽及根吸收传送到幼苗中防治作物地上部分的病虫害；（4）内吸性植物生长调节剂通过根吸收进入植物体内，对作物的生长和发育进行化学调控，或为果树缺素症共给某些营养元素。可在播种前处理，也可在生长期间施于植株基部附近的土壤，如用药液浇灌或在地面打洞后投入颗粒状的内吸药剂。

土壤处理的药剂分为熏蒸剂和非熏蒸剂，熏蒸化学药剂包括溴甲烷、氯化苦、棉隆、威百亩、异硫氰酸甲酯、1，3二氯丙烯等。非熏蒸性化学药剂包括克线磷、双氯酚、硫线磷、敌线酯、线螨磷、敌磺钠、多菌灵、五氯硝基苯、三唑酮、扑异菌脲、噁霉灵、苯菌灵、甲霜灵等。

土壤处理技术按操作方式和作用特点可以分为土壤覆膜熏蒸消毒技术、土壤化学灌溉技术、土壤注射技术等。

一、土壤浇灌和化学灌溉法

以水为载体把农药施入土壤中，是一种重要的施药方式，例如，各地农民常用的土壤浇灌、沟施、穴施、灌根等技术，也可把滴灌、喷灌系统加以改装（特别是在温室大棚内装备有滴灌系统的情况下），采用化学灌溉技术处理土壤。

1．土壤浇灌、沟施、灌根

为了防治土传病虫害，可以采用土壤浇灌、沟施、灌根等办法，这些办法虽然简单、防治效果较差，若措施得当，也可以有效控制土传病虫害。例如，在北京地区从20世纪90年代中期开始，在生产中总结出用阿维菌素防治蔬菜根结线虫的方法。其使用方法是在蔬菜移栽前，每平方米土壤用1.8%阿维菌素乳油1ml对水3L，用洒水壶喷洒于土壤表面，然后，用耙子人工把药剂翻入土壤内部，尽量使药剂在土壤内均匀分布，这样可以有效地防治蔬菜根结线虫病，防治效果高达90%以上。如果在蔬菜移栽后使用，可以采用药液灌根方法，即配制阿维菌素药液，每棵蔬菜根部撒施一定量的药液，对蔬菜根结线虫病也能收到一定的防治效果。

对于棉花枯萎病也可以采用药剂灌根的方法。例如，用多菌灵防治棉花枯萎病，可以采用病株灌根法进行挑治，即先把多菌灵配成250倍药液，每株灌100ml配好的药液。

采用威百亩防治土传病虫害，如果觉得采用土壤覆膜熏蒸消毒技术花费太高，也可以采用土壤沟施的办法。根据作物的种植行距，每一栽种行开出20 ~ 30cm深的沟，把威百亩用水稀释后，定量均匀地洒施在沟内，迅速用土覆盖，并在土壤表面洒水，依靠土壤和水的封闭作用保持威百亩对土壤的熏蒸作用。这样操作相比覆膜熏蒸操作虽然效果较差，但投入少，且不用滴灌系统，可以做为权宜之计（图1–13）。

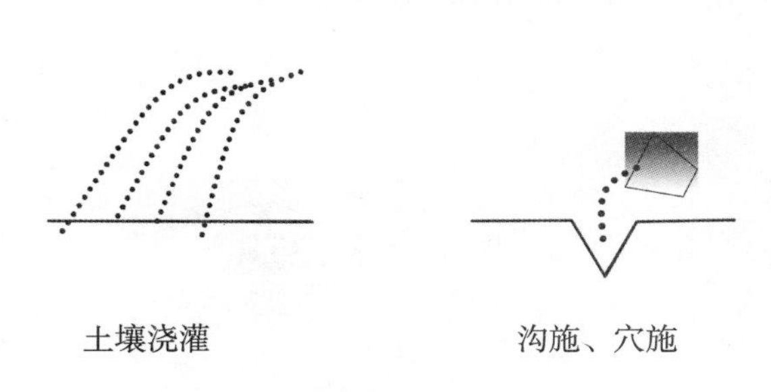

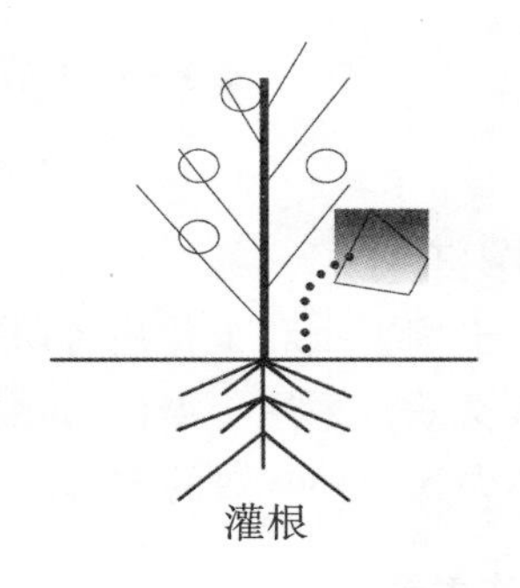

图1–13 土壤浇灌处理示意图

2．化学灌溉技术

前述土壤浇灌、沟灌、灌根等以水为载体把农药施入土壤的方法，只是在容器中用水稀释农药制剂，然后用水桶、洒水壶等器具把药液撒施到土壤中去，是一种小农户生产中适合采用的方法，其优点是操作简便，不需要特殊的设备。但这类操作方法的缺点：一是很难把药液均匀地分散到耕层土壤中去；二是费工、费时，不能机械化操作，不符合农业集约化的发展方向。在有条件的地区，可以采用滴罐、喷灌系统来自动、定量往土壤中施入农药，国外把这种施药方法称为化学灌溉技术。

化学灌溉技术是指对灌溉（喷灌、滴灌、微灌等）系统进行改装，增加化学灌溉控制阀和贮药箱，把农药混入灌溉水施入土壤和农作物中的施药方法，称为化学灌溉法。化学灌溉技术可以用在农业、苗圃、草坪、温室大棚中除草剂、杀菌剂、杀虫剂和杀鼠剂的施用，也可以用于肥料的施用。化学灌溉技术系统中需要装配回流控制阀，防止药液回流污染水源（图1–14）。这种施药方法安全、经济、防治效果好，避免了拖拉机喷撒农药时拖拉机行走对土壤的压实和对作物的损伤。

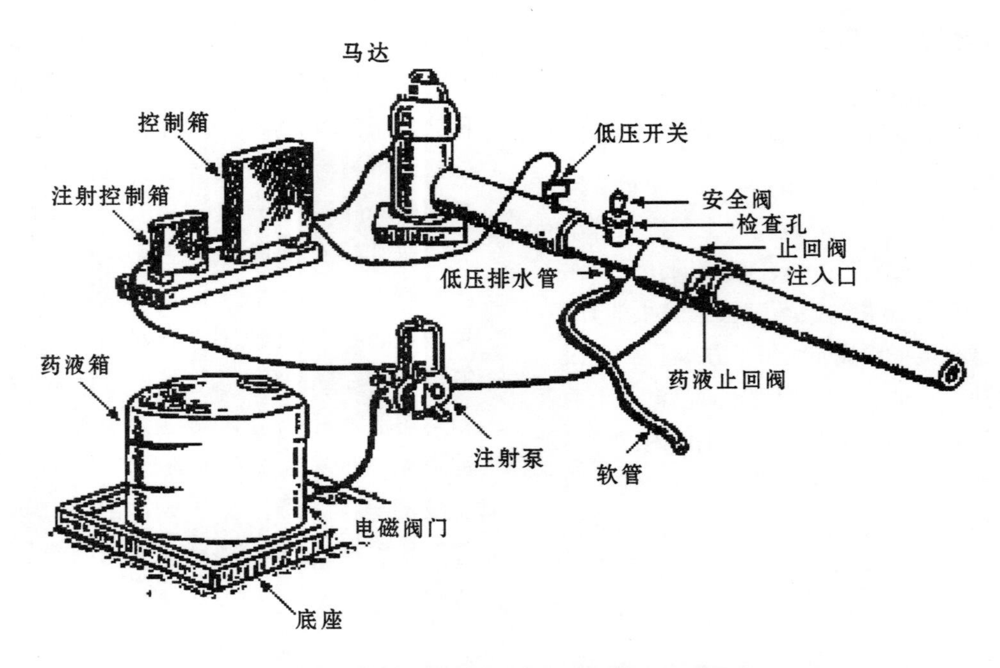

图 1-14 为防止药液回流污染水源，化学灌溉系统的最低要求示意图

二、土壤注射

对于土壤害虫和土传病害防治中，常规喷雾方法很难奏效，采用土壤注射器把药剂注射进土壤里，不失为一种有效的方法。

1. 土壤注射器

土壤注射器械的种类很多，有手动器械和机动器械两类，国内厂家生产一种 JM-A 型手提式土壤消毒器，是专门针对氯化苦土壤消毒而开发的。在使用时，需要先把氯化苦原液快速从药液桶装取药液，装取药液过程要快速，并且操作者要站在上风向。装取药液后，就可以用来进行土壤注射消毒了。手动注射方式工作量大，每亩需要 10 000 个注射点，效率较低，因此，有条件的地方应采用机动器械。国内有厂家研制生产了 DJR-201 型手扶拖拉机悬挂式双垅土壤消毒机。

另外，也有企业生产土壤注射器，可连接在手动喷雾器上，依靠手动喷雾器的液泵产生的压力，通过注射器把药液注射到土壤中去（图 1-15）。

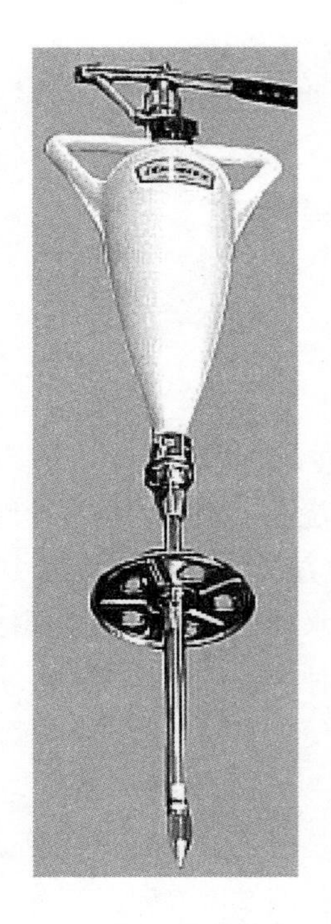

图 1-15 土壤注射器

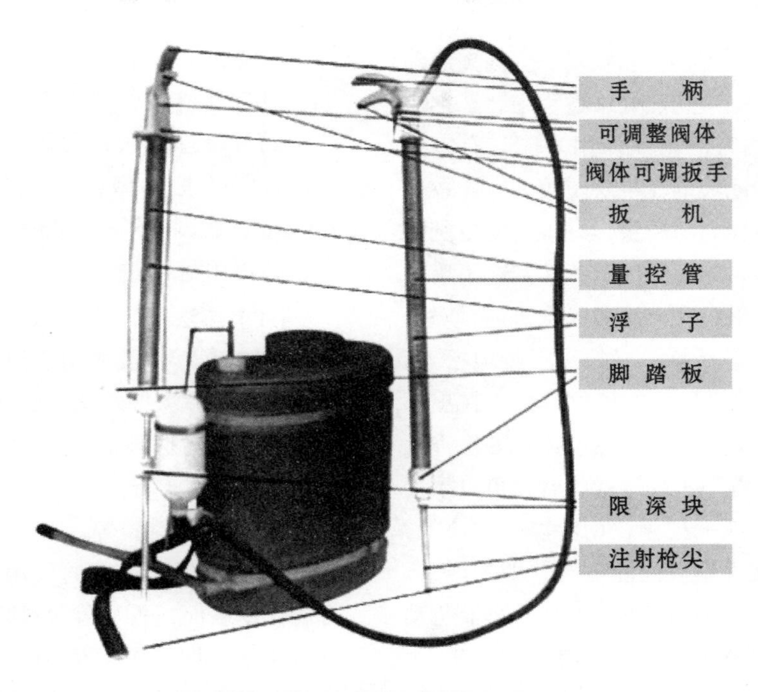

图 1–16 可装配在手动喷雾器上的土壤注射器

2. 氯化苦土壤注射技术

氯化苦（化学名称为三氯硝基甲烷），常温下为液态，按农药毒性分级标准，氯化苦属高毒杀虫剂。氯化苦易挥发，扩散性强，挥发度随温度上升而增大，它所产生的氯化苦气体比空气重 4.67 倍。氯化苦对真菌病害、细菌病害、线虫以及地下害虫均有防效。

氯化苦土壤注射前，需要对土壤进行翻耕、平整，使土壤处于平、匀、松、润状态。

氯化苦是液态的土壤熏蒸剂，不能采用土壤表面撒施等方法，需要用注射设备把氯化苦注射到一定的深度，深度 15 ~ 20cm 为宜。注射点之间的距离为 30cm，每亩地大概需要 10 000 个注射点孔，每个注射点氯化苦注入量为 2 ~ 3ml，施药后用土封盖注射孔（图 1–16、图 1–17）。

氯化苦土壤注射后，需要用地膜覆盖，土壤温度 25 ~ 30℃时盖膜 7 ~ 10d，土壤温度 10 ~ 15℃时盖膜 10 ~ 15d。土壤消毒后，需要揭膜通风，通风时间控制在 15d 以上，以确保安全。

图 1–17 氯化苦的施用方法（手动、机动）

三、土壤覆膜熏蒸

与植株叶面喷雾技术、喷粉技术、空间熏蒸消毒等农药技术不同，土壤熏蒸处理过程中，药剂需要克服土壤中固态团粒的阻障作用才能与有害生物接触，因此，为保证药剂在耕层土壤内有比较均匀的分布，需要使用较大的药量，处理前需要翻整土壤，处理比较烦琐。为了保证熏蒸药剂在土壤中的渗透深度和扩散效果，在土壤覆膜熏蒸前，对于土壤的前处理要求比较严格，必须进行整地松土、深耕40cm左右并清除土壤中的植物残体，在熏蒸前至少2周进行土壤灌溉，在熏蒸前1～2d检查土壤湿度，土壤应呈潮湿但不黏结的状态，可以采用下列简便方法检测：抓一把土，用手攥能成块状，松手使土块自由落在土壤表面能破碎，即为合适。土壤保墒的目的是让病原菌和杂草种子处于萌动状态，以便熏蒸药剂更好地发挥效果。

1．溴甲烷土壤覆膜熏蒸消毒

溴甲烷对土壤中的病原真菌、线虫、害虫、杂草等均能有效地杀死，并且能够加快土壤颗粒结合的氮素迅速分解为速效氮，促进植物生长，因而溴甲烷土壤覆膜熏蒸法成为世界上应用最广、效果最好的一种土壤熏蒸技术，在我国烟草、草莓、黄瓜、番茄、花卉、草坪以及人参、丹皮等中草药上也已广泛应用，溴甲烷土壤熏蒸方法有热法和冷法两种处理方法，用量可以根据土传病害发生程度以及土壤类型调整，用量范围一般在50～100g/m^2，我国市场有35kg大钢瓶溴甲烷和681g的小包装溴甲烷出售。

（1）热法

热法熏蒸一般适用于温室大棚，特别是早春季节处理温室大棚土壤，必须采用热法操作。热法操作所需要的材料有：大钢瓶装液化溴甲烷、蒸发器及加热装置、地称或溴甲烷流量计、塑料软管、覆盖土壤的塑料膜等。

热法处理时先把通气用塑料软管置放在整理好的土壤表面，再覆盖塑料膜，并把塑料膜周边深埋入土中，埋入深度以20～30cm为宜，以防止溴甲烷从四周逸出。把溴甲烷钢瓶出口同蒸发器的进口相连接，蒸发器的出口再通过塑料管同预先置放在土壤表面的通气用塑料软管相连接，连接处用土压埋（图1-18）。

图1-18 采用热法施药技术进行溴甲烷土壤熏蒸处理

（2）冷法

对于小罐包装溴甲烷（市场上常见为681g/包装），在使用时无需加热，称为冷法熏蒸操作。这种小包装溴甲烷各配有一只专用的破罐器，使用比较方便，适用于苗床、小块温室大棚土壤熏蒸。

这种小包装溴甲烷在土壤熏蒸处理时不需要加热处理，也不需要塑料管，在使用时需要预先在土壤表面放置一块木板或砖块，平板或砖块上平稳放置破罐器，把溴甲烷罐平稳地卡放在在破罐器上（图1–19）。用塑料膜覆盖处理的地块，用手掌隔着塑料膜把溴甲烷罐压下，听到“哧”的一声，说明溴甲烷罐已被刺破，溴甲烷已经喷出。

图1–19 小包装溴甲烷在土壤熏蒸消毒中的使用技术

溴甲烷熏蒸时土壤温度应保持在8℃以上。覆膜时四周必须埋入土内15～20cm处，塑料膜不能有破损。熏蒸时间为48～72h。熏蒸后揭膜通风散气7～10d以上，高温、轻壤土通风时间短，低温、重壤土通风散气时间长。遇到雨天，塑料膜不能全部揭开，可以在侧面揭开缝通风，以防雨水降落影响土壤散气通风。

溴甲烷是破坏大气臭氧层物质，已经被列为受控物质，已经或正在使用溴甲烷的地区，应采取各种措施降低溴甲烷单位面积的用量，可以采取气密性塑料膜（VIF膜），或把溴甲烷土壤熏蒸与太阳能土壤消毒结合起来使用，或延长熏蒸时间等措施来大幅度降低溴甲烷的投放量。采用其他化学药剂土壤熏蒸消毒技术是最方便有效的替代技术。下面将继续介绍其他几种药剂的土壤覆膜熏蒸消毒技术。

2．硫酰氟土壤覆膜熏蒸消毒

硫酰氟又名熏灭净，是一种广谱性熏蒸剂，主要用于仓库熏蒸，可杀灭多种仓库（谷物、面粉、干果等）的害虫及老鼠，对害虫和老鼠的所有生活阶段均有效。除对仓库进行熏蒸外，硫酰氟还用于木材防腐及纺织品、工艺品、文物档案、图书、建筑物等的消毒。近年来，中国农业科学院植物保护研究所筛选开展了硫酰氟土壤覆膜熏蒸消毒技术的示范研究。

硫酰氟易于扩散和渗透，可迅速渗透多孔的物质并迅速从物体扩散到空中，在物体上的吸附极低。根据中国农业科学院植物保护研究所的试验数据，硫酰氟土壤熏蒸消毒易采用25g/m²～50g/m²的剂量处理，根据土壤类型适量增减。

2002年，中国农业科学院植物保护研究所在国家环保总局和世界银行组织的资助下，率先在国内研究了硫酰氟的土壤熏蒸消毒的效果和实施方法。目前，试验用硫酰氟由浙江临海黎明化学有限公司生产，硫酰氟的使用剂量设12.5g/m²、25g/m²和50g/m²三个剂量。在施用过程中，在硫酰氟包装钢瓶出气口上安装一个减压阀，处理过程与溴甲烷土壤熏蒸处理过程相似，操作步骤涉及撒施底肥、翻耕土壤、平整、土壤覆膜、施药等过程。在土壤熏蒸消毒过程中，需要保持土壤封闭，土壤覆膜熏蒸7d后，揭开塑料膜，让土壤散气（图1–20）。

图1–20 硫酰氟土壤覆膜熏蒸消毒技术

目前，硫酰氟还没有登记用于土壤消毒，并且硫酰氟土壤覆膜熏蒸消毒的药剂成本较高，各地应根据当地经济条件，可以先行试验。

硫酰氟毒性中等，在使用其熏蒸消毒时应注意安全，一定要注意其气密性，有条件的地方，操作者应穿戴防护服和防护设备，避免中毒事故的发生。

由于硫酰氟沸点极低，土壤熏蒸消毒释放药剂过程中，包装钢瓶会由于硫酰氟的瞬间气化而带走大量热量，钢瓶外表面会出现一层白霜，这是使用过程中的正常现象，不必惊慌。但使用者要注意，一定要避免皮肤接触硫酰氟气体，否则会发生皮肤冻伤事故。

3. 棉隆土壤熏蒸

棉隆又名隆鑫，是一种广谱性土壤熏蒸剂，纯棉隆为无色晶状固体，熔点104～105℃（分解），遇酸水解生成二硫化碳，但在土壤中分解成甲基（甲基氨基甲基）二硫代氨基甲酸，接着生成异硫氰酸甲酯（MITC），异硫氰酸甲酯气体迅速扩散至土壤团粒间，使土壤中各种病原菌、线虫、害虫以及杂草无法生存而达到杀灭效果，在国际上广泛应用。

（1）防治对象

棉隆做为土壤熏蒸剂，可以防治包括狗牙根、繁缕、藜、狐尾草、马齿苋、独脚金等多种杂草；棉隆还能有效防治根结线虫，但棉隆对孢囊线虫的效果较差；棉隆对土传病原菌如镰刀菌、腐霉菌、立枯丝核菌、轮枝菌等引起的枯萎病、猝倒病、黄萎病等也有很好的防治效果。在施用较高剂量的条件下，棉隆对土壤害虫如蛴螬、金针虫等也有很好的防治效果。

（2）作用方式

棉隆混入湿润的土壤中后，迅速分解为几种有很强刺激性的物质，其中主要的分解产物是异硫氰酸甲酯（MITC），占分解产物的98%，异硫氰酸甲酯是起熏蒸活性的最主要的物质；同时，棉隆还可分解形成少量的甲醛、一甲胺、硫化氢（在酸性土壤中）、二硫化碳等物质。这些物质或者是气体、或者是易于挥发的液体，在土壤中，这些有毒气体在土壤空隙中向上扩散，能够杀死所接触的生物。

（3）施用方法

在施用棉隆前，应翻耕土壤、耙地、整地，保持土壤湿润7～14d或更长时间，以使土壤中的杂草处于萌发状态、线虫浸染的根部残留开始腐烂，此时用颗粒撒施机把棉隆均匀地撒施在土壤表面，然后用悬耕机把土壤表面的棉隆翻入土壤中去（图1–20）。施用棉隆后，土壤表面每平方米浇灌6～10L水，并且用聚乙烯塑料膜覆盖密封土壤。

棉隆的防治效果与撒施均匀性和土壤混合深度有关，有条件的地方应采用专用机械撒施与混土同时完成。若采用徒手撒施，采用沟施更好些，撒施前，在土壤表面每隔10cm开20～30cm的深沟，把棉隆均匀撒施在沟内，迅速用耙子混土覆盖、灌水。

在光照条件好的地区，采用棉隆消毒与太阳能土壤消毒相结合的方式进行土壤消毒的效果会更好。

图1–21 棉隆的机械施用

（4）施用时间

棉隆只能在空闲地块使用，必须在土壤播种或定植作物前施用。在土壤处理的全过程中，土壤温度应保持在6℃以上。土壤温度与施用间隔期的关系见表1–21。

表 1-20 棉隆施用程序

土壤温度（℃）		土壤密封时间（天）		土壤通气时间（天）		安全试验时间（天）	
25	施用棉隆	4	松土	2	安全试验	2	可以播种或定植
20		6		3		2	
15		8		5		2	
10		12		10		2	
5		25		20		2	

（5）使用剂量

棉隆的用药量受土壤质地、土壤温度和湿度等因素的影响，通常用药剂量为75～150kg/hm^2，土壤混合深度要达到20cm。棉隆用药量还受杂草、线虫种类影响（如防治孢囊线虫用量就需要采用最高用药剂量）；棉隆用药量还与施入土壤深度有关，如防治土壤镰刀菌、轮枝菌，则需要把棉隆施入30cm深的土壤中，用量就要高些。具体用量应参考生产厂家的标签说明。

（6）飘移控制

当风速较大，撒施棉隆微粒剂易于飘移到邻近地块时，要严禁施用棉隆。

（7）水源保护

不得在水面上施用棉隆；不得在低于水面的地块施用棉隆；不得在易于发生流失的地块施用棉隆；废弃包装材料不得扔在有水的地方。

（8）敏感作物

棉隆对所有的生长植物都有药害，严禁在生长的作物田施用棉隆。

（9）施药后再次进入地块的时间

为保障人员安全，露地施用棉隆后的24h，操作人员禁止进入处理的地块；当揭开土壤表面的塑料膜时，非操作人员不得进入处理地块。在温室大棚中施用棉隆，土壤处理后严禁一切人员进入温室大棚，只有当棚室充分通气后，操作人员才能进入。棉隆处理的温室大棚、地块应悬挂明显的警告标志。

（10）残留测定方法（安全试验）

目前还没有定量的测定棉隆残留的方法，但可以采用下面的方法来定性判断是否有棉隆残留：取两个罐头瓶，一瓶装入未施用棉隆的土壤，另一瓶装入棉隆处理过的土壤，用湿棉球沾上独行菜或其他十字花科植物的种子，然后用线分别吊挂在瓶中，使棉球上的种子靠近土壤，盖上瓶盖，把两个罐头瓶放在温暖、有光照的地方。如果两个罐头瓶中的种子同时发芽，说明土壤中没有棉隆残留药害，可以播种或栽植作物；如果棉隆处理土壤的瓶内种子未发芽、或发芽推迟、或发芽后失绿褪色，则说明土壤中有棉隆残留，此时应翻土透气，继续进行残留药害试验，直至无残留药害才能栽种。

4. 威百亩土壤覆膜熏蒸消毒

威百亩是一种具有杀线虫、杀菌、杀虫和除草活性的土壤熏蒸剂，对黄瓜根结线虫、花生根结线虫、烟草线虫、棉花黄枯萎病、十字花科蔬菜根肿病等均有效，对马唐、看麦娘、马齿苋、豚草、狗牙根、莎草等杂草也有很好的防效。

（1）作用方式

威百亩的作用方式同棉隆类似，都是混入湿润的土壤中后，迅速分解为生成异硫氰酸甲酯（MITC），依靠异硫氰酸甲酯的熏蒸活性进行土壤消毒。

（2）施用方法

在施用威百亩前，应翻耕土壤、耙地、整地，保持土壤湿润7～14d或更长时间，以使土壤中的杂草处于萌发状态、线虫侵染的根部残留开始腐烂，此时最适宜土壤熏蒸消毒。

在有条件的地方，威百亩的施用最好是通过温室滴灌系统、采用化学灌溉的方法施用威百亩，威百亩的使用剂量以50～150g/m^{2}为宜。施用方法采用耐化学腐蚀的柱塞泵把威百亩注射到滴灌管路中，施药处理过程中，柱塞泵的吸药口放入威百亩包装瓶中，排药口与滴灌系统相连，在滴灌管路中安装一水量表，威百亩的流速调整为23ml/min（1.38L/h），滴灌流速调整为200L/h，处理过程中需水量为40L/m²，操作方法见图1–22。

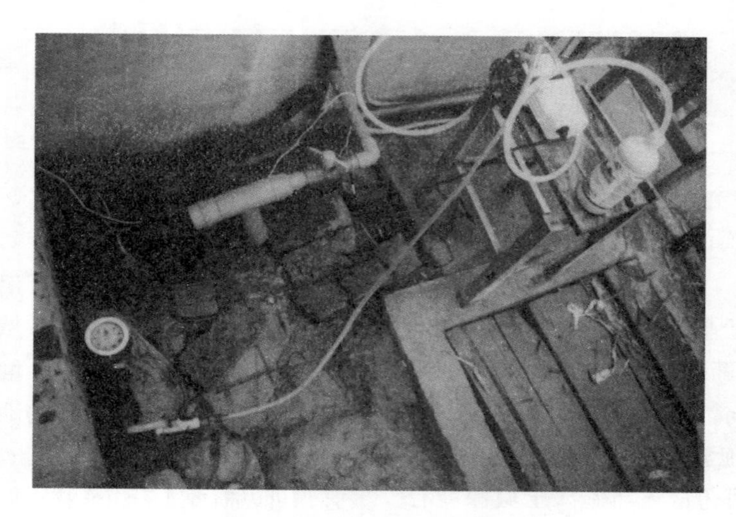

图1–22 采用滴灌系统施用威百亩

在光照条件好的地区，采用棉隆消毒与太阳能土壤消毒相结合的方式进行土壤消毒的效果会更好。

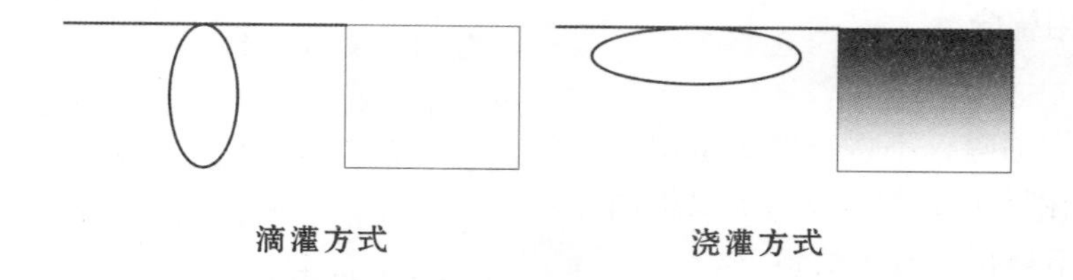

图1–23 药液渗入土壤的运动特性及药剂在土壤中的分布形态

威百亩土壤灌溉处理过程中，采用不同的灌溉技术，其药剂渗入土壤和在土壤中分布形态有很大差异，见图1–23。采用滴灌系统施药，药液渗入土壤后，除了水平扩散运动以外，由于土壤毛细管的作用还可以向下层土壤运动，药剂在耕层土壤分布较均匀；若采用大水浇灌的方式，药液在土壤表面很快进行水平扩散运动，并由于大水浇灌造成的泥浆堵死了土壤内部的毛细系统，药剂向下扩散运动的能力减弱，药剂在耕层土壤内分布不匀，即上层土壤药剂多，而下层土壤药剂少，这样会影响土壤熏蒸消毒的效果。

（3）其他注意事项

威百亩土壤熏蒸消毒的作用方式与棉隆相似，因此，在施用过程中的其他注意事项也与棉隆相似，在此不再赘述，请参考棉隆土壤覆膜熏蒸消毒技术。

土壤覆膜熏蒸消毒技术，是一项高投入、高产出的农药使用技术，每亩土壤处理的费用从500～1 000元不等，但是，土壤覆膜熏蒸消毒的收益也是明显的。因此，对于那些温室大棚种植发展时间较长的地区，适当采用土壤覆膜熏蒸消毒技术，是解决当地土传病虫害发生严重问题的有效途径。土壤覆膜熏蒸消毒技术，是一项操作程序比较复杂、风险比较大的的农药使用技术，施用过程中若发生药剂毒气外逸，而人员仍滞留在密闭棚室内过长时间，容易发生人员中毒事故，操作者在使用时一定要注意，一定要向技术部门咨询。

第六节 其他施药方法

一、温室大棚硫黄电热熏蒸法

在有电源供应的条件下，可以在温室大棚安装电热熏蒸器，利用电热恒温加热部件和部分药剂的升华特性，使药剂升华、气化成极其微细的颗粒，药剂颗粒在温室大棚内做充分的布朗运动，均匀沉积分布在植物叶片表面，保护植物免受病虫害的浸害。此种方法简单易行，防治效果好，采用硫黄电热熏蒸技术，在草莓白粉病、番茄疫病等的防治中均取得了优异的效果。

1. 电热熏蒸器

电热熏蒸施药技术对熏蒸温度有严格的要求，温度低影响熏蒸施药效果；温度过高，药剂在熏蒸过程中容易产生 SO_2、SO、NO 等有害气体，容易造成温室大棚植物出现药害。因此，选用正规厂家生产的质量合格的电热熏蒸器是本项技术成功地基础。

合格的电热熏蒸器必须能够把熏蒸温度严格控制在需要的范围内。国内目前生产的熏蒸器都采用220V交流电为电源，每台熏蒸器的功率在80W左右，温度控制范围设定在130～150℃。电热熏蒸器一般主要由加热组件、加热杯、杯座、外壳和底座组成。其中，活动的加热杯正好置于杯座上，直接与嵌在杯座内的加热组件接触。在电热熏蒸技术实施过程中，加入到熏蒸器内的药剂不能过多，防止药剂沸腾溅出，引起事故。

电热熏蒸施药技术最适合的农药品种是硫黄。硫黄原药为黄色固体粉末，属低毒杀菌剂，熔点115℃，具有很好的升华特性。硫黄是适用历史悠久的一种农药，具有杀菌和杀螨作用，对草莓白粉病、黄瓜白粉病有良好的防治效果，另外，对其他气传病害也有很好的预防效果。在本项研究应用中，硫黄电热熏蒸对草莓白粉病表现出了优异的防治效果。

另外，百菌清也有很好的升华特性，也可以采用电热熏蒸方法使用。

2. 电热熏蒸器的安装

硫黄电热熏蒸技术，利用硫黄的热升华作用，形成1μm左右的均匀细小硫黄，这种细小的硫黄颗粒在温室大棚空间具有布朗运动的特点，能在植物叶片正反面形成均匀的沉积分布，并且能够沉积分布到非常隐蔽的靶标位置，形成均匀的保护层，防治病害和螨虫危害。电热熏蒸方法应用非常简单，请电工把熏蒸器安装在温室大棚内即可，熏蒸器的间距可设为10～12m，即在一个60m长的温室中，应布放5～6个熏蒸器。

3. 硫黄电热熏蒸技术中的温度要求

在不同熏蒸温度下，空间内 SO_2 浓度（mg/m^3）见表1-21。当熏蒸温度在158℃以下时，密闭空间内检测不到 SO_2，当温度达到177℃时，检测到 SO_2 浓度为1mg/m^3。我国空气质量标准规定，空气中 SO_2 浓度低于0.06mg/m^3，属于二级（良），SO_2 浓度高于0.1mg/m^3，则为劣三级。

植物生理学研究表明，空气中 SO_2 浓度高于0.4mg/m^3 时，则植物的生理生化过程受到明显抑制，造成药害。在温室大棚中采用电热熏蒸施药技术，如果操作不当，温度过高，可能会造成 SO_2 产生，导致温室大棚内植物药害。因此，在采用电热熏蒸技术中需要注意严格控制熏蒸温度，熏蒸温度宜控制在158℃以下，以确保温室大棚植物安全。

表1-21 空间 SO_2 浓度与熏蒸温度的关系

温度	120℃	138℃	158℃	177℃	193℃	210℃	230℃	250℃
SO_2 浓度（mg/m^3）	0	0	0	1	10	57	97	540

2004年11月，辽宁省鞍山两个草莓种植户为防治草莓白粉病，买来硫黄粉，把硫黄粉撒施在与泥土混合的稻草上，点燃稻草，想当然认为稻草燃烧发热以发挥硫黄熏蒸效果，结果造成两个草莓大棚的草莓药害致死，直接经济损失10万元。

2002年，为防治草莓白粉病，有的农户在温室大棚安装白炽灯，把白炽灯放在空的可乐罐内，可乐罐上放置硫黄粉，以达到电热熏蒸施药的目的。此种方法简便易行，但由于熏蒸温度不容易控制，也发生了几起由于产生SO_2导致草莓药害的事故。

4. 电热熏蒸技术的实施

电热熏蒸技术在草莓、花卉的白粉病防治中已经得到了广泛应用。下面举例说明电热熏蒸技术的操作要求。在一个东西长80m、南北宽8m的草莓温室中，在棚架上每隔16m悬挂一个电热熏蒸器（每亩约5个），熏蒸器离地面1.5m，离后墙3m，每次用硫黄30g装在熏蒸器蒸发皿内，在傍晚18：00～21：00通电加热熏蒸。4d换药，共熏蒸20d，其他管理技术同当地生产水平。这样处理能有效控制草莓白粉病，与采用喷雾方法防治白粉病的大棚，亩增产草莓在200kg以上，非常明显增加。

由于细小粒子在沉积过程中有“热致迁移”现象，因此，硫黄电热熏蒸技术应在傍晚闭棚后进行，一般每次熏蒸2～3h。硫黄电热熏蒸技术除了可以在草莓上使用外，还可以在温室花卉、蔬菜白粉病、灰霉病、霜霉病防治以及仓库蔬菜保鲜上使用。

二、涂抹法

用涂抹器将药液涂抹在植株某一部位的局部施药方法称为涂抹法。涂抹用的药剂为内吸剂或触杀剂，按涂抹部位划分，分为涂茎法、涂干法和涂花器法三种。为使药剂牢固地黏附在植株表面，通常需要加入黏着剂。涂抹法施药农药有效利用率高，没有雾滴飘移，费用低，涂抹法适用于果树和树木，以及大田除草剂的使用。

1. 涂抹器械

涂抹法的施药器械简单，不需液泵和喷头等设备，只利用特制的绳索和海绵塑料携带药液即可。操作时不会飘移，且对施药人员十分安全。当前除草剂的涂抹器械已有多种，供小面积草坪、果园、橡胶园使用的手持式涂抹器（图1–24），供池塘、湖泊、河渠、沟旁使用的机械吊挂式涂抹器，供牧场或大面积农田使用的拖拉机带动的悬挂式涂抹器（图1–25）。

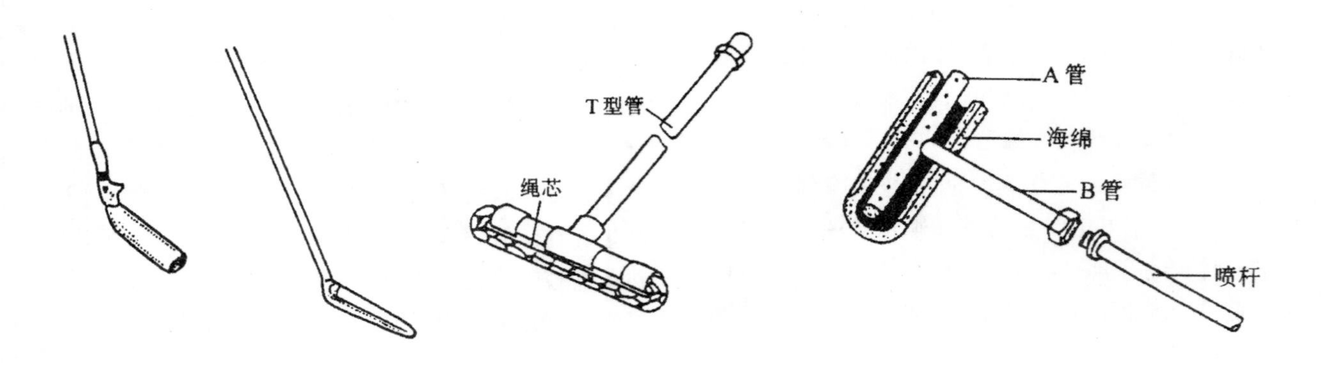

图1–24 手持农药涂抹器械

图 1-25 拖拉机携带的杂草涂抹器

涂抹法使用的器具结构简单，不需要液泵和喷头等设备，只需利用吸水性强的材料如海绵泡沫等携带药液即可，使用者可以根据情况自己制作涂抹器。下面介绍一种简单的手动涂抹器的制作方法：

（1）所需原料：直径 3.2cm 塑料管，2.5cm 厚海绵泡沫，50cm 长的尼龙拉链，直径 3cm 的胶塞或软木塞。

（2）制作方法：先把直径 3.2cm 塑料管注入开水拉直，然后截成 170cm 为一段，每段于 50cm 和 120cm 交接处热弯成 120 的 J 型弯管，并在 50cm 一端把管口封死，然后在 50cm 长的弯管底部两侧钻 7 ~ 8 个 0.7 ~ 0.8mm 直径的小孔，两侧小孔要错开，不要互相对称，弯管的另一端配上一个 3cm 的塞子。然后剪裁一块单面绒布或灯心绒布（恰好能包住海绵炮沫外围），与尼龙拉链缝合套住海绵泡沫，并把两头固牢，则制成了简便手持涂抹器。如果大面积涂抹施药时，为了减少装药次数，可在 120cm 的把柄中装上一个直径 1cm 的小接口，以便用输液管连接背负式喷雾器的药箱，并在输液管中间装上一个药液开关。

2. 杂草防除中的涂抹技术

防治敏感作物的行间杂草，可以利用内吸传导强的除草剂和除草剂的位差选择原理，以高浓度的药液通过一种特制的涂抹装置，将除草剂药液涂抹在杂草植株上，通过杂草茎叶吸收和传导，使药剂进入杂草体内，甚至达到根部，达到除草的目的。这种技术具有用水少、节省人工、对作物安全、应用范围广，农田、果园、橡胶园、苗圃等均可使用，开发了一些老除草剂的新用途。

应用涂抹法必须具备三个条件：一是所用的除草剂必须具有高效、内吸传导性，杂草局部着药即起作用；二是杂草与作物在空间上有一定的位置差，或杂草高出作物，或杂草低于作物；三是除草剂的浓度要大，使杂草能接触足够的药量。涂抹法施药的除草剂浓度因除草剂与涂抹工具不同而异，例如，在棉花、大豆和果园施用草甘膦防除白茅等杂草，用绳索涂抹，药与水的比例是 1∶2，用滚动器涂抹则为 1∶10 ~ 20。

涂抹施用 10% 草甘膦药液，防除一年生幼龄杂草用药量为每公顷 7.5L（每亩 0.5L），防除多年生杂草用药量为每公顷 22.5L（每亩 1.5L），涂抹施药液量为每公顷 110L（每亩 7.5L）。对于生长高于作物 30cm 以上的杂草或其它场合的杂草，均匀涂抹一次，就可以获得好的防治效果。如在药液中加入适当的助剂，或与其它除草剂混用便有增效作用或扩大杀草谱。

涂抹法施药液量较低，每公顷低于 110L（每亩 7.5L），因此，操作要求快，否则涂抹不均匀。涂抹施药前，要经过简短培训，做到均匀涂抹。当气温高、湿度大的晴天涂抹施药时，有利于杂草对除草剂的吸收传导。

3. 棉花害虫防治中的涂茎技术

利用杀虫剂（如氧乐果、吡虫啉等）的内吸作用，在药液中加入黏着剂、缓释剂（如聚乙烯醇、淀粉等），把配制好的药液用毛笔或端部绑有棉絮海绵的竹筷，蘸取药液，涂抹在棉花幼苗的茎部红绿交界处，对棉花蚜虫的防治效果在95%以上，并且能防治棉花红蜘蛛和一代棉铃虫。这种涂茎施药方法比喷雾法相比，农药用量可以降低1/2，另外对天敌的杀伤力也小。需要注意的是，采用这种涂茎方法时，要防止把药液滴落在叶片和幼嫩的生长点上，以防灼伤叶片或烧死棉苗。

4. 树干涂抹技术

把一定浓度的药液涂抹在树干或刮去树皮的树干上，达到控制病虫害的目的，这种方法称为树干涂抹技术。树干涂抹一般使用具有内吸作用的药剂，使内吸药剂被植株吸收，而发生作用。一般多用这种方法施用杀虫剂来防治害虫，也可施用具有一定渗透力的杀菌剂来防治病害。这种施药技术，药液没有飘移，几乎全部沾附在植物上，药剂利用率高，不污染环境，对有益生物伤害小，使用方便。

树干涂抹法防治病害，多为涂抹刮治后的病疤，防止复发或蔓延。例如，酸橙树腐烂病刮治后涂抹腐必清、腐烂敌等杀菌剂；果树的流胶病，在刮去流胶后，涂抹石硫合剂；果树的膏药病、脚腐病等，刮削病斑后，涂抹石硫合剂等药剂，都有很好的防治效果。

但要注意涂抹药液的浓度不宜太大，刮去粗皮的深度以见白皮层为准，过深会灼伤树皮引起腐烂而导致树势衰弱乃致死树。以春季和秋初涂抹效果为好。高温时应降低施用浓度，雨季涂抹容易引起树皮霉烂。休眠期树液停止流动，涂药无效。对果树，涂药时间至少要距采果70天以上，否则果实体内残留量大，剧毒农药只准在幼年未结果果树涂抹。非全株性病虫，主干不用施药，只抹树梢。衰老园更不宜用涂抹法防治病虫。

将配置好的药液，用毛笔、排刷、棉球等将药液涂抹在幼树表皮或刮去粗皮的大树枝干上，或发病初期的2～3年生枝上，然后用有色塑料薄膜包裹树干、主枝的涂药部位（避免阳光直射，防止影响药效）；或用脱脂棉、草纸蘸药液，贴敷在刮去粗皮的枝干上，再用塑料薄膜包扎。涂药的浓度、面积、用量，视树冠的体积大小和涂药的时间以及施用的目的和防治对象而异。

三、撒滴法

撒滴法施药需要专用的农药剂型——撒滴剂，它是根据水稻、水生蔬菜等水生作物田中有水的特定条件，撒滴法仅适用于水稻田和其他水田作物，不能用于旱田作物。

商品撒滴剂是装在特制的撒滴瓶中供撒滴用的药液。撒滴剂包装瓶的内盖上有数个小孔（一般3～4个），施药时药液无需加水稀释，不需要使用喷雾器，操作人员打开撒滴瓶的外盖，手持药瓶左右甩瓶将药液抛撒入田即可。用18%杀虫双撒滴剂防治水稻害虫，施药时手持药瓶，在田间或田埂缓步行走，左右甩动药瓶。处理一亩稻田只需5～10min，不需要强劳力，老、弱、妇女都能作业。施药时间不受天气条件的影响和限制。为使药剂入水后能迅速扩散，用撒滴剂时田间应有4～6cm水层，施药后保水3～5d。

四、树干包扎法

采用树干涂抹方法，药液直接受阳光照射，容易发生光分解。为避免农药的光分解，经常在药液涂抹树干后，再用塑料布包扎涂药部位，这种方法本书称为树干包扎法。包扎法所用药剂应有良好的内吸作用。

包扎法施药的原理与涂抹法类似，利用农药的内吸性和植物体蒸腾液流的输送作用来施用农药。操作过程中把含药的吸水性材料包裹在树干周围，或将药液涂刷在树干周围，再用防止蒸发的材料包扎好，使药剂通过幼嫩树皮进入到树干木质部或维管束，药剂随植物体的蒸腾流向树木顶端转运。

包扎法操作的过程是：在树干离地面的1/2处左右，将树干的老翘皮刮去一圈，露出白皮，用脱脂棉、旧棉布或粗糙纸张等吸水性材料包在白树皮周围，再注入药液，最后用塑料布包裹盖住，用绳扎住上下两端。或者把较浓的药液用排笔（或刷子）均匀涂刷在刮后的白树皮上，再用塑料膜包裹，扎紧上下两端（图1-26）。

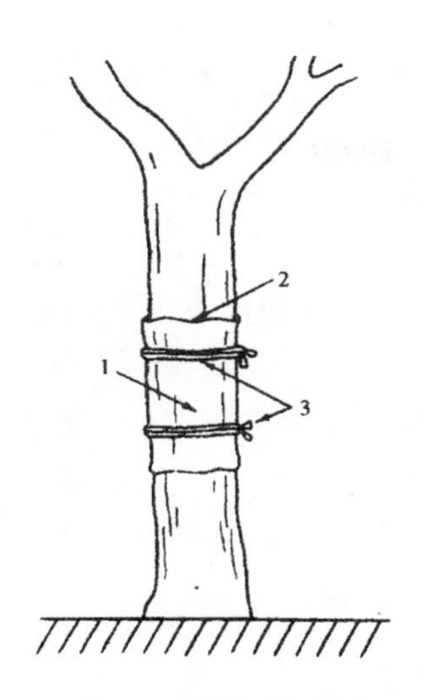

图 1–26　树干包扎法

1.包扎材料 2.内层吸水性材料 3.包扎绳

包扎法虽然简便易行，但若使用不当，往往易对树干产生药害，因而在使用前一定要先进行少量试验，待有经验后再大量实施。同时还应注意以下几点：

（1）刮老翘树皮的深度不宜过深，以见白皮为准。刮深了，药液容易灼伤树皮，会引起腐烂。

（2）涂药包扎的时间，以春季和秋初树木生长旺盛季节为好，休眠期树内体液少流动，包扎无效。天气太旱包扎效果不好，雨季包扎容易引起树皮腐烂。

（3）不是全株危害的病虫，可以只包扎树梢（可不刮翘皮），树木主干不用施药。

（4）为防止果实内农药残留量超标，果树包扎处理的时间至少要在采果前 70 天以上，剧毒农药只准用于未结果的幼年果树上包扎。

五、树干注射

植物的茎干部分也是容易遭受病虫为害的部位，并且也是能够吸收药剂而发生内吸输导作用的部位。特别是果树和林木的主干部，常常是多种病虫潜伏为害的地方。如苹果树腐烂病、柑橘溃疡病、杨树天牛、松树线虫等。树干注射施药是依靠树体自身的蒸腾拉力或外力向树体内输入营养元素、生长调节剂、农药或其他物质的一种方法。树干注射施药技术主要应用于蛀干害虫、维管束害虫、结包性害虫和具有蜡壳保护的刺吸式害虫的防治。

1．树干注射器械

自 1926 年世界上出现第一台树木注药机械以来，经各国科技工作者几十年来不懈探索，基本形成了常（低）压低浓度大容量注射和高压高浓度低容量注射两大流派几十个机种。其中徐州市森林病虫害防治检疫站开发生产的锦源牌 6HZ 系列树干注射机，是在国家林业部支持下，与南京林业大学等单位合作经过六年时间研制开发成功的目前国内唯一已获得国家林业部部级鉴定的机型。此外，山西、四川、天津等地也有不同机型生产。图 1–27 为 6HZ–2020 树干注射机原理图。

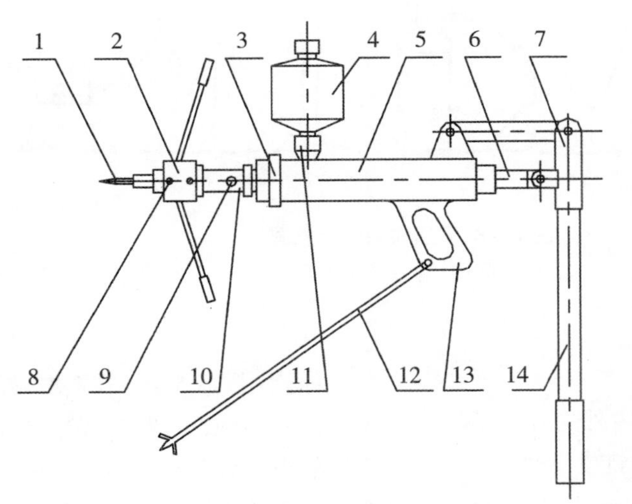

图 1–27　6HZ–2020 A 型高压树干注射机

2．树干注射的实施

农药选用。一般要求选用内吸性农药。在林木病虫害防治中，可选用药效期长的克百威、涕灭威、久效磷等杀虫剂；在果树病虫害防治中应选用药效期短，低毒或向花、果输送少的吡虫啉、多菌灵盐酸盐等农药，不可使用在果树上禁用的高残留剧毒农药；在防治根部病虫害时应选择双向传导作用强的苯线磷等药。即要根据防治对象和农药传导作用特性综合考虑所用农药品种。此外，剂型选用以水剂最佳，原药次之，乳油必须是国家批准的合格产品，不合格产品往往因有害杂质过高而使注射部位愈合慢，甚至发生药害。

施药适期。根据防治对象，一般食叶害虫在其孵化初期注药；蚜虫和螨虫等害虫在其大发生前注药；光肩星天牛、黄斑天牛（成虫羽化期）等分别在其幼虫初龄（1～3 龄）期和成虫羽化期注药。此外，果树上必须严格根据所施农药残效期安全间隔施药，至少在距采果期 60d 内不得注药。

注射部位和注药量：树干注射一般可在树木胸高以下任何部位自由注射。但用材树一般应在采伐线以下注射，果树应在第一分枝以下注射。注药孔数根据树木胸径大小，一般胸径小于 10cm 者一个孔，11～25cm 者对面两个孔，26～40cm 者等分三个孔，大于 40cm 者等分四个孔以上。注射孔深也应根据果树的大小和皮层厚薄而定，其最适孔深是针头出药孔位于 2～3 年生木质部处，要特别注意不可过浅，以防将药液注入树皮下，伤害形成层，达不到施药效果。每孔注药量应根据药液效力、浓度、树木大小等而定，一般农药可掌握每 10cm 胸径用 100% 原药 1～3ml（每厘米胸径稀释液 1～3ml）标准，按所配药液浓度和计划注药孔数计算决定每孔注药量。

3．高压注射法

用柱塞泵或活塞泵原理，采用专用高压树干注射机，将植物所需杀虫、杀菌、杀螨、微肥和生长调节剂等的药液强行注入树体。由于采用专用的树干注射机，药液的压力可以达到 0.7～1.4MPa，药液注射进入树干的速度很快，能满足多种树木、多种药剂的注射需要。但是，由于注射压力过高，容易伤害注射孔周围的植物细胞，以至造成注射孔周围出现坏死（Sachs，1977）。再者，高压注射需要专门的机具，花费较高，不太适合推广应用（图 1–28）。

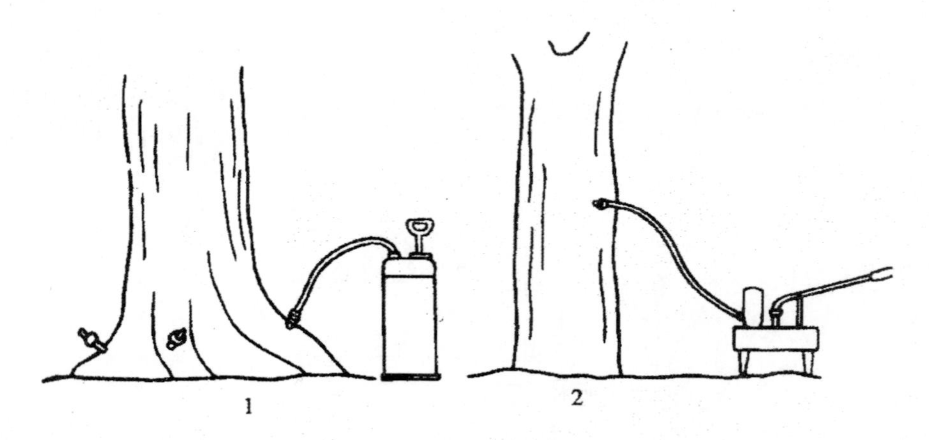

图 1–28 高压注射法示意图

1. 基部注射 2.树干注射

4．低压注射法

为避免高压注射的缺点，国内外均开发了低压注射技术。操作过程第一步是用钉或小动力打孔机（汽油机、电动机）在树干基部 20cm 以下打 0.5～0.8cm 的小孔 1～5 个（视树木胸径大小而定），深达木质部 3～5cm，孔向下 30° ；第二步是在打孔处插入注射头；第三步是把装有药液的乳胶管套在注射头上，或者把兽用注射器插在注射头上，依靠乳胶管的压力或注射器的压力，使药液流入树干木质部。把药液装在乳胶管中，依靠乳胶管所产生的压力可达60～80kPa，能满足低压注射的需要。

5. 挂液瓶导输

从春季树液流动至冬季树木休眠前，采用在树干上吊挂装有药液的药瓶，用棉绳或棉花芯把瓶中药液通过输导的办法引注到树干上已钻好的小洞中（或把针头插入树体的韧皮部与木质部之间）。挂液瓶方法是利用药液自上而下流动的压力，把药液徐徐注入树体内，在树木枝条蒸腾作用的拉动下，药液进入树木木质部，输送到树木的枝叶上，从而达到防治病虫的目的。

这种“吊瓶”方法重要依靠树木蒸腾作用的拉力进入木质部，只能在部分树木上使用，在一些树木如橄榄树，药剂采用这种方法就不能进入树体。

采用此法时必须注意以下三点：一是不能使用树木敏感的农药，以免造成药害；二是挂瓶输液需钻输液洞孔2～4个。输液洞孔的水平分布要均匀，垂直分布要相互错开；三是瓶中药液根据需要随时进行增补，一旦达到防治目标时应撤除药具；四是果实在采收前40～50d停止用药，避免残留。

6. 喷雾器压输

将喷雾器装好配液，喷管头安装锥形空心插头，并把它插紧于输液洞孔中，拉动手柄打气加压，打开开关即可输液，当手柄打气费力时即可停止输液，并封好孔口。

第六章
喷雾法及应用

喷雾法是病虫草害防治中应用最广泛的施药方法，因此，单独列在本章介绍。用喷雾机具将液态农药喷撒成雾状分散体系的施药方法称为喷雾法，喷雾法是防治农、林、牧有害生物的最重要的施药方法之一，也可用于卫生和消毒等。

第一节 农药雾滴

液体在气体中不连续的存在状态称为液滴，农药使用中，药液经过喷雾器械雾化部件的作用分散形成的液滴称为雾滴。

一、农药雾化

将液体分散到气体中形成雾状分散体系的过程称为雾化。雾化的实质是被分散液体在喷雾机具提供的外力作用下克服自身表面张力，实现表面积的大幅度增加。雾化效果的好坏一般用雾滴直径表示。雾化是农药科学使用最为普遍的一种操作过程，通过雾化可以使施用药剂在靶体上达到很高或较高的分散度，从而保证药效的发挥。根据分散药液的原动力，农药的雾化主要有液力式雾化、离心式雾化、气力式雾化（双流体雾化）和静电场雾化四种，目前最常用的是前三种。

1．液力式雾化

药液受压后通过特殊构造的喷头和喷嘴而分散成雾滴喷射出去的方法称为液力式雾化。其工作原理是药液受压后生成液膜，由于液体内部的不稳定性，液膜与空气发生撞击后破裂成为细小雾滴。液力式雾化法是高容量和中容量喷雾所采用的喷雾方法，是农药使用中最常用的方法，操作简便，雾滴直径大，雾滴飘移少，适合于各类农药喷雾。

2．气力式雾化

利用高速气流对药液的拉伸作用而使药液分散雾化的方法称为气力式雾化，因为空气和药液都是流体，因此也称为双流体雾化法。这种雾化原理能产生细而均匀的雾滴，在气流压力波动的情况下雾滴直径变化不大。手动吹雾器、常温烟雾机都是采用的这种雾化原理。

3．离心式雾化

利用圆盘（或圆杯）高速旋转时产生的离心力使药液以一定细度的液滴飞离圆盘边缘而成为雾滴，其雾化原理是药液在离心力的作用下脱离转盘边缘而延伸称为液丝，液丝断裂后形成细雾，所以此法称为液丝断裂法。这种雾化方法的雾滴细度取决于转盘的旋转速度和药液的滴加速度，转速越高，药液滴加速度越慢，则雾化越细（图 1–29）。

液力式雾化

离心式雾化

图 1–29 雾化方式

二、农药雾滴直径

从喷头喷出的农药雾滴并不是均匀一致的，而是有大有小，呈一定的分布，雾滴直径的表示通常称为雾滴直径。在一次喷雾中，有足够代表性的若干个雾滴的平均直径或中值直径称为雾滴直径，通常用微米（μm）做单位。雾滴直径是衡量药液雾化程度和比较各类喷头雾化质量的主要指标。因与喷头类型有关，故也是选用喷头的主要参数。雾滴直径的表示方法有四种：体积中值中径、数量中值中径、质量中值中径、沙脱平均直径，常用体积VMD和NMD表示雾滴的直径。

1. 体积中值直径（volume median diameter，VMD）

在一次喷雾中，将全部雾滴的体积从小到大顺序累加，当累加值等于全部雾滴体积的50%时，所对应的雾滴直径为体积中值直径，简称体积中径（图1–30）。相对数量中径，体积中径能表达绝大部分药液的直径范围及其适用性，因此，喷雾中多用体积中径来表达雾滴群的大小，作为选用喷头的依据。

2. 数量中值直径（number median diameter，NMD）

在一次喷雾中，将全部雾滴从小到大顺序累加，当累加的雾滴数目为雾滴总数的50%时，所对应的雾滴直径为数量中值直径，简称数量中径（图1–30）。如果雾滴群中细小雾滴数量较多，将使雾滴中径变小；但数量较多的细小雾滴总量在总施药液量中只占非常小的比例，因此，数量中径不能正确地反映大部分药液的直径范围及其适用性。

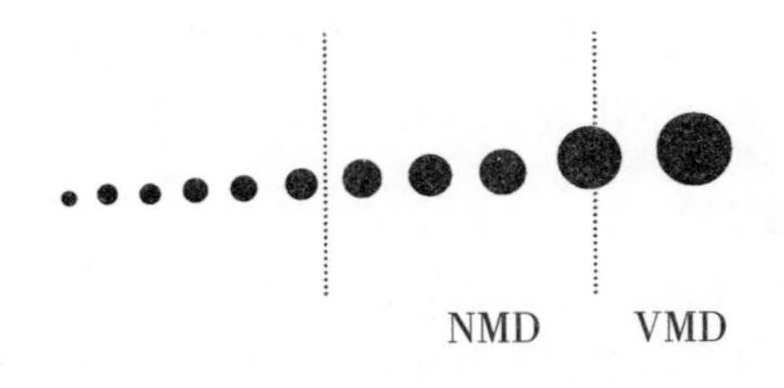

图1–30　雾滴的数量中径（NMD）和体积中径（VMD）

雾滴直径与雾滴覆盖密度、施药液量有着密切的关系，由于雾滴直径与雾滴数目是立方的关系，雾滴越细小，雾滴数目成倍甚至几十倍地增加。喷雾时雾滴越细小，则单位面积上需要的施药液量就越少。例如，如果采用250μm的雾滴喷雾，每平方厘米要求5个雾滴的覆盖密度，则需要的施药液量为409L/hm²；如果改为70cm的雾滴喷雾，每平方厘米6个雾滴覆盖密度，则需要的施药液量只有10.8L/hm²（图1–31）。

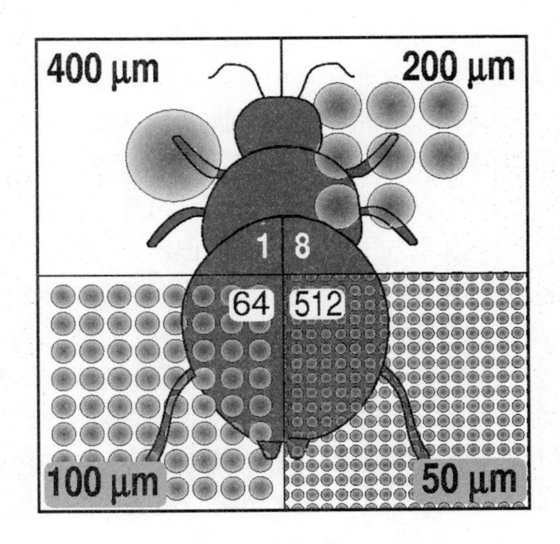

图1–31　雾滴直径与雾滴数的关系

三、农药喷雾分类

1. 粗雾

粗雾是指大于400μm的雾滴，根据喷雾器械和雾化部件的性能不同，一般在400～1 000μm。假定雾滴分布均匀、粗细相同，则每公顷喷洒1L药液，如果雾滴直径为400μm，每3cm²才能沉积分布1个雾滴；而若雾滴直径为1 000μm，大约每50cm²才能沉积分布1个雾滴。显然，这种粗雾喷洒方法对于保护性杀菌剂、触杀性杀虫剂要求的均匀沉积分布和一定的雾滴覆盖密度来讲，效果不能得到保证。不过，粗雾喷洒用于除草剂土壤喷洒，可以克服除草剂的飘失造成的环境问题。

2. 中等雾

雾滴直径在200～400μm的雾滴称为中等雾。目前，中等雾喷雾方法是农业病虫草害防治中采用最多的方法。各种类型的喷雾器械和它们所配置的喷头所产生的雾滴基本上都在这一范围内。

3. 细雾

雾滴直径在100～200μm之间的雾称为细雾。

细雾喷洒在植株比较高大、株冠比较茂密的作物上，使用效果比较好。细雾喷洒只适合于杀菌剂、杀虫剂的喷洒，能充分发挥细雾的穿透性能，在使用除草剂时不得采用细雾喷洒方法。

4. 极细雾

小于100μm的雾滴称为极细雾（也称超细雾），这种极细雾的雾滴在空中悬浮时间长，易于被靶标生物捕获，能够沉积分布到隐蔽的区域。根据我国的规定和习惯，又把极细雾分为弥雾和气雾。人们习惯上把小于50μm的雾滴称为气雾，是因为这样的细雾在空气中的飘浮时间比较长，而把50～100μm细雾称为弥雾。气力式雾化所产生的雾滴基本属于这个范围。

雾滴直径是农药喷雾技术中最为重要和最易控制的参数，是衡量喷头喷雾质量的重要参数，雾化程度的正确选用是用最少药量取得最好药效及减少环境污染等的技术关键。粗大雾滴的特点是：（1）有较大的动能，能很快沉降到靶标正面；（2）不易发生随风飘移及蒸发散失，有利于控制飘失；（3）粗大雾滴撞击到靶标上后的附着力差，易发生弹跳和滚落流失（称田内流失），造成大量农药损失并污染环境。细小雾滴的特点是：（1）由于雾滴体积与其直径的立方成正比，一定体积的药液所产生的细小雾滴的数量将几倍于甚至于几十倍于粗大雾滴的数量，因此，细小雾滴对靶标的覆盖密度和覆盖均匀度远优于粗大雾滴；（2）小雾滴有较好的穿透能力，能随气流深入株冠层，沉积在果树或植株深处靶标正面或大雾滴不易沉积的背面；（3）细小雾滴在靶标上的附着力强、不会产生流失现象，农药利用率高；（4）细小雾滴易蒸发和飘失造成环境污染。因此，在选择农药喷雾技术中，应选择合适的方法，在不造成环境污染的前提下，充分发挥细小雾滴的优势，有效防治病虫害。我国对于雾化程度的分类见表1-22。

表1-22 我国对雾滴直径的分类规定（GB6959-86）

雾的分类	气雾	弥雾	细雾	粗雾
体积中径（μm）	≤50	51～100	101～400	>400

四、施药液量

施药液量是指单位面积上防治有害生物一次所喷洒农药稀释液的量。喷雾过程中施药液量的多少大体是与雾化程度相一致的，采用粗雾喷洒，就需要大的施药液量，而采用细雾喷洒方法，就需要采用低容量或超低容量喷雾方法。单位面积（每公顷）所需要的喷洒药液量称为施药液量或施液量，用“升/公顷（L/hm^2）”表示。施药液量是根据田间作物上的农药有效成分沉积量以及不可避免的药液流失量的总和来表示的，是喷雾法的一项重要技术指标。根据施药液量的大小可将喷雾法分为高容量喷雾法、中容量喷雾法、低容量喷雾法、极低容量喷雾法和超低容量喷雾法。

1. 大容量喷雾法

每公顷施药液量在600L以上（大田作物）或1 000L以上（树木或灌木林）的喷雾方法称高容量喷雾法，也称常规喷雾法或传统喷雾法。高容量喷雾方法的雾滴粗大，所以也称粗喷雾法。高容量喷雾法田间作业时，粗大的农药雾滴在作物靶标叶片上极易发生液滴聚并，引起药液流失。在我国大容量喷雾法是应用最普遍的方法。

2. 中容量喷雾法

每公顷施药液量在200～600L（大田作物），或500～1 000L（树木或灌木林）的喷雾方法。中容量喷雾法与高容量喷雾法之间的区分并不严格。中容量喷雾法是采取液力式雾化原理，使用液力式雾化部件（喷头），适应范围广，在杀虫剂、杀菌剂、除草剂等喷撒作业时均可采用。中容量喷雾法田间作业时，农药雾滴在作物靶标叶片也会发生重复沉积，引起药液流失，但流失现象比高容量喷雾法轻。

3．低容量喷雾法

每公顷施药液量在50～200L（大田作物），或200～500L（树木或灌木林）的喷雾方法。低容量喷雾法雾滴细、施药液量小、工效高、药液流失少、农药有效利用率高。对于机械施药而言，可以通过调节药液流量的调节阀、机械行走速度和喷头组合等实施低容量喷雾作业；对于手动喷雾器，可以通过更换小孔径喷片等措施来实施低容量喷雾；另外，采用双流体雾化技术，也可以实施低容量喷雾作业。

4．很低容量喷雾法

每公顷施药液量在5～50L（大田作物），或50～200L（树木或灌木林）的喷雾方法。很低容量喷雾法和低容量喷雾法之间并不存在绝对的界线。很低容量喷雾法工效高、药液流失少、农药有效利用率高，但容易发生雾滴飘移。其雾化原理可以是液力式雾化，通过更换喷洒部件实施，也可以低速离心雾化原理，或采用双流体雾化技术，也可以实施低容量喷雾作业。

5．超低容量喷雾法

每公顷施药液量在5L以下（大田作物），或50L（树木或灌木林）以下的喷雾方法称为超低容量喷雾法（ULV），雾滴直径小于100μm，属细雾喷撒法。其雾化原理是采取离心雾化法或称转碟雾化法，雾滴直径决定于圆盘（或圆杯等）的转速和药液流量，转速越快雾滴越细。超低容量喷雾法的施药液量极少，必须采取飘移喷雾法。由于超低容量喷雾法雾滴细小，容易受气流的影响，因此，施药地块的布置以及喷雾作业的行走路线、喷头高度和喷幅的重叠都必须严格设计。

实际上喷雾过程中的施药液量很难绝对划分清楚，低容量喷雾法以下的几种喷雾方法，雾滴较细或很细，所以也统称为细喷雾法。不同喷雾方法的分类及应采用的喷雾机具和喷头简单列于表1–23，供读者参考。

表1–23 不同喷雾方法分类及应采用喷雾机具和喷头

喷雾方法	施药液量（L/hm²）		选用机具	选用喷头
	大田作物	果园或林木		
高容量喷雾法（HV）	＞600	＞1 000	手动喷雾器，大田喷杆喷雾机	1.3mm以上空心圆锥雾喷片，大流量的扇形雾喷头
中容量喷雾法（MV）	200～600	500～1 000	手动喷雾器，大田喷杆喷雾机，果园风送喷雾机	0.7～1.0mm小喷片，中、小流量的扇形雾喷头
低容量喷雾法（LV）	50～200	200～500	背负机动气力式喷雾机	0.7mm小喷片，离心旋转喷头
很低容量喷雾法（VLV）	5～50	50～200	手动吹雾器，常温烟雾机，电动圆盘喷雾机	0.7mm小喷片，离心旋转喷头，双流体喷头超
超低容量喷雾法（ULV）	＜5	＜50	电动圆盘喷雾机，机动背负气力式喷雾机	离心旋转喷头、超低容量喷头

五、农药雾滴的沉积流失

农药药液从喷雾机具药液箱喷洒出去后就开始了药剂的“剂量传递”过程（图1–32）。在从药液箱向作物叶片表面沉积的过程中，喷雾机具性能、药液理化特性、操作条件、气象条件、株冠层结构、叶片表面特性等都对其有影响，这个过程中，会发生药液滴漏、雾滴飘移、雾滴弹跳、雾滴聚并流失等现象。

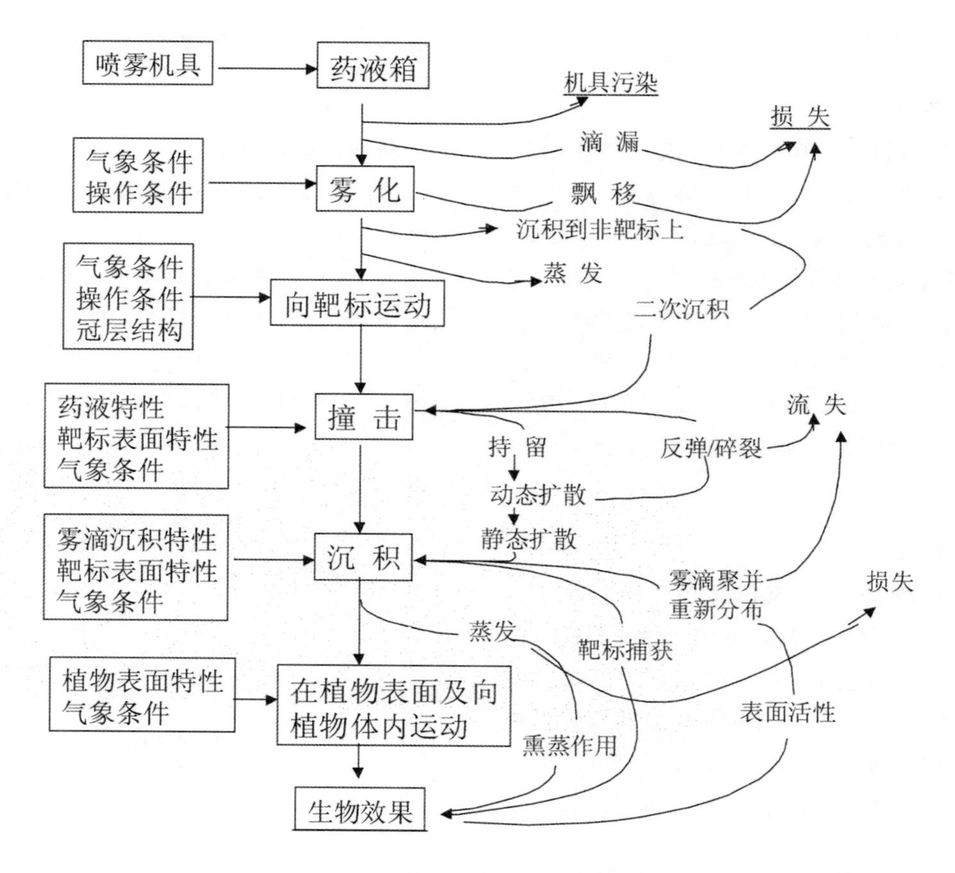

图 1-32 农药从药液箱向靶标生物的剂量传递过程示意图

农药剂量传递的目标是在植物叶片形成理想的药剂沉积分布，而药液在植物叶片的最终沉积分布是由药液的理化特性、雾滴谱、雾滴运行速度、叶片表面特征、作物株冠层结构等多方面的因子决定的。田间喷撒农药后，药剂主要有三个去向：农作物、土壤、大气（包括雾滴飘移损失）。防治作物病虫害，总希望有更多的药剂沉积在生物靶标上，而沉积流失到土壤及大气中的药剂则越少越好。

1. 润湿过程

润湿是指在固体表面上一种液体取代另一种与之不相混溶的流体的过程。润湿性是药液在植物表面和昆虫体表面发生有效沉积的重要条件，对药液沉积、药液流失和滚落等现象有很大影响。没有润湿能力的药液一般不能在表面上稳定存在，容易在振动时“滚落”；润湿能力太强则药液展开成为很薄的液膜而容易从表面上“流失”，此两种现象的发生都会使药剂沉积量降低。

润湿现象的发生是液体表面与固体表面之间产生亲和现象的结果。亲脂性的表面与亲脂性的液体之间以及亲水性的表面与亲水性的液体之间均会产生很强的亲和作用，因此，极易发生润湿现象；而亲脂性的表面与亲水性的液体之间则不易发生润湿现象。通常植物叶片表面或昆虫体表面均覆盖有蜡质层，具有很强的亲脂性，所以很难被水润湿。在喷雾过程中，加入合适的喷雾助剂，能够提高喷雾雾滴的湿展性。

2. 表面张力与接触角

农药药液的表面存在着一定的张力，这种张力就是表面张力，表面张力的存在使农药液滴在植物叶片或害虫体表呈现出收缩为球状的趋势（例如，我们常见的荷叶上的水珠），表面张力越大，药液越不容易在植物和害虫体表润湿，即接触角越大。接触角是在固、液、气三相交界处，自固液界面经液体内部到气液界面的夹角，以 θ 表示图 1–33（LG 即为药液的表面张力，θ 为药液在植物叶片 / 生物表面的接触角）。

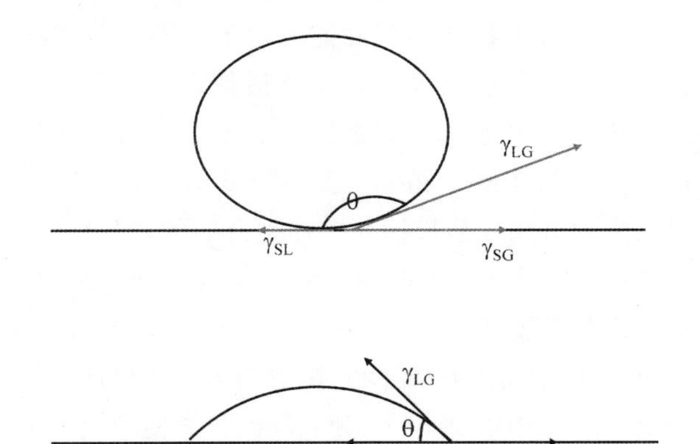

图 1–33 雾滴在作物叶片上接触角示意图

在实验室测定清水在主要农作物叶片上的接触角，结果见表 1–24，可以看到清水在水稻、小麦、甘蓝等植物叶片上的接触角都大于 90°，说明清水很难在这类植物叶片上沉积分布。清水的表面张力在 72mN/m 左右，农药制剂用水稀释后，药液的表面张力越小，其在植物叶片 / 害虫体表的接触角越小。而在市场上购买的很多农药配制成药液后，其表面张力有的高达 50mN/m，在难润湿植物叶片 / 害虫体表的接触角也都大于 90°，不能在防治对象上形成良好的接触，药效自然就会受到影响。在药液中添加合适的喷雾助剂，把药液的表面张力降低到 30mN/m 以下，就可以显著提高农药雾滴在靶标上的润湿铺展能力。

表 1–24 清水在不同植物叶片上的接触角

植物叶片	接触角（°）	备注
水稻	134°	难润湿
小麦	122°	难润湿
甘蓝	101°	难润湿
棉花	64°	易润湿
大豆	50°	易润湿
玉米	36°	易润湿

3．流失点

作物叶面所能承载的药液量有一个饱和点，超过这一点，就会发生药液自动流失现象，这一点称为流失点。采用大容量喷雾法施药，由于农药雾滴重复沉积、聚并，容易发生药液流失；当药液从作物叶片发生流失后，由于惯性作用，叶片上药液持留量将迅速降低，稳定后形成的最大稳定持留量 Rm，其数值远小于流失点。

4．植物叶片表面特征

药剂在植物叶片上的沉积持留量决定着其生物效果，药剂在植物叶片上的持留量是由多种因子决定的。首先，药液能润湿植物叶片是药液持留的基本条件，药液在植物叶片上的润湿性是由叶片表面的物理和化学特征与药液的物理特性决定的。农药喷雾中，用肉眼就能发现有些植物叶片容易被药液润湿（例如，棉花、甜菜），有些则很难被润湿（例如，水稻、大麦）。植物叶片润湿性的差异主要是由叶片表面的蜡质层造成的，不同植物叶片由于表面特征和形态结构的差异，对雾滴细度和润湿性能有不同的要求。因此，在不同的作物上喷施农药，应该采取不同的农药剂型与喷雾方法。

5．植株冠层结构、叶片倾角对农药雾滴沉积分布的影响

茂密封闭的作物株冠层结构，叶面积系数大，农药雾滴与叶片表面接触机会多，农药有效利用

率高，但稀疏开放的冠层结构，叶面积系数小，容易发生药液流失。田间喷雾时，喷撒的农药剂量、施药液量应根据三维的株冠层结构来确定，特别是果树喷雾时，即根据单位面积土地上作物株冠层体积大小确定施药液量。

高速摄影说明，叶片倾角对单个雾滴的沉积持留没有影响，低容量喷雾时，叶片倾角对雾滴沉积量没有影响。但由于雾滴间的扩散聚并以及雾滴在已润湿叶片表面的弹跳现象，在大容量喷雾时，叶片倾角与沉积量负相关，叶角越大，沉积量越小，叶角越小，叶片越平展，农药沉积量越大。由于植物的根压和叶片膨压一天内一般在日出前后达到高峰，下午达到低峰，故植物叶片在此时分别是呈坚挺和平展状态，叶角分别达到最小和最大。因而，采取常规大容量喷雾法最好在下午喷药，有利于药剂沉积，采取低容量喷雾法最好在清晨，便于雾滴对株冠层的穿透。

6. 生物最佳直径（BOD）理论

最易被生物体捕获并能取得最佳防治效果的农药雾滴直径或尺度称为生物最佳直径。不同农药雾化方法可形成不同细度的雾滴，但对于某种特定的生物体或生物体上某一特定部位，只有一定细度的雾滴才能被捕获并产生有效的致毒作用，生物靶体的最佳直径范围一般均在 10～30μm。这种现象发现于20世纪50年代，经过多年的研究后，于70年代中期由 Himel 和 Uk 总结为生物最佳直径理论（简称 BOD 理论），为农药的科学使用提供了重要的理论依据，与生物最佳直径相对应，发展了控滴喷雾法和相应的喷雾器械（表 1–25）。

表 1–25 生物最佳直径

生物靶体	农药类别	生物最佳粒径 BODS（μm）
	杀虫剂	10～50
	杀菌剂	30～150
	杀虫剂	40～100
	除草剂	100～300

六、喷雾方式

在喷雾作业时，人们利用各种各样的技术手段，或者使雾滴直接沉积到靶标表面，或者利用雾滴的飘移作用增加喷幅，或者把流失的雾滴回收重新利用。

1\. 飘移喷雾法

利用风力把雾滴分散、飘移、穿透、沉积在靶标上的喷雾方法称为飘移喷雾法。飘移喷雾法的雾滴按大小顺序沉降，距离喷头近处飘落的雾滴多而大，远处飘落的雾滴少而小。雾滴愈小，飘移愈远，据测定直径10μm的雾滴，飘移可达千米之远。而喷药时的工作幅宽不可能这么宽，每个工作幅宽内降落的雾滴是多个单程喷洒雾滴沉积累积的结果，所以飘移喷雾法又称飘移累积喷雾法。飘移喷雾法可以有比较宽的工作幅，比常规针对性喷雾法有教高的工作效率并减少能量消耗。在防治突发性、暴发性害虫中能够起到重要作用。其缺点是喷施的小雾滴容易被自然风吹离目标区域以外而飘失。

超低量喷雾机在田间作业时须采用飘移性喷雾法。以东方红-18型超低量喷雾机为例，作业时机手手持喷管手把，向下风向一边伸出，弯管向下，使喷头保持水平状态（风小及静风或喷头离作物顶端高度低于0.5m时可有5°～15°仰角），并使喷头距作物顶端高出0.5m，在静风或风小时，为增加有效喷幅、加大流量，可适当提高喷头离作物顶端的高度。作业行走路线根据风向而定，走向最好与风向垂直，但喷向与风向的夹角不得超过45°。在地头每个喷幅处应设立喷幅标志，从下风向的第一个喷幅开始喷雾。如果喷雾的走向与作物行不一致，则每边需要一个标志。假如喷雾走向与作物行一致，只要一个标志就可以了。当一个喷幅喷完后，立即关闭截止阀，并向上风向行走，到达第二个喷幅标志处或顺作物行对准对面标志处。喷头调转180°，仍指向下风向，在打开截止阀的同时向前顺作物行或对准标志行走喷雾，按顺序把整块农田喷完，这样的喷雾方法就叫飘移累积性喷雾方法（图1-34）。

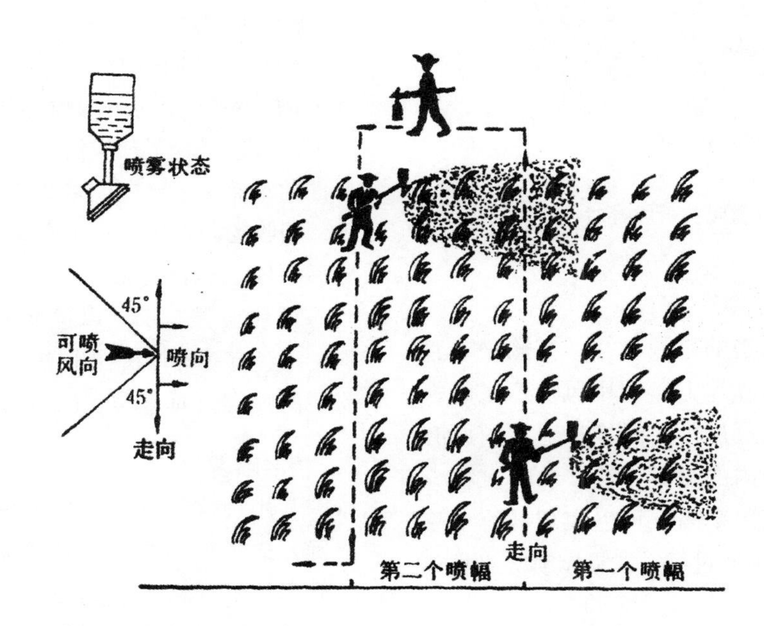

图1-34 飘移喷雾田间作业时的走向、喷向及行走路线与风向的关系

2\. 定向喷雾法

同飘移喷雾法相对的喷雾方法，指喷出的雾流具有明确的方向性。取得定向性喷雾可以采取如下措施：（1）调整喷头的角度，使喷出的雾流针对农作物而运动，手动或机动喷雾机利用这一方法进行定向喷雾；（2）强制性的定向沉积，利用适当的遮挡材料把作物或杂草覆盖起来而在覆盖物下面喷雾，使雾滴直接沉积下面的杂草或作物上（图1-35）。

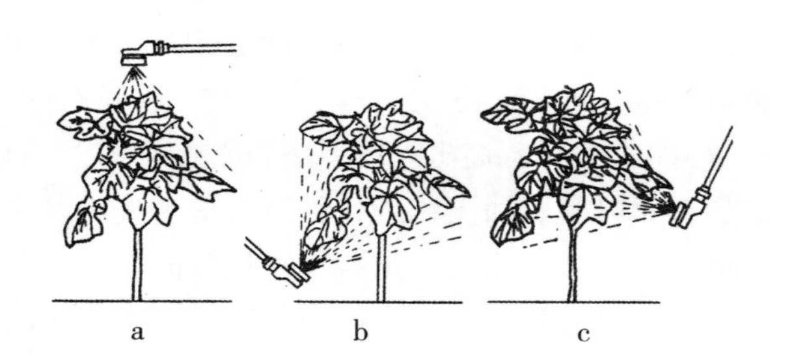

图 1–35 三种定向喷雾方法
a.株顶定向喷雾 b.叶背定向喷雾 c.株膛定向喷雾

3. 针对性喷雾法

针对性喷雾是定向喷雾的一种，即通过配置喷头和调整喷雾角度，使雾滴沉积分布到作物的特定部位（图 1–36）。

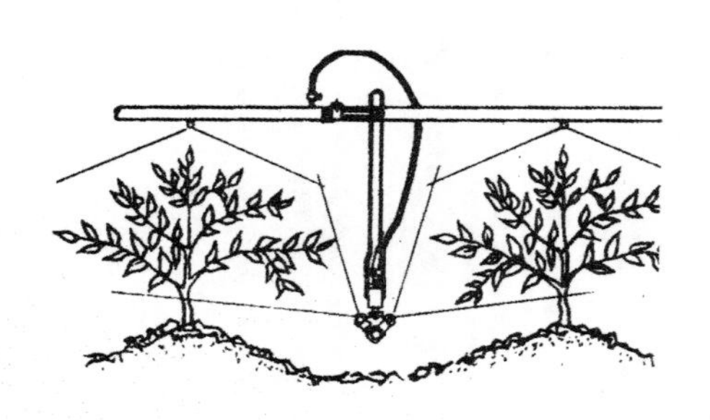

图 1–36 通过配置喷头形成针对性喷雾

4. 置换喷雾法

对株冠层大而浓密的果园喷雾，雾滴很难直接沉积到冠层内部的叶片上，利用风机产生的强大气流裹挟雾滴进入冠层内，置换株冠层内原有空气而沉积在株冠层内的喷雾方法。农药沉积分布均匀，农药有效利用率高，可以实现低容量喷雾，省工省时，但必须通过风送式果园喷雾机实现（图 1–37）。

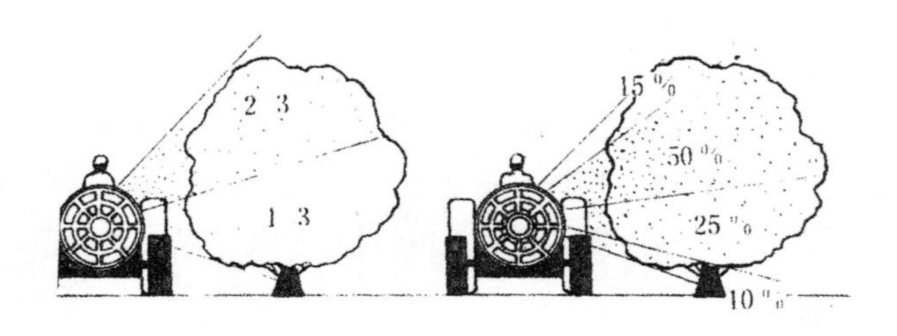

图 1–37 置换喷雾法

5. 静电喷雾法

通过高压静电发生装置使雾滴带电喷施的喷雾方法。静电喷雾法的工作原理可分为药液液丝充电、带电后雾滴碎裂和带电雾滴在靶标表面沉积三部分。带电雾滴与不带电雾滴在作物表面上的沉积有显著差异。由于静电作用，带电雾滴在一定距离内对生物靶标产生撞击沉积效应，并可在静电引力的作用下沉积到叶片背面，将农药有效利用率提高到 90% 以上，节省农药，并消除了雾滴飘移，减少对环境的污染。静电喷雾需要静电喷雾机和专用的油剂，其缺点是带电雾滴对高郁闭度作物株冠层的穿透力较差。

静电喷雾作业受天气的影响相对较小，早晚和白天均可进行喷雾，适用于有导电性的各种农药制剂。但是静电喷雾器需要有产生直流高压电的发生装置，因而机器的结构比较复杂，成本也就比较高。

6. 循环喷雾法

利用药液回收装置，将喷雾时没有沉积在靶标上的药液循环利用的喷雾技术措施。此方法节省了农药，减轻了环境污染。其工作原理是在喷洒部件的对面加装单个或多个药雾回收（或回吸）装置，回收的药液聚集在单个或多个集液槽内，经过滤后再输送返回药液箱。

循环喷雾在果园风送液力喷雾上发展比较成熟，已经有多种样机在生产上使用。循环喷雾方法需要的喷雾机具复杂，防治成本高。

7. 精准喷雾

利用现代信息识别技术确定有害生物靶标的位置，通过控制技术把农药准确地喷撒到靶标上的喷雾技术。精准喷雾技术可通过以下两种方法实现：（1）全球定位系统（GPS）和地理信息系统（GIS）的应用，施药者能准确确定喷杆喷雾机在田间的位置，保证喷幅间衔接，避免重喷、漏喷；（2）基于计算机图象识别系统采集和分析计算杂草特征，根据有害生物靶标的有无控制喷头的开关，做到定点喷雾。

第二节　喷头和喷雾器械

1

一、喷头

喷头在喷雾技术中是关键因素，是药液雾化的重要部件，它对喷雾质量起决定性的影响。喷头的作用有三：（1）形成雾滴；（2）决定喷雾的雾型；（3）决定药液流量。与雾化原理对应，喷头也分为液力式喷头、气力式喷头、旋转离心式喷头等多种，其中以液力喷头使用最为普遍，种类最为多样。

1．液力式喷头

尽管喷雾技术和喷雾机具种类较多，但它们的喷射部件大都采用液力式喷头。液力式喷头的原理是接受从液泵送来的药液，并将其雾化后呈微细雾滴喷洒到植物上。它由喷管、胶管、套管、开关和喷头等组成。喷管通常用钢管或黄铜管制造。喷管的一端通过套管和胶管与排液管相连，另一端安装着喷头。套管内装有过滤网，用以过滤喷出的药液。开关由开关芯和开关壳组成，用于控制药液流通。

喷头类型很多（图 1–38），我国手动喷雾器械和大田喷杆喷雾机以及果园喷雾机上所采用的喷头均采用液力雾化，属于液力式喷头，根据其雾型不同可分为圆锥雾喷头和扇形雾喷头。

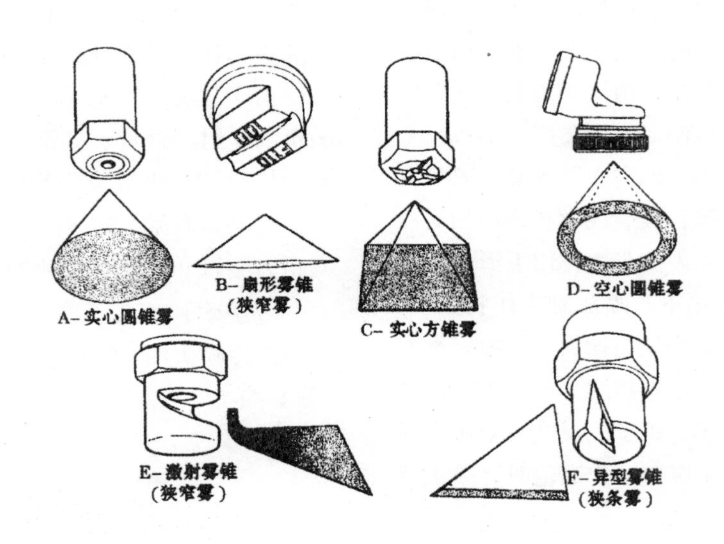

图 1–38　几种典型喷头和它们所喷出的雾形

（1）圆锥雾喷头

圆锥雾喷头，利用药液涡流的离心力使药液雾化，它是目前喷雾器上使用最广泛的喷头。它的具体工作过程因构造不同而异，但基本原理都是使药液在喷头内绕孔轴线旋转。药液喷出后，固体壁所给的向心力便不存在了，这时药液分子受到旋转的离心力作用，沿直线向四面飞散，这些直线与它原来的运动轨迹相切，即与一个圆锥面相切，该圆锥面的锥心与喷孔轴线相重合，因此，喷出的是一个空心的圆锥体，利用这种涡流的离心力使药液雾化。根据喷头型式不同，又分为：

①切向进液喷头

它由喷头帽、喷孔片和喷头体等组成（图 1–39）。喷头体除两端联结螺纹外，内部有锥体芯与

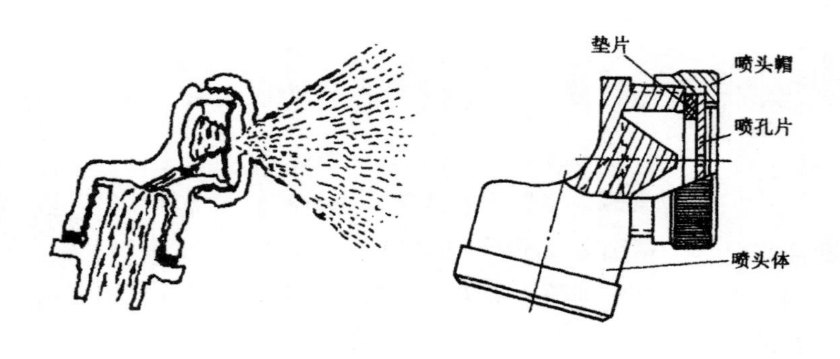

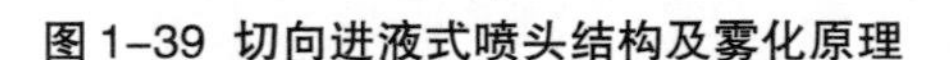

图 1-39 切向进液式喷头结构及雾化原理

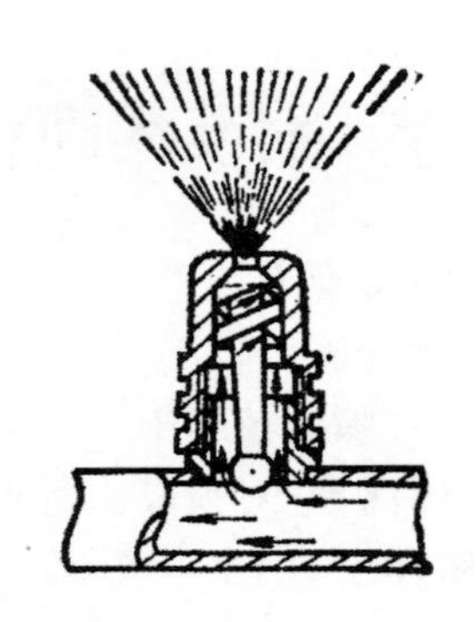

图 1-40 旋水芯式喷头的雾化原理

旋水室、进液斜孔构成。喷孔片的中央有一喷孔，用喷头帽将喷孔片固定在喷头体上。其雾化原理是：当高压药液进入喷头的切向进液管孔后，药液以高速流入涡流室绕锥体芯作高速强烈的旋转运动。由于斜孔与涡流室圆柱面相切，且与圆周面母线呈一斜角，因此，液流作螺旋型旋转运动，即药液一方面作旋转运动，同时又向喷孔移动。由于旋转运动所产生的离心力与喷孔内外压力差的联合作用，药液通过喷孔喷出后便向四周飞散，形成一个旋转液流薄膜空心圆锥体，即空心圆锥雾。离喷孔越远，液膜被撕展得越薄，破裂成丝状，与相对静止的空气撞击，并在液体表面张力作用下形成细小雾滴，雾滴在惯性力作用下，喷洒到农作物上。

这种喷头的特点是：当压力增大时，喷雾量增大，喷雾角也增大，同时雾点越细。但压力增加到一定数值后这种现象就不显著了。反之，当压力降低时，情况正好相反，下降到一定数值时，喷头就不起作用了。

在压力不变的情况下，利用喷孔直径增大，能增加喷雾量，从而增加雾锥角，但喷孔直径增大到一定数值时，雾锥角的增大就不明显了。这时雾滴会变粗，射程却增大。反之，喷孔直径的减小，可减小喷雾量，缩小雾锥角，雾滴变小，射程缩短。

②旋水芯喷头

它由喷头体、旋水芯和喷头帽等组成（图 1-40）。喷头帽上有喷孔，旋水芯上有截面为矩形的螺旋槽，其端部与喷头帽之间有一定间隙，称为涡流室。

雾化原理与前述相同，也就是雾滴的形成是喷出的液膜首先破裂成丝状，再进一步破裂成雾滴的过程。它是当高压药液进入喷头并经过带有矩形螺旋槽的涡流芯时，便作高速旋转运动，进入涡流室后，便沿着螺旋槽方向作切线运动。在离心力的作用下，药液以高速从喷孔喷出，并与相对静止的空气撞击而雾化成空心圆锥雾。

由于压力和喷孔直径的不同，所形成的雾滴的粗细、射程远近、雾锥角的大小等也有所不同，其他均与切向进液喷头相同。

当调节涡流室的深度，使其加深时，雾滴就会变粗，雾锥角变小，而射程却变远。

③旋水片喷头

它由喷头帽、喷头片、旋水片和喷头体等组成（图 1-41）。

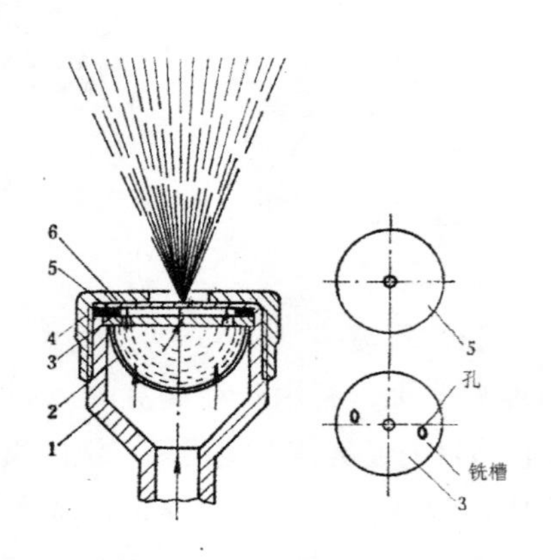

1.喷头帽 2.滤网 3.涡流片
4.垫圈 5.喷孔片 6.喷头罩

图 1-41 旋水片喷头

它的构造和雾化原理基本上与旋水芯喷头相似，只是用旋水片代替了旋水芯。因此，只要更换喷片就可以改变喷孔的大小。旋水片与喷片间即为涡流室，在两片之间有垫圈，改变垫圈的厚度或增减垫圈的数量，应可以调节涡流室的深浅。旋水片上一般有两个对称的螺旋槽斜孔，当药液在一定的压力下流入喷头内，然后通过涡流片上的两个螺旋槽斜孔时，即产生旋转涡流运动，再由喷孔喷出，形成空心圆锥雾。

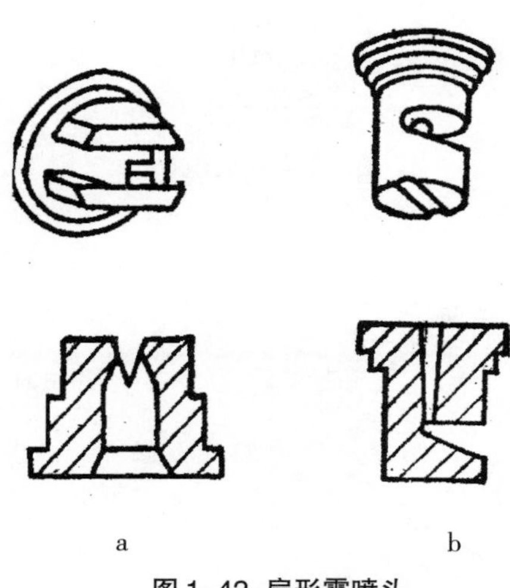

a　　　　b

图 1-42　扇形雾喷头

a狭缝式喷头　b.撞击式喷头

（2）扇形雾喷头

随着除草剂的广泛使用，扇形雾喷头已在国内外广泛运用。这类喷头一般用黄铜、不锈钢、塑料或陶瓷等材料制成。扇形雾喷头根据其喷雾的雾形可分为标准扇形雾喷头、均匀扇形雾喷头、偏置式扇形雾喷头等，根据其喷嘴形状分为狭缝式喷头、撞击式喷头等。本书只介绍常用的扇形雾喷头。

①狭缝式喷头

狭缝喷头（图 1-42a）的雾化原理：当压力液流进入喷嘴后，从圆形喷孔中喷出，受到切槽楔面的挤压，延展成平面液膜，在喷嘴内外压力差的作用下，液膜扩散变薄，撕裂成细丝状，最后破裂成雾滴的同时，扇形雾流又与相对静止的空气相撞击，进一步细碎成微细雾滴，喷洒到农作物上，其雾量分布为狭长椭圆形。此种喷头已被联合国列为标准化的系列喷头，广泛应用于各种机动喷雾机上和手动喷雾器的小型喷杆上。

现阶段，拖拉机携带喷杆喷雾机在我国东北、华北地区开始已经有大面积的应用，主要是用于除草剂的喷洒。为提高喷雾质量，我国生产拖拉机携带的喷杆喷雾机上都已经装配了各种各样的进口喷头，应用最多的就是扇形雾喷头（图 1-43）。

a. 标准扇形雾喷头

b. 均匀扇形雾喷头

c. 双扇面均匀扇形雾喷头

图 1-43　常用的扇形雾喷头

②撞击式喷头

撞击式喷头（图 1-42b）也是一种扇形雾喷头，液剂从收缩型的圆锥喷孔喷出，即沿着与喷孔中心近于垂直的扇形平面延展，使成扇形液面，该喷头的喷雾量较大，雾滴较粗，飘移较少，适合于除草剂的喷洒。

（3）其他喷头

人们为防止农药漂移污染及农药漂移给邻近作物产生药害问题，研制出一种可以防止农药漂移的喷头（图 1-44）。这种喷头的特点是在喷头的进液口处开有一小孔，用以吸进空气。其工作原理是：当高压药液进入喷头，流经空气孔时会产生负压，这样药液就会吸进空气并产生气泡，经喷孔后形成带气泡的雾滴。由于雾滴内含有气泡，体积变大，不易漂移。当雾滴到达作物表面时，含有气泡的雾滴与作物表面发生撞击，并破碎成细雾滴。

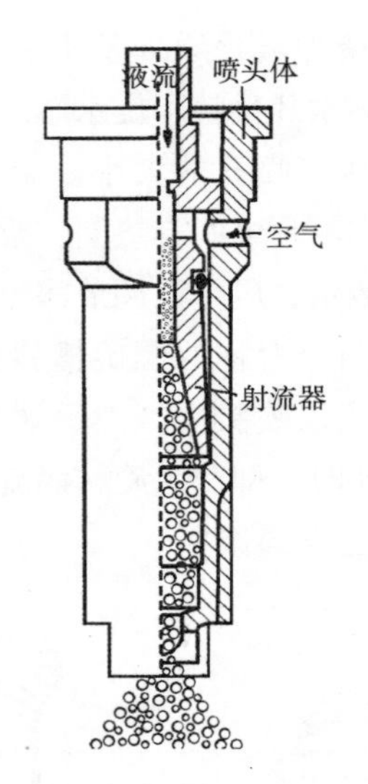

图 1-44 防飘喷头

不同类型喷头选用指南如表 1-26 所示。为便于区分，国际组织编制制定了不同类型喷头的代码系统，为方便读者方便，把不同喷头的代码和英文名称列于表 1-27。

表 1-26 不同类型喷头选用指南

喷雾方式	喷头类型	除草剂			杀菌剂		杀虫剂	
		苗前	苗后		触杀	内吸	触杀	内吸
			触杀	内吸				
苗带喷雾	均匀扇形雾喷头	好	很好	好	很好	好	很好	好
	双扇面均匀扇形雾喷头		非常好		非常好			非常好
定向喷雾	均匀扇形雾喷头	好	好	好	好	好	好	好
	双扇面均匀扇形雾喷头		很好		很好		很好	
	空心圆锥雾喷头		非常好		非常好		非常好	
气流辅助喷雾	空心圆锥雾喷头		非常好	好	非常好	好	非常好	好

表 1-27 不同类型喷头的代码及其英文

喷头类型	喷头代码	英文名称
撞击式喷头	D	Deflector
标准扇形雾喷头	F	Fan-standard
均匀扇形雾喷头	FE	Even sprayfan
防飘喷头	RD	Pre-orifice（reduced drift）
低压喷头	LP	Low pressure
空心圆锥雾喷头	HC	Hollow cone
偏置式喷头	OC	Offset fan
射流喷头	AI	Air inclusion（Bubble jet）

为了便于用户选用，国际组织规定，不同流量的喷头应该用不同的颜色来标识，用户在选择使用时只需要依据喷头体的颜色就能知道喷头的流量，从而决定自己的喷雾技术方案。

国际上对喷头的标准化工作越来越重视，我国在这方面还有一定差距，用户在喷雾工作中选择余地比较小。随着大家对喷雾技术了解的深入，我国喷雾技术中对喷头种类和喷头质量会有一个大的飞跃（表1–28）。

表1–28　液力式喷头的颜色标识标准

喷头体颜色	喷头流量（L/min ± 5%，0.3mPa 压力）
橘黄色	0.4
绿色	0.6
黄色	0.8
蓝色	1.2
红色	1.6
棕色	2.0
灰色	2.4
白色	3.2

①气力式喷头

利用高速气流把药液分散为细小雾滴的喷头，我国研制的手动吹雾器、背负机动喷雾机、常温烟雾机均采用的是气力雾化式喷头。气力式喷头的优点是雾滴细小均匀，可采用超低容量和低容量喷雾方式。

②旋转离心喷头

利用旋转离心力把药液抛洒出去形成雾滴的喷头，常用的是旋转圆盘式，还有转杯式、转笼式等。旋转离心式喷头产生的雾滴大小均匀，可进行控滴喷雾作业（CDA）。

二、喷雾器械

喷雾器械是使用最广泛的施药器械，其种类可再分为有手动喷雾器、机动喷雾机、大田喷杆喷雾机等，其中背负式手动喷雾器、背负式机动喷雾喷粉机、担架式果园机动喷雾机、大田喷杆喷雾机是目前农业生产中应用最广的施药器械。

因为喷雾器械不仅与农药的药效有关，也与操作者人身安全、环境质量等密切相关，因此，国家要求喷雾器械要通过中国强制性认证。只有通过强制性认证的喷雾器，才可以在市场上销售。用户在购买喷雾器时，一定要注意喷雾器上是否有中国强制性认证（CCC）标志（图1–45）。现在，很多国产喷雾器生产企业已经能够生产优质的手动喷雾器，价格在60～80元，基本解决了漏液问题，使用安全性好。

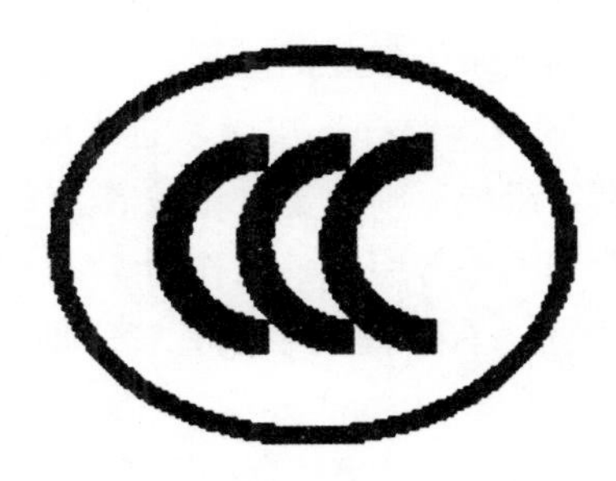

图1–45　通过国家强制性认证后，喷雾器的CCC标志

1. 背负手动喷雾器

手动喷雾器是我国应用最普遍的植保机械，多数农户家中都会有一台或几台背负手动喷雾器，目前农户家保有的手动喷雾器多为老式背负工农–16喷雾器，这些喷雾器普遍存在质量低劣、手柄短、喷头开关漏液等问题，是造成人员中毒伤害的重要原因（图1–46）。随着国家的重视和各地经济水平的提高，目前，一些新型的背负手动喷雾器已经在农作物病、虫、草害防治中得到了应用。

图 1–46 劣质喷雾器，开关药液滴漏现象严重

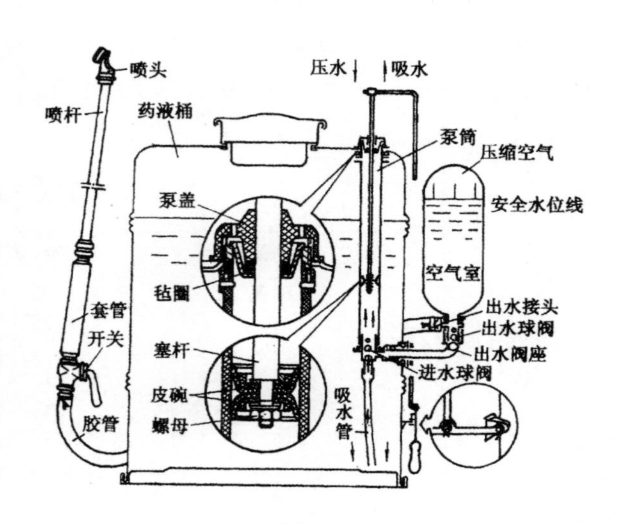

图 1–47 工农 –16 型背负手动喷雾器的工作原理

（1）工农 –16 型手动喷雾器

工农 –16 型手动喷雾器包括两大部分，即工作部件和辅助部件。工作部件主要是液泵和喷射部件，辅助部件包括药液箱、空气室和传动机构等。这种喷雾器的液泵为往复活塞泵，装在药液箱内，由唧筒帽、唧筒、塞杆、皮碗、进水阀、出水阀和吸水滤网等组成。喷射部件由胶管、直通开关、套管、喷管和喷头等组成。工作时，背上喷雾器、左手摇动摇杆，右手握住手柄套管，即可进行喷雾作业。

工农 –26 背负手动喷雾器的工作原理是：当摇动摇杆时，连杆带动塞杆和皮碗，在唧筒内作上下运动（图 1–47），当塞杆和皮碗上行时，出水阀关闭，唧筒内皮碗下方的容积增大，形成真空，药液箱内的药液在大气压力的作用下，经吸水滤网，冲开进水球阀，涌入唧筒中。当摇杆带动塞杆和皮碗下行时，进水阀被关闭，唧筒内皮碗下方容积减少，压力增大，所贮存的药液即冲开出水球阀，进入气室。由于塞杆带动皮碗不断地上下运动，使气室内的药液不断增加，气室内空气被压缩，从而产生了一定的压力，这时如打开截止阀，气室内的药液在压力作用下，通过出水接头，压向胶管，流入喷管、喷头体的涡流室，经喷孔呈雾状喷出。

（2）新型手动喷雾器

为解决喷雾器“跑冒滴漏”的问题，我国很多植保机械生产企业都已经开始生产新型手动喷雾器，其结构图如图 1–48。这种新型手动喷雾器具有以下特点：①把空气室与液泵合二为一，且内置于药液箱中，结构紧凑、合理、安全可靠；②采用大流量活塞泵设计，稳压性能突出，操作轻便；③采用手把式掀压开关，不易渗漏，操作灵活，可连续喷雾，也可点喷，针对性强；④装配进口扇形雾喷头和圆锥雾喷头，雾化质量好。生产新型手动喷雾器的大型企业有海盐农邦机械有限公司、山东卫士植保机械有效公司、北京丰茂植保机械有限公司、浙江市下喷雾器化工有限公司、浙江台州信溢农业机械有限公司、浙江台州蒙花机械有限公司等。

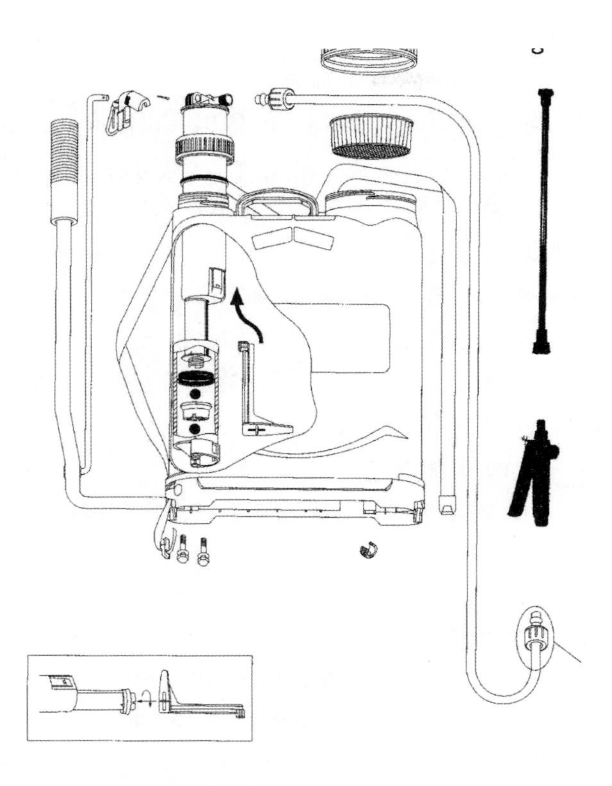

图 1-48　新型手动喷雾器（空气室内置，掀压开关）

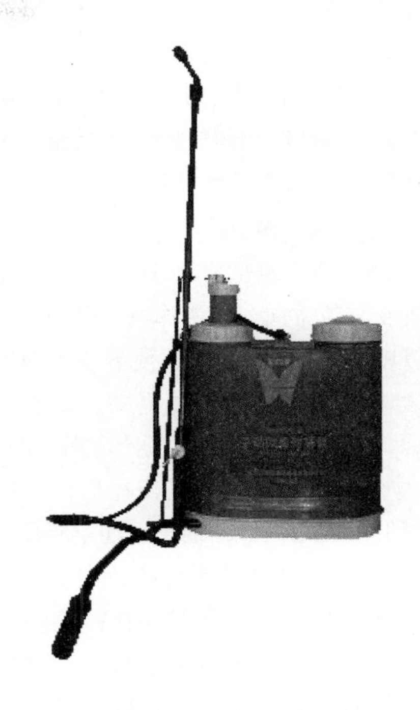

图 1-49　背负手动低量弥雾器

2. 大排量隔膜泵喷雾器

为克服工农 -16 喷雾器的容易漏液的问题，江苏常州市武进江南植保器械有限公司设计生产了大排量隔膜泵喷雾器。上面介绍的工农 -16 喷雾器和新型手动喷雾器的都是采用活塞泵产生液压，活塞泵适应性广，但质量低劣的活塞泵容易漏液，维修频繁。江苏常州市武进江南植保器械有限公司设计的大排量隔膜泵喷雾器，采用隔膜泵为药液加压，结构简单、密封无渗漏、可靠耐用。

3. 手动微量弥雾器

常用的背负手动喷雾器，多是大容量喷雾，雾滴粗、施药液量大。中国农业科学院植物保护研究所和北京利农德胜公司合作研究开发了一种手动低量弥雾器（图 1-49，也曾称之为手动吹雾器），其所喷洒雾滴的直径是常规喷雾器 1/4，施药液量不足常规喷雾方法的 1/10，省药、省水。根据作物种类和株高不同，每亩地的施液量为 1 ~ 3L 不等，相当于每公顷 15 ~ 45L，属于很低容量喷雾法，不过其高限也与低容量喷雾法相衔接。

手动微量弥雾器的雾化性能很好，在最佳雾化状态下的雾滴谱直径分布值为 35 ~ 55μm。这种微量弥雾器窄幅喷头的药雾雾流水平长度在无风状态下可以达到 2m 左右，喷洒高度可达 4m 左右。根据需要，可以利用轻质加长杆把喷杆接长，则可以喷洒到更高或更远的目标物。药雾的扩散分布性能良好，这是由于吹雾器所产生的气流对药雾的推送扩散作用所致。与其他手动喷雾器械相比，手动吹雾器可节水 90% ~ 95%，节省农药 20% ~ 50%，农药利用率可提高 2 ~ 3 倍，工效可提高 3 ~ 4 倍，若超低容量喷洒，工效更高。

与工农 -16 型背负式手动喷雾器相同，吹雾器也是一种适合于小规模分散经营农户使用的轻便型喷洒器械。但是吹雾器是超低容量细雾喷洒法，雾滴细、施药量小、药雾沉积分布均匀、雾滴通透力强，雾滴在目标物表面上的滞留能力强，这些特性则与背负机、冷气雾机等高工效喷洒机具相同，而与工农 -16 型之类的液力式常规喷雾器完全不同。实际上吹雾器就是无需矿物能源或电力能源的手动式背负机或冷气雾机，它可以在无需矿物能源或电力能源的情况下，充分发挥气力雾化法的全部优点和特点，这就为小规模农户提供了有力的武器。

吹雾器的使用范围很广，可以在任何高度对不超过3m的各种作物田使用，包括温室大棚。换用加长喷管，则喷洒高度可达5m左右。

（1）大田作物喷洒

吹雾器的喷管端部有一个60°的弯角，是为了便于改变雾流方向。喷洒作物上部时（例如，防治麦长管蚜），让弯角侧卧，使雾流侧向喷出，药雾在小麦上部的沉积量显著提高。喷洒作物下部时（例如，防治稻飞虱）则可让弯角的喷头向下，使药雾透过稻丛而较多地沉积在稻株下部。在作物幼株行上喷洒（例如，棉花、油菜等作物的苗期和幼株期），可把弯角放平使喷头向前，让雾流向前喷出并与苗行平行，此时须换接窄幅喷头以便把药雾限制在较窄的苗行或株行中。这种喷洒方法可以大量减少药雾喷洒到行间空地上所造成的农药浪费。参见图1–50的A、B、C、D、E、F等各小图。

（2）双向喷头的使用

这种喷头适于作物行间使用，可同时向两侧喷出雾流，可以提高1倍工效。宽度小于80cm的行间，采用这种方法效果尤为显著。由于在作物行间喷雾，雾流基本上不会受到大气流动的影响，吹雾器喷出的药雾全部喷入两侧株冠丛中。这种喷洒方法对于作物基部病虫害如水稻飞虱、纹枯病等，可以使农药高度集中喷洒在植株基部，大幅度提高药剂的有效利用率。

（3）果树喷洒

在未加接加长喷管的情况下，吹雾器可以喷洒高度不超过3m的果树。吹雾器喷杆端部弯角上的喷头向着树冠冠面喷洒，在冠面上沉积的药量会高于树冠内膛的沉积量。对于必须补充喷药的内膛，可把弯角扭转到喷头向上的位置，在树冠下方向树冠内膛喷洒，一棵约3m高的4年生苹果树，只需药液150～200ml，喷洒需时3～5min，因此，很适合于小规模分散栽植的苹果树。

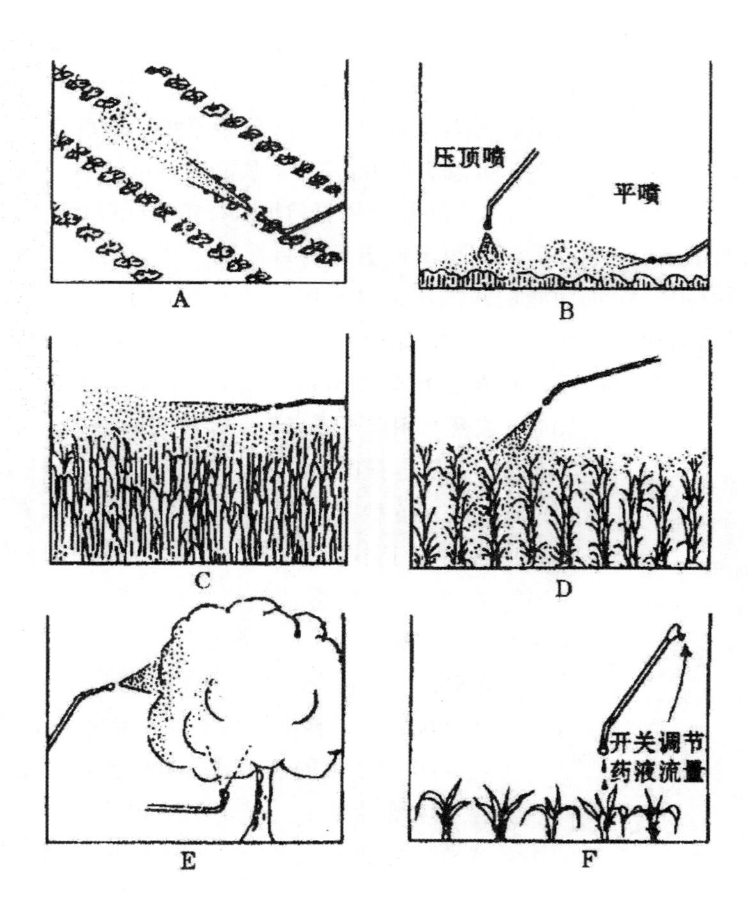

图1–50 手动吹雾技术的几种喷洒方式（屠豫钦，2003）

A.喷宽行作物的幼苗和幼株（喷头顺苗行前进）
B.喷低矮密植作物、草原和草地病虫（喷头左右摆动前进）
C.喷作物上部病虫（喷头水平左右摆动前进）
D.喷作物下部病虫（喷头向下左右摆动前进）
E.喷果树（树冠、内膛）
F.滴心、灌心处理

4. **背负式电动喷雾器**

随着电瓶技术的普及，采用电瓶驱动代替人工压杆操作驱动液泵的多种样式的电动喷雾器已经得到了应用，浙江市下喷雾器化工有限公司、常州市武进江南植保机械有限公司、北京丰茂植保机械有限公司、浙江台州信溢农业机械有限公司等公司都有电动喷雾器产品供应。电动喷雾器的不用人工操作压杆，省工、省力、喷雾压力高，需要注意的是电瓶的保养，要防止电路故障引起的燃烧事故。

5. **背负机动喷雾机**

背负机动喷雾机以汽油机为动力，工作效率高，由于有强大气流的吹送作用，雾滴穿透性好。适合于棉花、水稻、小麦等病虫害的防治需求（图1–51）。

喷雾状态全机外貌

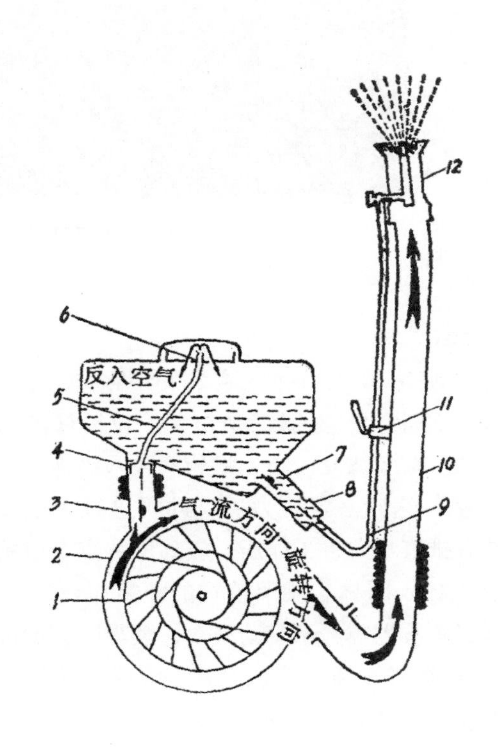

图 1–51　背负机动喷雾机和工作原理图

1.叶轮组装 2.风机壳 3.出风筒 4.进气塞 5.进气管 6.过滤网组合
7.粉门体 8.出水塞 9.输液管 10.喷管 11.开关 12.喷头

机动背负气力式喷雾技术适合作低容量喷雾，宜采用针对性喷雾和飘移喷雾相结合的方式施药。总的来说是对着作物喷，但不可近距离对着作物植株喷雾。喷药时行走要匀速，不能忽快忽慢，防止重喷漏喷。行走路线根据风向而定，走向应与风向垂直或成不小于45° 的夹角，操作者应在上风向，喷射部件应在下风向。喷施时应采用侧向喷洒，即喷药人员背机前进时，手提喷管向一侧喷洒，一个喷幅接一个喷幅，向上风方向移动（图1–52），使喷幅之间相连接区段的雾滴沉积有一定程度的重叠。操作时还应将喷口稍微向上仰起，并离开作物20～30cm高，2m左右远。

图 1-52 机动背负气力喷雾机防治麦蚜的喷雾方式

6. 踏板式喷雾器

踏板式喷雾器是一种把液泵安装在踏板上，用杠杆操作的手动喷雾器，操作者推拉摇杆前后摆动，带动柱塞泵往复运动，将药液吸入泵体，并压入空气室，达到一定压力后，即可进行正常喷雾。它具有排液量大、工作压力较高的特点，适用于果树、桑树、园林、棚架植物的喷雾作业。

踏板式喷雾器本身不带药液箱，喷雾时，把带有滤网的吸液部件插入盛放药液的容器中即可，吸液滤网应起过滤杂质的作用（图 1-53）。

7. 担架式喷雾机

机具的各个工作部件装在像担架的机架上，作业时由人抬着担架进行转移的机动喷雾机叫做担架式喷雾机。按动力来源分为：担架式喷雾机（器）分踏板式喷雾器（图 1-54）、电动担架式喷雾机、汽油机驱动的担架喷雾机、柴油机驱动的担架喷雾机等；按照担架式喷雾机配用的液泵的种类可为离心泵喷雾机、柱塞泵喷雾机、活塞泵喷雾机和隔膜泵喷雾机。担架式喷雾机具有压力高、工作效率高、劳动强度低等优点，适合于水稻田、果园和园林常用喷雾机具。

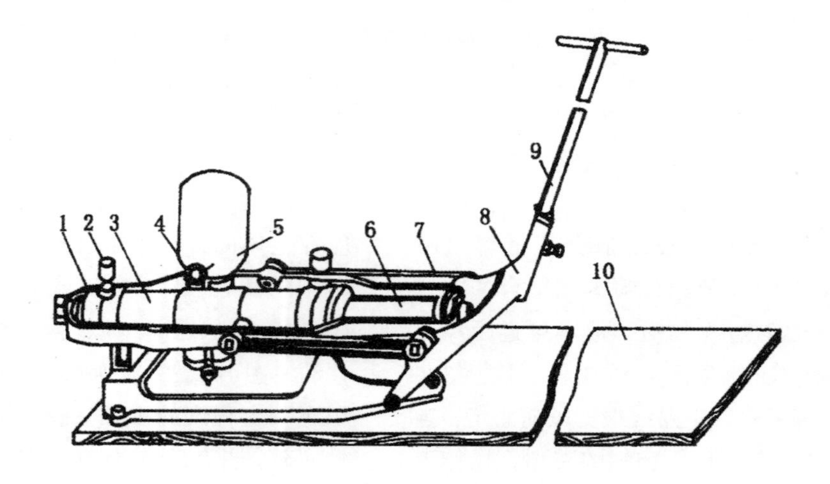

图 1-53 3WT-3 型踏板式喷雾器

1.框架 2.油杯 3.泵缸 4.出液口 5.空气塞 6.柱塞 7.连杆 8.杠杆 9.摇杆 10.踏板

表 1-29 担架式喷雾机（器）分类

按照动力来源分	按照配用的液泵来分
踏板式担架喷雾器	担架式离心泵喷雾机
电动担架式喷雾机	担架式柱塞泵喷雾机
汽油机驱动的担架式喷雾机	担架式活塞泵喷雾机
	担架式隔膜泵喷雾机

随着动力机械的发展，人们现在更多的选用动力担架喷雾机，这类机具的结构都是由机架、动力机（汽油机、柴油机或电动机）、液泵、吸水部件和喷洒部件 5 大部分组成，有的还配用了自动混药器。其不同点首先是泵的类型不同，其他部件虽然功能相同，但其具体结构与性能有的还有些不同。

电动担架式喷雾机应该装有空气室、压力表等部件，以调控喷雾压力，但本书作者在多处果园看到农户购买的担架式喷雾机偷工减料，不配备压力表和空气室，喷雾过程中压力不稳定，影响使用效果（表 1-29）。

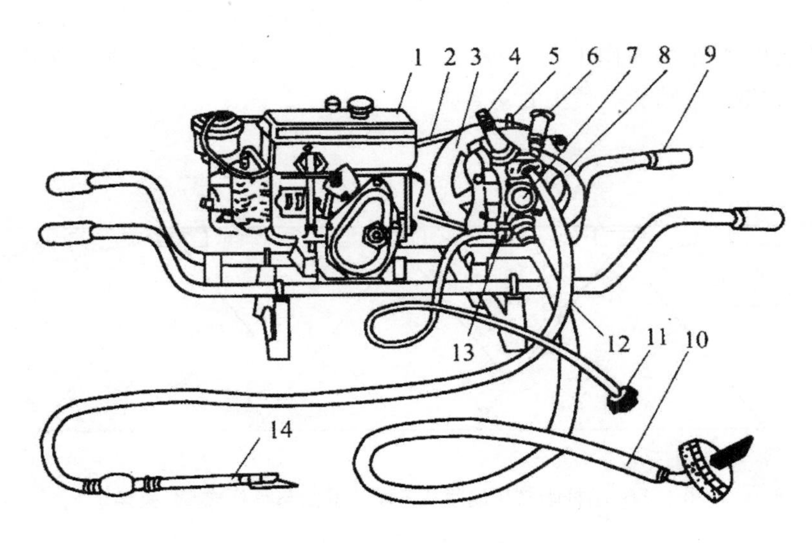

图 1-54 担架式喷雾机

1.柴油机 2.三角皮带 3.皮带轮 4.压力指示器 5.空气室 6.调压阀 7.隔膜泵 8.回水管 9.机架 10.吸水管 11.吸药液管

8. 喷杆式喷雾机

喷杆式喷雾机作业效率高，适合较大地块喷洒农药，特别适合大地块除草剂的喷洒。喷杆喷雾机作业时，要求药剂在喷幅范围内均匀沉积分布，因此，一般喷杆上装配标准扇形雾喷头，利用喷幅叠加达到药液的均匀沉积分布。目前，大田喷杆喷雾技术广泛用于大豆、小麦、玉米和棉花等农作物的播前、苗前土壤处理、作物生长前期除草及病虫害防治。

大田喷杆喷雾机种类多种多样，使用者需要根据不同作物、不同生长期、经济条件等来选择适用机型，具体选择请参照表 1-30。

需要注意的是：（1）大田喷杆喷雾作业在作物中后期喷雾时应配高地隙拖拉机；（2）喷幅大于

10m的喷杆喷雾机应带有仿形平衡机构；（3）喷洒除草剂时，为防止药液滴漏造成药害，喷头应配有防滴装置；（4）喷头安转位置要合适，保证药剂分布均匀。

表1-30 不同作物不同生长期的适用大田喷杆喷雾机机型

机型	适用作物	生长期
横喷杆式	小麦、棉花、大豆、玉米等旱田作物	播前、播后苗前的全面喷雾、作物生长前期的除草及病虫害防治
吊杆式	棉花、玉米等	作物生长中后期的病虫害防治
气流辅助式	棉花、玉米、小麦、大豆等旱田作物	作物生长中后期的病虫害防治、生物调节剂的喷洒等

喷杆式喷雾机与拖拉机的联接应安全可靠，所有联接点应有安全销。悬挂式喷雾机与拖拉机联接后，应调节上拉杆长度，使喷雾机在工作时雾流处于垂直状态；牵引式喷雾机与拖拉机联接前应调节牵引杆长度，以保证机组转弯时不会损坏机具。

横喷杆式喷雾机喷洒除草剂作土壤处理时，应选用110系列狭缝式钢玉瓷喷头。喷头的安装应使其狭缝与喷杆倾斜5°~10°（图1-55）；喷杆上喷头间距为0.5m。如选用不同喷雾角度的扇形喷头或喷头间距时，喷头离地高度应符合表1-31的规定。进行苗带喷雾时，应选用60系列狭缝式钢玉瓷喷头。喷头安装间距和作业时离地高度可按作物行距和高度来决定。表1-32给出了各种苗带宽度用不同喷头作业时喷头应离地的高度。

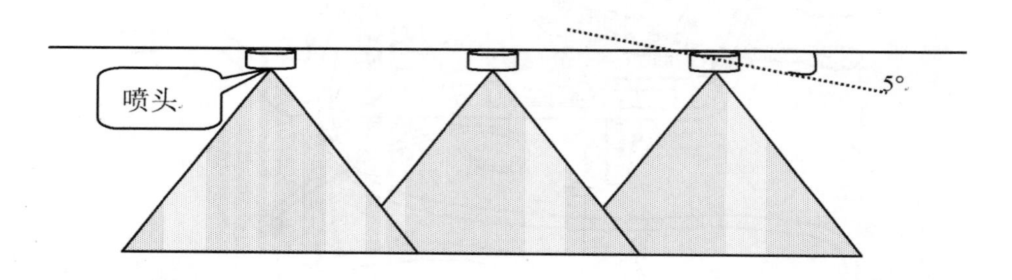

图1-55 喷杆喷雾机的喷头安装（雾面与喷杆成5°夹角）

表1-33是各种扇形雾喷头离地不同高度时的喷幅，如喷雾机喷洒除草剂作土壤处理时，应使相邻的两个喷头的扇形雾面相互重叠1/4，以保证喷洒的均匀性。

吊杆式喷杆喷雾机喷杀虫剂、杀菌剂和生长调节剂时，应选用空心圆锥雾喷头。安装喷头时，应根据作物的行距，并在植株的顶部安装一只喷头自上向下喷；在吊杆上根据植株情况安装若干个喷头自下向上喷，以形成立体喷雾。

气力辅助式喷杆喷雾机可选用空心圆锥雾喷头或狭缝式钢玉瓷喷头，喷头的安装位置根据作物的具体情况和气力输送机构的情况确定。各种苗带宽度用不同喷头作业时喷头应离地的高度。

表 1-31 选用不同喷雾角度的扇形喷头或喷头间距时喷头离地高度

喷头喷雾角	喷头间距（cm）	喷头离地高度（cm）
65°	46	51
	50	56
	60	66
	75	83
85°	46	38
	50	46
	60	50
	75	63
110°	46	45
	50	50
	60	56
	75	86

表 1-32 苗带喷雾时各种苗带宽度用不同喷头作业时喷头离地高度（cm）

苗带宽度 cm	喷头喷雾角度	
	60°	80°
20	18	13
25	22	15
30	26	18
35	31	20

表 1-33 各种扇形雾喷头离地不同高度时的喷幅（cm）

喷头高度 cm	喷头喷雾角度			
	65°	73°	80°	150°
15	19.1	22.2	25.2	112
20	25.5	29.6	33.6	149
25	31.9	37	42	187
30	38.2	44.4	50.3	224
40	51	59.2	67.1	299
50	63.7	74	83.9	373
60	76.4	88.8	101	448
70	89.2	104	117	522
80	102	118	134	597
90	115	133	151	672
100	127	148	168	746

横喷杆式喷雾机和气流辅助式喷杆喷雾机喷除草剂，做土壤处理时，喷头离地高度为0.5m。喷杀虫剂、杀菌剂和生长调节剂时，喷头离作物高度0.3m。

作业时驾驶员必须保持机具的速度和方向，不能忽快忽慢或偏离行走路线。一旦发现喷头堵塞、泄漏或其他故障应及时停机排除。

喷雾时，应根据风向调整行车路线，即行车路线要略偏向上风方向。一般来说，1～2级风应偏0.5m左右；3～4级风应偏1m左右；4级风以上应停止喷雾。

无划行器的喷杆喷雾机喷除草剂时，应在田间设立喷幅标志，以免重喷或漏喷。

停机时，应先将液泵调压手柄按顺时针方向推至卸压位置，然后关闭截止阀停机。

田间转移时，应将喷杆折拢并固定好。切断输出轴动力。行进速度不宜太快，以免颠坏机具。悬挂式机具行进速度应≤12km/h；牵引式机具行进速度应≤20km/h。

三、喷雾器械的选择与使用

施药器械的选择应综合考虑防治对象、防治场所、作物种类和生长情况、农药剂型、防治方法、防治规模等情况。（1）小面积喷洒农药宜选择手动喷雾器；（2）较大面积喷洒农药宜选用背负机动气力喷雾机，果园宜采用风送弥雾机；（3）大面积喷洒农药宜选用喷杆喷雾机或飞机。

选购喷雾器械时应选择正规厂家生产、经国家质检部门检测合格的药械，要注意喷雾器（机）上是否有CCC标志。

喷头是喷雾器械的关键部件，用户应根据病虫草和其他有害生物防治需要和施药器械类型选择合适的喷头，定期更换磨损的喷头：（1）喷洒除草剂和生长调节剂应采用扇形雾喷头或激射式喷头；（2）喷洒杀虫剂和杀菌剂宜采用空心圆锥雾喷头或扇形雾喷头；（3）禁止在喷杆上混用不同类型的喷头。

1．喷头选择和安装

喷头是施药机具最为重要的部件，在农药使用过程中，它的作用有三方面：（1）计量施药液量；（2）决定喷雾形状（如扇形雾或空心圆锥雾）；（3）把药液雾化成细小雾滴。喷头一般有四部分组成：滤网、喷头冒、喷头体和喷嘴（喷片），不同的喷头有其使用范围。我国手动喷雾器上多安装的是切向离心式涡流芯喷头，即常说的空心圆锥雾喷头，也有些新型手动喷雾器装配有扇形雾喷头便于除草剂的使用。

空心圆锥雾喷头的喷孔片中央部位有一喷液孔，按照规定，这种喷头应该配备有1组孔径大小不同的4个喷孔片，它们的孔径分别是0.7mm、1.0mm、1.3mm和1.6mm，在相同压力下喷孔直径越大则药液流量也越大。用户可以根据不同的作物和病虫草害，选用适宜的喷孔片。由于喷孔的直径决定着药液流量和雾滴大小，操作者切记不得用工具任意扩大喷片的孔径，以免破坏喷雾器应用的特性。

扇形雾喷头，药液从椭圆形或双凸透镜桩的喷孔中呈扇面喷出，扇面逐渐变薄，裂解成雾滴。扇形雾喷头所产生的雾滴大都沉积在喷头下面的椭圆形区域内，适合安装在喷杆上进行除草剂的喷撒。

激射式喷头，也称导流式或撞击式喷头，射流液体撞击到物体表面后扩展形成液膜，根据撞击表面的角度和形状，液膜形成一定的角度。这种喷头可以形成较宽的喷幅，在较低的工作压力下，能得到雾滴直径200～400μm的大雾滴，这特别适合除草剂的喷施。

在喷雾机的喷杆上，禁止混合安装使用不同类型的喷头，确保各喷头喷雾的雾形一致。

2．机具检查和调整

施药作业前，需要检查施药器械的压力部件、控制部件等，例如，喷雾器（机）开关能够自如搬动，药液箱盖上的进气孔畅通等，保证器械能够满足施药作业的需要。

（1）喷雾校准

在喷雾作业开始前、喷雾机具检修后、拖拉机更换车轮后或者安装新的喷头时，都应该对喷雾机具进行校准。

影响喷雾机校准的因子主要有行走速度、喷幅以及药液流量。

（2）确定施药液量

农田病虫草害的防治，每公顷所需用农药量（有效成分，g）是确定的，但由于选用施药机具和雾化方法不同，所需用水量变化很大。应根据不同喷雾机具及施药方法和该方法的技术规定来决定田间施药液量（L/hm^2）。

（3）计算行走速度

施药作业前，应根据实际作业情况首先测定喷头流量Q，并确定机具有效喷幅B，然后计算行走速度V

$$V=\frac{Q}{q \times B} \times 10^4$$

式中：V–行走速度，米/秒（m/s）；

Q–喷头流量，毫升/秒（ml/s）；

q–农艺上要求的施药液量，升/公顷（L/ha）；

B–喷雾时的有效喷幅，米（m）。

若计算的行走速度过高或过低，实际作业有困难时，在保证药效的前提下，可适当改变药液浓度，以改变施液量，或更换喷头来调整作业速度。

（4）校核施药液量

药箱内装入额定容量的清水，以上面的计算行走速度（V）作业前进，测定喷完一箱清水时的行走距离L，重复三次，取平均值。按下式校核施药液量：

$$q'=\frac{G}{B \times L} \times 10^4$$

式中：q'–实际施药液量，升/公顷（L/ha）；

G–药箱额定容量，升（L）；

L–喷完一箱水的行进距离，米（m）。

q'–应满足下式，并保证用药量（农药有效成分）不变。

（5）计算出作业田块需要的用药量和加水量

①确定所需处理农田的面积（公顷计）；

②根据所校验的田间施药液量q'（升/公顷），确定所需处理农田面积上的实际施药液量q''（升/处理田块面积）；

③根据农药说明书或植保手册，确定所选农药的用药量（有效成分，g/ha）；

④根据所需处理的实际农田面积，准确计算出实际需用农药量w（有效成分，克/处理田块面积）。

对于小块农田，施药液量不超过一药箱的情况下可直接一次性配完药水。

若田块面积较大，施药液量超过一药箱时，则可以以药箱为单位来配制药水：

将上述实际施药液量q''（L/处理田块面积）除以喷雾器药箱的额定装载容积（G），得到处理田块上共需喷多少药箱（N）的药水以及每一药箱中应加入的农药量（w/N）。这时往药箱中加水量为额定装载容量；而每一药箱中应加入的农药量应为w/N。

凡是需要称重计量的农药，可以在安全场所预先分装。即把每一药箱所需用的农药预先称好，分成N份，带到田间备用。这样，田间作业时，只要记住每一药箱加一份药即可，不至于出错，也比较安全，以免田间风对粉末状药剂（如可湿性粉剂）造成的飘失。

3. 手动喷雾器的使用

用户在使用背负手动喷雾器喷雾作业时，应先揿动摇杆数次，使气室内的气压达到工作压力后再打开开关，边走边打气边喷雾。如揿动摇杆感到沉重，就不能过分用力，以免气室爆炸。对于老式喷雾器（如工农–16型等）一般走2～3步摇杆上下扳动一次；每分钟扳动摇杆18～25次即可。作业时，空气室中的药液超过安全水位时，应立即停止打气，以免气室爆炸。

用户在使用压缩式喷雾器作业时，加药液不能超过规定的水位线，保证有足够的空间储存压缩空气。以便使喷雾压力稳定、均匀。没有安全阀的压缩喷雾器，一定要按产品使用说明书上规定的打气次数打气（一般30～40次），禁止加长杠杆打气和两人合力打气，以免药液桶超压爆破。压缩喷雾器使用过程中，药箱内压力会不断下降，当喷头雾化质量下降时，要暂停喷雾，重新打气充压，以保证良好的雾化质量。

手动喷雾器作常量喷雾时应进行针对性喷雾，作低容量喷雾时既可飘移性喷雾，也可针对性喷雾。应针对不同作物、不同病虫草害和农药，选用不同的喷雾方法。

（1）手动喷雾器土壤喷洒除草剂时，一是要求除草剂在田间沉积分布要均匀，避免局部地块药量过大造成除草剂药害；二是易于飘失的细小雾滴要少，避免雾滴飘失造成邻近敏感作物药害。因此，除草剂喷洒应采用扇形雾喷头，喷雾时要求控制喷头距离地面高度保持一致，行走路线也要保持一致；有条件时，也用安装双喷头、三喷头或四喷头的小喷杆喷雾。

如喷雾器装配的是空心圆锥雾喷头，为把除草剂均匀喷洒于地表，则需要操作者边行走边摆动喷杆使喷头呈“Z”字形摆动，药剂沉积分布不匀。为减少漏喷，保证药剂沉积分布变异系数不大于15%，这时要求施药液量每亩不得小于40L。

（2）当用手动喷雾器防治作物病虫害时，最好选用小喷片，切不可用钉子人为把喷头冲大。这是因为小喷片喷头产生的农药雾滴较大，喷片的雾滴细，对病虫害防治效果好。

（3）使用手动喷雾器喷洒触杀性杀虫剂防治栖息在作物叶片背面的害虫（例如，棉花苗蚜），应把喷头向上，采用叶背定向喷雾方法。

（4）使用手动喷雾器喷洒保护性杀菌剂，应在植物未被病原菌浸染前或浸染初期施药，要求雾滴在植物靶标上沉积分布均匀，并有一定的雾滴覆盖密度。

（5）使用手动喷雾器行间喷洒除草剂时，一定要配置喷头防护罩，对靶作业，防止雾滴飘移造成邻近作物药害；喷雾时喷头高度要保持一致，力求药剂沉积分布均匀，不得重喷和漏喷。

（6）几架手动喷雾器同时喷雾作业，应采用梯形前进，下风侧的人先喷，以免人体接触药液。

4．机动背负气力式喷雾机的使用

机动背负气力式喷雾机使用比较复杂，用户一定要仔细阅读使用说明，最好经过机具生产厂家的技术培训。背负机动喷雾机适合作低容量喷雾，宜采用针对性喷雾和飘移喷雾相结合的方式施药，不可近距离对着作物植株喷雾。具体操作过程如下：

（1）机器启动前药液开关应停在半闭位置。调整油门开关使汽油机高速稳定运转，开启手把开关后，人立即按预定速度和路线前进，严禁停留在一处喷洒，以防引起药害。

（2）行走路线的确定：喷药时行走要匀速，不能忽快忽慢，防止重喷漏喷。行走路线根据风向而定，走向应与风向垂直或成不小于45° 的夹角，操作者应在上风向，喷射部件应在下风向。

（3）喷施时应采用侧向喷洒，即喷药人员背机前进时，手提喷管向一侧喷洒，一个喷幅接一个喷幅，向上风方向移动（图1–56），使喷幅之间相连接区段的雾滴沉积有一定程度的重叠。操作时还应将喷口稍微向上仰起，并离开作物20～30cm高，2m左右远。

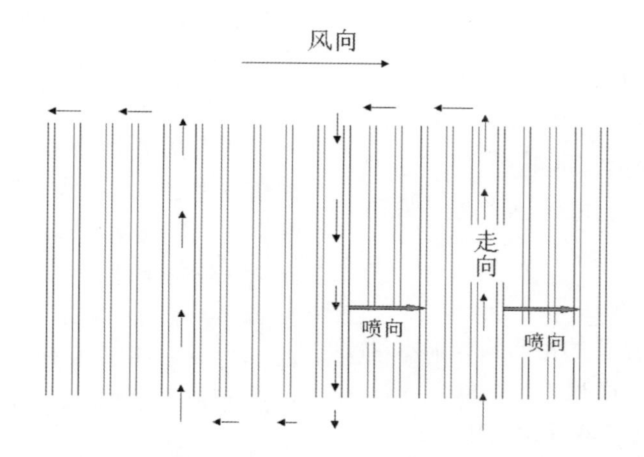

图1–56 机动背负气力喷雾机田间喷雾作业示意图

（4）当喷完第一喷幅时，先关闭药液开关，减小油门，向上风向移动，行至第二喷幅时再加大油门，打开药液开关继续喷药。

（5）防治棉花伏蚜，应根据棉花长势、结构，分别采取隔二行喷三行或隔三行喷四行的方式喷洒。一般在棉株高 0.7m 以下时采用隔三喷四，高于 0.7m 时采用隔二喷三，这样有效喷幅为 2.1～2.8m。喷洒时把弯管向下，对着棉株中、上部喷，借助风机产生的风力把棉叶吹翻，以提高防治叶背面蚜虫的效果。走一步就左右摆动喷管一次，使喷出的雾滴呈多次扇形累积沉积，提高雾滴覆盖均匀度。

（6）对灌木林丛，如对低矮的茶树喷药，可把喷管的弯管口朝下，防止雾滴向上飞散。

（7）对较高的果树和其它林木喷药，可把弯管口朝上，使喷管与地保持 60°～70° 的夹角，利用田间有上升气流时喷洒。

（8）喷雾时雾滴直径在 125μm，不易观察到雾滴，一般情况下，作物枝叶只要被喷管吹动，雾滴就达到了。

（9）调整施液量除用行进速度来调节外，转动药液开关角度或选用不同的喷量档位也可调节喷量大小。

5．喷雾过程中的注意事项

在农药喷雾过程中，尽量采用降低容量的喷雾方式，把施药液量控制在 300L/hm^2（20L/ 亩）以下，避免采用大容量喷雾方法。喷雾作业时的行走方向应与风向垂直，最小夹角不小于 45°。喷雾作业时要保持人体处于上风方向喷药，实行顺风、隔行喷雾，严禁逆风喷洒农药，以免药雾吹到操作者身上。

为保证喷雾质量和药效，在风速过大（>5m/s）和风向常变不稳时不宜喷雾。特别是在除草剂喷雾时，当风速过大时容易引起雾滴飘移，造成邻近敏感作物药害。在使用触杀性除草剂时，喷头一定要加装防护罩，避免雾滴飘失引起的邻近敏感作物药害；另外，喷洒除草剂时喷雾压力不要超过 0.3Mpa，避免高压喷雾作业时产生的细小雾滴引起的雾滴飘失。

机动背负气力式喷雾机适宜采用降低容量喷雾方法，施药液量控制在 150L/hm^2（10L/ 亩）以下，避免喷雾机喷头直接对着作物喷雾，以免造成药液从作物叶片上流失。

有条件的地方，在大田喷杆喷雾机上应加装特殊的自洁过滤器，避免药液中的药渣堵塞喷雾机的喷头，造成的漏喷现象，影响防治效果。

6．喷头堵塞时故障的排除

喷雾施药过程中遇喷头堵塞等情况时，应立即关闭截止阀，先用清水冲洗喷头，然后戴着乳胶手套进行故障排除，用毛刷疏通喷孔，严禁用嘴吹吸喷头和滤网。

7．施药器械的保养

施药器械每天使用结束后，应倒出药液桶内残余药液，加入少量清水继续喷洒干净，并用清水清洗各部分。每年防治季节过后，应把施药机具的重点部件（如喷头、药液箱等）用热洗涤剂或弱碱水清洗，再用清水洗干净，晾干后存放。具体有如下要求：

（1）施药作业结束后，不能马上把机具放置在仓库中，需要仔细清洗机具和进行保养，以使机具保持良好的工作状态。

（2）喷雾器（机）喷洒除草剂后，一定要用加有清洗剂的清水彻底清洗干净（至少清洗三遍），避免以后喷洒农药时造成敏感作物药害。

（3）铁制桶身的喷雾器，用清水清洗完后，应擦干桶内积水，然后打开开关，倒挂于室内干燥阴凉处存放。

（4）施药器械存放前，要对可能锈蚀的部件涂防锈黄油。

（5）机动背负气力喷雾喷粉机进行喷粉作业时，每天要清洗化油器和空气滤清器。

（6）机动背负气力喷雾喷粉机的长薄膜管内不得存粉，拆卸之前空机运转 1～2min，将长薄膜管内的残粉吹净。

（7）机动背负气力喷雾喷粉机在长期不用时还要注意定期对汽油机进行保养。

（8）保养后的施药器械应放在干燥通风的库房内，切勿靠近火源，避免露天存放或与农药、酸、碱等腐蚀性物质放在一起。

农药喷雾过程，是一个涉及农药、气象、药械、操作者知识水平等多方面因素的问题，认识了解农药喷雾技术的基本原理，对于用户在病虫害防治工作中，正确选择喷雾技术措施，提高农药有效利用率，防止农药流失等均有重要的意义。

第三节 喷雾助剂的应用

在农药喷雾过程中，会发生雾滴飘失、流失等问题，造成农药有效利用率降低。为改变这种现象，大量研究和试验表明，一种途径是改善喷雾机具和操作条件（如更换喷头、调整喷雾压力等）；另一种有效的途径就是在喷雾药液中添加表面活性剂（称为喷雾助剂），通过调整药液的理化特性来增加雾滴与植物叶片和昆虫体表的撞击沉积效率和叶片的吸收传导。

农药喷雾助剂不同于农药制剂加工时采用的助剂，而是在农药喷雾时添加到药液中去的助剂（也称桶混助剂），是在喷雾前药桶或喷雾器中添加的农药助剂。农药喷雾助剂种类繁多，用量大小不等。这类助剂的作用方式多种多样，但最终都是通过改善药液在靶标上的沉积、铺展或渗透吸收而达到提高药效的目的。

一、农药喷雾助剂

农药喷雾助剂是指农药喷雾施药或类似应用技术中使用的助剂总称，农药喷雾助剂以提高农药使用效率为手段，服务于科学用药的总目标，即高效、安全和经济。农药喷雾助剂的应用已有50多年历史。现在，在许多工业国和现代化农业国家如美国、日本、西欧各国，喷雾助剂已成为助剂领域非常活跃的领域。每年都有研究成果（专利）发表和一批喷雾助剂新产品投放市场。

任何表面活性剂分子均由亲水基和亲脂基两部分组成（图1-57）。非离子表面活性剂是使用最广泛的农药助剂，其亲水基通常是氧化乙烯（EO）的聚合体，而亲脂基常为直链醇、支链醇或烷基醇。表面活性剂分子中氧化乙烯单元的数量（即EO含量）以及亲脂基烷烃立链的长度与结构对农药吸收都有重要影响。

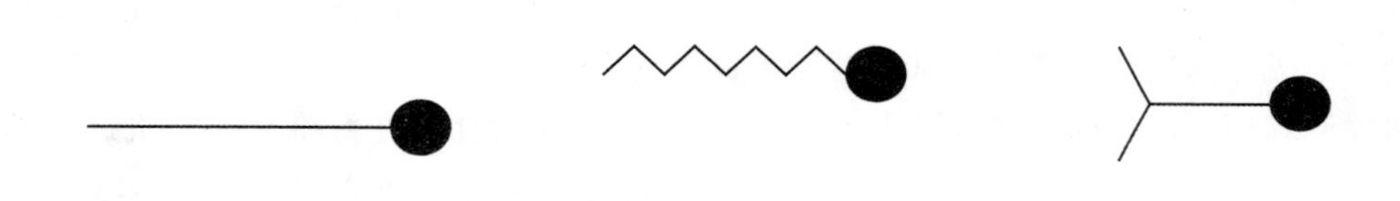

●表示亲水基团，其余表示为亲油基团

图1-57 喷雾助剂分子结构示意图

喷雾助剂的作用概括起来主要有以下几种情况：（1）改善药液在植物叶面和或害虫体表的润湿；（2）改善喷雾液的蒸发速度；（3）增进药液对植物叶片或害虫体表的渗透性和输导性；（4）改善农药雾滴在植物叶片或害虫体表的分布均匀性；（5）增加农药混用的相容性；（6）增加农药对植物的安全性；（7）减少农药雾滴的飘移。

二、喷雾助剂分类和选择原则

1. 喷雾助剂分类

目前市场上有上百种喷雾助剂供用户选用，名称有些混乱，缺乏统一的公认分类法。Wills 和 Mcwhorter 将助剂分为三类：（1）活性助剂，包括表面活性剂、润湿剂、渗透剂及无药害的各种油；（2）喷雾改良助剂，包括黏结剂、成膜剂、润湿展着剂、润湿展着一黏结剂、沉降助剂增稠剂和发泡剂；（3）实用性改良助剂，包括乳化剂、分散剂、稳定剂、偶合剂、助溶剂、掺合剂、缓冲剂和抗泡剂等。

从研究和用户方便出发，根据助剂主要功能，喷雾助剂分为以下四类：（1）增进药液的润湿、渗透和粘着性能助剂，如润湿展着剂、润湿剂、渗透剂等；（2）具有活化或一定生物活性的助剂，如活化剂、某些表面活性剂和油类；（3）改进药液应用技术，有助安全和经济施药的助剂，如防飘移剂、发泡剂、抗泡剂、掺合剂等；（4）其他特种机能的喷雾助剂。

2．喷雾助剂的选择和预检

在农药喷雾过程中，是否需要添加喷雾助剂，要因具体情况而定，假如喷雾点附近有对所喷农药敏感的植物或动物（例如，蜜蜂等），则需要在药液中添加防飘助剂；对于内吸性农药喷雾，添加渗透剂将增加药剂进入植物体或虫体的速度和比率，增加防治效果；对于表面有蜡质层的植物叶片喷雾，添加润湿展着剂将会增加雾滴在叶片表面的润湿能力。

在目前农药加工条件下，药剂中表面活性剂添加量在稀释后，不能在喷雾靶标表面形成良好的润湿展着，通常情况需要添加喷雾助剂。操作者可以根据以下几条判断是否需要添加喷雾助剂：（1）当植物叶片或害虫体表有蜡质层存在，则需要在喷雾药液中添加一定量的润湿展着剂；（2）当植物叶片表面蜡质层厚（例如，甘蓝、水稻和小麦等植物）或叶片表面有浓密茸毛存在（例如，黄瓜叶片）等，当害虫体表有蜡质层或浓密绒毛存在，则需要在喷雾药液中添加表面性能优良的润湿展着剂；（3）当使用的药剂为内吸性药剂，需要提高药剂被吸收的量和速度时，则可以添加性能优良的渗透剂来提高防治效果。

三、农药喷雾助剂对药液的影响

使用农药喷雾助剂的重要目的之一是提高雾滴在植物叶面的附着率。无论是触杀型还是内吸型农药，药剂在植物叶片表面形成良好的沉积分布是发挥药效的先决条件。根据水溶液对其叶片润湿的难易，通常将植物分为易润湿型与难润湿型两类。对于第一类植物就药液附着而言，添加桶混湿润展着剂是不必要的；而对于第二类型植物（主要是叶表有蜡质层的植物）而言，药液附着经常是药效发挥的限制因子，添加表面活性剂可成倍地提高药液附着率。目前已知药液的动态表面张力是影响其植物叶面附着的最重要的因素，而动态表面张力，除与表面活性剂的种类有关外，亦与其浓度有关。因而通过测定与比较药液的动态表面张力，即可筛选出最利于药液附着的桶混助剂。

1．喷雾助剂对药液铺展的影响

药液在植物叶面的铺展性对于保护性杀菌剂及大多数杀虫剂尤为重要，而铺展性与药液的静态表面张力有关。一些表面活性剂如有机硅表面活性剂具有卓越的铺展性能，因而可以减少喷雾体积甚至有效成分用量而不影响病虫防治效果。这对于节约喷雾用水以及节省施药费用具有重要价值。

对于内吸型除草剂而言，铺展性与药效似乎无直接关系，但对于触杀型除草剂如克无踪（百草枯），铺展性能极大地提高除草效果。

目前已知草甘膦的叶面吸收与药液的铺展性甚至有负相关性（表1-34）。因此，选择针对草甘膦的桶混助剂时，一定要考虑其对药液铺展性的影响。对于其他除草剂而言，铺展性对吸收及药效的影响尚缺少系统的研究。

表1-34　药液铺展性能对草甘膦吸收的影响

供试植物	表面活性剂	铺展面积	吸收率（%）
小麦	MON0818	0.9	58a
	TritonX-100	1.1	57a
	TritonX-45	14.7	28b
	SilwetL-77	25.0	17c

所以，对于草甘膦等内吸性除草剂，桶混添加力透（Silwet 625）等只有强渗透功能的表面活性剂，能显著提高其防除效果。

2．喷雾助剂对药剂吸收的影响

喷雾助剂对农药叶面吸收的影响研究很多。一方面是由于对于叶面施用的除草剂、植物生长调节剂以及内吸性杀虫、杀菌剂而言吸收直接影响药效；另一方面外源物质的吸收和传导亦为植物生理学的研究范畴。农药的吸收既是一个物理过程（扩散作用），又是一个生物学过程。由于人们对叶面角质层的结构、理化特性并非十分了解，因而对农药的吸收快慢仍难以预测。表面活性剂对农药吸收的影响更为复杂，既与农药的理化性质有关，又与表面活性剂的结构与浓度有关。

（1）表面活性剂结构对农药吸收的影响

研究试验已经明确，在相同浓度下，EO 含量高的表面活性剂对水溶性农药草甘膦的吸收促进作用最大；而弱酸性除草剂 2，4-D，同样加工为水溶性胺盐，但低 EO 含量的品种最有利于其吸收；对于脂溶性除草剂盖草能，同样低 EO 表面活性剂对其吸收效果最好（表 1-35）。

表 1-35 表面活性剂 EO 含量对农药吸收率的影响*

供试植物	农药	表面活性剂	亲脂基	EO 含量	吸收率（%）
蚕豆	2，4-D	对照	——	——	34d
		AO5	C_{13-15} 直链烷基	5	85a
		AO10	C_{13-15} 直链烷基	10	61b
		AO14	C_{13-15} 直链烷基	14	50c
小麦	草甘膦	对照	——	——	44c
		AO5	C_{13-15} 直链烷基	5	48c
		AO10	C_{13-15} 直链烷基	10	86b
		AO14	C_{13-15} 直链烷基	14	94a
小麦	盖草能	对照	——	——	20d
		AO5	C_{13-15} 直链烷基	5	57a
		AO10	C_{13-15} 直链烷基	10	49b
		AO14	C_{13-15} 直链烷基	14	34c

*吸收时间为 24h。同一除草剂品种中，吸收率带有不同字母时差异显著。

表 1-36 表面活性剂亲脂基结构对农药吸收率的影响*

供试植物	农药	表面活性剂	亲脂基	EO 含量	吸收率（%）
小麦	盖草能	对照	——	——	20d
		AO10	C_{13-15} 直链烷基	10	49b
		TMN-10	C_{12} 支链烷基	10	13b
		TX-100	异辛基苯基	10	14b
小麦	草甘膦	对照	——	——	39c
		AO10	C_{13-15} 直链烷基	10	88a
		TMN-10	C_{12} 支链烷基	10	45c
		TX-100	异辛基苯基	10	64b

（续 表）

供试植物	农药	表面活性剂	亲脂基	EO 含量	吸收率（%）
蚕豆	苯达松	对照	——	——	20c
		ON110	C_{10} 直链烷基	11	43b
		AO10	C_{13-15} 直链烷基	10	73a
		AT11	C_{16-18} 直链烷基	11	46b
		TX-100	异辛基苯基	10	27d

* 吸收时间为 24h。同一除草剂品种中，吸收率带有不同字母时差异显著。

在 EO 含量相同的表面活性剂之中，亲脂基结构不同，对吸收的效果也不同。含有直链烷烃的表面活性剂比含支链烷烃或烷基苯基的品种对草甘膦、苯达松和盖草能的吸收效果均好（表 1-36）。即使同为直链烷烃型表面活性剂，烃链的长短也影响其性能，中等长度的碳链（$C_{13\sim15}$）似乎对农药吸收效果最高，因而应用也最普遍。

（2）表面活性剂浓度对农药吸收的影响

同一种农药，喷雾的靶标植物不同，所需使用的表面活性剂用量也不同。例如，草甘膦施加到小麦叶片上后，0.02% 的 MON0818（一种喷雾助剂）即可显著促进叶片吸收；而在蚕豆叶片上，则需要 0.2% 的 MON0818 才能产生明显的效果。

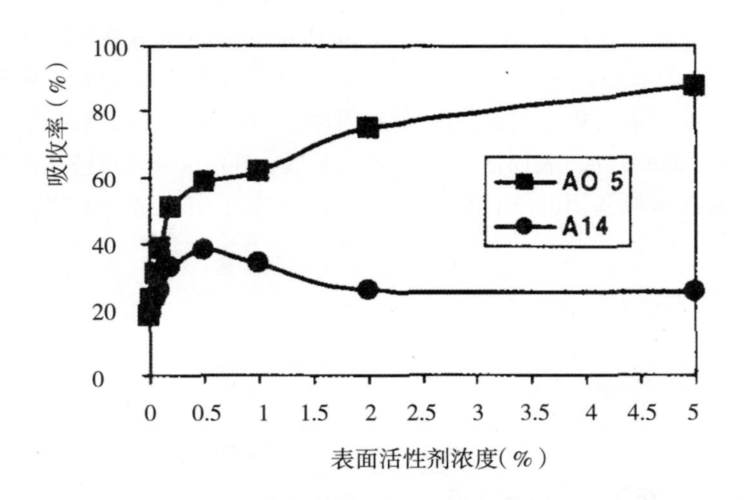

图 1-58　不同表面活性剂浓度对苯达松在蚕豆叶片上吸收的影响

在蚕豆叶片上研究表面活性剂浓度对苯达松的吸收试验发现，低 EO 表面活性剂 AO5 对促进叶片吸收苯达松的效果明显，且随着表面活性剂 AO5 浓度的提高，其吸收率也越高（图 1-58）。由此可见，选择合适的喷雾助剂，选择合适的助剂浓度，对于提高药剂的吸收率至关重要。

四、有机硅喷雾助剂的应用

有机硅表面活性剂作为农药助剂使用始于 20 世纪 60 年代，1985 年孟山都新西兰公司推出世界上第一个商品化有机硅助剂 L-77（也称“SilwetM”），用来配合草甘膦防治荆豆类森林杂草以取代 2，4，5 - 涕，随后 Silwet408 也在美国商品化。农用有机硅表面活性剂与许多常用表面活性剂的线性结构不同，其化学结构是 T 形结构，由甲基化硅氧烷组成骨架，自骨架上悬垂下一个或一个以上的聚醚链段，其化学结构通式见图 1-59。

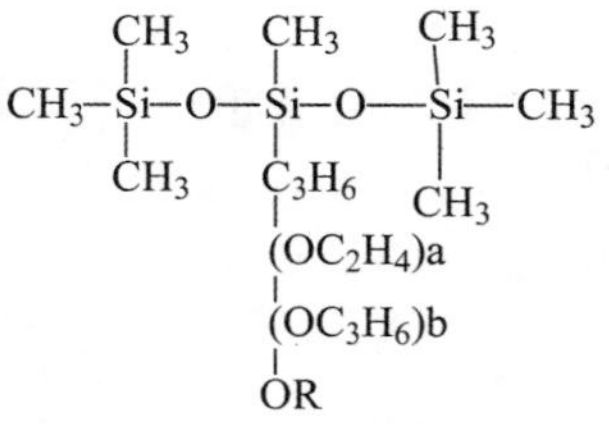

$$
\begin{array}{ccccc}
 & CH_3 & & CH_3 & & CH_3 \\
 & | & & | & & | \\
CH_3- & Si & -O- & Si & -O- & Si & -CH_3 \\
 & | & & | & & | \\
 & CH_3 & & C_3H_6 & & CH_3 \\
 & & & | & & \\
 & & & (OC_2H_4)a & & \\
 & & & | & & \\
 & & & (OC_3H_6)b & & \\
 & & & | & & \\
 & & & OR & &
\end{array}
$$

图 1-59 有机硅表面活性剂化学结构通式

（式中 a=6～9，b=0～3，R=$COCH_3$，CH_3，H）

1．有机硅表面活性剂的疏水性

在有机硅表面活性剂中，甲基化硅氧烷组成骨架为亲脂基团（疏水基），骨架的疏水性与硅的存在没有必然关系，而是由于硅氧烷的挠曲性能使甲基基团在界面的接触有关。甲基的疏水性比亚甲基强，而亚甲基基团是许多常用烃类表面活性剂疏水性能的主要组成部分。

2．有机硅表面活性剂的亲水性

有机硅表面活性剂的亲水部分基本上与大多数常用的非离子表面活性剂类似，是一个具有一般泊松分布范围的、由多个亚乙氧烷基（EO）链单元组成的链。该链的亲水性强弱可以通过嵌入极性小的异丙氧基（PO）单元而缓冲。表面活性剂总的极性可以通过二甲基硅氧烷基团的取代比例而调节。

3．其他组分

有机硅表面活性剂在合成时的最终产品并不完全是由硅氧烷－聚醚共聚物所组成的，可能会有一些来自合成工艺中的残留物。在合成反应中，必须加入过量的聚醚以确保硅氧烷全部共聚，结果典型的有机硅助剂会含有部分未共聚的聚醚链，这些未共聚的聚醚链可以提高药液在植物表面的湿润性，对提高药剂的表皮渗透性有利。

在有机硅表面活性剂合成过程中，会用到甲苯、异丙醇等有机溶剂，因此，在有机硅产品中也可能会有极低含量的有机溶剂残留。在理论上讲，这些有机溶剂可能会对植物产生药害。然而实际上，产品中溶剂的含量极低，稀释后浓度更低，在喷雾中不可能产生药害等问题。

4．有机硅表面活性剂的扩展机理

有机硅表面活性剂的结构特点决定了其与常规助剂相比所具有的超级展扩能力。1990 年，Anamthapadmanabhan 等人提出有机硅表面活性剂紧凑的的疏水性头部可以容易地从气液界面移动到固体表面，从而使得液体可以在固体表面实现超级扩展。图 1-60 中“拉链式模型（Zippermodel）”形象地显示了有机硅和常规助剂在固体表面的移动。

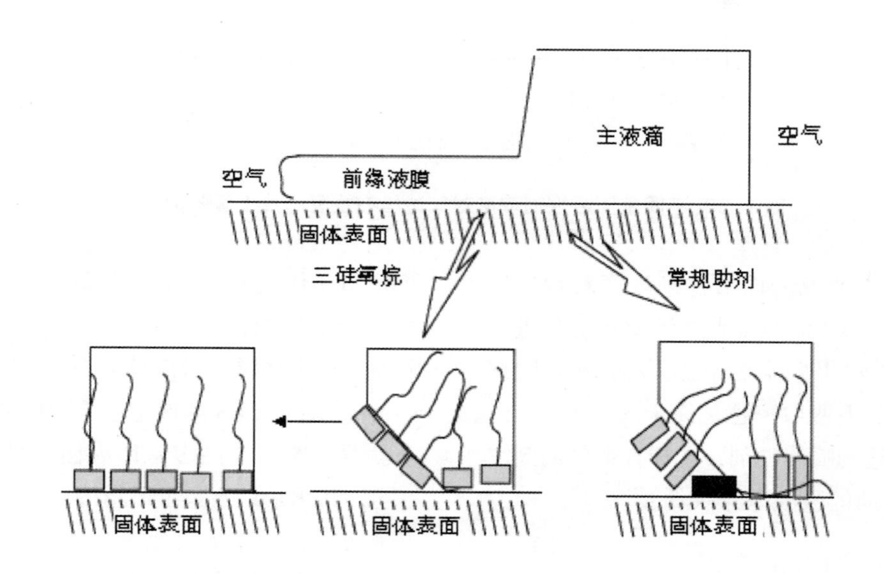

图 1-60 表面活性剂在固体表面扩展的“拉链式模型（Zipper model）”

5．有机硅表面活性剂的稳定性

有机硅表面活性剂在水中不稳定，容易分解，因此，需要现用现混。这虽然对有机硅表面活性剂的应用有一定的限制，但从环境安全和残留角度来看，由于其水解快，残留少，更适合在农业喷雾中使用。

有机硅表面活性剂的水解受多种因素的影响，作为农药喷雾助剂，影响其水解的因素主要是药液的pH值和药液贮存时间。通过观察测定药液的表面张力和其铺展能力，可以直观地观察到有机硅表面活性剂的水解作用。

在药液为中性（pH值6～8）的条件下，有机硅表面活性剂在药液中稳定性好，能长期保持其表面活性；当有机硅表面活性剂在pH值为5～6或8～9的药液中放置过夜的情况下，其表面活性（表面张力和铺展能力）则在第二天明显降低。因此，有机硅表面活性剂在酸性（pH值<5）或碱性（pH值>9）的条件下，配制到药液中后应立即施用。在极端的pH值条件下，如喷施有些生长调节剂，有机硅表面活性剂会迅速出现水解，大幅度降低其表面活性。

在田间喷雾时，一定要注意有机硅表面活性剂的水解特性，药液中添加有机硅表面活性剂后，立即进行喷雾处理，国外大型喷雾机在使用有机硅表面活性剂时，采用直接注入系统，有机硅表面活性剂在喷雾管路中才与药液混合，保证了有机硅表面活性剂的功效。

有机硅表面活性剂在水中不稳定，是由于其硅氧烷骨架中的硅－氧键（Si–O）对水解断裂敏感，在酸性或碱性条件下，有机硅表面活性剂容易发生分子重排，2个三硅氧烷共聚结合，生成四硅氧烷和六甲基二硅氧烷，三硅氧烷水解方程式见图1–61。四硅氧烷中，硅氧烷和聚醚的比例为4∶2，而在三硅氧烷中，两者的比例是3∶1。这种重排反应大大提高了多硅氧烷共聚链接的含量，因而极大地降低了其表面活性。

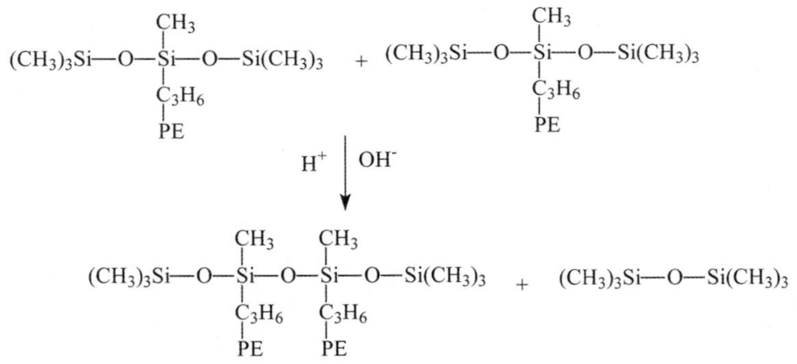

$$2\ (CH_3)_3Si{-}O{-}Si(CH_3)(C_3H_6{-}PE){-}O{-}Si(CH_3)_3 \xrightarrow{H^+\ /\ OH^-} (CH_3)_3Si{-}O{-}Si(CH_3)(C_3H_6{-}PE){-}O{-}Si(CH_3)(C_3H_6{-}PE){-}O{-}Si(CH_3)_3 + (CH_3)_3Si{-}O{-}Si(CH_3)_3$$

图1–61　三硅氧烷水解降解反应（式中PE=聚醚）

据最新报道，美国迈图高新材料集团（原GE公司高新材料部）已成功开发出能在极宽的pH值中保持水解稳定性的新型有机硅助剂，从而解决了有机硅助剂只能在中性pH值条件下使用的局限性。

6．有机硅表面活性剂在农药喷雾中的作用

有机硅表面活性剂作为农药喷雾助剂，可以显著降低喷雾液表面张力，喷雾液的表面张力可以降低到22mN/m（0.1%水溶液）以下，降低雾滴在植物叶片或害虫体表的接触角，改善喷雾液在植物或昆虫体表的润湿分布性，增加药液的铺展面积，能够提高喷雾液通过叶面气孔时被植物叶片吸收的能力，国内由迈图公司销售的Silwet®系列有机硅表面活性剂，在喷雾过程中应用时省水、节药效果显著，在使用时要注意以下几点：

（1）Silwet®系列表面活性剂是一种喷雾助剂，适合桶混使用，使用浓度为0.03%～0.1%，浓度越高，则发挥铺展润湿能力越强。

（2）Silwet®系列表面活性剂在非中性水溶液中容易水解，因此，使用时要做到现混现用。

（3）Silwet®系列表面活性剂的水解不稳定性，不提倡在强酸碱性的农药药液中使用。

（4）Silwet®系列表面活性剂的推广使用需要与喷雾方式的改进相结合，在药液中添加Silwet®系列表面活性剂，需要把施药液量从常规大容量喷雾（例如，60L/亩）降低到中等容量（例如，20L/亩）甚至是低容量喷雾。

（5）药剂中添加Silwet®系列表面活性剂后，假如仍采用大容量喷雾，由于助剂浓度低，其润湿铺展、促进渗透等性将受到影响。

（6）由于Silwet®系列表面活性剂的超级表面润湿能力，表面张力极低，所以在使用Silwet®系列表面活性剂时，应保护好眼睛。

（7）Silwet®系列表面活性剂进入水体后，由于其表面张力极低，表面张力降低容易使鱼鳃功能受损，因此，对鱼类有一定毒性，不要把Silwet®系列表面活性剂丢弃到鱼塘。

（8）Silwet®系列渗透力强，与皮肤接触可能有刺激性，故喷雾作业时要穿戴防护服。

第七章
农药应用中的药害

农药是一把“双刃剑”，用好了可以有效防治农作物病、虫、草、鼠害，用不好则会带来人员中毒、作物药害、环境污染和农产品安全等问题，有关农药毒性和人员中毒、农产品安全等问题已经在本篇第三章农药毒性部分进行了介绍，本章介绍农药应用中的药害问题。

农药药害是指施用农药不当而引起植株产生的各种病态反应，常常表现为组织损伤、生长受阻、植株变态、减产、绝产甚至死亡等一系列非正常生理变化。农药药害成因相当复杂，既包括农药使用不当，也有因特定条件如气候条件造成的药害。农作物因使用农药不当而造成药害的现象屡屡发生，给农业生产造成了不必要的损失。

杀虫剂、杀菌剂、除草剂、植物生长调节剂等在使用不当都会造成作物药害，目前生产中出现药害事故最多的是除草剂药害。

一、农药的安全系数

农药对植物的安全程度称之为安全系数，即作物对农药可忍耐的最高浓度与推荐使用浓度之比。理论上安全系数大于1时就能在生产上使用，但是在实践中农药不可能十分精确地均匀使用分布到田间，其活性受各种因素影响，因此，一般认为安全系数大于2.5时使用起来比较安全。

$$安全性系数=\frac{防治病虫草害的有效使用剂量}{对作物产生药害的剂量}$$

影响农药安全系数的因素很多，主要包括药剂类别及其性质、作物种类（单子叶和双子叶作物）及品种、作物发育期（营养生长和生殖生长）和生理状况、环境（温湿度和酸碱度）、土质和微生态等因素对农药安全系数都有影响。

农药的安全性系数通过药害测定试验得到。

二、农药药害症状诊断和分类

1. 药害症状

（1）斑点

斑点药害主要发生在叶片上，有时也在茎秆或果实表皮上。常见的有褐斑、黄斑、枯斑、网斑等。如水稻田初期喷洒丁草胺不当，稻叶会发生不规律褐斑，用井冈霉素喷洒西瓜苗叶，会出现小黄斑，代森铵浓度过高，可引起水稻叶片褐边枯斑；波尔多液在苹果表面上可产生木栓组织的棕色网斑等。药斑与生理性病害的斑点不同，药斑在植株上分布没有规律性，整个地块发生有轻有重。病斑通常发生普遍，植株出现症状的部位较一致。药斑与真菌性病害的斑点也不一样，药斑大小，形状变化大，病斑具有发病中心、斑点形状较一致。

（2）黄化

黄化可发生在植株茎叶部位，以叶片黄化发生较多。引起黄化的主要原因是农药阻碍了叶绿素的正常光合作用。轻度发生表现为叶片发黄，重度发生表现为全株发黄。叶片黄化又有心叶发黄和基叶发黄之分。如氰戊菊酯药害在西瓜上表现新梢发黄，小麦受绿麦隆轻度药害时，表现为基叶发黄。受西玛津药害的小麦叶片，先从叶尖边缘开始发黄，然后扩展至全叶乃至全株发黄枯死。敌草隆可使棉苗叶片出现黄化型退绿症状。扑草净接触小麦种芽后，在麦苗2～3叶期出现整株黄化，严重时枯死。药害引起的黄化与营养元素缺乏引起的黄化有所区别，前者常常由黄叶变成枯叶，晴天多，黄化产生快，阴雨天多，黄化产生慢。后者常与土壤肥力有关，全地块黄苗表现一致。与病毒引起的黄化相比，后者黄叶常有碎绿状表现，且病株表现系统性症状，在田间病株与健株混生。

（3）畸形

由药害引起的畸形可发生于作物茎叶和根部，常见的有卷叶、丛生、肿根、畸形穗、畸形果等。如小麦种芽受2-甲-4-氯药害时，表现为芽鞘基部和幼根基部膨大，水稻受2，4-D药害时，出现心叶扭曲，叶片僵硬，并有简状叶和畸形穗出现，油菜芽期受氟乐灵药害时，呈现肿根和根茎开裂等症状。棉苗受除草醚药害时，则生长点萎缩，棉叶呈撅叶状畸形。水稻秧苗受杀草丹药害，会出现多蘖、叶片扭曲等症状。番茄受2，4-D药害时，出现典型的空心果和畸形果。药害畸形与病毒病害畸形不同，前者发生普遍，植株上表现局部症状，后者往往零星发生，表现系统性症状，常在叶片混有碎绿明脉、皱叶等症状。

（4）枯萎

药害枯萎往往整株表现症状，大多由除草剂引起。如水稻苗期受草甘膦药害，植株表现枯黄死苗，西瓜苗受绿麦隆药害后，则嫩叶黄化、叶片枯焦、植株萎缩，乃至死苗。药害引起的枯萎与植株染病后引起的枯萎症状不同，前者没有发病中心，且大多发生过程较迟缓，先黄化，后死苗，根茎输导组织无褐变；而后者多是根茎输导组织堵塞，当阳光照射，蒸发量大时，先萎蔫，后失绿死苗，根基导管常有褐变。

（5）生长停滞

这类药害是抑制了作物的正常生长，使植株生长缓慢，除草剂药害一般均有此现象，只是多少不同而已。如水稻秧栽后喷施丁草胺不当，除出现褐斑外，亦表现出生长缓慢；油菜田使用绿麦隆不适当，也会引起植株生长缓慢，分枝减少，影响产量。药害引起的缓长与生理病害的发僵和缺素症比较，前者往往伴有药斑或其他药害症状，而后者中毒发僵表现为根系生长差，缺素症发僵则表现为叶色发黄或暗绿。

（6）不孕

不孕症是作物生殖生长期用药不当而引起的一种药害反映。如在水稻花粉母细胞减数分裂期前后，使用稻脚青，可引起雄性不育。造成空秕青粒穗而减产，在水稻孕穗期错用草甘膦，则出现花秕谷不孕。药害不孕与气候因素引起的不孕两者不同，前者为全株不孕，有时虽部分结实，但混有其他药害症状，而气候引起的不孕无其他症状，也极少出现全株性不孕现象。

（7）脱落

这种药害大多表现在果树及部分双子叶植物上，有落叶、落花、落果等症状。桃树受铜制剂药害后，会引起落叶，山楂使用乙烯利不当会引起落果、落叶，梨树花期使用甲胺磷，会引起落花。苹果树使用波尔多液或石硫合剂会引起落花落果。注意药害引起的落叶，落花落果与天气或栽培因素引起的落叶、落花、落果不同，前者常伴有其他药害症状，如产生黄化、枯焦后，再落叶。而后者常与灾害性天气有关，在大风、暴雨、高温时常会出现。栽培因素主要是缺肥或生长过多而引起落花、落果。

（8）劣果

此类药害表现在植物的果实上，使果实体积变小，果表异常，品质变劣，影响食用价值。番茄遭受铜制剂药害后，可表现出果实表面细胞死亡，形成褐果现象，葡萄受增产灵药害，会表现出果穗松散，果实缩小，表皮粗糙。西瓜受乙烯利药害，瓜瓤暗红色，有异味。药害引起的劣果与病害造成的劣果不同，前者只有病状，无病征，有时还伴有其他药害症状；后者有病状，也多有病征，有些病毒性病害则表现出系统性症状，或不表现其他症状。

2．农药药害分类

（1）根据药害发生时间划分

①急性药害，指施药后短时间内（一般10天内）表现出的症状，多为出现斑点、失绿、落花、落果等。

②慢性药害，一般在施药后10天以上才表现出来，一般为黄化、畸形、小果、劣果等。

③残留药害，田间使用农药后，由于用药量大，土壤中残留量高，引起对后茬敏感作物的药害。如三唑类杀菌剂对下茬双子叶作物和敏感粳稻的生长抑制而表现的药害。

（2）根据药害程度划分

①轻度药害，一般只使作物生长稍受影响，产量损失少。

②中度药害，则使作物生长受到阻碍，管理得当，有可能恢复，可减少损失。

③重度药害，可使作物受到严重危害，甚至提早枯死，颗粒无收。

（3）根据药害性质划分

①可见药害，即从形态上用肉眼能直接观察出症状的药害，如叶片被灼伤、失绿、变色、产生叶斑、凋萎，甚至落叶、落果，植株生长缓慢或徒长、畸形，以至枯萎、死亡，药剂处理种子后出苗期推迟、出苗率降低、苗弱；果实在药液聚集处形成坏死斑、植株枯萎等。

②隐性药害，施用农药后，即从作物外观看，生长、发育无明显症状，但最终的产量降低，品质变差。这种药害常被忽视，如三唑类杀菌剂使用不当，会阻止植物叶片生长、减少光和产物形成；可使水稻千粒重下降。

农药药害诊断时还要正确确定药害的标准与界限。有些农药在使用后，特别是有些除草剂使用后，作物会不可避免地出现某些异常症状，如叶片变黄，生长暂时受些抑制，但其后迅速恢复正常，不影响中后期的生长，也不会导致减产，则不应将其看作是药害。

三、药害程度的评价

观察农药对作物有无药害，需要准确描述药害症状。当除草剂显示出长持效迹象时，要观察其对后茬作物有无残留药害及药害程度。调查和评判药害程度，一般可采用为下方法。

（1）绝对值法，当药害能被计数或测量，则用绝对数值表示，如植株数（出苗率）、植株高度、分蘖（分支）数等。

（2）估计分级法，药害分级标准为：

- 无药害；

+ 轻度药害，不影响作物正常生长；

++ 中度药害，可恢复，不会造成作物减产；

+++ 重度药害，影响作物正常生长，对作物产量和品质造成一定程度的损失；

++++ 严重药害，作物生长受阻，作物产量和品质损失严重。

（3）百分率分级法，将用药处理区与没用药对照区比较，评价药害百分率（表1-37）。

表1-37 作物药害百分率分级

级	百分率（%）	症状
0	0	无影响，生长正常
1	10	可忽略，叶片略见变色，几乎未见阻碍生长发育
2	20	有些植株失色或生长受抑制，很快恢复
3	30	植株受害，明显变色，生长发育受抑制，但持续时间不长
4	40	中度受害，褪绿或生长受抑制，但可恢复
5	50	受害时间较长，恢复慢
6	60	几乎所有植株受伤害，不能恢复，死苗小于40%
7	70	大多数植株伤害重，死苗40%~60%
8	80	严重伤害，死苗60%~80%
9	90	植株几乎都变色、畸形，死苗大于80%
10	100	死亡

四、杀虫剂药害

相对于杀菌剂和除草剂，杀虫剂对作物比较安全，但在某些敏感作物上如果使用不当，也会造成药害。

1. 有机磷类杀虫剂

有机磷杀虫剂使用时比较安全，在一般情况下不会产生药害。但某系作物如高粱、桃、十字花科蔬菜等比较敏感，在使用时要注意。

高粱对敌百虫敏感，应避免使用。敌敌畏对高粱最易产生药害，施药的田块应距离高粱地20m以上。玉米、豆类、瓜类的幼苗对敌敌畏也较敏感，使用时要注意。

辛硫磷在使用时要注意，高粱对辛硫磷敏感，不宜喷洒使用；玉米田只可采用颗粒剂撒施防治玉米螟，不要喷雾防治蚜虫、黏虫等，以免产生药害。

马拉硫磷使用浓度高时，对瓜类、樱桃、梨、葡萄、豇豆和十字花科蔬菜会产生药害。

杀螟硫磷对高粱、萝卜和油菜等十字花科蔬菜易发生药害，使用时要注意。

毒死蜱可能会对瓜苗（特别是在温室大棚内）有药害，应在黄瓜植株生长中后期使用。

二嗪磷在一般使用浓度（或剂量）下无药害，但一些品种的苹果和莴苣较敏感，使用时要注意；另外，二嗪磷不能和含铜农药及敌稗混用，以免产生药害，在施用敌稗前后2周内不能使用二嗪磷。

氧乐果在常用浓度下对作物安全，常量喷雾时，40%氧乐果乳油对水倍数少于1 200时，对某些品种的高粱、烟草、枣、桃、杏和梅等可能产生药害。

2. 氨基甲酸酯类杀虫剂

氨基甲酸酯类杀虫剂对作物安全，但也要注意：西瓜对甲萘威敏感，不宜使用，其他瓜类应先做药害试验再使用；异丙威对薯类有药害，应慎用。

3. 拟除虫菊酯类杀虫剂

拟除虫菊酯类杀虫剂来源于植物，因此，在使用时对作物安全，一般不会出现药害。

4. 其他杀虫剂

沙蚕毒素类杀虫剂的某些品种对某一些作物容易产生药害，如白菜、甘蓝等十字花科蔬菜的幼苗对杀螟丹、杀虫双敏感，在夏季高温或作物生长较弱时更敏感；豆类、棉花等对杀虫环、杀虫双特别敏感，易受药害。水稻扬花期对杀螟丹也较敏感。棉花、大豆、四季豆、马铃薯等作物对杀虫单较敏感，易产生药害，因此，稻田施用杀虫单时，切勿让药液雾滴飘移到这些作物上，以避免药害的产生。

白菜、萝卜对噻嗪酮（扑虱灵）敏感，使用时要注意。

梨树、瓜类、豆类、柑橘新梢和棉花对螨克、克螨特敏感，施用时浓度不宜太高，避免药害产生。

5. 对策

（1）喷大水淋洗或略带碱性水淋洗，若是由叶面或植株喷洒某种杀虫剂后发生药害，而且发现较早，可以迅速用大量清水喷洒受药害的作物叶面，反复喷洒清水冲洗2～3次，尽量把植株表面的农药冲洗掉。此外，由于大多数农药遇碱性物质都比较容易分解（敌百虫除外），可在喷洒清水时加入适量0.2%的碱面或0.5%～1%的石灰，进行淋洗或冲刷，以加快农药的分解。

（2）如农作物受到氧乐果、对硫磷等农药的药害，可在受害作物上喷施0.2%硼砂溶液。在树干注射内吸性较强的杀虫剂时，若因施药浓度过高而发生药害，应迅速去除受害较重的树枝，以免药剂继续传导和渗透，并迅速灌水，以防止药害继续扩大（表1-38）。

表1–38　农药（杀虫剂）对作物药害一览表

杀虫剂名称	作物药害及注意事项
氯丹	瓜类、樱桃和梅等对氯丹敏感，不得在这些作物及温室作物上施用
马拉硫磷	瓜类、豇豆、梨和苹果的一些品种对该药敏感
乐果	啤酒花、菊科植物、烟草、枣树、桃、杏、梅树、橄榄、无花果、柑橘等作物对稀释1 500倍以下的乐果乳剂敏感
氧乐果	同乐果
杀螟硫磷	萝卜、油菜、青菜、卷心菜等十字花科蔬菜及高粱对该药敏感
辛硫磷	黄瓜、菜豆对该药剂敏感
哒嗪硫磷	不能与2，4–D除草剂同时使用，如果两种药剂使用的间隔太短，也容易出现药害
敌百虫	高粱、豆类特别敏感，不宜使用。玉米、苹果（曙光、元帅等品种）早期对敌百虫较敏感，使用时注意
敌敌畏	高粱、月季花对敌敌畏敏感，不宜使用。玉米、豆类、瓜类幼苗及柳树也较敏感，药液稀释浓度不能低于800倍
倍硫磷	十字花科蔬菜的幼苗，梨、桃、樱桃、高粱及啤酒花对该药敏感，易发生药害
稻丰散	葡萄、桃、无花果和苹果的某些品种对改药敏感，易发生药害
磷胺	高粱、桃和樱桃敏感，不宜使用
甲萘威	瓜类对甲萘威敏感，易发生药害
仲丁威	稻田施药前后10d，要避免使用敌稗，以免发生药害
杀螟丹	水稻扬花期或作物被雨露淋湿时不宜施药；白菜、甘蓝等十字花科蔬菜的幼苗对该药敏感，夏季高温或生长幼弱时不宜施药
异丙威	薯类作物对该药敏感
克百威	在稻田施用该药，不能与敌稗、灭草灵等除草剂同时施用，以免发生药害（施用敌稗应在施用克百威前3～4d进行，或在施用该药后一个月后）
速灭威	某些水稻品种对速灭威敏感，应注意在分蘖末期使用，喷雾时药液浓度不宜过高，以免叶片发黄变枯
涕灭威	该药在棉花种子发芽时容易产生药害，不可用于棉花拌种；如果采用穴施，药量要比条施减半
噻嗪酮	药液接触到白菜、萝卜等作物会出现褐斑或绿叶白花等药害
杀虫双	白菜、甘蓝等十字花科蔬菜幼苗在夏季高温下对杀虫双反应敏感，宜发生药害，应慎用
多噻烷	药液稀释浓度低于300倍时，在棉花、高粱上使用易发生药害
三氯杀螨醇	某些苹果品种敏感，易产生药害，使用时要注意
双甲脒	短果枝金冠苹果对该药敏感，有少叶现象
克螨特	作物幼苗和新梢嫩尖在高温、高湿条件下对该药敏感，易出现药害

五、杀菌剂药害与预防

1．无机硫杀菌剂

硫黄（S）用于植物病害防治，已有两千多年的历史，其使用一般情况下安全，但在17℃以下效果较差，30℃以上高温使用容易造成植物药害。在大棚温室采用电热硫黄熏蒸防治病害时，要严格控制熏蒸器温度，不得使硫黄燃烧，否则，硫黄燃烧生成对植物敏感的二氧化硫（SO_2）。辽宁省曾发生过，用硫黄和稻草放在一起燃烧防治草莓白粉病的案例，结果造成草莓药害。

石硫合剂可以被氧化或在弱酸下水解释放S和H_2S，石硫合剂的渗透性较强，防病效果好于硫的其他制剂，但极易引起药害。不同植物对石硫合剂的敏感性不同，桃、李、梅、梨、葡萄、豆类、马铃薯、番茄、葱、姜、黄瓜、甜瓜等最容易受药害，在高温季节应尽量避免使用，在果树休眠期可以使用。

2．有机硫杀菌剂

福美双作为种子处理剂一般比较安全，但在温室用于黄瓜时，浓度稍高便会引起枯斑；在苹果上剂量稍大，容易引起果锈，特别是幼果非常敏感，一般在落花3～4周后才能使用；高温条件下在水稻上使用也可能引起叶片类似于胡麻斑病的褐色斑点。

代森锰锌等安全性较高，但对苹果幼果也会引起锈果等症状的药害；因为破坏果面蜡质沉积，推荐浓度下使用对美国红提会造成严重的锈果症状。

代森铵呈弱碱性，对植物有渗透能力，因此，很容易造成药害，主要表现灼伤症状。50%代森铵水剂用于水稻，稀释倍数不能低于1 000倍，一般不用于果树和蔬菜。

3. 取代苯杀菌剂

百菌清常用于果树和蔬菜病害防治，但梨树和柿树比较敏感，不宜使用；百菌清在浓度稍高时也会引起桃、梅、苹果等药害；苹果落花后20天内使用会造成果实锈斑。

五氯硝基苯对丝核菌特效，对甘蓝根肿病、白绢病有效，常用作种子处理和土壤处理，使用时与幼芽或瓜类叶片接触会有灼伤症状的药害。

4. 三唑类杀菌剂

三唑类是一类高活性的杀菌剂，如烯唑醇、戊唑醇、丙环唑等，使用不当容易产生药害。三唑类杀菌剂作为土壤和种子处理剂，使用不当会出现出苗率降低、幼苗僵化的药害症状；表现地上部分的伸长和小麦苗的叶、根和胚芽鞘的伸长受到抑制。丙环唑对某些双子叶作物和葡萄、苹果的个别品种也会造成药害，丙环唑叶面喷施常见的药害症状是幼嫩组织硬化、发脆、易折、叶片变厚、叶色变深、植株生长滞缓（一般不会造成生长停止）、矮化、组织坏死、褪绿、穿孔等，种子处理会引起延缓种子萌芽。

5. 含铜杀菌剂

铜离子常常会导致果树及其他作物发生药害，在落叶果树中，桃、李、柿、杏等对铜离子最敏感，不宜使用铜制剂；苹果、梨等中度敏感，必须注意使用方法。铜制剂的药害有急性与慢性之分，急性药害发生在刚喷过药的几天内，以枝条上部的幼叶受害重，叶片变黑、焦枯，在苹果、梨的小幼果期喷洒铜制剂，容易导致皮孔坏死，变黑变大，以及果锈、果皮粗糙等隐性药害在生产上急性药害的发生情况较少。而慢性药害发生较多，在夏季高温多雨的年份，尤其是连续降雨时间过长时，喷洒过铜制剂的果树容易发生慢性药害。因为在这样的天气条件下，叶片和果实上的水珠保持时间很长，而且水珠中可以溶解较多的二氧化碳，显酸性，促进了药斑中铜离子的释放，当水珠中铜离子浓度超过一定数量时，果树即会受到伤害，这种现象我们可以称之为铜制剂的风雨药害。铜制剂风雨药害的症状特点是：枝条下部的老叶及树冠内膛下部的叶片受害重，从叶边、叶尖开始变黑、焦枯，严重时整个叶片干枯脱落。铜制剂风雨药害的发生有一定规律，通常在波尔多液喷洒后15～20d左右，其他铜制剂喷洒后10d左右，遇到连续阴雨天气时，很容易发生药害。由于不同果园的喷药时间、喷药剂量、降雨情况等不尽相同，因此，药害的发生程度也大不相同。

铜制剂急性药害的预防比较容易做到，只要严格按说明书使用，不在敏感果树上喷洒，不在苹果、梨的小幼果期喷洒，限制使用浓度，适当提高波尔多液中的石灰用量就可以了。而铜制剂风雨药害的预防就比较困难，存在一定的盲目性，但可以从以下三方面着手进行预防：（1）在高温多雨季节喷施波尔多液时，必须选用优质石灰，并适当增加石灰用量，以1∶3～4∶200倍的波尔多液为宜；（2）两遍波尔多液的间隔期不要少于15d，其他铜制剂的间隔期不要少于8～10d；（3）铜制剂的喷洒浓度不要太高，喷药时同一棵树不能重复喷洒。

6. 甲氧基丙烯酸杀菌剂

甲氧基丙烯酸是一类新型特效、广谱、安全的低毒杀菌剂，已经登记用于防治400多种植物病害，对作物安全。但也有少数植物品种特别敏感，例如，阿米西达在红富士苹果上使用安全，但在嘎啦品种的苹果上使用就特别敏感，在幼果期使用会造成严重的锈果药害症状，高温下喷施还会造成落叶。阿米西达在云烟G80上施用也会造成过敏性枯斑（表1-39）。

六、土壤熏蒸消毒剂药害

土壤熏蒸消毒剂使用技术要求更高，使用不当，会造成严重的药害事故。

1．溴甲烷土壤熏蒸消毒

溴甲烷是一种广谱、高效的灭生性土壤消毒剂，土壤覆膜熏蒸消毒后，要揭膜通风7～10d后才能播种或定植蔬菜，如果土温较低或土壤较黏，需要延长通风时间，否则会对定植作物产生强烈的药害。

2．棉隆土壤熏蒸技术

棉隆又名必速灭、隆鑫，是一种广谱性土壤熏蒸剂，为无色晶状固体。棉隆混入湿润的土壤中后，迅速分解为异硫氰酸甲酯（MITC）等有毒气体，这些有毒气体在土壤空隙中向上扩散，能够杀死所接触的杂草、病原菌等有害生物。

棉隆对所有的生长植物都有药害，严禁在生长的作物田施用棉隆。棉隆处理过的地块，要通风一段时间，确保土壤中的棉隆全部转化成异硫氰酸甲酯并已经释放到空中，此时才可定植植物，否则，非常容易产生药害。

表1-39　杀菌剂（含杀线虫剂、土壤熏蒸剂）对作物安全性

农药名称	作物药害及注意事项
硫黄	黄瓜、豆类、马铃薯、桃、李、葡萄等作物对该药敏感，易发生药害。使用时应适当降低浓度或减少施药次数。高温季节应早晚施药，避免中午施药
波尔多液	桃、李、梨、梅、白菜、大豆、小麦对该药敏感，易发生药害。各种植物叶部发生药害的情况也不一样（如柿、梨、柑橘）；由于生长期不同，发生叶部药害的情况也不一样（如水稻孕穗期，石灰用量要增加）。注意与其他药剂混用，施用波尔多液一个月内，避免使用石硫合剂。施用石硫合剂两周内避免使用波尔多液
代森铵	使用浓度在1 000倍以内，一些作物可能敏感。尤其是豆类作物，气温高时易生药害
福美胂	不能与碱性药剂和铜制剂混用，以免发生药害
稻脚青	水稻孕穗以后喷药，易发生药害，特别是晚粳稻。另外浓度过高或喷药不均，水稻上会有轻微药斑
田安	施药期不能迟于孕穗期，要严格掌握药液浓度，喷雾要均匀，以免发生药害
异稻瘟净	如喷雾不均或浓度过高，稻苗会产生褐色药斑。该药可使棉花脱叶，在棉田附近使用需注意。禁止与碱性农药，高毒有机磷杀虫剂及五氯酚钠混用
敌瘟磷	使用除草剂敌稗前后10d内禁用敌瘟散，不能与碱性农药混用
敌瘟净	使用浓度过高，水稻尤其是山稻易产生药害
五氯硝基苯	过量的药剂与幼芽接触时易产生药害
百菌清	桃、梨、柿、梅及苹果幼果对百菌清油剂敏感，易产生药害
叶枯净	水稻秧苗期，尤其是黄瘦秧苗和抽穗扬花期对药剂比较敏感。另外，浓度过高，重复喷药或喷药不均都易产生药害
敌菌灵	勿与碱性药剂混用。水稻扬花期应停止用药，以免产生药害
霉灵	闷种易产生药害
萎锈灵	不能与强碱性药剂混用。100倍药液可能对麦类有轻微药害，使用时要注意
甲基立枯磷	该药对西洋草可能有药害，在草地附近喷药时要注意
灭瘟素	水稻分蘖期易发生药害。番茄、茄子、芋头、药草、桑树、豆科和十字花科植物对该药敏感，不宜使用。施药时要防止药液漂移到易产生药害的作物上
春雷霉素	对大豆有轻微药害，使用时要注意邻近的大豆地
春雷氧氯铜	苹果、葡萄、大豆和藕等作物的嫩叶对该药敏感，会出现轻微的药害和褐瘢，使用时要注意浓度，要在下午16：00时后喷药
丙线磷	严格掌握施药剂量，用量不得过高，施药时避免种子接触药剂，以免产生药害
棉隆	施药时土壤温度应保持在6℃以上，以12～18℃最适宜，土壤的含水量应保持在40%以上，以保证防效避免出现药害

七、除草剂药害和预防

由于杂草和农作物均为绿色植物，因此，在除草剂使用中，稍有不当，很容易造成除草剂药害，农业生产上出现的农药药害主要是除草剂药害问题。预防药害是除草剂应用中必须予以高度注意的问题。有关各个具体除草剂品种对作物的安全性以及如何科学使用以避免药害事故请参阅本书除草剂应用篇，本章只讲述一下除草剂药害的一般规律和预防方法

1. 除草剂药害的种类

除草剂药害可分为如下三类：

（1）直接药害，除草剂喷洒到农田后，造成的农作物药害。其主要原因是误用、错用等引起，如有农户把灭生性除草剂草甘膦喷洒到小麦田，造成麦田药害。

（2）飘移药害，喷洒除草剂时，细小除草剂雾滴在风力作用下飘移到邻近敏感作物上而造成的药害，这是目前农业生产中最常见的除草剂药害，不仅造成作物减产，还引起邻里纠纷，直至诉诸法庭，此类案例各地均有发生。

（3）残留药害，田间喷洒长残效除草剂后，虽然有效地控制了当季作物田的草害，但对后茬敏感作物却造成了药害。东北地区把这种地块称为“癌症田”。

2. 除草剂药害主要症状

除草剂在茎叶上的药害症状主要表现为叶色、叶形变化，落叶和叶片部分缺损以及植株矮化等。（1）褪绿，症状可以发生在叶缘、叶尖、叶脉间或叶脉及其近缘，也可全叶褪绿。褪绿的色调因除草剂种类和植物种类的不同而异，有完全白化苗、黄化苗、也有的仅仅是部分褪绿；（2）坏死，坏死是作物的某个部分如器官、组织或细胞的死亡。坏死的部位可以在叶缘、叶脉间或叶脉及其近缘，坏死部分的颜色差别也很大；（3）落叶，褪绿和坏死严重的叶片，最后因离层形成而落叶；（4）畸形叶，与正常叶相比，叶形和叶片大小都发生明显变化而畸形；（5）植株矮化，对于禾本科作物，其叶片生长受抑制也就伴随着植株矮化，但也有仅仅是植株节间缩短而矮化的（表 1-40）。

表 1-40 除草剂对作物的安全性

农药名称	作物药害及注意事项
2，4-D 丁酯	该药挥发性强，棉花、大豆、油菜、马铃薯、向日葵等双子叶作物对其十分敏感，是最易使农作物产生药害的产品之一。施药应在无风或风小的天气进行，切勿使药雾飘移到双子叶作物田。更不能在套有敏感作物的田块施用。大、小麦、水稻秧苗在 4 叶期前和拔节之后，对 2，4-D 敏感，不宜喷药。分装和喷雾 2，4-D 的器械要专用
2 甲 4 氯	该药飘移雾滴对双子叶作物，如棉花、大豆、油菜、马铃薯，瓜类等威胁极大，应在无风天气施药，尽量避开双子叶作物地块。喷施器械最好专用
酚硫杀	双子叶作物对酚硫杀敏感，若施药田块附近有油菜、向日葵、豆类等双子叶作物，喷药一定要留保护行。如有风，则不应在上风口喷药
禾草灵	谷子、高粱、玉米、棉花等作物对该药敏感，不宜使用。喷过禾草灵后 7 ~ 10d 才能使用 2，4-D 等除草剂
麦草威	小麦三叶期前和拔节后，禁止施药。麦苗出于受到不正常天气影响或病虫害引起生长发育不正常时，不要使用麦草畏。大风时不要施药，以防飘移，伤害邻近敏感的双子叶作物
五氯酚钠	在各种作物上使用都不得进行叶面喷霉。嫩苗、叶片上露水未干不能用药
乙氧氟草醚	忌用于水田小苗秧（秧龄不足 25d）。施药后避免水层过深，淹没稻心叶。树苗刚出芽 5 ~ 8 周内不能喷药，以免伤害树苗
三氟羧草醚	大豆生长在不良的环境中，如干旱、水淹、肥料过多，或土壤中含过多盐碱，霜冻，最高日温低于 21℃或土壤温度低于 15℃时，不宜施药，以免产生药害。如果 6 小时内有降雨，不宜施药
克阔乐	该药对作物的安全性较差，施药后大豆呈现不同程度的药害，轻者叶片灼伤，重者大豆心叶扭曲皱缩，但后期长出的叶片生育正常。施药时要尽可能保证药液均匀，做到不重喷、不漏喷

（续 表）

农药名称	作物药害及注意事项
甲羧除草醚	施药后遇雨，药剂随雨水溅到大豆叶上会造成药害，表现为叶片枯斑，1～2周可恢复。在低温、低湿、播种过深的条件下，大豆也会出现药害造成缺苗。水稻插秧后施药注意水层不要过深，淹没稻苗心叶易产生药害
除草醚	施药后至出苗前进行湿润管理，秧板面不能积水，以免产生药害。叶片上有露水时不得施药。整地不平、弱苗、倒苗及漏水田不宜施药
氟磺胺草醚	该药在土壤中残效较长，对后茬作物有影响，如种白菜，谷子、高粱、甜菜、玉米、小麦和亚麻等敏感作物，会有不同程度的药害。应严格掌握用药量，选择安全的后茬作物。遇干旱等不良条件时喷药，大豆叶面会受到伤害，严重时会有暂时萎蔫，但一周后可恢复正常，不影响后期生长。大豆同其他敏感作物间作时，不得施用该药。果树及种植园施药时，要避免将药液直接喷溅到树上，尽量用低压喷雾，用保护罩定向喷雾
杀草胺	水稻的幼芽对杀草胺比较敏感，不宜在水稻秧田中使用
氟乐灵	用氟乐灵，应在播前5～7d施药，以免发生药害。低温干旱地区，氟乐灵施入土壤后残效较长，下茬不宜种植高粱、谷子等敏感作物
丁草胺	在插秧苗，秧苗素质不好、施药后骤然大幅度降温、灌水过深或田块漏水时，都可能产生药害。在秧田和直播田，切不可在播种前一天或随播种随时用丁草胺进行处理，否则会产生严重药害。使用剂量不可过高，水层不可过深。在旱田，该药对露籽表（或陆稻等）出苗有严重影响。露籽多的地块不宜施用
克草胺	水稻芽期及黄瓜、菠菜、高粱及谷子等对克草胺敏感，不宜使用。不宜在水稻秧田、直播田及小苗、弱苗、病苗及漏水的本田使用 在水稻田使用时需严格掌握用药时间及用药量
敌稗	水稻在喷敌稗前后10d之内不能使用巴沙、西维因、马拉硫磷、磷胺、敌百虫等氮基甲酸酯类及有机磷类杀虫剂，更不能与这类农药混用，因为这类药剂能抑制水稻体内敌稗解毒酶的活力，造成药害
萘丙酰草胺	该药对芥菜、茴香等有药害，不宜使用。在西北地区的油菜田，按推荐剂量施用该药，对后茬小麦出苗及幼苗生长无不良影响，但对青稞出苗和幼根生长有一定的抑制作用。用量过高时，其残留物会对下茬水稻、大麦、小麦、高粱、玉米等禾本科作物产生药害。亩用量在150g以下，当季作物生长期超过90d以上时，一般不会对后茬产生药害
禾草丹	插秧田、水直播田及秧田，施药后应注意保持水层。水稻出苗至立针期不要使用本品，否则易产生药害。不易播种催芽的谷种。冷湿田块或使用大量未腐熟的有机肥田块，用量过高时易形成脱氯杀草丹，使水稻产生矮化药害。发生这种现象时，应注意及时排水、晒田。沙质田及漏田不宜使用该药
灭草灵	日平均气温低于18℃时，宜发生药害，不宜使用。漏水田也不宜使用
野麦畏	播种深度与药效、药害关系很大。如果小麦种子在药层之中直接接触药剂，会产生药害
燕麦灵	土地贫瘠，天气干旱，小麦生长差的地块，不宜使用
绿麦隆	低温（0℃以下）时施药，易发生药害。稻麦连作区使用绿麦隆，若用量过大、喷药过迟，易造成麦苗及翌年水稻的药害。油菜、蚕豆、豌豆、红花、苜蓿等作物对绿麦隆较敏感，不得在这些作物上使用
西玛津	该药的残效长，对某些敏感后茬作物生长有不良影响，如对大麦、棉花、大豆、水稻、十字花科蔬菜等有药害。套种豆类、瓜类等敏感作物的地，不宜施用西玛津。该药不得用于落叶松的新播及换床苗圃
西草津	小苗、弱苗、用药量过大、撒施不匀、或温度超过30℃时施药，易产生药害。不同水稻品种对西草净耐药性不同。在新品种稻田使用该药，应注意水稻的敏感性
莠去津	该药残效长，对某些后茬敏感作物，如小麦、大豆、水稻等有药害，可采用降低剂量与别的除草剂混用；或改进施药技术，避免对后茬作物的影响。华北地区，玉米后茬多为冬小麦，故亩用量不能超过200g（商品量）。喷雾要均匀，否则会造成小麦点片受害，甚至死苗。对连种玉米地，用量可适当提高。青饲料玉米，在南方只作播后、苗前使用。做茎叶处理对后茬水稻有影响；桃树对该药敏感，表现为叶黄缺绿、落果，严重减产，不宜使用

（续 表）

农药名称	作物药害及注意事项
氰草津	施药后即下中至大雨，玉米易发生药害。尤其不平整的玉米田，由于药液积聚在苗株周围，药害更为严重，所以在雨前1～2d内施药对玉米安全
嗪草酮	该药安全性较差，施药量过高或施药不均匀，施药后遇有较大降雨或大水漫灌，大豆根部吸收而发生药害，使用时要根据不同情况灵活用药。砂质土、有机质含量2%以下的大豆田不能施药。土壤pH值7.5以上的碱性土壤和降雨多、气温高的地区要适当减少用药量 大豆播种深度至少3.5～4cm，播种过浅也易发生药害
广灭灵	广灭灵在土壤中的残效可持续6个月以上，施用广灭灵当年的秋天（即施用后4～5个月）或次年春天（即施用后6～10个月），都不宜种小麦、大麦、燕麦，黑麦、谷子、苜蓿。施用广灭灵后的次年春季，可以种水稻，玉米、棉花、花生及向日葵等作物。广灭灵仅限于非豆—麦轮作的地块使用
杀草敏	甜菜在破土至真叶出现前对杀草敏最敏感，勿在此时施药
百草枯	该药为触杀型灭生性除草剂，在幼树和作物行间作定向喷雾时，切勿将药液溅到叶子和绿色部分，否则会产生药害
快杀稗	在直播田及预先湿润土壤撒播催芽情况下，胚根刚暴露时（播种期）不宜施用快杀稗 在移栽田按推荐剂量用药，不受水稻品种及秧龄大小的影响。机插有浮苗现象且施药又早时，会发生暂时性伤害。遇高温天气也会加重对水稻的药害 茄科（番茄、烟草、马铃薯、茄子、辣椒等）；伞形花科（胡萝卜、芹菜、香菜等）；藜科（菠菜、甜菜等）；锦葵科（棉花、秋葵）；葫芦科（黄瓜、甜瓜、西瓜、南瓜等）；豆科（青豆、紫花苜蓿）；菊科（莴苣、向日葵等）；旋花科（甘薯等）对快杀稗敏感，施药时，避免雾滴飘移到邻近敏感作物上 施用快杀稗的田里8个月内应避免种植棉花、大豆以及以上大部分敏感作物。第二年不能种植甜菜、茄子、烟草等，两年后才能种植番茄和胡萝卜 喷过快杀稗稻田里的水不得用来灌溉其他作物，以免造成药害
嗯庚草烷	在南方稻田，使用剂量每亩超过2.67g有效成分时，水稻可能会出现滞生矮化现象，用药需准确掌握剂量
敌草快	敌草快是非选择性除草剂，施药时切勿使药液接触到作物或幼树上，否则，作物的绿色部分会产生严重药害
喹禾灵	在干旱条件下用药，某些作物如大豆有时会出现轻微药害，但能很快恢复，对产量无不良影响
普施特	该药在土壤中的残效期较长，大豆田施用普施特后，后茬只能种玉米或其他豆科作物。甜菜、油菜、西瓜、谷子、亚麻、蔬菜等其他作物必须在用药36个月后才能种植。不要在甜菜生产区或36个月内有可能种甜菜的大豆田内施用该药 避免采用飞机高空喷药或在强风条件下喷药，以免飘移到邻近敏感作物产生药害 避免同一年在同一块地中两次喷施普施特 当年大豆田施用普施特后，避免在第二年重茬的大豆田再施普施特，最好选用其他除草剂 切勿在施用过普施特的大豆田中取土做水稻、甜菜等敏感作物的苗床
噁草酮	该药用于水稻插秧田，弱苗、小苗或超过常规用药量、水层过深淹没心叶时，易出现药害，秧田及水直播田勿使用催芽谷
敌草隆	该药对小麦杀伤力较大，在麦套棉的棉田不宜使用 避免药液飘移到作物或果树叶子上，造成药害。桃树对该药敏感，使用时注意
草克星	不同水稻品种对草克星的耐药性有差异，但在正常条件下使用对水稻安全。若稻田漏水、栽植太浅或用量过高时，水稻生长可能会受到暂时的抑制，但能很快恢复生长，对产量无影响 草克星药雾和田中排水对周围阔叶作物有伤害作用，应予注意
茅草枯	茅草枯在土壤中移动性大，在砂质土壤中易产生药害，应减少用量

（续 表）

农药名称	作物药害及注意事项
草甘膦	该药为灭生性除草剂，施药时防止药雾飘移到附近作物上，以免造成药害
稀禾定	喷药时防止药雾飘移到邻近的单子叶作物上，以免造成药害
溴苯腈	低温或高湿天气，不宜施药。尤其是亚麻，气温超过 35 ℃、湿度过大时施药易出药害 该药不宜与肥料混用，也不能添加助剂，否则也会造成药害
稗草稀	稻田使用稗草稀不宜过早，应于新根长出后使用。否则易产生药害 稻田药土法施药要求浅水层，水层勿过深，以防超过心叶产生药害 温度低、风雨天、水稻分蘖期、苗小、苗弱，不宜施药

1

3．除草剂产生药害的原因

（1）用药量不准，一般而言，使用除草剂时，要求比杀虫剂、杀菌剂更为严格。每种除草剂都有规定的用量和浓度，使用时不应随意更改，否则就很可能产生药害。例如，巨星用量过大，可对小麦产生药害。

（2）将除草剂用于敏感作物，不同作物对除草剂的敏感程度不一样，若把除草剂用在敏感农作物上，或有雾滴飘移在其上边，均可使农作物产生药害，甚至死亡。如盖草能、禾草克、稳杀得等，防除阔叶农作物田间的禾本科杂草效果好，但对禾本科农作物小麦、水稻、谷子、玉米等药害严重。预防措施：根据农作物的种类，正确选择除草剂，避免将除草剂用于敏感作物产生药害。如棉花、大豆、花生及瓜类等双子叶农作物对2甲4氯、2，4-滴等除草剂极为敏感；小麦、水稻、谷子等禾本科农作物对盖草能、稳杀得等敏感，均易产生药害。

（3）施药操作不当，除草剂施用不当也会造成药害。例如，施用除草剂时，若误将其沾染到种子上，就可能产生药害；又如稻田撒施扑草净毒土防除杂草时，若把药沾在水稻叶片上，也易产生药害。预防措施：依据杂草、除草剂、环境条件不同，选择不同的施药方法，熟练掌握安全、高效使用除草剂的技术要点。提高施药质量，做到用药时间准确，明确除草剂作用于杂草的部位，避免沾染到农作物敏感部位上如草甘膦是灭生性除草剂，在用于苗圃、果园、幼林除草时，必须进行定向喷雾或遮挡式喷雾，否则不仅影响药效的正常发挥，而且会因喷雾产生飘移而造成药害。

（4）雾滴挥发与飘移，高挥发性除草剂，如2，4-D丁酯、广灭灵等，在喷洒过程中，细小雾滴极易挥发与飘移，致使邻近的敏感作物及树木受害。而且，喷雾器压力越大，雾滴越细，越容易飘移。

（5）土壤残留，在土壤中持效期长，残留时间久的除草剂易对轮作中敏感的后茬作物造成伤害，如玉米田施用阿特拉津，对后茬大豆、小麦等作物易产生药害；大豆田施用广灭灵，对后茬小麦、玉米易产生药害。

（6）混用不当，不同除草剂品种间以及除草剂与杀虫剂、杀菌剂等其他农药混用不当，也易造成药害。

（7）喷雾药械性能不良或作业不标准，如多喷头喷雾器喷嘴流量不一致、喷雾不匀、喷幅连接带重叠、喷嘴后滴等，造成局部喷液量过多，使作物受害。

（8）作物品种，不同作物品种对除草剂的药害耐受程度不同，如芥菜型油菜对草除灵高度敏感，易发生药害。

（9）异常不良的环境条件，如麦田使用2，4-D丁酯后，遇较长时间的低温、弱光照天气，则易产生药害。

（10）喷雾器械清洗不净，对装过除草剂的喷雾器，若未及时清洗，再盛装其他农药进行田间喷洒作业，也可能造成药害。

八、植物生长调节剂药害

不同植物生长调节剂对作物的安全性和使用方法请参阅本书植物生长调节剂应用篇，为便于读者比较，把主要植物生长调节剂的对作物的安全性列于表1-41。

表 1-41 植物生长调节剂对作物的安全性

农药名称	作物药害及注意事项
乙烯利	如遇天旱、肥力不足，或其他原因植株生长矮小时，使用该药剂应予小心。应降低使用浓度，并做小区试验；相反，如土壤肥力过大，雨水过多，气温偏低，不能正常成熟时，应适当加大使用浓度
多效唑	该药在土壤中残留时间较长，施药田块收获后必须经过耕翻，以免造成对后茬作物的抑制作用 一般情况下，使用多效唑不易产生药害。若用量过高，秧苗抑制过度时，可增施氮肥或赤霉素解救
赤霉素	经赤霉素处理的棉花等作物，不孕籽增加，故留种田不宜施药
复硝酚钠	该药施用浓度过高时，将会对作物幼芽及生长有抑制作用 结球性叶菜和烟草，应在结球前和收烟叶前一个月停止使用爱多收。否则会推迟结球，使烟草生长过于旺盛
矮壮素	该药作为矮化剂使用时，施用作物的水肥条件要好，群体有徒长趋势时使用效果好，如小麦、棉花等作物。凡是地力条件差，长势不旺时，勿用该药 有些作物使用量不能过大，棉花若用 50～60mg/kg 本品处理，叶色虽深，但会变得更脆，易损伤

九、农药药害的预防

1. 避免药害的方法

（1）坚持先试验后推广应用

新农药必须进行生物测定，以便明确该农药的适用范围，防治对象、防治适期、用药剂量或浓度、施药方法及注意事项等应用技术。要推广应用这些技术时，仍然要做适用性试验，因为农药的使用剂量与不同地区的气候条件、土壤质地、耕作状况等，都有直接关系，特别是除草剂，如丁草胺在北方稻田用药量大，而在南方稻田用药量小，这是因为南北方稻田的土壤有机质含量，pH 值，微生物活动，及气候条件都有很大差异造成的，如果采用北方稻田的用药量，用于南方稻田，就会对水稻不安全。反之，用南方的用药量用于北方稻田，则可能除草效果会受到影响。

另外，不同作物，不同生育期对农药的敏感性也不相同，为了扩大农药使用范围，就要扩大试验作物，同时要特别注意试验作物及该作物的不同生育期对农药的敏感反应，以便制订避免药害产生的安全使用措施。

（2）严格掌握农药使用技术

①合理选用农药选用的农药即要对防治对象有较好的防治效果，还要求农药对应用的作物安全无害，因此，选用农药时，要考虑作物的敏感性，不可使用对作物敏感的农药。例如，拉索、稳杀得，盖草能、拿捕净、草甘膦、百草枯、氟乐灵等除草剂，对采本科作物较敏感；2，4-D、2 甲 4 氯、丁草胺、稻瘟净、克瘟散等在水稻芽期应用易产生药害。在水稻幼穗分化期易产生药害的有 2 甲 4 氯、稻脚青等。对高粱、玉米苗期易产生药害的有杀螟松、马拉松等有机磷农药。对棉麻作物比较敏感的农药有 2，4-D、2 甲 4 氯、草甘膦、百草枯、阔叶净等。瓜类作物除对某些除草剂敏感外，对马拉松、甲胺磷、对硫磷、杀灭菊酯等电会敏感。有些植物生长调节剂使用不当、也会造成某些果树的落花、落果、落叶等。

②要称准农药剂量，配准农药浓度。一般对于大田作物防治病、虫、草害时，要按作物面积计算并称准农药用量，对于果树类防治病、虫、草害，或用植物生长调节剂时，则要准确配制农药使用浓度，根据树冠大小核定喷洒剂量。有的药剂还要根据作物的敏感反应来调节配比，例如，波尔多液，是由硫酸铜与石灰按一定比例配成的，萄葡、黄瓜等易受石灰药害，配制波尔多液时就可少加石灰，配成石灰半量式波尔多液；而苹果、梨、杏等易发生铜的药害，配制用于这些作物的波尔多液就可加大石灰用量，配成石灰倍量式或二倍量式的波尔多液，以避免药害。

③掌握好施药时期。在作物具抗性时期内，选择对防治对象较适宜的阶段用药，也是避免产生

药害的一个方面，如在水稻秧田用禾大壮防除稗草时，宜选在秧苗3叶期进行，过早，秧苗易产生药害，而如在5叶期施药，则除稗效果差。又如用2甲4氯防除阔叶杂草，宜在秧苗5叶期或拔秧前7天用药，用药过早稻秧也会受害，用药晚了，防除杂草效果会差。

④采用恰当的施药方法。正确选择施药方法的主要依据有三点；第一，根据农药性能及对作物的敏感性来确定施药方法；第二，根据农药剂型确定相应的施药方法，如水剂、乳油适用于喷雾。粉剂、颗粒剂宜于拌种或撒施；第三，根据天气状况灵活选用相适应的施药方法，如在大风天，不宜用喷雾方法施用广谱性除草剂，而用涂抹的方法，以防雾滴漂移引起作物药害。

⑤注意施药质量。作物药害与施药质量密切相关，为了提高施药质量，首先，要搞好平整土地，这对除草剂的芽前除草很重要，避免沟沟洼洼影响药物均匀分布而产生药害。配制农药时要搅拌均匀，拌毒土时要把农药与土充分混匀后再撒施。喷药时要注意农药溶解均匀后再喷，对已产生分层或沉淀的农药不要用，以免影响药效或产生药害。另外，喷施时要注意均匀，要选用恰当的喷幅，防止重喷，对撒施的毒土，采用少土多撒方法，以便撒施均匀。

（3）抓好施药后的避害措施

①彻底清洗喷雾器。如施用某除草剂之后不清洗喷雾器，又接着用来喷雾防治病虫害，如果巧遇到对该除草剂敏感作物，就会产生药害，为此要彻底清洗喷雾器，铁桶喷雾器要用1%硫酸亚铁溶液110kg，浸2h后，再用清水冲洗2～3次，方可用于其他农药的喷雾。对塑料桶喷雾器要用5%碱液浸泡数小时后，再用清水反复冲洗。

②妥善处理喷雾余液施药完毕，余下的农药溶液不可乱倒，以防产生药害。

③水稻田要搞好水田管理。水田应用除草剂后，要按照药剂的特性做好排灌工作。施用噁草灵的稻田，要防止大水淹苗产生药害。旱地施用除草剂后，要开好排水沟，特别是盐碱地，更要沟渠配套，排水畅通，达到雨过田干的要求。切不可出现雨后积水现象，以免发生除草剂药害。

2．药害的补救措施

在正确使用农药的同时，施药后一周内还要常检查作物生长情况，特别对施用除草剂和植物生长调节剂的田块，更要仔细检查，以便及早发现药害，及早采取紧急措施补救，以期尽力缓解或减轻药害的程度，恢复作物的长势。

当发现施药田块与不施药田块相比，出现叶片发黄、茎叶斑点、生长停滞、植株凋萎，畸形等典型药害症状时，就要分析产生药害的原因，以便采取相应补救措施。常用药害的急救措施有以下几种：

（1）施肥补救

对产生叶面药斑、叶缘枯焦或植株黄化等症状的药害时，增施肥料可减轻药害程度。如麦苗出现绿麦隆药害后，可追施人粪尿，根外追施尿素+磷酸二氢钾，促使植株恢复生长。

（2）排灌补救

对一些除草剂引起的药害，适当排灌可减轻药害程度。例如，杀草丹有时会引起水稻矮化症，原因是土壤中杀草丹在嫌气条件下脱氯形成脱氯杀草丹的结果，为此，当出现初期矮化症时，立刻排水露田，以后采取间隙排灌，或少施未腐熟的有机肥等措施，可缓解或减轻药害。

（3）激素补救

对于抑制或干扰植物的除草剂，如2，4-D、2甲4氯、甲草胺、杀草丹、禾大壮等在发生药害后，喷洒赤霉素可缓解药害程度。

1

第八章 农药剩余物的处置和保存

在农药贮运、销售和农药使用中往往出现农药废弃物，这些废弃物如果不能加强控制与管理，势必对大家的健康造成潜在的危害及环境污染。本文作者在全国各地经常看到水渠边、河边或湖边散落有废弃农药包装，严重危害环境。现阶段，很多农村的河塘中不再鱼游蛙鸣，与大家随意丢弃农药包装物，污染水源有很大关系。

一、农药废弃物来源

（1）由于贮藏时间过长或受环境条件的影响，变质、失效的农药。

（2）在非施用场所溢漏的农药以及用于处理溢漏农药的材料。

（3）农药废包装物，包括盛农药的瓶、桶、罐、袋等。

（4）施药后剩余的药液。

（5）农药污染物及清洗处理物。

二、农药废弃物处理的一般原则

针对农药废弃物的产生来源，采取必要的方法进行防护和安全处理是保证环境和人类安全的有效措施。

（1）首先要遵守有关的法律和管理条例。

（2）农药废弃物不要堆放时间太长再处理。

（3）如果对农药废弃物不确定，要征求有关专家意见，妥善处理。

（4）当进行废弃物处理时，要穿戴和农药适应的保护服。

（5）不要在对人、家畜、作物和其他植物以及食品和水源有害处的地方清理农药废弃物。

（6）不要无选择地堆放和抛弃农药。

三、农药废弃物的处理方法

农药废弃物的安全处理，必须采取有效的方法。

1. 变质、失效及淘汰农药的处理

被国家指定技术部门确认的变质、失效及淘汰的农药应予销毁。高毒农药一般先经化学处理，而后在具有防渗结构的沟槽中掩埋，要求远离住宅区和水源，并且设立“有毒”标志。低毒、中毒农药应掩埋于远离住宅区和水源的深坑中。凡是焚烧、销毁的农药应在专门的炉中进行处理。

2. 溢漏农药、药液的处理

在非施用场所溢漏的农药要及时处理。在进行农药作业时，为避免农药发生溢漏，作业人员应穿戴保护服（如手套、靴子和护眼器具等）。如果作业中发生溢漏，则污染区要求由专人负责，以防儿童或动物靠近或接触；对于固态农药如粉剂和颗粒剂等，要用干沙或土掩盖并清扫于安全地方或施用区；对于液态农药用锯末、干土或粒状吸附物清理，如属高毒且量大时应按照高毒农药处理方式进行；要注意不允许清洗后的水倒入下水道、水沟或池塘等。

3. 剩余农药药液的处置

剩余药液包括喷雾结束时残留在药液箱的药液和清洗喷雾机具、防护服等的废液。

农药使用前，一定要根据防治面积计算用药量和施药液量，药液配制要准确，最好不要剩余药液。

加入喷雾作业完后还有剩余药液，首先考虑是把剩余药液喷洒到处理的作物上去，不可把剩余药液倒入河流、路边、地块等，以避免污染环

境；也不可把剩余药液全部喷洒到农田的某一个点，以避免农药药害和农药残留。把剩余药液喷洒到农田时，也要喷雾均匀，一定不要超过农药使用剂量。

对于果园等频繁用药的情况下，可以考虑把剩余药液收集起来，下次喷雾时再喷洒到作物上去。

4．农药包装容器的处理

（1）农药废包装物要求严禁作为他用，不能丢放，要妥善处理。

（2）农药使用后，空的农药包装袋或包装瓶，应妥善放入事先准备好的塑料袋中以便带回处理。在包装容器处理方法上，可采用深埋、焚烧或者交给登记注册的农药废弃物处置中心集中处理。

（3）完好无损农药包装容器可由销售部门或生产厂统一回收。

（4）高毒农药的破损包装物要按照高毒农药的处理方式进行处理。金属罐和桶，要清洗，破坏，然后埋掉。在土坑中容器的顶层距地面50cm，玻璃容器，要打碎并埋起来；杀虫剂的包装纸板要焚烧；除草剂的包装纸板要埋掉；塑料容器要清洗、穿透并焚烧。焚烧时不要站在火焰产生的烟雾中，让小孩离开，此外，如果不能马上处理容器，则应把他们洗净放在安全的地方。

空的农药包装容器在深埋前，必须彻底清洗干净，并且要把容器破坏（刺破/压碎），使之不能再次使用。挖坑后首先把粉状原药的空包装袋投入坑底彻底焚烧。图1–62是联合国粮农组织建议的一种废弃农药焚烧坑的构造剖面图。深埋地点必须要远离地表水和地下水，挑选深埋地点时，一定要考虑土壤的类型和自然的排水系统，埋的深度要超过1m，另外，挖坑地点要避开地面排水沟。坑的位置以及深埋的农药包装容器名称都必须记录在案。

图1–62 农药废弃包装容器的掩埋方法

（5）不是所有的包装容器都能焚烧的，农药标签上应该标明包装容器内是易燃农药或者是气雾剂。在焚烧前，包装容器必须彻底清洗干净。另外，焚烧农药包装容器过程中，如果产生的烟尘飘过路面或者变成其他有害物质，可能会带来进一步的污染风险。

（6）植物生长调节剂类农药不得采取焚烧的办法处理废弃物。

（7）要特别注意不要用盛过的农药容器装食物或饮料，因为由此产生的中毒实例很多。

最后应指出，对于大量废弃农药的处理方法、处理场地应征得劳动、环保部门同意，并报上级主管部门备案。

5. 剩余农药和喷雾机具的保存

喷雾结束后，未用完的剩余农药原药必须妥善恢复严密包封状态，并放在事先准备好的塑料袋中以便带回家。

清洗喷雾器和配药用具，用清水少量多次清洗喷雾器。每次加入约0.5L清水于药桶中，晃动桶身以清洗药桶内壁，然后摇动摇柄加压，把桶中的水通过喷头喷出，这样可以清洗药桶的管路和喷头。喷出的清洗水全部喷在大田土壤中。如此反复清洗3～4次即可。

脱下防护服及其他防护用具，装入事先准备好的塑料袋中以便带回处理。摘掉手套放入塑料袋中带回，洗手。

带回的各种防护服、用具、手套等物品，特别是防护服应立即清洗2～3遍，晒干存放。其他用具也应立即清洗，放归原处存放。

有条件时，操作人员最好淋浴洗澡一次，特别是使用高毒农药后，用肥皂洗澡淋浴比较好。

使用了有机磷和氨基甲酸酯类农药的施药人员，施药结束后应检查体内胆碱酯酶的活性。

这里还需要特别提出，喷洒农药的用具和防护设备等各种有关工具也要像保管农药一样，保存在专门的箱柜中并加锁。不要与生活用具混放。

喷雾器洗净后须挂放一段时间，并打开开关让喷管也倒挂，让喷雾器药桶和喷管中的水分完全排净、干燥，然后再收好。这样做可保证喷雾器总是处于良好的工作状态。

第二篇

杀虫剂应用篇

第二篇

杀虫剂应用篇

概 述

2

一、杀虫剂的主要防治对象

杀虫剂是农药的重要组成部分，一般来说杀虫剂是指用于防治害虫的一类物质。以前人们对杀虫剂的开发应用主要强调杀死害虫，但随着农药科学发展和人们对环境保护的重视，杀虫剂逐渐向高效、安全、高纯度和非杀生性方向发展。

顾名思义，杀虫剂是以害虫为主要防治对象的。在农业上，害虫是指能对农作物的生长发育或农产品造成危害的昆虫或螨类等有害生物，在害虫种类中昆虫占绝对多数，这与昆虫种类繁多是密切相关的。据统计，地球上生存的全部动物种类约150万种，而昆虫种类占了100多万种，昆虫种类占整个动物种类的2/3以上。

昆虫属于节肢动物门下的昆虫纲，节肢动物的特点是身体由一系列体节组成，与一般动物的骨骼长在身体内起支撑和保护作用有所不同，节肢动物的整个体躯由含几丁质的外骨骼支撑和保护。

昆虫除了具有上述节肢动物的特点外，还具有以下一些特征（图2–1）：

（1）体躯的环节分别集合组成头、胸、腹三个体段；

（2）头部为感觉和取食的中心，具有3对口器附肢和1对触角，通常还有复眼及单眼；

（3）胸部是运动的中心，具有3对足，一般还有2对翅膀；

（4）腹部是生殖的中心，包括了生殖系统和大部分内脏，无行动用的附肢，但多数有转化成外生殖器的附肢；

（5）从卵中孵出来的昆虫，在生长发育过程中，通常要经过一系列显著的内部和外部体态上的变化，才能转化成性成熟的成虫。这种体态上的改变称为变态。

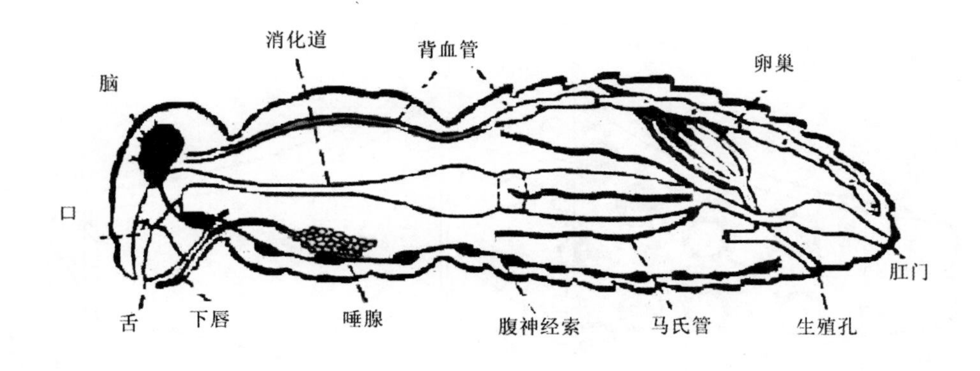

图2–1 昆虫的纵切面图

昆虫类害虫主要是通过口器取食危害农作物，其口器类型主要分为取食固态类食物的咀嚼式口器和取食液态类食物的吸收式口器。咀嚼式口器的昆虫主要通过口器中的唇、鄂、须、舌等器官切割和嚼碎固体食物，在农业害虫中，棉铃虫、小菜蛾、甜菜夜蛾、黏虫等鳞翅目害虫的幼虫和蝗虫均是典型的咀嚼式口器害虫；吸收式口器的昆虫由于适应不同来源的液体食物，又分化出了刺吸、虹吸、刮吸、舐吸式口器，其中刺吸式口器以口针和食窦刺入植物和吸取植物组织中的液体，这类口器的昆虫在农业害虫中最重要，蚜虫、叶蝉、飞虱、蓟马等农业害虫均属于刺吸式口器害虫。

在农业害虫中，另一类重要的害虫是属于节肢动物门下蛛形纲的螨类害虫，螨类害虫一般没有明显的头部，也无触角。有4对行动足。成螨和若螨在外形上差异不大。由于个体微小，一般在肉眼下比较难见，在农业上一般是农作物出现了比较明显的危害症状，如叶片出现失绿斑点或变形皱缩等才能引起人们注意。

二、杀虫剂的作用机理

广义上说，杀虫剂的作用机理，包括杀虫剂穿透体壁进入生物体内以及在体内的运转和代谢过程，杀虫剂对靶标的作用机制以及环境条件对毒性和毒效的影响。具体到杀虫剂对害虫的作用上，就是杀虫剂通过各种方式被害虫接受后，对害虫产生的毒杀作用。如果按杀虫剂的主要作用靶标来分，目前大致可分为以下几种作用机理。

1. 神经毒性

以神经系统上的靶标位点、靶标酶或受体作为作用靶标发挥毒性，其药剂统称为神经毒剂。有机磷、氨基甲酸酯、拟除虫菊酯类杀虫剂，无论以触杀作用或胃毒作用发挥毒效，它们的作用部位都是神经系统，都属神经毒剂，但是各类药剂的化学结构不同，它们的具体靶标和作用机理并不相同。

有机磷和氨基甲酸酯类杀虫剂通过抑制乙酰胆碱酯酶产生神经毒性。昆虫的神经细胞之间是通过神经轴突相连接，神经冲动在轴突内以电传导的形式进行，而轴突与轴突之间有突触连结，以化学传导形式来沟通。承担化学传导的物质，就是神经递质，最常见的是乙酰胆碱，它产生于神经传导的瞬间，又通过胆碱酯酶迅速水解成为乙酸和胆碱，从而终止传导。当胆碱酯酶受到药剂的作用时，无法发挥正常的生理功能，会导致神经突触中乙酰胆碱大量积累，从而破坏神经的正常传导，中毒的昆虫会出现兴奋、痉挛等症状，最终引起死亡（图 2–2）。

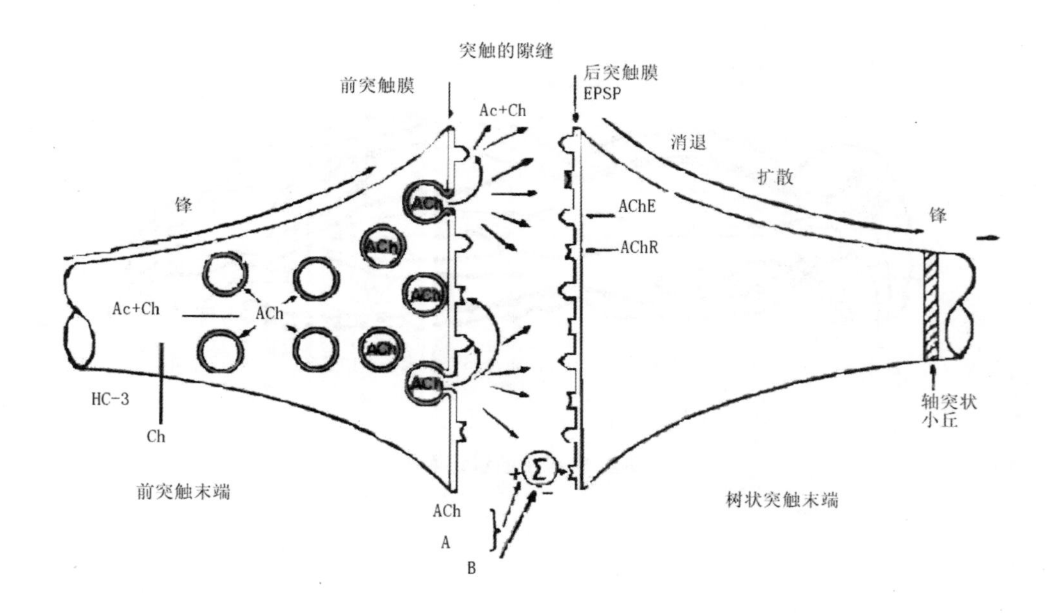

图 2–2 胆碱激性突触结构图

乙酰胆碱作为神经递质传递冲动时，在突触后膜上有一种接受它的受体，这类受体受到药剂的作用，也会破坏神经传导，引起昆虫中毒，吡虫啉和沙蚕毒素类药剂就是以乙酰胆碱受体作为靶标的神经毒剂。

拟除虫菊酯类杀虫剂主要机制之一是对神经轴突膜的离子通道发生调节作用。拟除虫菊酯类农药作用于钠通道时，导致钠通道开启延时即正常的失活时间延后，引起钠电流和钠尾电流明显延长，使神经膜的负后电位去极化，当这种去极化达到兴奋阈限时，导致神经电位的重复后放，进而阻断钠通道对离子流的通透，引起神经麻痹，最后导致昆虫死亡（图 2-3）。

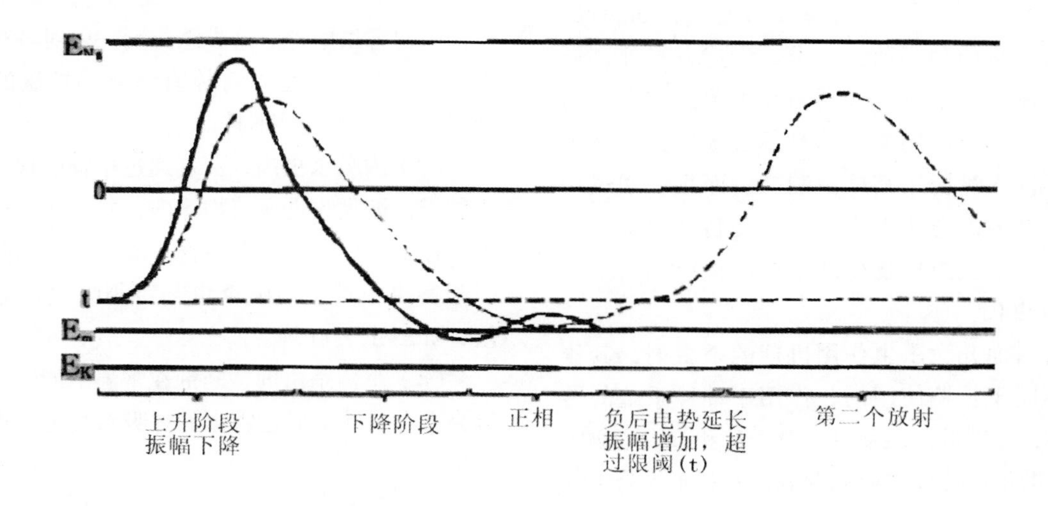

实线为正常的作用电流，虚线为菊酯类杀虫剂刺激后产生重复后放的作用电流（正相不明显，产生连续放射）

图 2-3 刺激对作用电流的影响

2. 呼吸毒性

杀虫剂在与害虫接触后，由于物理的或化学的作用，对呼吸链的某个环节产生了抑制作用，使害虫呼吸发生障碍而窒息死亡。

呼吸毒性主要有以下几类：对气孔的物理阻塞和破坏作用，如油膜；对呼吸链末端氧化酶——细胞色素氧化酶的抑制作用，如 HCN、CO 等抑制还原型细胞色素 C 的氧化，硫氰酸酯类化合物与细胞色素氧化酶的不可逆结合抑制了其进一步的生理功能的发挥，导致昆虫窒息死亡；抑制电子传递系统，如鱼藤酮对呼吸链第一部位辅酶 I 和辅酶 Q 之间部位的电子传递系统的抑制；抑制脱氢酶；抑制三羧酸循环等。在杀虫剂中呼吸毒剂比较有限，哒螨酮是比较成功的电子传导抑制剂。在美国氰胺公司 1988 年发现的吡咯衍生物 AC-303630 研究中，开发的一些品种可广泛用于防治咀嚼和刺吸口器害虫和螨类，是一类非常有效的氧化磷酸化解偶联剂。

3. 昆虫生长调节作用

是通过抑制昆虫生理发育，如抑制蜕皮、抑制新表皮形成、抑制取食等最后导致害虫死亡。这类杀虫剂主要包括几丁质合成抑制剂、保幼激素类似物和蜕皮激素类似物。

几丁质合成抑制剂能够抑制昆虫几丁质合成酶的活性，阻碍几丁质合成，即阻碍新表皮的形成，使昆虫的蜕皮、化蛹受阻，活动减缓，取食减少，甚至死亡。主要有苯甲酰脲类、噻二嗪类、三嗪（嘧啶）胺类杀虫剂。

保幼激素类似物具有保幼激素的活性，能抑制卵的发育、幼虫的蜕皮和成虫的羽化，使害虫生长发育不正常而导致其死亡。如烯虫酯、双氧威、吡丙醚、哒幼酮等杀虫剂。

蜕皮激素类似物具有蜕皮激素的活性，能诱

使害虫发生异常的早蜕皮，并迅速降低幼虫和成虫取食能力而死亡。如双酰肼类化合物抑食肼、虫酰肼、甲氧虫酰肼等杀虫剂。

4．微生物杀虫剂的作用机理

微生物杀虫剂主要包括细菌、真菌、病毒和微孢子虫几大类，它们对昆虫的杀虫作用方式存在较大的差异，但主要可分为两类，即：一类以寄主的靶组织为营养，大量繁殖和复制，如病毒、微孢子虫、真菌和细菌；一类除上述方式外，还释放毒素使寄主中毒，如真菌和细菌。在微生物杀虫剂中，目前应用最广的是苏云金杆菌，该类杀虫剂不仅大量应用其杆菌制剂。而且，通过对其内毒素基因的遗传工程研究，使转基因杀虫工程菌和转基因抗虫作物得到了商品化应用，如转*Bt*基因抗虫棉。

具有后面几大杀虫作用机理的杀虫剂，其作用机理不同于长期使用的、作用于神经系统的传统杀虫剂，毒性低，污染少，对天敌和有益生物影响小，有助于可持续农业的发展，有利于无公害绿色食品生产，有益于人类健康，因此，被誉为“第三代农药”、“21世纪的农药”、“非杀生性杀虫剂”、“生物调节剂”、“特异性昆虫控制剂”。由于它们符合人类保护生态环境的总目标，迎合各国政府和各阶层民众所关注的农药污染解决途径这一热点，成为杀虫剂研究与开发的重点发展领域。

三、杀虫剂的分类

杀虫剂品种丰富，按其来源和作用方式可对其进行分类。

按杀虫剂的来源，可将杀虫剂分为：

（1）植物源杀虫剂，这类杀虫剂主要以植物为原料加工而成。如除虫菊、烟草、鱼藤等。

（2）微生物杀虫剂，利用能使害虫致病的真菌、细菌、病毒等微生物加工而成。如苏云金杆菌、白僵菌、昆虫病毒等。

（3）化学杀虫剂，包括无机杀虫剂和有机杀虫剂。无机杀虫剂是指利用无机化合物或天然矿物中的无机物加工成的杀虫剂，如砷酸铅、蚍酸等。有机杀虫剂是指杀虫有效成分为有机化合物的杀虫剂。农药发展到今天，人们通过有机合成的方法获得了各种各样的有机杀虫剂品种，是目前品种最丰富的一类杀虫剂。如有机磷类、氨基甲酸酯类、拟除虫菊酯类、新烟碱类等杀虫剂。

按作用方式，可将杀虫剂分为：

（1）胃毒杀虫剂，主要是药剂通过害虫的口器及消化系统进入害虫体内，引起害虫中毒。这类杀虫剂一般对刺吸式口器害虫无效。

（2）触杀杀虫剂，药剂通过害虫体壁进入虫体，引起害虫中毒。这类杀虫剂一般对各种口器的害虫均有效果，但对身体有蜡质保护层的害虫如介壳虫、粉虱效果不佳。

（3）内吸杀虫剂，药剂通过植物的根、茎、叶或种子，被吸收进入植物体内，并能在植株体内输导、存留，当害虫汲取植物汁液时将药剂吸入虫体引起害虫中毒。内吸杀虫剂对刺吸式口器害虫有效，如蚜虫、叶蝉。

（4）熏蒸杀虫剂，药剂在常温下能够气化或分解为有毒气体，通过害虫的呼吸系统进入虫体，使害虫产生中毒反应。

（5）特异性杀虫剂，这类杀虫剂进入虫体后一般不是直接对害虫产生致死作用，而是通过干扰或破坏害虫的正常生理功能或行为达到控制害虫的目的。如对害虫产生拒食、驱避、引诱、迷向、不育或干扰脱皮作用的杀虫剂。

杀虫剂品种繁多，有的杀虫剂品种的作用方式比较单一，但大部分杀虫剂品种可同时具有多种作用方式。

四、害虫抗药性与杀虫剂的开发应用

自从20世纪40年代有机合成农药开始广泛应用后，为害虫防治提供了十分有效的手段，随着化学农药的大量开发和应用，在保证农业丰收和预防疾病等方面做出了非常大的贡献。但其副作用之一是害虫抗药性逐渐成为严重问题。今天，害虫抗药性不仅成了农药工业发展的严重阻碍，而且，已成为每一项害虫防治计划所必须加以考虑的因素。

害虫抗药性一般是指害虫的一个品系发展了忍受杀死正常种群大部分个体的农药剂量的能力。通俗说就是杀虫剂不容易杀死害虫了。它反映的是害虫在农药的选择压下获得的一种可遗传的群体特征。只有当害虫种群的大部分最初是敏感的，在受农药的选择后，这种敏感性部分或全部消失时，才能使用这一术语。与自然抗药性和健壮耐药性的区别是：自然抗药性是指害虫对农药天然具有的一种低敏感性或抵抗能力，虽可以遗传但不是农药选择的结果。健壮耐药性是由于害虫不同个体所处的环境和营养条件的不同，其中的某些个体比其他个体更健壮，对农药的抵抗力更强，是不能遗传的个体特征。

害虫种群在田间对杀虫剂产生抗性的过程，反映了杀虫剂对害虫抗性基因的选择作用。图 2–4 直观地表达了这种选择作用。

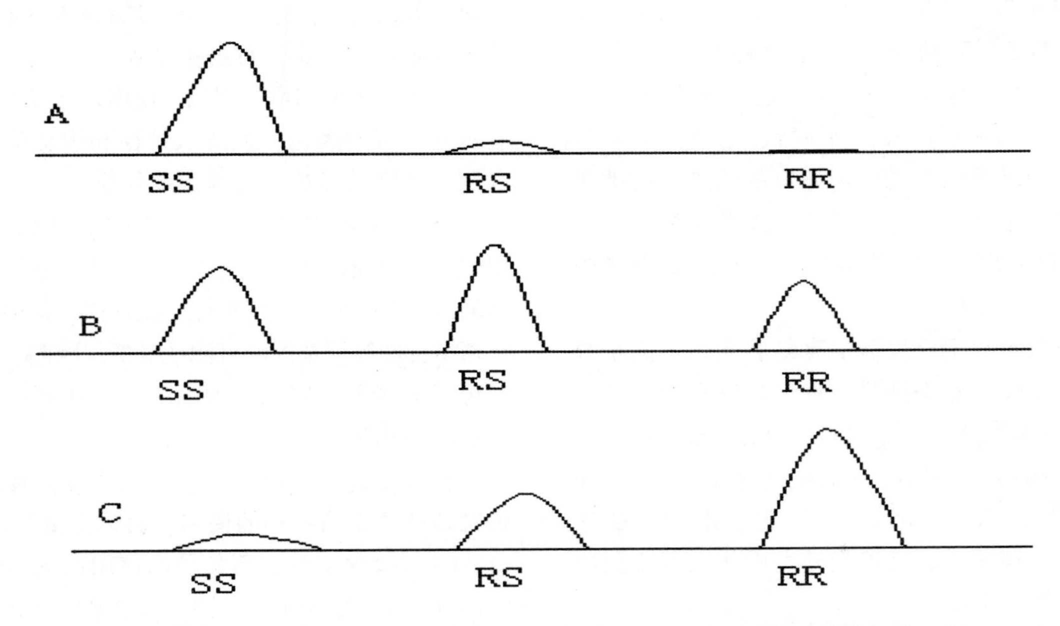

图 2–4 持续选择压下敏感（SS）、杂合（RS）和抗性（RR）个体频率的渐进性变化（A 至 C）

自 1908 年梅兰达（MelanderA.L.）首例发现美国的梨园蚧（*Aspidiotus perniciosus* Comstock）对石硫合剂产生了抗药性。到 20 世纪 40 年代有机合成农药广泛使用后，由于家蝇（*Musca domestica* L.）出现了严重的抗药性，使人们认识到害虫抗药性问题的严重性。逐步开展了抗药性的监测、遗传和机制的广泛和深入的研究。到 20 世纪 80 年代，由于害虫抗药性的严重程度不仅体现在抗性虫种数量的迅速增长上，截至 2005 年，全世界已查明的抗药性害虫和螨类达 540 多种。而且，害虫对不同农药品种的交互抗性和抗性类型复杂化，新农药的开发速度已大大落后于害虫抗药性的发展速度。因此，如何阻止和延缓害虫抗药性发生发展，对害虫抗药性进行有效的治理已成为主要课题。

在害虫抗药性已经成为常态的情况下，从农药的角度考虑，如何保持对害虫的有效控制？目前来看主要有以下途径，即开发对抗药性害虫有效的新药剂和针对害虫抗药性提高农药的应用技术。

在新药剂的开发上，为了阻止和延缓害虫的抗药性，新农药的开发应该更紧密地与昆虫毒理学研究相联系，通过昆虫毒理学研究的发展，发现新的和特异的杀虫作用靶标，为开发新一代农药提供重要依据。

以不同类型的乙酰胆碱突触后受体为作用靶标，如吡虫啉、啶虫脒、噻虫嗪等新烟碱类杀虫剂，该类农药对蚜虫、叶蝉、粉虱等同翅目害虫有特效，由于杀虫作用方式与常规杀虫剂不同，因此，对有机磷、氨基甲酸酯和拟除虫菊酯具有抗性的害虫也具有良好的杀虫效果。

γ–氨基丁酸（γ–GABA）受体是昆虫和动物神经组织中的主要抑制性神经受体。20 世纪 80 年代末期开始陆续发现了一些作用于 γ–GABA A

受体的芳基杂环吡唑类杀虫剂，1993年法国罗纳－普朗克公司开发的氟虫腈就是作用于该靶标的新的高效杀虫剂。对抗药性害虫也有良好的防治效果。

邻甲酰氨基苯甲酰胺类化合物是美国杜邦公司于2 000年发现的一类高效、低毒和作用机制独特的新型杀虫剂。一些研究证实，邻甲酰氨基苯甲酰胺类和邻苯二甲酰胺类化合物对昆虫的生化作用机制相同，均是作用于昆虫的鱼尼丁受体（RyR），即主要是诱导昆虫的鱼尼丁受体的活化、使内源钙离子库的释放，进而导致昆虫死亡。目前该类化合物已成为农药创制研究的热点。此类化合物中第一个商品化的品种为氯虫苯甲酰胺，其特点是对哺乳动物非常安全，杀虫谱较广，与常用杀虫剂没有交互抗药性。

在昆虫组织中已发现的真蛸胺受体不同于脊椎动物的受体，真蛸胺是一种广泛存在于昆虫神经系统的生物胺类物质，可对昆虫起神经递质、神经激素和神经调节作用。影响昆虫的进食、运动和生殖。目前有希望的化合物主要包括咪唑啉、噁唑啉和羧酰二亚胺等，有可能开发出作用方式独特的高效选择性杀虫剂。

昆虫生长调节剂也是具有独特杀虫作用方式的昆虫抑制剂，现已有氟啶脲、氟铃脲、氟虫脲、虫酰肼等多个商品化产品得到广泛应用。随着研究的深入将会有新的进展。

高新技术的迅速发展将极大拓宽农药的范畴。分子生物学和基因工程技术的发展已在抗病虫作物的研究上显示了强大的作用，一些转基因作物现已进入实用化阶段。如抗棉铃虫的转*Bt*基因棉。21世纪转基因植物农药的开发和应用将带来新的技术革命。

在农药应用技术上，为了阻止和延缓害虫的抗药性，主要要作到合理使用农药和减少农药的使用。

在合理使用农药上，主要考虑：

（1）在一定区域内科学增加用药剂量尽可能杀死抗性个体，使抗性成为功能隐性或变成中性，以减慢抗性基因频率的增长速度。

（2）使用仅产生低水平抗性的农药品种或化合物，在任意一类农药中，通常存在一些化合物比另一些化合物使害虫的抗性表现较低的现象。因此，可通过使用这些化合物来减慢抗性的发展速度。

（3）处理害虫的最敏感期即选择最合适的时机用药，这一方面可减弱农药对不同基因型（RR，RS，SS）的区分效应，降低抗性基因的频率；另一方面，害虫在这一时期，抗性可能表达不充分，即使抗性表达了，也更容易被杀死。

（4）杀虫剂和增效剂配合使用，通过增效剂抑制抗性基因的表达，而降低抗性和敏感基因型的区别，达到减慢抗性基因的增长速度。

（5）不同作用方式或作用靶标不同的农药混用，一般地说，害虫种群中若抗性等位基因位于不同的位点上，而且频率很低，则任何个体中同时具有两个抗性等位基因的可能性极低。因此，混用农药可减弱区分不同基因型的能力，从而可抑制抗性基因的积累。

在减少农药使用上，主要是控制已存在较严重抗药性的农药品种的使用，具体主要考虑：

（1）减少某些农药品种的使用剂量和使用范围，留下部分敏感个体，通过敏感基因稀释使抗性基因的积累减慢。

（2）对每一种农药品种，不能长期连续使用，并要减少使用农药的频率，允许敏感个体有机会存活。

（3）使用残效期短的农药，只求消灭目标害虫。

（4）按治理对象和治理区大小，设立不用药的庇护所，保持一定数量的敏感种群。

（5）轮换使用不同作用方式或作用靶标不同的农药，避免使害虫形成单一方向的抗性选择。

五、杀虫剂的应用技术

杀虫剂在田间对害虫的防治效果除了取决于所选农药品种本身的毒力大小外，其田间应用技术也具有很大的影响。

杀虫剂从形态上有固态、液态和气体三种存在形式，可以加工成粉剂、乳剂、水剂、粒剂、气雾剂等几十种剂型，在田间使用时必须根据所选药剂剂型特点来选择合适的施药方法。

根据杀虫剂剂型的不同，施药方法可分为：①喷粉法，主要适用于喷撒粉状干制剂药剂；

②喷雾法，适用于各种液态制剂；③施粒法，适用于粒状制剂的使用；④雾法施药，包括熏蒸、熏烟和烟雾法，主要适用于气态药剂或能转化成雾状的药剂剂型；⑤毒饵法，适用于毒饵剂型的药剂。根据杀虫剂的理化性质和害虫的发生特点，可采取种苗处理、土壤处理、局部施药、定向施药等不同的施药方式进行施药。

杀虫剂在田间的应用效果还与施药器械关系较大。我国长期在农村使用的工农-16型喷雾器普遍存在工作效率低、雾化质量差、容易滴漏等缺陷，亟待有效施药器械的开发应用。而发达国家已经发展和应用了高度机械化和自动化的施药器械，大大提高了施药的效率和质量。随着低容量和超低容量杀虫剂剂型的开发，与之配合的施药器械，如静电喷雾器也得到了开发应用，大大减少了施药人员的劳动强度。

第一章 新烟碱类杀虫剂

这是一类以烟碱分子结构为模板而合成的杀虫剂，主要作用机制是抑制昆虫体内烟酸乙酰胆碱受体，主要作用方式是内吸作用。这类化合物中，第一个真正商品化的产品是吡虫啉，它是 1991 年由拜耳公司开发并投放市场的，也是目前世界上销售量最大的杀虫剂品种。其他品种有 1995 年日本武田开发的烯啶虫胺，1996 年曹达开发的啶虫脒，1998 年先正达开发的噻虫嗪，2001 年拜耳开发的噻虫啉，2002 年拜耳开发的噻虫胺以及 2002 年三井开发的呋虫胺。这类化合物中，吡虫啉、烯啶虫胺、啶虫脒以及噻虫啉，由于其结构中都保留有烟碱结构中的取代吡啶杂环，因此，被称为第一代新烟碱类化合物；而在噻虫嗪和噻虫胺中，噻唑环取代了吡啶环，因而被称为第二代新烟碱类化合物；呋虫胺中是用呋喃环取代了吡啶环，故被称为第三代新烟碱类药剂。以吡虫啉为代表的新烟碱类杀虫剂现已成为一个大的农药系列，其生产使用规模正在逐年快速增长。

吡虫啉（imidacloprid）

化学名称

1-（6-氯-3-吡啶基甲基）-N-硝基-亚咪唑烷-2-基胺

理化性质

纯品为无色晶体，有淡淡的特殊气味。熔点：144℃，蒸气压：4×10^{-7}mPa（20℃）；9×10^{-7}mPa（25℃）。KowLogP=0.57（21℃），亨氏常数：2 × 10 ~ 10$Pa\,m^3mol^{-1}$（20℃，计算值），相对密度：1.54（23℃）。溶解性：水 0.61g/L（20℃）；二氯甲烷 55g/L，异丙醇 1.2g/L，甲苯 0.68g/L，正己烷<0.1g/L（都在 20℃）。稳定性：pH 值 5 ~ 11 水解。

毒性

低毒。原药大鼠急性经口 LD_{50}1 260mg/kg，小鼠急性经口 LD_{50}147mg / kg（雄）、126mg / kg（雌）。大鼠急性经皮 LD_{50}>1 000mg/kg。对兔眼和皮肤无刺激，无致畸、致癌作用。大鼠吸入 LC_{50}（4h）>5 323mg/m^3（粉剂），69mg/m^3 空气（气雾剂）。急性经口 LD_{50}：日本鹌鹑 31mg/kg，鹌鹑 152mg/kg。吸入 LC_{50}（5 天）：鹌鹑 2 225mg/kg，野鸭>5 000mg/kg。鱼毒 LC_{50}（96h）：金色圆腹雅罗鱼 237mg/L，虹鳟 211mg/L。水蚤 LC_{50}（48h）85mg/L。直接接触对蜜蜂有毒，但如果不喷雾到花期作物上或用作种衣剂就不会对蜜蜂造成危害。对蚯蚓等有益动物和天敌无害，对环境较安全。

生物活性

吡虫啉是一种硝基亚甲基类高效内吸性广谱型杀虫剂，具有胃毒和触杀作用，持效期较长，对刺吸式口器害虫有较好的防治效果。该药是一种结构全新的化合物，在昆虫体内的作用点是昆虫烟酸乙酰胆碱受体，药剂与受体结合后，一方面引发异常的神经活动，产生短促并逐渐增强的动作电位，导致害虫漫游、震颤；另一方面阻断正常的神经传导，使害虫对各种刺激如食物钝感，直至麻痹死亡。该作用机制与传统杀虫剂的作用机制完全不同，因此，与其他杀虫剂间不易产生交互抗性。该药很容易被作物吸收，并进一步向顶分配，而且还具有很好的根吸作用。主要用于防治水稻、小麦、棉花、蔬菜等作物上的刺吸式口器害虫，如蚜虫、叶蝉、蓟马、白粉虱以及马铃薯甲虫和麦秆蝇等。也可有效防治土壤害虫、白蚁和一些咀嚼式口器害虫，如：稻水象甲和科罗拉多跳甲等。对线虫和蜘蛛无活性。在水稻、棉花、禾谷类作物、玉米、甜菜、马铃薯、蔬菜、柑橘、梨果和顶果等不同作物，既可种子处理，又可叶面喷雾。也可防治狗、猫身上的蚤。

叶面喷雾时用量为：25～100g/ha，绝大多数种子处理用量为：50～175g/100kg种子，棉花种子处理剂用量为：350～700g/100kg棉种。

制剂

70%水分散粒剂；70%湿拌种剂；60%种子处理悬浮剂；70%、50%、30%、25%、20%、12%、10%、7%、5%、2.5%可湿性粉剂；600g/L、48%、35%、30%、10%悬浮剂；45%、30%、20%、5%微乳剂；20%浓可溶剂；200g/L、125g/L、6%、5%可溶液剂；20%、15%、5%泡腾片剂；10%、5%、2.5%乳油；1%悬浮种衣剂；2.5%杀蟑饵粒。

表 2-1　吡虫啉在田间的应用技术

作物	防治对象	用药量（有效成分）	应用
番茄（保护地）	白粉虱	45～60g/hm^2	喷雾
茄子	白粉虱	45～90g/hm^2	喷雾
水稻	稻飞虱	20～30g/hm^2	喷雾
棉花	伏蚜	30～45g/hm^2	喷雾
	苗蚜	15～30g/hm^2	喷雾
苹果树	黄蚜	25～40mg/kg	喷雾
梨树	梨木虱	40～80mg/kg	喷雾
柑橘树	潜叶蛾	100～200mg/kg	喷雾
十字花科蔬菜	蚜虫	15～30g/hm^2	喷雾
烟草	蚜虫	30～45g/hm^2	喷雾

应用

吡虫啉在田间的应用可参照表2-1。具体应用方法如下。

70%水分散粒剂

防治菜蚜，虫口上升时喷药。每亩用70%艾美乐水分散粒剂1～1.3g，对水喷雾。喷液量一般每亩20～50L。另外，空气相对湿度低时用大喷液量。施药应选早晚气温低、风小时进行。晴天上午8：00～17：00、空气相对湿度低于65%、气温高于28℃时应停止施药。

70%湿拌种剂、60%种子处理悬浮剂

（1）防治棉蚜，用70%高巧湿拌种剂500～714g，加水1.5～2.0L，拌成糊状，再将100kg种子倒入搅拌均匀，务必使种子均匀沾上药剂，干后播种。用高巧拌种防治苗蚜，不仅防效良好，而且可以减少播种量和极大地保护瓢虫等天敌。或用60%高巧种子处理悬浮剂583～833mL，加水1.5～2.0L，拌成糊状，再将100kg脱绒棉花种子倒入，搅拌均匀，务必使种子均匀沾上药剂，阴干后播种。

（2）防治高粱蚜，用70%高巧湿拌种剂700g，加水1.5L，拌成糊状，再将100kg高粱种子倒入，搅拌均匀，务必使种子均匀沾上药剂，堆闷1～2d后播种。

10% 可湿性粉剂

（1）防治棉花苗期蚜虫，每亩用有效成分0.5～1g，喷雾或拌种均可；防治棉花伏蚜（7～8月）、蓟马、潜叶蛾等，每亩用有效成分1～1.5g，每亩对水40kg进行细喷雾。

（2）防治小麦穗蚜，每亩用有效成分1～2g，对水50kg喷雾。防治小麦苗蚜也可以进行拌种，按每100kg麦种拌50～150g有效成分的药剂。

（3）水稻种子处理，每100kg稻种拌50～150g有效成分的药剂，可防治蓟马、叶蝉和黑蝽。对褐飞虱、白背飞虱的防治，每亩用有效成分0.8～1.5g，对水50kg进行细喷雾。

（4）防治蔬菜、花卉上的蚜虫、粉虱、蓟马、潜叶蝇、小绿叶蝉、蚧壳虫等害虫，每亩用有效成分1～2g，对水40kg进行细喷雾。

20% 浓可溶剂

（1）防治稻飞虱，一般在分蘖期到圆秆拔节期（主害代前一代）平均每丛有虫0.5～1头；孕穗、抽穗期（主害代）每丛有虫10头；灌浆乳熟期每丛有虫10～15头；蜡熟期每丛有虫15～20头时用药防治。每亩用20%吡虫啉浓可溶剂6.5～10g（有效成分1.3～2g），对水喷雾。喷药时务必将药液喷到稻丛中、下部，以保证防效。

（2）防治烟蚜，在蚜量上升阶段或每株平均蚜量100头时进行防治。每亩用20%吡虫啉浓可溶剂10～20mL（有效成分2～4g），对水喷雾。

（3）防治柑橘潜叶蛾，防治重点是保护秋梢。在嫩叶被害率达5%或田间嫩叶萌发率达25%时开始防治。由于吡虫啉有内吸性，用药时间可比使用其他药剂晚一点，通常喷药1～2次即可，间隔10～15d。用20%吡虫啉浓可溶剂1 000～2 000倍液或每100L水加20%吡虫啉50～100mL（有效浓度100～200mg/kg）喷雾。

（4）防治苹果黄蚜，在虫口上升时用药，用20%吡虫啉浓可溶剂5 000～8 000倍液或每100L水加20%吡虫啉12.5～20mL（有效浓度25～40mg/kg）喷雾。

（5）防治梨木虱，主要在春季越冬成虫出蛰而又未大量产卵和第一代若虫孵化期防治。用20%吡虫啉浓可溶剂2 500～5 000倍或每100L水加20%吡虫啉20～40mL（有效浓度40～80mg/kg）喷雾。

（6）防治棉蚜，当苗蚜百株蚜量1 000头、3叶期卷叶株率20%；伏蚜平均单株上、中、下3叶蚜量200头时即应进行防治。防治苗蚜每亩用20%吡虫啉浓可溶剂5～10mL（有效成分1～2g）；防治伏蚜每亩用10～15mL（有效成分2～3g），对水喷雾。

（7）防治温室白粉虱，在若虫虫口上升时喷药。每亩用20%吡虫啉浓可溶剂15～30mL（有效成分3～6g），对水喷雾。

（8）防治菜蚜，在虫口上升时喷药。每亩用20%吡虫啉浓可溶剂5～10mL，对水喷雾。

（9）蔬菜、水稻、烟草等喷液量每亩人工20～50L，拖拉机7～10L，飞机1～3L。施药应选早晚气温低、风小时进行。晴天8：00～17：00，空气相对湿度低于65%、气温高于28℃、风速超过每秒4m应停止施药。

注意事项

不宜在强阳光下喷雾使用，以免降低药效。

施药时应穿戴防护服、手套、口罩，施药后应用肥皂和清水清洗手和身体暴露部分。

处理后的种子禁止人、畜食用，也不得与未处理的种子混合。

拌种后的种子播种深度以2～5cm为宜，切不可播种太深。

应将药剂保存在儿童接触不到且通风、凉爽的地方。应远离食物和饲料，加锁保管。吡虫啉使用不当时，能引起类似尼古丁中毒症状，主要表现为麻木、肌无力、呼吸困难和震颤，严重中毒还会出现痉挛。如果药剂溅入眼睛，应用大量清水冲洗。如发现中毒症状，应予救助并送医院就医。针对吡虫啉中毒，目前尚无特殊解毒药。在进行治疗时，要频繁测量血压和脉搏，对于可能出现的心搏减慢和血压降低，可采用呼吸和心脏加压等辅助措施。在麻痹的情况下，应进行人工呼吸。洗胃和盐水轻度腹泻有利于从体内排出有效成分。酒精饮料和奶制品会有利于肌体对药剂的吸收，由于吡虫啉是低脂溶性，所以油和脂肪对解毒不重要。

啶虫脒（acetamiprid）

化学名称

（E）-N-[（6-氯-吡啶-3-基）甲荃-N′-氰基-N-甲基乙脒

理化性质

纯品为无色晶体。熔点 98.9° C，蒸气压<1 × 10^{-3}mPa（25℃），KowlogP=0.80（25℃），亨氏常数<5.3 × 10^{-8}Pa · m^3/mol（计算值），相对密度 1.330（20℃）。溶解性：水 4 250mg/L（25℃），可溶于丙酮、甲醇、乙醇、二氯甲烷、氯仿、乙腈、四氢呋喃等有机溶剂。稳定性：在 pH 值 4，5，7 的缓冲溶液中稳定，在 pH9 和 45℃的条件下，慢慢分解。对光稳定。pK_a0.7，弱碱性。

毒性

中等毒性。急性经口 LD_{50}：雄大鼠 217mg/kg，雌大鼠 146mg/kg，雄小鼠 198mg/kg，雌小鼠 184mg/kg。雌、雄大鼠急性经皮 LD_{50} 均>2 000mg/kg，对兔皮肤和眼睛无刺激，对豚鼠皮肤不敏感。雌、雄大鼠急性吸入 LC_{50}（4h）>0.29mg/L。鹌鹑 LD_{50}180mg/kg，鹌鹑 LC_{50}>5 000mg/L。鲤鱼 LC_{50}（24～96h）>100mg/L，水蚤 LC_{50}（24h）>200mg/L。动物试验无致突变作用。对天敌杀伤力小，对鱼毒性较低，对蜜蜂影响小。

生物活性

属于氯化烟酰亚胺类新型高效、内吸性杀虫剂，其作用机理是干扰昆虫体内神经传导作用，通过与突触后膜上乙酰胆碱受体结合，抑制乙酰胆碱受体的活性。其独特的作用机理，使其能有效防治对有机磷、氨基甲酸酯等农药产生抗性的害虫。啶虫脒对害虫具有触杀和胃毒作用，速效和持效性强，对害虫药效可达 20d 左右。适用于甘蓝、白菜、萝卜、莴苣、黄瓜、西瓜、茄子、青椒、番茄、甜瓜、葱、草莓、马铃薯、玉米、苹果、梨、葡萄、桃、梅、枇杷、柿、柑橘、茶、菊、玫瑰、烟草等作物，对刺吸式口器害虫如蚜虫、蓟马、粉虱等，喷药后 15min 即可解除为害，对害虫药效可达 20d 左右，其强烈的内吸及渗透作用防治害虫可达到正面喷药，反面死虫的优异效果。用于防治蚜虫、白粉虱等半翅目害虫，用颗粒剂做土壤处理，可防治地下害虫。

制剂

60%、20%、15%、8%、5%、3% 可湿性粉剂；70%、40%、36%、33%、25%、5% 水分散粒剂；60% 泡腾片剂；20%、5%、3% 可溶液剂；10%、5%、3% 乳油；5% 悬浮剂；3% 微乳剂

应用

1. 防治黄瓜蚜虫，在蚜虫发生初盛期施药，每亩用 3% 乳油 40～50mL 对水均匀喷雾，对瓜蚜有良好的防治效果，如在多雨年份，药效仍可持续 15d 以上。

2. 防治苹果蚜虫，在苹果树新梢生长期，蚜虫发生初盛期施药，用 3% 乳油 2 000～2 500 倍液或每 100L 水加 3% 啶虫脒乳油 40～50mL 喷雾，对蚜虫速效性好，耐雨水冲刷，持效期在 20d 以上。

3. 防治柑橘蚜虫，于蚜虫发生期喷药防治，用 3% 乳油 2 000～2 500 倍液或每 100L 水加 3% 啶虫脒乳油 40～50mL 喷雾，对柑橘蚜虫有优良的防治效果和较长的持效性，在正常使用剂量下对柑橘无药害。

4. 防治白粉虱，于种群发生初期，虫口密度尚低的时，用3%乳油1 000～2 000倍液，喷雾。由于该虫世代重叠，各虫态同时存在，打药不能兼杀所有虫态，需连续防治几次。

注意事项

因本剂对桑蚕有毒性，所以若附近有桑园，切勿喷洒在桑叶上。

不可与强碱剂（波尔多液、石硫合剂等）混用。

将本制剂密封、贮存在远离儿童、阴凉、干燥的仓库，禁止与食品混贮。

本制剂对皮肤有低刺激性，注意不要溅到皮肤上。万一溅上，立即用肥皂洗净。

由于粉末对眼有刺激，注意不要使之进入眼内。万一粉末进入眼中，立即用清水冲洗，并让眼科医生诊治。

烯啶虫胺（nitenpyram）

Cl N H CH_3 CH_2 N N—C=C—NO_2 CH_2 H CH_3

化学名称

（E）-N-（6-氯-3-吡啶甲基）-N-乙基-N′-甲基-2-硝基亚乙基二胺

理化性质

纯品为浅黄色结晶体，熔点83～84℃，相对密度1.40（26℃）。蒸气压1.1 × 10^{-9}Pa（25℃）。溶解度（g/L、20℃）：水（pH=7）840、氯仿700、丙酮290、二甲苯4.5。

毒性

低毒。大鼠急性经口LD_{50}：雄1 680mg/kg，雌1 575mg/kg；小鼠急性经口LD_{50}：雄867mg/kg，雌1 281mg/kg；大鼠急性经皮LD_{50}：雄、雌>2 000mg/kg；大鼠吸入LC_{50}（4h）：5.8g/L；本品对兔眼有轻微刺激，对兔皮肤无刺激。无致畸、致突变、致癌作用。

NOEL数据

大鼠（2年）雄129、雌53.7mg/kg·d（以体重计，下同）。狗（1年）60mg/kg·d。鹌鹑LD_{50}：>2 250mg/kg，野鸭1 124mg/kg。鹌鹑和野鸭LC_{50}：5 620mg/kg。鲤鱼LC_{50}（96h）：> 1 000mg/L。

生物活性

烯啶虫胺是一种高效、广谱、新型烟碱类杀虫剂，其作用机理为主要作用于昆虫神经，对昆虫的轴突触受体具有神经阻断作用。具有卓越的内吸和渗透作用，用量少，毒性低，持效期长，对作物安全无药害等优点，广泛应用于园艺和农业上防治同翅目和半翅目害虫，持效期可达14d左右。

烯啶虫胺具有高效、低毒、内吸、无交互抗性等特点，是优良的同翅目害虫防治药剂，可广泛应用于水稻、小麦、棉花、黄瓜、茄子、萝卜、番茄、马铃薯、甜瓜、西瓜、桃、苹果、梨、柑橘、葡萄、茶上防治各种稻飞虱、蚜虫、蓟马、白粉虱、烟粉虱、叶蝉、蓟马等，对传统杀虫剂已产生抗性的害虫有较好的防治效果，是至今烟碱类农药发展最新产品之一。

制剂和生产企业

10%烯啶虫胺可溶液剂。江苏南通江山农药化工股份有限公司、江苏连云港立本农药化工有限公司。

应用

1. 防治蔬菜烟粉虱

白粉虱用10%烯啶虫胺可溶液剂稀释2 000~3 000倍均匀喷雾，温室内使用时注意要将周围的墙壁及棚膜都要喷上药液。

2. 防治水稻飞虱

用10%烯啶虫胺可溶液剂稀释2 000~3 000倍均匀喷雾，喷雾时重点喷水稻的中下部。

3. 防治蔬菜蚜虫

用10%烯啶虫胺可溶液剂稀释3 000~4 000倍均匀喷雾。

4. 防治棉花上蚜虫

用药量为15~20g/亩对水45~60kg叶面喷雾，喷雾时要做到均匀周到，或稀释3 000~4 000倍均匀喷雾。

5. 防治蔬菜蓟马

用10%烯啶虫胺可溶液剂稀释3 000~4 000倍均匀喷雾。

6. 防治茶树小绿叶蝉、茶黑刺粉虱

用10%烯啶虫胺可溶液剂稀释2 000~3 000倍均匀喷雾。

7. 防治果树蚜虫

稀释2500~3 000倍均匀喷雾。

2

氯噻啉（imidaclothiz）

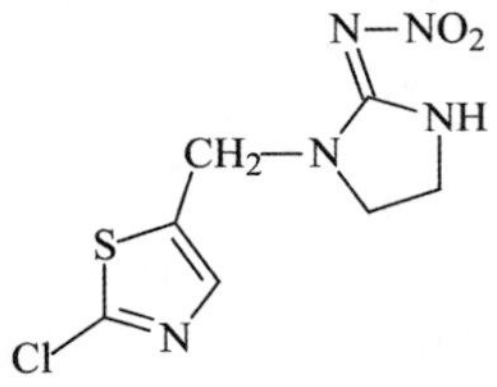

N—NO2
NH
CH2—N
S
Cl
N

化学名称

1-（2-氯-5-噻唑基甲基）-N-硝基亚咪唑烷-2-基胺

理化性质

原药（含量≥95%），外观为黄褐色粉状固体。熔点146.8℃~147.8℃；溶解度（g/L，25℃）：水中5，乙腈中50，二氯甲烷中20~30，甲苯中0.6~1.5，二甲基亚砜中260。常温贮存稳定。

毒性

低毒。原药对雄、雌性大鼠急性经口LD_{50}分别为1 470mg/kg和1 620mg/kg，急性经皮LD_{50}>2 000mg/kg，对皮肤、眼睛无刺激性；无致敏性。致突变试验：Ames试验，小鼠骨髓细胞微核试验，小鼠睾丸细胞染色体畸变试验均为阴性。大鼠饲喂90天亚慢性试验最大无作用剂量为1.5mg/kg·d。10%氯噻啉可湿性粉剂对雄、雌性大鼠急性经口LD_{50}分别为3 690mg/kg和2 710mg/kg，急性经皮LD_{50}>2 000mg/kg，对皮肤和眼睛无刺激性；无致敏性。该药为低毒杀虫剂。

对斑马鱼LC_{50}（48h）为72.16mg/L，鹌鹑LD_{50}（7d）28.87mg/kg，蜜蜂LC_{50}（48h）为10.65mg/L，家蚕LC_{50}（二龄）为0.32mg/kg桑叶。该药对鱼为低毒，对鸟中等毒，对蜜蜂、家蚕为高毒。

生物活性

强内吸性新烟碱类杀虫剂。杀虫谱广，可用在小麦、水稻、棉花、蔬菜、果树、烟叶等多种作物上防治蚜虫、叶蝉、飞虱、蓟马、粉虱，同时对鞘翅目、双翅目和鳞翅目害虫也有效，尤其对水稻二化螟、三化螟毒力很高。在使用中防治效果一般不受温度高低的限制。在常规用药剂量范围内对作物安全，对有益生物如瓢虫等天敌杀伤力较小。

制剂和生产企业

10%可湿性粉剂。江苏南通江山农药股份有限

公司。

应用

1. 防治小麦蚜虫，用10%可湿性粉剂10～20 g对水30 kg均匀喷雾；

2. 防治十字花科蔬菜蚜虫，用10%可湿性粉剂10～20 g对水30～40 kg喷雾；

3. 防治柑橘蚜虫，用10%可湿性粉剂4 000～5 000倍药液进行喷雾处理；

4. 防治水稻飞虱，用10%可湿性粉剂10～20 g对水30～50 kg喷雾；

5. 防治番茄上的白粉虱，用10%可湿性粉剂15～30 g对水30～50 kg进行均匀喷雾；

6. 防治茶树上的小绿叶蝉，用10%可湿性粉剂20～30 g对水30～50 kg喷雾。

注意事项

使用该药时应注意防止对蜜蜂、家蚕的危害，在桑田附近及作物开花期不宜使用。

噻虫嗪（thiamethoxam）

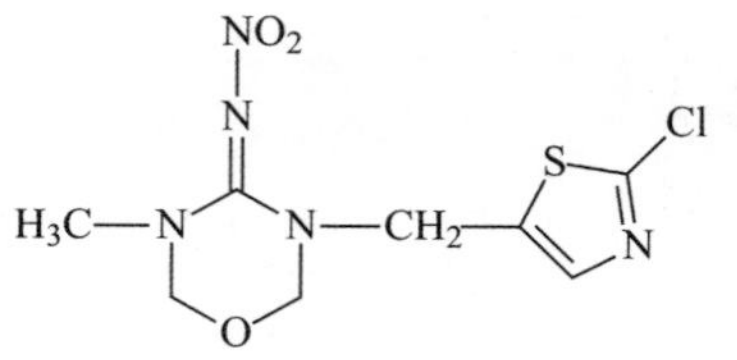

化学名称

3-（2-氯-1，3噻唑基-5-甲基）-5-甲基-1，3，5-噁二嗪基-4-硝基亚胺

理化性质

原药为类白色结晶粉末。熔点：139.1℃，蒸气压：6.6×10^{-9}Pa（25℃）。

毒性

低毒。大鼠急性经口LD_{50}为1 563mg/kg，急性经皮LD_{50}为2 000mg/kg，对眼睛和皮肤无刺激性。

生物活性

是世界上第一个商品化的硫代烟碱类杀虫剂。其作用机理与烟碱、吡虫啉等相似，主要是干扰昆虫体内神经传导作用，通过与突触后膜上乙酰胆碱受体结合，抑制乙酰胆碱受体的活性，且这种抑制作用是不可逆的。噻虫嗪的杀虫活性优于第一代新烟碱类杀虫剂的标志性产品吡虫啉，其生物活性约为烟碱活性的100倍左右，其极高的杀蚜活性可能与其结合在乙酰胆碱受体上的位点与烟碱不同有关。

该药具有广谱的杀虫活性，对害虫具有胃毒和触杀活性，并具有强内吸传导性。可以有效防治鳞翅目、鞘翅目、缨翅目以及同翅目害虫，如蚜虫、叶蝉、粉虱、飞虱、蓟马、粉蚧、金龟子幼虫、跳甲、马铃薯甲虫、地面甲虫、潜叶蛾、稻蚧、线虫、土鳖虫、潜叶蝇、土壤害虫以及一些磷翅目害虫等，对害虫卵也有一定的杀灭作用。同时，因对蚜虫、蓟马等传毒昆虫的良好控制作用，对植物的病毒病也有非常好的预防作用。由于其具有强内吸传导性特性，除用于喷雾外，还被广泛应用于种子处理和土壤处理，在植物生长早期，相同剂量土壤处理效果常常好于喷雾处理。对害虫的高活性、使用方式灵活多样以及较长的残效期和对有益生物安全等特点，使得其特别适宜于害虫的综合防治。

叶面和土壤施用的适用作物为甘蓝作物、叶菜和果菜、马铃薯、水稻、棉花、落叶水果、柑橘、烟草和大豆；种子处理施用的作物为玉米、高粱、谷类、糖甜菜、油菜籽、棉花、豌豆、蚕豆、向日葵、水稻和马铃薯。也可用来防治动物和公共健康上的蝇类，如家蝇、夏厕蝇、果蝇。

制剂和生产企业

25% 水分散颗粒剂，70% 可分散性种子处理剂。瑞士先正达作物保护有限公司。

应用

1. 25% 水分散颗粒剂

该制剂具有良好的胃毒和触杀活性和强内吸传导性，植物叶片吸收后迅速传导到各部位。害虫吸食药剂后，迅速停止活动和取食，死亡高峰通常是在药后 2 ~ 3d 出现。其持效期可达 1 个月左右。适用于蔬菜、水稻、小麦、棉花、苹果、梨及多种经济作物。用于防治各种蚜虫、飞虱、粉虱等刺吸式口器害虫特效，对马铃薯甲虫和多种咀嚼式口器害虫也有很好的防治效果。

防治稻飞虱

根据作物的生长期及稻飞虱在田间的发生为害情况，每季稻使用 25% 噻虫嗪两次即可控制稻飞虱的为害。在稻飞虱发生程度中等偏轻的情况下，每亩用制剂 1g 即稀释 10 000 倍液喷雾即可，药后 45d 防效可达 90% 以上；发生程度中等偏重时，每亩用量 2g 即 5 000 倍液为好。

防治苹果蚜虫

用25%噻虫嗪5 000 ~ 10 000倍液或每100L水加 25% 噻虫嗪 10 ~ 20g，或每亩用制剂 5 ~ 10g 进行叶面喷雾。

防治温室白粉虱和烟粉虱

使用浓度为 2 500 ~ 5 000 倍，或每亩用 25% 噻虫嗪 10 ~ 20g（有效成分 2.5 ~ 5g）进行喷雾。

防治十字花科蔬菜和黄瓜、番茄等果菜蚜虫

用 25% 噻虫嗪 5 000 ~ 8 000 倍液喷雾。

防治棉花蓟马

每亩用 25% 噻虫嗪 13 ~ 26g 进行喷雾。

防治梨木虱

用25%噻虫嗪10 000倍液或每100L水加10g/25%噻虫嗪，或每亩果园用 6g25% 噻虫嗪进行喷雾。

防治柑橘潜叶蛾

用25%噻虫嗪3 000 ~ 4 000倍液或每 100L 水加 25 ~ 33g 制剂，或每亩用 15g 制剂进行喷雾。

2. 70% 可分散性种子处理剂

噻虫嗪具有特异的内吸传导性，用该制剂处理的种子，萌发后有效成分能被快速吸收并传导到生长点和新叶及叶鞘，因此，特别适用于防治苗期地下害虫和早期叶面害虫。对于一些刺吸式口器害虫作用快，可有效阻碍此类害虫的传毒作用（如造成玉米的粗缩病、小麦黄矮病、丛矮病等）。

有较高的水溶性（大约是吡虫啉的 3 倍），因此，田间表现效果较稳定。在墒情差的情况下，效果不受太大影响。同时对种子安全性好，几乎适合于所有种子处理，且对作物有明显刺激生长作用，处理后的种子，早期出苗苗壮、苗齐、叶色浓绿。用 ^{14}C 标记法探明快胜的内吸特性，发现包衣种子萌发后，快胜能迅速进入种子，并在种子周围形成一个药剂保护层，从而可有效保护萌发种子不受地下害虫为害。

适用于玉米、棉花、大麦、小麦、水稻、甜菜、油菜、向日葵、高粱、马铃薯、豌豆、豆类等作物，用于防治蚜虫、叶蝉、果蝇、金针虫、蓟马、叶蝉、土栖甲虫、金针虫、灰飞虱、稻瘿蚊、蚁类、潜叶蛾、跳甲、绿盲蝽、象甲、黑豆蚜、白粉虱等害虫。

玉米每 100kg 种子用 70% 的制剂 200 ~ 450g，棉花用 50 ~ 300g，大麦、小麦用 24.3 ~ 74.3g，水稻用 24.3 ~ 150g，甜菜用 43 ~ 86g，向日葵用 300 ~ 700g，油菜用 300 ~ 600g，高粱用 100 ~ 300g，马铃薯用 7 ~ 10g，豌豆、豆类用 50 ~ 74.3g。

手工拌种时，先在容器中倒入一定量的水，一般每 100kg 种子加水 1 ~ 1.5L。将 70% 噻虫嗪干粉慢慢倒入水中，待其溶解后，搅拌至均匀即可。也可直接将制剂倒入种子上拌种，在不加水溶解情况下，直接将药剂与种子一起搅拌。机械化拌种时，首先加水溶解稀释（方法同上），然后按不同拌种比，补水至所需量即可上机拌种。

注意事项

1. 噻虫嗪是新一代杀虫剂，其作用机理与现有杀虫剂不完全不同，不易产生交互抗性，因此，适宜于抗性蚜虫、飞虱的防治。

2. 噻虫嗪使用剂量较低，应用过程中不要盲目加大用药量，以免造成不必要的浪费和产品、环境污染。

3. 勿使药物入眼或沾染皮肤，用大量清水冲洗即可。无专用解毒剂，需对症治疗。

4. 进食、饮水或吸烟前必须先洗手及裸露皮肤。

5. 勿将剩余药物倒入池塘、河流。

6. 农药泼洒在地，立即用沙、锯末、干土吸附，把吸附物集中深埋。曾经泼洒的地方用大量清水冲洗。回收药物不得再用。

7. 置于阴凉干燥通风地方。药物必须用原包装贮存。

呋虫胺（dinotefuran）

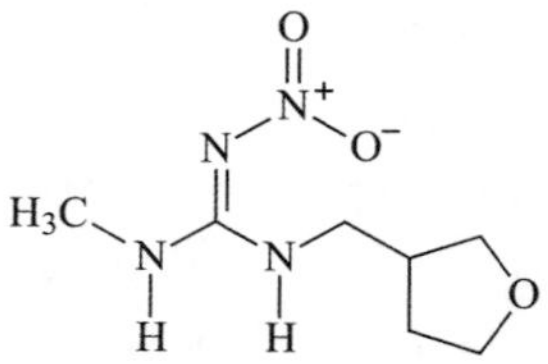

$$H_3C-NH-C(=N-NO_2)-NH-CH_2-(\text{tetrahydrofuran-3-yl})$$

化学名称

（RS）-1-甲基-2-硝基-3-[(四氢呋喃-3-)甲基]胍

理化性质

熔点 107.5℃。水中溶解度 39.83g/L。

毒性

低毒。大雄急性口服 $LD_{50} \geq 2\ 000mg/kg$，经皮 $LD_{50} \geq 2\ 000mg/kg$，对哺乳动物、鸟类及水生生物低毒。对皮肤有轻微刺激，无致畸、致突变、致癌作用。对蜜蜂和蚕高毒。

生物活性

呋虫胺为日本三井化学公司开发的第三代烟碱类杀虫剂。其与现有的烟碱类杀虫剂的化学结构可谓大相径庭，它的四氢呋喃基取代了以前的氯代吡啶基、氯代噻唑基，并不含卤族元素。同时，在性能方面也与烟碱有所不同。故而，目前人们将其称为“呋喃烟碱”。主要作用于昆虫神经结合部后膜，通过与乙酰胆碱受体结合使昆虫异常兴奋，全身痉挛、麻痹而死。对刺吸口器害虫有优异的防效，可防治多种半翅目害虫和其他一些重要害虫，不仅具有触杀、胃毒和根部内吸活性，而且具有内吸性强、用量少、速效好、活性高、持效期长、杀虫谱广等特点。由于它的残效长、杀虫谱广，故适用范围广泛，在水稻、蔬菜、果树、花卉上对半翅目、鳞翅目、双翅目、甲虫目和总翅目害虫有高效。产品于2002年首次在日本上市，2003年3月在韩国上市，2004年在美国获得登记，目前正开发在棉花、观赏作物、草坪、家庭和花园以及公共卫生方面的用途。

制剂和生产企业

20% 颗粒剂；20% 可湿性粉剂。日本三井化学公司。

应用

防治水稻、果树和蔬菜害虫使用剂量为每亩用20% 的制剂 33.5～67.5g（有效成分 6.7～13.5g）。

第二章
有机磷杀虫剂

这类杀虫剂主要杀虫作用机制是抑制昆虫体内神经组织中胆碱酯酶的活性，破坏神经信号的正常传导，引起一系列神经系统中毒症状，导致死亡。这类杀虫剂的主要特点有：（1）品种繁多。已经商品化的品种多达200多种，常用的有80多种；（2）开发应用历史悠久。最早在市场上应用的是对硫磷和甲基对硫磷（1947年）、其他的如毒死蜱（1965年）、甲胺磷（1970年）、丙溴磷（1975年）、杀螟硫磷（1980年）、硫线磷（1988年），而最新开发的有机磷杀虫剂是氯氧磷（1995年）；（3）使用范围广泛。这类杀虫剂多数具有胃毒、触杀、熏蒸等多种作用方式，主要作叶面喷雾使用，但也有些品种可以作为土壤处理，可以防治大多数作物上的多数害虫；（4）急性毒性大。这类杀虫剂多数品种对哺乳动物的急性毒性非常高。5种高毒有机磷农药（对硫磷、甲基对硫磷、甲胺磷、久效磷和磷胺）已在2007年在我国全面停止使用。

乙酰甲胺磷（acephate）

$$CH_3S(CH_3O)P(=O)—NH—C(=O)—CH_3$$

化学名称

O，S–二甲基–N–乙酰基–硫代磷酸胺

理化性质

纯品为白色结晶，熔点90～91℃，工业品为白色固体，纯度大于等于95%，熔点92℃（纯品），沸点147℃，相对密度1.35，乳油为浅黄色透明液体，易溶于水、甲醇、乙醇、丙醇等极性溶剂和二氯甲烷、二氯乙烷等卤代烃类。在苯、甲苯、二甲苯中溶解度较小，在碱性介质中易分解。溶解度水中为790g/L（20℃），丙酮151g/L，乙醇大于100g/L，苯16g/L，已烷0.1g/L。比较稳定。

毒性

低毒。原药大鼠经口LD_{50}值，纯品为823mg/kg，工业品为945mg/kg，雄小鼠急性口服LD_{50}值为714mg/kg。兔经皮LD_{50}为2 000mg/kg，小猎犬每天给药1 000mg/kg饲喂1年未发现任何病变。小鸡经口LD_{50}为852mg/kg。鲫鱼TLM为9 550mg/kg，白鲢（48h）485mg/kg，红鲤鱼TLM（48h）104mg/kg。

生物活性

属低毒广谱内吸性有机磷杀虫剂。对害虫具有胃毒和触杀作用，并可杀卵，有一定熏蒸作用。是缓效型杀虫剂，施药初期效果不明显，2～3d后效果显著，后效作用强。适用于防治蔬菜、果树、烟草、粮食、油料、棉花等农作物上的多种咀嚼式、刺吸式口器害虫和害螨。

制剂

40%、30%、20%乳油；25%、20%可湿性粉剂；75%、50%、25%和可溶性粉剂；97%水分散粒剂

应用

1. 蔬菜害虫

（1）防治菜青虫，在成虫产卵高峰后一星期左右，幼虫2～3龄期施药，每亩用30%的乳油80～120mL（有效成分24～36g），对水40～50kg均匀喷雾。

（2）防治小菜蛾，在1～2龄幼虫盛发期用药，用药量及应用同菜青虫。

（3）防治蚜虫，每亩用30%的乳油50～75mL（有效成分15～22.5g），对水50～75kg均匀喷雾。

（4）防治茭白二化螟、大螟及菜蚜、瓜蚜等，用40%乳油1 000～1 500倍液喷雾。

（5）防治温室白粉虱，用40%乳油1000倍液喷雾防除若虫、成虫（对卵、蛹基本无效），每隔5～6d喷雾1次。连续防治2～3次。

（6）防治棉铃虫、烟青虫、夜蛾、黄条跳虫甲等。用30%或40%乳油500～800倍液喷雾。

2. 果树害虫

（1）防治桃小食心虫、梨小食心虫，在成虫产卵高峰期，卵果率达0.5%～1%时施药，用30%的乳油稀释500～750倍（有效浓度600～400mg/kg），均匀喷雾。

（2）防治柑橘介壳虫，在1龄若虫盛发期，用30%的乳油300～600mL（有效浓度500～1 000mg/kg），均匀喷雾。

3. 水稻害虫

（1）防治稻纵卷叶螟，施药时期为：在水稻分蘖期百蔸2～3龄幼虫量45～50头，叶被害率7%～9%；孕穗抽穗期百蔸2～3龄幼虫量25～35头，叶被害率3%～5%。每亩用30%的乳油125～225mL（有效成分37.5～67.5g），对水60～75kg均匀喷雾。

（2）防治稻飞虱，施药时期为：在孕穗抽穗期，2～3龄若虫高峰期，百蔸虫量1 300头；乳熟期，2～3龄若虫高峰期，百蔸虫量2 100头。每亩用30%的乳油80～150mL（有效成分24～45g），对水60～75kg均匀喷雾。

4. 旱粮作物害虫

防治玉米、小麦黏虫，在3龄幼虫以前，每亩用30%的乳油120～240mL（有效成分36～72g），对水75～100kg均匀喷雾。

5. 烟草害虫

防治烟青虫，在3龄幼虫以前，每亩用30%的乳油100～200mL（有效成分30～60g），对水50～100kg均匀喷雾。

6. 棉花害虫

（1）防治棉蚜，在苗蚜发生期，大面积平均有蚜株率达30%，平均单株蚜量近10头，卷叶株率达5%时施药。每亩用30%的乳油100～150mL（有效成分30～45g），对水50～75kg均匀喷雾。

（2）防治小造桥虫，7、8月份调查棉花上、中部，当百株3龄前幼虫达100头时，每亩用30%的乳油100～150mL（有效成分30～45g），对水75～100kg均匀喷雾。

（3）棉铃虫主要防治棉田二、三代幼虫，红铃虫防治适期为各代红铃虫发蛾和产卵盛期，其用量都为每亩30%乳油150～200mL，对水75～100kg常量喷雾。

注意事项

1. 不能与碱性农药混用。
2. 不宜在茶树、桑树上使用。
3. 在蔬菜上施药的安全间隔期不少于7d。
4. 中毒症状为典型的有机磷中毒症状，但病程持续时间较长，胆碱酯酶恢复较慢。用碱水或清水彻底清除毒物，用阿托品或解磷定解毒，注意防止脑水肿。

毒死蜱（chlorpyrifos）

C_2H_5O、C_2H_5O—P(=S)—O—（3，5，6-三氯-2-吡啶基）

化学名称

O，O-二乙基-O-（3，5，6-三氯-2-吡啶基）硫代磷酸酯

理化性质

原药为白色颗粒状结晶，室温下稳定，有硫醇臭味，相对密度1.398（43.5℃），熔点41.5～43.5℃，蒸气压为2.5mPa（25℃），水中溶解度为1.2mg/L，溶于大多数有机溶剂。

毒性

中等毒性。原药大鼠急性经口LD_{50}为163mg/kg，急性经皮LD_{50}>2 000mg/kg；对试验动物眼睛有轻度刺激，对皮肤有明显刺激，长时间多次接触会产生灼伤。大鼠亚急经口无作用剂量为0.03mg/kg，慢性经口无作用剂量为0.1mg/kg。狗慢性经口无作用剂量为0.03mg/kg。在试验剂量下未见致畸、致突变、致癌作用。室内空气中最高允许浓度为（TLV）0.2mg/m^3。对鱼类及水生生物毒性较高，红鳟鱼LC_{50}为15mg/L（96h，72℃），对蜜蜂有毒。毒死蜱40.7%乳油，大鼠急性经口LD_{50}为590mg/kg，兔急性经皮LD_{50}为2 330mg/kg，对皮肤、眼睛有刺激性。杀死虫蓝珠14%颗粒剂大鼠性急经口LD_{50}>2g/kg，急性经皮>2g/kg，急性吸入LC_{50}>0.007μg/L（7h），对眼睛、皮肤有刺激性。

生物活性

是一种广谱有机磷杀虫、杀螨剂，对害虫具有触杀、胃毒和熏蒸作用。在叶上残效期不长，但在土壤中残效期较长，因此，对地下害虫防治效果较好。在推荐剂量下对多数作物无药害，但对烟草敏感。

制剂

48%、40.7%、40%、20%乳油；50%、30%、25%可湿性粉剂；480g/L、30%微乳剂；40%、30%水乳剂；30%微囊悬浮剂；15%烟雾剂；14%、10%、5%、3%颗粒剂

应用

1．水稻害虫

防治稻纵卷叶螟、蓟马、稻瘿蚊，稻纵卷叶螟在初孵幼虫盛发期，蓟马、瘿蚊在发生始盛期，每亩用40.7%乳油60～100mL（有效成分24～40g），对水50～60kg喷雾。防治稻飞虱、叶蝉，在若虫盛发期，每亩用40.7%乳油80～120mL（有效成分32～48g），对水50～60kg喷雾。

2．小麦害虫

防治黏虫，每亩用40.7%乳油40mL（有效成分16g），对水40～50kg喷雾。防治麦蚜，每亩用40.7%乳油50～75mL（有效成分20～30g），对水40～50kg喷雾。

3．棉花害虫

防治棉蚜，一般以每亩用40.7%乳油50mL（有效成分20g），对水40kg喷雾。防治棉叶螨，在成螨期，每亩用40.7%乳油70～100mL（有效成分28.5～40.7g），对水50～60kg喷雾。防治棉铃虫、红铃虫，在低龄幼虫期，每亩用40.7%乳油100～169mL（有效成分40.7～68.7g），对水50～75kg喷雾。

4．蔬菜害虫

防治菜青虫，在3龄幼虫盛发期，每亩用40.7%乳油80～120mL（有效成分32～48g），对水50～60kg喷雾。防治小菜蛾，在2～3龄幼虫盛发期，每亩

用40.7%乳油100～150mL（有效成分40～60g），对水50～60kg喷雾。防治豆荚螟，在豇豆、菜豆开花始盛期，卵孵盛期，初孵幼虫蛀入花柱、幼荚前，每亩用40.7%乳油100～150mL（有效成分40～60g），对水50～60kg喷雾。隔7～10d喷1次，全期共喷3次，能较好地控制豆荚被害。

5. 大豆害虫

防治食心虫在卵孵盛期，斜纹夜蛾在2～3龄幼虫盛发期，每亩用40.7%乳油75～100mL（有效成分30～40g），对水50～60kg喷雾。

6. 果树害虫

防治柑橘潜叶蛾，在放梢初期，卵孵盛期；防治柑橘红蜘蛛，在若虫盛发期，用40.7%乳油1 000～2 000倍液（有效浓度200～400mg/kg）喷雾。防治桃小食心虫，在卵果率0.5%～1.0%，初龄幼虫蛀果前，用40.7%乳油800～1 000倍液（有效浓度400～500mg/kg）喷雾。防治山楂红蜘蛛、苹果红蜘蛛，在苹果开花前后，幼若螨盛发期，用40.7%乳油800～1 000倍液（有效浓度400～500mg/kg）喷雾。

7. 茶树害虫

防治茶尺蠖、茶细蛾、茶毛虫、丽绿刺蛾，在2～3龄幼虫期用有效浓度300～400mg/kg（40.7%或40%乳油1 333～1 000倍液）喷雾。防治茶叶瘿螨、茶橙瘿螨、茶短须螨，在幼若螨盛发、扩散为害前，用有效浓度400～500mg/kg（40.7%或40%乳油800～1 000倍液）喷雾。

8. 甘蔗害虫

防治甘蔗绵蚜，在2～3月份有翅成蚜迁飞前或6～7月份绵蚜大量扩散前，每亩用40.7%乳油20mL（有效成分8g）喷雾。

9. 卫生害虫

蚊成虫用100～200mg/kg喷雾。孑孓用药为水中药剂有效浓度为15～20mg/kg。蟑螂用200mg/kg，跳蚤用400mg/kg，喷雾。家畜体表的微小牛蜱、蚤等用100～400mg/kg涂抹或洗刷。

注意事项

1. 不能与碱性农药混用。

2. 为保护蜜蜂，应避免在作物开花期使用。

3. 作物收获前停止用药的安全间隔期，棉花为21d，水稻为7d，小麦为10d，甘蔗为7d，啤酒花为21d，大豆为14d，花生为21d，玉米为10d，叶菜类为7d。

4. 发生中毒时，应立即送医院，可注射阿托品解毒剂。

甲基毒死蜱（chlorpyrifos-methyl）

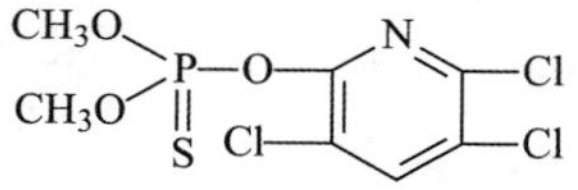

CH_3O、CH_3O—P(=S)—O—（3,5,6-三氯吡啶-2-基）

化学名称

O，O-二甲基-O-（3，5，6-三氯吡啶-2-基）硫代磷酸酯

理化性质

产品为白色晶体，熔点45.5～46.5℃；不溶于水，易溶于苯、丙酮、氯仿等有机溶剂。在一般贮藏条件下稳定，在中性pH值6～8的介质中相对稳定，在酸性介质和碱性介质中易水解，在碱性条件下，水解速度较快。

毒性

低毒。纯品急性口服LD_{50}值雌大鼠为2 088mg/kg，雄大鼠为1 706mg/kg，大鼠急性经皮LD_{50}值>1 266mg/kg。本品对鸟类和鱼类较安全。允许残留量：米0.01mg/kg，蔬菜、甜菜0.03mg/kg。ADI为0.01mg/kg。

生物活性

是一种低毒、广谱有机磷杀虫剂。对害虫具有触杀、胃毒和熏蒸作用。可有效防治蚊、蝇、作物害虫、住宅和仓库害虫及水生害虫等。对米象、玉米象、咖啡豆象、赤拟谷盗、锯谷盗、长解扁谷盗、土耳其扁谷盗、麦蛾、印度谷螟等主要贮粮害虫均可有效防治。

制剂和生产企业

40% 乳油。江苏苏化集团有限公司、广东省江门市大光明农化有限公司、美国陶氏益农公司。

应用

1. 贮粮害虫：对有机械输送设备的粮库，可在粮食入库时在输送带上按 4 ~ 10mg/kg 的药剂量对食粮流进行喷雾，无输送设备时可按同样剂量药液人工喷雾拌和粮食，或用药剂砻糠载体法拌和粮食。对粮袋、仓墙可按每平方米 0.5 ~ 1g 有效成分剂量喷雾处理。

2. 对卫生害虫和作物害虫可采用喷雾处理。

注意事项

1. 不能与碱性农药混用。

2. 按规定剂量防治贮粮害虫，仅限于处理原粮，成品粮上不能使用。

3. 发生中毒事故，按有机磷农药的解毒方法处理，解毒剂为阿托品。

2

杀螟腈（cyanophos）

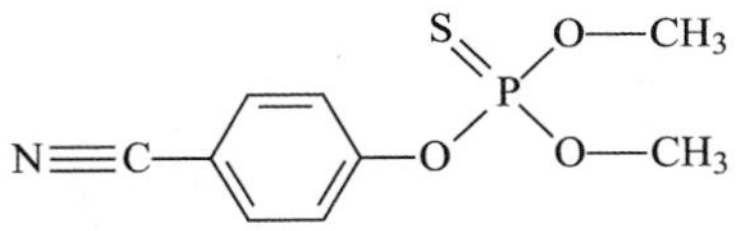

S　O—CH3
P
N≡C—(C6H4)—O　O—CH3

化学名称

O，O- 二甲基 -O-（4- 氰基苯基）硫代磷酸酯

理化性质

纯品为淡黄色液体。相对密度 1.260，熔点 14 ~ 15℃，沸点：13.3 × 0.001kPa，折射率 1.5413（25℃）。工业品是棕红色液体，含量 90% 以上。几乎不溶于水和直链烃。易溶于醇、醚、酯和芳烃。对强碱不稳定。

毒性

低毒，大鼠急性口服 LD_{50} 值为 610mg/kg，急性经皮 LD_{50} 值为 800mg/kg。

生物活性

是一种低毒、广谱有机磷杀虫、杀螨剂。对害虫有触杀、胃毒和内吸杀虫作用，杀虫速度快，残效期较长。可有效防治水稻、蔬菜、茶叶等农作物上的多种害虫，特别对水稻螟虫、稻苞虫、稻飞虱、稻纵卷叶虫、叶蝉、黏虫等防治效果更为显著。也可用于防治果树、蔬菜和观赏植物上的鳞翅目害虫，及防治蟑螂、苍蝇和蚊子之类的卫生害虫。

制剂和生产企业

50%、15%、5% 乳油；2% 粉剂；1% 液剂。浙江禾本农药化学有限公司。

应用

1. 水稻害虫

对二化螟、三化螟、稻纵卷叶螟、稻苞虫、蓟马、叶蝉等，在卵孵盛期每亩用 50% 乳油 100 ~ 133mL（有效成分 50 ~ 66.7g），对水 50 ~ 66.7kg 喷雾。每亩用 2% 粉剂 667 ~ 1 000g 配成毒土撒施对稻苞虫、稻螟、叶蝉、蓟马等防治效果良好。每亩用 2% 粉剂拌细土 10kg 撒施，对防治稻纵卷叶螟 4 龄幼虫效果很好。

2. 蔬菜害虫

对蚜虫、菜青虫、黏虫、黄条跳甲、红蜘蛛等，每亩用50%乳油100～133mL（有效成分50～66.7g），对水50～66.7kg喷雾。用50%乳油500倍液，灌注虫孔，每孔3～10mL，可防治木毒蛾等。

3．茶叶害虫

对茶小绿叶蝉、茶尺蠖及黑刺粉虱，用50%乳油800～1 200倍液喷雾。

4．其他害虫

每亩用2%粉剂2 000～2 667喷粉，可防治大豆食心虫、棉铃虫、玉米螟等。对甜菜夜蛾用50%乳油800～1 000倍液，每亩喷药液50～66.7kg。

注意事项

1．不可与碱性农药混用。

2．对瓜类作物易产生药害，不宜使用。

3．发生中毒事故，应立即送医院按有机磷农药急救措施治疗。

二嗪磷（diazinon）

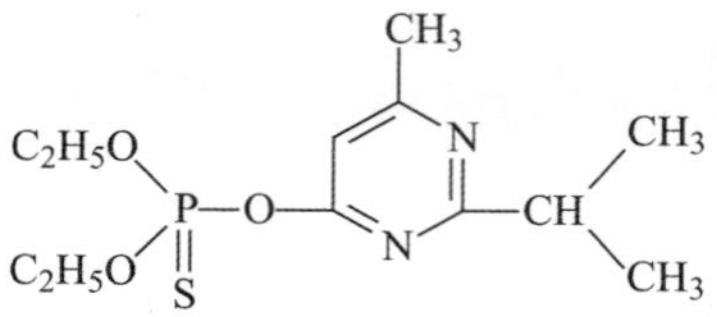

化学名称

O，O-二乙基-O-（2-异丙基-4-甲基嘧啶-6-基）硫代磷酸酯

理化性质

纯品为黄色液体，沸点83～84℃/26.6Pa，蒸气压12mPa（25℃），相对密度1.11，在水中溶解度（20℃）为60mg/L，与普通有机溶剂不混溶。100℃以上易氧化，中性介质稳定，碱性介质中缓慢水解，酸性介质中加速水解。

毒性

中等毒性。原药大鼠急性口服LD_{50}值为285mg/kg（300～850mg/kg），小鼠为163mg/kg。雄性大鼠急性经皮LD_{50}值为911mg/kg。小鼠急性吸入LC_{50}值为630mg/m³。对家兔皮肤和眼睛有轻微刺激作用。在试验剂量下，对动物无致畸、致癌、致突变作用。鲤鱼LC_{50}值（48h）为630mg/L。对蜜蜂高毒。

生物活性

属广谱性有机磷杀虫剂，毒性中等。对害虫具有触杀、胃毒、熏蒸和一定的内吸作用。有一定杀螨活性及杀线虫活性。残效期较长。对鳞翅目、同翅目等多种害虫具有良好的防治效果。也可拌种防治多种作物的地下害虫。用于控制大范围作物上的刺吸式口器害虫和食叶害虫，包括落叶果树、柑橘、葡萄、橄榄、香蕉、菠萝、蔬菜、马铃薯、甜菜、甘蔗、咖啡、可可、茶树等。小麦、玉米、高粱、花生等拌种，可防治蝼蛄、蛴螬等土壤害虫。颗粒剂灌心叶，可防治玉米螟乳油对煤油喷雾，可防治蜚蠊、跳蚤、虱子、苍蝇、蚊子等卫生害虫。绵羊药液浸浴，可防治蝇、虱、稗、蚤等体外寄生虫。一般使用下无药害，但一些品种的苹果和莴苣较敏感。收获前禁用期一般为10d。不能和铜制剂、除草剂敌稗混用，在施用敌稗前后2周内也不能使用。制剂不能用铜器、铜合金器或塑料容器盛装。

制剂和生产企业

60%、50%、30%、25%乳油；40%微乳剂；40%

水乳剂；10%、5%、2% 颗粒剂。浙江省温州市鹿城东瓯染料中间体厂、江苏省通州正大农药化工有限公司、浙江永农化工有限公司。

应用

1. 蔬菜害虫

防治菜青虫，在产卵高峰后 1 星期，幼虫 2 ~ 3 龄期防治。每亩用 50% 乳油 40 ~ 50mL（有效成分 20 ~ 25g），对水 40 ~ 50kg 喷雾。防治蚜虫，用药量和应用同菜青虫。防治圆葱潜叶蝇、豆类种蝇，每亩用 50% 乳油 50 ~ 100mL（有效成分 25 ~ 50g），对水 50 ~ 100kg 喷雾。

2. 棉花害虫

防治棉蚜，苗蚜有蚜株率达 30%，单株平均蚜量近 10 头，卷叶率达 5% 时，每亩用 50% 乳油 40 ~ 60mL（有效成分 20 ~ 30g），对水 40 ~ 60kg 喷雾。防治红蜘蛛，6 月底以前的害虫发生期，每亩用 50% 乳油 60 ~ 80mL（有效成分 30 ~ 40g），对水 50kg 喷雾。

3. 水稻害虫

防治三化螟，防治枯心应掌握在卵孵盛期，防治白穗在 5% ~ 10% 破口露穗期，每亩用 50% 乳油 50 ~ 75mL（有效成分 25 ~ 37.5g），对水 50 ~ 75kg 喷雾。防治二化螟，大发生年份蚁螟孵化高峰前 3d 第一次用药，7 ~ 10d 再用药一次，用药量及方法同三化螟。防治稻瘿蚊，主要防治中、晚稻秧苗田，防止将虫源带入本田。在成虫高峰期至幼虫孵化高峰期用药，每亩用 50% 乳油 50 ~ 100mL（有效成分 25 ~ 50g），对水 50 ~ 75kg 喷雾。防治稻飞虱、叶蝉、稻秆蝇，在发生期用药，用药量和应用同稻瘿蚊。

4. 地下害虫

防治华北蝼蛄、华北大黑金龟子，用 50% 乳油 500mL（有效成分 250g），加水 25kg，拌玉米或高粱种 300kg，拌匀闷种 7h 后播种。同样药量和对水量，可拌小麦种 250kg，待种子吸收药液，稍晾干后播种。防治春播花生田大黑蛴螬，每亩用 2% 颗粒剂 1.25kg（有效成分 25g），穴施。

注意事项

1. 不可与碱性农药混用。本品不可与敌稗混用，也不可在施用敌稗前后两周内使用本品。

2. 作物收获前 10d 内，停止用药。

3. 本品不能用铜、铜合金罐、塑料瓶盛装。贮存时放置在阴凉干燥处。

4. 解毒剂有硫酸阿托品、解磷定等。

喹硫磷（quinalphos）

C_2H_5O, C_2H_5O, P, S, O, N, N

化学名称

O，O–二乙基–O–（喹喔啉–2–基）硫代磷酸酯

理化性质

纯品为无色、无味结晶，熔点 31 ~ 32℃，分解温度为 120℃，蒸气压 0.35mPa（20℃），相对密度 1.235。水中溶解度低，但易溶于乙醇、甲醇、乙醚、丙酮和芳香烃，微溶于石油醚。遇酸易水解。

毒性

中等毒性。原药大鼠急性口服 LD_{50} 值为 71mg/kg，大鼠急性经皮 LD_{50} 值为 800 ~ 1 750mg/kg，急性吸入 LC_{50} 值为 0.71mg/m³。对家兔皮肤和眼睛无刺激作用。在试验剂量下，对动物无致畸、致癌、致突变作用。鲤鱼 LC_{50} 值（48h）为 3 ~ 10mg/L。对蜜蜂高毒。

生物活性

喹硫磷具有杀虫、杀螨作用，具有胃毒和触杀

作用，无内吸和熏蒸性能，在植物上有良好的渗透性，有一定杀卵作用，在植物上降解速度快，残效期短。适用范围适用于水稻、棉花、果树、蔬菜上多种害虫的防治。用于防治水稻、棉花、蔬菜、果树、茶、桑、甘蔗等作物及林木，防治鳞翅目、鞘翅目、双翅目、半翅目、同翅目、缨翅目等刺吸式和咀嚼式口器害虫、钻蛀性害虫及叶螨。颗粒剂撒施防治水稻螟虫、稻瘿蚊和桑瘿蚊，能延长药效期。药液灌心叶可防治玉米螟。由于持效期短，对虫卵效果差，连续使用易诱发害虫产生抗药性，宜与其他杀虫剂轮用。防治卫生害虫可以施毒饵灭蟑螂。

制剂和生产企业

25% 乳油；5% 颗粒剂。四川省化学工业研究设计院。

应用

1. 水稻害虫的防治

喹硫磷是防治瘿蚊的特效药，每亩用 25% 乳油150～200mL，对水60～150kg喷雾或用5%颗粒剂1.25～1.5kg撒施。防治二化螟、三化螟每用25% 乳油 100～130mL，对水 75kg 喷雾；或用 5% 颗粒剂每亩 1～1.5kg，均匀喷撒。此剂量可用于防治稻飞虱及叶蝉、稻蓟马、稻纵卷叶螟等。

2. 棉花害虫的防治

棉蚜每亩用 25% 乳油 50～60mL，对水 50kg 喷雾。棉蓟马每亩用 25% 乳油 66～100mL，对水 60kg 喷雾。棉铃虫每亩用乳油 133～166mL，对水 75kg 喷雾。

3. 柑橘害虫的防治

柑橘潜叶蛾用25%乳油600～750倍液防治。橘蚜用 500～750 倍液防治，此剂量也可防治介壳虫。

4. 茶树害虫的防治

防治小绿叶蝉、茶尺蠖，每亩用25%乳油150～200mL，对水 150～200kg 喷雾。

5. 蔬菜害虫的防治

防治菜蚜、菜青虫、红蜘蛛、斜纹夜蛾每亩用25% 乳油 60～80mL，对水 50～60kg 喷雾。

6. 大豆食心虫的防治

每亩用25%乳油60～100mL，对水60～70kg喷雾。

7. 烟草害虫的防治

防治烟蓟马、烟青虫等，每亩可用 25 %乳油60～100mL，对水 50～60kg 喷雾。

8. 茶树、果树害虫的防治

用 25 %乳油 1 000～2 000 倍液喷雾，可防治茶尺蠖、茶刺蛾、茶毛虫、叶蝉、茶叶螨、黑刺粕虱、长白蚧、红蜡蚧，枣树龟蜡蚧、柑橘蚜虫等。

注意事项

1. 不能与碱性物质混合使用。

2. 喹硫磷的安全使用、中毒症状、急救措施与一般有机磷相同。

三唑磷（triazophos）

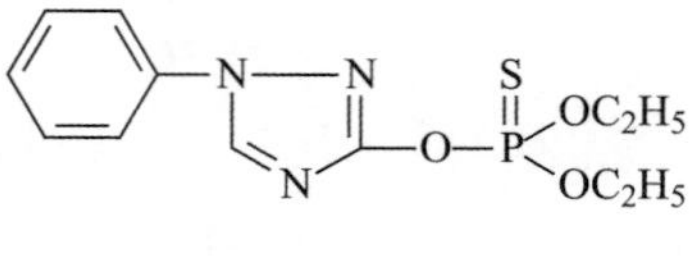

S
OC2H5
O－P
OC2H5
N
N
N

化学名称

O，O－二乙基－O－（1－苯基－1，2，4－三唑－3－基）硫代磷酸酯

理化性质

纯品为浅棕黄色油状物，熔点：2～5℃，蒸气压（30℃）：0.39mPa，蒸气压（55℃）：13mPa，油水分配系数 3.34，溶解度：水 39mg/L（pH=7，23℃），

可溶于大多数有机溶剂，对光稳定，在酸碱水溶液中水解。

毒性

中等毒性。大白鼠急性经口 LD_{50} 值为82mg/kg，急性经皮 LD_{50} 为1 100mg/kg；对蜜蜂有毒，鲤鱼的 LC_{50} 值（96h）5.6mg/L。

生物活性

是一种广谱有机磷杀虫、杀螨和杀线虫剂，具有强烈的触杀和胃毒作用，渗透性强，杀虫效果好，杀卵作用明显，渗透性较强，无内吸作用。害虫抗药性产生缓慢。用于水稻等多种作物防治多种害虫，是防治水稻螟虫的优秀杀虫剂。可用于防治水稻、棉花、玉米、果树、蔬菜等的二化螟、三化螟、稻飞虱、稻蓟马、稻瘿蚊、卷叶螟、棉铃虫、红铃虫、蚜虫、松毛虫、菜青虫、蓟马、叶螨、线虫等害虫。

制剂

40%、30%、20%、13.5%、10%乳油；40%、20%、15%、8% 微乳剂；20% 水乳剂；3% 颗粒剂

应用

1. 水稻：三化螟，300～450g/hm^2 喷雾，有趋光性，在春季羽化；稻飞虱，75～100mL/ 亩，迁移为害初期施药，水稻分蘖期滴油触杀；二化螟，20mL/ 亩，2～3 龄高峰期施药，效果最佳。

2. 棉花：蚜虫，50～75mL/ 亩，发生高峰期用药；棉铃虫，150～200mL/ 亩，在卵高峰和孵化高峰期用药；蓟马，50～75mL/ 亩，害虫从越冬寄主向为害寄主上转移时进行防治。

3. 蔬菜：蚜虫，100～125mL/ 亩，卵高峰期和幼虫发生高峰期用药；菜青虫，100～125mL/ 亩，3 龄以下用药防治。

倍硫磷（fenthion）

$$(CH_3O)_2P(=S)-O-C_6H_3(3\text{-}CH_3)(4\text{-}SCH_3)$$

化学名称

O,O-二甲基-O-(3-甲基-4-甲硫基苯基)硫代磷酸酯

理化性质

纯品无色无臭油状液体，工业品有大蒜气味。沸点87℃（1.33×10^{-3}kPa)，相对密度1.250(20/4℃)，折光率1.5698。蒸气压为 4×10^{-3}mPa(20℃)。溶于甲醇、乙醇、丙酮、甲苯、二甲苯、氯仿及其他许多有机溶剂和甘油。在室温水中的溶解度为54～56mg/L。对光和碱性稳定，热稳定性可达210℃。

毒性

中等毒。雄性大白鼠急性经口 LD_{50} 为215mg/kg，雌性为245mg/kg。大白鼠急性经皮 LD_{50} 为330～500mg/kg。鱼毒 LC_{50} 约为1mg/kg（48h）。对蜜蜂、草蛉等益虫高毒。

生物活性

对害虫具有触杀和胃毒作用，对作物具有一定渗透性，但无内吸传导作用，杀虫广谱，作用迅速。 适用范围 适用于防治水稻、棉花、果树、蔬菜、大豆上的鳞翅目幼虫、蚜虫、叶蝉、飞虱、蓟马、果实蝇、潜叶蝇、介壳虫等多种害虫，对叶螨类有一定药效。也可用于防治蚊、蝇、臭虫、虱子、蜚蠊等卫生害虫，特别适合用于防治孑孓。在植物体内氧化成亚砜和砜，杀虫活性提高。

制剂

50% 乳油。

应用

1. 水稻害虫，防治二化螟、三化螟每亩用50%乳油75～150 mL加细土75～150kg制成毒土撒施或对水50～100kg喷雾。稻叶蝉、稻草飞虱可用相同剂量喷雾进行防治。

2. 棉花害虫，防治棉铃虫、红铃虫每亩用50%乳油50～100mL，对水75～100kg喷雾。此剂量可兼治棉蚜、棉红蜘蛛。

3. 蔬菜害虫，防治菜青虫、菜蚜每亩用50%乳油50mL，对水30～50kg喷雾。

4. 果树害虫，防治桃小食心虫用50%乳油1 000～2 000倍液喷雾。

5. 大豆害虫，防治大豆食心虫、大豆卷叶螟每亩用50%乳油50～150mL，对水30–50kg喷雾。

注意事项

1. 对十字花科蔬菜的幼苗及梨、桃、高粱、啤酒花易产生药害。

2. 不能与碱性物质混用。

3. 皮肤接触中毒可用清水或碱性溶液冲洗，忌用高锰酸钾液，误服治疗可用硫酸阿托品，但服用阿托品不宜太快、太早，维持时间一般应3～5d。

乙硫磷（ethion）

$$(C_2H_5O)_2P(=S)-S-CH_2-S-P(=S)(OC_2H_5)_2$$

化学名称

O，O，O，O–四乙基–S，S'–亚甲基双二硫代磷酸酯

理化性质

纯品为有恶臭的白色至淡琥珀色油状液体。熔点：–12～–15℃。沸点：125℃（1.33Pa，0.01mmHg）。蒸气压：0.200mPa。微溶于水，溶于二甲苯、甲基萘、氯仿和丙酮。也能溶于烷烃。遇酸和碱水解，空气中缓慢氧化。

毒性

中等毒性。急性经口LD_{50}（mg/kg）：大白鼠208（纯品）、47（原药），小白鼠和豚鼠40～50，对豚鼠和兔的急性经皮LD_{50}为915mg/kg（原药对兔为1 084mg/kg），大白鼠吸入LC_{50}（4h）为0.45原药/L。无作用剂量：大白鼠（2年）6mg/kg饲料（0.3mg/kg·d），狗（2年）为2mg/kg饲料（0.05mg/kg·d）。ADI为0.002mg/kg（以体重计）（1990）。对鱼有毒，平均致死浓度（24h）0.72mg/L；对蜜蜂有毒。

生物活性

是有机磷杀虫、杀螨剂。可防治多种害虫及红蜘蛛，对红蜘蛛的卵也有一定的杀伤作用。乙硫磷开发较早，可作为轮换药剂在棉花、水稻等作物上使用，能有效地防治棉花、水稻、玉米、果树、花卉等作物上的叶蝉、飞虱、蓟马、蚜虫、玉米螟、红蜘蛛、盲蝽及蚧类、蝇类和鳞翅目幼虫等多种有害虫螨，具有强烈的杀螨卵作用，也可用于防治蝼蛄、蛴螬等地下害虫。触杀性好，残效期10～20d。

制剂

50%乳油（表2–2）。

应用

1. 防治水稻害虫：防治稻飞虱、稻蓟马等害虫，每亩用50%乳油50～100mL在初发期对水喷雾。也可喷50%乳油2 000～2 500倍液。

2. 防治棉花害虫：防治棉红蜘蛛、棉叶蝉、盲蝽，用50%乳油1 500～2 000倍液喷雾。防治棉花苗期蚜虫，用50%乳油1 000～1 500倍液喷雾。

3. 防治果树食叶害虫、叶螨、木虱。用50%

表 2-2　50% 乳油具体应用

作物	害虫种类	对水倍数	施药方法	安全间隔期
棉花	棉红蜘蛛	1 500 ~ 2 000	喷雾	–
	棉叶蝉	1 500 ~ 2 000	喷雾	–
	棉蚜	1 000 ~ 1 500	喷雾	–
	小造桥虫	1 000 ~ 2 000	喷雾	–
	盲蝽	1 500 ~ 2 000	喷雾	–
水稻	飞虱	2000	喷雾	收割前 30d
	黑尾叶蝉	1 000 ~ 2 000	喷雾	收割前 30d
	蓟马	2000	喷雾	收割前 30d
玉米	玉米螟	1000	浇心期	收割前 30d
果树	红蜘蛛	1 500 ~ 2 000	喷雾	收割前 40d
	蚜虫	1 000 ~ 2 000	喷雾	收割前 40d
	锈壁虱	1 500 ~ 2 000	喷雾	收割前 40d
	蚧壳虫	1 000 ~ 1 500	喷雾	收割前 40d
花卉	蚜虫	1 500 ~ 2 000	喷雾	–
	红蜘蛛	1 500 ~ 2 000	喷雾	–
地下害虫	蝼蛄	1 000 ~ 1 500	浇根	–
	蛴螬	1 000 ~ 1 500	浇根	–

乳油 1 000 ~ 1 500 倍液进行喷雾。

注意事项

1. 不准在蔬菜、茶树上使用；
2. 不能与强酸强碱性物质混用。不能与石灰、铜剂或加石灰的硫酸锌混用，以免产生药害；
3. 遇中毒可用阿托品解毒，并送医院治疗；
4. 存放于避光，通风，干燥处，远离火源。

伏杀硫磷（phosalone）

C_2H_5O, C_2H_5O — P(=S) — S — CH_2 — N (6-Cl-benzoxazolone)

化学名称

O，O- 二乙基 -S-（6- 氯 -2- 氧代苯并噁唑啉基 -3- 甲基）二硫代磷酸酯

理化性质

纯品为非吸湿性白色结晶，具有大蒜气味，熔点 45 ~ 48℃，挥发性小，空气中的饱和浓度小于 0.01mg/m^3（24℃）。难溶于水，水中溶解度为 1.7 ~ 2mg/L。易溶于丙酮、乙腈、甲醇、乙醇和大部分芳香族溶剂。

毒性

中等毒性。急性经口 LD_{50}（mg/kg）：大白鼠 120 ~ 170（雄），135 ~ 170（雌），小白鼠 180，豚鼠 380，野鸡 290；急性经皮 LD_{50}（mg/kg）：大白鼠 1 500，兔>1 000。鱼毒 TLM（48h）（mg/L）：鲤鱼 1.2，泥鳅 0.2。对蜜蜂安全，对人的 ADI 为 0.006mg/kg。

生物活性

是广谱杀虫、杀螨剂。对害虫以触杀和胃毒作

用为主，无内吸作用，对作物有渗透性。持效期长，在作物上持效约14d，代谢产物仍具杀虫活性。适用于果树，大田作物和经济作物上防治蓟马、叶蝉、飞虱、螟虫、蚜虫、梨小食心虫、苹果卷叶蛾、梨木虱、棉蚜、红蜘蛛等多种害虫。

制剂和生产企业

35%、30%乳油；30%可湿性粉剂。江苏省江阴凯江农化有限公司。

应用

1．在果树上防治卷叶蛾、苹果实蝇、梨小食心虫、蝽象、梨黄木虱、蚜虫和红蜘蛛，使用浓度为300～600mg/kg。

2．在棉花上防治棉铃虫、蚜虫、叶蝉类、蓟马和红蜘蛛，马铃薯上防治蚜虫，每亩用30%乳油或30%可湿性粉剂60～120g，稀释1 000倍使用。

杀扑磷（methidathion）

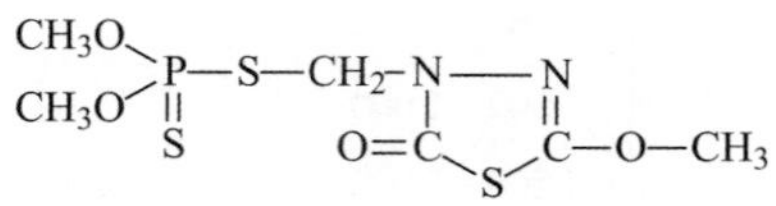

化学名称

O，O-二甲基-S-（2，3-二氢-5-甲氧基-2-氧代-1，3，4-噻二唑基-3-甲基）二硫代磷酸酯

理化性质

无色晶体，熔点39～40℃，蒸气压2.5×10^{-4}Pa（20℃），相对密度1.51（20℃），Kow logP=2.2，溶解度水200mg/L（25℃），乙醇150，丙酮670，甲苯720，己烷11，正辛醇14（g/L，20℃），强酸和碱中水解，中性和微酸环境中稳定。

毒性

高毒。大鼠急性经口LD_{50}为44mg/kg（雄性）和26mg/kg（雌性），经皮LD_{50}为640mg/kg。对眼睛无刺激作用，对皮肤有轻微刺激性。

生物活性

是一种广谱的有机磷杀虫剂，具有触杀、胃毒和熏蒸作用，能渗入植物组织内，对咀嚼式和刺吸式口器害虫均有杀灭效力，尤其对介壳虫有特效，对螨类有一定的控制作用。适用于果树、棉花、茶树、蔬菜等作物上防治多种害虫，残效期10～20d。

制剂和生产企业

40%乳油。浙江永农化工有限公司、湖北省阳新县华工厂、浙江省台州市大鹏药业有限公司、山东省青岛翰生生物科技股份有限公司、瑞士先正达作物保护有限公司。

应用

防治多种介壳虫、梨木虱、棉铃虫、红蜡蚧每亩用40%乳油100～200mL对水喷雾。

1．矢尖蚧、糠片蚧、蜡蚧和雌蚧，用40%乳油750～1 000倍液均匀喷雾。间隔20d再喷一次。

2．粉蚧、褐园蚧、红蜡蚧用40%乳油600～1 000倍液均匀喷雾，在卵孵盛期和末期各施药一次。

40%杀扑磷乳油应在花前施药，对越冬昆虫和刚孵化幼虫及将孵化的卵都有防效，一般只需施一次药。

注意事项

在果园中喷药浓度不可太高，否则会引起褐色病斑。

水胺硫磷（isocarbophos）

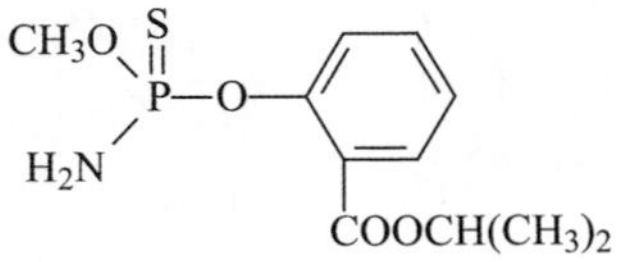

$$\mathrm{(CH_3O)(H_2N)P(=S)\text{-}O\text{-}C_6H_4\text{-}COOCH(CH_3)_2}$$

化学名称

O- 甲基 -O-[(2- 异丙氧基羧基）苯基]硫代磷酰胺酯

理化性质

纯品为无色菱形片状晶体，原油为亮黄色或茶褐色黏稠的油状液体，常温下放置过程中；逐步析出晶体，熔点 41 ~ 44℃，经石油醚与乙酸重结晶可得到水胺硫磷纯品（无色结晶），熔点 44 ~ 46℃，能溶于乙酸、丙酮、苯、乙酸乙酯等有机溶剂，不溶于水，难溶于醚。常温下贮存较稳定。

毒性

高毒。大白鼠急性经口毒性 LD_{50}（24h）为 28.5mg/kg，大白鼠急性经皮毒性 LD_{50}（72h）为 447.1mg/kg。施药后 14d 在稻谷及稻草中的残留量小于 1mg/kg。ADI 为 0.003mg/kg。在试验剂量下无致突变和致癌作用。无蓄积中毒作用，对皮肤有一定刺激作用。

生物活性

是一种广谱杀虫、杀螨剂，对害虫具有触杀、胃毒和杀卵作用。在昆虫体内首先被氧化成毒性更大的水胺氧磷，抑制昆虫体内乙酰胆碱酯酶。对螨类、鳞翅目、同翅目具有很好防效。主要用于粮食作物、棉花、果树、林木、牧草等作物，防治叶螨、介壳虫、鳞翅目、同翅目害虫，以及稻瘿蚊、稻象甲、牧草蝗虫等。药液拌种，可防治蛴螬。水胺硫磷不可用于蔬菜、已结果实的果树、近期将采收的茶树、烟草、中草药等作物。叶面喷雾对一般作物安全，但高粱、玉米、豆类较敏感。

制剂

40%、20% 乳油

应用

1. 水稻害虫的防治二化螟、三化螟、稻瘿蚊、用 40% 乳油 800 ~ 1 000 倍液喷雾。稻蓟马、稻纵卷叶螟用 40% 乳油 1 200 ~ 1 500 倍液喷雾。

2. 棉花害虫的防治棉花红蜘蛛、棉蚜用 40% 乳油 1 000 ~ 3 000 倍液喷雾。棉铃虫、棉红铃虫用 40% 乳油 1 000 ~ 2 000 倍液喷雾。

敌敌畏（dichlorvos）

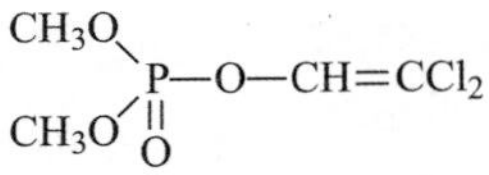

$$\mathrm{(CH_3O)_2P(=O)\text{-}O\text{-}CH{=}CCl_2}$$

化学名称

O，O- 二甲基 -O-（2，2- 二氯乙烯基）磷酸酯

理化性质

纯品为无色至琥珀色液体，微带芳香味。沸点

140℃/2.7kPa，蒸气压 1.6mPa（20℃），相对密度 1.4。在水溶液中缓慢分解，遇碱分解加快，对热稳定，对铁有腐蚀性。

毒性

中等毒性。原药急性口服 LD_{50} 值：雌大鼠为 56mg/kg，雄大鼠为 80mg/kg。经皮 LD_{50} 值：雌大鼠为 75mg/kg，雄大鼠为 107mg/kg。对鱼类毒性较高，对蜜蜂剧毒。

生物活性

高效、速效和广谱有机磷杀虫剂，毒性中等。对害虫具有熏蒸、胃毒和触杀作用。对咀嚼式、刺吸式口器害虫均有良好防治效果。由于蒸气压较高，对害虫的击倒力强。施药后易分解，残效期短，无残留。适用于防治蔬菜、水果、林木、烟草、茶叶、棉花及临近收获前的果树害虫，对蚊、蝇等卫生害虫和米象、谷盗等仓库害虫也有良好防治效果。

制剂

80%、77.5%、50% 乳油；90% 可溶液剂；50% 油剂；20% 塑料块缓释剂；15% 烟剂

应用

1. 农业、林木害虫

（1）喷雾：50% 乳油 1 000 ~ 1 500 倍液（有效浓度500 ~ 333mg/kg）或80%乳油2 000 ~ 3 000倍（有效浓度 400 ~ 266mg/kg），可防治蔬菜、果树上的蚜虫、红蜘蛛、叶跳虫及水稻叶蝉、飞虱、纵卷叶螟、黏虫、稻苞虫等。80% 乳油 1 500 ~ 2 000 倍（有效浓度 533 ~ 400mg/kg），可防治菜青虫、小菜蛾、甘蓝夜蛾、斜纹夜蛾、大猿叶甲、菜叶蜂、黄条跳甲、菜蚜虫、菜螟虫、茶毛虫、茶叶蝉、茶梢蛾、茶卷叶蛾、桑螟、桑蟥、桑蚧、桑木虱、梨黑毛虫、苹果巢蛾、苹果卷叶虫、尺蠖、松毛虫、杏毛虫、豆天蛾、黏虫、麦叶蜂等。80% 乳油 1 000 倍（有效浓度 800mg/kg），可防治桃小食心虫、二十八星瓢虫、棉造桥虫、金花虫、萍螟、萍灰螟、萍象甲、萍丝虫、各种刺蛾、粉虱、烟青虫、介壳虫等。

（2）每亩用 50% 油剂 150 ~ 200mL（有效成分 75 ~ 100g），可防治尺蠖、杨毒蛾、松毛虫等林木害虫。

（3）田间熏蒸：防治大豆食心虫，在成虫生发期，将高粱或玉米秸杆截成 30cm 长的小段，一端去皮后在乳油中吸饱（约浸 3min），未去皮端插于豆株垄台上，每亩均匀插 30 ~ 50 个。或将玉米秸秆小段剖成四瓣，浸药后插于田间。药效均可达半个月左右。

（4）防治麦蚜，每亩用 80% 乳油 70 ~ 75mL（有效成分 56 ~ 60g），对水 1kg，均匀喷在 10kg 稻糠或麦糠中，边喷边拌匀，然后均匀撒施于麦田中。

（5）防治稻飞虱，在 2 ~ 3 龄若虫盛发期，每亩用 80% 乳油 150 ~ 250mL（有效成分 120 ~ 200g），对水 5 ~ 10 倍，与干细沙或干细土拌匀不结块，随拌随用，均匀撒于稻田。

（6）防治西瓜上的棉蚜，每亩用 80% 乳油 150 ~ 250mL（有效成分120 ~ 200g），对水3 ~ 4kg，拌细沙 20kg，均匀撒于瓜田。

2. 仓库害虫

用于贮粮熏蒸和空仓、加工厂及器材等杀虫，80% 乳油熏蒸实仓空间害虫和空仓害虫每立方米用 0.1 ~ 0.2g；处理仓储器材每立方米 0.2 ~ 0.3g。施药后密闭 2 ~ 5d，温度高时，挥发快，药效迅速，反之则密闭时间适当延长。敌敌畏对储粮堆垛穿透力弱，不能用于熏蒸实仓里的害虫。

注意事项

1. 对高粱、月季花易产生药害，不宜使用。玉米、豆类、瓜类幼苗及柳树也较敏感，对水稀释不能低于 800 倍，最好先试验再使用。

2. 油剂剂型不可在高粱、大豆、瓜类作物上使用。使用柴油稀释随用随配，当天用完，不能用水稀释。

3. 不宜与碱性农药混用。

4. 在蔬菜上使用的安全间隔期，一般不小于 5d，冬季不小于 7d。

5. 中毒急救措施，以阿托品为主，胆碱酯酶复能剂解救效果较差，用量不宜过大，可酌情选用。阿托品停药不宜过早，注意心肝监护，防止病情反复和猝死。

乐果（dimethoate）

$$(CH_3O)_2P(=S)-S-CH_2C(=O)NHCH_3$$

化学名称

O，O－二甲基－S－（N－甲基氨基甲酰甲基）二硫代磷酸酯

理化性质

纯品为白色结晶，有樟脑气味。工业品为白色固体或黄棕色油状液体，有臭蒜味。微溶于水，在水中溶解度为39g/L（室温）。在酸性溶液中较稳定，在碱性溶液中迅速水解，故不能与碱性农药混用。

毒性

中等毒性。原药雄大鼠急性经口LD_{50}为320～380mg/kg，小鼠经皮LD_{50}为700～1 150mg/kg。纯度为92%～94%的工业品为320～380mg/kg。人的最高忍受剂量为0.2mg/kg·d。对牛、羊、家畜的毒性高，对鱼类低毒，对蜜蜂、寄生蜂、捕食性瓢虫毒性高。雌鸭经口LD_{50}为40mg/kg，麻雀为22mg/kg，家蚕口服1 000μg/g蚕体未出现中毒症状。对鱼的安全浓度为2.1mg/kg。蜜蜂LD_{50}为0.09μg/头。

生物活性

是一种广谱有机磷杀虫、杀螨剂。对害虫和螨类有强烈的触杀和一定的胃毒作用，具有内吸作用。在昆虫体内能氧化成毒性更高的氧乐果，其作用机理是抑制昆虫体内的乙酰胆碱酯酶，阻碍神经传导而导致死亡。适用于防治多种作物上的刺吸式口器害虫，如蚜虫、叶蝉、粉虱、潜叶性害虫及某些介壳虫，对螨类也有一定防治效果。

制剂

50%、40%乳油；80%可溶性粉剂

应用

1. 蔬菜害虫

防治蚜虫、茄子红蜘蛛、葱蓟马、豌豆潜叶蝇，每亩用40%乳油50mL（有效成分20g），或用50%乳油40mL（有效成分20g），对水60～80kg喷雾。

2. 烟草害虫

防治烟蚜、烟蓟马、烟青虫，每亩用40%乳油60mL（有效成分24g），或用50%乳油50mL（有效成分25g），对水60kg喷雾。

3. 果树害虫

防治苹果叶蝉、梨星毛虫、木虱，用50%乳油1 000～2 000倍液（有效浓度500～250mg/kg）喷雾。防治柑橘蜡蚧、柑橘广翅蜡蝉，用40%乳油800倍液（有效浓度500mg/kg）喷雾。

4. 茶树害虫

防治茶橙瘿螨、茶绿叶蝉，用40%乳油1 000～2 000倍液（有效浓度400～200mg/kg）喷雾。

5. 水稻害虫

防治灰飞虱、白背飞虱、褐飞虱，稻叶蝉、蓟马，每亩用40%乳油75mL（有效成分30g），或用50%乳油50mL（有效成分25g），对水75～100kg喷雾。

6. 棉花害虫

防治棉蚜，当有蚜株率达30%，单株平均蚜量近10头，卷叶率达5%时用药。每亩用40%乳油50mL（有效成分20g），或用50%乳油40mL（有效成分20g），对水60kg喷雾。防治棉叶蝉，当百株虫数达100头以上，或棉叶尖端开始变黄时用药，用药量同棉

蚜。防治棉蓟马，在棉株4～6片真叶时，百株虫量15～30头时用药，用药量同棉蚜。

7．花卉害虫

防治瘿螨、木虱、实蝇、盲蝽，用80%可溶性粉剂1 500～2 000倍液（有效浓度533～400mg/kg）喷雾。防治介壳虫、刺蛾、蚜虫，用40%乳油2 000～3 000倍液（有效浓度200～133mg/kg）喷雾。

注意事项

1．本品不可与碱性农药混用。水溶液易分解失效，应随配随用。

2．啤酒花、菊科植物、某些高粱和烟草、枣树、桃、杏、梅、橄榄、无花果、柑橘等作物，对稀释倍数在1 500倍以下的乐果乳剂敏感，应先作药害试验，在确定使用浓度。

3．本品对牛、羊、家畜毒性高，喷过药的牧草在1个月内不可饲喂，喷药的田地7～10d内不得放牧。

4．使用本品安全间隔期，黄瓜不少于2d，青菜不少于7d，白菜不少于10d，夏季豇豆和四季豆不少于3d，其他豆菜不少于5d，萝卜不少于15d（食叶时不少于9d），烟草不少于5d，苹果和茶叶不少于7d，小麦和高粱不少于10d。

5．中毒症状有头痛、头昏、无力、多汗、恶心、呕吐、胸闷、流涎，并造成猝死。解毒剂可用阿托品，加强监护和保护心脏，防止猝死。

杀螟硫磷（fenitrothion）

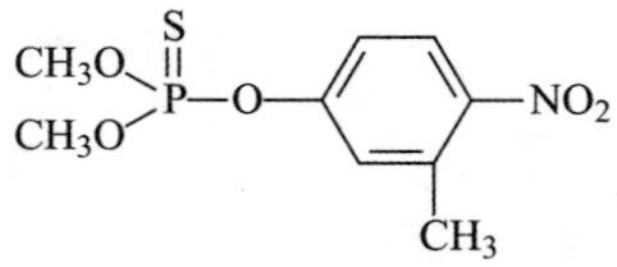

化学名称

O，O-二甲基-O-（3-甲基-4-硝基苯基）硫代磷酸酯

理化性质

纯品为白色结晶，原油为黄褐色油状液体，微有蒜臭味。相对密度1.322，蒸气压0.80mPa（20℃），熔点0.3℃，沸点140～145℃/13.3Pa，不溶于水（14mg/L），但可溶于大多数有机溶剂中。在脂肪烃中溶解度低。遇碱水解，在30℃、0.01mol氢氧化钠中的半衰期为272min，蒸馏会引起异构化。

毒性

低毒。纯度95%以上原油急性经口LD_{50}：雌大鼠为584mg/kg，雄大鼠为501mg/kg；雌小鼠为1 080mg/kg，雄小鼠为794mg/kg。狗经口40mg/kg·d，98d有明显中毒反应；鲤鱼LC_{50}（48h）为8.2mg/L。对青蛙无毒，对蜜蜂高毒。

生物活性

是一种广谱有机磷杀虫剂，对人、畜毒性较低。对害虫有很强的触杀和胃毒作用，并有一定的渗透作用，无内吸和熏蒸作用。杀螟硫磷残效期中等，杀虫谱广，对水稻螟虫有特效，可有效防治水稻、棉花、蔬菜、果树、茶叶、油料等农作物上的鳞翅目、半翅目、同翅目、鞘翅目、缨翅目等多种害虫，对棉红蜘蛛也有较好防治效果，并被广泛用于防治国库和农户的水稻、小麦、玉米等禾谷类原粮及种子的害虫如玉米象、多种谷盗等。

制剂

50%、45%乳油；65%杀虫松乳油（贮粮害虫专用）

应用

1．水稻害虫

防治螟虫，于幼虫初孵期，每亩用50%乳油

50～75mL（有效成分25～37.5g），对水50～60kg常量喷雾，或对水3～4kg低容量喷雾。防治稻飞虱、叶蝉，于发生高峰期，每亩用50%乳油50～75mL（有效成分25～37.5g），对水50～75kg喷雾。

2．棉花害虫

防治棉蚜、叶蝉，于发生期，每亩用50%乳油50～75mL（有效成分25～37.5g），对水50～60kg喷雾。防治棉造桥虫、金刚钻，于低龄幼虫期，每亩用50%乳油50～75mL（有效成分25～37.5g），对水50～75kg喷雾。防治棉铃虫、红铃虫，于卵孵盛期，每亩用50%乳油50～100mL（有效成分25～50g），对水75～100kg喷雾。

3．蔬菜害虫

防治菜蚜、猿叶虫，于发生期每亩用50%乳油50～75mL（有效成分25～37.5g），对水50～60kg喷雾。

4．茶树害虫

防治茶小绿叶蝉，在春茶结束后，若虫高峰期前，每亩用50%乳油50～75mL（有效成分25～37.5g），对水75～100kg喷雾。防治龟甲介，在卵盛孵末期，每亩用50%乳油50～75mL（有效成分25～37.5g），对水75～100kg喷雾。防治茶尺蠖、茶毛虫、卷叶蛾，在3龄幼虫前用药，药量和方法同茶小绿叶蝉。

5．油料作物害虫

防治大豆食心虫，于成虫盛发期至幼虫入荚前，每亩用50%乳油60mL（有效成分30g），对水50～60kg喷雾。

6．果树害虫

防治桃小食心虫，在幼虫开始蛀果期用50%乳油1 000倍液（有效浓度500mg/kg）喷雾。防治苹果叶蛾、梨星毛虫，在幼虫发生期用50%乳油1 000倍液（有效浓度500mg/kg）喷雾。防治介壳虫类，在若虫期用50%乳油800～1 000倍液（有效浓度625～500mg/kg）喷雾。防治柑橘潜叶蛾，用50%乳油2 000～3 000倍液（有效浓度250～166mg/kg）喷雾。

7．旱粮害虫

防治甘薯小象甲，在成虫发生期，每亩用50%乳油75～120mL（有效成分37.5～60g），对水50～60kg喷雾。

注意事项

1．不能与碱性农药混用。

2．对十字花科蔬菜和高粱较敏感，使用时应注意药害问题。

3．水果、蔬菜在收获前10～15d停止用药。

4．对鱼毒性大，应注意避免对水流的污染。

5．中毒症状，轻的为头昏、恶心、呕吐，重的出现呼吸困难、神经系统受损、震颤，以至死亡。轻症病人可用温食盐水或1%肥皂水洗胃；并注射解毒剂阿托品。重症病人立即送医院。

马拉硫磷（malathion）

$$(CH_3O)_2P(=S)-S-CH(COOC_2H_5)CH_2COOC_2H_5$$

化学名称

O，O-二甲基-S-（1，2-二乙酯基乙基）二硫代磷酸酯

理化性质

纯品为黄色或无色；工业品为棕黄色油状液体；有特殊的蒜臭，室温即挥发。相对密度1.23（25℃）。熔点2.85℃。沸点156～157℃（93.1Pa，

0.7mmHg）。折射率1.4958。几乎不溶于水或脂肪烃，水中溶解度145mg/L，易溶于有机溶剂，可与乙醇、酯类、酮类、醚类和植物油任意混合。水溶液pH5.26时稳定，pH值大于7、小于5时即分解，日光下易氧化，在有铜、铁、锡、铝等存在时更能促使分解。

毒性

低毒。原药急性口服LD_{50}值：雌大鼠为1 751.5 mg/kg，雄大鼠为1 634.5mg/kg。大鼠经皮LD_{50}值为4 000～6 150mg/kg。对蜜蜂高毒，对眼睛、皮肤有刺激性。

生物活性

是一种低毒、广谱的有机磷杀虫剂。对害虫以触杀和胃毒作用为主，有一定熏蒸作用。本品毒性低，残效期较短，对刺吸式和咀嚼式口器害虫均有效，适用于防治禾本科作物、蔬菜、果树、烟草、茶叶、棉花、林木等害虫及卫生害虫和仓库害虫。

制剂

70%、50%、45%、2.5%乳油；25%油剂

应用

1. 麦类害虫

防治黏虫、蚜虫、麦叶蜂，用45%或50%乳油1 000倍液（有效浓度500mg/kg）喷雾，每亩喷药量75～100kg（有效成分37.5～50g）。

2. 豆类害虫

防治大豆食心虫、造桥虫、豌豆象、豌豆长管蚜、黄条跳甲，用45%或50%乳油1 000倍液（有效浓度500mg/kg）喷雾，每亩喷药量75～100kg（有效成分37.5～50g）。

3. 水稻害虫

防治稻叶蝉、稻飞虱，用45%或50%乳油1 000倍液（有效浓度500mg/kg）喷雾，每亩喷药量75～100kg（有效成分37.5～50g）。

4. 棉花害虫

防治棉叶跳虫、盲蝽象，用45%或50%乳油1 000～1500倍液（有效浓度500～333mg/kg）喷雾，每亩喷药量75kg（有效成分37.5～25g）。

5. 果树害虫

防治各种刺蛾、巢蛾、蠹蛾、粉介壳虫、蚜虫，用45%或50%乳油1 500～2 000倍液（有效浓度333～250mg/kg）喷雾。

6. 茶树害虫

防治茶象甲、长白蚧、龟甲蚧、茶绵蚧等，用45%或50%乳油500～800倍液（有效浓度625～1 000mg/kg）喷雾。

7. 蔬菜害虫

防治蚜虫、莱青虫、黄条跳甲等，用45%或50%乳油1 000倍液（有效浓度500mg/kg）喷雾，每亩喷药量75～100kg（有效成分37.5～50g）。

8. 防治蝗虫

每亩用50%乳油60～80mL（有效成分30～40g）加水1倍，或马拉硫磷加敌敌畏（6：4），每亩用药量按有效成分30～40g，地面超低容量喷雾。如采用飞机超低容量喷雾，按上述用药量再加10g油，每亩喷液量150mL，但敌敌畏的有效成分用量不得超过15g。用80%的工业原油防治蝗虫，每亩用37.5～50mL（有效成分30～40g），加10g油，地面超低容量喷雾。

9. 林木害虫

防治尺蠖、松毛虫、杨毒蛾等，每亩用25%油剂150～200mL（有效成分37.5～50g），超低容量喷雾。

10. 卫生害虫

防治苍蝇，用50%乳油250倍液（有效浓度2 000mg/kg）按每平方米100～200mL用药量喷雾。防治臭虫，用50%乳油166倍液（有效浓度3 000mg/kg）按每平方米100～150mL用药量喷雾。防治人体虱，用50%乳油浸泡粉笔，在衣缝及皱褶处划痕涂抹，或用50%乳油100倍液（有效浓度5 000mg/kg）浸洗带虱衣服。防治蟑螂，用50%乳油250倍液（有效浓度2 000mg/kg）按每平方米50mL用药量喷雾蟑螂活动场所。防治跳蚤，用50%乳油10倍液（有效浓度50 000mg/kg）按每平方米50～100mL用药量喷雾。

11. 贮粮害虫

70%优质马拉硫磷乳油（防虫磷）作为贮粮防虫保护剂，对绝大多贮粮害虫有良好防治效果，但对谷蠹效果不好。由于其热稳定性差，在我国南北方用药量不同，一般用于北方粮库有效浓度为10～20mg/kg。而南方粮库有效浓度应在30mg/kg以上，并应结合通风降温。农村贮粮有效浓度15～30mg/kg。防治贮粮害虫的用药方法有：

（1）机械喷雾法：采用仓用电动喷雾机（如ZPW1.8型、CW15型），药剂加水稀释不超过粮食质量的0.1%，将药液直接均匀喷雾在粮食输送带上，粮食边喷药边入库。适用于大型机械化粮库。

（2）砻糠载体法：将洁净干燥砻糠筛去粉末，薄摊在室内，用超低容量喷雾器将不加水的所需药量喷入砻糠中拌匀，晾干后即可使用。粮食入库时，由施药人员将药糠均匀撒入粮食中，一般药糠用量占粮食总量的0.11%。适用于中小型粮库或农家贮粮。

（3）超低容量喷雾法：用超低容量喷雾器，将药剂加水稀释按粮食重量不超过0.02%，倒一箩筐或一麻袋粮食喷一次，不需搅拌粮食。适用于中小型粮库或农家贮粮。

（4）结合熏蒸表面层喷雾法：粮食入库完毕，拉平粮面之前，按粮面30cm的粮食质量计算用药量，用超低容量喷雾法施药，或用砻糠载体法撒入药糠。然后拉平粮面，再进行熏蒸剂常规剂量熏蒸。适用于各类粮仓。

（5）空仓杀虫：用70%防虫磷或50%乳油对水稀释200倍，按每平方米药液量30mL喷雾，喷药后关闭门窗1～3d。

注意事项

在运输、贮存中注意防火。药剂保管，应放置于阴凉干燥处，不宜贮存过久。因为药剂遇水易分解，因此，在使用中应现用现配，1次用完。

本品使用浓度高时，对瓜类、樱桃、梨、葡萄、豇豆等有药害，应先试验，后决定使用。

本品无内吸杀虫作用，对钻蛀性害虫和地下害虫效果较差，不宜使用。

茶叶在采摘前10d停止用药。

中毒症状和急救措施按有机磷农药中毒的诊断标准和处理方法进行。

2

稻丰散（phenthoate）

$$\begin{array}{c}(CH_3O)_2P(=S)-S-CH(C_6H_5)-C(=O)-O-C_2H_5\end{array}$$

化学名称

O，O-二甲基-S-（α-乙酯基）苄基二硫代磷酸酯

理化性质

纯品为无色具有芳香味结晶，90%～92%原油为黄褐色油状液。相对密度1.226，熔点17～18℃，沸点145～150℃/66.7Pa，蒸气压5.33Pa/40℃，闪点168～172℃。不溶于水，易溶于乙醇、丙酮等大多数有机溶剂。在酸性介质中稳定，在碱性介质中（pH值9.7）放置20d可降解除5%。室内贮存年减低率为1%～2%。

毒性

中等毒性。急性毒性：LD_{50}值300～400mg/kg（大鼠经口），350～400mg/kg（小鼠经口），急性经皮LD_{50}值>5 000mg/kg，吸入LC_{50}值>0.8mg/kg。对眼和皮肤无刺激。72mg/kg（野兔经口）；218mg/kg（野鸡经口）；300mg/kg（鹌鹑经口）。水生生物平均忍度限量（48h）：鲤鱼2.0mg/L，金鱼2.4mg/L。

生物活性

对害虫具有触杀和胃毒作用，对多种咀嚼式、刺吸式口器害虫有效，并具有良好的杀卵作用。适用于防治蔬菜、果树、茶叶、油料、柑橘、水稻、棉花等农作物害虫。对作物安全。使用时不可与碱性物质混用。

制剂和生产企业

60%、50%乳油；40%可湿性粉剂；5%油剂；40%粉剂；2%颗粒剂；85%水溶性粉剂；90%、75%超低容量油剂。江苏腾龙生物药业有限公司。

应用

1. 水稻害虫

防治二化螟、三化螟，在卵孵化高峰前1～3d，每亩用50%乳油100～200mL（有效成分50～100g），对水60～75kg喷雾，或与20～25kg细土拌匀撒施。相同药量和施药方法也可防治稻飞虱、叶蝉、负泥虫。

2. 蔬菜害虫

防治蚜虫、菜青虫、小菜蛾、斜纹夜蛾、蓟马，每亩用50%乳油120～150mL（有效成分60～75g），对水50～60kg常量喷雾，或对水5～10kg低容量喷雾。

3. 果树害虫

防治苹果卷叶蛾、介壳虫、食心虫、梨军配虫、蚜虫，用50%乳油1 000倍液（有效浓度500mg/kg）常量喷雾。

防治柑橘矢尖蚧、圆褐蚧、糠片蚧、吹绵蚧，在幼蚧期用50%乳油1 000倍液（有效浓度500mg/kg）常量喷雾。同样药量也可防治柑橘蚜虫。

防治柑橘蓟马，在柑橘初花期开始，用50%乳油800倍液（有效浓度625mg/kg）常量喷雾，一般要施药两次。

防治柑橘潜叶蛾，在柑橘秋梢抽出4～6cm时，用50%乳油800倍液（有效浓度625mg/kg）常量喷雾，隔10d后再施药一次，可达到保梢效果。

防治角肩蝽象、黑刺粉虱，用50%乳油1 000倍液（有效浓度500mg/kg）常量喷雾。

4. 棉花害虫

防治棉铃虫、棉蚜、叶蝉，每亩用50%乳油150～200mL（有效成分75～100g），对水60～75kg常量喷雾。

注意事项

1. 不能与碱性农药混用。

2. 茶叶在采收前30d，桑叶在采摘前15d内停止施药。

3. 对葡萄、桃、无花果和苹果的某些品种有药害，应试验后在决定施药。

4. 避免在有可能溅入或流入养鱼池及河水的地方使用该农药。

5. 万一中毒，立即就医，解毒剂以使用硫酸阿托品或解磷毒较为有效。

辛硫磷（phoxim）

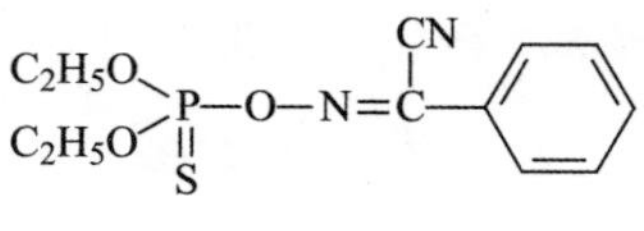

$$(C_2H_5O)_2P(=S)-O-N=C(CN)-C_6H_5$$

化学名称

O，O–二乙基–O–(α氰基亚苄胺基)硫代磷酸酯

理化性质

纯品为淡黄色液体，熔点5～6℃，沸点102℃（1.33kPa，0.01mmHg），相对密度1.176，折射率1.5395（22℃）。难溶于水，20℃时溶解度为7mg/L，稍溶于丙酮、苯、氯仿、二甲基亚砜、甲醇、二甲苯等，微溶于石油醚。在中性或酸性条件下稳定，在碱性条件下不稳定，阳光照射下不稳定，蒸馏时分解。

毒性

低毒。大白鼠急性 LD_{50} 为 1 976mg/kg（雌），2 170mg/kg（雄），大白鼠急性经皮 LD_{50} 为 1 000mg/kg（雄），对鱼有毒，对蜜蜂及害虫天敌赤眼蜂，瓢虫等毒性较强。

生物活性

对害虫以触杀和胃毒作用为主，击倒力强，无内吸作用。对鳞翅目幼虫药效显著，对仓库害虫、蚊、蝇等卫生害虫有特效，对大龄棉铃虫有特效，有一定的杀卵作用。叶面施用特效期较短，无残留、乳剂对水喷雾，可用于棉花、谷物、果树、蔬菜、大豆、茶、桑、烟、林木等作物。防治蚜虫、蓟马、叶蝉、麦叶蜂、菜青虫、黏虫、卷叶蛾、梨星毛虫、稻飞虱、稻苞虫、棉铃虫、红铃虫、松毛虫、叶蝉。在田间使用，因对光不稳定，很快分解失效，所以，残效期很短，残留危险性极小。叶面喷雾一般残效期 2 ~ 3d。但该药施入土中，残效期可达 1 ~ 2 个月，适合于防治小地老虎、根蛆、金针虫、越冬代桃小食心虫等地下害虫，特别是对花生、大豆、小麦的蛴螬、蝼蛄等地下害虫有良好防治效果防治，对小麦、玉米、花生、进行种子处理，可防治蝼枯、金针虫等土壤害虫。对为害花生、小麦、水稻、棉花、玉米、果树、蔬菜、桑、茶等作物的多种鳞翅目害虫的幼虫也有良好防治效果，由于毒性低，也适合于防治仓库和卫生害虫。

本品一般对作物安全，黄瓜、高粱、菜豆较敏感，喷雾慎用。

制剂和生产企业

800g/L、50%、45%、40%、15% 乳油；30% 微囊悬浮剂；5%、4%、3%、1.5% 颗粒剂。河北省邢台市农药有限公司、湖北仙农化工股份有限公司、江苏射阳黄海农药化工有限公司、河北瑞宝德生物化学有限公司、河北万全农药厂、江苏省南京红太阳股份有限公司。

应用

1. 茎叶喷雾

每亩用 50% 的乳油 24 ~ 30mL（有效成分 12 ~ 15g），对水 50kg 喷雾，可防治小麦蚜虫、麦叶蜂、棉蚜、菜青虫、蓟马、黏虫；果树上的蚜虫、苹果小卷叶蛾、梨星毛虫、葡萄斑叶蝉、尺蠖、粉虱、烟青虫等。每亩用50% 的乳油 50mL（有效成分 25g），对水 50kg 喷雾，可防治稻苞虫、稻纵卷叶螟、叶蝉、飞虱、稻蓟马、棉铃虫、红铃虫、地老虎、小灰蝉、松毛虫等。每亩用 50% 的乳油 10 ~ 16mL（有效成分 5 ~ 8g），对水 50kg 喷雾，可防治桑树上的尺蠖、刺蛾类、桑螟、桑毛虫等。

2. 拌种或拌毒沙

（1）防治小麦地下害虫，用 50% 乳油 100 ~ 165mL（有效成分 50 ~ 82.5g），用 5 ~ 7.5kg 水稀释后，拌麦种 50kg，拌时先将麦种摊开均匀，用喷雾器将药液边喷、边拌，堆闷 2 ~ 3h 后即可播种，可有效防治蛴螬、蝼蛄、金针虫等地下害虫，效果可维持 20d 以上。同样方法亦可用于玉米、高粱、谷子及其他作物的种子。

（2）防治花生地下害虫，用 50% 乳油 1 000mL（有效成分 500g），拌直径 2mm 左右炉渣 10kg，配成 5% 毒沙，花生播种时，按每亩用毒沙 2kg 撒入播种沟内，使药进入土表以下 5 ~ 6cm 防治蛴螬，可一次播种保全苗。大豆播种时按每亩用毒沙 2.5kg 与种子同时播种可有效防治蛴螬。

3. 灌浇和灌心

（1）用 50% 乳油 1 000 倍液（有效浓度 500mg/kg）浇灌防治地老虎，15min 后即有中毒幼虫爬出。用 50% 乳油 500 倍液（有效浓度 1 000mg/kg）或 2 000 倍液（有效浓度 250mg/kg）灌心，可防治玉米螟；或用 50% 乳油 1 000kg（有效成分 500g）拌直径 2mm 左右炉渣或河沙 15kg，配成 1.6% 的毒沙，在玉米心叶末期，按每亩用毒沙 250g 施入喇叭口中，对玉米螟有良好防治效果。

（2）在花生生长期防治蛴螬，可在金龟甲卵孵化盛期至一龄幼虫期，用 50% 乳油 1 000 ~ 1500 倍液（有效浓度 500 ~ 333.3mg/kg）灌根，每墩花生用药液 50 ~ 100mL 或墩旁沟施，防治效果可达 90% 以上。50% 乳油 2 000 倍液（有效浓度 250mg/kg）灌根，可有效防治韭菜、葱、蒜等蔬菜田的根蛆。

（3）防治蔗龟，在成虫出土为害盛期，每亩用有效成分 250 ~ 300g 对水 1 000 ~ 1 500kg 淋施于甘蔗行间，然后淋上泥浆或水；或甘蔗大培土时，每亩用有效成分250g，对水250kg，在甘蔗头旁打洞灌注，或混细沙25kg撒施后覆土。

4. 防治贮藏害虫

将辛硫磷配成1.25～2.5mg/kg的药液均匀拌粮后堆放，可防治米象、拟谷盗等贮粮害虫，其效果优于马拉硫磷。用配成0.1%的药液1kg以超低容量电动喷雾，可喷空仓30～40m²，对米象、赤拟谷盗、锯谷盗、长角谷盗、谷蠹等害虫有良好的防治效果。

5. 防治卫生害虫

用50%乳油1 000倍液喷洒家畜厩舍，可有效防治卫生害虫，并对家畜安全。

6. 颗粒剂的使用

每亩用5%颗粒剂4.5kg（有效成分225g）随播种撒入，可防治蛴螬的多种地下害虫。

注意事项

1. 本药剂不能与碱性物质混用，以免分解失效。

2. 黄瓜、菜豆对辛硫磷敏感，50%乳油500倍液喷雾有药害，1 000倍液也可能有轻微药害。高粱对本品敏感，不宜喷洒使用。甜菜也较敏感，如拌闷种时，应适当降低农药剂量和缩短闷种时间，以免产生药害。玉米田只可用颗粒剂防治玉米螟，不要喷雾防治蚜虫、黏虫等。

3. 本品对光稳定性较差，因此，田间喷雾最好在光线较弱的旁晚进行；拌闷种时也应避光晾干；贮存时应放置阴凉、干燥处。

4. 在作物收获前3～5d停止用药。

5. 本品为有机磷农药，中毒症状、急救措施与其他有机磷农药相同。

甲基辛硫磷（phoxim-methyl）

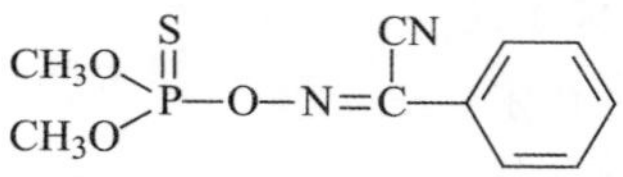

$$(CH_3O)_2P(=S)-O-N=C(CN)-C_6H_5$$

化学名称

O，O-二甲基-O-（α氰基亚苄胺基）硫代磷酸酯

理化性质

为辛硫磷的同系物，在田间使用，因对光不稳定，很快分解失效，所以，残效期很短，残留危险性极小。

毒性

低毒。原药大鼠急性口服LD_{50}值为4 065mg/kg，大鼠急性经皮LD_{50}值＞4 000mg/kg。

生物活性

为一种低毒、高效、广谱有机磷杀虫剂。对害虫以触杀和胃毒作用为主，击倒力强，无内吸作用。可用于防治多种作物上的害虫和地下害虫。

制剂

40%乳油

应用

1. 蔬菜害虫

防治蚜虫，在无翅蚜盛发期，每亩用40%乳油25～50mL（有效成分10～20g），对水40～50kg均匀喷雾。防治菜青虫，在成虫产卵高峰后7d左右，幼虫2～3龄期施药，药量和方法同蚜虫。

2. 棉花害虫

防治棉苗蚜，当有蚜株率达30%，单株平均蚜量近10头，或卷叶率达5%时，每亩用40%乳油50～100mL（有效成分20～40g），对水40～50kg均匀喷雾。防治棉铃虫，在卵孵盛期施药，每亩用40%乳油50～100mL（有效成分20～40g），对水50～60kg

均匀喷雾。

3. 苹果害虫

防治食心虫，在成虫产卵高峰期施药，用40%乳油1500～3 000倍液（有效浓度266～133mg/kg）均匀喷雾。防治黄蚜，在发生初盛期施药，药量和方法同食心虫。

4. 水稻害虫

防治二化螟，防治枯稍和枯心苗，在卵孵盛期前1～2d施药，防治虫伤株和白穗，在卵孵盛期施药，每亩用40%乳油30～50mL（有效成分12～20g），对水75～100kg均匀喷雾。防治稻飞虱、稻蝗，在发生期施药，药量和方法同二化螟。

5. 茶树害虫

防治茶尺蠖于2～3龄幼虫期施药，防治茶橙瘿螨于发生期用药，用40%乳油1 000～2 000倍液（有效浓度400～200mg/kg）均匀喷雾。

6. 地下害虫

用40%乳油125mL（有效成分50g），对水5kg，与50kg麦种边喷药边拌匀，然后堆闷4～5h播种，可防治蝼蛄、蛴螬、金针虫等多种地下害虫。

注意事项

1. 本药剂不能与碱性物质混用，以免分解失效。

2. 本品对光稳定性较差，因此，田间喷雾最好在光线较弱的傍晚进行；拌闷种时也应避光晾干；贮存时应放置阴凉、干燥处。

3. 本品为有机磷农药，中毒症状、急救措施与其他有机磷农药相同。

2

丙溴磷（profenofos）

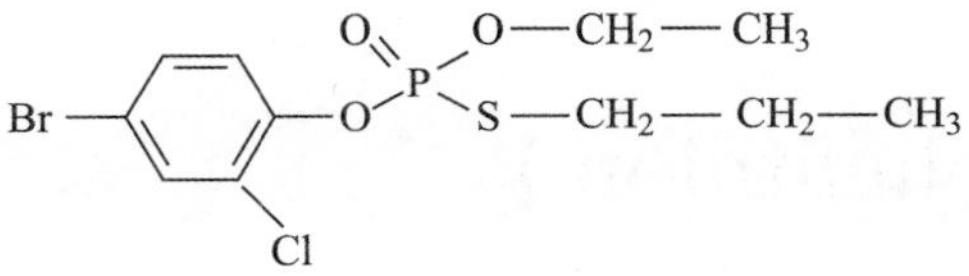

Br—C₆H₃(Cl)—O—P(=O)(O—CH₂—CH₃)(S—CH₂—CH₂—CH₃)

化学名称

O-（4-溴-2-氯苯基）-O-乙基-S-正丙基硫代磷酸酯

理化性质

纯品为浅黄色液体，沸点110℃（0.13Pa），20℃时，蒸气压约为5～10mmHg，相对密度1.546 6。微溶于水，20℃水中的溶解为20mg/L，易溶于常用有机溶剂。

毒性

口服毒性中等，经皮低毒。大鼠急性口服LD_{50}值为358mg/kg，急性经皮LD_{50}值为3 300mg/kg。

生物活性

本品是一种高效、低毒、广谱有机磷杀虫剂，有很好的触杀、胃毒作用，速效性较好。在植物叶上有较好的渗透性，但无内吸作用。因具有三元不对称独特结构，所以对有机氯、有机磷、氨基甲酸酯等杀虫剂具有抗性的害虫防效显著。能有效地防治棉花、蔬菜上的害虫红蜘蛛及卵。尤其对抗性棉铃虫、甜菜夜蛾等害虫有特效，是当前和今后取代高毒有机磷农药的理想产品。

制剂和生产企业

50%、40%、20%乳油；25%超低容量喷雾剂；5%、3%颗粒剂。江苏宝灵化工有限公司、浙江一帆化工有限公司、山东省烟台科达化工有限公司、江苏连云港立本农药化工有限公司、山东省威海市农药厂、青岛双收农药化工有限公司、瑞士先正达作物保护有限公司。

应用

1. 棉花害虫

（1）防治棉蚜，在棉花4～6片真叶的苗蚜发生期，当有蚜株率达30%，平均单株近10头蚜虫，卷叶株率达5%时，每亩用50%乳油20～30mL（有效成分10～15g），对水50～75kg叶背喷雾。防治伏蚜每次每亩用50%乳油50～60mL（有效成分25～30g），对水100kg叶背均匀常量喷雾。

（2）防治红蜘蛛，在棉花苗期根据红蜘蛛发生情况及时防治，每亩用50%乳油40～60mL（有效成分20～30g），对水75kg均匀喷雾。

（3）防治棉铃虫，在黄河流域棉区2～3代棉铃虫发生时，百株卵量骤升，超过15粒，或百株3龄前幼虫达到5头开始防治。每亩用50%乳油133mL（有效成分67g），对水100kg喷雾。

2. 水稻害虫

（1）防治稻飞虱，在水稻分蘖末期或圆秆期，若平均每丛水稻（指每亩有稻丛4万）有虫1头以上即应防治。每亩用50%乳油75～100mL（有效成分37.5～50g），对水75kg喷雾。

（2）防治稻纵卷叶螟，重点防治水稻穗期为害世代，在1～2龄幼虫高峰期施药，一般发生年份防治1次，大发生年防治1～2次，并适当提早第一次用药时间。每亩用50%乳油75mL（有效成分37.5g），对水100kg喷雾。

（3）防治稻蓟马，在若虫盛孵期施药，每亩用50%乳油50mL（有效成分25g），对水75kg喷雾。

3. 小麦害虫

麦田齐苗后，有蚜株率5%，百株蚜量10头左右；冬麦返青拔节前，有蚜株率20%，百株蚜量5头以上施药。每亩用50%乳油25～37.5mL（有效成分12.5～18.8g），对水50kg喷雾。

注意事项

1. 对苜蓿和高粱有药害，不宜使用。
2. 不宜与碱性农药混用。
3. 在棉花上用药安全间隔期5～12d。
4. 果园中不宜使用。

哒嗪硫磷（pyridaphenthion）

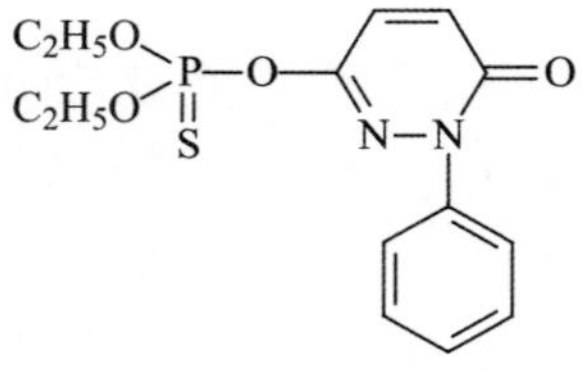

化学名称

O，O-二乙基-O-（2，3-二氢-3-氧代-2-苯基哒嗪-6-基）硫代磷酸酯

理化性质

纯品为白色结晶，熔点54.5～56℃，工业原药为淡黄色固体，熔点53.5～54.5℃。48℃时蒸气压为25.3mPa，相对密度1.325；难溶于水，可溶于大多数有机溶剂。对酸、热较稳定，对强碱不稳定。

毒性

低毒。原药急性口服LD_{50}值雌大鼠为850mg/kg，雄大鼠急LD_{50}为769.4mg/kg。急性经皮LD_{50}值雌大鼠为2 100mg/kg，雄大鼠为2 300mg/kg。

生物活性

是一种低毒、广谱的有机磷杀虫、杀螨剂。对害虫具有触杀和胃毒作用，兼具杀卵作用，无内吸作用。对多种咀嚼式和刺吸式口器害虫均有效，可有效防治水稻、棉花、小麦、蔬菜、果树等农作物上的多种咀嚼式口器和刺吸式口器害虫。特别是对水稻害虫和棉红蜘蛛防效突出。

制剂和生产企业

20% 乳油；2% 粉剂。安徽省池州新赛德化工有限公司。

应用

1．水稻害虫

防治二化螟、三化螟，在卵块孵化高峰前 1～3d，每亩用 20% 乳油 200～300mL（有效成分 40～60g），对水 100kg 喷雾。防治稻苞虫、稻纵卷叶螟、稻飞虱、叶蝉、蓟马，每亩用 20% 乳油 200mL（有效成分 40g），对水 100kg 喷雾。防治稻瘿蚊，每亩用 20% 乳油 200～250mL（有效成分 40～50g），对水 75kg 喷雾，或混细土 1.5～2.5kg 撒施。

2．棉花害虫

防治棉红蜘蛛，用 20% 乳油 1 000 倍液（每亩用有效成分 15～20g）喷雾，对成、若螨及螨卵均有显著抑制作用，在重发生年，施药两次，可控制为害。防治蚜虫、棉铃虫、红铃虫、造桥虫，用 20% 乳油 500～1 000 倍液（每亩用有效成分 20～40g）喷雾，或每亩用 2% 粉剂 3kg（有效成分 60g）喷粉，效果良好。

注意事项

1．不可与碱性农药混用。

2．不能与 2，4-D 除草剂同时使用，或两药使用时间间隔太短，否则易发生药害。

3．中毒急救措施按有机磷农药解毒方法进行。

敌百虫（trichlorfon）

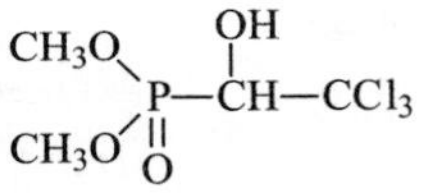

$$(CH_3O)_2P(=O)-CH(OH)-CCl_3$$

化学名称

O，O-二甲基-（2，2，2-三氯-1-羟基乙基）膦酸酯

理化性质

纯品是白色结晶。相对密度 1.730。熔点 83～84℃。沸点 96℃（10.7Pa，0.08mmHg）。蒸气压很低，饱和蒸气压 13.33kPa（100℃）。挥发性不大。工业品含少量油状杂质，熔点在 70℃左右。有氯醛的特殊气味。易吸湿。溶于水、氯仿、苯、乙醚。微溶于煤油、汽油。在酸性介质中或在固态或熔态下相当稳定。在水溶液中则易水解。在碱性溶液中及 550℃时分解很快。

毒性

低毒。原药急性口服 LD_{50} 值雌大鼠为 630mg/kg，雄大鼠为 560mg/kg。

生物活性

是一种低毒、广谱的有机磷杀虫剂。对害虫有很强的胃毒作用，并有触杀作用。可有效防治双翅目、鳞翅目、鞘翅目害虫，对螨类和某些蚜虫防治效果很差，适用于防治蔬菜、果树、烟草、茶叶、粮食、油料、棉花等农作物害虫及卫生害虫和家畜体外寄生虫。对植物有渗透作用，但无内吸传导作用。

制剂和生产企业

90%、80% 晶体；95%、80%、70%、50% 可溶性粉剂；25% 超低容量油剂；40%、5%、2.5% 粉剂；60%、50%、2.5% 乳油；5%、2.5% 颗粒剂等。浙江巨化股份有限公司兰溪农药厂。

应用

1．旱粮作物害虫

（1）防治小麦黏虫，抓住幼虫低龄期（以二、三龄为主）用80%晶体或可溶性粉剂150g/亩（有效成分120g/亩），对水50～75kg喷雾，或用5%粉剂，2 000g/亩（有效成分100g/亩）喷粉。

（2）防治大豆造桥虫、豆芫菁、草地螟和甜菜象甲，用80%晶体或可溶性粉剂150g/亩（有效成分120g/亩），对水50～75kg喷雾。

2. 蔬菜害虫

防治菜粉蝶、小菜蛾、甘蓝夜蛾、黄条跳甲、菜螟、烟青虫等，用80%晶体或可溶性粉剂100g/亩（有效成分80g/亩），对水50kg喷雾。

3. 茶树害虫

防治茶黄毒蛾、茶斑毒蛾、油茶毒蛾、茶尺蠖，用80%可溶性粉剂1 000倍液（有效浓度800mg/kg）均匀喷雾。

4. 水稻害虫

防治二化螟，在水稻分蘖期用药防治枯梢，在孕穗期用药防治伤株，用80%晶体或可溶性粉剂150～200g/亩（有效成分120～160g/亩），对水75～100kg喷雾。同样用量可防治稻苞虫、稻纵卷叶螟、稻飞虱、稻叶蝉、稻蓟马、稻铁甲虫等水稻害虫。

5. 果树害虫

（1）防治荔枝椿象，每年于3月中下旬至5月下旬，成虫交尾产卵前和若虫盛发期各施药一次，用90%敌百虫晶体稀释800～1 000倍（有效浓度900～1 125mg/kg）地面均匀喷雾。若用飞机喷雾，每亩用80%可溶性粉剂25～30g（有效成分20～24g），对水2～3kg，巷速160～170km/h，有效喷幅50m，作业高度距树冠5～10m，穿梭喷洒。

（2）防治荔枝蒂蛀虫，于荔枝收获前约15～25d各施药一次，用80%晶体或可溶性粉剂稀释500倍（有效浓度1 600mg/kg）加25%杀虫双水剂500倍（有效浓度500mg/kg），均匀喷雾。若用飞机喷雾，每667m^{2}用80%可溶性粉剂加杀虫双各40～60g（mL）喷洒。

6. 地下害虫

防治地老虎、蝼蛄，用有效成分50～100g/亩，先用小量水将敌百虫溶化，再与4～5kg炒香的棉仁或菜子饼拌匀，也可与切碎的鲜草20～30kg拌匀制成毒饵，在傍晚撒施于作物根部土表诱杀害虫。

注意事项

1. 敌百虫对高粱极易产生药害，不可使用；对玉米、豆类、瓜类的幼苗易产生药害。

2. 安全间隔期，烟草在收获前10d，水稻、蔬菜、茶在收获前7d停止用药。在桑树上使用，要间隔15d后才能采叶喂蚕。

3. 药剂稀释液应现配现用。

4. 敌百虫是胆碱酯酶抑制剂，但被抑制的胆碱酯酶部分可自行恢复，故中毒快，恢复亦快。人中毒后全血胆碱酯酶活性下降，中毒症状表现为流涎、大汗、瞳孔缩小、血压升高、肺水肿、昏迷等，个别病人可引起迟发神经中毒和心肌损害。

5. 急救措施：解毒治疗以阿托品类药物为主，复能剂效果较差，可酌情使用。洗胃要彻底，忌用碱性液体洗胃和冲洗皮肤，可用高锰酸钾溶液或清水。

硝虫硫磷（xiaochongliulin）

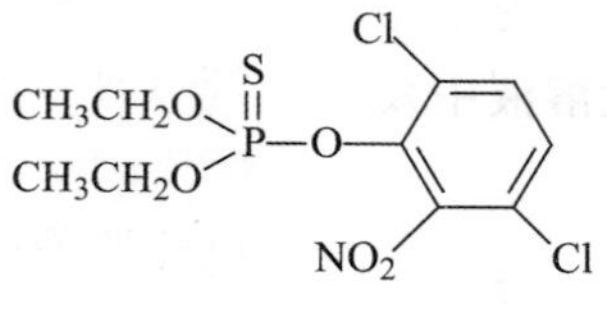

化学名称

O，O–二乙基–O–（2，4–二氯–6–硝基苯基）硫代磷酸酯

毒性

中等毒。原药大鼠经口急性毒性 LD_{50} ≥ 2 710mg/kg。

生物活性

是一种低毒、广谱的有机磷杀虫杀螨剂。对害虫具有触杀和胃毒作用，兼具杀卵作用，无内吸作用。对水稻、小麦、棉花及蔬菜等作物的十余种害虫都有很好的防治效果，尤其对柑橘和茶叶等作物的害虫如红蜘蛛、矢尖蚧效果突出，对棉花棉铃虫、棉蚜也有一定的防治效果。

制剂和生产企业

30% 乳油等。四川省化学工业研究设计院。

应用

防治柑橘矢尖蚧，在柑橘矢尖蚧幼虫发生期，用 30% 硝虫硫磷乳油稀释 750～1 000 倍液，每株柑橘树用 2L 左右药液进行喷雾，间隔 15d 左右再施药一次，即可取得良好的防治效果。

特丁硫磷（terbufos）

$$(CH_3CH_2O)_2P(=S)—S—CH_2—S—C(CH_3)_3$$

化学名称

O，O–二乙基–S–叔丁硫基甲基二硫代磷酸酯

理化性质

原药外观为浅黄至黄棕色透明液体，相对密度 1.11（24℃）；沸点 69℃，熔点 –29.2℃；蒸气压 34.6mPa（25℃）；水中溶解度 4.5mg/L（27℃），能溶于大多数有机溶剂。

毒性

剧毒，大鼠急性经口 LD_{50} 为 1.6mg/kg，急性经皮 LD_{50} 为 9.8mg/kg；对鱼高毒，对虹鳟鱼 LC_{50}（96h）为 0.01mg/L。

生物活性

特丁硫磷是高效、速效、广谱的土壤杀虫剂，具有内吸、胃毒和熏蒸作用，对多种地下害虫有优异的防治效果。

制剂

5% 颗粒剂。

生产企业

天津农药股份有限公司。

应用

由于特丁硫磷是剧毒农药，为此，我国农业部 2002 年发布公告明令停止该药的新增登记，不得用于蔬菜、果树、茶叶、中草药材，并撤销在甘蔗上的登记。非常遗憾的是，2008 年 7 月 24 日，在我国广东省某地还发生了农民在甘蔗地施用 5% 特丁硫磷颗粒剂造成人员中毒死亡的事故。

目前，5% 颗粒剂仅登记用于防治花生蛴螬等地下害虫，在专业人员的制导下，每亩用 5% 颗粒剂 2.4～3.0kg，先将药剂施入播种沟内，覆盖少量土后再播入花生种子，使药剂与种子隔离，以防止发生药害。施药田块，应插警示牌，以防人、畜中毒。用药后的包装物要集中销毁，禁止他用。

第三章
氨基甲酸酯类杀虫剂

此类杀虫剂的分子中都有氨基甲酸的分子骨架，所以统称为氨基甲酸酯类。这类杀虫剂是在研究天然毒扁豆碱生物活性和化学结构的基础上发展起来的，从来源上划分属于植物源杀虫剂。自1956年第一个商品化的品种甲萘威（即西维因）问世后已有50年的历史，已经发展成为一类重要的杀虫剂。目前商品化的品种已有50多个，但真正大吨位的品种仅十几个。此类杀虫剂的中文通用名均用“威”作后缀，如灭多威、涕灭威、克百威等。此类杀虫剂的作用机制类似于有机磷杀虫剂，具有触杀、胃毒和内吸杀虫作用，一般杀虫范围不如有机磷杀虫剂广，不少氨基甲酸酯类杀虫剂品种具有高效、毒性较低、选择性较强的特点。

速灭威（metolcarb）

CH_3; O; O—CNHCH$_3$

化学名称

甲氨基甲酸-3-甲苯酯

理化性质

纯品是白色晶体，熔点76～77℃。沸点180℃（分解）。30℃时在水中溶解度为2 600mg/L，易溶于乙醇、丙酮、氯仿，微溶于苯、甲苯。遇碱分解，受热时也用少量分解，120℃时24h分解4%以上。

毒性

中等毒性。原药急性毒性LD_{50}：580mg/kg（大鼠经口）；268mg/kg（小鼠经口）；6 000mg/kg（大鼠经皮）。无慢性毒性，无致癌、致畸、致突变作用，对鱼有毒，对蜜蜂高毒。

生物活性

是一种防治稻飞虱、稻叶蝉的速效性氨基甲酸酯杀虫剂。主要用于防治稻飞虱、稻叶蝉、蓟马及蝽象等，对稻纵卷叶螟、柑橘锈壁虱、棉红铃虫、蚜虫等也有一定防效。对稻田蚂蟥有良好杀伤作用。

制剂和生产企业

20%乳油；25%可湿性粉剂。湖南国发精细化工科技有限公司、山东华阳科技股份有限公司、湖南海利化工股份有限公司、江苏常隆化工有限公司、浙江省杭州大地农药有限公司、上海东风农药厂。

应用

1．水稻害虫的防治

稻飞虱、稻叶蝉，每亩用20%乳油125～250mL，或25%可湿性粉剂125～200g，对水300～400kg泼浇，或对水100～150kg喷雾，3%粉剂每亩用2.5～3kg直接喷粉。

2．棉花害虫的防治

棉蚜、棉铃虫每亩用25%可湿性粉剂200～300倍液喷雾。棉叶蝉每亩用3%粉剂2.5～3kg直接喷粉。

3．茶树害虫的防治

使用25%可湿性粉剂600～800倍液喷雾。

4．柑橘害虫的防治

防治柑橘锈壁虱用20%乳油或25%可湿性粉剂400倍液喷雾。

2

丁硫克百威（carbosulfan）

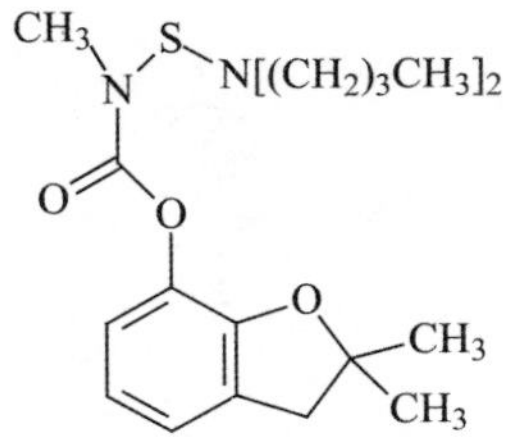

CH_3—N(—S—N[$(CH_2)_3CH_3$]$_2$)—C(=O)—O—(2,2-二甲基-2,3-二氢苯并呋喃-7-基)

化学名称

2，3-二氢-2，2-二甲基苯并呋喃-7-基（二丁基氨基硫代）甲基氨基甲酸酯

理化性质

原药为褐色黏稠液体。沸点124～128℃，蒸气压0.04mPa。溶解性（25℃）：水中0.03mg/L，与丙酮、二氯甲烷、乙醇、二甲苯互溶。Kow157（pH值7.05）。稳定性：在乙酸乙酯中60℃下稳定，在pH值＜7时分解。

毒性

中等毒性。雄、雌大鼠急性经口LD_{50}分别为250mg/kg和185mg/kg，兔急性经皮LD_{50}＞2 000mg/kg，雄、雌大鼠急性吸入LC_{50}（1h）分别为1.35mg/L（以空气计）和0.61mg/L，大鼠和小鼠两年饲喂无作用（致突变）剂量为20mg/kg（以饲料重计）。对人的ADI为0.01mg/kg（以体重计）。雉、野鸭、鹌鹑的急性经口LD_{50}分别为26mg/kg、8.1mg/kg、23mg/kg。鱼毒LC_{50}（96h）：蓝鳃0.015mg/L，鳟0.042mg/L，鲤鱼（48h）0.55mg/kg。

生物活性

氨基甲酸酯类为杀虫、杀螨剂，胆碱酯酶抑制剂。具有触杀、胃毒和内吸作用，杀虫广谱，持效期长。能防治柑橘、马铃薯、水稻、甜菜等作物的蚜虫、螨、金针虫、甜菜隐食甲、甜菜跳甲、马铃薯甲虫、果树卷叶蛾、苹瘿蚊、苹果蠹蛾、茶微叶蝉、梨小食心虫和介壳虫等。作土壤处理，可防治地下害虫。对蚜虫、柑橘锈壁虱等有很高的杀灭效果；见效快、持效期长，施药后20min即发挥作用，并有较长的持效期，同时本品还是一种植物生长调节剂，具有促进作物生长，提前成熟，促进幼芽生长等作用。

制剂和生产企业

200g/L、150g/L、20%、5%乳油；350g/L、35%干粉剂；10%微乳剂；5%颗粒剂。湖北沙隆达（荆州）农药化工有限公司、新加坡利农私人有限公司、美国富美实公司。

应用

1．防治柑橘害虫

对柑橘锈壁虱，每年在4月上旬至4月下旬施药治蚜，同时控制锈壁虱，一般用20%乳油1 500～2 000倍液喷雾，对柑橘潜叶蛾，在夏秋新梢期喷雾，用20%乳油1 000～1 500倍液喷雾，还可兼治木虱、介壳虫，对红蜘蛛有一定抑制作用。

2. 防治稻虫

防治三化螟枯心苗在卵孵化高峰前1～2d施药，亩用20%乳油200～250mL，对水喷雾，一般用药2次，对飞虱和叶蝉，在2、3龄若虫盛发期施药，亩用20%乳油150～200mL，对水喷雾，一般用药2次。用35%种子处理剂防治稻瘿蚊，用种子量0.1%～0.8%药剂处理种子，防治秧苗蓟马用种子量0.2%～0.4%处理种子。

3. 使用5%颗粒剂毒土撒施或穴施

蔬菜2～3kg/亩，马铃薯1～4kg/亩，甜菜0.5～2kg/亩，甘蔗2.7～4.5kg/亩，水稻0.4～1kg/亩，可防治地下害虫和叶面害虫。

甲萘威（carbaryl）

O—CNHCH$_3$
‖
O

化学名称

1-萘基-N-甲基氨基甲酸酯

理化性质

纯品为白色结晶或微红色结晶状固体，工业品略带灰色或粉红色。熔点：145℃，相对密度：1.23，饱和蒸气压：0.67Pa（26℃）。在水中溶解度为：120mg/L（20℃）。溶于乙醇、苯、丙酮等多数有机溶剂，溶解性（20℃）：二甲基甲酰胺450g/L；混甲酚350g/L；丙酮200g/L；环已酮200g/L；甲基乙基酮150g/L；氯仿100g/L；乙醇50g/L；甲苯10g/L；二甲苯10g/L；煤油<1%。

毒性

中等毒性。对大白鼠急性经口毒性LD_{50}为250～560mg/kg，小鼠急性经口毒性LD_{50}为171～200mg/kg。对大白鼠急性经皮毒性LD_{50}为4 000mg/kg。对鱼类毒性小，红鲤鱼TLm（48h）为30.2mg/kg。小野鸭的急性经口毒性：LD_{50}>2 179mg/kg，野鸡LD_{50}>2 000mg/kg，虹鳟鱼LC_{50}（96h）1.3mg/L，翻车鱼10mg/L。对天敌、蜜蜂高毒，蜜蜂LD_{50}1μg/只，不宜在开化期或养蜂区使用。

生物活性

属胆碱酯酶制剂，是具有触杀、胃毒和弱内吸作用的杀虫剂，用于防治120种以上作物的鳞翅目、鞘翅目和其他咀嚼类及吸吮类害虫。用于蔬菜、芒果、香蕉、草莓、核桃、葡萄、橄榄、葫芦、花生、大豆、棉花、水稻、烟草、谷类、玉米、马铃薯、观赏植物、林业等作物上的螟虫、稻纵卷叶螟、稻苞虫、棉铃虫、红铃虫、斜纹夜蛾、棉卷叶虫、桃小食心虫、苹果刺蛾、茶小绿叶蝉、茶毛虫、桑尺蠖、大豆食心虫等的防治。还可防治草皮中的蚯蚓。用作稀疏苹果树的生长调节剂，也可用于防治动物体外的寄生虫。

制剂和生产企业

85%、25%可湿性粉剂。江苏常隆化工有限公司、江苏省快达农化股份有限公司、江西省海利贵溪化工农药有限公司。

应用

1. 防治水稻上的稻飞虱、叶蝉，在害虫发生期，每亩用85%可湿性粉剂60～100g，或用25%可湿性粉剂200～260g，对水均匀喷雾。

2．防治棉花上的棉铃虫、红铃虫，在卵孵化盛期或低龄幼虫期，每亩用85%可湿性粉剂100～150g，或用25%可湿性粉剂100～260g，对水均匀喷雾。防治蚜虫，在发生期，每亩用25%可湿性粉剂100～260g，对水均匀喷雾。

3．防治烟草上的烟青虫，在卵孵化盛期或低龄幼虫期，每亩用25%可湿性粉剂100～260g，对水均匀喷雾。

4．防治豆类作物的造桥虫，在卵孵化盛期或低龄幼虫期，每亩用25%可湿性粉剂200～260g，对水均匀喷雾。

注意事项

西瓜对甲萘威敏感，不宜使用；其他瓜类应先作药害试验，有些地区反映，用甲萘威防治苹果食心虫后，促使叶螨发生，应注意观察。

混灭威（dimethacarb+trimethacarb）

化学名称

N－甲基氨基甲酸混二甲苯酯

理化性质

是由灭除威和灭杀威两种同分异构体混合而成的氨基甲酸酯类杀虫剂。原药为淡黄色至红棕色油状液体，微臭，相对密度约1.085，温度低于10℃时，有结晶析出，不溶于水，微溶于汽油、石油醚，易溶于甲醇、乙醇、丙酮、苯和甲苯等有机溶剂，遇碱易分解。

毒性

中等毒性。对雄大白鼠急性经口毒性LD_{50}为441～1 050mg/kg，对雄大白鼠急性经口毒性LD_{50}为295～626mg/kg，小白鼠急性经皮毒性LD_{50}大于400mg/kg。对鱼类毒性小，红鲤鱼TLm（48h）为30.2mg/kg。对天敌、蜜蜂高毒。

生物活性

属中等毒杀虫剂，对飞虱、叶蝉有强烈触杀作用，一般施药后1h左右，大部分害虫跌落水中。但残效期短，只有2～3d。其药效不受温度影响，低温下仍有很好防效。可用于防治叶蝉、飞虱、蓟马等。

制剂和生产企业

50%乳油。江苏常隆化工有限公司、江苏颖泰化学有限公司。

应用

1．水稻害虫

防治稻叶蝉，早稻秧田在害虫迁飞高峰期防治1次，晚稻秧田在秧苗现青每隔5～7d用药1次；本田防治，早稻在若虫高峰期，每亩用50%混灭威乳油50～100g，对水300～400kg泼浇，或对水60～70kg，即稀释1 000～1 500倍液均匀喷雾。

防治稻蓟马，一般掌握在若虫盛孵期施药，防治指标为：秧田四叶期后每百株有虫200头以上；或每百株有卵300～500粒或叶尖初卷率达5%～10%。本田分蘖期每百株有虫300头以上或有卵500～700粒，或叶尖初卷率达10%左右。每亩用50%混灭威乳油50～60mL，对水50～60kg喷雾，即稀释1 000倍液。

防治稻飞虱，通常在水稻分期到圆秆拔节期，平均每丛稻有虫（大发生前一代）1头以上或每平方米有虫60头以上；在孕穗期、抽穗期，每丛有虫（大发生当代）5头以上，或每平方米有虫300

头以上；在灌浆乳熟期，每丛（大发生当代）有虫10头以上，或每平方米有虫600头以上；在蜡熟期，每丛有虫（大发生当代）15头以上，或每平方米有虫900头以上，应该防治。用药量及施用防治同稻叶蝉。

2．棉花害虫

（1）棉蚜，防治指标为：大面积有蚜株率达到30%，平均单株蚜数近10头，以及卷叶率达到5%。每亩用50%混灭威乳油38～50mL，约稀释1 000倍液。

（2）棉铃虫，在黄河流域棉区，当二、三代棉铃虫大发生时，如百株卵量骤然上升，超过15粒，或者百株幼虫达到5头时进行防治。每亩用50%混灭威乳油100～200mL，稀释1 000倍液均匀喷雾。

注意事项

1．不可与碱性农药混用。

2．收获前7天停止用药。有疏果作用，宜在花期后2～3星期使用最好。

3．对蜜蜂毒性大，花期禁用。

4．烟草、玉米、高粱、大豆敏感，严格控制用药量，尤其是烟草，一般不宜用。

5．如发生中毒，可服用或注射硫酸阿托品治疗，忌用2-PAM。

仲丁威（fenobucarb）

CH_3

$CH-C_2H_5$

O

$CH_3NH-C-O-$

化学名称

2-仲丁基苯基-N-甲基氨基甲酸酯

理化性质

原药（含量为97%）为无色结晶（20℃），液态为淡蓝色或浅粉色，有芳香味，相对密度1.050（20℃）。纯品熔点32℃，工业品熔点为28.5～31℃；沸点130℃（3mmHg），蒸气压0.004mmHg（25℃）。20℃时在水中溶解度小于0.01g/L，丙酮中2 000g/L，甲醇中1 000g/L，苯中1 000g/L。在碱性和强酸性介质中不稳定，在弱酸性介质中稳定。受热易分解。

毒性

低毒。原药大鼠急性经口LD_{50}为623.4mg/kg，大鼠急性经皮LD_{50}>500mg/kg；兔急性经皮LD_{50}为10 250mg/kg，雄大鼠急性吸入LC_{50}>0.366mg/L。对兔皮肤和眼睛有很小的刺激性。在试验条件下，致突变作用为阴性，对大鼠未见繁殖毒性（100mg/L以下）。对兔未见致畸作用（3mg/kg·d）。两年慢性饲喂试验，大鼠无作用剂量为5mg/kg·d，狗为11～12mg/kg·d。对大鼠未见致癌作用（100mg/L以下）。鸡未见迟发性神经毒性。鲤鱼TLM（48h）为12.6mg/L。

生物活性

属低毒氨基甲酸酯类杀虫剂。具有强烈的触杀作用，并具一定胃毒、熏蒸和杀卵作用。主要通过抑制昆虫乙酰胆碱酯酶使害虫中毒死亡。杀虫迅速，但残效期短，一般只能维持4～5d。对飞虱、叶蝉有特效，对蚊、蝇幼虫也有一定防效。

制剂和生产企业

80%、50%、25%、20%仲丁威乳油；20%水乳剂。湖南海利化工股份有限公司、山东华阳科技股份有限公司、湖北沙隆达（荆州）农药化工有限公司、湖南国发精细化工科技有限公司。

应用

1．水稻害虫

（1）防治稻飞虱、稻叶蝉，在发生初盛期，用20%或25%乳油500～1 000倍液；50%乳油1 000～1 500倍液或80%乳油2 000～3 000倍液均匀喷雾。

（2）防治三化螟、稻纵卷叶螟，每亩用25%乳油200～250mL，对水100～150kg喷雾，即稀释500～1 000倍液。

2．卫生害虫

防治蚊、蝇及蚊幼虫，用25%乳油加水稀释为1%溶液，按每平方米1～3mL喷洒。

注意事项

1．不得与碱性农药混合使用。

2．在稻田施药后的前后10d，避免使用敌稗，以免发生药害。

3．仲丁威每人每日允许摄入量（ADI）为0.006mg/kg，水稻上的安全间隔期为21d。

4．中毒后解毒药为阿托品，严禁使用解磷定和吗啡。

2

异丙威（isoprocarb（MIPC））

$CH_3NH-C(=O)-O-C_6H_4-CH(CH_3)-CH_3$

化学名称

2-异丙基苯基-N-甲基氨基甲酸酯

理化性质

纯品为白色结晶粉末，工业原药为粉红色片状结晶。熔点纯品96～97℃，原药81～91℃。沸点：128～129℃/20mmHg，蒸气压0.1333mPa/25℃，2.8mPa（20℃）。闪点156℃；相对密度0.62。难溶于卤代烷烃和水，难溶于芳烃，可溶于丙酮、甲醇、乙醇、二甲基亚砜、乙酸乙酯等有机溶剂。

毒性

中等毒性。原药大鼠急性经口LD_{50}为403～485mg/kg，小鼠487～512mg/kg。雄大鼠急性经皮毒性LD_{50}>500mg/kg。对兔眼睛和皮肤刺激性极小，试验动物显示无明显蓄积性，在试验剂量内未发现致突变、致畸、致癌作用。对蜜蜂有毒，对甲壳纲以外的鱼类都是低毒的。对鱼毒性较低，对蜜蜂有害。

生物活性

属中等毒杀虫剂，具有较强的触杀作用，对昆虫的作用是抑制乙酰胆碱酯酶活性，致使昆虫麻痹死亡。具有胃毒、触杀和熏蒸作用。对稻飞虱、叶蝉科害虫有特效。击倒力强，药效迅速，但残效期短，一般只有3～5d。可兼治蓟马和蚂蟥。选择性强，对多种作物安全。可以和大多数杀菌剂或杀虫剂混用。对稻飞虱天敌，蜘蛛类安全。用于防治果树、蔬菜、粮食、烟草、观赏植物上的各种蚜虫，对有机磷产生抗性的蚜虫十分有效。

制剂和生产企业

20%乳油；15%、10%烟剂；10%、4%、2%粉剂。湖南海利化工股份有限公司、江苏常隆化工有限公司、江苏颖泰化学有限公司、山东华阳科技股份有限公司、湖南国发精细化工科技有限公司、湖北沙隆达（荆州）农药化工有限公司、江西省海利贵溪化工农药有限公司。

应用

1．水稻害虫

防治水稻飞虱、叶蝉，在若虫发生高峰期，每亩用2%异丙威粉剂1.5～3.0kg，或用4%粉剂1.0kg，或用10%粉剂0.3～0.6kg，直接喷粉。也可用20%

异丙威乳油400～500倍液均匀喷雾。

2．甘蔗害虫

防治甘蔗扁飞虱，留宿根的甘蔗在开垄松兜培土前，每亩用2%粉剂2.0～2.5kg，混细沙土20kg，撒施于甘蔗心叶及叶鞘间。防治效果良好，可持续1周左右。

3．柑橘害虫

防治柑橘潜叶蛾，在柑橘放梢时，用20%乳油对水500～800倍液喷雾。

4．蔬菜害虫

用异丙威烟剂防治保护地黄瓜蚜虫。于傍晚收工前，先将棚室密闭，然后将烟剂分成适量小等份置于瓦片或砖块上，由里向门方向用明火点燃熏烟，次日打开棚室可正常作业。使用剂量为每亩用10%异丙威烟剂商品量300～400g，或用15%异丙威烟剂200～250g。熏烟后一般视虫情和天气情况，用杀虫剂再喷雾一次，这样效果会更好。该烟剂每生长季节可施用4～5次。

注意事项

1．本品对薯类作物有药害，不宜在该类作物上使用。

2．施用本品后10d不可使用敌稗。

3．我国农药使用准则国家标准规定，2%异丙威粉剂在水稻上的安全间隔期为14d。日本规定，柑橘威100d，桃、梅30d，苹果、梨21d，大豆、萝卜、白菜7d，黄瓜、茄子、番茄、辣椒1d。

4．应在阴凉、干燥处保存，勿靠近粮食和饲料，勿让儿童接触。

5．在使用过程中接触中毒，要脱掉污染衣服，并用肥皂水清洗被污染的皮肤。如溅入眼中，要用大量清水（最好是食盐水）冲洗15min以上。如吸入中毒，要把中毒者移到闻不到药味的地方，解开衣服，躺下保持安静。如误服中毒，要给中毒者和温食盐水（一杯加入一汤匙食盐）催吐，并反复灌食盐水，直到吐出液体变为透明为止。一般急救可服用0.6mg阿托品，或者含在舌根下，使药液溶化后咽下，然后每隔10～15min服药1次，以维持咽喉和皮肤干燥状态。

抗蚜威（pirimicarb）

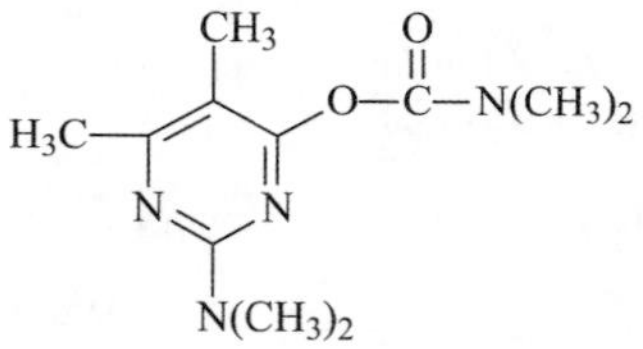

CH_3 O
H_3C— —O—C—$N(CH_3)_2$
N N
$N(CH_3)_2$

化学名称

2-二甲基氨基-5，6-二甲基嘧啶基-4-二甲基氨基甲酸酯

理化性质

原药为白色无臭结晶体。熔点90.5℃，蒸气压4×10^{-3}Pa（30℃）。能溶于醇、酮、酯、芳烃、氯化烃等多种有机溶剂：甲醇23g/100mL，乙醇25g/100mL，丙酮40g/100mL；难溶于水（0.27g/100mL）。遇强酸、强碱或紫外光照射易分解。在一般条件下贮存较稳定，对一般金属设备不腐蚀。

毒性

中等毒性。大鼠急性经口LD_{50}为68～147mg/kg，小鼠为107mg/kg。大鼠急性经皮LD_{50} > 500mg/kg。对皮肤和眼睛无刺激作用，对蜜蜂、鸟类、鱼类、水生生物低毒。两年慢性毒性试验表明，大鼠无作用剂量为每天12.5mg/kg，狗为1.8mg/kg。在试验剂量范围内，对动物无致畸、致癌、致突变作用。在三代繁殖和神经毒性试验中未见异常情况。

生物活性

属中等毒杀虫剂，具有触杀、熏蒸和叶面渗透作用，能防治除棉蚜外的所有蚜虫。作用速度快，残效期短，对食蚜蝇、蚜茧蜂、瓢虫等蚜虫天敌无不良影响，是害虫综合防治的理想药剂，适用于防治蔬菜、烟草、粮食作物上的蚜虫。

制剂和生产企业

5% 可溶性液剂；25% 可湿性粉剂；50% 可湿性粉剂；50%、25% 水分散粒剂；9% 微乳剂。江苏省江阴凯江农化有限公司。

应用

1. 蔬菜蚜虫

防治甘蓝、白菜、豆类蔬菜上的蚜虫，用5% 高渗抗蚜威可溶性粉剂 1 000～2 000 倍液，或 50% 抗蚜威可湿性粉剂，或 50% 抗蚜威水分散粒剂 3 000～4 000 倍液均匀喷雾。

2. 烟草蚜虫

防治烟草、麻苗上的蚜虫，用 50% 抗蚜威可湿性粉剂，或 50% 抗蚜威水分散粒剂 3 000～4 000 倍液均匀喷雾。

3. 粮食作物蚜虫

防治小麦、高粱上的蚜虫，用 50% 抗蚜威可湿性粉剂、50% 抗蚜威水分散粒剂 3 000～4 000 倍液均匀喷雾。或用 25% 高渗抗蚜威可湿性粉剂 2 500～3 000 倍液，或 5% 高渗抗蚜威可溶性液剂 1 000～2 000 倍液均匀喷雾。

4. 桃蚜

防治桃树，用 5% 高渗抗蚜威可溶性液剂 1 000～2 000 倍液均匀喷雾。

注意事项

1. 抗蚜威对温度的反应，当 20℃以上时有熏蒸作用；15℃以下时基本无熏蒸作用，只有触杀作用，15～20℃之间，熏蒸作用随温度上升而增强。因此在低温时，喷雾药均匀周到，否则影响防治效果。喷药时应选择无风温暖的天气，以提高药效。

2. 抗蚜威对棉蚜基本无效，不要用于防治棉蚜。

3. 施药后 24h，禁止家畜进入施药区。

4. 收获前停止用药的安全间隔期为 7～10d。

5. 在使用过程中，有药剂溅到皮肤或眼睛内，应立即用清水洗净。如使用者中毒，应立即就医，并肌内注射 1～2mg 硫酸颠茄碱。

硫双威（thiodicarb）

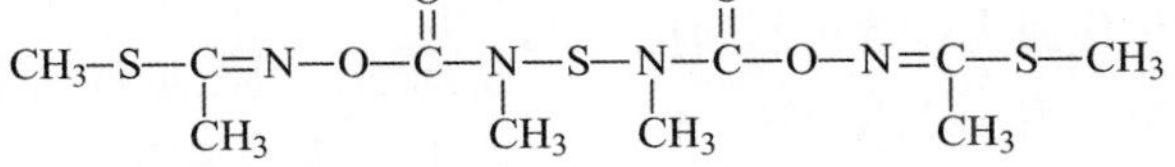

$$CH_3-S-\underset{CH_3}{\underset{|}{C}}=N-O-\overset{O}{\overset{\|}{C}}-\underset{CH_3}{\underset{|}{N}}-S-\underset{CH_3}{\underset{|}{N}}-\overset{O}{\overset{\|}{C}}-O-N=\underset{CH_3}{\underset{|}{C}}-S-CH_3$$

化学名称

3，7，9，13- 四甲基 -5.11- 二氧杂 -2，8，14- 三硫杂 -4，7，9，12- 四氮杂十五烷 -3，12- 二烯 -6，10- 二酮

理化性质

纯品为无色晶体，原药含有效成分 92%～95%，为浅棕褐色结晶。溶点：173～174℃，蒸气压：5.7mPa（20℃）。密度：1.44g/mL（20℃）。溶解性（25℃）：水中 35mg/L，二氯甲烷中 150g/kg，丙酮中 8g/kg，甲醇中 5g/kg，二甲苯中 3g/kg。稳定性：在 pH 值为 6 稳定，pH 值为 9 快速水解，pH 值为 3 缓慢水解（DT_{50} 约 9d）。水悬浮液遇日光分解。60℃以下稳定。

毒性

中等毒性。原药雄大鼠急性经口 LD_{50} > 200mg/kg，雌大鼠急性经口 LD_{50} 为 66mg/kg，兔急性经皮 LD_{50}>

2 000mg/kg（雄）。对猴、兔皮肤无刺激作用，对眼睛有轻微刺激作用。大鼠亚慢性喂养试验无作用剂量＞3.0mg/kg·d，兔亚慢性经皮无作用剂量＞2.0mg/kg·d，大鼠亚慢性吸入无作用剂量＞4.8mg/m^3。大鼠慢性喂养试验无作用剂量3.0mg/kg·d。致突变试验为阴性，30mg/kg·d对大鼠致畸试验为阴性，无致癌作用。无迟发性神经毒性。推荐的每人每日最大允许摄入量（ADI）为0.03mg/kg（以体重计）。和蜜蜂直接接触有中等毒性，在田间条件下无害。对鱼有毒。虹鳟鱼LC_{50}（96h）为2.55mg/L，河鳟鱼LC_{50}（96h）为4.45mg/L。鹌鹑LD_{50}为2 023mg/kg。

生物活性

是一种双氨基甲酸酯类杀虫剂，它是在灭多威的基础上进一步改进而来，即通过一个硫醚键连接两个灭多威分子形成双氨基甲酸酯。杀虫活性与灭多威相近，但毒性较灭多威低。对害虫以胃毒作用为主，兼具触杀作用。其作用机制在于神经阻碍作用，即通过抑制乙酰胆碱酯酶活性而阻碍神经纤维内传导物质的再活性化导致害虫中毒死亡。既能杀卵，也能杀幼虫和某些成虫。杀卵活性极高，表现在三个方面：①药液接触未孵化的卵，可阻止卵的孵化或孵化后幼虫发育到2龄前即死亡；②施药后3d以内产的卵不能孵化或不能完成幼期发育；③卵孵后出壳时因咀嚼卵膜而能有效地毒杀初孵幼虫。老龄幼虫因取食量大，该药也同样能达到很高的杀幼虫效果。拉维因几乎没有气体熏杀效果和渗透作用。由于硫双威的结构中引入了硫醚键，因此，对以氧化代谢为解毒机制的抗性害虫品系，亦具有较高杀虫活力。杀虫迅速，但残效期短，一般只能维持4～5d。用于棉花、果树、蔬菜、水稻及经济作物等，防治棉铃虫、红铃虫、卷叶蛾类、食心虫类、菜青虫、夜盗虫、斜纹夜蛾、甘蓝夜蛾、马铃薯块茎蛾、茶细蛾、茶小卷叶蛾等。

制剂和生产企业

75%、25%可湿性粉剂；375g/L悬浮剂。浙江省宁波中化化学品有限公司、山东华阳科技股份有限公司、江苏省南通施壮化工有限公司、山东立邦化工有限公司、德国拜耳作物科学公司。

应用

1. 棉花害虫

防治棉铃虫，在二、三代棉铃虫发生时，卵孵化盛期施药，以发挥其优秀杀卵活性的特点。每亩用硫双威可湿性粉剂20～30g，用25%可湿性粉剂1 000～2 000倍液或75%可湿性粉剂2 000～3 000倍液进行常规喷雾，7d后根据田间残虫情况确定是否进行二次用药。在棉铃虫发生不整齐的情况下，应根据幼虫生口、虫龄调查结果，掌握在防治指标上下的低龄幼虫期用药，施药后5～7d调查残生量，确定二次用药间隔期。防治重点是保护生长点，喷雾时应注意喷头罩顶。

2. 蔬菜害虫

防治十字花科蔬菜甜菜夜蛾，每亩用25%硫双威可湿性粉剂40～50g，约稀释1 000～1500倍液均匀喷雾。

注意事项

1. 本品对蚜虫、螨类、蓟马等刺吸式口器害虫作用不显著，如同时防治这类害虫时，可与其他有机磷、菊酯类等农药混用，但要严格掌握不能与碱性物质混合使用。

2. 本品不能与碱性和强酸性农药混用，也不能与代森锌、代森锰锌混用。

3. 为了防止棉铃虫在短时间内对该药剂产生抗药性，应注意避免连续使用该药。建议每一季棉花上使用最多不超过3次。

4. 施药时要注意尽量不要露出皮肤和眼睛，不要吸烟和进食。

5. 施药后要洗手、脸，作业服及用具用强碱洗净。

6. 如误服本剂，应立即喝食盐水和肥皂水后吐出，待吐液变为透明为止。解毒剂为硫酸阿托品。

7. 本品应放于干燥、阴凉和安全处。

灭多威（methomyl）

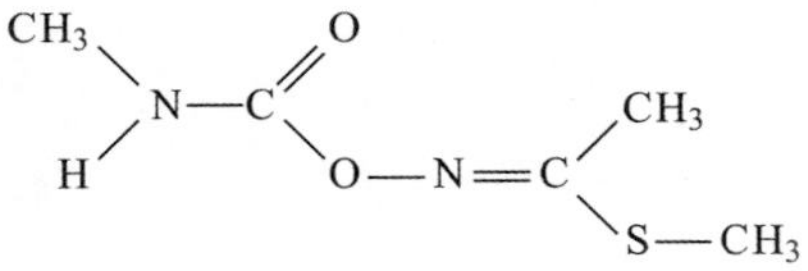

CH_3　O
N—C　CH_3
H　O—N=C
S—CH_3

化学名称

1-（甲硫基）亚乙基氮 N- 甲基氨基甲酸酯

理化性质

纯品为白色晶体。熔点为 78 ~ 79℃。沸点 144℃。蒸气压力为 6.67mPa（25℃）。密度为 1.295g/L（25/40℃）。25℃时的溶解度（g/L）：水中 58，丙酮中 730，乙醇中 420，甲醇中 1 000，异丙酮中 220，甲苯中 30。在碱性介质中或在高温下或受日光照射均易分解。

毒性

高毒。大鼠急性经口 LD_{50} 为 17 ~ 24mg/kg，白兔经皮 LD_{50}>5 000mg/kg。对眼睛和皮肤有轻微刺激作用，在试验剂量下无致畸、致突变、致癌作用，无慢性毒性，对鸟、蜜蜂、鱼有毒。

生物活性

灭多威系高效、低残留、广谱杀虫剂、具有触杀、胃毒、杀卵等多种杀虫机能，无内吸、熏蒸作用。对蚜虫、蓟马黏虫、甘蓝银纺夜蛾、烟草卷叶虫、烟草天蛾、棉叶潜蛾、苹果蠹蛾、棉蛉虫等十分有效，对水稻螟虫，飞虱以及果树害虫等都有很好的防治效果。适用于棉花、蔬菜、烟草上防治鳞翅目、同翅目、鞘翅目及其他害虫。

制剂和生产企业

24% 水溶性液剂；20% 乳油。

应用

棉花用于防治棉铃虫，棉潜叶蛾、棉铃象甲等，亩用 24% 水剂 160 ~ 240mL 对水喷雾。常与菊酯类杀虫剂混合使用，可延缓害虫抗药性。

第四章

拟除虫菊酯类杀虫剂

这是模拟除虫菊花中所含的天然除虫菊素而合成的一类杀虫剂，由于它们的化学分子结构与天然除虫菊素相似，所以统称为拟除虫菊酯类杀虫剂。早期合成的拟除虫菊酯类杀虫剂，如丙烯菊酯等，由于存在光不稳定性，主要用作卫生杀虫剂，在室内使用。第一个能真正应用于大田的光稳定性拟除虫菊酯是氯菊酯（或称二氯苯醚菊酯），但其活性有限。后来开发的氯氰菊酯、氟氯氰菊酯、氯氟氰菊酯、溴氰菊酯等，活性均有很大的提高。总之，此类杀虫剂具有高效、杀虫谱广，对人、畜和环境较安全的特点。重要的品种已达60多种，仍在发展之中。其作用方式主要是触杀和胃毒作用，无内吸作用，有的品种具有一定渗透作用。自20世纪80年代初在中国开始使用，短期内得到了广泛的推广应用。但这类杀虫剂容易使害虫产生抗药性，大多数产品（除醚菊酯外）对鱼的毒性较高。这类杀虫剂的发展趋势是活性更高、毒性更低、光学异构体越来越单一、对鱼的毒性更低等。

氟丙菊酯（acrinathrin）

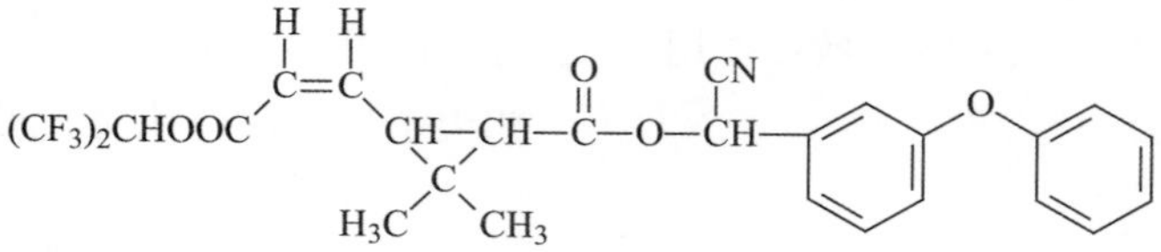

化学名称

（S）α－氰基－3－苯氧基苄基（Z）－（1R，3R）－3－（2，2，2－三氟－1－三氟甲基乙氧基羰基）乙烯基－2，2－二甲基环丙烷羧酸酯

理化性质

原药有效成分含量≥95%，外观为白色粉末，熔点约81.5℃，蒸气压39 × 10^{-7}mPa（25℃），水分含量（质量分数）< 0.1%，在水中溶解度 < 0.02μg/mL（25℃），乙酸乙酯中溶解度 > 50g/100mL，丙酮、氯仿、二氯甲烷中溶解度 > 50g/100mL，乙醇中溶解度4g/100mL，乙烷中溶解度1g/100mL，甲醇中溶解度5g/100mL，正辛醇中溶解度1g/100mL，甲苯中溶解度50g/100mL。辛醇/水中分配比为1.8 × 10^5（25℃），密度0.5（20℃），pH值7.0，55℃时，在空气中贮存1个月无变化，光稳定性（半衰期50h，常温贮存稳定性大于2年。在酸性条件下稳定，中性或碱性中易分解，且随pH值和温度升高而增强。在水中半衰期小于7d。

毒性

低毒。原药大鼠急性经口 LD_{50} > 5 000mg/kg，经皮 LD_{50} > 2 000mg/kg，吸入 LC_{50}1 600mg/m^3。对兔眼睛有轻微刺激，无皮肤刺激和致敏作用。大

鼠亚慢性（90d）无作用剂量为 30mg/kg（以饲料重计）或 2.4mg/kg。大、小鼠两年慢性无作用剂量约 2mg/kg（以饲料重计）。致突变试验为阴性。对大鼠两代繁殖和兔、大鼠致畸无不良影响。对大、小鼠无致癌作用。母鸡试验无迟发性神经毒性。推荐的 ADI 为 0.02mg/kg·d。两倍用量对蚯蚓无危害，试验室条件下对鱼剧毒。鹌鹑 LD_{50} 2 250mg/kg（饲料）。对蜜蜂高毒，蜜蜂经口 LD_{50} 0.102～0.147 μg/只，接触 LD_{50} 1.208～1.898μg/只。

生物活性

是低毒、高效、广谱的拟除虫菊酯类杀螨、杀虫剂。对多种植食性害螨有良好的触杀和胃毒作用，对橘全爪螨、短须螨、二叶螨、苹果红蜘蛛的幼、若螨及成螨均有良好防效。同时对刺吸式口器的害虫及鳞翅目害虫也有杀虫活性。

制剂

2% 乳油。

应用

1. 棉花害虫

防治棉花二点叶螨，于发生期，每亩用 2% 乳油 100～150mL（有效成分 2～3g），对水 50～75kg 喷雾，可兼治棉蚜。

2. 果树害虫

防治苹果红蜘蛛、山楂红蜘蛛，达防治指标时，用 2% 乳油 1 000～2 000 倍液（有效浓度 10～20mg/kg）喷雾，持效期可达 30d。在叶螨与食心虫混合发生时，可用 2% 乳油 1 000～1 500 倍液（有效浓度 13.3～20mg/kg）喷雾，持效期一般 10～14d。施药时遇雨应补喷。上述浓度可兼治绣线菊蚜。防治柑橘全爪螨，在螨口密度较低即每叶 2～3 头时，用2%乳油800～1 500倍液（有效浓度13.3～25mg/kg）喷雾，持效期约 20d，并可兼治潜叶蛾、柑橘蚜虫等害虫。

3. 茶树害虫

防治茶小绿叶蝉，在若虫和成虫盛发期，用 2% 乳油 1 333～4 000 倍液（有效浓度 5～15mg/kg）喷雾，持效期一般 7d。防治茶短须螨，在发生始盛期对水均匀喷雾，剂量同小绿叶蝉，施药时尤其要注意茶树中、下部叶片背面的均匀周到喷雾。

注意事项

1. 不能与碱性农药混用。
2. 不能在桑园、鱼塘、河流、养蜂场所等处及其周围用药，以免杀伤蚕、蜜蜂、水生生物等有益生物。
3. 本品无内吸杀虫作用，施药时应均匀周到。
4. 发生中毒应立即送医院对症治疗，可按菊酯类农药解毒。

顺式氯氰菊酯（alpha-cypermethrin）

化学名称

（R,S）-α-氰基-3-苯氧基苄基（1S,3S,1R,3R）-3-（2，2-二氯乙烯基）-2，2-二甲基环丙烷羧基酯和（R,S）-α-氰基-3-苯氧基苄基（1S,1R）-顺-3-（2，2-二氯乙烯基）-2，2-二甲基环丙烷羧基酯

理化性质

原药为白色或奶白色结晶或粉末，熔点 78～81℃，沸点 200℃。相对密度：1.12，20℃时蒸气压为 1.7×10^{-7}Pa，闪点 > 44℃。常温下在水中溶解度极低，易溶于酮类、醇类及芳香烃类溶剂，在中性、酸性条件下水解，热（至 200℃）稳定性良好。

毒性

中等毒性。原药大鼠经口 LD_{50} 为 60～80mg/kg，大鼠急性经皮 LD_{50} 为 500mg/kg，兔急性经皮 LD_{50} > 2 000mg/kg，在试验剂量未见慢性蓄积及致畸、致突变、致癌作用，对鱼、蜜蜂高毒。

(*S*) (1*R*)-*cis*-

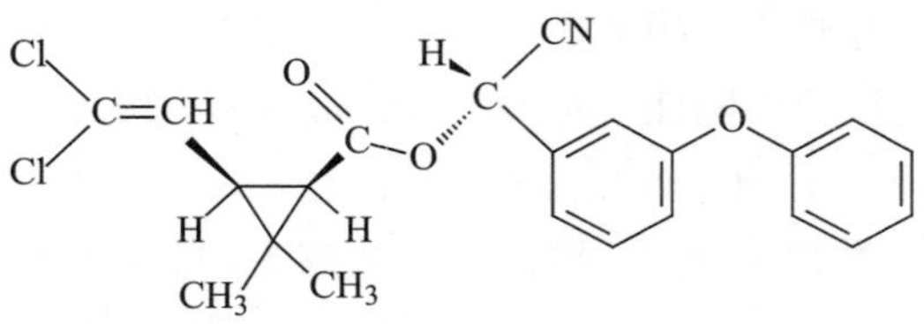

+

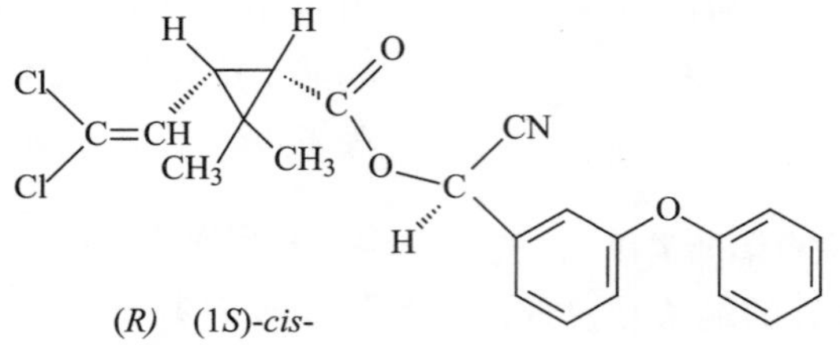

(*R*) (1*S*)-*cis*-

生物活性

属高效广谱菊酯类杀虫剂，毒性中等。顺式氯氰菊酯为一种生物活性较高的拟除虫菊酯类杀虫剂，它是由氯氰菊酯的高效异构体组成。其杀虫活性约为氯氰菊酯的 1 ~ 3 倍，因此，单位面积用量更少，效果更高，其应用范围、防治对象、使用特点、作用机理与氯氰菊酯相同。

制剂

100g/L、50g/L、5%、3%乳油；10% 水乳剂；5% 可湿性粉剂；10%、5%、1.5% 悬浮剂；微乳剂。

应用

1．棉花害虫

防治棉铃虫，于卵盛孵期。每亩用10%乳油5 ~ 15mL（有效成分 0.5 ~ 1.5g），对水喷雾。防治棉红铃虫于第二、三代卵盛孵期，每亩用 10% 乳油 5 ~ 15mL（有效成分0.5 ~ 1.5g）对水喷雾。每代喷药2 ~ 3次，每次间隔 10d 左右。防治蚜虫，于发生期，每亩用 10% 乳油 5 ~ 10mL（有效成分 0.5 ~ 1g），对水喷雾。

2．果树害虫

防治柑橘潜叶蛾，于新梢放出 5d 左右，用 10% 乳油 20 000 ~ 10 000 倍（有效浓度 5 ~ 10μg/mL）喷雾，隔 5 ~ 7d 再喷一次。保梢效果良好。防治柑橘红蜡蚧，若虫盛发期，用 10% 乳油 20 000 倍（有效浓度 5 ~ 10 μg/mL）喷雾，防效一般可达 80% 以上。防治荔枝蝽象，在成虫交尾产卵前和若虫发生期各施一次药，用 10% 乳油 5 000 ~ 8 000 倍液（有效浓度 20 ~ 12.5 μg/mL）均匀喷雾。如采用飞机喷药，每亩用10%乳油 8 ~ 12mL 对水 2 ~ 3L，航速 160 ~ 170km/h，距树冠 5 ~ 10m 的高度作业，穿梭喷雾。防治荔枝蒂蛀虫，荔枝收获前约 10 ~ 20d 施药两次，地面喷雾用 10%乳油4 000 ~ 6 000倍液（有效浓度25 ~ 16.7 μg/mL）。飞机施药则每亩有效成分 0.8g（10% 乳油 8mL），按飞机常规喷雾。防治桃小食心虫，卵盛孵期，用 10% 乳油 6 000 倍液（约有效浓度 16.7 μg/mL）喷雾。根据发生情况，间隔 15 ~ 20d 续喷一次。梨小食心虫用同样方法进行防治。防治桃蚜，于发生期用 10% 乳油 2 000 倍液（有效浓度 50 μg/mL）喷雾。

3．蔬菜害虫

防治菜青虫，2 ~ 3 龄幼虫盛发期，每亩用 10% 乳油 5 ~ 15mL（有效成分 0.5 ~ 1.5g），对水喷雾，持效期 7 ~ 10d。防治菜蚜，于发生期，每亩用 10% 乳油 5 ~ 15mL（有效成分 0.5 ~ 1.5g），对水喷雾，持效期 10d 左右。防治小菜蛾，2 龄幼虫盛发期，每亩用 10% 乳油 5 ~ 10mL（有效成分 0.5 ~ 1g），对水喷雾。防治大豆卷叶螟，在大豆卷叶螟经常发生危害地区，豇豆第一次开花盛期，每亩用10%乳油 10 ~ 13mL（有效成分 1.0 ~ 1.3g），对水喷雾。此外，每亩用 10% 乳油 5 ~ 10mL（有效成分 0.5 ~ 1g），对水喷雾，可以防治黄守瓜、黄曲条跳甲、菜螟等害虫，效果显著。

4．茶树害虫

防治茶尺蠖，于3龄幼虫前，用10%乳油5～10 μg/mL（相当于20 000～10 000倍液）对水喷雾。用同样有效浓度还可防治茶毛虫、茶卷叶蛾、茶刺蛾、尺蠖等。防治茶小绿叶蝉，在若虫盛发期前，用10%乳油10～15 μg/mL（6 670～10 000倍液）对水喷雾。

5．花卉害虫

防治菊花、月季花等花卉蚜虫，用10%乳油5～10μg/mL（10 000～20 000倍液），对水喷雾。

6．卫生害虫

家蝇

在石灰、水泥等建筑物表面滞留喷雾，使用有效成分10～20mg/kg·m^2或用5%可湿性粉剂250倍稀释液，50～100mL/m^2滞留喷雾。

蚊子

在蚊子栖息和活动场所物体表面滞留喷雾，亦可涂刷，使用剂量为20～30mg/m^2或5%可湿性粉剂125倍稀释液，50～75mL/m^2滞留喷雾。

蟑螂

在蟑螂栖息和活动场所物体表面滞留栖息和活动场所物体表面滞留喷雾，亦可涂刷，使用剂量为15～30mg/m^2或5%可湿性粉剂100倍稀释液，按30～60mL/m^2使用。可有效防治蟑螂、蚂蚁等室内害虫。

臭虫

于臭虫栖息活动场所滞留喷洒或缝隙涂刷，使用有效成分40～50mg/m^2，可有效防治温带臭虫、蚤等害虫。

注意事项

1．不可与碱性农药混用。

2．不能在桑园、鱼塘、河流、养蜂场所等处及其周围用药，以免杀伤蚕、蜜蜂、水生生物等有益生物。

3．本品无内吸杀虫作用，防治钻蛀害虫时，应掌握在幼虫蛀入前用药。本品对螨类无效，当虫、螨并发时，应配合应用杀螨剂防治螨类害虫。

4．本品对人的眼睛、鼻黏膜、皮肤刺激性较大，有的人易产生过敏反应，施药时应注意防护。

5．棉花、柑橘、茶叶收获前7d停止用药。

6．该药无特效解毒药，如误服，应立即送医院对症治疗。

高效氟氯氰菊酯（beta-cyfluthrin）

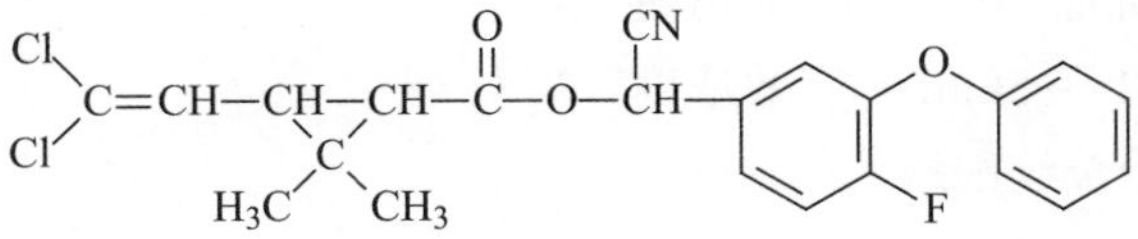

Cl　　　　　　　　　　O　　CN
C=CH—CH—CH—C—O—CH—
Cl　　　　C
H_3C　CH_3　　　　F

化学名称

（RS）α－氰基－4－氟－3－苯氧基苄基（1RS，3RS；1RS，3SR）－3－（2，2－二氯乙烯基）－2，2－二甲基环丙烷羧酸酯

理化性质

工业品为白色固体，无特殊气味，相对密度1.34，蒸气压为5.0 × 10^{-2}mPa（20℃）。不溶于水，微溶于乙醇，易溶于乙醚、丙酮、甲苯、二氯甲烷等有机溶剂。常温贮存能稳定两年以上；在酸性条件下稳定，但在pH值 > 7.5碱性条件下易分解。

毒性

低毒。原药对大鼠急性口服LD_{50}值为580～651mg/kg，急性经皮LD_{50}值 > 5 000mg/kg。对皮肤无刺激，对眼睛有轻度刺激，但2d内可消失。对鱼剧毒，对蜜蜂高毒。

生物活性

是低毒、高效、广谱的拟除虫菊酯类杀虫剂。本品杀虫谱广，击倒速度快，持效期长，除对咀嚼式口器害虫如鳞翅目幼虫或鞘翅目的部分甲虫有效外，也可防治刺吸式口器害虫如梨木虱。适用于棉花、小麦、玉米、蔬菜、果树、大豆、烟草、观赏植物等上的害虫防治。本品对植物较安全。

制剂和生产企业

25g/L、2.5%乳油；12.5%、6%、2.5%悬浮剂；2.5%水乳剂；2.5%微乳剂。浙江威尔达化工有限公司、江苏扬农化工股份有限公司、江苏黄马农化有限公司、安徽华星化工股份有限公司、天津人农药业有限责任公司、广东立威化工有限公司、德国拜耳作物科学公司。

应用

1. 棉花害虫

防治棉铃虫，在棉田一代发生期，当一类田百株卵量超过200粒或低龄幼虫35头，其他棉田百株卵量80～100粒或低龄幼虫10～15头时用药，棉田二代发生期，当卵量突升或百株幼虫8头时用药，每亩用2.5%乳油25～35mL（有效成分0.63～0.88g）对水50kg喷雾。防治红铃虫，重点针对二、三代，用药量和方法同棉铃虫。

2. 果树害虫

防治桃小食心虫，用5%乳油2 000～4 000倍液或每100L水中加2.5%乳油25～50mL（有效浓度6.25～12.5mg/kg）喷雾。防治金纹细蛾，在成虫盛发期或卵盛期用药，用5%乳油1 500～2 000倍液或每100L水中加2.5%乳油50～66.7mL（有效浓度12.5～16.7mg/kg）喷雾。

3. 蔬菜害虫

防治菜青虫，平均每株甘蓝有虫1头开始用药。每亩用2.5%乳油26.8～33.2mL（有效成分0.67～0.83g）对水20～50kg喷雾。

4. 旱粮害虫

防治小麦蚜虫，在小麦扬花灌浆期，百株蚜量500头以上（麦长管蚜为主）或4 000头以上（禾谷缢管蚜为主）时用药。每亩用2.5%乳油16.7～20mL（有效成分0.42～0.5g），对水50kg喷雾。

5. 地下害虫

100kg玉米或小麦种子用12.5%悬浮剂80～160mL（有效成分10～20g）拌种，拌种时先将所需药液用2L水混匀，再将种子倒入搅拌均匀，使药剂均匀包在种子上，堆闷2～4h即可播种。可防治蛴螬、蝼蛄、金针虫和地老虎等地下害虫。

注意事项

1. 不可与碱性农药混用。

2. 不能在桑园、鱼塘、河流、养蜂场所等处及其周围用药，以免杀伤蚕、蜜蜂、水生生物等有益生物。

3. 施药时应喷洒均匀。

4. 棉花上每季最多用药2次，收获前21d停止用药。

高效氯氰菊酯（beta-cypermethrin）

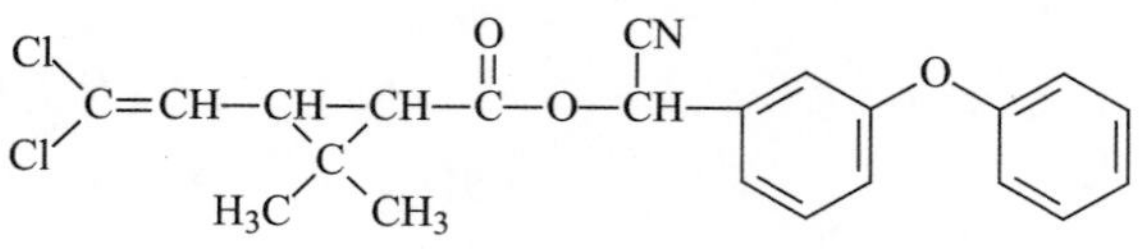

Cl Cl C=CH—CH—CH—C(=O)—O—CH(CN)— C(H$_3$C)(CH$_3$)

化学名称

2，2-二甲基-3-（2，2-二氯乙烯基）环丙烷羧酸-α-氰基-（3-苯氧基）-苄酯，（R，S）-α-氰基-3-苯氧基苄基（1R，3R）-3-（2，2-二

氯乙烯基）-2，2-二甲基环丙烷羧酸酯

理化性质

原药为无色或淡黄色晶体。熔点64～71℃（峰值67℃）。蒸气压180mPa（20℃）。密度1.32g/mL（理论值），0.66g/mL（结晶体，20℃）。溶解度在pH=7的水中，51.5（5℃）、93.4（25℃）、276.0（35℃）μg/L（理论值）。异丙醇11.5，二甲苯749.8，二氯甲烷3 878，丙酮2 102，乙酸乙酯1 427，石油醚13.1（均为mg/mL，20℃）。稳定性150℃，空气及阳光下及在中性及微酸性介质中稳定。碱存在下差向异构，强碱中水解。

毒性

低毒。工业品对大鼠急性经口LD_{50}649mg/kg，急性经皮LD_{50} > 5 000mg/kg，对兔皮肤、黏膜和眼有轻微刺激。对豚鼠不致敏。大鼠的急性吸入LC_{50} > 1.97mg/L（h）。4.5%乳油：大鼠急性经口LD_{50}853mg/kg，急性经皮LD_{50}1 830mk/kg。对鱼、蚕高毒，对蜜蜂、蚯蚓毒性大。

生物活性

对害虫具有触杀和胃毒作用，杀虫速效，并有杀卵活性。通过与害虫钠通道相互作用而破坏起神经系统的功能。在植物上有良好的稳定性，能耐雨水冲刷。对卫生害虫的毒力≥顺式氯氰菊酯。对棉花、蔬菜、果树等作物上的鳞翅目、半翅目、双翅目、同翅目、鞘翅目等农林害虫及蚊蝇、蟑螂、蚊、跳蚤、臭虫、虱子和蚂蚁及动物体外寄生虫如蜱，螨等卫生害虫都有极高的杀灭效果。

制剂

100g/L、10%、4.5%乳油；5%、4.5%可湿性粉剂；5%、4.5%、0.12%水乳剂；5%、4.5%微乳剂。

应用

1. 防治水稻、玉米、烟草、大豆、甜菜、甘蔗、饲料作物、葡萄、苹果、梨、柑橘、茶、咖啡、及林区的草地夜蛾、椿象、地老虎、蚜虫、玉米螟、棉铃虫、尺蠖、蓟马、跳甲、甘蓝夜蛾、潜蝇、蠹蛾、舞毒蛾、天幕毛虫和介壳虫等多种害虫，每亩可用4.5%乳油8.3～51.8mL对水喷雾。如棉铃虫、棉红铃虫、蚜虫每亩用4.5%乳油11.5～33.5mL，菜蚜、菜青虫、小菜蛾等蔬菜害虫每亩用4.5%乳油11.5～33.5mL，大豆卷叶螟每亩用4.5%乳油22.0～28.9mL，大豆其他害虫每亩用4.5%乳油6.7～13.3mL。

2. 防治棉花蚜虫、棉铃虫的用量为每亩用4.5%乳油有22～45mL；防治蔬菜菜青虫、小菜蛾，每亩4.5%乳油的用量为13.3～37.7mL；防治苹果蚜的每亩4.5%乳油用量为4.5～26.7mL；防治烟草烟青虫的每亩4.5%乳油用量为22～37.7mL；防治茶树茶尺蠖的每亩4.5%乳油用量为22～37.7mL；防治柑橘潜叶蛾和红蜡蚧的有效使用浓度分别为15～20mg/kg、50mg/kg。

注意事项

1. 忌与碱性物质混用，以免分解失效。

2. 该药无特效解毒药。如误服，应立即请医生对症治疗。使用中不要污染水源、池塘、养蜂场等。

联苯菊酯（bifenthrin）

F_3C、Cl—C=CH—CH—CH—C(=O)—O—CH_2—(2-甲基联苯-3-基)；环丙烷C上H_3C、CH_3

化学名称

2-甲基联苯基-3-基甲基-（Z）-（1RS）-顺-3-（2-氯-3，3，3-三氟-1-丙烯基）-2，2-二甲基环丙烷羧酸酯

理化性质

纯品为固体，原药为浅褐色固体。蒸气压 2.4×10^{-2}Pa（25℃）。熔点 68～70.6℃/纯品；57～64℃/原药。溶解性水 0.1mg/L，丙酮 1.25kg/L，并可溶于氯仿、二氯甲烷、乙醚、甲苯。相对密度（25℃）1.210。稳定性：对光稳定，在酸性介质中也较稳定，在常温下贮存一年仍较稳定，但在碱性介质中会分解。

毒性

中等毒性。对大鼠急性经口毒性 LD_{50} 为 54.5mg/kg；对兔急性经皮毒性 LD_{50} 大于 2 000mg/kg。对皮肤和眼睛无刺激作用，无致畸、致癌、致突变作用。对鸟类低毒，对鹌鹑急性经口毒性 LD_{50} 为 1 800mg/kg，对野鸭大于 4 450mg/kg。联苯菊酯对鱼毒性很高，对虹鳟 LC_{50}（96h）为 0.00015mg/L，水蚤 LC_{50}（48h）0.00016mg/L。但由于该药剂在土壤中具有很高的亲合作用，且其水溶性又低，故实际影响较小。本剂对蜜蜂毒性中等，对家蚕高毒。

生物活性

是一种高效合成除虫菊酯杀虫、杀螨剂。具有触杀、胃毒作用，无内吸、熏蒸作用。杀虫谱广，对螨也有较好防效。作用迅速。在土壤中不移动，对环境较为安全，残效期长。适用于棉花、果树、蔬菜、茶叶等多种作物上，防治鳞翅目幼虫、粉虱、蚜虫、潜叶蛾、叶蝉、叶螨等害虫、害螨。尤其在害虫和螨类并发时使用，省时省药。

制剂

100g/L、25g/L、10%、2.5%乳油；10%、4.5%水乳剂；5% 悬浮剂；2.5% 微乳剂。

应用

1. 防治蔬菜害虫、害螨：对十字花科、葫芦科等蔬菜上的蚜虫、粉虱、红蜘蛛等成、若虫发生期，用 2.5%乳油 1 000～1 500 倍药液均匀喷雾。

2. 防治棉花棉铃虫、红铃虫、棉红蜘蛛等螨类害虫，在卵孵或盛孵期，成、若螨发生期，用 2.5%乳油 1 000～1 500 倍药液对植株均匀喷雾。

3. 防治茶树上的尺蠖、小绿叶蝉、茶毛虫、黑刺粉虱、象甲等害虫，在 2～3 龄幼、若虫发生期，用 2.5%乳油 1 000～1 500 倍药液均匀喷雾。

4. 防治柑橘红蜘蛛、潜叶蛾等害虫，在卵孵或盛孵期，成、若螨发生期，用 2.5%乳油 1 000～1 500 倍药液均匀喷雾。

5. 防治苹果叶螨、桃小食心虫等害虫，在卵孵或盛孵期，成、若螨发生期，用 2.5%乳油 1 000～1 250 倍药液均匀喷雾。

6. 防治土壤、木材白蚁，用 5%乳油 100 倍喷雾。

注意事项

对产品上未注明的登记作物，要先小范围试验，对葫芦科某些作物的嫩绿部分，确定试验无药害、取得好的效果后再推广。

氟氰戊菊酯（flucythrinate）

F_2CHO—⟨苯环⟩—CH(CH(CH_3)$_2$)—CO—O—CH(CN)—⟨3-苯氧基苯基⟩

化学名称

（RS）－α－氰基－3－苯氧基苄基（S）－2－（4－二氟甲氧基苯基）－3－甲基丁酸酯

理化性质

原药为暗琥珀色黏稠液体，有轻微的酯味，对光稳定，弱酸性介质中较稳定，碱性介质中易分解。沸点：108℃（46.66Pa）。难溶于水，易溶于丙醇、丙酮、玉米油、棉籽油、豆油、己烷、二甲苯等有机溶剂。

毒性

中等毒性。原药大鼠经口 LD_{50} 为 81mg/kg（雄性）、67mg/kg（雌性）。兔经皮 LD_{50} > 1 000mg/kg。大鼠急性吸入 LC_{50} > 485mg/L。在试验剂量内动物未发现致畸、致突变、致癌作用。此药对鱼类、蜜蜂剧毒，对鸟类低毒。

生物活性

作用方式以触杀、胃毒为主，无熏蒸和内吸作用，杀虫谱广，药效迅速。可与一般杀虫剂、杀菌剂混用，其生物活性受温度的影响低于杀灭菊酯和氯苯菊酯。主要用于棉花、蔬菜、果树等作物上防治鳞翅目，同翅目、双翅目、鞘翅目等多种害虫，对叶螨也有一定抑制作用。

制剂和生产企业

10% 乳油。上海中西药业股份有限公司。

应用

1．棉花害虫的防治棉铃虫于卵孵盛期施药，每亩用 30% 乳油 9 ~ 14mL。棉红铃虫于第二、三代卵孵盛期施药，每亩用 30% 乳油 10 ~ 13.3mL。棉蚜于苗期蚜虫发生期施药，每亩可用 30% 乳油 3.3 ~ 6.7mL。

2．果树害虫的防治柑橘潜叶蛾在开始放梢后 3 ~ 5d 施药，使用浓度为 30% 乳油 10 000 ~ 20 000 倍。桃小食心虫于卵孵盛期，卵果率达 0.5% ~ 1% 时施药，使用浓度为 30% 乳油 6 000 ~ 10 000 倍液喷雾。

3．蔬菜害虫的防治防治菜青虫，于 2 ~ 3 龄发生期施药，每亩用 30% 乳油 6.7 ~ 7mL，此剂量还可以防治小菜蛾。

4．茶树害虫的防治茶尺蠖、茶毛虫、茶细蛾，于 2 ~ 3 龄幼虫盛发期，以 30% 乳油 1 000 ~ 1 500 倍喷雾。茶小绿叶蝉于成、若虫发生期施药，使用剂量为 30% 乳油 7 500 ~ 10 000 倍液。

氟氯菊酯（bifenthrin）

(*Z*)-(1*R*)-*cis*-

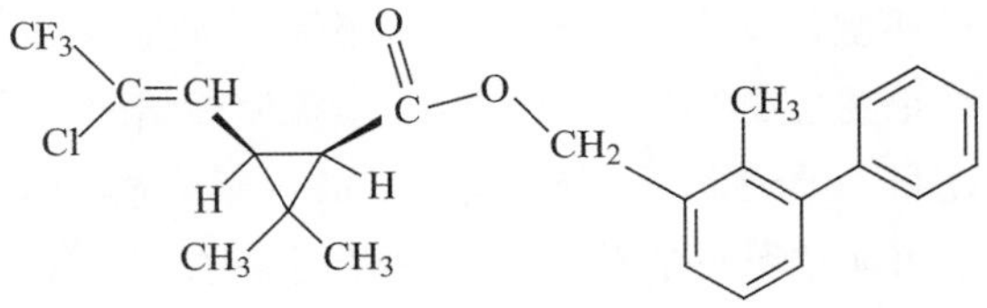

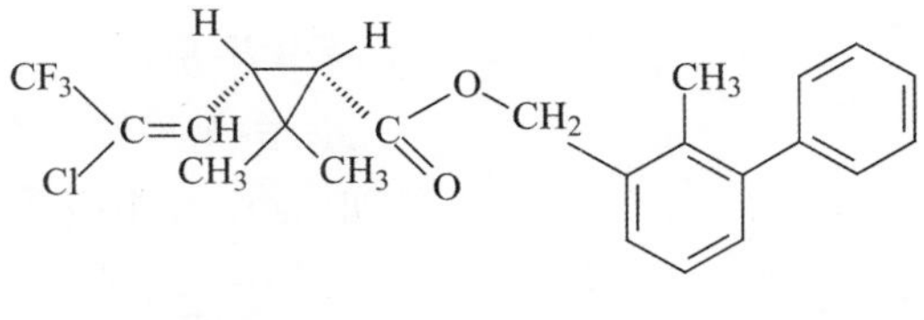

(*R*)-(1*Z*)-*cis*-

化学名称

2- 甲基联苯基 -3- 基甲基（Z）（1RS）顺 -3-（2- 氯 -3，3，3- 三氯丙 -1- 烯基）-2，2- 二环丙烷羧酸酯；甲基联苯基 -3- 基甲基（2）（1RS，3RS）

3-（2-氯-3，3，3-三氯丙-1-烯基）-2，2-二甲基环丙烷羧酸酯

理化性质

纯品为固体。密度1.210g/cm³，熔点68～70.6℃，闪点165℃，蒸气压0.024mPa（25℃）。溶解度：水0.1mg/L，溶于丙酮（1.25kg/L）、氯仿、二氯甲烷、乙醚、甲苯、庚烷（89g/L），微溶于戊烷、甲醇。稳定性：原药（熔点61～66℃）在25℃条件下稳定1年以上，在自然日光下DT_{50}为255d，在太阳灯下DT_{50}为119d，在PH5～9（21℃）稳定21d，土壤中DT_{50}为65～125d。

毒性

中等毒性。原药大鼠急性经口LD_{50}为54.5mg/kg，鹌鹑1 800mg/kg，野鸭大于4 450mg/kg。兔急性经皮LD_{50}大于2 000mg/kg。1d饲喂试验无作用剂量：狗1mg/（kg·d），大鼠小于2mg/（kg·d），兔8mg/（kg·d）。无致畸作用。8d饲喂LC_{50}：鹌鹑4450mg/kg饲料，野鸭1 280mg/kg饲料。对鱼类和水生生物高毒，鱼毒LC_{50}（96h，mg/L）：蓝鳃0.0035、虹鳟0.001 5。因其在水中的溶解性低和对土壤的高亲合力，使其在田间条件下实际使用时对水生系统影响很小。对蜜蜂毒性中等，对鸟类低毒。

生物活性

属广谱拟除虫菊酯类杀虫、杀螨剂。具有胃毒和触杀作用，无内吸、熏蒸作用，防治谱广，持效期长，在土壤中不移动，对环境较安全。广泛用于防治禾谷类作物、棉花、果树、葡萄，观赏植物和蔬菜上的鞘翅目、双翅目、半翅目，同翅目、鳞翅目和直翅目害虫，也可防治某些害螨。

制剂

2.5%、10%乳油。

应用

1. 棉花害虫

防治棉铃虫，卵孵化盛期，每亩用10%乳油23～40mL（有效成分2.3～4g）。药后7～10d内杀虫保蕾良好。此剂量也可用于防治棉红铃虫，防治适期为第二、第三代卵孵化盛期，每代用药2次。防治棉红蜘蛛，成、若螨发生期施药，每亩用10%乳油30～40mL（有效成分3～4g），残效期12d左右，同时可兼治棉蚜、造桥虫、卷叶虫、蓟马等（如专用于防治棉蚜时，使用剂量可减半）。

2. 果树害虫

防治桃小食心虫，在产卵孵化盛期施药，在卵果率达到0.5%～1%时用药防治，常用浓度为2.5%乳油1 000～1 500倍液，10%乳油3 000～6 000倍液。防治苹果红蜘蛛，苹果花前或花后，成、若螨发生期，当每片叶平均达4头螨时施药，用10%乳油3 300～10 000倍液（有效浓度10～30mg/kg）喷雾。在螨口密度较低的情况下，残效期在24～28d。东北果区于开花前施药，既控制叶螨，同时又能很好的控制苹果瘤蚜为害。防治山楂红蜘蛛，在苹果树上，成、若螨发生期，当螨口密度达到防治指标时施药，用10%乳油3 300～5 000倍液（有效浓度20～30mg/kg）喷雾。可在15～20d内有效控制其为害。防治柑橘潜叶蛾，于新梢初抽发期施药，使用10%乳油3 300～5 000倍液（有效浓度20～30mg/kg）喷雾。新梢初抽发不齐或蚜量大时，隔7～10d再喷1次，可起到良好的杀虫保梢作用。防治柑橘红蜘蛛，在成、若螨发生初期施药，用10%乳油2 500～5 000倍液（有效浓度20～40mg/kg）喷雾。

3. 蔬菜害虫

防治茄子红蜘蛛，于成、若螨发生期，每亩用10%乳油30～40mL（有效成分3～4g）喷雾。防治白粉虱，应在初发期百株虫口不超过200头时施药，温室栽培的黄瓜和番茄上每亩用10%乳油20～25mL，露地栽培时用10%乳油25～40mL。防治菜蚜，于初发期，每亩用10%乳油3 000～4 000倍液喷雾，此药剂量也可防治菜青虫、小菜蛾。

4. 茶树害虫

防治茶尺蠖、茶毛虫、茶细蛾，在幼虫2～3龄期用药，用10%乳油4 000～10 000倍液喷雾，或每亩用10%乳油10～20mL对水喷雾，此剂量也可防治4～5龄黑毒蛾。防治茶小绿叶蝉、丽纹象甲，于发生期，每百叶5～6头虫时，用10%乳油3 300～5 000倍液或有效浓度20～30mg/kg喷雾，此剂量也可在第一代卵孵盛期末防治黑刺粉虱。防治茶叶

瘿螨，于成、若螨发生期，每叶4～8头螨时，用10%乳油3 300～5 000倍液或有效浓度20～30mg/kg喷雾，此剂量也能防治茶附线螨、短须螨。

注意事项

1. 不可与碱性农药混用。但为减少用药量，延缓抗药性，可与马拉硫磷、乐果等有机磷农药非碱性物质现混现用等。

2. 不能在桑园、鱼塘、河流、养蜂场所等处及其周围用药，以免杀伤蚕、蜜蜂、水生生物等有益生物。

3. 本品无内吸杀虫作用，施药应均匀周到。低气温下药效更好，建议在春、秋两季使用。

4. 茶叶采收前7d停止使用。

5. 发生中毒应送医院，对症治疗。

溴灭菊酯（brofenvalerate）

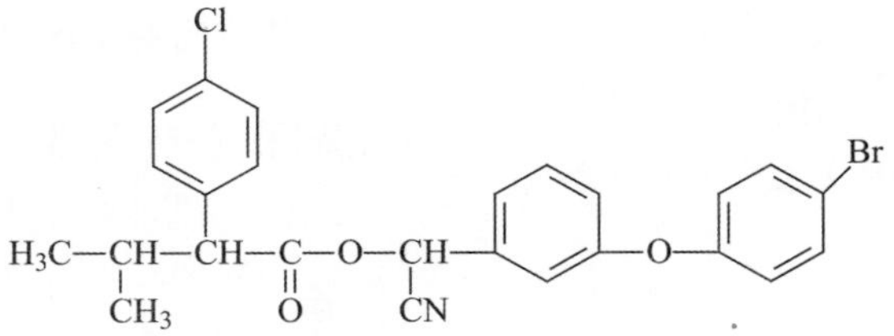

化学名称

（R，S）-2-氰基-3-（4-溴苯氧基）苄基-（R，S）-2-（4-氯苯基）异戊酸酯

理化性质

原药有效成分含量80%，外观为暗琥珀色油状液体，相对密度1.367，折射率1.5757、1.5810，不溶于水，溶于食用油及二甲基亚砜等有机溶剂。对光、热、氧化等稳定性高。酸性条件下稳定性好，遇碱易分解。

毒性

低毒。大鼠急性经口LD_{50} > 10 000mg/kg，大鼠急性经皮LD_{50}值>10 000mg/kg。对眼睛、皮肤无刺激性。三项致突变试验均呈阴性，无致突变作用。亚慢性毒性的无作用剂量5 000mg/kg。鲤鱼TLm（48h）3.6mg/kg，鱼毒属中等。

生物活性

是低毒、高效、广谱拟除虫菊酯类杀虫剂。对害虫具有触杀和胃毒作用，无内吸和熏蒸作用。对鳞翅目、同翅目多种害虫防治效果良好，对螨类有兼治作用。适用于防治果树、蔬菜、棉花等作物上的多种害虫和螨类的防治。

制剂和生产企业

20%乳油。江苏省南京保丰农药厂。

应用

1．果树害虫

防治柑橘蚜虫，当25%春梢带蚜时开始防治，用20%乳油1 000～2 000倍液喷雾。防治柑橘潜叶蛾，新梢放梢初期（1～3cm）、新叶片被害率约5%时施药，剂量和方法同柑橘蚜虫。防治苹果蚜虫，于发生期用20%乳油2 000～4 000倍液喷雾。防治苹果害螨，在苹果开花前后进行防治，剂量和方法同苹果蚜虫。

2．蔬菜害虫

防治菜青虫，在幼虫2～3龄期用药，每亩用20%乳油10～15mL（有效成分2～3g），对水40～60kg喷雾。防治蔬菜蚜虫，在无翅成蚜发生初盛期用药，剂量和方法同菜青虫。

注意事项

1. 不可与碱性农药混用。

2. 不能在桑园、鱼塘、河流、养蜂场所等处及其周围用药，以免杀伤蚕、蜜蜂、水生生物等有益生物。

3. 出现中毒，应立即送医院治疗。

溴氟菊酯（brofluthrinate）

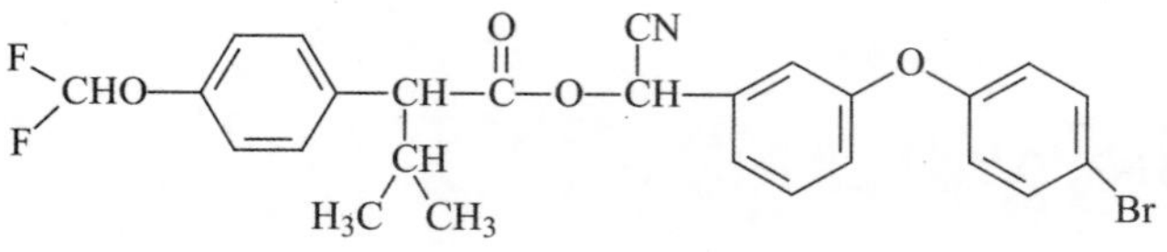

化学名称

（RS）-α-氰基-3-（4-溴代苯氧基苄基）-（RS）-2-（4-二氟甲氧基苯基）-3-甲基丁酸酯

理化性质

原药有效成分含量≥85%（一等品），≥80%（合格品），外观为淡黄色至深棕色浓稠油状液体，能溶于苯、甲苯、丙酮、醚、醇等有机溶剂，不溶于水。在微酸性介质中较稳定，在碱性介质中逐步水解，对光比较稳定。

毒性

低毒。原药大鼠急性经口 LD_{50} > 10 000mg/kg，小鼠急性经口 LD_{50} > 12 600mg/kg，大鼠急性经皮 LD_{50} > 2 000mg/kg。对家兔眼睛、皮肤无刺激性，对豚鼠有弱致敏作用。三项致突变试验均呈阴性，表明无致突变作用。90d 大鼠喂养试验的无作用剂量为 20（雄）和 27（雌）mg/kg·d，有一定亚急性毒性。溴氟菊酯对白鲢鱼 24hTLm0.41mg/L，48hTLm0.22mg/L，96hTLm0.08mg/L。对家蚕、鱼类毒性较大。对蜜蜂低毒。

生物活性

为高效广谱的杀虫、杀螨剂。对害虫具有触杀和胃毒作用，有一定杀卵作用，无内吸和熏蒸作用。杀虫谱广，持效期长，使用安全。可用于防治蔬菜、果树、棉花、大豆、茶叶等作物上的鳞翅目、同翅目等害虫及害螨。该药对蜜蜂低毒，对蜂螨高效，是防治蜂螨的理想药剂。

制剂和生产企业

10%乳油。上海中西药业股份有限公司。

应用

1. 蔬菜害虫

防治菜青虫、小菜蛾，在幼虫 2～3 龄期用药，每亩用 10%乳油 30～60mL（有效成分 3～6g），对水 50～60kg 喷雾。防治茄子红蜘蛛，在若螨初盛期施药，剂量和方法同菜青虫。

2. 果树害虫

防治桃小食心虫，于成虫产卵盛期，用 10%乳油 1 000～2 000 倍液喷雾。防治柑橘红蜘蛛，在发生高峰前期，平均每叶达 2～3 头时开始施药，用 10%乳油 1 000～2 000 倍液均匀喷雾。防治山楂红蜘蛛，在苹果开花前后，及后期若螨发生初盛期进行防治，用 10%乳油 1 000～2 000 倍液均匀喷雾。

3. 大豆害虫

防治蚜虫，遇盛发期，每亩用 10%乳油 25～50mL（有效成分 2.5～5g），对水 50～60kg 喷雾。防治食心虫，在成虫盛发期至幼虫入荚前施药，剂量和方法同蚜虫。

4. 茶树害虫

防治茶小绿叶蝉，在若虫盛发期，用 10%乳油 1 000～2 000 倍液均匀喷雾。

注意事项

1. 不可与碱性农药混用。

2. 本品对鱼、家蚕毒性高，不能在桑园、鱼塘、河流等处及其周围用药。

3. 柑橘、蔬菜收获前10d停止用药。

4. 如发生中毒，应立即送医院对症治疗，可按菊酯类农药解毒。

乙氰菊酯（cycloprothrin）

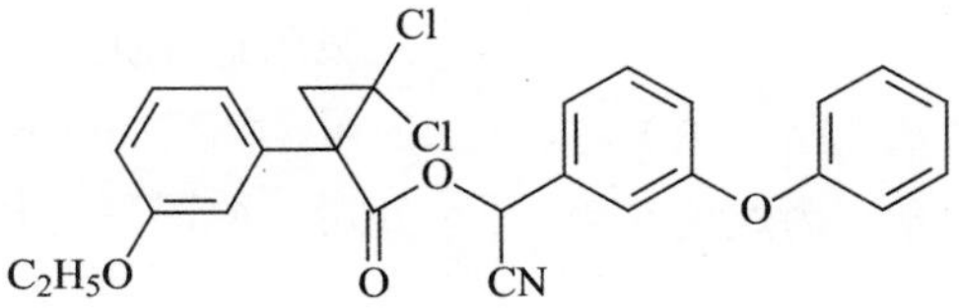

Cl　Cl　O　O　CN　C_2H_5O　O

化学名称

（R，S）–α–氰基–3–苯氧苄基（RS）–2，2–二氯–1–（4–乙氧基苯基）环丙烷羧酸酯

理化性质

原药为黄棕色黏稠液体，相对密度1.256，沸点180～184℃（1，3Pa），蒸气压213.3×10^{-8}Pa（20℃）。溶解度（25℃）：水0.091mg/L，丙酮、氯仿、苯、二甲苯、乙醚、乙酸乙酯、甲苯均＞2 000g/L；甲醇467g/L，乙醇101g/L，乙烷26g/L。在≤190℃时稳定，在光和酸性介质中稳定，在碱性溶液中不稳定。

毒性

低毒。雄、雌大鼠急性经口、急性经皮LD_{50}均＞5 000mg/kg。大鼠急性吸入LC_{50}＞1500mg/m^3。原药对皮肤和眼睛无刺激作用。在试验剂量内对试验动物无致畸、致突变、致癌作用。90d对雌雄大鼠喂养试验，无作用剂量分别为5～8mg/kg·d和5.6mg/kg·d。两年经口喂养试验，对大鼠无作用剂量＞1.13mg/kg·d（雄）和1.40mg/kg·d（雌）。对鱼和水生生物毒性较低，对鱼LC_{50}（48h）：鲤鱼＞50mg/L，金鱼＞10mg/L，虹鳟鱼157mg/L，水蚤LC_{50}（3h）＞10mg/L。对蜜蜂和家蚕高毒，蜜蜂急性LD_{50}0.32 μg/只，接触毒性LD_{50}0.44 μg/只。对鸟低毒，对鸟急性经口LD_{50}＞5 000mg/kg。

生物活性

是高效、广谱的拟除虫菊酯类杀虫剂。对害虫以触杀作用为主，有一定的胃毒作用，有驱避和拒食作用，无内吸和熏蒸作用。本品杀虫谱广，除主要用于水稻害虫的防治外，还可用于其他旱地作物、蔬菜和果树等害虫的防治，对植物安全。

制剂

10%乳油；2%颗粒剂。

应用

防治水稻象甲，在水稻移植后10d内，成虫高峰期用药，每亩用10%乳油100～133mL（有效成分10～13.3g），对水15kg均匀喷雾；或用2%颗粒剂500～1 000g（有效成分10～20g），用干细砂均匀拌药后撒施，施药后保持田间2～3cm水层15d以上。上述两种方法持效期均可达10d左右，但前者速效性更好，而后者持效性更好。

注意事项

1. 不可与碱性农药混用。

2. 本品最高使用剂量为每亩有效成分26.7g，每年最多使用4次，水稻收获前60d停止用药。

3. 施药时应注意安全防护，避免药剂吸入口中或皮肤接触。施药后用肥皂清洗手、脸等暴露的皮肤。

4. 本品应存放阴凉处。

氟氯氰菊酯（cyfluthrin）

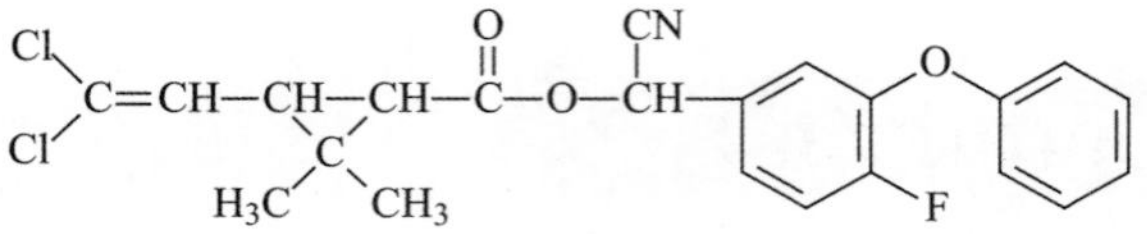

化学名称

α－氰基-3-苯氧基-4-氟苄基（1R，3R）-3-（2，2-二氯乙烯基）-2，2-二甲基环丙烷羧酸酯

理化性质

纯品为无色结晶，不同的光学异构体熔点不同，原药为棕色含有结晶的黏稠液体，无特殊气味。相对密度1.27～1.28。熔点60℃。对光稳定，酸性介质中较稳定，碱性介质中易分解，当pH值大于7.5时就会被分解，常温下贮存两年不变质。几乎不溶于水，易溶于丙醇、二氯甲烷、己烷、甲苯等有机溶剂。

毒性

低毒。原药对大鼠急性口服LD_{50}值为590～1 270mg/kg，急性经皮LD_{50}值＞5 000mg/kg。大鼠90d饲喂试验无作用剂量125mg/kg饲料。对皮肤无刺激，对眼睛有轻度刺激，但2d内即可消失。对鱼剧毒，对蜜蜂高毒。

生物活性

是高效、广谱的拟除虫菊酯类杀虫剂，对害虫为触杀和胃毒作用，无内吸和渗透作用。本品杀虫谱广，击倒速度快，持效期长。能有效地防治棉花、果树、蔬菜、茶树、烟草、大豆等植物上的鞘翅目、半翅目、同翅目和鳞翅目害虫，如棉铃虫、棉红铃虫、烟芽夜蛾、棉铃象甲、苜蓿叶象甲、菜粉蝶、尺蠖、苹果蠹蛾、菜青虫、小菜蛾、美洲黏虫、马铃薯甲虫、蚜虫、玉米螟等害虫。也可防治某些地下害虫，如地老虎等。本品对植物较安全。

制剂和生产企业

50g/L、5.7%乳油；5.7%水乳剂；0.3%粉剂。浙江威尔达化工有限公司、江苏扬农化工股份有限公司、江苏润泽农化有限公司、江苏黄马农化有限公司、德国拜耳作物科学公司。

应用

1．棉花害虫

防治棉铃虫，在棉田一代发生期，当一类田百株卵量超过200粒或低龄幼虫35头，其他棉田百株卵量80～100粒或低龄幼虫10～15头时用药，棉田二代发生期，当卵量突升或百株幼虫8头时用药，每亩用5%乳油28～44mL（有效成分1.4～2.2g），对水50kg喷雾。防治红铃虫，重点针对二、三代，用药量和方法同棉铃虫。

2．果树害虫

防治苹果黄蚜，苹果开花后，在虫口上升时用药，用5%乳油5 000～6 000倍液或每100L水中加5%乳油16.7～20mL（有效浓度8.3～10mg/kg）喷雾。

3．蔬菜害虫

防治菜青虫，平均每株甘蓝有虫1头开始用药。防治蚜虫在虫口上升时用药。每亩用5%乳油23～30mL（有效成分1.15～1.5g）对水20～50kg喷雾。

注意事项

1．不可与碱性农药混用。

2．不能在桑园、鱼塘、河流、养蜂场所等处及其周围用药，以免杀伤蚕、蜜蜂、水生生物等有益生物。

3．施药时应喷洒均匀。

4．棉花上每季最多用药2次，收获前21d停止用药。

氯氟氰菊酯（cyhalothrin）

(*Z*)-(1*R*)-*cis*-

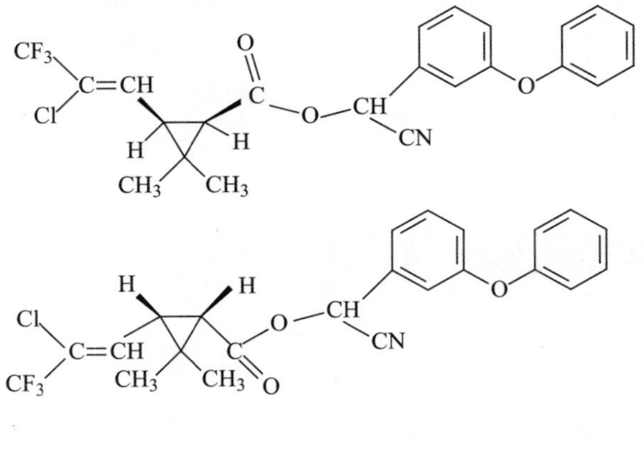

(*Z*)-(1*S*)-*cis*-

化学名称

3-（2-氯-3，3，3-三氟丙烯基）-2，2-二甲基环丙烷羧酸-α-氰基-3-苯氧苄基酯

理化性质

白色或淡黄色粉状固体，工业品黄色至棕色黏稠油状液体。熔点49.2℃，沸点187～190℃（0.2mmHg），相对密度1.25（25℃），蒸气压0.001mPa（20℃），溶解度：纯水0.005mg/L（pH6.5），缓冲水0.004mg/L（20℃、pH5.0）、丙酮、二氯甲烷、乙酸乙酯、甲醇、正己烷、甲苯>500mg/L（21℃）；Kow1 000 000（20℃）。稳定性：在15～20℃，至少可稳定存放6个月，酸性介质中稳定，在碱性介质中易分解，275℃分解，光下pH值7～9缓慢分解，pH值>9加快分解。在水中水解半衰期约为7d。

毒性

中等毒性。原药口服急性毒性LD_{50}：雄大鼠243mg/kg，雌大鼠144mg/kg。对兔皮肤有微刺激，对眼睛有中等刺激作用。

生物活性

属拟除虫菊酯类杀虫剂。具有触杀、胃毒作用，无内吸作用，杀虫谱广、活性较高、药效迅速、喷洒后有耐雨水冲刷等优点，可有效防治大麦、烟草和马铃薯等作物上的多种害虫，也可用来防治多种地表和公共卫生害虫，及用于防治牲畜寄生虫，如牛身上的微小牛蜱和东方角蝇，羊身上的虱子蜱蝇等。对鳞翅目中的蛀果蛾、卷叶蛾、潜叶蛾、毛虫、尺蠖、菜粉蝶、小菜蛾、甘蓝夜蛾、切根虫、斑螟、烟青虫、金斑蛾；同翅目中的蚜虫、叶蝉；双翅目的瘿蚊；膜翅目的叶蜂以及蓟马等害虫均有效。对棉褐带卷蛾等的防治效果，对叶螨、锈螨、瘿螨、跗线螨也有较好防治效果，田间虫螨并发时可以兼治。对害虫的防治效果高于氯氰菊酯、氰戊菊酯、氟氰菊酯、氟胺氰菊酯等。

制剂

5%乳油，5%可湿性粉剂。

应用

喷洒后能在叶茎表面长期残存而显示其药效，为此，不仅对喷洒时已经发生的虫害有效，而且还可防止施药后迁飞来的害虫为害。以规定浓度喷洒对各种作物几乎无药害，故可安全使用。以稀释2 000～3 000倍的低浓度使用5%氯氟氰菊酯可湿性粉剂时，一般对果实表皮和茎叶不会产生污染。本品在收获前较短日期内，仍可施药。如对黄瓜、茄子等食果蔬菜，有可能在收获前2～3d使用。苹果、梨、桃子、柿子等果树，可在采收前7d使用。此外，还可用于防治牲畜体外寄生虫，如牛身上的微小牛蜱和东方角蝇，羊身上的虱和羊蜱蝇。施药方法：每21d以70mg/kg浓度给牛体洗浴或在牛圈喷施。

注意事项

1. 注意喷洒时期。本剂具有速效、高效的杀虫作用，故在卷叶蛾卷叶前或蛀果蛾、潜叶蛾侵入果实或蚕食叶子前喷药最为适宜。

2. 均匀喷洒。

3. 避免连用，注意轮用。

4. 与其他拟除虫菊酯类杀虫剂一样，本品对鱼、贝类影响大。

5. 对蚕有长时间的毒性，故绝不能在蚕桑地区使用。

氯氰菊酯（cypermethrin）

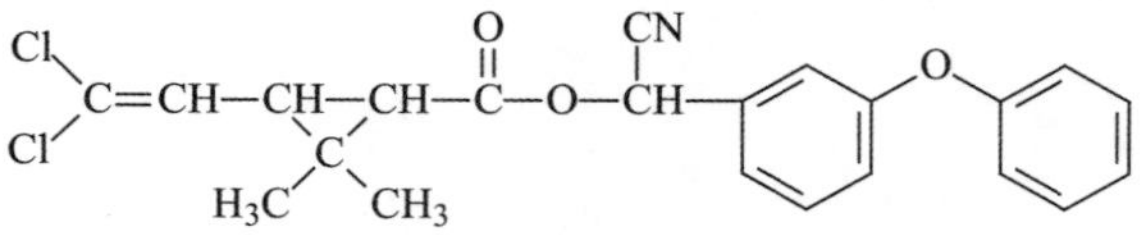

化学名称

α-氰基-3-苯氧基苄基-2，2-二甲基-3-（2，2-二氯乙烯基）-环丙烷羧酸酯或（1R，S）-顺，反式-2，2-二甲基-3-（2，2-二氯乙烯基）环丙烷羧酸-（±）-α-氰基-（3-苯氧基）-苄酯

理化性质

工业品600℃以下为黄色至棕色半固体黏稠液体，相对密度1.12，蒸气压2.3×10^{-4}mPa（20℃）。难溶于水，能溶于二甲苯、煤油、环己烷等大多数有机溶剂。在弱酸性、中性介质中稳定，并有较高的热稳定性。常温下贮存，稳定可达2年以上。

毒性

中等毒性。原药对大鼠急性口服LD_{50}值为251mg/kg，急性经皮LD_{50}值＞1 600mg/kg。对皮肤无刺激，对眼睛有轻度刺激，但在短期内即可消失。对鱼和水生昆虫毒性高，对蜜蜂和蚕剧毒，对鸟类毒性低。

生物活性

是高效、广谱的拟除虫菊酯类杀虫剂，对害虫具有触杀和胃毒作用，对某些害虫有杀卵作用。杀虫谱广，药效速度快，尤其对鳞翅目幼虫和蚜虫高效，但对螨类和盲蝽防治效果差。本品残效期长，正确使用对作物安全。

制剂

250g/L、100g/L、50g/L、25%、12%、10%、5%、2.5%乳油；15%、10%可湿性粉剂；10%、5%微乳剂；8%微囊剂；5%水乳剂；5%颗粒剂。

应用

1. 棉花害虫

防治棉铃虫，于卵盛孵期施药，每亩用10%乳油30～50mL（有效成分3～5g）喷雾，根据虫口密度及发生情况可隔7～10d喷一次，可兼治金刚钻、小造桥虫、棉蓟马等害虫。防治棉红铃虫，于第二、三代卵盛孵期施药，药剂量同棉铃虫，残效期在7～10d，每代用药2～3次。

2. 果树害虫

防治柑橘潜叶蛾，新梢放梢初期（2～3cm）或卵盛孵期施药，用有效浓度25～50mg/kg喷雾，视虫情间隔7～10d再喷一次，可兼治橘蚜、卷叶蛾等害虫。防治苹果桃小食心虫，于卵孵化盛期，幼虫蛀果前，即卵孵化率达 0.5% ~ 1% 时施药，用有效浓度 25 ~ 50mg/kg 喷雾，全期施药 2 ~ 3 次，可兼治其他叶面害虫。防治桃蠹螟，于成虫始发期，用 10% 乳油 1 500 ~ 4 000 倍液（有效浓度 75 ~ 25mg/kg）喷雾，一般施药 2 ~ 3 次，可基本控制为害，并兼治桃蚜等害虫。

3．蔬菜害虫

防治菜青虫，在幼虫 2 ~ 3 龄期用药，每亩用 10% 乳油 15 ~ 40mL（有效成分 1.5 ~ 4g）喷雾，可兼治菜蚜、菜螟、豆荚螟等。防治小菜蛾，在 3 龄幼虫前，每亩用 10% 乳油 30 ~ 40mL（有效成分 3 ~ 4g）喷雾。防治黄守瓜，在若、成虫期施药，每亩用 10% 乳油 30 ~ 50mL（有效成分 3 ~ 5g）喷雾，可兼治黄曲条跳甲、烟青虫、葱蓟马、斜纹夜蛾等害虫。

4．茶树害虫

防治茶尺蠖，在幼虫 2 ~ 3 龄期用药，用 10% 兴棉宝、安绿宝乳油对水 2 000 ~ 4 000 倍液（50 ~ 25 μg/mL）均匀喷雾。同样剂量可防治木橑尺蠖、茶毛虫、小卷叶蛾、丽绿刺蛾等害虫，但对茶蓑蛾效果不好。防治茶小绿叶蝉，在若虫发生期，百叶有虫 5 ~ 8 头，用 10% 兴棉宝、安绿宝乳油对水 2 000 ~ 3 000 倍液（50 ~ 33 μg/mL）均匀喷雾。

5．大豆害虫

用此药剂 10% 乳油，每亩食用 35 ~ 45mL（有效成分 3.5 ~ 4.5g），可以防治大豆食心虫、豆天蛾、造桥虫等害虫，效果较为理想。

6．甜菜害虫

防治对有机磷类农药和其他菊酯类农药（如溴氰菊酯、杀灭菊酯、功夫菊酯等）产生抗性的甜菜夜蛾，用 10% 安绿宝乳剂 1 000 ~ 2 000 倍液进行防治有较好效果。

7．花卉害虫

用 10% 乳剂 15 ~ 20 μg/mL 可以防治月季、菊花上的蚜虫。

注意事项

1．不可与碱性物质如波尔多液等混用。

2．氯氰菊酯对人体每日允许摄入量为 0.06mg/kg/d。

3．用药量及施药次数不要随意增加，注意与非菊酯类农药交替使用。

4．药品贮存及中毒急救参见敌杀死。

5．氯氰菊酯对水生动物、蜜蜂、蚕极毒，因而在使用中必须注意不可污染水域及饲养蜂蚕场地。

溴氰菊酯（deltamethrin）

$$Br_2C{=}CH{-}CH{-}CH{-}C(=O){-}O{-}CH(CN){-}C_6H_4{-}O{-}C_6H_5 \quad (\text{cyclopropane } C(CH_3)_2)$$

化学名称

（1R）–顺式 –2，2– 二甲基 –3–（2，2– 二溴乙烯基）环丙烷羧酸 –（S）– α – 氰基 –3– 苯氧基苄酯，右旋 – 顺式 –2，2– 一二甲基 –3–（2，2– 二溴乙烯基）环丙烷羧酸 –（S）– α – 氰基 –3– 苯氧基苄酯

理化性质

纯品为白色斜方形针状晶体，工业品为白色无气味晶状固体，熔点 101 ~ 102℃，蒸气压 4.0 × 10^{-8}Pa（25℃）。在水中及其他羟基溶剂中溶解度很小，能溶于大多数有机溶剂。在酸性介质中较稳定，在碱性介质中不稳定。对光和空气稳定，在环境中有较长的残效期。工业品常温下贮存两年无

变化。

毒性

对人、畜毒性中等，经皮低毒。原药对大鼠急性口服LD_{50}值为138.7mg/kg，急性经皮LD_{50}值>2 940mg/kg。对皮肤无刺激，对眼睛有轻度刺激，但在短期内即可消失。对鱼和水生昆虫毒性高，对蜜蜂和蚕剧毒。大鼠急性经口LD_{50}130mg/kg。

生物活性

是高效、广谱的拟除虫菊酯类杀虫剂，以触杀、胃毒为主，对害虫有一定驱避与拒食作用，无内吸熏蒸作用。杀虫谱广，击倒速度快，适用于防治棉花、果树、蔬菜、小麦等各种农作物上的多种害虫，尤其对鳞翅目幼虫及蚜虫杀伤力大，但对螨类无效，对某些卫生害虫有特效。作用部位在神经系统，为神经毒剂，使昆虫过度兴奋、麻痹而死。适用于防治农林、仓贮、卫生、牲畜方面的害虫。药剂对植物的穿透性很弱，仅污染果皮。

制剂和生产企业

2.5%乳油；1.5%、0.5%超低容量喷雾剂；2.5%可湿性粉剂；2.5%微乳剂。常州康美化工有限公司、江苏南通龙灯化工有限公司、江苏拓农化工股份有限公司、江苏优士化学有限公司、德国拜耳作物科学公司。

应用

1. 棉花害虫

防治棉铃虫、红铃虫，卵初孵至孵化盛期施药，每亩用2.5%乳油24~40mL（有效成分0.6~1.0g），对水50~75kg喷雾。可兼治棉小造桥虫、棉盲蝽等害虫。防治蓟马，在发生期每亩用2.5%乳油10~20mL（有效成分0.25~0.5g），对水25~50kg喷雾。

2. 果树害虫

防治柑橘潜叶蛾，新稍放稍初期（2~3cm）施药，用有效浓度5~10mg/kg喷雾，间隔7~10d再喷一次。防治桃小食心虫、梨小食心虫，于卵孵化盛期，幼虫蛀果前，即卵孵化率达1%时施药，使用敌杀死有效浓度5~8mg/kg喷雾。

3. 蔬菜害虫

防治菜青虫、小菜蛾，在幼虫2~3龄期用药，每亩用2.5%乳油10~20mL（有效成分0.25~0.5g），对水25~50kg喷雾，残效期可达10~15d，同时可兼治斜纹夜蛾、蚜虫等。防治黄守瓜、黄曲条跳甲，在若、成虫期施药，每亩用2.5%乳油12~24mL（有效成分0.3~0.6g），对水25~50kg喷雾，残效期10d左右。

4. 茶树害虫

防治茶尺蠖、木橑尺蠖、茶毛虫，在幼虫2~3龄期用药，用有效浓度4~5mg/kg喷雾。同样剂量和方法可防治茶细蛾、茶小卷蛾、扁刺蛾、丽绿刺蛾、油桐尺蠖和茶蚜等害虫。防治茶小绿叶蝉，在若虫和成虫盛发期，用有效浓度5~10mg/kg喷药。相同剂量在卵孵盛期和末期喷药可防治黑刺粉虱。防治长白蚧、蛇眼蚧、茶柳圆蚧，在卵盛孵末期，用有效浓度10~20mg/kg喷雾。

5. 旱粮害虫

防治小麦、玉米和高粱上的黏虫，于幼虫3龄期前，每亩用2.5%乳油20~40mL（有效成分0.5~1.0g），对水喷雾，在玉米、高粱上用药剂量不可增加，以免发生药害。防治蚜虫，每亩用有效成分0.5~1.0g对水喷雾。防治大豆食心虫，在大豆开花结荚期或卵盛孵期，每亩用有效成分0.5~1.0g对水喷雾，隔10d再喷一次。可兼治豆天蛾等叶面害虫。防治甘蔗条螟、黄螟、二点螟，于卵盛孵期、幼虫蛀茎前施药，每亩用有效成分0.5~1.0g对水喷雾，隔10d再用药一次。

6. 森林害虫

防治马尾松毛虫、赤松毛虫，在幼虫低龄期用药，根据树林的密度、大小，每亩用有效成分0.5~1.5g对水喷雾。

注意事项

1. 不可与碱性农药混用。但为减少用药量，延缓抗药性，可与马拉硫磷、乐果等有机磷农药非碱性物质现混现用等。

2. 不能在桑园、鱼塘、河流、养蜂场所等处及其周围用药，以免杀伤蚕、蜜蜂、水生生物等有益生物。

3. 本品无内吸杀虫作用，防治钻蛀害虫时，应掌握在幼虫蛀入前用药。本品对螨类无效，当虫、螨并发时，应配合应用杀螨剂防治螨类害虫。

4. 本品对人的眼睛、鼻黏膜、皮肤刺激性较大，有的人易产生过敏反应，施药时应注意防护。

5. 在玉米、高粱上使用的剂量不能增加，以免产生药害。

6. 中毒症状可表现为恶心、呕吐、呼吸困难、急促、血压过低、脉搏迟缓，接着出现高血压和心搏过快，也可能出现反应迟钝，然后全身兴奋，严重时有惊厥等症状，皮肤接触中毒症状比较复杂，大多数是局部过敏，如红疹或局部刺激感，但也有少数出现典型神经性中毒症状，如恶心但不呕吐，一般瞳孔无变化，头昏、口干、心悸、手部肌肉震颤、无力、出虚汗、视物模糊、失眠等。

在使用中如有药剂溅到皮肤上，应立即用滑石粉吸干，再用肥皂清洗。如药液溅到眼睛中，应立即用大量清水冲洗。如误服中毒，应立即使之呕吐，对失去知觉者给予洗胃，然后用活性炭制剂进行对症治疗。如果在喷雾中有不适或中毒，应立即离开现场，同时勿使病人散热，要将病人放于温暖环境，对有皮肤刺激者，应避免阳光照射，使用护肤剂局部处理，也可用一些止痒药。如吸入中毒，可用半胱氨酸衍生物如甲基胱氨酸给病人进行 15min 雾化吸入。对有神经系统症状中毒严重者，可立即肌内注射异巴比妥钠一支。如心血管症状明显，可注射常量氢化可的松。如病人严重呼吸困难或惊厥时，应立即送医院抢救及对症治疗。如确诊为与有机磷农药混用中毒，应先解决有机磷问题即立即肌内注射阿托品 2mg，然后重复注射直至患者口部感觉发干为止，也可用解磷定解除有机磷毒性。但溴氰菊酯单独中毒，不能用阿托品，否则将加重病情。

顺式氰戊菊酯（esfenvalerate）

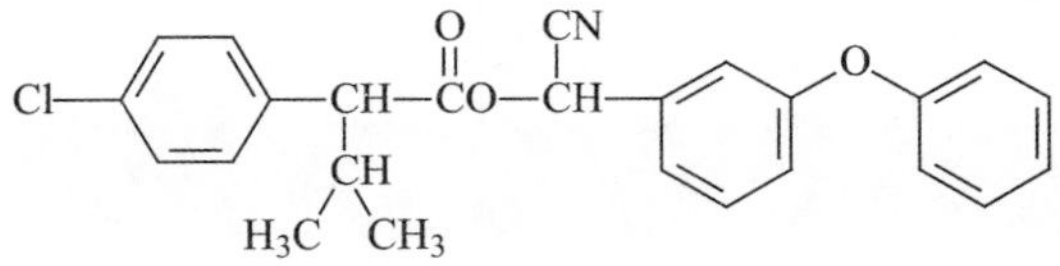

Cl—C₆H₄—CH(CH(CH₃)₂)—CO—O—CH(CN)—C₆H₄—O—C₆H₅

化学名称

（S）-α-氰基-3-苯氧苄基（S）-2-O-（4-氯苯基）-3-甲基丁酸酯

理化性质

原药为褐色黏稠液体，在23℃为固体。纯品为无色晶体。分子量：419.19。相对密度：1.26（26℃）。熔点：59.0～60.2。蒸气压：0.067mPa（25℃）。溶解性（25℃）：水 0.3mg/L，丙酮、乙腈、氯仿、乙酸乙酯、二甲基甲酰胺、二甲基亚砜、4-甲基戊二酮、二甲苯大于600g/L，己烷 10～50g/kg，甲醇 70～100g/kg。

毒性

中等毒性。原药大鼠急性经口 LD_{50} 为 325mg/kg，急性经皮 LD_{50}>5 000mg/kg，急性吸入 LC_{50} > 480mg/kg。对兔眼睛有轻微刺激。

生物活性

顺式氰戊菊酯是一种活性较高的杀虫剂，与氰戊菊酯不同的是顺式氰戊菊酯仅含顺式异构体。此药除了具有与氰戊菊酯相同的药效特点、作用机理、防治对象外，其杀虫活性要比氰戊菊酯高出约 4 倍，因而使用剂量较氰戊菊酯低。

制剂和生产企业

5% 乳油。江苏快达农化股份有限公司、江苏耕耘化学有限公司、江苏润泽农化有限公司、山东华阳科技股份有限公司、日本住友化学株式会社。

应用

1. 棉花害虫

防治棉铃虫，于卵盛孵期施药，每亩用5%乳油25～35mL（有效成分1.25～1.75g）。根据虫口密度及发生情况可隔7～10d喷一次。防治棉红铃虫，于第二、三代卵盛孵期施药，每亩用5%乳油25～35mL（有效成分1.25～1.75g），残效期在7～10d，每代用药2～3次。

2. 果树害虫

防治柑橘潜叶蛾，于柑橘各季新梢抽2～3cm时或卵盛孵期施药，用5%乳油5 000～8 000倍液（有效浓度6.25～10μg/mL），隔7～10d再喷一次。对柑橘红蜘蛛无效。防治桃小食心虫于卵盛孵期，卵果率达1%时施药，使用浓度为5%乳油1 700～3 000倍液（有效浓度16～30μg/mL），残效期在10～15d，全期用摇2～3次。

3. 蔬菜害虫

防治菜青虫、小菜蛾，于幼虫3龄期前施药，每亩用5%乳油15～30mL（有效成分0.75～1.5g）防治对菊酯类农药已产生抗药性的小菜蛾效果不佳。防治豆野螟，于豇豆、菜豆开花始盛期，卵孵盛期施药，每亩用5%乳油20～30mL（有效成分1～1.5g），残效期在7～10d。

4. 大豆害虫

防治豆蚜于发生期施药，每亩用5%乳油10～20mL（有效成分0.5～1g），防治效果良好。

5. 烟草害虫

防治烟青虫，于卵盛孵期或幼虫低龄期施药，每亩用5%乳油20～40mL（有效成分1～2g），对水喷雾。

注意事项

1. 喷药要均匀周到，且尽可能减少用药量和用药次数，以减缓抗性的产生，或与有机磷等其他农药轮用混用。

2. 由于该药对螨无效，在害虫、螨并发的作物上要配合杀螨剂使用，以免螨害猖獗发生。

3. 不要与碱性物质混合使用，且随配随用。

4. 使用时注意不要污染河流、池塘、桑园、养蜂场所。

醚菊酯（etofenprox）

C_2H_5O—(苯环)—$C(CH_3)_2$—CH_2—O—CH_2—(苯环)—O—(苯环)

化学名称

2-（4-乙氧基苯基）-2-甲基丙基-3-苯氧基苄基醚

理化性质

纯品为白色结晶粉末，纯度≥96.0%，熔点：36.4～38.0℃，沸点：200℃（0.18mmHg），蒸气压：32mPa（100℃）。KowLogP=7.05（25℃）。相对密度：1.157（23℃，固体）；1.067（40.1℃，液体）。溶解性：在水中的溶解度<1mg/L（25℃）。在一些有机溶剂中的溶解度分别为：氯仿9，丙酮7.8，乙酸乙酯6，二甲苯4.8，甲醇0.066（以上单位为kg/L，25℃）。稳定性：在酸、碱性介质中稳定，在80℃时可稳定90d以上，对光稳定。

毒性

低毒。原药大鼠急性口服LD_{50}值>4 000mg/kg，急性经皮LD_{50}值>2 000mg/kg。对皮肤和眼睛无刺激。对鱼类和鸟类低毒，对蜜蜂和蚕毒性较高。

生物活性

分子中无酯结构的醚类拟除虫菊酯杀虫剂，因其空间构型与拟除虫菊酯有相似的地方，所以将其归于合成拟除虫菊酯杀虫剂。对害虫为触杀和胃毒作用，无内吸作用。醚菊酯杀虫谱广，击倒速度快，持效期长，适用于防治棉花、果树、蔬菜、水稻等作物上的鳞翅目、半翅目、甲虫、双翅目和直翅目等多种害虫，如褐色虱、白背飞虱、黑尾叶蝉、棉铃虫、红铃虫、桃蚜、瓜蚜、白粉虱、菜青虫、茶毛虫、茶尺蠖、茶刺蛾、桃和梨小食心虫、柑橘潜叶蛾、烟草夜蛾、小菜蛾、玉米螟、大螟、大豆食心虫、德国蜚蠊等。特别对于对有机磷及氨基甲酸酯类杀虫剂产生抗性的飞虱、叶蝉防效显著，可在动物领域使用。对螨类无效，对田间蜘蛛等天敌较安全，对作物安全。可与波尔多液等多种杀螨剂、杀菌剂及其他制剂混用。

制剂和生产企业

10% 悬浮剂；20% 乳油；4% 油剂；5% 可湿性粉剂。江苏百灵农化有限公司、浙江威尔达化学有限公司、江苏辉丰农化股份有限公司、山西绿海农药科技有限公司、江苏七州绿色化工股份有限公司。

应用

1. 棉花害虫

防治棉铃虫，卵盛孵期施药，每亩用 10% 悬浮剂 100 ~ 120mL（有效成分 10 ~ 12g），对水喷雾。防治红铃虫，在二、三代卵盛孵期施药，剂量同棉铃虫，每代施药 2 ~ 3 次。防治烟草夜蛾、棉叶波纹夜蛾、棉大卷叶螟、豆荚盲蝽、白粉虱、棉铃象甲等害虫，每亩用 10% 悬浮剂 65 ~ 130mL（有效成分 6.5 ~ 13g），对水喷雾。防治蚜虫，在棉苗卷叶前，每亩用 10% 悬浮剂 50 ~ 60mL（有效成分 5 ~ 6g），对水 30kg 喷雾。

2. 果树害虫

防治梨小食心虫、蚜虫、苹果蠹蛾、葡萄蠹蛾、苹果潜叶蝇等，用 10% 悬浮剂 833 ~ 1 000 倍液（有效浓度 100 ~ 120mg/kg）喷雾。

3. 蔬菜害虫

防治菜青虫，在幼虫 2 ~ 3 龄期用药，每亩用 10% 悬浮剂 70 ~ 90mL（有效成分 7 ~ 9g），对水喷雾。防治小菜蛾、甜菜夜蛾，在 2 龄幼虫盛发期用药，每亩用 10% 悬浮剂 80 ~ 100mL（有效成分 8 ~ 10g），对水喷雾。防治萝卜蚜、甘蔗蚜、桃蚜、瓜蚜等，用 10% 悬浮剂 2 000 ~ 2 500 倍液（有效浓度 40 ~ 50mg/kg）喷雾。

4. 茶树害虫

防治茶尺蠖、茶毛虫、茶刺蛾等，在幼虫 2 ~ 3 龄期用药，用 10% 悬浮剂 1 666 ~ 2 000 倍液（有效浓度 50 ~ 60mg/kg）喷雾。

5. 水稻害虫

防治褐飞虱，在若、成虫发生期，每亩用 10% 悬浮剂 70 ~ 100mL（有效成分 7 ~ 10g）喷雾。防治稻纵卷叶螟，在 2 ~ 3 龄幼虫盛发期，每亩用 10% 悬浮剂 80 ~ 100mL（有效成分 8 ~ 10g）喷雾。防治稻苞虫、稻潜叶蝇、稻负泥虫、稻象甲等，于卵盛孵期、幼虫蛀茎前施药，每亩用 10% 悬浮剂 65 ~ 130mL（有效成分 6.5 ~ 13g）喷雾。

6. 其他害虫

防治黏虫、玉米螟、大螟、大豆食心虫、大豆夜蛾、烟草斜纹夜蛾、马铃薯甲虫等，每亩用 10% 悬浮剂 65 ~ 130mL（有效成分 6.5 ~ 13g）喷雾。

注意事项

1. 不宜与强碱性农药混用。存放于阴凉干燥处。
2. 本品无内吸杀虫作用，施药应均匀周到；防治钻蛀害虫时，应掌握在幼虫蛀入前用药。
3. 悬浮剂放置时间较长出现分层时，应先摇匀再使用。
4. 如发生误服，可给予数杯热水引吐，保持安静并立即送医院治疗。

2

甲氰菊酯（fenpropathrin）

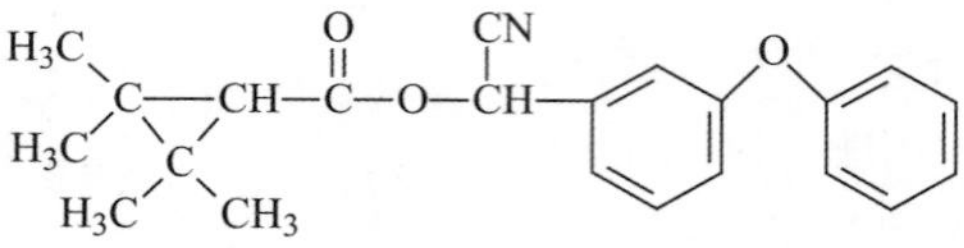

化学名称

α－氰基－3－苯氧基苄基－2，2，3，3－四甲基环丙烷羧酸酯

理化性质

纯品为白色结晶固体，原药为棕黄色液体。原药相对密度（25℃）1.15，熔点45～50℃，闪点205℃，20℃时蒸气压0.73mPa。纯品熔点49～50℃，相对密度1.153，蒸气压7.33 × 10^{-4}Pa（20℃）。几乎不溶于水，溶于丙酮、乙腈、二甲苯、环已烷、氯仿等有机溶剂。对光、热、潮湿稳定，在碱性条件下分解。

毒性

中等毒性。纯品大鼠经口LD_{50}49～541mg/kg，经皮LD_{50}900～1 410mg/kg，腹腔注射180～225mg/kg，小鼠经口LD_{50}58～67mg/kg，经皮LD_{50}900～1 350mg/kg，腹腔注射210～230mg/kg。原药大鼠急性口服LD_{50}值为107～164mg/kg，急性经皮LD_{50}值600～870mg/kg，原药大鼠经口无作用剂量雌25mg/kg，雄鼠>500mg/kg。对鸟低毒，对鱼高毒，对蜜蜂和蚕剧毒。

生物活性

属拟除虫菊酯类杀虫、杀螨剂。对害虫具有触杀、胃毒和一定的驱避作用，无内吸和熏蒸作用。杀虫谱广，残效期长。对多种叶螨有良好的防效。对鳞翅目幼虫高效，对半翅目和双翅目害虫也有效。可防治棉红蜘蛛、棉铃虫、棉蚜、苹果小卷叶蛾、梨小食心虫、柑橘红蜘蛛、木虱、粉虱、茶毛虫、茶尺蠖、菜青虫、小菜蛾等。

制剂和生产企业

20%、10%乳油；20%水乳剂；20%可湿性粉剂；10%微乳剂。辽宁大连瑞泽农药股份有限公司、南京第一农药集团有限公司、广东省中山市凯达精细化工股份有限公司、日本住友化学株式会社。

应用

1．棉花害虫

防治棉铃虫、红铃虫，卵孵化盛期施药，每亩用20%乳油30～40mL（有效成分6～8g），对水75～100kg喷雾，可兼治伏蚜、造桥虫、蓟马、棉盲蝽卷叶虫、玉米螟等害虫。防治红蜘蛛，在成、若螨发生期施药，剂量和方法同棉铃虫。

2．果树害虫

防治柑橘潜叶蛾，新梢放梢初期3～6d，或卵孵化期施药，用20%乳油4 000～10 000倍液喷雾，根据蛾卵量间隔10d再喷一次。防治桃小食心虫，于卵孵化盛期、卵果率达1%时施药，用20%乳油2 000～3 000倍液喷雾，共施药2～4次，间隔10d左右。防治山楂红蜘蛛、苹果红蜘蛛，于发生期用20%乳油2 000～3 000倍液喷雾。防治柑橘红蜘蛛，于成、若螨发生期用20%乳油2 000～4 000倍液喷雾。防治桃蚜、苹果瘤蚜、桃粉蚜，于发生期用20%乳油4 000～6 000倍液喷雾。防治柑橘蚜，在新梢有蚜株率达10%时用药，用20%乳油4 000～8 000倍液喷雾。防治荔枝椿象，每年3月下旬至5月下旬，成虫大量活动产卵期和若虫盛发期各施药一次，用20%乳油3 000～4 000倍液喷雾。

3．蔬菜害虫

防治菜青虫、小菜蛾，在幼虫2～3龄期用药，每亩用20%乳油20～30mL（有效成分4～6g），对水50～75kg喷雾，残效期7～10d。防治温室白粉虱，于若虫盛发期用药，每亩用20%乳油10～25mL（有效成分2～5g），对水80～120kg喷雾。防治二点叶螨，于茄子、豆类等作物上成、若螨盛发期施药，使用剂量和方法同小菜蛾。

4．花卉害虫

防治介壳虫、榆三金花虫、毒蛾及刺蛾幼虫，在害虫发生期用20%乳油2 000～8 000倍液喷雾。

注意事项

1．不可与碱性农药混用。

2．不能在桑园、鱼塘、河流、养蜂场所等处及其周围用药，以免杀伤蚕、蜜蜂、水生生物等有益生物。

3．本品无内吸杀虫作用，施药要均匀周到。本品可作为虫螨兼治用药，但不能作为专用杀螨剂使用。

4．棉花收获前21d及苹果采收前14d，停止用药。

5．中毒症状和急救措施参考其他菊酯类农药。

氰戊菊酯（fenvalerate）

Cl—C₆H₄—CH(CH(CH₃)₂)—C(=O)—O—CH(CN)—C₆H₄—O—C₆H₅

化学名称

α－氰基-3-苯氧苄基（R，S）-2-（4-氯苯基）-3-甲基丁酸酯，（RS）－α－氰基-3-苯氧基苄基（RS）-2-（4-氯苯基）-3-甲基丁酸酯

理化性质

纯品为黄色透明油状液体，原药为棕黄色黏稠液体，溶于二甲苯、甲醇、丙酮、氯仿，而且耐光性较强，在酸性中稳定，碱性中不稳定。

毒性

中等毒性。原药大鼠急性经口LD_{50}为451mg/kg，大鼠急性经皮LD_{50} > 5 000mg/kg，大鼠急性吸入LC_{50} > 101mg/m^3，对兔皮肤有轻度刺激，对眼睛有中度刺激。没有致突变、致畸和致癌作用。对鱼和水生动物毒性很大，对鸟类毒性不大，对蜜蜂安全。

生物活性

属广谱拟除虫菊酯类杀虫剂。以触杀和胃毒作用为主，无内吸传导和熏蒸作用。对鳞翅目幼虫效果好。对同翅目、直翅目、半翅目等害虫也有较好效果，但对螨类无效。适用于棉花、果树、蔬菜、大豆、小麦等作物。对天敌无选择性。

制剂

20%乳油。

应用

1．棉花害虫

防治棉铃虫，卵孵化盛期、幼虫蛀蕾、铃前，黄河流域棉区当百株卵量超过15粒或百株幼虫达到5头时施药，每亩用20%乳油25～50mL（有效成分5～10g），对水50～75kg喷雾。防治红铃虫，于各代卵孵盛期施药，每亩用20%乳油25～50mL（有效成分5～10g），对水喷雾，可根据虫口密度及为害情况7～10d再喷一次。可兼治棉小造桥虫、金刚钻、卷叶虫、棉盲蝽、蓟马、叶蝉等害虫。

2．果树害虫

防治柑橘潜叶蛾，新稍放稍初期（2～3cm）施药，用有效浓度20～40mg/kg喷雾，间隔7～10d再喷一次，可兼治橘蚜、卷叶蛾、木虱等。防治苹果、梨、桃树上的食心虫，于卵孵化盛期，卵果率达1%时施药，使用有效浓度50～100mg/kg喷雾，有一定

杀卵作用，残效期10d左右，施药2～3次，可兼治苹果蚜、桃蚜、梨星毛虫、卷叶虫等叶面害虫。防治柑橘介壳虫，于发生期施药，用20%乳油4 000～5 000倍液（有效浓度40～50mg/kg）加1%矿物油混用，可有效防治红蜡蚧、矢尖蚧、糠片蚧、黑点蚧。

3．蔬菜害虫

防治菜青虫，在幼虫2～3龄期用药，每亩用20%乳油10～25mL（有效成分2～5g），效果较好，残效期在7～10d，此剂量还可以防治各种菜蚜、蓟马。防治小菜蛾，3龄成虫前每亩用20%乳油15～30mL（有效成分3～6g）或20%乳油3 000～4 000倍液（有效浓度50～67μg/mL）喷雾，残效期在7～10d，但对菊酯已产生抗性的小菜蛾效果不好。此剂量还可以防治斜纹夜蛾、甘蓝夜蛾、番茄棉铃虫、黄守瓜、二十八星瓢虫、烟青虫。防治豆荚野螟，豇豆菜豆开花始盛、卵孵盛期施药，每亩用20%乳油20～40mL（有效成分4～8g），在早晚时间花瓣展开时，对花和幼荚均匀喷雾，根据虫口密度，隔10d左右在喷一次，能有效减少蕾、花脱落和控制豆荚被害。同时可以防治豆秆蝇、豆天蛾。

4．大豆害虫

防治大豆食心虫，于大豆开花盛期、卵孵高峰期施药，每亩用20%乳油20～40mL（有效成分4～8g），能有效防止豆荚被害，同时兼治蚜虫、地老虎。

5．小麦害虫

防治麦蚜、黏虫，于麦蚜发生期，黏虫2～3龄幼虫发生期用药，用20%乳油3 300～5 000倍液（有效浓度40～60μg/mL）喷雾。

注意事项

1．不可与碱性农药等物质混用。

2．施药要均匀周到，才能有效控制害虫。在害虫、害螨并发的作物上使用此药，由于对螨无效，对天敌毒性高，易造成害螨猖獗，所以要配合使用杀螨剂。

3．蚜虫、棉铃虫等害虫对此药易产生抗性，使用时尽可能轮用、混用。可以与乐果、马拉硫磷、久效磷、代森锰锌、敌菌丹、杀虫脒等非碱性农药混用。

4．对蜜蜂、家蚕、鱼虾等毒性高。使用时注意不要污染河流、池塘、桑园、养蜂场所。

5．氰戊菊酯误服时可能出现呕吐、神经过敏、悸惧、严重时震颤以及全身痉挛。在使用过程中，如有药液溅到皮肤上，应立即用肥皂清洗；如药液溅入眼中，应立即用大量清水冲洗。如发现误服，立即喝大量盐水促进呕吐，或慎重进行洗胃，使药物尽速排出。对全身中毒初期患者，可用二苯基甘醇酰脲或苯乙基巴比特酸对症治疗。

高效氯氟氰菊酯（lambda-cyhalothrin）

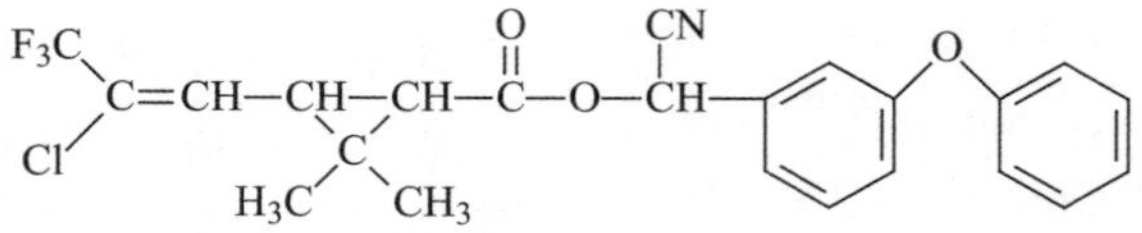

化学名称

α－氰基-3-苯氧基苄基-3-（2-氯-3，3，3-三氟-1-丙烯基）-2，2-二甲基环丙烷羧酸酯，（Z）-（1R）-cis-α-S与（Z）-（1S）-cis-α-R（比例为1：1的混合物）

理化性质

纯品为白色结晶。熔点49.2℃（120.5 E）。难溶于水，21℃溶解5×10^{-3}mg/L，可溶于丙酮、二氯甲烷、乙酸乙酯、甲醇、正己烷、甲苯多种普通有机溶剂中。稳定性:在15～20℃，至少可稳定存放6个月，酸性介质中稳定，在碱性介质中易分解。

毒性

中等毒性。原药口服急性毒性 LD_{50}：雄大鼠 79mg/kg，雌大鼠 56mg/kg。大鼠急性经皮 LD_{50} 雄大鼠 632mg/kg，雌大鼠 696mg/kg，兔经皮>2 000mg/kg。对鱼和水生生物剧毒，对蜜蜂和蚕剧毒。

生物活性

属高效、广谱拟除虫菊酯类杀虫剂，对害虫有强烈的触杀和胃毒作用，也有驱避作用，杀虫广谱、高效、作用快，对螨类也很有效。耐雨水冲刷。可防治鳞翅目、鞘翅目、同翅目、双翅目等多种农业和卫生害虫。每亩施用 1g 有效成分，药效与溴氰菊酯相当。

制剂和生产企业

25%、10% 可湿性粉剂；25g/L、2.5% 乳油；75g/L、25g/L 微囊悬浮剂；5%、2.7% 微乳剂；25g/L、10%、5%、2.5% 水乳剂；1.5 悬浮剂。江苏扬农化工有限公司、瑞士先正达作物保护公司。

应用

1. 果树害虫

防治柑橘潜叶蛾，于放新梢期或潜叶蛾卵孵盛期施药，用 2.5% 乳油 4 000 ~ 8 000 倍液喷雾，当新叶被害率仍在 10% 时，每隔 7 ~ 10d 施药一次，一般 2 ~ 3 次即可控制为害，可兼治卷叶蛾、柑橘蚜虫等。防治柑橘介壳虫、柑橘矢尖蚧、吹棉蚧，在若虫发生期，用 2.5% 乳油 1 000 ~ 3 000 倍液喷雾。防治柑橘叶螨，用 2.5% 乳油 1 000 ~ 2 000 倍液喷雾，因杀伤天敌，药后虫口回升快，故最好不要用于防治叶螨。防治苹果蠹蛾，低龄幼虫始发期或开花坐果期，用 2.5% 乳油 1 000 ~ 4 000 倍液喷雾，可兼治小卷叶蛾。防治桃小食心虫，在卵孵盛期，用 2.5% 乳油 3 000 ~ 4 000 倍液喷雾，每季 2 次，也可兼治蚜虫。

2. 蔬菜害虫

防治小菜蛾，1 ~ 2 龄幼虫发生期，每亩用 2.5% 乳油 20 ~ 40mL，对水 50kg 喷雾，也可兼治甘蓝夜蛾、斜纹夜蛾、烟青虫、菜螟等。防治菜青虫，2 ~ 3 龄幼虫发生期，每亩用 2.5% 乳油 15 ~ 25mL，对水 50kg 喷雾。防治菜蚜，每亩用 2.5% 乳油 8 ~ 20mL，对水雾。防治茄红蜘蛛，每亩用 2.5% 乳油 30 ~ 50mL，对水喷雾。

3. 棉花害虫

防治棉铃虫、红铃虫，每亩用 2.5% 乳油 25 ~ 40mL，对水 50 ~ 100kg 喷雾，残效期 7 ~ 10d，可兼治棉盲蝽、棉象甲。防治玉米螟，于卵盛孵期，用 2.5% 乳油 5 000 倍液喷雾。

4. 茶树害虫

防治茶尺蠖，2 ~ 3 龄幼虫发生期，用 2.5% 乳油 4 000 ~ 1 000 倍液喷雾。同剂量可防治茶毛虫、茶小卷叶蛾、茶小绿叶蝉等。防治茶叶瘿螨、茶橙瘿螨，发生期用 2.5% 乳油 2 000 ~ 3 000 倍液喷雾，可起一定的抑制作用，但残效期短，效果不稳定。

注意事项

1. 不能与碱性农药混用。

2. 本品无内吸作用，应注意喷洒时期。故在卷叶蛾卷叶前或蛀果蛾、潜叶蛾侵入果实或蚕食叶子前喷药较适宜。应均匀喷洒。

3. 避免连用，注意轮用。

4. 本品对鱼、蜜蜂、家蚕剧毒，不能在桑园、鱼塘、河流等处及其周围用药，花期施药要避免伤害蜜蜂。

氟胺氰菊酯（tau-fluvalinate）

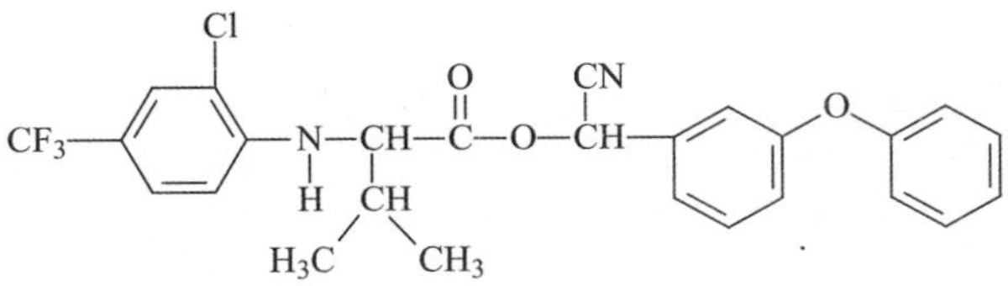

Cl; O; CN; CF_3; N—CH—C—O—CH; H; CH; H_3C; CH_3

化学名称

（RS）－α－氰基－3－苯氧基苄基－N－（2－氯－α，α，α－三氟－对－甲苯基）－D－缬氨酸酯

理化性质

原药为黏稠的黄色油状液体。相对密度1.29，沸点大于450℃，闪点10℃，蒸气压大于0.013mPa（25℃）。溶解度：水0.002mg/kg、丙酮＞1 000g/kg、甲醇760g/kg、氯仿1 000g/kg（25℃），任意溶于芳烃、二氯甲烷、乙醚。稳定性：暴露在日光下DT_{50}为9.3～10.7min（水溶液，缓冲至pH值为5），约1d（在玻璃上呈薄膜），13d（在土壤表面）。

毒性

中等毒性。大鼠急性经口LD_{50}：雄282mg/kg，雌261mg/kg，小鼠156mg/kg，兔急性经皮LD_{50}＞2 000mg/kg，对兔皮肤有轻微刺激作用，对兔眼睛有中度刺激作用。大鼠急性吸入LC_{50}（空气，4h）＞0.56mg（以240g/L乳油）。对鱼毒性高，对蜜蜂毒性较低。

生物活性

为高效广谱叶面喷施的杀虫、杀螨剂。具触杀和胃毒作用，还有拒食和驱避活性，除具有一般拟除虫菊酯农药的特点外，并能歼除多数菊酯类农药所不能防治的螨类。适用于防治棉花、烟草、果树、观赏植物、蔬菜、树木和葡萄上的鳞翅目、半翅目、双翅目等多种害虫和害螨，如蚜虫、叶蝉、烟芽夜蛾、棉铃虫、棉红铃虫、波纹夜蛾、蚜虫、盲蝽象、叶螂、烟天蛾、烟草跳甲、菜粉蝶、菜蛾、甜菜夜蛾、玉米螟、苜蓿叶象甲和叶螨等。也可用于蜂螨的防治。本品对作物安全。

制剂和生产企业

20%乳油。日本农药株式会社。

应用

1．果树害虫

防治苹果树、葡萄树上的蚜虫，使用有效浓度25～75mg/kg；防治桃树和梨树上的害螨使用有效浓度100～200mg/kg。防治柑橘潜叶蛾和红蜘蛛，用20%乳油2 500～5 000倍液喷雾，防治潜叶蛾1周后再喷1次为好。对桃小食心虫和山楂叶螨，用20%乳油1 600～2 000倍液喷雾，防治效果良好。

2．棉花害虫

防治棉花蚜虫和棉铃虫，每亩用20%乳油13～25mL，对水喷雾。防治棉红蜘蛛，每亩用20%乳油20～30mL（有效成分4～6g）对水喷雾。

3．蔬菜害虫

防治蔬菜上的蚜虫、菜青虫，每亩用20%乳油15～25mL，小菜蛾每公顷用300～375mL，喷雾。

注意事项

1．不可与碱性农药混用。

2．不能在桑园、鱼塘、河流、养蜂场所等处及其周围用药，以免杀伤蚕、蜜蜂、水生生物等有益生物。

3．施药时应喷洒均匀。

4．本品存放及中毒症状、急救措施参考溴氰菊酯。

七氟菊酯（tefluthrin）

(Z)-(1R)-cis-

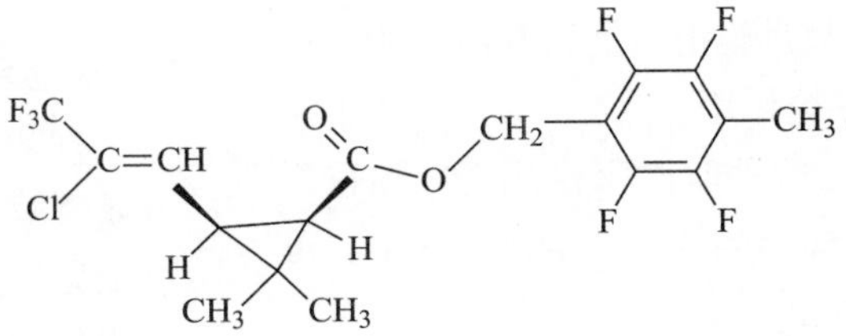

(Z)-(1S)-cis-

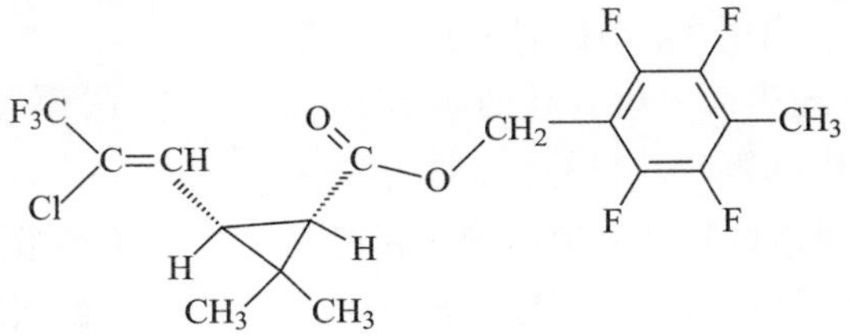

化学名称

2，3，5，6-四氟-4-甲基苄基（Z）-（1R，3R，1S，3S）-3-（2-氯-3，3，3-三氟丙-1-烯基）-2，2-二甲基环丙烷羧酸酯

理化性质

纯品为无色固体，原药为米色。相对密度1.23，熔点44～46℃，蒸气压80mPa（20℃），溶解度（20℃）：水（缓冲水pH值为5.0、pH值为9.2，纯水pH值为6.5）中0.02mg/L，丙酮、二氯甲烷、乙酸乙酯、已烷、甲苯（21℃）>500g/L，甲醇263mg/L。Kow3 160 000（20℃）。稳定性：在15～25℃时，稳定270d以上；在54℃时，稳定84d以上；其水溶液（pH值为7）暴露在日光下31d损失27%～30%；在pH值为5和pH值为7，水解>30d；在pH值为9、30d水解7%；土壤中DT_{50}150d（5℃），24d（20℃），17d（30℃），部分因挥发所致。

毒性

急性经口和经皮LD_{50}值差别很大，取决于载体、试验对象及其性别、年龄和生长阶段，典型的急性经口LD_{50}值:大鼠22～35mg（玉米油载体）/kg，小鼠45～56mg/kg。急性毒性比标准的有机磷和氨基甲酸酯类土壤杀虫剂的毒性低，尤其在推荐剂量下使用是安全的。对鱼和水生无脊椎动物毒性高，但对蚯蚓低毒，对鸟类低毒。

生物活性

本品是第一个可作为土壤杀虫剂的拟除虫菊酯类农药，其本品对鞘翅目、鳞翅目和双翅目昆虫高效，以颗粒剂、土壤喷洒或种子处理的方式施药。挥发性好，可在气相中充分移动通过蒸气防治土壤害虫，能很好的防治鞘翅目和栖息在土壤中的鳞翅目和某些双翅目的害虫，如防治南瓜十二星甲、金针虫、跳甲、金龟子、甜菜隐食甲、地老虎、玉米螟、瑞典麦秆蝇等土壤害虫。

制剂

1.5%、3%颗粒剂；10%乳油或胶悬剂。

应用

1. 鞘翅目害虫

（1）长角叶甲：本品对玉米田主要害虫长角叶甲有非常好的防治效果，按主要标准药剂特丁磷、呋喃丹、毒死蜱施用量的10%施用，可取得同样好的防效。每亩用3%颗粒剂270g（8.13g有效成分）撒施，可使幼虫的为害控制在经济域值以下。

（2）金针虫：每亩用3%颗粒剂66.7～166.7g

（2～5g有效成分）条施，可极好地保护玉米、糖用甜菜、马铃薯和白萝卜苗，其防治效果优于特丁磷、呋喃丹。

（3）甜菜隐食甲：每亩用3%颗粒剂80～153.3g（2.4～4.6g有效成分）施药，可显著减轻该害虫的为害。以特丁磷、呋喃丹施用剂量的1/10施用，可对植物提供良好的保护作用。

（4）跳甲科：在播种时以每亩用3%颗粒剂111～166.7g（3.33～5g有效成分）混施于沟中，可有效地防治跳甲科害虫。

（5）其他甲虫：每亩用3%颗粒剂333.3g（10g有效成分）撒施于草地表面，可有效的防治1～2龄金龟子幼虫。每亩用3%颗粒剂166.7～222.3g（5～6.67g有效成分）施用，可防治草地蛴螬、新西兰草金龟，以及玉米和马铃薯的玉米黑独角仙。

2．鳞翅目害虫

（1）夜蛾亚科：七氟菊酯主要优点在其防治夜蛾亚科的活性，防治玉米田的小地老虎的效果最好。每亩用3%颗粒剂124.3～186.7g（3.73～5.6g有效成分）施用，可显著减轻植株受夜蛾亚科害虫的为害百分率。

（2）玉米螟：对玉米螟在多个国家的田间试验中均取得了良好的防治效果。

3．双翅目害虫

种蝇：每千克种子用10%乳油2mL处理种子，可显著减少小麦种蝇和瑞典麦秆蝇对小麦的为害。每千克种子用10%乳油4～6mL处理种子，可减少种蝇的为害，增加玉米出苗率。

注意事项

1．产品贮存于低温通风环境，勿与食品、饲料等混放。勿让儿童接触。

2．使用时注意安全防护，施药后要即使用水清洗眼睛和皮肤，如误服，给患者饮1～2杯温开水，以手指深探催吐，并送医院就诊。

四溴菊酯（tralomethrin）

$$Br_3C\text{-}CHBr\text{-}(2,2\text{-dimethylcyclopropyl})\text{-}COOCH(CN)\text{-}C_6H_4\text{-}O\text{-}C_6H_5$$

化学名称

（S）-α-氰基-3-苯氧基苄基（1R，3R）-3-[（RS）-1，2，2，2-四溴乙基]-2，2-二甲基环丙烷羧酸酯

理化性质

原药为橙色至黄色树脂状固体，纯度>93%，相对密度1.70，蒸气压1.7Pa（25℃）。在水中溶解度70mg/L（20℃）；在丙酮、二甲苯、二氯甲烷、甲苯中溶解度为100%，在二甲基亚砜中>500g/L，乙醇中>180g/L。在50℃条件下，贮存稳定性为6个月。

毒性

对人、畜毒性中等，经皮低毒。大鼠急性经口LD_{50}值为100～157mg/kg，急性经皮LD_{50}>5 000mg/kg。兔经皮LD_{50}>2 000mg/kg。对鼠、兔皮肤和眼睛有轻微刺激作用。大鼠急性吸入LC_{50}（4h）>0.286mg/L。两年喂养试验无作用剂量：大鼠0.75mg/kg，小鼠3mg/kg，狗1mg/kg。试验剂量下无致畸、致突变和致癌作用。ADI为0.007 5mg/kg·d。该药对鱼和水生昆虫高毒，LC_{50}（96h）：虹鳟鱼1.6μg/L，蓝鳃鱼4.3μg/L，水蚤LC_{50}（48h）0.038μg/L。对蜜蜂高毒，接触LD_{50}0.12μg/只。对鸟类低毒，鹌鹑急性经口LD_{50}

> 2 500mg/kg，鸭7 716mg/kg（以饲料重计）。在土壤中降解很快，在pH值为4、5、7、9时，在水中的半衰期分别为94、94、32、36。

生物活性

该药是一种在溴氰菊酯结构基础上打开双键加入两个溴原子而成的新型拟除虫菊酯类杀虫、杀螨剂。对抗性害虫有较高的杀虫活性。本品对害虫具有触杀和胃毒作用，杀虫迅速，用量低，效果高。生产中可与氨基甲酸酯类、有机磷酸酯类等的复配制剂交替轮换作用，以延长其使用寿命。如果在害虫为害之前使用，可以保护大多数作物不受半翅目害虫为害；土表喷雾，可防治地老虎和切根虫等。

制剂和生产企业

10.8%乳油。江苏优士化学有限公司。

应用

在棉铃虫卵盛孵末期至初孵幼虫盛期施药，每亩用10.8%乳油10～15mL（有效成分1.08～1.62g），对水50～75kg喷雾，可有效防治对敌杀死产生严重抗药性的棉铃虫。应避免单独多次使用或与敌杀死等菊酯类农药的连续使用，以免害虫产生抗药性。

注意事项

1. 不可与碱性农药混用。

2. 不能在桑园、鱼塘、河流、养蜂场所等处及其周围用药，以免杀伤蚕、蜜蜂、水生生物等有益生物。

3. 施药时应注意安全防护，避免吸入或皮肤接触。如溅入眼睛，用大量清水冲洗；如皮肤接触，用清水和肥皂冲洗；如有误服，应立即送医院治疗。

第五章 沙蚕毒素类杀虫剂

沙蚕是一种生活在海滩泥沙中的环节蠕虫，体内含有一种有毒物质叫沙蚕毒素，对害虫有很强的毒杀作用。在研究天然沙蚕毒素的杀虫活性、有效成分、化学结构、杀虫机制等基础上，人们仿生合成了一类生物活性和作用机理类似天然沙蚕毒素的有机合成杀虫剂。这类杀虫剂品种不多，但杀虫谱较广，尤其在水稻害虫防治方面，应用范围大，如杀虫双和杀虫单。其主要作用机理是作用于神经节胆碱能突触，阻遏昆虫中枢神经系统的突触传导，导致昆虫死亡。一般兼有触杀和胃毒作用方式，有些品种有熏蒸作用。由于杀虫作用靶标不同，这类杀虫剂对有机磷、氨基甲酸酯、拟除虫菊酯类杀虫剂产生抗药性的害虫无交互抗药性问题。

沙蚕毒素类杀虫剂对家蚕有很强的杀伤力，桑叶上只要有痕量的药剂，家蚕吃了就会中毒、死亡。在养蚕地区使用此类杀虫剂，若采取细雾喷洒措施，细小雾滴飘移极易污染桑叶，进而造成家蚕中毒死亡。因此，在养蚕地区的水稻田使用此类杀虫剂，一定要注意克服药剂飘移问题。

杀虫双（bisultap）

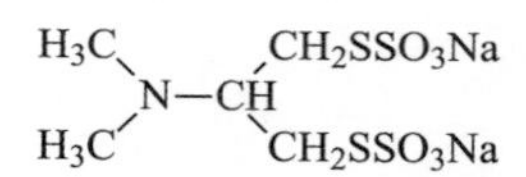

化学名称

2- 二甲胺基 -1，3- 双硫代磺酸钠基丙烷

理化性质

纯品为白色结晶，工业品为茶褐色或棕红色水溶液，有特殊臭味，易吸潮。相对密度 1.30 ~ 1.35，蒸气压 0.0133Pa。熔点 169 ~ 171℃/ 分解（纯品），142 ~ 143℃（工业品）。易溶于水，可溶于 95% 热乙醇和无水乙醇，以及甲醇、二甲基甲酰胺、二甲基亚砜等有机溶剂，微溶于丙酮，不溶于乙醇乙酯及乙醚。在中性及偏碱条件下稳定，在酸性下会分解，在常温下亦稳定。

毒性

中等毒性。纯品雄性大鼠急性经口 LD_{50} 为 451mg / kg，雌性小鼠急性经口 LD_{50} 为 234mg / kg，雌小鼠经皮 LD_{50} 为 2 062mg/kg。对大鼠皮肤和眼黏膜无刺激作用。在试验条件下，未见致突变、致癌、致畸作用。

生物活性

杀虫双是参照环形动物沙蚕所含有的“沙蚕毒素”的化学结构而人工合成的沙蚕毒素的类似物，所以也是一种仿生杀虫剂。对害虫具有较强的触杀和胃毒作用，并兼有内吸传导和一定的杀卵、熏蒸作用。它是一种神经毒剂，能使昆虫的神经对于外来的刺激不产生反应。因而昆虫中毒后不发生兴奋现象，只表现瘫痪、麻痹状态。据观察，昆虫接触和取食药剂后，最初并无任何反应，但表现出迟钝、行动缓慢、失去浸害作物的能力、停止发育、虫体软化、瘫痪，直至死亡。

杀虫双有很强的内吸作用，能被作物的叶、根等吸收和传导。通过根部吸收的能力，比叶片吸收要大得多。据有关单位用放射性元素测定，杀虫双被作物的根部吸收，一天后即可分布到整个植株的各个部位，而叶部吸收要经过4d才能传送到整个地上部分。但不论是根部吸收还是叶部吸收，植株各部分的分布是比较均匀的。在常用剂量下对作物安全。在夏季高温时有药害，使用时应小心。

制剂

45%可溶性粉剂；25%、18%水剂；5%、3.6%颗粒剂；3.6%大粒剂。

应用

1. 水稻害虫

（1）防治稻蓟马，每亩用25%杀虫双水剂0.1～0.2kg，用药后1天的防效可达90%，用药量的多少主要影响残效期，用药量多，残效期则长。秧田期防治稻蓟马，每亩用25%杀虫双水剂0.15kg，加水50kg喷雾，用药1次就可控制其为害。大田期防治稻蓟马每亩用25%杀虫双水剂0.2kg，加水50～60kg喷雾，用药1次也可基本控制其为害。

（2）防治稻纵卷叶螟、稻苞虫，每亩用25%杀虫双0.2kg（有效成分50g），对水50～60kg喷雾，防治这两种害虫的效果都可达95%以上，一般用药1次即可控制为害。杀虫双对稻纵卷叶螟的3、4龄幼虫有很强的杀伤作用，若把用药期推迟到3龄高峰期，在田间出现零星白叶时用药，对4龄幼虫的杀虫率在90%以上，同时可以更好地保护寄生天敌。另外，杀虫双防治稻纵卷叶螟还可采用泼浇、毒土或喷粗雾等方法，都有很好效果，可根据当地习惯选用。连续使用杀虫双时，稻纵卷叶螟会产生抗性，应加以注意。

（3）防治二化螟、三化螟、大螟，每亩用25%杀虫双水剂0.2kg（有效成分50g），防效一般达90%以上，药效期可维持10d以上，第12d后仍有60%的效果。对4、5龄幼虫，如每亩用25%杀虫双水剂0.3kg（有效成分75g），防效可达80%。防治枯心，在螟卵孵化高峰后6～9d时用药；防治白穗，在卵盛孵期内水稻破口时用药。

施药方法采用喷雾、毒土、泼浇和喷粗雾都可以，5%、3%杀虫双颗粒剂每亩用1～1.5kg直接撒施，防治二化螟、三化螟、大螟和稻纵卷叶螟的药效，与25%水剂0.2kg的药效无明显差异。使用颗粒剂的优点是功效高且方便，风雨天气也可以施药，还可减少药剂对桑叶的污染和家蚕的毒害。颗粒剂的残效期可达30～40d。

2. 柑橘害虫

（1）防治柑橘潜叶蛾，25%杀虫双对潜叶蛾有较好的防治效果，但柑橘对杀虫双比较敏感。一般以加水稀释600～800倍（416～312μg/mL）喷雾为宜。隔7d左右喷施第二次，可收到良好的保梢效果。柑橙放夏梢时，仅施药1次即比常用有机磷效果好。

（2）防治柑橘达摩凤蝶，用25%杀虫双500倍（500μg/mL）稀释液喷雾，防效达100%，但不能兼治害螨，对天敌纯绥螨安全。

3. 蔬菜害虫

防治小菜蛾和菜青虫，在幼虫三龄前喷施，用25%杀虫双水剂200mL（有效成分50g），加水75kg稀释，防效均可达90%以上。

4. 甘蔗害虫

当甘蔗苗期条螟卵盛孵期施药，每亩用25%杀虫双水剂250mL（有效成分62.5g），用水稀释300kg淋蔗苗，或稀释50kg喷洒，间隔一周再施一次，对甘蔗条螟和大螟枯心苗有80%以上的防治效果。同时也可兼治甘蔗蓟马。

注意事项

1. 杀虫双在水稻上的安全使用标准是，每亩用25%杀虫双水剂0.25kg喷雾时，每季水稻使用次数不得超过3次，最后一次施药应离收获期15d以上。

2．杀虫双对蚕有很强的触杀、胃毒作用，药效期可达2个月，也具有一定熏蒸毒力。因此，在蚕区最好使用杀虫双颗粒剂。使用颗粒剂的水田水深以4～6cm为宜，施药后要保持田水10d左右。漏水田和无水田不宜使用颗粒剂，也不宜使用毒土和泼浇法施药。

3．白菜、甘蓝等十字花科蔬菜幼苗在夏季高温下对杀虫双反应敏感，易生药害，不宜使用。

4．用杀虫双水剂喷雾时，可加入0.1%的洗衣粉，这样能增加药液的湿展性能，提高药效。

5．25%杀虫双水剂能通过食道等引起中毒，中毒症状有头痛、头晕、乏力、恶心、呕吐、腹痛、流涎、多汗、瞳孔缩小、肌束震颤，重者出现肺水肿，与有机磷农药中毒症状相似，但胆碱酯酶活性不降低，应注意区分，遇有这类症状应立即去医院治疗。治疗以对症治疗为主，蕈毒碱样症状明显者可用阿托品类药物对抗，但需注意防止过量。忌用胆碱酯酶复能剂。据报道口服中药当归、甘草对动物中毒有治疗效果。如误服毒物应立即催吐，并以1%～2%苏打水洗胃，并立即送医院治疗。

杀螟丹（cartap）

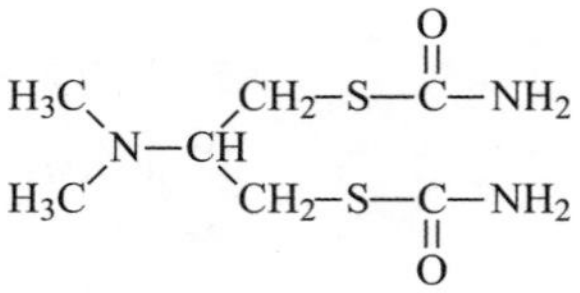

$$(H_3C)_2N-CH(CH_2-S-\overset{O}{\overset{\|}{C}}-NH_2)_2$$

化学名称

1，3-双（氨基甲酰硫基）-2-（N，N-二甲胺基）丙烷

理化性质

纯品是白色无臭晶体，原药为白色结晶粉末，有轻微特殊臭味。熔点183～183.5℃（分解）。溶于水，微溶于甲醇和乙醇，不溶于丙酮、乙醚、乙酸乙酯、氯仿、苯和正己烷。工业品稍有吸湿性。在中性及偏碱条件下分解，在酸性介质中稳定。对铁等金属有腐蚀性。

毒性

中等毒性。原药大鼠急性经口LD_{50}325～345mg/kg，小鼠急性经皮LD_{50}>1 000mg/kg。在正常试验条件下无皮肤和眼睛过敏反应，未见致突变、致畸和致癌现象；对鸟低毒，对蜘蛛等天敌无不良影响；对蜜蜂和家蚕有毒。

生物活性

是沙蚕毒素的一种衍生物，其毒理机理是作用于昆虫中枢神经系统突触后膜上乙酰胆碱受体，与受体结合后抑制和阻滞神经细胞接点在中枢神经系统中的正常的神经冲动的传递，使昆虫麻痹致死，这与一般有机氯、有机磷、拟除虫菊酯和氨基甲酸酯类杀虫剂的作用机理不同，因而不易产生交互抗性。胃毒作用强，同时具有触杀和一定的拒食和杀卵等作用，对害虫击倒较快（但常有复苏现象，使用时应注意），有较长的残效期。杀虫谱广，能用于防治水稻、茶树、柑橘、甘蔗、蔬菜、玉米、马铃薯等作物上的鳞翅目、鞘翅目、半翅目、双翅目等多种害虫和线虫，如蝗虫、潜叶蛾、茶小绿叶蝉、稻飞虱、叶蝉、稻瘿蚊、小菜蛾、菜青虫、跳甲、玉米螟、二化螟、三化螟、稻纵卷叶螟、马铃薯块茎蛾等多种害虫和线虫。对捕食性螨类影响小。

制剂和生产企业

98%、50%可溶性粉剂；6%水剂；4%颗粒剂。安徽华星化工股份有限公司、浙江省宁波市镇海恒达农化有限公司、江苏天容集团股份有限公司、江苏中意化学有限公司、湖南昊华化工有限责任公司、湖南岳阳安达化工有限公司、湖南国发精细化工科技有限公司、江苏安邦电化有限公司、江苏常隆化工有限公司。

应用

1. 水稻害虫

（1）防治二化螟、三化螟，在卵孵化高峰前1～2d施药，每亩用50%巴丹可溶性粉剂75～100g；或98%巴丹每亩用35～50g，对水喷雾。常规喷雾每亩喷药液40～50L；低容量喷雾每亩喷药液7～10L。

（2）防治稻纵卷叶螟，防治重点在水稻穗期，在幼虫1～2龄高峰期施药，一般年份用药1次，大发生年份用药1～2次，并适当提前第一次施药时间。每亩用50%巴丹可溶性粉剂100～150g，对水50～60L喷雾，或对水600L泼浇。

（3）防治稻苞虫，在3龄幼虫前防治，用药量及施药方法同稻纵卷叶螟。

（4）防治稻飞虱、稻叶蝉，在2～3龄若虫高峰期施药，每亩用50%巴丹可溶性粉剂50～100g（有效成分25～50g），对水50～60L喷雾，或对水600L泼浇。

（5）防治稻瘿蚊，抓住苗期害虫的防治，防止秧苗带虫到本田，掌握成虫高峰期到幼虫盛孵期施药。用药量及施药方法同稻飞虱。

2. 蔬菜害虫

（1）防治小菜蛾、菜青虫，在2～3龄幼虫期施药，每亩用50%巴丹可溶性粉剂25～50g（有效成分12.5～25g），对水50～60L喷雾。

（2）防治黄条跳甲，重点是作物苗期，幼虫出土后，加强调查，发现为害立即防治。用药量及施药方法同小菜蛾。

（3）防治二十八星瓢虫，在幼虫盛孵期和分散为害前及时防治，在害虫集中地点挑治，用药量及施药方法同小菜蛾。

3. 茶树害虫

（1）防治茶尺蠖，在害虫第一、二代的1～2龄幼虫期进行防治。用98%巴丹1 960～3 920倍液或每100L水加98%巴丹25.5～51g；或用50%可溶性粉剂1 000～2 000倍液（有效浓度250～500mg/kg）均匀喷雾。

（2）防治茶细蛾，在幼虫未卷苞前，将药液喷在上部嫩叶和成叶上，用药量同茶尺蠖。

（3）防治茶小绿叶蝉，在田间第一次高峰出现前进行防治。用药量同茶尺蠖。

4. 甘蔗害虫

防治甘蔗螟卵盛孵期，每亩用50%可溶性粉剂137～196g或98%巴丹70～100g，对水50L喷雾，或对水300L淋浇蔗苗。间隔7d后再施药1次。此用药量对条螟、大螟均有良好的防治效果。

5.果树害虫

（1）防治柑橘潜叶蛾，在柑橘新梢期施药，用50%巴丹可溶性粉剂1 000倍液或每100L水加50%巴丹100g（有效浓度500mg/kg）喷雾。每隔4～5d施药1次，连续3～4次，有良好的防治效果。

（2）防治桃小食心虫，在成虫产卵盛期，卵果率达1%时开始防治。用50%巴丹可溶性粉剂1 000倍液或每100L水加50%巴丹100g（有效浓度500mg/L）喷雾。

6.旱粮作物害虫

（1）防治玉米螟，防治适期应掌握在玉米生长的喇叭口期和雄穗即将抽发前，每亩用98%巴丹51g或50%巴丹100g（有效成分50g），对水50L喷雾。

（2）防治蝼蛄，用50%可溶性粉剂拌麦麸（1：50）制成毒饵施用。

（3）防治马铃薯块茎蛾，在卵孵盛期施药，每亩用50%巴丹可溶性粉剂100～150g（有效成分50～75g），或98%巴丹50g（有效成分49g），对水50L，均匀喷雾。

注意事项

1. 对蚕毒性大，在桑园附近不要喷洒。一旦沾附了药液的桑叶不可让蚕吞食。

2. 皮肤沾附药液，会有痒感，喷药时请尽量避免皮肤沾附药液，并于喷药后仔细洗净接触药液部位。

3. 施药时须戴安全防具，如不慎吞服应立即反复洗胃，从速就医。

杀虫单（monosultap）

$$(H_3C)_2N-CH(CH_2SSO_3Na)(CH_2SSO_3H)\cdot H_2O$$

化学名称

1-硫代磺酸钠基-2-二甲胺基-3-硫代磺酸基丙烷

理化性质

纯品为白色结晶，熔点142～1 43℃。原药外观为白色至微黄色粉状固体，无可见外来杂质。易吸湿，易溶于水，易溶于工业乙醇及无水乙醇；微溶于甲醇、二甲基甲酰胺等有机溶剂。在强酸、强碱条件下能水解为沙蚕毒素。

毒性

中等毒性。原药对小鼠急性经口LD_{50}：83mg/kg（雄）、86mg/kg（雌），对大鼠142mg/kg（雄），137mg/kg（雌），大鼠急性经皮LD_{50}>10 000mg/kg。在25%浓度范围内对家兔皮肤无任何刺激反应，对家兔眼黏膜无刺激作用。

生物活性

杀虫单是人工合成的沙蚕毒素的类似物，进入昆虫体内迅速转化为沙蚕毒素或二氢沙蚕毒素。该药为乙酰胆碱竞争抑制剂，对害虫有胃毒、触杀、熏蒸作用，并具有内吸活性。药剂被植物叶片和根部迅速吸收传导到植物各部位，对鳞翅目等咀嚼式口器昆虫具有毒杀作用，杀虫谱广。适用作物为水稻、甘蔗、蔬菜、果树、玉米等。本品防治对象为二化螟、三化螟、纵卷叶螟、菜青虫、甘蔗螟、玉米螟等。

制剂

50%泡腾粒剂；95%、92%、90%、80%、50%、36%可溶粉剂；3.6%颗粒剂。

应用

1. 水稻害虫

防治水稻二化螟、三化螟、稻纵卷叶螟，每亩用80%可溶粉剂37.5～67.5g对水喷雾；或每亩用36%可溶粉剂120～150g对水喷雾；防治枯心，可在卵孵化高峰后6～9d时用药；防治白穗，在卵孵化盛期内水稻破口时用药。防治稻纵卷叶螟可在螟卵孵化高峰期用药。

2. 甘蔗害虫

防治甘蔗条螟、二点螟可在甘蔗苗期，螟卵孵化盛期施药。每公顷用3.6%颗粒剂60～75kg（有效成分2 160～2 700g）根区施药。

注意事项

1. 使用颗粒剂时土壤要求湿润。

2. 该药属沙蚕毒素衍生物，对家蚕有剧毒，使用时要特别小心，防治药液污染蚕、桑叶。

3. 杀虫单对棉花有药害，不能在棉花上使用。

4. 该药不能与波尔多液、石硫合剂等碱性物质混用。

5. 该药易溶于水，贮藏时应注意防潮。

6. 本品在作物上持效期为7～10d，安全隔离期为30d。

7. 发生意外或误服，应以苏打水洗胃，或用阿托品解毒，并及时送医院诊治。

多噻烷（polythialan）

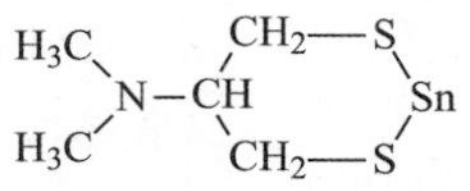

H_3C　CH_2—S
N—CH　Sn
H_3C　CH_2—S

化学名称

N，N-二甲基-1，2，3，4，5-五硫环辛-7-胺（草酸盐或盐酸盐）

理化性质

纯品为白色而略带异味的粉状结晶。熔点136～137℃。水中溶解度0.73g/100g，二甲基甲酰胺中1.85g/100g，难溶于水、氯仿等有机溶剂。

毒性

中等毒性。原药对大白鼠急性经口毒性LD_{50}为235～303mg/kg，小白鼠急性经口LD_{50}为150mg/kg左右。25%乳剂急性经皮LD_{50}为1 217mg/kg，1%以上浓度对家兔皮肤、眼结膜有一定的刺激作用，鲤鱼LC_{50}（48h）为1.42mg/L。小鼠蓄积试验的蓄积系数为6.0，Ames试验、小鼠骨髓细胞微核试验、姐妹染色单体交换（SCE）试验、小鼠精子畸形试验结果为阴性。稻米中最大残留量（MRL）为0.1mg/kg。ADI为0.01mg/kg。安全间隔期14d。

生物活性

为沙蚕毒素类农药新品种，对害虫主要有胃毒、触杀和内吸传导作用，还有杀卵及一定的熏蒸作用，杀虫谱广，残效期7～10d。多噻烷是易卫杀的同系物，其物理化学性质很相似，只是有效成分的结构与易卫杀不同。它的杀虫机理同易卫杀、杀虫双、巴丹很相似，对农田蜘蛛等天敌杀伤力较小。

制剂

30%多噻烷乳油。

应用

1. 水稻害虫

（1）防治稻螟虫，防治螟虫造成枯心、白穗时，每亩用30%乳油83～100mL（有效成分25～30g），对水50～60kg喷雾。施药2次，对二化螟所造成枯心的防效良好。晚稻在三化螟卵盛孵期，即水稻分蘖中期和孕穗期各施药一次，白穗率可压低到0.05%以下。

（2）防治稻纵卷叶螟、苞虫，每亩用30%乳油83～167mL（有效成分25～50g），对水60kg喷雾一次，防治效果良好。

（3）防治稻飞虱、稻叶蝉，每亩用30%乳油100～117mL（有效成分30～35g）喷雾，或用3%粉剂，每亩用1.5～2kg，拌毒土撒施，施药后灌水，保持2cm左右水层，让其自然落干。

2. 旱粮作物害虫

（1）防治高粱玉米螟，用30%乳油800倍液（有效浓度250 μg/mL），每株用药量10mL灌注高粱心叶。

（2）防治甘薯卷叶蛾，每亩用30%乳油83～167mL（有效成分25～50g），对水50～60kg喷雾。

3. 棉花害虫

（1）防治棉蚜、棉红蜘蛛，每亩用30%乳油100～167mL（有效成分30～50g），对水50～60kg喷雾。

（2）防治棉铃虫、红铃虫、棉二点叶蝉，每亩用30%乳油100～167mL（有效成分30～50g），对水50～60kg喷雾。

4．蔬菜害虫

（1）防治菜青虫，每亩用30%乳油167mL（有效成分50g），稀释1 000倍液喷雾。

（2）防治白菜叶蝉、黄条跳甲，每亩用30%乳油167mL（有效成分50g），稀释1 000倍液喷雾。

注意事项

1．多噻烷稀释浓度不应低于300倍，否则对棉花、高粱有药害。

2．多噻烷对稻飞虱天敌黑肩绿盲蝽为中等毒性，对稻田蜘蛛的杀伤力在30%以下，而且7d后即可恢复正常。

3．多噻烷对人体每日允许摄入量（ADI）为0.008mg/kg，在水稻中的最高残留限量为0.8μg/mL，在收割前14d停止施药。

多噻烷乳油能通过食道、皮肤等引起中毒，中毒症状有恶心、呕吐、流涎、瞳孔缩小、呼吸困难、肢体或全身震颤、抽搐等，治疗以对症治疗为主。蕈毒碱样症状明显者，可用小剂量阿托品治疗，忌用胆碱酯酶复能剂。如误服毒物应立即催吐，并用碱性液体洗胃，还应立即送医院治疗。

杀虫环（thiocyclam）

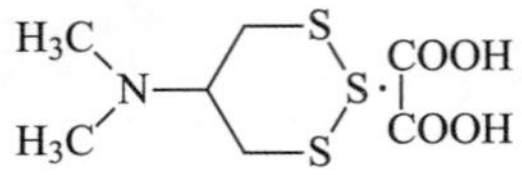

化学名称

N，N-二甲基-1，2，3-三硫杂环己-5-胺及其草酸盐

理化性质

杀虫环草酸盐为无色结晶，熔点125～128℃（分解），蒸气压为0.532mPa（4×10^{-6}mmHg，20℃）。水中溶解度为84g/L（23℃），在丙酮（500mg/L）、乙醚、乙醇（1.9g/L）、二加苯中的溶解度小于10g/L，甲醇中17g/L，不溶于煤油。能溶于苯、甲苯和松节油等溶剂。在常温避光条件下保存稳定。

毒性

中等毒性。原药雄大鼠急性经口LD_{50}为310mg/kg，急性经皮LD_{50}为1 000mg/kg。对兔皮肤和眼睛有轻度刺激作用。在动物体内代谢和排除较快，无明显蓄积作用。在试验条件下未见致突变、致畸和致癌作用。但对蚕的毒性大。

生物活性

杀虫环为选择性杀虫剂，具有胃毒、触杀、内吸作用，能向顶传导，且能杀卵。对害虫的毒效较迟缓，中毒轻者能复活。适用于水稻、玉米、蔬菜等作物。可由2，2-甲氨基-双硫代硫酸钠丙烷与硫化钠制得杀虫环，但可溶性粉剂的有效成分系杀虫环草酸盐，故需将杀虫环再加草酸作成草酸盐。杀虫环对鳞翅目、鞘翅目、同翅目害虫效果好，可用于防治水稻、玉米、甜菜、果树、蔬菜上的三化螟、稻纵卷叶螟、二化螟、水稻蓟马、叶蝉、稻瘿蚊、飞虱、桃蚜、苹果蚜、苹果红蜘蛛、梨星毛虫、柑橘潜叶蛾、蔬菜害虫等多种害虫。也可防治寄生线虫，如水稻白尖线虫，对一些作物的锈病和白穗病也有一定防效。在植物体中消失较快，残效期较短，收获时作物中的残留量很少。

制剂和生产企业

50%可溶性粉剂。江苏省苏州联合伟业科技有限公司、江苏天容集团股份有限公司。

应用

1．水稻害虫

（1）防治二化螟、三化螟，每亩用50%可溶性粉剂70～80g（有效成分35～40g），采用对水泼浇、喷粗雾、撒毒土防治均可。于二化螟和三化螟一代卵孵化盛期后7d施药。大发生或发生期长的年份可施药两次，第一次在卵孵化盛期后5d，第二次在第一次施药后10～15d，可控制危害。防治二代二化螟和二、三代三化螟，可于卵孵化盛期后3～5d施药，大发生时隔10d后再施一次。施药时要先灌水，保持3cm左右水层。

（2）防治稻纵卷叶螟和稻苞虫，每亩用50%可溶性粉剂70～80g（有效成分35～40g）对水泼浇；喷粗雾或撒毒土，掌握在幼虫三龄期，田间出现零星白叶时施药。用毒土或泼浇法时，田间也应保持3cm左右的水层。当使用机动弥雾机喷药时，每亩用50%可溶性粉剂50～60g（有效成分25～30g），对水7.5L喷雾。

（3）防治大螟，防治一、二代大螟每亩用50%可溶性粉剂90g（有效成分45g），在卵孵化盛期后2～3d泼浇或喷粗雾。大发生年份，卵孵化盛期施一次药，隔10d后再施一次。防治三代大螟，可在卵孵化盛期，水稻破口时施药。

（4）防治秧田期水稻蓟马，每亩用50%可溶性粉剂50g（有效成分215g），对水50L喷雾。一般使用一次。后季稻长秧龄秧苗可在第一次施药后10d再喷一次。在秧苗带药移栽的基础上，大田可根据虫情再防治一次，则可基本上控制蓟马的为害。

（5）防治稻叶蝉、稻瘿蚊、稻飞虱，每亩用可溶性粉荆50～60g（有效成分25～30g），对水60～75kg喷雾。

2．果树害虫

（1）防治桃蚜、苹果蚜、苹果红蜘蛛、梨星毛虫，每亩用50%可溶性粉剂2 000倍液（有效浓度250μg/mL）喷雾。

（2）防治柑橘潜叶蛾，在新梢萌发后用50%可溶性粉剂1 500～2 000倍液（有效浓度333～250μg/mL）喷雾。

3．蔬菜害虫

防治菜蚜、菜青虫、小菜蛾、甘蓝夜蛾、红蜘蛛等，每亩用50%可溶性粉剂40～50g（有效成分20～25g）对水50L喷雾。

4．旱粮作物害虫

防治玉米螟，用50%可溶性粉剂15g，加细沙4kg，混合均匀，每株撒1g左右。

注意事项

1．对蚕毒性大，残效期长，且有一定的熏杀能力，在桑蚕地区应注意施药方法，慎重使用。

2．豆类、棉花对杀虫环敏感，不宜使用。

3．杀虫环毒效较迟缓，可与速效农药混合使用，提高击倒力。

杀虫环早期中毒症状表现为恶心、四肢发抖、全身发抖、流涎、痉挛、呼吸困难和瞳孔放大。在使用过程中，如有药液溅到身上，应脱去衣服，并用肥皂和水清洗皮肤。若吸入引起中毒，应将患者移离现场，到空气新鲜的地方，并注意保暖。若误服中毒，应使患者呕吐（但当患者神志不清时，决不能催吐），可让患者饮一杯食盐水（一杯水中约放一匙盐），或用手指触咽喉使其呕吐。解毒药物为1-半胱氨酸，静脉注射剂量为12.5～25mg/kg体重。

第六章
昆虫生长调节剂类杀虫剂

昆虫生长调节剂（Insect Growth Regulators，简称IGRs）是通过抑制昆虫生理发育，如抑制蜕皮、抑制新表皮形成、抑制取食等最后导致害虫死亡的一类药剂。由于其作用机理不同于以往作用于神经系统的传统杀虫剂，毒性低，污染少，对天敌和有益生物影响小，有助于可持续农业的发展，有利于无公害绿色食品生产，有益于人类健康，因此，被誉为“第三代农药”、“21世纪的农药”、“非杀生性杀虫剂”、“生物调节剂”、“特异性昆虫控制剂”。由于它们符合人类保护生态环境的总目标，迎合各国政府和各阶层民众所关注的农药污染解决途径这一热点，成为杀虫剂研究与开发的一个重点领域。这类杀虫剂最主要类型就是苯甲酰脲类杀虫剂，同时也将其他结构的杀虫剂中具有昆虫生长调节作用的化合物，也归纳到这里。

目前昆虫生长调节剂类杀虫剂主要包括：几丁质合成抑制剂、保幼激素类似物和蜕皮激素类似物。

几丁质合成抑制剂能够抑制昆虫几丁质合成酶的活性，阻碍几丁质合成，即阻碍新表皮的形成，使昆虫的蜕皮，化蛹受阻，活动减缓，取食减少，甚至死亡。从20世纪70年代荷兰杜发公司开展成功第一个商品化品种除虫脲到目前为止申报为专利的此类化合物几千个，形成或开发中的商品制剂约20种以上，按其化学结构又可分为：苯甲酰脲类、噻二嗪类（噻嗪酮）、三嗪（嘧啶）胺类（灭蝇胺）等。该类化合物具有抗蜕皮激素的生物活性，能抑制昆虫表皮几丁质合成酶和尿核苷辅酶的活化率，抑制N-乙酰基氨基葡萄糖在几丁质中结合，能影响卵的呼吸代谢及胚胎发育过程中的DNA和蛋白质代谢，使卵内幼虫缺乏几丁质而不能孵化或孵化后随即死亡；在幼虫期施用，使害虫新表皮形成受阻，延缓发育，或缺乏硬度，不能正常蜕皮而导致死亡或成畸形蛹死亡。

保幼激素类似物是指其结构和功能均与昆虫本身的保幼激素相类似，主要作用是抑制未成龄的幼虫变态，保持昆虫幼年期特性。早期开发的烯虫酯等化合物与昆虫保幼激素极相似，但生物活性和田间稳定较低，因具很强的挥发性，主要用于防治仓储害虫和卫生害虫。近期开发的则是与保幼激素结构相差较大，在分子中引入苯环或杂环的化合物，具有昆虫保幼激素的类似功能，如苯氧威、吡丙醚、哒幼酮。它们有很好的生物活性和田间稳定性，可广泛应用于农业和卫生害虫防治。

蜕皮激素类似物主要是指功能上与昆虫蜕皮激素相类似的化合物。昆虫在蜕皮激素和保幼激素的协同作用下，共同控制昆虫的生长和变态。在蜕皮激素类似物的作用下，昆虫发生不正常的蜕皮反应，导致昆虫生长发育停止而死亡。这类化合物主要有抑食肼、虫酰肼、甲氧虫酰肼、呋喃虫酰肼。

灭幼脲（chlorbenzuron）

化学名称

1-邻氯苯甲酰基-3-（4-氯苯基）脲

理化性质

纯品为白色结晶，熔点199～201℃不溶于水、乙醇、甲苯及氯苯可，在丙酮中的溶解度为1g/100mL（26℃），易溶于二甲基亚砜和N-二甲基甲酰胺。对光和热较稳定，在中性、酸性条件下稳定，遇碱和较强的酸易分解。在常温下贮存较稳定。

毒性

低毒。急性经口大鼠LD_{50}>20 000mg/kg，小鼠LD_{50}>20 000mg/kg，属低毒杀虫剂。对兔眼睛和皮肤无明显刺激作用。对鱼类低毒。对人畜和植物安全，对益虫和蜜蜂等膜翅目昆虫和森林鸟类几乎无害。但对赤眼蜂有影响。对有益动物安全。对水生甲壳类动物有一定的毒性。

生物活性

以胃毒作用为主，触杀作用次之，无内吸性。害虫取食或接触药剂后，抑制表皮几丁质的合成，使幼虫不能正常蜕皮而死亡。对鳞翅目和双翅目幼虫有特效。不杀成虫，但能使成虫不育，卵不能正常孵化。该类药剂被大面积用于防治桃树潜叶蛾、茶黑毒蛾、茶尺蠖、菜青虫、甘蓝夜蛾、小麦黏虫、玉米螟及毒蛾类、夜蛾类等鳞翅目害虫。同时，还发现用灭幼脲3号1 000倍液浇灌葱、蒜类蔬菜根部，可有效地杀死地蛆；对防治厕所蝇蛆、死水湾的蚊子幼虫也有特效。该药药效缓慢，2～3d后才能显示杀虫作用。残效期长达15～20d，且耐雨水冲刷，在田间降解速度慢。

制剂和生产企业

25%、20%悬浮剂。吉林省通化农药化工股份有限公司、河北省化学工业研究院实验厂。

20%、25%灭幼脲悬浮剂。

应用

1. 蔬菜害虫

防治菜青虫，在菜青虫发生危害期，一般掌握在卵孵化盛期或1～2龄幼虫期施药。每亩用20%悬浮剂15～37.5g，或25%悬浮剂10～20g，对水60～90kg，稀释1 500～3 000倍液均匀喷雾。

2. 粮食害虫

防治谷子、小麦虫，每亩用25%悬浮剂60g，对水50～65kg，稀释500～1 000倍液均匀喷雾。

3. 森林害虫

防治松毛虫，每亩用25%悬浮剂30～40g，对水75kg，稀释1 500～2 000倍液均匀喷雾。

4. 苹果害虫

防治苹果金纹细蛾，每亩用25%悬浮剂40～45g，对水50～80kg，约稀释1 000～2 000倍液均匀喷雾。

注意事项

1. 本药剂为胶悬剂，有明显沉淀现象，使用时一定要摇匀后再对水稀释。

2. 不能与碱性农药混用。

3. 该药剂作用速度缓慢，施药后3～4d始见效果，应在卵孵盛期或低龄幼虫期施药。

4. 不要在桑园等处及其附近使用。

5. 贮存在阴凉、干燥、通风处。

氟啶脲（chlorfluazuron）

化学名称

1-[3，5-二氯-4-（3-氯-5-三氟甲基-2-吡啶氧基）苯基]-3-（2，6-二氟苯甲酰基）脲

理化性质

原药白色结晶，熔点226.5℃（分解），蒸气压<10mPa（20℃），20℃时溶解度水<0.01mg/L，己烷<0.01、正辛醇1、二甲苯2.5、甲醇2.5、甲苯6.6、异丙醇7、二氯甲烷22、丙醇55、环己酮110（g/L，20℃），在光和热下稳定。

毒性

低毒。原药大鼠急性经口 LD_{50}>8 500mg/kg，大鼠急性经皮 LD_{50}>1 000mg/kg。对家兔皮肤、眼睛无刺激性。

生物活性

为苯甲酰脲类氟代氮杂环杀虫剂，以胃毒作用为主，兼有触杀作用，无内吸性。作用机制主要是抑制昆虫几丁质的合成，使卵的孵化、幼虫脱皮及蛹的发育畸形，成虫羽化受阻而发挥杀虫作用。对害虫药效高，但作用速度较慢，一般在药后5～7d才能充分发挥效果，对多种鳞翅目害虫以及直翅目、鞘翅目、膜翅目、双翅目等害虫有很高活性，对菜青虫、小菜蛾、棉铃虫、苹果桃小食心虫及松毛虫、甜菜夜蛾、斜纹叶蛾防治效果显著。但对蚜虫、叶蝉、飞虱等刺吸式口器害虫无效。对有机磷、氨基甲酸酯、拟除虫菊酯等其他杀虫剂已产生抗性的害虫有良好防治效果。对害虫天敌及有益昆虫安全。可用于棉花、甘蓝、白菜、萝卜、甜菜、大葱、茄子、西瓜、瓜类、大豆、甘蔗、茶、柑橘等作物害虫防治。持效期一般2～3周。

制剂和生产企业

5%乳油。山东省济南绿霸化学品有限责任公司、上海生农生化制品有限公司、山东省青岛翰生生物科技股份有限公司、上海威敌生化（南昌）有限公司、日本石原产业株式会社。

应用

1. 防治蔬菜害虫

（1）小菜蛾：对花椰菜、甘蓝、青菜、大白菜等十字花科叶菜，小菜蛾低龄幼虫危害苗期或莲座初期心叶及其生长点，防治适期应掌握在卵孵化至1～2龄幼虫盛发期，对生长中后期或莲座后期至包心期叶菜，幼虫主要在中外部叶片危害，防治适期可掌握在2～3龄盛发期。每亩用5%乳油30～60g，对水60～90kg，即稀释2 000～3 000倍液均匀喷雾。药后15～20d的杀虫效果可达90%以上。间隔6d施药一次。

（2）菜青虫：在2～3龄幼虫期，每亩用5%乳油25～50g，即稀释3 000～4 000倍液均匀喷雾。药后10～15d天防效可达90%左右。

（3）豆野螟：防治豇豆、菜豆豆野螟，在开花期或卵盛期每亩用5%乳油25～50mL喷雾，间隔10d再喷一次。能有效防止豆荚被害。

（4）甜菜夜蛾：用量同小菜蛾。

2. 防治棉花害虫

（1）棉铃虫在卵孵化盛期，棉红铃虫在第二、

三代卵孵化盛期，每亩用5%乳油60～120g，约稀释1 000～2 000倍液。药后7～10d的杀虫效果在80%～90%，保铃（蕾）效果在70%～80%。

（2）棉红铃虫：在第二、三代卵孵盛期，每亩用5%乳油30～50mL喷雾，各代喷药2次。保铃效果70%左右，杀虫效果80%左右。应用氟啶脲防治对除虫菊酯类农药产生抗性的棉铃虫、红铃虫，在棉花害虫综合治理中，该药剂是较理想的农药品种之一。

3. 防治果树害虫

（1）柑橘潜叶蛾：在成虫盛发期内放梢时，新梢长约1～3cm，新叶片被害率约5%时施药。若仍有危害，每隔5～8d施药1次，一般一个梢期施2～3次，用5%乳油2 000～3 000倍液均匀喷雾。

（2）苹果桃小食心虫：于产卵初期、初孵幼虫未钻蛀果前开始施药，以后每隔5～7d施药1次，共施药3～6次，用5%乳油1 000～2 000倍液或每100kg水加5%乳油50～100mL喷雾。

4. 防治茶树害虫

防治茶尺蠖、茶毛虫，于卵始盛期施药，每亩用5%乳油75～120mL，对水75～150kg喷雾，即稀释1 000～1 500倍液。

喷雾量一般每亩人工40～50kg，拖拉机7～10kg，飞机1～3kg。根据喷雾器和天气而定，人工喷雾背负式喷雾器选用低容量雾化片，喷液量要低。施药时空气相对湿度大可采用较低喷液量，天气干旱用较高喷液量。施药时应选早晚气温低、风小时进行。晴天8：00～17：00、空气相对湿度低于65%、气温28℃以上、风速＞4m/s时应停止施药。

注意事项

1. 喷药时，要使药液湿润全部枝叶，才能充分发挥药效。

2. 本剂是一种抑制幼虫脱皮致使其死亡的药剂，通常幼虫死亡需要3～5d，所以施药适期应较一般有机磷、拟除虫菊酯类杀虫剂提早3d左右，在低龄幼虫期施药。对钻蛀性害虫宜在产卵高峰至卵孵化盛期施药，效果才好。

3. 本剂有效期长，间隔6d第二次施药。

4. 本剂对家蚕有毒，应避免在桑园及其附近使用。

5. 本剂对鱼、贝类，尤其对虾等甲壳类生物有影响，因此，在养鱼池附近使用应十分注意。

6. 使用本剂时，注意正确掌握使用量、防治适期、施用方法等。特别是初次使用，应预先接受植保站等推广部门的指导。

7. 对眼睛、皮肤有刺激，使用时需注意，万一沾染，必须立即用清水冲洗眼睛，用肥皂清洗皮肤。如误服要喝1～2杯水，并立即送医院洗胃治疗，不要引吐。

除虫脲（diflubenzuron）

F　O　O
C–NH–C–NH–　–Cl
F

化学名称

1–（4–氯苯基）–3–（2，6–二氟苯甲酰基）脲

理化性质

纯品为白色结晶，原粉为白色至黄色结晶粉末。熔点230～232℃。原药（有效成分含量95%）外观为白色至浅黄色结晶粉末，相对密度1.56，熔点210～230℃，蒸气压小于1.3×10^{-5}Pa（50℃）。难溶于水和大多数有机溶剂。20℃时在水中溶解度

为0.1mg/L，丙酮中6.5g/L，易溶于极性溶剂如乙腈、二甲基砜，也可溶于一般极性溶剂如乙酸乙酯、二氯甲烷、乙醇。在非极性溶剂中如乙醚、苯、石油醚等很少溶解。对光、热比较稳定，在酸性和中性介质中稳定，遇碱易分解。遇碱易分解，对光比较稳定，对热也比较稳定。

毒性

低毒。原药大鼠和小鼠急性经口 LD_{50} 均大于4 640mg/kg。兔急性经皮 LD_{50} 大于2 000mg/kg，急性吸入 LC_{50} 大于30mg/L。对兔眼睛有轻微刺激性，对皮肤无刺激作用。除虫脲在动物体内无明显蓄积作用，能很快地代谢。在试验条件下，未见致突变、致畸和致癌作用。三代繁殖试验未见异常。两年饲喂试验无作用剂量大鼠为40mg/kg，小鼠为50mg/kg。除虫脲对人、畜、鱼、蜜蜂等毒性较低。原药对鲑鱼30d饲喂试验 LC_{50} 为0.3mg/L。对蜜蜂毒性很低，急性接触 LD_{50} 大于30（g/头）。对鸟类毒性也低，8d饲喂试验，野鸭、鹌鹑急性经口 LD_{50}>4 640mg/kg。

生物活性

为苯甲酸基苯基脲类除虫剂，主要是胃毒及触杀作用，无内吸性。害虫接触药剂后，抑制昆虫几丁质合成，使幼虫在脱皮时不能形成新表皮，虫体畸形而死亡。杀死害虫的速度比较慢。对鳞翅目害虫有特效，对部分鞘翅目和双翅目害虫也有效。在有效用量下对植物无药害，对有益生物如鸟、鱼、虾、青蛙、蜜蜂、瓢虫、步甲、蜘蛛、草蛉、赤眼蜂、蚂蚁、寄生蝇等天敌无明显不良影响。对人畜安全，但对害虫杀死缓慢。适用于小麦、水稻、棉花、花生、甘蓝、柑橘、森林、苹果、梨、茶、桃等作物上黏虫、金纹细蛾、甜菜夜蛾、松毛虫、柑橘潜叶蛾、柑橘锈壁虱、茶黄毒蛾、茶尺蠖、美国白蛾、梨木虱、桃小食心虫、梨小食心虫、苹果锈螨、菜粉蝶、小菜蛾、棉铃虫、红铃虫、斜纹夜蛾、稻纵卷叶螟等害虫的防治。

制剂和生产企业

5%乳油；20%悬浮剂；25%、5%可湿性粉剂。山东省德州恒东农药化工有限公司、上海生农生化制品有限公司、美国科聚亚公司、江阴苏利化学有限公司。

应用

1. 旱粮害虫

防治小麦、玉米黏虫，施药时期在一代黏虫3～4龄期，二代黏虫卵孵盛期，三代黏虫2～3龄期，每亩用5%除虫脲乳油30～100g，约稀释500～1 000倍液，或用25%除虫脲可湿性粉剂，或20%悬浮剂5～20g，按1 000～2 000倍液喷雾。

2. 蔬菜害虫

（1）防治菜青虫、小菜蛾，在幼虫发生初期，每亩用20%悬浮剂10～25g，约稀释2 000～4 000倍液均匀喷雾。防治菜青虫、小菜蛾，在幼虫发生初期，每亩用20%悬浮剂15～20g，对水喷雾。也可与拟除虫菊酯类农药混用，以扩大防治效果。

（2）防治斜纹夜蛾，在产卵高峰期或孵化期，用20%悬浮剂400～500mg/kg的药液喷雾，可杀死幼虫，并有杀卵作用。

（3）防治甜菜夜蛾，在幼虫初期用20%悬浮剂：100mg/kg喷雾。喷洒要力争均匀、周到，否则防效差。

3. 果树害虫

（1）防治苹果金纹细蛾，每亩用5%除虫脲乳油25～50mg/kg，即稀释1 000～2 000倍液，或用25%可湿性粉剂125～250mg/kg，即稀释1 000～2 000倍液。

（2）柑橘潜叶蛾，每亩用20%悬浮剂，或25%可湿性粉剂2 000～4 000倍液均匀喷雾。

（3）锈壁虱，用25%除虫脲可湿性粉剂3 000～4 000倍液均匀喷雾。

4. 森林害虫

防治松树松毛虫、天幕毛虫、杨毒蛾，在幼虫3～4龄期，用20%悬浮剂和25%可湿性粉剂4 000～6 000倍液常量喷雾；用25%除虫脲可湿性粉剂超低容量喷雾，每亩用8～12g。该药剂对这些害虫有杀卵作用。

5. 茶树害虫

防治茶树茶毛虫和茶尺蠖，用5%除虫脲可湿性粉剂600～800倍液，和20%悬浮剂1 500～2 000倍液均匀喷雾。

6. 卫生害虫

防治蚊幼虫，每亩表面积用有效成分1.7～2.7g，蝇幼虫每平方米表面积用有效成分0.5～1.0g，以饵剂用于防治白蚁和蚂蚁幼虫以及仓库害虫、蟑螂和蝉幼虫。

注意事项

1. 施药应掌握在幼虫低龄期，宜早期喷。要注意喷药质量，力求均匀不要漏喷。取药时要摇动药瓶，药液不能与碱性物质混合。贮存要避光。

2. 除虫脲人体每日允许摄入量（ADI）为0.004 mg/kg。

3. 贮存时，原包装放在阴凉、干燥处。

4. 使用除虫脲应遵守一般农药安全操作规程。避免眼睛和皮肤接触药液，避免吸入药尘雾和误食。如发生中毒时，可对症治疗，无特殊解毒剂。

2

氟铃脲（hexaflumuron）

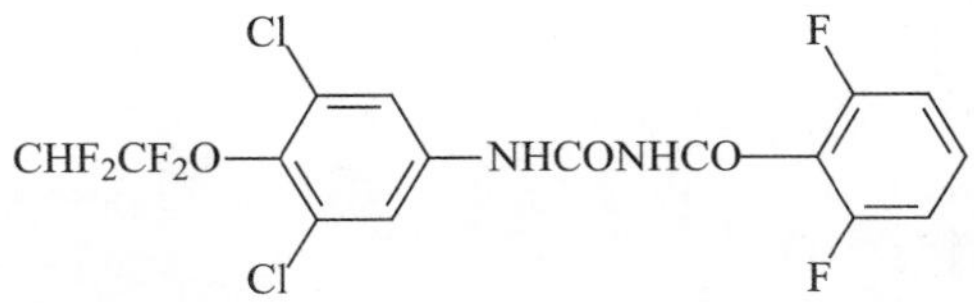

CHF_2CF_2O–（3,5-二氯苯基）–NHCONHCO–（2,6-二氟苯基）

化学名称

1-[3，5-二氯-4-（1，1，2，2-四氟乙氧基）苯基]-3-（2，6-二氟苯甲酰基）脲

理化性质

原药为无色（或白色）固体。熔点202～205℃，蒸气压0.059mPa（25℃）。溶解性（20℃）：水中0.027mg/L（18℃），甲醇中11.9mg/L，二甲苯中5.2g/L。

毒性

低毒。原药大鼠急性口服毒性LD_{50}>5 000mg/kg，大鼠急性经皮LD_{50}>5 000mg/kg。对皮肤无刺激性，但对眼睛有严重的刺激作用。

生物活性

属酰基脲类昆虫生长调节剂类杀虫剂，比其他同类药剂杀虫谱广，击倒力强，具有很高的杀虫和杀卵活性，杀虫速度比其他同类产品迅速，尤其防治棉铃虫。用于棉花、马铃薯及果树防治多种鞘翅目、双翅目、同翅目昆虫。可单用或混用。对螨无效。通过抑制蜕皮而杀死害虫，同时能够抑制害虫取食。该药剂对家蚕、鱼类和水生生物毒性较高，对蜜蜂和鸟类低毒。主要用于防治棉花和蔬菜上的鳞翅目害虫。施药时期要求不严格，可以防治对有机磷或拟除虫菊酯产生抗性的害虫。

制剂和生产企业

5%氟铃脲乳油。美国陶氏益农公司、东方润博农化（山东）有限公司、山东省曲阜市尔福农药厂、河南省春光农化有限公司。

应用

氟铃脲与化学农药相比作用速度相对较慢，因此，应在作物生长早期和害虫发生初期如成虫始现期和产卵期施药最好。这样可以保护作物叶片完好，防止害虫蔓延，保护天敌种群，提高叶菜类蔬菜商品质量，减少后期用药量和施药次数。施药时要求叶片正反面及心叶均匀喷洒。在田间及空气湿度大的条件下施药可提高杀卵效果。

1．蔬菜害虫

（1）防治蔬菜小菜蛾，在卵孵盛期至1～2龄幼虫盛发期，每亩用5%乳油40～60g，对水40～60kg，即稀释1 000～2 000倍液均匀喷雾。药后15～20d效果可达90%左右。用3 000～4 000倍液喷雾，药后10d效果在80%以上。

（2）防治菜青虫，在2～3龄幼虫盛发期，用5%乳油2 000～3 000倍液喷雾，药后10～15d效果可达90%以上。

（3）防治豆野螟，在豇豆、菜豆开花期，卵孵盛期，每亩用5%乳油75～100mL喷雾，隔10d再喷1次，全期用药2次，具有良好的保荚效果。

2．棉花害虫

（1）防治棉铃虫，在卵孵盛期，每亩用5%乳油60～120g，对水50～60kg，即稀释1 000倍左右喷雾。药后10d效果在80%～90%，保蕾效果70%～80%。

（2）防治红铃虫，在第二、第三代卵孵盛期，每亩用5%乳油75～100mL喷雾，每代用药2次，杀虫和保铃效果在80%左右。

3．果树害虫

防治柑橘潜叶蛾，用5%乳油1 000倍液喷雾，具有良好的杀虫和保梢效果。

注意事项

1．该药剂无内吸性和渗透性，使用时要求喷药均匀周到。

2．在田间虫螨并发时，应混合施用杀螨剂。

3．严禁在桑园、鱼塘等地及附近使用。

4．防治叶面害虫宜在低龄（1～2龄）幼虫盛发期施药，防治钻蛀性害虫宜在卵孵盛期施药。

氟苯脲（teflubenzuron）

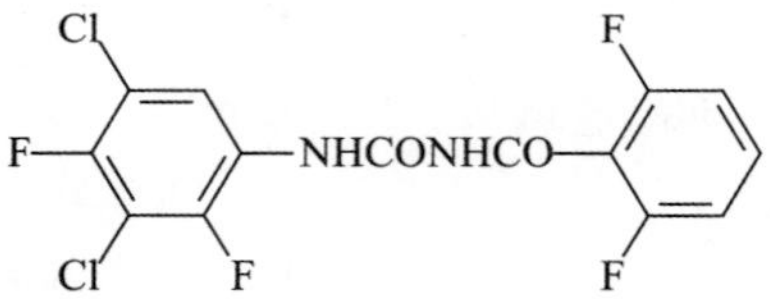

化学名称

1-（3，5-二氯-2，4-二氟苯基）-3-（2，6-二氟苯甲酰基）脲

理化性质

纯品为固体，水中溶解度（20～23℃）为0.02mg/L，在有机溶剂中溶解度（g/L）：丙酮中10、环己酮中20、二甲基亚砜中66、乙醇中1.4、己烷中50mg/L、甲苯中850mg/L。

毒性

低毒。原药大鼠、小鼠急性经口LD_{50}均>5 000mg/kg。对兔眼睛和皮肤均有轻度刺激作用。对鱼类、鸟类低毒，对蜜蜂无毒。

生物活性

对鳞翅目害虫活性强，对蚜虫、飞虱和叶蝉等刺吸式口器害虫效果差。能够阻止昆虫几丁质的形成，影响内表皮生成，使昆虫不能正常脱皮而死亡。此外对卵的孵化、成虫的羽化也有抑制作用。该药剂在植物上无渗透作用，残效期长，昆虫致死速度缓慢，对作物无药害，对害虫天敌和捕食性螨安全。

制剂

5%乳油。

应用

该药剂缺乏击倒功能，对于鳞翅目害虫，最佳的施药时间是成虫产卵盛期，用以防治初孵幼虫。防治鞘翅目害虫的幼虫，应在一发现成虫时即喷药。在田间条件下活性能持续数周。但是仍维持在3～4周内喷洒1次，使受保护的作物在迅速生长期间免受虫害。

1. 蔬菜害虫

（1）防治小菜蛾，在1～2龄幼虫盛发期，用5%乳油1 000～2 000倍液喷雾。3d后效果可达70%～80%，15d后效果仍在90%左右。

（2）防治菜青虫，在卵孵化盛期或1～2龄幼虫期施药，用5%乳油2 000～3 000倍液均匀喷雾。药后15～20d的防效达90%左右；3 000～4 000倍液喷雾，药后10～14d的防效亦能达到80%左右。

（3）防治豆荚螟，在豇豆和菜豆开花盛期，卵孵化盛期用5%乳油75～100mL，对水75～100kg，即稀释1 000被左右均匀喷雾，隔7～10d再喷1次，能有效防止豆荚被害。

2. 棉花害虫

（1）防治棉铃虫、棉红铃虫，在第二、三代卵孵化盛期，每亩用5%乳油75～100mL，一般稀释1 000～2 000倍液。每代喷药2次，有良好的保铃和杀虫效果。

（2）防治斜纹夜蛾，在2～3龄幼虫期，用5%乳油1 000～2 000倍液喷雾。

3. 果树害虫

防治柑橘潜叶蛾，在放梢初、卵孵盛期，用5%乳油1 000～2 000倍液喷雾。残效期在15d以上。防治桃小食心虫，应初孵幼虫蛀果前在果面爬行时间短，接触药少，因而效果差。

4. 水稻害虫

防治稻苞虫、稻纵卷叶螟，在2～3龄幼虫期，用5%乳油2 000～3 000倍液喷雾。

注意事项

1. 要求喷药均匀周到。

2. 对叶面活动危害的害虫，宜在低龄幼虫期施药；对钻蛀性害虫，宜在卵孵盛期施药。

3. 本品对水栖生物（特别是甲壳类）有毒，因而要避免药剂污染水栖生物栖息的河源和池塘。

杀铃脲（triflumuron）

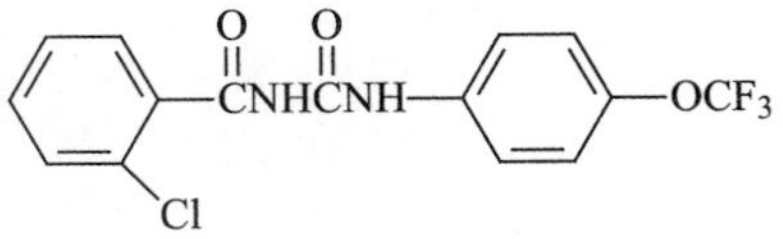

化学名称

1-（2-氯苯甲酰基）-3-（4-三氟甲氧基苯基）脲

理化性质

纯品为无嗅、无味、无色结晶固体，熔点195℃，蒸气压4×10^{-5}mPa（20℃），不溶于水及极性有机溶剂，微溶于丙酮，溶于二甲基甲酰胺。原药有效成分含量≥92%。在中性介质和酸性介质中稳定，在碱性介质中水解。

毒性

低毒。原药大鼠、小鼠急性经口LD_{50}>5 000mg/kg；大鼠急性经皮LD_{50}>5 000mg/kg；大鼠急性吸入LC_{50}>0.12mg/L空气。对兔眼黏膜和皮肤无明显刺激作用。试验结果表明，在动物体外无明显的畜积毒性，未见致癌、致畸、致突变作用。无致畸性。对鱼和鸟低毒，金鱼TLm（96h）95.5mg/L，但对水生甲壳动物幼体有害，对蜜蜂无毒。

生物活性

属苯甲酰脲类的昆虫生长调节剂。对昆虫主要是胃毒作用，有一定的触杀作用，但无内吸作用，有良好的杀卵作用。能抑制昆虫几丁质合成酶的形成，干扰几丁质在表皮的沉积作用，导致昆虫不能正常脱皮变态而死亡。该药剂具有杀虫谱广，用量少，毒性低，残留低，残效期长，并有保护天敌等特点。可用于防治玉米、棉花、森林、果树、蔬菜和大豆上的鳞翅目、鞘翅目、双翅目和木虱科害虫及卫生害虫，持效期可达27d。该杀虫剂对捕食性害虫天敌安全。

制剂和生产企业

40%、25%、20%、5%杀铃脲悬浮剂。吉林省通化绿地农药化学有限公司、吉林省通化农药化工股份有限公司。

应用

1. 防治棉铃虫，在棉铃虫卵孵盛期施药，常量喷雾每亩用5%悬浮剂100～160g，用25%悬浮剂20～35g，对水50～75kg，即分别稀释400～800倍液和1 000～2 000倍液；低容量喷雾，每亩用5%悬浮剂60～80g，用25%悬浮剂12～16g，对水10kg。

2. 防治苹果金纹细蛾，在卵孵盛期施药，常量喷雾用20%悬浮剂稀释5 000～6000倍喷雾。

3. 防治柑橘潜叶蛾，在卵孵盛期施药，常量喷雾用40%悬浮剂稀释5 000～7000倍喷雾。

因杀铃脲速效性较差，作用慢，因此，若棉铃虫大发生时，应加大用量或与速效性杀虫剂混用。

注意事项

1. 本品贮存有沉淀现象，需摇匀后使用，不影响药效。

2. 为提高药剂作用速度，可同菊酯类农药混合使用，施药比例为2∶1。

3. 不能与碱性农药混用。

4. 本品对虾、蟹幼体有害，对成体无害。

虱螨脲（lufenuron）

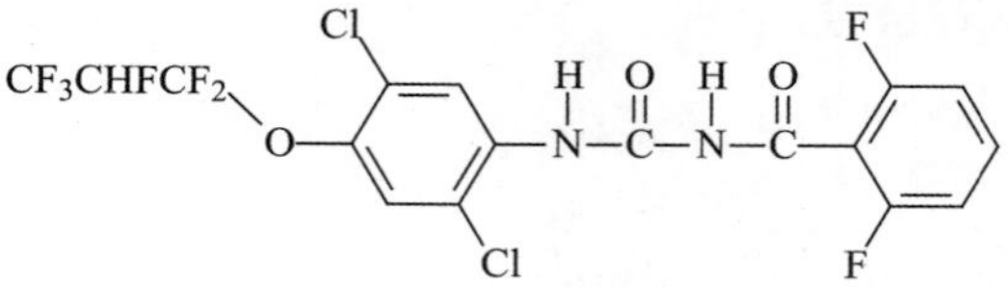

CF_3CHFCF_2–O–(2,5-二氯苯基)–NH–C(=O)–NH–C(=O)–(2,6-二氟苯基)

化学名称

1-[2，5-二氯-4-（1，1，2，3，3，3-六氟丙氧基）苯基]-3-（2，6-二氟苯甲酰基）脲

理化性质

原药为无色晶体。熔点164～168℃。蒸气压4×10^{-3}mPa（25℃）；水中溶解度（20℃）<0.006mg/L。其他溶剂溶解度（20℃，g/L）：甲醇41、丙酮460、甲苯72、正己烷0.13、正辛醇8.9。在空气、光照下稳定，在水中DT50：32d（pH9）、70d（pH7）、160d（pH5）。

毒性

低毒。原药大鼠急性经口LD_{50}>2 000mg/kg。对兔眼黏膜和皮肤无明显刺激作用。试验结果表明，在动物体外无明显的畜积毒性，未见致癌、致畸、致突变作用。无致畸性。对水生甲壳动物幼体有害。对蜜蜂无毒。

生物活性

属苯甲酰脲类的昆虫生长调节剂。对昆虫主要是胃毒作用，有一定的触杀作用，但无内吸作用，有良好的杀卵作用。能抑制昆虫几丁质合成酶的形成，干扰几丁质在表皮的沉积作用，导致昆虫不能正常脱皮变态而死亡。该药剂具有杀虫谱广，用量少，毒性低，残留低，残效期长，并有保护天敌等特点。用于防治棉花、蔬菜上的鳞翅目、鞘翅目幼虫、柑橘上的锈螨、粉虱及蟑螂、虱子等卫生害虫。该杀虫剂对捕食性害虫天敌安全。

制剂和生产企业

5% 乳油。先正达公司、浙江世佳科技有限公司。

应用

1. 西瓜防治甜菜夜蛾、斜纹夜蛾等，每亩用5% 的乳油制剂 30 ~ 40mL，对水 40 ~ 45kg 均匀喷雾；

2. 蔬菜防治甜菜夜蛾、斜纹夜蛾、豆荚螟、菜青虫等，每亩用5%的乳油制剂30 ~ 40mL，对水40 ~ 45kg 均匀喷雾；

3. 棉花防治棉铃虫、红铃虫等，每亩用 5% 的乳油制剂 30 ~ 40mL，对水 40 ~ 45kg 均匀喷雾。

2

双苯氟脲（novaluron）

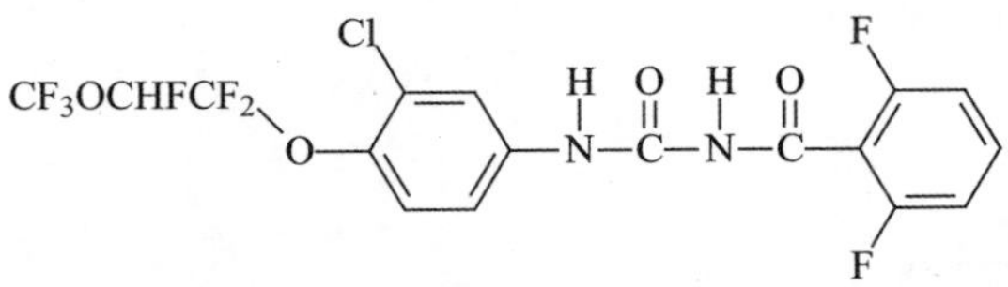

$CF_3OCHFCF_2$–O–(3-Cl-苯基)–NH–C(=O)–NH–C(=O)–(2,6-二氟苯基)

化学名称

（±）-1-[3- 氯 -4-（1，1，2- 三氟 -2- 三氟甲氧基乙氧基）苯基]-3-（2，6- 双氟苯基）脲

理化性质

原药为白色固体，无气味。熔点176.5 ~ 178.0℃。相对密度为1.56。25℃时的蒸气压为1.6×10^{-2}mPa。25℃时在水中的溶解度为 3.4 ± 1.0 μg/L。20℃在有机溶剂中的溶解度 g/L：庚烷 8.39（mg/L），二甲苯 1.88，1，2- 二氯乙烷 2.85，甲醇 14.5，丙酮 198.5，乙酸乙酯 113.0，辛醇 0.98。稳定性：光解半衰期为 2.4h，在 54℃与铝、铁和锌的醋酸盐接触 14d 稳定。

毒性

低毒。雄性和雌性经口 LD_{50}>5 000mg/kg；经皮 LD_{50}>2 000mg/kg。对眼睛和皮肤无刺激。目前还没有对其环境和人体累积以及致癌特性做出明确评估。

生物活性

属苯甲酰脲类的昆虫生长调节剂，是苯甲酰脲类杀虫剂中杀虫活性最高的一种化合物。对昆虫主要是胃毒作用，有一定的触杀作用，但无内吸作用，有良好的杀卵作用。可以阻止昆虫生长过程中蜕皮阶段的几丁质合成，从而影响昆虫蜕皮，使害虫在蜕皮时不能形成新的表皮，虫体呈畸形而死亡。双苯氟脲还能调节昆虫的生长发育，抑制蜕皮变态，抑制害虫的吃食速度，具有很高的杀卵活性。双苯氟脲通过对非成虫生长的破坏缓慢杀死害虫，这一过程可能持续大约几天的时间，对已经处于成虫阶段的害虫没有作用，对益虫相对安全。该药剂具有杀虫谱广，用量少，毒性低，残留低，残效期长，并有保护天敌等特点。

该药可应用于棉花、大豆、玉米、仁果、柑橘、马铃薯以及蔬菜等许多种农业和园艺作物上，并被国际卫生组织列为消灭孑孓用杀虫剂。通过叶面施药，双苯氟脲对很多害虫有高效，例如，它对马铃薯上的克罗拉多马铃薯甲虫和欧洲玉米钻心虫，苹果、梨等果树上的苹果小卷蛾和梨小食心虫，豆类上的豌豆彩潜蝇，蔬菜、森林中的小菜蛾、青菜虫、松毛虫以及多种作物上的粉虱、蓟马、黏虫等药效显著。田间试验表明，双苯氟脲不但对杀死第一、二、三代棉铃虫幼虫有特效，且对很难防治第四代棉铃虫幼虫也具有高于80%的防效。施药最大间隔为30d。

制剂和生产企业

10%乳油。

应用

1. 防治棉铃虫，在棉铃虫卵孵盛期施药，常量喷雾每亩用10%乳油33.3～50mL/亩，对水50～75kg喷雾。

2. 防治苹果小卷蛾和梨小食心虫，在卵孵盛期施药，常量喷雾用10%乳油稀释800～1 000倍喷雾。

3. 防治马铃薯甲虫，在卵孵盛期施药，常量喷雾用10%的乳油27.3～54.5mL/亩，对水50～75kg喷雾。

4. 防治菜青虫、小菜蛾和甜菜夜蛾等蔬菜害虫，在卵孵盛期施药，常量喷雾用10%乳油用量16.7～33.3mL/亩，对水30～45kg。

因双苯氟脲速效性较差，作用慢，因此，若棉铃虫大发生时，应加大用量或与速效性杀虫剂混用。

注意事项

1. 为提高药剂作用速度，可同菊酯类农药混合使用。

2. 不能与碱性农药混用。

3. 本品对虾、蟹幼体有害，对成体无害。

噻嗪酮（buprofezin）

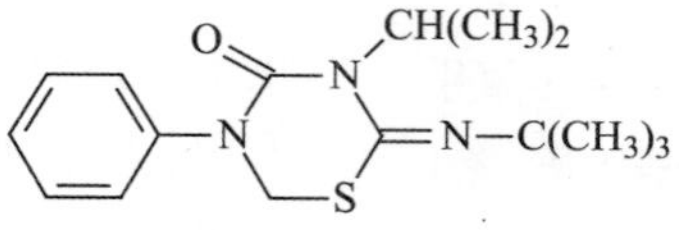

化学名称

2-特丁基亚氨基-3-异丙基-5-苯基-3，4，5，6-四氢-2H-1，3，5-噻二嗪-4-酮

理化性质

纯品为白色结晶，工业品为白色至浅黄色晶状粉末。熔点：104.5～105.5℃，蒸气压1.25mPa（25℃），相对密度1.18，溶解度为：水中为0.9mg/L（25℃），氯仿520g/L，苯中370g/L，甲苯320g/L，丙酮中240g/L，乙醇中80g/L，己烷中20g/L（均为25℃）。对酸、碱、光、热稳定。

毒性

低毒。原药雄性大鼠急性经口LD_{50}为2 198mg/kg，雌性为2 355mg/kg。对眼睛无刺激作用，对皮肤有轻微刺激。

生物活性

属于二嗪类杀虫剂，噻嗪酮是噻二嗪酮化合物，虽不属于苯甲酰脲类，但它的杀虫原理与苯甲酰脲类杀虫剂相同，都是抑制昆虫几丁质合成，作用机理为抑制昆虫几丁质合成和干扰新陈代谢，致使昆虫蜕皮畸形和翅畸形而缓慢死亡。触杀作用强，有胃毒作用，在水稻植株上有一定的内吸输导作用。一般施药后3～7d才显示效果。对成虫无直接杀伤力，但可缩短其寿命，减少产卵量，并阻碍卵孵化和缩短其寿命。该药剂选择性强，对半翅目的飞虱、叶蝉、粉虱及介壳虫类害虫有良好防效，对某些鞘翅目害虫和害螨也具有持久的杀幼虫活性。可有效防治水稻上的飞虱和叶蝉、茶、棉铃虫上的叶蝉、柑橘、蔬菜上的粉虱，柑橘上的钝蚧和粉蚧。残效期长达30d左右。对天敌安全。

制剂

65%、25%、20%可湿性粉剂，25%悬浮剂，8%噻嗪酮展膜油剂

应用

1. 水稻害虫

（1）防治水稻飞虱、叶蝉类害虫，在发生初期施药1次，每亩用25%可湿性粉剂或悬浮剂20～30g，对水40～50kg喷雾（稀释2 000～3 000倍液）；或20%可湿性粉剂30～50g，稀释1 000～2 000倍液；或65%可湿性粉剂10～15g，稀释3 000～4 000倍液。重点喷植株中下部。

（2）防治稻褐飞虱，在主要发生世代及其前一代，在卵孵盛期至低龄若虫盛发期，每亩用25%可湿性粉剂20～30g，对水喷雾，在害虫主要活动部位（稻株中下部）各进行1次均匀喷雾，能有效控制其危害。在褐飞虱主要代若虫高峰期施药还可兼治白背飞虱、叶蝉，效果达81%～100%。

（3）用8%展膜剂防治稻飞虱和叶蝉，在其产卵高峰或若虫始盛期，中等发生程度每亩用施药量100mL，重发生用150mL，分10个等距离点，每点10～15mL将药液滴入稻田中，田间保持5～7cm水层5d以上。使用时注意：①施药时应根据田块大小和虫口密度，目测定点与计算用药量，按10个等距离点依量滴入稻田水中。②该药不加水直接滴施，但稻田必须保持5～7cm水层，药后保水5d以上。③滴药后的田水不得排入鱼池及蔬菜地，以免产生药害。④本品易燃，不可接触火源，应存放阴凉通风处。⑤按一般低毒农药操作规程使用和防护，药液沾染皮肤，用肥皂清洗干净。

2. 果树害虫

防治柑橘矢尖蚧，于若虫盛孵期，用25%可湿性粉剂1 000～2 000倍液均匀喷雾，如需喷2次，中间间隔期为15d。

3. 蔬菜害虫

防治温室白粉虱、烟粉虱，在低龄若虫盛发期，用25%可湿性粉剂2 000～3 000倍液均匀喷雾，具有良好的防治效果，并可兼治茶黄螨等。

4. 茶树害虫

茶小绿叶蝉用25%可湿粉750～1500倍液喷雾。

注意事项

1. 该药剂作用速度缓慢，用药3～5d后若虫才大量死亡，所以必须在低龄若虫为主时施药。

2. 如田间成虫较多，可与叶蝉散等混用。如需兼治其他害虫，亦可与其他药剂混配使用。

3. 用药时在对水稀释后要搅拌均匀喷洒，不可用毒土法使用。

4. 药液不宜直接接触白菜、萝卜，否则将出现褐斑及绿叶白化等药害，药液在鱼塘边慎用。

5. 用药时避免接触人体各部位，如果沾染，应立即用肥皂水及清水冲洗，严重时立即送医院诊治。

6. 密封后贮存于阴凉、干燥处，避免阳光直接照射。

7. 本品不宜在茶树上使用。

灭蝇胺（cyromazine）

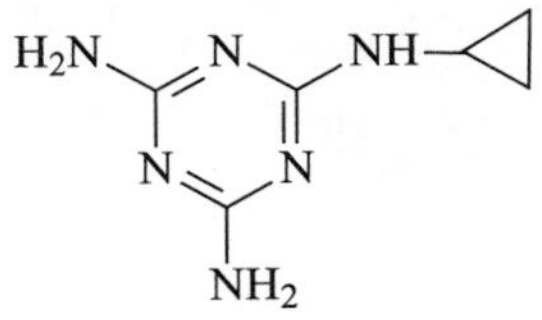

化学名称

N-环丙基-1，3，5-三嗪-2，4，6-三胺

理化性质

白色或淡黄色固体，熔点：220～222℃，蒸气压 >0.13mPa（20℃），20℃时密度为 $1.35g/cm^3$。溶解性（20℃）：水 11 000mg/L（pH 值为 7.5），稍溶于甲醇。310℃以下稳定，在 pH 值为 5～9 时，水解不明显，70℃以下 28d 内未观察到水解。

毒性

低毒。原药大鼠急性经口 LD_{50} 为 3 387mg/kg，大鼠急性经皮 LD_{50}>3 100mg/kg。大鼠急性吸入 LC_{50}（4d）为 2 720mg/L 空气。对兔皮肤弱刺激，对眼睛无刺激。对人、畜低毒。对蓝鳃鱼、鲶鱼、虹鳟鱼、鲤鱼 LC_{50}（96h）大于 100mg/L。对蜜蜂无毒。

生物活性

本品属 1，3，5-三嗪类昆虫生长调节剂，对双翅目幼虫有特殊活性，有强内吸传导作用，诱使双翅目幼虫和蛹在形态上发生畸变，成虫羽化不完全或受抑制。用于防治黄瓜、茄子、四季豆、叶菜类和花卉上的美洲斑潜蝇。可安全使用于肉鸡、种鸡、蛋鸡、猪、牛、羊，对人、畜无不良影响，不伤害蝇蛆天敌，已被世界卫生组织（WHO）列为最低毒性物质。

制剂和生产企业

10%悬浮剂；75%、70%、50%灭蝇胺可湿性粉剂；75%、50%、30%、20%可溶性粉剂；1.5%颗粒剂。浙江禾益农化有限公司、辽宁省沈阳化工研究院试验厂、浙江省温州农药厂、瑞士先正达作物保护有限公司。

应用

1. 防治黄瓜和菜豆斑潜蝇。在斑潜蝇发生初期，当叶片被害率（潜道）达 5%进行防治，应掌握在幼虫潜入为害初期效果更好。用 10%悬浮剂 600～800 倍，或 20%可溶性粉剂 1 000～2 000 倍，或 30%可溶性粉剂 2 000～3 000 倍，或 50%可溶性粉剂、水溶性粉剂 3 000～5 000 倍，或 70%可湿性粉剂 5 000～7 000 倍，或 75%可湿性粉剂 6 000～8 000 倍液均匀喷雾。对潜叶蝇有良好防效。根据斑潜蝇发生情况可在 7～10d 后第二次喷药，一般年份一个盛发期内防治两次，重发生时防治三次。

豇豆、扁豆、豌豆等豆科作物防治斑潜蝇用 50% 可溶性粉剂稀释 2 000～3 000 倍亩喷雾。

西瓜、黄瓜、香瓜、番茄、蔬菜等果蔬防治斑潜蝇用 50% 可溶性粉剂稀释 2 500～3 000 倍喷雾或 80～90g/ 亩土壤处理（持效期 2～3 月）。

2. 防治韭菜韭蛆，在韭蛆发生季节，每亩用 1.5% 颗粒剂 800～1 000g 进行沟施和穴施，可达到较好的控制效果。

以 1 000mg/kg 浸泡或喷淋，可防治羊身上的丝光绿蝇；加到鸡饲料（5mg/kg）中，可防治鸡粪上蝇幼虫，也可在蝇繁殖的地方以 $0.5g/m^2$ 进行局部处理；以 15～30mg/kg 防治观赏植物和蔬菜上的潜叶蝇；以 15mg/L 喷洒菊花叶面，可防治斑潜蝇属 *Liriomyza*；以 5g/ 亩防治温室作物（黄瓜、番茄）潜叶蝇。以 43.3mg/ 亩颗粒剂单独处理土壤，要防治潜蝇，持效期 80d 左右。

注意事项

1. 该药剂对幼虫防效好，对成蝇效果较差，要掌握在初发期使用，保证喷雾质量。

2. 斑潜蝇的防治适期以低龄幼虫始发期为好，如果卵孵不整齐，用药时间可适当提前，7～10d 后再次喷药，喷药务必均匀周到。

3. 本品不能与强酸性物质混合使用。

4. 本剂对皮肤有轻微刺激，使用时注意安全防护。施药后及时用肥皂清洗手、脸部。

5. 贮存于阴凉、干燥处、避光处，远离儿童，勿与食品、饲料混放。

烯虫酯（methoprene）

OCH_3

$(CH_3)_2C—(CH_2)_3$

$CH—CH_2$　　H

CH_3　　$C=C$　　H

H　　$C=C$

CH_3　　$CO_2CH(CH_3)_2$

化学名称

（E，E）-（RS）-11-甲氧基-3、7、11-三甲基十二碳-2，4-二烯酸异丙酯

理化性质

工业品为琥珀色液体，沸点100℃（7Pa）。水中仅溶1.4mg/L。与常用有机溶剂可混溶。紫外光下分解，土壤中半衰期为21d。

毒性

低毒。原药大鼠急性口服LD_{50}>34 600mg/kg。对鱼低毒，对鸟类无毒。

生物活性

属昆虫生长调节剂类杀虫剂，是具选择、稳定性好、高效的保幼激素类似物。对眼睛和皮肤无刺激。干扰昆虫的正常生长发育，抑制成虫产卵，对蛹或成虫无直接杀伤力，处理后的幼虫能正常化蛹，但蛹不能正常羽化。对鳞翅目、双翅目、鞘翅目、同翅目多种昆虫有效，可用于防治植物、贮藏产品中的以及农用牲畜、猫、狗身上和公共卫生方面的许多害虫，对蚊、蝇、烟草甲虫等也有效。在环境中降解速度快，能够被生物分解，在植物体内无累积。

制剂

4.1%烯虫酯可溶性液剂。

应用

1. 防治烟草甲虫，在发生危害期，用4.1%烯虫酯可溶性液剂4 000～5 000倍液均匀喷雾。

2. 防治蚊蝇，特别是洪水退后的防疫工作，可每亩用4.1%烯虫酯可溶性液剂2.7～6.7mL，对水后喷雾。

3. 防治角蝇，可将药剂混在饲料中，然后饲喂牲畜。

注意事项

1. 使用前应认真阅读商品标签。

2. 本品对水生无脊椎动物有毒，使用时避免对水域污染。

3. 本品半衰期短，苜蓿中少于2d，水稻中少于1d。

4. 本品不能与油剂和其他农药混合使用。

苯氧威（fenoxycarb）

$$C_6H_5-O-C_6H_4-OCH_2CH_2NHCO_2CH_2CH_3$$

化学名称

N–[2–（4–苯氧基苯氧基）乙基]氨基甲酸乙酯

理化性质

纯品为白色晶体，熔点 53 ~ 54℃，蒸气压 8.67 × 10^{-4}mPa（25℃），闪点 > 150℃。能溶于丙酮、氯仿、甲醇、异丙醇、乙酸乙酯、乙醚、甲苯等多种有机溶剂，溶解度大于 250g/kg；稍溶于正己烷，溶解度为 5g/L；难溶于水，溶解度为 6mg/kg。分配系数（正辛醇 / 水）20 000。对光稳定，pH 值为 6.5 ~ 10 及温度 10 ~ 38℃条件下稳定。

毒性

低毒。急性口服 LD_{50} 大鼠 > 10 000mg/kg，急性经皮 LD_{50} 大鼠 > 2 000mg/kg，对豚鼠皮肤无刺激性. 对免眼有极轻微刺激性，吸入毒性 LD_{50}:大鼠>0.46mg/L（460mg/m³）空气。对蜜蜂和有益生物无害。

生物活性

是一种非萜烯氨基甲酸酯类化合物，属低毒昆虫生长调节剂类杀虫剂。具有胃毒和触杀作用。杀虫谱广。对多种昆虫有强烈的保幼激素活性，可杀卵，抑制幼虫蜕皮，虫体重下降，成虫出现早熟，造成幼虫后期或蛹期死亡。杀虫专一，此外，对拟除虫菊酯类药剂有较高的增效作用，这是由于它的结构上的特殊性，而不是它的昆虫生长调节活性所致。主要用于仓库，防治仓储害虫。喷洒谷仓，防止鞘翅目、鳞翅目类害虫的繁殖；室内裂缝喷粉防治蟑螂、跳蚤等。可制成饵料防治火蚁、白蚁等多种蚁群；撒施于水中抑制蚊幼虫发育为成蚊；在棉田、果园、菜园和观赏植物上，能有效地防治木虱、蚧类等。

制剂和生产企业

25% 可湿性粉剂；24% 乳油；5%粉剂；1% 毒饵。河南省郑州沙隆达伟新农药有限公司、江苏常隆化工有限公司。

应用

1. 粮食害虫

以 10 ~ 20mg/kg 拌在糙米中，可防治麦蛾、谷蠹、米象、赤拟谷盗、锯谷盗等，持效期达 18 个月，并能防治对马拉硫磷产生抗性的粮仓害虫，而不影响稻种发芽。

2. 卫生害虫

防治火蚁，每集群用 6.2 ~ 22.6mg/kg，在 12 ~ 13 周内可降低虫口率 67% ~ 99%；以 10 ~ 100mg/kg 防治德国幼蠊，死亡率达 76% ~ 100%，持效期为 1 ~ 9 周。

3. 在果园，以 0.006% 浓度喷射，能抑制乌盔蚧的未成熟幼虫和龟蜡蚧的 1、2 龄若虫的生长发育；用 5mg/kg 可有效防治谷象，10mg/kg 可有效防治米象、杂拟谷盗、印度谷螟等仓库害虫；1% 双氧威毒饵防治外红火蚁的使用浓度为 0.0125% ~ 0.025%；24% 双氧威乳油防治蜚蠊和蚤的使用浓度为 60mg/kg。

注意事项

1. 本品在植物、贮藏物上和水中，显示较好的持效，在土壤中能迅速扩散，但对昆虫的杀死速度较慢。

2. 粉剂易受潮，应贮存在阴凉、干燥、通风处。

吡丙醚（pyriproxyfen）

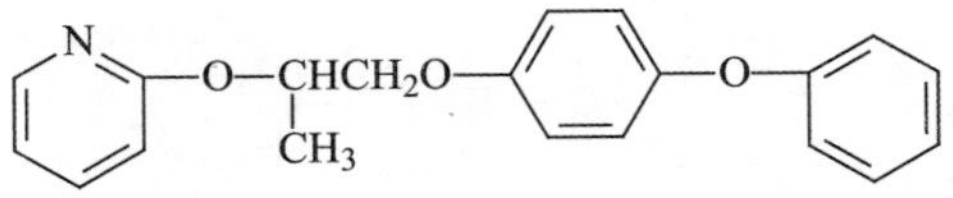

化学名称

4-苯氧苯基（RS）-2-（吡啶-2-氧）丙基醚

理化性质

原药呈淡黄色晶体，熔点 45～47℃，蒸气压 133.3×10^{-7}Pa（22.8℃），相对密度:1.32（20℃）。二甲苯 500g/L，己烷 400g/L，甲醇 200g/L（20℃），水 0.37mg/L（25℃）。

毒性

低毒。原药大鼠急性经口 $LD_{50}>5\ 000$mg/kg，大鼠急性经皮 $LD_{50}>2\ 000$mg/kg，大鼠争性吸入 $LC_{50}>13\ 000$mg/L（4h）。对眼有轻微刺激作用，无致敏作用。在试验剂量下未见致突变、致畸反应。大鼠 6 个月喂养试验无作用剂量 400mg/kg；大鼠 28d 吸入试验无作用剂量 482mg/m^3，动物吸收、分布、排出迅速。

生物活性

是一种新型昆虫生长调节剂，同于昆虫的保幼激素，具有强烈的杀卵活性，同时具有内吸作用，可以影响隐藏在叶片背面的幼虫。对昆虫的抑制作用表现在抑制幼虫蜕皮和成虫繁殖，抑制胚胎发育及卵的孵化，或生成没有生活力的卵，从而有效控制并达到害虫防治的目的。对同翅目、缨翅目、双翅目、鳞翅目害虫具有高效、用药量少的特点，持效期长，对作物安全，对鱼类低毒，对生态环境影响小等特点。具有抑制蚊、蝇幼虫化蛹和羽化作用。蚊、蝇幼虫接触该药剂，基本上都在蛹期死亡，不能羽化。该药剂持效期长达 1 个月左右，且使用方便，无异味，主要用来防治公共卫生害虫，如蜚蠊、蚊、蝇、毛、蠓、蚤等。

制剂

5% 悬浮剂；10% 乳油；0.5% 颗粒剂；5% 可湿性剂

应用

1. 防治蚊幼虫，每平方米用 0.5% 蚊蝇醚颗粒剂 20g，直接投入污水塘或均匀撒布于蚊蝇孳生地表面。

2. 防治蝇幼虫，每平方米用 0.5% 蚊蝇醚颗粒剂 20～40g。

3. 对于蚊、蝇类卫生害虫，后期的 4 龄幼虫是较为敏感的阶段，低剂量即可导致化蛹阶段死亡，抑制成虫羽化，其持效期长，可达 1 个月以上。

此外，本品对烟粉虱及介壳虫效果也较好，在种群形成前进行防治。

注意事项

1. 本品对鱼和其他水生生物有毒，避免污染池塘、河流等水域。

2. 远离儿童，密闭贮存于阴凉、通风处，避免阳光直射，远离火源。

3. 避免接触眼睛和皮肤，施药时配戴手套，施药完毕后用肥皂彻底清洗。

抑食肼（RH-5849）

$$C_6H_5-\overset{O}{\overset{\|}{C}}-NH-\underset{C(CH_3)_3}{\underset{|}{N}}-\overset{O}{\overset{\|}{C}}-C_6H_5$$

化学名称

N-苯甲酰基-N-特丁基苯甲酰肼

理化性质

纯品为白色或无色晶体，无味，熔点174～176℃，蒸气压0.24mPa（25℃）。溶解度：水约50mg/L，环乙酮约50g/L，异亚丙基丙酮约150g/L，原药有效成分含量≥85%，外观为淡黄色或无色粉末。

毒性

中等毒性。大鼠急性经口LD_{50}为435mg/kg，小鼠急性经口LD_{50}501mg/kg（雄）、LD_{50}681mg/kg（雌），大鼠急性经皮LD_{50}>5 000mg/kg。对家兔眼睛有轻微刺激作用，对皮肤无刺激作用。大鼠蓄积系数>5，为轻度蓄积性。三项致突变试验为阴性。在土壤中的半衰期为27d。

生物活性

是非甾类、具有蜕皮激素活性的昆虫生长调节剂。对鳞翅目、鞘翅目、双翅目幼虫具有抑制进食、加速蜕皮和减少产卵的作用。本品对害虫以胃毒作用为主，施药后2～3d见效，持效期长，无残留，适用于蔬菜上多种害虫和菜青虫、斜纹夜蛾、小菜蛾等的防治，对水稻稻纵卷叶螟、稻黏虫也有很好效果。

制剂和生产企业

20%可湿性粉剂；20%悬浮剂。浙江省台州市大鹏药业有限公司、浙江禾益农化有限公司。

应用

1. 蔬菜害虫

（1）防治菜青虫，在低龄幼虫期施药，用20%可湿性粉剂1500～2 000倍液均匀喷雾，对菜青虫有较好防效，对作物无药害。

（2）防治小菜蛾和斜纹夜蛾，在幼虫孵化高峰期至低龄幼虫盛发高峰期施药，用20%可湿性粉剂600～1 000倍液均匀喷雾。在幼虫盛发高峰期用药防治7～10d后，仍需再喷药1次，以维持药效。

2. 水稻害虫

防治水稻稻纵卷叶螟和稻黏虫，在幼虫1～2龄高峰期施药，每亩用20%可湿性粉剂50～100g，对水50～75kg，均匀喷雾。

注意事项

1. 速效性差，施药后2～3d见效。为保证防效，应在害虫初发生期使用，以收到更好的防效，且最后不要在雨天施药。

2. 持效期长，在蔬菜收获前7～10d内停止施药。

3. 不可与碱性农药混用。

4. 应在干燥、阴凉处贮存，严防受潮、曝晒。

5. 制剂虽属低毒农药，但用时应避免直接接触药剂。操作过程中需严格遵守农药安全施药规定。如被农药污染，用肥皂水清洗干净；如误食，应立即找医生诊治。

虫酰肼（tebufenozide）

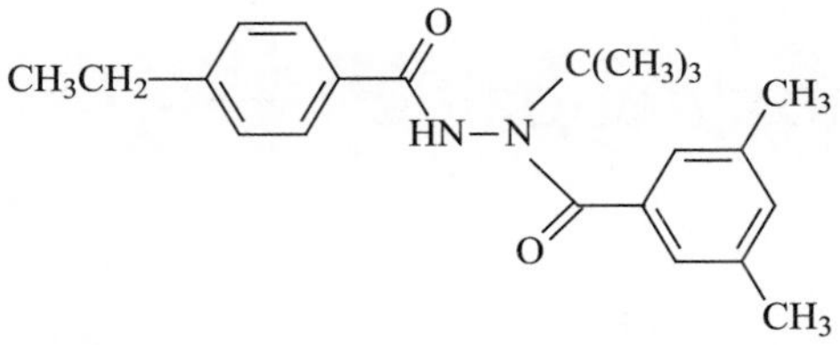

化学名称

N-叔丁基-N'-（4-乙基苯甲酰基）-3，5-二甲基苯甲酰肼

理化性质

纯品为白色粉末。熔点 180～182℃、191℃；蒸气压＜1.56×10^{-4}mPa（25℃）。在水中溶解度（25℃）＜1mg/L。微溶于有机溶剂。90℃下贮存7d稳定，25℃，pH值7水溶液中光照稳定。

毒性

低毒。原药急性口服 LD_{50} 大鼠、小鼠＞5 000mg/kg；急性经皮 LD_{50} 大鼠＞5 000mg/kg；眼刺激、皮肤刺激：极少；诱变性：阴性；环境毒性：野鸭8d日食量 LC_{50}＞5 000mg/kg，虹鳟鱼96 h LC_{50}：5.7mg/L，水蚤属48 h EC_{50} 3.8mg/L，蜜蜂96h接触 LD_{50}＞234 μg/只，对幼蜜蜂生长无影响；有益节肢动物：在实验室条件下，对食肉瓢虫、食肉螨和一些食肉黄蜂和蜘蛛等进行试验，显示阴性。

生物活性

属双酰肼类蜕皮甾酮类杀虫剂，是抑食肼结构经过改造、优化后的产品。作用机理独特，是促进鳞翅目幼虫蜕皮的新型仿生杀虫剂。它能够模拟20-羟基蜕皮酮类似物的作用，被幼虫取食后，干扰或破坏昆虫体内原有激素平衡，使幼虫的旧表皮内不断形成新的畸形新生皮，从而导致昆虫生长发育阻断或异常。表现症状为幼虫取食喷有米满的作物叶片6～8h后即停止取食，不再危害作物，并提前进行蜕皮反应，开始蜕皮，由于不能正常蜕皮而导致幼虫脱水，饥饿而死亡。同时使下一代成虫产卵和卵孵化率降低。无药害，对作物安全，无残留药斑。对低龄和高龄幼虫均有效，残效期长，选择性强，只对鳞翅目害虫有效，对哺乳动物、鸟类、天敌安全，对环境安全。耐雨水冲刷，脂溶性，适用于甘蓝、苹果、松树等植物，用于防治苹果卷叶蛾、松毛虫、甜菜夜蛾、天幕毛虫、舞毒蛾、玉米螟、菜青虫、甘蓝夜蛾、粘虫等。

制剂

30%、24%虫酰肼悬浮剂。

应用

1. 苹果害虫

防治苹果蠹蛾、卷叶蛾等果树害虫，根据虫情测报，第一代开始发生时施药，每亩用24%虫酰肼悬浮剂66.7g，常用1 000～1 500倍液喷雾。如果虫量重，间隔14～21d后再喷1次。

2. 蔬菜害虫

防治甘蓝甜菜夜蛾，成虫产卵盛期或卵孵化盛期施药。每亩用24%悬浮剂60～100g，对水60～100kg，即稀释1 000～1 500倍液均匀喷雾。根据虫情决定喷药次数，持效期为10～14d。

注意事项

1. 使用前，务请仔细阅读产品标签。
2. 配药时应搅拌均匀，喷药时应均匀周到。
3. 施药时应配戴手套，避免药物溅及眼睛及皮肤。
4. 喷药后要用肥皂和清水彻底清洗。
5. 建议每年最多使用本品4次，安全间隔期14d。
6. 本品对鸟类无毒，对鱼和水生脊椎动物有毒，对蚕高毒，不要直接喷洒在水面，废液不要污染水源，在蚕、桑园地区禁止施用此药。

7. 贮存于干燥、阴凉、通风良好的地方，远离食品、饲料，避免儿童接触。

8. 如误服、误吸，应送请医生诊治，进行催吐洗胃和导泻，并移至空气清新处；误入眼睛，应立即用清水冲洗至少15min。

甲氧虫酰肼（methoxyfenozide）

O C(CH₃)₃ CH₃ NH—N CH₃O CH₃ O CH₃

化学名称

N–特丁基–N'–（2–甲基–3–甲氧基–苯甲酰）–3，5–二甲基苯甲酰肼

毒性

低毒。原药大鼠急性经口、经皮 LD_{50} 均>5 000mg/kg；大鼠急性吸入 LC_{50}>4.3mg/L；大鼠90d亚慢性喂饲最大无作用剂量为1 000mg/kg；致突变试验：Ames试验、小鼠微核试验、染色体畸变试验均为阴性；无致畸性、无致癌性。24%悬浮剂（美满）大鼠急性经口 LD_{50}>5 000mg/kg，急性经皮 LD_{50}>2 000mg/kg；大鼠急性吸入 LC_{50}为>0.9mg/L；对皮肤、眼睛无刺激性，无致敏性。对蓝鳃鱼 LC_{50}（96h）>4.3mg/L，鳟鱼 LC_{50}>4.2mg/L；北美鹌鹑 LD_{50}>2 250mg/kg；对蜜蜂 LD_{50}>100 μg/ 蜂。该药对鱼类属中等毒，对鸟类、蜜蜂属低毒。

生物活性

属二酰肼类昆虫生长调节剂，作用方式同抑食肼和虫酰肼。无内吸性。能够模拟鳞翅目幼虫蜕皮激素功能，促进其提前蜕皮、成熟，发育不完全，几天后死亡。中毒幼虫几小时后即停止取食，处于昏迷状态，体节间出现浅色区或条带。该药剂对鳞翅目以外的昆虫几乎无效，因此，是综合防治中较为理想的选择性杀虫剂。对烟芽夜蛾、棉花害虫、小菜蛾等害虫的活性更高，适用于果树、蔬菜、玉米、葡萄等作物。

制剂和生产企业

24%甲氧虫酰肼悬浮剂。美国陶氏益农公司。

应用

1. 水稻害虫

防治水稻二化螟，在以双季稻为主的地区，一代二化螟多发生在早稻秧田及移栽早、开始分蘖的本田禾苗上，是防治对象田。防止造成枯梢和枯心苗，一般在蚁螟孵化高峰前2～3d施药。防治虫伤株、枯孕穗和白穗，一般在蚁螟孵化始盛期至高峰期施药。每亩用24%甲氧虫酰肼20.8～27.8g，对水50～100kg喷雾，一般稀释2 000～4 000倍液。

2. 果树害虫

防治苹果蠹蛾、苹小食心虫等，在成虫开始产卵前或害虫蛀果前施药，每亩用24%甲氧虫酰肼悬浮剂12～16g，重发生区建议用最高推荐剂量，10～18d后再喷1次。安全间隔期14d。

3. 蔬菜害虫

防治甜菜夜蛾、斜纹夜蛾，在卵孵盛期和低龄幼虫期施药，每亩用24%甲氧虫酰肼10～20g，对水40～50kg，一般稀释3 000～5 000倍液。

4. 棉花等其他作物害虫

防治棉铃虫、烟芽夜蛾等害虫，当田间叶片被害率达4%，或2头幼虫/25株时开始施药，用量为每亩16～24g，根据虫情，隔10～14d后再喷1次。

注意事项

1．使用前仔细阅读商品标签。

2．摇匀后使用，先用少量水稀释，待溶解后边搅拌边加入适量水。喷雾务必均匀周到。

3．施药时期掌握在卵孵化盛期或害虫发生初期。

4．为防止抗药性产生，害虫多代重复发生时勿单一施此药，建议与其他作用机制不同的药剂交替使用。

5．本品能对多种杀虫剂、杀菌剂、生长调节剂、叶片肥等混用。混用前应先做预试。将预混的药剂按比例在容器中混合，用力摇匀后静置15min，若药液迅沉淀而不能形成悬浮液，则表明混合液不相容，不混合使用。

6．避免药液喷溅到眼睛和皮肤上，避免吸入药液气雾，施药时穿戴长袖裤及防水手套，施药结束后用肥皂彻底清洗。

7．本品不适宜灌根等任何浇灌方法。

8．本品对水生生物有毒，禁止污染湖泊、水库、河流、池塘等水域。

9．若误服，让患者喝1～2杯水，勿催吐。

呋喃虫酰肼（JSLL8）

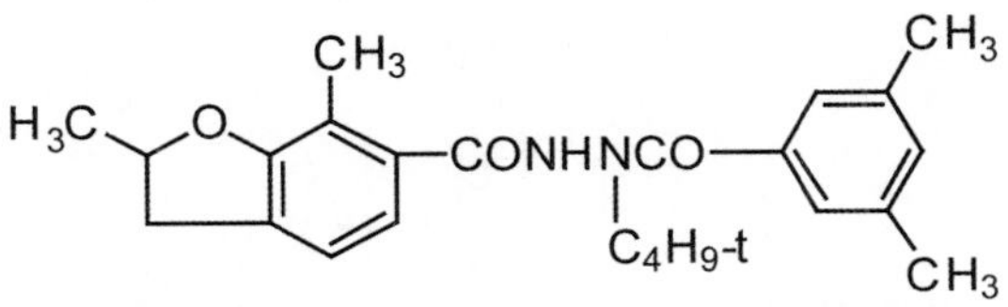

化学名称

N-（2，3，7-氢-2，7-二甲基-苯丙呋喃-6-甲酰基）-N'-特丁基-N'-（3，5二甲基苯甲酰基）肼

理化性质

纯品为白色粉末状固体。熔点：146.0～148.0℃；溶于有机溶剂，不溶于水。

毒性

低毒。原药对大鼠急性经口 LD_{50} > 5 000mg/kg（雄，雌），大鼠急性经皮 LD_{50} > 5 000mg/kg（雄，雌）。眼刺激试验为1.5（1h），对眼无刺激（1∶100稀释）。皮肤刺激试验为0（4h），对皮肤无刺激性。Ames试验无致基因突变作用。对哺乳动物和鸟类、鱼类、蜜蜂毒性极低。

生物活性

为含有苯丙呋喃环的N-特丁基双酰肼类化合物，属昆虫生长调节剂类杀虫剂。具有胃毒、触杀、拒食等活性，以胃毒为主，触杀活性为次。其杀虫作用机理是因化合物分子与昆虫蜕皮激素的主要成份类固醇激素20-羟基蜕皮素的生理作用具有相似性，当被幼虫取食后，干扰或破坏昆虫体内原有激素平衡、使昆虫正常生长发育被阻断或发生异常。当正常蜕皮过程因被阻断或发生异常而停止蜕皮时，昆虫不恢复进食，从而导致死亡。它对目前农作物上多种危害严重的鳞翅目害虫如甜菜夜蛾、斜纹夜蛾、小菜蛾、二化螟等都表现出较高的生物活性，对经济作物上一些危害严重的鳞翅目害虫，如茶尺蠖、柑橘潜叶蛾等，同样也表现出较高的生物活性，杀虫谱包括黏虫、甜菜夜蛾、小菜蛾、玉米螟、棉铃虫、二化螟、三化螟、斜纹夜蛾、柑橘潜叶蛾、茶尺蠖、菜青虫等。

制剂

10％呋喃虫酰肼悬浮剂。

应用

在蔬菜和玉米田亩用有效成分6～8g，可有效防治小菜蛾、菜青虫、甜菜夜蛾等多种害虫。

第七章 其他类杀虫剂

虫螨腈（chlorfenapyr）

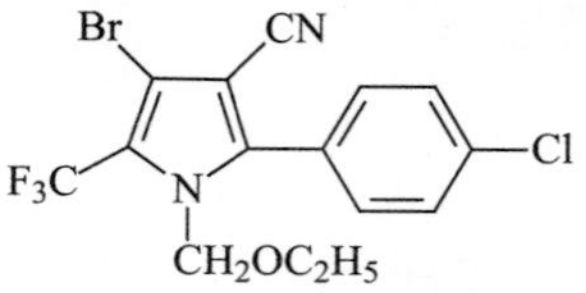

化学名称

4–溴–2–（4–氯苯基）–1–乙氧基甲基–5–三氟甲基吡咯–3–腈

理化性质

原药外观为淡黄色固体，有效成分含量94.5%，熔点100~101℃，25℃时饱和蒸气压 < 1×10^{-2}mPa。该品可溶于丙酮、乙醚、四氯化碳、乙腈、醇类型，不溶于水。

毒性

低毒。原药大鼠急性经口LD_{50}626mg/kg，兔急性经皮LD_{50} > 2 000mg/kg，大鼠急性吸入LC_{50}1.9g/L。该品对兔眼睛及皮肤无刺激性，对豚鼠皮肤无致敏作用。亚急性毒性对大鼠、小鼠经口无作用剂量分别为600mg/kg和160mg/kg（28d试验）；两年慢性毒性试验大鼠无作用剂量60mg/kg。该药未见致畸作用；大鼠在240mg/kg食物下喂养80周未见致癌作用。该药对神经系统未见急性毒性。翻车鱼LC_{50}11.6mg/m^3，水蚤EC_{50}17.4g/L（48h）。蜜蜂LD_{50}0.20 μg/只。蚯蚓LD_{50}22mg/kg。鹌鹑LD_{50}34mg/kg，野鸭LD_{50}10mg/kg。

生物活性

该药除尽是一种芳基取代吡咯化合物，具有独特的作用机制。它作用于昆虫体内细胞的线粒体上，通过昆虫体内的多功能氧化酶起作用。主要抑制二磷酸腺苷（ADP）向三磷酸腺苷（ATP）的转化，而三磷酸腺苷贮存细胞维持其生命机能所必须的能量。除尽通过胃毒及触杀作用于害虫，在植物叶面渗透性强，有一定的内吸作用，可以控制对氨基甲酸酯类、有机磷酸酯类和拟除虫菊酯类杀虫剂产生抗性的昆虫和某些螨。该药可单独使用，也可与其他杀虫剂混用。

制剂和生产企业

10%悬浮剂；5%微乳剂。德国巴斯夫股份有限公司。

应用

1. 本药对防治抗性小菜蛾有较好的效果。在甘蓝生长处于莲座期，小菜蛾处于低龄幼虫期时施药，每亩用10%悬浮剂50~70g，加水喷雾，药效可持续15d以上。在甘蓝生长期内，两次喷药即可控制小菜蛾的为害，并对蚜虫有一定的抑制作用。

2. 防治蔬菜上的甜菜夜蛾，在发生盛期的低龄幼虫期，每亩用10%除尽悬浮剂33.3～50g，或用5%微乳剂80～100mL，对水均匀喷雾。

注意事项

1. 该制剂用于十字花科蔬菜的安全隔离期暂定为14d。每季使用不得超过两次。

2. 该制剂对鱼有毒，不要将药液直接洒到水及水源处。

3. 不慎将药剂接触皮肤或眼睛，应立即用肥皂和大量清水冲洗，或去医院治疗。

4. 该药无特殊解毒剂，应对症治疗，催吐只能在专业人员监督下进行。

茚虫威（indoxacarb）

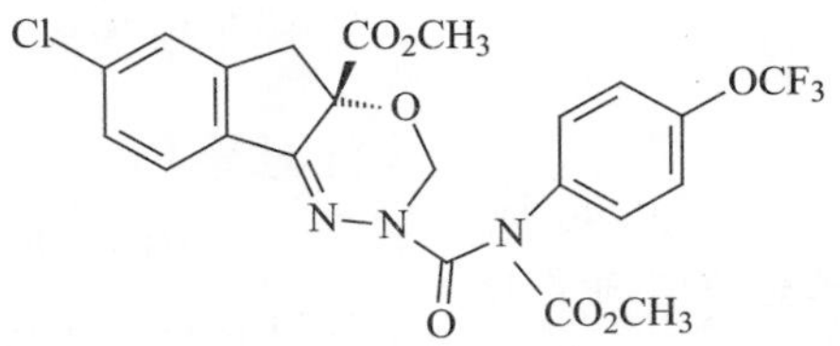

Cl　CO_2CH_3　O　OCF_3　N–N　N　O　CO_2CH_3

化学名称

7-氯-2，5-二氢-2-[N-（甲氧基甲酰基）-4-（三氟甲氧基）苯胺甲酰]茚并[1，2-e][1，3，4]噁二嗪-4a（3H）甲酸甲酯

理化性质

纯品为白色粉末状固体。熔点：88.1℃，相对密度1.44（20℃），蒸气压9.8 × 10^{-9}Pa（20℃）。水中溶解度0.2mg/L。水溶液稳定性DT50：30d（pH值为5）、38d（pH值为7）、1d（pH值为9）。

毒性

低毒。原药大鼠急性经口LD_{50}：雄1 730mg/kg，雌268mg/kg：兔急性经皮LD_{50}：>5 000mg/kg。对兔眼睛和皮肤无刺激。其活性成分对皮肤有轻微刺激作用。慢性动物饲养研究表明，长期接触一定剂量易导致一定的慢性毒性，具体表现在体重降低、高剂量情况下还能引起怀孕老鼠的后代发育迟缓，但无致畸和致癌性。推荐使用剂量下，对鱼和野生动物等没有显著的影响，对有益昆虫猎蝽、大眼蝽，小花蝽、鸟、姬猎蝽、蜘蛛、捕食螨、寄生蜂也没有明显影响。

生物活性

是噁二嗪类新型高效、低毒、低残留杀虫剂，具有触杀和胃毒作用，对各龄期幼虫都有效。杀虫作用机理独特，其本身对害虫毒性较低，进入昆虫体内后能被迅速活化并与钠通道蛋白结合，从而破坏昆虫神经系统正常的神经传导，导致靶标害虫协调、麻痹、最终死亡。但最近有研究发现，茚虫威对神经突触后膜上烟碱型乙酰胆碱受体也有明显的作用，并认为乙酰胆碱受体是茚虫威的主要作用靶标。药剂通过接触和取食进入昆虫体内，0～4h内昆虫即停止取食，随即被麻痹，昆虫的协调能力会下降（可导致幼虫从作物上落下），从而极好的保护了靶标作物。一般在药后24～60h内害虫死亡。用于防除几乎所有鳞翅目害虫，如适用于防治甘蓝、花椰类、芥蓝、番茄、辣椒、黄瓜、小胡瓜、茄子、莴苣、苹果、梨、桃、杏、棉花、马铃薯、葡萄等作物上的甜菜夜蛾、小菜蛾、菜青虫、斜纹夜蛾、甘蓝夜蛾、棉铃虫、烟青虫、银纹夜蛾、粉纹夜蛾、卷叶蛾类、苹果蠹蛾、食心虫、叶蝉、金刚钻、棉大卷叶螟、牧草盲蝽、葡萄长须卷叶蛾、马铃薯块茎蛾、马铃薯甲虫等。

由于茚虫威完全不同于其他杀虫剂的作用机理，与其他杀虫剂不存在交互抗性，因而可用于抗性害虫的治理。最近澳大利亚的科学家研究发现，茚虫威与拟除虫菊酯类杀虫剂之间存在负交互抗性，对菊酯类杀虫剂抗性的田间棉铃虫种群对茚虫威更加敏感，并证实这种负交互抗性是由于抗拟除虫菊酯类杀虫剂的棉铃虫体内有更强的酯酶活性，而这种酯酶将促进茚虫威在昆虫体内的活化成对昆虫有更强毒性的代谢物从而增加茚虫威对棉铃虫的毒性，无疑茚虫威与菊酯类杀虫剂间的负交互抗性在现有抗性害虫的治理中有巨大的应用潜能。

制剂和生产企业

30%水分散粒剂；15%悬浮剂；0.045%杀蚁饵粒。美国杜邦公司。

应用

推荐使用剂量为15%悬浮剂5.5～33.3g/亩，应用为茎叶喷雾处理。蔬菜、甜玉米等使用剂量为12.5～33g/亩，苹果、梨等使用剂量为12.5～33g/亩，棉花使用剂量为32～55.5g/亩。

1. 防治小菜蛾、菜青虫：在2～3龄幼虫期。每亩用30%茚虫威水分散粒剂4.4～8.8g或15%茚虫威悬浮剂8.8～13.3mL对水喷雾。

2. 防治甜菜夜蛾：低龄幼虫期每亩用30%茚虫威水分散粒剂4.4～8.8g或15%茚虫威悬浮剂8.8～17.6mL对水喷雾。根据害虫危害的严重程度，可连续施药2～3次，每次间隔5～7d。清晨、傍晚施药效果更佳。

3. 防治棉铃虫：每亩用30%茚虫威水分散粒剂6.6～8.8g或15%茚虫威悬浮剂8.8～17.6mL对水喷雾。依棉铃虫危害的轻重，每次间隔5～7d，连续施药2～3次。

注意事项

施用茚虫威后，害虫从接触到药液或食用含有药液的叶片到其死亡会有一段时间，但害虫此时已停止对作物取食和危害。

丁醚脲（diafenthiuron）

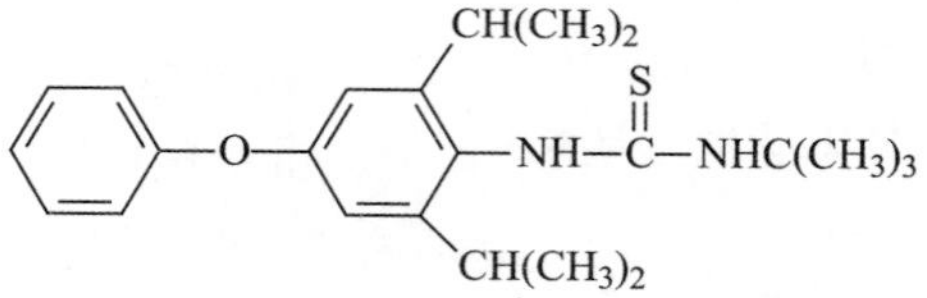

$CH(CH_3)_2$

S

O — NH—C—$NHC(CH_3)_3$

$CH(CH_3)_2$

化学名称

1-特丁基-3-（2，6-二异丙基-4-苯氧基苯基）硫脲

理化性质

纯品为白色粉末，密度1.08（20℃），熔点149.6℃，蒸气压＜2×10^{-6}Pa（25℃）。溶解度25℃时在水中62μg/L；20℃时，在甲醇中40g/L，丙酮中280g/L，甲苯中320g/L，乙烷中8g/L，正辛醇中23g/L。原药外观为白色至浅灰色粉末，相对密度1.09（20℃），pH7.5（25℃）。

毒性

低毒。原药大鼠急性经口LD_{50}2 068mg/kg，小鼠急性经口LD_{50}604mg/kg，大鼠急性经皮LD_{50}>2 000mg/kg，急性吸入（4h）LC_{50}558mg/m^3。虽然该药的急性毒性低，但在重复给药的情况下有一定蓄积性，因此，世界卫生组织（WHO）将此药定为中等毒性。该药对兔皮肤和眼睛没有刺激性和致敏性。在试验剂量下，对动物无致突变、致畸和致癌作用（大鼠致畸试验无作用剂量5mg/kg，繁殖试验无作用剂量30mg/kg），大鼠两年慢性和致癌试验无作用剂量30mg/kg。狗一年慢性和致癌试验无作用剂量 0.3mg/kg。每人每日最大允许摄入量（ADI）为 0.003mg/kg・d。该药对鱼高毒，LC_{50}（96h）：鲤鱼 0.003 8mg/L，虹鳟鱼 0.000 7mg/L，蓝鳃鱼 0.001 3mg/L，水蚤 LC_{50}（48h）< 0.5mg/L。对蜜蜂毒性也较高，急性经口（48h）LD_{50} 2.12μg/只，局部接触 LD_{50} 1.47μg/只。蚯蚓 LC_{50}（14d）2 600mg/kg。在土壤中的半衰期 1.66d，其中两种主要代谢物的半衰期<20d 和<120d。在水中的半衰期，25℃时 18d。在人工光照条件下，光解半衰期为 37.9min。

虽然该药的急性毒性低，但在重复给药的情况下有一定的蓄积性，因此世界卫生组织将此药定为中等毒性。

生物活性

是一种新型硫脲杀虫、杀螨剂，广泛应用于棉花、水果、蔬菜和茶树上。该药是一种选择性杀虫剂，具有触杀、胃毒、内吸和熏蒸作用，在紫外光下转变为具杀虫剂虫活性的物质碳二亚胺，因此，宜在晴天时使用该药。碳二亚胺是一种线粒体 ATP 酶抑制剂，可以控制蚜虫的敏感品系以及对氨基甲酸酯、有机磷和拟除虫菊酯类产生抗性的蚜虫、大叶蝉和椰粉虱等，还可以控制小菜蛾、菜粉蝶和夜蛾的为害，并具有一定杀卵活性。该药可以与大多数杀虫剂和杀菌剂混用。

制剂和生产企业

80%、50%可湿性粉剂；25%乳油；50%悬浮剂。陕西恒田化工有限公司、江苏常隆化工有限公司。

应用

1. 防治蔬菜害虫

防治十字花科蔬菜小菜蛾，在自然界小菜蛾发生“青峰”期（4 ~ 6 月），或甘蓝结球期以及甘蓝莲座期，于小菜蛾 2 ~ 3 龄为主的幼虫盛发期施药，每亩用 50%可湿性粉剂 50 ~ 100g，或 80%可湿性粉剂 50 ~ 75g，加水 40 ~ 50L 喷雾，连续两次施药间隔期 10 ~ 15d，可有效地控制小菜蛾的为害。对甜菜夜蛾，每亩用 50%可湿性粉剂 60 ~ 100g，加水 40 ~ 50L 喷雾。对菜青虫，每亩可用 25%乳油 60 ~ 80mL。加水 40 ~ 50L 喷雾。

2. 防治苹果红蜘蛛

用 50%可湿性粉剂稀释 1 000 ~ 2 000 倍进行均匀喷雾。

3. 防治棉花蚜虫

每亩用 50%悬浮剂 60 ~ 80g，加水 50 ~ 60L 喷雾。

4. 防治茶树上的茶小绿叶蝉

每亩用 50%悬浮剂 100 ~ 120g，加水 50 ~ 60L 喷雾。

注意事项

施药时避免身体与药剂直接接触，穿戴好防护衣物。如有药剂污染皮肤或溅入眼中，立即用大量的清水冲洗。

如有误服，可给患者服用活性炭或用催吐剂催吐。但切勿给昏迷者服用任何东西。该药没有特殊解毒剂，对症治疗。

氟虫腈（fipronil）

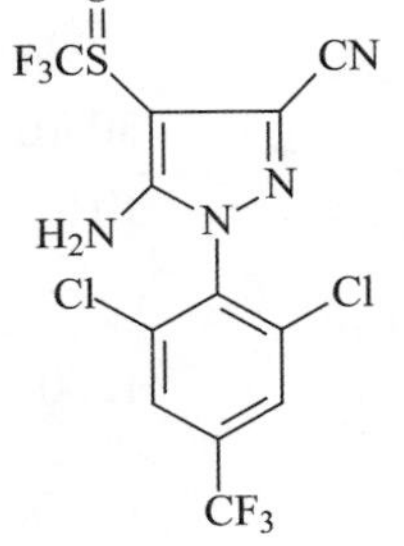

化学名称

（RS）-5-氨基-1-（2，6-二氯-4-三氟甲基苯基）-4-三氟甲基亚磺酰基吡唑-3-腈

理化性质

纯品为白色固体，熔点200～201℃，相对密度1.477～1.626（20℃）。蒸气压3.7×10^{-4}mPa（20℃）；分配系数（25℃）LogP4.0。水中溶解度（20℃，mg/L）1.9（蒸馏水），1.9（pH5），2.4（pH9）；其它溶剂中溶解度（20℃，g/L）：丙酮545.9，二氯甲烷22.3，甲苯3.0，己烷＜0.028。在pH5、7的水中稳定，在pH9时缓慢水解，DT_{50}约为28d，在太阳光照下缓慢降解，但在水溶液中经光照可快速分解。

毒性

中等毒性。大鼠急性经口LD_{50}97mg/kg，小鼠急性经口LD_{50}95mg/kg；大鼠急性经皮LD_{50}＞2000mg/kg，兔急性经皮LD_{50}354mg/kg，大鼠吸入LC_{50}（4h）0.682mg/L，本品对兔眼睛和皮肤无刺激。无致畸、致癌和引起突变的作用。野鸭LD_{50}＞2000mg/kg；鹌鹑LD_{50}11.3mg/kg；鹌鹑LC_{50}49mg/kg，野鸭LC_{50}5000mg/kg。虹鳟、鲤鱼LC_{50}（96h）248mg/L。水蚤LC_{50}（48h）0.19mg/L。对家蚕毒性较低。

生物活性

氟虫腈是一种苯基吡唑类杀虫剂，杀虫广谱，对害虫以胃毒作用为主，兼有触杀和一定的内吸作用，其作用机理在于阻碍昆虫γ～氨基丁酸控制的氯离子通道，与常用杀虫剂有机磷、氨基甲酸酯和菊酯类杀虫剂之间不易产生交互抗性，是取代甲胺磷等高毒农药比较理想的产品。可广泛应用蔬菜、水果、甘蔗、玉米等作物害虫及蟑螂、白蚁等非农业害虫的防治。对半翅目、鳞翅目、缨翅目、鞘翅目等害虫以及对环戊二烯类、菊酯类、氨基甲酸酯类杀虫剂已产生抗药性的害虫都具有极高的敏感性，同时该药剂还具有刺激作物生长的特性和功效。在使用方式方面，既可施于土壤，也可用于叶面喷雾。施于土壤能有效地防治玉米根叶甲、金针虫和地老虎等地下害虫。叶面喷洒时，对飞虱、象甲、小菜蛾、菜粉蝶、稻蓟马等害虫均有良好的防效，且持效期长。由于氟虫腈对虾、蟹高毒，严禁在水稻田使用。适用于蔬菜、棉花、烟草、马铃薯、甜菜、大豆、油菜、茶叶、苜蓿、甘蔗、高粱、玉米、果树、森林、观赏植物、公共卫生、畜牧业、贮存产品及地面建筑等防除各类作物害虫和卫生害虫。

氟虫腈是一种苯基吡唑类杀虫剂、杀虫谱广，对害虫以胃毒作用为主，兼有触杀和一定的内吸作用，其作用机制在于阻碍昆虫γ～氨基丁酸控制的氯化物代谢，因此对蚜虫、叶蝉、飞虱、鳞翅目幼虫、蝇类和鞘翅目等重要害虫有很高的杀虫活性，对作物无药害。该药剂可施于土壤，也可叶面喷雾。施于土壤能有效防治玉米根叶甲、金针虫和地老虎。叶面喷洒时，对小菜蛾、菜粉蝶、稻蓟马等均有高水平防效，且持效期长。

25～50g有效成分/hm²叶面喷施，可有效防治马铃薯叶甲、小菜蛾、粉纹菜蛾、墨西哥棉铃象甲和花蓟马等。6～15g有效成分/hm²叶面喷施，可防治草原里蝗属和沙漠蝗属害虫。100～150g有效成分/hm²施于土壤，能有效地防治玉米根叶甲、金针虫和地老虎。250～650g有效成分/100kg种子处理玉米种子，能有效地防治玉米金针虫和地老虎。本品的主要防治对象包括蚜虫、叶蝉、鳞翅目幼虫、蝇类和鞘翅目等害虫。是被众多农药专家推荐为代替高毒有机磷农药的首选品种之一。

制剂和生产企业

德国拜耳作物科学公司、安徽华星化工股份有限公司。80%水分散粒剂；5%悬浮剂、0.3%颗粒剂；5%、25%悬浮种衣剂；0.4%超低容量剂；0.05%、0.008%饵剂。

应用

1. 5%悬浮剂

防治十字花科蔬菜害虫小菜蛾，在小菜蛾处于低龄幼虫期施药，每亩用5%氟虫腈悬浮剂18～30mL或稀释1500～2000倍液均匀喷雾，喷雾时要均匀，使药液喷到植株的各部位。

防治马铃薯甲虫，每亩用18～35mL或稀释1200～2000倍液均匀喷雾。

2. 0.3%颗粒剂

防治甘蔗蔗螟、蔗龟，每亩用制剂5.4g拌土撒施或每亩用制剂6.67～10g沟施。

3. 0.4%超低容量剂

防治草原或滩涂飞蝗或土蝗，每亩用0.4%氟虫腈超低容量剂0.26～0.53g进行超低量喷雾。

4. 0.05%饵剂防治蟑螂

防治德国小蠊投饵量为每平方米制剂0.03～0.09g。

防治美洲大蠊投饵量为每平方米制剂0.03～0.09g。

5. 0.008%饵剂

蚂蚁经常出没处直接投放00.008%氟虫腈杀蚁饵剂诱杀蚂蚁。

注意事项

1. 本产品对甲壳类水生生物、蟹为高毒，使用者应严格按照标签规定使用。

2. 严禁在稻田使用。

3. 严禁在池塘、水渠、河流中洗涤使用本产品的药械，以免污染水源。

4. 禁止在蜜源植物的开花期及养蜂场所附近使用等。

5. 本药剂应以原包装妥善保管在干燥阴凉处，远离食品和饲料，并放于儿童触及不到的地方。

6. 对动物的中毒试验发现，氟虫腈中毒的典型症状表现为神经系统的超兴奋，多动、亢奋、颤抖，更为严重时出现昏迷、抽搐。如误食，需催吐，并立即就医。至今尚未发现有专门的解毒剂，苯巴比妥类药物可缓解中毒症状。

丁烯氟虫腈（butene–fipronil）

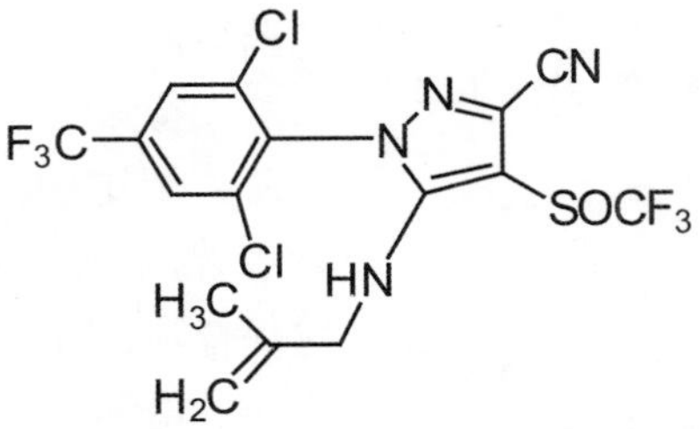

Cl
CN
F_3C
N
N
$SOCF_3$
Cl
HN
H_3C
H_2C

化学名称

5–（N–2–甲基–2–丙烯基）氨基–1–（2，6–二氯–4–三氟甲基苯基）–4–三氟甲基亚磺酰基吡唑–3–腈

理化性质

纯品为白色粉末。熔点：172～174℃。25℃时溶解度为：水0.02g/L，乙酸乙酯260.02g/L。常温时对酸、碱稳定。

毒性

低毒。原药经过经口、经皮试验均为低毒，Ames试验及遗传毒性试验为阴性。其制剂的急性经口LD_{50}为大鼠（雄、雌）>4640 mg/kg；急性经皮LD_{50}（雄、雌）>2150 rag/kg。对眼睛刺激较重，对皮肤为弱致敏性。对蚕LC_{50}>5000 mg/L；对蜜蜂高毒；对鹌鹑急性经口LD_{50}（雄、雌）>2 000 mg/kg，对斑马鱼LC_{50}（96h）为19.62 mg/L，属低毒。

生物活性

丁烯氟虫腈是在氟虫腈的基础上开发的新化合物，对菜青虫、小菜蛾、螟虫、粘虫、褐飞虱、叶甲等多种害虫具有较高的活性，特别是对水稻、蔬菜害虫的活性显现了与氟虫腈同等的效力，但对桃蚜、二斑叶螨无效。丁烯氟虫腈对鱼低毒。

制剂和生产企业

5%乳油；5%悬浮剂。大连瑞泽农药股份有限公司。

应用

1. 水稻

防治水稻二化螟、三化螟、稻纵卷叶螟、褐飞虱等害虫，每亩用5%丁烯氟虫腈乳油50-60毫升，在螟虫卵孵高峰期和飞虱发生初期对水喷雾。

2. 蔬菜

防治小菜蛾、菜青虫，每亩用5%丁烯氟虫腈乳油50～60mL，在虫卵孵高峰期对水喷雾。

氟蚁腙（hydramethylnon）

$$\left(F_3C-C_6H_4-CH=CH\right)_2C=N-N=\underset{NH-}{\overset{NH-}{C}}\text{—}(CH_3)_2$$

化学名称

5，5-二甲基全氢化嘧啶-2-酮4-三氟甲基-a-（4-三氟甲基苯乙烯基）肉桂叉腙

理化性质

黄色至棕褐色不透明液体。相对密度1.05～1.15。不溶于水。

毒性

低毒。大鼠急性经口LD_{50}>5000 mg/kg，兔急性经皮LD_{50}>2000mg/kg。对皮肤无明显刺激作用，过量接触后可能引起眼刺激症状。

生物活性

氟蚁腙是一种全新的胃毒剂，氟蚁腙能有效抑制蟑螂的代谢系统及能抑制细胞粒腺体内ADP转ATP的电子交换过程，造成循环系统变慢，呼吸系统衰竭，耗氧量减少，最终因迟缓性麻痹而死亡。氟蚁腙具有药效的延迟作用，即蟑螂食用氟蚁腙后，药效不会立即作用而死亡，会待其回到其巢穴慢慢死亡，藉蟑螂的食尸性及食粪性，将药剂散播在整个族群，这种延迟作用的运用，在新型的杀蟑饵剂上是一大进步。氟蚁腙不仅可有效地杀死直接取食的蟑螂，且能使大部分主剂以原形从粪便排出或分布蟑螂体内各部，致使取食该虫尸及粪便的蟑螂再度致死，构成"连锁中毒"。由于氟蚁腙具有独特的作用机制，可防治对氨基甲酸酯，菊酯类杀虫剂已产生抗性的各种蟑螂。该毒饵对德国小蠊的若虫、成虫均有极好的"连锁"药效，分别在用药后的第六天和第十三天连续达到100%。因氟蚁腙无特殊气味，不污染环境，特别适合于高标准场所，尤其是喷雾不能处理之场所的灭蟑需要，如：酒店。医院、写字楼、工厂、饭店，食品店、超市、保育院、厨房，宠物店、动物园、飞机、火车、轮船、电器、精密仪器等场所的蟑螂防治。

制剂和生产企业

2%毒饵。江苏优士化学有限公司、德国巴斯夫股份有限公司。

应用

2%毒饵根据蟑螂的取食习性设计，适口性极佳，配方中含有较多的水分并保持稳定性，毒饵在施用后90d仍保持极好的适口性和引诱力。使用毒饵专用注射枪校准后，将药剂直接射入缝隙进行处理，或直接投放胶饵于蟑螂出没处。

具体使用方法为：

利用施药设备将药剂施打于不易看到、不意摸到的角落。

每点约打红豆般大小，施打于缝细、抽屉、墙

角等阴暗不易触及之处。蟑螂少的地方（如：客厅、卧室），每隔 100cm 打一点。蟑螂多的地方（如：餐厅、面包店、厨房），每隔50cm打一点，约100 ~ 150m^2，约施打 2 支 30g 装的药剂。150 ~ 250m^2，约施打 3 支 30g 装。250 ~ 330m^2 以上，约施打 4 支 30g 装。

三个月后再施打一次，效果更好。

饵胶尽量不要碰到水，避免发霉，效果减半。

饵胶尽量不要施打于水源附近，避免水源接触饵胶，降低饵胶效果。

中毒解救

皮肤或眼接触药剂，用大量肥皂和清水冲洗。如不小心口服，给饮 1 或 2 杯水，用手指触及咽后壁以催吐，口服者侧卧或俯立，以防呕吐物吸入肺。意识丧失者勿予催吐，禁食。

吡蚜酮（pymetrozine）

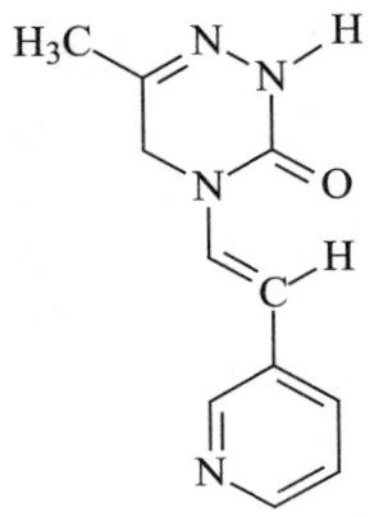

化学名称

（E）-4，5- 二氢 -6- 甲基 -4-（3- 吡啶亚甲基氨基）-1，2，4- 三嗪 -3（2H）- 酮

理化性质

纯品为白色结晶粉末。熔点：234 ℃ 。蒸气压（20℃）<9.75 × 10^{-5}mPa。分配系数（25℃）LogP = -0.18。溶解度（20℃，g/L）：水 0.27；乙醇 2.25；正已烷<0.01。稳定性：对光、热稳定，弱酸弱碱条件下稳定，在 pH1 时水解 DT_{50} 为 43d，在 pH5 时水解 DT_{50} 为 25d。

毒性

低毒。大鼠经口 LD_{50} 为 5 820mg/kg，大鼠经皮 LD_{50} > 2 000mg/kg。大鼠急性吸入 LC_{50}（4h）>1800mg/L；本品对兔眼睛和皮肤无刺激，无致突变性。鹌鹑、麻鸭 LD_{50}>2000mg/kg，鹌鹑 LC_{50}>5 200mg/kg；虹鳟、鲤鱼 LC_{50}（96h）>100 mg/L；水蚤 EC_{50}（48h）>100mg/L；蜜蜂经口 LD_{50}（48h）>117 μg/ 只，蜜蜂接触 LD_{50}（48h）>200 μg/ 只。对大多数非靶标生物如节肢动物、鸟类和鱼非常安全，在昆虫间具有高度的选择性。

生物活性

吡蚜酮是吡啶类杀虫剂的代表，是全新的一类杀虫剂，对危害蔬菜、花卉、棉花、啤酒花、果树等多种作物的刺吸式口器害虫表现出优异的防治效果。吡蚜酮对害虫没有直接毒性，不具“击倒”效果。利用电穿透图（EPG）技术进行研究表明，无论是点滴、饲喂或注射试验，只要蚜虫一接触到吡蚜酮几乎立即产生口针阻塞效应，立刻停止取食，并最终饥饿致死。尽管目前对吡蚜酮所引起的口针阻塞机制尚不清楚，但已有的研究表明这种不可逆的“停食”不是由于“拒食作用”所引起。用吡蚜酮处理后的昆虫最初死亡率是很低的，昆虫“饥饿”致死前仍可存活数日，且死亡率高低与气候条件有关。试验表明，药剂处理 3h 内，蚜虫的取食活动降低 90% 左右，处理后 48h，死亡率可接近 100%。

吡蚜酮对害虫具有触杀作用，同时还有内吸活性。在植物体内既能在木质部输导也能在韧皮部输导；因此既可用作叶面喷雾，也可用于土壤处理。由于其良好的输导特性，在茎叶喷雾后新长出的枝叶也可以得到有效保护。吡蚜酮对同翅目害虫的若虫和成虫有非常好的防治效果。白粉虱1龄若虫和成虫对该化合物最敏感，2～4龄若虫敏感度显著降低。与白粉虱相比，蚜虫对吡蚜酮更为敏感，田间应用时，使用剂量仅是防治白粉虱药量的三分之二。此外，吡蚜酮对叶蝉和飞虱也有较理想的防治效果。致使对有机磷和氨基甲酸酯类杀虫剂已产生抗性，吡蚜酮对刺吸式口器害虫特别是蚜虫、白粉虱、黑尾叶蝉仍有独特的防治效果，可用于多种抗性品系害虫的防治。因其具有的高选择性、对哺乳动物的低毒性和对鸟类、鱼类、非靶标节肢动物的安全性。因此，吡蚜酮是一种高效、低毒、高选择性、对环境生态安全的新型杀虫剂。

吡蚜酮在环境中可迅速降解，在土壤中的半衰期仅为2～29d，且其主要代谢产物在土壤中淋溶性很低，使用后仅停留在浅表土层中，在正常使用情况下，地下水没有被污染之虞。

制剂和生产企业

25%吡蚜酮可湿性粉剂。江苏安邦电化有限公司。

应用

吡蚜酮由于其特有的安全性，主要被推荐用于蔬菜和花卉上防治刺吸式口器害虫如各种蚜虫和白粉虱。用于防治蚜虫，使用剂量为80g制剂/hm^2；而用于白粉虱则需要较高剂量为120g制剂/hm^2。另外，该化合物也可以用于防治诸如烟草、棉花和马铃薯等作物上的刺吸式害虫如烟蚜和棉蚜等，使用剂量为80～120g制剂/hm^2；用于柑桔和落叶果树上的蚜虫防治剂量为60～100g制剂/hm^2。

另外，由于许多植物的病毒病是由刺吸式口器害虫传播的，吡蚜酮的应用还可以大大减低许多植物病毒病的传播机会，从而有效地控制田间病毒病的发生。

氯虫苯甲酰胺（chlorantraniliprole）

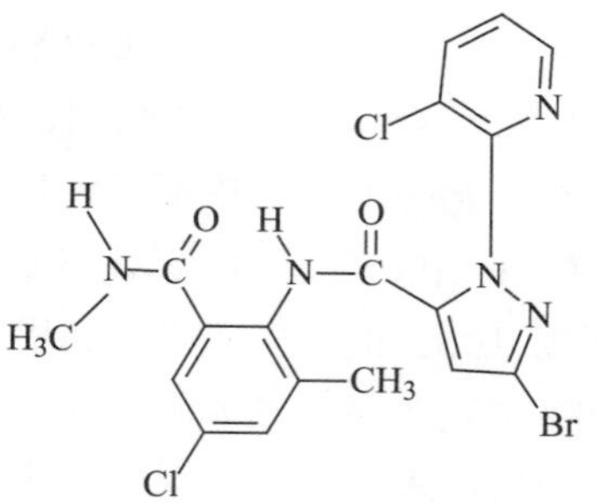

Cl N H O H O N—C N—C N N H_3C CH_3 Br Cl

化学名称

3-溴-4′-氯-1-（3-氯-2-吡啶）-2′-甲基-6′-（甲基氨基甲酰）吡唑-5-羧酰胺

理化性质

纯品外观为白色结晶，无嗅。熔点：200～202℃。蒸气压：6.3×10^{-9}mPa（20℃）。相对密度（水=1）1.5189（20℃）。20℃时，水中溶解度1.023mg/L，丙酮中3.446g/L，乙腈中0.711g/L，二氯甲烷中2.476g/L，乙酸乙酯中1.144g/L，二甲基甲酰胺中124g/L，甲醇中1.714g/L。

毒性

微毒。原药大鼠急性经口LD_{50}（5000mg/kg，急性经皮LD_{50}（5000mg/kg。对皮肤和眼睛无刺激，无致敏作用。90d亚慢性毒性试验中以1500 mg/kg/d的高剂量对大鼠重复给药，未观察到任何不良中毒症状和生理效应；以1000 mg/kg/d的剂量对大鼠和免给药处理，对繁殖无任何影响；大鼠二代繁殖试验中对生殖、受孕产仔数、幼仔存活率和发育无任何影响；离体和活体致突性试验为阴性。此外，氯虫苯甲酰胺对鸟、鱼和有益昆虫低毒。因此，相对于现有商品化杀虫剂而言，氯虫酰胺的毒性是相当低的，表现出良好的环境相容性。

生物活性

氯虫苯甲酰胺是具有新型结构（双酰胺/吡唑类）的广谱杀虫剂，由Dupont公司发现并开发。该杀虫剂的最大特点是其新颖的作用方式，杀虫机理与以前所有的杀虫剂完全不同，是通过激活害虫肌肉中的鱼尼丁受体，导致内部钙离子无限制地释放，阻止肌肉收缩，从而使害虫迅速停止取食，害虫取食后因持续脱钙使肌肉麻痹、活力消失、瘫痪，直至彻底死亡。氯虫苯甲酰胺以胃毒杀虫作用方式为主，害虫从取食到瘫痪，停止危害，仅仅需要大约7分钟的时间。与此同时，该药对鱼虾等水生生物以及蜜蜂、害虫天敌如捕食螨基本没有伤害。其只作用于存在于昆虫体内的鱼尼丁受体（RyR），这种受体与哺乳动物体内的鱼尼丁受体存在结构上的差异，如人体中存在的是RyR的三种亚型，即RyR1，RyR2和RyR3。因此该杀虫剂对哺乳动物的毒性很低。

氯虫苯甲酰胺具有以下特点：卓越高效广谱的鳞翅目、主要甲虫和粉虱杀虫剂，在低剂量下就有可靠和稳定的防效。立即停止取食，持效期更长，防雨水冲刷，在作物生长的任何时期提供即刻和长久的保护。新一代杀虫剂，全新的作用机理，是害虫抗性治理、轮换使用的最佳药剂。对哺乳动物低毒，对施药人员很安全。对有益节肢动物如鸟、鱼和蜜蜂低毒，非常适合害虫综合治理。

氯虫苯甲酰胺可以导致某些鳞翅目昆虫交配过程紊乱，研究证明其能降低多种夜蛾科害虫的产卵率，由于其持效性好和耐雨水冲刷的生物学特性，这些特性实际上是渗透性、传导性、化学稳定性、高杀虫活性和导致害虫立即停止取食等作用的综合体现。因此决定了其比目前绝大多数在用的其它杀虫剂有更长和更稳定的和对作物的保护作用。

由于氯虫苯甲酰胺能够准确、甚至精确的控制靶标害虫，而对其它生物与生态环境非常友好，以及"无残留毒性"的特点和其它综合表现优异的理化特性，使氯虫苯甲酰胺具备了"生态农药"特殊品质。在2007年布莱顿（BCPC）国际植保大会上获得了最具创新化学奖。

氯虫苯甲酰胺可用于防治小菜蛾、斜纹夜蛾、甜菜夜蛾、菜青虫、豆荚螟、玉米螟、棉铃虫、烟青虫、稻纵卷叶螟、三化螟、二化螟、大螟、粘虫、番茄蠹蛾、天蛾庭园网螟，马铃薯块茎蛾、粉纹夜蛾、甜瓜野螟、瓜绢螟、瓜野螟、苹果蠹蛾、桃小食心虫，梨小食心虫、蔷薇斜条卷叶蛾、苹小卷叶蛾、斑幕潜叶蛾、金纹细蛾等主要鳞翅目害虫，以及稻水象甲、胡椒象甲、马铃薯象甲等甲虫类、螺痕潜蝇、美洲斑潜蝇等潜叶蝇类、稻瘿蚊、\尾叶蝉、烟粉虱、白粉虱等害虫。

制剂和生产企业

35%可分散性粒剂，200g/L、5%悬浮剂。美国杜邦公司。

应用

1. 苹果：对金纹细蛾，用35%可分散性粒剂稀释17 500倍喷雾；对桃小食心虫，用35%可分散性粒剂稀释8000倍，均匀喷雾；

2. 蔬菜：菜青虫、小菜蛾、甜菜夜蛾、甘蓝夜蛾，每亩30mL，均匀喷雾。

3. 水稻：对稻纵卷叶螟和二化螟，每亩用200g/L悬浮剂10g，对水30kg均匀喷雾；

为科学有效的使用氯虫苯甲酰胺，在推广应用中应注意：（1）为充分发挥该农药具有较强渗透性的特点即：药剂能穿过茎部表皮细胞层进入木质部，从而沿木质部传导至未施药的其它部位，在田间实际使用时，尽可能采用弥雾或细喷雾喷雾的方法进行施药。当气温高、田间蒸发量大时，应选择早上10点以前，下午4点以后用药，这样不仅可以减少用药液量，也可以更好的增加作物的受药液量和渗透性，有利提高防治效果。（2）为避免或延缓害虫对该农药抗药性的产生发展，应控制其使用频率和使用剂量，一般一季作物的一种害虫上最多使用2～3次，每次间隔时间在15d以上。

硫丹（endosulfan）

$$\text{endosulfan structure: Cl, H, Cl–, Cl–, CCl}_2\text{, –CH}_2\text{—O, S=O, –CH}_2\text{—O, H, Cl}$$

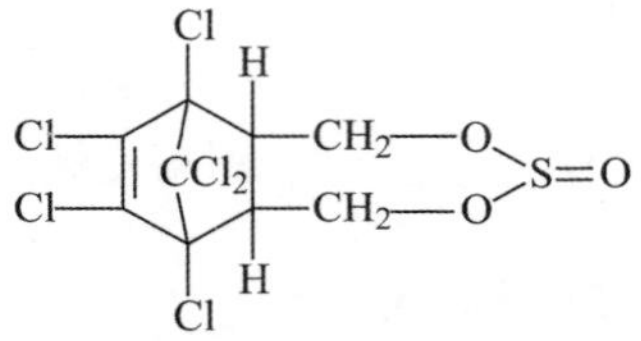

化学名称

1，2，3，4，7，7–六氯双环[2，2，1]庚烯–（2）–双羟甲基–5，6–亚硫酸酯

理化性质

纯品外观为白色结晶，无嗅，原药有效成分含量＞94%。外观为黄棕色固体，α体/β体比例为7/3，原药有轻微SO_2味。密度1.8g/cm^3（20℃）。熔点70～100℃（α体熔点：109℃，β体熔点：213℃）。沸点106℃。蒸气压1.2mPa（80℃）。相对密度（水=1）1.745（20℃），相对蒸气密度（空气=1）14.0，饱和蒸气压（kPa）0.133×10^{-5}（25℃）。水中溶解度60～150 μg/L，醋酸中18%，甲苯中57%，二甲苯中45%，正辛醇/水中分配比为4.72×10^4（25℃）。在土壤中半衰期平均为4～11个月，在职试验室模拟田间条件6个月的试验结果表明，土壤中半衰期为30d，在水中很快被沉积物和有机物吸附，所以半衰期较短，为10～14h，完全分解要1个月。

毒性

高毒。原药大鼠急性经口LD_{50}为22.7～160mg/kg（雄）、22.7mg/kg（雌），兔急性经皮LD_{50}359mg/kg，大鼠急性经皮LD_{50}>500mg/L（雌）。对皮肤和眼睛有轻度刺激，无致敏作用。大鼠13周喂养试验无作用剂量10mg/kg（饲料）和0.7mg/kg体重。

大鼠29天（6h/d）吸入无作用剂量2mg/m^{3}或0.54mg/kg体重。大鼠104周喂养试验无作用剂量15mg/kg（饲料）或0.6～0.7mg/kg体重。致突变阴性，经口1.8mg/kg对兔无致畸作用，1.5mg/kg对大鼠无致畸作用；对大鼠二代繁殖无不良影响。104周饲喂大鼠75mg/kg，未见致癌作用。母鸡试验未见迟发性神经毒性。1989年联合国粮农组织和世界卫生组织联席会议推荐的ADI为0.006毫mg/L。蜜蜂接触LD507.1μg/只。经口LD506.9μg/只。

生物活性

为高效广谱杀虫杀螨剂。兼具触杀、胃毒和熏蒸多种作用。杀虫速度快，对天敌和益虫友好，害虫不易产生抗性。对果树、蔬菜、茶树、棉花、大豆、花生等多种作物害虫害螨有良好防效。低残留，对作物安全，且有一定壮苗绿叶作用。

制剂和生产企业

350g/L乳油德国拜耳作物科学公司，江苏皇马农化有限公司，江苏快达农化股份有限公司。

应用

1. 苹果：防治黄蚜绵蚜、食心虫、瘤蚜、潜叶蛾，2 000～4 000倍液，均匀喷雾。

2. 梨树：食心虫、梨木虱、介壳虫、梨二叉蚜、毛虫、蟠象，1 500～2 500倍液，均匀喷雾。

3. 其他果树：蚜虫、食心虫、尺蠖、卷叶蛾、介壳虫、叶蝉、毒蛾、天牛、瘿蚊、多种螨类，1 500～2 500倍液，均匀喷雾。

4. 茶树：茶尺蠖、茶细蛾、小绿叶蝉、蓟马、茶蚜，每亩45～130mL，对水喷雾。

5. 棉花：棉蚜、棉铃虫、斜纹夜蛾、蓟马、造桥虫，每亩60～130mL，对水喷雾。

6. 蔬菜：菜青虫、小菜蛾、菜蚜、甘蓝夜蛾、瓢虫，每亩30mL，均匀喷雾。

7. 烟草：烟青虫、蚜虫，每亩67～100mL，均匀喷雾。

第八章
微生物（源）杀虫剂

阿维菌素（abamectin）

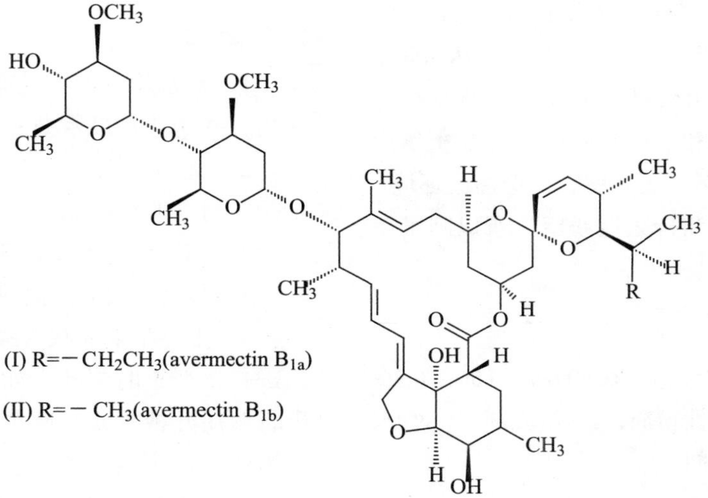

(I) R=－CH_2CH_3(avermectin B_{1a})

(II) R=－CH_3(avermectin B_{1b})

理化性质

原药为白色至黄色结晶粉，无味。光解迅速，半衰期4h。易溶于乙酸乙酯、丙酮、三氯甲烷，略溶于甲醇、乙醇，在水中几乎不溶。

毒性

高毒。原药大鼠急性口服LD_{50}值为10mg/kg，急性经皮LD_{50}值＞380mg/kg，小鼠急性口服LD_{50}值为13.6mg/kg。对皮肤无刺激，对眼睛有轻度刺激。

生物活性

是一种链霉菌中灰色链霉菌*Streptomyces avermitilis*发酵产生的微生物代谢产物，属大环内酯类化合物，天然阿维菌素中含有8个组分，主要有4种即A_{1a}、A_{2a}、B_{1a}和B_{2a}，其总含量≥80%；对应的4个比例较小的同系物是A_{1b}、A_{2b}、B_{1b}和B_{2b}，其总含量≤20%。目前市售阿维菌素农药是以abamectin为主要杀虫成分（avermectinB_{1a}+B_{1b}，其中B_{1a}不低于90%、B_{1b}不超过5%），以B_{1a}的含量来标定。

阿维菌素是一种高效、广谱的杀虫、杀螨剂，其作用机理是作用于昆虫神经元突触或神经肌肉突触的GABAA受体，干扰昆虫体内神经末梢的信息传递，即激发神经末梢放出神经传递抑制剂γ－氨基丁酸（GA～BA），促使GABA门控的氯离子通道延长开放，对氯离子通道具有激活作用，大量氯离子涌入造成神经膜电位超级化，致使神经膜处于抑制状态，从而阻断神经末梢与肌肉的联系，使昆虫麻痹、拒食、死亡。因其作用机制独特，所以与常用的药剂无交互抗性。

据报道，除GABA受体控制的氯化物通道外，阿维菌素还能影响其他配位体控制的氯化物通道，如ivermectin可以诱导无GABA能神经支配的蝗虫肌纤维的膜传导的不可逆增加。

阿维菌素在农业上应用时，单位面积上用量低，在土壤中无移动性，在水和土壤中可被迅速降解而无生物富集作用。因此，在推荐剂量下，对环境无不利影响。阿维菌素对害虫具有触杀和胃毒作用，并有微弱的熏蒸作用，无内吸作用，但对叶片有很强的渗透作用，可杀死表皮下的害虫，使得阿维菌素对害螨、潜叶蝇、潜叶蛾以及其他钻蛀性害虫或刺吸式害虫等常规药剂难以防治的害虫有高效，且有较好的持效期。适用于防治园艺、果树、农作物上的双翅目、鞘翅目、同翅目、鳞翅目和螨类害虫，对害虫持效期8～10d，对螨类可达30d左右，无杀卵作用。杀虫效果受下雨影响小。

阿维菌素在土壤和水中易降解，并在土壤中被土壤吸附，不会淋溶，无残留，不会污染环境；在生物体内也无积累和持久性残留，所以阿维菌素应属于无公害农药。

制剂

5%、2%、1.8%、1%、0.9%、0.6%、0.5%、0.3%乳油；1%、0.5%可湿性粉剂；2%微乳剂；1.8%水乳剂；1.2%微囊悬浮剂

应用

1. 防治朱砂叶螨、棉红蜘蛛、红叶螨等，用1.8%乳油8 000～10 000倍液喷雾。

2. 防治小菜蛾、菜青虫等，用1.8%乳油3 000～4 000倍液喷雾。

3. 防治潜叶蛾，用1.8%乳油4 500倍液喷雾。

4. 防治棉铃虫、棉蚜，用1.8%乳油1 200～1 500倍液喷雾。

5. 防治果树卷叶蛾、梨木虱、蚜虫、梨圆盾蚧，用1.8%乳油4 500～5 000倍液喷雾。

6. 防治红蜘蛛、瘿螨、桃小食心虫，用1.8%乳油9 000～12 000倍液喷雾。

7. 防治花卉介壳虫、蓟马，用1.8%乳油3 000～4 500倍液喷雾。

8. 防治粮食作物蚜虫，用1.8%乳油1 200～1 500倍液喷雾。

注意事项

1. 对蜜蜂、鱼等高毒，应避免在植物开花期使用，并避免污染水源和池塘等。

2. 施药过程中应遵守安全防护措施及规定，施药区树立明显标志。

3. 药剂贮存在阴凉干燥处，远离火源。

4. 最后一次施药离收获的时间为20d。

5. 中毒早期症状为瞳孔放大、行为失调、肌肉颤抖，严重时呕吐。如误服应立即引吐，并给患者服用吐根糖浆或麻黄素，但切勿给已昏迷患者灌喂任何东西或催吐。急救时避免给患者使用增强γ－氨基丁酸活性的物质（如巴比妥、丙戊酸等）。如溅入眼睛，立即用大量清水冲洗后，请医生诊治。如接触皮肤或衣物，用大量清水或肥皂水清洗。

苏云金杆菌（*Bacillus thuringiensis*）

理化性质

原药为黄色固体，是一种细菌杀虫剂，属好气性蜡状芽孢杆菌，在芽孢内产生杀虫蛋白晶体，已报道有34个血清型，50多个变种。

毒性

低毒。鼠口服按每kg体重给予2×10^{22}个活芽孢无中毒症状，对豚鼠皮肤局部给药无副作用，鼠吸入杆菌粉尘肉眼病理检查无阳性反应，18名志愿者每人吞服30亿个活孢子，连服5d，4～5周后检查，一切化验结果正常。

生物活性

苏云金杆菌是一类革兰氏阳性土壤芽孢杆菌，

在形成芽孢的同时，产生伴孢晶体（即δ－内毒素），这种晶体蛋白在进入昆虫中肠，在中肠碱性条件下降解为具有杀虫活性的毒素，破坏肠道内膜，引起肠道穿孔，使昆虫停止取食，最后因饥饿和败血症而死亡。苏云金杆菌可产生两大类毒素：内毒素（即伴孢晶体）和外毒素。伴孢晶体是主要毒素。据统计，目前在各种苏云金杆菌变种中已发现130多种可编码杀虫蛋白的基因，由于不同变种中所含编码基因的种类及表达效率的差异，使不同变种在杀虫谱上存在较大差异，现已开发出可有效防治直翅目、鞘翅目、双翅目、膜翅目，特别是鳞翅目的苏云金杆菌生物农药制剂。

与少量敌百虫、敌敌畏等化学农药混用有增效作用。不能与敌菌丹、消螨普及碱性农药混用。阴天、雨后或傍晚施药效果好，防止阳光中紫外线杀菌。

制剂和生产企业

100亿活芽孢/g、32 000IU/mg、16 000IU/mg、8 000IU/mg可湿性粉剂；4 000IU/mL、2 000IU/mL悬浮剂；0.2%颗粒剂。原药主要生产企业有：湖北省武汉科诺生物农药厂、福建蒲城绿安生物农药有限公司、山东省乳山韩威生物科技有限公司、湖北康欣农用药业有限公司、上海威敌生化（南昌）有限公司。

应用

1. 防治森林害虫

防治松毛虫，将菌粉对滑石粉，配成5亿孢子/克的浓度，用机动喷雾器喷粉，或用高杆挑纱布袋施粉。根据山东的经验，虫口在30头/株以下，温度25℃以上、相对湿度在70%以上时，每天下午16：00以后施粉效果好。或用16 000IU/mgBt可湿性粉剂1 000～1 600倍液喷雾，喷雾量50kg。在用飞机施菌时，可先将菌粉倒入大缸内，按2%比例将粘着剂加到菌粉中，然后加少量水搅拌成糊状，最后边加水边搅拌直至按1∶10的比例将水加足，在搅拌均匀后用80目网筛过滤即可使用，按每亩药液量1 666.7g用飞机喷雾。防治尺蠖，用16 000IU/mgBt可湿性粉剂1 500～2 000倍液喷雾，喷雾量50kg。

2. 防治果树害虫

防治苹果巢蛾、枣尺蠖、柑橘凤蝶；梨树天幕毛虫等害虫，在卵孵盛期，每亩用100亿孢子/克菌粉100～250g，对水喷雾。

3. 防治蔬菜害虫

防治小菜蛾、烟青虫，在卵孵盛期，用16 000IU/mg*Bt*可湿性粉剂1 000～1 600倍液喷雾，喷雾量50kg。或用B.T.乳剂1 000倍液喷雾。防治菜青虫，在卵孵盛期，用16 000IU/mg*Bt*可湿性粉剂1 500～2 000倍液喷雾，喷雾量50kg。或每亩用100亿孢子/克菌粉50g，对水稀释2 000倍液喷雾。

4. 防治水稻害虫

防治稻苞虫，用16 000IU/mg*Bt*可湿性粉剂1 500～2 000倍液喷雾，喷雾量50kg。或每亩用100亿孢子/g菌粉50g，对水稀释2 000倍液喷雾。防治稻纵卷叶螟，用16 000IU/mg*Bt*可湿性粉剂500～1 000倍液喷雾，喷雾量50kg。

5. 防治棉花害虫

防治棉铃虫，在卵孵盛期，用16 000IU/mg*Bt*可湿性粉剂500～1 000倍液喷雾，喷雾量50kg。或用B.T.乳剂1 000倍液喷雾。

6. 防治旱粮害虫

防治玉米螟，用16 000IU/mg*Bt*可湿性粉剂1 000倍液，拌细砂灌心。或每亩用100亿孢子/克菌粉50g，对水稀释2 000倍液灌心。

注意事项

1. 主要用于防治鳞翅目害虫幼虫，使用时应掌握适宜施药时期，一般对低龄幼虫具有良好杀虫效果，随虫龄增大，效果将显著降低。因此，一般在害虫卵孵盛期用药，比化学农药用药期提前2～3d，充分发挥其对低龄幼虫的良好杀虫作用。

2. 不能与杀菌剂或内吸性有机磷杀虫剂混用。

3. 对蚕高毒，应避免在养蚕区及其附近使用。

4. 药剂贮存在25℃以下的阴凉干燥处，防治暴晒或潮湿，以免变质。

2

埃玛菌素（emamectin benzoate）

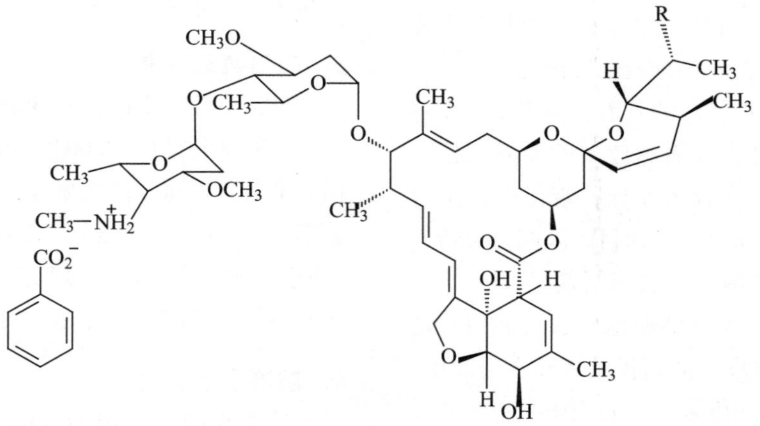

B_{1a} R=CH_3CH_2-
B_{1b} R=CH_3-

化学名称

4"–表–4"–脱氧–4"–甲胺基阿维菌素苯甲酸盐，又名：甲氨基阿维菌素苯甲酸盐

理化性质

原药白色或类白色结晶粉末，熔点141～146℃，在通常贮存条件下稳定（pH值为5.0～7.0），对紫外光不稳定。本品溶于丙酮、甲醇、乙醇等有机溶剂，微溶于水，溶解度（g/L）为2.4×10^{-2}（pH值为7.0），0.3（pH值为5.0）。不溶于己烷。在通常贮存的条件下对热稳定，对光不稳定，在强酸强碱条件下不稳定。

毒性

毒性比阿维菌素低，原药大鼠经口LD_{50}雌性为108mg/kg，雄性为92mg/kg。大鼠经皮LD_{50}雌、雄均为2 000mg/kg。无致癌、致畸、致突变作用。对天敌、人、畜安全。

生物活性

属大环内酯类化合物，是一种高效、广谱的杀虫、杀螨剂，是阿维菌素的结构改造产物，作用机理是增强神经递质如谷氨酸盐和γ–氨基丁酸的作用，从而使大量的氯离子进入神经细胞，使细胞功能丧失，扰乱神经传导，幼虫在接触药剂后很快停止取食，发生不可逆转的麻痹。本品与阿维菌素具有相同的作用方式，但对鳞翅目害虫的经口作用更加有效。主要是胃毒作用，并兼有一定的触杀作用，不具有杀卵功能。药剂可以渗透到目标作物的表皮，形成一个有效的贮存层，有长期的药效。对鳞翅目害虫幼虫的活性极高，如菜青虫、大豆夜蛾、棉铃虫、烟草夜蛾、甘蓝夜蛾、斜纹夜蛾、黏虫、苹果卷叶蛾等，尤其对甜菜夜蛾、小菜蛾有特效，同时对同翅目、缨翅目、鞘翅目和螨类等害虫均有很高的活性。

甲胺基阿维菌素苯甲酸盐在非常低的剂量下具良好的效果，而且在防治害虫的过程中对节肢动物益虫没有伤害，对作物高度安全。

制剂

5%、2%、1.5%、1.9%、1%、0.8%、0.5%、0.2%乳油；5%、2.5%水分散粒剂；2.2%、2%、1%、0.5%、0.2%微乳剂；0.5%可湿性粉剂；1.5%泡腾片剂；1.2%微囊悬浮剂

应用

被推荐用于防治蔬菜、小麦、茶树、棉花、花生、大豆等作物上防治鳞翅目害虫幼虫，对某些害虫具有一定的杀卵作用。一般推荐使用剂量为每亩有效成分 0.33 ~ 4.5g 进行喷雾。具体的使用剂量一般是根据当地害虫对药剂敏感性而定。

1．防治蔬菜害虫

防治小菜蛾，一般推荐使用剂量为每亩有效成分 1.125 ~ 3.3g，相当于每亩用 5% 的制剂 1.5 ~ 4.4mL（g），或用 0.2% 的制剂 37.5 ~ 110mL（g）。防治甜菜夜蛾，一般推荐使用剂量为每亩有效成分 1.125 ~ 4.5g，相当于每亩用5%的制剂1.5 ~ 6mL（g），或用 1.5% 的制剂 5 ~ 20mL（g）。防治菜青虫，一般推荐使用剂量为每亩有效成分 0.6 ~ 2.55g，即用 1% 的微乳剂 4 ~ 17mL，或用 0.2% 的乳油 20 ~ 85mL。

2．防治烟草害虫烟青虫

一般每亩用 2.5% 的制剂 4 ~ 6mL（g），或每亩用 0.5% 的制剂 20 ~ 30mL（g）。

3．防治棉花棉铃虫

每亩用 1% 的制剂 60 ~ 80mL，或每亩用 5% 制剂 12 ~ 16mL。

4．防治苹果红蜘蛛

用 1.2% 微囊悬浮剂稀释 2 000 ~ 4 000 倍喷雾，或用 0.2 微乳剂稀释 2 000 ~ 2 500 倍喷雾。

5．防治梨树梨木虱

用 1.2% 微囊悬浮剂稀释 1 000 ~ 2 000 倍喷雾。

注意事项

1．对蜜蜂、鱼等高毒，应避免在植物开花期使用，并避免污染水源和池塘等。

2．施药过程中应遵守安全防护措施及规定。

3．药剂贮存在阴凉干燥处，远离火源。

浏阳霉素（liuyangmycin）

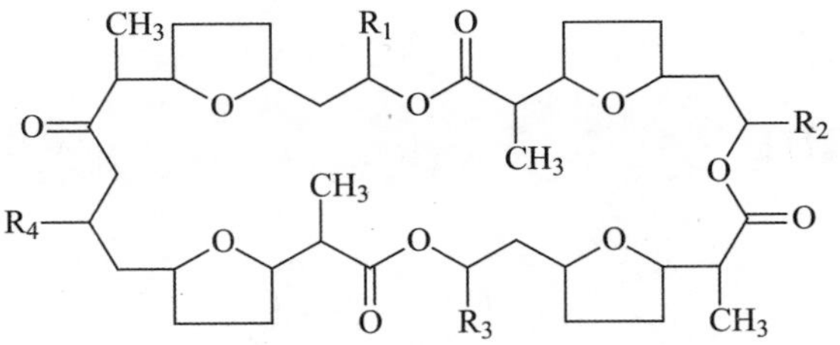

tetranactin $R_1,R_2,R_3,R_4=C_2H_5$
trinactin $R_1=CH_3,R_2,R_3,R_4=C_2H_5$
dinactin $R_1,R_3=CH_3,R_2,R_4=C_2H_5$
monactin $R_1,R_2,R_3=CH_3,R_4=C_2H_5$

理化性质

纯品为无色棱柱状结晶。熔点 70 ~ 71℃。对紫外线敏感，在阳光下照射 2d，可分解 50% 以上。易溶于苯、醋酸乙酯、氯仿、乙醚、丙酮，可溶于乙醇、正己烷等有机溶剂，不溶于水。

毒性

原药大鼠急性口服 LD_{50} 值 > 10 000mg/kg，急性经皮 LD_{50} 值 > 2 000mg/kg。对皮肤无刺激，对眼睛有轻度刺激。无致畸、致癌、致突变性。对鱼毒性较高，对鲤鱼 LC_{50} < 0.5mg/L。对天敌昆虫、家蚕和蜜蜂较安全。

生物活性

浏阳霉素是抗生素类低毒杀螨剂，经生物发酵由灰色链霉菌浏阳变种（*Streptormyces griseus var.*

Liuyangensis）所产生的具有大环内酯结构的杀螨抗生素，对多种作物的叶螨有良好的触杀作用，对成、若螨及幼螨有高效，对螨卵有一定抑制作用，但不能杀死螨卵。对蚜虫也有较高的杀虫效果。不杀伤捕食螨，害螨不易产生抗性，杀螨谱较广，对叶螨、瘿螨都有效。本药具触杀作用，无内吸性，药液直接喷至螨体上药效很高，但害螨在干药膜上爬行几乎无效。本品对人畜低毒，对作物及多种天敌昆虫安全，对蜜蜂、家蚕也较安全。与一些有机磷或氨基甲酸酯农药复配，有显著的增效作用。对害螨的触杀作用，持效期7～14d。

制剂和生产企业

10%乳油。湖南亚华种业股份有限公司生物药厂。

应用

防治棉花、果树、瓜类、豆类、蔬菜等作物上的螨类害虫和蚜虫，用10%乳油稀释1 000～3 000倍液均匀喷雾。一般多与有机磷、氨基甲酸酯类农药混配使用，以达到提高药效和扩大杀虫谱的效果。

1. 棉花红蜘蛛于始盛期，每亩用10%乳油50～100mL对水均匀喷雾，药后2～14d可控制其害。

2. 苹果红蜘蛛用10%乳油对水1 000～2 000倍均匀喷雾，防治苹果叶螨和山楂叶螨，持效期达20～30d。

3. 柑橘害螨用10%乳油1 000～2 000倍液均匀喷雾，防治柑橘全爪螨和锈壁虱效果为80%～90%，持效期20d左右。

4. 蔬菜害螨每亩使用10%乳油50～100mL，对水1 000～1 500倍均匀喷雾，防治豆角红蜘蛛、茄子害螨，持效期7～10d。每亩用10%乳油40～60mL，对水1 000～1 500倍液均匀喷雾，防治辣椒跗线螨，持效期达2周。用1 000～1 500倍液，防治豆叶螨、番茄瘿螨。在十字花科蔬菜上慎用。

注意事项

1. 与其他农药混用，应先试验，在推广使用，药液应随配随用。

2. 本品对鱼有毒，应避免污染河流和水塘等。

3. 药剂贮存在避光阴凉干燥处。

4. 最后一次施药离收获的时间为20d。

5. 如溅入眼睛，立即用大量清水冲洗后。如接触皮肤或衣物，用大量清水或肥皂水清洗。

杀螨脒（shamanmi）

理化性质

纯品为白色晶体。长期贮存能吸潮分解。

毒性

中等毒性。原药雌性大鼠急性经皮 LD_{50} 为108mg/kg，雄性为147mg/kg，对雌性小鼠急性经皮 LD_{50} 为1 960mg/kg，雄性为1 330mg/kg。对蜜蜂、鱼类高毒。

生物活性

是一种微生物代谢产物。主要用于防治柑橘、茶叶、棉花和苹果等作物的多种害螨，也可防治蜂螨和家畜体外的壁虱、疥螨，还能兼治红蜡蚧和矢尖蚧的1～2龄幼虫。对螨的各个虫期和抗药性害螨均有很好的防治效果。

制剂

25%水剂。

应用

1. 防治朱砂叶螨、棉红蜘蛛、红叶螨等，用25%水剂8 000～10 000倍液喷雾。

2. 防治小菜蛾、菜青虫等，用25%水剂3 000～4 000倍液喷雾。

注意事项

1. 对蜜蜂、鱼等高毒，应避免在植物开花期使用，并避免污染水源和池塘等。

2. 施药过程中应遵守安全防护措施及规定，施药区树立明显标志。

棉铃虫核多角体病毒（nuclear polyhedrosis virus）

理化性质

原药为黄色粉末，含棉铃核多角体病毒粒子200亿/g，无霉腐异味，无团块。

毒性

低毒。原药大鼠急性口服LD_{50}值＞2 000mg/kg。对人、畜安全，不伤害天敌，不污染环境。

生物活性

是一种高效、专一的生物农药，棉铃虫核型多角体病毒是棉铃虫的特异性病原病毒，属杆状病毒，具有致病力强、药效持久、作用专一、对人畜安全等特点。害虫吞食病毒粒子后感染病毒病而引起死亡。

制剂

10亿/g可湿性粉剂；20亿/mL悬浮剂；600亿/g水分散粒剂。

应用

防治棉铃虫，在卵孵盛期，每亩用10亿/g可湿性粉剂100～150g，或0亿/mL悬浮剂50～100mL，或600亿/g水分散粒剂2～2.5mL，对水稀释500～1 000倍液均匀喷雾，可视虫情隔5～7d再喷一次药。

注意事项

1．本品不能与酸、碱物质混放、混用。可与化学农药混用，但需先作试验。

2．药剂贮存在阴凉干燥处。

多杀菌素（spinosad）

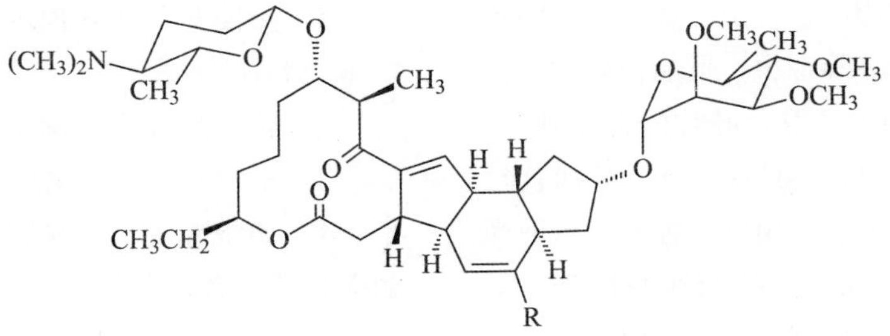

spinosyn A, R = H-
spinosyn D, R = CH_3-

理化性质

原药为白色结晶固体。熔点：SpinosynA：84.0～99.5℃、SpinosynD：161.5～170℃。蒸气压（20℃）1.3×10^{-10}Pa。溶解度水235mg/L（pH值为7）；能以任意比例与醇类、脂肪烃、芳香烃、卤代烃、酯类、醚类和酮类混溶。稳定性：对金属和金属离子在28d内相对稳定。在环境中通过多种途径降解，主要是光降解和微生物降解，最终变为碳、氢、氧、氮等自然成分。见光易分解，水解较快，水中半衰期为1d；在土壤中半衰期9～10d。

毒性

低毒。原药对雌性大鼠急性口服LD_{50}＞5 000mg/kg，雄性为3 738mg/kg，小鼠＞5 000mg/kg，兔急性经皮LD_{50}＞5 000mg/kg。对皮肤无刺激，对眼睛有轻微刺激，2d内可消失。对哺乳动物和水生生物的毒性相当低。多杀菌素在环境中可降解，无富集作用，不污染环境。

生物活性

多杀菌素（Spinosad）（或称多杀霉素）是在刺糖多胞菌（*Saccharopoly sporaspinosa*）发酵液中提取的一种大环内酯类无公害高效生物杀虫剂。产生多杀菌素的亲本菌株土壤放线菌多刺糖多孢菌（*Saccharopoly sporaspinosa* Metrz&Yao）最初分离自加勒比的一个废弃的酿酒场。美国陶氏益农公司（现为陶氏农业科学公司）的研究者发现该菌可以产生杀虫活性非常高的化合物，实用化的产品是spinosynA和spinosynD的混合物，故称其为spinosad。多杀菌素的作用方式新颖，可以持续激活靶标昆虫烟碱型乙酰胆碱受体（nAChR），但是其结合位点不同于烟碱和吡虫啉。多杀菌素也可以通过抑制γ－氨基丁酸受体（GABAR）使神经细胞超极化，但具体作用机制不清。目前还不知道是否与其他类型的杀虫剂有交叉抗性。对害虫具有快速的触杀和胃毒作用，杀虫速度可与化学农药相媲美，非一般的生物杀虫剂可比。对叶片有较强的渗透作用，可杀死表皮下的害虫，残效期较长，对一些害虫具有一定的杀卵作用。无内吸作用。能有效地防治鳞翅目、双翅目和缨翅目害虫，如可有效防治小菜蛾、甜菜夜蛾及蓟马等害虫。也能很好的防治鞘翅目和直翅目中某些大量取食叶片的害虫种类，对刺吸式害虫和螨类的防治效果较差。对捕食性天敌昆虫比较安全，因杀虫作用机制独特，目前尚未发现与其他杀虫剂存在交互抗药性的报道。对植物安全无药害。适合于蔬菜、果树、园艺、农作物上使用。杀虫效果受下雨影响较小。

制剂和生产企业

25g/L、480g/L悬浮剂；0.02%饵剂。美国陶氏益农公司。

应用

1. 蔬菜害虫

防治小菜蛾，在低龄幼虫盛发期用2.5%悬浮剂1 000～1 500倍液均匀喷雾，或每亩用2.5%悬浮剂33～50mL对水20～50kg喷雾。防治甜菜夜蛾，于低龄幼虫期，每亩用2.5%悬浮剂50～100mL对水喷雾，傍晚施药效果最好。防治蓟马，于发生期，每亩用2.5%悬浮剂33～50mL对水喷雾，或用2.5%悬浮剂1 000～1 500倍液均匀喷雾，重点在幼嫩组织如花、幼果、顶尖及嫩梢等部位。

2. 棉花害虫

防治棉铃虫、烟青虫，于低龄幼虫发生期，每亩用48%悬浮剂4.2～5.6mL，对水20～50kg喷雾。

3. 柑橘害虫

防治柑橘的橘小食蝇，每亩用0.02%的饵剂70～100mL用点喷状喷洒的方法进行投饵。

注意事项

1. 可能对鱼或其他水生生物有毒，应避免污染水源和池塘等。

2. 药剂贮存在阴凉干燥处。

3. 最后一次施药离收获的时间为1d。

4. 如溅入眼睛，立即用大量清水冲洗。如接触皮肤或衣物，用大量清水或肥皂水清洗。如误服不要自行引吐，切勿给不清醒或发生痉挛患者灌喂任何东西或催吐，应立即将患者送医院治疗。

白僵菌

理化性质

产品为白色或灰色粉状物，杀虫有效成分为活孢子。

毒性

对人、畜无毒。对家蚕、柞蚕毒性高。

生物活性

是一种真菌类杀虫剂，白僵菌活孢子在较适宜温、湿度条件下萌发，生长菌丝浸入虫体内，产生大量菌丝和分泌物，害虫感病后 4～5d 死亡，虫尸变白色僵硬，体表长满白色孢子，可随风扩散或被其他活虫接触，继续感染其他害虫个体。白僵菌可防治多种鳞翅目害虫幼虫，对松毛虫防治效果突出，对菜青虫、玉米螟、大豆食心虫、稻苞虫等害虫有良好防治效果。

制剂和生产企业

300 亿孢子 /g、100 亿孢子 /g 油悬浮剂；50～70 亿孢子 /g 粉剂。安徽省合肥农药厂。

应用

1. 防治松毛虫，每亩用 300 亿孢子 /g 油悬浮剂 120～240g，对水进行超低容量喷雾。或在水源方便，林木较低的松林，亩用总孢子量 10 万～12 万亿个，将菌粉对水喷雾；也可采用喷混合菌粉的方法，即先将菌粉与能防治松毛虫的杀虫剂的粉剂如敌百虫粉剂混合，使每克混合粉含孢子 1 亿个，亩用混合粉 1.5～2kg 喷粉。如用飞机喷洒，可喷粉或喷雾。超低容量喷雾时，可将菌粉用二线油稀释至每 mL 含孢子 50～100 亿个，亩喷 100～200mL，总孢子量为 1 万亿～1.5 万亿个，有效喷幅可达 150m 以上。

2. 防治十字花科蔬菜蚜虫：每亩用 100 亿孢子 /g 油悬浮剂 100～120g，对水均匀喷雾。

3. 防治茶树茶小绿叶蝉，每亩用 100 亿孢子 /g 油悬浮剂 100～120g，对水均匀喷雾。

4. 防治其他害虫，可参照松毛虫的方法进行。若防治玉米螟，可将菌粉与细煤渣按 1∶10 的比例混合向喇叭口撒施或灌菌液。

注意事项

1. 对家蚕毒性高，应避免在蚕区及附近使用。
2. 不能与杀真菌剂混用。
3. 药剂贮存在阴凉干燥处。

杀螟杆菌

理化性质

产品为灰白色或浅黄色粉状物，有鱼腥味。杀虫有效成分主要为伴孢晶体和芽孢。

毒性

对人、畜低毒。对家蚕、柞蚕毒性高。对天敌昆虫安全。

生物活性

是一种细菌类杀虫剂，属蜡状芽孢杆菌群的好气细菌，杀虫作用方式与苏云金杆菌相似。杀虫谱较窄，具有选择性。主要用于蔬菜、茶叶、水稻等作物防治菜青虫、小菜蛾、茶毛虫、刺蛾、灯蛾、大蓑蛾、甘薯天蛾、稻苞虫、稻纵卷叶螟、玉米螟等鳞翅目害虫幼虫。

制剂

100 亿孢子 /g 粉剂。

应用

1. 喷雾：亩用粉剂 100～150g 对水喷雾。若在喷雾液中加入 0.1% 的洗衣粉或茶籽饼粉，可提高防治效果。杀螟杆菌与化学农药混用，如亩用 50g 菌粉与 100g90% 敌百虫晶体混合，加水喷雾，可显著提高防治效果。

将田间因感病死亡的虫尸收集起来，加水浸泡、揉搓，一般将 50～100g 虫尸洗出液加水 50～100kg 喷雾。

2. 防治玉米螟，可将菌粉与细煤渣按 1∶20 的比例混合，投入玉米心，每株 1～2g。

注意事项

1. 对家蚕毒性高，应避免在蚕区及附近使用。
2. 不能与杀菌剂混用。
3. 药剂贮存在阴凉干燥处。

第九章 植物源杀虫剂

印楝素（azadirachtin）

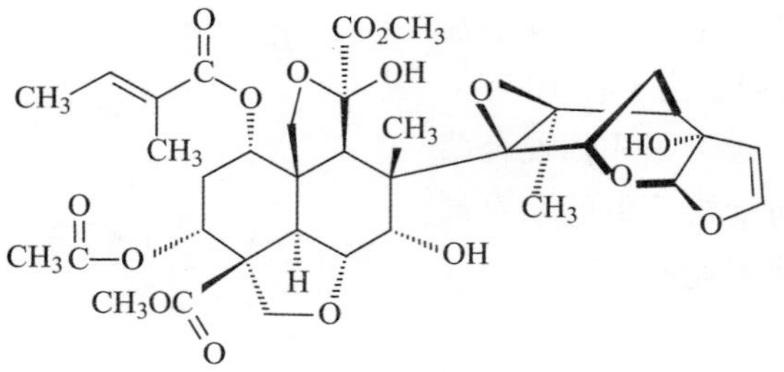

理化性质

纯品为白色非结晶物质微晶或粉状。熔点154～158℃。旋光度[α]D～65.4°（c=0.2），氯仿。对光热不稳定。易溶于甲醇、乙醇、丙酮、二甲亚砜等极性有机溶剂。

毒性

对人、畜、鸟类和蜜蜂安全，不影响捕食性及寄生性天敌，环境中很容易降解。

生物活性

印楝素（azadirachtin）是一类从印楝Azadirachtaindica中分离提取出来的活性最强的化合物，属于四环三萜类。印楝素可以分为印楝素-A，-B，-C，-D，-E，-F，-G，-I共8种，印楝素-A就是通常所指的印楝素。主要分布在种核，其次在叶子中。作用机制特殊，具有拒食、忌避、触杀、胃毒、内吸和抑制昆虫生长发育作用，被国际公认为最重要的昆虫拒食剂。结构类似昆虫的蜕皮激素，是昆虫体内蜕皮激素的抑制剂，降低蜕皮激素等激素的释放量；也可以直接破坏表皮结构或阻止表皮几丁质的合成，或干扰呼吸代谢，影响生殖系统发育等。具体作用为破坏或干扰卵、幼虫或蛹的生长发育；阻止若虫或幼虫的脱皮；改变昆虫的交尾及性行为；对若虫、幼虫及成虫的拒食作用；阻止成虫产卵及破坏卵巢发育；使成虫变为不育。高效、广谱、无污染、无残留、不易产生抗药性，对人、畜等温血动物无害及对害虫天敌安全。可防治10目400余种农林、仓储和卫生害虫。应用印楝素杀虫剂可有效地防治棉铃虫、毛虫、舞毒蛾、日本金龟甲、烟芽夜蛾、谷实夜蛾、斜纹夜蛾、菜蛾、潜叶蝇、草地夜蛾、沙漠蝗、非洲飞蝗、玉米螟、稻褐飞虱、蓟马、钻背虫、果蝇等害虫，可以广泛用于粮食、棉花、林木、花卉、瓜果、蔬菜、烟草、茶叶、咖啡等作物，不会使害虫对其产生抗药性。印楝素有良好的内吸传导特性。制剂施于土壤，可被棉花、水稻、玉米、小麦、蚕豆等作物根系吸收，输送到茎叶，从而使整株植物具有抗虫性。杀虫剂施于土壤，可被棉花、水稻、玉米、小麦、蚕豆等作物根系吸收，输送到茎叶，从而使整株植物具有抗虫性。

制剂和生产企业

0.7%、0.5%、0.32%、0.3%乳油。云南中科生物产业有限公司、云南建元生物开发有限公司、河南鹤壁陶英陶生物科技有限公司、德国特立福利公司。

应用

1. 防治十字花科蔬菜害虫：小菜蛾，在小菜蛾发生危害期，于1～2龄幼虫盛发期及时施药，每亩可用0.7%印楝素乳油60～80mL，或每亩用0.5%印楝素乳油125～150mL，或每亩用0.3%印楝素乳油300～500mL对水均匀喷雾。菜青虫，在1～2龄幼虫盛发期及时施药，每亩可用0.7%印楝素乳油40～60mL，或每亩用0.3%印楝素乳油90～140mL对水均匀喷雾。蔬菜蚜虫，在发生期，每亩可用0.5%印楝素乳油40～60mL对水均匀喷雾。

2. 防治茶树害虫茶尺蠖，1～2龄幼虫盛发期及时施药，每亩可用0.7%印楝素乳油40～50mL对水均匀喷雾。

3. 防治烟草害虫烟青虫，1～2龄幼虫盛发期及时施药，每亩可用0.7%印楝素乳油50～60mL对水均匀喷雾。

4. 防治草原蝗虫，在低龄蝗蝻期及时施药，每亩可用0.3%印楝素乳油200～300mL对水均匀喷雾。

注意事项

1. 本品不宜与碱性农药混用。

2. 该药作用速度较慢，要掌握施药适期，不要随意加大用药量。

3. 在清晨或傍晚施药。

苦参碱（matrine）

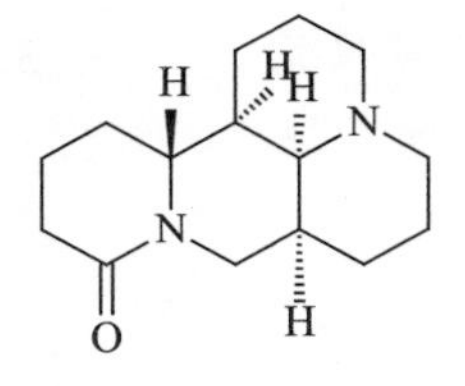

理化性质

本品为白色针状结晶或结晶状粉末，无臭、味苦，久漏置空气中，可成微吸潮性或变淡黄色油状物，遇热颜色变黄且变为油状物，在温室下放置又固化。本品在乙醇、氯仿、甲苯、苯中极易溶解，在丙酮中易溶，在水中溶解，在石油醚、热水中略溶。

毒性

中等毒性。LD_{50}小鼠腹腔注射为150mg/kg，大鼠腹腔注射125mg/kg。无致突变作用，无胚胎毒性，无致畸作用。有弱蓄积性。

生物活性

属广谱性植物杀虫剂，是由中草药植物苦参（*Sophora flavescens*）的根、茎叶、果实经乙醇等有机溶剂提取制成的一种生物碱。害虫接触药剂后可使神经中枢麻痹，蛋白质凝固堵塞气孔窒息而死。对人畜低毒，具触杀和胃毒作用，对各种作物上的菜青虫、蚜虫、红蜘蛛等有明显防治效果，也可防治地下害虫。

制剂

2.5%、0.38%、0.3%乳油；0.5%、0.36%、0.3%、0.26%、0.2%水剂；1%、0.38%、0.36%可溶性液剂；1.1%、0.38%粉剂。

应用

1. 防治棉红蜘蛛

在6月上旬棉红蜘蛛第一次发生高峰前，棉苗红蜘蛛率为7%～17%时进行防治，每亩用0.2%苦参碱水剂250～750g，对水75kg，均匀喷雾，即稀释100～300倍液。喷药注意均匀周到，药液务必接触虫体。持效期15～20d。

2. 防治苹果红蜘蛛

在苹果开花后，红蜘蛛越冬卵开始孵化至孵化结束期间，是防治适期。用0.2%苦参碱水剂100～300倍液喷雾，以整株树叶喷湿为宜。

3. 防治谷子黏虫

在黏虫低龄幼虫期（2、3龄为主）施药，每亩用0.3%苦参碱水剂150～250g，对水50kg，即稀释200～300倍液均匀喷雾。本品为植物性杀虫剂，速效性差，故应做好虫情预测预报，及时施药防治。

4. 防治蔬菜菜青虫、蚜虫

防治菜青虫在成虫产卵高峰后7d左右，幼虫处于3龄以前进行防治；在蚜虫发生期防治，可用0.2%、0.26%、0.3%、0.36%和0.5%苦参碱水剂，0.38%和1%苦参碱可溶性液剂，0.38%苦参碱乳油，分别稀释300～500倍液。持续期7d左右。本品对低龄幼虫效果好，对菜青虫4龄以上幼虫效果差。

5. 防治小麦地下害虫

可用土壤处理及拌种两种方法。拌种处理，种子先用适量水润湿，以种皮湿润为宜，每100kg种子用1.1%苦参碱粉剂4～4.67kg，搅拌均匀，堆闷2～4h后方可下种；做土壤处理，每亩用1.1%苦参碱粉剂2～2.5kg，撒施或条施均可，用于防治小麦田地老虎、蛴螬、金针虫等地下害虫。

6. 防治韭菜蛆

于韭蛆发生初盛期施药，每亩用1.1%苦参碱粉剂2～4kg，加水1 000～2 000kg灌根。

7. 防治茶树害虫茶尺蠖

在幼虫处于3龄以前，每亩用0.5%水剂50～70mL，或0.38%乳油50～70mL，对水均匀喷雾。

注意事项

1. 喷药后不久降雨需再喷一次。
2. 严禁与碱性农药混合使用。
3. 贮存在避光、阴凉、通风处，避免在高温和烈日条件下存放。

氧化苦参碱（oxymatrine）

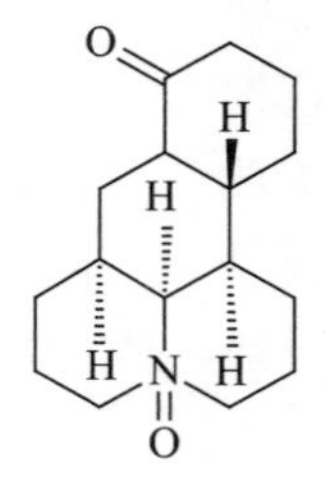

理化性质

纯品为无色柱状结晶。熔点162～163℃（水合物），207℃（无水物）。溶于水，氯仿，乙醇，难溶于乙醚，甲醚，石油醚。

毒性

无致突变作用，无胚胎毒性，无致畸作用。有弱蓄积性。

生物活性

属广谱性植物杀虫剂，系从豆科属植物苦参（*Sophora flavescens* Ait.）或平科植物广豆根（*Sophora subprostrata* Chunet T.Chen）中分离出来的生物碱。害虫接触药剂后可使神经中枢麻痹，蛋白质凝固堵塞气孔窒息而死。对人、畜低毒，具触杀和胃毒作用。对蔬菜、果树、林木、花卉、茶树、烟草、粮食和棉花等作物的害虫，如蚜虫、黏虫、菜青虫、红蜘蛛、白粉虱、潜叶蝇和各种霉病、斑病、锈病、枯萎病均有防治效果，对植物生长也有良好的调节作用。

制剂

0.1% 水剂。

应用

1. 防治十字花科蔬菜菜青虫，在幼虫处于3龄以前，每亩用0.1% 水剂60～80mL，对水均匀喷雾。

2. 防治花卉上的蚜虫，在蚜虫发生期，直接用0.1% 水剂进行喷雾。

楝素（toosedarin）

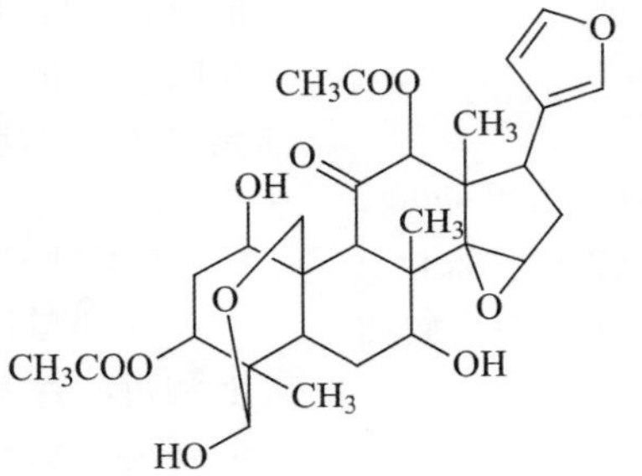

CH_3COO　CH_3　OH　O　CH_3　CH_3COO　OH　CH_3　HO

化学名称

呋喃三萜

理化性质

纯品为白色针状或粉末状固体，无臭，味极苦。熔点243～245℃（经薄层分离），易溶于乙醇、甲醇、乙酸乙酯、丙酮、二氧六环、吡啶等有机溶剂，微溶于热水、氯仿、苯、乙醚，在水中溶解度10.06g/L，难溶于石油醚。在酸、碱条件下易水解，在光下易分解。

毒性

低毒。小鼠急性经口LD_{50} > 10 000mg/kg。对人、畜安全，在环境中易于分解不会造成环境污染。对昆虫天敌安全。

生物活性

是一种植物杀虫剂，具有胃毒、触杀和拒食作用。其作用机制是通过破坏和干扰害虫的神经内分泌系统，使整个有机体的生理发生紊乱，从而导致周身性、系统性的生理病变而致死。害虫取食和接触药物后，可破坏中肠组织，阻断神经中枢传导，破坏各种解毒酶系列化，干扰呼吸代谢作用，影响消化吸收，丧失对食物味觉功能，表现出拒食，可导致害虫生长发育受到影响，而逐渐死亡；或在蜕皮变态时形成畸形虫体，重则麻痹，昏迷致死。施药后害虫表现为拒食、停食、蜕皮困难、虫体萎缩、畸形等，最终死亡。该药对多种害虫具有很高的生物活性，对人、畜安全，在环境中易于分解，不会造成环境污染。主要用于防治蔬菜上的菜青虫、蚜虫、小菜蛾、甜菜夜蛾、食心虫、金纹细蛾、斜纹夜蛾、烟粉虱、斑潜蝇等害虫。

制剂

0.5% 楝素乳油，0.5% 楝素杀虫乳油。

应用

1. 十字花科蔬菜蚜虫

在十字花科蔬菜蚜虫发生始盛期，每亩用0.5%楝素乳油制剂40～60g，对水40～60kg均匀喷雾，常用1 000倍液喷雾，叶背和心叶要喷到。

2. 甘蓝菜青虫

在成虫产卵高峰后7d左右，幼虫2～3龄期施药，用0.5%楝素杀虫乳油750～1 500倍液均匀喷雾。

注意事项

1. 不能与碱性农药混用。

2. 使用时可加入喷药量0.03%的洗衣粉。

3. 该药作用较慢，一般1d后发挥作用，所以不要随意增大药量。

藜芦碱（vertrine）

理化性质

纯品为扁平针状结晶，熔点140～155℃，微溶于水，易溶于乙醇、乙醚等有机溶剂。

毒性

低毒。对小鼠急性经口LD_{50}值为20 000mg/kg，家兔急性经皮LD_{50}为5 000mg/kg，家兔急性吸入LC_{50}为7 000mg/kg，对人、畜低毒，对环境安全。原药对眼睛有轻微刺激作用。

生物活性

藜芦碱存在于百合植物*Schenocaulon officinale*、*Veratru mviride*和*V.album*等的根部，为多种生物碱的混合物，含有结晶藜芦碱（cevadin），藜芦汀（veratridin）。该药剂是以中药材为原料经乙醇萃取而成，具有触杀和胃毒作用。药剂经虫体表皮或吸食进入消化系统后，造成局部刺激，引起反射性虫体兴奋，继之抑制虫体感觉神经末梢，进而抑制中枢神经而致害虫死亡。本品对人、畜毒性低，不污染环境，低残留，药效可持续10d以上，主要用于大田作物、果林、蔬菜害虫的防治。

制剂

0.5%醇溶液；0.5%可溶性液剂；0.5%可湿性粉剂。

应用

1. 防治十字花科蔬菜菜青虫

当菜青虫处于3龄幼虫前，甘蓝进入莲座期，菜青虫处于低龄幼虫阶段时施药，常用浓度为600倍液，或每亩用0.5%醇溶液50～100mL，对水40～50L，均匀喷雾，持效期可达14d，并可兼治其他鳞翅目害虫和蚜虫。

2. 防治棉蚜

在棉蚜百株卷叶率达5%、有蚜株率为30%以上和每叶片有30～40头棉蚜时进行防治。每亩用0.5%藜芦碱75～150g，对水40kg，即稀释250～500倍液均匀喷雾，持效期在14d以上。

3. 防治棉铃虫

在棉铃虫卵孵盛期施药，用量同棉蚜。本品对1～3龄幼虫效果较好，4龄以上幼虫效果较差。

4. 防治其他作物蚜虫

可防治蔬菜、瓜类、中药材等作物上的蚜虫。

注意事项

1. 本品不可与强酸、碱性制剂混用。

2. 使用本剂前应摇匀后再对水稀释，与有机磷、菊酯类化学杀虫剂现混现用，可提高药效，但需先进行试验。

3. 本剂属低毒、低残留杀虫剂，不污染环境，适合菜田应用，但要掌握用药适期。

4. 本品易光解，应在避光、干燥、通风、低温条件下贮存。

茴蒿素（santonin）

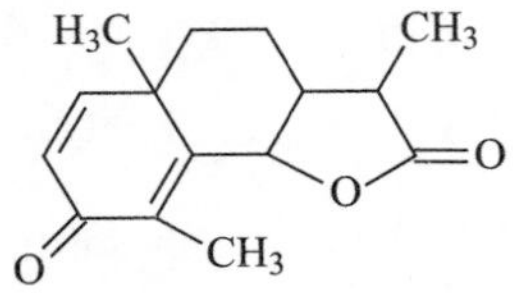

H3C CH3 O O CH3 O

理化性质

纯品（山道年）为无色扁平的斜方系柱晶或白色结晶性粉末，受光线照射渐变黄色。初无味，继则转苦，有毒。熔点 170～173℃，相对密度 1.187。几乎不溶于水，微溶于乙醚，略溶于乙醇，易溶于沸乙醇和氯仿，遇热、光和碱易分解。沸点升华。

毒性

小鼠口服致死中量（LD_{50}）为15 000～19 256.7mg/kg。对人、畜安全无毒，无慢性毒性。

生物活性

主要成分为山道年（santonin）和百部碱（tuberostemonine）。对害虫具胃毒和触杀作用，可用于防治菜青虫、蚜虫、尺蠖等。制剂遇热、光和碱易分解。

制剂

0.65% 水剂。

应用

1. 蔬菜害虫：蚜虫，在发生期每亩用0.65% 水剂 200mL，对水 60～80kg，均匀喷雾。菜青虫、小菜蛾，在幼虫3龄前，每亩用0.65%水剂200～250mL，对水 60～80kg，均匀喷雾。

2. 苹果害虫：防治尺蠖类、蚜虫、食心虫、山楂红蜘蛛等果树害虫，于发生期，用 0.65% 茴篙素水剂 400～500 倍喷雾。

3. 棉花害虫：防治棉红蜘蛛、蚜虫，用 0.65% 水剂对水 800～1 000 倍喷雾。

注意事项

1. 贮存在干燥、避光和通风良好的仓库。
2. 不可与碱性农药混合使用。

苦皮藤素（celangulin）

理化性质

纯品为一白色无定形粉末，无挥发性，对光热较稳定。易溶于乙醇、丙酮、乙醚、三氯甲烷等有机溶剂。

毒性

苦皮藤对高等动物安全，对鸟类、水生动物、蜜蜂及害虫主要天敌安全。

生物活性

苦皮藤素为卫矛科野生灌木植物苦皮藤（*Celastrus angulatus*）根皮中的提取物，属植物源农药。苦皮藤（*Celastrus angulatus*）属卫矛科（*Celastraceae*）南蛇藤属（*Celastrus*）多年生藤本植物，广泛分布于我国黄河、长江流域的丘陵和山区。苦皮藤的根皮和茎皮均含有多种强力杀虫成分，目前已从根皮或种子中分离鉴定出数十个新化合物，特别是从种油中获得4个结晶，即苦皮藤酯Ⅰ-Ⅳ、从根皮中获得5个纯天然产物，即苦皮藤素Ⅰ-Ⅴ。这些苦皮藤中的杀虫活性成分均简称为苦皮藤素。

苦皮藤素的杀虫活性成分从苦皮藤中分离、鉴定出具有拒食活性的化合物celangulin，可以认为是该植物杀虫化学成分研究的一个里程碑。在此之前，都认为卫矛科植物杀虫活性成分是生物碱，celangulin是第一个从苦皮藤中分离的非生物碱活性化合物。以后的研究成果也表明，其杀虫有效成分基本上是以二氢沉香呋喃为骨架的多元醇酯化合物。

以此为起点，国内外还相继开展了对其他南蛇藤属植物杀虫活性的研究。近年来研究发现，苦皮藤的杀虫活性成分具有麻醉、拒食和胃毒、触杀作用，并且不产生抗药性、不杀伤天敌、理化性质稳定等特点现苦皮藤素Ⅰ对害虫具有拒食作用，苦皮藤素Ⅱ、Ⅲ对小地虎、甘蓝夜蛾、棉小造桥虫等昆虫有胃毒毒杀作用，苦皮藤素Ⅳ对昆虫具有选择麻醉作用。

苦皮藤素的杀虫作用机理为主要作用于昆虫消化道组织，破坏其消化系统正常功能，导致昆虫进食困难，饥饿而死。该药具有较强的胃毒、拒食、驱避、触杀作用。对鳞翅目幼虫、蚜虫等有较好的防效。主要用于防治甘蓝、花椰菜、白菜等蔬菜上的菜青虫、芜菁叶蜂幼虫；水上的稻苞虫、黏虫；国槐、龙爪槐等绿化树上的槐尺蠖幼虫；瓜类作物上的黄守瓜。

制剂和生产企业

1%、0.23%乳油；0.5%微乳剂。河南省新乡市东风化工厂。

应用

1. 防治蔬菜害虫

小菜蛾，在幼虫3龄前，每亩用0.23%乳油700～870mL，对水60～80kg，均匀喷雾。菜青虫，在幼虫3龄前，每亩用1%乳油500～700mL，对水60～80kg，均匀喷雾。

2. 防治储粮害虫

可用0.5%微乳剂，按0.6～0.8mg制剂/kg原粮的比例进行拌粮处理。

烟碱（nicotine）

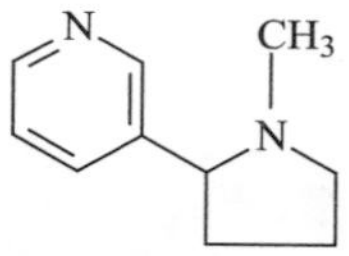

N
CH$_3$
N

化学名称

（s）-3-（1-甲基-2-吡咯烷基）吡啶

理化性质

烟碱（尼古丁）是一种无色至淡黄色透明油状液体，有不愉快臭味，熔点75～79℃，沸点246.7℃（745mmHg），相对密度1.0097（20/4℃）。可以水蒸气蒸馏。在空气中易变色。易溶于水、乙醇、乙醚、氯仿和石油醚。烟碱能与各种无机酸（如盐酸、硫酸）和有机酸（如酒石酸、苦味酸）生成结晶的单盐和双盐，其中双苦味酸盐的熔点278℃，常用来鉴别烟碱。

毒性

急性致死量成人约40～60mg。

生物活性

一种吡啶型生物碱，俗称尼古丁。是烟草中含氮生物碱的主要成分，在烟叶中的含量为1%～3%。烟碱主要是低毒强力植物杀虫剂的主要料，可防治小麦、棉花、蔬菜、烟叶、水果、稻谷等多种农作物的蚜虫、螟蛾、稻飞虱、晚稻枯心病、地蚕、红蜘蛛等农业、园艺生产上的病虫害。

制剂

10%乳油。

应用

1. 防治烟草害虫烟青虫，每亩用10%乳油制剂50～75mL，对水均匀喷雾。

2. 防治菜豆蚜虫，每亩用10%乳油制剂20～30mL，对水均匀喷雾。

3. 防治棉花蚜虫，每亩用10%乳油制剂50～70mL，对水均匀喷雾。

辣椒碱（capsaicin）

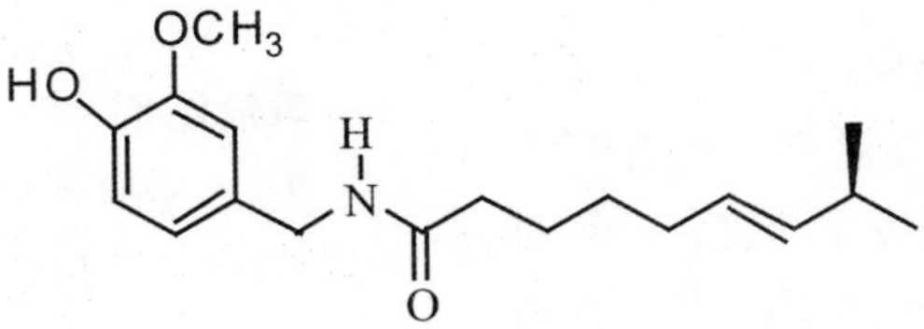

OCH_3 HO H N O

化学名称

[(4-羟基-3-甲氧基苯基)-甲基]-8-甲基-(反)-6-壬烯酰胺

理化性质

又称辣椒素（capsaicin），辣椒果实中的主要呈辣物质。纯品为白色片状结晶，熔点为65～66℃。易溶于甲醇、乙醇、丙酮、氯仿及乙醚中，也可溶于碱性水溶液，在高温下会产生刺激性气体。它可被水解为香草基胺和癸烯酸，因其具有酚羟基而呈弱酸性，且可与斐林试剂发生呈色反应。

生物活性

辣椒碱是一种极度辛辣的香草酰胺类生物碱，在农业上用作趋避害虫和有害生物防治的农药制剂。

第十章 矿物源杀虫剂

机油乳剂（petroleum oil）

性质与生物活性

属矿物源杀虫剂，柴油，是用高烷类、低芳香族基础油加工而成的一种矿物油乳剂，内含芳香族和不饱和烃类杂质极少，不易发生药害，一年四季皆可使用。对害虫具有多方面的作用，是一种物理方式起作用。对成虫具有直接触杀、驱避及减少产卵作用，同时能封闭成虫的触角、口器等感触器，使其难以寻找寄主植物和产卵场所，在寄主植物表面形成的一层油膜，使害虫无法识别寄主植物，从而减少其为害和产卵。对若虫和卵则可以封闭卵孔或气门，使其窒息而死。该药剂对果树病害的病原菌亦有窒息作用，可抑制病菌孢子萌发，减轻病害发生。本品属低毒类农药，对人、畜、蜜蜂、鸟类和植物都较安全，对天敌杀伤力小，害虫不易产生抗性。喷洒后能够在作物表面形成油膜，减少雨水冲刷。机油乳剂是由95%机油和5%乳化油加工制成的。机油不溶于水，加入乳化剂后，使油全部分散在乳化剂中，成为棕黄色乳油，可直接加水使用。对害虫主要是触杀作用，机油乳剂喷至虫体或卵壳表面后，形成一层油膜，封闭气孔，使害虫窒息死亡。同时机油中还含有部分不饱和烃类化合物，极易在害虫体内生成酸类物质，使虫体中毒死亡。

制剂

99%、98.9%、95%、94%乳油，95%乳剂。

应用

1．乳油制剂

（1）果树害虫：防治苹果、柑橘、猕猴桃等果树上的山楂叶螨、苹果全爪螨、二斑叶螨、柑橘锈螨、瘤螨、红叶螨、苹果绵蚜、绣线菊蚜、梨圆蚧、日本龟蜡蚧、球坚蚧、吹绵蚧、红圆蚧、桑白蚧、金纹细蛾、柑橘潜叶蛾、梨木虱、柑橘木虱、粉虱等。施用浓度一般用200倍液，若苹果绵蚜、绣线菊蚜等蚜虫虫口密度较大时，可用100～150倍液。喷药时间应在害虫发生初期开始喷药，隔7～10d再喷1次，随后可间隔25～30d喷1次药。亦可在早春苹果等果树花芽萌动前喷洒200倍液，用来防治绣线菊蚜、苹果瘤蚜的越冬卵和初孵若虫，苹果全爪螨的越冬卵，山楂叶螨的越冬雌成螨和介壳虫等害虫。该药剂200倍液可用来防治白粉病、叶斑病、煤污病、灰霉病等果树病害。

（2）蔬菜和花卉害虫：防治蔬菜和花卉白粉虱、蓟马、螨类、介壳虫等害虫，在害虫初发期施药，施用浓度一般掌握在200～300倍液。

本品可与大多数杀虫剂、杀菌剂混用，它能减少药液蒸发，提高农药的附着能力和保护易受紫外线影响的杀虫剂品种，因而有一定的增效作用。它可与阿维菌素、Bt、吡虫啉、敌灭灵、万灵、可杀得、琥珀酸铜等药剂混用。但本品不可与含硫药剂、波尔多液、乐果、克螨特、西维因、灭螨猛、灭菌丹、百菌清、敌菌灵等农药混用。同时还应注意，果树上喷过以上药剂后14d内不能再喷敌死虫，否则会发生药害。应用先在容器内加入一定量的水，再往水中加入规定用量的敌死虫，再加足水量。如与其他农药混用，应先将其他农药和水混匀后再倒入敌死虫，不可颠倒。为防止出现药水分离现象，应不断搅拌。

2．95%机油乳剂

防治果树害虫，在果树萌芽期（苹果）和花芽膨大期（梨树），用95%机油乳剂100～200倍液喷雾，可防治山楂叶螨越冬雌成螨、苹果全爪螨越冬卵和已孵化的若螨、苹果瘤蚜和绣线菊蚜的越冬卵和初孵若虫以及梨二叉蚜越冬卵和初孵若虫、梨木虱越冬代成虫和卵、梨圆蚧等。在桃芽萌动后，用95%机油乳剂100～150倍液喷雾，可防治桃蚜越冬卵和初孵若虫以及桑白盾蚧若虫。苹果落花后，用95%机油乳剂200倍液喷雾，防治苹果全爪螨，亦可在夏季防治柑橘全爪螨。7月上中旬防治枣壁虱、日本龟蜡蚧可用50～60倍液，防治枣尺蠖用100～300倍液喷雾。

注意事项

1．机油乳剂因机油的型号和产地不同，乳化剂质量上的差异，不同厂家生产的机油乳剂质量不一。因此，要注意选用无浮油、无沉淀、无浑浊的产品。

2．夏季使用机油乳剂，有的树种会发生药害，应先做试验。

3．本品无内吸性，喷药应均匀周到，叶片、枝条上部要喷湿，不可漏喷。

4．当气温超过35℃、刮大风、土壤干旱或树木上有露水时均不要喷洒。

5．药品要存放在阴凉、干燥、避光处，瓶盖要密封，防止水分进入。若贮存时间较长，使用前要充分摇匀。

第十一章 杀虫剂混剂

菊酯与有机磷混用的杀虫剂混剂

这类混剂中涉及的拟除虫菊酯类品种主要有4个：

氯氰菊酯、高效氯氰菊酯、高效氯氟氰菊酯和氰戊菊酯

药剂名称	适用作物	防治对象	用药量	应用	生产企业
42.5%高效氯氰菊酯－毒死蜱乳油（2.5：40）	十字花科蔬菜	甜菜夜蛾	33.3～50mL/亩	均匀喷雾	福建泰禾生化科技股份有限公司
15%高效氯氰菊酯－毒死蜱乳油（1.5：13.5）	黄瓜	美洲斑潜蝇	50～60mL/亩	均匀喷雾	山东省济南天邦化工有限公司
12%高效氯氰菊酯－毒死蜱乳油（2.5：9.5）	棉花	棉铃虫	120～150mL/亩	均匀喷雾	广西金穗农药有限公司
25%高效氯氰菊酯－辛硫磷乳油（2.5：22.5）	枣树	枣尺蠖	125～250mg/kg	均匀喷雾	山西科锋农业科技有限公司
	十字花科蔬菜	菜青虫	40～60mL/亩		
	棉花	棉铃虫	40～60mL/亩		
20%高效氯氰菊酯－辛硫磷乳油（2：18）	十字花科蔬菜	蚜虫	50～80mL/亩	均匀喷雾	四川省成都盖尔盖司生物科技制品厂
40%高效氯氰菊酯－丙溴磷乳油（2：38）	棉花	棉铃虫	50～65mL/亩	均匀喷雾	深圳诺普信农化股份有限公司
26%高效氯氰菊酯－敌敌畏乳油（1：25）	十字花科蔬菜	菜青虫	40～60mL/亩	均匀喷雾	广西易多收生物科技有限公司
20%高效氯氰菊酯－敌敌畏乳油（1：19）	十字花科蔬菜	菜青虫	60～100mL/亩	均匀喷雾	天津农药股份有限公司
20%高效氯氰菊酯－马拉硫磷乳油（1.5：18.5）	苹果	桃小食心虫	133～200mg/kg	均匀喷雾	河北威远生物化工股份有限公司
22%高效氯氰菊酯－乙酰甲胺磷乳油（2：20）	十字花科蔬菜	蚜虫	40～50mL/亩	均匀喷雾	江苏省盐城双宁农化有限公司
15%高效氯氰菊酯－三唑磷乳油（2：13）	棉花	棉铃虫	80～160mL/亩	均匀喷雾	深圳诺普信农化股份有限公司
20%高效氯氰菊酯－亚胺硫磷乳油（2：18）	甘蓝	菜青虫	40～50mL/亩	均匀喷雾	湖北仙隆化工股份有限公司

（续 表）

药剂名称	适用作物	防治对象	用药量	应用	生产企业
55%氯氰菊酯–毒死蜱乳油（5∶50）	十字花科蔬菜	菜青虫	40～50mL/亩	均匀喷雾	江苏省南京红太阳股份有限公司
	荔枝树	蒂蛀虫	45～66.7mL/亩		
522.5g/升氯氰菊酯–毒死蜱乳油（1∶10）	甘蓝	菜青虫	50～60mL/亩	均匀喷雾	浙江永农化工有限公司
	菜豆	豆荚螟	60～80mL/亩		
	苹果	桃小食心虫	133～200mg/kg		
25%氯氰菊酯–毒死蜱乳油（2.5∶22.5）	棉花	棉铃虫	100～140mL/亩	均匀喷雾	山东曹达化工有限公司
24%氯氰菊酯–毒死蜱乳油（2∶22）	棉花	棉铃虫	60～80mL/亩	均匀喷雾	山东胜邦鲁南农药有限公司
44%氯氰菊酯–毒死蜱乳油（4∶40）	棉花	棉铃虫	80～100mL/亩	均匀喷雾	陕西省蒲城县美邦农药有限公司
		蚜虫	60～80mL/亩		
20%氯氰菊酯–敌敌畏乳油（2∶18）	十字花科蔬菜	黄条跳甲	75～100mL/亩	均匀喷雾	广东省广州市金农达化工有限公司
15%氯氰菊酯–乐果乳油（3∶12）	十字花科蔬菜	菜青虫	60～80mL/亩	均匀喷雾	四川省成都盖尔盖司生物科技制品厂
16%氯氰菊酯–乐果乳油（2∶14）	十字花科蔬菜	菜青虫	50～70mL/亩	均匀喷雾	江苏禾笑化工有限公司
21%高效氯氟氰菊酯–三唑磷乳油（1∶20）	荔枝树	蒂蛀虫	175～210mg/kg	均匀喷雾	福建省新农大正生物工程有限公司
	棉花	棉铃虫	70～80mL/亩		江西万德化工科技有限公司
10%高效氯氟氰菊酯–三唑磷乳油（1∶9）	十字花科蔬菜	小菜蛾	80～90mL/亩	均匀喷雾	广西贵港市恒泰化工有限公司
21%高效氯氟氰菊酯–三唑磷乳油（1∶20）	十字花科蔬菜	菜青虫	30～50mL/亩	均匀喷雾	山东申王生物药业有限公司
20%高效氯氟氰菊酯–辛硫磷乳油（1.5∶18.5）	棉花	棉铃虫	100～120mL/亩	均匀喷雾	湖南省益阳市润慷宝化工有限公司
20%高效氯氟氰菊酯–敌敌畏乳油（0.6∶19.4）	棉花	蚜虫	40～80mL/亩	均匀喷雾	广西南宁利民农用化学品有限公司
20%氰戊菊酯–马拉硫磷乳油（5∶15）	苹果	桃小食心虫	160～333mg/kg	均匀喷雾	山东省淄博绿晶农药有限公司
25%氰戊菊酯–倍硫磷乳油（6∶19）	甘蓝	蚜虫	28～30mL/亩	均匀喷雾	广西金穗农药有限公司
25%氰戊菊酯–乐果乳油（5∶20）	十字花科蔬菜	菜青虫	50～70mL/亩	均匀喷雾	广西易多收生物科技有限公司
30%氰戊菊酯–辛硫磷乳油（15∶15）	棉花	棉铃虫	60～80mL/亩	均匀喷雾	江苏省苏科农化有限责任公司
20%氰戊菊酯–敌敌畏乳油（6.5∶13.5）	小麦	蚜虫	30～40mL/亩	均匀喷雾	河北盛世基农化工有限公司

有机磷之间混用的杀虫剂混剂

药剂名称	适用作物	防治对象	用药量	应用	生产企业
35% 毒死蜱–乙酰甲胺磷乳油（14：21）	十字花科蔬菜	菜青虫	60～80mL/亩	均匀喷雾	上海艾科思生物药业有限公司
35% 毒死蜱–乙酰甲胺磷可湿性粉剂（14：21）	水稻	稻纵卷叶螟	60～80g/亩	均匀喷雾	江西万德化工科技有限公司
30% 毒死蜱–三唑磷乳油（15：15）	水稻	稻纵卷叶螟	40～60mL/亩	均匀喷雾	湖北信风作物保护有限公司
25% 毒死蜱–三唑磷乳油（5：20）	水稻	稻纵卷叶螟	80～100mL/亩	均匀喷雾	湖北省武汉天惠生物工程有限公司
20% 毒死蜱–三唑磷微乳剂（10：10）	水稻	二化螟	140～160mL/亩	均匀喷雾	深圳诺普信农化股份有限公司
15% 甲基毒死蜱–三唑磷乳油（5：10）	水稻	三化螟	150～200mL/亩	均匀喷雾	广东省江门市大光明农化有限公司
40% 毒死蜱–辛硫磷乳油（10：30）	韭菜 棉花	韭蛆 棉铃虫	300～400mL/亩 75～100mL/亩	灌根 均匀喷雾	天津市前进农药厂
20% 毒死蜱–杀扑磷乳油（10：10）	柑橘	介壳虫	200～250mg/kg	均匀喷雾	河南省浚县绿宝农药厂
35% 毒死蜱–敌敌畏乳油（10：25）	水稻	稻纵卷叶螟	80～100mL/亩	均匀喷雾	江西省南昌赣丰化工农药厂
8% 毒死蜱–辛硫磷颗粒剂（3：5）	花生	地下害虫	1300～1500g/亩	撒施	山东省泗水丰田农药有限公司
27% 辛硫磷–三唑磷乳油（22：5）	水稻	二化螟	50～70mL/亩	均匀喷雾	江西省南昌赣丰化工农药厂
20% 辛硫磷–三唑磷乳油（10：10）	水稻	稻水象甲	40～50mL/亩	均匀喷雾	山东省济南天邦化工有限公司
30% 辛硫磷–敌百虫乳油（10：20）	水稻	二化螟	100～120mL/亩	均匀喷雾	江西日上化工有限公司
30% 辛硫磷–喹硫磷乳油（20：10）	水稻	稻纵卷叶螟	80～100mL/亩	均匀喷雾	江苏省苏科农化有限责任公司
30% 辛硫磷–哒嗪硫磷乳油（20：10）	水稻	二化螟	100～150mL/亩	均匀喷雾	安徽省池州新赛德化工有限公司
25% 辛硫磷–丙溴磷乳油（19：6）	棉花 水稻	棉铃虫 稻纵卷叶螟	90～100mL/亩 70～90mL/亩	均匀喷雾 均匀喷雾	江西红土地化工有限公司 江苏宝灵化工股份有限公司
25% 辛硫磷–马拉硫磷乳油（12.5：12.5）	水稻	稻纵卷叶螟	80～100mL/亩	均匀喷雾	江西省南昌赣丰化工农药厂
32% 辛硫磷–二嗪磷乳油（20：12）	韭菜	韭蛆	1000～1200mL/亩	灌根	山东省泗水丰田农药有限公司
45% 马拉硫磷–敌敌畏乳油（5：40）	十字花科蔬菜	黄条跳甲	40～50mL/亩	均匀喷雾	湖南大方农化有限公司

（续 表）

药剂名称	适用作物	防治对象	用药量	应用	生产企业
12% 马拉硫磷–杀螟硫磷乳油（10：2）	水稻	二化螟	100～150mL/亩	均匀喷雾	江西省南昌赣丰化工农药厂
	棉花	棉铃虫	75～100mL/亩		
	水稻	稻纵卷叶螟	120～150mL/亩		江苏省扬州市苏灵农药化工有限公司
	甘蓝、白菜	菜青虫	35～40mL/亩		湖南新安江化工有限公司
25% 马拉硫磷–三唑磷乳油（12.5：12.5）	水稻	螟虫	75～100mL/亩	均匀喷雾	浙江锐特化工科技有限公司
20% 马拉硫磷–三唑磷乳油（10：10）	水稻	二化螟	120～150mL/亩	均匀喷雾	湖南省郴州市金穗农药化工有限责任公司
20% 马拉硫磷–杀扑磷乳油（30：10）	柑橘	介壳虫	400～800mg/kg	均匀喷雾	山东省青岛润生农化有限公司
35% 敌百虫–喹硫磷乳油（28：7）	水稻	三化螟	100～120mL/亩	均匀喷雾	江西龙源农药有限公司
25% 敌百虫–乙酰甲胺磷乳油（10：15）	水稻	稻纵卷叶螟	150～200mL/亩	均匀喷雾	江西省南昌赣丰化工农药厂
	十字花科蔬菜	菜青虫	60～100mL/亩		
35% 三唑磷–敌敌畏乳油（10：25）	水稻	二化螟	100～120mL/亩	均匀喷雾	陕西省蒲城县美尔果农化有限责任公司
20% 三唑磷–乙酰甲胺磷乳油（10：10）	水稻	二化螟	100～120mL/亩	均匀喷雾	安徽省宁国市朝农化工有限责任公司

有机磷与氨基甲酸酯混用的杀虫剂混剂

药剂名称	适用作物	防治对象	用药量	应用	生产企业
30% 抗蚜威–乙酰甲胺磷可湿性粉剂（15：15）	十字花科蔬菜	蚜虫	30～40g/亩	均匀喷雾	陕西上格之路生物科学有限公司
25% 毒死蜱–仲丁威乳油（5：20）	水稻	稻飞虱	80～120mL/亩	均匀喷雾	江苏富田农化有限公司
20% 敌敌畏–仲丁威乳油（12：8）	水稻	稻飞虱	100～120mL/亩	均匀喷雾	江西省南昌赣丰化工农药厂
25% 三唑磷–仲丁威乳油（15：10）	水稻	稻飞虱、稻纵卷叶螟	180～200mL/亩	均匀喷雾	江西省赣州宇田化工有限公司
20% 辛硫磷–丁硫克百威乳油（15：5）	棉花	棉铃虫	105～125mL/亩	均匀喷雾	江西穗丰农药化工有限公司
30% 哒嗪硫磷–丁硫克百威乳油（20：10）	水稻	二化螟	150～200mL/亩	均匀喷雾	上海威敌生化（南昌）有限公司
5% 毒死蜱–丁硫克百威颗粒剂（4：1）	花生	蛴螬	3 000～5 000g/亩	沟或穴施	福建三农农化有限公司
3% 敌百虫–丁硫克百威颗粒剂（2：1）	甘蔗	蔗螟	5 000～6 000g/亩	毒土撒施	广西贵港市恒泰化工有限公司

含阿维菌素的杀虫剂混剂

药剂名称	适用作物	防治对象	用药量	应用	生产企业
6% 阿维菌素－高效氯氰菊酯乳油（0.4：5.6）	梨树	梨木虱	12～24mg/kg	均匀喷雾	河南省郑州万象农化有限公司
3% 阿维菌素－高效氯氰菊酯微乳剂（0.2：2.8）	梨树	梨木虱	12～24mg/kg	均匀喷雾	陕西省蒲城美尔果农化有限责任公司
	十字花科蔬菜	菜青虫、小菜蛾	30～60mL/亩		
6% 阿维菌素－高效氯氰菊酯可湿性粉剂（0.5：5.5）	十字花科蔬菜	菜青虫、小菜蛾	15～30g/亩	均匀喷雾	河南省星火农业技术公司
2.4 % 阿维菌素－高效氯氰菊酯乳油（0.4：2）			20～40mL/亩		甘肃省兰州铁道学院精细化工厂
2.4 % 阿维菌素－高效氯氰菊酯乳油（0.3：2.1）			37.5～75mL/亩		山东泰诺药业有限公司
1.8% 阿维菌素－高效氯氰菊酯乳油（0.3：1.5）			28～56mL/亩		江西省大农化工有限公司
1.8% 阿维菌素－高效氯氰菊酯乳油（0.15：1.65）	黄瓜	斑潜蝇	56～112mL/亩	均匀喷雾	河北省石家庄志诚农药化工有限公司
1.3% 阿维菌素－高效氯氰氰菊酯乳油（0.3：1）	十字花科蔬菜	小菜蛾	40～60mL/亩	均匀喷雾	广西田园生化股份有限公司
	茶树	茶小绿叶蝉	60～80mL/亩		
1.8 % 阿维菌素－溴氰菊酯可湿性粉剂（0.3：1.5）	十字花科蔬菜	菜青虫	30～40g/亩	均匀喷雾	陕西省蒲城美邦农化有限责任公司
1.8 % 阿维菌素－甲氰菊酯乳油（0.2：1.6）	十字花科蔬菜	菜青虫	20～30mL/亩	均匀喷雾	西安北农华农作物保护有限公司
35 % 阿维菌素－毒死蜱乳油（0.5：34.5）	十字花科蔬菜	小菜蛾	50～100mL/亩	均匀喷雾	广东省东莞市瑞德丰生物科技有限公司
15 % 阿维菌素－毒死蜱乳油（0.1：14.9）	水稻	二化螟	60～80mL/亩	均匀喷雾	江西省南昌赣丰化工农药厂
	十字花科蔬菜	小菜蛾	75～100mL/亩		深圳诺普信农化股份有限公司
	菜豆	斑潜蝇	20～30mL/亩		
15 % 阿维菌素－毒死蜱乳油（0.2：14.8）	十字花科蔬菜	小菜蛾	40～60mL/亩	均匀喷雾	中国农科院植保所廊坊农药中试厂
	水稻	稻纵卷叶螟	60～70mL/亩		
10 % 阿维菌素－毒死蜱乳油（0.1：9.9）	十字花科蔬菜	菜青虫	50～70mL/亩	均匀喷雾	广西金土地生化有限公司
20 % 阿维菌素－三唑磷乳油（0.2：19.8）	水稻	二化螟	70～90mL/亩	均匀喷雾	河北胜源化工有限公司
15 % 阿维菌素－三唑磷微乳剂（0.3：14.7）	十字花科蔬菜	菜青虫、小菜蛾	40～50mL/亩	均匀喷雾	江苏粮满仓农化有限公司
	水稻	二化螟、三化螟	60～90mL/亩		
15 % 阿维菌素－三唑磷乳油（0.1：14.9）	棉花	棉铃虫	45～60mL/亩	均匀喷雾	江苏省徐州农丰生物化工有限公司
15 % 阿维菌素－马拉硫磷乳油（0.1：14.9）	水稻	稻纵卷叶螟	100～120mL/亩	均匀喷雾	浙江锐特化工科技有限公司

（续 表）

药剂名称	适用作物	防治对象	用药量	应用	生产企业
16 % 阿维菌素 – 哒嗪硫磷乳油（0.2 : 15.8）	水稻	二化螟	75 ~ 90mL/亩	均匀喷雾	浙江新农化工股份有限公司
20% 阿维菌素 – 辛硫磷可湿性粉剂（0.2：19.8）	十字花科蔬菜	小菜蛾	30 ~ 40mL/亩	均匀喷雾	吉林省八达农药有限公司
3.3% 阿维菌素 – 虫酰肼可湿性粉剂（0.3：3）	甘蓝	甜菜夜蛾	80 ~ 100g/亩	均匀喷雾	陕西省蒲城美邦农化有限责任公司
3% 阿维菌素 – 氟铃脲可湿性粉剂（0.5：2.5）	水稻	稻纵卷叶螟	50 ~ 60g/亩	均匀喷雾	江苏省苏科农化有限责任公司
2.5% 阿维菌素 – 氟铃脲乳油（0.4：2.1）	十字花科蔬菜	小菜蛾	30 ~ 40mL/亩	均匀喷雾	山东省淄博市化工研究所长山实验厂
20.5% 阿维菌素 – 除虫脲悬浮剂（0.5：20）	柑橘	潜叶蛾	51 ~ 103mg/kg	均匀喷雾	广东省东莞市瑞德丰生物科技有限公司
20% 阿维菌素 – 灭幼脲可湿性粉剂（0.2：19.8）	十字花科蔬菜	甜菜夜蛾	40 ~ 60g/亩	均匀喷雾	陕西省蒲城美邦农化有限责任公司
18% 阿维菌素 – 灭幼脲悬浮剂（0.2 : 17.8）	十字花科蔬菜	小菜蛾	40 ~ 50g/亩	均匀喷雾	山东省济南一农化工有限公司
15.6% 阿维菌素 – 丁醚脲乳油（0.6：15）	十字花科蔬菜	小菜蛾	20 ~ 25mL/亩	均匀喷雾	福建新农大正生物工程有限公司
20% 阿维菌素 – 抑食肼可湿性粉剂（0.3：19.7）	十字花科蔬菜	斜纹夜蛾	40 ~ 50g/亩	均匀喷雾	江苏禾益农化有限公司
	菜豆	豆荚螟	40 ~ 50g/亩		
	烟草	斜纹夜蛾	50 ~ 100g/亩		
31% 阿维菌素 – 灭蝇胺悬浮剂（0.7 : 30.3）	菜豆	斑潜蝇	16 ~ 21.5g/亩	均匀喷雾	山东省青岛奥迪斯生物科技有限公司
4.75% 阿维菌素 – 茚虫威可湿性粉剂（1 : 3.75）	十字花科蔬菜	小菜蛾	40 ~ 55g/亩	均匀喷雾	上海杜邦农化有限公司
1.45% 阿维菌素 – 吡虫啉可湿性粉剂（0.45 : 1）	柑橘 水稻	蚜虫、红蜘蛛 稻飞虱	7.3 ~ 14.5mg/kg 60 ~ 80g/亩	均匀喷雾	辽宁省大连广达农药有限责任公司
0.1% 阿维菌素 –100 亿活芽孢 / 克苏云金杆菌可湿性粉剂	十字花科蔬菜	小菜蛾	50 ~ 80g/亩	均匀喷雾	江西日上化工有限公司

含甲氨基阿维菌素苯甲酸盐（简称：甲维盐）的杀虫剂混剂

药剂名称	适用作物	防治对象	用药量	应用	生产企业
4.3% 甲维盐 – 高效氯氰菊酯乳油（0.1：4.2）	十字花科蔬菜	小菜蛾	30 ~ 35mL/亩	均匀喷雾	四川绿润科技开发有限公司
2% 甲维盐 – 高效氯氰菊酯乳油（0.2：1.8）	十字花科蔬菜	甜菜夜蛾	40 ~ 60mL/亩	均匀喷雾	广西安泰化工有限责任公司
3.2% 甲维盐 – 氯氰菊酯微乳剂（0.2：3）	十字花科蔬菜	甜菜夜蛾	40 ~ 60mL/亩	均匀喷雾	山东省青岛瀚生生物科技股份有限公司
2% 甲维盐 – 高效氯氟氰菊酯微乳剂（0.2：1.8）	甘蓝	小菜蛾	30 ~ 40mL/亩	均匀喷雾	云南省昆明沃霖生物工程有限公司
30% 甲维盐 – 毒死蜱乳油（0.5：29.5）	十字花科蔬菜	甜菜夜蛾	25 ~ 33.3mL/亩	均匀喷雾	北京华戎生物激素厂
10% 甲维盐 – 毒死蜱乳油（0.1：9.9）	大豆	甜菜夜蛾	50 ~ 60mL/亩	均匀喷雾	广西田园生化股份有限公司
5% 甲维盐 – 毒死蜱乳油（0.1：4.9）	十字花科蔬菜	小菜蛾	120 ~ 150mL/亩	均匀喷雾	河南省郑州万安特农化产品有限责任公司
15.2% 甲维盐 – 丙溴磷乳油（0.2：15）	十字花科蔬菜	小菜蛾	80 ~ 100mL/亩	均匀喷雾	江西博邦生物药业有限公司
3.2% 甲维盐 – 啶虫脒乳油（0.2：3）	十字花科蔬菜	小菜蛾、蚜虫	60 ~ 100mL/亩	均匀喷雾	山东寿光双星农药有限公司
10.5% 甲维盐 – 氟铃脲水分散粒剂（0.5：10）	十字花科蔬菜	小菜蛾	15 ~ 30mL/亩	均匀喷雾	上海艾科思生物药业有限公司
4% 甲维盐 – 氟玲脲微乳剂（0.6：3.4）	十字花科蔬菜	甜菜夜蛾	9 ~ 17mL/亩	均匀喷雾	山东省青岛海利尔药业有限公司
2.5% 甲维盐 – 氟啶脲乳油（0.1：2.4）	甘蓝	菜青虫	60 ~ 80mL/亩	均匀喷雾	陕西汤普森生物科技有限公司
8.8% 甲维盐 – 虫酰肼乳油（0.4：8.4）	十字花科蔬菜	甜菜夜蛾	30 ~ 40mL/亩	均匀喷雾	山东省青岛奥迪斯生物科技有限公司
8.5% 甲维盐 – 吡丙醚乳油（0.2：8.3）	十字花科蔬菜	小菜蛾	70 ~ 80mL/亩	均匀喷雾	上海生农生化制品有限公司

含杀虫单的杀虫剂混剂

药剂名称	适用作物	防治对象	用药量	应用	生产企业
25% 杀虫单 – 高效氯氰菊酯水乳剂（22：3）	十字花科蔬菜	小菜蛾	70 ~ 80mL/亩	均匀喷雾	广东省惠州市中迅化工有限公司
25% 杀虫单 – 高效氯氰菊酯水乳剂（23：2）	十字花科蔬菜	黄条跳甲	100 ~ 125mL/亩	均匀喷雾	福建新农大正生物工程有限公司

（续 表）

药剂名称	适用作物	防治对象	用药量	应用	生产企业
16% 杀虫单－高效氯氰菊酯水乳剂（15：1）	番茄	美洲斑潜蝇	75～100mL/亩	均匀喷雾	广西金土地生化有限公司
20% 杀虫单－高效氯氟氰菊酯微乳剂（19：1）	十字花科蔬菜	菜青虫	50～90mL/亩	均匀喷雾	广西禾泰农药有限责任公司
25% 杀虫单－毒死蜱可湿性粉剂（20：5）	水稻	稻纵卷叶螟	100～150g/亩	均匀喷雾	江苏富田农化有限公司
21% 杀虫单－毒死蜱微乳剂（15：6）	十字花科蔬菜	菜青虫	100～120mL/亩	均匀喷雾	广西贵港市恒泰化工有限公司
42.9% 杀虫单－辛硫磷可湿性粉剂（29.9：13）	水稻	二化螟	100～120g/亩	均匀喷雾	浙江禾益农化有限公司
18% 杀虫单－三唑磷微乳剂（12：6）	水稻	二化螟、三化螟	120～150mL/亩	均匀喷雾	江苏长青农化股份有限公司
40% 杀虫单－灭蝇胺可湿性粉剂（20：20）	菜豆	美洲斑潜蝇	40～50g/亩	均匀喷雾	福建新农大正生物工程有限公司
46% 杀虫单－苏云金杆菌可湿性粉剂（45：1）	甘蓝	小菜蛾	45～60g/亩	均匀喷雾	河南省博爱惠丰生化农药有限公司
38.5% 杀虫单－苏云金杆菌可湿性粉剂（36：2.5）	水稻	二化螟	60～80g/亩	均匀喷雾	甘肃恒生源生物科技有限公司
24% 杀虫双－毒死蜱水乳剂（14：10）	水稻	二化螟、稻纵卷叶螟	75～100mL/亩	均匀喷雾	上海农乐生物制品股份有限公司

含吡虫啉的杀虫剂混剂

药剂名称	适用作物	防治对象	用药量	应用	生产企业
4% 吡虫啉－高效氯氰菊酯乳油（1.8：2.2）	大豆	蚜虫	30～40mL/亩	均匀喷雾	黑龙江省哈尔滨滨富利生化科技有限公司
4% 吡虫啉－高效氯氰菊酯乳油（2.5：1.5）	十字花科蔬菜	白粉虱	25～30mL/亩	均匀喷雾	福建新农大正生物工程有限公司
3% 吡虫啉－高效氯氰菊酯乳油（1.5：1.5）	十字花科蔬菜	蚜虫	40～60mL/亩	均匀喷雾	山东祥隆化工有限公司
5% 吡虫啉－氯氰菊酯乳油（3.5：1.5）	十字花科蔬菜	蚜虫	30～50mL/亩	均匀喷雾	重庆永川农药厂
6% 吡虫啉－高效氯氟氰菊酯乳油（5：1）	茶树	茶小绿叶蝉	15～25mL/亩	均匀喷雾	浙江锐特化工科技有限公司
2% 吡虫啉－S－氰戊菊酯乳油（1：1）	小麦	蚜虫	30～50mL/亩	均匀喷雾	广西金穗农药有限公司
30% 吡虫啉－毒死蜱乳油（3：27）	水稻	稻飞虱	80～100mL/亩	均匀喷雾	江苏克胜集团股份有限公司

（续 表）

药剂名称	适用作物	防治对象	用药量	应用	生产企业
22%吡虫啉－毒死蜱乳油（2：20）	苹果	绵蚜	88～146.7mg/kg	均匀喷雾	山东省青岛瀚生生物科技股份有限公司
12%吡虫啉－毒死蜱可湿性粉剂（1：11）	十字花科蔬菜	菜青虫	125～175g/亩	均匀喷雾	陕西省蒲城县美邦农药有限责任公司
25%吡虫啉－辛硫磷乳油（1：24）	十字花科蔬菜	蚜虫	15～20mL/亩	均匀喷雾	广东省东莞市瑞德丰生物科技有限公司
	水稻	稻飞虱	80～100mL/亩		
21%吡虫啉－乐果可湿性粉剂（1：20）	水稻	稻飞虱	55～65g/亩	均匀喷雾	天津市施普乐农药技术发展有限公司
25%吡虫啉－三唑磷乳油（1.8：23.2）	水稻	飞虱、三化螟	75～100mL/亩	均匀喷雾	江苏剑牌农药化工有限公司
11%吡虫啉－茚虫威可湿性粉剂（5：6）	十字花科蔬菜	甜菜夜蛾、蚜虫	30～40g/亩	均匀喷雾	上海杜邦农化有限公司
20%吡虫啉－丁硫克百威乳油（5：15）	小麦	蚜虫	20～30mL/亩	均匀喷雾	河南省浚县绿宝农药厂
15%吡虫啉－丁硫克百威乳油（5：10）	十字花科蔬菜	蚜虫	10～24mL/亩	均匀喷雾	山东省青岛海利尔药业有限公司
150g/L吡虫啉－丁硫克百威乳油（5：10）	水稻	稻飞虱	30～60g/亩	均匀喷雾	江苏省苏州市富美实植物保护剂有限公司
	甘蓝	蚜虫	10～15g/亩	均匀喷雾	
25%吡虫啉－异丙威可湿性粉剂（1：24）	水稻	稻飞虱	30～40g/亩	均匀喷雾	湖南大乘医药化工有限公司
24%吡虫啉－异丙威可湿性粉剂（1.5：22.5）	水稻	稻飞虱	50～100g/亩	均匀喷雾	上海威敌生化（南昌）有限公司
25%吡虫啉－仲丁威乳油（1：24）	水稻	稻飞虱	50～75mL/亩	均匀喷雾	江西省南昌赣丰化工农药厂
	十字花科蔬菜	蚜虫	40～60mL/亩		
35%吡虫啉－杀虫单可湿性粉剂（1：34）	水稻	稻飞虱、螟虫	86～143g/亩	均匀喷雾	山东省潍坊鸿汇化工有限公司
300g/L吡虫啉－噻嗪酮悬浮剂（5：25）	柑橘	介壳虫	100～150mg/kg	均匀喷雾	广东省东莞市瑞德丰生物科技有限公司
10%吡虫啉－噻嗪酮可湿性粉剂（2：8）	水稻	稻飞虱	30～50g/亩	均匀喷雾	安徽美科达农化有限公司
10%吡虫啉－噻嗪酮可湿性粉剂（1：9）	水稻	稻飞虱	50～100g/亩	均匀喷雾	上海威敌生化（南昌）有限公司
2.5%吡虫啉－阿维菌素乳油（2.4：0.1）	梨树	梨木虱	10～12.5mg/kg	均匀喷雾	福建省福州凯立生物制品有限公司
1.8%吡虫啉－阿维菌素可湿性粉剂（1.7：0.1）	十字花科蔬菜	蚜虫	25～40g/亩	均匀喷雾	山西运城绿康实业有限公司
2.5%吡虫啉－咪酰胺悬浮种衣剂（2：0.5）	水稻	蓟马	药种比1：40～50	种子包衣	河北省北农（海利）涿州种衣剂有限公司

含啶虫脒的杀虫剂混剂

药剂名称	适用作物	防治对象	用药量	应用	生产企业
10.5% 啶虫脒 – 高效氯氰菊酯乳油（7：3.5）	十字花科蔬菜	蚜虫	15 ~ 20mL/亩	均匀喷雾	陕西省恒田化工有限公司
5% 啶虫脒 – 高效氯氰菊酯乳油（1.5：3.5）	番茄	蚜虫	30 ~ 50mL/亩	均匀喷雾	山东省青岛富尔农艺生化有限公司
5% 啶虫脒 – 高效氯氰菊酯可湿性粉剂（2：3）	十字花科蔬菜	蚜虫	30 ~ 40g/亩	均匀喷雾	山东省招远市金虹精细化工有限公司
7.5% 啶虫脒 – 联苯菊酯乳油（5：2.5）	茶树	茶小绿叶蝉	40 ~ 53.3mL/亩	均匀喷雾	山东省青岛奥迪斯生物科技有限公司
5% 啶虫脒 – 联苯菊酯乳油（3：2）	茶树	茶小绿叶蝉	60 ~ 80mL/亩	均匀喷雾	上海威敌生化（南昌）有限公司
	十字花科蔬菜	白粉虱	100 ~ 120mL/亩		
4.5% 啶虫脒 – 联苯菊酯微乳剂（1.5：3）	茶树	茶小绿叶蝉	33 ~ 45mL/亩	均匀喷雾	福建新农大正生物工程有限公司
7.5% 啶虫脒 – 高效氯氟氰菊酯可湿性粉剂（6.5：1）	十字花科蔬菜	蚜虫	20 ~ 26.7g/亩	均匀喷雾	陕西糖普森生物科技有限公司
5% 啶虫脒 – 氟氯氰菊酯乳油（1：4）	棉花	棉铃虫、蚜虫	60 ~ 70mL/亩	均匀喷雾	陕西省蒲城县美邦农药有限责任公司
20% 啶虫脒 – 辛硫磷乳油（2：18）	柑橘	蚜虫	100 ~ 133.3mg/kg	均匀喷雾	河南省浚县绿宝农药厂
22.5% 啶虫脒 – 二嗪磷乳油（2.5：20）	柑橘	介壳虫	150 ~ 225mg/kg	均匀喷雾	浙江禾益农化有限公司
45% 啶虫脒 – 杀虫单可溶性粉剂（15：30）	椰树	椰心叶甲	10g/袋 2袋/树	挂袋	广东省佛山市南海区绿宝生物技术研究所
4% 啶虫脒 – 阿维菌素微乳剂（3.5：0.5）	节瓜	蓟马	25 ~ 40mL/亩	均匀喷雾	深圳诺普信农化股份有限公司
4% 啶虫脒 – 阿维菌素乳油（3：1）	黄瓜	蚜虫	15 ~ 20mL/亩	均匀喷雾	江苏侨基生物化学有限公司
	苹果	蚜虫	8 ~ 10mg/kg		

含噻嗪酮的杀虫剂混剂

药剂名称	适用作物	防治对象	用药量	应用	生产企业
20% 噻嗪酮 – 杀扑磷乳油（15：5）	柑橘	介壳虫	200 ~ 250mg/kg	均匀喷雾	广西桂林集琦生化有限公司
30% 噻嗪酮 – 混灭威乳油（5：25）	水稻	稻飞虱	80 ~ 90mL/亩	均匀喷雾	江西田友生化有限公司
30% 噻嗪酮 – 异丙威乳油（7.5：22.5）	水稻	稻飞虱	80 ~ 100mL/亩	均匀喷雾	江西博邦生物药业有限公司

（续 表）

药剂名称	适用作物	防治对象	用药量	应用	生产企业
25% 噻嗪酮 – 异丙威可湿性粉剂（5：20）	水稻	稻飞虱	100 ~ 130g/亩	均匀喷雾	中国农科院植保所廊坊农药中试厂
25% 噻嗪酮 – 杀虫单可湿性粉剂（6：19）	水稻	稻飞虱	100 ~ 120g/亩	均匀喷雾	陕西省西安常隆正华作物保护有限公司

含昆虫生长调节剂的杀虫剂混剂

药剂名称	适用作物	防治对象	用药量	应用	生产企业
6% 氟铃脲 – 高效氯氰菊酯微乳剂（1.2：4.8）	十字花科蔬菜	甜菜夜蛾	20 ~ 30mL/亩	均匀喷雾	福建三农集团股份有限公司
5.7% 氟铃脲 – 高效氯氰菊酯乳油（2：1）	甘蓝	小菜蛾	50 ~ 60mL/亩	均匀喷雾	山东三元工贸有限公司
3% 氟铃脲 – 顺式氯氰菊酯乳油（1.9：3.8）	十字花科蔬菜	甜菜夜蛾	50 ~ 60mL/亩	均匀喷雾	江苏广丰农药有限公司
22% 氟铃脲 – 毒死蜱乳油（2：20）	棉花	棉铃虫	90 ~ 100mL/亩	均匀喷雾	华北制药集团爱诺有限公司
10% 氟铃脲 – 毒死蜱乳油（1.5：8.5）	十字花科蔬菜	小菜蛾	80 ~ 100mL/亩	均匀喷雾	广西南宁利民农用化学品有限公司
20% 氟铃脲 – 辛硫磷乳油（2：18）	十字花科蔬菜	小菜蛾	40 ~ 50mL/亩	均匀喷雾	湖南绿叶化工有限公司 河北圣亚达化工有限公司
	棉花	棉铃虫	60 ~ 89mL/亩		
32% 氟铃脲 – 丙嗅磷乳油（2：30）	水稻	稻纵卷叶螟	30 ~ 50mL/亩	均匀喷雾	发事达（南通）化工有限公司
4.65% 氟啶脲 – 高效氯氰菊酯乳油（1.5：3.15）	十字花科蔬菜	小菜蛾、菜青虫	30 ~ 60mL/亩	均匀喷雾	江苏扬农化工集团有限公司
31% 氟啶脲 – 三唑磷乳油（1：30）	水稻	稻纵卷叶螟	60 ~ 70mL/亩	均匀喷雾	江苏省南京红太阳股份有限公司
75% 氟啶脲 – 杀虫单可湿性粉剂（1：74）	水稻	稻纵卷叶螟	60 ~ 70g/亩	均匀喷雾	江苏省无锡市锡南农药有限公司
20% 除虫脲 – 辛硫磷乳油（1：19）	十字花科蔬菜	菜青虫	30 ~ 40mL/亩	均匀喷雾	湖南大方农化有限公司
20% 虫酰肼 – 毒死蜱乳油（4：16）	十字花科蔬菜	斜纹夜蛾	100 ~ 120mL/亩	均匀喷雾	山东省青岛奥迪斯生物科技有限公司
20% 虫酰肼 – 辛硫磷乳油（5：15）	十字花科蔬菜	甜菜夜蛾	80 ~ 100mL/亩	均匀喷雾	江苏省海门市江乐农药化工有限责任公司
	棉花	棉铃虫			
	水稻	稻纵卷叶螟			
5% 苯氧威 – 高效氯氰菊酯乳油（3：2）	十字花科蔬菜	小菜蛾、蚜虫	60 ~ 80mL/亩	均匀喷雾	河南省郑州沙隆达伟新农药有限公司

2

含植物源杀虫剂的杀虫剂混剂

药剂名称	适用作物	防治对象	用药量	应用	生产企业
1% 苦参碱 –印楝素乳油（0.4：0.6）	十字花科蔬菜	小菜蛾	60 ~ 80mL/亩	均匀喷雾	云南光明印楝产业开发股份有限公司
1.2% 苦参碱 –烟碱可溶液剂（0.2：1）	菜豆	蚜虫	50 ~ 100mL/亩	均匀喷雾	云南文山润泽生物农药厂
1.8% 苦参碱 –除虫菊素水乳剂（0.4：1.4）	十字花科蔬菜	蚜虫	40 ~ 50mL/亩	均匀喷雾	云南南宝植化有限责任公司
0.6% 苦参碱 –小檗碱水剂（0.4：1.4）	十字花科蔬菜	蚜虫	40 ~ 50mL/亩	均匀喷雾	云南南宝植化有限责任公司
1% 蛇床子素 –8000IU/μL 苏云金杆菌悬浮剂	十字花科蔬菜	小菜蛾、 菜青虫	125 ~ 150g/亩	均匀喷雾	江苏省苏科农化有限责任公司
9% 辣椒碱 –烟碱微乳剂（0.7：8.3）	十字花科蔬菜	菜青虫	40 ~ 60mL/亩	均匀喷雾	福建省厦门南草坪生物工程有限公司
1.2% 阿维菌素 –辣椒碱微乳剂（0.8：0.4）	十字花科蔬菜	蚜虫	50 ~ 60mL/亩	均匀喷雾	福建省厦门南草坪生物工程有限公司

含微生物杀虫剂的杀虫剂混剂

药剂名称	适用作物	防治对象	用药量	应用	生产企业
2% 多杀霉素 – 苏云金杆菌 悬浮剂（0.4：1.6）	十字花科蔬菜	小菜蛾	120 ~ 160g/亩	均匀喷雾	湖北省武汉科诺生物农药有限公司
38.5% 杀虫单 – 苏云金杆菌 可湿性粉剂（36：2.5）	水稻	二化螟	60 ~ 80g/亩	均匀喷雾	甘肃恒生源生物科技有限公司
1 万 PIB/μL 茶尺蠖核型 多角体病毒 –2 000IU/μL 苏云金杆菌悬浮剂	茶树	尺蠖	100 ~ 150g/亩	均匀喷雾	湖北武汉武大绿洲生物技术有限公司
1 千万 PIB/mL 菜青虫颗粒 体病毒 –2 000IU/μL 苏云金杆菌悬浮剂	十字花科蔬菜	菜青虫	200 ~ 240g/亩	均匀喷雾	湖北武汉武大绿洲生物技术有限公司
1 万 PIB/mg 菜青虫颗粒体 病毒–16 000IU/mg 苏云金杆菌可湿性粉剂	甘蓝	菜青虫	50 ~ 75g/亩	均匀喷雾	湖北武汉武大绿洲生物技术有限公司
1 千万 PIB/mL 斜纹夜蛾核 型多角体病毒 –3% 高效氯氰菊酯悬浮剂	十字花科蔬菜	斜纹夜蛾	75 ~ 100g/亩	均匀喷雾	湖北武汉武大绿洲生物技术有限公司
1 亿 PIB/g 棉铃虫蛾核型 多角体病毒 –2% 高效氯氰 菊酯可湿性粉剂	棉花	棉铃虫	70 ~ 100g/亩	均匀喷雾	河南省焦作市瑞宝丰生物农药 有限公司

含硫丹的杀虫剂混剂

药剂名称	适用作物	防治对象	用药量	应用	生产企业
35%硫丹－辛硫磷乳油（5：30）	棉花	棉铃虫	50～75mL/亩	均匀喷雾	中国农科院植保所廊坊农药中试厂
40%硫丹－辛硫磷乳油（5：35）	棉花	棉铃虫	33.3～50mL/亩	均匀喷雾	山东省威海市农药厂
32.8%硫丹－溴氰菊酯乳油（32：0.8）	棉花	棉铃虫	80～100g/亩	均匀喷雾	陕西汤普森生物科技有限公司
18%硫丹－氯氰菊酯乳油（16：2）	棉花	棉铃虫	70～100mL/亩	均匀喷雾	广西安泰化工有限责任公司
20%柴油－高效氯氰菊酯乳油（17.5：2.5）	小麦	蚜虫	20～40mL/亩	均匀喷雾	河北赞峰生物工程有限公司

含机油（或柴油）的杀虫杀螨剂混剂

药剂名称	适用作物	防治对象	用药量	应用	生产企业
35%柴油－高效氯氰菊酯乳油（32.5：2.5）	黄瓜	蚜虫	40～50mL/亩	均匀喷雾	山东省济南赛普实业有限公司
20%柴油－高效氯氰菊酯乳油（17.5：2.5）	棉花	棉铃虫	80～120mL/亩	均匀喷雾	山东省济南科海有限公司
33%柴油－氯氰菊酯乳油（30：3）	黄瓜	蚜虫	40～60mL/亩	均匀喷雾	山东省济南赛普实业有限公司
32%柴油－氯氰菊酯乳油（30：2）	棉花	蚜虫	40～60mL/亩	均匀喷雾	陕西省蒲城县美邦农药有限责任公司
85%机油－溴氰菊酯乳油（30：2）	棉花	蚜虫、红蜘蛛	100～150mL/亩	均匀喷雾	山西省临猗中晋化工有限公司
40%柴油－甲氰菊酯乳油（20：20）	棉花	棉铃虫	100～150mL/亩	均匀喷雾	
25%吡虫啉－柴油乳油（1：24）	苹果	黄蚜	125～167mg/kg	均匀喷雾	河北快枪农药厂
	棉花	蚜虫	30～50mL/亩		
	小麦	蚜虫	60～100mL/亩		
	十字花科蔬菜	蚜虫	20～25mL/亩		
65%柴油－辛硫磷乳油（64.6：0.4）	苹果	黄蚜	6550～812.5mg/kg	均匀喷雾	山东省潍坊海宇生物化学农药有限公司
40%柴油－辛硫磷乳油（20：20）	棉花	棉铃虫	100～150mL/亩	均匀喷雾	山东省青岛东生药业有限公司
48%柴油－毒死蜱乳油（32：16）	十字花科蔬菜	菜青虫	75～100mL/亩	均匀喷雾	山东省济南天邦化工有限公司

（续 表）

药剂名称	适用作物	防治对象	用药量	应用	生产企业
40% 机油 – 毒死蜱乳油（25：15）	柑橘	介壳虫	320 ~ 500mg/kg	均匀喷雾	福建新农大正生物工程有限公司
40% 机油 – 马拉硫磷乳油（30：10）	棉花	蚜虫	80 ~ 100mL/亩	均匀喷雾	河南东方人农化有限责任公司
44% 机油 – 马拉硫磷乳油（24：20）	柑橘	矢尖蚧	1 000 ~ 1 250mg/kg	均匀喷雾	山东省济南科海有限公司
50% 机油 – 乙酰甲胺磷乳油（35：15）	棉花	蚜虫	120 ~ 150mL/亩	均匀喷雾	河南东方人农化有限责任公司
40% 机油 – 杀扑磷乳油（16：24）	柑橘	矢尖蚧	400 ~ 500mg/kg	均匀喷雾	山东省济南天邦化工有限公司
28% 机油 – 氧乐果乳油（18：10）	小麦	蚜虫	30 ~ 40mL/亩	均匀喷雾	山东曹达化工有限公司
40% 机油 – 喹硫磷乳油（30：10）	柑橘	矢尖蚧	500 ~ 800mg/kg	均匀喷雾	广东省惠州市中讯化工有限公司
30% 机油 – 丁硫克百威乳油（25：5）	柑橘	蚜虫	100 ~ 150mg/kg	均匀喷雾	北京中农大生物技术股份有限公司奇克农药厂
30% 阿维菌素 – 柴油乳油（0.3：29.7）	甘蓝	小菜蛾	50 ~ 80mL/亩	均匀喷雾	山东省济南科海有限公司
24.5% 阿维菌素 – 机油乳油（0.5：24）	十字花科蔬菜	小菜蛾	30 ~ 50mL/亩	均匀喷雾	广东省罗定市生物化工有限公司
24.5% 阿维菌素 – 机油乳油（0.1：24.4）	柑橘	蚜虫	81.7 ~ 122.5mg/kg	均匀喷雾	北京中农大生物技术股份有限公司奇克农药厂
		红蜘蛛	204 ~ 306mg/kg		
	十字花科蔬菜	小菜蛾	20 ~ 40mL/亩		
24.5% 阿维菌素 – 柴油乳油（0.2：24.3）	柑橘	红蜘蛛	123 ~ 245 mg/kg	均匀喷雾	河北省沧州市天和农药厂
18% 阿维菌素 – 柴油乳油（1：17）	梨树	梨木虱	36 ~ 45 mg/kg	均匀喷雾	河北快枪农药厂

第三篇

杀螨剂应用篇

第三篇

杀螨剂应用篇

概 述

螨类属于蜘蛛纲，其与昆虫纲的害虫在形态上有很大差异，在对农药的敏感性方面也有不同。有些农药对螨类特别有效，而对昆虫纲的害虫毒力相对较差或无效，因此，特称为杀螨剂。有许多杀虫剂兼具杀螨作用，如有机磷杀虫剂中很多品种都具有杀螨作用，杀菌剂硫磺也有很好的杀螨活性，矿物油对害螨也有很好的杀灭作用。杀螨剂分无机硫杀螨剂和有机合成杀螨剂两大类。无机硫杀螨剂硫磺在杀菌剂部分要介绍，在此省略。下面主要介绍有机合成的杀螨剂。

第一章

有机合成杀螨剂

阿维菌素（abamectin）

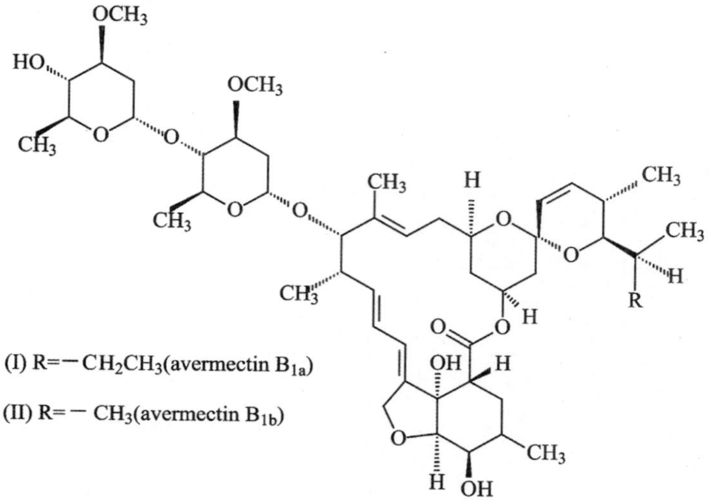

(I) R= — CH_2CH_3(avermectin B_{1a})

(II) R= — CH_3(avermectin B_{1b})

化学名称

一种大环内酯双糖类化合物，又称爱福丁

理化性质

原药为白色或黄色结晶（含 B1a80%，B_{1b} < 20%），蒸气压 < 200mPa，熔点 150 ~ 155℃，21℃时溶解度在水中 7.8μg/L、丙酮中 100、甲苯中 350、异丙醇 70，氯仿 25（g/L）常温下不易分解。在 25℃，pH 值 5 ~ 9 的溶液中无分解现象。

毒性

高毒。对皮肤无刺激作用，对眼睛有轻度刺激。对蜜蜂高毒，对鸟类低毒。但制剂低毒。对水生物高毒到剧毒，LC_{50}（96h，μg/L）：虹鳟鱼 3.2，翻车鱼 9.6，粉虾 1.6ppb，兰蟹 153ppb。对禽类低毒，急性经口 LD_{50}（mg/kg）：野鸭 84.6，北美鹑 > 2 000。

生物活性

本品对螨具有胃毒和触杀作用，并有微弱的熏蒸作用，无内吸性，但对叶片有很强的渗透作用，残效期长，不能杀卵。作用机制是刺激神经传递介质 γ－氨基丁酸的释放，干扰正常的神经生理活动。螨成、若虫中毒后，麻痹，不活动，停止取食，2 ~ 3d 后死亡。因不引起昆虫迅速脱水，所以作用速度缓慢。阿维菌素对捕食性昆虫和寄生性天敌没有直接触杀作用，但因植物表面残留少，因此，对益虫的损伤小。在土壤内被土壤吸附不会移动，并且被微生物分解，因而在环境中无累积作用。由于有渗透作用，受雨水影响小，对作物安全。可防治柑橘红蜘蛛、锈螨、短须螨等。

制剂

0.15%增效阿维菌素乳油、0.2%阿维菌素乳油、0.5%阿维菌素可湿性粉剂、0.9%阿维菌素乳油、1%阿维菌素乳油、1.8%阿维菌素乳油。

应用

1. 防治棉红蜘蛛

在红蜘蛛点片发生时，每亩用1.8%阿维菌素乳油30~40mL，对水100kg喷雾，即稀释2 000~3 000倍液，残效期30d左右。

2. 防治苹果叶螨

幼、若螨发生期，用0.15%增效阿维菌素乳油或0.2%阿维菌素乳油1 000~1 500倍液，或0.5%阿维菌素可湿性粉剂2 500~500倍液，或0.9%阿维菌素乳油4 000~6 000倍液，或1.8%阿维菌素乳油8 000~10 000倍液均匀喷雾。

3. 柑橘红蜘蛛、锈螨用药量

同2。

注意事项

（1）对鱼高毒，施药时避免污染河流、水塘和其他水源，不要在蜜蜂经常采蜜的花期作物上使用。在其他作物上使用时，避免药雾漂移倒开花作物或野草上。

（2）避免将药剂贮存在高温或靠近明火处。

（3）避免药剂接触皮肤，以免皮肤吸收发生中毒。避免药剂溅入眼中，或吸入药雾，如果药剂接触皮肤或衣服，立即用大量清水和肥皂清洗，并请医生诊治。如有误服，立即引吐并给患者服用吐根糖浆或麻黄素，但切勿给已昏迷的患者灌喂任何东西或催吐。

（4）最好1次施药距收获期果树上为20d，蔬菜不少于7d。

双甲脒（amitraz）

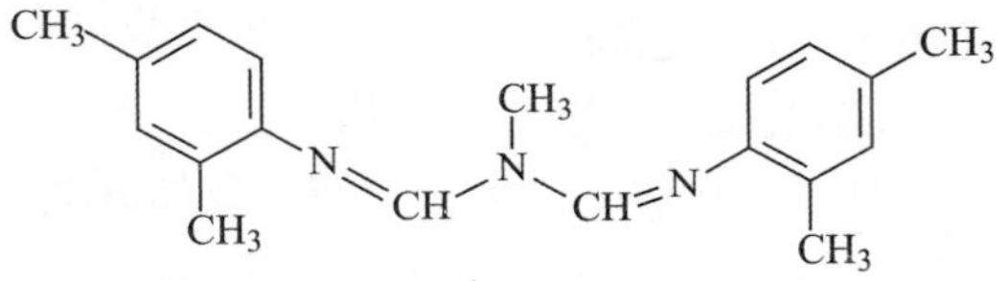

化学名称

N-甲基双-（2，4-二苯亚胺基甲基）胺

理化性质

原药为白色或浅黄色固体，相对密度1.128（20℃），熔点86~88℃，25℃时蒸气压为0.34mPa，常温下在水中溶解度很低，可溶于二甲苯、丙酮和甲苯等多种有机溶剂。紫外光对其影响较小。

毒性

低毒。原药大鼠急性经口原药大鼠急性经口LD_{50}为523~800mg/kg。对试验动物眼睛、皮肤无刺激性。对鱼类中毒，对鸟类和天敌低毒，对蜜蜂几乎无毒。对人的皮肤和黏膜有刺激性。1985年研究显示，双甲脒对试验鼠有致癌作用，因而限制使用。但重新评价证据不足，目前对双甲脒无限制。

对鱼高毒，LC_{50}（96h，mg/L）：虹鳟鱼0.74，翻车鱼0.45，钢头鲦鱼>2.4；对蜜蜂和食肉昆虫低毒，LC_{50}（接触）>50μg/蜂；对禽类低毒，LC_{50}（mg/kg）野鸭7 000，日本鹑1 800，北美鹑788；对蚯蚓低毒，LC_{50}（14d）蚯蚓>1 000mg/kg。在土中半衰期<1d，在酸中降解比中性碱性中迅速，土壤中吸附强。

生物活性

对害螨有胃毒和触杀作用，也具有熏蒸、拒食、驱避作用，主要是抑制单胺氧化酶活性。对成、若螨、夏卵有效，对冬卵无效。主要用于果树、蔬菜、茶树、棉花、大豆、甜菜等作物，防治多种害螨，对同翅目害虫如梨黄木虱。橘黄粉虱等也有良好的防效；还对梨小食心虫及各类夜蛾科害虫的卵有效。对蚜虫、棉铃虫、红铃虫等害虫亦有一定效果。用于防治对其他杀螨剂有抗药性的螨也有效，药后能较长时期地控制害螨数量的回升。

制剂和生产企业

10%双甲脒乳油，12.5%双甲脒乳油，20%双甲脒乳油。江苏省常州市武进恒隆农药有限公司、江苏百灵农化有限公司、江苏省常州华夏农药有限公司、江苏七洲绿色化工股份有限公司、河北新兴化工有限责任公司、江苏绿利来股份有限公司。

应用

1. 果树害螨

防治苹果叶螨，在苹果树开花前后，当螨情达到防治指标时施药，杀成螨和螨卵效果良好，并可兼治苹果蚜虫。柑橘红蜘蛛，平均每叶有螨1.5～3头时施药，选择高温无雨的天气，以湿润全部枝叶为度，药效可持续30d。防治柑橘锈螨，在4～5月春梢期，平均每叶有螨2头左右；在6～9月夏秋梢期喷雾，残效期可达2个月，冬季气温低时不宜使用。防治梨木虱，宜在春、夏、秋三次新梢嫩芽期，成虫尚未大量产卵时使用。用药量为10%高渗双甲脒乳油1 000～1 500倍液，或12.5%双甲脒乳油1 000～1 500倍液，或20%双甲脒乳油1 000～2 000倍液喷雾。

2. 蔬菜害螨

防治茄子、豆类红蜘蛛，在若螨盛发期，平均每叶螨数2～3头时，用20%双甲脒乳油1 000～2 000倍液喷雾。西瓜、冬瓜红蜘蛛在若螨盛发期，每叶平均螨数3～5头时，用20%双甲脒乳油2 000～3 000倍液喷雾。

3. 棉花害螨

防治棉花红蜘蛛，在卵和若螨盛发期用20%双甲脒乳油2 000～3 000倍液喷雾。在棉花生长后期使用，还可兼治棉铃虫、红铃虫。对棉田龟纹瓢虫、食蚜瓢虫、草蛉等天敌安全，对红蜘蛛有一定影响。

4. 牲畜体外蜱螨及其他害螨

防治牲畜体外蜱螨用20%双甲脒乳油2 000～4 000倍液，进行喷雾或浸洗，在毛中可保持很长时间。蜂螨使用20%双甲脒乳油4 000～5 000倍液喷雾。

注意事项

1. 本品需在高温晴朗天气使用，气温低于25℃，药效发挥作用较慢，药效较差。

2. 不宜和碱性农药如波尔多液和石硫合剂混用。不要与对硫磷混合用于梨树，以免产生药害。

3. 在推荐使用浓度范围，对棉花、柑橘和苹果（国光、元帅、赤阳、金冠）无药害，对短果枝金冠苹果有烧叶药害，最好不在该品种苹果树上使用。

4. 在高温下，该药剂对辣椒幼苗和梨树有药害，使用时注意。

5. 在柑橘收获前21d停止使用，最高使用量1 000倍液。棉花收获前7d停止使用，每亩最高使用量200mL。

6. 如皮肤接触后，应立即用肥皂和水冲洗净。

7. 避免低温冷冻，贮存于阴凉处。

三唑锡（azocyclotin）

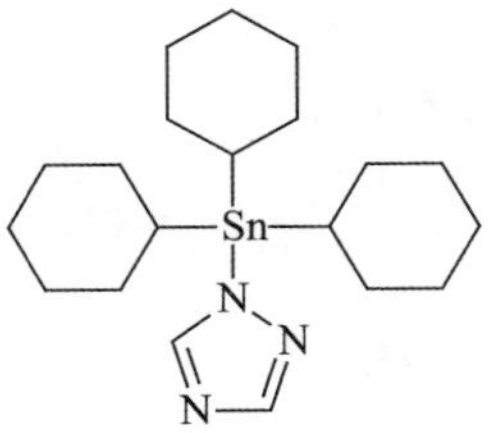

化学名称

1-（三环己基锡）-1-氢-1，2，4-三氮唑，俗称倍乐霜

理化性质

原药无色结晶，熔点210℃，蒸气压0.06mPa（25℃），20℃时溶解度水0.12mg/L，二氯甲烷20～50，异丙醇10～20，正己烷0.1～1，甲苯2～5g/L（20℃）。

毒性

中等毒性。但制剂低毒。对人皮肤和眼黏膜有刺激性。对蜜蜂毒性极低，对鱼类毒性高。对鱼剧毒，LC_{50}（96h，mg/L）虹鳟鱼0.004，雅罗鱼0.009 3；对蜜蜂无毒；对禽类低毒，急性经口LD_{50}（mg/kg），日本鹑144～250。

由于土壤类型不同半衰期几天到几周。对光和雨水有较好的稳定性，残效期较长。在常用浓度下对作物安全。

生物活性

为广谱性杀螨剂。触杀作用较强，可杀灭若螨、成螨和夏卵，对冬卵无效。对光和雨水有较好的稳定性，残效期较长。在常用浓度下对作物安全。适用于苹果、柑橘、葡萄、蔬菜等作物，防治苹果全爪螨、山楂红蜘蛛、柑橘全爪螨、柑橘锈壁虱、二点叶螨、棉花红蜘蛛等。

制剂和生产企业

8%、10%、20%三唑锡乳油，20%三唑锡悬浮剂，25%三唑锡可湿性粉剂。山东省招远三联化工厂、辽宁省大连广达农药有限责任公司。

应用

1．柑橘害螨

（1）防治柑橘红蜘蛛，春梢大量抽发期或成橘园采果后，平均每叶有螨2～3头时，用8%三唑锡乳油800～1 000倍液，或20%三唑锡悬浮剂、25%三唑锡可湿性粉剂1 000～2 000倍液均匀喷雾。

（2）防治柑橘全爪螨，当气温在20℃时，平均每叶有螨5～7头时即应防治。用25%三唑锡可湿性粉剂1 500～2 000倍液或每100kg水加25%三唑锡50～66.7g，均匀喷雾。

（3）防治柑橘锈壁虱，在春末夏初害螨尚未转移为害果实前施药，用药量同柑橘全爪螨。

2．苹果叶螨

防治山苹果红蜘蛛，该螨喜危害新红星、富士、国光等苹果品种，于苹果开花前后，约在7月中旬以前，平均每叶有4～5头活动螨；或7月中旬以后，平均每叶有7～8头活动螨时即应防治。防治楂红蜘蛛，防治重点时期是越冬雌成螨上芽危害和在树冠内膛集中的时期，防治指标为平均每叶有4～5头活动螨。用药量同柑橘红蜘蛛。

3．葡萄叶螨

在叶螨始盛发期，用25%三唑锡可湿性粉剂1 000～1 500倍液均匀喷雾。

4．茄子红蜘蛛

在害螨发生初期，每亩用25%三唑锡可湿性粉剂1 000～1 500倍液均匀喷雾，正反叶面均要喷到。

注意事项

1. 本剂对人体每日允许摄入量（ADI）为0.003mg/kg·d，苹果中最大残留限量（MRL）为0.1～2.0 μg/mL，安全间隔期为14d。在山楂和核果上的MRL为0.1～1.0 μg/mL。每季作物最多使用次数：苹果为3次，柑橘为2次。柑橘上的安全间隔期为30d。一般在收获前21d停止使用。

2. 不能与波尔多液和石硫合剂等碱性农药混用。亦不宜与百树菊酯混用。

3. 本品对鱼类高毒，使用过程中避免污染水域。

4. 如有中毒现象，立即将患者置于空气流通处，并保持患者温暖，同时服用大量医用活性炭，并送医院诊治。误服者应催吐、洗胃。

药剂应贮藏在干燥、通风和儿童接触不到的地方。

炔螨特（propargite）

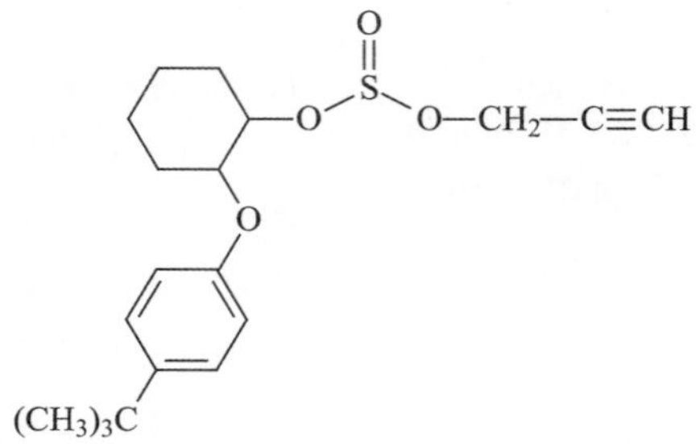

(结构式：O=S(O-CH$_2$—C≡CH)环己基-O-C$_6$H$_4$-C(CH$_3$)$_3$)

化学名称

2-（4-特丁基苯氧基）环己基-丙-2-炔基亚硫酸酯，又称克螨特

理化性质

原药为深红棕色黏稠液体，蒸气压0.006MPa（25℃），相对密度1.1130（20℃），Kow5314，溶解度水632mg/L（25℃），与许多有机溶剂，如丙酮、苯、乙醇、正己烷、庚烷与甲醇混溶，20℃保存1年无分解，强酸和强碱中分解（pH值>10），pKa值>12，闪点71.4℃。

毒性

低毒。原药大鼠急性经口LD_{50}为4 029mg/kg，急性吸入LC_{50}为0.05mg/L。兔子急性经LD_{50}为2 940mg/kg。对兔子的眼睛和皮肤有强烈刺激性。对鱼为高毒，虹鳟鱼、翻车鱼、鲶鱼和羊头鲦鱼LC_{50}（96h）分别为0.118mg/L、0.168mg/L、0.04mg/L和0.06mg/L。对蜂高毒，LD_{50}（48h接触）15μg/蜂。对野鸭急性经毒性LD_{50}>4 640mg/kg。在大多数田壤中半衰期7～14周。

生物活性

低毒广谱性有机硫杀螨剂，具有触杀和胃毒作用，无内吸和渗透传导作用。炔螨特杀螨效果广泛，可用于防治棉花、蔬菜、苹果、柑橘、茶、花卉等作物各种害螨，对多数天敌安全。还可杀灭对其他杀虫剂已产生抗药性的害螨，不论杀成螨、若螨、幼螨及螨卵效果均较好，在世界上被使用了30多年，至今未见抗药性的问题。该药在温度20℃以上条件下药效可提高，但在20℃以下随低温递降。

制剂和生产企业

73%、57%、40%、25%乳油。美国科聚亚公司。

应用

（见表3-1）。

表 3-1　炔螨特防治螨类稀释倍数

适用作物	防治对象	稀释倍数			
		25%EC	40%EC	57%EC	73%EC
柑橘	螨类	800～1 000	1 000～1 500	1 500～2 000	2 000～3 000
甜橙	螨类	800～1 000	1 000～1 500	1 500～2 000	2 000～3 000
苹果	叶螨	800～1 000	1 000～1 500	1 500～2 000	2 000～3 000
棉花	螨类	800～1 000	1 000～1 500	1 500～2 000	2 000～3 000

注意事项

在高温、高湿条件下喷洒高浓度的炔螨特对某些作物的幼苗和新稍嫩叶可能会有轻微药害，使叶片皱曲或起斑点，但这对作物的生长没有影响。为了作物安全，对 25cm 以下的瓜、豆、棉苗等，73% 乳油的稀释倍数不宜低于 3 000 倍，对柑橘新梢嫩叶等不宜低于 2 000 倍。

苯螨特（benzoxoximate）

Cl, OCH_3, C=N—OC_2H_5, O—C(=O)—, OCH_3

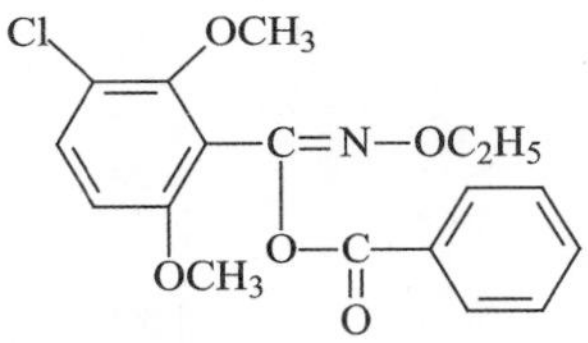

化学名称

3- 氯 -2，6- 二甲氧基 α - 乙氧基亚氨基 - 苄基苯甲酸酯

理化性质

纯品为白色，略带有酯类化合物的气味，熔点 73℃，25℃时蒸气压 453.2 × 10^{-6}Pa。25℃时在水中的溶解度 30mg/L；20℃时的溶解度，二甲苯中 710g/L，乙醇中 93g/L，丙酮中 1 440g/L。在 20℃时相对密度 1.30。对水和光比较稳定。原药为淡黄色固体，30℃时在水中的溶解度 60mg/L，二甲苯中 1 296g/L，30℃时相对密度 1.22。pH3.4～3.8，水分含量<0.01%。

毒性

低毒。原药急性大鼠经口 LD_{50} > 1 500mg/kg，急性经皮 LD_{50} > 1 500mg/kg。对皮肤无刺激性，对眼有轻微的刺激性。在试验剂量内对动物无致突变、致畸和致癌作用。三代繁殖试验未见异常。90d 亚慢性毒性无作用剂量 150mg/kg · d。两年慢性毒性无作用剂量 20.6mg/kg · d。鲤鱼 TMm（48h）1.75mg/L。对鸟毒性低，日本鹌鹑急性经口 LD_{50} > 1 500mg/kg。在正常条件下一步，对蜜蜂无毒害作用。对天敌安全。每人每日允许摄入量（ADI）为 0.067mg/kg · d，作物中最高残留限量 5mg/kg。在使用浓度为 200g（有效成分）/hm^2，安全间隔期为 21d，作物中残留量 < 0.01mg/kg；在使用浓度为 133g（有效成分）/hm^2，安全间隔期 16d，作物中的残留量 < 0.01mg/kg。

生物活性

是一种新型杀螨剂。主要为触杀作用，无内吸性。对螨的各个发育阶段均有效，对卵和成螨都有作用。该药具较强的速效性和较长的残效性，药后 5～30d 内能及时有效地控制虫口增长；同时该药能防治对其他杀螨剂产生抗药性的螨，对天敌和作物安全。该药主要用于防治柑橘红蜘蛛，对锈壁虱没有效果。

制剂和生产企业

5%、10% 乳油。日本曹达株式会社。

应用

防治柑橘红蜘蛛，在春季螨害始盛期，平均每叶有螨 2 ~ 3 头时，用 5% 乳油或 10% 乳油 1 000 ~ 2 000 倍液均匀喷雾。

注意事项

1. 红蜘蛛类繁殖迅速，易产生抗药性，因此，喷药要均匀，且每生长季最多使用 1 次，注意与其他杀螨剂轮换使用，但不宜与其他农药混用。

2. 施药后，将手、脸和裸露皮肤洗净。

3. 喷药时避免雾滴漂散或流入湖泊、鱼塘内，剩余的药液和洗涤液禁止倒入水里，应妥善处理。

4. 药剂容器焚烧或掩埋，不宜装其他东西。

5. 万一误服，应大量饮水催吐，保持安静，就医诊治。

溴螨酯（bromopropylate）

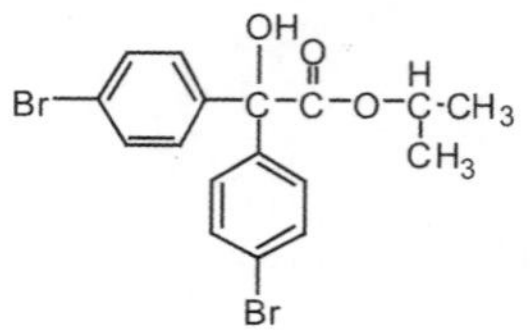

化学名称

4，4'– 二溴二苯乙醇酸异丙酯

理化性质

纯品为无色或白色结晶。相对密度 1.59，熔点 77℃，蒸气压 0.680×10^{-5}Pa（20℃），0.690Pa（100℃）。溶于有机溶剂，在水中溶解度 $< 0.5 \times 10^{-6}$（20℃）。在微酸和中性介质中稳定，不易燃。

毒性

低毒。原药大鼠急性口服 $LD_{50} > 5\ 000$mg/kg。对兔眼睛无刺激作用，对兔皮肤有轻微刺激作用。对鱼高毒，对鸟类及蜜蜂低毒。

生物活性

杀螨谱广，残效期长，触杀性较强，无内吸性，对成、若螨和卵有较好的杀伤作用。温度变化对药效影响不大。该药用于棉花、果树、蔬菜、茶等作物，可防治叶螨、瘿螨、须螨、线螨等多种害螨。

制剂和生产企业

50% 溴螨酯乳油。浙江省宁波中化化学品有限公司。

应用

1. 果树害螨

（1）防治苹果红蜘蛛、山楂红蜘蛛，在苹果开花前后，成、若螨盛发期，平均每叶螨数 4 头以下，用 50% 乳油 1 000 ~ 2 000 倍液，均匀喷雾。

（2）柑橘红蜘蛛，在春梢大量抽发期，第一个螨高峰前，平均每叶螨数 2 ~ 3 头时，用 50% 乳油 1 000 ~ 2 000 倍液均匀喷雾；柑橘锈壁虱，当有虫叶片达到 20% 或每叶平均有虫 3 头时开始防治，20 ~ 30d 后螨密度有所回升时，再防治 1 次。用 50% 乳油 2 000 倍液喷雾，重点防治中心虫株。

2. 蔬菜害螨

在成、若螨盛发期，平均每叶螨数 3 头左右，用 50% 乳油 3 000 ~ 4 000 倍液均匀喷雾。

3．茶树害螨

防治茶树瘿螨、茶橙瘿螨、茶短须螨，在害螨发生期用50%乳油2 000～4 000倍液均匀喷雾。

4．花卉害螨

防治菊花二斑叶螨，于盛发期用50%乳油1 000～1 500倍液均匀喷雾。

5．棉花害螨

在6月底前，害螨扩散初期，每亩用50%乳油25～40mL，对水50～75kg，即稀释2 000～3 000倍液，均匀喷雾。

注意事项

1．每次喷药间隔期不少于30d，柑橘上的安全间隔期为28d，苹果为21d。

2．在蔬菜和茶叶采摘期不可施药。

3．该药剂无内吸性，使用时药液必须均匀全面覆盖植株。

4．害螨对该药剂和三氯杀螨醇有交互抗性，使用时要注意。

5．贮存于通风阴凉干燥处，温度不超过35℃。

四螨嗪（clofentezine）

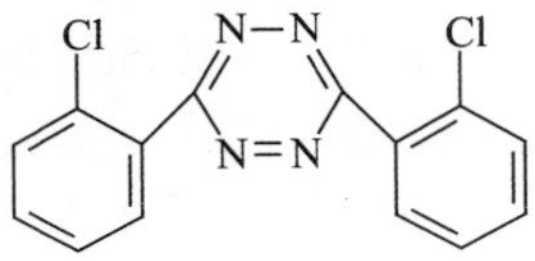

Cl　N－N　Cl

N＝N

化学名称

3，6－双－（2氯苯基）－1，2，4，5－四螨嗪

理化性质

原药是紫红色晶体，没有气味，相对密度1.51（20℃），熔点187～189℃，蒸气压小于10^{-5}Pa，水中溶解度为（pH值7，25℃）0.23，较易溶于丙酮等有机溶剂。常温下贮存期为2年。

毒性

低毒。原药大鼠经口急性LD_{50}>3 200mg/kg。对人、畜低毒，对鸟类、鱼虾、蜜蜂及捕食性天敌较为安全，对皮肤和眼睛有轻微刺激性。

生物活性

属于有机氮杂环类杀螨剂，触杀作用为主。对螨卵有较好防效，对幼、若螨也有一定活性，对成螨效果差。无内吸性，因具有亲脂性，渗透作用强，可穿入雌螨卵巢使其产的卵不能孵化，抑制胚胎发育。持效期长，一般可达50～60d。但该药剂作用速度较慢，一般用药2周后才能达到最高杀螨活性，因此，用药前应做好螨害的预测预报。可有效防治全爪螨、叶螨和瘿螨，对跗线螨也有一定效果。可防治柑橘红蜘蛛、四斑黄蜘蛛、柑橘锈壁虱、苹果红蜘蛛、山楂红蜘蛛、棉红蜘蛛和朱砂叶螨等。对植食性螨特效或高效。可与苯丁锡、拟除虫菊酯类农药混用。

制剂和生产企业

10%可湿性粉剂，50%、20%悬浮剂。河北省石家庄市绿丰化工有限公司、江苏省南通宝叶化工有限公司、浙江省杭州庆丰农化有限公司。

应用

1．苹果害螨

防治苹果红蜘蛛应掌握在苹果开花前，越冬卵初孵盛期施药；防治山楂红蜘蛛，应在苹果落花后，越冬代成螨产卵高峰期施药。用10%可湿性粉剂800～1 000倍液，20%悬浮剂1 000～2 000倍液，50%悬浮剂5 000～6 000倍液均匀喷雾。持效期30～50d。

2. 柑橘害螨

（1）防治柑橘全爪螨，在早春柑橘发芽后，春梢长至2～3cm，越冬卵孵化初期施药，用10%乳油800～1 000倍液，或20%悬浮剂1 500～2 000倍液均匀喷雾。开花后气温较高螨类虫口密度较大时，最好与其他杀成螨药剂混用。

（2）柑橘锈壁虱，6～9月每叶有螨2～3头或橘果园内出现个别受害果时，用50%悬浮剂4 000～5 000倍液或10%可湿性粉剂1 000倍液喷雾，持效期30d以上。

3. 枣树、梨树红蜘蛛

防治枣树、梨树红蜘蛛，用20%悬浮剂2 000～4 000倍液均匀喷雾。

注意事项

1. 四螨嗪每日允许摄入量（ADI）为0.02mg/kg·d。联合国粮农组织（FAO）和世界卫生组织（WHO）规定的最大残留限量，柑橘为0.5mg/kg，核果（苹果、梨）为0.2mg/kg，黄瓜为1mg/kg。苹果和柑橘上的安全间隔期为21d。

2. 可与大多数杀虫剂、杀螨剂和杀菌剂混用，但不提倡与石硫合剂和波尔多液混用。

3. 本品对成螨效果差，在螨的密度大或气温较高时施用最好与其他杀成螨药剂混用。在气温较低（15℃左右）和虫口密度小时施用效果好，持效期长。

4. 与噻螨酮（尼索朗）有交互抗性，不宜与其交替使用。

5. 配药、施药时，避免药液溅到皮肤和眼睛上。如溅到身上，用肥皂和水冲洗，如溅到眼睛内，用清水冲洗至少15min。

6. 施药后，应彻底清洗手和裸露皮肤。

7. 避免药液和废弃容器污染水塘、沟渠等水源，废容器应妥善处理，不可再用。

8. 将本剂原包装存放于阴凉、通风之处，避免冻结和强光直晒。远离儿童、畜禽。

如误服，请携带标签将患者送至医院治疗。

喹螨醚（fenazaquin）

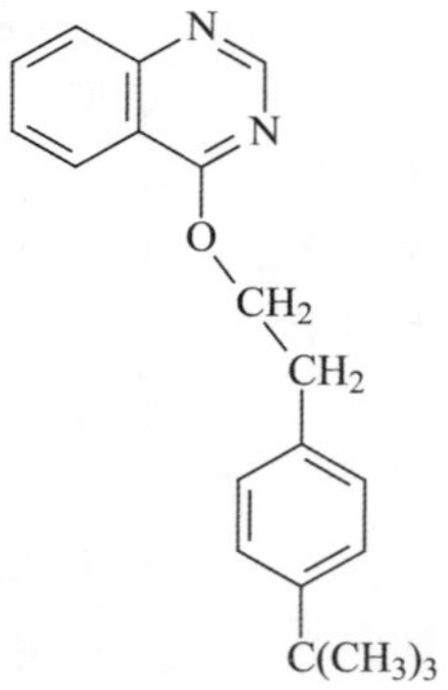

化学名称

4-特-丁基苯乙基喹唑啉

理化性质

纯品为晶体。熔点70～71℃，蒸气压0.013mPa（25℃）。溶解性：水0.22mg/L，丙酮400g/L、乙腈33g/L、氯仿大于500g/L、己烷33g/L、甲醇50g/L、异丙醇50g/L、甲苯50g/L。

毒性

中等毒性，雄大鼠急性经口LD_{50}为50～500mg/kg，小鼠大于500mg/kg，鹌鹑大于2 000mg/kg（用管饲法）对家兔眼睛和皮肤有刺激感。

生物活性

具有触杀及胃毒作用。属喹唑啉类杀螨剂，可作为电子传递体取代线粒体中呼吸链的复合体Ⅰ，从而占据其与辅酶Q的结合位点导致害螨中毒。本品对各种态和夏卵、幼若螨和成螨都有很高的活性。药效迅速，持效期长。可对近年危害上升的苹果二斑叶螨（白蜘蛛），尤其对卵效果更好。用于扁桃（杏仁）、苹果、柑橘、棉花、葡萄和观赏植物上，可有效地防治真叶螨、全爪螨和红叶螨、瘿螨以及紫红短须螨。该化合物亦具有杀菌活性。

制剂和生产企业

9.5%乳油。美国杜邦公司。

应用

1. 柑橘红蜘蛛，在若螨开始发生时，用9.5%哇螨脒乳油2 000～4 000倍液均匀喷雾，持效期30d左右。

2. 苹果红蜘蛛，在若螨开始发生时，用9.5%哇螨脒乳油4 000～5 000倍液均匀喷雾，持效期40d左右。

注意事项

1. 施药应选在早晚气温较低，风小时进行。要喷药均匀，在干旱条件下适当提高喷液量，有利于药效发挥。晴天8:00～17:00时，空气相对湿度低于65%，气温高于28℃时应停止施药。

2. 本剂对蜜蜂和水生生物低毒，应避免在植物花期和蜜蜂活动场所施药。

3. 药液溅入眼睛，立即用清水冲洗至少15min，若沾染皮肤，用肥皂清洗，仍有刺激感，立即就医；吸入气雾，立即移至新鲜空气处，并就医。

4. 不得与食物、食器、饲料、饮用水等混放，远离火源，妥善保管于儿童触及不到的地方。

贮存于阴凉、干燥及通风良好的地方。

苯丁锡（fenbutatin oxide）

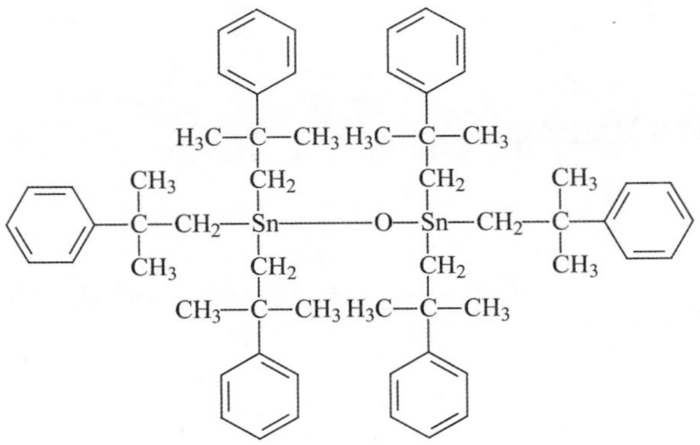

化学名称

双[三（2-甲基-2-苯基丙基）锡]氧化物

理化性质

原药无色晶体，熔点138～139℃（原药），蒸气压85mPa（20℃），密度1290～1330kg/m^3（20℃），KowLogP=5.2，溶解度水0.005mg/L（23℃）、丙酮6、苯140、二氯甲烷380（g/L，23℃），微溶于脂肪烃和矿物油中，对光、热稳定，抗氧化。

毒性

低毒，原药大鼠急性经口原药大鼠急性经口LD_{50}为2 631mg/kg、经皮LD_{50}>1 000mg/kg。对眼睛黏膜、皮肤和呼吸道刺激性较大。对鱼高毒，LC_{50}（48h）虹鳟鱼0.27mg/L（用可湿性粉）；对蜜蜂和鸟类低毒，急性经口LD_{50}>0.1mg/蜂；对禽类低毒，北美鹑LC_{50}（8d）5 065mg/kg膳食，对许多食肉昆虫和寄生节足动物无副作用。

生物活性

本品是一种长效性专用杀螨剂，对害螨以触杀作用为主，施药后开始毒力缓慢，3d后活性增强，到第14d达高峰。持效期可达2～5个月。对幼螨和成、若螨的杀伤力较强，但对卵杀伤力弱。在作物各生长期使用都很安全，对害螨捕食性天敌影响小，该剂为感温型杀螨剂，气温在22℃以上时药效提高，22℃以下活性降低，低于15℃药效较差，在冬季不宜使用。用于果树、柑橘、葡萄和观赏植物，可有效、长期防治多种活动期的植食性害螨。

制剂和生产企业

10%乳油；50%、25%、20%可湿性粉剂。浙江禾本农药化学有限公司、浙江华兴化学农药有限公司、日本日东化成株式会社。

应用

1．果树害螨

防治柑橘红蜘蛛，在4月下旬到5月份；防治柑橘锈螨，在柑橘上果期和果实上虫口增长期；防治苹果红蜘蛛，在夏季害螨盛发期防治，使用浓度为10%乳油500～800倍液，25%可湿性粉剂1 000～1 500倍液，50%可湿性粉剂2 000～3 000倍液均匀喷雾。持效期1～2个月。

2.茶树害螨

防治茶橙瘿螨、茶短须螨，在茶叶非采摘期，与发生中心进行点片防治，发生高峰期全面防治。用50%可湿性粉剂1 500倍液均匀喷雾。茶叶害螨大多集中在叶背和茶丛中下部危害，喷雾一定要均匀周到。

3.花卉害螨

防治菊花叶螨、玫瑰叶螨，在发生期用50%可湿性粉剂1 000倍液，在叶面和叶背均匀喷雾。

注意事项

1．苯丁锡人体每日允许摄入量（ADI）为0.03mg/kg。

2．作物中最高残留限量（国际标准），柑橘中5 μg/ml，番茄中1μg/ml，最多使用次数为6次，最高用药浓度为1 000μg/ml。

3．最后一次施药距收获时间，柑橘14d以上，番茄10d。

唑螨酯（fenpyroximate）

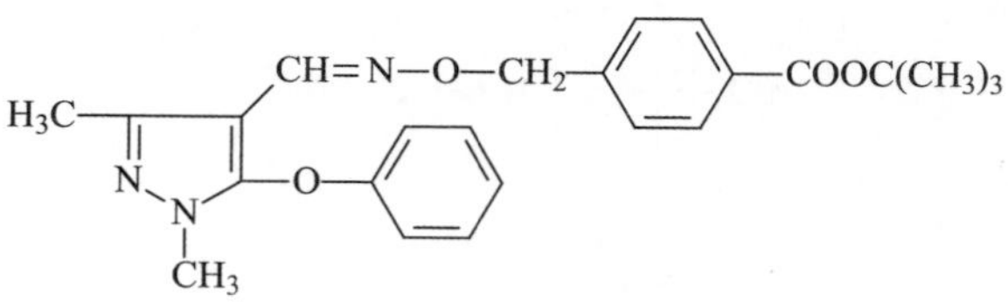

$$H_3C$$—吡唑环（N—N—CH_3），4位：CH=N—O—CH_2—苯环—$COOC(CH_3)_3$；5位：—O—苯环

化学名称

（E）–α–（1，3–二甲基–5–苯氧基吡唑–4–亚甲基氨基氧）对甲基苯甲酸叔丁酯。

理化性质

原药为白色或黄色结晶。密度：1.25g/cm^3，熔点：101.5～102.4℃，蒸气压：0.0075mPa（25℃）。难溶于水，水中溶解度146mg/L（20℃），甲醇15g/L，丙酮150g/L，二氯甲烷1 307g/L，四氢呋喃737g/L（25℃）。对酸、碱稳定。

毒性

中等毒性。雄大鼠急性经口LD_{50}为480mg/kg，雌大鼠急性经口LD_{50}为240mg/kg，雄、雌大鼠急性经皮LD_{50} > 2 000mg/kg，鹌鹑和野鸭 > 2 000mg/kg。对兔皮肤无刺激作用，对其眼睛有轻微刺激作用。无致畸、致癌、致突变作用，无蓄积毒性。对鱼、虾、贝类等毒性较高，鱼毒LC_{50}（96h，mg/L）：虹鳟0.079，鲤鱼0.29。水虱EC_{50}（24h）0.204mg/L。对鸟类和家蚕毒性低。对蜜蜂、蜘蛛及寄生蜂无不良影响，在250mg/L（5倍于推荐剂量）下对蜜蜂无害。对作物安全。

生物活性

属苯氧基吡唑类杀螨剂，该药剂对多种害螨有强烈触杀作用，无内吸性。对害螨各个生育期均有良好防治效果，具有击倒和抑制蜕皮作用。高剂量可直接杀死螨类，低剂量可抑制螨类蜕皮或抑制其产卵。作用机理是抑制NADH–辅酶Q还原酶活性，使虫体ATP供应减少。速效性好，持效期较长，与其他药剂无交互抗性。能与波尔多液等多种农药混用，但不能与石硫合剂等强碱性农药混用。用于防治果树上叶螨、全爪螨和其他植食性螨。适用于多种植物上防治红叶螨和全爪叶螨。对小菜蛾、斜纹夜蛾、二化螟、稻飞虱、桃蚜等害虫及稻瘟病、白粉病、霜霉病等病害亦有良好防治作用。

制剂和生产企业

5%悬浮剂；5%乳油。绩溪农华生物科技有限公司、日本农药株式会社。

应用

1．苹果叶螨

防治苹果红蜘蛛，在苹果开花前后，越冬卵孵化高峰期施药；防治山楂红蜘蛛，于苹果开花初期，越冬成虫出蛰始盛期施药。也可在螨的各个发生期，苹果开花前后平均每叶有螨3～4头，7月份以后每叶6～7头时，用5%悬浮剂2 000～3 000倍液均匀喷雾，持效期可达30d以上。

2．柑橘害螨

防治柑橘红蜘蛛，于卵孵盛期或幼若螨发生期施药，在开花前每叶平均有螨2头、开花后或秋季每叶有螨6头时，用5%悬浮剂1 000～2 000倍液均匀喷雾，持效期30d以上；防治锈壁虱，6～9月当每叶有螨2头以上或结果园出现个别受害果时，用5%悬浮剂2 000～3 000倍液均匀喷雾，持效期30d左右。

3．棉红蜘蛛

在螨达到防治指标时，用5%悬浮剂2 000～3 000倍液均匀喷雾。

4．梨、葡萄、桃和樱桃上叶螨

用5%悬浮剂1 000～1 500倍液均匀喷雾。

5．茶，草莓、西瓜和甜瓜上叶螨

用5%悬浮剂1 000～2 000倍液均匀喷雾。

霸螨灵对小菜蛾、斜纹夜蛾、二化螟、稻飞虱、桃蚜等也有较好的杀虫效果。此外，还可以防治蔬菜、果树、花卉、观赏植物的某些病害，如稻瘟病、白粉病、霜霉病、叶枯病等。

注意事项

1. 每人每日允许摄入量（ADI）为0.01mg/kg·d，柑橘和苹果中最高残留限量为1μg/mL。全年最多使用1次，最低稀释倍数为1 000倍。

2. 使用前先将药液摇匀，因无内吸性，喷药要均匀周到，不可漏喷。

3. 为避免害螨产生抗性，不要连续使用，可先做小区试验，与其他作用机理不同的杀螨剂混用。

4. 施药时做好防护，注意避免吸入气雾、溅入眼睛和沾染皮肤。

5. 本品在20℃以下时施用药效发挥较慢，有时甚至效果较差。在虫口密度较高时使用其持效期较短，最好在害螨发生初期使用。

6. 在使用过程中，如有药剂溅到皮肤上，应立即用肥皂清洗。如溅入眼睛，应用大量清水冲洗。如误服中毒，应立即饮1～2杯清水，并用手指压迫舌头后部催吐，然后送医院治疗。

7. 蚕接触本药剂会产生拒食现象，在桑园附近施药时，应注意勿使药液漂移污染桑树。安全间隔期为25d。

8. 对鱼类有毒，施药时避免药液漂移或流入河川、湖泊、鱼塘内。剩余药液或药械洗涤液禁止倒入沟渠、鱼塘内。

9. 安全间隔期：在柑橘、苹果、梨、葡萄和茶上为14d，在桃上为7d，在樱桃上为21d，在草莓、西瓜和甜瓜上为1d。

10. 贮存于阴凉干燥通风处。

螺螨酯（spirodiclofen）

$$CH_3CH_2-C(CH_3)_2-C(=O)-O-$$

化学名称

3-（2，4-二氯苯基）-2-氧代-1-氧杂螺[4，5]-癸-3-烯-4-基-2，2-二甲基丁酯

理化性质

原药为白色固体。熔点为94.8℃。蒸气压：3×10^{-7}Pa（20℃）。pH4.2。20℃时溶解度：水中50μg/L，丙酮＞250g/L，乙酸乙酯＞250g/L，二甲苯＞250g/L，二甲基甲酰胺75g/L。

毒性

低毒。大鼠急性经口LD_{50}>2 500mg/kg，急性经皮LD_{50}>4 000mg/kg；翻车鱼LC_{50}>0.045 5mg/L，虹鳟鱼LC_{50}>0.0351mg/L，水蚤LC_{50}>100mg/L。对蜜蜂LD_{50}>100μg/只蜂，对北美鹌鹑LD_{50}>2 000mg/kg。

生物活性

具有全新的作用机理，主要抑制螨的脂肪合成，阻断螨的能量代谢。具触杀作用，没有内吸性。对螨的各个发育阶段都有效，包括卵。杀螨谱广、适应性强：对红蜘蛛、黄蜘蛛、锈壁虱、茶黄螨、朱砂叶螨和二斑叶螨等均有很好防效，可用于柑橘、葡萄等果树和茄子、辣椒、番茄等茄科作物的螨害治理。此外，对梨木虱、榆蛎盾蚧以及叶蝉类等害虫有很好的兼治效果。

制剂和生产企业

240g/L悬浮剂。德国拜耳作物科学公司。

应用

柑橘害螨，防治柑橘红蜘蛛，在害螨为害前期施用，用240g/L悬浮剂4 000～6 000倍液（40～60mg/kg）均匀喷雾。

春季用药方案

当红蜘蛛、黄蜘蛛的危害达到防治指标（每叶虫卵数达到10粒或每叶若虫3～4头）时，使用螺螨酯4 000～5 000倍（每瓶100mL对水400～500kg）均匀喷雾，可控制红蜘蛛、黄蜘蛛50d左右。此后，若遇红蜘蛛、黄蜘蛛虫口再度上升可使用一次速效性杀螨剂（如哒螨灵、克螨特、阿维菌素等）即可。

秋季用药方案

9、10月份红蜘蛛、黄蜘蛛虫口上升达到防治指标时，使用螺螨酯4 000～5 000倍液再喷施一次或根据螨害情况与其他药剂混用，即可控制到柑橘采收，直至冬季清园。

氟虫脲（flufenoxuron）

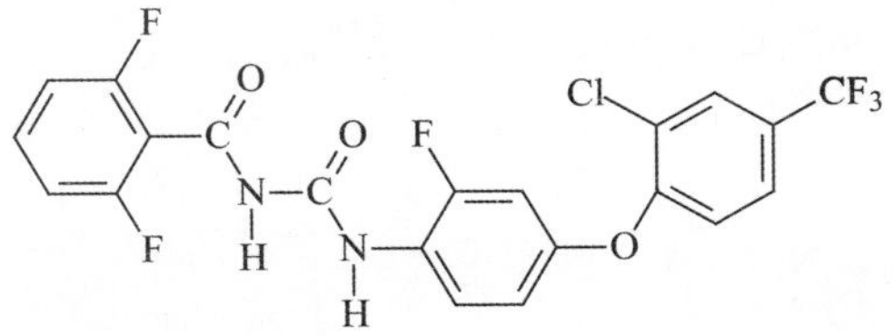

化学名称

1-[4-（2-氯-4-三氟甲苯氧基）-2-氟苯基]3-（2，6-二氟苯甲酰）脲

理化性质

纯品为无色晶体。熔点169～172℃（分解）。溶解度：不溶于水，4μg/L（20℃），丙酮74g/L（15℃）、82g/L（25℃），二甲苯6g/L（15℃），二氯甲烷24g/L（25℃），己烷0.023g/L（20℃）。有好的水解性、光稳定性和热稳定性。

毒性

低毒。原药急性毒性大鼠急性经口LD_{50}>3 000mg/kg，大鼠和小鼠急性经皮>2 000mg/kg，鹌鹑急性经口>2 000mg/kg。对兔眼睛和皮肤无刺激作用。对虹鳟LC_{50}（96h）>100mg/L。对鱼类毒性低。对捕食性螨和昆虫安全。

生物活性

是酰基脲类昆虫生长调节剂。具有触杀和胃毒作用，并有很好的叶面滞留性，持效期长。其作用机理是抑制几丁质合成。其杀虫活性、杀虫谱和作用速度均具特色，尤其对未成熟阶段的螨和害虫有高的活性，杀螨、杀虫作用缓慢，但施药后2～3h害虫或害螨停止取食，3～10d左右药效明显上升。广泛用于柑橘、苹果、棉花、蔬菜、葡萄、大豆、果树、王米和咖啡上，防治食植性螨类（刺瘿螨、短须螨、全爪螨、锈螨、红叶螨等）和鳞翅目、鞘翅目、双翅目、半翅目等害虫，并有很好的持效作用。对叶螨属和全爪螨属等多种害螨有效，杀幼若螨效果好，不能直接杀死成螨，但接触药的雌成螨产卵量减少，可导致不育或所产的卵不孵化。

制剂和生产企业

5%可分散液剂。山东省威海市农药厂、江苏中旗化工有限公司。

应用

1．苹果叶螨

在苹果开花前、后越冬代和第一代若螨集中发生期施药，并可兼治越冬代卷叶虫。因夏季成螨和卵量较多，而该药剂对这两种虫态直接杀伤力较差，故盛夏期喷药防治效果不及前期同浓度效果好。苹果开花前后用5%可分散液剂500～1 000倍液均匀喷雾。

2．柑橘害虫、叶螨

防治柑橘红蜘蛛，于卵孵盛期施药，浓度用苹果叶螨。防治柑橘潜叶蛾，与卵孵盛期，用5%可分散粒液剂1 000～2 000倍液均匀喷雾。

3．棉红蜘蛛

在若、成螨发生期，平均每叶螨数2～3头时，用5%氟虫脲可分散液剂1 000倍液均匀喷雾。

4．防治草地蝗虫

在低龄蝗蝻期，每亩用5%可分散液剂8～10mL，对水均匀喷雾。

注意事项

1．苹果上应在收获前70d用药，柑橘应在收获前50d用药。要求喷雾均匀周到。

2. 一个生长季节最多只能用药2次。施药时间应较一般有机磷、拟除虫菊酯类杀虫剂提前3d左右，对害螨宜在幼若螨发生期施药。

3. 不宜与碱性农药混用，否则会减效。间隔使用时最好先喷克死螨防治叶螨，10d后再喷波尔多液防治病害。若倒过来使用，间隔期要更长。

4. 对甲壳纲水生生物毒性较高，避免污染自然水源。

5. 不慎药剂接触皮肤或眼睛，应用大量清水冲洗干净。如误服，不要催吐，请医生对症治疗，可以洗胃。避免吸入肺部，以免溶剂刺激引起肺炎。

苄螨醚（halfenprox）

化学名称

2-（4-溴二氟甲氧基苯基）-2-甲基-丙基-3-苯氧基苄基醚

理化性质

原药外观为淡黄色油状液体，相对密度1.3175，沸点291.2℃，含量96%，蒸气压0.0263mPa（100℃）。极易溶于正乙烷、氯仿、苯等，溶于丙酮、甲醇、二甲苯等，在水中的溶解度为0.7mg/L。

毒性

中等毒性。大鼠急性经口LD_{50}116mg/kg，急性经皮LD_{50}>2 000mg/kg。对皮肤有轻微的刺激性，对眼睛无刺激作用。大鼠90d喂养试验无作用剂量6.33mg/kg。在试验条件下，无致突变作用，其他毒性试验正在进行中。该药对鱼类高毒，鲤鱼TLm（48h）0.003 5mg/L。

生物活性

是一种广谱性醚类杀螨剂，属非拟除虫菊酯类药剂，但它的空间结构和拟除虫菊酯有相似之处。具有强烈的触杀作用，在植物体内无渗透性和移动性，对幼螨、若螨和成螨击倒迅速，有较好的速效性和持效性，还可以抑制卵的孵化，对抗性螨效果亦好。该药剂不耐雨水冲刷，正常使用剂量下对果树无药害。适用于苹果、柑橘上多种螨的防治。

制剂

5%乳油。

应用

防治苹果红蜘蛛和柑橘红蜘蛛，在红蜘蛛虫口开始上升，达到防治指标时施药。用5%扫螨宝乳油1 000～2 000倍液均匀喷雾，通常一次用药即能有效控制红蜘蛛的危害。如遇重发生年，害螨有上升趋势，可再次打药。

注意事项

1. 施药时避免药液溅入眼睛或皮肤上，用药结束后用肥皂水清洗干净手、脸和裸露皮肤。

2. 如有误服，应反复催吐，并立即送医院治疗。本剂无特殊解毒药，并对症处理。

3. 本品无内吸性，喷药时要将叶面和叶背充分喷到。

噻螨酮（hexythiazox）

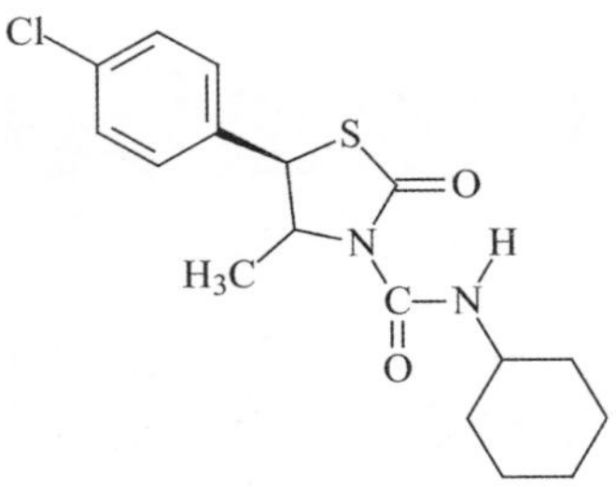

化学名称

（4RS，5RS）N-环己基-[5-（4-氯苯基）-4-甲基-2-氧代]-1，3-噻唑烷-3-羧酰胺

理化性质

原药为无色晶体，熔点 108.0～108.5℃，蒸气压 0.003 4mPa（20℃），K_{ow}340，溶解度水 0.5mg/L（20℃）、氯仿 1 379g/L（20℃）、二甲苯 362g/L（20℃）、甲醇 206g/L（20℃）、丙酮 160g/L（20℃）、乙腈 28.6g/L（20℃）、己烷 4g/L（20℃），对光、热空气中稳定，酸碱介质中稳定，小于 300℃稳定。

毒性

低毒。原药大鼠急性经口、经皮 LD_{50} 均>5 000mg/kg，对家兔眼睛有轻微刺激，对皮肤无刺激作用，对试验动物无"三致"现象。对鱼为中低毒，LC_{50}（96hmg/L）虹鳟鱼>300，翻车鱼 11.6，鲤鱼 3.7（48h）；对蜂为低毒，LD_{50}>200μg/蜂（接触）；对禽类低毒，急性经口 LD_{50}（mg/kg），野鸭>2 510，日本鹑>5 000。

半衰期 8d（15℃，黏壤土），Koc6 200，该药属非感温型杀螨剂，在高温或低温时使用的效果无显著差异，残效期长，可保持在 50d 左右。

生物活性

分类上属异噻唑烷酮类杀螨剂，对植物表皮有较好的穿透性，无内吸传导作用。该剂对多种植物害螨具有强烈的杀卵、杀幼若螨特性，对成螨无效，但对接触药剂的雌成螨所产的卵有抑制孵化作用。温度对药效无影响，持效期长，药效可保持 50d 左右。可防治柑橘、棉花、和蔬菜上的许多植食性螨类，对锈螨、瘿螨防效差。在常用浓度下对作物安全，对天敌、蜜蜂及捕食螨影响很小。可以和波尔多液、石硫合剂等多种农药混用。

制剂和生产企业

5% 乳油。江苏克胜集团股份有限公司、浙江禾本农药化学有限公司、浙江省湖州荣盛农药化工有限公司、日本曹达株式会社。

应用

1. 柑橘红蜘蛛，在春季螨害始盛发期，平均每叶有螨 2～3 头时，用 5% 噻螨酮乳油 2 000 倍液均匀喷雾。

2. 苹果红蜘蛛，在苹果开花前后，平均每叶有螨 3～4 头时防治；山楂红蜘蛛，在越冬成螨出蛰后或害螨发生初期防治，用 5% 噻螨酮乳油 1 500～2 000 倍液均匀喷雾。

3. 棉花红蜘蛛，6 月底前，在叶螨点片发生及扩散初期用药，每亩用 5% 噻螨酮乳油 60～100mL，对水 75～100kg，在发生中心防治或全面均匀喷雾。

施药应选早晚气温低、风小时进行，晴天上午 9 时至下午 4 时应停止施药。气温超过 28℃、风速超过每秒 4m、相对湿度低于 65%时应停止施药。

注意事项

1. 收获前 28d 禁止使用。

2. 本品残效期长，每生长季节最多使用 1 次，以防害螨产生抗性。

3．对成螨无直接杀伤力，要掌握好防治适期。

4．对柑橘锈螨无效，在用该药剂防治红蜘蛛时应密切注意锈螨的发生危害。

5．无内吸性，喷雾要均匀周到。

6．万一误服，应让中毒者大量饮水、催吐，保持安静，并立即送医院治疗。

本品不宜在茶树上使用。

浏阳霉素（liuyangmycin）

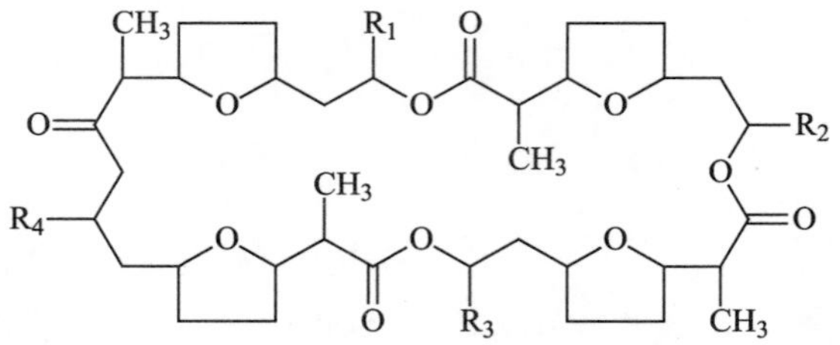

tetranactin $R_1,R_2,R_3,R_4=C_2H_5$
trinactin $R_1=CH_3,R_2,R_3,R_4=C_2H_5$
dinactin $R_1,R_3=CH_3,R_2,R_4=C_2H_5$
monactin $R_1,R_2,R_3=CH_3,R_4=C_2H_5$

化学名称

为5个组分的混合体（以四活菌素为代表）5，14，23，32–四乙基–2，11，20，29–四甲基–4，13，22，31，38，39，40–八氧五环[32，2，1，1，1]四十烷–3，12，21，30–四酮

理化性质

为五个组分的混合体无色菱形晶体，熔点70～71℃，蒸气压1～5×10^{-7}mmHg，难溶于水，可溶于醇、苯、酮、正己烷、石油醚及氯仿等。室温稳定，紫外光不稳定。

毒性

低毒。对作物及多种昆虫天敌、蜜蜂、家蚕安全，可以防治蜂螨及桑树害螨。但对鱼类有毒，对眼睛有一定刺激作用。

生物活性

浏阳霉素是从湖南省浏阳河地区土壤中分离到的灰色链霉菌浏阳变种所产生的农用抗生素，具有大四环内酯类结构，是经生物发酵而成，主要用作杀螨剂。室温时稳定，在紫外光照射下不稳定。触杀作用强，无内吸性。杀螨谱广，对叶螨和瘿螨等都有效，对成螨、幼螨、若螨高效，但杀螨卵活性低。该药是一种低毒、低残留、可防治多种作物的多种螨类的广谱杀螨剂，防治效果好，对天敌安全。

制剂

10%浏阳霉素乳油。

应用

1．棉花红蜘蛛

于红蜘蛛点片发生期，每亩用10%乳油40～60g，对水75～100kg均匀喷雾，即稀释1 000～1 500倍液，药后10d内可保持良好的防治效果。

2．果树红蜘蛛

防治苹果红蜘蛛、柑橘全爪螨等果树害螨，用10%浏阳霉素乳油1 000～1 500倍液均匀喷雾，持效期20d左右。

3．蔬菜害螨

防治豆角红蜘蛛、茄子害螨等，每亩用10%浏阳霉素乳油30～50g，对水40～60kg，即稀释1 000～

2 000 倍液，可在 7～10d 内有效控制螨害。

注意事项

1. 本品为触杀性杀螨剂，无内吸性，喷雾时力求均匀周到。

2. 药液应随配随用，与其他农药混用时，需先做小试再使用。

3. 本品对眼睛有轻微刺激作用，喷雾时注意对眼睛的安全防护，药液溅入眼睛，应用清水冲洗，一般 24h 内可恢复正常。

4. 本品对鱼有毒，喷雾器内剩余药液及洗涤液切勿倒入鱼塘、湖泊。

5. 本品对紫外线不稳定，应贮存于干燥、避光处。

哒螨灵（pyridaben）

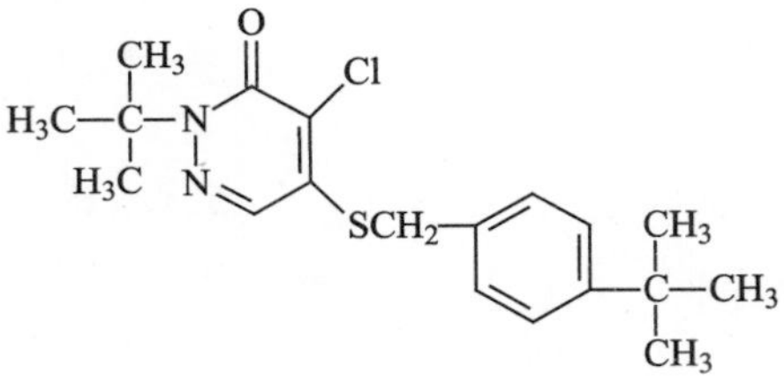

化学名称

2–特丁基–5–(4–特丁基苄硫基)–4–氯–(2H)–哒嗪 –3– 酮

理化性质

原药为无色晶体，熔点 111～112℃，蒸气压 0.25mPa(20℃)，相对密度 1.2(20℃)，溶解度(20℃)，水 0.012mg/L、丙酮 460mg/L、苯 110g/L、二甲苯 390g/L、乙醇 57g/L、环己烷 320g/L、正辛醇 63g/L、正己烷 10g/L，见光不稳定。在 pH4、7、9 和有机溶剂中时（50℃），90d 稳定性不变。

毒性

对兔的眼睛和皮肤无刺激性。对鱼为中等毒，LC_{50}（96h μg/L）虹鳟鱼 1.1～3.1，翻车鱼 1.8～3.3，鲤鱼<0.5mg/kg(48h)。对蜂高毒，LD_{50}(经口)0.55μg/蜂。对禽类低毒，急性经口 LD_{50}(mg/kg)北美鹑>2 250，野鸭>2 500。

生物活性

属哒嗪类广谱杀虫杀螨剂。该药剂触杀性强，无内吸传导和熏蒸作用。该药不受温度变化的影响，无论早春或秋季使用，均可达到满意效果，可用于防治果树、蔬菜、茶树、烟草及观赏植物上的螨类、粉虱、蚜虫、叶蝉和蓟马等，对叶螨、全爪螨、跗线螨、锈螨和瘿螨的各个生育期（卵、幼螨、若螨和成螨）均有较好效果。对活动期螨作用迅速，持效期长，一般可达 1～2 月。药效受温度影响小，与苯丁锡、噻螨酮等常用杀螨剂无交互抗性。常用浓度下对柑橘、苹果、梨、桃、葡萄、梅、樱桃、杏、草莓、甘蓝、番茄、辣椒、黄瓜、莴苣、水稻、小麦、苜蓿、玫瑰等无药害，对茄子有轻微药害。对瓢虫、草蛉和寄生蜂等天敌较安全。

制剂

10% 烟剂，15%、10% 乳油；15% 片剂；15% 水剂；10% 微乳剂；20% 悬浮剂；20% 可溶性粉剂；40%、30%、15% 可湿性粉剂。

应用

1. 防治保护地茄子朱砂叶螨

在螨点片发生期，每亩用 10% 哒螨灵烟剂 400～600g，傍晚收工前将保护地密闭熏烟。

2. 防治大豆红蜘蛛

在叶螨点片发生及扩散初期施药，每亩用 15%

哒螨灵片剂 16～20g，对水 75～100kg 喷雾。

3．防治棉花红蜘蛛

在叶螨发生初期，平均每叶螨数 2～3 头时，每亩用 15% 哒螨灵乳油 1 500～2 000 倍液或 20% 哒螨灵可湿性粉剂 2 000～3 000 倍液均匀喷雾，发生中心重点喷。

4．防治苹果红蜘蛛、山楂红蜘蛛

于苹果开花初期，越冬卵和若螨始盛发期施药一次，用 15% 哒螨灵乳油 2 000～3 000，或 15% 哒螨灵可湿性粉剂 2 000～3 000，或 20% 哒螨灵可溶性粉剂 1 500～2 500，或 20% 哒螨灵可湿性粉剂 3 000～4 000 倍液均匀喷雾，可有效防治苹果叶螨危害，持效期可达 30～50d。

5．防治柑橘全爪螨

按树的不同方位，调查一定叶片数，在达到当地防治指标时均匀施药一次，一般每叶有螨 2 头、开花后和秋季每叶有螨 6 头时，用 15% 哒螨灵乳油 1 500～2 000 倍，或 20% 可湿性粉剂 1 500～200 倍，或 22% 可湿性粉剂 1 000～1 500 倍，或 32% 可湿性粉剂1 500～2500倍，或40%可湿性粉剂2 500～4 000 倍液均匀喷雾，持效期可达 30d 以上。

6．防治柑橘锈壁虱

5～9 月每叶有螨 2 头以上或结果园有极个别黑果出现时，用药浓度同柑橘全爪螨。

注意事项

1．作物中最高残留限量为 1μg/mL，最多使用次数为 2 次，最低稀释倍数为 1 500 倍，最后一次施药距收获时间，柑橘为 3d，苹果为 21d。

2．该药剂对鱼有毒，使用时避免污染水源。

3．本品对蜜蜂较为敏感，花期使用对蜜蜂有不良影响，注意远离蜂场。

4．不可与石硫合剂和波尔多液等碱性农药混用。

5．施药时做好防护，不可直接接触药液，用药后用肥皂洗手、脸。

6．本品应贮存在阴凉通风处，切勿让儿童接触；严防误服，药剂与种子、饲料和食品分开保管。

7．万一误服本品，立即大量饮水，催吐；与皮肤接触后，要用水清洗干净，误入眼睛，要用水清洗干净并就医。

吡螨胺（tebufenpyrad）

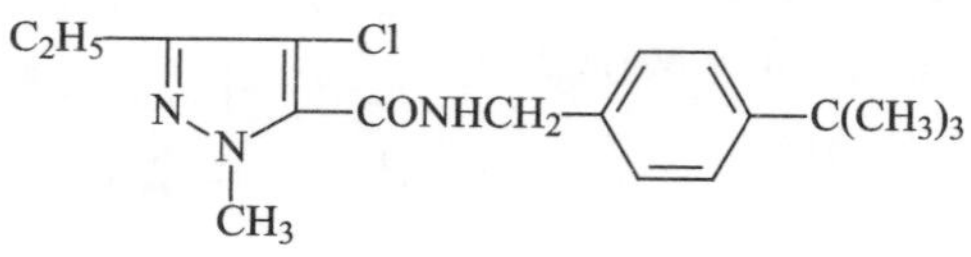

化学名称

N-（4-特丁基苄基）-4-氯-3-乙基-1-甲基-吡唑-5-甲酰胺

理化性质

纯品为白色结晶。熔点 61～62℃，蒸气压 0.010 787mPa（40℃）。溶解度：水 2.8mg/L（25℃）。溶于丙酮、甲醇、氯仿、乙腈、正己烷和苯等大部分有机溶剂。pH3～11，37℃时，在水中可稳定4周。

毒性

低毒。雄大鼠急性经口 LD_{50} 为 595mg/kg，雌大鼠为 997mg/kg，野鸭大于 2 000mg/kg；大鼠急性经皮 LD_{50} 大于 2 000mg/kg，雄小鼠 224mg/kg，雌小鼠 210mg/kg。对眼睛有中度刺激性，对皮肤无刺激性。经 Ames 试、微核试验、果蝇翅点滴试验等均未见致突变作用。对蜜蜂无毒。

生物活性

属酰胺类杀螨剂。是一种线粒体呼吸抑制剂，抑制位点 I 处电子传递。本品药效迅速，无内吸性，但具有渗透性，有一定耐雨水冲刷能力。对各种螨类和半翅目、同翅目害虫具有良好防治效果，如叶螨科（苹果全爪螨、橘全爪螨、棉叶螨、朱砂叶螨等）、跗线螨科（侧多跗线螨）、瘿螨科（苹果刺锈螨、葡萄锈螨等）、细须螨科（葡萄短须螨）、蚜科（桃蚜、棉蚜、苹果蚜）、粉虱科（木薯粉虱）等。而且对螨类各生长期均有速效和高效，持效期长，持效期 40d 以上。与三氯杀螨醇、苯丁锡、噻唑螨酮等无交互抗性。主要用于果树、蔓生作物、棉花、蔬菜和观赏植物。对人、鸟和蜜蜂毒性低，推荐剂量下对作物安全。

制剂

10% 可湿性粉剂。

应用

1. 柑橘红蜘蛛

当柑橘红蜘蛛虫口上升，达到防治指标时施药，用10% 可湿性粉剂 2 000 ~ 3 000 倍液均匀喷雾，可将害螨数量控制在防治指标之下。

2. 苹果叶螨

在苹果叶螨的幼、若螨发生始盛期，用 10% 可湿性粉剂 2 000 ~ 3 000 倍液均匀喷雾，对害螨各个发育阶段均有优良防治效果，对活动态螨种群数量控制作用明显，且对越冬卵有较强杀伤作用。

注意事项

1. 施药时做好防护工作，避免吸入该药的蒸气、雾滴或粉尘，避免眼睛和皮肤接触药液。

2. 皮肤接触部位要用大量肥皂水洗净；眼睛溅入药液后要用清水冲洗至少 15min，并迅速就医。

3. 该药剂对鱼类有毒，不得在鱼塘及其附近施药；清洗器械和剩余药液时不要污染水域。

4. 贮存要远离火源，贮存于儿童和畜禽接触不到的地方，并避免阳光直射。

5. 误服可先大量引水催吐，并立即送医院诊治。

三氯杀螨砜（tetradifon）

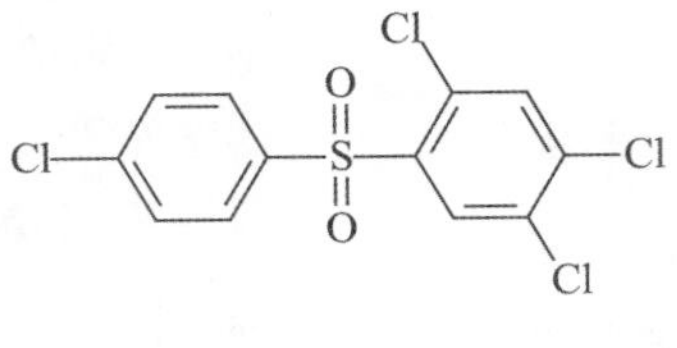

Cl O Cl Cl S O Cl

化学名称

1，2，4- 三氯苯基 -4- 氯苯基砜

理化性质

无色晶体（原药微黄），熔点 148 ~ 149℃（纯品），≥ 144℃（原药），蒸气压 3.2×10^{-5}mPa（20℃），密度 1.515（20℃），KowLogP = 4.61，溶解度水 0.05（10℃），0.08（20℃）mg/L，丙酮 82g/L，苯 148g/L，氯仿 255g/L，环已酮 200g/L，甲苯 135，二甲苯 115g/L（10℃），二噁烷 223，煤油，甲醇 10g/L（10℃），非常稳定，甚至在强酸、碱环境中。对光、热稳定，抗强氧化剂。

毒性

低毒。原药大鼠急性口服 LD_{50}>14 700mg/kg。

生物活性

触杀作用为主，无内吸活性。对害螨夏卵、幼、若螨有很强活性，但不杀冬卵。对成螨无直接杀伤力，但可使其不育，雌成螨产下的卵不能孵化。在环境中降解快，适用于防治果树、蔬菜、棉花和蔬菜上的多种害螨。但对柑橘锈螨无效。速效性差，持效性好，可与速效性杀螨剂混用。

制剂

8% 乳油，10% 乳油。

应用

1. 防治柑橘红蜘蛛，在柑橘春梢芽长5～10cm时（3月中下旬），幼若螨盛发期施药，用8%三氯杀螨砜乳油1 000～1 500倍液均匀喷雾。以柑橘始叶螨为主且成螨量多时，可在谢花后与40%乐果乳油3 000倍液混合喷雾；若以柑橘全爪螨为主的橘园，应与46%晶体石硫合剂250倍液混合喷雾。

2. 防治苹果红蜘蛛，在苹果开花前后，幼若虫盛发期，平均每叶有螨3～4头，7月份后平均每叶有螨6～7头时防治，用10%三氯杀螨砜乳油500～800倍液均匀喷雾。与波美0.3°～0.5° 石硫合剂或50%硫悬浮剂300～400倍液混用，效果更好。

注意事项

1. 本品对成螨无效，使用时注意掌握防治适期。

2. 施药时不得吸烟、吃东西、喝水等，不要直接吸入气雾，注意防护。

3. 施药结束后，用肥皂彻底清洗手及裸露皮肤。

4. 避免接触眼睛和皮肤，不慎溅入眼中，用清水冲洗至少15min，若症状依然存在，请医生诊治。

5. 远离儿童、食品及食器等。

6. 贮存于密闭容器中，远离火源。

三磷锡（phostin）

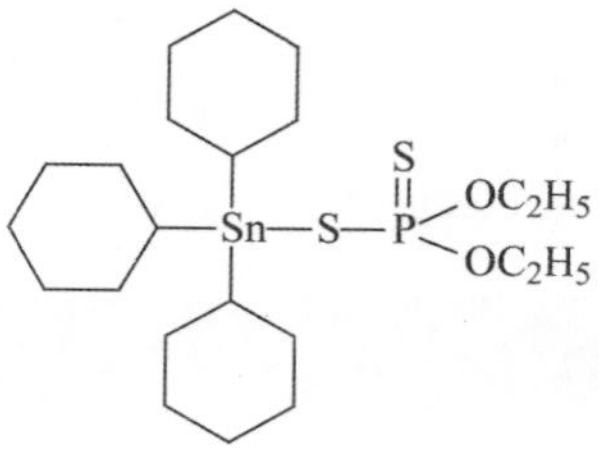

S
‖
(C₆H₁₁)₃Sn—S—P(OC₂H₅)₂

化学名称

O，O-二乙基-二硫代磷酸三环己基锡盐

理化性质

原药为淡黄色或红棕色透明液体，较黏稠，有特殊的有机磷农药气味，易溶于苯、甲苯、氯仿、醚、酯等非极性溶剂；在甲醇、乙醇中溶解度不大；不溶于水。在酸性介质中较稳定，在碱性溶液中易碱解。

生物活性

属有机锡类新型高效、广谱、低毒杀螨剂，是新开发的有机锡单剂杀螨剂，其优点在于解决了有机锡和其他杀螨剂的问题，大大提高了高温季节杀螨剂的使用效果。具有触杀、胃毒作用。对锈壁虱，二斑叶螨以及红蜘蛛具有优良的防治效果。对成螨、若螨、幼螨和螨卵有较好的杀灭效果。作用迅速，持效期可达50d以上，可用于防治柑橘、苹果、山楂、棉花、小麦、花生等作物上的红蜘蛛，锈壁虱等。三磷锡作为有机锡农药产生抗性慢，可以成为三唑锡和其他杀螨剂的替代新品种。

制剂

10%、20%、30%三磷锡乳油。

应用

防治苹果、柑橘、山楂等果树的螨害，在害螨发生初期和盛末期施药，用10%乳油1 000～1 500倍液或20%乳油1 500～2 000倍液均匀喷雾。

注意事项

1. 使用前仔细阅读商品标签。

2. 持效期受温度、螨密度、发生时期等因素影响较大，高密度时持效期短，应掌握在害螨始发期或发生末期施药。

3. 高浓度时对柑橘嫩梢有药害，使用时切勿随意提高浓度。

第二章
杀螨剂混剂

含哒螨灵的杀螨剂混剂

药剂名称	适用作物	防治对象	用药量	应用	生产企业
12.5% 哒螨灵－噻螨酮乳油（10：2.5）	柑橘	红蜘蛛	62.5～125mg/kg	均匀喷雾	江西正邦化工有限公司
16% 哒螨灵－三唑锡可湿性粉剂（8：8）	柑橘	红蜘蛛	16.7～160mg/kg	均匀喷雾	陕西汤普森生物科技有限公司
12% 哒螨灵－四螨嗪可湿性粉剂（8：4）	柑橘	红蜘蛛	60～120mg/kg	均匀喷雾	陕西汤普森生物科技有限公司
15% 哒螨灵－四螨嗪可湿性粉剂（10：5）	柑橘	红蜘蛛	75～100mg/kg	均匀喷雾	河南力克化工有限公司
25% 哒螨灵－苯丁锡可湿性粉剂（17：8）	柑橘	红蜘蛛	166.7～250mg/kg	均匀喷雾	山东省青岛东生药业有限公司
15% 哒螨灵－三氯杀螨醇乳油（5：10）	苹果	红蜘蛛	60～75mg/kg	均匀喷雾	天津市华宇农药有限公司
28% 哒螨灵－机油乳油（5：23）	苹果	红蜘蛛	70～186.7mg/kg	均匀喷雾	山东聊城赛德农药有限公司
34% 哒螨灵－柴油乳油（4：30）	苹果、柑橘	红蜘蛛	170～340mg/kg	均匀喷雾	山东运盛生物科技有限公司
40% 哒螨灵－柴油乳油（5：35）	柑橘	红蜘蛛	200～267mg/kg	均匀喷雾	深圳诺普信农化股份有限公司
80% 哒螨灵－柴油乳油（10：70）	柑橘	红蜘蛛	267～400mg/kg	均匀喷雾	山东京博农化有限公司
90% 哒螨灵－机油乳油（10：70）	柑橘	红蜘蛛	900～1800mg/kg	均匀喷雾	浙江石原金牛农药有限公司

含阿维菌素的杀螨剂混剂

药剂名称	适用作物	防治对象	用药量	应用	生产企业
11% 阿维菌素－三唑锡微乳剂（0.4：10.6）	柑橘	红蜘蛛	61～91.6mg/kg	均匀喷雾	福建新农大正生物工程有限公司

（续 表）

药剂名称	适用作物	防治对象	用药量	应用	生产企业
10% 阿维菌素 – 四螨嗪悬浮剂（0.1：9.9）	苹果	红蜘蛛	50 ~ 67.7mg/kg	均匀喷雾	深圳诺普信农化股份有限公司
3% 阿维菌素 – 噻螨酮微乳剂（0.5：2.5）	柑橘	红蜘蛛	15 ~ 20mg/kg	均匀喷雾	山东省青岛海利尔药业有限公司
10% 阿维菌素 – 苯丁锡乳油（0.5：9.5）	柑橘	红蜘蛛	50 ~ 100mg/kg	均匀喷雾	
18% 阿维菌素 – 柴油乳油（1：17）	苹果	二斑叶螨	45 ~ 60mg/kg	均匀喷雾	河北快枪农药厂
24.5% 阿维菌素 – 柴油乳油（0.2：24.3）	柑橘	红蜘蛛	123 ~ 245mg/kg	均匀喷雾	河南省鄢陵县永昌化工有限责任公司

其他杀螨剂混剂

药剂名称	适用作物	防治对象	用药量	应用	生产企业
7.5% 噻螨酮 – 甲氰菊酯乳油（2.5：5）	柑橘	红蜘蛛	75 ~ 100mg/kg	均匀喷雾	东方润博农化（山东）有限公司
22% 噻螨酮 – 炔螨特乳油（2：22）	苹果	二斑叶螨	137.5 ~ 275mg/kg	均匀喷雾	山东省青岛奥迪斯生物科技有限公司
38% 苯丁锡 – 炔螨特乳油（8：30）	柑橘	红蜘蛛	190 ~ 253.mg/kg	均匀喷雾	
20% 三唑锡 – 吡虫啉 可湿性粉剂（18：2）	苹果	红蜘蛛	100 ~ 200mg/kg	均匀喷雾	山东省招远三联化工厂
	柑橘	红蜘蛛	1 000 ~ 2 000倍	均匀喷雾	
27% 联苯菊酯 – 炔螨特乳油（2：25）	柑橘	红蜘蛛	270 ~ 337.5mg/kg	均匀喷雾	上海威敌生化（南昌）有限公司
73% 机油 – 炔螨特乳油（33：40）	柑橘、苹果	红蜘蛛	243.3 ~ 365mg/kg	均匀喷雾	陕西省蒲城县美邦农药有限责任公司
30% 机油 – 炔螨特乳油（20：10）	苹果	红蜘蛛	150 ~ 200mg/kg	均匀喷雾	陕西天富腾达作物保护科学有限公司
40% 机油 – 三氯杀螨醇乳油（30：10）	棉花	红蜘蛛	400 ~ 667mg/kg	均匀喷雾	湖北奔星农化有限责任公司
15% 甲氰菊酯 – 三唑磷乳油（3：12）	柑橘	红蜘蛛	120 ~ 200mg/kg	均匀喷雾	广西南宁利民农用化学品有限公司

第四篇

杀线虫剂应用篇

第四篇

杀线虫剂应用篇

概 述

杀线虫剂是用于防治有害线虫的一类农药。线虫属于线形动物门线虫纲，体形微小，在显微镜下方能观察到。对植物有害的线虫约3 000种，大多生活在土壤中，也有的寄生在植物体内。线虫通过土壤或种子传播，能破坏植物的根系，或侵入地上部分的器官，影响农作物的生长发育，还间接地传播由其他微生物引起的病害，造成很大的经济损失。使用药剂防治线虫是现代农业普遍采用的有效方法，一般用于土壤处理或种子处理，杀线虫剂有挥发性和非挥发性两类，前者起熏蒸作用，后者起触杀作用。一般应具有较好的亲脂性和环境稳定性，能在土壤中以液态或气态扩散，从线虫表皮透入起毒杀作用。多数杀线虫剂对人、畜有较高毒性，有些品种对作物有药害，故应特别注意安全使用。

杀线虫剂的研究与应用起步晚，发展慢。1881年法国首选用CS_2处理土壤防治甜菜线虫；1919年有人发现氯化苦的杀线虫作物；1943年夏威夷菠萝研究所的昆虫学家卡特发现滴滴混剂有杀线虫作用；1955年麦克拜斯等报道了二溴丙烷的杀线虫作用；1962年美国联合碳化物公司开发了涕灭威；1969年美国杜邦公司开发出草威，同期FMC公司开发出克百威等氨基甲酸酯类杀线虫剂，20世纪70～80年代许多有机磷杀线虫剂被开发出来。

杀线虫剂主要分为两类，一是专性杀线虫剂，即专门防治线虫的农药；二是兼性杀线虫剂，这类杀线虫剂兼有多种用途，如氯化苦、溴甲烷、滴滴混剂对地下害虫、病原菌、线虫都有毒杀作用，棉隆能杀线虫、杀虫、杀菌、除草。按作用方式分类，分为熏蒸杀线虫剂和非熏蒸杀线虫剂。按化学结构分类，分为：

有机硫类，如二硫化碳、氧硫化碳。

卤化烃类，如氯化苦、溴甲烷、碘甲烷、二氯丙烷、二溴己烷、二溴丙烷、二溴乙烯、二溴氯丙烷；溴氯丙烷。这类杀线虫剂具有较高的蒸气压，多是土壤熏蒸剂，通过药剂在土壤中扩散而直接毒杀线虫。但由于存在对人毒性大和田间用量多等缺点，这类杀线虫剂的发展受到限制，二溴乙烷、二溴氯丙烷等已被禁用。

硫代异硫氰酸甲酯类，如威百亩、棉隆。这类杀线虫剂能释放出硫代异硫氰酸甲酯，即释放出氰化物离子使线虫中毒死亡。

有机磷类，如除线磷、丰索磷、胺线磷、丁线磷、苯线磷、灭线磷、硫线磷、氯唑磷（米乐尔）。这类杀线虫剂发展较快，品种较多。其作用机制是胆碱酯酶受到抑制而中毒死亡，线虫对这类药剂一般较敏感。不少品种有内吸作用，有的则表现为触杀作用，共同特点是杀线虫谱较广，并且在土壤中很少有残留，是目前较理想的杀线虫剂。

氨基甲酸酯类，如涕来威、克百威、丁硫克百威（好年冬）。其作用机制主要是损害神经活动，减少线虫迁移、浸染和取食植物，从而可减少线虫的繁殖和危害。这类杀线虫剂杀线虫谱较广，但毒性很高，克百威属高毒类农药，涕来威属剧毒类农药。

其他，如二氯异丙醚、草肟威、甲醛。

滴滴混剂、二溴乙烷、二溴丙烷曾是广泛应用的杀线虫剂，但由于滴滴混剂中的1，2-二氯丙烷药效太低，现已不在销售。二溴乙烷对动物有致畸、致癌作用，已被禁用。除线磷是第一个有机磷杀线虫剂，也是第一个非熏蒸剂杀线虫剂，但因我国生产上推广应用的杀线虫剂主要有苯线磷、丙线磷、硫线磷、氯唑磷、甲基异柳磷、涕灭威、克百威等品种。

棉隆（dazomet）

(结构式：3,5-二甲基-1,3,5-噻二嗪-2-硫酮；环上含 S、N，取代基 S、H_3C、CH_3)

化学名称

3，5-二甲基-四氢-1，3，5-噻二唑-2-硫酮

理化性质

纯品为白色固体，工业品为淡黄色或浅灰色结晶粉末，有轻微的特殊气味。熔点99.5℃。相对密度1.39。闪点137.7℃。溶解性：20℃水中溶解度3 000mg/L，丙酮17.3g/100g，乙醇为1.5g/100g，乙醚为0.6g/100g，氯仿39.1g/100g，苯5.1g/100g，环已烷0.04g/100g。

毒性

低毒。原药急性经口LD_{50}：雄大白鼠420～588mg/kg，雌大白鼠700mg/kg，雄小白鼠200mg/kg，雌小白鼠230～300mg/kg。急性经皮LD_{50}：雄大白鼠2 260mg/kg，雌大白鼠2 600mg/kg，雄小白鼠2 400mg/kg，雌小白鼠2 530mg/kg。对皮肤无刺激作用，对眼睛黏膜有轻微刺激作用。对鱼中等毒性，鱼毒TLm（48h）：鲤鱼40mg/L以上，水虱40mg/L以上。对蜜蜂无毒害。

生物活性

该药剂熏蒸性强，作用广谱，易于在土壤及其他基质中扩散，杀线作用全面而持久，能与肥料混用，不会在植物体内残留。但对鱼类有毒，且易污染地下水，南方应慎用。适用于防治果树、蔬菜、花生、烟草、茶树、林木等作物线虫，对地下害虫、真菌和杂草亦有防治效果。可防治棉花黄、枯萎病等。制剂有作物种植前施于土壤中，释放的异硫氰酸甲酯杀灭栖息于土壤中的线虫、真菌、杂草种子及地下害虫。

制剂

50%可湿性粉剂，50%、98%颗粒剂。

应用

棉隆在我国登记作物为花卉线虫，其他国家登记作物有花生、观赏植物、烟草、蔬菜等。用于温室、苗床、育种室、混合肥料、喷栽植物基质及大田等土壤处理。施药前要将地整好，使土壤疏松。花卉每平方米需30～40g，撒施后立即覆土。大面积可沟施，使药入土15～20cm，间隔4～5d充分翻动土壤，松土通气，1～2d后播种。苗床、温室先将土壤翻松，每平方米加3kg水使药剂稀释喷洒，然后翻土7～10cm，使药剂与土壤充分混合，以洒水封闭或覆盖塑料薄膜，过一段时间松土通气，然后播种。当10cm土壤温度为6℃时，间隔期（包括2d萌发试验）47d，10℃时为24d，15℃为15d，20℃为11d，25℃为8d，30℃为6～7d，即土温越高，间隔期越短。该药剂施入土壤后，受温度、湿度及土壤结构影响甚大，为了保证获得良好的药效和避免产生药害，土壤温度应保持在6℃以上，以12～18℃为最适宜，土壤含水量保持在40%以上。

对棉花枯、黄萎病有良好的防治效果。在$1m^2$、40cm深的病土中拌70g 50%可湿性粉剂，或在每平米的病土中，用135g 50%可湿性粉剂溶于45kg水中浇灌，均可彻底消灭土壤中的病菌。另外，对花生、大豆、茶叶、黄瓜等和亚热带作物及茄科蔬菜等枯、黄萎病有很好的防治效果；对土壤真菌、线虫、昆虫及杂草也有毒杀作用。大面积毒土处理时，每亩用药1～1.5kg与10kg细土拌匀进行沟施或撒施，施药后覆盖无病土，经半月后播

种。也可防治人参、西洋参的锈腐病、立枯病和苎麻根结线虫病。

注意事项

1. 施药时应使用橡皮手套和靴子等安全防护用具，避免皮肤直接接触药剂，一旦沾染皮肤，应立即用肥皂、清水彻底冲洗。应避免吸入药雾。施药后应彻底清洗用过的衣服和器械。

2. 此药对植物有杀伤作用，绝不可用于拌种。

3. 废旧容器及剩余药剂应妥善处理和保管。

4. 注意该药剂对鱼有毒。

5. 贮存应密封于原包装中，并存放在阴凉、干燥的地方，不得与食品饲料一起贮存。

6. 经药剂处理过的土壤呈无菌状态，所以堆肥一定要在施药前加入。

7. 若在假植苗床使用，必须等药剂全部散失再假植，一般需等两星期，假植前翻松土壤 2 次，使药消失后再假植。

二氯异丙醚（DCIP）

$$
\begin{array}{l}
CH_3—CH—CH_2—Cl \\
\qquad\ \ | \\
\qquad\ O \\
\qquad\ \ | \\
CH_3—CH—CH_2—Cl
\end{array}
$$

化学名称

二（2- 氯 -1- 甲基乙基）醚

理化性质

无色液体。能与多数油类及有机溶剂混溶，不能与水混溶。相对密度 1.113 5。沸点 187.4℃。闪点 85℃。

毒性

低毒。原药雄性大鼠急性经口 LD_{50} 为 698mg/kg，急性经皮 LD_{50} 为 2 000mg/kg，急性吸入 LC_{50} 为 12.8mg/L。对眼睛有中等刺激作用，对皮肤有轻度刺激作用。在试验剂量内对动物无致癌、致畸、致突变作用。对鱼类低毒。

生物活性

是一种有熏蒸作用的杀线虫剂，由于蒸气压低，气体在土壤中挥发缓慢，因此对植物安全，可以在作物的生育期施用。可有效防治危害烟草、棉花、花生、甘薯、柑橘、桑、茶和蔬菜等作物的线虫，对孢囊线虫、根结线虫、短体线虫、半穿刺线虫、剑线虫和毛刺线虫等均有较好的防治效果。对烟草立枯病和生理性斑点病也有预防作用。

制剂

8% 乳油，30% 颗粒剂，95% 油剂。

应用

1. 播种前处理：在播种前 7 ~ 20d 处理土壤，施药量为每亩用二氯异丙醚 80% 乳油制剂 5 ~ 9kg，可在播种沟施药，沟深 10 ~ 15cm，施药后覆土。花生地一般用 20 ~ 25g/m²，果树 40 ~ 47g/m²，施药后随即翻土，也可在预定的播种沟内散布后覆土。

2. 播种后和植物生长期使用：施药量为每亩用二氯异丙醚 80% 乳油制剂 5kg，在植株两侧离根部 15cm 处开沟施药，沟深 10 ~ 15cm，或在树干周围穴施，穴深 15 ~ 20cm，穴距 30cm，施药后覆土。

注意事项

1. 土壤温度低于 10℃不宜使用。

2. 使用过程中严防吸入本剂气雾，严禁接近儿童、家畜。

3. 避免本剂溅入眼睛和沾染皮肤，作业完毕后充分洗净手、脚及裸露的皮肤和衣服。

4. 如误服，应饮大量水并催吐，保持安静，并及时就医。

5. 密封保存在远离火源、饲料、食物及避免阳光直射的低温场所。

威百亩（metham-sodium）

$$CH_3—NH—\overset{\overset{S}{\parallel}}{C}—S^- Na^+$$

化学名称

N-甲基二硫代氨基甲酸钠

理化性质

本品的二水化合物为无色晶体，二水化合物的溶解性（20℃）：水中72.2g/100ml，在醇中有一定的溶解度，在其他有机溶剂中几乎不溶。浓溶液稳定，但稀释后不稳定，土壤、酸和重金属盐促进其分解。对黄铜、铜和锌有腐蚀性。

毒性

低毒。原药雄性大鼠急性经口LD_{50}为820mg/kg，家兔急性经皮LD_{50}为800mg/kg，家兔急性经皮LD_{50}为800mg/kg。对眼睛及黏膜有刺激作用，对鱼有毒，对蜜蜂无毒。

生物活性

具有熏蒸作用的二硫代氨基甲酸酯类杀线虫剂。在土壤中降解成异氰甲酸酯发挥熏蒸作用，还有杀菌及除草功能。适用于黄瓜、花生、棉花、大豆、马铃薯等作物线虫的防治。用于播种前土壤处理，对黄瓜根结线虫、花生根结线虫、烟草线虫、棉花黄萎病、根病、苹果紫纹羽病、橡胶根部寄生菌、十字花科蔬菜根肿病等均有效，对马唐、看麦娘、马齿苋、豚草、狗牙根、石茅、莎草等杂草也有很好的效果。

制剂

30%、33%、35%、48%水剂。

应用

1. 黄瓜根结线虫，每亩用35%威百亩水剂4～6kg，对水300～500kg，于种植前约15d开沟土壤处理，覆土压实待药挥发完后才能播种。

2. 花生线虫病 每亩用35%水溶液2.5～5.0kg，对水300～500kg，于播前半个月开沟将药灌入，覆土压实，15d后播种。

3. 其他线虫防治 每亩用35%水溶液3～5kg，对水300～500kg，于种植前约15d开沟土壤处理，覆土压实待药挥发完后才能播种。

注意事项

由于其对植物的毒性，必须待其安全分解并通风后才能种植，种植前应进行独行菜种子萌发试验，在潮湿土壤中本品一般在14d内分解。

硫线磷（cadusafos）

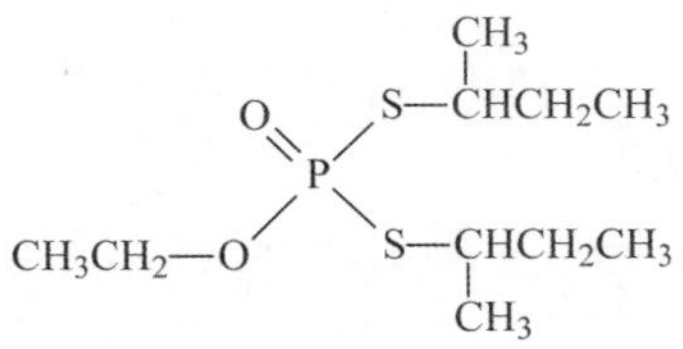

$$
\begin{array}{c}
CH_3CH_2-O-P(=O)(-S-CH(CH_3)CH_2CH_3)(-S-CH(CH_3)CH_2CH_3)
\end{array}
$$

化学名称

S，S-二-仲丁基O-乙基二硫代磷酸酯

理化性质

产品为浅黄色液体。沸点112～114℃（107Pa）。微溶于水（248mg/L），与丙酮、乙酸乙酯、甲苯等可混溶。

毒性

高毒。原油大鼠急性经口LD_{50}为37.1mg/kg，大鼠急性吸入LC_{50}为0.0329mg/L，兔急性经皮LD_{50}为24.4mg/kg（雄）和41.8mg/kg（雌）。对眼睛有轻微刺激作用，对皮肤无刺激作用。在试验剂量下无致癌、致畸、致突变作用。对鸟类和鱼类有毒。

生物活性

触杀性的杀线虫剂，无熏蒸作用，水溶性及土壤移动性较低，在沙壤土和黏土中半衰期为40～60d。是一种胆碱酯酶抑制剂。是当前较理想的杀线虫剂。适用范围 适于柑橘、菠萝、咖啡、香蕉、花生、甘蔗、蔬菜、烟草及麻类作物，土壤施用，防治根结线虫、短体线虫、刺线虫、剑线虫等属的线虫，对金针虫等地下害虫亦有效。

制剂

10%颗粒剂。

应用

1. 花生线虫防治

每亩用10%颗粒剂1 500～3 000g，可以沟施后播种，或随施随种，或进行15～25cm宽的混土带施药。

2. 香蕉线虫防治

每丛用10%颗粒剂20～30g，间隔8个月施药1次。先将其周围表土3～5cm深疏松，把药均匀撒在距香蕉假茎30～50cm以内土中，然后覆土。

3. 甘蔗田线虫防治

每亩用10%颗粒剂3 000～4 000g，种植时在蔗畦两侧开沟施药。

4. 柑橘线虫防治

用量同甘蔗田。先把树冠下的表土3～5cm疏松，均匀撒施随即覆土。

5. 麻类线虫防治

每亩用10%颗粒剂3 000～4 000g，施用方法同花生地。

苯线磷（fenamiphos）

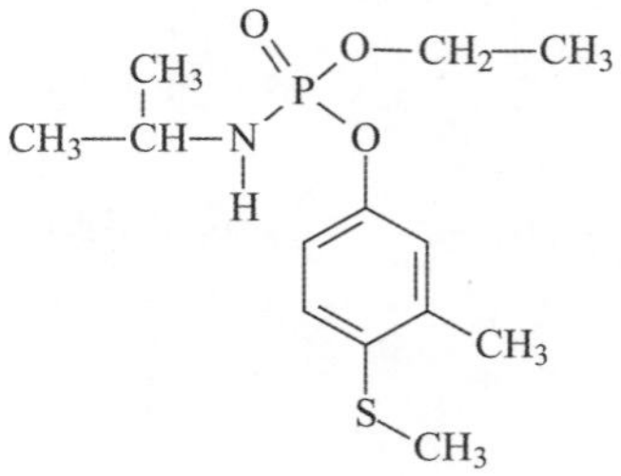

化学名称

O–乙基–O–（3–甲基–4–甲硫基）苯基–N–异丙磷酰胺酯

理化性质

产品为浅黄色液体。相对密度1.14。熔点49 ℃。水溶性0.07 g/100 ml。

毒性

高毒。原药雄性大鼠急性经口LD_{50}为15.3mg/kg，急性经皮LD_{50}约500mg/kg，急性吸入LC_{50}为110～175mg/L（1h），在试验剂量下，对兔皮肤和眼睛无刺激作用，无致癌、致畸、致突变作用，对鱼类毒性中等。

生物活性

具有触杀和内吸作用的杀线虫剂。药剂从根部进入植物体，在植物体内上下传导并能很好地分布在土壤中，借助雨水和灌溉水进入作物根层。作物有良好的耐药性，不会产生药害。是较理想的防治柑橘、花生、香蕉、咖啡、棉花、烟草杀线虫剂。

制剂

10%颗粒剂。

应用

可在播种、种植时及作物生长期使用。10%颗粒剂每亩用药量为3 000～5 000g，可较好地控制花生、棉花、烟草、麻、柑橘、葡萄、香蕉、蔬菜等作物的根结属、短体属、矮化属、穿孔属、茎属、针属、毛刺属、剑属等线虫和蓟马、粉虱等害虫的为害。

氯唑磷（isazofos）

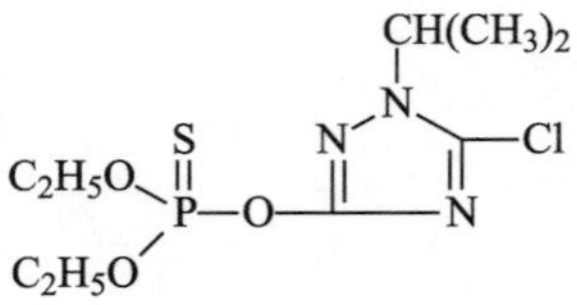

化学名称

O-（5-氯-1-异丙基-1H-1，2，4-三唑-3-基）-O，O-二乙基硫代磷酸酯

理化性质

纯品为黄色液体。密度1.23（20℃）。沸点120℃（32Pa）。蒸气压7.45MPa（20℃）。20℃水中溶解度为168mg/L。溶于苯、氯仿、己烷和甲醇。20℃时水解半衰期；pH值5时为85d，pH值7时为48d，pH值9时为19d。在200℃时分解。

毒性

高毒。大白鼠急性经口LD_{50}为40～60mg原药/kg，雄大白鼠急性经皮LD_{50}>3 100（雄），118（雌）。对兔皮肤有中等刺激作用，对眼睛有很轻的刺激作用。大白鼠吸入LC_{50}（4h）为0.24mg/L空气。90d饲喂试验的无作用剂量：大白鼠2mg/kg饲料（每天0.2mg/kg），狗2mg/kg饲料（每天0.05mg/kg）。鱼毒LC_{50}（96h，mg/kg）：虹鳟0.008，鲤鱼0.22，蓝鳃0.01。对鸟和蜜蜂有毒。

生物活性

具有触杀和内吸作用的杀线虫剂。药剂从根部进入植物体，在植物体内上下传导并能很好地分布在土壤中，借助雨水和灌溉水进入作物根层。作物有良好的耐药性，不会产生药害。是较理想的防治柑橘、花生、香蕉、咖啡、棉花、烟草杀线虫剂。

制剂

3%颗粒剂。瑞士汽巴－嘉基公司。

应用

1. 花生、胡萝卜等作物线虫，每亩用3%颗粒剂4 500～6 500g，播种时沟旁带状施药，与土混匀后覆土；

2. 香蕉线虫，每亩用3%颗粒剂4 500～6 500g，在香蕉根部表土周围撒施，施药后混土；

3. 甘蔗蔗龟、蔗螟，每亩用3%颗粒剂4 000～6 000g，在种植时沟施；

4. 水稻稻瘿蚊、稻飞虱、三化螟，每亩用3%颗粒剂1 000～1 250g撒施。

4

灭线磷(ethoprophos)

$$CH_3CH_2-O-P(=O)(S-CH(CH_3)CH_2CH_2CH_3)_2$$

化学名称

O-乙基-S，S-二丙基-二硫代磷酸酯

理化性质

纯品为浅黄色透明液体。相对密度1.094（20℃）。沸点86～89℃（26.6Pa）。蒸气压46.5mPa（26℃）。闪点140℃。溶解性：水中700mg/L，丙酮、乙醇、二甲苯、1，2-二氯乙烷、乙醚、乙酸乙酯、环己烷中大于300g/L。在中性和弱酸性介质中很稳定，在碱性介质中迅速水解，在水中稳定至100℃（pH值7）。

毒性

高毒。原药大鼠急性经口LD_{50}为62mg/kg，急性经皮LD_{50}为226mg/kg，急性吸入LC_{50}为249mg/L。对皮肤和眼睛有刺激作用。在试验剂量内对动物无致癌、致畸、致突变作用。对鸟类和鱼类高毒，野鸭LD_{50}(经口)61mg/kg，母鸡5.6mg/kg，鱼毒LC_{50}(96h)：虹鳟13.8mg/L，鲶鱼2.1mg/L，金鱼13.6mg/L。对蜜蜂毒性中等。

生物活性

该药是具有触杀作用但无内吸和熏蒸作用的

有机磷酸酯类杀线虫剂。属于胆碱酯酶抑制剂。半衰期14～28d。对花生、菠萝、香蕉、烟草及观赏植物线虫及地下害虫有效。

制剂和生产企业

20%颗粒剂。江苏丰山集团有限公司。

应用

1. 花生根结线虫防治

每亩用20%颗粒剂1 500~1 750g，可以穴施或沟施，但注意药剂不能与种子直接接触，否则易产生药害。在穴内或沟内施药后先覆一薄层的有机肥，再播种覆土。

2. 花卉线虫防治

在花卉移植时，先在20%颗粒剂的200~400倍液中浸渍15~30min后再种植，或者以每平方米用20%颗粒剂5g施入土中。

3. 蔬菜线虫防治

每亩用20%颗粒剂2 000~6 500g，对水喷于土壤上。

4. 马铃薯线虫防治

每亩用20%颗粒剂3 330g，对水施于20cm深土壤中。

5. 甘薯线虫防治

每亩用20%颗粒剂1 000~1 330g，施于40cm深土壤中。

注意事项

1. 该药易通过皮肤进入人体。因此，要避免接触皮肤，如溅入眼睛或皮肤应立即用清水冲洗。

2. 药剂应存放在远离食品及儿童接触不到的地方。

3. 对鱼、鸟类低毒，避免污染河流和水塘。

4. 发生中毒应立即用盐水或芥末水引吐并给病人喝牛奶和水，有效解毒剂是阿托品和解磷定。

厚孢轮枝菌（*Verticillium chlamydoporium*）

理化性质

原粉为淡黄色粉末。

毒性

低毒。对雌、雄大鼠急性经口LD_{50}均>5 000mg/kg，对皮肤和眼睛无刺激性，弱致敏性，无致病性。

生物活性

以活体微生物孢子为主要有效成分，是经发酵而生成的分生孢子和菌丝体。主要作用机理是通过孢子萌发及产生的菌丝寄生于线虫的雌虫及卵。推荐剂量下对作物无不良影响或引起药害，对作物安全。

制剂

2.5亿个孢子/g厚孢轮枝菌粉粒剂。

应用

防治烟草根结线虫，在烟草移栽时穴施，或在旺盛期再穴施1次，每667m²用本微粒剂1 500～2 000g。

第五篇

杀菌剂应用篇

第五篇

杀菌剂应用篇

概 述

一、植物病害的类型

作为一类生命体，植物在自然界的生长发育过程也会遇到各种各样的挑战与威胁，植物因受到不良条件或有害生物的影响超过它的耐受限度而不能保持平衡时，植物的局部或整体的生命活动或生长发育就出现异常状态，我们把这种表现异常的植物称为“有病的植物”或植物发生了“病害”，引起植物发生病害的因素统称为“病因”。

（一）植物病害的种类

植物的种类很多，病因也各不相同，造成的病害也形式多样，每一种植物可以发生多种病害，一种病原生物又能侵染几十种至几百种植物，同一种植物又可因抗病性不同，出现的症状有多种。因此，植物病害的种类可以有多种分类方法。

（1）按照植物或作物类型分，有果树病害、蔬菜病害、大田作物病害、花卉病害、牧草病害和森林病害等。

（2）按照寄主受害部位，分为根部病害、叶部病害和果实病害等。

（3）按照病害症状分，有腐烂型病害、斑点或坏死型病害、花叶或变色型病害等。

（4）按照病原生物类型分，有卵菌病害、真菌病害、细菌病害、病毒病害等。

（5）按照传播方式和介体来分，有种传病害、土传病害、气传病害和介体传播病害等。

（6）按照病因类型，可以把病害分为侵染性病害和非侵染性病害两大类。

（二）侵染性病害

有病原生物因素侵染造成的植物病害称为侵染性病害，因为病原生物能够在植株间传染，因而又称为传染性病害。按照病原生物种类不同，还可进一步分为：

（1）卵菌病害，由卵菌侵染引起的病害。卵菌与真菌有明显差异，卵菌细胞壁含纤维素，而真菌细胞壁含几丁质。卵菌世代短，产孢量大，潜育期短，再侵染次数多，对寄主植物的破坏性强，流行速度快，造成严重的经济损失，如黄瓜霜霉病（俗名“跑马干”，以形容其流行速度快）、番茄晚疫病、葡萄霜霉病等。

（2）真菌病害，由真菌侵染引起的病害。真菌为真核生物，在植物病害中，由真菌引起的病害数量最多，几乎每种植物都有几种真菌病害，多的有几十种，如稻瘟病、小麦白粉病、小麦锈病、黄瓜灰霉病、黄瓜枯萎病、黄瓜炭疽病等。

（3）细菌病害，由细菌侵染引起的病害。与真菌不同，细菌不具真核，为原核生物。细菌不像有些真菌那样可以直接穿过植物的角质层或从表皮侵入，而只能从植物的自然孔口（气孔、水孔、蜜腺等）和伤口侵入。蔬菜软腐病、水稻白叶枯病、柑橘溃疡病和梨火疫病等都是细菌病害。

（4）病毒病害，由病毒侵染引起的细菌病害。病毒只是一个或多个基因组的核酸分子，其结构简单，又称分子寄生物。大麦黄矮病、烟草花叶病等都是病毒病害。

（5）线虫病害，由线虫侵染引起的病害，如大豆胞囊线虫病、黄瓜根结线虫病等。虽然本书把线虫病害列为侵染性病害，但由于线虫为无脊椎动物，杀线虫剂放在杀虫剂部分介绍。

（6）寄生植物病害，由寄生植物侵染引起的寄生植物病害。寄生性植物是指不能独立自养，必须在其寄主植物上营寄生生活的一类植物，如菟丝子、列当。寄生性植物引起寄主植物病害，但其防治需要使用除草剂，因此，读者可以到除草剂部分查阅防治寄生植物病害的药剂和应用技术。

（7）原生动物病害，由原生动物侵染引起的病害，如由植生滴虫侵染引起的椰子心腐病。此类病害在我国尚未发生，目前对这类病害尚无有效的防治方法，因此，要做好检疫工作，严格控制从病区引进苗木。

（三）非侵染性病害

没有病原生物参与，只是由于植物自身的原因或由于外界环境条件恶化所引起的病害称之为非侵染性病害，这类病害在植株间不会传染，也称为非传染性病害。按照病因不同，可分为：

（1）植物自身遗传因子或先天性缺陷引起的遗传病害或生理病害。

（2）物理因素恶化所致病害，如大气温度的过高或过低引起的灼伤与冻害，风雨造成的伤害，干旱引起的伤害或积水造成的涝害等。

（3）化学因素恶化所致病害，如肥料元素供应不足或过量引起的病害症状、大气与土壤有毒物质的污染引起的毒害、农药使用不当造成的药害、农事操作或栽培措施不当导致的苗瘦发黄以及不结实等各种病态。

二、植物病害的症状

植物在生长过程中，会受到病原真菌、病原细菌、病毒等病原微生物的危害，引起植物变色、坏死、腐烂、萎蔫、畸形等多种症状，发生各种各样的病害。植物的根、茎、叶、花、果实等部位都有可能发生病害，并且表现出不同的病害症状，

植物病害的症状表现十分复杂，按照症状在植物体显示部位的不同，可分为内部症状与外部症状两类，在外部症状中，按照有无病原物子实体显露可分为病症与病状两种。

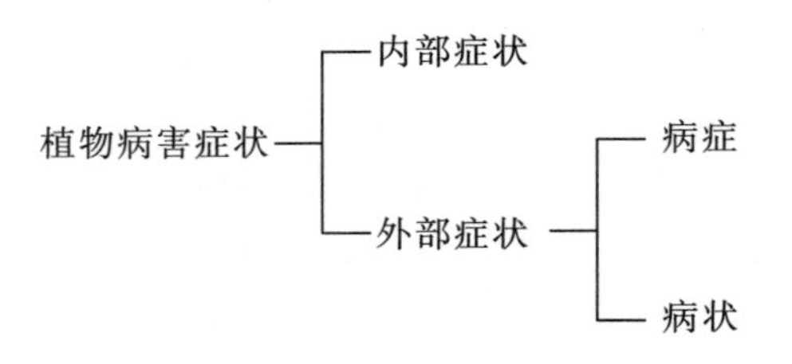

内部症状是指病植物在植物体内细胞形态或组织结构发生变化，可以在显微镜下观察与识别。植物根茎部的维管束系统受真菌或细菌侵害后，外部显示萎蔫症状以前，内部已经坏死变褐，通过剖茎检查，可以看到明显的病变。

外部症状是指在病植物外表所显示的种种病变，肉眼即可识别，如变色、坏死、萎蔫、腐烂等。外部症状还区分为病症与病状两类，病状就是在病部所看到的状态，如褐色斑点、枝叶萎蔫等；病症是指在病部上出现的病原物子实体（如真菌的菌丝体、菌核、孢子器、白粉、锈状物等）。习惯上把病状与病症统称为症状（图5-1）。植物常见的病害症状有多种，变化很多，但归纳起来只有5类，即变色、坏死、萎蔫、腐烂和畸形。

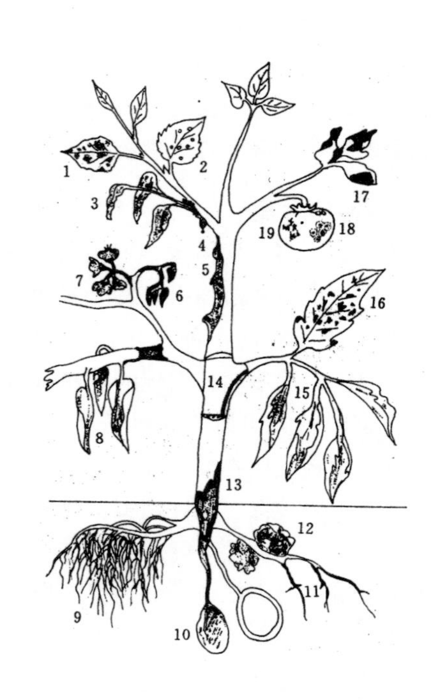

1.花叶 2.穿孔 3.梢枯 4.流胶 5.溃疡 6.芽枯 7.花腐
8.枝枯 9.发根 10.软腐 11.根腐 12.肿瘤 13.黑胫 14.维管束褐变
15.萎蔫 16.角斑 17.叶枯 18.环斑 19.疮痂斑

图5-1 植物病害症状示意图

（引自《普通植物病理学》，1997）

三、病原生物的侵染过程

病原物的侵染过程（infection process）是指从病原物与寄主植物接触、侵入到寄主植物，在植物体内繁殖和扩展，然后发生致病作用，显示病害症状的过程。病原物的侵染是一个连续性的过程，可分为接触、侵入、潜育和发病四个时期。

接触期是指病原物在侵入寄主植物之前与寄主植物的可侵染部位的初次直接接触的过程。与

害虫与寄主接触不同，大多数病原物都是被动地被携带或传播（如随着气流或雨水的飞溅落到植物上，或随昆虫等媒介或田间操作工具等传到植物上），病原物是随机地落在寄主植物和其他任何物体上的，一般只有很少部分的病原物能被传到寄主植物表面，大部分都落在不能侵染的植物或其他物体上。病原物在接触期间与寄主植物的相互关系，直接影响以后的侵染。因此，在植物病害防治中，若能够在接触阶段采取有效措施控制病害，可以收到事半功倍的效果。

侵入期（penetration period）是指病原物侵入寄主到建立寄主关系的这段时间。植物的病原生物几乎都是内寄生的，都有一个侵入的问题。各种病原物的侵入途径和方式有所不同，真菌大都是以孢子萌发形成的芽管或者以菌丝从自然孔口或伤口侵入，有的真菌还能从植物的角质层或者表皮直接侵入。植物病原细菌主要是通过自然孔口和伤口侵入，而有的只能从伤口侵入。植物病毒的侵入都是从各种方式造成的伤口侵入植物体的。病原生物的侵入途径与防治方法有关，伤口侵入的病害，应该注意在栽培和操作上避免植物的损伤和注意促进伤口的愈合。

潜育期（incubation period）是病原物在寄主植物体内繁殖和蔓延的时期，植物病害潜育期的长短是不一致的，一般10d左右，但是也有较短或较长的。水稻白叶枯病的潜育期在最适宜的条件下不过3d，小麦散黑粉病的潜育期则将近半年。潜育期的长短亦受环境的影响，其中以温度的影响最大，如葡萄霜霉病的潜育期在23℃下为4d，在21℃下为13d。表5-1列举了不同温度下的稻瘟病的潜育期。

表5-1　温度对稻瘟病潜育期的影响

温度（℃）	潜育期（天）
9～11	13～18
17～18	8
24～25	5.5
26～28	4.5

发病期是植物开始出现病害症状到生长寄结束的过程。发病期是病原物扩大危害，许多病原物大量产生繁殖体时期，随着症状的发展，卵菌病害、真菌病害往往在受害部位产生孢子等子实体，称为产孢期。新产生病原物的繁殖体可成为再次侵染的来源。

四、病害循环

病害循环（disease cycle）是指植物病害从前一个生长季节开始发病，到下一个生长季节再度发病的过程，也称侵染循环。侵染性病害的延续发生，在一个地区首先要有侵染的来源，病原生物必须经过一定的途径传播到寄主植物上，发病以后在病部还可产生子实体等繁殖体，引起再次侵染。病原生物还要以一定的方式越夏和越冬，度过寄主的休眠期，才能引起下一季发病。

（一）初次侵染和再次侵染

越冬或越夏的病原物，在植物的新一代植物开始生长以后引起的最初的侵染称为初次侵染（primary infection）。初次侵染的作用是引起植物最初的感染，小麦线虫病、麦类黑粉病和桃缩叶病等病害只有初次侵染，这些病害在植物的生长期间一般是不会传播蔓延的，在防治时只要防止初次侵染，就可以完全控制这些病害。如小麦腥黑粉病侵染的来源主要是附着在麦种表面的冬孢子，因此，采取合适药剂种子处理，控制冬孢子的初次侵染，就能达到满意的防治效果。

受到初次侵染的植物发病以后，有的可以产生孢子或其他繁殖体，传播后引起再次侵染

(reinfection)，许多植物病害在一个生长季中可能发生若干次再次侵染。病害潜育期短的，再次侵染的可能性较大，环境条件有利于病害的发生而缩短了潜育期，就可以增加再次侵染的次数。黄瓜霜霉病、马铃薯晚疫病、番茄晚疫病、禾谷类锈病和水稻白叶枯病等，潜育期都较短，再次侵染可以重复发生，所以在生长季节可以迅速发展而造成病害的流行。对于可以发生再次侵染的病害，在防治时除了注意防治初次侵染外，还要采取措施防治再次侵染的问题，需要多次喷撒杀菌剂。

(二)病原物的越冬和越夏

病原物的越冬和越夏场所，一般也就是初次侵染的来源。植物病原物的主要越冬和越夏场所(初次侵染来源)大致有以下几个方面：

1. 田间病株，各种病原物都可以以其不同形式在田间正常生长的田间病株的体内或体外越冬或越夏，如大麦黄矮病毒在小麦生长后期由介体蚜虫传播到玉米等禾本科寄主上越夏，秋季再由蚜虫传播到小麦秋苗上越冬。

2. 种子、苗木和其他繁殖材料，种子、种苗和其他繁殖材料带菌是植物病原菌初次侵染的最有效的来源，种苗内外的病原物，往往在种子和苗木等萌发或生长的时候引起侵染。种子包衣、浸种、种苗浸泡等是杀灭种代病菌的有效措施，也是有效防治植物病害的重要一步。

3. 土壤，土壤是病原物在植物体外越冬或越夏的主要场所。

4. 病株残体，绝大多数非专性寄生的真菌和细菌都能在病株残体中存活，或者以腐生的方式生活一定的时期，经过越冬或越夏后，它们可以产生孢子传播，如稻梨孢菌引起的稻瘟病的主要初次侵染来源，就是越冬稻草上产生的分生孢子；苹果和梨的黑星菌在越冬残体上产生的子囊孢子，与下一年发病关系密切。因此，及时清理病株残体(田间卫生)，可杀灭许多病原物，减少初次侵染来源，达到防治病害的目的。

5. 肥料，病原物可以随着病株残体混入肥料内，如玉米黑粉菌是由肥料传播的，小麦秆黑粉病也是由粪肥传播的。因此，有机肥一定要充分腐熟后，再撒施到田间。

(三)病原物的传播

越冬或越夏后的病原物，必须传播到可以侵染的植物上才能发生初次侵染，在植株之间传播则能进一步引起再侵染。病原物的传播主要是依赖外界的因素，其中有自然因素和人为因素，自然因素中以风、雨、水、昆虫和其他动物传播的作用最大；人为因素中以苗木或种子的调运、农事操作和农业机械的传播最为严重(表5-2)。

1. 气流传播，孢子是真菌繁殖的主要形式，真菌产生孢子的数量很大，而且孢子小而轻，很容易随气流传播。风能引起植物各个部分或邻近植株间的相互摩擦和接触，有助于病原物的传播。马铃薯晚疫病的发生，是从田间个别病株作为传病中心开始的，病害在田间的发展与风向有关，并且离传病中心越近，发病率越高。借助气流远距离传播的病害防治比较困难，有必要组织大面积的联防，才能取得更好的防治效果。

2. 雨水传播，卵菌的游动孢子只能在水滴中产生和保护它们的活动性，一般是由雨水传播。雨水传播的距离一般比较近，并且在叶片能够相互接触的距离内最容易传染，如黄瓜霜霉病。对于雨水传播病害的防治，只要能消灭当地菌源或者防

表5-2 农业病原物的主要传播方式

病原物	主要传播方式
真菌	孢子随着气流和雨水传播
细菌	雨水和昆虫传播
病毒	生物媒介传播(如蚜虫传播大麦黄矮病，灰飞虱传播玉米粗缩病)
寄生性种子植物	鸟类传播，也可随气流传播，少数弹射传播
线虫	灌溉水以及水流、操作的鞋靴、铁锹等劳动工具

止它们的侵染，就能取得一定的效果。因此，在黄瓜霜霉病的防治中，保护性杀菌剂往往都能取得一定的效果。

3. 生物媒介，昆虫、螨和某些线虫是植物病毒病的主要生物媒介，例如蚜虫可以传播大麦黄矮病毒、黄瓜花叶病毒、花椰菜花叶病毒；灰飞虱传播玉米粗缩病毒、水稻条纹叶枯病；柑橘木虱传播柑橘黄龙病。防治这些害害，首先是采用杀虫剂杀死传毒生物媒介。

4. 土壤传播和肥料传播，土壤能传播在土壤中越冬或越夏的病原物，带土的花卉、块茎和苗木等都可传播病原菌，因此，土壤消毒是很必要的。

5. 人为因素传播，人为的传播因素中，以带病种子、苗木和其他繁殖材料的流动最为重要，植物检疫的目的就是限制这种人为传播。一般农事操作与病害传播也有关系，如烟草移苗和打顶去芽时就可能传播烟草花叶病毒。

五、杀菌剂的作用方式

杀菌剂的使用是防治植物病害的有效措施。杀菌剂对病原菌的毒力表现为杀菌作用和抑菌作用两种方式。杀菌作用主要是杀菌剂真正把病原菌杀死，从中毒表现来看，主要是孢子不萌发，不能侵入植物体内。抑菌作用是杀菌剂抑制病原菌生命活动的某一过程，例如抑制菌丝生长、抑制病原菌产生吸胞、抑制病原菌有丝分裂、抑制病原菌细胞壁的形成等，使之不能发展，并非将病原菌杀死；在受抑制的一定时间内失去致病能力，而作物继续生长，当药剂被洗除或分解后，病菌仍能恢复生命。

杀菌剂两种作用方式的表现，除与药剂性能有关外，还与药剂使用浓度和作用时间长短有关，同一种药剂因使用浓度和作用时间不同，很可能表现为不同的作用方式。

在生产中施用杀菌剂后，对作物的效果表现出保护作用、治疗作用和铲除作用。

（一）杀菌剂的保护作用

保护作用是病原菌侵染植物前施药，保护植物免受病原菌的侵染为害。许多杀菌剂如石硫合剂、波尔多液、代森锰锌、百菌清等，都是以这种方式达到防治植物病害的目的。具有保护作用的杀菌剂在使用时，要求能在植物表面上形成有效的覆盖密度，并有较强的黏着力和较长的持效期。具保护作用的杀菌剂在应用时，要着重于“保护”。

首先，要了解需防治的是病原菌侵染植物的哪个部位、初侵染的时期及其为害的主要阶段等，才能有的放矢地施药。例如，小麦条锈病主要为害小麦的叶片、叶鞘和穗部，且大多在小麦拔节期至孕穗期之间侵染。若施用保护性杀菌剂，应在拔节期至抽穗扬花期之间进行。

其次，要保持能连续保护。保护剂的持效期一般为5～7d，因此，要在病害侵染期间每隔5～7d喷药1次才能收到理想的防治效果，这点在对某些果树病害喷药防治时尤为重要。生产中常有喷施保护性杀菌剂效果不佳的现象，这其中主要是施药技术问题，如第一次喷药晚了，在病菌侵入后才施药；再就是两次喷药间隔期过长等。

另外，喷撒保护性杀菌剂后，并不能马上看到药效，需经过一定时期后，同一块田不施药地段相比较，才能看出其药效。

（二）杀菌剂的治疗作用

治疗作用是病原菌已经侵染植物或发病后施药，抑制病原菌生长或致病过程，使植物病害停止发展或使病株恢复健康。这类杀菌剂应具有良好的渗透性或内吸性，药剂在施用后能很快渗入植物体内发挥其防病、治疗作用，许多内吸杀菌剂属于此类。

把握准施药时期是用好治疗作用杀菌剂的关键技术，治疗剂并不意味着在什么时期施药都能有效果，当病害已普遍发生，甚至已形成损失，再施用任何高效治疗剂也不能使病斑消失、植物康复如初。

治疗剂可以比保护剂推迟用药，即在病菌侵入寄主的初始阶段、初现病症时喷药为宜。例如用三唑酮防治小麦条锈病，可以在小麦孕穗期末期（挑旗）至抽穗初期喷药，持效期达15d以上，仅喷药1次即可达到防病保产的效果。喷药早了，还需第二次用药，喷药迟了，效果不明显。

（三）杀菌剂的铲除作用

铲除作用是病原菌已在植物的某部位（如种

子表面）或植物生存的环境中（如土壤中），施药将病菌杀死，保护作物不受病菌侵染。此类杀菌剂多有强渗透性，杀菌力强，但持效期短，有的易产生药害，故很少直接施用于植物体。

具有治疗作用和铲除作用的杀菌剂，要求施用后能很快地发挥作用，迅速控制病害的发展，并不要求有较长的持留期。

第一章 含铜杀菌剂

铜（Cu）在地壳中的含量为0.007%（质量分数），是人类最早发现的古老金属之一，早在3 000多年前人类就开始使用铜。铜素杀菌剂是人类在农业生产过程中最早大面积应用的杀菌剂，1807年，硫酸铜的杀菌作用就被发现，1882年因波尔多液的需要而进入工业化生产阶段。波尔多液的研究应用带动了农药科学的发展，使人类由农药应用的经验主义时期进入到近代科学时期，在铜制剂方面相继有硫酸铜与氨水的化合物、碱式碳酸铜、碱式氯化铜、氧化铜和氧化亚铜以及硅酸铜、磷酸铜等一系列制剂进入铜素杀菌剂行列。1905年法国开始进行氧氯化铜的工业化生产，意大利每年使用的氧氯化铜在20世纪30～40年代就已达5 000～8 000t。目前，全世界每年需要消耗20万t的硫酸铜，其中3/4用于农用杀菌剂的生产。

铜素杀菌剂在我国目前植物病害防治中发挥着重要作用，我国登记应用的铜素杀菌剂有硫酸铜、碱式硫酸铜、硫酸铜钙、氢氧化铜、氢氧化铜氯化钙重盐、氧氯化铜、氧化亚铜、乙酸铜等无机铜杀菌剂和硝基腐殖酸铜、去氢枞酸铜、喹啉铜、络氨铜、柠檬酸铜、混合氨基酸铜、琥胶肥酸铜、腐殖酸铜、噻菌铜、噻森铜、松脂酸铜、壬菌铜等有机铜杀菌剂，是当前应用最广的杀菌剂种类之一。

由于铜素杀菌剂低毒、安全，杀菌谱广，对真菌和细菌均有效，环境安全，在无公害水果生产中，都把铜素杀菌剂列为推荐药剂。目前，我国每年硫酸铜在农业上的消耗量超过万吨，主要用于水果病害的防治中。

虽然铜素杀菌具有杀菌谱广、防治效果好，不易引发病原菌抗药性等诸多优点，但铜素杀菌剂并不是完全安全可靠的，滥用、乱用，也会造成果树药害、害螨猖獗、土壤污染等问题。

一、铜素杀菌剂的作用机理

很早以前，人们就知道了硫酸铜对植物病害有防治效果，并逐渐被广泛应用到果树病害防治中来。铜素杀菌剂的作用机理主要是药剂喷施后，依靠植物表面和病原菌表面上的水膜的酸化，缓慢地分解出少量的铜离子，铜离子可以抑制细菌和真菌的生长，喷施在植株上的铜元素不具有流动性，所以不会被植物内吸。在遇到弱酸性的露水或者雨点时，铜元素便会以正1或2价的离子状态存在，而当铜离子接触到细菌、真菌或者它们的孢子时，便会穿透其细胞壁，继而干扰细胞体内的酶活性，破坏细胞的生长，起到杀菌活性，保护植物免受病原菌的为害。

铜素杀菌剂种类很多，包括硫酸铜、波尔多液、氢氧化铜、氧化亚铜、琥珀肥酸铜、噻菌铜、松脂酸铜、腐植酸铜、脂肪酸铜、硝基酸铜、喹啉铜、壬菌铜、环烷酸铜、铜皂液、氨基酸铜、乙酸铜、胺磺酸铜等。这些铜素杀菌剂的杀菌机理相似，都是依靠释放出的Cu^{2+}抑制病原菌生长。由于铜化合物的存在方式不同，或者由于杂质含量的差异，不同铜素杀菌剂的应用还是有些差异的。

铜素杀菌剂的农药颗粒越细，相同份量的杀菌剂便可以覆盖越大的植株表面面积，给予植株更好的保护。而细小的杀菌剂颗粒吸附力也比粗大颗粒好，也就更耐风雨的洗刷了。多数铜素杀菌剂的酸碱值都是在pH值为6～7，当酸碱值偏低时，铜成分的可溶性便会增加，加速Cu^{2+}的释放，容易造成植物药害。有机铜杀菌剂（如络氨铜、噻菌铜）

大多呈中性，Cu^{2+}释放速度缓慢，具有更好的亲和性和混配性，使用方便安全，便于操作；有机铜制剂的含铜量更低，对环境的污染更小，对螨类的影响更小，对农作物的花期和幼果期影响更小，使用更加安全和放心。

二、铜素杀菌剂的药害

近年来，笔者经常接到各地咨询电话，反映使用铜制剂后造成果树药害的问题。

（一）铜素杀菌剂的药害症状

黑点锈斑为铜制剂在果实上药害的典型症状。在苹果树喷洒铜制剂（氧化亚铜）10～15d后，苹果果实表面粗糙，出现红色斑点、斑片或斑块，斑点最后变成黑色。叶片受害则失绿变黄，后脱落。

（二）铜制剂不能与石硫合剂混用或连用

石硫合剂也是果园常用的农药品种，其主要成分是多硫化钙。铜素杀菌剂与石硫合剂相混，生成黑色的硫化铜沉淀，从而影响药效。铜制剂与石硫合剂也不能连用，例如，施用波尔多液后要间隔两周（柑橘）、1个月（梨、苹果、葡萄）才能施用石硫合剂。施石硫合剂8～15d后才能施用波尔多液。

（三）天气对铜素杀菌剂的影响

铜素杀菌剂的杀菌原理是依靠释放出的铜离子杀灭病原菌，而实际上，过量的铜离子对植物也有杀伤作用。一般情况下，喷洒到植物表面的铜素杀菌剂，依靠植物叶片和病原菌分泌的酸性物质的分解作用，缓慢释放出可溶性铜离子，所释放的铜离子正好和需要杀死或抑制病原菌的铜离子量相符合，从而发挥了杀菌防病的效果，而又不会因铜离子浓度过高而造成植物药害。如果在清晨露水未干或雨后不久、阴湿天气喷施铜素杀菌剂，所释放的铜离子量就会超过植物的耐受程度，导致药害发生。2003年6月，由于降雨量增加导致的当地空气湿度显著增大，结果造成河南省三门峡地区苹果园发生大面积铜制剂药害问题。因此，在降雨量大、降雨天气多、阴湿天气多、日照少的情况下，应减少或停止铜素杀菌剂的使用。

波尔多液（Bordeaux mixture）

$$CuSO_4 \cdot xCu(OH)_2 \cdot yCa(OH)_2 \cdot zH_2O$$

波尔多液化学式中的x、y、z因硫酸铜、生石灰和水的配比及配制方法不同而异，在硫酸铜与生石灰分别为1kg、水为100kg配制时，称为等量式波尔多液；生石灰为硫酸铜的两倍时，称为倍量式波尔多液；反之，生石灰量为硫酸铜的1/2时，称半量式波尔多液。此药剂因1882年在法国波尔多液城发现其防治葡萄霜霉病的效果而得名，并从此得到推广应用。

理化特性

不溶于水，也不溶于有机溶剂，可溶于氨水，形成铜铵化合物。

毒性

低毒，大鼠急性经口LD_{50}4 000mg/kg，对蜜蜂无毒，对鱼有一定的毒性。

生物活性

波尔多液的主要杀菌成分是碱式硫酸铜，碱式硫酸铜的水溶性很小，可溶性铜离子少，对作物安全，但可溶性铜离子又是对病原菌起防治作用的活性物质。研究证明，波尔多液喷洒在植物上后，会慢慢产生可溶性铜离子发挥杀菌作用。

波尔多液的最大优点是悬浮在水中的碱式硫酸铜颗粒极其微细，黏着力强，喷施于作物表面，可以形成较为牢固的覆盖膜，起防病保护作用。

性质及配制

将石灰乳与硫酸铜水溶液混合，即产生一种天蓝色胶状悬浮液，此为波尔多液。

（1）根据不同作物对铜或石灰忍耐力的强弱，选择合适的配比（表 5–3）；根据需要，表 5–3 中所列配比还可以有若干增减，如石灰少量式、石灰三倍量式等。马铃薯、番茄、辣椒、瓜类、葡萄等易受石灰伤害，应选择石灰半量式、甚至石灰少量式，慎用等量式。梨、苹果的某些品种易受铜伤害，要用石灰倍量式或等量式；柿树对铜敏感，采用石灰多量式；桃、李、杏、梅、白菜、菜豆、莴苣、小麦等对铜更敏感，一般不用波尔多液，或在某一生长发育阶段慎用石灰倍量式、石灰多量式。

（2）波尔多液的配制要选用质量好的硫酸铜和石灰作原料。硫酸铜应是蓝色块状结晶，颜色变黄就不能用；生石灰要白色块状，粉末状的不能用。配制用水，尽量选择用自来水和河塘水，尽可能不用井水，特别是水质很硬的水。

（3）三桶式配制最佳，即配制时，1/2 水溶解硫酸铜，1/2 水溶化石灰，待两液温度相等（至少应相近）且不高于室温时，将两液同时注入第三桶（缸）中，边注边搅，到药液变成天蓝色即可。如果容器周转不过来，也可以把硫酸铜溶液慢慢倒入石灰乳中，边加边搅。但是，千万不可把石灰乳倒入硫酸铜溶液中，因为容易发生大颗粒沉淀。

（4）波尔多液应现配现用，不能久贮，否则容易发生变质失效，还容易产生药害。

（5）配制好的波尔多液，使用时不要再加水稀释。

波尔多液的持效期，在多雨季节一般为 10 ~ 14d，在少雨季节可达 20d 左右，在果树上需一个生长季多次喷药，其两次喷药间隔期多为 15d 左右，并与其他杀菌剂交替使用。

表 5–3　波尔多液各式用料配比及适用作物

原料	配比				
	1% 等量式	1% 半量式	0.5% 倍量式	0.5% 等量式	0.5% 半量式
硫酸铜	1	1	0.5	0.5	0.5
生石灰	1	0.5	1	0.5	0.25
水	100	100	100	100	100
适用作物	梨、苹果	马铃薯、番茄、辣椒、瓜类、葡萄等	梨、苹果，柿树	梨、苹果	马铃薯、番茄、辣椒、瓜类、葡萄等
原因	某些品种对铜离子敏感	易受石灰伤害	某些品种对铜离子敏感	某些品种对铜离子敏感	易受石灰伤害

制剂

可自配自制，80% 波尔多液可湿性粉剂；混剂：78% 波尔·锰锌可湿性粉剂（48% 波尔多液 +30% 代森锰锌），85% 波尔·甲霜灵可湿性粉剂（77% 波尔多液 +8% 甲霜灵），85% 波尔·霜脲氰可湿性粉剂（77% 波尔多液 +8% 霜脲氰）等。

生产企业

美国仙农有限公司，江苏省通州正大农药化工有限公司，江苏龙灯化学有限公司，天津市阿格罗帕克农药有限公司，沙隆达郑州农药有限公司等。

应用

波尔多液用途非常广泛，可在果园、蔬菜、花卉、麻类作物、油料作物、棉花和林木等上应用，用于防治多种真菌和细菌病害。

（一）在果树上的应用

铜制剂在柑橘上最大残留限量指标比其他农药宽很多，另外，波尔多液对柑橘病害防治效果好，因此，波尔多液目前仍是柑橘病害防治的重要药剂（表5-4）。

表5-4 波尔多液在柑橘树上的应用

柑橘病害	防治时期	波尔多液
疮痂病	发芽前至芽长0.2cm	0.5%～0.8%倍量式波尔多液喷雾
溃疡病	新梢抽发至芽长1.5～3cm，叶片刚转绿	0.5%～1%等量式波尔多液喷雾
	谢花2/3时	0.5%倍量式波尔多液喷雾
	80%波尔多液WP，药液浓度1 333～2 000mg/kg喷雾	
炭疽病	春、夏嫩梢生长期	间隔15～20d喷0.5%半量式波尔多液
黑斑病、黄斑病	谢花后30～45d	0.5%等量式波尔多液喷雾
立枯病	发病初期	0.5%等量式波尔多液喷雾
藻斑病	生长季节	1%等量式波尔多液喷雾
树脂病	剪除病死枝条后	0.5%～1%等量式波尔多液喷雾
脚腐病和膏药病	刮除病部烂皮后	涂抹10%等量式波尔多液

柑橘树喷洒波尔多液防治柑橘树病害，宜在早春季节进行，最佳喷药季节在柑橘树发芽前至芽长0.2cm时喷洒波尔多液。

当柑橘树大部分花已凋谢、幼果开始曝露后，潜伏在腋芽鳞片内越冬的锈壁虱就爬到新梢上为害，波尔多液中的铜离子能够刺激锈壁虱生长，使其卵期缩短，幼螨发育加快，成螨产卵量增加，同时还杀死重要天地多毛菌。所以在夏、秋季要慎用波尔多液，以免造成锈壁虱、红蜘蛛暴发成灾，可换用多菌灵、托布津等其他杀菌剂。

柑橘花期喷波尔多液后当时和喷后遇阴雨及多雾天气，容易发生药害，要多注意（表5-5）。

表5-5 波尔多液在其他果树上的应用

果树	病害	防治时期	波尔多液
葡萄	霜霉病	花蕾期、幼果期及果实近成熟期	0.5%半量式波尔多液； 80%WP，药液浓度2 000～2 667mg/kg（300～400倍液）喷雾
荔枝	霜霉病	花蕾期、幼果期及果实近成熟期	0.5%等量式波尔多液
杧果	炭疽病	冬季	喷1%等量式波尔多液1次
		春梢萌动和抽出时花期和结果期间	每15～20d喷1次0.5%～1%等量式波尔多液
枇杷	炭疽病	果实成熟前	喷0.5%等量式波尔多液
	叶斑病	春梢新叶长出后	喷0.3%～0.5%等量式波尔多液，隔10～15d再喷1次
香蕉	炭疽病	结果开始	喷0.5%半量式波尔多液，隔10～15d 1次，连续喷2～3次
	叶斑病	4～6月	喷1%半量式波尔多液，并加入0.2%木薯粉或面粉，以增加黏着力
番木瓜	炭疽病	冬季	1%等量式波尔多液，并加入0.2%木薯粉或面粉，以增加黏着力
		8～9月	喷0.5%等量式波尔多液，每隔10～15d 1次，共喷3～4次
腰果	炭疽病	发病前或初期	喷0.5%等量式波尔多液
	枯梢病		切口涂抹10%倍量式波尔多液

（续 表）

果树	病害	防治时期	波尔多液
杨桃	赤斑病	春梢初生	喷0.5%等量式波尔多液
	炭疽病	幼果期	喷碳酸氢钠波尔多液（硫酸铜500g、碳酸氢钠600g、水100kg），成年树每株喷药液7～10kg，10～15d1次，连续喷2～3次
油梨	溃疡病	开花前后	喷0.5%倍量式波尔多液
梨树	在梨树生长中后期用0.5%倍量式波尔多液与有机杀菌剂交替使用，可防治梨黑星病、轮纹烂果病、黑斑病、锈病、褐斑病，视侵染期和降雨情况确定喷药次数，多为15d左右喷1次；梨的某些品种，如鸭梨、白梨易受药害，使用时应降低药液浓度		
苹果树	轮纹病	病原菌侵染前 0.5%倍量式波尔多液喷雾	80%WP，稀释300～400倍液喷雾
	苹果枝溃疡病	刮去病斑后	用1∶3∶15倍波尔多液涂抹刮治后的病部
	苹果的某些品种（如金冠）易受药害，使用时应降低药液浓度		
李树	李袋果病，细菌性穿孔病	春季发芽至花蕾露红期	喷0.5%等量式波尔多液
	红点病	李树展叶时	喷0.5%倍量式波尔多液
	*李树对波尔多液敏感，生长期不能使用		
桃树	炭疽病和细菌性穿孔病	发芽前	喷1∶1.5∶120倍波尔多液
	缩叶病	花芽露红时	喷1∶1∶150倍波尔多液，铲除初侵染源
	*生长期不能使用		
杏树	杏丁病	展叶期	喷0.3%倍量式波尔多液
杏树	细菌性穿孔病	发芽前	喷1%等量式波尔多液
	叶肿病	花芽开绽期	喷0.5%倍量式波尔多液
	*生长期不能使用		
柿树	园斑病	谢花后	喷1∶5∶(400～600)倍波尔多液
	角斑病	6～8月	喷1～2次1∶5∶(400～600)倍波尔多液
	炭疽病	6～7月	喷2次1∶5∶(400～600)倍波尔多液
樱桃	幼果菌核病	开花前	喷1∶3∶300倍波尔多液
枣树	锈病	7～8月	喷1∶2∶300倍波尔多液
板栗	芽枯病	4～5月	喷1%半量式波尔多液
	锈病	发病前	喷1∶1∶160波尔多液
	干枯病	刮除病患部位后	涂抹10%等量式波尔多液
核桃	黑斑病	展叶期、谢花后和幼果期	各喷1次0.5%半量式波尔多液
	炭疽病	发芽前和生长季降雨前	喷0.5%半量式波尔多液

（二）在蔬菜上的应用

在蔬菜上一般是使用0.5%等量式波尔多液，即0.5份硫酸铜0.5份生石灰、100份水配制而成的波尔多液，可防治辣椒叶斑病、早疫病、疮痂病、番茄晚疫病、溃疡病、青枯病、洋葱霜霉病、茄子褐纹病、马铃薯晚疫病、石刁柏茎枯病、莴苣白粉病、蚕豆炭疽病等，一般在发病前或发病初期开始喷药，隔10d左右喷1次，共喷2～4次；瓜类对石灰敏感，宜选用0.5%半量式波尔多液，防治黄瓜霜霉病、西瓜细菌性果腐病。

美国仙农有限公司生产的80%波尔多液WP，药剂稀释浓度1 600～2 667mg/kg（稀释300～400倍液），登记用于防治辣椒炭疽病。

江苏省通州正大农药化工有限公司生产的80%波尔多液WP，稀释600～800倍液，登记用于防治黄瓜霜霉病。

（三）在烟草上的应用

在烟草上使用0.5%等量式波尔多液，可防治烟草的赤星病、黑胫病、蛙眼病、破烂叶斑病、炭疽病、穿孔病、野火病、细菌性角斑病等，病害初生时开始喷药；对黑胫病在培土后用波尔多液喷淋，一般间隔10d左右，共喷2～3次。

（四）在麻类上的应用

对黄麻黑点炭疽病、炭疽病和苗枯病，在发病初喷0.5%等量式波尔多液；对黄麻褐斑病，在发病初期（特别是寒流侵袭之前），用0.25%～0.5%倍量式波尔多液喷雾，有良好的防治效果；

对黄麻细菌性斑点病，在重病区喷1%等量式波尔多液1～2次，有一定防治效果。

防治红麻腰折病和苎麻茎腐病，在发病初喷0.5%等量式波尔多液。

防治大麻霉斑病、白星病，在发病初开始喷0.5%～1%等量式或半量式波尔多液。

防治剑麻的炭疽病、褐斑病、马纹病等，喷1%等量式波尔多液。

（五）在棉花上的应用

在棉花上使用0.5%等量式波尔多液，可预防棉花苗期的炭疽病、褐斑病、黑斑病、疫病、茎枯病、角斑病等以及棉花生长期的茎枯病、角斑病等，在病害初发生时开始喷药，一般2～3次，每次间隔7～10d。

（六）在油菜上的应用

多用0.5%等量式或倍量式波尔多液，对油菜霜霉病和白锈病，一般在油菜初花的初发病时，亩喷0.5%等量式或倍量式波尔多液50～75L，一般喷药2次，每次间隔7～10d；防治油菜黑斑病和白斑病，在油菜初花期发病后，亩喷0.5%等量式波尔多液50～75L，一般喷药2次，每次间隔7～10d；防治油菜炭疽病，在发病初期，亩喷0.5%等量式波尔多液50～75L，一般喷药2次，每次间隔7～10d。

（七）在大豆上的应用

防治大豆锈病，在油菜花期下部叶片开始有锈状斑点时开始喷药，每亩喷0.5%等量式波尔多液50L，喷药2次，间隔7～10d。防治大豆紫斑病，在蕾期、结荚期和嫩荚期喷0.5%倍量式波尔多液各一次，喷药液量50L。

（八）在花生上的应用

防治花生叶斑病，在发病初期、病叶率10%～15%时开始喷药，亩喷0.5%～1%等量式波尔多液50～75L，一般喷药2次，每次间隔7～10d；防治花生锈病、立枯病，在发病初期，开始亩喷0.5%倍量式波尔多液2次，每亩喷药液量50～75L，每次间隔7～10d。

（九）在芝麻上的应用

用0.5%等量式波尔多液可防治芝麻疫病、细菌性角斑病、黑斑病等，每次亩喷药液40～60L，一般喷药2次，每次间隔7～10d。

（十）在蓖麻上的应用

防治蓖麻枯萎病和疫病，在发病初期，亩喷0.5%等量式波尔多液75～100L，每10～15d喷1次，喷药2～3次。

（十一）在药用植物上的应用

波尔多液可防治多种药用植物的多种病害，例如防治叶部病害，在发病初期开始喷药，多采用0.5%～1%等量式波尔多液喷雾，可防治西洋参黑斑病、珍珠梅褐斑病、玄参斑点病、山药斑纹病、白芷斑枯病、枸杞霉斑病、女贞叶斑病、白花曼陀罗眼斑病、薄荷霜霉病和斑枯病、裂叶牵牛白锈病、稠李白霉病、山茱萸炭疽病和角斑病等。

防治三七镰刀菌根腐病（烂根病、鸡屎烂病等）和玉竹镰刀菌根腐病，在发病初期用0.3%～0.4%倍量式波尔多液灌根部，有一定效果。

防治藏红花腐烂病（枯萎病），播前用1∶1∶150倍波尔多液浸种15min，晾干后播种。防治薏苡黑穗病，用0.5%等量式波尔多液浸种24～72h，及时晾干播种。

（十二）在花卉上的应用

防治花卉的灰霉病，如樱草类报春花、瓜叶菊、月季、茶花、龟背竹、一品红、牡丹、大丽花、秋海棠、天竺葵、含笑、香石竹等近百种草本和木本花卉的灰霉病，在发病前喷0.5%等量式波尔多液，保护新叶和花蕾不受侵染。

防治多种花卉的叶斑类病害、炭疽病等，常用0.5%~1%等量式波尔多液。防治仙人掌类的茎枯病，用0.5%等量式波尔多液。

（十三）在甘蔗上的应用

防治甘蔗黄点病和眼点病，分别用0.5%倍量式或等量式波尔多液；防治甘蔗霜霉病和梢腐病，用0.7%等量式波尔多液。

注意事项

1．波尔多液不能与石硫合剂混用或连用

波尔多液与石硫合剂相混，石硫合剂中的硫化物能使波尔多液发生分解，产生过量的可溶性铜，易使作物发生药害。受害叶片或果实呈灼烧状病斑、叶片干缩，并能引起落叶、落果。

波尔多液与石硫合剂也不能连用。波尔多液用后要间隔2周（柑橘）、1月（梨、苹果、葡萄）才能施用石硫合剂。石硫合剂使用后要间隔8~15d才能施用波尔多液。

2．阴雨天、雾天或露水未干时喷药，会增加药剂中铜离子的释放及对叶、果部位的渗透，易产生药害，这点在沿海地区更须注意。

3．盛夏气温过高时喷药，易破坏树体水分平衡，灼伤叶片和果实。

4．在橘园、苹果园、梨园生长期喷波尔多液，由于杀伤了叶螨、锈螨、介壳虫的寄生菌天敌，还对某些锈螨有刺激生长的作用，所以易导致这些虫成灾；所以，喷施波尔多液后应注意，在必要时及时喷杀螨剂、杀蚧药剂。

5．波尔多液不得用于采摘茶园：①波尔多液性质稳定，喷药后不易降解，而铜在茶叶中的最大残留限量（MRL）国内外规定均很严格；②波尔多液中的石灰对茶叶品质也有影响。

6．白菜对铜敏感，不可使用波尔多液。

氢氧化铜（copper hydroxide）

$$Cu(OH)_2$$

化学名称

氢氧化铜

理化性质

蓝绿色固体，结晶物成天蓝色片状或针状，相对密度3.37，水中溶解度2.9mg/L（pH7，25℃），溶于氨水中，不溶于有机溶剂，140℃分解，溶于酸。

毒性

低毒，原药大鼠急性经口LD_{50}>1 000mg/kg，兔急性经皮LD_{50}>3 160mg/kg，大鼠急性吸入LC_{50}2 000mg/m³。对兔眼睛有较强刺激作用，对兔皮肤有轻微刺激作用；对虹鳟鱼LC_{50}为0.08mg/L（96h），对翻车鱼为LC_{50}180mg/L（96h），对蜜蜂LD_{50}为68.29 μg/头。

其他名称

可杀得，冠菌铜

制剂

77%可湿性粉剂，53.8%水分散粒剂，37.5%、25%悬浮剂；混剂：50%多·氢铜可湿性粉剂（多菌灵+氢氧化铜），64%福锌·氢铜可湿性粉剂（福美锌+氢氧化铜），61.1%锰锌·氢铜可湿性粉剂（代森锰锌+氢氧化铜）等。

生产企业

澳大利亚纽发姆有限公司、美国杜邦公司、斯洛文尼亚辛卡那策列公司、河北省石家庄市青冠化工有限公司、深圳诺普信农化股份有限公司、浙江禾本农药化学有限公司、浙江台州生物农化厂、东方润博农化（山东）有限公司、广东省惠州市中迅化工有限公司等。

生物活性

与波尔多液基本相同，喷施后，依靠植物表面和病原菌表面上的水膜的酸化，缓慢地分解出少量的铜离子，有效地抑制病菌的孢子萌发和菌丝生长，减少病原菌对植物的侵染和在植物体内的蔓延，保护植物免受病原菌的为害。

应用

1．柑橘病害

防治柑橘溃疡病，在各次新梢芽长 1.5 ~ 3cm，新叶转绿时喷 77% 可湿性粉剂 400 ~ 600 倍液，每 7d 喷 1 次，连续喷施 3 ~ 4 次；防治柑橘脚腐病，刮除病部后，涂抹 77% 可湿性粉剂 10 倍液；防治柑橘炭疽病喷 77% 可湿性粉剂 400 ~ 600 倍液。

2．荔枝霜霉病

在花期、幼果期喷37.5%悬浮剂1 000 ~ 1 200倍液，在中果、成熟期喷 800 ~ 1 000 倍液。

3．芒果病害

防治芒果炭疽病、黑斑病，在发病初期开始喷 77% 可湿性粉剂 400 ~ 700 倍液。

4．葡萄病害

防治葡萄霜霉病、黑痘病，在发病初期开始喷 77% 可湿性粉剂 400 ~ 600 倍液，10 ~ 14d 喷 1 次，连续喷 3 ~ 4 次。

5．梨病害

防治梨黑星病、黑斑病，喷 77% 可湿性粉剂 600 ~ 800 倍液，间隔 7 ~ 10d 喷 1 次，连续喷 3 ~ 4 次。

6．苹果病害

苹果生长中后期，喷 77% 可湿性粉剂 600 ~ 800 倍液，可防治苹果轮纹烂果病、炭疽病、褐斑病等，7 ~ 10d 喷 1 次，连续喷 3 次。

7．番茄病害

防治番茄早疫病、灰霉病，在发病初期，每亩用 77% 可湿性粉剂 140 ~ 200g，对水喷雾；防治番茄细菌性角斑病，在发病初期喷 77% 可湿性粉剂 500 ~ 800 倍液，隔 7 ~ 10d 喷 1 次，共喷 2 ~ 3 次；防治番茄青枯病，发病初期用 77% 可湿性粉剂 500 倍液灌根，每株灌药液 300 ~ 500mL，隔 10d 灌 1 次，共灌 3 ~ 4 次。

8．黄瓜病害

防治黄瓜角斑病，在发病初期，每亩用 77% 可湿性粉剂 150 ~ 200g 或 53.8% 干悬浮剂 68 ~ 93g 对水喷雾；防治黄瓜霜霉病、灰霉病，喷 77% 可湿性粉剂 500 ~ 800 倍液。

9．辣椒病害

防治辣椒疫霉病，在发病初期，每亩用 37.5% 氢氧化铜悬浮剂 500 ~ 800 倍液喷雾。

10．豇豆病害

防治豇豆细菌性角斑病、豇豆角斑病等，发病初期喷 77% 可湿性粉剂 500 ~ 800 倍液，隔 7 ~ 10d 喷 1 次，共喷 2 ~ 3 次。

11．烟草病害

防治烟草细菌性角斑病和黑胫病，发病初期喷 77% 可湿性粉剂 500 倍液；防治烟草青枯病，发病初期适时用 77% 可湿性粉剂 500 倍液灌根，每株灌药液 400 ~ 500mL，隔 10d 防治 1 次，共防治 2 ~ 3 次。

12．棉花病害

防治棉铃软腐病，于发病初期喷 77% 可湿性粉剂 500 ~ 600 倍液，10d 左右喷 1 次，共喷 2 ~ 3 次。

13．药用植物病害

于发病初期适时喷 77% 可湿性粉剂 500 ~ 600 倍液，可防治山药斑纹病、葛细菌性叶斑病、菊苣软腐病、牛蒡细菌性叶斑病和黑斑病，隔 10d 左右喷 1 次，共喷 2 ~ 3 次。

生态安全性

在高浓度下对水生生物有一定的毒性，可能会造成水中无脊椎动物、水生植物和鱼类种群数量的减少。

注意事项

（1）为预防性杀菌剂，应在发病前及发病初期施药。

（2）避免与强酸或强碱性物质混用。

（3）使用时要注意药害，在果树幼果期、幼苗期、阴雨天、多雾天及露水未干时不要用药。

（4）对铜敏感作物慎用。与春雷霉素的混用对苹果、葡萄、大豆和藕等作物的嫩叶敏感，因此，一定要注意浓度，宜在下午16:00后喷药。

碱式硫酸铜（copper sulfate tribasic）

$$3Cu(OH)_2 \cdot CuSO_4$$

其他名称

三碱基硫酸铜，高铜，绿得保，保果灵

理化性质

80%碱式硫酸铜可湿性粉剂外观为松散浅绿色粉末，有效成分≥80%，悬浮率≥70%，硫酸根含量≥17%，润湿时间≤12秒，pH6.5~9.5；30%、35%碱式硫酸铜悬浮剂外观为浅绿色或蓝绿色可流动悬浮液，pH6~8，悬浮率≥85%，水分≤65%。

毒性

中等毒，大鼠急性经口LD_{50}为100mg/kg，兔急性经皮LD_{50}<8 000mg/kg；对虹鳟鱼LC_{50}为0.18mg/L（96h），对蜜蜂危险。

生物活性

杀菌原理与波尔多液、氢氧化铜基本相同，靠不断释放出的铜离子杀灭病菌，保护植物免受病菌侵染为害。使用后对果实无药斑污染。

制剂

80%、50%可湿性粉剂，35%、30%、27.12%悬浮剂。

生产企业

澳大利亚纽发姆有限公司、河北省保定农药厂、广东省东莞市瑞德丰生物科技有限公司、上海农乐生物制品股份有限公司、河北省黄骅市绿园农药化工有限公司、河南省华威化学有限公司、安徽省砀山县农药厂等。

应用

碱式硫酸铜的杀菌谱广，适用于波尔多液防治的一切病害。

1. 防治水稻稻曲病

每亩用27.12%悬浮剂62.5~83.3mL（有效成分16.95~22.6g），对水喷雾。

2. 防治梨黑星病

用80%可湿性粉剂600~800倍液喷雾，或用30%、35%悬浮剂350~500倍液喷雾。

同样浓度的药液可以防治果树的其他叶部、果实病害，如苹果轮纹烂果病、炭疽病、褐斑病，梨褐斑病，葡萄黑痘病、霜霉病、褐斑病和炭疽病等。

3. 蔬菜病害

防治黄瓜霜霉病、黄瓜细菌性角斑病，在发病前喷30%或35%悬浮剂300~500倍液；还可防治马铃薯、茄子、辣椒、番茄疫病，丝瓜轮纹斑病，慈菇黑粉病等。

4. 油料作物病害

可防治大豆霜霉病、紫斑病，油菜霜霉病，芝麻茎点枯病、细菌性斑点病，花生叶斑病等，使用方法参考波尔多液和有关产品的标签和说明书。

5. 糖类作物病害

防治甘蔗梢腐病，发病初期喷30%悬浮剂500倍液，每隔7~10d喷1次，共喷3~4次。防治甜菜蛇眼病、叶斑病和霜霉病，发病初期喷30%悬浮剂300～400倍液，每7～10d喷1次，共喷2～4次。

6. 棉花病害

防治棉花铃软腐病，喷30%悬浮剂400～500倍液，每10d左右喷1次，共喷2～3次。

7. 药用植物病害

一般用30%悬浮剂350～500倍液，7～10d喷1次，可防治山药斑纹病、葛细菌性叶斑病、百合叶枯病和细菌性软腐病、枸杞白粉病和灰斑病、牛蒡黑斑病和细菌性软腐病、薄荷霜霉病和斑枯病、菊苣软腐病、西洋参黑斑病等。

生态安全性

对授粉昆虫有一定的毒性风险。

注意事项

（1）铜离子对植物的杀伤力较强，为防止产生药害，不可随意提高碱式硫酸铜的使用浓度。在高温使用浓度要低，一般在25～32℃时使用600～800倍液为宜。

（2）在寒冷天气和持续阴雨、浓雾的情况下均容易产生药害；不宜在早晨有露水或刚下过雨后施药。

（3）苹果和梨的幼果对铜离子敏感，应避免使用或降低使用浓度。

（4）本剂对蚕有毒，喷雾时不要污染桑树。

（5）不能与石硫合剂或遇铜分解的农药混用；不能与强碱性农药混用；不能与氰戊菊酯、对硫磷、毒死蜱等杀虫剂或杀菌剂氯硝胺混用。

硫酸铜（copper sulfate）

$$CuSO_4 \cdot 5H_2O$$

理化特性

蓝色结晶，相对密度为2.286（15.6℃），熔点147℃，沸点653℃；水中溶解度为148g/L（0℃）、230.5g/L（25℃）、735g/L（100℃），甲醇中溶解度为156g/L（18℃），几乎不溶于其他大多数有机溶剂。

毒性

由于饲喂后引起呕吐，因此大鼠急性经口LD_{50}无法测定，能够引起皮肤强烈的刺激反应；对鱼高毒，对蜜蜂有毒。

生物活性

依靠铜离子杀菌，与波尔多液基本相同。在杀菌剂中，硫酸铜的最大用途是用作配制波尔多液的重要原料之一，由于硫酸铜易使植物发生药害，仅能在对铜离子忍耐力强的作物或休眠期果树上使用。

用途

藻类防除剂和杀菌剂。

制剂

悬浮剂，可湿性粉剂，晶体。

生产企业

西班牙艾克威化学工业有限公司、辽宁省大连绿峰化学股份有限公司、辽宁省辽阳丰收农药股份有限公司、天津市津绿宝农药制造有限公司、四川国光农化有限公司、四川省成都市双流有色金属冶炼加工厂、江西铜业集团（贵溪）新材料有限公司、山东省青岛奥迪斯生物科技有限公司等。

应用

1. 藻类

可防除池塘、湖泊、饮用水源、鱼苗养育箱、水稻田、河流、沟渠和游泳池等水体中的多数藻类。

2. 榆树病害

采用树干注射可防治德国榆树病。

3. 还可用于木材防腐

4．月季根癌病

当引进或调出月季苗木和植株时，对可疑植株在移栽前，用1%硫酸铜溶液浸5min后，用清水冲洗干净再栽植，可防治月季根癌病。

5．果树病害

防治果树根癌病（葡萄、李、杏、梅、苹果、梨、枣、板栗、柑橘等），对其可能带菌的苗木或接穗，用1%硫酸铜溶液浸5min后用清水冲洗干净再定植。防治柑橘树脂病，刮除病部后，涂抹1%～2%硫酸铜溶液。

6．蔬菜病害

种子处理消毒可防治某些蔬菜的疫病，先将种子（番茄、青椒）经52℃温水浸种30min或清水浸10～12h后，再用1%硫酸铜溶液浸种5min，用清水冲洗3次即可播种，浸种除防治疫病外，对多种细菌和种子表面传代的真菌也有好的消毒效果。土壤浇灌可防治蔬菜疫病，如在辣椒、黄瓜疫病较重的地块，于夏季雨季浇水前，亩撒施硫酸铜3kg，后浇水，防效明显；或用1～1.5kg硫酸铜，用水溶解后，在灌溉水口处均匀施入，随灌溉水在全田分布。灌根也能够防治蔬菜疫病，用0.1%硫酸铜溶液灌根，隔7d1次，连续防治3次。

防治莼菜的水绵，一般在4月间使用5～8mg/L浓度（即稀释12.5～20万倍）；5月份水温高，水面莼菜叶片增多，可用2～3mg/L（即稀释33～50万倍），可喷雾或泼浇；施药时水深20～25cm为宜；施药后保水3d，再换新水。全面施药2次，可基本控制水绵为害。

生态安全性

对鱼高毒，对蜜蜂有一定的毒性。

注意事项

硫酸铜对多数植物有药害，最好和生石灰配制成波尔多液再使用。

5

氧氯化铜（copper oxychloride）

$$3Cu(OH)_2 \cdot CuCl_2$$

其他名称

王铜，碱式氯化铜

理化特性

原药为绿色至蓝绿色粉末状晶体，铜离子含量为57%，分子质量427.1，熔点300℃（分解），比重3.37，水中溶解度$<10^{-5}$mg/L（pH7.0，20℃），不溶于有机溶剂，可溶于稀酸中，形成铜盐；可溶于氨水中，形成配离子。在中性条件下非常稳定，当在碱性条件下加热时分解，形成氧化铜。

毒性

低毒，大鼠急性经口LD_{50}为700～800mg/kg，大鼠急性经皮$LD_{50}<2\ 000$mg/kg；对鲤鱼LC_{50}为2.2mg/L（48h），对蜜蜂无毒。

生物活性

无机铜杀菌剂，1900年前后就作为杀菌剂被应用到植物病害防治中来，对多种作物的真菌病害和细菌病害都有较好的防治效果，其作用原理与波尔多液基本相同。喷施到植物上后，在自然因素的作用下，产生微量可溶性铜离子渗入到病原菌中或植物体内，杀死病原菌，对植物发挥保护作用，持效期为10～15d。

制剂

30%悬浮剂，70%可湿性粉剂，84.1%可湿性粉剂，84%干悬浮剂。

生产企业

浙江禾益农化有限公司，广东省广州粤果农业化学科技有限公司，河北省化学工业研究院实验厂，广东省植保蔬菜专用药剂中试厂，山东省青岛凯源祥化工有限公司，江西正邦化工有限公司等。

应用

1. 果树病害

防治柑橘溃疡病，在新梢初出时开始喷30%悬浮剂600～800倍液，或70%可湿性粉剂1 000～1 200倍液，或84%干悬浮剂600～800倍液，间隔7～10d，连续喷3～4次。在苹果、梨生长的中后期，喷洒30%悬浮剂400～500倍液，可防治苹果轮纹烂果病、炭疽病、褐斑病、煤污病、蝇粪病及梨黑星病、褐斑病，田间持效期10d左右。防治葡萄霜霉病、黑痘病、炭疽病、褐斑病，喷30%悬浮剂800～1 200倍液1～2次。防治枣树炭疽病、缩果病、锈病，喷30%悬浮剂1 000～1 200倍液。

2. 蔬菜病害

防治黄瓜细菌性角斑病、霜霉病，发病初期，亩用84.1%可湿性粉剂150～250g对水喷雾或用其300～500倍液喷雾；防治黄瓜枯萎病，用30%悬浮剂600～800倍液灌根1～2次，每株灌药液300～500ml。防治番茄早疫病、晚疫病、叶霉病，发病初期，亩用84.1%可湿性粉剂150～250g对水喷雾，或用300～500倍液喷雾。防治芋软腐病，在发病株开始腐烂或水中出现发酵现象时，应及时排水晒田，然后亩喷30%悬浮剂600倍液75～100L，10d左右喷1次，连喷2～3次。防治姜瘟，发病初期，用30%悬浮剂800～1 000倍液灌根或喷雾1～2次。防治辣（甜）椒疫病、炭疽病，发病初期，喷30%悬浮剂600～800倍液。

3. 棉花病害

用30%悬浮剂800～1 000倍液灌根或喷雾1～2次，可防治棉花黄、枯萎病和立枯病。

4. 甜菜病害

于发病初期喷30%悬浮剂800倍液喷雾2～3次，可防治甜菜蛇眼病。

5. 药用植物病害

于发病初期喷30%悬浮剂600～800倍液2～3次，可防治薄荷斑枯病、菊苣软腐病、葛细菌性叶枯病等。

注意事项

氧氯化铜易引起药害，使用时的注意要点参见碱式硫酸铜、氢氧化铜。

氧化亚铜（Cuprous oxide）

$$Cu_2O$$

理化性质

为黄色至红色粉末，铜离子含量86%，分子质量143.1，熔点1 235℃，沸点1 800℃，不溶于水和有机溶剂，溶于稀无机酸和氨水中。在常温条件下稳定，在潮湿的空气中可能氧化为氧化铜。

毒性

低毒，大鼠急性经口LD_{50}1 500mg/kg，急性经皮LD_{50}>2 000mg/kg；对皮肤和眼睛有轻微刺激；对鸟无毒，对鱼低毒。

生物活性

其杀菌原理与其他含铜杀菌剂类似，依靠释放出的铜离子与真菌或细菌体内蛋白质中的–SH、$-N_2H$等基团起作用，导致病菌死亡。氧化亚铜是一价铜，是所有无机铜化合物中含铜量最高的化合物，作为杀菌剂使用的施用量比其他铜制剂都少。

制剂

86.2%可湿性粉剂，86.2%水分散粒剂。

生产企业

挪威劳道克公司，河南省南阳市福来石油化学有限公司，江苏省南京惠宇农化有限公司，江苏省苏州市宝带农药有限责任公司。

应用

1. 果树病害

防治柑橘溃疡病，主要是根据病菌侵染时期或柑橘易发病时期施药，通常是在春梢和秋梢初出时开始喷86.2%可湿性粉剂800～1 200倍液，隔7～10d喷1次，连续喷3～4次。防治葡萄霜霉病，于发病初期喷86.2%可湿性粉剂800～1 200倍液，隔10d左右喷1次，连续喷3～4次。

2. 蔬菜病害

防治黄瓜霜霉病、辣（甜）椒疫病，亩用86.2%可湿性粉剂140～185g，对水喷雾。防治番茄早疫病，亩用86.2%可湿性粉剂76～97g，对水喷雾。均在发病前或发病初期开始喷药防治，每隔7～10d左右喷1次，连续喷2～3次进行防治。

3. 其他病害

如烟草赤星病和蛙眼病、棉花的棉铃软腐病、丹参疫病、地黄疫病等，于发病初期开始喷施86.2%可湿性粉剂800～1 200倍液，隔10d左右喷1次，连续喷2～3次。

注意事项

氧化亚铜易引起药害，使用时的注意要点参见碱式硫酸铜、氢氧化铜。

5

络氨铜（cuaminosulfate）

$$\left[NH_3-\underset{NH_3}{\overset{NH_3}{Cu}}-NH_3 \right] SO_4$$

化学名称

硫酸四氨络合铜

其他名称

硫酸四氨络合铜，胶氨铜，抗枯宁

理化性质

制剂为深蓝色含少量微粒结晶溶液，相对密度1.05～1.25，pH值8.0～9.5，不燃。

制剂

14%水剂，15%水剂，23%水剂，25%水剂，14.5%水溶性粉剂，25%增效水剂。

理化性质（制剂）

络氨酮水剂外观为深蓝色液体，pH值10～10.4（14%水剂），pH7.5～9（15%水剂），pH8.5～9.5（23%水剂），热稳定性好。

毒性

低毒，14%络氨酮水剂雄大鼠急性经口LD_{50}为3 160mg/kg，对兔眼睛和皮肤有轻度刺激作用。

生产企业

山西省西安嘉科农化有限公司，陕西省西安龙灯化工有限公司，陕西省渭南经济开发区望康农化有限公司，河北省沧州市天和农药厂，河北省石家庄市青冠化工有限公司，广西田园生化股份有限公司，浙江台州菲尔达化工有限公司，广东东莞市瑞德丰生物科技有限公司，山西永合化工有限公司等。

生物活性

络氨铜是一种保护性杀菌剂，主要通过铜离子发挥杀菌作用；络氨铜对棉苗、西瓜等的生长具有一定的促进作用，起到一定的抗病和增产作用。

应用

1. 水稻病害

防治稻曲病，于水稻破口前5～10d，亩用14%水剂250～360mL或23%水剂135～200mL，对水50L喷雾；防治水稻纹枯病，在发病初期，亩用23%水剂135～200mL对水喷雾；防治水稻细菌性条斑病，于发病初期用23%水剂500～600倍液喷雾。在水稻抽穗、开花期停止使用。

2. 棉花病害

每100g棉花种子用23%水剂430～570mL拌种，可防治棉花立枯病、炭疽病。

3. 西瓜病害

用23%水剂250～300倍液或14.5%水溶性粉剂350～500倍液灌根，每株灌药液200～250mL；或亩用25%增效水剂75～100mL对水喷雾。

4. 蔬菜病害

亩用25%水剂250～400mL对水喷雾，可防治番茄蕨叶病。于发病初期，喷洒25%水剂500倍液，隔10d喷1次，连续喷药2～3次，可防治黄瓜圆叶枯病；防治黄瓜枯萎病，于发病初期或蔓延开始期，用14%水剂300倍液灌根，每株灌药液100mL，连续灌根处理2～3次。防治大白菜褐腐病、黑腐病和甘蓝黑腐病，于发病初期喷14%水剂350倍液，亩喷药液50L，10d左右喷1次，连续喷雾防治2～3次（对铜敏感的白菜品种要慎用）。防治芹菜软腐病、洋葱球茎软腐病，用14%水剂350倍液喷茎基部，隔7～10d喷1次，连续喷雾防治2～3次。

5. 果树病害

防治苹果圆斑根腐病，在清除病根基础上，可试用15%水剂200倍液浇灌病根部位，以病根部位土壤湿润为准。防治杏疔病，在杏树展叶后，喷15%水剂300倍液，隔10～15d再喷1次。防治柑橘溃疡病、疮痂病，喷14%或15%水剂200～300倍液。

6. 麻类病害

防治黄麻苗期枯萎病，于发病初期，喷14%水剂200倍液，隔7～10d再喷雾1次；防治黄麻褐斑病、大麻白星病和白斑病、苘麻胴枯病，于发病初期开始喷14%水剂300～400倍液。

7. 药用植物病害

防治枸杞霉斑病、牛蒡黑斑病、菊苣软腐病等，用14%水剂300倍液喷雾防治。

8. 烟草病害

用14%水剂300倍液喷雾或浇灌，可防治烟草青枯病。

注意事项

1. 本剂为碱性，不得与酸性农药或激素类药物混用。

2. 下午16：00后喷药为宜，喷药后6h遇雨重喷。

3. 在其后炎热期或炎热地带喷药时，应采取最大稀释倍数。

琥胶肥酸铜（copper succinate+glutarate+adipate）

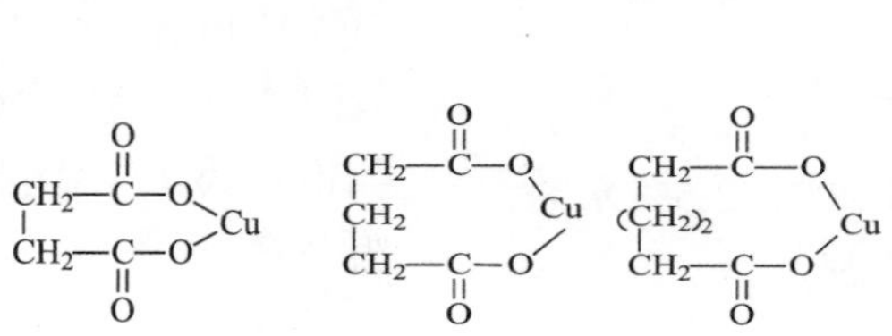

其他名称

DT，丁、戊、己二酸铜，二元酸铜

理化性质

琥胶肥酸铜为混合物，有效成分是丁二酸铜、戊二酸铜和己二酸铜。外观为淡蓝色固体粉末，相对密度 1.43 ~ 1.61，二元酸铜含量在 92% 以上，混合二元酸含量为 63% ~ 66%，有效铜含量为 31% ~ 32%，游离铜小于 2%，水中溶解度≤ 0.i%。

毒性

低毒，原粉小鼠急性经口 LD_{50} 为 2 646mg/kg。

生物活性

具有保护作用，兼有一定的铲除作用，杀菌机理与波尔多液基本相同。

制剂

50%、30% 可湿性粉剂，30% 悬浮剂，5% 粉剂。

生产企业

黑龙江省齐齐哈尔四友化工有限公司，黑龙江省齐齐哈尔市田丰农药化工有限公司，黑龙江省哈尔滨嘉禾化工有限公司，黑龙江梅亚种业有限公司，山东潍坊万胜生物农药有限公司，江阴苏利化学有限公司，福建新农大正生物工程有限公司，广东省罗定市生物化工有限公司，中国农科院植保所廊坊农药中试厂等。

应用

琥胶肥酸铜的防治对象与波尔多液相同，但对细菌性病害以及真菌中霜霉病和疫霉菌引起的病害防效优于一般药剂。

1. 果树病害

防治柑橘溃疡病，在新梢初出时开始喷 30% 悬浮剂或 30% 可湿性粉剂的 300 ~ 500 倍液，隔 7 ~ 10d 喷 1 次，连续喷 3 ~ 4 次。防治苹果树腐烂病，用 30% 悬浮剂 20 ~ 30 倍液涂抹刮治后的病疤，7d 后再涂 1 次，具有防止病疤复发的作用。防治葡萄黑痘病、霜霉病，在病菌侵染期和发病初期开始喷 30% 悬浮剂 200 倍液，隔 10d 再喷 1 次，或与其他杀菌剂交替使用。

2. 蔬菜病害

防治细菌性角斑病、芹菜软腐病、洋葱球茎软腐病、大蒜细菌性软腐病，在发病初期开始喷 50% 可湿性粉剂 500 倍液，每隔 5 ~ 7d 喷 1 次；防治保护地黄瓜角斑病，还可采用粉尘法施药，每亩喷 5% 粉剂（粉尘剂）1 ~ 1.2kg。防治番茄青枯病、辣椒黄萎病、菜豆枯萎病等微管束病害，用 50% 可湿性粉剂 400 倍液灌根，每株灌药液 250 ~ 300mL，隔 7 ~ 10d 灌 1 次，共灌 2 ~ 3 次。防治黄瓜疫病、番茄和马铃薯疫病，在发病前开始喷 50% 可湿性粉剂 500 ~ 700 倍液，隔 7 ~ 8d 喷 1 次。防治黄瓜霜霉病，喷 50% 可湿性粉剂 800 ~ 1 000 倍液，隔 10d 左右喷 1 次。防治姜瘟，在发现病苗时立即拔除并喷 50% 可湿性粉剂 500 倍液，隔 7d 喷 1 次，连续喷 2 ~ 3 次。

3. 棉花病害

防治棉花黄萎病，用 50% 可湿性粉剂 500 倍液浇灌，每株灌药液 250 ~ 400mL；防治棉花铃软腐病，发病初期喷 50% 可湿性粉剂 500 倍液，隔 10d 左右喷 1 次，连续喷 2 ~ 3 次。

4. 大麻病害

防治大麻霉斑病、白星病，发病初期喷 50% 可湿性粉剂 500 倍液。

5. 烟草病害

防治烟草破烂叶斑病，发病初期喷 50% 可湿性粉剂 500 倍液，每 7 ~ 10d 喷 1 次，连续喷 2 ~ 4 次。

6. 药用植物病害

防治葛细菌性叶斑病、牛蒡细菌性叶斑病等，发病初期喷 50% 可湿性粉剂 500 倍液，每 7 ~ 10d 喷 1 次，连续喷 2 ~ 4 次。

注意事项

建议整个作物生长期最多使用 4 次，叶面喷雾时药剂稀释浓度不得低于 400 倍，安全间隔期 5 ~ 7d。

松脂酸铜（copper abietate）

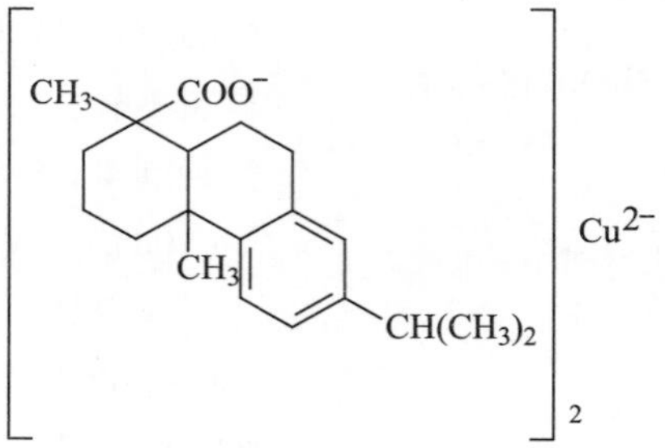

化学名称

松香酸铜

其他名称

去氢枞酸铜，绿乳铜

理化性质

本品制剂为均一的蓝绿色油状液体，用水稀释为粉蓝色乳浊液；熔点：173～175℃；溶解度（g/L，20℃）：在水中小于1。易溶于甲苯、丙铜、N，N-二甲基酰胺；pH5～7。

制剂

20%、16%、12%乳油，15%悬浮剂。

生物活性

与波尔多液和其他铜制剂基本相同，为保护性杀菌剂，靠释放出的铜离子对真菌、细菌起毒杀作用。

应用

1. 果树病害

防治柑橘溃疡病，用12%乳油500～800倍液喷雾；防治柑橘炭疽病，用16%乳油400～700倍液喷雾。防治苹果斑点落叶病，用12%乳油600～800倍液喷雾。防治葡萄霜霉病，亩用12%乳油210～250ml对水喷雾。

2. 西瓜病害

防治西瓜枯萎病，当发现零星病株时，用12%乳油500倍液灌根，每株灌药液400mL。

3. 蔬菜病害

防治黄瓜霜霉病，亩用12%乳油175～230mL或15%悬浮剂140～150mL对水喷雾。防治番茄叶斑病、溃疡病、软腐病，于发病初期开始喷12%乳油600倍液，隔10d左右喷1次，连续喷2～3次；在喷药前应拔除溃疡病病株。防治茄子褐纹病，在结果后开始喷12%乳油500倍液，隔10d左右喷1次，连续喷2～3次。防治蔬菜（黄瓜、番茄、辣椒等）猝倒病，于发病初期，用12%乳油600倍液喷淋，每平方米喷药液3kg，隔7～10d喷1次，连续喷1～2次。防治番茄晚疫病、茄子青枯病，于发病初期用12%乳油600倍液灌根，每株灌药液300～400mL，隔10d左右灌1次，连续灌3～4次。防治白菜霜霉病，亩用20%乳油70～100mL对水喷雾。

4. 烟草病害

防治烟草破烂叶斑病、空胫病、细菌性角斑病，于发病初期及时喷12%乳油600倍液，隔10d左右喷1次，连续喷2～3次。

5. 糖料作物病害

防治甘蔗黄点病、甜菜蛇眼病和细菌性斑枯病，喷12%乳油600倍液；防治甜菜根腐病，用12%乳油600倍液喷雾或浇灌。

6. 药用植物病害

防治药用植物病害，一般发病初期开始喷12%乳油500～600倍液，如防治珍珠梅褐斑病、玄参斑点病、白芍轮斑病、黄连白粉病、银杏褐斑病、白花曼陀罗灰斑病、女贞叶斑病、马钱轮纹褐斑病、肉豆蔻穿孔病、牵牛白锈病等叶部病害。防治三七和玉竹的细菌性根腐病，于发病初期用12%乳油600倍液浇灌根部，有一定的防治效果。

7．水稻病害

防治水稻稻曲病，每亩用12%乳油120～200mL对水喷雾。

注意事项

1．不能与碱性农药相混用。

2．参见其他铜制剂。

硝基腐殖酸铜（nitrohumicacid+copper sulfate）

其他名称

腐殖酸铜，菌必克，HA+Cu。

理化性质

原药外观为棕色或黑色粉未,组成均匀，不应有结块。不溶于水，易溶于稀碱溶液。

毒性

微毒，急性经口 LD_{50} 为8 250mg/kg（大鼠），急性经皮 LD_{50}<10 000mg/kg（大鼠），对皮肤无刺激性，对眼睛有轻度刺激性。

生物活性

与波尔多液基本相同，由于释放铜离子较快，一般用涂抹法，不宜采用叶面喷雾法施药。

制剂

30%可湿性粉剂，2.12%水剂。

生产企业

齐齐哈尔华丰化工有限公司，重庆市双丰化工有限公司，河南省浚县绿宝农药厂，山西省宝元化工有限公司，山西省阳泉市磺粉有限公司，山西省阳泉市曙光化工有限责任公司。

应用

1．苹果树腐烂病

防治苹果树腐烂病，用刀刮除病部，再涂药，每平方米病疤涂药剂原药（不对水）200g。

2．柑橘树脚腐病

该病主要为害柑橘树主干根颈部和根系，防治时先刮去病树皮，再纵刻病部深达木质部，间隔0.5cm宽，并超过病斑1～2cm，每平方米病疤涂药剂原液300～500g。

3．果树流胶病

防治柑橘、桃树、青梅等的流胶病，方法同苹果树腐烂病。

注意事项

1．本品不宜在金属容器中溶解或存放。

2．在作物发病前或发病初期使用，效果更佳。

3．施药时，注意全株喷雾，均匀喷洒在叶片正反面，不漏施、少施。

4．宜选择在阴天待露水干后施用或晴天下午施用，切勿在露水未干时施用。

5．对人的鼻黏膜、皮肤等有一定的刺激作用，要注意安全防护。

乙酸铜（cupricacetate）

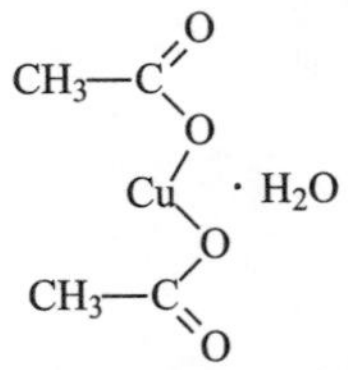

$$(CH_3—COO)_2Cu \cdot H_2O$$

其他名称

醋酸铜

理化特性

暗绿色单斜结晶。溶于水和乙醇，微溶于乙醚和甘油，熔点 115℃。

生物活性

与波尔多液和其他含铜杀菌剂基本相同。

制剂

20% 可湿性粉剂，10% 颗粒剂。

生产企业

山东寿光双星农药有限公司，山东省青岛瀚生生物科技股份有限公司，山东荣邦化工有限公司，山东绿丰农药有限公司，湖南万家丰科技有限公司，黑龙江省齐齐哈尔四友化工有限公司，黑龙江省哈尔滨嘉禾化工有限公司，广东省惠州市中迅化工有限公司，东方润博农化（山东）有限公司等。

应用

1. 黄瓜病害

防治黄瓜猝倒病，每亩用 20% 可湿性粉剂 100 ~ 150g 对水灌根；或用 10% 颗粒剂穴施或沟施，每亩用量为 500 ~ 600g。

2. 柑橘病害

防治柑橘溃疡病，在新梢初出时喷 20% 可湿性粉剂的 800 ~ 1 200 倍液。

注意事项

参见其他铜制剂的注意事项。

壬菌铜（cupric nonyl phenolsulfonate）

化学名称

对壬基苯酚磺酸铜

其他名称

优能芬

作用机理

与波尔多液和其他含铜杀菌剂基本相同。

制剂

30% 微乳剂。

生产企业

陕西省西安近代农药科技股份有限公司。

应用

任菌铜与其他铜制剂一样，杀菌谱广，对蔬菜、果树、花卉等多种叶部真菌和细菌性病害有效。可用于防治瓜类的霜霉病、白粉病、细菌性角斑病，黄瓜疫病，番茄早疫病、晚疫病，白菜霜霉病、软腐病等。一般于发病初期开始喷药，每亩用制剂 150ml，对水喷雾，间隔 5 ~ 7d 喷 1 次，视病情决定喷药次数。

注意事项

参见其他铜制剂的注意事项，高温时易产生药害，作物生长期使用次数不能超过 4 次。

喹啉铜（oxine-copper）

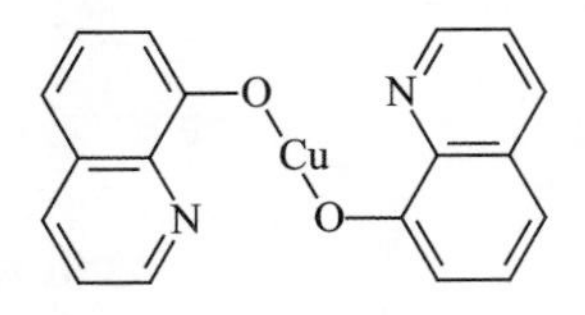

化学名称

8- 羟基喹啉酮

其他名称

千菌、必绿

理化性质

原药外观为黄绿色均匀疏松粉末，熔点≥ 270℃时分解；蒸气压 4.6 × 10^{-5}mPa（25℃）；相对密度 1.63；溶于三氯甲烷，难溶于水和多种有机溶剂，在水中溶解度为 0.07mg/L（pH7，25℃），在甲醇中 0.07mg/L；具有化学惰性，在 pH2.7 ~ 12 范围内稳定，在紫外光下不分解。

生物活性

非内吸、保护性杀菌剂，是一种有机铜螯合物，对真菌、细菌性等病害具有良好预防和治疗作用。在作物表面形成一层严密的保护膜，抑制病菌萌发和侵入，从而达到防病治病的目的，对作物安全。

毒性

低毒，小鼠急性经口 LD_{50} 为 3 160mg/kg（雌），3 830mg/kg（雄），兔急性经皮 LD_{50}>2 000mg/kg，对兔眼睛和皮肤没有刺激性；对鱼高毒，对翻车鱼 LC_{50} 为 21.6μg/L，对虹鳟鱼 LC_{50} 为 8.94μg/L；对蜜蜂无毒。

制剂

50%、12.5% 可湿性粉剂，33.5% 悬浮剂。

生产企业

台湾兴农股份有限公司，浙江海正化工股份有限公司，兴农药业（上海）有限公司，允发化工（上海）有限公司。

应用

可用于小麦、甜菜、油菜、向日葵、大豆等种子处理，如防治小麦腥黑穗病，每 100kg 种子用 33.5% 悬浮剂 240 ~ 300mL（有效成分 80 ~ 100g）种子包衣处理。

也可用于喷雾处理，如防治苹果轮纹病，用 50% 可湿性粉剂 3 000 ~ 4 000 倍液或 12.5% 可湿性粉剂 750 ~ 1 000 倍液喷雾；防治黄瓜霜霉病，每公顷用有效成分 300 ~ 405g 喷雾；防治番茄晚疫病，每公顷用有效成分 150 ~ 188g 有效成分喷雾。

注意事项

1. 喷药时药液应均匀周到。
2. 勿与强碱、强酸农药混配。
3. 本剂对鱼高毒，使用时要避免污染鱼塘。

噻菌铜（thiediazole copper）

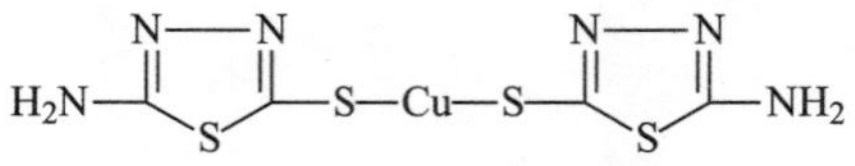

$$H_2N-C_2N_2S-S-Cu-S-C_2N_2S-NH_2$$

化学名称

2-氨基-5-巯基-1,3,4-噻二唑铜络合物

其他名称

龙克菌

理化特性

原药外观黄绿色粉末，相对密度1.29，熔点300℃（分解），不溶于水，微溶于吡啶、二甲基甲酰胺。遇强碱易分解，能燃烧。制剂外观为黄绿色黏稠液体，相对密度1.12～1.14，pH5.0～8.0。

毒性

低毒，小鼠急性经口LD_{50}为1 210mg/kg，急性经皮LD_{50}>1 210mg/kg。

生物活性

噻唑类有机铜杀菌剂，具有保护和治疗作用，也有良好的内吸性，杀菌谱广，对细菌性病害特效，对真菌病害高效。

制剂

20%悬浮剂。

生产企业

浙江龙湾化工有限公司。

应用

1．水稻病害

防治水稻细菌性条斑病，每亩用20%悬浮剂125～160mL，对水喷雾；防治水稻白叶枯病，每亩用20%悬浮剂100～120mL，对水喷雾。

2．柑橘病害

防治柑橘溃疡病、疮痂病，用20%悬浮剂的300～700倍液喷雾。

注意事项

1．本品应掌握在初发病期使用，采用喷雾或弥雾。

2．使用时，先用少量水将悬浮剂搅拌成浓液，然后加水稀释。

3．不能与碱性药物混用。

第二章 无机硫和有机硫杀菌剂

硫（Sulfur）及其无机化合物具有杀菌和杀螨作用，是人类使用历史最久的农药之一，因为它的原料易得、成本低廉、防效稳定、不易诱发抗药性，现在仍在广泛使用。无机硫杀菌剂在气温高于30℃时，要适当降低施药浓度和减少施药次数，对硫磺敏感的作物（如瓜类、豆类、苹果、桃等）最好不要使用。

有机硫杀菌剂比较重要的品种主要是代森系列和福美系列，如代森锰锌、代森锌、福美双、炭疽福美（福美双和福美锌的混合物）等，均属于二硫代氨基甲酸盐类。这类杀菌剂的共性是比较容易分解，特别是在潮湿环境和酸性条件下。这类杀菌剂一般具有杀菌谱广、防效好、毒性低、药害风险小等特点。另外，这类杀菌剂不容易引发病原菌的抗药性，与比较容易诱发抗药性的内吸杀菌剂混配使用往往能够延缓或消除后者的抗药性风险，所以常常与内吸杀菌剂混配使用，如生产中广泛使用的克露、多福悬浮剂等药剂中均含有有机硫杀菌剂成分。

5

硫（sulfur）

S

其他名称

硫黄，硫磺

理化性质

原药为黄色固体粉末，熔点114.5℃，沸点444.6℃，闪点206℃，蒸气压0.527mPa（30.4℃）；相对密度2.07；不溶于水，微溶于乙醇和乙醚，有吸湿性，易燃，自燃温度为248～266℃，与氧化剂混合能发生爆炸。

毒性

低毒，小鼠急性经口LD_{50}为3 000mg/kg，人每日口服500～750mg/kg未发生中毒。硫磺粉尘对眼结膜和皮肤有一定的刺激作用。对水生生物低毒，鲤鱼和水蚤LC_{50}（48h）均>1 000mg/kg；对蜜蜂几乎无毒。

生物活性

无机硫杀菌和杀螨剂，其杀菌机制是作用于氧化还原体系细胞色素b和c之间的电子传递过程，夺取电子，干扰正常的氧化－还原。对小麦、瓜类白粉病有良好的防效，对枸杞锈螨防效也很高。

制剂

50%、45%悬浮剂，80%水分散粒剂，10%膏剂。

生产企业

德国巴斯夫股份有限公司，葡萄牙斯佩科农化有限公司，中国农业科学院植保所廊坊农药中试厂，云南天丰农药有限公司，江苏蓝丰生物化工股份有限公司，福建新农大正生物工程有限公司，河北双吉化工有限公司，福建省泉州德盛农药有限公司，山西省芮城华农生物化学有限公司（10%脂膏），昆明农药有限公司，天津市施普乐农药技术发展有限公司等。

应用

硫磺可以采用喷雾、喷粉、熏烟、电热熏蒸等多种方式使用，防治农作物病害。

（一）喷雾法

1．果树病害

在苹果发芽前喷45%悬浮剂200倍液，谢花后喷45%悬浮剂300～400倍液，可防治苹果白粉病，兼治山楂红蜘蛛。防治桃褐腐病，在谢花后开始喷45%悬浮剂300～400倍液，间隔10d左右喷1次，连续喷4～5次，可同时兼治桃炭疽病、畸果病。防治山楂白粉病，在现蕾期及6月上旬左右喷45%悬浮剂400倍液各1次。防治葡萄白粉病和梨白粉病，在葡萄发芽后或白粉病发病初期，开始喷45%悬浮剂300～400倍液，隔10d左右喷1次，共喷2～3次。防治柑橘白粉病，在发病初期喷45%或50%悬浮剂300～400倍液，间隔10d左右喷1次，连续喷2次。

防治多种果树上的叶螨、锈螨、瘿螨，在冬季和早春喷45%或50%悬浮剂200～300倍液，夏天和秋季气温高时喷400～500倍液。

2．蔬菜病害

防治蔬菜（番茄、茄子、瓜类等）白粉病，在发病初期喷45%或50%悬浮剂300～400倍液，隔10d后再喷1次。防治菜豆和豇豆锈病、黄瓜蔓枯病和炭疽病、辣椒炭疽病、苦瓜灰斑病、茭白胡麻斑病，发病初期喷45%或50%悬浮剂400～500倍液，隔3～4d后再喷1次，以后根据病情变化决定是否再喷药。防治甜（辣）椒根腐病，发病初期用45%悬浮剂400倍液喷淋或浇灌，隔10d左右施药1次，连续施药2～3次。

3．防治油菜和芝麻白粉病

发病初期喷药，亩用45%悬浮剂250～500g，对水喷雾，隔7d再喷1次。

4．防治小麦白粉病和螨类

亩用45%或50%悬浮剂400g，对水喷雾，隔7d再喷1次。

5．防治药用植物

如芦竹、紫苏、菊芋、薄荷、苦菜等的锈病，用45%或50%悬浮剂300倍液喷雾，一般防治2次。

6．防治橡胶白粉病

亩用50%悬浮剂250～400g，可直接用飞机或地面超低容量喷雾，也可对水常规喷雾。

7．防治多种花卉的白粉病和螨类

一般亩用50%悬浮剂100～200g，对水喷雾。

（二）电热熏蒸法

在温室大棚防治草莓白粉病、黄瓜白粉病等病害，可采用硫磺电热熏蒸法实施，把电热硫磺熏蒸器安装高度距棚室顶部1m；电热熏蒸器的间距设为12～16m；为避免对操作人员的危害，电热熏蒸施药时间以每天傍晚为宜；为避免电热熏蒸过程中产生SO_2造成药害，熏蒸施药过程中应能够自动控温，温度不得超过158℃；为避免硫磺沸腾飞溅，熏蒸器中硫磺加入量不得超过30g。对于温室大棚草莓、黄瓜等白粉病防治，在发病前或发病初期，往每个大棚中加入30g左右硫磺粉，傍晚闭棚后，接通熏蒸器电源，2～4h后关闭电源。第二天清晨开棚1h后，人员再进入棚室内从事农事作业。间隔2d后再次对棚室熏蒸处理，可有效防治草莓白粉病，并兼治炭疽病等其他病害。

（三）喷粉法

可用喷粉法防治橡胶树白粉病，每公顷撒施91%硫磺粉剂11.15～15.0kg，省工、省时，工效高。

（四）涂抹法

10%硫磺油膏剂，用于防治苹果树腐烂病，在刮治后用10%油膏剂直接涂抹，每平方米涂药液100～150g。

注意事项

1．硫制剂的防治效果与气温的关系密切，4℃以下防效不好，32℃以上易产生药害，在适当的温度范围内气温高则药效好。

2．为防止发生药害，在气温较高的季节应早、晚施药，避免中午施药。对硫磺敏感的作物如黄瓜、大豆、马铃薯、桃、李、梨、葡萄等，使用时应适当降低施药浓度和减少施药次数。

3．本剂不要与硫酸铜等金属盐类药剂混用，以防降低药效。

4．不要与矿油乳剂混用，也不要在矿油乳剂喷洒前后立即施用。

石硫合剂（lime sulfur）

CaSx

其他名称

多硫化钙，石灰硫磺合剂，可隆。

理化性质

深褐色液体，具有强烈的臭蛋味。相对密度为1.28（15.6℃），呈碱性，遇酸和二氧化碳易分解，在空气中易氧化；可溶于水。

毒性

低毒，急性经口 LD_{50} 为400～500mg/kg，对人的眼和皮肤有强烈的腐蚀性。

生物活性

无机硫杀菌剂，兼有杀螨和一定的杀虫作用。石硫合剂喷施于作物表面后，受空气中的氧气、二氧化碳、水等影响，发生一系列化学变化，形成极细微的硫磺颗粒沉淀于植物体表面，并释放出少量硫化氢，产生杀菌、杀螨作用；同时药液的碱性能侵蚀虫体表面的蜡质层，因而对具有较厚蜡质层的介壳虫和一些螨卵有较好的防治效果。

熬制方法

石硫合剂是以硫磺粉、生石灰为原料，加水熬制而成。熬制用的原料配比为硫磺粉2份、生石灰1份、水10～12份。先用少量水在一个容器中将硫磺粉调成糊状的硫磺浆，再在铁锅中用余下的水把生石灰化开制成石灰乳；燃煮近沸时，将硫磺浆沿锅壁缓缓倒入石灰乳中，边倒边搅拌，并记下水位线。大火煮沸45～60min，并适量搅拌和加热水，保持液面达到水位线。待药液熬成红褐色、渣滓呈黄绿色时停火即成。放冷后滤除渣滓，即得到红褐色透明的石硫合剂原液，如暂不使用，应将原液装入陶瓷容器中妥善贮存。

初熬制好的石硫合剂原液浓度均在28波美度以上，好的可达31～33波美度。原液质量与所用原料质量有关，硫磺粉最好选用升华硫磺粉；如用消石灰代替生石灰，用量要增加1/3，制得的原液质量也差。

制剂

自制自用，29%水剂，45%、30%多硫化钙块剂，45%结晶。

生产企业

河北双吉化工有限公司，河北省保定市亚达化工有限公司，河北省保定市科绿丰生化科技有限公司，天津农药股份有限公司，山东省青岛农冠农药有限责任公司，湖北太极生化有限公司，广西桂林井田生化有限公司，山东东信生物农药有限公司，陕西省蒲城美尔果农化有限责任公司，辽宁省大连瓦房店市无机化工厂，四川省宜宾川安高科农药有限责任公司等。

应用

1．果树病害

春季果树发芽前，全数喷洒3～5波美度药液，可防治苹果树腐烂病、干腐病、枝枯病、枝溃疡病、炭疽病、轮纹病等；苹果开花前（现蕾期）、谢花70%和后10d，各喷1次0.3～0.5波美度的石硫合剂，可防治苹果花腐病、白粉病、锈病和霉心病；苹果开始展叶时、降雨后，往桧柏喷3波美度石硫合剂，铲除锈病菌，可防治苹果锈病；预防苹果枝溃疡病疤复发，可用5波美度药液涂抹刮治后的病疤。

对于梨树病害的防治，在春季梨树发芽前，全树喷3～5波美度药液，可防治梨树腐烂病、轮纹病、干枯病；防治梨树锈病，可在梨树开始展叶期和谢花后，用0.5波美度药液喷洒梨树和桧柏。

用于葡萄病害的防治，在春季葡萄芽鳞开始膨大期，喷5波美度的药液，可防治葡萄黑痘病、毛毡病，兼治白粉病、炭疽病。

用于防治桃、李、杏、樱桃树的细菌性穿孔病，于树发芽前喷5波美度的药液，展叶后喷0.3波美度的药液，此法还可兼治褐斑病、疮痂病、炭疽病及桃畸果病、缩叶病和李袋果病。

防治板栗树腐烂病、核桃黑斑病和炭疽病，于发芽前喷3～5波美度的石硫合剂药液。

防治柿树炭疽病，发芽前喷5波美度的药液。

防治山楂白粉病，发芽前喷5波美度的药液，展叶期及生长期喷0.3～0.4波美度药液。

防治北方果树上的螨类、介壳虫，在果树发芽前喷3～5波美度药液，均有较好的防治效果。

防治柑橘病害及螨类，对于柑橘炭疽病、疮痂病、树脂病、黄斑病、黑星病及全爪螨、施叶螨、裂爪螨、锈螨等，冬季和地面喷药用5波美度药液，春秋季喷0.3～0.5波美度的药液，夏季高温喷0.3波美度的药液。

防治荔枝霜霉病，在采果后喷0.3～0.5波美度药液。

2．蔬菜病害

主要用于防治某些蔬菜的白粉病，例如，防治豌豆、甜瓜白粉病，可喷0.1～0.2波美度液；防治茄子、南瓜、西瓜白粉病，可喷0.2～0.5波美度液。

3．防治麦类白粉病、锈病

喷0.5波美度液，可兼治麦蜘蛛；防治大麦条纹病、网斑病，喷0.8波美度液。防治玉米锈病，喷0.2波美度液，7～10d喷1次，共喷2～3次，可兼治玉米叶螨。防治谷子锈病，喷0.4～0.5波美度液。

4．防治药用植物的白粉病、锈病

生长季节喷0.2～0.3波美度液，冬季铲除病原菌喷1～3波美度液。

5．防治花卉等观赏植物白粉病、介壳虫、茶黄螨等

生长季节喷0.2～0.3波美度液，早春花卉发芽前喷3～5波美度液。

6．林业病害

在林木生长期，喷0.2～0.3波美度液，可防治松苗叶枯病、落叶松褐锈病、青杨叶锈病、桉树溃疡病、香椿叶锈病、大叶合欢锈病等。喷0.3～0.5波美度液，可防治油松松针锈病、毛白杨锈病、相思树锈病、油茶茶苞病、油茶霉污病等。一般15d喷1次，至发病期结束。

7．使用29%石硫合剂水剂时

采用29%水剂防治葡萄白粉病、黑痘病，在发芽前用6～11倍液喷雾。对苹果白粉病、花腐病、锈病、山楂红蜘蛛等，用57倍液喷雾。对柑橘白粉病、红蜘蛛以及核桃白粉病，在冬季用28倍液喷雾。对茶树红蜘蛛、麦类白粉病以及观赏植物白粉病、介壳虫，用60倍液喷雾。

8．使用45%固体和45%结晶时

对苹果红蜘蛛于早春萌芽前，用20～30倍液喷雾。柑橘红蜘蛛、锈壁虱、介壳虫，早春用180～300倍液喷雾，晚秋用300～500倍液喷雾。茶树红蜘蛛以及麦类白粉病用150倍液喷雾。

注意事项

1．石硫合剂不能与波尔多液混用或连用。

2．石硫合剂不能与松脂合剂或肥皂混用，因为会生成不溶于水的钙皂，降低药效，还易产生药害。喷施松脂合剂后需20d才能使用石硫合剂。

3．喷过矿物油乳剂后要隔1个月才能使用石硫合剂。

4．为防止产生药害，高温季节（32℃以上）使用石硫合剂应降低使用浓度。

5．桃、李、梅等果树易受药害，生长期使用须注意用药浓度。

6．对石硫合剂敏感的蔬菜有马铃薯、番茄、豆类、圆葱、姜、黄瓜等，这些蔬菜通常不能用石硫合剂，尤其是温室黄瓜更敏感。

多硫化钡（barium polysulphides）

BaS · Sx

其他名称

硫贝粉，利索巴尔。

理化性

原药外观灰色至深灰色粉，是硫化钡熔体与硫磺粉的混合物，在酸中分解出元素硫和硫化氢气体，在水溶液中与硫酸铁或硫酸铜作用，生成不溶于水的深红色金属硫化物。

毒性

低毒，急性经口 LD_{50}375 ~ 500mg/kg；粉末有刺激鼻、喉咙和眼睛黏膜的强烈作用；长期使用会发生手溃疡。多硫化钡分解出的硫化氢有毒。

生物活性

生物活性与石硫合剂基本相同，既能杀螨也能杀菌，喷于植物上以后，分解出的元素硫，颗粒极细，能很好地黏附于叶面，起到杀螨和杀菌的作用；可以部分代替石硫合剂的应用。

制剂

95%、70% 可溶性粉剂。

生产企业

陕西省西安嘉科农化有限公司，陕西省白鹿农化有限公司，陕西省蒲城美邦农药有限责任公司，河北双吉化工有限公司，山东省青岛农冠农药有限责任公司，山东省莱阳市星火农药有限公司，山东省邹平农药有限公司，天津市博克化工有限公司等。

药液配制方法

喷洒前先用 5 倍量的水与多硫化钡混合搅拌，放置 1 ~ 2h，其间再搅拌 2 ~ 3 次，即成橙色母液；喷洒时再根据防治对象和气温，再加水稀释至所需要的浓度。

应用

1. 防治苹果白粉病

用 95% 可溶性粉剂 150 ~ 250 倍液喷雾；防治苹果树红蜘蛛，用 70% 可溶性粉剂 150 ~ 250 倍液喷雾；防治苹果轮纹病、黑星病、干腐病、炭疽病、锈病等，在苹果树萌芽前喷 70% 可溶性粉 100 倍液，生长期喷 150 ~ 250 倍液。

2. 防治柑橘叶螨、锈螨

喷 70% 可溶性粉剂 200 ~ 250 倍液。

3. 防治棉花红蜘蛛，某些病害

喷 70% 可溶性粉 150 ~ 200 倍液。

注意事项

1. 药液配制时不得用金属容器，药液现配现用，不宜久放。
2. 不能与波尔多液、肥皂、松脂合剂、砷酸铅等混用。
3. 应避开高温、高湿、燥热天气使用。
4. 防潮湿以免吸水和二氧化碳后分解减效。
5. 硫化氢中毒时，呼吸新鲜空气、休息，保护身体，饮浓茶或浓咖啡。

5

代森锰锌（mancozeb）

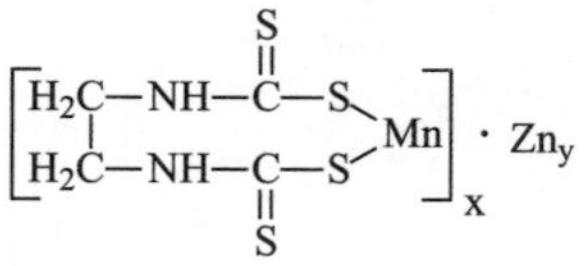

$$\left[\begin{array}{l}H_2C-NH-\overset{\overset{S}{\|}}{C}-S\\ \quad|\qquad\qquad\qquad\quad\searrow Mn\\ H_2C-NH-\underset{\underset{S}{\|}}{C}-S\nearrow\end{array}\right]_x\cdot Zn_y$$

x∶y=1∶0.091

化学名称

乙撑双二硫代氨基甲酸锰和锌离子的配位化合物

其他名称

大生。

理化性质

原药为灰黄色粉末，为代森锰与代森锌的混合物，锰含20%，锌含2.55%。熔点192～204℃（分解），蒸气压<1.33 × 10^{-2}mPa（20℃），水中溶解度6～20mg/L，不溶于大多数有机溶剂，溶于强螯合剂溶液中。通常干燥环境中稳定，加热、潮湿环境中缓慢分解。

毒性

微毒，原药雄性大鼠急性经口LD_{50}为10 000mg/kg，小鼠急性经口LD_{50}>7 000mg/kg；对虹鳟鱼LC_{50}为1.0mg/L（96h），对翻车鱼LC_{50}为1.0mg/L（96h）。

生物活性

广谱性的保护性杀菌剂，其杀菌原理主要是抑制菌体丙酮酸的氧化，常与多种内吸性杀菌剂、保护性杀菌剂复配混用，延缓抗药性的产生。

制剂

80%、70%、65%、50%可湿性粉剂，43%、42%、30%悬浮剂，75%水分散粒剂。

生产企业

美国杜邦公司，美国陶氏益农公司，美国仙农公司，先正达（苏州）作物保护有限公司，日本日友商社（香港）有限公司，台湾兴农股份有限公司，台湾日产化工股份有限公司，印度联合磷化物有限公司，河北双吉化工有限公司，河北胜源化工有限公司，利民化工有限责任公司，江苏龙灯化学有限公司，深圳诺普信农化股份有限公司，山东省青岛瀚生生物科技股份有限公司等。

应用

1．果树病害

防治苹果斑点落叶病，于谢花后20～30d开始喷药，春梢期喷2～3次，秋梢期喷2次，间隔10～15d，同时可兼治果实轮纹病、疫腐病，一般用70%可湿性粉剂400～500倍液或80%可湿性粉剂600～800倍液。

防治梨黑星病，在病菌开始侵染时和发病初期，喷70%可湿性粉剂700～800倍液或80%可湿性粉剂700～800倍液，15d喷1次，共喷2～3次。

防治葡萄霜霉病，在发病前或发病初期喷80%可湿性粉剂600～800倍液，7～10d喷1次，连续喷4～6次；防治葡萄黑痘病，在葡萄萌芽后，每隔2周喷药，连续阴雨应缩短间隔期，喷80%可湿性粉剂600倍液。

防治柑橘疮痂病、炭疽病、黄斑病、黑星病、树脂病，于发病初期开始喷70%可湿性粉剂500～800倍液。一般是在春梢萌动芽长2mm时喷药2次，保春梢；谢花2/3时喷1～2次，保幼果；5月下旬至6月上旬喷1～2次，保幼果和夏梢。

防治杧果炭疽病，用80%可湿性粉剂400～500

倍液，自开花盛期起连续喷 4 次。

防治香蕉叶斑病，用 80% 可湿性粉剂 400 ~ 500 倍液或 42% 悬浮剂 300 ~ 400 倍液或 43% 悬浮剂 400 倍液，雨季每月喷药 2 次，旱季每月喷药 1 次。

防治西瓜炭疽病，于发病初期，亩用 80% 可湿性粉剂 100 ~ 120g，对水喷雾，10d 喷 1 次，连续喷 3 次。防治甜瓜、白兰瓜的炭疽病、霜霉病、疫病、蔓枯病等，亩用 80% 可湿性粉剂 150 ~ 180g，对水喷雾，7 ~ 10d 喷 1 次，一般喷药 3 ~ 6 次。

防治草莓炭疽病、疫病、灰霉病，用 50% 可湿性粉剂 800 倍液喷雾。

2. 蔬菜病害防治黄瓜霜霉病、炭疽病、角斑病、黑腐病

于发病初期或爬蔓时开始，亩用 80% 可湿性粉剂 150 ~ 190g 或 75% 干悬浮剂 125 ~ 150g 或 42% 悬浮剂 125 ~ 188g，对水喷雾。7 ~ 10d 喷 1 次，采摘前 5d 停止喷雾。

防治番茄早疫病、晚疫病、炭疽病、灰霉病、叶霉病、斑枯病，发病初期开始亩用 80% 可湿性粉剂 150 ~ 180g 或 30% 悬浮剂 250 ~ 300g，对水喷雾。7 ~ 10d 喷 1 次，采摘前 5d 停止喷雾。防治早疫病还可结合涂茎，用毛笔或小棉球蘸取 80% 可湿性粉剂 100 倍液，在发病部位刷 1 次。

防治辣（甜）椒炭疽病、疫病、叶斑类病害，发病前或发病初期，用 70% 或 80% 可湿性粉剂 500 ~ 700 倍液喷雾。若防治辣椒猝倒病，要注意植株茎基部及其周围地面也需喷药。

防治菜豆炭疽病、锈病，亩用 80% 可湿性粉剂 100 ~ 130g，对水喷雾。

防治莴苣、白菜、菠菜的霜霉病，茄子绵疫病、褐斑病，芹菜疫病、斑枯病以及十字花科蔬菜炭疽病，发病初期用 70% 可湿性粉剂 500 ~ 600 倍液喷雾。

3. 油料作物病害

防治花生褐斑病、黑斑病、灰斑病、网斑病等叶斑病，发病初期，亩用 80% 可湿性粉剂 160 ~ 200g 或 70% 可湿性粉剂 175 ~ 225g，对水喷雾，10d 喷 1 次，连续喷 2 ~ 3 次。防治芝麻疫病，发病初期，亩喷 70% 可湿性粉剂 300 ~ 400 倍液 50L，14d 喷 1 次，连续喷 2 ~ 3 次。防治大豆锈病，于大豆初开花期，亩用 80% 可湿性粉剂 200g，对水喷雾，7 ~ 10d 喷 1 次，连续喷 4 次。防治蓖麻疫病，在幼苗发病初期，亩用 70% 可湿性粉剂 180 ~ 220g，对水喷雾，10 ~ 15d 喷 1 次，共喷 2 ~ 4 次。

4. 粮食作物病害

防治水稻稻瘟病，叶瘟于发病初期，田间见急型病斑开始喷药；穗瘟于孕穗末期至抽穗期进行施药，亩用 80% 可湿性粉剂 130 ~ 160g，对水喷雾。防治小麦叶枯病，亩用 70% 可湿性粉剂 140 ~ 160g，对水喷雾，从春季分蘖期开始 7 ~ 10d 喷 1 次，共喷 2 ~ 3 次；防治小麦根腐病，用种子量的 0.2% ~ 0.3% 的 50% 可湿性粉剂拌种。防治玉米大、小斑病、锈病、灰叶斑病，初见病斑时开始用药，亩用 80% 可湿性粉剂 165g，对水喷雾。

5. 棉花病害

对由炭疽病、红腐病引起的棉苗病，每 100kg 棉籽用 70% 可湿性粉剂 400 ~ 500g 拌种；对棉苗疫病，可在棉苗初真叶期，用 70% 可湿性粉剂 400 ~ 500 倍液喷雾；对于棉花生长期的轮纹病、茎枯病、棉铃的疫病、黑果病、曲霉病，发病初期及时喷 70% 可湿性粉剂 600 倍液；对由炭疽病、红腐病、疫病等引起的棉花烂铃，在发病前 10d 或盛花期后 1 个月，喷 70% 可湿性粉剂 400 ~ 500 倍液，10d 喷 1 次，共喷 2 ~ 4 次，在喷洒药液中添加 1% 聚乙烯醇或适量洗衣粉，可提高防效。

6. 麻类病害

对红麻、亚麻、苎麻的炭疽病，大麻霜霉病、秆腐病，黄麻茎斑病、黑点炭疽病、枯萎病等，发病初期开始喷 70% 可湿性粉剂 500 ~ 700 倍液。

7. 烟草病害

于发病初期开始喷 70% 可湿性粉剂 500 倍液，7 ~ 10d 喷 1 次，连续喷 2 ~ 3 次，可防治烟草炭疽病、赤星病、蛙眼病、立枯病、黑斑病等。

8. 药用植物病害

用 70% 或 80% 可湿性粉剂 500 ~ 600 倍液，间隔 7 ~ 10d 喷 1 次，可防治西洋参黑斑病、珍珠梅褐斑病、板蓝根黑斑病、甘草褐斑病、白芍药轮纹病、红花炭疽病和锈病、白花曼陀罗黑斑病和轮纹病、龙葵轮纹病。

9. 花卉病害

用80%可湿性粉剂400～600倍液喷雾，可防治菊花褐斑病、玫瑰锈病、桂花叶斑病、碧桃叶斑病、百日草黑斑病、牡丹褐斑病、鸡冠花黑胫病、鱼尾葵黑斑病等。在温室大棚使用时，适当降低用药浓度。

注意事项

1. 该药不能与铜及强碱性农药混用，在喷过铜、汞、碱性药剂后要间隔一周后才能喷此药。

2. 在茶树上的间隔期为半个月。

3. 瓜类在采摘前5d停止喷药。

代森锌（zineb）

$$\left[\begin{array}{l} H_2C-NH-\overset{\overset{S}{\|}}{C}-S \\ \quad | \qquad\qquad\qquad\quad \searrow Zn \\ H_2C-NH-\underset{\underset{S}{\|}}{C}-S \nearrow \end{array}\right]_n$$

化学名称

乙撑双二硫代氨基甲酸锌

理化性质

纯品为白色粉末，原粉为灰白色或淡黄色粉末，有臭鸡蛋味。挥发性小，蒸气压＜0.01mPa（20℃），无熔点，157℃分解，闪点138～143℃，难溶于水，室温下在水中溶解度10mg/L，不溶于大多数有机溶剂，能溶于吡啶。吸湿性强，在潮湿空气中能吸收水分而分解失效；遇光、热和碱性物质也易分解。当从浓溶液中形成聚合沉淀后，失去杀菌活性。

毒性

微毒，原粉大鼠急性经口LD_{50}>5 200mg/kg，对人急性经口发现的最低致死剂量为5 000mg/kg，大鼠急性经皮LD_{50}>2 500mg/kg，对皮肤、黏膜有刺激性；对鲈鱼LC_{50}为2mg/L（96h）。

生物活性

是一种叶面喷洒使用的保护剂，与代森锰锌基本相同，对许多病菌如霜霉病菌、晚疫病菌及炭疽病菌等有较强触杀作用。对植物安全，有效成分化学性质较活泼，在水中易被氧化成异硫氰化合物，对病原菌体内含有–SH基的酶有强烈的抑制作用，并能直接杀死病菌孢子，抑制孢子的发芽，阻止病菌侵入植物体内，但对已侵入植物体内的病原菌丝体的杀伤作用很小。因此，使用代森锌防治病害应掌握在病害始见期进行，才能取得较好的效果。代森锌的药效期短，在日光照射及吸收空气中的水分后分解较快，其残效期约7d。代森锌曾是杀菌剂的当家品种之一，但由于代森锰锌用途的不断开发以及其他高效杀菌剂品种的不断问世，代森锌的用量逐渐下降。

制剂

80%、65%可湿性粉剂。

生产企业

保加利亚艾格利亚有限公司，利民化工有限责任公司，江苏龙灯化学有限公司，河北双吉化工有限公司，天津市兴果农药厂，天津人农药业有限责任公司，深圳诺普信农化股份有限公司，辽宁省辽阳丰收农药有限公司，山东寿光双星农药有限公司，陕西上格之路生物科学有限公司等。

应用

代森锌为广谱杀菌剂，多用于蔬菜、果树等作物的多种病害防治，多采用叶面喷雾法，在作物发病前或发病初期喷药，一般用65%或80%可湿性粉剂 500～700 倍液喷雾，因是保护剂，喷雾要均匀周到，必要时每隔 7～10d 重复喷 1 次。

1．果树病害

防治苹果花腐病，在开花前和花期喷 65% 可湿性粉剂 500 倍液，可兼治锈病和白粉病；防治苹果黑星病，在谢花后至春梢停止生长期喷 65% 可湿性粉剂 600 倍液，10d 左右喷 1 次，连续喷 2～3 次，同时可兼治轮纹病和黑斑病。防治梨黑星病，从谢花后 3 周左右至采收前半个月，每隔 10～15d 用65%可湿性粉剂500倍液或80%可湿性粉剂600～700 倍液喷雾，同时兼治黑斑病、褐斑病。防治桃树褐斑病、疮痂病、炭疽病、细菌性穿孔病等，喷 65% 可湿性粉剂 500 倍液，15d 左右喷 1 次，一般共喷 2～3 次。防治柑橘炭疽病，在春、夏、秋梢期各喷 1 次 65% 可湿性粉剂 500 倍液。

防治草莓叶斑病，在苗期喷 65% 可湿性粉剂 400～600 倍液 2～3 次；防治草莓灰霉病，在花序显露至开花前喷 65% 可湿性粉剂 500 倍液。

2．蔬菜病害

防治种传的炭疽病、黑斑病、黑星病等，在播前用种子量的 0.3% 的 80% 可湿性粉剂拌种。防治蔬菜苗期猝倒病、立枯病、炭疽病、灰霉病，在苗期喷 80% 可湿性粉剂 500 倍液 1～2 次。防治多种蔬菜叶部病害，如白菜、甘蓝、油菜、萝卜的黑斑病、白粉病、白锈病、黑胫病、褐斑病、斑枯病，茄子绵疫病、褐斑病、叶霉病，辣椒炭疽病，马铃薯早疫病、晚疫病，菜豆炭疽病、锈病，豇豆煤霉病，芹菜疫病、斑枯病，菠菜霜霉病、白锈病，黄瓜黑星病，荸荠秆枯病，葱紫斑病、霜霉病，大蒜霉斑病等，于发病初期开始喷药，亩用 80% 可湿性粉剂 80～100g，对水喷雾，或用 80% 可湿性粉剂 500 倍液常量喷雾，7～10d 喷 1 次，一般喷 3 次。防治十字花科蔬菜的霜霉病，用 65% 可湿性粉剂 400～500 倍液喷雾，必须喷洒周到，特别是下部叶片应喷到，否则影响防效。

3．油料作物病害

防治油菜霜霉病、炭疽病、白锈病、白斑病、黑斑病、黑腐病、软腐病、黑胫病，于发病初期开始喷 80% 可湿性粉剂 500 倍液或 80～100g 对水喷雾，7～10d 喷 1 次，一般喷 3 次。防治大豆霜霉病，自花期发病初期开始喷 80% 可湿性粉剂 600～700 倍液；防治大豆紫斑病，在结荚期开始喷 400～500 倍液，10d 喷 1 次，一般 2～4 次。防治花生叶斑病，在病叶率 10%～15% 时开始亩喷 80% 可湿性粉剂 600～700倍液 50L，10d喷1次，共喷3～4次。用80% 可湿性粉剂 800～1 000 倍液喷雾，可以防治芝麻黑斑病。

4．防治麦类锈病

亩用 80% 可湿性粉剂 80～120g，对水喷雾。

5．防治烟草炭疽病、蛙眼病、白粉病、低头黑病

用 65% 可湿性粉剂 500 倍液或亩用 80% 可湿性粉剂 80～100g，对水喷雾。

6．棉花病害

防治棉花叶部的角斑病、褐斑病等，喷 80% 可湿性粉剂 500～700 倍液；防治棉铃的炭疽病、红腐病、疫病引起的烂铃，喷 80% 可湿性粉剂 500 倍液。

7．药用植物病害

防治叶部病害，如三七炭疽病、珍珠梅褐斑病、百合叶尖枯病、银杏褐斑病，发病初期开始喷 65% 可湿性粉剂 400～500 倍液。防治枸杞根腐病，发病初期用 65% 可湿性粉剂 400 倍液灌根，有较好的防治效果。

8．花卉病害

一般在发病前或发病初期喷第 1 次药，以后隔 7～10d 喷 1 次 80% 可湿性粉剂 500～600 倍液，可防治多种花卉的叶部病害，如炭疽病、霜霉病、叶斑病和锈病等。

注意事项

1．烟草、葫芦科植物对锌离子敏感，易产生药害；某些品种的梨树有时也容易发生轻微药害。使用时要注意。

2．不能与铜制剂或碱性药物混用。

3．放置在阴凉、干燥、通风处，受潮和雨淋会分解。

代森铵（amobam）

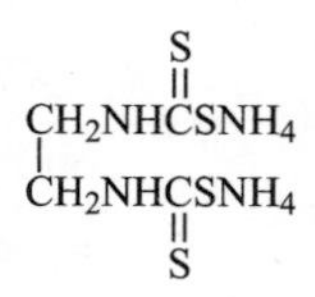

化学名称

乙撑双二硫代氨基甲酸铵

理化特性

纯品为无色结晶，熔点72.5～72.8℃。工业品为橙黄色或淡黄色水溶液，呈弱碱性，有氨及硫化氢的臭味。易溶于水，微溶于乙醇、丙酮，不溶于苯等有机溶剂。在空气中不稳定，温度高于40℃时易分解，遇酸性物质也易分解。

毒性

中等毒，大鼠急性经口 LD_{50} 为450mg/kg；对皮肤有刺激作用，对鱼毒性低。

生物活性

代森铵的水溶液呈弱碱性，具有内渗作用，能渗入植物体内，所以杀菌力强，兼具铲除、保护和治疗作用。在植物体内分解后，还有肥效作用。可作种子处理、叶面喷雾、土壤消毒及农用器材消毒。杀菌谱广，能防治多种作物病害，持效期短，仅3～4d。

制剂

45%水剂。

生产企业

山东省济南中科绿色生物工程有限公司，山东省泰安市宝丰农药厂，四川稼得利科技开发有限公司，河南省安阳市国丰农药有限责任公司，利民化工有限责任公司，河北双吉化工有限公司，天津市绿亨化工有限公司，辽宁省丹东市农药总厂，天津市施普乐农药技术发展有限公司等。

应用

代森铵可以采取叶面喷雾、种子处理和土壤处理等方式施药。

1. 果树病害

防治苹果花腐病，于春季苹果树展叶时，喷45%水剂1 000倍液；防治苹果圆斑根腐病，用45%水剂1 000倍液浇灌病根附近土壤。防治梨树黑星病，自谢花后1个月开始，喷45%水剂800～1 000倍液，隔15d左右喷1次，当气温高于30℃时，只能使用1 000倍液喷雾。防治桃树褐斑病，自谢花后10d开始喷45%水剂1 000倍液，隔10～15d喷1次。防治葡萄霜霉病，发病初期开始喷45%水剂1 000倍，10～15d喷1次，共喷3～4次。防治柑橘苗圃立枯病，用45%水剂200～400倍液浸种1h；防治柑橘溃疡病、炭疽病、白粉病，喷45%水剂600～800倍液。防治落叶果树苗木立枯病，每平方米用45%水剂200～300倍液2～4L处理苗床土壤，或用1 000倍液灌根。

2. 防治桑赤锈病

用45%水剂1 000倍液喷雾，隔7～10d喷1次，连续喷2～3次，喷药后7d可采叶喂蚕。

3. 防治落叶松早期落叶病

喷45%水剂600～800倍液。

4. 蔬菜病害

能防治多种蔬菜的真菌性、细菌性病害，施药方式多样。苗床消毒防治茄果类及瓜类蔬菜苗期病害，于播种前用45%水剂300～400倍液，每平方米床土表面浇药液3～5kg。种子消毒防治白菜黑斑病，白菜、甘蓝、花椰菜黑茎病，于播种前用45%水剂200～400倍液浸种15min，再用清水洗净，晾干播种。叶面喷雾防治黄瓜炭疽病、白粉病、黑星病、灰霉病、黑斑病、细菌性角斑病，番茄叶霉病、斑枯病，茄子绵疫病，莴苣和菠菜霜霉病，菜豆炭疽病、白粉病，魔芋细菌性叶枯病和软腐病等，喷45%水剂1 000倍液。喷雾防治病害时，代森铵稀释倍数小于1 000倍，易产生药害。防治姜瘟，用45%水剂15 000倍液浇土表消毒。防治白菜、甘蓝软腐病，发病初期及时拔除腐烂病株，用45%水剂1 000倍液喷洒全田。

5．粮食作物病害

防治水稻白叶枯病、纹枯病、稻瘟病，亩用45%水剂50～100ml，对水1 000倍喷雾；防治水稻白叶枯，还可用45%水剂500倍液浸种24h。防治谷子白发病，用45%水剂180～360倍液浸种。防治甘薯黑斑病，可浸种薯，用45%水剂200～250倍液浸15min，水温17℃，防止带菌种属上坑，药液可浸2～3批次；也可浸薯秧，用450倍液，浸茎基部7～10cm，1～2min，勿使药液沾附叶片，以免药害；浸过的薯秧稍滴干即可栽插，药液可连浸8批次。防治玉米大、小斑病，亩用45%水剂78～100mL，对水喷雾。

6．防治棉花苗期炭疽病、立枯病

用45%水剂250倍液，浸种24h，或用200～300倍液处理苗床以及生长期用1 000倍液浇灌。

7．防治橡胶枝条溃疡病

采用45%水剂150倍液涂抹枝条。

8．防治红麻炭疽病

用45%水剂125倍液，水温18～24℃浸种24h，捞出即可播种。

9．防治枸杞根腐病

发病初期用45%水剂500倍液浇灌，经一个半月可康复；防治香草兰茎腐病，在剪除病枝，消除重病株后，用500倍液淋灌病株周围的土壤，隔7～10d淋灌1次，共处理2～3次。

注意事项

1．代森铵用于大田作物和蔬菜作物的叶面喷雾，45%水剂对水稀释倍数低于1 000倍时，容易发生药害。

2．代森铵不能与石硫合剂、多硫化钡、波尔多液、松脂合剂混用。

3．气温高时对豆类作物易产生药害。

4．本品对皮肤有刺激作用，如沾着皮肤上应立即用水清洗。

丙森锌（propineb）

$$\left[-Zn-S-\overset{S}{\overset{\|}{C}}-NH-CH_2-\underset{CH_3}{\underset{|}{CH}}-NH-\overset{S}{\overset{\|}{C}}-S- \right]_n$$

化学名称

丙烯基双二硫代氨基甲酸锌

其他名称

泰生，安泰生

理化性质

白色或微黄色粉末，熔点160℃（分解），蒸气压<1.6×10^{-7}mPa（20℃）；水中溶解度<1mg/L（20℃），在二氯甲烷、己烷、丙醇、甲苯等有机溶剂中的溶解度<0.1g/L。在干燥低温条件下贮存时稳

定，遇酸、碱及高温分解。

毒性

微毒，大鼠急性经口 LD_{50}>5 000mg/kg，兔急性经口 LD_{50}>2 500mg/kg，大鼠急性经皮 LD_{50}>5 000mg/kg；对眼睛和皮肤无刺激性；对鱼有毒，对虹鳟鱼 LC_{50} 为 0.4mg/L（96h），对蜜蜂无毒。

生物活性

广谱性杀菌剂，其杀菌原理与代森锰锌相同，作用于真菌细胞壁和蛋白质的合成，能抑制孢子的侵染和萌发，同时能抑制菌丝体的生长，导致其变形、死亡。且该药含有易于被作物吸收的锌元素，有利于促进作物生长和提高果实的品质。

制剂

70% 可湿性粉剂。

生产企业

德国拜耳作物科学公司，东部韩农（黑龙江）化工有限公司，利民化工有限责任公司，深圳诺普信农化股份有限公司，陕西省西安常隆正华作物保护有限公司，陕西省蒲城县美邦农药有限责任公司，山东信邦生物化学有限公司，天津市阿格罗帕克农药有限公司等。

应用

1．果树病害

防治苹果斑点落叶病，在春梢或秋梢开始发病时，用 70% 可湿性粉剂 700～1 000 倍液喷雾，每隔 7～8d 喷 1 次，连续喷 3～4 次。防治葡萄霜霉病，在发病初期开始喷 70% 可湿性粉剂 400～600 倍液，隔 7d 喷 1 次，连续喷 3 次。防治杧果炭疽病，在开花期、雨水较多易发病时，用 70% 可湿性粉剂 500 倍液喷雾，隔 10d 喷 1 次，共喷 4 次。

2．蔬菜病害

防治黄瓜霜霉病，发现病叶立即摘除并开始喷药，亩用 70% 可湿性粉剂 150～215g 对水喷雾或喷 500～700 倍液，隔 5～7d 喷 1 次，共喷 3 次。防治番茄早疫病，亩用 70% 可湿性粉剂 125～187.5g，防治番茄晚疫病亩用 150～215g，对水喷雾，隔 5～7d 喷 1 次，连喷 3 次。防治大白菜霜霉病，发病初期或发现发病中心时喷药保护，亩用 70% 可湿性粉剂 150～215g，对水喷雾，隔 5～7d 喷 1 次，连喷 3 次。

3．防治烟草赤星病

发病初期开始，亩用 70% 可湿性粉剂 91～130g 对水喷雾，或用 500～700 倍液喷雾，隔 10d 喷 1 次，连喷 3 次。

此外，本剂还可用于防治水稻、花生、马铃薯、茶、柑橘及花卉的病害。

注意事项

1．丙森锌不可与铜制剂和碱性农药混用，若两药连用，需间隔 7d。

2．如与其他杀菌剂混用，必须先进行少量混用试验，以避免药害和混合后药物发生分解作用。

福美双（thiram）

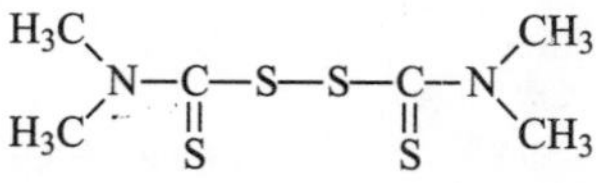

$$(H_3C)_2N-\underset{\|\atop S}{C}-S-S-\underset{\|\atop S}{C}-N(CH_3)_2$$

化学名称

四甲基秋兰姆二硫化物

理化性质

纯品为白色无味结晶（工业品为灰黄色粉末，

有鱼腥味）。熔点155～156℃，蒸气压2.3×10^{-3}mPa（25℃），相对密度1.29（20℃），室温下在水中溶解度30mg/L，乙醇中溶解度<10g/L，丙酮中溶解度80g/L，氯仿中溶解度230g/L（室温），己烷中溶解度0.04g/L，二氯甲烷170g/L，甲苯18g/L，异丙醇0.7g/L（20℃）。酸性介质中分解，长期接触日照、热、空气和潮湿会变质。

毒性

中等毒杀菌剂，原粉大鼠急性经口LD_{50}为378～865mg/kg，小鼠急性经口LD_{50}为1 500～2 000mg/kg；对皮肤和黏膜有刺激作用；对鱼有毒，对虹鳟鱼LC_{50}为0.128mg/L（96h），对翻车鱼LC_{50}为0.0445mg/L（96h）。

生物活性

保护作用强，抗菌谱广，主要用于处理种子和土壤，防治禾谷类黑穗病和多种作物的苗期立枯病，也可用于喷雾防治一些果树、蔬菜病害。可与多种内吸性杀菌剂复配，并可与其他保护型杀菌剂复配混用。

制剂

70%、50%可湿性粉剂，80%水分散粒剂，10%膏剂。

生产企业

河北胜源化工有限公司，河北万特生物化学有限公司，山东拜尔化工有限公司，北京顺意生物农药厂，天津市汉邦植物保护剂有限责任公司，山东省济南天邦化工有限公司，山东省青岛海利尔药业有限公司，福建新农大正生物工程有限公司，陕西省杨凌博迪森生物科技发展股份有限公司（10%膏剂）等。

应用

由于对种传和苗期土传病害有较好的效果，在很长一段时间内主要用于种子处理和土壤处理，目前也已用于叶面喷雾。

1．果树病害

防治葡萄白腐病，当下部果穗发病初期，开始喷50%可湿性粉剂600～800倍液，隔12～15d喷1次，至采收前半个月为止，使用浓度过高易产生药害。防治桃和李细菌性穿孔病，发病初期开始喷50%可湿性粉剂500～800倍液，隔12～15d喷1次，连续喷3～5次。防治苹果树腐烂病，每平方米用10%膏剂300～500g涂抹。防治梅灰霉病，开花和幼果期喷50%可湿性粉剂500～800倍液各1次。防治柑橘等果树树苗的立枯病，每平方米苗床用50%可湿性粉剂8～10g，与细土10～15kg拌匀，1/3作垫土，2/3用于播种后覆土。在冬前，用50%可湿性粉剂8倍液涂抹柑橘、桃等果树幼树杆，可防野兔、老鼠啃食。

2．蔬菜病害

拌种防治种传苗期病害，如十字花科、茄果类、瓜类等蔬菜苗期立枯病、猝倒病以及白菜黑斑病、瓜类黑星病、莴苣霜霉病、菜豆炭疽病、豌豆褐纹病、大葱紫斑病和黑粉病等，用种子量的0.3%～0.4%的50%可湿性粉剂拌种。处理苗床土壤防治苗期病害，立枯病和猝倒病，每平方米用50%可湿性粉剂8g，与细土20kg拌匀，播种时用1/3毒土下垫，播种后用余下的2/3毒土覆盖。防治大葱、洋葱黑粉病，在拔除病株后，用50%可湿性粉剂与80～100倍细土拌匀，制成毒土，均匀撒施于病穴内。用50%可湿性粉剂500～800倍液喷雾，可防治白菜、瓜类的霜霉病、白粉病、炭疽病，番茄晚疫病、早疫病、叶霉病，蔬菜灰霉病等。

3．粮食作物病害

拌种防治水稻稻瘟病、胡麻叶斑病、稻苗立枯病、稻恶苗病，每50kg种子用50%可湿性粉剂250g拌种或用50%可湿性粉剂500～1 000倍液浸种2～3d。防治玉米黑粉病、高粱炭疽病，每50kg种子用50%可湿性粉剂250g拌种。防治谷子黑穗病，每50kg种子用50%可湿性粉剂150g拌种。防治小麦腥黑穗病、根腐病、秆枯病，大麦坚黑穗病，每50kg种子用50%可湿性粉剂150～250g拌种。防治小麦赤霉病、雪腐叶枯病、根腐病的叶腐与穗腐、白粉病，用50%可湿性粉剂500倍液喷雾。

4．油料作物病害

拌种防治油菜立枯病、白斑病、猝倒病、枯萎病、黑胫病，每50kg种子用50%可湿性粉剂125g；喷雾防治油菜霜霉病、黑腐病，亩用50%可湿性粉剂500～800倍液50～75L喷雾，隔5～7d喷1次，共喷2～3次。防治大豆立枯病、黑点病、褐斑病、紫斑病，每50kg种子用50%可湿性粉剂150g拌种；防治大豆霜霉病、褐斑病，发病初期开始喷50%可湿性粉剂500～1 000倍液，亩喷药液量50L，隔15d喷1次，共喷2～3次。防治花生冠腐病，每50kg种子用50%可湿性粉剂150g拌种。

5. 防治甜菜立枯病和根腐病

每50kg种子用50%可湿性粉剂400g拌种；若每50kg种子用50%福美双可湿性粉剂200～400g与70%噁霉灵可湿性粉剂200～350g混合拌种，防病效果更好；防治根腐病还可将药剂制成毒土，沟施或穴施。

6. 烟草病害

防治烟草根腐病，每500kg温床土用50%可湿性粉剂500g，处理土壤；防治烟草黑腐病，发病初期用50%可湿性粉剂500倍液浇灌，每株灌药液100～200mL；防治烟草炭疽病，发病初期用50%可湿性粉剂500倍液常规喷雾。

7. 防治棉花黑根病和轮纹病

每50kg种子用50%可湿性粉剂200g拌种。

8. 防治亚麻、胡麻枯萎病

每50kg种子用50%可湿性粉剂100g拌种。现多用拌种双取代福美双。

9. 防治北沙参黑斑病

每50kg种子用50%可湿性粉剂150g拌种。防治山药斑纹病，发病前或发病初期开始喷50%可湿性粉剂500～600倍液，隔7～10d喷1次，共喷2～3次。

10. 花卉病害

防治唐菖蒲的枯萎病和叶斑病（硬腐病），种植前，用50%可湿性粉剂70倍液浸泡球茎30min后定植。防治金鱼草叶枯病，用种子量的0.2%～0.3%的50%可湿性粉剂拌种。防治为害菊花等多种花卉的立枯病，每亩苗床用50%可湿性粉剂500g，拌毒土撒施施入土壤，或亩用药100g加水50kg灌根，每株浇灌药液500mL。防治为害兰花、君子兰、郁金香、万寿菊等多种花卉的白绢病，每平方米用50%可湿性粉剂5～10g，拌成毒土，撒入土壤内，或撒施于种植穴内再种植。

11. 防治松树苗立枯病

每50kg种子用50%可湿性粉剂250g拌种。

注意事项

1. 福美双不能与铜制剂及碱性药剂混用或前后紧接使用。

2. 冬瓜幼苗对福美双敏感，忌用。

福美锌（ziram）

$$[(CH_3)_2N-C(=S)-S]_2Zn$$

化学名称

双－（二甲基硫代氨基甲酸）锌

理化性质

无色粉末，熔点246℃，蒸气压$<1\times10^{-3}$mPa（推

算），相对密度密度 1.66（25℃）；在水中溶解度为 1.58 ~ 18.3mg/L（20℃），在丙酮中 2.88g/L（20℃），在甲醇中 0.22mg/L（20℃），在甲苯中 2.33mg/L（20℃），溶于氯仿、二硫化碳、稀碱；在酸性介质中分解，紫外光照射分解。

毒性

低毒，大鼠急性经口 LD_{50} 为 2 068mg/kg，兔急性经口 LD_{50} 为 100 ~ 300mg/kg，兔急性经皮 LD_{50} < 2 000mg/kg；对眼睛有强烈的刺激性，对皮肤无刺激性；对鱼有毒，对虹鳟鱼 LC_{50} 为 1.9mg/L（96h），对蜜蜂无毒。

生物活性

杀菌剂，驱鸟剂，驱鼠剂。主要作用机制是抑制含有 Cu^{2+} 或 HS^{-} 基团的酶的活性，作为杀菌剂主要是叶面喷雾保护作用。

制剂

72% 可湿性粉剂。混剂：80% 福・福锌可湿性粉剂（50% 福美锌 +30% 福美双），40% 福・福锌可湿性粉剂（25% 福美锌 +15% 福美双）。

生产企业

河北冠龙农化有限公司，天津市捷康化学品有限公司，山东省济南一农化工有限公司，河北省冀州市凯明农药有限责任公司，山东省青州市农药厂，陕西省西安西诺农化有限责任公司，陕西省蒲城县美邦农药有限责任公司等。

应用

福美锌即是一种保护性杀菌剂，也是一种驱散野生动物的驱避剂（如驱避鸟、老鼠等）。我国目前只是登记用于杀菌剂，作为驱避剂还有待进一步开发。

防治病害

防治苹果炭疽病，72% 可湿性粉剂稀释 400 ~ 600 倍液常规喷雾。

防治黄瓜炭疽病，每亩用 80% 福・福锌可湿性粉剂 125 ~ 150g，对水喷雾。

防治西瓜炭疽病，每亩用 80% 福・福锌可湿性粉剂 125 ~ 150g，对水喷雾。

防治麻炭疽病，可用拌种法，每 100kg 种子用 80% 福・福锌可湿性粉剂 300 ~ 500g，均匀拌种。

防治棉花立枯病，用 80% 福・福锌可湿性粉剂稀释 160 倍，进行浸种。

防治杉木炭疽病，80% 福・福锌可湿性粉剂 500 ~ 600 倍液喷雾。

防治橡胶树炭疽病，80% 福・福锌可湿性粉剂 500 ~ 600 倍液喷雾。

注意事项

1. 烟草和葫芦等对锌敏感，应慎用。

2. 不能与石灰、硫磺、铜制剂和砷酸铅混用，主要以防病为主，宜早期使用。

乙蒜素（ethylicin）

$$C_2H_5-\overset{\overset{\displaystyle O}{\|}}{\underset{\underset{\displaystyle O}{\|}}{S}}-S-C_2H_5$$

化学名称

乙烷硫代磺酸乙酯

其他名称

抗菌剂 402

理化性质

纯品为无色或微黄色油状液体，有大蒜臭味。工业品为微黄色油状液体，有效成分含量 90% ~ 95%，有大蒜和醋酸臭味，挥发性强，有强腐蚀性，可溶于多种有机溶剂，水中溶解度为 1.2%。140℃

分解，沸点56℃（0.2mmHg）。常温贮存比较稳定。

毒性

中等毒，大鼠急性经口LD_{50}为140mg/kg，急性经皮LD_{50}为80mg/kg；对皮肤和黏膜有强烈的刺激作用；能通过食道、皮肤等引起中毒。

生物活性

是大蒜素的同系物，是一种广谱性杀菌剂。其杀菌机制是其分子结构中的S-S=O基团与菌体分子中含 - SH基的酶反应，从而抑制菌体正常代谢。对植物生长具有刺激作用，经它处理过的种子出苗快，幼苗生长健壮。以保护作用为主，兼有一定的铲除作用和内吸性，对多种病原菌的孢子萌发和菌丝生长有很强的抑制作用。

制剂

80%、41%、30%、20%乳油；混剂：35%唑酮·乙蒜素乳油（30%乙蒜素+5%三唑酮）。

生产企业

河南赊店生化有限公司，浙江平湖农药厂，天津市汉邦植物保护剂有限责任公司，河南啄木鸟农化有限公司，河南省南阳大华化工厂，河南省南阳市双星试验化工厂，河南新新生物工程有限公司，河南省开封田威生物化学有限公司，海南正业中农高科股份有限公司等。

应用

1. 甘薯病害

防治甘薯黑斑病，每100kg甘薯用80%乳油20～30mL，对水1L，喷洒窖贮甘薯的垫盖物，密闭熏蒸3～4d，敞窖散温；窖温低于10℃不宜用药。也可以用浸种薯法，用80%乳油2 000倍液浸种薯10min，取出下床育苗。还可以用浸薯秧法，用80%乳油4 000倍液浸薯秧10min后栽植。

2. 作物病害

防治水稻烂秧，用80%乳油7 000～8 000倍液，籼稻浸种2～3d，粳稻浸种3～4d；防治水稻稻瘟病，亩用41%乳油75～94mL，对水喷雾。对小麦腥黑穗病用80%乳油8 000～10 000倍液浸种24h，对大麦条纹病用5 000倍液浸种24h时。对青稞大麦条纹病，每100kg种子用80%乳油10mL，加少量水，湿拌。

3. 棉花病害

防治棉花苗期炭疽病、立枯病、红腐病等，用80%乳油5 000倍液浸种16～24h，取出晾干播种，浸过的棉籽，不得再拌草木灰，以免影响药效。防治棉花枯萎病、黄萎病，当田间零星发病时，每平方米用80%乳油80mL熏蒸土壤，消灭点片发病中心。对一般棉枯萎病株，每株用80%乳油3 000倍液500mL灌窝，能促进恢复健康；或亩用30%乳油55～78mL，对水喷雾。

4. 防治大豆紫斑病

用80%乳油5 000倍液浸种1h。防治油菜霜霉病，喷80%乳油5 000～6 000倍液。

5. 防治黄瓜细菌性角斑病

亩用41%乳油60～75mL，对水喷雾。

6. 果树病害

防治葡萄及核果类果树根癌病，在刮除病瘤后，伤口用80%乳油200倍液涂抹。防治桃树流胶病，于桃树休眠期，在病部划道后，用80%乳油100倍液涂抹。

注意事项

1. 不能与碱性农药混用。

2. 经处理过的种子不能食用或作饲料，棉籽不能用于榨油；浸过药液的种籽不得与草木灰一起播种，以免影响药效。

二硫氰基甲烷（methane dithiocyanate）

```
     H
     |
H—C—SCN
     |
    SCN
```

化学名称

甲叉二硫氰基酯

其他名称

浸种灵。

理化性质

纯品为棕黄色针状结晶，熔点为 101～103℃；在水中溶解度为 2.3mg/mL，易溶于二甲基甲酰胺，不易溶于一般有机溶机；有刺激性气味；在碱性及强紫外光下易分解。

毒性

中等毒（接近高毒），小鼠急性经口 LD_{50} 为 50.2mg/kg，急性经皮 LD_{50} 为 292mg/kg。

生物活性

保护性种子消毒剂，可杀灭种传的多种细菌、真菌及线虫。作用机理为药剂中的硫氰基先被病原微生物体内的酶氧化成 -S 和 -CN，这两个毒性基团主要干扰和抑制病原微生物呼吸作用的末端氧化电子传递过程，阻止正常的能量产生，导致病原微生物死亡。该药易光解，不宜在田间喷雾使用，目前主要用于处理农作物种子，防治种传病害，如水稻恶苗病和干尖线虫病、大麦条纹病、坚黑穗病和网斑病。

制剂

10%、5.5%、4.2% 乳油，1.5% 可湿性粉剂。

生产企业

江苏长青农化股份有限公司，江苏省泰州梅兰农化有限责任公司，广东省珠海真绿色技术有限公司，江苏省常熟市义农农化有限公司，浙江省绍兴天诺农化有限公司等。

应用

防治水稻恶苗病和干尖线虫病，用 1.5% 可湿性粉剂 375～625 倍液或 4.2% 乳油 5 000～7 000 倍液或5.5%乳油5 000～6 000倍液或10%乳油5 000～8 000 倍液，在 20～25℃条件下浸种 48h，温度低时可延长至 72h，浸后不需清洗，直接催芽播种。

防治大麦条纹病，用 10% 乳油 5 000～8 000 倍液浸种 2～3d。

注意事项

1. 本品毒性较高，严防入口，皮肤接触后用肥皂或碱立即清洗干净。

2. 本品勿用碱性水稀释使用及与碱性物质混用。

5

第三章 三唑类杀菌剂

三唑类杀菌剂是20世纪70年代问世的一类高效杀菌剂，其作用机制是在抑制病原菌麦角甾醇的生物合成。目前在国内被开发和推广使用的品种近20个，如三唑酮、三环唑、戊唑醇、苯醚甲环唑等都有大面积应用，并且还有大量以三唑类为主的复配混剂。三唑类杀菌剂的共有特点如下：

（1）广谱，对子囊菌、担子菌、半知菌的许多种病原真菌有很高的活性，但对卵菌类无活性。能有效防治的病害达数十种，其中包括一些重大病害。

（2）高效，由于药效高，用药量减少，仅为福美类和代森类杀菌剂的1/10～1/5，麦类拌种用药量（有效成分）从每100kg种子用药100g降到30g，叶面喷施用药量减少到6～10g。从而用药成本、药剂残留等问题均有所下降。

（3）持效期长，一般是叶面喷雾的持效期为15～20d，种子处理为80d左右，土壤处理可达100d，均比一般杀菌剂长，且随用药量的增加而延长。

（4）内吸输导性好、吸收速度快，一般施药2h后三唑酮被吸收的量已能抑制白粉菌的生长。作物叶片局部吸收三唑酮后能传送到叶片的其他部位，但不能传至另一叶片，因而茎叶喷雾时仍应均匀周到。作物根吸收三唑酮能力强，并能向上输导至地上部分，因而可用种子处理方式施药。

（5）多种防病作用，具有强的预防保护作用，较好的治疗作用，还有熏蒸和铲除作用。因此，可在作物多个生长期使用，可拌种、叶面喷雾，也可加工成种衣剂。

（6）生长调节作用，三唑类杀菌剂对植物都有生长调节作用，浓度控制得当，可以显著刺激作物生长，浓度过大（如小麦用三唑酮高浓度拌种），也可能造成药害。

三唑酮（triadimefon）

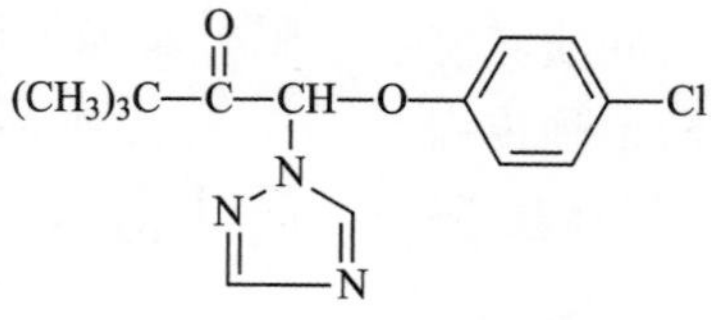

化学名称

1-（4-氯苯氧基）-3,3-二甲基-1-（1H-1,2,4-三唑-1-基）-丁-2-酮

其他名称

百里通，粉锈宁。

理化性质

纯品为无色结晶，原粉（有效成分含量为90%）外观为白色至浅黄色固体，有特殊芳香味。熔点82.3℃，蒸气压0.02mPa（20℃），0.06mPa（25℃），相对密度1.22（20℃），溶解度水64mg/L（20℃），中度溶于许多有机溶剂，除脂肪烃类以外，二氯甲烷、甲苯>200，异丙醇50～100，己烷5～10g/L（20℃）。在酸性和碱性条件下（pH1～13）都较稳定。

毒性

低毒，原粉对大鼠急性经口LD_{50}为1 000～1 500mg/kg，小鼠急性经口LD_{50}为990～1 070mg/kg，兔急性经口LD_{50}为250～500mg/kg，大鼠急性经皮LD_{50}>1 000mg/kg。对鱼有一定毒性，对虹鳟鱼LC_{50}为17.4mg/L，在试验剂量内对动物未见致畸、致突变和致癌作用。

生物活性

三唑酮是高效、低毒、低残留、持效期长的强内吸杀菌剂，被植物的各部分吸收后，能在植物内传导，对锈病和白粉菌具有预防、治疗、铲除和熏蒸等作用。其作用机理主要是抑制病菌麦角甾醇的合成，从而抑制菌丝生长和孢子形成。三唑酮可以与许多杀菌剂、杀虫剂、除草剂等现混现用。

制剂

20%、15%乳油，25%、15%、10%可湿性粉剂，15%热雾剂。

生产企业

德国拜耳作物科学公司，天津科润北方种衣剂有限公司，江苏建农农药化工有限公司，深圳诺普信农化股份有限公司，浙江平湖农药厂，江苏省张家港市第二农药厂有限公司，上海升联化工有限公司，兴农药业（上海）有限公司，天津市中农化农业生产资料有限公司，河南省郑州大河农化有限公司，山东邹平农药有限公司，江苏剑牌农药化工有限公司（15%三唑酮热雾剂）等。

应用

1. 麦类病害

防治小麦白粉病，在小麦拔节前期和中期，亩用20%乳油20mL，对水20～25kg，全田喷雾，铲除菌源，保护麦株下部，控制流行；对白粉病的晚发病田和偶发病田，亩用20%乳油35～45mL，对水50～70kg喷雾，重点保护顶部功能叶片，并可兼治小麦叶枯病、颖枯病和大麦云纹病。

防治小麦条锈病等，每100kg种子用15%可湿性粉剂200g拌种，春小麦播后药效能维持60d以上，可基本上控制条锈病的流行；冬小麦拌种后，冬前麦苗发病少，可推迟翌年病害流行期，减轻病害流行程度；拌种还可兼治小麦白粉病、白秆病、根腐病、全蚀病、黑粉病等常见病害；在小麦成株期叶面喷雾，亩用15%可湿性粉剂55～60g，对水75～100kg，于初见病时喷药，喷药间隔30d左右，如遇重病田或封锁发病中心，亩用15%可湿性粉剂110g对水喷雾，可兼治小麦叶锈病、秆锈病、网斑病、叶枯病等。

防治小麦全蚀病，除拌种外，在苗期病害侵染高峰期，亩用20%乳油50～70mL或25%可湿性粉剂40～60g或15%可湿性粉剂65～100g，对水50～60kg，顺麦行喷雾。

采用三唑酮拌种的麦田，在苗期60d内可保护小麦叶片不受锈菌、白粉菌的入侵，基本上保障了麦田冬前不发生条锈病、白粉病。春季小麦返青后，如当地没有越冬菌或者越冬菌很少，可推迟大田发病期20d左右，达到控制春季流行的作用。采用拌种防病，要大范围统一使用，防治效果才好。

2. 玉米和高粱病害

防治玉米圆斑病，于果穗冒尖时，亩用20%乳油45～50mL，对水喷雾。防治玉米黑穗病，每1kg种子用15%可湿性粉剂650～750g拌种；防治高粱黑穗病，每100g种子用药200～250g拌种，为使药粉能均匀地沾在种子上，可先用5%玉米面糊水拌湿种子，然后再拌药。

3. 水稻病害

水稻生长中后期病害有为害期集中，因而应掌握在这个时期施药为宜，其防效最高；齐穗期以后施药，其综合防效有所降低；但在以稻粒黑粉病为主的田块，应于齐穗后施药，综合防效最好；或于始穗期和始花期各施药1次为宜。三唑酮在防治水稻病害时的最适用量，因发病种类和发病程度而异，特别是发病程度的影响更大。在一般发病年份或田块，每亩次使用20%三唑酮乳油50mL左右或15%三唑酮可湿性粉剂60～70g；病情严重时，用药量需增加到20%三唑酮乳油75～100mL或15%三唑酮可湿性粉剂100～130g，对穗部的稻曲病、穗粒黑粉病，也采用这个剂量；防治穗颈瘟时的用药量要增加到20%三唑酮乳油150mL左右或15%三唑酮可湿性粉剂200g左右，方能取得较好的防效。三唑酮的施药次数，在一般发病年份或田块，施药防治1次即可；病情严重或发病期较长时施药2次，即在孕穗至抽穗期施第一次药，齐穗期再施一次，其综合防效可提高20%左右。在施药适期内，施药2次比施药1次的防效有明显提高，且防效稳定。防治水稻纹枯病，将1次用药量分2次施用，间隔7～10d，防效更好。

4．果树病害

防治苹果白粉病，在开花前芽露出1cm左右时和谢花70%时，各喷1次20%乳油2 000～2 500倍液，重病园在谢花后10d再喷1次。对葡萄白粉病、梨白粉病、桃树白粉病、核桃白粉病、栗白粉病、黑穗醋栗白粉病、贵州刺梨白粉病等，于发病初期开始喷15%可湿性粉剂1 000～1 200倍液或20%乳油1 500～2 000倍液，重病园隔15～20d后再喷1次。防治杧果白粉病用20%乳油1 000倍液，防治啤酒花白粉病用20%乳油1 600倍液，防治草莓白粉病亩用15%可湿性粉剂30～40g对水喷雾。防治苹果、梨、山楂等果树锈病，于果树展叶期、谢花70%和谢花后10d左右，各喷1次25%可湿性粉剂1 500倍液。防治枣树锈病，于7月上中旬和8月上中旬喷25%可湿性粉剂1 000～1 500倍液。防治葡萄白腐病、黑痘病，苹果炭疽病，喷25%可湿性粉剂1 000～1 500倍液。防治梨、苹果黑星病，于田间始见病梢或病叶时开始喷20%乳油2 000～2 500倍液，以后视降雨情况，15～20d喷1次，共喷4～7次，或与其他杀菌剂交替使用。防治柑橘贮藏期病害的青霉菌、绿霉菌，用20%乳油150～250倍液加2,4-滴250mg/L，浸果0.5～1min，晾干后贮藏，有良好防腐作用和保鲜效果，有效期100d左右。

5．橡胶病害

防治橡胶树白粉病，于发病初期，亩用15%热雾剂50～67mL，用烟雾机喷油雾。

6．蔬菜病害

防治瓜类白粉病，在病害发生初期，亩用20%三唑酮乳油30～50mL或15%可湿性粉剂45～60g，对水喷雾，一般年份施药一次，病重年份隔15～20d再施药一次。新疆在哈密瓜白粉病发生初期，亩用20%乳油50mL，对水喷雾，药效期可达30d以上，并可提高瓜的含糖量30%左右。防治菜豆、豇豆、豌豆、辣椒白粉病，用15%可湿性粉剂1 000～1 200倍液喷雾或用20%乳油1 500～2 000倍液喷雾。防治温室蔬菜白粉病用土壤处理法，每立方米土壤用15%可湿性粉剂10～15g处理，作为种植用土，药效期达2个月以上。防治豆类（菜豆、豇豆等）、辣椒的锈病，在发病初期，用20%乳油1 000～1 500倍液或25%可湿性粉剂2 000～3 000倍液喷雾。防治黄瓜白绢病，在病害发生初期用15%可湿性粉剂与200倍的细土拌匀后，撒在病株根茎处，防效明显。防治水生蔬菜慈姑黑粉病、茭白锈病、魔芋白绢病，发病初期喷洒15%可湿性粉剂150倍液，7～10d喷1次，一般共喷2～3次。防治荸荠秆枯病，在发病初期亩用20%乳油50～100mL，对水75kg喷雾，重点保护新生荸荠秆。对已发病或病情较重的田块，亩用药量增至150mL，以利于控制病害的蔓延。防治马铃薯癌肿病，于70%植株出苗至齐苗期，用20%乳油1 500倍液浇灌；或于苗期、蕾期亩喷20%乳油2 000倍液50～60kg。

7．药用植物病害

防治紫薇白粉病、菊花白粉病、薄荷白粉病、田旋花白粉病、金银花白粉病、蒲公英白粉病、枸杞白粉病等，在发病初期，用20%乳油1 500～2 000倍液喷雾，隔10～15d喷1次，共喷2～3次。防治紫苏锈病、芦竹锈病、菊芋锈病、薄荷锈病、苦菜锈病等，于发病初期开始喷15%可湿性粉剂1 000～1 500倍液，每15d左右喷1次，共喷1～2次。防治佩兰白绢病，于发病初期用15%可湿性粉剂与100～200倍细土拌匀后，撒在病部根茎处。防治薏苡黑穗病，用种子量0.4%的15%可湿性粉剂拌种。

8．花卉病害

防治大丽花、风仙花、瓜叶菊、月季等白粉病，在病害发生初期，使用20%三唑酮乳油2 000～3 000倍液喷雾；对其他花卉及观赏植物的白粉病用20%三唑酮乳油1 500～2 000倍液喷雾；对温室内花卉白粉病使用浓度要适当降低，即对水倍数要增加；用药剂处理温室土壤防治白粉病，每平方米用25%可湿性粉剂7.2g，加细土拌匀后撒施入土壤，持效期达60d以上。防治菊花锈病用20%三唑酮乳油2 000倍液喷雾，药效期约20d；防治草坪草锈病，亩用20%三唑酮乳油40～60mL，加水40～60kg喷雾，药效期约20d；防治其他花卉及观赏植物的锈病用2 000～3 000倍液喷雾。防治杜鹃花瓣枯萎病，在病害发生前，用20%三唑酮乳油1 300倍液喷雾。防治十字花科、菊科、豆科、茄科的多种观赏植物，如菊花、矢车菊、紫罗兰、金鱼草、桂竹香、芍药、飞燕草、香豌豆等的菌核病，在发现发病中心病株时，用25%可湿性粉剂3 000倍液，重点喷植株中下部和地面。

注意事项

1．采用湿拌法或乳油拌种时，拌匀后立即晾干，以免发生药害。

2．小麦用三唑酮拌种时，药剂用量不要超过说明书的规定，否则容易发生药害事故。

3．在蔬菜上使用三唑酮要控制用药量，过量用药会使蔬菜植株出现生长缓慢、株型矮化、叶片变小变厚、叶色深绿等不正常现象。

4．在温室里用喷雾法防治时，用药浓度过高，易引起瓜叶变脆。

三唑醇（triadimenol）

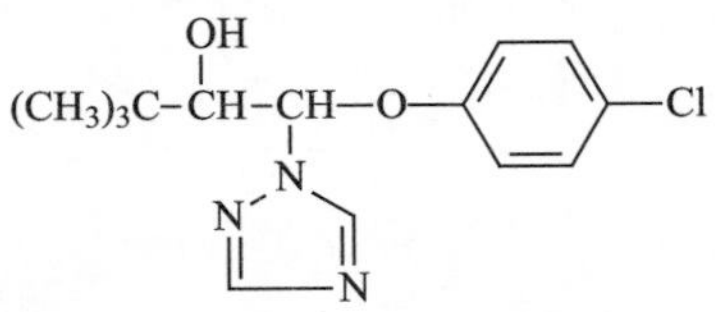

OH
$(CH_3)_3C-CH-CH-O-C_6H_4-Cl$
N（1H-1,2,4-三唑-1-基）

化学名称

1-（4-氯苯氧基）-3,3-二甲基-1-（1H-1,2,4三唑-1基）丁-2-醇

其他名称

百坦。

理化性质

略有特殊气味无色晶体，熔点110℃，原药118～130℃，蒸气压<1mPa；异构体A在水中为62mg/L（20℃），在二氯甲烷、异丙醇中100～200g/L，在已烷中0.1～1.0mg/L，在甲苯中20～50g/L（20℃）；异构体B在水中溶解度为32mg/L（20℃），在已烷中0.1～1.0mg/L，在二氯甲烷、异丙醇中100～200g/L，在甲苯中10～20g/L；稳定性好，半衰期超过1年（22℃）。

毒性

低毒，大鼠急性经口LD_{50}约为700mg/kg，小鼠急性经口LD_{50}约为1 300mg/kg，大鼠急性经皮LD_{50}（5 000mg/kg；对兔眼睛和皮肤无刺激性；对鱼有一定的毒性，对虹鳟鱼LC_{50}为21.3mg/L（96h），对翻车鱼LC_{50}为15mg/L（96h）；对蜜蜂无毒。

生物活性

内吸性杀菌剂，对病害具有保护、治疗和铲除作用，能够被作物根系和叶片吸收。三唑醇的杀菌谱与三唑酮大体相同，能杀灭附于种子表面的病原菌，也能杀死种子内部的病原菌，主要供拌种用，也可用于喷洒。

制剂

25%、15%干拌种粉剂，1.5%悬浮种衣剂，15%、

10% 可湿性粉剂。

生产企业

德国拜耳作物科学公司，江苏省盐城利民农化有限公司，江苏省南通南沈植保科技开发有限公司，江苏七洲绿色化工股份有限公司，兴农药业（上海）有限公司，山东滨农科技有限公司，江苏剑牌农药化工有限公司等。

应用

用于处理种子，在很低剂量下，对禾谷类作物种子带菌和叶部病原菌都有优良的防治效果，这是三唑醇的重要特点。对小麦散黑穗病、网腥黑穗病、根腐病，大麦散黑穗病、叶条纹病、网斑病，燕麦散黑穗病等。每 100kg 种子，用有效成分 7.5 ~ 15g 即 10% 可湿性粉剂 75 ~ 150g 拌种。

1. 防治小麦锈病

每 100kg 种子用 25% 干拌种粉剂 120 ~ 150g 拌种，还可兼治白粉病、纹枯病、全蚀病等。防治小麦纹枯病，每 100kg 种子用 10% 可湿性粉剂 300 ~ 450g 拌种；或用 1.5% 悬浮种衣剂 2 ~ 3kg 包衣，还可兼治苗期锈病、白粉病。

2. 防治玉米丝黑穗病

每 100kg 种子用 25% 干拌种粉剂 240 ~ 300g 或 15% 可湿性粉剂 400 ~ 500g 拌种。

3. 防治高粱丝黑穗病

每 100kg 种子，用 15% 干拌种粉剂 100 ~ 150g 拌种。

三唑醇也可用于喷雾，例如，防治小麦白粉病，也可亩用 15% 可湿性粉剂 50 ~ 60g，对水常规喷雾。

注意事项

1. 三唑醇处理麦类种子，与三唑酮相似，在干旱或墒情不好时会影响出苗率，对幼苗生长有一定的抑制作用，其抑制强弱与用药浓度有关，也比三唑酮轻很多，基本上不影响麦类中后期的生长和产量。

2. 用三唑醇拌种防治玉米、高粱丝黑穗病的效果不稳定，年度之间和地区之间波动较大，主要是受墒情影响，在春旱年份或地带的防效常偏低。

联苯三唑醇（bitertanol）

化学名称

1-（联苯 -4- 氧基）-1-（1H-1，2，4- 三唑 -1- 基）3，3- 二甲基丁 -2- 醇

其他名称

双苯三唑醇、双苯唑菌醇、百科。

理化性质

原药是一种无色晶体，熔点 125 ~ 129℃，20℃时在水中的溶解度为 5mg/L，在正己烷中 1 ~ 10g/L，在二氯甲烷中 100 ~ 200g/L，在异丙醇中 30 ~ 100g/L，在甲苯中 10 ~ 30g/L。在酸性和碱性介质中均较稳定，在 pH 值 3 ~ 10 时贮存一年，其有效成分无分解现象。

毒性

微毒，原药大鼠急性经口 LD_{50}>5 000mg/kg，小鼠急性经口 LD_{50} 为 4 200 ~ 4 500mg/kg，急性经皮 LD_{50}>5 000mg/kg；对兔皮肤和眼睛有轻微刺激性；鱼毒，对虹鳟鱼 LC_{50} 为 2.14mg/L（96h），对翻车鱼

LC_{50}为3.54mg/L（96h）；对蜜蜂无毒。

生物活性

具有保护、治疗和铲除作用；能渗透叶面的角质层而进入植株组织，但不能传导；杀菌谱广。

制剂

30%乳油，25%可湿性粉剂。

生产企业

德国拜耳作物科学公司，江苏剑牌农药化工有限公司。

应用

主要用于防治果树黑星病，花生和香蕉等叶斑病，以及多种作物的白粉病、锈病、黑粉病等。

1. 果树病害

对黑星病有特效，在梨、苹果树发病初期开始喷药（5月份），至8月间，每隔15～20d，连喷5～8次，每次用25%可湿性粉剂1 000～1 250倍液，或用30%乳油1 500～2 000倍液喷雾。采用有效低浓度喷洒，即将应该用的药量加水至每亩270L，可提高防治效果。对苹果锈病、煤污病用25%可湿性粉剂1 500～2 000倍液喷雾。对桃疮痂病、叶片穿孔病、污叶病用25%可湿性粉剂1 000～1 500倍液喷雾。

2. 防治花生和香蕉叶斑病

亩用25%可湿性粉剂60～70g或30%乳油40～60mL，对水喷雾，每隔12～15d，连喷2～3次。可兼治锈病等其他叶部病害。

3. 蔬菜病害

对菜豆、大豆及葫芦科蔬菜叶斑病、白粉病、锈病、炭疽病、角斑病等，各用25%可湿性粉剂80g或30%乳油50mL，对水喷雾。

4. 拌种防治玉米丝黑穗病

每100kg种子用25%可湿性粉剂240～300g，高粱丝黑穗病用60～90g，小麦锈病用120～150g。

5. 防治观赏植物菊花、石竹、天竹葵、蔷薇的锈病、黑斑病

用25%可湿性粉剂500～700倍液喷雾，白粉病用1 000～1 500倍液喷雾。

注意事项

不能用于紫罗兰，因它会损伤花瓣。

烯唑醇（diniconazole）

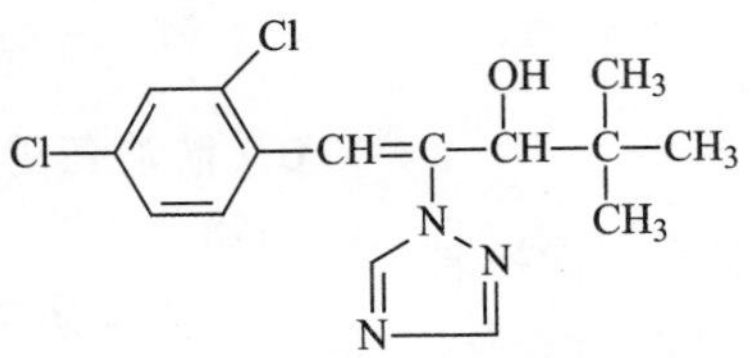

化学名称

（E）-（R,S）-1-（2,4-二氯苯基）-4,4-二甲基-2-（1H-1,2,4-三唑-1-基）-1-戊烯-3-醇

其他名称

特谱唑，速保利，S-3308L。

理化性质

纯品为白色颗粒，熔点134～156℃，蒸气压2.93mPa（20℃），相对密度1.32（20℃）；在水中溶解度为4mg/L（25℃），溶于大多数有机溶剂，在丙酮中95g/L（25℃），在甲醇中为95mg/L（25℃），在二甲苯中14g/L（25℃）；为除碱性物

质外，能与大多数农药混用；正常状态下贮存两年稳定。

毒性

中等毒，纯品大鼠急性经口 LD_{50} 为 639mg/kg（雄）和 474mg/kg（雌），急性经皮 LD_{50}>5 000mg/kg；对家兔眼睛有轻微刺激作用；对虹鳟鱼 LC_{50} 为 1.58mg/L（96h）。

生物活性

烯唑醇属三唑类杀菌剂，其杀菌特性与三唑酮相似，具有保护、治疗、铲除作用；具有内吸性，可被作物根、茎、叶吸收，并能在植物体内向顶输导；抑菌谱广，除能有效防治白粉病、锈病，对玉米丝黑穗病、梨黑星病有高效。

制剂

12.5%、2% 可湿性粉剂，5% 拌种剂，25%、12.5%、10% 乳油，5% 微乳剂等。

生产企业

山西德威生化有限责任公司，山西省临猗中晋化工有限公司，江苏常隆化工有限公司，河南省普朗克生化工业有限公司，广东省惠州市中迅化工有限公司，四川省广汉市小太阳农用化工厂，河北省黄骅市绿园农药化工有限公司，四川国光农化有限公司等。

应用

烯唑醇可用于防治多种植物的白粉病、锈病等多种病害。

1．防治梨黑星病

于谢花后始见病梢时开始喷 12.5% 可湿性粉剂 2 500～3 500 倍液或 12.5% 乳油 3 000～4 000 倍液或 25% 乳油 5 000～7 000 倍液或 10% 乳油 2 000～3 000 倍液，以后视降雨情况，隔 14～20d 喷 1 次，共喷 5～7 次，或与其他杀菌剂交替使用。

防治苹果白粉病、锈病，于展叶初期、谢花 70% 和谢花后 10d 左右，各喷 12.5% 可湿性粉剂 2 500～3 500 倍液 1 次。

防治黑穗醋栗白粉病，于发病初期开始喷 12.5% 可湿性粉剂或 12.5% 乳油 2 000～2 500 倍液，隔 20d 左右喷 1 次，共喷 2～3 次。

防治香蕉叶斑病，喷 12.5% 乳油 1 000～1 500 倍液或 25% 乳油 1 500～2 000 倍液或 5% 微乳剂 500～700 倍液。

防治甜瓜白粉病，喷 12.5% 可湿性粉剂 3 000～4 000 倍液。

2．防治豌豆、菜豆等多种蔬菜白粉病、锈病

于发病初期开始喷 12.5% 可湿性粉剂 3 000～4 000 倍液，隔 10d 左右喷 1 次，共喷 2～3 次。

3．防治小麦白粉病、锈病和纹枯病

亩用 12.5% 可湿性粉剂 32～60g 或 12.5% 乳油 32～60mL，对水喷雾。防治小麦黑穗病，每 1.0kg 种子用 2% 粉剂 200～250g 拌种。

防治玉米丝黑穗病，每 100kg 种子用 12.5% 可湿性粉剂 480～640g 或 5% 拌种剂 1 200～1 600g 拌种。

防治高粱丝黑穗病，每 100kg 种子用 5% 拌种剂 300～400g 拌种。

防治水稻纹枯病，亩用 12.5% 可湿性粉剂 40～50g，对水常规喷雾。

4．防治花生叶斑病

亩用 5% 微乳剂 90～120mL，对水常规喷雾。

5．防治烟草赤星病

于发病初期开始喷 12.5% 可湿性粉剂 2 000 倍液，隔 7～10d 喷 1 次，共喷 3～5 次。

6．防治药用植物芦竹、紫苏、菊芋、薄荷、苦菜的锈病

于发病初期开始喷 12.5% 可湿性粉剂 3 000～4 000 倍液，隔 10d 左右喷 1 次，共喷 2～3 次。

注意事项

1．本品不可与碱性农药混用。

2．喷药时要避免药液吸入或沾染皮肤，喷药后要及时冲洗。

戊唑醇（tebuconazole）

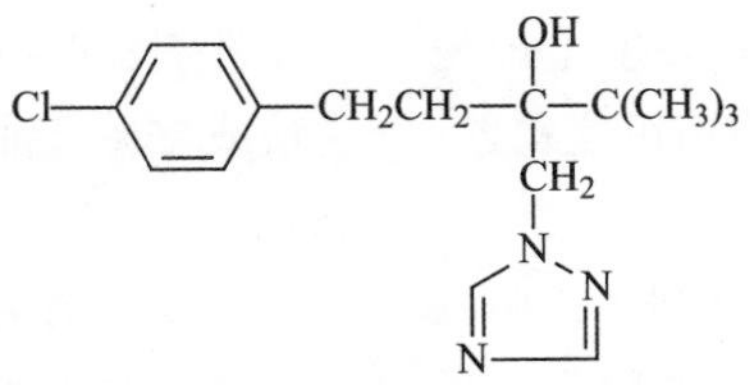

$$Cl-C_6H_4-CH_2CH_2-C(OH)(CH_2-N_{triazole})-C(CH_3)_3$$

化学名称

（RS）-1-对氯苯基-4，4-二甲基-3-（1H-1，2，4-三唑-1-亚甲基）戊-3-醇

其他名称

立克秀，RaxiL，富力库，菌力克，好力克，戊康。

理化性质

无色晶体，熔点105℃，蒸气压1.7×10^{-3}mPa（20℃），相对密度1.25（26℃）；在水中溶解度36mg/L（20℃，pH值7.0），在二氯甲烷中溶解度>200g/L（20℃），在异丙醇、甲苯中50～100g/L（20℃），在正己烷中<0.1g/L（20℃），稳定性好，水解半衰期超过1年。

毒性

低毒，大鼠急性经口LD_{50}约为4 000mg/kg，急性经皮LD_{50}>5 000mg/kg；一般只对皮肤和眼有刺激作用；无人体中毒的报道；对虹鳟鱼LC_{50}为4.4mg/L（96h），对翻车鱼LC_{50}为5.7mg/L（96h）；在推荐浓度下喷洒对蜜蜂安全。

生物活性

戊唑醇杀菌性能与三唑酮相似，由于内吸性强，用于处理种子，可杀灭附着在种子表面的病菌，也可在作物体内向顶传导，杀灭作物体内的病菌；用于叶面喷雾，可以杀灭茎叶表面的病菌，也可在作物体内向上传导，杀灭作物体内的病菌，其杀菌机理主要是抑制病原菌的麦角甾醇的生物合成，可防治白粉菌属、柄锈菌属、喙孢属、核腔菌属和壳针孢属病菌引起的病害。其生物活性比三唑酮、三唑醇高，表现为用药量低。

制剂

2%干拌剂，2%湿拌种剂，5%、2%、0.2%悬浮种衣剂，2%干粉种衣剂，25%、12.5%乳油，25%水乳剂，43%悬浮剂，6%微乳剂。

生产企业

拜耳作物科学（中国）有限公司，美国科聚亚公司，云南省种衣剂有限责任公司，江苏七洲绿色化工股份有限公司，辽宁省沈阳化工研究院试验厂，山东华阳科技股份有限公司，绩溪农华生物科技有限公司，江苏克胜集团股份有限公司，山东省烟台绿云生物化学有限公司，山东省青岛奥迪斯生物科技有限公司，江苏华农种衣剂有限责任公司，江苏省盐城利民农化有限公司，江苏龙灯化学有限公司等。

应用

1. 防治小麦腥黑穗病和散黑穗病

每100kg种子，用2%干拌剂或湿拌剂100～150g或2%干粉种衣剂100～150g或2%悬浮种衣剂100～150g或6%悬浮种衣剂30～45g，拌种或包衣；防治小麦纹枯病，每100kg种子，用2%干拌剂或湿拌种剂170～200g或5%悬浮拌种剂60～80g或6%悬浮种衣剂50～67g或0.2%悬浮种衣剂1 500～2 000g，拌种或包衣；防治小麦白粉病、锈病，亩用有效成分12.5g，对水喷雾。

防治玉米丝黑穗病，每100kg种子，用2%干拌剂或湿拌种剂或2%干粉种衣剂400～600g或6%悬浮种衣剂100～200g，拌种或包衣。

防治高粱丝黑穗病，每100kg种子，用2%干拌剂或湿拌种剂400～600g或6%悬浮种衣剂100～150g，拌种或包衣。

用戊唑醇处理过的种子，播种时要求土地耙平，播种深度一般在3～5cm为宜。出苗可能稍迟，但不影响以后的生长。

防治水稻稻瘟病，于发病初期开始喷6%微乳剂，每亩用6%微乳剂75～100mL，对水喷雾（每亩用有效成分4.5～6.0g）。

防治水稻恶苗病和立枯病，可用0.25%戊唑醇悬浮种衣剂包衣处理，每100kg水稻种子用0.25%悬浮种衣剂2 000～2 500mL处理（药种比1∶40～50）。

2. 防治大豆锈病

于发病初期开始喷43%悬浮剂，每亩用43%悬浮剂16～20mL，对水喷雾（每亩用有效成分6.9～8.6g）。

3. 防治苹果斑点落叶病

于发病初期开始喷43%悬浮剂5 000～7 000倍液，隔10d喷1次，春梢期共喷3次，秋梢期共喷2次。

防治梨黑星病，于发病初期开始喷43%悬浮剂3 000～4 000倍液，隔15d喷1次，共喷4～7次。

防治香蕉叶斑病，在叶片发病初期开始喷12.5%水乳剂800～1 000倍液或25%水乳剂1 000～1 500倍液或25%乳油840～1 250倍液，隔10d喷1次，共喷4次。

防治葡萄白腐病，在发病初期开始喷25%水乳剂，对水稀释2 500～2 000倍液喷雾（药液有效成分浓度100～125mg/kg）。

4. 防治大白菜黑斑病

于叶片发病初期开始喷43%悬浮剂，对水稀释3 000倍～4 000倍液喷雾（每亩有效成分用量4.3～6.45g）。

注意事项

1. 若用量超过规定的限度，对小麦出苗会有影响，因而应严格按照产品标签或说明书推荐的用药量使用。

2. 对水生动物有害，不得污染水源。

己唑醇（hexaconazole）

化学名称

（RS）-2-（2,4-二氯苯基）-1-（1H-1，2，4-三唑-1-基）-己-2-醇

其他名称

安福

理化性质

外观为米黄色疏松粉末，相对密度1.04（20℃），熔点110～112℃，蒸气压0.018mPa（20℃）；在水中溶解度0.018mg/L，在甲醇中246g/L，在丙酮中164g/L，在甲苯中59g/L，在己烷中0.8g/L。

毒性

低毒，大鼠急性经口LD_{50}为2 189mg/kg，急性经皮LD_{50}>2 000mg/kg；对兔眼睛有刺激性，对皮肤无刺激性；对虹鳟鱼LC_{50}为3.4mg/L（96h）。

生物活性

己唑醇的生物活性与杀菌机理与三唑酮、三唑醇基本相同，抑菌谱广，对子囊菌、担子菌、半知菌的许多病原菌有强抑制作用，但对卵菌纲真菌和细菌无活性。渗透性和内吸输导能力很强，有很好的保护作用和治疗作用。

制剂

5%悬浮剂，5%微乳剂，10%乳油。

生产企业

江苏七洲绿色化工股份有限公司，江苏省盐城利民农化有限公司，江苏连云港立本农药化工有限公司，浙江威尔达化工有限公司，广西弘峰（北海）合浦农药有限公司，陕西上格之路生物科学有限公司，江苏省南通润鸿生物化学有限公司，山东省烟台绿云生物化学有限公司，深圳诺普信农化股份有限公司等。

应用

1．防治梨黑星病和苹果斑点落叶病

用5%悬浮剂1 000～1 500倍液喷雾；防治桃褐腐病，用5%悬浮剂800～1 000倍液喷雾。

2．防治水稻纹枯病

亩用5%悬浮剂60～100mL，对水常规喷雾。

3．防治咖啡锈病

亩用有效成分2g喷雾，防治3次，有很好的治疗作用。防治花生叶斑病，亩用有效成分3～4.5g，防病效果和保产效果均优于亩用百菌清75g。

4．防治葡萄白粉病

用5%悬浮剂1 500～2 500倍液喷雾。

5．防治黄瓜白粉病

用5%微乳剂1 100～2 500倍液喷雾。

注意事项

本品可与其他常规杀菌剂混用。在稀释或施药时应遵守农药安全使用守则，穿戴必要的防护用具。

粉唑醇（flutriafol）

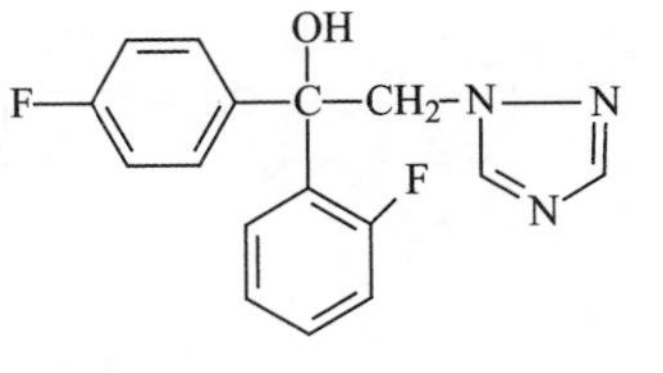

化学名称

（R, S）-2，4’-二氟-α-（1H-1，2，4-三唑-1-基甲基）二苯基乙醇

其他名称

PP-450, Impact。

理化性质

外观为无色结晶固体，相对密度1.41（20℃），熔点130℃，蒸气压7.1×10^{-7}mPa，（20℃）；在水中溶解度为130mg/L（20℃，pH7.0），在丙酮中190g/L，在二氯甲烷中150g/L，在甲醇中69g/L，在二甲苯中12g/L，在己烷中0.3g/L；对酸、碱、热、潮湿条件均稳定稳定。

毒性

低毒，大鼠急性经口LD_{50}>1 140mg/kg（雄）、1 480mg/kg（雌），大鼠急性经皮LD_{50}>1 000mg/kg，兔急性经皮LD_{50}>2 000mg/kg；对兔眼睛有中等的刺激性，对皮肤无刺激性；对鱼毒性较低，对翻车鱼LC_{50}为61mg/L（96h）。

生物活性

粉唑醇是一种广谱性内吸杀菌剂，对担子菌和子囊菌引起的许多病害具有良好的保护和治疗作用，对白粉病的孢子具有铲除作用，并兼有一定的熏蒸作用；但对卵菌和细菌无活性。粉唑醇的内吸性强，可被作物根、茎、叶吸收，根部的吸收能力大于茎、叶，进入植株内的药剂由维管束向上转移，输送到顶部各叶片，但不能在韧皮部作横向或向基部输导。粉唑醇对麦类的白粉病的孢子堆具有铲除作用，施药后 5 ~ 10d，原来形成的病斑可消失。

制剂

12.5% 悬浮剂，25% 悬浮剂，50% 乳油。

生产企业

江苏瑞邦农药厂，江苏丰登农药有限公司，江苏七洲绿色化工股份有限公司，江苏省盐城利民农化有限公司等。

防治对象和用途

1. 麦类黑穗病

对麦类黑穗病，每 100kg 种子用 12.5% 悬浮剂 200 ~ 300mL 拌种，先将拌种所需的药量加水调成药浆，调成药浆的量为种子重量的 1.5%，拌种均匀后再播种。

2. 麦类白粉病

在剑叶零星发病至病害上升期，或上部三叶发病率达30% ~ 50%时，亩用12.5%悬浮剂20mL（每亩有效成分用量 3.75 ~ 7.5g），对水喷雾。

3. 小麦条锈病

在锈病盛发前，亩用12.5%悬浮剂34 ~ 50mL（每亩有效成分用量 4 ~ 6g），对水喷雾。

4. 玉米丝黑穗病

每100kg种子用12.5%悬浮剂320 ~ 480mL拌种，拌种时，先将药剂调成药浆，药浆量为种子量的 1.5%，拌匀后播种。

腈菌唑（myclobutanil）

$$Cl-C_6H_4-C(CN)((CH_2)_3CH_3)-CH_2-N(1,2,4\text{-triazol-1-yl})$$

化学名称

2- 对氯苯基 -2-（1H，1，2，4- 三唑 -1- 基甲基）己腈

其他名称

仙星，特菌灵，信生

理化性质

纯品外观为浅黄色固体，原药为棕色或棕褐色黏稠液体，熔点 63 ~ 68℃（原药），沸点 202 ~ 208℃（1mmHg），蒸气压 0.213mPa（25℃）；在水中溶解度 142mg/L（25℃），溶于一般有机溶剂，在酮类、酯类、醇类和芳香烃类溶剂中为 50 ~ 100g/L，不溶于脂肪烃类，一般贮存条件下稳定，水溶液暴露于光下分解。

毒性

低毒，原药大鼠急性经口 LD_{50} 为1 870mg/kg（雄）、2 090mg/kg（雄），大鼠急性经皮 LD_{50} > 1 000mg/kg，兔急性经皮 LD_{50} > 5 000mg/kg；对眼睛有轻微刺激作用，对皮肤无刺激性；对虹鳟鱼 LC_{50} 为 2.0mg/L（96h），对翻车鱼 LC_{50} 为 2.4mg/L（96h）；对蜜蜂无毒。

生物活性

腈菌唑为内吸性三唑类杀菌剂，杀菌特性与三唑酮相似，杀菌谱广，内吸性强，对病害具有保

护作用和治疗作用，可以喷洒，也可处理种子。该药持效期长，对作物安全，有一定刺激生长作用。

制剂

25%、12.5%、10.5%、5%乳油，12.5%、5%微乳剂，40%、12.5%可湿性粉剂，40%、20%悬浮剂，40%水分散粒剂。

生产企业

广东省江门市大光明农化有限公司，美国陶氏益农公司，辽宁省沈阳化工研究院试验厂，河南省开封市丰田化工厂，广东省东莞市瑞德丰生物科技有限公司，陕西汤普森生物科技有限公司，北京华戎生物激素厂，浙江省杭州宇龙化工有限公司，华北制药集团爱诺有限公司，江苏耕耘化学有限公司等。

应用

1. 果树病害

防治梨、苹果黑星病，喷5%乳油1 500～2 000倍液或40%可湿性粉剂8 000～10 000倍液或25%乳油4 000～5 000倍液；如与代森锰锌混用，防病效果更好。

防治苹果和葡萄白粉病，喷25%乳油3 000～5 000倍液，每两周喷1次，具有明显的治疗作用。

防治香蕉叶斑病，喷5%乳油1 000～1 500倍液。用1%药液处理采收后的柑橘，可防治柑橘果实的霉病。

防治葡萄炭疽病，用40%可湿性粉剂4 000～6 000倍液喷雾。

2. 麦类病害

防治小麦白粉病，亩用有效成分2～4g，折合5%乳油40～80mL或6%乳油34～67mL或12%乳油17～33mL或12.5%乳油16～32mL或25%乳油8～16mL，对水常规喷雾。防治麦类种传病害，对腥黑穗病、散黑穗病，每100kg种子用25%乳油40～60mL；对小麦颖枯病每100kg种子用25%乳油60～80mL，对少量水拌种。

3. 蔬菜病害

防治黄瓜白粉病，亩用5%乳油30～40mL，对水常规喷雾。防治茭白胡麻斑病和锈病，在病害初发期和盛发期各喷1次12.5%乳油1 000～2 000倍液，效果显著。

丙环唑（propiconazole）

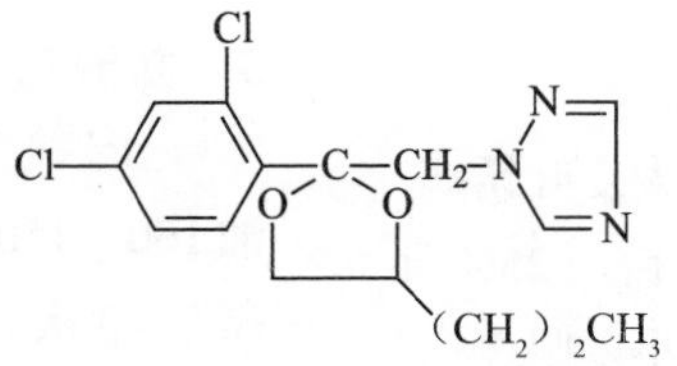

Cl　N　CH_2　O　N　$(CH_2)_2CH_3$

化学名称

（±）-1-[2-（2，4-二氯苯基）-4-正丙基-1，3-二氧戊环-2-基甲基]-1-H-1，2，4-三唑

其他名称

敌力脱，必扑尔，赛纳松，康露，施力科，叶显秀，斑无敌，科惠。

理化性质

原药为黄色无味的黏稠液体，熔点-23℃，沸点99.9℃（0.32Pa），蒸气压2.7×10^{-2}mPa（25℃），相对密度1.29（20℃）；在水中溶解度为100mg/L（20℃），在正己烷中47g/L，与乙醇、丙酮、甲苯和正辛醇充分混溶；320℃以下稳定，不易水解。

毒性

低毒，原药大鼠急性经口 LD_{50} 为 1 517mg/kg，小鼠 1 490mg/kg，大鼠急性经皮 LD_{50} > 4 000mg/kg，兔急性经皮 LD_{50} > 6 000mg/kg；对兔眼睛和皮肤无刺激性；对虹鳟鱼 LC_{50} 为 4.3～5.3mg/L（96h），对翻车鱼 LC_{50} 为 6.4mg/L（96h）；对蜜蜂无毒。

生物活性

丙环唑的杀菌特性与三唑酮相似，具有保护和治疗作用；具有内吸性，可被作物根、茎、叶吸收，并能在植物体内向顶输导；抑菌谱较宽，对子囊菌、担子菌、半知菌中许多真菌引起的病害，具有良好防治效果，但对卵菌病害无效。在田间持效期 1 个月左右。

制剂

50%、25%、15.6% 乳油，50%、45%、20% 微乳剂，30% 悬浮剂。

生产企业

广东省江门市植保有限公司，山东省烟台博瑞特生物科技有限公司，深圳诺普信农化股份有限公司，瑞士先正达作物保护有限公司，美国陶氏益农公司，北京顺意生物农药厂，以色列马克西姆化学公司，陕西省西安龙灯化工有限公司，山东拜尔化工有限公司，中国农业科学院植保所廊坊农药中试厂，安徽华星化工股份有限公司等。

应用

1. 麦类病害

对小麦白粉病、条锈病、颖枯病，大麦叶锈病、网斑病，燕麦冠锈病等在麦类孕穗期，亩用 25% 乳油 32～36mL，对水 50～75kg 喷雾；对小麦眼斑病，亩用 25% 丙环唑乳油 33mL 加 50% 多菌灵可湿性粉剂 14g，于小麦拔节期喷雾；丙环唑对小麦根腐病效果很好，拌种每 100kg 种子用 25% 乳油 120～160mL，田间喷药防治，一般在抽穗扬花期旗叶发病 1% 时，亩用 25% 乳油 35～40mL，对水 50～70kg 喷雾；对小麦全蚀病，每 100kg 种子，用 12.5% 乳油 100～200mL 拌种或用 100mL 拌种后堆闷 24h。

2. 果树病害

防治香蕉叶斑病，在发病初期喷 25% 乳油 500～1 000 倍液，必要时隔 20d 左右再喷 1 次。防治葡萄白粉病、炭疽病，用于保护性防治，亩用 25% 乳油 10mL 对水 100kg，或是 25% 乳油 2 000～10 000 倍液，每隔 14～18d 喷施 1 次。用于治疗性防治，亩用 25% 乳油 15mL 对水 100kg，或是 25% 乳油 7 000 倍液，每月喷洒 1 次；或亩用 25% 乳油 20mL，对水 100kg，或是 25% 乳油 5 000 倍液，每一个半月喷洒 1 次。防治瓜类白粉病，发现病斑时立即喷药，亩用 25% 乳油 30mL，对水常规喷雾。隔 20d 左右再喷药 1 次，药效更好。

3. 水稻病害

防治水稻纹枯病亩用 25% 乳油 30～60mL，稻瘟病用 24～30mL，对水常规喷雾；防治水稻恶苗病，用 25% 乳油 1 000 倍液浸种 2～3d 后直接催芽播种。

4. 蔬菜病害防治菜豆锈病、石刁柏锈病、番茄白粉病

于发病初期喷 25% 乳油 4 000 倍液，隔 20d 左右喷 1 次。防治韭菜锈病，在收割后喷 25% 乳油 3 000 倍液，其他时期发现病斑及时喷 4 000 倍液。防治辣椒褐斑病、叶枯病，亩用 25% 乳油 40mL，对水常规喷雾。

5. 防治花生叶斑病

于病叶率 10%～15% 时开始喷药，亩用 25% 乳油 100～150mL，对水 50kg 喷雾，隔 14d 喷 1 次，连喷 2～3 次。

6. 防治药用植物芦竹、紫苏、红花、薄荷、苦菜的锈病

菊花、薄荷、田旋花、菊芋的白粉病，于发病初期开始喷 25% 乳油 3 000～4 000 倍液，隔 10～15d 喷 1 次。

三环唑（tricyclazole）

CH$_3$

化学名称

5-甲基-1，2，4-三唑并（3，4-b）[1，3]苯并噻唑

其他名称

比艳，克瘟唑，三唑苯噻

理化性质

晶状固体，熔点184.6～187.2℃，沸点275℃，蒸气压5.86×10^{-4}mPa（25℃）；相对密度1.4（20℃）；在水中溶解度为0.596g/L（20℃），在丙酮中为13.8g/L，在甲醇中为26.5g/L，在二甲苯中为4.9g/L；对紫外光相对稳定，热贮稳定。

毒性

中等毒，大鼠急性经口LD_{50}为314mg/kg，兔急性经皮LD_{50}>2 000mg/kg；一般只对皮肤、眼有刺激症状，无中毒报道；对虹鳟鱼LC_{50}为7.3mg/L（96h），对翻车鱼LC_{50}为16.0mg/L（96h）；对蜜蜂无毒。

生物活性

是一种具有较强具有内吸性的保护性三唑类杀菌剂，能迅速被水稻根、茎、叶吸收，并输送到稻株各部，一般在喷洒后2h水稻植株内的三环唑含量达到最高值。三环唑抗冲刷力强，喷药1h后遇雨不需补喷药。其作用机理主要是抑制附着胞黑色素的形成，从而抑制孢子萌发和附着孢形成，从而有效地阻止病菌侵入和减少稻瘟病菌孢子的产生。

制剂

75%、20%可湿性粉剂。

生产企业

江苏耕耘化学有限公司，四川省化学工业研究设计院，浙江省杭州南郊化学有限公司，江苏丰登农药有限公司，江苏省南通润鸿生物化学有限公司，浙江省温州农药厂，上海东风农药厂，浙江省东阳市东农化工有限公司，美国陶氏益农公司，浙江禾益农化有限公司等。

应用

三环唑防病以预防保护作用为主，需要在发病前使用效果最好，因其具有非常好的内吸性，应用上可以采取浸秧方法和喷雾方法防治稻瘟病。

采用药液浸秧法防治稻瘟病：①三环唑在稻秧体内主要是向上传导，药液浸秧使根系秧叶受药均匀，可较好地防止带病秧苗传入本田，减少了本田菌原量。秧苗在后期生长郁密，病斑集中在叶片的中下部，喷雾难以达到，病苗移栽入本田，就加大本田防治面积。②浸秧比喷雾的持效期长，一般喷雾法的持效期为15d左右，浸秧法持效期可达25～30d。③浸秧增强了药剂的内吸速度，0.5h后内吸药量即达饱和。

三环唑浸秧的具体做法是：将20%三环唑可湿性粉剂750倍液盛入水桶中，或就在秧田边挖一浅坑，垫上塑料薄膜，装入药液，把拔起的秧苗捆成把，稍甩一下水放人药液中浸泡1min左右捞出，堆放0.5h后即可栽插。用药液浸秧，有时会引起发黄，但不久即能恢复，不影响稻秧以后的生长（表5-6）。

采用喷雾法防治稻瘟病：①防治苗瘟，在秧苗3～4叶期或移栽前5d，亩用20%可湿性粉剂50～75g，对水喷雾；②防治叶瘟及穗颈瘟，在叶瘟初

发病时或孕穗末期至始穗期，亩用20% 可湿性粉剂75~100g对水喷雾；穗颈瘟严重时，间隔10~14d再施药1次。

注意事项

1. 防治水稻穗颈瘟，第一次喷药最迟不宜超过破口后3d。

2. 用药液浸秧，有时会引起发黄，但不久即能恢复，不影响稻秧以后的生长。

表5-6 三环唑主要混剂、登记防治对象和用量

混剂	剂型	组分Ⅰ	组分Ⅱ	组分Ⅲ	防治对象	制剂用量（g或mL/亩）	施用方法
10%多·三环悬	浮种衣剂	5%三环唑	5%多菌灵	——	稻瘟病	1∶50~70（药种比）	种子包衣
13%春·三环	可湿性粉剂	10%三环唑	3%春雷霉素	——	稻瘟病	60~100	对水喷雾
15%丙多·三环	可湿性粉剂	10%三环唑	5%丙硫多菌灵	——	稻瘟病	75~100	对水喷雾
20%多·福·三环	可湿性粉剂	1.8%三环唑	3.2%多菌灵	15%福美双	水稻恶苗病	400~600倍液	浸种
20%多·井·三环	可湿性粉剂	5.8%三环唑	9.2%多菌灵	5%井冈霉素	稻瘟病	100~150	对水喷雾
16%井·酮·三环唑	可湿性粉剂	8%三环唑	6%三唑酮	2%井冈霉素	稻曲病	150~200	对水喷雾
					稻瘟病	125~175	
					水稻纹枯病		
20%井·三环	可湿性粉剂	15%三环唑	5%井冈霉素	——	稻曲病	100~150	对水喷雾
					稻瘟病		
					水稻纹枯病		
20%硫·三环·异稻	可湿性粉剂	7%三环唑	7%异稻瘟净	6%硫磺	稻瘟病	110~160	对水喷雾
45%硫磺·三环唑	可湿性粉剂	5%三环唑	40%硫磺	——	稻瘟病	120~180	对水喷雾
52.5%丙环唑·三环唑	悬乳剂	12.5%三环唑	40%丙环唑	——	稻瘟病	60~80	对水喷雾
					水稻纹枯病		
20%唑酮·三环唑	可湿性粉剂	10%三环唑	10%三唑酮	——	稻瘟病	100~150	对水喷雾
20%异稻·三环唑	可湿性粉剂	6%三环唑	14%异稻瘟净	——	稻瘟病	100~150	对水喷雾
18%三环·烯唑醇	悬浮剂	15%三环唑	3%烯唑醇	——	稻瘟病	40~50	对水喷雾
50%三环·杀虫单	可湿性粉剂	14%三环唑	36%杀虫单	——	稻瘟病	100~120	对水喷雾
					水稻螟虫		
20%咪鲜·三环唑	可湿性粉剂	15%三环唑	5%咪鲜胺	——	稻瘟病	45~65	对水喷雾

氟硅唑（flusilazole）

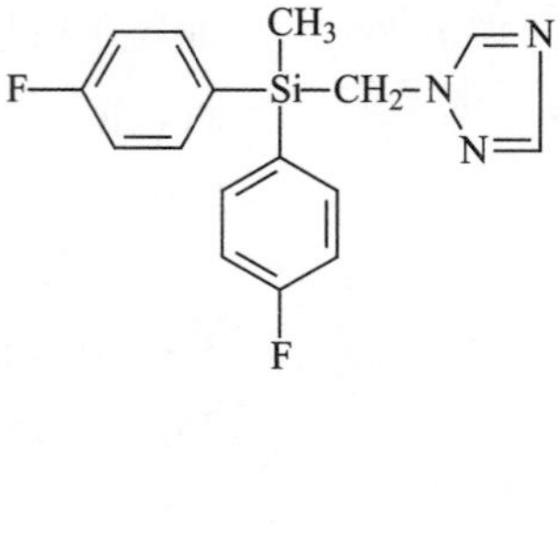

化学名称

双（4-氟苯基）-甲基-（1H-1，2，4-三唑-1-基亚甲基）硅烷

其他名称

克菌星，新星，福星

理化性质

无色无味晶体，熔点53～55℃，蒸气压3.9×10^{-2}mPa（25℃）相对密度1.30；在水中的溶解度为45mg/L（pH值7.8，20℃），溶于大多有机溶剂（溶解度＞2kg/L）；一般贮存条件下可保存2年以上，对光稳定；310℃以上分解。

毒性

低毒，原药大鼠急性经口LD_{50}为1 100mg/kg，大鼠急性经皮LD_{50}＞2 000mg/kg；一般只对皮肤、眼有刺激症状，无中毒报道；对鱼高毒，对虹鳟鱼LC_{50}为0.043mg/L（96h），对翻车鱼LC_{50}为0.14mg/L（96h）；对蜜蜂毒性低。

生物活性

内吸杀菌剂，具有保护和治疗作用，渗透性强。主要作用机理是破坏和阻止病菌的细胞膜重要组成成分麦角甾醇的生物合成，导致细胞膜不能形成，使病菌死亡。

制剂

10%乳油，40%乳油，5%微乳剂，8%微乳剂，6%水乳剂，10%水乳剂，2.5%热雾剂。

生产企业

美国杜邦公司，山东省青岛瀚生生物科技股份有限公司，山东省济南春秋龙生物制药有限公司，天津市绿亨化工有限公司，山东省青岛海利尔药业有限公司，北京华戎生物激素厂，深圳诺普信农化股份有限公司，江苏建农农药化工有限公司，江西农大锐特化工科技有限公司，天津久日化学工业有限公司（2.5%热雾剂）等。

应用

氟硅唑可防治子囊菌、担子菌及部分半知菌引起的病害。

1．梨病害

氟硅唑是防治梨黑星病的特效药剂，在梨树谢花后，见到病芽稍时开始喷40%乳油8 000～10 000倍液，以后根据降雨情况15～20d喷1次，共喷5～7次，或与其他杀菌剂交替使用；防治梨轮纹烂果病，可用40%乳油8 000倍液喷雾。

2．苹果病害

氟硅唑对苹果轮纹烂果病菌有很强的抑制作用，田间防治苹果轮纹烂果病，可用40%乳油8 000倍液喷雾。

3．黄瓜病害

防治黄瓜黑星病，于发病初期开始，每亩用40%乳油7.5～12.5mL，对水喷雾；或用40%乳油8 000～10 000倍液喷雾，常规喷雾，隔5～7d喷1次，连续喷3～4次。防治黄瓜白粉病，于发病初期，每亩用8%氟硅唑微乳剂（有效成分4～4.8g）。

4．烟草病害

防治烟草赤星病，于发病初期喷40%乳油6 000～8 000倍液，隔5～7d喷1次，连续喷3～4次。

5．药用植物病害

防治药用植物菊花、薄荷、车前草、田旋花、蒲公英的白粉病，以及红花锈病，于发病初期开始喷40%乳油9 000～10 000倍，隔7～10d喷1次。

据文献资料报道，氟硅唑还可以防治小麦锈病、白粉病、颖枯病，大麦叶斑病等，氟硅唑对蔬菜白粉病也有很好的防治效果。

注意事项

1．酥梨类品种在幼果期对此药敏感，应谨慎使用。

2．氟硅唑对砀山梨容易产生药害，不宜使用。

3．为避免病菌对氟硅唑抗药性产生，应与其他杀菌剂交替使用。

5

硅氟唑（simeconazole）

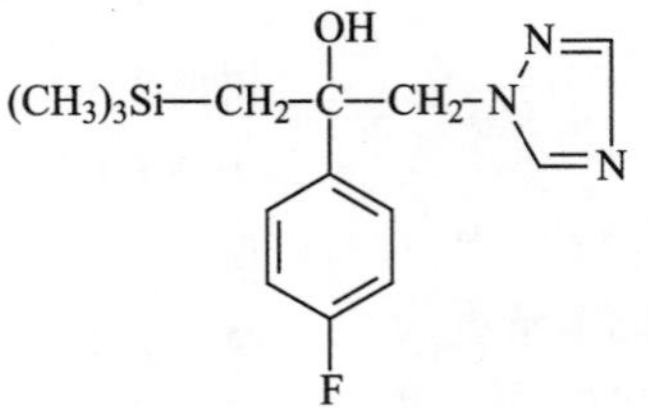

化学名称

（RS）-2-（4-氟苯基）-1-（1H-1,2,4-三唑-1-基）-3-（三甲基硅基）丙-2-醇

理化性质

原药外观为白色晶体，无气味。制剂为白色粉末。熔点 118.5 ~ 120.5℃，260℃以上分解未达到沸点，已无法测定。150℃以下无降解。无爆炸性，无腐蚀性。

毒性

低毒（接近中等毒），大鼠急性经口 LD_{50} 为 611mg/kg（雄）、682mg/kg（雌），小鼠急性经口 LD_{50} 为 1 178mg/kg（雄）、1 080mg/kg（雌），大鼠急性经皮 LD_{50}>5 000mg/kg；对兔皮肤和眼睛无刺激性。

生物活性

内吸性杀菌剂，能有效地防治众多子囊菌、担子菌和半知菌所致病害。

制剂

颗粒剂，可湿性粉剂。

生产企业

日本三井化学公司。

应用

硅氟唑是最近研究开发的含氟的三唑类杀菌剂，其杀菌活性 2000 年首先报道，2001 年在日本获得农药登记，登记用来防治水稻纹枯病。

目前，该药用于防治苹果树黑星病、苹果花腐病、苹果锈病、苹果白粉病的应用技术正在研究开发。也可用于小麦种子处理，防治小麦散黑穗病，用法是每 100kg 小麦种子，用硅氟唑有效成分 4 ~ 10g 处理。

腈苯唑（fenbuconazole）

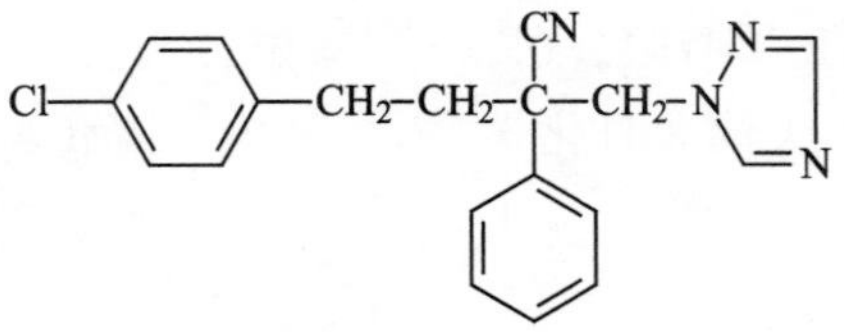

化学名称

4-（4-氯苯基）-2-苯基-2（1H-1,2,4-三唑-1-基甲基）丁腈

其他名称

应得，唑菌腈

理化性质

无色结晶，有轻微的硫磺气味，熔点126.5～127℃，蒸气压3.4×10^{-1}mPa（20℃），相对密度1.27（20℃）；在水中溶解度为3.8mg/L（25℃）；能溶于大多数有机溶剂，在丙酮溶解度＞250g/L（25℃），在甲醇中60.9g/L（25℃），不溶于脂肪烃中；在黑暗中贮存稳定，300℃下以下稳定。

毒性

低毒，大鼠急性经口LD_{50}为2 000mg/kg，急性经皮LD_{50}>5 000mg/kg；对眼睛和皮肤无刺激性；鱼毒，对虹鳟鱼LC_{50}为1.5mg/L（96h），对翻车鱼LC_{50}为1.68mg/L（96h）；对蜜蜂LC_{50}>0.29mg/蜂（96h暴露于粉尘中）。

生物活性

其对叶片的渗透作用强，主要是保护作用，在植物体内有一定的输倒性。能阻止已发芽的病菌孢子侵入作物组织，抑制菌丝的伸长。在病菌潜伏期使用，能阻止病菌的发育；在发病后使用，能使下一代孢子变形，失去侵染能力，对病害具有预防作用和治疗作用。

制剂

24%悬浮剂。

生产企业

美国陶氏益农公司，广东德利生物科技有限公司，广东省江门市大光明农化有限公司。

应用

1. 果树病害

防治香蕉叶斑病，在香蕉下部叶片出现叶斑之前或刚出现叶斑，用24%悬浮剂960～1 200倍液喷雾，隔7～14d喷1次。防治桃树褐斑病，在发病初期，喷24%悬浮剂2 500～3 000倍液，隔7～10d喷1次，连喷2～3次。防治苹果黑星病、梨黑星病用24%悬浮剂6 000倍液喷雾，防治梨黑斑病用3 000倍液喷雾，隔7～10d喷1次，一般连喷2～3次。

2. 禾谷类作物病害

防治禾谷类黑粉病、腥黑穗病，每100kg种子，用24%悬浮剂40～80mL拌种。防治麦类锈病，于发病初期，亩用24%悬浮剂20mL，对水30～50kg喷雾。

3. 蔬菜病害

防治菜豆锈病、蔬菜白粉病，于发病初期，亩用24%悬浮剂18～75mL，对水30～50kg喷雾，隔5～7d喷1次，连喷2～4次。

注意事项

与其他三唑类杀菌剂不同，腈苯唑对禾谷类白粉病无效。

亚胺唑（imibenconazole）

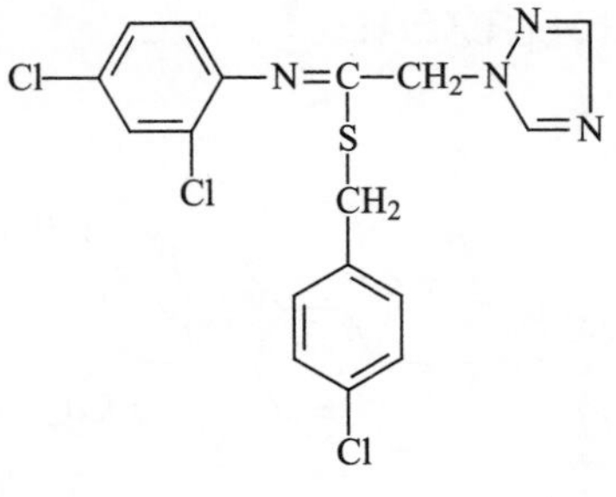

Cl N=C−CH₂−N N N Cl S CH₂ Cl

化学名称

S-4-氯苄基-N-（2，4-二氯苯基）-2（1H-1，2，4-三唑-1-基）硫代乙酰胺酯

理化性质

浅黄色晶体，熔点89.5～90℃，蒸气压为8.5×10^{-5}mPa（25℃）；在水中溶解度1.7mg/L（20℃），在丙酮中1063g/L，在二甲苯中250g/L，在甲醇中120g/L（25℃）；在弱碱性条件下稳定，但在酸性条件和强碱性条件下易分解。

毒性

低毒，大鼠急性经口LD_{50}为2 800mg/kg，急性经皮LD_{50}>2 000mg/kg；对眼睛有轻度刺激性，对皮肤无刺激性；鱼毒，对虹鳟鱼LC_{50}为0.67mg/L（96h），对翻车鱼LC_{50}为1.0mg/L（96h）；对蜜蜂无毒。

其他名称

酰胺唑，霉能灵

生物活性

亚胺唑是广谱性的三唑类杀菌剂，具有保护和治疗作用，能有效地防治子囊菌、担子菌和半知菌引起的病害，对藻状菌无效。杀菌机理主要是抑制麦角甾醇的生物合成，从而破坏细胞膜的形成，导致病菌死亡。具有保护和治疗作用，喷到作物上后能快速渗透到植物体内，但土壤施药不能被根吸收。

制剂

15%、15%可湿性粉剂。

生产企业

日本北兴化学工业株式会社，广东省江门市植保有限公司。

应用

1. 果树病害

防治梨黑星病，在发病初期开始用15%可湿性粉剂3 000～3 500倍液或5%可湿性粉剂1 000～1 200倍液喷雾，隔7～10d喷1次，连喷5～6次，在病害发生高峰期，喷药间隔期应适当缩短，对梨赤星病有兼治作用。

防治苹果斑点落叶病，于发病初期开始喷5%可湿性粉剂600～700倍液。

防治葡萄黑痘病，于春季新梢生长达10cm时开始喷5%可湿性粉剂600～800倍液，发病严重的葡萄园应适当提早喷药，以后每隔10～15d喷1次，共喷4～5次。雨水较多时，需适当缩短喷药间隔期和增加喷药次数，对葡萄白粉病也有较好的防治效果。

防治柑橘疮痂病，喷5%可湿性粉剂600～900倍液。在春芽开始萌发时喷第一次药，谢花2/3时喷第二次药，以后每10d喷1次，共喷3～4次。

防治青梅黑星病，用5%可湿性粉剂600～800倍液（有效成分62.5～83.3mg/kg）。

2. 防治麦类黑穗病

每100kg种子用15%可湿性粉剂100g拌种。

注意事项

1. 亚胺唑不宜在鸭梨上使用，以免引起轻微药害。

2. 亚胺唑防治葡萄病害，应于采收前21d停止使用；防治柑橘病害，采收前30d停止使用。

苯醚甲环唑（difenoconazole）

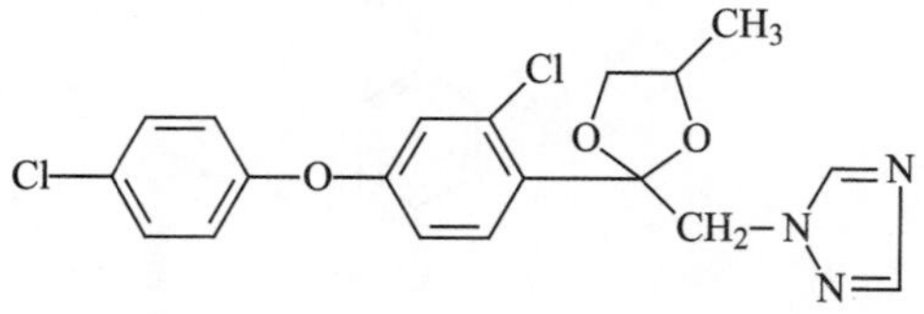

Cl CH₃ O O CH₂–N N N

化学名称

顺，反-3-氯-4-[4-甲基-2-（1H-1，2，4-三唑-1-基甲基）-1，3-二氧戊环-2-基]苯基-4-氯苯基醚

其他名称

噁醚唑，双苯环唑，世高，敌萎丹。

理化性质

原药外观为灰白色粉状物，相对密度1.40（20℃），熔点82～83℃，蒸气压3.3×10^{-5}mPpa（25℃）；在水中溶解度15mg/L（25℃），在乙醇中330g/L，在丙酮中610g/L，在甲苯中490g/L，在正己烷中3.4g/L，在正辛醇中95g/L（以上均为25℃）；常温贮存稳定，在150℃下稳定。

毒性

低毒，大鼠急性经口LD_{50}为1 453mg/kg，小鼠急性经口LD_{50}>2 000mg/kg，兔急性经皮LD_{50}>2 010mg/kg；对眼睛和皮肤无刺激性；鱼毒，对虹鳟鱼LC_{50}为0.81mg/L（96h），对翻车鱼LC_{50}为1.20mg/L（96h）；对蜜蜂无毒。

生物活性

它是三唑类内吸杀菌剂，杀菌谱广，对子囊菌、担子菌和包括链格孢属、壳二孢属、尾孢霉属、刺盘孢属、球座菌属、茎点霉属、柱隔孢属、壳针孢属、黑星菌属在内的半知菌、白粉菌、锈菌和某些种传病害具有持久的保护和治疗作用。对作物安全，用于种子包衣，对种苗无不良影响，表现为出苗快、出苗齐，这有别于三唑酮等药剂。种子处理和叶面喷雾均可提高作物的产量和保证质量。

制剂

3%悬浮种衣剂，5%水乳剂，37%、10%水分散粒剂，10%微乳剂，25%、20%乳油，30%悬浮剂。

生产企业

瑞士先正达作物保护有限公司，先正达（苏州）作物保护有限公司，浙江省杭州宇龙化工有限公司，山东省烟台博瑞特生物科技有限公司，北京富力特农业科技有限责任公司，陕西上格之路生物科学有限公司，江苏侨基生物化学有限公司，天津科润北方种衣剂有限公司，中国农科院植保所廊坊农药中试厂，绩溪农华生物科技有限公司，深圳诺普信农化股份有限公司等。

应用

苯醚甲环唑是广谱杀菌剂，可用种子包衣、喷雾等方式防治多种植物病害。

1．果树病害

防治梨黑星病，一般用10%水分散粒剂6 000～7 000倍液，发病重的梨园建议用3 000～5 000倍液；保护性防治，从嫩梢至10mm幼果期每隔7～10d喷1次，以后视病情12～18d喷1次；治疗防治，发病后4d内喷第一次，以后每隔7～10d喷1次，最多喷4次。

防治苹果斑点落叶病，于发病初用10%水分散粒剂2 500～3 000倍液喷雾，重病园用1 500～2 000倍液，隔7～14d连喷2～3次。

防治葡萄炭疽病、黑痘病，用10%水分散粒剂1 500～2 000倍液喷雾。

防治柑橘疮痂病，用10%水分散粒剂2 000～2 500倍液喷雾。

防治西瓜炭疽病和蔓枯病，亩用10%水分散粒剂50～75g。

防治草莓白粉病，亩用20～40g，对水50kg喷雾。

防治石榴麻皮病，用10%水分散粒剂稀释2 000～1 000倍液喷雾（有效成分50～100mg/kg）。

2．蔬菜病害

防治大白菜黑斑病，亩用10%水分散粒剂35～50g，对水常规喷雾。防治辣椒炭疽病，于发病初期用10%水分散剂800～1 200倍液喷雾，或亩用10%水分散粒剂40～60g，对水常规喷雾。

防治番茄早疫病，于发病初期，亩用10%水分散粒剂70～100g（有效成分7～10g），对水喷雾。

防治大蒜叶枯病，亩用10%水分散粒剂30～60g（有效成分3～6g），对水喷雾。

防治洋葱紫斑病，亩用10%水分散粒剂30～75g（有效成分3～7.5g），对水喷雾。

防治芹菜叶斑病，亩用10%水分散粒剂67～

83g（有效成分 6.7～8.3g），对水喷雾。

防治辣椒炭疽病，亩用 10% 水分散粒剂 50～83g（有效成分 5～8.3g），对水喷雾。

防治芦笋茎枯病，用 10% 水分散粒剂稀释 1 000～1 500倍液（有效成分66.7～100mg/kg）喷雾。

防治菜豆锈病，亩用10% 水分散粒剂 50～100g（有效成分 5～10g），对水喷雾。

3. 麦类病害

苯醚甲环唑对种传病害及土传病害均有效，每 100kg 麦种用 3% 悬浮种衣剂 200～400mL（小麦散黑穗病）、用 67～100mL（小麦腥黑穗病）、133～400mL（小麦矮腥黑穗病）、200mL（小麦根腐病、纹枯病和颖枯病）、1 000mL（小麦全蚀病、白粉病），100～200mL（大麦条纹病、根腐叶斑病、网斑病）。

4. 防治大豆根腐病

每100kg种子用3%悬浮种衣剂200～400mL，进行种子包衣。

5. 防治棉花立枯病

每 100kg 种子用 3% 悬浮种衣剂 800mL，进行种子包衣。

6. 防治茶树炭疽病

用 10% 水分散粒剂稀释 1 500～1 000 倍液（有效成分 66.7～100mg/kg）喷雾。

注意事项

1. 苯醚甲环唑不宜与铜制剂混用，如果确需混用，则苯醚甲环唑使用量要增加 10%。

2. 苯醚甲环唑对鱼类有毒，勿污染水源。

戊菌唑（penconazole）

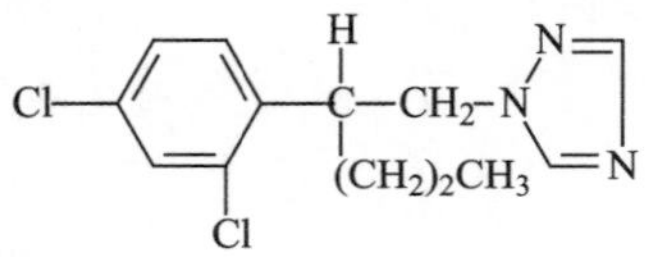

化学名称

2-（2，4-二氯苯基）戊基-1H-1，2，4-三唑

其他名称

果壮。

理化特性

外观为白色结晶粉末，熔点 60.3～61.0℃，沸点 > 360℃，蒸气压 0.17mPa（20℃）；相对密度 1.30（20℃）；水中溶解度 73mg/L（25℃），乙醇中 730g/L，丙酮中 770g/L，甲苯中 610g/L，正己烷中 22g/L，正辛醇中 400g/L；在酸、碱性条件下稳定，对热稳定。

毒性

低毒，大鼠急性经口 LD_{50} 为 2 125mg/kg，急性经皮 LD_{50} > 3 000mg/kg；对皮肤无刺激性，对兔眼睛有轻微刺激性，非皮肤致敏物；鱼毒，对虹鳟鱼的 LC_{50} 为 1.7～4.3mg/L（96h），对鲤鱼的 LC_{50} 为 3.8～4.6mg/L（96h）；对蜜蜂无毒。

生物活性

具有内吸作用的保护性和治疗性杀菌剂，属三氮杂环类杀菌剂，是甾醇脱甲基化抑制剂，通过作物的根、茎、叶等活性组织吸收，并能很快地在植株体内随体液向上传导。

制剂

10% 乳油。

生产企业

浙江禾本农药化学有限公司，新加坡利农私人有限公司。

应用

戊菌唑可用于防治葡萄、啤酒花、蔬菜、果树等的白粉病、白腐病、疮痂病等。

防治葡萄白粉病，用10%乳油2 000～4 000倍液喷雾。

灭菌唑（triticonazole）

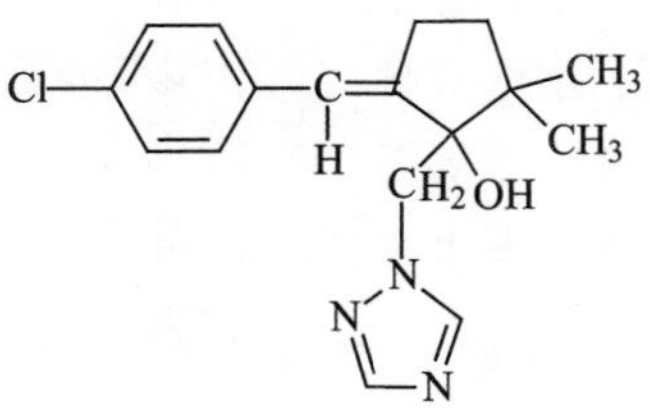

化学名称

（±）-（E）-5-（4-氯苄烯基）-2，2-二甲基-1-（1H-1，2，4-三唑-1-基甲基）环戊醇

其他名称

扑力猛。

理化性质

原药为外消旋混合物，纯品为白色粉状无味固体（20℃），熔点139～140.5℃；相对密度1.326～1.369（20℃）；蒸气压<1.0 × 10^{-5}mPa（50℃）；水中溶解度9.3mg/L（20℃）；在180℃有轻微的分解。

毒性

低毒，大鼠急性经口 LD_{50}>2 000mg/kg，急性经皮 LD_{50}>2 000mg/kg；对皮肤和眼睛无刺激性；对鱼低毒，对虹鳟鱼的 LC_{50}>10mg/L；对蚯蚓无毒。

生物活性

甾醇生物合成中C-14脱甲基化酶抑制剂，主要用作种子处理剂，防治种传病害，也可用于叶面喷雾做保护处理，防治锈病、白粉病等。

制剂

25g/L悬浮种衣剂。

生产企业

德国巴斯夫股份有限公司。

应用

登记用于防治小麦散黑穗病，每100kg种子，用制剂100～200mL，进行拌种。

氟环唑（epoxiconazole）

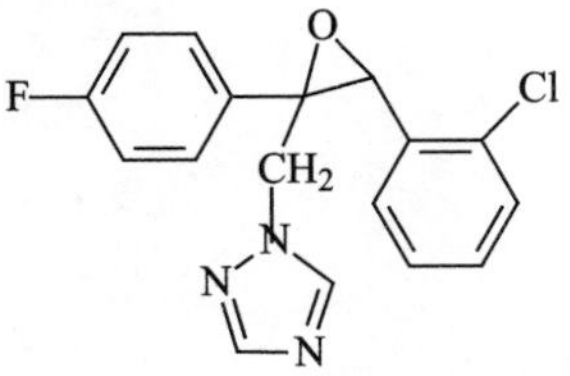

化学名称

（2RS，3SR）–1–[3–（2–氯苯基）–2, 3–环氧–2（4–氟苯基）丙基]–1H–1，2，4–三唑

其他名称

欧博。

理化性质

原药外观为无色粉末，相对密度1.384（室温）；熔点136.2℃，蒸气压 < 0.01mPa（20℃）；水中溶解度6.63mg/L（20℃），丙酮中溶解度144g/L，二氯甲烷291g/L，庚烷0.4g/L；在pH值5 ~ 7条件下不水解（12d）。

毒性

低毒，大鼠急性经口LD_{50}>5 000mg/kg，急性经皮LD_{50}>2 000mg/kg；对皮肤和眼睛无刺激性；鱼毒，对虹鳟鱼的LC_{50}为2.2 ~ 4.6mg/L（96h）。

生物活性

保护和治疗杀菌剂，甾醇生物合成中C–14脱甲基化酶抑制剂。杀菌谱广，具有保护和治疗作用。

制剂

125g/L悬浮剂，75g/L乳油；混剂：18%烯肟·氟环唑悬浮剂（6%氟环唑+12%烯肟菌酯）。

生产企业

德国巴斯夫股份有限公司，江苏耕耘化学有限公司，辽宁省沈阳化工研究院试验厂，上海生农生化制品有限公司，江苏中旗化工有限公司，江苏辉丰农化股份有限公司，江苏丰登农药有限公司，江苏七洲绿色化工股份有限公司，利尔化学股份有限公司，允发化工（上海）有限公司等。

应用

防治小麦锈病，每亩用125g/L悬浮剂（即12.5%悬浮剂）48 ~ 60mL，对水喷雾。

防治香蕉叶斑病，用75g/L乳油（即7.5%乳油）400 ~ 750倍液，均匀喷雾。

防治苹果斑点落叶病，用18%烯肟·氟环唑悬浮剂900 ~ 1 800倍液，均匀喷雾。

种菌唑（ipconazole）

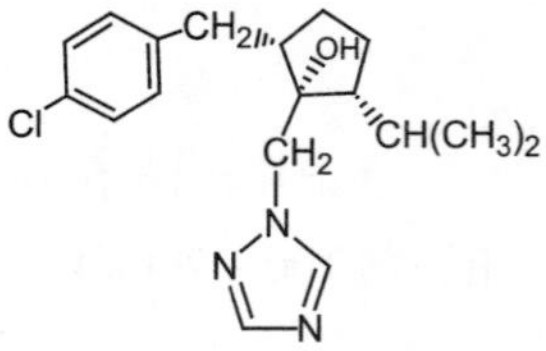

(1*R*,2*S*,5*R*)- isomer 异构体　　(1*R*,2*S*,5*S*)- isomer 异构体

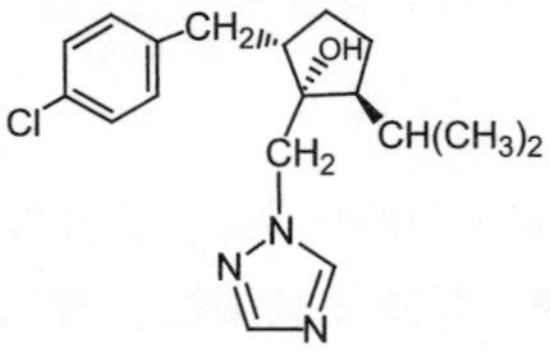

化学名称

（1RS, 2SR, 5RS; 1RS, 2SR, 5SR）– α –（4–氯苄基）–5–异丙基–1–（1H–1, 2, 4–三唑–1–基甲基）环戊醇

理化性质

无色结晶，熔点88 ~ 90℃，蒸气压3.58×10^{-3}mPa（25℃）；在水中溶解度6.93mg/L（20℃）；有很好的热和水解稳定性。

毒性

低毒，大鼠急性经口LD_{50}为1 338mg/kg，急性经皮LD_{50} > 2 000mg/kg；对皮肤无刺激性，对兔眼睛有轻微刺激性，非皮肤致敏物；鱼毒，对鲤鱼的LC_{50}为2.5mg/L（48h）。

生物活性

麦角甾醇生物合成抑制剂。

制剂

乳油，悬浮剂。混剂：种菌唑+双胍辛胺乙酸盐，种菌唑+氢氧化铜。

应用

种菌唑是日本农药公司研究开发的三唑类杀菌剂，可用于控制水稻和其他作物的多种种传病害，特别对水稻恶苗病、水稻褐斑病和稻瘟病有很好的防治效果。

第四章
苯并咪唑类杀菌剂

多菌灵（carbendazim）

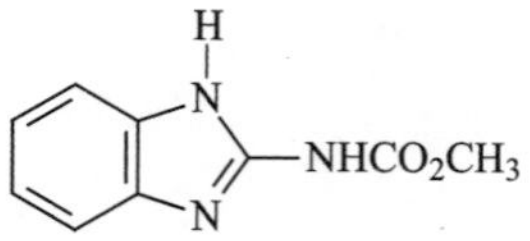

$NHCO_2CH_3$

化学名称

N-（苯并咪唑-2-基）氨基甲酸甲酯

其他名称

苯并咪唑44号，棉萎灵。

理化性质

结晶状粉末，熔点302～307℃（分解），蒸气压0.09mPa（20℃），相对密度1.45（20℃），溶解度水29mg/L（pH值4.0，24℃），二甲基甲酰胺5g/L（24℃），丙酮300mg/L，氯仿100mg/L；多菌灵可溶于稀无机酸和有机酸，形成相应的盐。低于50℃至少两年稳定，在碱性溶液中缓慢分解，随pH值升高，分解加快，在酸中稳定。

毒性

微毒，原粉大鼠急性经口LD_{50} > 6 400mg/kg，大鼠急性经皮LD_{50} > 10 000mg/kg；对皮肤和眼睛有刺激作用；动物试验未见致癌作用；鱼毒，对虹鳟鱼LC_{50}为0.83mg/L，对鲤鱼LC_{50}为0.61mg/L；对蜜蜂低毒，

生物活性

多菌灵是一种高效低毒内吸性杀菌剂，对许多子囊菌和半知菌都有效，而对卵菌和细菌引起的病害无效。具有保护和治疗作用，几乎各类植物都可用多菌灵防治其病害。

制剂

20%可湿性粉剂，25%可湿性粉剂，40%可湿性粉剂，40%可湿性粉剂，50%可湿性粉剂，80%可湿性粉剂，40%悬浮剂等。

生产企业

山东华阳科技股份有限公司，江苏蓝丰生物化工股份有限公司，江苏颖泰化学有限公司，江苏省靖江市金囤农化有限公司，江苏省江阴凯江农化有限公司，苏州华源农用生物化学品有限公司，上海泰禾（集团）有限公司，湖北沙隆达蕲春有限公司，江苏省新沂市中港农用化工有限公司，江苏省新沂市科大农药厂，河北胜源化工有限公司等。

应用

多菌灵可以用于大多数植物病害的防治。

1．果树病害

防治苹果、梨轮纹烂果病，苹果炭疽病、褐斑病，梨褐斑病等，于谢花后7～10d开始喷50%可湿性粉剂600～800倍液或40%悬浮剂500～600倍液，以后视降雨情况隔10～15d喷1次。最好与其

他无交互抗性的有机杀菌剂或波尔多液交替使用。在苹果生长的中后期雨水多时，与波尔多液交替使用，喷波尔多液15d左右以后再喷多菌灵，喷多菌灵10d后再喷波尔多液。多菌灵是防治梨黑星病的常用药剂，于梨树谢花后开始发现病芽梢时，喷50%可湿性粉剂600～800倍液或40%悬浮剂600倍液，以后隔10～14d喷1次。

防治葡萄黑痘病、炭疽病，于新梢长出15cm左右，用50%可湿性粉剂600～800倍液喷第1次，开花前再喷1次，至果实着色期，隔15d喷1次。可兼治褐斑病、穗轴褐枯病，对白腐病也有一定效果。

防治桃、李、杏、樱桃的褐腐病，于谢花后10d左右喷50%可湿性粉剂600～800倍液，隔15～20d喷1次，可兼治疮痂病，对桃树流胶病也有一定效果。

防治山楂花腐病，在山楂展叶期、花期、谢花后10d，各喷1次50%可湿性粉剂800～1 000倍液。防治山楂黑星病、梢枯病、叶斑病，于发病初期喷50%可湿性粉剂800～1 000倍液，隔15d左右喷1次，共喷3～4次。

防治石榴干腐病，从开花至采收前20d，半个月左右喷1次40%悬浮剂600倍液，可与其他杀菌剂轮换使用，可兼治早期落叶病。

防治板栗叶斑类病害，于发病初期喷50%可湿性粉剂800～1 000倍液。

防治柑橘疮痂病、黑斑病、白粉病、褐斑病、脂点黄斑病、炭疽病等，于始发病期或新梢抽发期，用50%可湿性粉剂800～1 000倍液喷雾，隔15d喷1次，连喷2～4次。防治柑橘枝干、根茎部流胶病、树脂病和脚腐病，在病流行季节，用刀纵刻病部达木质部，再用40%悬浮剂10～20倍液或50%可湿性粉剂15～30倍液涂抹。

防治果实贮藏期发病，于采收前7～10d喷50%可湿性粉剂2 000倍液，或于采摘后3d内用50%可湿性粉剂1 000～2 000倍液浸洗果实1min。

防治香蕉叶斑病、炭疽病和黑斑病，于发病初期喷50%可湿性粉剂1 000～1 500倍液，隔14d喷1次，共喷2～3次。雨季隔7d喷1次。

防治荔枝、龙眼霜霉病和番木瓜炭疽病，于开花前或谢花后开始用50%可湿性粉剂1 000倍液喷雾，隔10～15d喷1次，连喷2～3次。

防治杧果炭疽病，于盛花期开始用50%可湿性粉剂1 000倍液喷雾，10d后再喷1次，谢花后30d再喷1次。若在冬季休眠期再喷1次，防效更好。

防治枇杷炭疽病，于病始发时喷50%可湿性粉剂1 000倍液。

防治菠萝心病，发病初期喷50%可湿性粉剂1 000～1 500倍液，隔10～15d喷1次，连喷2～3次。

防治菠萝果腐病，在果实成熟期每7～10d用50%可湿性粉剂500倍液喷1次，共喷2次。

防治草莓枯萎病、黄萎病、疫病，于发病初期用50%可湿性粉剂1 000倍液灌根，10d再灌1次。防治草莓灰霉病，于开花前、开花期和谢花后用50%可湿性粉剂1 000倍液喷雾。

2. 茶树病害

防治茶云纹叶枯病、轮斑病、枝梢黑点病，在发病初期，亩用50%可湿性粉剂75～100g，加水800～1 000倍，喷洒茶树枝叶，隔7～10d喷1次，共喷2～3次。防治茶苗白绢病、猝倒病等根部病害，亩用50%可湿性粉剂100～150g，加水500～800倍，穴施或沟施。

3. 防治桑苗紫纹羽病

在挖苗时和栽桑前，剔除重病苗，对轻病苗和有嫌疑的桑苗，用25%可湿性粉剂500倍液浸根30min，可基本杀死根内、外部的病原菌。

4. 林木病害

防治杨树烂皮病，先用钉板或小刀将病斑刺破，刺破范围应直到病斑与健康树皮交界处，然后用50%可湿性粉剂25倍液涂抹。防治柳杉赤枯病、油松烂皮病、毛竹枯梢病、油橄榄孔雀斑病，用50%可湿性粉剂1 000倍液喷雾。

5. 蔬菜病害

防治番茄枯萎病、叶霉病，黄瓜枯萎病、炭疽病、黑星病，白菜白斑病，辣椒炭疽病等种传病害，采用种子消毒方法，用50%可湿性粉剂500倍液浸种1h。防治芋干腐病，用50%可湿性粉剂500倍液浸种30min，稍阴干后直接播种。

防治莲藕腐败病，消毒种藕用50%可湿性粉剂500倍液浸1~2h，其上覆盖塑料薄膜密闭24h，晾干后栽植。

防治黄瓜枯萎病、西瓜枯萎病和茄子黄萎病，可采用处理土壤和灌根两种方式施药。播前或定植前，亩用50%可湿性粉剂2kg，与细土200kg混拌成药土，施入沟内或穴内，与土壤混合后2~3d播种。当田间发现零星病株时，用50%可湿性粉剂500倍液灌根，每株灌药液250ml。

防治蔬菜苗期立枯病、猝倒病，用50%可湿性粉剂与细土1 000~1 500倍混拌成药土，播种时施入播种沟后覆土，每平方米用药土10~15kg。苗床土壤处理，每平方米用50%可湿性粉剂8~10g。

防治十字花科蔬菜、番茄、黄瓜、茄子、菜豆、莴苣的菌核病以及莲藕腐败病，采用茎叶喷雾方法，喷50%可湿性粉剂500倍液。防治番茄、茄子、黄瓜、菜豆的灰霉病，喷50%可湿性粉剂600~800倍液。防治韭菜、大葱的灰霉病，喷300倍液。治十字花科蔬菜白斑病、黑斑病，豇豆煤霉病，芹菜早疫病，瓜类炭疽病，喷50%可湿性粉剂700~800倍液。

防治黄瓜蔓枯病，发病初期集中用药，喷50%可湿性粉剂800倍液，重点喷瓜秧中下部茎叶和地面。

防治油菜白粉病，喷50%可湿性粉剂500倍液；防治白斑病、黑胫病喷50%可湿性粉剂600~1 000倍液，每亩次喷药液75kg，隔7d喷1次，共喷2~3次。

6. 防治花生立枯病、茎腐病、根腐病、冠腐病

每100kg种子用50%可湿性粉剂500~1 000g拌种。防治花生生长期的叶斑病、茎腐病、立枯病、焦斑病、灰霉病等，于发病初期开始亩喷50%可湿性粉剂1 000倍液50kg，隔10d喷1次，共喷2~3次。

7. 防治大豆霜霉病

用种子量0.7%的50%可湿性粉剂拌种或用50%可湿性粉剂500倍液，茎叶喷雾。防治大豆灰斑病、纹枯病、立枯病，亩喷50%可湿性粉剂500~1 000倍液40~50kg，隔10d喷1次，共喷2~3次。防治大豆锈病、羞萎病，亩喷50%可湿性粉剂500倍液30~50kg。

8. 防治向日葵黄萎病

用种子量0.5%的50%可湿性粉剂拌种。防治黑斑病，于发病初期开始亩喷50%可湿性粉剂500~800倍液50L，隔10d喷1次，共喷2~3次。

9. 水稻病害

防治稻瘟病，亩用50%可湿性粉剂75~100g或80%可湿性粉剂63g或40%悬浮剂85~120g，对水50L喷雾。防治叶瘟于病斑初见期开始喷药，隔7~10d喷1次。防治穗瘟，在水稻破口期和齐穗期各喷1次。防治水稻纹枯病，于水稻分蘖末期和孕穗末期各施药1次，亩用50%可湿性粉剂75~100g，对水50L喷雾。防治水稻小粒菌核病，于水稻分蘖末期主抽穗期亩用50%可湿性粉剂75~100g或80%可湿性粉剂63g，对水50kg喷雾。

10. 防治小麦赤霉病是多菌灵的最主要用途

一般在小麦齐穗期至始花期施药，亩用有效成分50g，即25%可湿性粉剂200g或50%可湿性粉剂100g或80%可湿性粉剂63g或40%悬浮剂100g，对水50~70L喷雾，在重病年份，应在第一次喷药后7d再喷1次，重点保护穗部，可兼治小麦纹枯病、根腐病、叶枯病、雪霉叶枯病等。拌种防治麦类种传病害，对小麦散黑穗病、腥黑穗病及秆黑粉病用种子量2%的50%可湿性粉剂；对小麦叶枯病，大麦、燕麦坚黑穗病和散黑穗病，用种子量0.3%的50%可湿性粉剂。

11. 防治谷子粒黑粉病

用种子量0.2%~0.3%的50%可湿性粉剂拌种。

12. 防治高粱坚黑穗病、散黑穗病

用种子量0.2%~0.3%的50%可湿性粉剂拌种。防治高粱炭疽病，喷50%可湿性粉剂500倍液。防治玉米大、小斑病、亩喷50%可湿性粉剂500倍液50~70kg，对玉米纹枯病也有较好效果。

13. 防治甘薯黑斑病

可以浸种薯或浸秧苗。浸种薯用50%可湿性粉剂800~1 000倍液浸10min，药液可连续浸种薯7~10批次。浸薯秧是在栽插前，用50%可湿性粉

剂 2 500～3 000 倍液浸薯秧基部 2～3min。

14. 棉花病害

防治棉花苗期的立枯病、炭疽病以及黑根腐病、轮纹病、褐斑病，每 100kg 棉籽用 50% 可湿性粉剂 500g 拌种。防治出苗后的立枯病，于始发病期用 50% 可湿性粉剂 1 000 倍液灌根。防治棉花枯、黄萎病，经脱绒后棉籽用 40% 悬浮剂 130 倍液浸泡 14h，晾干播种，可杀灭棉籽内、外的枯、黄萎病菌。在田间发病初期用 50% 可湿性粉剂或 40% 悬浮剂 1 000 倍液灌根，每株灌药液 500ml。防治棉铃的红粉病和灰霉病用 50% 可湿性粉剂 600 倍液，防治棉铃疫病用 50% 可湿性粉剂 800～1 000 倍液，于发病初期及时喷洒，隔 10d 左右喷 1 次，共喷 2～3 次。

15. 麻类病害

防治黄麻、亚麻苗期的立枯病、枯萎病、炭疽病、根腐病、黑根病、茎腐病等，每 100kg 种子用 50% 可湿性粉剂 400～500g 拌种，密闭贮存 15d 后再播种。苗期或成株期于发病始期喷 50% 可湿性粉剂 800～1 000 倍液，隔 7～10d 喷 1 次，共喷 2～3 次。用 50% 可湿性粉剂 500～1 000 倍液喷雾，可防治黄麻茎斑病，红麻斑点病和灰霉病，苎麻茎腐病和立枯病，亚麻胡麻菌核病，剑麻炭疽病、褐斑病、茎腐病等。

16. 药用植物病害

拌种防治薏苡黑穗病，每 10kg 种子用 50% 可湿性粉剂 40g。于发病初期用 50% 可湿性粉剂 600～800 倍液喷淋或浇灌，可防治三七叶腐病、曼陀罗黄萎病、川芎根腐病、白术根腐病和立枯病、山药枯萎病、黄芪根腐病、甘草根腐病、枸杞根腐病、人参的锈腐病、立枯病和猝倒病、量天尺枯萎腐烂病等。防治量天尺炭疽病，作为繁殖材料的茎节，在植前用 50% 可湿性粉剂 800 倍液浸泡 10min，或喷雾，待药液于后再插植。防治人参锈腐病，在参苗移栽前，用 50% 可湿性粉剂 500 倍液浸苗 8～15min，待苗晾干后再栽植。

采用喷雾法防治药用植物病害，一般用 50% 可湿性粉剂 600～1 000 倍液于发病初期开始施药，隔 7～10d 喷 1 次，可防治三七炭疽病、玉竹曲霉病、玄参斑点病、党参菌核病、佛手菌核病、麦冬炭疽病、白芍轮斑病、藏红花腐烂病（枯萎病）、量天尺炭疽病、香草兰茎腐病等。

17. 花卉病害

多菌灵能防治多种花卉的真菌性叶部病害和茎腐病、根腐病种子或种苗处理：防治百日草黑斑病用 50% 可湿性粉剂 1 000 倍液浸种 5～10min；防治唐菖蒲枯萎病，用 50% 可湿性粉剂 500 倍液浸球茎 30min 再种植；防治马蹄莲叶霉病，用 50% 可湿性粉剂 250 倍液浸种 30min；防治仙人掌炭疽病，在茎节繁殖前，用 50% 可湿性粉剂浸茎节 5～10min。

土壤消毒一般是每平方米用 50% 可湿性粉剂 6～8g，配成毒土，用 1/3 毒土垫播种沟（穴），2/3 毒土盖籽。可防治多种花卉幼苗猝倒病、立枯病、白绢病以及仙人掌类炭疽病、令箭荷花黑霉病、昙花黑霉病、四季海棠茎腐病等。

藻根及根际土壤一般用 50% 可湿性粉剂 400～500 倍液灌根或浇灌根际土壤，可防治多种花卉的根腐病、茎腐病、枯萎病以及鸡冠花褐斑病、百合基腐病、水仙鳞茎基腐病等。

采用喷雾法，一般用 50% 可湿性粉剂 600～1 000 倍液，可防治多种花卉的白粉病、黑斑病及其他真菌性叶斑病等。

18. 防治烟草白绢病、根黑腐病、枯萎病

于发病初期，用 50% 可湿性粉剂 500 倍液浇灌植株茎基部、根部及周围土壤，每株浇灌药液 500～1 000mL，7～10d1 次，连施 2～3 次。防治烟草菌核病，发病初期，对个别发病的病株，用 50% 可湿性粉剂 800～1 000 倍液喷洒烟株茎根部及周围土表，10d 左右喷 1 次，连喷 3～4 次。用 50% 可湿性粉剂 600～800 倍液喷雾，可防治烟草蛙眼病、赤星病、白粉病、低头黑病等。

19. 防治甜菜褐斑病、蛇眼病、霜霉病

亩用 50% 可湿性粉剂 100～150g，对水常规喷雾。由于褐斑病菌已产生耐药性，现在多用多菌灵混剂或其他杀菌剂防治。

20. 防治甘蔗凤梨病

用50%可湿性粉剂1 000倍液浸种3min。

21．防治绿萍霉腐病

用50%可湿性粉剂1 000倍液或40%悬浮剂800倍液喷雾。

注意事项

1．多菌灵可与一般杀菌剂混用，但与杀虫剂、杀螨剂混用时要随混随用，不能与铜制剂混用。

2．多菌灵悬浮剂在使用时，稀释的药液暂时不用静止后会出现分层现象，需摇匀后使用。

多菌灵盐酸盐（carbendazim hydrochloric salt）

$$\left[\text{benzimidazol-2-yl(N-H)}-NHCO_2CH_3\right]\cdot HCl\cdot 2H_2O$$

其他名称

防霉宝。

制剂

60%可溶性粉剂。

生产企业

江苏省江阴农药厂。

生物活性

与多菌灵相比，多菌灵烟酸盐能溶于水，使用时易配成均匀的喷洒液，特别适宜使用机动弥雾机或手动喷雾器低容量喷雾；配成的药液对作物体表有较强的渗透力；实际使用时，药效好于多菌灵可湿性粉剂。

应用

多菌灵盐酸盐可用于防治麦类赤霉病、蚕豆赤星病、油菜菌核病、水稻稻瘟病等，多菌灵能防治植物病害，改用多菌灵盐酸盐防治，均可取得较好的防治效果。

1．防治麦类赤霉病

在麦抽穗至扬花初期，亩用60%可溶性粉剂60g，对水50L喷雾。一般年份施药1次，在抽穗后遇多雨天气，隔7d再喷药1次。

2．防治蚕豆赤斑病

在病害初发时，亩用60%可溶性粉剂50～60g，对水50～60L喷雾。一般田块施药1次，重病田隔7d后再施药1次。

3．防治油菜菌核病

在油菜盛花期和终花期各施药1次，每亩次用60%可溶性粉剂50～60g，加水100～150L均匀喷到油菜植株的中下部位。

4．防治稻瘟病

在叶瘟初发生期，亩用60%可湿性粉剂50～60g，加水40～50L喷雾。防治穗颈瘟病害，在水稻破口到始穗期，亩用60%可湿性粉剂60g，加水40～50L喷雾。在水稻抽穗后多雨或多雾天气，于水稻齐穗期再施药一次。

注意事项

1．本药剂不可用碱性水溶解，也不可与碱性农药混用。

2．本品与粉锈宁混用效果更佳。

多菌灵磺酸盐（carbendazim sulfonic salt）

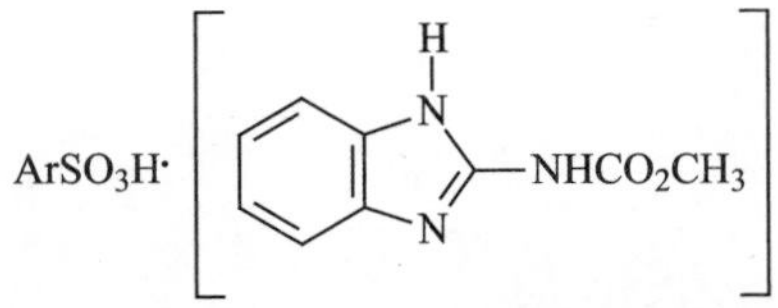

$ArSO_3H\cdot$[2-($NHCO_2CH_3$)-1H-benzimidazole]

其他名称

溶菌灵，菌核光

制剂

50%可湿性粉剂（溶菌灵），35%悬浮剂（菌核光）。

生产企业

江苏省新沂中凯农用化工有限公司。

应用

登记用于防治黄瓜霜霉病、黄瓜和番茄灰霉病，用50%可湿性粉剂600～800倍液喷雾，隔7～10d喷1次，连喷2～3次。

防治油菜菌核病，亩用35%悬浮剂100～140ml，对水喷雾。

防治荔枝树霜疫霉病，用35%悬浮剂600～800倍液（有效成分437.5～583.3mg/L）喷雾。

防治苹果轮纹病，用35%悬浮剂600～800倍液（有效成分437.5～583.3mg/L）喷雾。

据各地应用资料，喷50%可湿性粉剂600～800倍液，还可防治黄瓜白粉病、黑星病、疫病，番茄早疫病、晚疫病、枯萎病，莴苣霜霉病、菌核病，洋葱、大蒜的霜霉病、叶枯病，甜菜褐斑病，草莓灰霉病等。

注意事项

叶菜类蔬菜、白茄对本剂敏感，应慎用。

多菌灵草酸盐

其他名称

枯萎立克、菌治灵

制剂

37%可溶性粉剂。

应用

本剂登记用于防治小麦赤霉病，亩用制剂135g，对水常规喷雾。

增效多菌灵

生物活性

增效多菌灵是多菌灵与水杨酸、冰醋酸复配而成，其能增强多菌灵在棉株体内的输导作用，从而抑制发病，表现有很强的内吸治疗作用。

制剂

12.5% 可溶剂。

应用

防治棉花枯萎病，在历年发病率在 10% 以下的零星发病田，采用病株灌根法，每株灌 12.5% 可溶剂 250 倍液 100mL。对历年发病率在 10% 以上的重病田，需全田普施，用 200 ~ 300 倍液灌根，每株灌药液 100mL。普施后若有零星病株出现，可以再挑治一次。

丙硫多菌灵（albendazole）

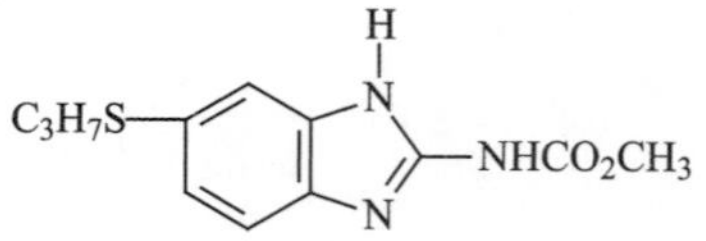

$$C_3H_7S\text{—(benzimidazole, 1-H)—}NHCO_2CH_3$$

化学名称

N-[5-（丙硫基）1H- 苯并咪唑 -2- 基]氨基甲酸甲酯

其他名称

丙硫咪唑，阿苯达唑，施宝灵

理化性质

纯品外观为白色粉末，无臭无味，微溶于乙醇、氯仿、热稀盐酸和稀硫酸，在冰醋酸中溶解，在水中不溶，熔点 206 ~ 212℃，熔融时分解。

毒性

低毒，大鼠急性经口 LD_{50} 为 4 287mg/kg，急性经皮 LD_{50} 为 608mg/kg；对眼睛有轻微刺激作用，表现为眼结膜轻度充血。

生物活性

本品原为医用药剂，现开发用于农业，据已有实验结果表明，它是低毒、广谱、内吸性杀菌剂。可有效地防治霜霉菌、腐霉菌、白粉菌引起的病害，其杀菌作用机理与多菌灵相似。

制剂

20%、10% 悬浮剂，10% 水分散粒剂，20% 可湿性粉剂。

生产企业

贵州道元科技有限公司，广西弘润农药有限公司，贵州元泰科技有限责任公司。

应用

1. 烟草病害

对烟草炭疽病、白粉病、黑胫病、赤星病等，在发病前或病害初发生期，亩用 20% 悬浮剂或 20% 可湿性粉剂 100 ~ 125g 对水喷雾，间隔 10 ~ 14d，共施药 2 ~ 3 次。

2. 防治稻瘟病（叶瘟和穗颈瘟）

亩用 20% 悬浮剂或可湿性粉剂 75 ~ 100g 对水喷雾，一般施药一次即可，对重病田隔 7 ~ 10d 再施药一次。

3. 防治蔬菜病害

对大白菜和黄瓜霜霉病，亩用 20% 悬浮剂或可湿性粉剂 75 ~ 100g 对水喷雾。对豇豆霜霉病用 20% 悬浮剂或可湿性粉剂 300 倍液喷雾。

防治辣椒疫病，亩用 20% 可湿性粉剂 25 ~ 35g，对水 50 ~ 60kg 喷雾，或者采用灌根方法。

4. 防治西瓜炭疽病

亩用 10% 水分散粒剂或 10% 可湿性粉剂 150g（有效成分用量 15g/ 亩），对水喷雾。

另据初步试验结果表明，对烟草和花生青枯病，在发病初期，用20%悬浮剂2 000～3 000倍液，连喷两次，有较好防治效果。

注意事项

1. 丙硫多菌灵不能与铜制剂混用。
2. 禁止孕妇喷洒本剂。
3. 作物发病较重时，可适当加大剂量和次数。喷药后24h内下雨应尽快补喷。

苯菌灵（benomyl）

$$\text{1-}[C(=O)-NH-(CH_2)_3CH_3]\text{-2-}(NHCO_2CH_3)\text{-benzimidazole}$$

化学名称

N-[1-（正丁基氨基甲酰基）-苯并咪唑-2-基]氨基甲酸甲酯

其他名称

苯来特，benlate

理化性质

纯品为无色结晶，熔点140℃（分解），蒸气压<5.0×10^{-3}mPa（25℃），相对密度0.38；在水中溶解度3.6mg/L（室温，pH值5.0），在氯仿中94g/L（25℃），在二甲基甲酰胺中53g/L，在丙酮中18g/L，在二甲苯中10g/L，在乙醇中4g/L；遇强酸强碱条件下分解，贮存时遇到水、潮湿条件下易分解。

毒性

微毒，原粉大鼠急性经口LD_{50} > 10 000mg/kg，大鼠急性经皮LD_{50} > 10 000mg/kg；一般只对皮肤和眼睛有轻微刺激症状，经口中毒低，无中毒报道；鱼毒，对虹鳟鱼LC_{50}为0.27mg/L；对蜜蜂无毒。

生物活性

本品是为广谱内吸性杀菌剂，进入植物体后容易转变成多菌灵及另一种有挥发性的异氰酸丁酯，是其主要杀菌物质，因而其杀菌作用方式及防治对象与多菌灵相同，但药效略好于多菌灵。具有保护、治疗和铲除等作用，可用于喷洒，拌种和土壤处理。

制剂

50%可湿性粉剂，40%悬浮剂。

生产企业

江苏省太仓市农药厂有限公司，允发化工（上海）有限公司，苏州华源农用生物化学品有限公司，广西弘峰（北海）合浦农药有限公司，江苏安邦电化有限公司，陕西上格之路生物科学有限公司，深圳诺普信农化股份有限公司，江苏省江阴凯江农化有限公司等。

应用

1．果树病害

本品是防治苹果轮纹烂果病最好的药剂之一，从谢花后1周有降雨后开始喷50%可湿性粉剂800～1 000倍液，以后每隔12～14d有降雨即喷药，直到8月下旬或9月上旬为止；同时可兼治苹果炭疽病、褐斑病、褐腐病、黑星病。防治苹果霉心病，于花蕾期至谢花后，每隔10d左右喷1次50%可湿性粉剂1 000倍液，共喷2～3次，同时兼治白粉病。

防治柑橘疮痂病、灰霉病，于发病初期喷50%可湿性粉剂1 000～1 500倍液，隔10～15d喷1次，共喷2～3次。防治柑橘流胶病、脚腐病，于发病初期，用刀纵刻至木质部后，用50%可湿性粉剂100～200倍液涂抹。

防治菠萝心腐病，在花期喷50%可湿性粉剂800～1 000倍液。防治菠萝黑心病，用50%可湿性粉剂250倍液浸泡刚采下的菠萝果实或果梗切口5min。

防治柑橘贮藏期绿霉病、青霉病，在采收前10～15d用50%可湿性粉剂2 500～3 500倍液喷树冠及果实；或采收后用1 500～2 000倍液浸果5min。为控制桃在贮藏和后熟期的烂果，用46℃的50%可湿性粉剂5 000倍液浸5min。苯菌灵也可用作其他果品的贮藏防腐剂，常用浓度为600～1 200mg/L药液，相当于50%可湿性粉剂420～830倍液或40%悬浮剂340～670倍液。

2．防治蔬菜种传和土传病害

每10kg种子用50%可湿性粉剂10～20g拌种。

防治蔬菜叶部病害，如番茄叶霉病、芹菜灰斑病、茄子赤星病、慈姑叶斑病等，于发病初期开始喷50%可湿性粉剂1 000～1 500倍液，隔10d左右喷1次，连喷2～3次。

防治番茄、黄瓜、韭菜等多种蔬菜的灰霉病，于发病前或发病初期喷50%可湿性粉剂800～1 000倍液。

防治蔬菜贮藏期病，在收获前喷雾或收获后浸渍，如防治大蒜青霉病，在采前7d喷50%可湿性粉剂1 500倍液。

防治芦笋茎枯病，在发病初期用50%可湿性粉剂1 500～1 875倍液喷雾。

3．防治棉花炭疽病、白腐病

棉茎枯病，棉铃红腐病和曲霉病，于发病初期喷50%可湿性粉剂1 500倍液，亩喷药液60～80L，隔7～10d喷1次，连喷2～3次。

4．防治黄麻黑点炭疽病和枯腐病

每10kg种子用50%可湿性粉剂50g拌种；防治亚麻、胡麻炭疽病和斑点病，每10kg种子用50%可湿性粉剂20～30g拌种，密闭15d左右播种。防治麻类作物生长病害，如炭疽病、叶斑类病害、白粉病、白星病等，于发病初期喷50%可湿性粉剂1 500倍液，隔10d左右喷1次，连喷2～3次。

5．防治甘蔗风梨病

对窖藏的蔗苗用50%可湿性粉剂250倍液淋浸切口；在种苗移栽前先用2%石灰水或清水浸1d后，再用50%可湿性粉剂1 000倍液浸5～10min。防治甘蔗眼点病、黄点病、梢腐病，喷50%可湿性粉剂1 000倍液，隔7～10d喷1次，连喷3～4次。

防治甜菜褐斑病及其他叶斑病，喷50%可湿性粉剂1 500倍液，隔7～10d喷1次，连喷3～4次。

6．防治烟草根黑腐病

苗床每平方米用50%可湿性粉剂10g消毒，移栽时亩用50g药剂与细土拌匀后穴施。防治烟草枯萎病，于发病初期开始用50%可湿性粉剂1 000倍液喷洒或浇灌，每株灌药液500mL，连灌2～3次。

7．防治川芎根腐病、黄芪根腐病、山药枯萎病、穿心莲枯萎病

于发病初期用50%可湿性粉剂1 500倍液喷淋基部或浇灌，10～15d施药1次，共施2～3次。防治量天尺枯萎腐烂病，用刀挖除轻病基节的肉质部，切口用50%可湿性粉剂200倍液涂抹。喷雾防治多种药用植物的叶部病，一般于发病初期喷50%可湿性粉剂1 500倍液，隔10d左右喷1次，连喷2～3次，可防治三七炭疽病、麦冬炭疽病、萱草炭疽病、山药炭疽病和斑枯病、黄芪白粉病、枸杞白粉病和炭疽病、藏红花腐烂病、香草兰茎腐病以及多种药用植物的叶斑类病害。

8．防治翠菊枯萎病和菊花枯萎病

用50%可湿性粉剂500倍液浇灌根际土壤。对香石竹枯萎病在种植前用1 000倍液浇灌土壤。防治百合基腐病和水仙鳞茎基腐病，于种植前用50%可湿性粉剂500倍液浸15～30min，发病后及时用800倍液浇灌根部。防治叶部病害可用50%可湿性粉剂1 500倍液喷雾。

注意事项

1．在梨、苹果、柑橘、甜菜上安全间隔期为7d，葡萄上为21d，收获前在此期限内不得使用苯菌灵。

2．该药不能同波尔多液和石灰硫磺合剂等碱性农药混用。

3．连续使用该药剂时可能产生抗药性，为防止此现象的发生，最好和其他药剂交替使用。

噻菌灵（thiabendazole）

化学名称

2-（噻唑-4-基）苯并咪唑

其他名称

硫苯唑，特克多，涕必灵，噻苯灵，霉得克，保唑霉

理化性质

灰白色无味粉末，熔点297～298℃，蒸气压4.6×10^{-4}mPa（25℃），加热超过310℃即升华；在水中溶解度随pH值而改变，在pH2时为10g/L，pH5～12时<0.05，pH12时>0.05g/L（25℃），室温下在二甲基甲酰胺中39g/L，在苯中0.23g/L，在氯仿中0.08g/L，在二甲亚砜中80g/L，在甲醇中9.3g/L；在酸性介质和悬浮液中很稳定，对热和光稳定。

毒性

低毒，原粉大鼠急性经口LD_{50}为3 100mg/kg，兔急性经皮LD_{50}>2 000mg/kg；对兔眼睛和皮肤无刺激性，无中毒报道；对鱼低毒，对虹鳟鱼LC_{50}为0.55mg/L（96h），对翻车鱼LC_{50}为19mg/L（96h）；对蜜蜂无毒。

生物活性

噻菌灵有内吸传导活性，根施时能向顶传导，但不能向基传导。杀菌谱广，具有保护和治疗作用，与多菌灵、苯菌灵等苯并咪唑类的品种之间有正交互抗性。

制剂

40%可湿性粉剂，50%、45%、432%、15%悬浮剂，3%烟剂，水果保鲜纸等。

生产企业

先正达（苏州）作物保护有限公司，江苏嘉隆化工有限公司，江苏百灵农化有限公司，台湾隽农实业股份有限公司，江苏嘉隆化工有限公司，江苏省徐州诺恩农化有限公司，江苏常隆化工有限公司，河南省安阳市红旗药业有限公司，深圳诺普信农化股份有限公司等。

应用

噻菌灵主要用于果品和蔬菜等产后防腐保鲜，采用喷雾或浸蘸方式施药。

1．防治香蕉、菠萝贮运期烂果

采收后用40%可湿性粉剂或42%～50%悬浮剂的600～900倍液，浸果1～3min，捞出晾干装箱。防治香蕉冠腐病，用15%悬浮剂150～250倍液或50%悬浮剂660～1 000倍液浸果1min。

2．防治柑橘青霉病、绿霉病、蒂腐病、炭疽病等

采后用42%悬浮剂300～420倍液或50%悬浮剂400～600倍液浸果1min，捞出、晾干、装筐、低温保存。

3．苹果、梨、葡萄、草莓等果实

采收后用750～1 500mg/L浓度药液，相当于50%悬浮剂330～670倍液浸果1min，捞出晾干，能预防苹果、梨果实的青霉病、黑星病和葡萄、草莓的灰霉病等。

防治苹果树轮纹病，用40%悬浮剂稀释1 500～1 000倍液田间喷雾。

防治葡萄黑痘病，用40%悬浮剂稀释1 500～1 000倍液田间喷雾。

4、甘薯用 42% 悬浮剂 280 ~ 420 倍液浸薯半分钟左右

捞出滴干，入窖贮藏，可防治窖贮期的黑疤病、软腐病，效果优于多菌灵。

5. 冷库和常温贮藏蔬菜水果的防腐保鲜

保鲜灵烟剂是以噻菌灵为主，配以其他药剂加工而成，主要作为冷库或常温贮存各种水果及蔬菜的防腐保鲜烟剂，目前主要用于蒜苔冷库贮藏保鲜，具体方法：经过整理上架的蒜苔，预冷达到规定温度后，用保鲜灵烟剂处理。使用烟剂为每立方米空间 5 ~ 7g。以 2 000m^3 冷库为例，需用烟剂 10 ~ 14kg，均匀堆放在过道或货架中间，每堆 0.5 ~ 1kg，堆成塔形，光点燃最上面一堆，再顺序往下点燃，点毕，密封 4h 后开启风机正常通风。

6. 保护地蔬菜病害

3% 噻菌灵烟剂主要作为保护地作物防治多种真菌病害的专用烟剂，对黄瓜、番茄、韭菜、芹菜、青椒、蒜苔的灰霉病、叶霉病、白粉病、叶斑病、炭疽病等有显著防治效果。在病害发生初期，每亩保护地用 3% 噻菌灵烟剂 300 ~ 400g，于日落后将烟剂放在干地面上，均匀摆布，用火柴点燃即可离开，门窗关闭，次日清晨打开气窗通气。

由于成本问题，在作物生长期使用噻菌灵喷雾防治病害较少。防治苹果轮纹病，用 40% 可湿性粉剂 1 000 ~ 1 500 倍液喷雾。防治某些蔬菜的灰霉病、菌核病、芹菜斑枯病，可用 50% 悬浮剂 1 000 ~ 1 500 倍液喷雾。

防治蘑菇褐腐病，每平方米菇床用 40% 可湿性粉剂 /40% 悬浮剂 0.75 ~ 1g（有效成分 0.3 ~ 0.4g/m^2），对水喷雾。

防治西葫芦曲霉病，用 45% 悬浮剂与 50 倍细土混拌后撒在瓜秧的基部，发病初还可用 3 000 倍液喷洒茎叶。

注意事项

1. 本剂对鱼有毒。注意不要污染池塘和水源。

2. 避免与其他药剂混用，不应在烟草收获后的叶子上施用。

甲基硫菌灵（thiophanate-methyl）

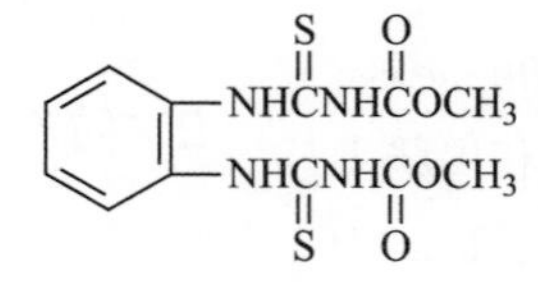

化学名称

4, 4'-（邻亚苯基）双（3- 硫代脲基甲酯）

其他名称

甲基托布津，Topsin-M

理化性质

无色晶体，熔点172℃（分解），蒸气压0.0095mPa（25℃），几乎不溶于水，在丙酮中溶解度为 58.1g/L，在环己酮中 43g/L，在甲醇中 29.2g/L，在氯仿中 26.2g/L，在乙腈中 24.4g/L，在乙酸乙酯中 11.9g/L（23℃），微溶于己烷；室温下中性介质和水溶液中稳定，碱性液中不稳定；低于 50℃制剂稳定性超过 2 年。

毒性

微毒，大鼠急性经口 LD_{50} 为 7 500mg/kg，大鼠急性经皮 LD_{50}>10 000mg/kg；无全身中毒报道，皮肤、眼结膜和呼吸道受刺激引起结膜炎和角膜炎，炎症消退较慢；对虹鳟鱼 LC_{50} 为 7.8mg/L（48h）；对蜜蜂无毒。

生物活性

甲基硫菌灵在自然、动植物体内外以及土壤中均能转化成多菌灵，当甲基硫菌灵施于作物表面时，一部分在体外转化成多菌灵起保护剂作用；一部分进入作物体内，在体内转化成多菌灵起内吸治疗剂作用，因而甲基硫菌灵在病害防治上具有保护和治疗作用，持效期7～10d。

制剂

80%、70%、50%可湿性粉剂，50%、36%、10%悬浮剂，4%膏剂，3%糊剂。

生产企业

广西安泰化工有限责任公司，江苏省太仓市农药厂有限公司，日本曹达株式会社，江苏蓝丰生物化工股份有限公司，江苏省江阴凯江农化有限公司，山东华阳科技股份有限公司，苏州华源农用生物化学品有限公司，湖南省资江农药厂，新加坡利农私人有限公司，新加坡生达有限公司，河北胜源化工有限公司，天津科润北方种衣剂有限公司，西安北农华农作物保护有限公司（3%糊剂），山东省烟台绿云生物化学有限公司等。

应用

甲基硫菌灵防治对象和用药时期、使用方法与多菌灵基本相同。

1. 果树病害

用70%可湿性粉剂800～1 000倍液喷雾，可防治北方果树的多种病害，如苹果轮纹烂果病、炭疽病、褐斑病、黑星病、白粉病，梨的黑星病、白粉病，桃的褐腐病、炭疽病，葡萄黑痘病、炭疽病、白粉病，草莓叶斑病、灰霉病等。防治苹果树腐烂病，在刮治后，用4%膏剂涂抹病斑。

防治柑橘疮痂病、黑斑病、霉斑病、灰霉病，发病初期喷70%可湿性粉剂800～1 200倍液。防治柑橘流胶病、树脂病、脚腐病，用刀纵刻病部达木质部后，用50%可湿性粉剂100倍液涂抹。防治柑橘贮藏期青霉病、绿霉病，于采果后3d内用50%可湿性粉剂500倍液洗果，晾干，包装。

防治香蕉炭疽病，于结果期开始喷50%可湿性粉剂1 000倍液，隔14d喷1次，雨季隔7d喷1次，连喷3～4次，可兼治香蕉叶斑病。

防治杧果和番木瓜炭疽病，在春梢萌动和抽梢时各喷1次70%可湿性粉剂1 500倍液。

防治菠萝心腐病，于初发病时喷70%可湿性粉剂1 000～1 500倍液，隔10～15d喷1次，连喷2～3次。

防治荔枝霜霉病，于开花前或谢花后开始喷70%可湿性粉剂1 500倍液，隔10～15d喷1次，连喷2～3次。

防治西瓜枯萎病，在发病初期，在病株根际周围挖穴，用70%可湿性粉剂800倍液灌穴，每穴灌药液250～300ml，隔10d灌1次，连灌2次，并扒土晒根。

2. 蔬菜病害

防治莲藕枯萎病，在种藕挖起后用70%可湿性粉剂1 000倍液喷雾或闷种，待药液干后再栽植。在莲田开始发现病株时，亩用70%可湿性粉剂200g，拌细土25kg，堆闷2h后撒施；或亩用药150g，对水60kg，喷洒莲茎秆。防治荸荠秆枯病，于育苗前用70%可湿性粉剂600～800倍液浸种荸荠18～24h，定植前再把荠苗浸泡18h。田间发病初期，喷70%可湿性粉剂700倍液，隔10d喷1次，雨后及时补喷，重点保护新生荸荠秆免受病菌侵染。

防治豇豆根腐病，播种时，亩用70%可湿性粉剂1.5kg与75kg细土拌匀后沟施或穴施。防治黄瓜根腐病，发病初期浇灌70%可湿性粉剂700倍液，或配成毒土撒在茎基部。防治白菜根肿病，发病初期，用70%可湿性粉剂500倍液灌蔸。

防治芦笋茎枯病，喷70%可湿性粉剂1 000倍液，特别要注意喷洒嫩茎。防治蔬菜（辣椒、番茄、茄子、马铃薯等）的白绢病，于发病初期喷36%悬浮剂500倍液，隔7～10d喷1次，连喷2～3次。

对瓜类白粉病、炭疽病、蔓枯病、灰霉病，茄子灰霉病、炭疽病、白粉病、菌核病，圆葱灰霉病，莱豆灰霉病、菌核病，青椒灰霉病、炭疽病、白粉病，十字花科蔬菜白粉病、菌核病和大白菜炭疽病，番茄灰霉病、叶霉病、菌核病，莴苣灰霉病、菌核病等，用50%可湿性粉剂500倍液喷雾，必要时，间隔7～10d重复施药。

防治黄瓜、茄子、甜椒的白粉病，还可用50%

可湿性粉剂1 000倍液灌根，每株灌药液250～350ml，连灌2～3次。也可在定植前亩用50%可湿性粉剂与25倍细土配成的毒土60～80kg，撒施于穴内后再定植，可兼治枯萎病。

3．茶园病害

防治茶树的白星病、芽枯病、炭疽病、云纹叶枯病等叶部病害，于发病初期开始施药，亩用70%可湿性粉剂50～75g，对水50～75L，叶面喷雾，隔7～10d喷1次，连喷2～3次。防治茶梢黑点病等茎部病害，于发病初期开始施药，亩用70%可湿性粉剂75g，对水75L，茎部喷雾，隔7～10d喷1次，连喷2次。防治根部的茶红根腐病，发病时，挖除病根后，用70%可湿性粉剂1 000倍液浇灌穴施。

4．桑园病害

防治桑树断梢病，于盛花期用70%可湿性粉剂1 000～1 500倍液喷洒枝、叶。防治桑树灰霉病，于发病初期用70%可湿性粉剂1 000～1 500倍液喷洒枝、叶，防效好，对蚕无不良影响。

5．林业病害

防治油松烂皮病、松枯梢病、落叶松落叶病、黄檀黑痣病、大叶相思树白粉病，用50%可湿性粉剂800～1 000倍液。防治油桐枯萎病，用50%可湿性粉剂400～800倍液，淋洗油桐根部或包扎树干。

6．油料作物病害

防治油菜菌核病和炭疽病，于发病初期亩喷70%可湿性粉剂800～1 000倍液70L，隔7～10d喷1次，连喷2～3次。防治油菜霜霉病，于油菜初花期叶病株率10%时开始施药，亩喷70%可湿性粉剂1 000～1 500倍液75L，隔7～10d喷1次，连喷2～3次。

防治由茎腐病和根腐病引起的花生倒秧，每100kg种子用50%可湿性粉剂250g拌种或对水浸种6～12h。防治茎腐病，还可在苗期开始喷药，隔7～10d喷1次，连喷2～3次，每亩次喷50%可湿性粉剂600～700倍液50L。防治花生叶斑病和蕉斑病，发病初期亩喷50%可湿性粉剂700～1 000倍液50L，隔7～10d喷1次，连喷2～3次。

防治大豆灰斑病、羞萎病，亩喷70%可湿性粉剂700～1 000倍液75L，隔7～10d喷1次，连喷2～3次。

7．棉花病害

防治棉花苗期炭疽病、立枯病等，每100kg棉籽用50%可湿性粉剂500～800g拌种，堆闷6h后播种。防治棉花枯、黄萎病，用40%悬浮剂130～150倍液浸种14h，有一定的防效；生长期发病时用1 000倍液灌根，每株灌药液500mL。防治生长期的炭疽病、白霉病、褐斑病、黑斑病等，于发病初期喷36%浮剂600倍液。防治棉铃的软腐病、红腐病、灰霉病等，喷36%浮剂600倍液。

8．粮食作物病害

防治麦类病害，对腥黑穗病、坚黑穗病、散黑穗病，每100kg种子用50%可湿性粉剂或50%悬浮剂200g，加适量水，喷拌麦种，堆闷6h，待药液被种子吸干后即可播种。对小麦赤霉病于扬花初期和扬花盛期各施药1次；对白粉病在发病初期喷药，间隔7d再喷1次，每亩次用50%湿性粉剂75～100g或36%浮剂90～120g，对水喷雾。

防治甘薯黑斑病，用50%可湿性粉剂700倍液浸种薯10min，用2 000倍液浸薯秧苗基部10min。配1次药液可连接浸10次。

防治玉米丝黑穗病，每10kg种子用50%湿性粉剂30～50g拌种；防治玉米小斑病、纹枯病，亩用70%湿性粉剂500～800倍液60～70kg喷雾。

防治谷瘟病，用70%湿性粉剂2 000倍液喷雾。

防治高粱炭疽病，每10kg种子用50%湿性粉剂30～50g拌种。

防治蚕豆枯萎病，用50%湿性粉剂500倍液灌根。防治蚕豆立枯病，喷洒800倍液；防治蚕豆赤斑病，喷1 000倍液，同时兼治褐斑病、轮纹病。

防治水稻稻瘟病、纹枯病，亩用50%浮剂100～150g，对水常规喷雾。

9．麻类病害

对黄麻茎斑病，用50%湿性粉剂1 000倍液，苗期或成株期茎基部初发病时开始，每10～15d喷1次，共2～3次；对黄麻枯腐病，用800～1 000倍液对准茎秆上下均匀喷雾；对黄麻枯萎病，用700倍液喷雾，并追施速效人粪尿及磷钾肥。

对红麻斑点病，自发病初期开始，用700倍液，每7d喷1次，共2～3次。对苎麻白羽纹病，在发病初期，亩用50%湿性粉剂500g，加水500kg，沿麻株基部周围淋浇；对苎麻角斑病、疫病、茎腐病，喷1 000倍液。

防治亚麻立枯病、枯萎病，每10kg种子用50%湿性粉剂50g拌种。对炭疽病和斑点病，在田间发病初期喷50%湿性粉剂700～800倍液，隔7～10d喷1次，连续2～3次。

防治亚麻、胡麻的白粉病、菌核病，喷50%湿性粉剂600～800倍液。

防治大麻霉斑病、苘麻胴枯病，喷36%浮剂500倍液。

10. 烟草病害

防治烟草根黑腐病，苗床消毒，每平方米用50%可湿性粉剂10g；移栽时，亩用药50g，拌细土后穴施；田间发病初期，用600～800倍液浇灌，每株浇药液200ml。防治烟草低头黑病，移栽时，亩用50%可湿性粉剂700g，拌细土后穴施；团棵时喷500倍液。防治烟草枯萎病、白绢病，于发病初期，用50%可湿性粉剂500倍液浇灌根际，每株灌药液400ml，连灌2～3次。防治白粉病、炭疽病等叶部病害，于发病初开始喷36%浮剂500倍液，隔7～10d喷1次，连喷2～3次。

11. 糖料作物病害

对甜菜褐斑病、白粉病、蛇眼病，在发病初期开始施药，亩用50%可湿性粉剂70～100g对水喷雾，以后每隔10～15d施药1次，直到病害停止发展。

防治甘蔗凤梨病，对窖藏蔗苗用36%悬浮剂250倍液淋浸切口；种苗移栽前，先用清水或2%石灰水浸1d后，再用36%悬浮剂500倍液浸苗5～10min。

防治甘蔗叶霉病，发病初喷36%悬浮剂600倍液。

12. 药用植物病害

种子处理防治种传病害，对薏苡黑穗病，每10kg种子用50%可湿性粉剂40g拌种；对藏红花腐烂病（枯萎病），用50%可湿性粉剂500倍液浸种15min；对玄参斑点病，用50%可湿性粉剂1 000倍液浸种芽10min；对三七炭疽病，先用43%尔马林150倍液浸泡种子10min，脱去软果皮后，按每10kg干种子用70%可湿性粉剂50～150g拌种。

浇灌法防治根茎病害。对川芎、白术、黄芪、甘草、枸杞的根腐病，曼陀罗黄萎病，穿心莲枯萎病等，于发病初期，用50%可湿性粉剂或36%悬浮剂600～700倍液喷淋或浇灌。

喷雾法施药可防治多种药用植物的叶部病害，一般于发病初期喷50%可湿性粉剂500～700倍液，隔7～10d喷1次，连喷2～3次。

13. 花卉病害

对大丽花花腐病、月季褐斑病及多种花卉叶斑病、炭疽病、白粉病、茎腐病等都有防效，一般用50%可湿性粉剂400～600倍液，每10d左右喷1次。

防治幼苗期病害，每10kg种子用50%可湿性粉剂80～100g拌种，也可用1 000～1 500倍液浸种子或种苗。

注意事项

1. 甲基硫菌灵与多菌灵、苯菌灵有交互抗性，不能与之交替使用或混用。

2. 不能与铜制剂混用。

3. 不能长期单一使用，应与其他杀菌剂轮换使用或混用。

5

第五章
咪唑类杀菌剂

咪鲜胺（prochloraz）

化学名称

N-丙基-N-[2-（2，4，6-三氯苯氧基）乙基]咪唑-1-甲酰胺

其他名称

扑菌唑，扑霉唑，施保克，扑霉灵，施先可，施先丰，果鲜宝

理化性质

无色晶体，原药为金黄色液体，低温趋于凝固，熔点46.5～49.3℃，沸点208～210℃（分解），蒸气压1.5×10^{-1}mPa（25℃），9.0×10^{-2}mPa（20℃）；相对密度1.42（20℃）；25℃时在水中溶解度34.4mg/L，能够溶于大多数有机溶剂，如在氯仿中溶解度为2.5kg/L，在乙醚中2.5kg/L，在甲苯中2.5kg/L，在丙酮中3.5kg/L，在己烷中7.5g/L；在pH7.0、20℃条件下水中稳定，浓酸和浓碱介质中分解，光和长期高温加热（200℃）分解。

毒性

低毒，大鼠急性经口LD_{50}为1 600～2 400mg/kg，大鼠急性经皮LD_{50}>2 100mg/kg，兔急性经皮LD_{50}>300mg/kg；对皮肤无刺激性，对眼有有轻微刺激性；鱼毒，对虹鳟鱼LC_{50}为1.5mg/L（96h），对翻车鱼LC_{50}为2.2mg/L（96h）；对蜜蜂低毒。

生物活性

咪鲜胺是广谱性杀菌剂，主要是通过抑制甾醇的生物合成，使病菌细胞壁受到干扰。咪鲜胺不具内吸作用，但具有一定的传导作用。

制剂

45%、25%乳油，45%水乳剂，0.5%悬浮种衣剂，0.05%水剂。

生产企业

江苏省南通江山农药化工股份有限公司，江苏辉丰农化股份有限公司，陕西秦丰农化有限公司，浙江省杭州庆丰农化有限公司，浙江省绍兴市东湖生化有限公司，辽宁省沈阳化工研究院试验厂，广东珠海经济特区瑞农植保技术有限公司，江苏华农种衣剂有限责任公司，江苏长青农化股份有限公司，四川省兰月科技开发公司，江西正邦化工有限公司，南京红太阳股份有限公司等。

应用

咪鲜胺主要用于水果防腐保鲜及种子处理。

1．果树病害

主要用于水果防腐保鲜。防治柑橘果实贮藏期的蒂腐病、青霉病、绿霉病、炭疽病，在采收后用25%乳油500～1 000倍液浸果2min，捞起、晾干、贮藏。单果包装，效果更好。也可每吨果实用0.05%水剂2～3L喷涂。

防治香蕉果实的炭疽病、冠腐病，采收后用45%水乳剂450～900倍液浸果2min后贮藏。

防治杧果炭疽病。生长期防治，用25%乳油500～1 000倍液喷雾，花蕾期和始花期各喷1次，以后隔7d喷1次，采果前10d再喷1次，共喷5～6次。贮藏期防腐保鲜，采收的当天，用25%乳油250～500倍液浸果1～2min，捞起晾干，室温贮藏。如能单果包装，效果更好。

防治贮藏期荔枝黑腐病，用45%乳油1 500～2 000倍液浸果1min后贮存。

用25%乳油1 000倍液浸采收后的苹果、梨、桃果实1～2min，可防治青霉病、绿霉病、褐腐病，延长果品保鲜期。对霉心病较多的苹果，可在采收后用25%乳油1 500倍液往萼心注射0.5mL，防治霉心病菌所致的果腐效果非常明显。

防治葡萄黑痘病，亩用25%乳油60～80mL，对水常规喷雾。

2．水稻病害

防治水稻恶苗病，采用浸种法。长江流域及长江以南地区，用25%乳油2 000～3 000倍液浸种1～2d，捞出用清水催芽。黄河流域及黄河以北地区，用25%乳油3 000～4 000倍液浸种3～5d，捞出用清水催芽。东北地区，用25%乳油3 000～5 000倍液浸种5～7d，取出催芽。此浸种法也可防治胡麻斑病。

防治稻瘟病，亩用25%乳油60～100mL，对水常规喷雾。

3．小麦病害

防治小麦赤霉病，亩用25%乳油53～67mL，对水常规喷雾，同时可兼治穗部和叶部的根腐病及叶部多种叶枯性病害。

4．防治甜菜褐斑病

亩用25%乳油80mL，对水常规喷雾，隔10d喷1次，共喷2～3次。播前用25%乳油800～1 000倍液浸种，在块根膨大期亩用150mL对水喷1次，可增产增收。

注意事项

1．防腐保鲜处理应将当天采收的果实，当天用药处理完毕。

2．浸果前务必将药剂搅拌均匀，浸果1min后捞起晾干。

3．水稻浸种长江流域以南浸种1～2d、黄河流域以北浸种3～5d后用清水催芽。

4．本品对鱼有毒不可污染鱼塘、河道或水沟。

咪鲜胺锰盐（prochloraz-manganesechloridecomple）

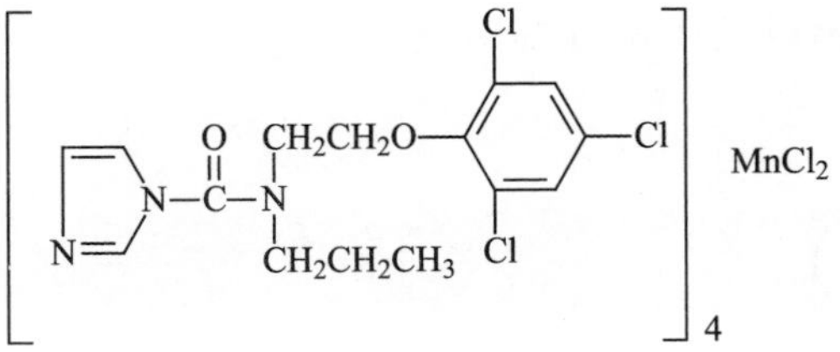

$$\left[\text{Imidazol-1-yl}-N-\overset{O}{\overset{\|}{C}}-N(CH_2CH_2O-C_6H_2Cl_3)(CH_2CH_2CH_3)\right]_4 MnCl_2$$

化学名称

N-丙基-N-[2-（2，4，6-三氯苯氧基）乙基]咪唑-1-甲酰胺-氯化锰

其他名称

施保功

理化性质

白色至褐色砂粒状粉末，气味微芳香，熔点141～142.5℃，水中溶解度为40mg/L，丙酮中为7g/L，蒸气压为0.02Pa（20℃），在水溶液中或悬浮液中，此复合物很快地分离，在25℃下其分离度于4h内达55%。

毒性

低毒，大鼠急性经口LD_{50}为1 600～3 200mg/kg，一般只对皮肤、眼有刺激症状，经口中毒低，无中毒报道。

生物活性

咪鲜胺锰盐又叫咪鲜胺锰络合物，是由咪鲜胺与氯化锰复合而成，其防病性能与咪鲜胺极为相似，对作物的安全性高于咪鲜胺。

制剂

50%、25%可湿性粉剂。

生产企业

浙江省杭州庆丰农化有限公司，江苏省南通江山农药化工股份有限公司，江苏辉丰农化股份有限公司，德国拜耳作物科学公司，江苏洽益农化有限公司，江苏连云港立本农药化工有限公司，河南省郑州郑氏化工产品有限公司，陕西恒田化工有限公司，成都新朝阳生物化学有限公司，湖南大方农化有限公司，上海生农生化制品有限公司等。

应用

1．防治蘑菇褐腐病和褐斑病

用法有二，①覆土法：第一次施药在菇床覆土前，每平方米覆盖土用50%可湿性粉剂0.8～1.2g对水1L，拌土后，覆盖于已接菇种的菇床上；第二次施药是在第二潮菇转批后，每平方米菇床用50%可湿性粉剂0.8～1.2g对水1L，喷于菇床上。②喷淋法：第一次施药在菇床覆土后5～9d，每平方米菇床用50%可湿性粉剂0.8～1.2g对水1L，喷于菇床上；第二次施药是在第二潮菇转批后，按同样药量喷菇床。

2．防治柑橘青霉病、绿霉病、炭疽病、蒂腐病等贮藏期病害

采果当天用50%可湿性粉剂1 000～2 000倍液浸果1～2min，捞起晾干，室温贮藏。单果包装，效果更好。

3．防治杧果炭疽病

生长期防治，用50%可湿性粉剂1 000～2 000倍液喷雾，花蕾期和始花期各喷药1次，以后隔7d喷1次，采果前10d再喷1次，共喷5～6次。贮藏期防腐保鲜，采果当天用50%可湿性粉剂500～1 000倍液浸果1～2min，捞出晾干，室温贮藏。单果包装，效果更好。

4．防治苹果、梨、桃病害

苹果、梨、桃采收后用50%可湿性粉剂1 000～1 500倍液浸果1～2min，取出晾干后装箱，可防治青霉病、绿霉病及桃黑霉病、褐腐病。

5．防治甜椒、黄瓜的炭疽病

亩用50%可湿性粉剂40～75g或25%可湿性粉剂80～150g，对水常规喷雾。

注意事项

参见“咪鲜胺”部分。

抑霉唑（imazalil）

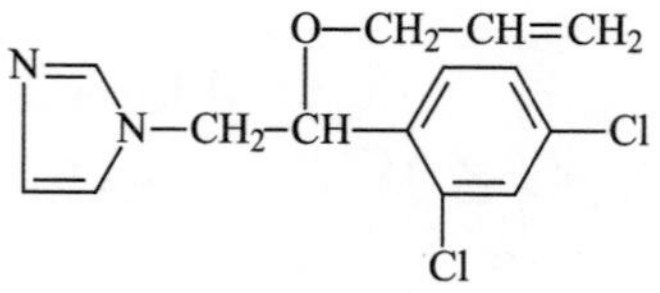

O—CH_2—CH=CH_2
N
N—CH_2—CH—
—Cl
Cl

化学名称

（RS）-1-（β-烯丙氧基-2，4-二氯苯乙基）咪唑

其他名称

烯菌灵，戴挫霉，万利得，仙亮

理化性质

纯品为浅黄色至棕色结晶体，熔点52.7℃，沸点>340℃，蒸气压0.158mPa（20℃），相对密度1.348（26℃）；在水中溶解度0.18g/L（pH7.6，20℃），在丙酮、二氯甲烷、乙醇、甲醇、异丙醇、二甲苯、甲苯、苯等有机溶剂中均>500g/L（20℃），在已烷中19g/L（20℃），溶于庚烷、石油醚；室温避光、稀酸、碱液中稳定，285℃以下稳定，通常贮存条件下对光稳定。

毒性

中等毒杀菌剂，大鼠急性经口LD_{50}为227～343mg/kg，狗急性经口LD_{50}>640mg/kg，急性经皮LD_{50}为4 200～4 880mg/kg；鱼毒，对虹鳟鱼LC_{50}为1.5mg/L（96h），对翻车鱼LC_{50}为4.04mg/L（96h）；对蜜蜂无毒。

生物活性

内吸性杀菌剂，是优良的果蔬防腐保鲜剂，对柑橘、桩果、香蕉、苹果、瓜类尤为有效，对抗多菌灵、噻菌灵的青绿霉菌有特效，也可用于防治谷类作物病害。

制剂

50%、22.2%乳油，0.1%涂抹剂（仙亮）。

生产企业

比利时杨森制药公司，浙江一帆化工有限公司，以色列马克西姆化学公司，江苏省农垦生物化学有限公司，江苏龙灯化学有限公司，北京燕化永乐农药有限公司，河南省周口山都丽化工有限公司，陕西上格之路生物科学有限公司，美国仙农有限公司等。

应用

1．防治柑橘贮藏期的青霉病、绿霉病

采收的当天用浓度250～500mg/L药液（相当于50%乳油1 000～2 000倍液或22.2%乳油500～1 000倍液浸果）1～2min，捞起晾干，装箱贮藏或运输。单果包装，效果更佳。

2．柑橘果实可用0.1%涂抹剂原液涂抹

果实用清水清洗，并擦干或晾干，再用毛巾或海绵蘸药液涂抹，晾干。尽量涂薄些，一般每吨果品用0.1%涂抹剂2～3L。

3．防治香蕉轴腐病

用50%乳油1 000～1 500倍液浸果1min，捞出晾干，贮藏。

4．防治苹果、梨贮藏期青霉病、绿霉病

采后用50%乳油100倍液浸果0.5min，捞出晾干后装箱贮存。

5．防治谷物病害

每100kg种子用50%乳油8～10g，加少量水拌种。

注意事项

不能与碱性农药混用。

抑霉唑硫酸盐（imazalilsulfate）

化学名称

（RS）-1-（β-烯丙氧基-2，4-二氯苯乙基）咪唑硫酸盐

制剂

13.3%水剂。

5

生产企业

陕西农大德力邦科技股份有限公司。

应用

防治柑橘贮藏期的青霉病、绿霉病，采收的当天用浓度250～500mg/L药液（相当于50%乳油1 000～2 000倍液或22.2%乳油500～1 000倍液）浸果1～2min，捞起晾干，装箱贮藏或运输。单果包装，效果更佳。

氟菌唑（triflumizole）

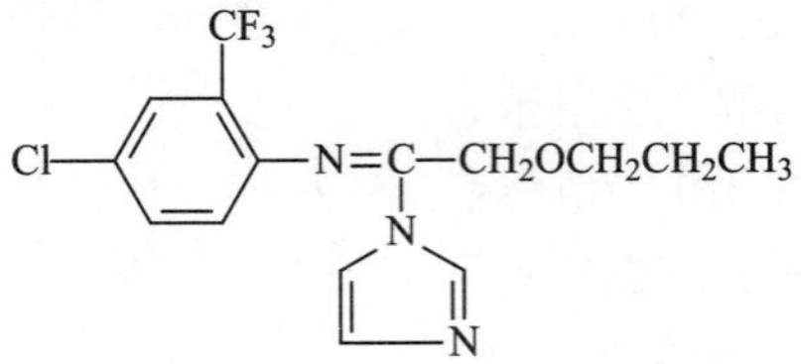

化学名称

（E）-N-（1-咪唑-1-基-2-丙氧亚乙基）-4-氯-2-三氟甲基苯胺

其他名称

特富灵，三氟咪唑

理化性质

无色晶体，熔点63.5℃，蒸气压0.186mPa（25℃）；在水中溶解度12.5g/L（20℃），在氯仿中2 220g/L，在己烷中17.6g/L，在二甲苯中639g/L，在丙酮中1 440g/L，在甲醇中496g/L（20℃），强酸碱下不稳定，水溶液见光分解。

毒性

低毒，大鼠急性经口LD_{50}为715mg/kg（雄），695mg/kg（雌），急性经皮LD_{50}>5 000mg/kg；对眼睛有轻微刺激症状，对皮肤无刺激性，无中毒报道；鱼毒，对鲤鱼LC_{50}为1.26mg/L（48h），对蜜蜂有毒，LD_{50}为0.14mg/蜂。

生物活性

氟菌唑杀菌谱广，具有治疗和铲除作用，内吸性强，主要用于水稻、麦类、蔬菜、果树等作物的病害防治。

制剂

30%可湿性粉剂。

生产企业

浙江禾本农药化学有限公司，日本曹达株式会社，江苏省南通丸宏农用化工有限公司，天津市中农化农业生产资料有限公司，允发化工（上海）有限公司。

应用

1．防治水稻恶苗病、胡麻叶橘病

用30%可湿性粉剂20～30倍液浸种10min，或用200～300倍液浸种1～2d。

2．防治麦类条纹病、黑穗病

每100kg种子用30%可湿性粉剂500g拌种。对小麦白粉病，在发病初期用30%可湿性粉剂1 000～1 500倍液喷雾，隔7～10d再喷1次。

3．防治黄瓜黑星病、番茄叶霉病、瓜类白粉病

在发病初期，亩用30%可湿性粉剂35～40g，对水喷雾，隔10d再喷1次。

4．防治梨树黑星病

用30%可湿性粉剂稀释3 000～4 000倍液（药液浓度75～100mg/L）喷雾。

5. 防治瓜类、豆类、番茄等蔬菜白粉病

在发病初期，亩用30%可湿性粉剂14～20g（每亩有效成分4～6g），对水稀释3 000～3500倍液喷雾，隔10d后再喷1次。

注意事项

1. 不可将剩余药液倒入池、塘、湖，预防鱼类中毒，同时防止刚施过药的田水流入河、塘。

2. 用于梨树时，当树长势弱而又以高浓度喷洒，叶片会发生轻微黄斑，须在规定的低浓度下使用。高浓度用于瓜类前期时会发生深绿化症，须以规定浓度使用。

氰霜唑（cyazofamid）

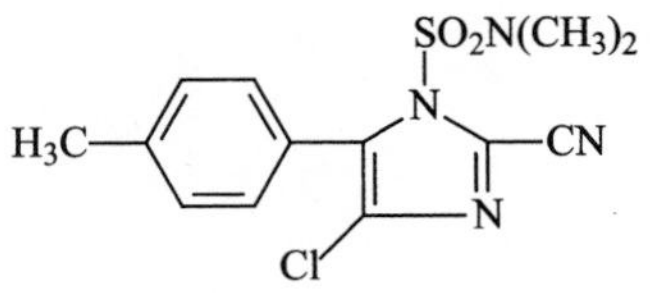

$$H_3C-C_6H_4-(C_3N_2)(Cl)(CN)-SO_2N(CH_3)_2$$

化学名称

4-氯-2-氰基-5-对甲基苯基-N，N-二甲苤-咪唑-1-1-亚磺酰氨

其他名称

氰唑磺菌胺，科佳

理化性质

乳白色、无味粉末，熔点152.7℃，蒸气压1.3×10^{-2}mPa（35℃），相对密度1.446（20℃）。20℃时在水中溶解度0.121mg/L（pH5），0.107mg/L（pH7）0.109mg/L（pH9）。在水中稳定，半衰期24.6d（pH4），27.2d（pH5），24.8d（pH7）。

毒性

微毒，大鼠和小鼠急性经口LD_{50}>5 000mg/kg，大鼠急性经皮LD_{50}>2 000mg/kg；对眼睛和皮肤无刺激性（兔试验）；对蜜蜂无毒。

生物活性

新型咪唑类杀菌剂，为保护性杀菌剂，对卵菌纲病原菌如疫霉菌、霜霉菌、假霜霉菌、腐霉菌以及根肿菌纲的芸薹根肿菌具有很高的活性。其作用机理是通过与病原菌细胞线粒体内膜的结合，阻碍膜内电子传递，干扰能量供应，从而起到杀灭病原菌的作用。由于它的这种作用机理不同于其他杀菌剂，因而与其他内吸杀菌剂间无交互抗性。具有保护作用，持效期长，叶面喷雾耐雨水冲刷，具有中等的内渗性和治疗作用。

制剂

10%悬浮剂。

生产企业

日本石原产业株式会社，浙江石原金牛农药有限公司。

应用

可用于喷雾和土壤处理，喷雾处理方法已经获得登记，土壤处理方法仍在研究评价中。

1. 防治黄瓜霜霉病、番茄晚疫病

亩用10%悬浮剂53～67mL，对水75L，即稀释1 100～1 500倍液，于发病前或发病初期喷雾，隔7～10d喷1次，一般共喷3次。防病效果好，对作物安全无药害。

2. 防治荔枝树霜疫病

用10%悬浮剂2 500～2 000倍液（有效成分40～50mg/L）喷雾。

3．防治马铃薯晚疫病

用10%悬浮剂2 500～2 000倍液（有效成分40～50mg/L）喷雾。

4．防治葡萄霜霉病

用10%悬浮剂2 500～2 000倍液（有效成分40～50mg/L）喷雾。

第六章
苯基酰胺类杀菌剂

甲霜灵（metalaxyl）

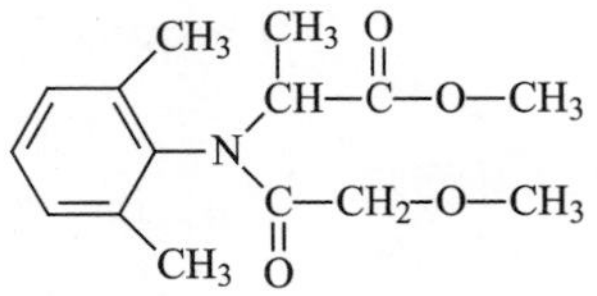

化学名称

D，L–N–（2，6–二甲基苯基）–N–（2'–甲氧基乙酰）丙氨酸甲酯

其他名称

瑞毒霉，阿普隆，雷多米尔，甲霜安

理化性质

白色无味晶体，熔点71.8～72.3℃，蒸气压0.75mPa（25℃），相对密度1.20（20℃）；溶解度水8.4g/L（22℃）、乙醇400、丙酮450、甲苯340、正己烷11、正辛醇68（g/L，25℃），300℃以下稳定，中性、酸性介质中稳定（室温）。

毒性

低毒，大鼠急性经口LD_{50}为633mg/kg，急性经皮LD_{50} > 3 100mg/kg；无人体中毒的报道；对鱼无毒；对蜜蜂无毒。

生物活性

甲霜灵对植物病害具有保护、治疗和铲除作用，有很强的双向内吸输导作用，渗透以及在植物体内传导很快，进入植物体内的药剂可向任何方向传导，即有向顶性、向基性，还可进行侧向传导。甲霜灵持效期较长，选择性强，仅对卵菌纲病害有效，对其中的霜霉菌、疫霉菌、腐霉菌有特效。甲霜灵易引起病菌产生耐药性，尤其是叶面喷雾，连续单用两年即可发现病菌抗药现象，使药剂突然失效。

因此，甲霜灵单剂一般只用于种子处理和土壤处理，不宜作为叶面喷洒用。叶面喷雾应与保护性杀菌剂混用或加工成混剂，实验证明，混用或混剂可以大大延缓耐药性的发展，尤其是与代森锰锌混用效果最好。甲霜灵混剂有甲霜铜（甲霜灵＋琥胶肥酸铜）、甲霜铝铜（甲霜灵＋三乙膦酸铝＋琥胶肥酸铜）、甲霜锰锌（甲霜灵＋代森锰锌）等。

制剂

35%拌种剂，25%可湿性粉剂，5%颗粒剂，25%乳油。混剂：58%甲霜·锰锌可湿性粉剂（甲霜灵＋代森锰锌），60%甲霜·锰锌可湿性粉剂，72%甲霜·锰锌可湿性粉剂，0.75%甲霜·福美双微粒剂（甲霜灵＋福美双），0.8%甲霜·福美双粉剂，1%甲霜·福美双粉剂，40%甲霜·福美双可湿性粉剂，42%甲霜·福美双可湿性粉剂，43%甲霜·福美双可湿性粉剂，45%甲霜·福美双可湿性粉剂，70%甲霜·福美双可湿性粉剂，40%琥铜·甲霜·乙铝可湿性粉剂（琥胶肥酸铜＋甲霜灵＋三乙膦酸铝），72%甲霜·百菌清可湿性粉剂（甲霜灵＋百菌清），

81%甲霜·百菌清可湿性粉剂，3%甲霜·噁霉灵水剂（甲霜灵+噁霉灵），3.2%甲霜·噁霉灵水剂，85%波尔·甲霜可湿性粉剂，5%丙烯酸·噁霉·甲霜水剂（丙烯酸+噁霉灵+甲霜灵），25%甲霜·霜脲可湿性粉剂（甲霜灵+霜脲氰）等。

生产企业

江苏省南通金陵农化有限公司，江苏省南通润鸿生物化学有限公司，浙江一帆化工有限公司，瑞士先正达作物保护有限公司，浙江禾本农药化学有限公司，江苏宝灵化工股份有限公司，新西兰塔拉纳奇化学有限公司等。

应用

1. 蔬菜病害的防治可用拌种、土壤处理和叶面喷雾等方式

用种子量0.3%的35%拌种剂，即每千克种子用3g药剂拌种，可防治种传的莴苣霜霉病、菠菜霜霉病、蕹菜白锈病、白菜霜霉病等，还可防治蔬菜苗期病害（主要是猝倒病）和蔬菜疫病。

防治幼苗猝倒病，可对床土用药剂处理，一般是每平方米用25%可湿性粉剂6g，与细土20～30kg混拌均匀，取1/3撒在畦面，余下2/3播后覆土。

穴施毒土防治大白菜霜霉病，于定植前，亩用25%可湿性粉剂500g，与细土20kg混拌制成毒土，一次施入穴内，持效期可达50d。

棚室消毒防治生菜、菊苣灰霉病，于定苗前用25%可湿性粉剂200倍液对棚顶、墙壁、土壤喷洒。

防治黄瓜霜霉病，用25%可湿性粉剂600～800倍液喷雾。最好使用甲霜灵的混剂，如用72%甲霜·百菌清可湿性粉剂、72%甲霜·锰锌可湿性粉剂等。

防治黄瓜细菌性角斑病，每亩用40%琥铜·甲霜·乙铝可湿性粉剂77～100g（有效成分30.7～40g），对水喷雾。

当田间发现黄瓜疫病中心病株时，立即灌根，每株灌25%可湿性粉剂500倍液200～250mL，从茎基部灌入土壤，或用25%甲霜灵可湿性粉剂与40%福美双可湿性粉剂按1∶1混合后，加水800倍液灌根，防效更好。并对中心病株周围的黄瓜喷25%可湿性粉剂800～1 000倍液。

防治黄瓜枯萎病，用3%甲霜·噁霉灵水剂稀释500～700倍液，对黄瓜植株灌根，从茎基部灌入土壤，每株灌药液250mL。

防治辣（甜）椒疫病和番茄晚疫病，定植前亩用25%可湿性粉剂500g，对水70L，喷洒土壤进行消毒。定植后于发病初期用25%可湿性粉剂1 000倍液灌根，每株灌300mL，并每7d用25%可湿性粉剂800～1 000倍液喷洒植株，连喷2～3次。

防治辣椒疫病，25%甲霜·霜脲可湿性粉剂用水稀释400～600倍（416.7～625mg/L），于发病初期用对辣椒植株灌根。

防治韭菜疫病，定植时用25%可湿性粉剂1 000倍液蘸韭菜根后栽种；田间发病初期，用25%可湿性粉剂1 000倍液灌根，并结合叶面喷雾。

防治芋疫病，于发病初及早喷25%可湿性粉剂600～700倍液，隔7～10d喷1次，连喷3～4次。在喷洒药液中加0.2%中性洗衣粉，可提高防效。

防治百合疫病，于发病初期，用25%可湿性粉剂600～700倍液，喷植株的根颈部和地上部分。

防治姜根茎腐败病，已发病田，用25%可湿性粉剂500～600倍液淋蔸。

防治十字花科蔬菜的白锈病，发病初期喷25%可湿性粉剂500～600倍液，隔7～8d喷1次，连喷2～3次。

防治茄子褐纹病、茄子绵疫病、葱类霜霉病、绿菜花灰霉病和菌核病、菠菜霜霉病、莴笋霜霉病等，发病初期，喷25%可湿性粉剂700～1 000倍液。与其他杀菌剂交替使用，或用甲霜灵的混剂。

2. 果树病害

防治葡萄苗期霜霉病，于发病初期，用25%可湿性粉剂300～500倍液灌根，连灌2～3次；对成株，当田间开始发现病斑时，立即用25%可湿性粉剂700～1 000倍液喷雾，隔10～15d喷1次，连喷3～4次。

防治苹果和梨的树干茎部疫腐病，将根茎发病部位树皮刮除，或用刀尖沿病斑纵向划道，深达木质部，划道间距0.3～0.5cm，边缘超过病部边缘2cm左右，再用25%可湿性粉剂30倍液充分涂抹。

防治柑橘脚腐病，于3～4月间，喷25%可湿性粉剂250～300倍液，隔15～20d后再喷1次，也可土壤施药。

防治荔枝霜霉病，在花蕾期、幼果期、成熟期

各喷1次25%可湿性粉剂400～500倍液。

防治草莓疫腐病，于发病初期，往植株基部喷25%可湿性粉剂800～1 000倍液，隔7～10d喷1次，连喷2～3次。

防治西瓜疫病，用25%可湿性粉剂1 000倍液灌根，每隔半月灌1次，连灌2～3次。

3. 作物病害

防治谷子白发病，每10kg种子用35%拌种剂20～30g或25%可湿性粉剂28～36g拌种，拌种方法是先用稀米汤或清水将谷种拌湿，再加入药粉拌匀。

防治油菜霜霉病，播种前，每10kg种子用35%拌种剂30g拌种；田间在初花期叶病株率10%以上时开始喷药，亩用25%可湿性粉剂45～60g，对水75L喷雾，隔7～10d喷1次，每季喷药不得超过3次，最好在病害低峰时改用其他杀菌剂。此用药量也可用于防治苗期猝倒病和抽薹后白锈病。

防治大豆霜霉病，播种前，每10kg种子用35%拌种剂30g或25%可湿性粉剂42g拌种，拌种方法同谷子白发病；田间在花生初花期发现少数植株叶背有霜状斑点、叶面为退绿斑时即施药，亩用25%可湿性粉剂500倍液50L喷雾，隔7～10d喷1次，最多喷3次。

防治向日葵霜霉病，幼苗期发病，亩用25%可湿性粉剂100g，对水50L灌根，隔7d再灌1次；在成株发病初期喷1 000倍液。

防治水稻稻瘟病，每亩用5%丙烯酸·噁霉·甲霜水剂100～150ml（有效成分5～7.5g），对水喷雾。

防治水稻立枯病，每平方米水稻苗床用3%甲霜·噁霉灵水剂1.2～1.8ml（有效成分0.36～0.54g/m^2）对水稀释，苗床喷雾。

4. 烟草病害

防治烟草黑胫病、猝倒病和根腐病。在苗床期，播种后2～3d，亩用25%可湿性粉剂150～300g，对水50L，喷洒于苗床的土表；或每100kg种子用35%拌种剂250～300g拌种。大田期，用25%可湿性粉剂500～600倍液，防黑胫病用药液浇淋烟株根胫部位，每株40～50ml；防根腐病由根旁插孔注药；防猝倒病用喷雾法。或于烟草移栽后7d，亩用25%甲霜灵可湿性粉剂20～40g，加80%代森锌可湿性粉剂40～80g，对水40～60L喷雾，间隔15d左右，共喷3次。

5. 棉花病害

防治棉苗疫病，每10kg种子用35%拌种剂25～30g拌种；或于棉苗初放真叶期，喷25%可湿性粉剂或乳油400～500倍液。防治棉苗猝倒病，每株用25%可湿性粉剂300～500倍液500ml灌根。

注意事项

该药单独喷雾容易诱发病菌抗药性，除土壤处理能单用外，一般都用复配制剂。

精甲霜灵（metalaxyl-M）

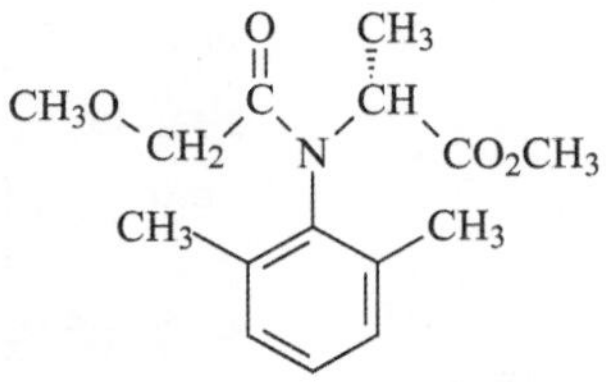

化学名称

N-（2，6-二甲苯基）-N-（甲氧基乙酰基）-D-丙胺酸甲酯

其他名称

高效甲霜灵

理化性质

黄色至浅棕色黏稠液体，熔点 -38.7℃，沸点270℃，蒸气压3.3mPa（25℃），相对密度1.125（20℃）；水中溶解度26g/L（25℃），正己烷59g/L，溶于丙酮、乙酸乙酯、甲醇、二氯甲烷、甲苯、辛醇；在酸性和碱性条件下稳定。

毒性

低毒，大鼠急性经口 LD_{50} 为667mg/kg，急性经皮 LD_{50} > 2 000mg/kg；无人体中毒的报道；对鱼无毒；对蜜蜂无毒。

生物活性

高效甲霜灵是甲霜灵两个异构体中的一个，是第一个上市的具有立体旋光活性的杀菌剂，可用于种子处理、土壤处理及茎叶处理。在获得同等防病效果的情况下，只需甲霜灵用量的1/2，在土壤中降解速度比甲霜灵更快，从而增加了对使用者和环境的安全性。

制剂

35%种子处理微乳剂，53%可湿性粉剂（精甲霜灵 + 代森锰锌），68%可湿性粉剂精甲霜灵（精甲霜灵 + 代森锰锌），68%水分散粒剂（精甲霜灵 + 代森锰锌），3.5%悬浮种衣剂（精甲霜灵+咯菌腈），44%悬浮剂（精甲霜灵 + 百菌清）等。

生产企业

浙江嘉化集团股份有限公司，浙江禾本农药化学有限公司，瑞士先正达作物保护有限公司，浙江一帆化工有限公司，江苏中旗化工有限公司，江苏宝灵化工股份有限公司等。

应用

防治对象和使用方法参考甲霜灵。

噁霜灵（oxadixyl）

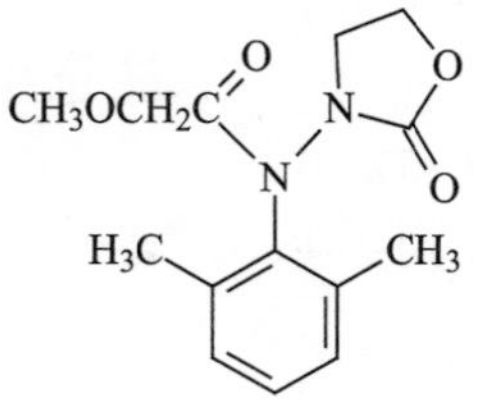

化学名称

N-（2-甲氧基乙酰基）2，6-二甲基苯胺

其他名称

噁酰胺，杀毒矾（混剂名）

理化性质

无色无味晶体，熔点104 ~ 105℃，蒸气压0.0033mPa（20℃），相对密度0.5；水中溶解度3.4g/kg（25℃），丙酮344g/L，二甲基亚砜390g/L，甲醇112g/L，乙醇50g/L，二甲苯17g/L，乙醚6g/L（25℃）；一般条件下稳定，70℃时可保存2 ~ 4周。

毒性

低毒，大鼠急性经口 LD_{50} 为3 480mg/kg，急性经皮 LD_{50} > 2 000mg/kg。一般只对皮肤、眼有刺激症状，经口中毒低，无中毒报道；对鱼安全，对虹鳟鱼 LC_{50} > 320mg/L（96h），对鲤鱼 LC_{50} > 300mg/L（96h）；对蜜蜂安全。

生物活性

与甲霜灵生物活性相似，被作物内吸后很快转移到未施药部位，其向顶传导能力最强，因此，根施后吸收传导速度快；施在叶片的一面后向另一面传导能力很弱，因此，在做茎叶喷雾时要均匀。仅对卵菌纲病害有效，具有保护、治疗、铲除作用，施药后持效期13～15d。其药效略低于甲霜灵，与其他苯基酰胺类药剂有正交互耐药性，属于易产生耐药性的品种，与保护性杀菌剂混用有明显增效作用和延缓病原菌产生耐药性。

制剂

多以混剂使用，64%噁霜·锰锌可湿性粉剂（噁霜灵＋代森锰锌）。

生产企业

江苏中旗化工有限公司，江苏省江阴凯江农化有限公司，陕西农大德力邦科技股份有限公司，江苏常隆化工有限公司，瑞士先正达作物保护有限公司，陕西省西安近代农药科技股份有限公司，深圳诺普信农化股份有限公司，山东曹达化工有限公司，北京绿色农华生物工程技术有限公司，天津科润北方种衣剂有限公司等。

应用

以64%噁霜·锰锌可湿性粉剂来说明。

对番茄疫病、马铃薯晚疫病，在发病前或发病初期用400倍液喷雾，每隔10～12d喷药1次，共喷2～3次；对瓜类、辣椒、白菜、菠菜、啤酒花霜霉病等，在发病初期每亩用100～150g对水50～60L喷雾，隔10～12d喷药1次，共喷2～3次；防治辣椒疫病在发病初用400～600倍液喷雾。

注意事项

1. 不能与碱性农药混用。

2. 不宜单独施用，常与保护性杀菌剂混用以延缓抗药性发生。

苯霜灵（benalaxyl）

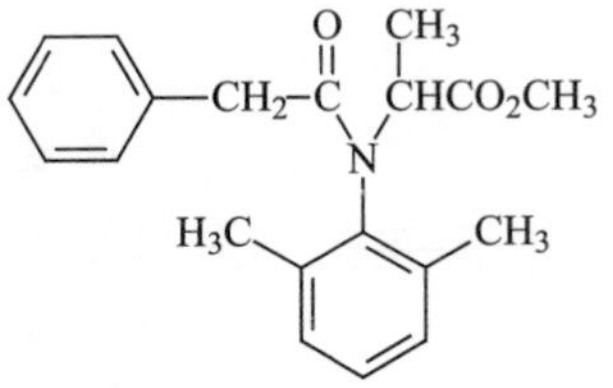

化学名称

DL-N-苯乙酰基-N-（2，6-二甲基苯基）-α-丙氨酸甲酯

理化性质

无色无味固体，熔点78～80℃，蒸气压0.66mPa（25℃），相对密度1.181（20℃）；水中溶解度28.6g/L（20℃），在丙酮、甲醇、乙醇、二氯乙烷、二甲苯中溶解度都>250mg/L（22℃）；在250℃以下稳定，水溶液对光稳定。

毒性

低毒，大鼠急性经口LD_{50}为4 200mg/kg，急性经皮LD_{50} > 5 000mg/kg；对皮肤和眼无刺激性；鱼毒，对虹鳟鱼LC_{50}为3.75mg/L（96h），对金鱼LC_{50}为7.6mg/L（96h）；对蜜蜂安全。

生物活性

防治卵菌纲病害的内吸性杀菌剂，抑制细胞核RNA聚合酶，具有保护、治疗和铲除作用。能被植物的根、茎和叶吸收，向顶传导到整个植株。通过能够抑制病原菌的孢子萌发和菌丝生长而发挥保护作用；通过抑制菌丝生长发挥治疗作用；通过抑制游动孢子产生发挥铲除作用。

制剂

72%苯霜·锰锌可湿性粉剂（8%苯霜灵+64%代森锰锌）。

生产企业

浙江一帆化工有限公司，陕西上格之路生物科学有限公司。

应用

用于防治葡萄、烟草、瓜类、大豆和圆葱等作物的霜霉病，马铃薯、番茄、草莓、观赏植物上的疫病。苯霜灵可以单用，也可与保护剂代森锰锌、灭菌丹等混用。由于苯霜灵为易引起病原菌产生耐药性的品种，宜采取混用、轮用或复配成混合杀菌剂。

防治烟草黑胫病，于烟苗团棵、旺长及旺长末期，亩用72%苯霜·锰锌可湿性粉剂100～167g（有效成分72～102g），对水喷雾各一次。

防治对黄瓜霜霉病，亩用72%苯霜·锰锌可湿性粉剂100～167g（有效成分72～102g）对水喷雾。防治葡萄霜霉病，用72%苯霜·锰锌可湿性粉剂对水喷雾，从发病前开始每10～15d喷洒一次。

注意事项

不能与碱性物质混用。

噻呋酰胺（thifluzamide）

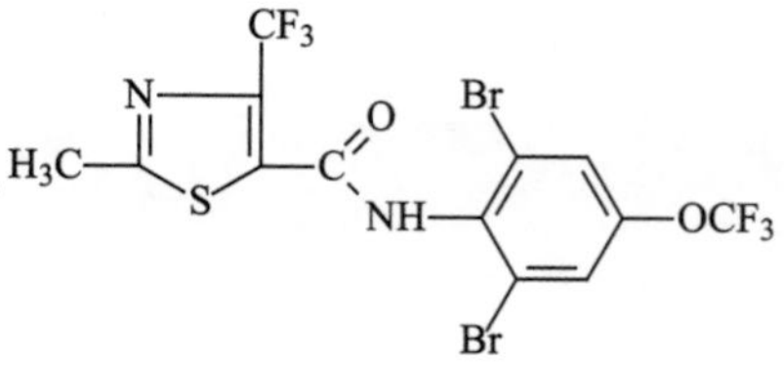

化学名称

N-（2，6-二溴-4-三氟甲氧基）-2-甲基-4-三氟甲基-1，3-噻唑-5-甲酰胺

其他名称

噻氟酰胺，噻氟菌胺，满穗

理化性质

白色或浅棕色粉末，熔点177.9～178.6℃，蒸气压1.008×10^{-6}mPa（20℃），相对密度2.0（26℃）；水中溶解度1.6mg/L（pH5.7），7.6mg/L（pH9）；在pH5.0～9.0条件下稳定，水中半衰期DT_{50}为3.6～3.8d。

毒性

微毒，大鼠急性经口LD_{50} > 6 500mg/kg，兔急性经皮LD_{50} > 5 000mg/kg；对皮肤和眼有轻微的刺激性；鱼毒，对虹鳟鱼LC_{50}为1.3mg/L（96h），对鲤鱼LC_{50}为2.9mg/L（96h）；对蜜蜂安全。

生物活性

噻氟酰胺对担子菌丝核菌属真菌引起的病害有很好的防治效果，其主要作用机理是抑制病菌三羧酸循中琥珀酸去氢酶，导致菌体死亡；它具有很强的内吸传导性能，可以叶面喷雾、种子处理、土壤处理等方式施用。

制剂

24%、23%悬浮剂。

生产企业

美国陶氏益农公司，上海泰禾（集团）有限公司。

应用

在我国登记用于防治水稻纹枯病，由于它的持效期长，在水稻全生长期只需施药1次，即在水稻抽穗前30d，亩用23%或24%悬浮剂15～25ml，对水50～60kg喷雾。

噻氟酰胺也可用于种子处理，防治水稻、小

麦、草坪病害。

噻氟酰胺在防治水稻立枯病、纹枯病时，也可采用育苗箱处理的方式，用药量要把大田喷雾时的用药量高。

噻呋酰胺在其他国家登记的作物还有花生、谷类、棉花、甜菜、马铃薯、咖啡、草坪等。

注意事项

噻氟酰胺进入市场的时间较短，其田间应用技术还有待进一步开发。

灭锈胺（mepronil）

$$\text{2-}CH_3\text{-}C_6H_4\text{-}C(=O)\text{-}NH\text{-}C_6H_4\text{-3-}OCH(CH_3)_2$$

化学名称

N-3-异丙氧基苯基-邻甲苯酰胺

其他名称

纹锈灵，纹达克

理化性质

无色晶体，熔点92～93℃，蒸气压0.056mPa（20℃）；水中溶解度12.7mg/L（20℃），丙酮中＞500g/L，甲醇中＞500g/L，乙腈314g/L，苯28.2g/L，己烷1.1g/L（20℃）；对光、空气、热稳定，中性、酸性、弱碱环境中稳定；强碱中水解。

毒性

微毒，大鼠急性经口LD_{50} ＞ 10 000mg/kg，急性经皮LD_{50} ＞ 5 000mg/kg（兔和大鼠）；对皮肤和眼睛无刺激作用；鱼毒，对虹鳟鱼LC_{50}为10mg/L（96h），对鲤鱼LC_{50}为8mg/L（96h）；对蜜蜂有毒，蜜蜂急性经口LD_{50} ＞ 0.1mg/蜂。

生物活性

灭锈胺是一种内吸性杀菌剂，能有效的防治担子纲真菌引起的作物病害，具有阻止和抑制纹枯病菌侵入，达到预防和治疗作用，同时还具有耐雨冲刷，对紫外光稳定，对人、畜、鱼类安全等特点。

制剂

20%乳油，20%悬浮剂。

生产企业

浙江新农化工股份有限公司。

应用

灭锈胺能阻止和抑制纹枯病菌侵入稻株，一般在水稻分蘖期和孕穗期各施药1次即可。如果水稻生长茂盛、遇高温高湿，有利于病害发生时，可增加施药次数，隔7～10d施1次。每亩次用20%乳油200～275ml，对水50～60L喷雾。

防治棉花立枯病，亩用20%乳油或20%悬浮剂150～200ml（每亩有效成分用量30～40g），对水喷雾。

防治黄瓜立枯病，亩用20%乳油或20%悬浮剂150～200ml（每亩有效成分用量30～40g），对水喷雾。

注意事项

注意不要喷在桑树上。

5

氟酰胺（flutolanil）

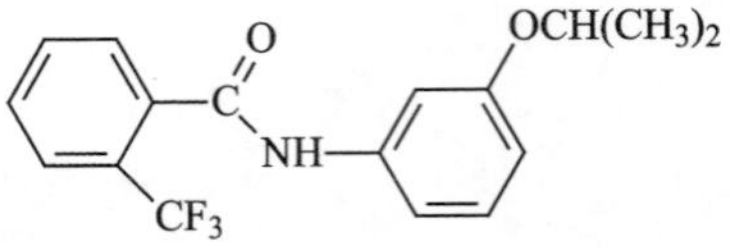

化学名称

N-（3-异丙氧基苯基-2-三氟甲基）苯甲酰胺

其他名称

望佳多，氟纹胺

理化性质

无色无味晶体，熔点102～103℃，蒸气压1.77mPa（20℃），相对密度1.32（20℃）；水中溶解度9.6mg/L（20℃），己烷3g/L，甲苯65g/L，甲醇606g/L，氯仿238g/L（20℃），丙酮656g/L，苯104g/L（25℃）；酸碱中稳定（pH3～11），对光、热稳定。

毒性

微毒，大鼠急性经口LD_{50}为10 000mg/kg，急性经皮LD_{50} > 5 000mg/kg；对皮肤无刺激性，对兔眼睛有轻微的刺激性；鱼毒，对鲤鱼LC_{50}为2.4mg/L（48h），对虹鳟鱼LC_{50}为5.4mg/L（96h）；对蜜蜂无毒，即使直接把药喷到蜜蜂身上也没有影响。

生物活性

具有保护和治疗作用，对担子菌纲中的丝核菌有特效，防治水稻纹枯病的新药剂，药效长，对水稻安全，防治水稻纹枯病可使水稻提高结实率。

制剂

20%可湿性粉剂。

生产企业

日本农药株式会社，江苏泰州百力化学有限公司。

应用

用于防治水稻纹枯病，用20%可湿性粉剂600～750倍液或亩用20%可湿性粉剂100～125g（亩用有效成分20～25g）对水喷雾，在水稻分蘖盛期和破口期，各喷1次，重点喷在稻株基部。

注意事项

氟酰胺对鱼类和蚕有毒，使用时应注意。

萎锈灵（carboxin）

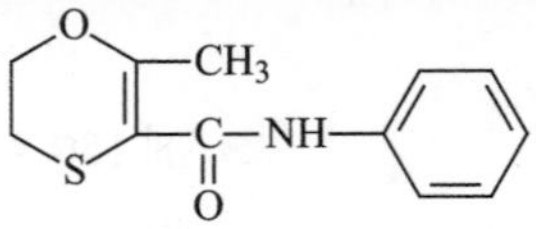

化学名称

5，6-二氢-2-甲基-1，4-氧硫杂-3-甲酰苯胺

其他名称

卫福

理化性质

白色晶体，熔点91.5～92.5℃，98～100℃（视晶体结构而定），蒸气压0.025mPa（25℃），相对密度1.36；水中溶解度199mg/L，丙酮177mg/L，二氯甲烷353mg/L，醋酸乙酯93mg/L，甲醇88mg/L（25℃）；25℃时pH值从5上升至9时逐渐水解。

毒性

低毒，大鼠急性经口LD_{50}为3 820mg/kg，急性经皮LD_{50}>8 000mg/kg（兔）；长期接触时出现皮肤过敏反应，眼睛受刺激而引起结膜炎和角膜炎，炎症消退较慢，但能完全恢复；无全身中毒报道；鱼毒，对翻车鱼LC_{50}为3.6mg/L（48h），对虹鳟鱼LC_{50}为2.3mg/L（96h）；对蜜蜂无毒。

生物活性

萎锈灵为内吸剂，主要对由锈菌和黑粉菌起的锈病和黑粉（穗）病有高效，对棉花立枯病、黄萎病也有效。它能渗入萌芽的种子而杀死种子内的病菌，对作物生长还有刺激作用，并能使小麦增产。

制剂

20%乳油，20%悬浮种衣剂，混剂：40%萎锈·福美（萎锈灵+福美双）悬浮种衣剂，75%福·萎可湿性粉剂（萎锈灵+福美双），25%萎·克·福悬浮种衣剂，16%吡·多·萎悬浮种衣剂。

生产企业

美国科聚亚公司，安徽丰乐农化有限责任公司，江苏辉丰农化股份有限公司，陕西恒田化工有限公司，上海生农生化制品有限公司，陕西省西安文远化学工业有限公司，河北威远生物化工股份有限公司，浙江省慈溪农药厂，安徽丰乐农化有限责任公司，天津市中农化农业生产资料有限公司等。

应用

1. 高粱散黑穗病、丝黑穗病、玉米丝黑穗病的防治

每100kg种子用20%萎锈灵乳油500～1 000mL拌种，或者用20%悬浮种衣剂250～350mL，对水1.5L进行种子包衣。

2. 麦类黑穗病的防治

每100kg种子用20%萎锈灵乳油500mL拌种；或者每100kg麦种用20%悬浮种衣剂250～350mL，对水1.5L拌匀进行种子包衣，可防小麦黑穗病、黑胚病、白粉病、锈病。

3. 麦类锈病的防治

每100kg种子用20%萎锈灵乳油188～375mL，对水喷雾，每隔10～15d1次，共喷2次。

4. 谷子黑穗病的防治

每100kg种子用20%乳油800～1 250mL拌种或闷种。

5. 棉花苗期病害的防治

每100kg种子用20%乳油875mL拌种，或者用20%悬浮种衣剂250～350mL，对水1.5L进行种子包衣。

防治棉花黄萎病可用20%乳油800倍液灌根，每株灌药液量约500mL。

6. 防治玉米丝黑穗病

每100kg玉米种子用20%乳油或20%悬浮剂0.5～1.0kg（有效成分100～200g/100kg种子）拌种。

注意事项

1. 本剂不能与强酸性药剂混用。

2. 本剂100倍液对麦类作物可能有轻微危害，使用时要注意。

3. 本剂处理过的种子不能食用或作饲料。

拌种灵（amicarthiazol）

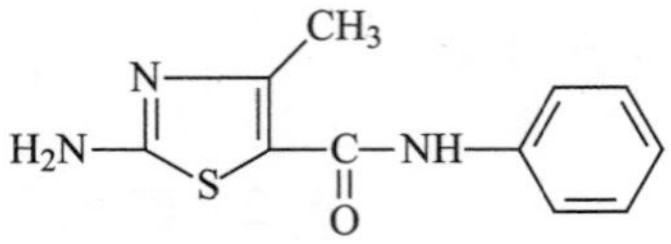

化学名称

2-氨基-4-甲基-5-甲酰苯胺基噻唑

理化性质

无色无味结晶，熔点222~224℃；易溶于二甲基甲酰胺、乙醇、甲醇，不溶于水和非极性溶剂，遇碱分解，遇酸生成相应的盐，270~285℃分解。

毒性

低毒，大鼠急性经口LD_{50}为817mg/kg，急性经皮LD_{50}>3 200mg/kg。

生物活性

具有内吸性，拌种后可进入种皮或种胚，杀死种子表面及潜伏在种子内部的病原菌；同时也可在种子发芽后进入幼芽和幼根，从而保护幼苗免受土壤病原菌的侵染。

制剂

拌种灵没有单剂产品登记应用；混剂：70%福美·拌种灵可湿粉种衣剂（35%拌种灵+35%福美双），40%拌种双可湿性粉剂（20%拌种灵+20%福美双），10%福美·拌种灵悬浮种衣剂（5%拌种灵+5%福美双）等。

生产企业

江苏省南通江山农药化工股份有限公司，江苏华农种衣剂有限责任公司，安徽丰乐农化有限责任公司，安徽省宿州市农药厂，四川国光农化有限公司，新疆绿洲科技开发公司，山东省淄博新农基农药化工有限公司，河北师大化工厂等。

应用

拌种灵混剂产品主要用作种衣剂，相关应用技术请参见种衣剂应用部分。40%拌种双可湿性粉剂（20%拌种灵+20%福美双）也可作喷雾法使用。

防治红麻炭疽病，用40%拌种双可湿性粉剂160倍液浸种；

防治花生锈病，用40%拌种双可湿性粉剂500倍液喷雾；

防治高粱黑穗病，每100kg种子用40%可湿性粉剂300~500g拌种；

防治棉花苗期病害，每100kg种子用40%可湿性粉剂500g拌种；

防治小麦黑穗病，每100kg种子用40%可湿性粉剂100~200g拌种；

防治玉米黑穗病，每100kg种子用40%可湿性粉剂500g拌种。

注意事项

制剂主要用于拌种，经药剂处理过的种子应妥善保存，以免人、畜误食。用药时应注意安全防护。

烟酰胺（nicotiamide）

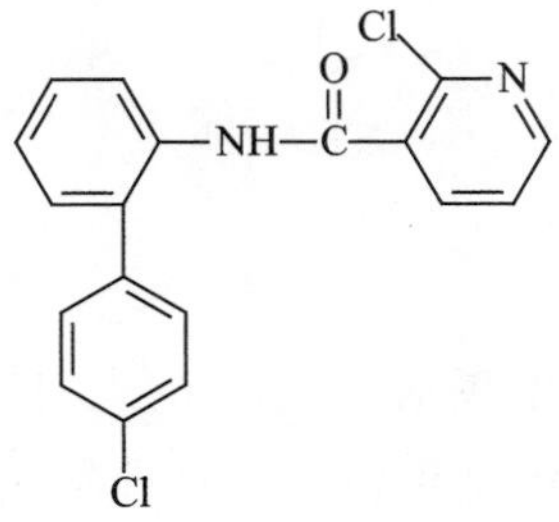

化学名称

N-（4'- 氯联苯 -2- 基）2- 氯 - 烟酰胺

其他名称

凯泽

理化性质

白色无味晶体，熔点 142.8～143.8℃；蒸气压 7.2×10^{-4}mPa；相对密度 1.381（20℃）；水中溶解度 4.6mg/L（20℃），甲醇中 40～50g/L，丙酮中 160～200g/L；对光稳定。

毒性

低毒，大鼠急性经口 LD_{50} > 5 000mg/kg，急性经皮 LD_{50} > 2 000mg/kg，对眼睛和皮肤无刺激性；对虹鳟鱼 LC_{50} 为 2.7mg/L（96h）。

生物活性

抑制病原菌线粒体琥珀酸酯脱氢酶，阻碍三羧酸循环，使氨基酸、糖缺乏、能量减少，干扰细胞的分裂和生长；具有保护和治疗作用。抑制孢子萌发、细菌管延伸、菌丝生长和孢子细胞形成等真菌生长和繁殖的主要阶段。

制剂

50% 水分散粒剂。

生产企业

德国巴斯夫股份有限公司，允发化工（上海）有限公司。

应用

植物叶片喷雾，可防治果树和蔬菜上的白粉病、灰霉病、菌核病等病害。

防治黄瓜灰霉病，每亩用 50% 水分粒剂 33～47g，对水喷雾。

第七章 甲氧基丙烯酸酯类杀菌剂

此类杀菌剂是天然的真菌代谢产物甲氧基丙烯酸酯类化合物（strobilurins 和 oudemansins）的仿生合成类似物。具有广谱、高效等优点，目前是发展最快的一类杀菌剂。除了本书介绍的几个杀菌剂品种外，我国还研究开发了三环菌胺、烯肟菌酯、丁香菌酯、氰烯菌酯等新型甲氧基丙烯酸酯杀菌剂，目前正在推广开发阶段。可以预见，由于其活性高、杀菌谱广、使用方式多样，甲氧基丙烯酸酯类杀菌剂将在杀菌剂应用领域占据越来越重要的地位，近期将有一批高活性的杀菌剂进入到应用阶段。

嘧菌酯（azoxystrobin）

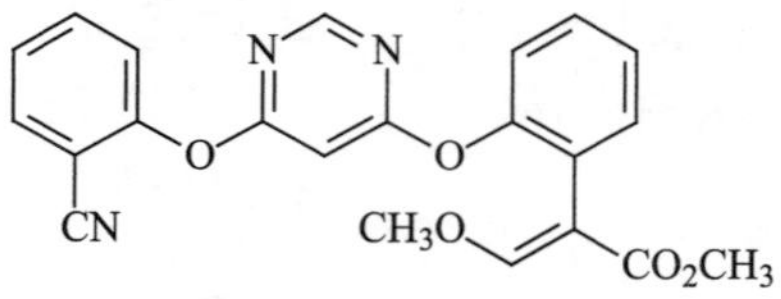

N N O O CN CH_3O CO_2CH_3

化学名称

（E）-2-{2-[6（2-氰基苯氧基）嘧啶-4-基氧]苯基}-3-甲氧基丙烯酸酯

其他名称

ICIA5504，阿米西达，安灭达

理化性质

原药外观为浅棕色固体，无特殊气味。相对密度（纯品20℃）1.34，蒸气压 1.1×10^{-4}mPa（20℃），沸点：纯品在360℃左右热分解，熔点：114～116℃。分配系数（Kow）LogP=2.5（20° C）；溶解度（20℃，pH值5.2）水6.7g/L，正己烷0.057g/L、甲醇20g/L、甲苯55g/L、丙酮86g/L、乙酸乙酯130g/L、二氯甲烷400g/L。水溶液中光解半衰期为11～17d。对水解稳定。

毒性

微毒，雄、雌大白鼠和小白鼠急性经口 LD_{50} > 5 000mg/kg，大白鼠急性经皮 LD_{50} > 2 000mg/kg，对眼睛和皮肤具有轻微刺激作用（兔），不是皮肤致敏剂（豚鼠）。

生态毒性

对环境生物安全，绿头鸭和山齿鹑急性经口 LD_{50} > 2 000mg/kg，饲喂山齿鹑和绿头鸭 LC_{50}（5d）> 5 200mg/kg饲料。虹鳟鱼 LC_{50}（96h）0.47mg/L，翻车鱼1.1mg/L，鲤鱼1.6mg/L，红鲈0.66mg/L。蜜蜂（经口）LD_{50} > 25μg/头，（接触）LD_{50} > 200μg/头。在田间条件以田间施药剂量（IOBC）的情况下，对包括捕食性的螨类和椿象、蜘蛛、草蛉、食蚜蝇、瓢虫、步行虫和黄蜂等非靶标生物无害。

生物活性

甲氧基丙烯酸酯类杀菌剂有独特的作用机理，是病原真菌的线粒体呼吸抑制剂，作用部位与以往所有杀菌剂均不同，因而对于已对甾醇抑制剂（如三唑类）、苯基酰胺类、二羧酰胺类、苯并咪唑类产生抗性的菌株有效。此类新杀菌剂杀菌广谱，对几乎所有真菌类（子囊菌纲、担子菌纲、卵菌纲和半知菌类）病害都显示出很好的活性。此类杀菌剂具有保护和治疗作用，并有良好的渗透和内吸作用，可以茎叶喷雾、水面施药、处理种子等方式使用。

制剂

25%悬浮剂，50%水分散粒剂，32.5%苯甲·嘧菌酯悬浮剂（苯醚甲环唑+嘧菌酯），56%嘧菌·百菌清悬浮剂（百菌清+嘧菌酯）。

生产企业

先正达（苏州）作物保护有限公司，英国先正达有限公司，瑞士先正达作物保护有限公司。

应用

嘧菌酯适用于禾谷类作物、蔬菜、果树、花生、马铃薯、咖啡、草坪等的多种病害。它具有保护、治疗、铲除作用和良好的渗透、内吸活性，可用于茎叶喷雾、种子处理和土壤处理，施用剂量根据作物和病害的不同，一般亩用有效成分2.5～26g，通常为6.5～23g。

1．防治草坪病害

防治枯萎病、褐斑病，在发病前或发病初期，亩用50%水分散粒剂26.7～53.4g（亩有效成分用量13.3～26.7g），对水均匀喷雾。

2．防治蔬菜病害

防治番茄晚疫病，亩用25%悬浮剂60～90ml（亩有效成分用量15～22.5g），对水喷雾；

防治番茄早疫病，亩用25%悬浮剂24～40ml（亩有效成分用量6～8g），对水喷雾；

防治番茄叶霉病，亩用25%悬浮剂60～90ml（亩有效成分用量15～22.5g），对水喷雾；

防治花椰菜霜霉病，亩用25%悬浮剂40～72ml（亩有效成分用量10～18g），对水喷雾；

防治黄瓜白粉病，亩用25%悬浮剂60～90ml（亩有效成分用量15～22.5g），对水喷雾；

防治黄瓜黑星病，亩用25%悬浮剂60～90ml（亩有效成分用量15～22.5g），对水喷雾；

防治黄瓜蔓枯病，亩用25%悬浮剂60～90ml（亩有效成分用量15～22.5g），对水喷雾；

防治黄瓜霜霉病，亩用25%悬浮剂32～48ml（亩有效成分用量8～12g），对水喷雾；

防治辣椒炭疽病，亩用25%悬浮剂32～48ml（亩有效成分用量8～12g），对水喷雾；

防治辣椒疫病，亩用25%悬浮剂40～72ml（亩有效成分用量10～18g），对水喷雾；

防治马铃薯晚疫病，亩用25%悬浮剂15～20ml（亩有效成分用量3.75～5g），对水喷雾；

防治马铃薯早疫病，亩用25%悬浮剂30～50ml（亩有效成分用量7.5～12.5g），对水喷雾；

防治丝瓜霜霉病，亩用25%悬浮剂48～90ml（亩有效成分用量12～22.5g），对水喷雾；

防治冬瓜霜霉病、冬瓜炭疽病，用25%悬浮剂1 400～750倍液（有效成分180～337.5mg/L）喷雾。

3．防治水果病害

防治葡萄霜霉病，用25%悬浮剂750～1 400倍液（有效成分180～337.5mg/L）喷雾；

防治葡萄白腐病、黑痘并病，用25%悬浮剂833～1 250倍液喷雾（有效成分200～300mg/L）喷雾；

防治西瓜炭疽病，用25%悬浮剂833～1 667倍液（有效成分150～300mg/L）喷雾；

防治香蕉叶斑病，用25%悬浮剂1 000～1 500倍液（有效成分166.7～250mg/L）喷雾；

防治杧果炭疽病，用25%悬浮剂1 250～1 667倍液（有效成分150～200mg/L）喷雾；

防治荔枝霜疫霉病，用25%悬浮剂1 250～1 667倍液（有效成分150～200mg/L）喷雾；

防治柑橘。

4．防治大豆锈病

每亩用25%悬浮剂40～60（亩有效成分10～15g），对水喷雾。

5．防治人参黑斑病

每亩用25%悬浮剂40～60（亩有效成分10～15g），对水喷雾。

6．防治花卉白粉病

用25%悬浮剂稀释1 000～2 500倍液（100～250mg/L）喷雾。

注意事项

嘧菌酯对作物安全，但某些苹果品种对嘧菌酯敏感，使用时要注意。

醚菌酯（kresoxim-methyl）

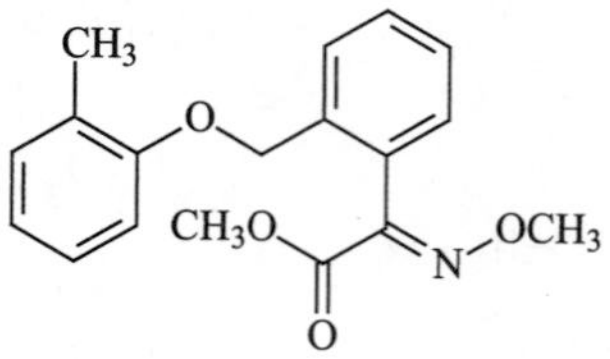

CH_3 O CH_3O N OCH_3 O

化学名称

（E）-2-甲氧亚氨基-[2-（邻甲基苯氧基甲基）苯基]乙酸甲酯

其他名称

苯氧菌酯，BAS490F，翠贝（商品名）

理化性质

外观为浅棕色粉末，带芳香味，熔点101℃，蒸气压2.3×10^{-3}mPa（20℃），相对密度1.258（20℃）；水中溶解度2mg/L（20℃）。

毒性

微毒，大鼠急性经口LD_{50}>5 000mg/kg，大鼠急性经口LD_{50}>2 000mg/kg；对兔眼睛和皮肤没有刺激性；鱼毒，对翻车鱼LC_{50}为0.499mg/L（96h），对虹鳟鱼LC_{50}为0.19mg/L（96h）；对蜜蜂安全。

生物活性

与嘧菌酯基本相似，线粒体呼吸抑制剂，即通过在细胞色素b和C1间电子转移，抑制线粒体的呼吸，具有很好的抑制孢子萌发作用，具有保护、治疗、铲除作用，渗透、内吸活性强。

制剂

50%水分散粒剂，30%悬浮剂，30%可湿性粉剂。

生产企业

德国巴斯夫股份有限公司，江苏耕耘化学有限公司，允发化工（上海）有限公司，江苏龙灯化学有限公司，安徽华星化工股份有限公司，山东京博农化有限公司。

应用

1．苯氧菌胺

1993年在日本获得登记，主要用于水稻，防治稻瘟病，亩用有效成分17g，水面施药，显示很好的防效。对于叶瘟，于发病前6d、初病初期、发病后7d分别施药，均有很好防效。对穗颈瘟也高效。以茎叶喷洒和水面处理，对水稻胡麻叶枯病、纹枯病、叶鞘腐败病等也有较高的防治效果。

2．防治果树病害

防治葡萄霜霉病，30%悬浮剂用水稀释2 200～3 200倍液（94～136mg/L）喷雾。

防治苹梨树黑星病，在发病初期，用50%水分散粒剂3 000～5 000倍液（有效成分100～166.7mg/L）喷雾，隔7d喷1次，连喷3次，对叶和果实上的黑星病防效均好。

防治苹果树黑星病，用50%水分散粒剂稀释

5 000～7 000倍液喷雾。

防治苹果树斑点落叶病，用50%水分散粒剂3 000～4 000倍液（有效成分125～166.7mg/L）喷雾。

3．防治蔬菜病害

防治黄瓜白粉病，亩用50%水分散粒剂13.4～20g（有效成分6.7～10g/亩），对水喷雾。

防治番茄早疫病，用30%悬浮剂40～60ml（12～18g/亩），对水喷雾。

4．防治草莓病害

防治草莓白粉病，用50%水分散粒剂3 000～5 000倍液（有效成分100～166.7mg/L）喷雾。

防治甜瓜白粉病，亩用100～150g，对水常规喷雾，隔6d再喷1次；防治梨黑星病。

5．防治小麦病害

防治小麦白粉病，用30%悬浮剂30～50ml（有效成分9～15g/亩），对水喷雾。

防治小麦锈病，用30%悬浮剂50～70ml（有效成分15～21g/亩），对水喷雾。

唑菌酯（pyraoxystrobin）

化学名称

（E）-2-（2-（（3-（4-氯苯基）-1-甲基-1H-吡唑-5-氧基）甲基）苯基）-3-甲氧基丙烯酸甲酯

其他名称

SYP-3343

理化性质

原药外观为白色结晶固体。极易溶于二甲基甲酰胺、丙酮、乙酸乙酯、甲醇，微溶于石油醚，不溶于水；在常温下贮存稳定。

毒性

低毒，大鼠急性经口LD_{50}为1 022mg/kg，大鼠急性经口LD_{50}>2 150mg/kg。

生物活性

唑菌酯是我国沈阳化工研究院自主创制的甲氧基丙烯酸酯类杀菌剂,它有广谱的杀菌活性，可有效地防治黄瓜霜霉病、小麦白粉病；对油菜菌核病菌、葡萄白腐病菌、苹果轮纹病菌、苹果斑点落叶病菌等均具有良好的抑菌活性，是高效低毒杀菌剂。

制剂

20%悬浮剂。

生产企业

沈阳化工研究院。

吡唑醚菌酯（pyraclostrobin）

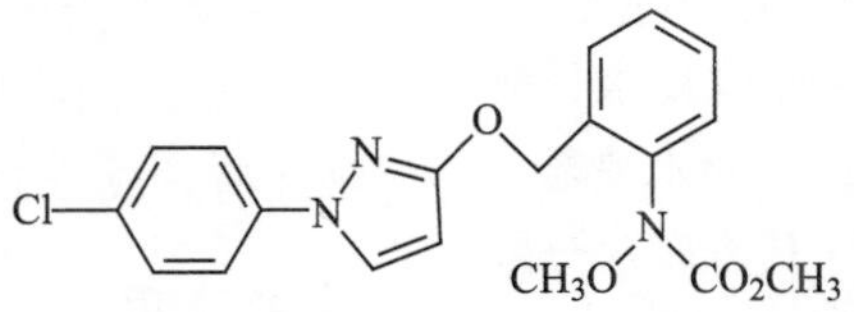

Cl　N　N　O　N　CH_3O　CO_2CH_3

化学名称

N–{2–[1–（4–氯苯基）–1H–吡唑–3–基氧甲基]苯基}–N–甲氧基–氨基甲酸甲酯

理化性质

外观为白色至浅米色结晶状固体，无味。比重：1.367g/cm³，溶点 63.7 ~ 65.2℃。

毒性

微毒，大鼠急性经口 LD_{50} > 5 000mg/kg，大鼠急性经口 LD_{50} > 2 000mg/kg；对皮肤和眼睛无刺激性（兔）；对鱼高毒，对虹鳟鱼 LC_{50} 为 0.006mg/L；对蜜蜂安全。

生物活性

病原菌线粒体呼吸抑制剂剂，可阻止细胞色素 bc1 电子传递，具有保护、治疗和内渗作用。

制剂

25% 乳油。混剂：60% 唑醚·代森联水分散粒剂（吡唑醚菌酯 + 代森联），18.7% 烯酰·吡唑酯水分散粒剂（吡唑醚菌酯 + 烯酰吗啉），吡唑醚菌酯 + 烟酰胺。

生产企业

德国巴斯夫股份有限公司。

应用

1. 在蔬菜上的应用

防治白菜炭疽病，亩用 25% 乳油 30 ~ 50ml（有效成分 7.5 ~ 12.5g），对水喷雾。

防治黄瓜白粉病，亩用 25% 乳油 20 ~ 40ml（有效成分 5 ~ 10g），对水喷雾。

防治黄瓜霜霉病，亩用 25% 乳油 20 ~ 40ml（有效成分 5 ~ 10g），对水喷雾；或者用 60% 唑醚·代森联水分散粒剂 40 ~ 60g（有效成分 24 ~ 36g），对水喷雾；或用或每亩用 18.7% 烯酰·吡唑酯水分散粒剂 75 ~ 125g（有效成分 14 ~ 23.3g），对水喷雾。

防治番茄晚疫病，用 60% 唑醚·代森联水分散粒剂 40 ~ 60g（有效成分 24 ~ 36g），对水喷雾。

防治黄瓜疫病，用 60% 唑醚·代森联水分散粒剂 60 ~ 100g（有效成分 36 ~ 60g），对水喷雾。

防治辣椒疫病，用 60% 唑醚·代森联水分散粒剂 40 ~ 100g（有效成分 24 ~ 60g），对水喷雾。

防治马铃薯晚疫病，用 60% 唑醚·代森联水分散粒剂 1 000 ~ 2 000 倍液（有效成分 300 ~ 600mg/L）喷雾；或每亩用 18.7% 烯酰·吡唑酯水分散粒剂 75 ~ 125g（有效成分 14 ~ 23.3g），对水喷雾。

防治甘蓝霜霉病，每亩用 18.7% 烯酰·吡唑酯水分散粒剂 75 ~ 125g（有效成分 14 ~ 23.3g），对水喷雾。

2. 在果树上的应用

防治香蕉黑星病，用 25% 乳油 1 000 ~ 3 000 倍液（有效成分 83.3 ~ 250mg/L）喷雾。

防治香蕉叶斑病，用 25% 乳油 1 000 ~ 3 000 倍液（有效成分 83.3 ~ 250mg/L）喷雾。

防治香蕉炭疽病，用 25% 乳油 1 000 ~ 2 000 倍液（有效成分 125 ~ 250mg/L）喷雾。

防治香蕉轴腐病，用 25% 乳油 1 000 ~ 2 000 倍液（有效成分 125 ~ 250mg/L）喷雾。

防治杧果炭疽病，用 25% 乳油 1 000 ~ 2 000 倍液（有效成分 125 ~ 250mg/L）喷雾。

防治荔枝霜疫霉病，用 60% 唑醚·代森联水分散粒剂 1 000 ~ 2 000 倍液（有效成分 300 ~ 600mg/L）喷雾。

防治苹果轮纹病，用 60% 唑醚·代森联水分散粒剂 1 000 ~ 2 000 倍液（有效成分 300 ~ 600mg/L）喷雾。

防治葡萄霜霉病，用 60% 唑醚·代森联水分散粒剂 1 000 ~ 2 000 倍液（有效成分 300 ~ 600mg/L）喷雾。

3. 在草坪上的应用

防治草坪褐斑病，用 25% 乳油 1 000 ~ 2 000 倍液（有效成分 125 ~ 250mg/L）喷雾。

4. 在茶树上的应用

防治茶树炭疽病，用 25% 乳油 1 000 ~ 2 000 倍液（有效成分 125 ~ 250mg/L）喷雾。

注意事项

吡唑醚菌酯对鱼高毒，一定不要污染水源。

噁唑菌酮（famoxadone）

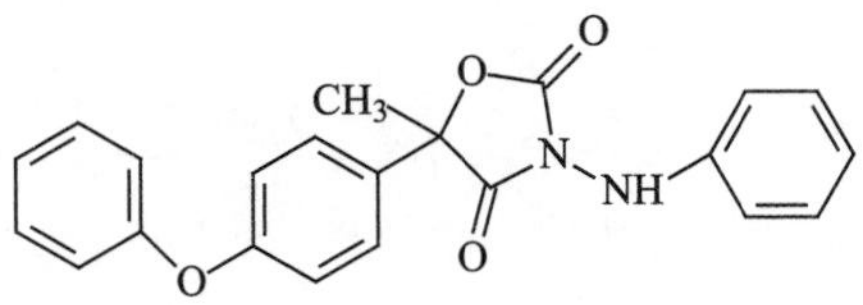

化学名称

3-苯胺基-5-甲基-5-（4-苯氧基苯基）-1，3-唑啉-2，4-二酮

理化性质

熔点141.3～142.3℃，蒸气压6.4×10^{-4}mPa(20℃)，相对密度1.31（22℃）；在水中溶解度0.052mg/L；在黑暗条件下稳定。

毒性

微毒，大鼠急性经口LD_{50} > 5 000mg/kg，大鼠急性经口LD_{50} > 2 000mg/kg；对皮肤和眼睛无刺激性（兔）；对鱼高毒，对虹鳟鱼LC_{50}为0.011mg/L；对蜜蜂LD_{50}为0.025mg/蜂。

其他名称

易保

生物活性

能量抑制剂，即线粒体电子传递抑制剂；对复合体Ⅲ中细胞色素C氧化还原酶有抑制作用，具有保护、治疗、铲除、渗透、内吸活性，与苯基酰胺类杀菌剂无交抗性。

制剂

没有单剂在市场上销售，我国登记的混剂见下表。

生产企业

美国杜邦公司，上海农乐生物制品股份有限公司，兴农药业（上海）有限公司。

应用

没有单剂在我国市场上销售，目前登记使用的混剂如表5-7所示：

表5-7 噁唑菌酮主要混剂和使用方法

混剂	剂型	有效成分Ⅰ	有效成分Ⅱ	防治对象	制剂用量（g/亩）	使用方法
52.5%噁唑菌酮·霜脲	水分散粒剂	22.5%噁唑菌酮	30%霜脲氰	黄瓜霜霉病	23.3～35	对水喷雾
				辣椒疫病	32.5～43.3	
				荔枝霜疫霉病	1 500～2 500倍液	喷雾
206.7g/L噁唑菌酮·硅唑	乳油	100g/L噁唑菌酮	106.7g/L氟硅唑	苹果轮纹病	2 000～3 000倍液	喷雾
				香蕉叶斑病	1 000～1 500倍液	
68.75%噁酮·锰锌	可分散粒剂	6.25%噁唑菌酮	62.5%代森锰锌	白菜黑斑病	45～75g	对水喷雾
				番茄早疫病	75～94g	对水喷雾
				柑橘树疮痂病	1 000～1 500倍液	喷雾
				苹果树斑点落叶病	1 000～1 500倍液	喷雾
				苹果轮斑病		
				葡萄霜霉病	800～1 200倍液	喷雾
				西瓜炭疽病	45～56g	对水喷雾

氰烯菌酯

化学名称

2-氰基-3-苯基-3-氨基丙烯酸乙酯

理化性质

氰烯菌酯属2-氰基丙烯酸酯类杀菌剂。原药为白色固体粉末，熔点为123～124℃；蒸气压4.5 × 10^{-2}mPa（25℃）；难溶于水、石油醚、甲苯，易溶于氯仿、丙酮、二甲基亚砜、二甲基甲酰胺；在酸性、碱性介质中稳定，对光稳定。

毒性

微毒，大鼠急性经口LD_{50}>5 000mg/kg，急性经皮LD_{50}>5 000mg/kg；对大白兔皮肤、眼睛均无刺激性；对鱼有毒，对斑马鱼的LC_{50}为7.7mg/L（96h）；鹌鹑经口染毒LD_{50}为321mg/kg；对蜜蜂和家蚕低毒。

生物活性

氰烯菌酯对镰刀菌类引起的病害有效，具有保护作用和治疗作用。通过根部被吸收，在叶片上有向上输导性，而向叶片下部及叶片间的输导性较差。

制剂

25%悬浮剂。

生产企业

江苏省农药研究所股份有限公司。

应用

氰烯菌酯25%悬浮剂对小麦赤霉病有较好的防治效果。每亩用25%悬浮剂100～200ml，对水稀释，于小麦扬花初期至盛期采用喷雾法均匀喷药。根据病情，一般使用1～2次，间隔7d左右。每生长季最多使用3次，安全间隔期为21d，对作物安全，未见药害发生。

注意事项

本品对鱼和鸟有一定毒性，要严格按登记规定使用，不得污染各类水域等环境，不得在河塘等水域清洗施药器具，以免造成对有益生物的不利影响；在鸟类保护区禁用本品；使用时注意对蜜蜂的保护。

第八章
氨基甲酸酯类杀菌剂

霜霉威盐酸盐（propamocarb hydrochloride）

$$(CH_3)_2NCH_2CH_2CH_2NH\overset{O}{\overset{\|}{C}}OCH_2CH_2CH_3\cdot HCl$$

5

化学名称

丙基-3-（二甲基氨基）丙基氨基甲酸丙酯盐酸盐

其他名称

普力克，霜霉威，丙酰胺

理化性质

无色吸湿性晶体，熔点 45～55℃，蒸气压 0.80mPa（25℃），相对密度 1.085；在水中溶解度 867g/L（25℃），甲醇>500g/L，二氯甲烷>430g/L，乙酸乙酯 23g/L，异丙醇>300g/L，甲苯、已烷<0.1g/L（25℃）；低于 400℃时稳定，光稳定。

毒性

低毒，大鼠急性经口 LD_{50} 为 2 000～2 900mg/kg，急性经皮 LD_{50}>3 000mg/kg；对眼睛和皮肤无刺激性；对鱼安全；对蜜蜂安全。

生物活性

霜霉威为内吸性杀菌剂，能抑制卵菌类的孢子萌发、孢子囊形成、菌丝生长，对霜霉菌、腐霉菌、疫霉菌引起的土传病害和叶部病害均有好的效果，其作用机理是抑制病菌细胞膜成分的磷脂和脂肪酸的生物合成。适用于土壤处理，也可以种子处理或叶面喷雾，在土壤中持效期可达 20d。对作物还有刺激生长效应。

制剂

72.2%、40%、36%、35% 水剂，50% 热雾剂。混剂：20% 霜霉・菌毒清水剂（霜霉威盐酸盐 + 菌毒清），68.75% 氟菌・霜霉盐悬浮剂（氟吡菌酰胺 + 霜霉威盐酸盐），50% 锰锌・霜霉可湿性粉剂（霜霉威盐酸盐 + 代森锰锌）。

生产企业

浙江一帆化工有限公司，陕西省西安近代农药科技股份有限公司，辽宁省大连瑞泽农药股份有限公司，江苏蓝丰生物化工股份有限公司，江苏三泉农化有限责任公司，拜耳作物科学（中国）有限公司，山东菏泽源丰农药有限公司，比利时农化公司，山东省联合农药工业有限公司，天津市施普乐农药技术发展有限公司，陕西恒田化工有限公司，江苏宝灵化工股份有限公司等。

应用

1. 防治蔬菜苗期猝倒病、立枯病和疫病

可在播种前或移栽前，用 66.5% 水剂 400～600 倍液浇灌苗床，每平方米浇灌药液 3L。出苗后发病，可用 66.5% 水剂 600～800 倍液喷淋或灌根，每平方米用药液 2～3L，隔 7～10d 施 1 次，连施 2～

3次。当猝倒病和立枯病混合发生时，可与50%福美双可湿性粉剂800倍液混合喷淋。

防治辣（甜）椒疫病，还可于播种前用66.5%水剂600倍液浸种12h，洗净后晾干催芽。

2. 喷雾法防治蔬菜叶部病

如黄瓜霜霉病、甜瓜霜霉病、莴苣霜霉病以及绿菜花、紫甘蓝、樱桃萝卜、芥蓝、生菜等的霜霉病，蕹菜白锈病，多种蔬菜的疫病，一般亩用有效成分45～75g，相当于66.5%水剂67～110ml或72.25%水剂60～100ml。50%热雾剂亩用120～140ml，用烟雾机喷烟雾。

3. 烟草病害防治烟草苗床的猝倒病

在播种前和移栽前用72.2%水剂400～600倍液各苗床浇灌1次。防治烟草黑胫病、霜霉病，在移栽后发病初期施药，亩用72.2%水剂45～75ml，对水喷雾，或用72.2%水剂600～1 000倍液喷雾，隔7～10d喷1次，连喷3～4次。

4. 防治甜菜疫病

在播种时及移栽前，用66.5%水剂400～600倍液浇灌，在田间发病时再用600～800倍液喷雾，隔5～7d喷1次，连喷2～3次。

5. 防治荔枝霜霉病

在初花期及盛花期用66.5%水剂各喷1次，以后视病情每隔7d喷1次。可用66.5%水剂600～800倍液喷雾防治葡萄霜霉病、草莓疫病。

6. 防治红花猝倒病

于出苗后发病前喷72.2%水剂500倍液。

注意事项

不可与碱性物质混用。

乙霉威（diethofencarb）

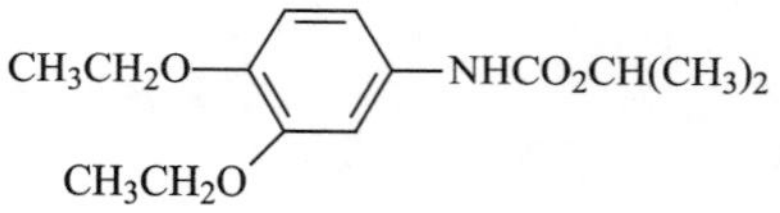

CH_3CH_2O—（苯环）—$NHCO_2CH(CH_3)_2$，苯环邻位 CH_3CH_2O

化学名称

3，4–二乙氧基苯基氨基甲酸异丙酯

其他名称

万霉灵

理化性质

纯品为白色结晶，原药为无色至浅褐色固体，熔点100.3℃，蒸气压8.4mPa（20℃），相对密度1.19（23℃）；在水中溶解度26.6mg/L（20℃），己烷1.3g/L，甲醇101g/L，二甲苯30g/L。

毒性

微毒，大鼠急性经口LD_{50}>5 000mg/kg，急性经皮LD_{50}>5 000mg/kg；对虹鳟鱼LC_{50}>18mg/L（96h）。

生物活性

乙霉威属氨基甲酸酯类化合物，但其防病性能与霜霉威不同，其特点是对于已对苯并咪唑类的多菌灵、二羧酰亚胺类等杀菌剂产生抗性的菌类有高的活性，也包括灰霉菌、青霉菌、绿霉菌。若病菌仍然对多菌灵、腐霉利等敏感，则乙霉威的活性并不高。因而开发乙霉威主要是作为克服病菌耐药性的轮换药剂或混合药剂。它与多菌灵、甲基硫菌灵、腐霉利等复配有增效作用，对抗性菌和敏感菌都有效。

制剂

50%乙霉·多菌灵可湿性粉剂（乙霉威＋多菌灵），60%乙霉·多菌灵可湿性粉剂（乙霉威＋多菌灵），37.5%乙霉·多菌灵可湿性粉剂（乙霉威＋多菌灵），28%霉威·百菌清可湿性粉剂（乙霉威+百菌清），30%霉威·百菌清可湿性粉剂（乙霉威+百菌清），20%霉威·百菌清可湿性粉剂（乙霉威+百菌清），65%甲硫·乙霉威可湿性粉剂（乙霉威+百菌清），50%福·霉威可湿性粉剂（乙霉威+福美双），26%嘧胺·乙霉威水分散粒剂（乙霉威+嘧霉胺），25%咪鲜·霉威乳油（咪鲜胺+乙霉威）等。

生产企业

山东省联合农药工业有限公司，山东寿光双星农药有限公司，日本住友化学株式会社，江苏蓝丰生物化工股份有限公司，山东鑫星农药有限公司，上海杜邦农化有限公司，山东省青岛瀚生生物科技股份有限公司，陕西绿盾生物制品有限责任公司，广东珠海经济特区瑞农植保技术有限公司，上海菱农化工有限公司，陕西西大华特科技实业有限公司，辽宁省沈阳化工研究院试验厂等。

应用

25%乙霉威可湿性粉剂，防治黄瓜灰霉病，于发病初期用2 000倍稀释液连续喷洒3～4次；防治梨和苹果黑星病，用1 000倍稀释药液喷施3～4次。

乙霉威更主要用途是制备成混剂，用以延缓和治理抗苯并咪唑类杀菌剂的病原菌抗药性。

注意事项

1. 不能与铜制剂及酸碱性较强的农药混用。

2. 乙霉威若用单剂，同样易引发病菌对它产生抗性，因此，应与保护性杀菌剂制成混剂应用，并应用在关键时期和对多菌灵、腐霉利等有较高抗性菌的地区。

3. 防治对苯并咪唑已产生抗性的葡萄和蔬菜灰霉病有效。

第九章 二甲酰亚胺类杀菌剂

腐霉利（procymidone）

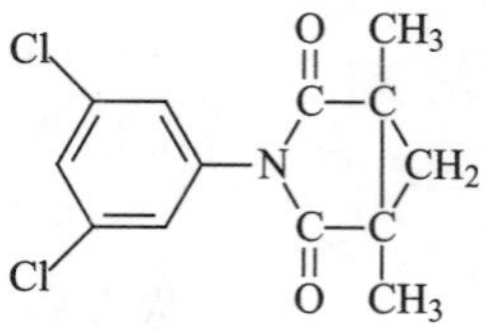

化学名称

N-（3，5-二氯苯基）-1，2-二甲基环丙烷-1，2-二羰基亚胺

其他名称

二甲菌核利，速克灵，菌核酮

理化性质

无色晶体体，原药为浅棕色固体，熔点166～166.5℃（原药为164～166℃），蒸气压18mPa（25℃），10.5mPa（20℃），相对密度1.452（25℃）；水中溶解度4.5mg/L（25℃），微溶于醇类，在丙酮中溶解度为180g/L，二甲苯43g/L，氯仿210g/L，二甲基甲酰胺230g/L，甲醇16g/L（25℃）；一般贮存条件下稳定，对光、热、潮湿稳定。

毒性

微毒，大鼠急性经口 LD_{50} 为6 800mg/kg，急性经皮 LD_{50}>2 500mg/kg。一般只对皮肤和眼有刺激作用，经口毒性低，无人体中毒的报道。

生物活性

内吸杀菌剂剂，具有保护和治疗作用，对孢子萌发抑制力强于对菌丝生长的抑制，表现为使孢子的芽管和菌丝膨大，甚至胀破，原生质流出，使菌丝畸形，从而阻止早期病斑形成和病斑扩大。对在低温、高湿条件下发生的多种作物的灰霉病、菌核病有特效，对由葡萄孢属、核盘菌属所引起的病害均有显著效果，还可防治对甲基硫菌灵、多菌灵产生抗性的病原菌。

制剂

50%可湿性粉剂，20%悬浮剂，15%、10%烟剂。混剂：10%百·腐烟剂（百菌清+腐霉利），10%百·腐烟剂（百菌清+腐霉利），15%百·腐烟剂（百菌清+腐霉利），20%百·腐烟剂（百菌清+腐霉利），10%腐·霉威可湿性粉剂（腐霉利+乙霉威），16%腐·己唑悬浮剂（腐霉利+己唑醇），25%福·腐可湿粉剂（腐霉利+福美双），25%福·腐可湿粉剂（腐霉利+福美双），30%百·腐悬浮剂（百菌清+腐霉利），50%腐霉·多菌灵可湿性粉剂（腐霉利+多菌灵）等。

生产企业

日本住友化学株式会社，陕西亿农高科药业有限公司，浙江省温州农药厂，四川省宜宾川安高科农药有限责任公司，上海升联化工有限公司，浙江禾益农化有限公司，陕西亿农高科药业有限公司，北京华戎生物激素厂，陕西韦尔奇作物保护有限公司，海南正业中农高科股份有限公司，东部韩农（黑龙江）化工有限公司，辽宁省沈阳红旗林药有限公司等。

应用

1．防治果树病害

防治葡萄、草莓灰霉病，于发病初期开始施药，用50%可湿性粉剂1 000～1 500倍液或20%悬浮剂400～500倍液喷雾。隔7～10d再喷1次。

防治苹果、桃、樱桃褐腐病，于发病初期开始喷50%可湿性粉剂1 000～2 000倍液，隔10d左右喷1次，共喷2～3次。

防治苹果斑点落叶病，于春、秋梢旺盛生长期喷50%可湿性粉剂1 000～1 500倍液2～3次，其他时间由防治轮纹烂果病药剂兼治。

防治柑橘灰霉病，在开花前喷50%可湿性粉剂2 000～3 000倍液。防治柑橘果实贮藏期的青、绿霉病，在采果后3d内，用50%可湿性粉剂750～1 000倍液，加防落素或2,4–滴250～520mg/L浓度的药液洗果。

防治枇杷花腐病，喷50%可湿性粉剂1 000～1 500倍液。

2．防治蔬菜病害

防治黄瓜灰霉病，在幼果残留花瓣初发病时开始施药，喷50%可湿性粉剂1 000～1 500倍液，隔7d喷1次，连喷3～4次。

防治黄瓜菌核病，在发病初期开始施药，亩用50%可湿性粉剂35～50g，对水50kg喷雾；或亩用10%烟剂350～400g，点燃放烟，隔7～10d施1次。当茎节发病时，除喷雾，还应结合涂茎，即用50%可湿性粉剂加50倍水调成糊状液，涂于患病处。

防治番茄灰霉病，在发病初亩用50%可湿性粉剂35～50g，对水常规喷雾。对棚室的番茄，在进棚前5～7d喷1次；移栽缓苗后再喷1次；开花期施2～3次，重点喷花；幼果期重点喷青果。在保护地里也可熏烟，亩用10%烟剂300～450g。也可与百菌清交替使用。

防治韭菜。

防治番茄菌核病、早疫病，亩喷50%可湿性粉剂1 000～1 500倍液50kg，隔10～14d再施1次。

防治辣椒灰霉病，发病前或发病初喷50%可湿性粉剂1 000～1 500倍液，保护地亩用10%烟剂200～250g放烟。

防治辣椒等多种蔬菜的菌核病，在育苗前或定植前，亩用50%可湿性粉剂2kg进行土壤消毒。田间发病喷50%可湿性粉剂1 000倍液，保护亩用10%烟剂250～300g放烟。

防治菜豆茎腐病、灰霉病，亩用50%可湿性粉剂30～50g，对水50kg喷雾，隔7～10d再喷1次。

在发病初期开始喷50%可湿性粉剂1 000～1 500倍液，隔6～8d喷1次，共喷2～3次，可防治绿菜花灰霉病、菌核病，芥蓝黑斑病，豆瓣菜褐斑病、丝核菌腐烂病，生菜灰霉病，荸荠灰霉病、菌核病等。可与其他杀菌剂交替使用。

3．防治油料作物病害

防治油菜、大豆、向日葵的菌核病，于发病初期，亩用50%可湿性粉剂30～60g，对水60kg喷雾，隔7～10d喷1次。

防治大豆纹枯病，在开花期，亩用50%可湿性粉剂50～60g，对水50kg喷雾。

4．防治其他作物病害

防治玉米大斑病、小斑病，有条件的制种田可考虑使用，在心叶末期至抽丝期，亩用50%可湿性粉剂50～100g，对水50～70kg喷2次。

防治棉铃灰霉病，发病初开始喷50%可湿性粉剂1 500～2 000倍液，隔7～10d喷1次，共喷2～3次。

防治亚麻、胡麻菌核病，发病初喷50%可湿性粉剂1 000～1 500倍液。

防治甜菜叶斑病，发病初喷50%可湿性粉剂1 000倍液，隔7～10d喷1次，共喷3～4次。

防治烟草菌核病、赤星病，喷50%可湿性粉剂1 500～2 000倍液，防菌核病重点是喷淋烟株根茎部及周围土壤，隔7～10d喷1次，共喷3～4次。

防治啤酒花灰霉，喷50%可湿性粉剂2 000倍液。

5．防治中药材病害

防治北沙参黑斑病、百合叶枯病、贝母灰霉病、枸杞霉斑病、落葵紫斑病等药用植物病害，于发病初开始喷50%可湿性粉剂1 000～1 500倍液，隔7～10d喷1次，一般喷2～3次。

6．防治十字花科、菊科、豆科、茄科等花卉的菌核病

在刚发现中心病株时喷50%可湿性粉剂1 000倍液，重点喷植株中下部位及地面。

注意事项

连年单用腐霉利防治同一种病害，特别是灰霉病，易引起病菌抗药，因此，凡需多次防治时，应与其他类型杀菌剂轮换使用或使用混剂。

乙烯菌核利（vinclozolin）

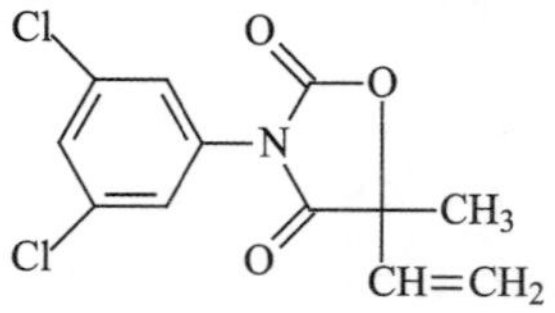

化学名称

3-（3，5-二氯苯基）-5-甲基-5-乙烯基-1，3-噁唑烷-2，4-二酮

其他名称

农利灵，烯菌酮

理化性质

无色晶体，略带芳香味，熔点108℃（原药），沸点131℃/0.05mmHg，蒸气压0.016mPa（20℃），相对密度1.51；水中溶解度3.4mg/L（20℃），有机溶剂中溶解度（20℃）分别为乙醇14g/L，丙酮435g/L，乙酸乙酯253g/L，环己烷9g/L，乙醚63g/L，苯146g/L，二甲苯110g/L，环己酮约540g/L，氯仿319g/L；50℃以下稳定，中性和微酸性介质中稳定。

毒性

微毒，大鼠急性经口LD_{50}>10 000mg/kg，急性经皮LD_{50}>2 500mg/kg；一般只对皮肤和眼睛有刺激症状，经口毒性低，无中毒报道；对虹鳟鱼LC_{50}为22～32mg/L（96h）。

生物活性

对病害作用是干扰细胞核功能，并对细胞膜和细胞壁有影响，改变膜的渗透性，使细胞破裂。是接触性杀菌剂，能阻碍孢子形成、抑制孢子发芽和菌丝的发育，具有优良的预防效果，也有治疗效果。茎叶施药可输导到新叶，对果树蔬菜类作物的灰霉病、褐斑病、菌核病有良好的防治效果。

制剂

50%水分散粒剂，50%可湿性粉剂。

生产企业

允发化工（上海）有限公司，德国巴斯夫股份有限公司。

应用

1．防治蔬菜病害

一般是在发病初期开始喷50%水分散粒剂1 000～1 300倍液。

防治番茄、辣椒、菜豆、茄子、莴苣、韭菜的灰霉病、菌核病，亩用50%水分散粒剂75～100g（亩有效成分用量为37.5～50g），对水喷雾。一般在第一朵花开放时，发现茎叶上有病菌侵染时开始喷药，隔7～10d喷1次，连喷3～4次。

防治黄瓜及其他葫芦科蔬菜的灰霉病、茎腐

病，亩用50%水分散粒剂75～100g（亩有效成分用量为37.5～50g），对水喷雾。一般在始花期发病初期开始喷药，隔7～14d喷1次，连喷3～5次。

防治白菜类菌核病，发病初期喷50%水分散粒剂1 000倍液。另外，在定植时将菜苗的根在50%水分散粒剂500倍液中浸蘸一下后定植，防效较好。

防治大白菜黑斑病，从早期发病开始喷50%水分散粒剂1 000倍液，隔10～14d喷1次，连喷3～5次。

防治大葱紫斑病，喷50%水分散粒剂1 000倍液，隔7～10d喷1次，连喷2～3次。

防治大蒜白腐病，病田在播后约5周喷50%水分散粒剂1 000～1 500倍液，隔7～10d喷1次，共喷1～2次，主要喷到叶鞘基部。

防治蔬菜幼苗立枯病，于播前，每平方米苗床用50%水分散粒剂10g与床土掺匀后再播种。

2. 防治果树病害

防治葡萄、草莓灰霉病，桃和樱桃褐斑病，苹果花腐病，于始见发病时开始喷50%水分散粒剂1 000～1 500倍液，隔7～10d喷1次，连喷3～4次。

3. 防治油料作物病害

防治油菜菌核病，在盛花期，亩用50%水分散粒剂67～100g，对水喷雾。重病年份需在始花期和盛花期各喷1次。

防治向日葵菌核病、茎腐病，每100kg种子用50%可湿性粉剂200g拌种。在花期用50%水分散粒剂或50%可湿性粉剂1 500倍液喷雾2次，能收到较好的效果。

防治大豆菌核病，在大豆2～3片复叶期，亩用50%可湿性粉剂100g，加米醋100ml，对水喷雾。隔15～20d后再喷1次。

注意事项

防治灰霉病应在发病初期开始施用，共喷3～4次，间隔7～10d。

5

菌核净（dimethachlone）

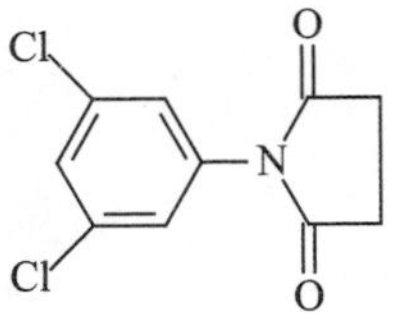

Cl Cl O N O

化学名称

N-（3，5-二氯苯基）丁二酰亚胺

其他名称

纹枯利

理化性质

纯品为白色鳞片状结晶，原粉为浅黄色固体，熔点137.5～139℃；易熔于丙酮、四氢呋喃、二甲基亚砜等有机溶剂，可溶于甲醇、乙醇，难溶于正己烷、石油醚，几乎不溶于水。常温下贮存有效成分含量变化不大，遇酸较稳定，遇碱和日光照射易分解，应贮存于遮光阴凉的地方。

毒性

低毒，大鼠急性经口LD_{50}为1 688～2 552mg/kg，急性经皮LD_{50}>5 000mg/kg；一般只对皮肤、眼有刺激症状，经口中毒低，无中毒报道。

生物活性

菌核净具有保护和内渗治疗作用，持效期长。对于油菜菌核病、烟草赤腥病防效较好，对水稻纹枯病、麦类赤霉病、白粉病具有良好防效，并可用于工业防腐。

制剂

10%烟剂，40%、20%可湿性粉剂。混剂：10%百·菌核烟剂（百菌清+菌核净），11%百·菌核烟剂（百菌清+菌核净），25%甲硫·菌核烟剂（菌核净+甲基硫菌灵），20%百·菌核可湿性粉剂（百菌清+菌核净），30%菌核·福美双可湿性粉剂（菌核净+福美双），48%菌核·福美双可湿性粉剂（菌核净+福美双），40%王铜·菌核可湿性粉剂（菌核净+王铜），45%琥铜·菌核可湿性粉剂（菌核净+琥胶肥酸铜），65%锰锌·菌核可湿性粉剂（菌核净+代森锰锌）。

生产企业

江苏快达农化股份有限公司，浙江禾益农化有限公司，广东省惠州市中迅化工有限公司，深圳诺普信农化股份有限公司，浙江省温州农药厂，黑龙江省齐齐哈尔市田丰农药化工有限公司，成都皇牌作物科学有限公司，山东神星药业有限公司，河北省石家庄市三农化工有限公司，山东省淄博市化工研究所长山实验厂等。

应用

1. 防治水稻纹枯病

在发病初期，亩用40%可湿性粉剂200～300g，对水喷雾，隔7～10d再喷1次。

2. 防治油菜菌核病

在油菜盛花期，亩用40%可湿性粉剂100～150g，对水喷雾，隔7～10d后再喷1次，喷于植株中下部。

防治大豆菌核病于病菌子囊盘萌发盛期开始施药，防治由向日葵菌核病引起的烂头病于花盘期开始施，亩喷40%可湿性粉剂500～1 000倍液60kg，隔7～10d再喷1次。

3. 防治烟草赤星病

在发病初期，亩用40%可湿性粉剂200～330g或20%可湿性粉剂375～670g，对水喷雾，隔7～10d喷1次，连喷3～4次。

防治烟草菌核病，用40%可湿性粉剂800～1 200倍液喷淋，隔10～14d喷1次，共喷2～3次。

4. 防治蔬菜菌核病

如十字花科、黄瓜、豆类、莴苣、菠菜、茄子、胡萝卜、芹菜、绿菜花、生菜等的菌核病，用40%可湿性粉剂800～1 200倍液，重点喷在植株中下部位。隔7～10d喷1次，连喷1～3次。防治瓜类菌核病，除正常喷雾，还可结合用50倍液涂抹瓜蔓病部，可控制病部扩展，还有治疗作用。

防治韭菜菌核病，每次割韭菜后至新株抽生期，喷淋40%可湿性粉剂800～1 000倍液，隔7～10d喷1次。

防治保护地番茄灰霉病，亩用10%烟剂150～200g放烟。

注意事项

避免和碱性强的农药混用。

异菌脲（iprodione）

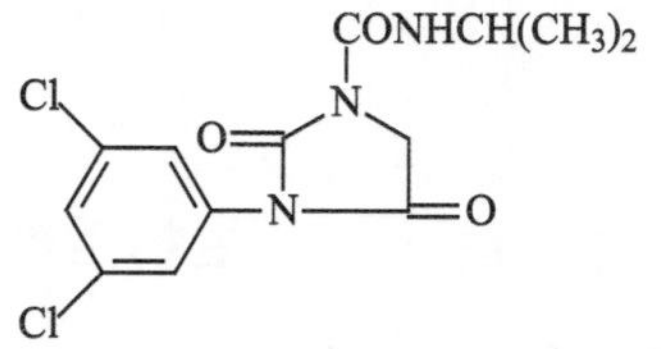

CONHCH(CH_3)$_2$

Cl, N, O, Cl

化学名称

3-（3，5-二氯苯基）-N-异丙基-2，4-二氧代咪唑啉-1-羧酰胺

其他名称

扑海因，咪唑霉

理化性质

白色无味，非吸湿性晶体或粉末，熔点134℃（原药128～128.5℃），蒸气压5×10^{-7}mPa（25℃），相对密度1.00（20℃），（原药1.434～1.435）；水中溶解度13mg/L（20℃），正辛醇10g/L，乙醇25g/L，乙腈g/L，甲苯150g/L，苯20g/L，乙酸乙酯225g/L丙酮300g/L，二氯甲烷450g/L，氯甲烷500g/L，己烷590g/L（20℃）；酸性介质中稳定，碱性介质中水解，其水溶液在紫外光下分解。

毒性

低毒，大鼠急性经口LD_{50}>2 000mg/kg，急性经皮LD_{50}>2 500mg/kg。一般只对皮肤和眼有刺激作用，经口毒性低，无人体中毒的报道，对皮肤有刺激作用。

生物活性

异菌脲是保护性杀菌剂，也有一定的治疗作用。杀菌谱广，对葡萄孢属、链孢霉属、核盘菌属、小菌核属等引起的病害有较好防治效果，对链格孢属、蠕孢霉属、丝校菌属、镰刀菌属、伏草菌属等引起的病害也有一定防治效果。异菌脲对病原菌生活史的各发育阶段均有影响，可抑制孢子的产生和萌发，也抑制菌丝的生长，最近的研究结果表明还能抑制蛋白激酶。适用作物广。

制剂

50%、25.5%悬浮剂，50%可湿性粉剂；混剂：15%百·异菌烟剂（6%异菌脲+9%百菌清），16%咪鲜胺·异菌脲悬浮剂（8%咪鲜胺+8%异菌脲），20%异菌·多菌灵悬浮剂（5%异菌脲+15%多菌灵），52.5%异菌·多菌灵可湿性粉剂（35%异菌脲+17.5%多菌灵），50%异菌·福美可湿性粉剂（10%异菌脲+40%福美双），75%异菌·多·锰锌可湿性粉剂（15%异菌脲+20%多菌灵+40%代森锰锌），60%甲基硫菌灵·异菌脲可湿性粉剂（20%异菌脲+40%甲基硫菌灵），30%环锌·异菌脲可湿性粉剂（21%环己基甲酸锌+9%异菌脲），16%咪鲜·异菌脲悬浮剂（8%咪鲜胺+8%异菌脲）等。

生产企业

新加坡生达有限公司，江苏蓝丰生物化工股份有限公司，江苏快达农化股份有限公司，广东珠海经济特区瑞农植保技术有限公司，德国拜耳作物科学公司，广东省东莞市瑞德丰生物科技有限公司，山东利邦农化有限公司，山东省潍坊科赛基农化工有限公司，山东省青岛海利尔药业有限公司，江苏龙灯化学有限公司，北京啄木鸟新技术发展公司，兴农药业（上海）有限公司，河南银田精细化工有限公司（烟剂）。

应用

1．在果树上应用

异菌脲可防治多种果树生长期病害，也可用于处理采收的果实防治贮藏期病害。

防治苹果斑点落叶病，可喷50%可湿性粉剂1 000～1 500倍液或50%悬浮剂1 000～2 000倍液。在苹果春梢开始发病时喷药，隔10～15d再喷1次；秋梢旺盛生长期再喷2～3次。防治苹果树的轮纹病、褐斑病，可喷50%可湿性粉剂1 000～1 500倍液。

防治梨黑斑病，在始见发病时开始喷50%可湿性粉剂1 000～1 500倍液，以后视病情隔10～15d再喷1～2次。

防治葡萄灰霉病，发病初期开始喷50%可湿性粉剂或悬浮剂750～1 000倍液，连喷2～3次。

防治核果（杏、樱桃、桃、李等）果树的花腐病、灰霉病、灰星病，可亩用50%可湿性粉剂或悬浮剂67～100g，对水喷雾。花腐病于果树始花期和盛花期各喷施1次。灰霉病于收获前施药1～2次。灰星病于果实收获前1～2周和3～4周各喷施1次。

防治柑橘疮痂病，于发病前半个月和初发病期，喷50%可湿性粉剂或悬浮剂1 000～1 500倍液或25%悬浮剂500～750倍液。

防治柑橘贮藏期青霉病、绿霉病、黑腐和蒂腐病，可用50%可湿性粉剂或悬浮剂500倍液与42%噻菌灵悬浮剂500倍液混合浸果1min后包装贮藏。

防治香蕉贮藏期轴腐病、冠腐病、炭疽病、黑腐病，可用25.5%悬浮剂170倍液浸果2min；或者用16%咪鲜·异菌脲悬浮剂300～400倍液浸果2min。

若与噻菌灵混用，防效更好，且可显著提高防治由镰刀菌引起腐烂病的效果。

异菌脲也可用于梨、桃防治贮藏期病害。

2. 在草莓和西瓜上应用

防治草莓灰霉病，亩用50%可湿性粉剂50～100g，对水50～75kg喷雾。于发病初期开始喷药，每隔8～10d喷1次，至收获前2～3周停止施药。

防治西瓜叶枯病和褐斑病，可于播前用种子量0.3%的50%可湿性粉剂拌种，生长期发病可喷50%可湿性粉剂1 500倍液，隔7～10d喷1次，连喷2～3次。

3. 在蔬菜上应用

防治番茄、茄子、黄瓜、辣椒、韭菜、莴苣等蔬菜的灰霉病，自菜苗开始，于育苗前，用50%可湿性粉剂或悬浮剂800倍液对苗床土壤、苗房顶部及四周表面喷雾，灭菌消毒。对保护地，在蔬菜定植前采用同样的方法对棚室喷雾消毒。在蔬菜作物生长期，于发病初期开始喷50%可湿性粉剂或悬浮剂1 000～1 500倍液，或每亩次用制剂75～100g对水喷雾，7～10d喷1次，连喷3～4次。

防治黄瓜、番茄、油菜、茄子、芹菜、菜豆、荸荠等蔬菜菌核病，于发病初期开始喷50%可湿性粉剂1 000～1 500倍液，隔7～10d喷1次，共喷1～3次。

防治番茄早疫病、斑枯病，必须在发病前未见病斑时即开始喷药，7～10d喷1次，连喷3～4次。每亩次用50%可湿性粉剂或悬浮剂75～100g或喷50%可湿性粉剂或悬浮剂800～1 200倍液。此外，还可用100～200倍液涂株病部。

防治甘蓝类黑胫病，喷50%可湿性粉剂1 500倍液，7d喷1次，连喷2～3次。药要喷到下部老叶、茎基部和畦面。

防治大白菜黑斑病，用种子量0.3%的50%可湿性粉剂拌种后播种。发病初期喷50%可湿性粉剂1 500倍液，7～10d喷1次，连喷2～3次。

防治石刁柏茎枯病，在春、夏季采茎期或割除老株留母茎后的重病田喷50%可湿性粉剂1 500倍液，保护幼茎出土时免受病害侵染。在幼茎期，若出现病株及时喷50%可湿性粉剂1 500倍液，7～10d喷1次，连喷3～4次。对前期病重的幼茎，用药液涂茎，可提高防效。

防治大葱紫斑病、黑斑病、白腐病及洋葱白腐病、小菌核病，用种子量0.3%的50%可湿性粉剂拌种后播种。出苗后发病喷50%可湿性粉剂1 500倍液，对白腐病和小菌核病可用药液灌淋根茎。贮藏期也可用本剂防治。

防治特种蔬菜，如绿菜花、紫甘蓝褐斑病，芥蓝黑斑病，豆瓣菜丝核菌腐烂病，魔芋白绢病等，于发病初期开始喷50%可湿性粉剂或悬浮剂1 000～1 500倍液，7～10d喷1次，连喷2～3次。

防治水生蔬菜，如莲藕褐斑病，茭白瘟病，胡麻斑病、纹枯病，荸荠灰霉病，茭角纹枯病，芋污斑病等，于发病初期开始喷50%可湿性粉剂700～1 000倍液，7～10d喷1次，连喷2～3次。在药液中加0.2%中性洗衣粉后防病效果更好。

4. 在油料作物上应用

防治油菜菌核病，在油菜始花期各施药1次，每亩次用50%可湿性粉剂或悬浮剂75～100g，对水60～75kg喷雾。

防治花生冠腐病，播前每100kg种子用50%可湿性粉剂100～300g拌种后再播种。

防治向日葵菌核病，播前每100kg种子用50%可湿性粉剂400g，拌种后再播种。

5. 在烟草上应用

防治烟草赤星病，在脚叶采收后发病初期，亩用50%可湿性粉剂50～60g加水50kg喷雾，或喷50%可湿性粉剂1 500倍液，7～10d喷1次，连喷3～5次。

防治烟草枯萎病，于发病初期，用50%可湿性粉剂1 000～1 200倍液喷洒或浇灌，每株灌药液200～500ml，连灌2～3次。

防治烟草菌核病，于发病初期，用50%可湿性粉剂1 000倍液喷淋烟株根茎部及周围土壤，10d左右喷淋1次，连喷3～4次。

6. 在中药材上应用

防治人参、西洋参、党参、北沙参、三七、板蓝根的黑斑病，用50%可湿性粉剂400倍液浸种子或种苗5min；田间于发病初期喷50%可湿性粉剂

1 000～1 200 倍液，7～10d 喷 1 次，采前 7d 停止施药。

防治党参和佛手的菌核病、贝母灰霉病、百合和肉桂的叶枯病等，于发病初期喷 50% 可湿性粉剂1 000～1 500倍液，10d左右喷1次，连喷3～4次。

7．在其他作物上应用

防治亚麻、胡麻的假黑斑病、菌核病，于发病初期喷 50% 可湿性粉剂 1 500 倍液。

防治啤酒花灰霉病，于发病初期喷 50% 可湿性粉剂 1 500 倍液。

防治水稻胡麻斑病、纹枯病、菌核病，于发病初期开始，连续施药 2～3 次，每亩次用 50% 可湿性粉剂或悬浮剂 67～100g，对水喷雾。

8．在观赏植物上应用

防治观赏植物叶斑病、灰霉病、菌核病、根腐病，于发病初期开始，每隔 7～14d 喷药 1 次，每亩次用 50% 可湿性粉剂或悬浮剂 75～100g，对水常规喷雾。插条可在 50% 可湿性粉剂或悬浮剂 200～400 倍液中浸泡 15min 后再扦插。

9．在玉米上应用

防治玉米小斑病，于发病初期，亩用 50% 可湿性粉剂或悬浮剂 200～100g，对水喷雾，以后隔 15d 再喷 1 次。

注意事项

1．要避免与强碱性药剂混用。

2．不宜长期连续使用，以免产生抗药性，应交替使用，或与不同性能的药剂混用。

5

克菌丹（captan）

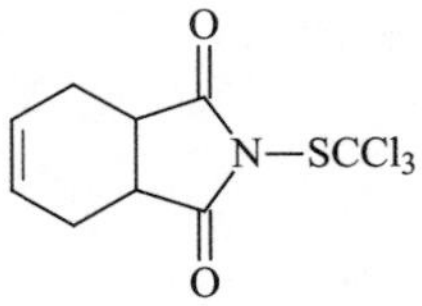

O
N—$SCCl_3$
O

化学名称

N-（三氯甲硫基）环己 -4- 烯 -1，2- 二甲酰亚胺

其他名称

开普顿

理化性质

无色晶体，熔点178℃，蒸气压 < 1.3mPa（25℃），相对密度 1.74；水中溶解度 3.3mg/L（25℃），有机溶剂溶解度（26℃，g/L）：二甲苯 20，氯仿 70，丙酮 21，环己酮 23，苯 21，甲苯 6.9，异丙醇 1.7，乙醇 2.9，乙醚 2.5；不溶于石油，中性溶液中缓慢水解，碱性环境中水解迅速。

毒性

微毒，大鼠急性经口 LD_{50} > 9 000mg/kg，兔急性经皮 LD_{50} > 4 500mg/kg。皮肤、眼睛和呼吸道具中等刺激作用，无人体全身性中毒报道。

生物活性

克菌丹是一个老品种，具保护作用，并有一定的治疗作用。叶面喷雾或拌种均可，也能用于土壤处理，防治根部病害。

制剂

50% 可湿性粉剂，45% 悬浮种衣剂。

生产企业

江苏龙灯化学有限公司，以色列马克西姆化学公司，浙江省宁波中化化学品有限公司，美国科聚亚公司，日本科研制药株式会社。

应用

1. 防治蔬菜病害

防治蔬菜苗期立枯病、猝倒病，亩用50%可湿性粉剂500g，拌细土15～25kg，于播前施入土内。

喷雾防治黄瓜炭疽病、霜霉病、白粉病、黑斑病，番茄早疫病、晚疫病、灰叶斑病，辣椒黑斑病，胡萝卜黑斑病，白菜黑斑病、白斑病，芥蓝黑斑病，菜心黑斑病等，喷50%可湿性粉剂400～500倍液，或亩用50%可湿性粉剂125～187.5g（每亩有效成分用量62.5～93.75g），对水喷雾。

防治姜根茎腐败病，用50%可湿性粉剂500～800倍液浸姜种1～3h后播种。

2. 防治果树病害

在果树育苗期，亩用50%可湿性粉剂500g，拌细土15kg，撒施于土表，耙匀，可防治果树苗木的立枯病、猝倒病。

在病菌侵染期和发病初期，喷50%可湿性粉剂400～800倍液，可防治苹果、梨、桃、杏、李等果树轮纹烂果病、炭疽病、黑星病、疮痂病，葡萄霜霉病、黑痘病、炭疽病、褐斑痂，草莓灰霉病，桩果炭疽病、白粉病、叶斑病等。

防治杧果流胶病，用50%可湿性粉剂50～100倍液涂抹病疤。

防治苹果、梨、桃、樱桃贮藏期病害，可用50%可湿性粉剂400倍液浸果。

3. 在大田作物上的应用

防治玉米茎基腐病，每100kg玉米种子用45%悬浮种衣剂150～175mL（有效成分67.5～78.75g/100kg种子），用45%悬浮种衣剂对玉米包衣处理，药种比高达1∶570～667，在包衣时为了包衣均匀，需要加入10倍的清水稀释，再进行玉米种子包衣。

防治小麦腥黑穗病，高粱坚黑穗病、散黑穗病、炭疽病，用种子量0.3%的50%可湿性粉剂拌种。

防治麦类赤霉病、马铃薯晚疫病，亩用50%可湿性粉剂150～200g，对水喷雾。由于防效一般，现已多被其他高效杀菌剂所取代。

注意事项

不得与碱性农药混用。

第十章
取代苯类杀菌剂

百菌清（chlorothalonil）

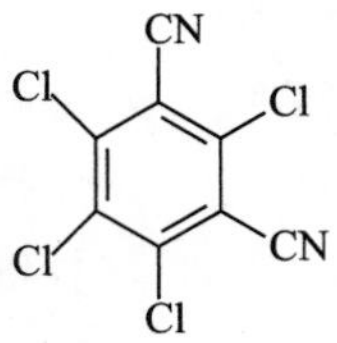

化学名称

2，4，5，6- 四氯 -1，3- 苯二甲腈

其他名称

Daconil

理化性质

无色无味晶体，熔点250～251℃，蒸气压0.076mPa（25℃），沸点350℃（760mmHg），相对密度1.8。百菌清在下列溶剂中的溶解度：水中为0.9mg/L（25℃），二甲苯中为80g/kg，环己酮中为30g/kg，二甲基甲酰胺中为30g/kg，丙酮中为20g/kg，二甲亚砜中为20g/kg（25℃），煤油中小于10g/kg（25℃）。在正常条件下贮存稳定，对紫外光是稳定的（水介质和晶体状态），在酸性和微碱性溶液中稳定，pH 值 9 时慢慢水解。不腐蚀容器。

毒性

微毒，原粉大鼠急性经口 LD_{50} > 10 000mg/kg，兔急性经皮 LD_{50} > 10 000mg/kg。大鼠急性吸入 LC_{50} > 4.7mg/L（1h）和0.54mg/L（4h）。对兔眼结膜和角膜有严重刺激作用，可产生不可逆的角膜浑浊，但未见对人眼睛有相同的作用。对某些人的皮肤有明显刺激作用。在动物体内无明显蓄积作用，在试验条件下，未见致突变、致畸作用。百菌清对鱼毒性大，虹鳟鱼 96h 急性 LC_{50} 为 49μg/L。

生物活性

百菌清是一种广谱、非内吸性、适于施用于植物叶面的保护性杀菌剂，对多种植物真菌病害具有预防作用。百菌清能与真菌细胞中的 3- 磷酸甘油醛脱氢酶中的半胱氨酸的蛋白质结合，破坏细胞的新陈代谢而丧失生命力。其主要作用是预防真菌侵染，没有内吸传导作用，不能从喷药部位及植物的根系被吸收。百菌清在植物表面有良好的黏着性，不易受雨水冲刷，有较长的药效期，在常规用量下，一般药效期约 7～10d。

制剂

90%、75%水分散粒剂，75%可湿性粉剂，72%、50%、40%悬浮剂，45%、30%、20%、10%、2.5%烟剂，5% 粉尘剂，10% 油剂。以百菌清为有效成分的农药混剂很多，表 5-8 中列出了在我国登记的主要农药混剂品种和防治对象。

生产企业

利民化工有限责任公司，湖南南天实业股份有限公司，云南天丰农药有限公司，江苏百灵农化有限公司，新加坡生达有限公司，新加坡利农私人有限公司，江苏泰州百力化学有限公司，山东大成农药股份有限公司，安徽中山化工有限公司，日本SDSBiotechK.K，江苏省新河农用化工有限公司，江阴苏利化学有限公司。

应用

百菌清的制剂种类较多，在介绍其应用时只能选择其中之一，其余的可由读者自己换算其用药量或按产品标签使用。

1. 防治蔬菜病害

防治蔬菜幼苗猝倒病：①播前3d，用75%可湿性粉剂400～600倍液将整理好的苗床全面喷洒1遍，盖上塑料薄膜闷2d后，揭去薄膜晾晒苗床1d，准备播种。②出苗后，当发现有少量猝倒时，拔除病苗，用75%可湿性粉剂400～600倍液泼浇病苗周围床土或喷到土面见水为止，再全苗床喷1遍。

对于温室大棚蔬菜病害的防治，可选用45%、30%、20%、10%、2.5%烟剂或者10%、5%粉（尘）剂，采用点燃放烟的方式或粉尘法施药。目前上市场上销售的烟剂外观为灰色粉末或圆柱状，适用与防治多种病害，如用于防治黄瓜霜霉病和黑星病、番茄叶霉病和早疫病、芹菜斑枯病等，大棚一般每亩用45%烟剂200～250g，从发病初期，每隔7～10d施放1次，全生长期用药4～5次即可控制病害。注意的是，施放烟剂一般在傍晚临收工前点燃，密闭一夜，第二天早晨打开大棚、温室门。

10%、5%百菌清粉尘剂是专供大棚、温室等保护地蔬菜用于粉尘法施药的制剂，可防治多种蔬菜的霜霉病、晚疫病、早疫病和炭疽病，一般每亩大棚或温室用5%粉尘剂1kg喷粉。喷粉前大棚、温室关闭，操作人员从棚室的里端开始退行喷粉，到棚室门口为止，然后关闭棚室大门（详细使用方法参见本书第一篇中有关粉尘法施药技术的介绍）。

防治番茄叶霉病，用种子量0.4%的可湿性粉剂拌种后播种，田问发病初期喷75%可湿性粉剂600倍液。防治番茄早疫病．亩用40%悬浮剂150～175g，对水喷雾。

防治黄瓜炭疽病，喷75%可湿性粉剂500～600倍液。防治黄瓜霜霉病，亩用40%悬浮剂150～175g，对水喷雾。

防治辣椒炭瘟病、早疫病、黑斑病及其他叶斑类病害，于发病前或发病初期，喷75%可湿性粉剂500～700倍液，7～10d喷1次，连喷2～4次。

防治甘蓝黑胫病，发病初期，喷75%可湿性粉剂600倍液，7d左右喷1次，连喷3～4次。

防治特种蔬菜，如山药炭疽病、石刁柏茎枯病、灰霉病、锈病，黄花菜叶斑病、叶枯病、姜白星病、炭疽病等，于发病初期及时喷75%可湿性粉剂600～800倍液，7～10d喷1次，连喷2～4次。

防治莲藕腐败病，可用75%可湿性粉剂800倍液喷种藕，闷种24h，晾干后种植；在莲始花期或发病初期，拔除病株，亩用75%可湿性粉剂500g，拌细土25～30kg，撒施于浅水层藕田，或对水20～30kg，加中性洗衣粉40～60g，喷洒莲茎秆，隔3～5d喷1次，连喷2～3次。防治莲藕褐斑病、黑斑病，发病初喷75%可湿性粉剂500～800倍液，7～10d喷1次，连喷2～3次。

防治慈姑褐斑病、黑粉病，发病初期，喷75%可湿性粉剂800～1 000倍液，7～10d喷1次，连喷2～3次。

防治芋污斑病、叶斑病，水芹斑枯病，于发病初期，喷75%可湿性粉剂600～800倍液，7～10d喷1次，连喷2～4次。在药液中加0.2%中性洗衣粉，防效会更好。

2. 防治果树病害

防治苹果白粉病，于苹果开花前、后喷75%可湿性粉剂700倍液。防治苹果轮纹烂果病、炭疽病、褐斑病，从幼果期至8月中旬，15d左右喷1次75%可湿性粉剂600～700倍液，或与其他杀菌剂交替使用。但在苹果谢花20d内的幼果期不宜用药。苹果一些黄色品种，特别是金帅品种，用药后会发生锈斑，影响果实品质。

防治梨树黑胫病，仅能在春季降雨前或灌水前，用75%可湿性粉剂500倍液喷洒树干基部。不可用百菌清防治其他梨树病害，否则易产生药害。

防治桃褐斑病、疮痂病，在桃树现花蕾期和谢花时各喷1次75%可湿性粉剂800～1 000倍液，以后视病情隔14d左右喷1次。注意当喷洒药液浓度高时易发生轻微锈斑。

防治葡萄白腐病，用75%可湿性粉剂500~800倍液，于开始发现病害时喷第一次药，隔10~15d喷1次，共喷3~5次，或与其他杀菌剂交替使用，可兼治霜霉病。防治葡萄黑痘病，从葡萄展叶至果实着色期，每隔10~15d喷1次75%可湿性粉剂500~600倍液，或与其他杀菌剂交替使用。防治葡萄炭疽病，从病菌开始侵染时喷75%可湿性粉剂500~600倍液，共喷3~5次，可兼治褐斑病。须注意葡萄的一些黄色品种用药后会发生锈斑，影响果实品质。

防治草莓灰霉病、白粉病、叶斑病，在草莓开花初期、中期、末期各喷1次75%可湿性粉剂500~600倍液。

防治柑橘炭疽病、疮痂病和沙皮病，在春、夏、秋梢嫩叶期和幼果期以及8、9月间，喷75%可湿性粉剂600~800倍液，10~15d喷1次，共喷5~6次，或与其他杀菌剂交替使用。

防治香蕉褐缘灰斑病，用75%可湿性粉剂800倍液，从4月份开始，轻病期15~20d喷1次，重病期10~12d喷1次，重点保护心叶和第一、二片嫩叶，一年共喷6~8次，或与其他杀菌剂交替使用。防治香蕉黑星病，用75%可湿性粉剂1 000倍液，从抽蕾后苞叶未开前开始，雨季2周喷1次，其他季节每月喷1次，注意喷果穗及周围的叶片。

防治荔枝霜霉病，重病园在花蕾、幼果及成熟期各喷1次75%可湿性粉剂500~1 000倍液。

防治杧果炭疽病，重点是保护花朵提高穗实率和减少幼果期的潜伏侵染，一般是在新梢和幼果期喷75%可湿性粉剂500~600倍液。

防治木菠萝炭疽病、软腐病，在发病初期喷75%可湿性粉剂600~800倍液。

防治人心果肿枝病，冬末和早春连续喷75%可湿性粉剂600~800倍液。

防治杨桃炭疽病，幼果期每10~15d喷1次75%可湿性粉剂500~800倍液。

防治番木瓜炭疽病，于8~9月间每隔10~15d喷1次75%可湿性粉剂600~800倍液，共喷3~4次，重点喷洒果实。

3. 防治茶树病害

防治茶白星病的关键是适期施药，应在茶鲜叶展开期或在叶发病率达6%时进行第一次喷药，在重病区，每隔7~10d再喷1次，用75%可湿性粉剂800倍液。

防治茶炭疽病、茶云纹叶枯病、茶饼病、茶红锈藻病，于发病初期喷75%可湿性粉剂600~1 000倍液。

4. 防治林业病害

防治林业病害，可选用10%百菌清油剂（河南省安阳市安林生物化工有限责任公司生产），每亩用10%油剂200~250ml，采用超低量喷雾或喷烟的方式施药。注意要在傍晚林地有逆温层时放烟。也可选用2.5%百菌清烟剂，每亩用2.5~4kg2.5%烟剂，在林地内均匀布点点燃放烟。

防治杉木赤枯病、松枯梢病，喷75%可湿性粉剂600~1 000倍液。

防治大叶合欢锈病、相思树锈病、柚木锈病等，用75%可湿性粉剂400倍液，每半月喷1次，共喷2~3次。

5. 防治橡胶树病害

防治橡胶树炭疽病、溃疡病喷75%可湿性粉剂500~800倍液，或亩喷5%粉剂1.5~2kg。

6. 防治油料作物病害

防治油菜黑斑病、霜霉病，发病初期，亩用75%可湿性粉剂110g，对水喷雾，隔7~10d喷1次，连喷2~3次。防治油菜菌核病，在盛花期，叶病株率10%、茎病株率1%时开始喷75%可湿性粉剂500~600倍液，7~10d喷1次，共喷2~3次。

防治花生锈病和叶斑病，发病初期，亩用75%可湿性粉剂100~125g，对水喷雾。或亩用75%可湿性粉剂800倍液常规喷雾，每隔10~14d喷1次，共喷2~3次。

防治大豆霜霉病、锈病喷75%可湿性粉剂700~800倍液，7~10d喷1次，共喷2~3次。对霜霉病自初花期发现少数病株叶背面有霜状斑点、叶面为退绿斑时即开始喷药。对锈病在花期下部叶片有锈状斑点时即开始喷药。

防治向日葵黑斑病，一般在7月末发病初期，喷75%可湿性粉剂600～1 000倍液，7～10d喷1次，共喷2～3次。

防治蓖麻枯萎病和疫病，在发病初，喷75%可湿性粉剂600～1 000倍液，7～10d喷1次。共喷2～3次。

7. 防治棉麻病害

防治棉苗根病，100kg棉籽用75%可湿性粉剂800～1 000g拌种。

防治棉花苗期黑斑病（又叫轮纹斑病），喷75%可湿性粉剂500倍液，有很好预防效果。

防治红麻炭疽病，播前用75%可湿性粉剂100～150倍液浸种24h后，捞出晾干播种。苗期喷雾，一般在苗高30cm时用75%可湿性粉剂500～600倍液喷雾，对轻病田，拔除发病中心后喷药防止病害蔓延；对重病田，每7d喷1次，连喷3次。

防治黄麻黑点炭疽病和枯腐病，播前用20～22℃的75%可湿性粉剂100倍液浸种24h；生长期于发病初喷75%可湿性粉剂400～500倍液。此浓度喷雾还可防治黄麻褐斑病、茎斑病。

防治亚麻斑枯病（又叫斑点病），在发病初，亩喷75%可湿性粉剂500～700倍液50～75kg。

防治大麻秆腐病、霜霉病，苘麻霜霉病，喷75%可湿性粉剂600倍液。

8. 防治烟草病害

百菌清可用于防治烟草赤星病、炭疽病、白粉病、破烂叶斑病、蛙眼病、黑斑病（早疫病）、立枯病等，在发病前或发病初期开始喷药，7～10d喷1次，连喷2～3次，用75%可湿性粉剂500～800倍液。

防治烟草根黑腐病，用75%可湿性粉剂800～1 000倍液喷苗床或烟苗茎基部。

9. 防治糖料作物病害

防治甘蔗眼点病，在发病初期喷75%可湿性粉剂400倍液，7～10d喷1次，有较好防治效果。

防治甜菜褐斑病，当田间有5%～10%病株时开始喷药，亩用75%可湿性粉剂60～100g，15d后再喷1次。对发病早、降雨频繁且连续时间长时，需喷3～4次。

10. 防治药用植物病害

可防治多种药用植物的炭疽病、白粉病、霜霉、叶斑类病，如人参斑枯病，北沙参黑斑病，西洋参黑斑病，白花曼陀罗黑斑病和轮纹病，枸杞炭疽病、灰斑病和霉斑病，牛蒡黑斑病，女贞叶斑病，阳春砂仁叶斑病，薄荷灰斑病，落葵紫斑病，白术斑枯病，黄芪、车前草、菊花、薄荷的白粉病，麦冬、萱草、红花、量天尺的炭疽病，百合基腐病，地黄轮纹病，板蓝根霜霉病和黑斑病等，于发病初期开始喷75%可湿性粉剂500～800倍液，7～10d喷1次，共喷2～3次，采收前5～7d停止用药。

防治北沙参黑斑病，除喷雾外，还可于播前用种子量0.3%的75%可湿性粉剂拌种。防治玉竹曲霉病，可亩用75%可湿性粉剂1kg，拌细土50kg，撒施于病株基部。防治量天尺炭疽病可于植前用75%可湿性粉剂800倍液浸泡繁殖材料10min，取出待药液干后再插植。

11. 防治花卉病害

百菌清是花卉常用药，可防治多种花卉的幼苗猝倒病、白粉病、霜霉病、叶斑类病害，一般于发病初期开始喷75%可湿性粉剂600～1 000倍液，7～10d喷1次，共喷2～3次。防治幼苗猝倒病，注意喷洒幼苗嫩茎和中心病株及其附近的病土。防治疫霉病在喷植株的同时也应喷病株的土表。棚室里的花卉可使用烟剂。

百菌清对梅花、玫瑰花易产生药害，不宜使用。适用的花卉病害有鸡冠花、三色堇、白兰花、茉莉花、栀子花、仙人掌类的炭疽病，月季、芍药、樱草、牡丹的灰霉病，鸡冠花、菊花、一串红的疫霉病及万寿菊茎腐病（疫霉）以及月季黑斑病、广玉兰褐斑病、紫微褐斑病、石竹褐斑病、大丽花褐斑病、荷花黑斑病、福禄考白斑病、朱顶红红斑病、香石竹叶斑病、唐菖蒲叶斑病、苏铁叶斑病、百合叶枯病、郁金香灰霉枯萎病等。

12. 防治粮食作物病害

防治麦类赤霉病、叶锈病、叶斑病，亩用75%可湿性粉剂80～120g，对水喷雾。防治玉米小斑病，亩用75%可湿性粉剂100～175g，对水喷雾。

防治水稻稻瘟病和纹枯病，亩用75%可湿性粉剂100～125g，对水喷雾。但对上述病害的防治，现已被有关高效杀菌剂所取代（表5-8）。

表 5-8 百菌清主要混剂配方、防治对象和用量

混剂	剂型	组分Ⅰ	组分Ⅱ	组分Ⅲ	防治对象	制剂用量（g / 亩）	使用方法
75% 乙铝 · 百菌清	可湿性粉剂	37% 百菌清	38% 乙膦铝	——	黄瓜霜霉病	125 ~ 187.5g	喷雾
56% 烯酰 · 百菌清	可湿性粉剂	48% 百菌清	8% 烯酰吗啉	——	黄瓜霜霉病	140 ~ 160g	喷雾
22% 霜脲 · 百菌清	烟剂	19% 百菌清	3% 霜脲氰	——	黄瓜（保护地）霜霉病	200 ~ 250g	点燃放烟
40% 嘧霉 · 百菌清	悬浮剂	25% 百菌清	15% 嘧霉胺	——	番茄灰霉病	350 ~ 450ml	喷雾
56% 嘧菌 · 百菌清	悬浮剂	50% 百菌清	6% 嘧菌酯	——	番茄早疫病	75 ~ 120ml	喷雾
					黄瓜霜霉病	60 ~ 120ml	喷雾
					辣椒炭疽病	80 ~ 120ml	喷雾
					西瓜蔓枯病	75 ~ 120ml	喷雾
					荔枝霜疫霉病	100 ~ 500倍液	喷雾
70% 锰锌 · 百菌清	可湿性粉剂	30% 百菌清	40% 代森锰锌	——	番茄早疫病	100 ~ 150g	喷雾
64% 锰锌 · 百菌清	可湿性粉剂	8% 百菌清	56% 代森锰锌	——	番茄早疫病	107 ~ 150g	喷雾
70% 百 · 代锌	可湿性粉剂	35% 百菌清	35% 代森锌	——	黄瓜霜霉病	80 ~ 120g	喷雾
					葡萄炭疽病	80 ~ 120g	喷雾
70%百菌清 · 福美双	可湿性粉剂	20% 百菌清	50% 福美双	——	葡萄霜霉病	83 ~ 110g	喷雾
30%百菌清 · 福美双	可湿性粉剂	12% 百菌清	18% 福美双	——	食用菌木霉	0.3 ~ 0.6g/m²	喷雾
					食用菌疣孢霉		喷雾
28% 霉威 · 百菌清	可湿性粉剂	15.5% 百菌清	12.5% 乙霉威	——	番茄灰霉病	140 ~ 175g	喷雾
20% 霉威 · 百菌清	可湿性粉剂	15% 百菌清	5% 乙霉威	——	番茄灰霉病	200 ~ 1 750g	喷雾
40% 硫磺 · 百菌清	可湿性粉剂	8% 百菌清	32% 硫磺	——	花生叶斑病	150 ~ 200g	喷雾
10% 硫磺 · 百菌清	粉（尘）剂	5% 百菌清	5% 硫磺	——	黄瓜（保护地）霜霉病	1 000 ~ 1200g	粉尘法
40% 精甲 · 百菌清	悬浮剂	40% 百菌清	4% 精甲霜灵	——	番茄晚疫病	75 ~ 120g	喷雾
					黄瓜霜霉病	90 ~ 150g	喷雾
					辣椒疫病	75 ~ 120g	喷雾
					西瓜疫病	100 ~ 150g	喷雾
					荔枝霜疫霉病	500 ~ 800倍液	喷雾
81% 甲霜 · 百菌清	可湿性粉剂	72% 百菌清	9% 精甲霜灵	——	黄瓜霜霉病	100 ~ 120g	喷雾
72% 甲霜 · 百菌清	可湿性粉剂	64% 百菌清	8% 精甲霜灵	——	黄瓜霜霉病	107 ~ 150g	喷雾
50% 腐霉 · 百菌清	可湿性粉剂	33.3% 百菌清	16.7% 腐霉利	——	番茄灰霉病	75 ~ 100g	喷雾
20% 腐霉 · 百菌清	烟剂	13.3% 百菌清	6.7% 腐霉利		番茄（保护地）灰霉病	200 ~ 250g	点燃放烟
10% 百 · 腐	烟剂	6% 百菌清	4% 腐霉利	——	黄瓜（保护地）灰霉病	250 ~ 300g	点燃放烟
15% 百 · 腐	烟剂	12% 百菌清	3% 腐霉利	——	番茄（保护地）灰霉病	200 ~ 300g	点燃放烟
10% 百 · 菌核	烟剂	5% 百菌清	5% 菌核净	——	黄瓜（保护地）灰霉病	350 ~ 400g	点燃放烟
12% 百 · 噻灵	烟剂	10% 百菌清	2% 噻菌灵	——	番茄（保护地）灰霉病	300 ~ 450g	点燃放烟
18% 百 · 霜脲	悬浮剂	16% 百菌清	2% 霜脲氰	——	黄瓜霜霉病	150 ~ 200ml	喷雾
50% 百 · 甲硫	悬浮剂	25% 百菌清	25%甲基硫菌灵	——	黄瓜白粉病	160 ~ 213ml	喷雾
16% 咪 · 酮 · 百菌清	热雾剂	5% 百菌清	5% 咪鲜胺	6%三唑酮	橡胶树白粉病	119 ~ 138ml	烟雾机喷雾
					橡胶树炭疽病	119 ~ 138ml	烟雾机喷雾
75% 百 · 多 · 福	可湿性粉剂	20% 百菌清	25% 多菌灵	30%福美双	苹果树轮纹病	600 ~ 800倍液	喷雾

5

注意事项

1．百菌清对鱼类及甲壳类动物毒性大，药液不能污染鱼塘和水域。

2．不能与石硫合剂、波尔多液等碱性农药混用。

3．容易发生药害，梨、柿、桃、梅和苹果树等使用浓度偏高会发生药害；与杀螟松混用，桃树易发生药害；与克螨特、三环锡等混用，茶树会产生药害。

五氯硝基苯（quintozene）

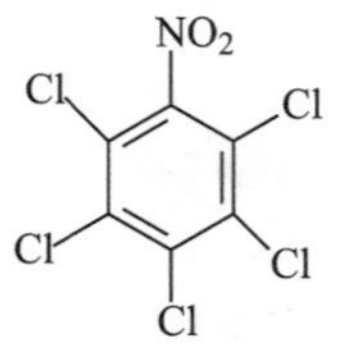

化学名称

五氯硝基苯

其他名称

土粒散，掘地生，把可塞的

理化性质

无色针状体，原药为浅黄色结晶，熔点143～144℃，142～145℃（原药），沸点328℃（略有分解），蒸气压12.7mPa（25℃），相对密度1.907（21℃）。在溶剂中的溶解度：在水中0.1mg/L（20℃），在甲苯中1 140g/L，在甲醇中20g/L，在庚烷中30g/L，加热稳定，酸性介质中稳定，碱性介质中水解，暴露于日光下10h后有些表面变色。

毒性

微毒，大鼠急性经口LD_{50} > 5 000mg/kg，兔急性经皮LD_{50} > 5 000mg/kg。无全身中毒报道，皮肤、眼结膜和呼吸道受刺激引起结膜炎和角膜炎，炎症消退较慢。

生物活性

是一种古老的保护性杀菌剂，无内吸性，在土壤中持效期较长，用作土壤处理和种子消毒。对丝核菌引起的病害有较好的防效，对甘蓝根肿病、多种作物白绢病等也有效。其杀菌机制被认为是影响菌丝细胞的有丝分裂。

制剂

40%、20%粉剂，混剂：40%多·五可湿性粉剂（32%多菌灵+8%无氯硝基苯），45%福·五可湿性粉剂（20%福美双+25%无氯硝基苯）。

生产企业

山西三立化工有限公司，四川国光农化有限公司，山西省运城市博获化工总厂，山西科锋农业科技有限公司，山东省德州天邦农化有限公司，河北省保定市科绿丰生化科技有限公司等。

应用

1．防治棉花苗期病害

防治棉花苗期立枯病，每100kg棉花种子用40%粉剂1～1.5kg拌种；相同的拌种方法，对棉苗炭疽病也有较好的效果。在干籽播种地区，先用少量清水喷湿棉籽后拌药。在浸种地区，浸种后，捞出棉籽，待绒毛刚发白时拌药；如为脱绒棉籽，沥水后拌药。

因棉花苗期根病多为立枯病、炭疽病、红腐病、猝倒病等多种病害复合发生，单用五氯硝基苯拌种往往效果不佳，可用福美双、三唑酮、多菌灵、克菌丹等混合拌种。例如，用40%五氯硝基苯粉剂与25%多菌灵可湿性粉剂按等量混合后，每100kg种子用混合粉剂500g拌种。其他作物如有数种土传或种传病害并存时，也可采用混合药剂拌种。

2．防治粮食作物病害

防治玉米茎基腐病，每100kg玉米种子用45%福·五可湿性粉剂40～53.3g拌种；

防治小麦腥黑穗病、散黑穗病、秆黑粉病等，每100kg种子用40%粉剂500g拌种。

3．防治西瓜枯萎病

用40%多·五可湿性粉剂600～700倍液灌根。

4．防治蔬菜病害

防治菜苗猝倒病、立枯病以及生菜、紫甘蓝的褐腐病，如果苗床是建在重茬地或旧苗床地，每平方米用40%粉剂8～10g，与适量细土混拌成药，取1/3药土撒施于床土上或播种沟内，余下的2/3药土盖于播下的种子上面。如果用40%五氯硝基苯粉剂与50%福美双可湿性粉剂按1:1混用，则防病效果更好。施药后要保持床面湿润，以免发生药害。

防治黄瓜、辣椒、番茄、茄子、菜豆、生菜等多种蔬菜的菌核病，在育苗前或定植前，亩用40%粉剂2kg，与细土15～20kg混拌均匀，撒施于土中，也撒施于行间。

防治黄瓜、豇豆、番茄、茄子、辣椒等蔬菜的白绢病，播种时施用40%粉剂与4 000倍细土制成的药土。发现病株时，用40%粉剂800～900g与细土15～20kg混拌成药土，撒施于病株基部及周围地面上，每平方米撒药土1～1.5kg；或用40%粉剂1 000倍液灌根，每株幼苗灌药液400～500mL。

防治大白菜根肿病、萝卜根肿病，每平方米用40%粉剂7.5g，与适量细土混拌成药土，苗床土壤消毒于播前5d撒施，大田于移栽前5d穴施。当田间发现病株时，用40%粉剂400～500倍液灌根，每株灌药液250mL。

防治番茄茎基腐病，在番茄定植发病后，按平方米表土用40%粉剂9g与适量细土混拌均匀后，施于病株基部，覆堆把病部埋上，促使病斑上方长出不定根，可延长寿命，争取产量。也可在病部涂抹40%粉剂200倍液，在药液中加0.1%菜籽油，效果更好。

防治马铃薯疮痂病，亩用40%粉剂1.5～2.5kg进行土壤消毒（施于播种沟、穴或根际，并覆土）。

防治茄子猝倒病，每亩用40%粉剂5.5kg进行土壤消毒（施于播种沟、穴或根际，并覆土）。

防治黄瓜枯萎病，对重病田块于定植前，亩用40%粉剂3kg，与适量细土混拌均匀后沟施或穴施。

5．防治果树病害

五氯硝基苯对果树白绢病、白纹羽病、根肿病很有效。

防治苹果、梨的白纹羽病和白绢病，用40%剂500g，与细土15～30kg混拌均匀，施于根际。每株大树用药100～250g。

防治柑橘立枯病，在砧木苗圃，亩用40%剂250～500g，与细土20～50kg混拌均匀，撒施于苗床上；当苗木初发病时，喷雾或泼浇40%剂800倍液。

防治果树苗期丝核菌引起的病害，每平方米用40%剂5g，与细土15kg混拌均匀，1/3土作垫土，2/3土作盖土。

6．防治烟草病害

防治烟草苗期的猝倒病、立枯病、炭疽病，每平方米苗床用40%粉剂8～10g，与适量细土混拌均匀，取药土1/3撒于畦面，播种后，撒余下的2/3盖种。

7．防治花卉病害

五氯硝基苯对多种花卉的猝倒病、立枯病、白绢病、基腐病、灰霉病等有效。施用方法有：①拌种。10kg种子用40%粉剂300～500拌种。②土壤消毒。每平方米用40%粉剂8～9g，与适量细土拌匀后施于播种沟或播种穴。对于疫霉病，在拔除病株后，再施药土。

注意事项

1．大量药剂与作物幼芽接触时易产生药害。

2．拌过药的种子不能用作饲料或食用。

3．用五氯硝基苯处理种子或处理土壤，一般不会发生药害，但过量使用会使莴苣、豆类、洋葱、番茄、甜菜幼苗受药害。

5

敌磺钠（fenaminosulf）

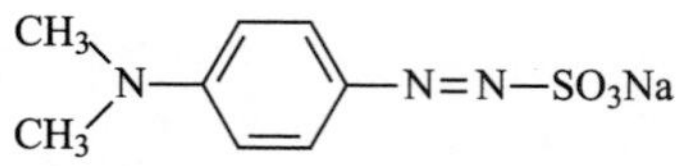

$(CH_3)_2N-C_6H_4-N=N-SO_3Na$

化学名称

对二甲胺基苯重氮磺酸钠

其他名称

敌克松，地克松，Dexon

理化性质

黄棕色粉末，约200℃分解；水中溶解度20～30g/L（25℃），可溶于二甲基甲酰胺，乙醇等，不溶于苯、乙醚、石油，水溶液见光分解，在碱性介质中稳定。

毒性

中等毒，大鼠急性经口 LD_{50} 为75mg/kg，急性经皮 LD_{50}>75mg/kg。敌磺钠能使食道、呼吸道和皮肤等部位引起中毒，中毒症状有刺激皮肤、引起神经系统损害，出现嗜睡、萎靡等症状，严重者可发生抽搐和昏迷。

生物活性

是取代苯的磺酸盐，是种子和土壤处理剂，具内吸渗透作用。

制剂

70%、50%可溶性粉剂，45%粉剂，45%湿粉，1.5%可湿性粉剂。混剂：60%硫磺·敌磺钠可湿性粉剂（16%敌磺钠+44%硫磺），46%敌磺·福美双可湿性粉剂（20%敌磺钠+26%福美双），10%敌磺·福美双可湿性粉剂（5%敌磺钠+5%福美双）。

生产企业

辽宁省丹东市农药总厂，上海金桥化工有限责任公司，四川省川东农药化工有限公司，河南省郑州田丰生化工程有限公司，吉林省吉林市新民农药有限公司，四川国光农化有限公司，黑龙江省新兴农药有限责任公司等。

应用

1．防治蔬菜病害

防治黄瓜苗期猝倒病，每亩用10%敌磺·福美双可湿性粉剂1 670～2 000g，对水喷雾。

防治番茄猝倒病，每平方米用60%硫磺·敌磺钠可湿性粉剂9～15g，与细土混匀后撒施于番茄穴内或根部。

2．防治西瓜枯萎病

用46%敌磺·福美双可湿性粉剂600～800倍液，灌根。

注意事项

1．由于敌磺钠毒性较大，已被欧盟禁用。因此，尽量不要选用敌磺钠防治病害，特别是对于蔬菜出口基地。

2．使用时不可饮食和吸烟，避免吸入粉尘和接触皮肤，工作完毕后用温肥皂水洗去污染物。发现中毒后应迅速用碱性液体洗胃或清洗皮肤，并对症治疗。

3．敌磺钠能与碱性农药和农用抗生素混合使用。

4．制剂使用时溶解较慢，可先加少量水搅均匀后，再加水稀释溶解，最好现配现用。

五氯酚（PCP）

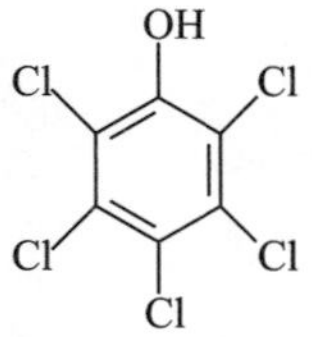

化学名称

五氯苯酚

理化性质

无色晶体，有苯酚味，原药为深灰色，熔点191℃（原药为187～189℃），沸点309～310℃（分解），蒸气压0.0227mPa（25℃），相对密度1.918（20℃）。溶解度：水中20mg/L（30℃），溶于大多有机溶剂，如丙酮215g/L（20℃），微溶于四氯化碳和石蜡，其钠盐、钙盐、镁盐溶于水相当稳定，不易潮解。

毒性

高毒，大鼠急性经口LD_{50}为50mg/kg，急性经皮LD_{50}为105mg/kg。对水生生物高毒，LC_{50}兰鳃鱼23～92.5μg/kg，虹鳟鱼48～68.7μg/kg。刺激哺乳类动物的代谢，疲乏、头痛和失去定向，想吐，发热和出汗，随之高热和大汗淋漓，也能引起阵挛因心脏衰竭而死。土中移动快，存在渗漏而污染地下水危险，也较能滞留在土中，土中半衰期2～4周，水中1～190d，光和微生物活性增加降解。

生物活性

五氯酚在水中溶解度低，化学性质稳定，残效期长，是良好的木材防腐剂，主要用于铁道枕木的防腐。

制剂

10%、9%烟剂。

生产企业

吉林省吉林市永青农药厂，辽宁省沈阳红旗林药有限公司。

应用

五氯酚作为杀菌剂使用，主要用于防治落叶松的早期落叶病、枯梢病，亩用10%烟剂500～700g，点燃放烟。

注意事项

由于毒性高，现在已很少应用了。

四氯苯酞（phthalide）

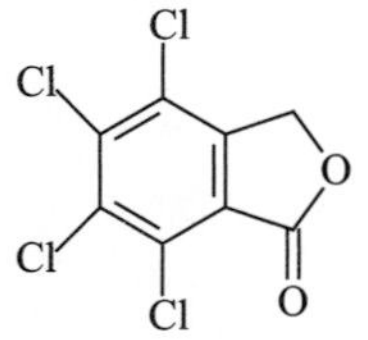

化学名称

4，5，6，7- 四氯苯酞

其他名称

稻瘟酞，氯百杀，热必斯

理化性质

无色晶体，熔点 209～210℃，蒸气压 3×10^{-3}mPa（23℃）；水中溶解度 2.5mg/L（25℃），丙酮 8.3，苯 16.8，二噁烷 14.1，乙醇 1.1，四氢呋喃 19.3（g/L，25℃），2.5ml/L 水溶液（pH 值 2 条件下）保存 12h，弱碱中 DT_{50} 约 10d，对光和热稳定。

毒性

微毒，大鼠急性经口 LD_{50}>1 000mg/kg，急性经皮 LD_{50}>10 000mg/kg。

生物活性

叶面喷洒保护剂，具有抗渗透及干扰黑色素生物合成作用，在水稻植株表面能有效抑制稻瘟病菌附着孢的形成，阻止菌丝侵入，并能减少菌丝的产孢量，抑制病菌再侵染，延缓病害流行。

制剂

50% 可湿性粉剂，混剂：21.2% 春雷 · 氯苯酞可湿性粉剂（20% 四氯苯酞 +1.2% 春雷霉素）。

生产企业

江苏优士化学有限公司，吴羽株式会社，日本北兴化学工业株式会社。

应用

四氯苯酞用于防治稻瘟病，每亩次用 50% 可湿性粉剂 75～100g，对水喷雾，持效期 10d。防治叶瘟于田间初见病斑时施药，防治穗瘟于水稻破口前 3～5d 和齐穗期各喷雾一次。

防治稻瘟病，也可以每亩次采用 21.2% 春雷 · 氯苯酞可湿性粉剂 75～120g，对水喷雾。

注意事项

1. 用本品连续喂养桑蚕时会使茧重量减轻，所以在桑园附近的稻田喷药时要防止雾滴飘移污染桑叶。

2. 不能与碱性农药混合使用。

第十一章
吗啉类杀菌剂

十三吗啉（tridemorph）

CH_3—(CnH2n)—N(2,6-二甲基吗啉环，CH_3，O，CH_3)

n=10,11,12（60%～70%）或13

化学名称

2，6-二甲基-4-十三烷基吗啉

其他名称

克啉菌，克力星

理化性质

此化合物的杀菌活性于1969年被报道，开始时认为其有效成分就是十三烷基（C13）吗啉，但后来的研究发现其组成中有C11～C14的同系物。原药为黄色油状液体，有轻微胺味，沸点134℃/0.4mmHg（原药），蒸气压12mPa（20℃），相对密度0.86（原药）；在水中溶解度1.7mg/L（pH7，20℃），能与乙醇、苯、氯仿、环己烷、乙醚、橄榄油混溶；50℃以下稳定，在紫外光照射下，浓度为20mg/kg水溶液在16.5h后水解50%。

毒性

中等毒，大鼠急性经口LD_{50}为480mg/kg，大鼠急性经皮LD_{50}>5 000mg/kg；对皮肤有刺激作用，对眼睛无刺激作用（兔），无中毒报道。

生物活性

是一种具有保护和治疗作用的广谱性内吸杀菌剂，能被植物的根、茎、叶吸收，对担子菌、子囊菌和半知菌引起的多种植物病害有效，主要是抑制病菌的麦角甾醇的生物合成。

制剂

75%乳油，86%油剂。

生产企业

浙江世佳科技有限公司，江苏飞翔化工股份有限公司，上海生农生化制品有限公司，福建新农大正生物工程有限公司，陕西省蒲城县美邦农药有限责任公司，德国巴斯夫股份有限公司。

应用

十三吗啉对白粉病类有很好防效，目前主要用于橡胶和香蕉上。我国农药企业生产的十三吗啉主要登记用在橡胶红根病的防治上。

防治橡胶红根病和白根病，在病树基部周围挖一条15～20cm深的环形沟，每株用75%乳油20～40ml，对水2L，先用1L药液淋浇沟内，覆土后将另1L药液淋浇沟上。每6个月施药1次。

防治香蕉褐缘灰斑病，用75%乳油500倍液喷雾，效果较好。

防治甜菜白粉病，发病初及时喷75%乳油5 000倍液。

防治麦类白粉病，发病初期，一般喷75%乳油2 000～3 000倍液，或亩用75%乳油33ml，对水常规喷雾。

防治茶树茶饼病，于发病初期，亩用75%乳油13～33ml，对水60～70kg喷雾。

注意事项

1. 在某些气象条件下，某些小麦品种上使用，可能会造成枯黄现象。

2. 处理剩余农药和废容器时,不要污染环境。

烯酰吗啉（dimethomorph）

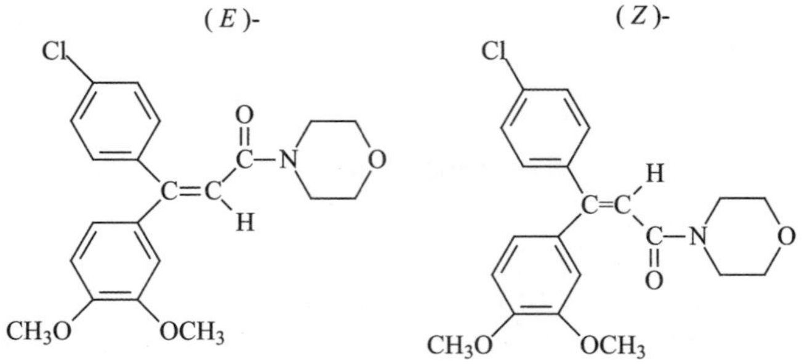

化学名称

（E，Z）4–[3–（4–氯苯基）–3–（3，4–二甲氧基苯基）丙烯酰]吗啉

其他名称

安克

理化性质

无色至白色结晶，熔点为125.2～149.2℃，其中Z异构体为166.3～168.5℃，E异构体为136.8～138.3℃；Z异构体蒸气压为1.0 × 10^{-3}mPa（25℃），E异构体蒸气压为9.7 × 10^{-4}mPa（25℃）；相对密度为1 318（20℃）；水中溶解度为49.2mg/L（pH7），Z异构体在丙酮中溶解度为18mg/L、Z异构体为105.6mg/L。正常条件下对热和水稳定，在黑暗中可稳定保存5年，在光照条件下，E异构体和Z异构体可相互转化。

毒性

低毒，大鼠急性经口LD_{50}为3 900mg/kg，大鼠急性经口LD_{50} > 5 000mg/kg；对兔眼睛和皮肤无刺激作用。

生物活性

此药物是专一杀卵菌的杀菌剂，内吸作用强，叶面喷雾可渗入叶片内部，具有保护、治疗和抗孢子产生的活性。其作用特点主要是影响病原细胞壁分子结构的重排，干扰细胞壁聚合体的组装，从而干扰细胞壁的形成，使菌体死亡。烯酰吗啉对卵菌生活史的各个阶段都有作用，在孢子囊梗和卵孢子的形成阶段尤为敏感，在极低的浓度下如<0.25μg/ml，其即受到抑制，因此，在孢子形成之前施药，即可抑制孢子产生。烯酰吗啉与苯基酰胺类药剂无交互抗性。

制剂

50%、30%、25%可湿性粉剂，80%、50%、40%水分散粒剂，20%悬浮剂，10%水乳剂。有关混剂及使用方法见表5–9。

生产企业

河北冠龙农化有限公司，江苏耕耘化学有限公司，江苏长青农化股份有限公司，安徽丰乐农化有限责任公司，允发化工（上海）有限公司，德国巴斯夫股份有限公司，中国农科院植保所廊坊农药中试厂，山东曹达化工有限公司，河北威远生物化工股份有限公司，四川国光农化有限公司等。

应用

烯酰吗啉虽然分子结构中含有吗啉环，但对白粉病类没有效果，而是继甲霜灵之后防治霜霉属、疫霉属等卵菌类病害的优良杀菌剂，可有效地防治马铃薯、番茄的晚疫病，黄瓜、葫芦、葡萄的霜霉病等。烯酰吗啉与甲霜灵、噁霜灵等苯基酰胺类杀菌剂无交互抗性，很适合于苯基酰胺类杀菌剂抗性病原个体占优势的田间进行耐药性治理，即在对甲霜灵、噁霜灵等产生抗性的病区，可以使用烯酰吗啉来取代。

防治黄瓜霜霉病、疫病，在发病初期每亩次用50%可湿性粉剂30～40g对水喷雾。

防治烟草黑胫病，在发病初期每亩次用50%可湿性粉剂27～40g对水喷雾。

表5-9 烯酰吗啉主要混剂配方、防治对象和用量

混剂	剂型	有效成分Ⅰ	有效成分Ⅱ	防治对象	制剂用量（g/亩）	使用方法
50%烯酰·乙膦铝	可湿性粉剂	9%烯酰吗啉	41%三乙磷酸铝	黄瓜霜霉病	70～180	对水喷雾
69%烯酰·锰锌	可湿性粉剂	9%烯酰吗啉	60%代森锰锌	黄瓜霜霉病	100～133	对水喷雾
80%烯酰·锰锌	可湿性粉剂	10%烯酰吗啉	70%代森锰锌	黄瓜霜霉病	100～125	对水喷雾
50%烯酰·锰锌	可湿性粉剂	6.5%烯酰吗啉	43.5%代森锰锌	番茄晚疫病	162～186	对水喷雾
50%烯酰·福美双	可湿性粉剂	30%烯酰吗啉	20%福美双	荔枝霜疫霉病	1 000～1 500倍液	喷雾
35%烯酰·福美双	可湿性粉剂	5%烯酰吗啉	30%福美双	黄瓜霜霉病	200～280	对水喷雾
18.7%烯酰·吡唑酯	水分散粒剂	12%烯酰吗啉	6.7%吡唑醚菌酯	甘蓝霜霉病	75～125	对水喷雾
				黄瓜霜霉病		
				马铃薯晚疫病		
				甜瓜霜霉病		
56%烯酰·百菌清	可湿性粉剂	8%烯酰吗啉	18%百菌清	黄瓜霜霉病	140～160	对水喷雾

氟吗啉（flumorph）

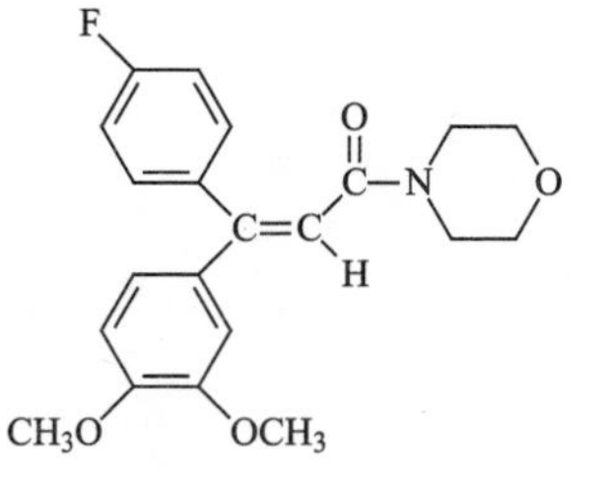

化学名称

（E，Z）4-[3-（3，4-二甲氧基苯基）-3-（4-氟苯基）丙烯酰]吗啉

理化性质

原药外观浅黄色固体，熔点110℃～135℃；水中溶解度＜0.02g/L（25℃），微溶于石油醚，溶于甲苯、二甲苯、乙酸乙酯、丙酮等有机溶剂；在酸性及弱碱性介质中稳定，在醇类介质中加热产品几何异构体发生转化。

毒性

低毒，雄大鼠急性经口 LD_{50} 为 2 710mg/kg，大鼠急性经口 LD_{50}>2 150mg/kg；对兔眼睛和皮肤无刺激作用。

生物活性

该药为丙烯酰吗啉类杀菌剂，具有高效、低毒、低残留、残效期长、保护及治疗作用兼备、对作物安全等特点。对黄瓜霜霉病具有良好的防治效果。

制剂

20% 可湿性粉剂。混剂：50% 氟吗啉·三乙膦酸铝可湿性粉剂（5% 氟吗啉 +45% 三乙膦酸铝），60% 氟吗啉·代森锰锌可湿性粉剂（10% 氟吗啉 +50% 代森锰锌）。

生产企业

辽宁省沈阳化工研究院试验厂。

应用

防治黄瓜霜霉病，每亩次用 20% 可湿性粉剂 25 ~ 50g，对水喷雾；也可以用 60% 氟吗啉·代森锰锌可湿性粉剂 80 ~ 120g，对水喷雾。

防治烟草黑胫病，每亩次用 50% 氟吗啉·三乙膦酸铝可湿性粉剂对水稀释，采用灌根的方法。

第十二章
有机磷类杀菌剂

三乙磷酸铝（phosetyl-aluminium）

$$\left[\begin{array}{c} C_2H_5O \\ \quad\quad P(=O)(H)-O- \end{array}\right]_3 Al$$

化学名称

三（乙基膦酸）铝

其他名称

疫霉灵，疫霜灵，乙膦铝，藻菌磷

理化性质

无色粉末，蒸气压＜0.013mPa（25℃），挥发性小，熔点大于300℃；水中溶解度水为120g/L（20℃），有机溶剂中溶解度分别为，甲醇920mg/L，丙酮13mg/L，丙二醇80mg/L，乙酸乙酯5mg/L，乙腈5mg/L，己烷5mg/L（20℃），一般贮存条件下稳定，遇强酸水解，能被氧化剂氧化，＞200℃分解，无熔点。

毒性

微毒，原粉大鼠急性经口LD_{50}为5 800mg/kg，大鼠急性经皮LD_{50}＞5 800mg/kg。对蜜蜂及野生生物较安全，在试验剂量内，未见致畸、致突变作用。

生物活性

内吸性杀菌剂，在植物体内能上下传导，具有保护和治疗作用。

制剂

90%可溶粉剂，80%乳油，80%、40%可湿性粉剂，80%水分散粒剂。

生产企业

河北省石家庄市深泰化工有限公司，山东大成农药股份有限公司，浙江巨化股份有限公司兰溪农药厂，江苏省镇江江南化工有限公司，辽宁省海城市农药一厂，利民化工有限责任公司，江苏省金坛市兴达化工厂，浙江嘉华化工有限公司，天津市施普乐农药技术发展有限公司，成都皇牌作物科学有限公司等。

应用

1. 防治蔬菜的霜霉病

用90%可溶性粉剂500～1 000倍液或80%可湿性粉剂400～800倍液或40%可湿性粉剂200～400倍液喷雾，间隔7～10d喷1次，共喷3～4次。

防治瓜类白粉病、番茄晚疫病、马铃薯晚疫病、黄瓜疫病等，用90%可溶性粉剂500～1 000倍液喷雾。在黄瓜幼苗期施药，要适当降低使用浓度，否则会发生药害。

防治辣椒疫病，主要采取苗床土壤消毒，每平方米用40%可湿性粉剂8g，与细土拌成毒土。取1/3的毒土撒施苗床内，播种后用余下的2/3毒土覆盖。防治辣椒苗期猝倒病，在发病初期开始用40%

可湿性粉剂 300 倍液喷雾，隔 7 ~ 8d 喷 1 次，连喷 2 ~ 3 次，注意对茎基部及其周围地面都要喷到。

2. 防治葡萄霜霉病

于发病初期开始施药，用 80% 可湿性粉剂 60 ~ 400 倍液喷雾，视降雨情况，隔 10 ~ 15d 与其他杀菌剂交替施药 1 次，共施药 3 ~ 4 次。

防治苹果果实疫腐病，于发病初期喷 80% 可湿性粉剂 700 倍液，与其他杀菌剂交替使用，隔 10 ~ 15d 喷 1 次。防治苹果树干基部的疫病，可用刀尖划道后，涂抹 80% 可湿性粉剂 50 ~ 100 倍液。

防治苹果黑星病，在刚发病时喷 80% 可湿性粉剂 600 倍液，以后视降雨情况，隔 15d 左右与其他杀菌剂交替喷药 1 次。

防治梨树颈腐病，用刀尖划道后，涂抹 80% 可湿性粉剂 50 ~ 100 倍液。

防治柑橘苗期疫病，在雨季发病初期，用 80% 可湿性粉剂 200 ~ 400 倍液喷雾。防治柑橘脚腐病，春季用 80% 可湿性粉剂 200 ~ 300 倍液喷布叶面。防治柑橘溃疡病，于夏、秋嫩梢抽发期，芽长 1 ~ 3cm 和幼果期，用 80% 可湿性粉剂 300 ~ 600 倍液各喷 1 次。

防治荔枝霜疫病，在花蕾期、幼果期和果实成熟期，用 80% 可湿性粉剂 600 ~ 800 倍液各喷施 1 次。

防治菠萝心腐病，在苗期和花期，用 80% 可湿性粉剂 500 ~ 600 倍液喷雾或灌根。

防治油梨根腐病，用 80% 可湿性粉剂 80 ~ 150 倍液注射茎杆或用 200 倍液淋灌根颈部。

防治鸡蛋果茎腐病，用 80% 可湿性粉剂 800 倍液淋灌根颈部。

防治草莓疫腐病，于发病初期，用 80% 可湿性粉剂 400 ~ 800 倍液灌根。

防治西瓜褐斑病，用 80% 可湿性粉剂 400 ~ 500 倍液喷雾。

3. 防治啤酒花霜霉病

用 80% 可湿性粉剂 600 倍液喷雾，间隔 10 ~ 15d，共喷 2 ~ 3 次。

4. 防治烟草黑胫病

在烟苗培土后，亩用 80% 可湿性粉剂 500g，对水 50kg，重喷根颈部，或每株用 1g 对水灌根，隔 10 ~ 15d 再施 1 次。

5. 防治水稻纹枯病、稻瘟病等

一般亩用有效成分 94g，或用 90% 可溶性粉剂或 80% 可湿性粉剂 400 倍液或 40% 可湿性粉剂 200 倍液喷雾。

6. 防治棉花疫病

用 90% 可溶性粉剂或 80% 可湿性粉剂 400 ~ 800 倍液喷雾，间隔 7 ~ 10d，连喷 2 ~ 3 次。苗期疫病在棉苗初放真叶期开始喷药，棉铃疫病于盛花后 1 个月开始喷药。与多菌灵、福美双混用，可提高防效。

防治棉铃红粉病，在发病初期开始施药，喷 80% 可湿性粉剂 600 倍液，隔 10d 喷 1 次，连喷 2 ~ 3 次。

7. 防治橡胶树割面条溃疡病

用 80% 可湿性粉剂 100 倍液，涂抹切口。

8. 防治胡椒瘟病

用 80% 可湿性粉剂 100 倍液喷洒，或每株用药 1.25g，对水灌根。

9. 防治由腐霉菌引起的茶苗绵腐性根腐病（茶苗猝倒病）

亩用 90% 可溶性粉剂 150 ~ 175g，对水喷雾，喷雾时要对准茶苗茎基部，间隔 10d 喷 1 次，共施药 2 ~ 3 次。或用 90% 可溶性粉剂 100 ~ 150 倍液浇灌土壤，也可每株扦插茶苗用药 0.5g 对水淋浇根部。

防治茶红锈藻病，于 4 ~ 5 月子实体形成期，亩用 40% 可湿性粉剂 190g，对水 400 倍，喷洒茎叶，间隔 10d 喷 1 次，共施药 2 ~ 3 次。

10. 防治板蓝根、车前草和薄荷的霜霉病、西洋参疫病、百合疫病、怀牛膝白粉病等

用 80% 可湿性粉剂 400 ~ 500 倍液喷雾，间隔 10d 左右喷 1 次，共施药 2 ~ 3 次。采收前 5d 停止用药。

防治延胡索（元胡）霜霉病，分两个时期施药：①种茎处理，播前用 80% 可湿性粉剂 400 倍液浸元胡块茎 24 ~ 72h，晾干后播种。②在系统侵染症状出现初期，喷 80% 可湿性粉剂 500 倍液，间隔 10d 喷 1 次，共喷施 2 ~ 3 次。

11. 防治草本花卉霜霉病、月季霜霉病、金鱼草疫

病等

用80%可湿性粉剂400～800倍液喷雾，间隔7～10d喷1次，共喷施2～3次。

防治菊花、鸡冠花、凤仙花、紫罗兰、石竹、马蹄莲等多种花卉幼苗猝倒病，在发病初期及时喷80%可湿性粉剂400～800倍液，注意喷洒幼苗嫩茎和中心病株及其周围地面。间隔7～10d喷1次，共喷施2～3次。

防治非洲菊等花卉的根茎腐烂病（根腐病），用80%可湿性粉剂500～800倍液灌根。

12．防治大麻霜霉病、苘麻霜霉病

于发病初期及时喷80%可湿性粉剂400～500倍液，间隔7～10d喷1次，共喷施2～3次。

防治剑麻斑马纹病的用法有二：①田间喷雾，在病害流行期间，用40%可湿性粉剂400倍液，喷洒叶的正面及脚叶，每月喷1次，连喷4～5次，割叶后预报有雨，应在雨前喷药保护，减少病菌从伤口侵入，防止发生茎腐。②淋灌病穴。在病穴及其周围用40%可湿性粉剂400倍液淋灌，每穴2.5～5kg药液，同时喷洒地面（表5–10）。

表5–10　三乙磷酸铝主要混剂配方、防治对象和用量

混剂	剂型	有效成分Ⅰ	有效成分Ⅱ	防治对象	制剂用量（g/亩）	使用方法
81%乙铝·锰锌	可湿性粉剂	32.4%三乙磷酸铝	48.6%代森锰锌	黄瓜霜霉病	160～220	对水喷雾
70%乙铝·锰锌	可湿性粉剂	25%三乙磷酸铝	45%代森锰锌	白菜白斑病	133～400	对水喷雾
				白菜霜霉病		
				黄瓜霜霉病		
64%乙铝·福美双	可湿性粉剂	32%三乙磷酸铝	32%福美双	黄瓜霜霉病	150～196	对水喷雾
75%乙铝·多菌灵	可湿性粉剂	50%三乙磷酸铝	25%多菌灵	苹果轮纹病	600～400倍液	喷雾
75%乙铝·百菌清	可湿性粉剂	38%乙膦铝	37%百菌清	黄瓜霜霉病	125～187.5	对水喷雾
50%烯酰·乙膦铝	可湿性粉剂	41%三乙磷酸铝	9%烯酰吗啉	黄瓜霜霉病	70～180	对水喷雾
48%琥铜·乙膦铝	可湿性粉剂	28%三乙磷酸铝	20%琥胶肥酸铜	黄瓜细菌性角斑病	125～187	对水喷雾
				黄瓜霜霉病		
50%氟吗·乙铝	水分散粒剂	45%三乙磷酸铝	5%氟吗啉	荔枝霜疫霉病	625～833倍液	喷雾
				葡萄霜霉病	67～120	对水喷雾
				烟草黑胫病	80～107	对水喷雾

注意事项

1. 勿与酸性、碱性农药混用，以免分解失效。

2. 本品易吸潮结块，贮运中应注意密封干燥保存。如遇结块，不影响使用效果。

3. 三乙膦酸铝连续单用，容易引起病菌产生耐药性，如遇有药效明显降低的情况，不宜盲目增加用药量，应与其他杀菌剂轮用、混用。

稻瘟净（EBP）

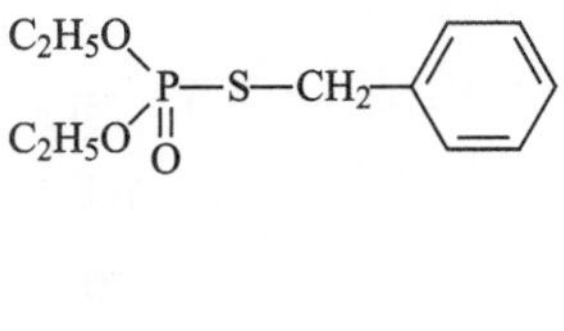

化学名称

O，O- 二乙基 -S- 苄基硫代磷酸酯

理化性质

无色透明液体，难溶于水，易溶于乙醇、二甲苯、环己酮等有机溶剂，沸点 120 ~ 130℃，相对密度 1.1569（20℃），蒸气压 1.32mPa（20℃）；对光照比较稳定，对酸稳定，对碱不稳定。

毒性

中等毒，小急性经口 LD_{50} 为 237mg/kg。

生物活性

是一种有机磷杀菌剂，对水稻各生育期的稻病有较好的保护和治疗作用。在水稻叶片上有内吸渗透作用，抑制稻瘟病菌乙酰氨基葡萄糖的聚合，使组成细胞壁的壳质无法形成，阻止了菌丝生长和孢子产生，起到保护和治疗作用。另外，对水稻小粒菌核病、纹枯病、颖枯病也有一定的效果，可兼治水稻飞虱、叶蝉。

应用

稻瘟净是较早开发的有机磷内吸杀菌剂，对病害具有保护和治疗作用，能阻止菌丝生长和孢子形成，主要用于防治稻瘟病，由于其容易产生药害，且容易使稻米产生异味，现已很少使用。

异稻瘟净（iprobenfos）

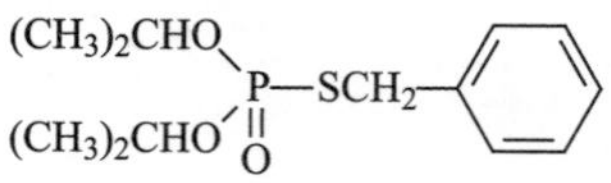

$(CH_3)_2CHO$、$(CH_3)_2CHO$ — P(=O) — SCH_2 — 苯基

化学名称

O，O- 二异丙基 -S- 苄基硫赶磷酸酯

其他名称

异丙稻瘟净

理化性质

黄色油状体，沸点126℃/0.04mmHg，蒸气压0.247mPa（20℃）；水中溶解度430mg/L（20℃），在丙酮、乙腈、甲醇、二甲苯等有机溶剂中溶解度均大于 1kg/L。

毒性

中等毒，大急性经口 LD_{50} 为 490mg/kg，小急性经皮 LD_{50} 为 4 000mg/kg。

生物活性

主要是干扰病原菌的细胞膜透性，阻止某些亲脂几丁质前体通过细胞质膜，使几丁质的合成受阻碍，细胞壁不能生长，抑制菌体的正常发育。异稻瘟净也具有内吸活性，对病害具有保护和治疗作用，防治对象与稻瘟净相似。

制剂

50%、40% 乳油。

生产企业

浙江泰达作物科技有限公司，浙江巨化股份有限公司兰溪农药厂，浙江嘉化集团股份有限公司，上海农药厂有限公司，成都皇牌作物科学有限公司，天津市绿亨化工有限公司，陕西省蒲城县美邦农药有限责任公司，广东省东莞市瑞德丰生物科技有限公司，江西大农化工有限公司。

应用

1. 防治水稻病害

主要防治水稻穗颈瘟，对水稻小球菌核病、小粒菌核病、纹枯病、稻飞虱、稻叶蝉也有一定效果。

防治稻瘟病，亩用 40% 乳油 150 ~ 200ml，对水 50 ~ 75kg 喷雾。对苗瘟和叶瘟，在发病初期喷 1 次，5 ~ 7d 后再喷 1 次；对节稻瘟、穗颈瘟、小球菌核病、小粒菌核病、纹枯病等，在水稻破口期和齐穗期各喷 1 次。对前期叶瘟较重、田间菌源多、水稻生长

嫩绿、抽穗不整齐的田块，在灌浆期应再喷 1 次。

2. 防治玉米大斑病、小斑病

在花丝抽出前后或发病初期，用 40% 乳油 500 倍液或 50% 乳油 600 ~ 800 倍液喷雾，隔 7d 喷 1 次，连喷 2 ~ 3 次。

注意事项

1. 异丙稻瘟净也是棉花脱叶剂，在邻近棉田使用时应防止雾滴飘移。

2. 在稻田不能与敌稗混用。

3. 在使用浓度过高、喷药不匀的情况下，水稻幼苗会产生褐色药害斑；对籼稻有时也会产生褐色点药害斑。

4. 禁止与石硫合剂、波尔多液等碱性农药混用，也不能与五氯酚钠混用，以免发生药害。

敌瘟磷（edifenphos）

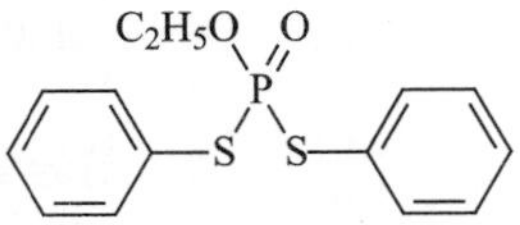

C_2H_5O　O

P

S　S

化学名称

O- 乙基 -S，S- 二苯基二硫代磷酸酯

其他名称

稻瘟光，克瘟散

理化性质

原油为黄色至浅棕色透明液体，带有特殊气味，熔点 -25℃，沸点 154℃，蒸气压 13mPa（20℃），相对密度 1.251（20℃）；水中溶解度 56mg/L（20℃），己烷 20 ~ 50g/L，二氯甲烷 200g/L，异丙醇 200g/L，甲苯 200g/L（20℃），易溶于甲醇、丙酮、苯、二甲苯、四氯化碳，难溶于庚烷；在中性液中稳定，强酸、强碱中水解，见光分解。

毒性

中等毒，大鼠急性经口 LD_{50} 为 100 ~ 260mg/kg，小鼠急性经口 LD_{50} 为 220 ~ 670mg/kg，大鼠急性经皮 LD_{50} 为 700 ~ 800mg/kg；对眼睛和皮肤无刺激性（兔）；鱼毒，对虹鳟鱼 LC_{50} 为 0.43mg/L（96h），对鲤鱼 LC_{50} 为 2.5mg/L（96h），对翻车鱼 LC_{50} 为 0.49mg/L（96h）；对蜜蜂无毒。

生物活性

有机磷酸酯类杀菌剂，其杀菌机理是抑制稻瘟病菌的几丁质合成和脂质代谢，主要是破坏细胞结构，其次影响细胞壁的形成。对水稻稻瘟病有良好的预防和治疗作用，同时对水稻纹枯病、胡麻叶斑病、小球菌核病、穗枯病、谷子瘟病、玉米大小斑病及麦类赤霉病等有良好的防治效果。对飞虱、叶蝉及鳞翅目害虫兼有一定的防效。

制剂

30% 乳油。

生产企业

德国拜耳作物科学公司，广东省佛山市盈辉作物科学有限公司，四川省成都海宁化工实业有限公司，湖北省武汉武隆农药有限公司，四川福达农用化工有限公司，广东省江门市大光明农化有限公司，广东省中山市凯达精细化工股份有限公司等。

应用

防治稻瘟病，对于苗瘟，可以用 30% 乳油 750 倍液浸种 1h 后播种；防治稻田稻瘟病，每亩次用 30% 乳油 100 ~ 133mL，对水喷雾，间隔 10d 左右再次喷雾，共喷 2 ~ 3 次。

注意事项

1. 施用敌稗前后 10d 内，禁止使用本剂。

2. 本品对鱼有毒，使用时不能污染水源。

3. 不能与碱性农药混用。

甲基立枯磷（tolclofos-methyl）

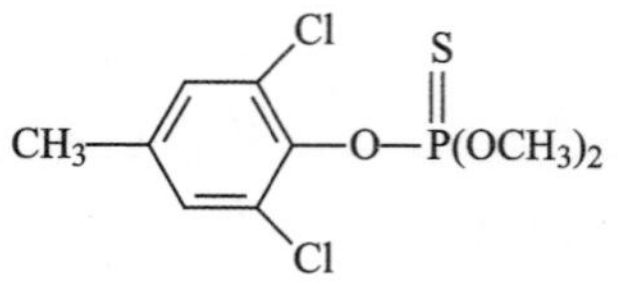

CH_3—(2,6-二氯苯基)—O—P(S)$(OCH_3)_2$

化学名称

O-（2，6-二氯-4-甲基苯基）-O，O-二甲基硫代磷酸酯

理化性质

无色结晶，熔点78～80℃，蒸气压57mPa（20℃）；水中溶解度1.1mg/L（25℃），正己烷38g/L，甲苯360g/L，甲醇59g/L；光、热、湿稳定，在碱性和酸性条件下分解。

毒性

微毒，大鼠急性经口LD_{50}为5 000mg/kg，大鼠急性经皮LD_{50} > 5 000mg/kg；对眼睛和皮肤无刺激性（兔）；鱼毒，对虹鳟鱼LC_{50} > 0.72mg/L（96h）。

生物活性

非内吸性接触杀菌剂，具有保护和治疗作用，本品适用于防治土传病害的新型广谱内吸杀菌剂，其吸附作用强，不易流失，持效期较长。

制剂

20%乳油。混剂：20%、15%甲枯·福美双悬浮种衣剂（5%甲基立枯磷+10%福美双），26%多·福·立枯磷悬浮种衣剂（8%甲基立枯磷+12%福美双+6%多菌灵）。

生产企业

山东省高密市绿洲化工有限公司，江苏省连云港市东金化工有限公司，广东省东莞市瑞德丰生物科技有限公司，安徽省天长市天洋农药化工有限责任公司。

应用

甲基立枯磷适用于防治土传病害，对半知菌、担子菌和子囊菌等有很强杀菌活性，对立枯病菌、菌核病菌、雪腐病菌等有卓越的毒杀作用，对马铃薯茎腐病和黑斑病有特效。施药方法有拌种、浸种、种苗浸秧、毒土、土壤浇灌、叶面喷雾。

1. 防治黄瓜、冬瓜、番茄、茄子、甜（辣）椒、白菜、甘蓝苗期立枯病

发病初期喷淋20%乳油1 200倍液，每平方米喷2～3kg；视病情隔7～10d喷1次，连续防治2～3次。

防治黄瓜、苦瓜、南瓜、番茄、豇豆、芹菜的白绢病，发病初期用20%乳油与40～80倍细土拌匀，撒在病部根茎处，每株撒毒土250～350g。必要时也可用20%乳油1 000倍液灌穴或淋灌，每株（穴）灌药液400～500mL，隔10～15d再施1次。

防治黄瓜、节瓜、苦瓜、瓠瓜的枯萎病，发病初期用20%乳油900倍液灌根，每株灌药液500mL，间隔10d左右灌1次，连灌2～3次。

防治黄瓜、西葫芦、番茄、茄子的菌核病，定植前亩用20%油500mL，与细土20kg拌匀，撒施并耙入土中。或在出现子囊盘时用20%乳油1 000倍液喷施，间隔8～9d喷1次，共喷3～4次。病情严重时，除喷雾，还可用20%乳油50倍液涂抹瓜蔓病部，以控制病害扩张，并有治疗作用。

防治甜瓜蔓枯病，发病初期在根茎基部或全株喷布20%乳油1 000倍液，隔8～10d喷1次，共喷2～3次。

防治葱、蒜白腐病，亩用20%乳油3kg，与细土20kg拌匀，在发病点及附近撒施，或在播种时撒施。

防治番茄丝核菌果腐病，喷20%乳油1 000倍液。

2. 防治棉花立枯病等苗期病害

每100kg种子用20%乳油1 000倍液拌种。

3．防治水稻苗期立枯病

亩用20%乳油150～220ml，对水喷洒苗床。

4．防治烟草立枯病

发病初期，喷布20%乳油1200倍液，隔7～10d喷1次，共喷2～3次。

5．防治甘蔗虎斑病

发病初期，喷布20%乳油1 200倍液。

6．防治薄荷白绢病

当发现病株时及时拔除，对病穴及邻近植株淋灌20%乳油1 000倍液，每穴（株）淋药液400～500ml。防治佩兰白绢病，发病初期，用20%乳油与40～80倍细土拌匀，撒施在病部根茎处；必要时喷布20%乳油1 000倍液，隔7～10d再喷1次。

防治莳萝立枯病，发病初期，喷淋20%乳油1 200倍液，间隔7～10d再防治1～2次。防治枸杞根腐病，发病初期，浇灌20%乳油1 000倍液，经一个半月可康复。

防治红花猝倒病，采用直播的，用20%乳油1 000倍液，与细土100kg拌匀，撒在种子上覆盖一层，再覆土（表5-11）。

注意事项

不能与碱性农药混用。

表5-11　甲基立枯磷主要混剂配方、防治对象和用量

混剂	剂型	组分Ⅰ	组分Ⅱ	组分Ⅲ	防治对象	制剂用量（g/亩）	使用方法
20%甲枯·福美双	悬浮种衣剂	5%甲基立枯磷	15%福美双	——	棉花苗期立枯病 棉花炭疽病	1:40～60（药种比）	种子包衣
26%多·福·甲枯	悬浮种衣剂	6%甲基立枯磷	15%福美双	5%多菌灵	棉花苗期立枯病 棉花猝倒病	1:50～60（药种比）	种子包衣
20%福·甲枯·克	悬浮种衣剂	6%甲基立枯磷	8%福美双	6%g百威	水稻恶苗病 水稻蓟马	1:40～50（药种比）	种子包衣
20%多·甲枯·克	悬浮种衣剂	5%甲基立枯磷	5%多菌灵	10%g百威	棉花立枯病 棉花猝倒病 棉花蚜虫 棉花炭疽病	1:25～40（药种比）	种子包衣
13%多菌灵·福美双·甲基立枯磷	悬浮种衣剂	2%甲基立枯磷	6%福美双	5%多菌灵	水稻立枯病	1:50（药种比）	种子包衣

克菌壮（ammonium O,O-diethyl phosphorodithioate）

$$(CH_3CH_2O)_2P(=S)-S-NH_4$$

化学名称

O,O-二乙基二硫代磷酸铵盐

其他名称

克菌磷

理化性质

工业品为白色或灰白色粉末，易溶于水、丙酮、乙醇等极性溶剂，纯品为白色针状结晶，熔点:180～182℃。

毒性

微毒，大鼠急性经口 LD_{50} 为 7 636mg/kg，小鼠急性经皮 LD_{50} > 10 000mg/kg。

生物活性

保护性杀菌剂，主要用于防治水稻白叶枯病，对水稻生长有一定的刺激作用。

制剂

50% 可湿性粉剂，混剂：35%、30%g 菌・叶唑可湿性粉剂（20%g 菌壮 +10% 叶枯唑）。

生产企业

江苏连云港立本农药化工有限公司，浙江一帆化工有限公司，浙江东风化工有限公司。

应用

防治水稻白叶枯病，防病须在水稻拔节至抽穗前用药，治病须在发病后三天内开始用药，每亩可用 50% 可湿性粉剂 100g，或者用 30% 克菌・叶唑可湿性粉剂 80 ~ 100g，对水喷雾。

注意事项

1. 喷药不得在强日光下进行，第一次使用的地区，应先做药效药害试验，然后推广使用，以免产生药害。

2. 不得在下雨前用药，以免浪费。防止吸潮。

第十三章
有机锡类杀菌剂

三苯基乙酸锡（fentin acetate）

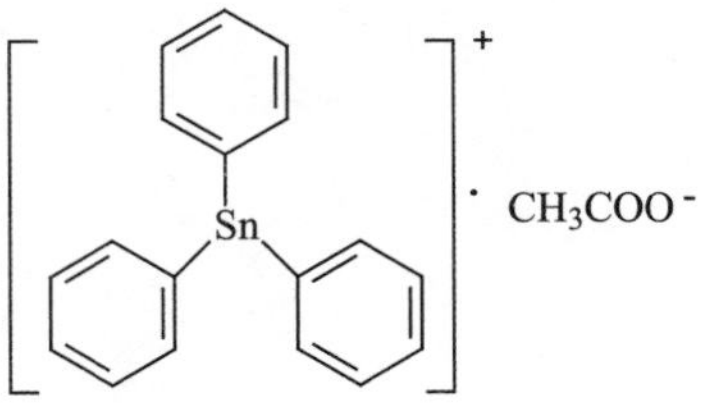

$[(C_6H_5)_3Sn]^+ \cdot CH_3COO^-$

5

化学名称

乙酸三苯基锡

理化性质

无色晶体，熔点121～123℃（原药为118～125℃），蒸气压为1.9mPa（60℃），相对密度1.5（20℃），水中溶解度大约为9mg/L（pH值5，20℃），有机溶剂中溶解度（20℃），乙醇中为22g/L，乙酸乙酯中为82g/L，正己烷中为5g/L，二氯甲烷中为460g/L；在干燥条件下稳定，在有水条件下转化成三苯基氢氧化锡；在酸性和碱性条件下不稳定，半衰期DT_{50} < h（pH5，7或9），闪点185 ± 5℃。

毒性

中等毒，大鼠急性经口LD_{50}为140～298mg/kg，兔急性经皮LD_{50}为127mg/kg，重复使用对皮肤黏膜有刺激作用，大鼠呼吸LC_{50}为0.044mg/L空气（4h）。

生物活性

多位点抑制剂，主要是保护作用，也有一定的治疗作用；除了作为杀菌剂应用外，也可以作为杀藻剂和杀软体动物剂使用。

制剂

45%、25%、20%可湿性粉剂；混剂：46%三苯基乙酸锡·硫酸铜可湿性粉剂（18%三苯基乙酸锡+28%硫酸铜）。

生产企业

浙江禾本农药化学有限公司，广西南宁泰达丰化工有限公司，江苏禾业农化有限公司，吉林省瑞野农药有限公司，吉林省长春市长双农药有限公司。

应用

防治作物病害，防治马铃薯早疫病和晚疫病，每亩次用45%可湿性粉剂30～40g，对水喷雾；防治甜菜褐斑病，三苯基乙酸锡对甜菜褐斑病效果好，并能提高块根产量和含糖量。当田间出现病斑时，用20%可湿性粉剂125～150g，对水喷雾；对甜菜蛇眼病也有防效。

防治水稻田水绵，采用毒土法，每亩地用25%可湿性粉剂108～125g，与一定量的细土拌匀，均匀撒于田间。

防治水稻田福寿螺，采用毒土法，每亩地用20%可湿性粉剂100～134g，与一定量的细土拌匀，均匀撒于田间。

注意事项

1. 葡萄、园艺植物、部分水果和温室植物对其较敏感，易出现药害。

2. 不能与农药油剂和乳油制剂混用。

三苯基氢氧化锡（fentin hydroxide）

$$\left[(C_6H_5)_3Sn\right]^+ \cdot OH^-$$

化学名称

三苯基氢氧化锡

其他名称

毒菌锡，三苯羟基锡。

理化性质

无色晶体，熔点123℃，蒸气压为0.0013mPa（50℃），相对密度1.54（20℃），水中溶解度1mg/L（pH值7，20℃），pH值降低，其在水中溶解度显著增加，有机溶剂中溶解度（20℃），乙醇32g/L，异丙醇48g/L，丙酮46g/L；室温条件下，在黑暗中保存稳定；当加热超过45℃时，发生脱水反应；在阳光照射条件下缓慢分解，在紫外照射下分解加快。闪点174℃。

毒性

中等毒，大鼠急性经口LD_{50}为150～165mg/kg，兔急性经皮LD_{50}为127mg/kg，重复使用对皮肤黏膜有刺激作用，大鼠呼吸LC_{50}为0.06mg/L空气（4h）；属剧烈神经毒物，易引起头痛、头晕、多汗；重度中毒者出现恶心呕吐、大汗淋漓、排尿困难、抽搐、精神错乱、昏迷、呼吸困难等。

生物活性

多位点抑制剂，能够阻止病原菌孢子萌发，抑制病原菌的代谢，特别是能够抑制病原菌的呼吸作用。非内吸性杀菌剂，具保护和治疗作用。

制剂

50%悬浮剂。

生产企业

浙江禾本农药化学有限公司。

应用

可用于防治马铃薯晚疫病、甜菜叶斑病以及大豆真菌病害。

防治马铃薯晚疫病，每亩次用50%悬浮剂100～125mL，对水喷雾。

注意事项

1. 直接喷雾使用时一般不会产生药害，但切记不要在喷雾液中添加铺展剂、黏着剂、表面活性剂，否则可能会导致药害。

2. 番茄和苹果较敏感，容易产生药害。

3. 不能与强酸性农药混用，不能与油剂等液体制剂混用。

第十四章
有机胂杀菌剂

福美胂（asomate）

$$\left(\begin{matrix}CH_3\\CH_3\end{matrix}\!>N-\underset{\underset{S}{\|}}{C}-S\right)_3 As$$

5

化学名称

三 -N-（二甲基二硫代氨基甲酸）胂

其他名称

阿苏妙，三福胂。

理化性质

纯品为黄绿色棱柱状结晶，熔点 224 ~ 226℃，不溶于水，微溶于丙酮、甲醇，在空气中稳定，遇浓酸和热酸则分解。

毒性

中等毒，小鼠急性经口 LD_{50} 为 335 ~ 370mg/kg，该药是强致敏及皮肤刺激物，未见致突变、致畸作用。

生物活性

一种具铲除作用杀菌剂，残效期较长，在果树皮死组织部位渗透力强，是防治苹果、梨树腐烂病、干腐病较好的品种，并对轮纹病有一定兼治作用；还可防治苹果树、瓜类、麦类的白粉病。

制剂

40% 可湿性粉剂，10% 涂抹剂，40% 悬浮剂。

生产企业

天津市农药研究所，河北省石家庄市绿丰化工有限公司，山东绿丰农药有限公司，天津市捷康化学品有限公司，天津市兴果农药厂，青岛双收农药化工有限公司，河北师大化工厂，山西科力农业新技术发展有限公司，辽宁省大连瓦房店市无机化工厂，河北赞峰生物工程有限公司等。

应用

1. 果树病害

用福美胂防治苹果树腐烂病，以春、秋两季施药的防效最好；在春季发现苹果树腐烂病病斑时，及时刮除，刮治后的病斑用 40% 福美胂可湿性粉剂 30 ~ 50 倍液涂抹；因腐烂病菌可侵入木质部，并在木质部存活较长时间，所以对前 1 ~ 3 年刮过的老病斑也要涂药；对发病较重的果园，于果树发芽前用 40% 福美胂可湿性粉剂 100 倍液喷全树一次，对铲除病菌、预防发病有较好效果；对于进入结果期以后的苹果树，潜伏在部分落皮层上的腐烂病菌开始致病，成为秋季腐烂病发生的小高峰，同时，春季刮病遗漏下的小块病斑也恢复活动，成为溃疡型的腐烂病；因此，在苹果采收前后应仔细检查，认真刮除表层溃疡和各类型的腐烂病斑后，用 40% 福美胂可湿性粉剂 50 倍液涂抹；对发病重的果园，于落叶后用 100 倍液喷全株一次。采用 10% 福美胂涂抹剂，可用 5 ~ 10 倍液涂抹刮治后的病斑。采用 40% 悬浮剂，可用 100 ~ 150 倍液涂抹。

苹果和梨的轮纹病和干腐病的病菌能在枝干上越冬，翌年产生孢子，侵入健康枝干和果实。因此，对枝干上的病斑、病瘤要在早春刮除，刮后用40% 福美胂可湿性粉剂 50 ~ 100 倍液涂抹，发病较严重的果园，在刮治基础上，于早春发芽前用100倍液喷洒1次。另外，杨、柳树的溃疡病菌、枝枯病菌也能侵染苹果和梨果实，引起烂果，所以对发病重的果园，对其周围的杨、柳树枝干病害也要喷药。

防治苹果树白粉病，可在开花前、落花 70% 和落花后 10d 左右施药，用 40% 福美胂可湿性粉剂 700 ~ 800 倍液喷雾。

2. 作物病害

防治小麦白粉病，用 40% 福美胂可湿性粉剂 500 ~ 600 倍液喷雾。防治水稻粒瘟病等，亩用 40% 福美胂可湿性粉剂 95 ~ 108g，对水 50 ~ 60kg，喷雾。防治玉米大斑病，在发病初期，亩用 40% 福美胂可湿性粉剂 60 ~ 100g，对水 50kg 喷雾，隔 7 ~ 10d 喷 1次，连喷 2 ~ 3 次。

3. 棉花病害

棉花白粉病在全球是局部地区发生的病害，我国于 20 世纪 80 年代首先报道在新疆棉区发生此病害，并有逐年加重的趋势。防治此病，可亩用40% 福美胂可湿性粉剂 95 ~ 125g，对水 50 ~ 70kg，喷雾。由于病害是从下部叶片开始逐渐向上部叶片蔓延，要注意喷洒中下部叶片。

4. 蔬菜病害

防治黄瓜等瓜类白粉病，可用 40% 福美胂可湿性粉剂 300 ~ 400 倍液喷雾，隔 7 ~ 10d 喷 1 次，连喷 2 ~ 3 次。防治豌豆白粉病，亩用 40% 福美胂可湿性粉剂 150 ~ 180g，对水 40 ~ 60kg，喷雾。

5. 花卉病害

防治月季黑斑病，对盆栽月季早春土壤消毒，可用 40% 福美胂可湿性粉剂与 1 份河沙混匀后，铺在盆土表面，以隔离和杀死土面落叶上的病菌，推迟病害的始发期，降低致病性。

注意事项

若用于防治葡萄白粉病，在接近采摘期不能使用，以免产生药害和防止果实中残留量过高。

甲基胂酸锌（zinc methanearsonate）

CH_3—As(=O)(O)(O)Zn

化学名称

甲基胂酸锌

其他名称

稻谷青，稻脚青

理化性质

纯品为白色有金属光泽的晶体，原粉为白色粉末，难溶于水和多种有机溶剂，微溶于酸性介质中，性质稳定，遇光和热不易分解。

毒性

中等毒，大鼠急性经口 LD_{50} 为 468mg/kg，急性经皮 LD_{50} 为 1 000mg/kg。能通过食道、呼吸和皮肤引起中毒，损害中枢神经系统和心、肝、肾等器管。口服中毒时有明显消化道症状；皮肤接触可引起接触性皮炎。

生物活性

是防治水稻纹枯病的特效药剂，对水稻纹枯病具有良好的保护和治疗作用，能抑制纹枯病菌菌核萌发，防止病菌侵入水稻植株。在已被侵害的水稻植株上能抑制病菌菌丝的生长，抑制病害向上部叶鞘及叶片蔓延和扩展，并能杀死已侵入水稻的纹枯病菌，减少菌核的形成。甲基胂酸锌有较长的药效期，在规定用量下，一般药效期可达10～15d。

制剂

20%可湿性粉剂。

生产企业

湖北沙隆达（荆州）农药化工有限公司，广西金裕隆农药化工有限公司。

应用

甲基胂酸锌主要用于防治水稻纹枯病，其次用于防治水稻菌核病。由于井冈霉素的广泛应用，现在已很少使用。

防治水稻纹枯病，在水稻分蘖盛期至孕穗前，病害初发生时施药，每亩次用20%可湿性粉剂100～250g，对水喷雾。喷雾时要注意把雾滴喷到稻茎基部发病部位，不要喷到叶片上。防治水稻菌核病，在发病初期，亩用20%可湿性粉剂50～75g，对水50喷雾，间隔6～7d再施药1次，效果较好。

注意事项

1. 晚稻生长期间，因气温高，施药不当，易生药害，要严格控制用药量，并均匀施药。在水稻孕穗后用药会发生药害。在正常施药情况下，也能产生轻微药斑，一般对水稻生长无不良影响。

2. 不可与碱性药剂石硫合剂、波尔多液等混用。

第十五章 嘧啶类杀菌剂

氯苯嘧啶醇（fenarimol）

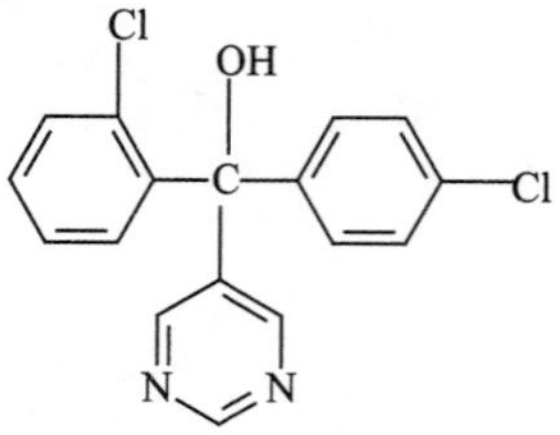

化学名称

2，4'-二氯-α-（嘧啶基-5）二苯基甲醇

其他名称

乐必耕。

理化性质

米色结晶，熔点117～119℃，25℃时蒸气压为0.065mPa，在水中的溶解度为13.7mg/L（pH7，25℃），溶于大多有机溶剂，丙酮中溶解度＞250g/L，甲醇中为125g/L，二甲苯中为50g/L（25℃），微溶于已烷，光照下分解迅速，52℃时稳定28d（pH3，6，9）。

毒性

低毒，大鼠急性经口 LD_{50} 为2 500mg/kg，急性经皮 LD_{50} ＞2 000mg/kg；一般只对皮肤、眼有刺激症状，无中毒报道。

生物活性

氯苯嘧啶醇的内吸性强，具有保护和治疗作用，杀菌原理与三唑酮等三唑类杀菌剂相同，是干扰病原菌甾醇和麦角甾醇的形成，抑制菌丝的生长、发育，使之不能侵染植物组织。

制剂

6%可湿性粉剂。

生产企业

美国高文国际商业有限公司。

应用

登记用于梨树黑星病和苹果树白粉病的防治，也可用于其他植物病害防治。

1．防治苹果白粉病、黑星病、炭疽病

于发病初期开始喷6%可湿性粉剂1 000～1 500倍液，间隔10～15d，连喷3～4次。

防治梨黑星病、锈病，从发病开始喷6%可湿性粉剂1 500～2 000倍液，每间隔10～15d喷1次。防治梨轮纹病，于谢花后或幼果初形成前开始喷1 000～1 500倍液，但开花期不能用药，果实形成期间无干旱无雨也无需施药。

防治葡萄、杧果、梅等的白粉病，一般喷6%可湿性粉剂3 000～4 000倍液，但在开花期不能喷药。

防治瓜类白粉病，自发病初期开始施药，亩用6%可湿性粉剂15～30g，对水常规喷雾，间隔10～

15d，连喷 3～4 次。

2．防治花生黑斑病、褐斑病、锈病

在发病初期，亩用 6% 可湿性粉剂 30～50g 对水喷雾，间隔 10～15d，连喷 3～4 次。

3．防治特种蔬菜豆瓣菜褐斑病

于发病初喷 6% 可湿性粉剂 1 000 倍液。

4．防治药用植物菊芋锈病、薄荷锈病、白扁豆锈病

于发病初期开始喷 6% 可湿性粉剂 1 000～1 500 倍液，15d 喷 1 次，共喷 1～2 次。

嘧菌环胺（cyprodinil）

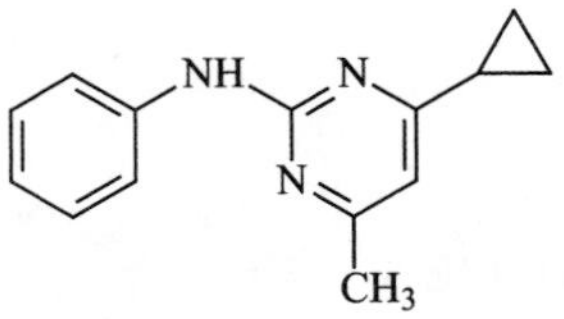

化学名称

4- 环丙基 -6- 甲基 -N- 苯基嘧啶 -2- 胺

理化性质

浅褐色细粉末，有轻微的气味，具一定弱碱性；熔点 75.9℃，蒸气压 5.1×10^{-1}mPa（25℃），相对密度 1.21（20℃）；水中溶解度为 20mg/L（pH5，25℃），乙醇中溶解度为 160g/L，丙酮中 610g/L，甲苯中 440g/L；贮存稳定，在 25℃（pH 值 4～9）的条件下，其分解 50% 所需要的时间远远大于一年。

毒性

低毒，大鼠急性经口 LD_{50}>2 000mg/kg，急性经皮 LD_{50}>2 000mg/kg；对兔皮肤和眼睛没有刺激性，对豚鼠的皮肤有轻微的刺激作用。对虹鳟鱼的 LC_{50} 为 2.41mg/L（96h）。

生物活性

内吸杀菌剂，在植物体内被叶片迅速吸收，30% 以上渗透到组织中，被保护的沉淀物被储存在叶片中，在木质部中传输，也在叶片之间传输。其作用机制是抑制蛋氨酸的生物合成，抑制水解酶的分泌。

制剂

50% 水分粒剂。混剂：嘧菌环胺 + 丙环唑。

生产企业

瑞士先正达作物保护有限公司，先正达（苏州）作物保护有限公司，江苏丰登农药有限公司。

应用

防治草莓灰霉病，亩用 50% 水分散粒剂 60～96g，对水喷雾。

防治辣椒灰霉病，亩用 50% 水分散粒剂 60～96g，对水喷雾。

防治葡萄灰霉病，用 50% 水分粒剂 625～1 000 倍液喷雾。

嘧啶核苷类抗生素（农抗 120）

参见抗生素章节。

第十六章 脲类杀菌剂

霜脲氰（cymoxanil）

$$CH_3CH_2NH-C(=O)-NH-CH_2-C(CN)=NOCH_3$$

化学名称

1-（2-氰基-2-甲氧基亚胺基乙酰基）-3-乙基脲

其他名称

清菌脲，菌疫清。

理化性质

纯品为无色无味晶体，熔点160～161℃，相对密度1.32（25℃），蒸气压为0.15mPa（20℃），25℃溶解度水中890mg/L（pH5时），己烷中为1.85g/L，甲苯中为5.29g/L，乙腈中为57g/L，乙酸乙酯中为28g/L，正辛醇中为1.43g/L，甲醇中为22.9g/L，丙酮中为62.4g/L，二氯甲烷中133g/L（20℃），pH2～7稳定，对光敏感。

毒性

低毒，大鼠急性经口LD_{50}为1 196mg/kg，急性经皮LD_{50} > 3 000mg/kg；对眼有轻微的刺激作用。

生物活性

霜脲氰的杀菌谱与甲霜灵相同，对霜霉菌、疫霉菌有特效，具有接触和局部内吸作用，可抑制孢子萌发，对葡萄霜霉病、疫病等有效，与甲霜灵、噁霜灵等之间无交互抗性；与保护性杀菌剂混用以延长持效期。

制剂

市场上没有霜脲氰单剂，我国登记的有关混剂请见表5-12。

生产企业

河北省万全农药厂，利民化工有限责任公司，浙江省绍兴市东湖生化有限公司，美国杜邦公司，上海升联化工有限公司，宁夏裕农化工有限责任公司，陕西恒田化工有限公司，甘肃华实农业科技有限公司，河北省石家庄市三农化工有限公司，中国农科院植保所廊坊农药中试厂等。

应用

霜脲氰单剂对病害的防治效果不突出，持效期也短，但与保护性杀菌剂混用，增效明显，因此，市场上无单剂出售，仅有混剂，如霜脲锰锌混剂广泛应用。

表 5-12　我国登记的霜脲氰主要混剂配方、防治对象和用量

混剂	剂型	组分Ⅰ	组分Ⅱ	防治对象	制剂用量（g或ml/亩）	施用方法
30% 王铜・霜脲氰	可湿性粉剂	10% 霜脲氰	30% 氧氯化铜	黄瓜霜霉病	120～160	对水喷雾
72% 霜脲・锰锌	可湿性粉剂	8% 霜脲氰	64% 代森锰锌	黄瓜霜霉病	125～167	对水喷雾
22% 霜脲・百菌清	烟剂	3% 霜脲氰	19% 百菌清	黄瓜霜霉病	200～250	点燃放烟
50% 琥铜・霜脲氰	可湿性粉剂	8% 霜脲氰	42% 琥胶肥酸铜	黄瓜霜霉病	500～700倍液	对水喷雾
				黄瓜细菌性角斑病		
52.5%噁酮・霜脲氰	水分散粒剂	30% 霜脲氰	22.5%噁唑菌酮	黄瓜霜霉病	23.3～35	对水喷雾
				辣椒疫病	32.5～43.3	对水喷雾
				荔枝霜疫霉病	2 500～1 500倍液	喷雾
76% 丙森・霜脲氰	可湿性粉剂	6% 霜脲氰	70% 丙森锌	黄瓜霜霉病	159～189	对水喷雾
25% 霜脲・烯肟菌酯	可湿性粉剂	12.5% 霜脲氰	12.5% 烯肟菌酯	葡萄霜霉病	13.3～26.7	对水喷雾

二氯异氰尿酸钠（sodium dichloroisocyanurate）

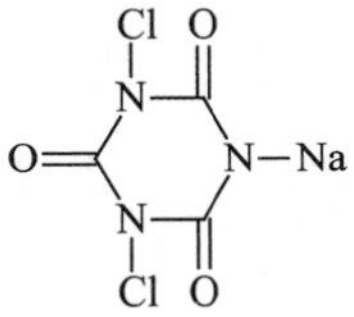

化学名称

二氯异氰尿酸钠

其他名称

优氯特，优氯克霉灵。

理化性质

白色粉末，相对密度 0.74。

毒性

低毒，小鼠急性经口 LD_{50} 为 2 270mg/kg。

生物活性

它的消毒杀菌能力强，抑制孢子萌发，抑制菌丝生长，能用于防治多种真菌、细菌、病毒引起的病害。

制剂

66%烟剂，50%、40%、20%可溶性粉剂。混剂：30% 百・二氯异氰可湿性粉剂（10% 百菌清 +20% 二氯异氰尿酸钠）。

生产企业

山西康派伟业生物科技有限公司，福建省古田县科达生物化工有限公司，福建省古田县科达生物化工有限公司，山西广大化工有限公司，山东绿丰农药有限公司等。

应用

二氯异氰尿酸钠的施药方式可采用浸种、浸根、叶面喷雾等多种方法，目前主要用于防治蔬菜病害。

防治黄瓜霜霉病，发病初期，亩用 20% 可溶性粉剂 188～250g，对水常规喷雾，或用 20% 可溶性粉剂 300～400 倍液喷雾。

防治番茄早疫病，亩用 20% 可溶性粉剂 188～250g 或 50% 可溶性粉剂 75～100g，对水常规喷雾；也可用于防治番茄灰霉病。

防治茄子灰霉病，亩用 20% 可溶性粉剂 188～

250g，对水常规喷雾。

防治辣椒根腐病，用20%可溶性粉剂300～400倍液灌根，每株灌药液200ml。

防治平菇木霉菌，100kg干料用40%可溶性粉剂100～120g拌料。

防治菇房霉菌，可用66%烟剂。

防治桑漆斑病，在发病初期，喷50%可溶性粉剂2 000倍液，特别要注意喷洒枝条的中下部叶片，7～10d喷后再喷1次。

注意事项

1. 本剂宜单独使用，不宜与其他农药混用，以免降低药效。

2. 喷雾宜在傍晚进行。

3. 使用前，不得使药受潮或与水接触，要现用现配。

4. 勿与有机物、还原剂、铵盐、杀虫剂及其他农药混存、混放。

5. 本品应密封、贮存于干燥、阴凉处。

三氯异氰尿酸（trichloroisocyanuric acid）

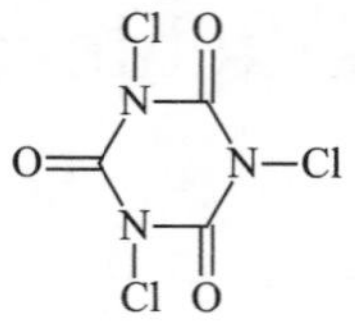

Cl O
N
O= N—Cl
N
Cl O

化学名称

三氯均三嗪－2，4，6三酮

其他名称

强氯精

理化性质

原药外观为白色棱状结晶或白色粉末，相对密度4.1，熔点240～250℃，20℃水中溶解度为12g/L。

毒性

低毒，大鼠急性经口LD_{50}为750mg/kg，急性经皮LD_{50}为750mg/kg。

生物活性

本品含有次氯酸分子，次氯酸分子不带电荷，其扩散穿透细胞膜的能力较强，可使病原菌迅速死亡，用于水稻种子消毒可有效地防治细菌性角斑病等多种病害。

制剂

85%、50%、42%、40%、36%可湿性粉剂。

生产企业

湖南省海洋生物工程有限公司，广西南宁泰达丰化工有限公司，天津百胜化工有限公司，江苏正本农药化工有限公司等。

应用

防治水稻细菌性条斑病，先将种子预浸6～12h，再用40%可湿性粉剂300～600倍液浸种，早稻浸24h，晚稻浸12h，用清水洗净后再催芽、播种。防治水稻白叶枯病、纹枯病、细菌性条斑病，亩用36%可湿性粉剂60～90g，对水常规喷雾。

防治棉花立枯病、炭疽病、枯萎病、黄萎病，亩用36%可湿性粉剂100～160g，对水常规喷雾。

防治辣椒炭疽病，亩用42%可湿性粉剂83～125g或50%可湿性粉剂70～105g，对水常规喷雾。

防治油菜菌核病，亩用42%可湿性粉剂70～100g，对水常规喷雾。

防治小麦赤霉病，亩用36%可湿性粉剂140～230g，对水常规喷雾。

注意事项

1．勿与酸、碱物质接触，以免分解失效和爆炸燃烧。

2．产品如遇碱、酸分解燃烧，应以砂石扑灭或采用化学灭水剂抑制。

氯溴异氰尿酸（chloroisobromine cyanuric acid）

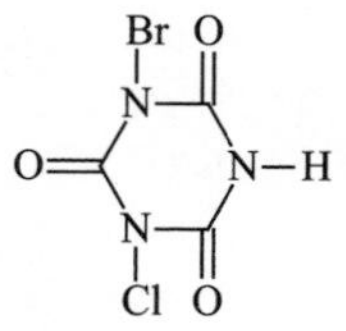

Br O
N
O= N-H
N
Cl O

化学名称

氯溴异氰尿酸

理化性质

原药外观为白色粉末，易溶于水。

毒性

低毒，大鼠急性经口 LD_{50} 为 3 160mg/kg，急性经皮 LD_{50} > 2 000mg/kg。

生物活性

其杀菌性能与二氯异氰尿酸、三氯异氰尿酸基本相同，消毒杀菌能力很强，能防治多种真菌、细菌、病毒引起的病害。

制剂

50% 可溶性粉剂。

生产企业

湖南省海洋生物工程有限公司，河南银田精细化工有限公司，江苏正本农药化工有限公司，江苏东宝农药化工有限公司，南京南农农药科技发展有限公司等。

应用

防治大白菜软腐病，每亩次用 50% 可溶性粉剂 50 ~ 60g，对水喷雾。

防治黄瓜霜霉病，每亩次用 50% 可溶性粉剂 60 ~ 70g，对水喷雾。

防治辣椒病毒病，每亩次用 50% 可溶性粉剂 60 ~ 70g，对水喷雾。

防治梨树黑星病，用 50% 可溶性粉剂 800 ~ 1 000 倍液喷雾。

防治水稻纹枯病、细菌性条斑病、稻瘟病，每亩次用 50% 可溶性粉剂 50 ~ 60g，对水喷雾。防治水稻白叶枯病，亩用 50% 可溶性粉剂 25 ~ 50g，对水喷雾。

第十七章 其他类型杀菌剂

噁霉灵（hymexazol）

化学名称

3- 羟基 -5- 甲基异噁唑

其他名称

噁霉灵，土菌消，抑霉灵，立枯灵。

理化性质

原药外观为无色晶体，熔点 86 ~ 87℃，蒸气压 < 133mPa（25℃），水中溶解度为 85g/L（25℃），溶于大多数有机溶剂，在酸、碱条件下稳定，对光、热稳定。

毒性

低毒，原粉大鼠急性经口 LD_{50} 为 4 678mg/kg，小鼠急性经皮 LD_{50}>2 000mg/kg；对家兔皮肤、眼睛有轻度的刺激作用。

生物活性

一种内吸性杀菌剂，同时也是一种土壤消毒剂，对土壤中的腐霉菌、镰刀菌有高效，土壤施药后，药剂与土壤中的铁、铝离子结合，抑制病菌孢子萌发。而对土壤中病菌以外的细菌、放线菌的影响很小，所以对土壤中微生物的生态不产生影响。是一种内吸杀菌剂，能被植物的根吸收及在根系内移动，在植株体内代谢产生两种糖苷，对作物有提高生理活性的效果，促进根部生长，提高幼苗抗寒性。

制剂

30%、15%、8% 水剂，70%、15% 可溶性粉剂。

生产企业

浙江省上虞市银邦化工有限公司，威海韩孚生化药业有限公司，山东省潍坊天达植保有限公司，日本三共 Agro 株式会社，吉林省延边绿州化工有限责任公司，吉林省延边西爱斯开化学农药厂，山东中科侨昌化工有限公司，黑龙江企达农药开发有限公司，广东省东莞市瑞德丰生物科技有限公司等。

应用

噁霉灵常用作种子消毒和土壤处理，与福美双混用则效果更好（表 5-13）。

1. 防治稻苗立枯病

在水稻秧田、苗床、育秧箱（盘），于播前每平方米用 30% 水剂 3 ~ 6mL（亩用有效成分 60 ~ 120g），对水 3kg，喷透为止，然后再播种。秧苗 1 ~ 2 叶期如发病或在移栽前再喷 1 次。

2. 防治甜菜立枯病

每100kg种子，用70%可溶性粉剂400～700g，加50%福美双可湿性粉剂400～800g，混合后拌种。田间发病初期，用70%可溶性粉剂3 300倍液喷洒或灌根。

防治甜菜根腐病和苗腐病，必要时喷洒或浇灌70%可溶性粉剂3 000～3 300倍液。

防治甘蔗虎斑病，发病初期喷淋70%可溶性粉剂3 000倍液。

3．防治西瓜枯萎病

用30%水剂600～800倍液喷淋苗床或本田灌根。

4．防治黄瓜、番茄、茄子、辣椒的猝倒病、立枯病

发病初期喷淋15%水剂1 000倍液，每平方米喷药液2～3kg。

防治黄瓜枯萎病，定植时每株浇灌15%水剂1 250倍液200mL。

5．防治烟草猝倒病、立枯病

发病初喷70%可溶性粉剂3 000～3 300倍液。

6．防治药用植物红花猝倒病

移栽时用15%水剂450倍液灌穴。防治莳萝立枯病，发病初喷淋15%水剂450倍液，隔7～10d再施1次。

7．防治茶苗猝倒病、立枯病

在种植前，亩用70%可溶性粉剂50～150g，对水土施，或亩用15%水剂250～800mL，对水喷于土面。

5

表5-13　我国登记的噁霉灵主要混剂配方、防治对象和用量

混剂	剂型	组分Ⅰ	组分Ⅱ	防治对象	制剂用量（g或mL/亩）	施用方法
3%甲霜·噁霉灵	水剂	2.5%噁霉灵	0.5%甲霜灵	黄瓜枯萎病	500～700倍液每株250mL	灌根
				水稻立枯病	12～18mL/m²	苗床喷雾
56%甲硫·噁霉灵	可湿性粉剂	16%噁霉灵	40%甲基硫菌灵	西瓜枯萎病	600～800倍液	灌根
54.5%噁霉·福美双	可湿性粉剂	9.5%噁霉灵	45%福美双	黄瓜立枯病	3.7～4.6g/m²	苗床浇洒
20%噁霉·稻瘟灵	见稻瘟灵					
3.2%噁霉·甲霜	水剂	2.6%噁霉灵	0.6%甲霜灵	水稻恶苗病	83～125mL/亩	喷雾

注意事项

使用噁霉灵拌种时，以干拌最安全，湿拌或闷种易产生药害。应严格控制用药量，以防抑制作物生长。

烯丙苯噻唑（probenazole）

$$OCH_2—CH{=}CH_2$$

（结构式：3-烯丙氧基-1,2-苯并异噻唑-1,1-二氧化物，含 N、S、O、O）

化学名称

3-烯丙氧基-1，2-苯并异噻唑-1，1-二氧化物

其他名称

烯丙异噻唑，好米得

理化性质

原药外观为白色或黄褐色粉末，熔点138～139℃；水中溶解度约150mg/L，易溶于丙酮、氯仿、二甲基甲酰胺，溶于苯、乙醇、甲醇，稍溶于己烷。在正常贮存条件下及中性、微酸性介质中稳定，在碱性介质中缓慢分解。

毒性

低毒，大鼠急性经口 LD_{50} 为4 640mg/kg，急性经皮 LD_{50} > 2 000mg/kg；对鲤鱼 LC_{50} 为6.3mg/L（48h）。

生物活性

烯丙苯噻唑在离体条件下没有杀菌活性，但被植物根系吸收后，能在植物体内传导，刺激植物产生水杨酸，激活植物的水杨酸防御系统，提高植物的抗病性。可广泛保护和根除大田作用、果树、草场、蔬菜病菌。处理水稻，促进根系吸收，保护作物不受稻瘟病菌和稻白叶枯病菌的侵染。

制剂

8%颗粒剂。

生产企业

日本明治制果株式会社，江苏省苏州联合伟业科技有限公司，天津市鑫卫化工有限责任公司。

应用

烯丙苯噻唑用于水稻，可以防治稻瘟病、水稻白叶枯病，也可以用于蔬菜细菌病害的防治（如大白菜软腐病、黄瓜角斑病等）。

可用于水稻秧田、育秧箱和本田防治稻瘟病。本田应在移栽前施药，能促进水稻根系吸收，保护稻苗不受病菌侵染，一般每亩用8%颗粒剂1 667～3 333g，撒施。

硅噻菌胺（silthiopham）

化学名称

N-烯丙基-4,5-二甲基-2-三甲基硅噻吩-3-甲酰胺

其他名称

全蚀净

理化性质

白色颗粒状固体，熔点为86.1～88.3℃，水中溶解度35.3mg/L（20℃）。

毒性

微毒，大鼠急性经口 LD_{50} > 5 000mg/kg，急性经皮 LD_{50} > 5 000mg/kg，对兔皮肤和眼睛没有刺激性。

生物活性

具有良好的保护活性，残效期长。

制剂和生产企业

12.5%悬浮剂，美国孟山都公司美国孟山都公司。

应用

硅噻菌胺主要用于谷类作物（小麦、大麦和黑小麦）的种子处理。

防治冬小麦全蚀病，每100kg冬小麦种子用12.5%悬浮剂160～320mL，种子包衣。

稻瘟灵（isoprothiolane）

$$\text{1,3-dithiolan-2-ylidene}=C(CO_2CH(CH_3)_2)_2$$

化学名称

二异丙基-1，3-二硫戊环-2-a-基丙二酸酯

其他名称

富士一号

理化性质

无色无味晶体，原药为黄色略带刺激性气味的固体；熔点54～54.5℃（原药熔点为50～51℃），沸点167～169℃/0.5mmHg，蒸气压18.8mPa（25℃）；相对密度为1.044；在水中的溶解度为54mg/L（25℃），在甲醇中1 500g/L，在乙醇中760g/L，在二甲基亚砜中230g/L，在丙酮中4 060g/L，在氯仿中4 130g/L，在苯中2 770g/L，在正己烷中10g/L（以上均为25℃）；对酸、碱、光和热稳定。

毒性

低毒，雄大鼠LD_{50}为1 190mg/kg，雌大鼠LD_{50}为1 340mg/kg，大鼠急性经皮LD_{50} > 100 000mg/kg；只对眼睛有轻微的刺激作用，对皮肤无刺激性。对虹鳟鱼的LC_{50}为6.8mg/L，对鲤鱼的LC_{50}为7mg/L。

生物活性

杀菌剂和植物生长调节剂，对稻瘟病有特效，其杀菌机制主要是抑制稻瘟侵入丝的形成，使病菌不能侵入水稻组织；对已侵入水稻组织的菌丝能抑制其生长；还能抑制病斑上分生孢子的形成，起到预防与治疗作用。稻瘟灵具有较强的内吸作用，且是双向传导稻根吸收的药剂能输导到叶片和穗轴部分，水稻叶片吸收的药剂能输导到施药后长出的新叶片内，发挥防病效力。

制剂

40%、30%乳油，40%可湿性粉剂，18%微乳剂。

生产企业

四川省川东农药化工有限公司，日本农药株式会社，四川省化学工业研究设计院，四川省成都海宁化工实业有限公司，浙江菱化实业股份有限公司，湖南衡阳莱德生物药业有限公司，山东玉成生化农药有限公司，吉林金秋农药有限公司等。

应用

稻瘟灵主要用于防治稻瘟病，对水稻纹枯病、小球菌核病、白叶枯病也有一定效果。稻田使用后，可降低叶蝉的虫口密度。

1．防治叶稻瘟或穗颈瘟

亩用40%乳油75～110mL对水喷雾。对叶稻瘟于发病初期施药，必要时隔10～14d再施1次。对穗颈病在水稻孕穗期和齐穗期各施药1次。

育秧箱施药，在秧苗移栽前1d或移栽当天，每箱（30cm × 60cm × 3cm）用40%乳油20mL，加水500g，用喷壶均匀浇灌在秧苗和土壤上。然后带土移栽，不能把根旁的土壤抖掉。药效期可维持1个月。

2．防治大麦条纹病、云纹病

每100kg种子用40%可湿性粉剂250～500g拌种；田间于发病初期，亩用40%可湿性粉剂50～75g，对水50kg喷雾。

3．防治玉米大、小斑病

在中、下部叶片初出现病斑时，亩用40%乳油150mL，对水喷雾。

4．防治茭白瘟病

发病初喷40%乳油1 000倍液，7～10d喷1次，共喷2～3次（表5-14）。

注意事项

1．稻瘟灵对鱼类有毒，施药时防止污染鱼塘。

2．稻瘟灵对葫芦科植物有药害。

表5-14 我国登记的稻瘟灵主要混剂配方、防治对象和用量

混剂	剂型	组分Ⅰ	组分Ⅱ	防治对象	制剂用量（g或ml/亩）	施用方法
40%异稻·稻瘟灵	乳油	10%稻瘟灵	30%异稻瘟净	水稻稻瘟病	100～167	对水喷雾
35%酰胺·稻瘟灵	乳油	5%稻瘟灵	30%稻瘟酰胺	水稻稻瘟病	37.5～75	对水喷雾
30%己唑·稻瘟灵	乳油	27%稻瘟灵	3%己唑醇	水稻稻瘟病	60～80	对水喷雾
				水稻纹枯病		
				水稻稻曲病		
20%噁霉·稻瘟灵	乳油	10%稻瘟灵	10%噁霉灵	水稻立枯病	2～3ml制剂/m^2	苗床喷洒后播种
				番茄立枯病	2～3ml制剂/m^2	苗床喷洒后播种
				茄子立枯病	2～3ml制剂/m^2	苗床喷洒后播种
				棉花立枯病	500～800ml/100kg种子	拌种
				烟草立枯病	1 000～1 500倍液	播种前喷洒苗床，移栽后再喷雾一次
				油菜菌核病	2 000～1 000倍液	播种前喷洒苗床，初花－盛花期再喷雾一次

叶枯唑（bismerthiazol）

$$HS-C_2N_2S-NH-CH_2NH-C_2N_2S-SH$$

化学名称

N, N-甲撑-双（2-氨基-5-巯基-1, 3, 4-噻二唑）

其他名称

噻枯唑，叶青双，敌枯宁，叶枯宁，川化-018

理化性质

纯品为白色长方柱状结晶或浅黄色疏松细粉，熔点190±1℃；溶于二甲基甲酰胺、二甲基亚砜、吡啶、乙醇、甲醇等有机溶剂，难溶于水。

毒性

低毒，大鼠急性经口LD_{50}为3 160～8 250mg/kg。

生物活性

主要用于防治植物细菌性病害，是防治水稻白叶枯病、水稻细菌性条斑病、柑橘溃疡病的良好药剂；该药剂内吸性强，具有预防和治疗作用，持效期长，药效稳定，对作物无药害。

制剂

25%、20%、15%可湿性粉剂。

生产企业

浙江禾益农化有限公司，浙江湾化工公司，湖北沙隆达蕲春有限公司，湖北省天门易普乐农化有限公司，四川迪美特生物科技有限公司，天津市绿亨化工有限公司，广西贝嘉尔生物化学制品有限公司，江西凯丰化工有限公司，山东拜尔化工有限公司，深圳诺普信农化股份有限公司等。

应用

防治水稻白叶枯病，亩用20%可湿性粉剂100～150g，对水喷雾；病情严重时，可适当增加用药量，秧田在3～4叶期和移栽前5d各喷药1次；本田在发病初期和齐穗期各喷药1～2次，间隔7～10d。在发病季节，如遇台风或暴雨，要在风雨过后立即喷药保护。

防治水稻细菌性条斑病，使用方法同水稻白叶枯病。

防治小麦黑颖病，亩用25%可湿性粉剂100～150g，在发病初期开始喷药，7～10d再喷1次。

防治柑橘溃疡病，一般是喷25%可湿性粉剂500～800倍液。苗木和幼树，在夏、秋稍长1.5～3cm、叶片刚转绿时（新芽萌发后20～30d）各喷药1次。如遇台风或暴雨，要在风雨过后立即喷药保护。

防治姜瘟，在挖取老姜后，用25%可湿性粉剂1 500倍液淋蔸。

注意事项

1. 本剂不适宜作毒土使用，最好用弥雾方式施药。

2. 不可与碱性农药混用。

5

稻瘟酰胺（fenoxanil）

Cl—C6H3(Cl)—O—CH(CH3)—C(=O)—NH—C(CH3)(CN)—CH(CH3)CH3

化学名称

N-（1-氰基-1,2-二甲基丙基）-2-（2,4-二氯苯氧基）丙酰胺

理化性质

白色无味固体，熔点69.0～72.5℃，蒸气压0.21×10^{-4}mPa（25℃），相对密度1.22（20℃）；水中溶解度31mg/L（20℃），在多数有机溶剂中能够溶解。

毒性

低毒，大鼠急性经口LD_{50}>5 000mg/kg，急性经皮LD_{50}>2 000mg/kg。

生物活性

保护杀菌剂，具内吸性，持效期长。

制剂

20%悬浮剂。混剂：30%酰胺·稻瘟灵乳油（30%稻瘟酰胺+5%稻瘟灵）。

生产企业

江苏丰登农药有限公司，江苏长青农化股份有限公司，山东京博农化有限公司，德国巴斯夫股份有限公司等。

应用

稻瘟酰胺是非常新的杀菌剂，刚刚进入市场，可采用叶面喷雾或者水面撒施（颗粒剂）的方法防治稻瘟病。

喷雾防治稻瘟病，每亩用20%悬浮剂60～100ml，对水喷雾。

咯菌腈（fludioxonil）

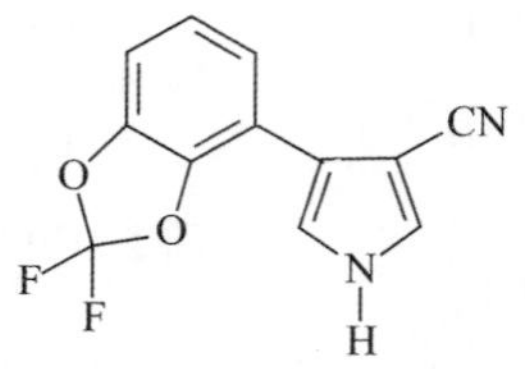

化学名称

4-（2，2-二氟-1，3-苯并间二氧杂环戊烯-4-基）-1-H-吡咯-3-腈

其他名称

适乐时

理化性质

原药外观为浅黄色粉末，相对密度1.54（纯品，20℃），熔点199.8℃（纯品），蒸气压3.9 × 10^{-4}mPa（25℃），水中溶解度为1.8mg/L（25℃），乙醇中44g/L，丙酮中190g/L，甲苯中2.7g/L，己烷中7.8mg/L，正辛醇20g/L。在pH5～9的范围内，70℃条件下不水解。

毒性

微毒，大鼠急性经口LD_{50} > 5 000mg/kg，大鼠急性经皮LD_{50} > 2 000mg/kg；对眼睛和皮肤没有刺激性。对翻车鱼的LC_{90}为0.31mg/L（96h），对鲤鱼的LC_{90}为1.5mg/L（96h），对虹鳟鱼的LC_{90}为0.5mg/L（96h）。

生物活性

咯菌腈为苯基吡咯类杀菌剂，具广谱触杀性，持效期长，其作用机制是抑制分生孢子萌发。用于种子处理，可防治大部分种子带菌及土壤传染的真菌病害；在土壤中稳定，在种子及幼苗根际形成保护区，防止病菌入侵。结构新型，不易与其他杀菌剂发生交互抗性。

制剂

50%可湿性粉剂，25g/L悬浮种衣剂；混剂：35g/L咯菌·精甲霜悬浮种衣剂（25g/L咯菌腈+10g/L精甲霜灵）。

生产企业

瑞士先正达作物保护有限公司，先正达（苏州）作物保护有限公司。

应用

咯菌腈可用于种子处理，也可用于叶面喷雾处理，还可用于果实采后保鲜处理。

防治大豆根腐病，每100kg大豆种子用25g/L悬浮种衣剂600～800ml，进行种子包衣处理；为使包衣均匀，可先取600～800ml悬浮种衣剂，用1～2L清水稀释成药浆，将药浆与种子以1∶50～100的比例充分搅拌，直到药液均匀分布在种子表面，晾干后即可播种。

防治花生根腐病，每100kg花生种子用25g/L悬浮种衣剂600～800ml，进行种子包衣处理，包衣方法同大豆。

防治棉花立枯病，每100kg棉花种子用25g/L悬浮种衣剂600～800ml，进行种子包衣处理。包衣方法同大豆。

防治水稻恶苗病，每100kg水稻种子用25g/L悬浮种衣剂400～600ml，进行种子包衣处理；也可采用浸种的方法，每100kg水稻种子，取25g/L悬浮种衣剂200～300ml，用200L清水稀释，浸种100kg，24h后催芽。

防治小麦根腐病，每100kg种子用25g/L悬浮种衣剂150～200ml进行种子包衣处理，为使包衣均匀，可先取150～200ml悬浮种衣剂，用1～2L清水稀释成药浆，将药浆与种子以1∶50～100的比例充分搅拌，直到药液均匀分布在种子表面，晾干后即可播种。

防治小麦散黑穗病，每100kg种子用25g/L悬浮种衣剂100～200ml进行种子包衣处理，包衣方法同上。

防治玉米茎基腐病，每100kg种子用35g/L咯菌・精甲霜悬浮种衣剂100～150ml进行种子包衣，先取100～150ml悬浮种衣剂，用1～2L清水稀释成药浆，将药浆与种子以1∶50～100的比例充分搅拌，直到药液均匀分布在种子表面，晾干后即可播种。

防治观赏菊花灰霉病，用50%可湿性粉剂6 000～4 000倍液喷雾。

注意事项

1．处理后的种子，播种后必须盖土，用剩种子可贮存于阴凉干燥处，一年内药效不减。

2．禁止用于水田，以免杀伤水生生物。

高锰酸钾（potassium penmanganate）

$KMnO_4$

化学名称

高锰酸钾

理化性质

溶解度（g/L，20℃）：5.96；稳定性：在空气中稳定，水溶液遇光照光化分解。

毒性

低毒，大鼠急性经口LD_{50}>3 160mg/kg（制剂），大鼠急性经皮LD_{50}>2 150mg/kg（制剂）。

生物活性

高锰酸钾是常用消毒剂，当作农用杀菌剂可以用于某些作物生长期和贮藏期的病害防治。

制剂

91%高锰・链可溶性粉剂（88.5%高锰酸钾+2.5%链霉素）。

生产企业

河南省濮阳市农科所科技开发中心。

应用

1．果树病害在果树枝条扦插前

用0.1%～0.5%高锰酸钾水溶液浸泡插条基部5～24h，可消毒灭菌，抑制有害生物繁殖，还可活化枝条细胞，增强呼吸作用，促进根系生长，提高成活率。

柑橘种子消毒，用0.4%高锰酸钾水溶液浸种2h，捞出、洗净后播种，可消除种子带菌。

防治柑橘脚腐病、流胶病、树脂病，在100g桐油（或茶油）中加入10g高锰酸钾，搅拌混匀，即配成油锰合剂，于4～5月和9月涂抹在刮除病皮后的病疤上。

防治西瓜枯萎病，于播种、幼苗和伸蔓3个时期用高锰酸钾500～800倍液喷施垄面或灌根。当植株初见萎蔫时，灌500倍液。

果品包装材料和果窖消毒，喷0.1%～0.2%高锰酸钾水溶液，可杀灭细菌和部分霉菌。

防治由苹果青霉病、绿霉病和部分霉菌引起的腐烂，可在贮前用0.1%高锰酸钾水溶液浸果0.5min。柑橘在采收当天，用0.05%高锰酸钾水溶液加250mg/L浓度2～4滴混合液，洗果0.5min，捞出晾干，预贮3～4d，再放入通风仓库贮存。

2．蔬菜病害防治黄瓜枯萎病

自发病初期开始，用0.06%～0.1%高锰酸钾水溶液灌根，每株灌药液100ml，7d灌1次，连灌3次。

防治茄子幼苗猝倒病，在发病初期，用0.06%～0.12%高锰酸钾水溶液灌根，使床面土壤湿润，并立即用清水喷洗叶面，以防幼苗受药害。

防治番茄早疫病、斑枯病，用1%高锰酸钾水溶液浸种30min，清水洗净后播种，可杀灭种子带菌，减少初侵染源。

防治番茄、甜椒病毒病，可用0.1%高锰酸钾水溶液浸种30min，清水洗净后播种。在田间发病初期，喷0.1%～0.15%高锰酸钾水溶液，5～7d喷1次，共喷3～4次。

3. 防治君子兰根茎腐烂病

将发病严重的植株连根拔起，去掉根部的土，剪去腐烂部分，浸于0.1%高锰酸钾溶液中5min，用清水洗净，将植株晒0.5h后置于阴处阴干4～5d，再栽进新盆土中。

碳酸氢钠（sodium bicarbonate）

$NaHCO_3$

其他名称

小苏打。

理化性质

为无色结晶粉末，无味，略具潮解性，易溶于水，其水溶液因水解而呈微碱性，受热易分解出二氧化碳。

生物活性

可防治果品贮藏期病害和清洗果面锈斑及霉污病斑。

应用

柑橘等果实贮藏防腐，采收后预贮1～2d，用1%～2%碳酸氢钠水溶液加2～4滴或对氯苯氧乙酸（防落索）250mg/L的药液洗果，晾干后贮存于通风库中。

去除苹果、梨等果实表面的水锈或霉污病斑，在选果时用毛巾蘸用3～5倍水溶解的碳酸氢钠水溶液，很容易擦净果面；或用碳酸氢钠500g、漂白粉10kg，加水50kg配成药液，将果面水锈严重的果实放入浸3～5min，水锈即可除去。

防治番茄果实采后灰霉病和绵腐病，可用5%碳酸氢钠水溶液与酵母拮抗菌混合洗果，效果很好。

碘（iodine）

I

其他名称

平腐灵。

生物活性

碘是一种具有强氧化性的物质，具有杀菌作用，能够杀灭细菌、真菌和病毒，具有广谱性。

毒性

制剂微毒，大鼠急性经口LD_{50}>10 000mg/kg（制剂），大鼠急性经皮LD_{50}>1 000mg/kg；一般对人体无害。

制剂

1% 水剂。

生产企业

山东省禹城市农药厂。

应用

登记用于防治苹果腐烂病。制剂用于防治苹果树腐烂病，使用时将腐烂病斑刮净并刮出好皮 1 ~ 2cm 用，用 1% 水剂或对水稀释 1 倍后，用毛刷涂抹病疤，间隔 2 ~ 5d 再涂抹一次。

防治苹果斑点落叶病，于发病初期和盛期，用 1% 碘水剂 500 ~ 700 倍液喷雾。

防治柑橘黄斑病和炭疽病，用 1% 碘水剂 600 倍液喷雾。黄斑病于 4 月下旬开始，每隔 15 ~ 20d 喷 1 次，连喷 3 ~ 4 次。果实炭疽病从 9 月上旬开始每隔 10 ~ 15d 喷 1 次，连喷 3 ~ 4 次。

防治大白菜霜霉病，在田间发现中心病株时即开始施药，用 1% 碘水剂 600 倍液连喷 2 ~ 3 次，间隔 7d。对大白菜软腐病用 1% 碘水剂 600 倍液，在发病前（苗期）喷灌 2 次，间隔 7d，每株每次灌药液 200ml。

注意

本制剂贮存于密封闭光处。

过氧乙酸（peracetic acid）

$$H_3C-\overset{\overset{\large O}{\|}}{C}-O-OH$$

化学名称

过氧乙酸

其他名 称

克菌星。

理化性质

熔点 0.1℃，沸点 105℃，相对密度 1.15，溶于水，溶于乙醇、乙醚、硫酸。

生物活性

过氧乙酸是常用卫生消毒剂，在我国非典防治中发挥了重大作用，它可用于漂白、催化剂、氧化剂及环氧化作用，也用作消毒剂。用于植物病害防治，内吸作用强，用药后蔬菜灰霉病病斑木栓化，浓状腐败物消失，菌丝不再释放孢子，对低温高湿引起的病害效果显著。

毒性

低毒，大鼠急性经口 LD_{50} > 5 000mg/kg（制剂），大鼠急性经皮 LD_{50} > 1 000mg/kg（制剂）。本品对眼睛、皮肤、黏膜和上呼吸道有强烈刺激作用。

制剂

21% 水剂。

生产企业

河北强大生物农药有限公司，河北华灵农药有限公司，河北华灵农药有限公司，河北省邢台市化工研究所联营农药试验厂，河北省邢台海园农化科技有限公司，河北省南和县瑞祥生化有限责任公司，河北省深州市奥邦农化有限责任公司，山东农丰化工有限公司等。

应用

产品登记用于防治番瓜灰霉病，亩用 21% 水剂 140 ~ 233ml，对水 50 ~ 75kg 喷雾。

注意事项

1. 严禁与碱性农药混用。
2. 过氧乙酸具强腐蚀性、强刺激性，可致人体灼伤，使用时要注意安全防护。

3. 用药时间最好在上午10:00以前，下午16:00以后。

甲醛（formaldehyde）

HCHO

其他名称

福尔马林（38%～40%甲醛水溶液）

理化性质

甲醛熔点为-92℃，沸点-19.5℃，相对密度为0.815（-20℃）；福尔马林是无色透明液体，有刺激性气味，相对密度为1.081～1.085（25℃）。甲醛在水中溶解度为55%，可与丙酮、甲醇等混溶；福尔马林可与水、丙酮、乙醇混溶。见光易分解。

毒性

低毒，大鼠急性经口LD_{50}为550～800mg/kg（福尔马林），大鼠急性经皮LD_{50}为270mg/kg（福尔马林）；福尔马林蒸气对动物和人的眼睛、皮肤、黏膜和上呼吸道有强烈刺激作用。

生物活性

甲醛为强力杀细菌剂及杀真菌剂。

应用

福尔马林主要用于土壤消毒及部分种子处理，也可用于收获后的温室消毒，不得用于作物喷雾；如发生沉淀，应加热溶解后使用，或加适量的碱液，并充分搅拌，放置2d，待沉淀小时后使用。

1. 蔬菜病害

根据病害种类可采用多种方法施药。

播前苗床消毒，防治立枯病、猝倒病、灰霉病、菌核病等，于播种前3周，用商品甲醛水溶液100倍液泼浇已翻松的土壤，用药液量以刚好湿透为宜（约为每平方米用商品甲醛水溶液300ml），立即覆膜，闷2～3d后揭膜，翻土数次，使甲醛挥发净（约需15～20d）后才可播种。

土壤消毒防治黄瓜枯萎病，沿垅沟浇商品甲醛水溶液100～200倍液，并覆膜闷5d，揭膜后需经30d待甲醛充分挥发净后才能栽植瓜苗。

浸种防治瓜类炭疽病、疫病、枯萎病、蔓枯病、黑星病、角斑病，茄子褐纹病、炭疽病、黄萎病，菜豆炭疽病、枯萎病等，用商品甲醛水溶液150倍液浸种30min，捞出用清水冲洗后催芽播种或晾干备用。

防治马铃薯疮痂病，用商品甲醛水溶液200倍液浸种薯5min，或将种薯浸湿后用塑料薄膜盖严闷2h，晾干后播种。

防治姜瘟，在种植前先将种姜晾晒5～7d，再将商品甲醛水溶液100倍液浸1～3h，捞起堆放闷种6～12h后播种。

防治番茄青枯病，在田间零星发生时，立即拔除病株，并用商品甲醛水溶液200倍液，每穴浇灌250ml。

对棚架和农具消毒，用商品甲醛水溶液的50～100倍液，洗刷或喷洒棚架、竹竿、筐等各种用具，以防传带病菌。

2. 果树病害

用作土壤消毒防治香蕉、菠萝等水果的枯萎病、立根病，每平方米用商品甲醛水溶液50倍液10kg处理土壤。

防治苹果、桃、李、核桃、荔枝、龙眼等果树的根腐病、紫纹羽病、白绢病，用商品甲醛水溶液100倍液灌根。

用作种子消毒防治柑橘溃疡病，用商品甲醛水溶液100倍液浸种10min，捞出用清水洗净、晾干、播种。

防治果树苗木的根腐病，播前用商品甲醛水溶液80倍液喷布种子，边喷边拌，使种子均匀湿润，堆闷2h后，在通风阴凉处摊开，待甲醛挥发净后播种。

3. 其他病害

防治甘蔗黑穗病，用商品甲醛水溶液100倍液浸带菌种苗5min，再用塑料薄膜覆盖闷2h后种植。

防治药用植物杜仲立枯病，发病初期用商品甲醛水溶液1 000倍液浇灌。防治百合基腐病（枯萎病），对种球消毒，用商品甲醛水溶液120倍液浸种3.5h，防效明显。

防治水仙基腐病（鳞茎腐烂病），可在鳞茎贮藏前用商品甲醛水溶液50倍液浸泡20min，捞出晾干，再入室贮藏。在种植前用商品甲醛水溶液120倍液浸泡3～4h。

注意事项

1. 甲醛对皮肤和眼睛有强烈的刺激作用，使用须注意安全操作。

2. 须注意用甲醛浸过的种子在空气中干燥时间过长或播后土壤太干，都容易发生药害。

3. 甲醛对鱼有毒，注意不要污染河流。

双胍三辛烷基苯磺酸盐（iminoctadinetris，albesilate）

H_2N^+=C(NH_2)–NH–$(CH_2)_8$–NH_2^+–$(CH_2)_8$–NH–C(NH_2)=NH_2^+ · 3(C_nH_{2n+1}–C_6H_4–SO_3^-)

n=10~13，平均为12

化学名称

1，1'–亚氨基（辛基亚甲基）双胍3（烷基苯基磺酸盐）

其他名称

百可得

理化性质

该药分子是由不同链长的苯磺酸盐（C_{10}～C_{13}）组成的混合物；原药为棕色固体，相对密度为1.076，熔点92～96℃，蒸气压＜1.6×10^{-1}mPa；在水中的溶解度为6mg/L（20℃），在甲醇中5 660g/L，在乙醇中3 280g/L，在异丙醇中1 800g/L，在苯中为0.02g/L；室温下在酸、碱性条件下稳定。

毒性

低毒，大鼠急性经口LD_{50}为1 400mg/kg，雄小鼠急性经口LD_{50}为4 300mg/kg，大鼠急性经皮LD_{50}＞2 000mg/kg；对皮肤、眼睛和呼吸道具有中度刺激作用，使皮肤产生过敏反应。对鲤鱼的LC_{50}为200mg/L（96h）。

生物活性

一种广谱性的保护性杀真菌剂，局部渗透性强，主要作用于病原菌的类酯化合物的合成和细胞膜机能、抑制孢子萌发、芽管伸长、附着孢和菌丝的形成。主要用于防治由子囊菌和半知菌引起的病害。

制剂

40%可湿性粉剂。

生产企业

江苏龙灯化学有限公司，日本曹达株式会社，江苏省苏州富美实植物保护剂有限公司，广东省江门市大光明农化有限公司等。

应用

1．果树病害

防治苹果斑点落叶病，在早春苹果春梢初见病斑时开始喷40%可湿性粉剂800～1 000倍液，10～15d喷1次，连喷5～6次。在谢花后20d内喷药会造成“锈果”。

对葡萄灰霉病喷40%可湿性粉剂1 500～2 500倍液，对葡萄炭疽病，桃黑星病、灰星病，梨黑星病、黑斑病、轮纹病，柿炭疽病、白粉病、落叶病、灰霉病等喷40%可湿性粉剂1 000～1 500倍液。对猕猴桃果实软腐病，西瓜蔓枯病、白粉病、炭疽病，草莓炭疽病、白粉病等喷40%可湿性粉剂1 000倍液。

防治柑橘贮藏病害青霉病和绿霉病，采收当天的果实，用40%可湿性粉剂1 000～2 000倍液浸果1min，捞出晾干，单果包装贮藏于室温下。

2．蔬菜病害

防治番茄灰霉病，在开花期或发病初期开始，亩用40%可湿性粉剂30～50g，对水常规喷雾，7～10d喷1次，连喷3～4次。

防治芦笋茎枯病，在采笋结束后，留母笋田的嫩芽或新种植笋田的嫩芽长至5～10cm时，用40%可湿性粉剂800～1 000倍液喷雾或涂茎。芦笋生长初期每2～3d施药1次，在笋叶长成期每7d喷1次。对笋嫩茎可能造成轻微弯曲，但对母茎生长无影响。

防治生菜灰霉病、菌核病，喷40%可湿性粉剂1 000倍液。

本产品还可用于茶、黄瓜、洋葱、菜豆、马铃薯、甜菜、小麦等作物。

注意事项

1．本产品的原材料之一的双胍辛胺也是具有很好杀菌活性的杀菌剂，但由于对实验动物急性吸入毒性高和慢性毒性问题已被撤销登记使用。

2．本品会造成芦笋茎轻微弯曲，但对母茎生长无影响。

3．在苹果落花后20d之内喷雾会造成锈果。

4．喷雾时避免接触玫瑰花等花卉。

第十八章
抗生素类杀菌剂

由细菌、真菌、放线菌等微生物在发酵过程中所产生的具有杀灭或抑制某些为害农作物的有害生物的次级代谢产物，将其加工成农业上可直接使用的形态，这就是农用抗生素。

最早的农用抗生素是将医用抗生素引用到农业上来使用，且主要是用于防治植物病害，所以就称之为农用抗生素，如医用的链霉素、氯霉素、土霉素等，都曾被引用于农业防治某些病害，目前仍有应用。

由于许多新开发的抗生素，其防治对象已不只是菌类，也有害虫、害螨、杂草，有些还具有调节植物生长的作用，再将它们称做农用抗生素已很不合适，故现在均称之为农用抗生素，又根据其用途分为抗生素类杀虫（杀螨）剂、抗生素类杀菌剂、抗生素类除草剂、抗生素类植物生长调节剂。

抗生素类农药虽然具有高效、低毒等优点，但长时间、大面积应用同一种农用抗生素防治同一种病害存在一定的弊端，出于对人类、动植物和环境安全的考虑，欧盟 2003 年开始禁止井冈霉素在欧盟境内销售。因此，建议不要在一个地区长时间使用同一类抗生素。

井冈霉素（jinggangmycin）

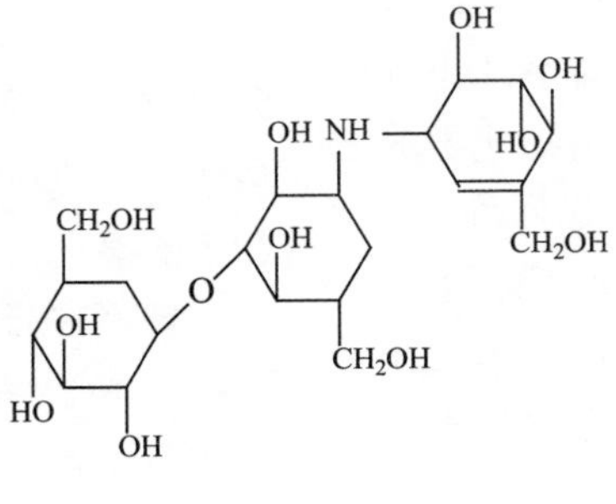

化学名称

N-[(1S)-(1,4,6/5)-3-羟甲基-4,5,6-三羟基-2-环己烯基][O-β-D-吡喃葡萄糖基-(1→3)]-1S-(1,2,4/3,5)-2,3,4-三羟基-5-羟甲基-环己基胺

其他名称

有效霉素

理化性质

是由链霉菌井冈变种产生的水溶性抗生素-葡萄糖苷类化合物。共有 6 个组分，主要活性物质为井冈霉素 A 和 B。纯品为无色无味吸湿性粉末，熔点 130～135℃（分解），蒸气压室温下不计；溶于水，溶于甲醇，二甲基甲酰胺，二甲基亚砜，微溶于乙醇和丙酮，难溶于乙醚和乙酸乙酯，室温下

中性和碱性介质中稳定，酸性介质中不太稳定。

毒性

低毒，大鼠急性经口 LD_{50}>2 000mg/kg，急性经皮 LD_{50}>5 000mg/kg；无中毒报道。

生物活性

井冈霉素是目前使用量最大的农用抗生素，它的产生菌为吸水链霉菌井冈变种，是1973年由上海市农药研究所在江西井冈山地区的土壤中发现的。井冈霉素由A～G7个结构相似的组分组成，其中以A组分即井冈霉素A的活性最高，它是立枯丝核菌海藻糖酶的有效抑制剂，具有干扰病原菌生长的作用，能使菌丝体顶端产生异常分枝，进而停止生长。井冈霉素具有很强的内吸作用，兼有保护和治疗作用，当水稻纹枯病菌的菌丝接触到井冈霉素后，能很快被菌体细胞吸收并在菌体内传导，干扰和抑制菌体细胞正常生长发育，从而起到治疗作用。井冈霉素也可用于防治小麦纹枯病、稻曲病等。

制剂

10%、5%、4%、3%水剂，20%、10%、5%可溶性粉剂；混剂见表5-15所示。

生产企业

浙江省桐庐汇丰生物化工有限公司，湖南亚华种业股份有限公司生物药厂，广东省湛江市春江生物化学实业有限公司，浙江钱江生物化学股份有限公司，武汉科诺生物科技股份有限公司，广东省四会市农药厂，山东邹平农药有限公司，上海同瑞生物科技有限公司，广东省兴宁市金丰农药化工实业有限公司，陕西绿盾生物制品有限责任公司等。

应用

井冈霉素是防治作物纹枯病的特效药剂，在我国每年用于水稻纹枯病防治面积达1.5亿～2亿亩次，并且使用30年来尚未发现抗性发生。为适应稻田常是数病同发或病虫同发的现实，已开发出多种以兼治为目的、一药多治的复配混剂。

1. 水稻病害

主要是防治水稻纹枯病，一般是从发病率达20%左右时开始喷药，亩用5%水剂100～150mL或5%井冈霉素A可溶性粉剂25～50g，对水60～75kg，重点喷于水稻中下部，或对水400kg泼浇，泼浇时田间保持水层3～5cm，一般是早稻施药2次，单季稻施药2～3次，连作晚稻施药1～2次。两次施药的间隔为10d左右。可兼治稻曲病、小粒菌核病、紫秆病。

专为防治稻曲病时，于孕穗末期，亩用5%水剂150～200mL，对水50～75kg喷雾。

2. 麦类纹枯病

每100kg种子用5%水剂600～800mL，加少量水，喷拌种子，堆闷数小时。或采用种子丸粒化技术，亩用5%水剂150mL，与一定量黏质泥浆混合，再与麦种混合，再撒入干细土，边撒边搓，待麦粒搓成赤豆粒大小，晾干后播种。

田间喷雾，在春季麦株纹枯病明显增多时，亩用5%水剂100～150mL，对水喷雾，重病田隔10～15d再喷1次。

防治玉米纹枯病，可参考小麦的田间喷施药量。

3. 蔬菜病害防治茭白纹枯病、茭角纹枯病

发病初期及早喷5%水剂800～1 000倍液，7～10d喷1次，连喷2～3次。

防治菱角白绢病，在病害大发生初期及早喷5%水剂1 000～1 500倍液2～3次，或在拔除中心病株后喷药封锁。为预防发病，可在5月底至6月初于隔离保护带内喷3～5m宽的药剂保护带。

防治番茄白绢病，在发病初期用5%水剂500～1 000倍液浇灌，共用药2～3次。防治苦瓜白绢病，拔除病株后，对病穴及邻近植株淋灌1 000～1 600倍液，每株（穴）用药液400～500mL。

防治山药根腐病，发病初期淋灌5%水剂1 500倍液，特别要注意淋易受病害的茎基部。

防治黄瓜立枯病、豆类立枯病，在播种后、定植后，用5%水剂1 000～2 000倍液浇灌，每平方米灌药液3～4kg。

4. 防治棉花立枯病

在播种后用5%水剂500～1 000倍液灌根，每

平方米用药液3kg。

5．果树病害

防治桃缩叶病，在桃芽裂嘴期，喷5%水剂500倍液（100mg/kg）1～2次。

防治柑橘播种圃苗木立枯病，于发病初期用5%水剂500～1 000倍液（50～100mg/kg）浇灌。此用法可防治其他果树苗期立枯病。

对多种果树的炭疽病、梨树轮纹病、桃褐斑病、草莓芽枯病等，喷洒5%水剂500倍液（100mg/kg），均有效果。

6．人参苗期立枯病

用5%水剂600～1 000倍液浇灌土壤，每平方米用药液2～3kg。青苗处理5次。

防治薄荷白绢病，拔除病株，用5%水剂1 000～1 500倍液淋灌病穴及邻近植株，每穴（株）用药液500mL。

7．防治甘蔗虎斑病

发病初期喷淋5%水剂1 500倍液（表5-15）。

表5-15　我国登记的井冈霉素主要混剂配方、防治对象和用量

混剂	剂型	组分Ⅰ	组分Ⅱ	组分Ⅲ	防治对象	制剂用量（g/亩）	使用方法
10%井·蜡芽	悬浮剂	2%井冈霉素	8%蜡质芽孢杆菌		番茄灰霉病	120～150	对水喷雾
					梨树黑星病	1 000～800倍液	喷雾
					水稻稻曲病	100～120	对水喷雾
					水稻纹枯病	160～200	对水喷雾
					水稻稻瘟病	100～120	对水喷雾
					小麦赤霉病	200～260	对水喷雾
					小麦纹枯病	200～260	对水喷雾
					油菜菌核病	200～260	对水喷雾
井冈·枯芽菌	水剂	2.5%井冈霉素	100亿活芽孢/毫升枯草芽孢杆菌		水稻稻曲病	200～240	对水喷雾
					水稻纹枯病		
3%井冈·嘧苷素	水剂	2%井冈霉素	1%嘧啶核苷类抗生素		水稻稻曲病	200～250	对水喷雾
					水稻纹枯病		
12%多·井	可湿性粉剂	4%井冈霉素	8%多菌灵		水稻稻瘟病	233～292	对水喷雾
12%井·烯唑	可湿性粉剂	10%井冈霉素	2%烯唑醇		水稻稻曲病	45～75	对水喷雾
					水稻纹枯病	40～60	对水喷雾
40%井冈·三环唑	可湿性粉剂	10%井冈霉素	30%三环唑		水稻稻瘟病	50～75	对水喷雾
					水稻纹枯病		
20%多·井·三环	可湿性粉剂	5%井冈霉素	9.2%多菌灵	5.8%三环唑	水稻稻瘟病	100～150	对水喷雾
50%井·噻·杀虫单	可湿性粉剂	6%井冈霉素	6%噻嗪酮	38%杀虫单	水稻纹枯病	120～150	对水喷雾
					稻纵卷叶螟		
					水稻稻飞虱		
					水稻二化螟		
50%吡·井·杀虫单	可湿性粉剂	6.5%井冈霉素	1%吡虫啉	42.5%杀虫单	水稻纹枯病	100～120	对水喷雾
					稻纵卷叶螟		
					水稻稻飞虱		
30%井·噻	可湿性粉剂	14.3井冈霉素	15.7%噻嗪酮		水稻纹枯病	52.5～63	对水喷雾
					水稻稻飞虱		

（续 表）

混剂	剂型	组分Ⅰ	组分Ⅱ	组分Ⅲ	防治对象	制剂用量（g/亩）	使用方法
13% 井冈·水杨酸	水剂	3% 井冈霉素	10% 水杨酸钠		水稻纹枯病	75～100	对水喷雾
22% 井冈·杀虫双	水剂	2% 井冈霉素	20% 杀虫双		水稻纹枯病	200～250	对水喷雾
50% 井冈·杀虫单	可湿性粉剂	6.5% 井冈霉素	43.5% 杀虫单		水稻螟虫		
					水稻纹枯病	80～150	对水喷雾
10% 井冈·吡虫啉	可湿性粉剂	8% 井冈霉素	2% 吡虫啉		水稻稻纵卷叶螟		
					水稻纹枯病	60～70	对水喷雾
15% 井冈·三唑酮			7% 三唑酮		水稻飞虱		
					小麦白粉病	100～133	对水喷雾
11% 井冈·己唑醇	可湿性粉剂	8.5% 井冈霉素	2.5% 已唑醇		小麦纹枯病		
					水稻纹枯病	30～35	对水喷雾

多抗霉素（polyoxins）

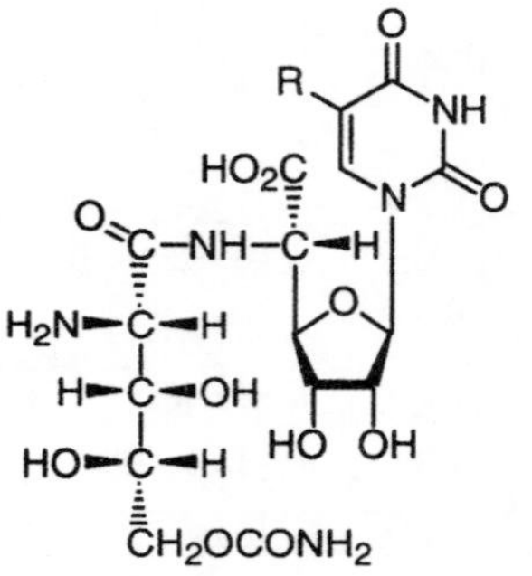

R; O; NH; HO_2C; N; O; O; C—NH—C—H; H_2N—C—H; H—C—OH; HO—C—H; O; HO OH; CH_2OCONH_2

化学名称

肽嘧啶核苷，5-（2-氨基-5-O-氨基甲酰基-2-脱氧-L-木质酰胺）-1,5-二脱氧-1-（1,2,3,4-四氢-5-羧甲基-2,4-二氧代嘧啶-1-基）-（-D-别呋喃糖羧酸

其他名称

多氧霉素，保利霉素，宝丽安，多效霉素

理化性质

无定形粉末，熔点>160℃（分解），溶解度水1kg/L（20℃），丙酮，甲醇和常用有机溶剂中的溶解度<100mg/L，吸潮，应贮存于密闭，干燥的环境中。

毒性

微毒，大鼠急性经口 LD_{50} 为 21 000mg/kg，急性经皮 LD_{50}>20 000mg/kg；对人及动物几乎没有毒性。

生物活性

广谱性抗生素类，具有较好的内吸传导作用，其作用机制是干扰菌细胞壁几丁质的生物合成，芽管和菌丝体接触药剂后，局部膨大，破裂，溢出细胞内含物，而不能正常发育，导致死亡，还有抑制病菌产孢和病斑扩大作用。

制剂

10%、3%、2%、1.5% 可湿性粉剂，3.5%、1%、0.3% 水剂。

生产企业

日本科研制药株式会社，山东省淄博市化工研究所长山实验厂，绩溪农华生物科技有限公司，山东省潍坊天达植保有限公司，吉林省延边春雷生物药业有限公司，江苏省南通丸宏农用化工有限公司，山东省乳山韩威生物科技有限公司，陕西标正作物科学有限公司，陕西省蒲城县美邦农药有限责任公司，河北博嘉农业有限公司等。

应用

主要防治对象有小麦白粉病，烟草赤星病，黄瓜霜霉病，瓜类枯萎病，人参黑斑病，水稻纹枯病，苹果斑点落叶病，草莓及工葡萄灰霉病，林木枯梢及梨黑斑病等多种真菌病害。

注意事项

不能与酸性和碱性药剂混用。

武夷菌素（Wuyiencin）

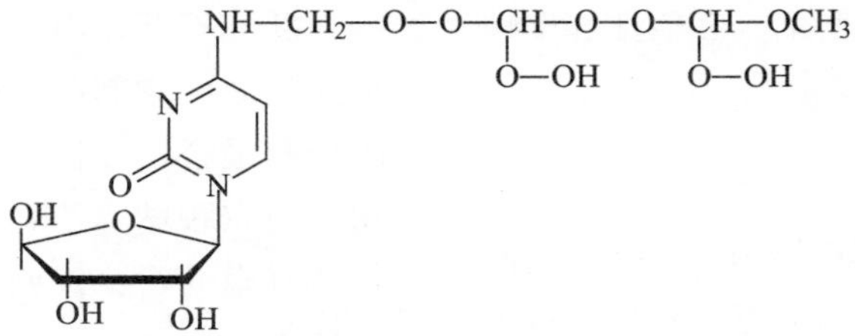

通用名称

核苷类抗生素

其他名称

农抗 BO-10

生物活性

武夷菌素是含孢苷骨架的核苷类抗生素，其产生菌为不吸水链霉菌武夷变种，本品为广谱性生物杀菌剂，低毒、安全。对多种植物病原真菌具有较强的抑制作用，能抑制菌丝蛋白质的合成，使细胞膜破裂，原生质渗漏；对黄瓜、花卉白粉病有明显的防治效果。

制剂及生产企业

1% 水剂，山东潍坊万胜生物农药有限公司。

应用

1. 蔬菜病害

对多种病原真菌、细菌有明显的抑制作用。

防治黄瓜白粉病、灰霉病，发病初期喷 1% 水剂 100～150 倍液，7d 喷 1 次，连喷 3 次。

防治番茄灰霉病、叶霉病、白粉病，发病初期喷 1% 水剂 100～150 倍液，7d 喷 1 次，连喷 2～3 次。

防治辣椒白粉病、茄子白粉病、韭菜灰霉病，喷 1% 水剂 100～150 倍液。

防治石刁柏茎枯病，发病初期喷 1% 水剂 100 倍液，7～10d 喷 1 次，连喷 3～4 次。若前期幼茎病重，用药液涂茎，可提高防效。

2. 果树病害

防治葡萄、山楂、黑穗醋栗白粉病，从发病初开始喷 1% 水剂 100 倍液，10～15d 喷 1 次，共喷 3 次。

防治柑橘苗圃和幼树的炭疽病，喷 1% 水剂 150～200 倍液，15d 喷 1 次，连喷 2～3 次。

防治柑橘流胶病，刮除病部后涂抹 1% 水剂 150～200 倍液。

防治甜橙、红橘树脂病，于 7～10 月份喷 1% 水剂 200 倍液，15d 喷 1 次，连喷 2～3 次。

防治柑橘贮藏期青霉病、绿霉病、酸腐病、黑腐病、褐腐病，用 1% 武夷霉素水剂 25～50 倍液加防落素 500～750mg/g 的混合液洗果。

对龙眼、荔枝防腐保鲜，用1%水剂20倍液洗果，在低温冷库中可贮藏35d。

3．防治药用植物肉桂叶枯病、落葵紫斑病

发病初期开始喷1%水剂100倍液，10d左右喷1次，连喷2～4次。

嘧啶核苷类抗生素

其他名称

农抗120，抗霉菌素120，120农用抗生素

理化性质

原药外观为白色粉末，熔点165～167℃（分解），易溶于水，不溶于有机溶剂，在酸性和中性介质中稳定，碱性介质中不稳定。

生物活性

农用抗生菌TF-120经鉴定为一链霉菌新变种，定名为刺孢吸水链霉菌北京变种，是一种广谱抗生素，它对许多植物病原菌有强烈的抑制作用，对瓜类白粉病、花卉白粉病和小麦锈病防效较好。

制剂

4%、2%水剂；混剂：3%井冈·嘧苷素水剂（2%井冈霉素+1%嘧啶核苷类抗生素）。

生产企业

江苏省苏州凯立生物制品有限公司，福建省福州凯立生物制品有限公司，武汉科诺生物科技股份有限公司，四川省蒲江生物工程有限责任公司，山东聊城赛德农药有限公司，成都皇牌作物科学有限公司，江西大农化工有限公司，深圳诺普信农化股份有限公司，陕西标正作物科学有限公司。

春雷霉素（kasugamycin）

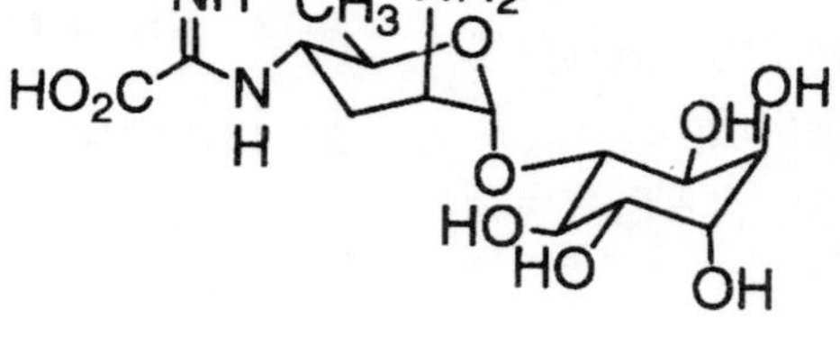

化学名称

[5-氨基-2-甲基-6-（2,3,4,5,6-羰基环己基氧代）吡喃-3-基氨基-a-亚氨醋酸]

其他名称

春日霉素，加收米

理化性质

我国有一种小金色放线菌所产生的代谢物，其盐酸盐为无色针状晶体，熔点206～210℃（分解）。日本称为春日霉素，是放线菌产生的代谢产物，其盐酸盐为无色针状晶体，熔点202～204℃（分解），蒸气压<13mPa（25℃），相对密度0.43g/cm^3

（25℃）。易溶于水，微溶于甲醇，不溶于丙酮、乙醇、苯等。在酸性和中性溶液中比较稳定，强酸或碱性溶液中不稳定，室温下稳定。外观为棕色粉末。

毒性

微毒，大鼠急性经口 LD_{50}>5 000mg/kg，兔急性经皮 LD_{50}>2 000mg/kg；无人体中毒报道。

生物活性

是农用抗生素，不仅对真菌有活性，对细菌病害也有防治效果。具有较强的内吸性，其作用机制在于干扰氨基酸代谢的酯酶系统，从而影响蛋白质的合成，抑制菌丝伸长和造成细胞颗粒化，但对孢子萌发无影响。

制剂

6%、4%、2%可湿性粉剂，2%水剂。

生产企业

日本北兴化学工业株式会社，华北制药集团制剂有限公司，江西省赣州宇田化工有限公司，吉林省延边春雷生物药业有限公司，广东省江门市植保有限公司，江西博邦生物药业有限公司，山东惠民中农作物保护有限责任公司，山东省青岛阳光农药有限公司，河北亨升化工有限公司等。

应用

春雷霉素常用于稻瘟病的防治，兼具预防和治疗作用，对高粱炭疽病也有较好的防治效果。

防治稻瘟病。对苗瘟和叶瘟，在始见病斑时施药，隔7～10d再施药1次；对穗颈瘟，在水稻破口期和齐穗期各施药1次。每次用2%水剂或可湿性粉剂500～600倍液喷雾。

防治谷瘟病，亩喷2%水剂或可湿性粉剂500～600倍液50～70kg喷雾。

防治茭白胡麻斑病，发病初期喷4%可湿性粉剂1 000倍液，7～10d喷1次，共喷3～5次。

防治黄瓜炭疽病、细菌性角斑病，发病初期，亩用2%水剂140～175ml，对水常规喷雾。防治黄瓜枯萎病，于发病前或开始发病时，用4%可湿性粉剂100～200倍液（200～400mg/kg）灌根、喷根颈部或喷淋病部、涂抹病斑。

防治番茄叶霉病，亩用2%水剂140～175ml，对水常规喷雾，或喷2%水剂1 000倍液（药液浓度为20mg/kg）。

防治柑橘流胶病、柠檬流胶病，刮除病部后或用利刀纵刻病斑后，用4%可湿性粉剂5～8倍液涂抹，再用塑料薄膜包扎，防止雨水冲刷。

防治猕猴桃溃疡病，当叶片出现症状时，喷2%水剂或可湿性粉剂400～600倍液。

春雷霉素对大豆、茄子、藕、葡萄、杉树苗等易产生药害。近年，日本通过对春雷霉素产生菌中引起药害的基因片段进行改造，开发了效果更好而无药害的新菌种，将使春雷霉素的应用更为广泛（表5-16）。

表5-16 我国登记的春雷霉素主要混剂配方、防治对象和用量

混剂	剂型	组分Ⅰ	组分Ⅱ	防治对象	制剂用量（g或ml/亩）	施用方法
21.2%春雷·氯苯酞	可湿性粉剂	1.2%春雷霉素	20%四氯苯酞	水稻稻瘟病	75～120	对水喷雾
10%春雷·三环唑	可湿性粉剂	1%春雷霉素	9%三环唑	水稻稻瘟病	100～130	对水喷雾
50%春雷·王铜	可湿性粉剂	5%春雷霉素	45%氧氯化铜	番茄叶霉病	94～125	对水喷雾
				黄瓜霜霉病	800～500倍液	喷雾
				荔枝霜疫霉病		
				柑橘溃疡病		
50.5%春雷·硫	可湿性粉剂	0.5%春雷霉素	50%硫磺	水稻稻瘟病	140～160	对水喷雾

中生菌素（zhongshengmycin）

化学名称

1-N 甙基链里定基 -2- 氨基 L- 赖氨酸 -2 脱氧古罗糖胺

理化性质

原药为浅黄色粉末，溶点 173 ~ 190℃，100% 溶于水；制剂为褐色液体，pH 为 4。

毒性

中等毒，雄性小鼠急性经口 LD_{50} 为 316mg/kg，大鼠急性经皮 LD_{50} 为 2 000mg/kg；无人体中毒报道。

生物活性

中生菌素为 N- 糖苷类抗生素，其抗菌谱广，能够抗革兰氏阳性，阴性细菌，分枝杆菌，酵母菌及丝状真菌。特别对农作物致病菌如菜软腐病菌、黄瓜角斑病菌、水稻白叶枯病菌，小麦赤霉病菌等均具有明显的抗菌活性。

制剂

3% 可湿性粉剂，1% 水剂。

生产企业

福建省福州凯立生物制品有限公司，江苏省苏州凯立生物制品有限公司，广东省东莞市瑞德丰生物科技有限公司。

应用

中生菌素即对植物真菌病害有效，也对细菌病害有防治作用。

防治大白菜软腐病，可用 3% 可湿性粉剂 600 ~ 800 倍液浸种后播种，在白菜幼苗期再用 3% 可湿性粉剂 600 ~ 800 倍液灌根处理一次。

防治番茄青枯病，可用 3% 可湿性粉剂 600 ~ 800 倍液喷雾。

防治柑橘溃疡病，用 3% 可湿性粉剂 800 ~ 1 000 倍液喷雾。

防治黄瓜细菌性角斑病，采用 3% 可湿性粉剂 83 ~ 107g，对水喷雾。

防治姜瘟病，可采用用 3% 可湿性粉剂 600 ~ 800 倍液灌根处理。

防治苹果树轮纹病，用 3% 可湿性粉剂 800 ~ 1 000 倍液喷雾。

防治水稻白叶枯病，可采用浸种和喷雾两种方法，或结合起来进行。首先用 3% 可湿性粉剂 300 倍液浸种；田间开始见到病斑时，每亩次用 3% 可湿性粉剂 120 ~ 180g，对水喷雾。

宁南霉素（ningnanmycin）

该药是一种胞嘧啶核苷肽型广谱抗生素杀菌剂，具有预防、治疗作用。对烟草花叶病毒病有良好的防治效果，具有抗雨水冲刷，毒性低等特点。

该药虽然可用于防治苹果树斑点病，但主要是用于防治病毒病，因此，把其纳入本书抗病毒剂应用篇介绍。

链霉素（streptomycin）

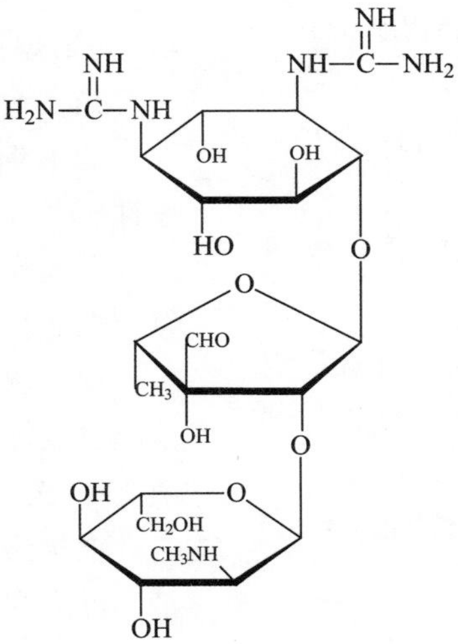

化学名称

2,4-二胍基-3,5,6-三羟基环己基5-脱氧-2-脱氧-2-甲胺基-2-L-吡喃葡萄基）-3-C-甲酰-β-L-来苏戊呋喃糖苷

其他名称

农用硫酸链霉素

理化性质

白色无定形粉末，有吸湿性，易溶于水，在水中溶解度＞20g/L（28℃），不溶于大多数有机溶剂。强酸、强碱时不稳定。

毒性

低毒，大鼠急性经口 LD_{50} ＞10 000mg/kg，大鼠急性经皮 LD_{50} 为400mg/kg（雄）、325mg/kg（雌），可能引起皮肤过敏；无人体中毒报道。

生物活性

链霉素是著名的医用抗生素，其产生菌为灰色链霉菌，早在1944年即已分离得到，也于1952年就被用于防治植物细菌性病害，但由于直接使用医用链霉素易引起药害，且用药量偏高，使其应用较受限制。近年开发了专供农业使用的链霉素，称之为农用链霉素，使其应用又有所发展。链霉素具有内吸作用，其作用机制是抑制病原菌的蛋白合成，对多种作物的细菌性病害有防治作用，对一些真菌病害也有一定的防治作用。

制剂

72%、68%、24%、10%可溶性粉剂。

生产企业

华北制药集团制剂有限公司，河北省石家庄曙光制药厂，山东鲁抗生物农药有限责任公司，江苏健神生物农化有限公司，河南省夏邑县华泰化工有限公司，山东省青岛海利尔药业有限公司，上海农乐生物制品股份有限公司，山东省青岛奥迪斯生物科技有限公司，四川成都普惠生物工程有限公司，重庆永川农药厂等。

应用

链霉素主要用于防治多种作物的细菌性病害。

1. 果树病害

防治柑橘溃疡病，对苗木和接穗用10%可溶性粉剂143～167倍液或72%可溶性粉剂1 000～1 200倍液加1%酒精或高度白酒浸泡30～60min消毒。对成年结果树可在春秋梢抽发，芽长1.5～3cm时或谢花后10d、30d、50d各喷1次10%可溶性粉剂500～600倍液。

防治猕猴桃细菌性溃疡病，于发病初期喷10%可溶性粉剂1 000～2 000倍液，7d喷1次，共喷6～7次；或刮除病斑后，涂抹10%可溶性粉剂170～200倍液，5d涂1次，共涂6次。

防治杨梅细菌性溃疡病，在谢花后喷10%可溶性粉剂500倍液。

防治核桃细菌性穿孔病，于展叶时（雌花出现之前）、谢花后和幼果期各喷1次10%可溶性粉剂2 000倍液。

防治枣缩果病，喷10%可溶性粉剂700～1 400倍液，7d左右喷1次，共喷3～4次。

2. 蔬菜病害

浸种防治种传细菌性病害，一般是用1 000mg/kg浓度药液（相当于72%可溶性粉剂720倍液）浸种1.5h，捞出用清水洗净后催芽播种，可防治黄瓜细菌性角斑病、辣椒疮痂病、花椰菜黑腐病、油菜黑腐病。对芋的软腐病和青枯病，先将种芋晒1～2d后，用200mg/kg浓度药液（相当于72%可溶性粉剂3 600倍液）浸1h。对姜瘟，先将种姜晒5～7d后，用72%可溶性粉剂1 500倍液浸48h。

防治大白菜软腐病，亩用24%可溶性粉剂56～80g对水喷雾，也可用72%可溶性粉剂4 000倍液喷雾，7～10d喷1次，连喷2～3次。喷药时要使药液流入白菜的根茎和叶柄基部。此法也可防治芹菜软腐病。

喷雾法还可用于防治白菜细菌性角斑病，甘蓝类软腐病和黑腐病，辣椒疮痂病和软腐病，菜豆细菌性疫病，番茄、马铃薯、辣椒的青枯病等，于发病初期开始喷72%可溶性粉剂3 000～4 000倍液，7～10d喷1次，连喷2～3次。

防治番茄溃疡病、青枯病，在移栽时用药液作定根水，每株灌72%可溶性粉剂4 000倍液150ml；当田间发现病株即刻拔除，并用72%可溶性粉剂4 000倍液喷洒；对青枯病还可在拔除病株后向穴内灌药液500ml。

3. 防治油菜黑腐病

用72%可溶性粉剂1 000倍液浸种2h。防治油菜软腐病、细菌性角斑病和黑斑病，发病初期喷72%可溶性粉剂4 000倍液，7～10d喷1次，共喷2～3次。

4. 防治烟草野火病和细菌性角斑病

亩用68%可溶性粉剂35～50g，对水喷雾。

防治烟草青枯病，烟草青枯病是一种土传细菌性病害，采用链霉素防治，可以采用喷雾、灌兜、药签插茎等方法，也可以相互结合使用，药液灌根结合药签插茎法对烟草青枯病的防治效果最好。

喷雾法：发病初期用72%可溶性粉剂4 000倍液喷雾或每株灌药液400～500ml，10d喷1次，共喷2～3次。

灌根法：发病初期用72%可溶性粉剂4 000倍液，每株灌药液400～500ml，10d喷1次，共喷2～3次。

药签插茎法：每100万单位农用链霉素加水溶解后泡100根木质牙签，每牙签带1万单位的农用链霉素，再将药签插入烟草植株基部，每隔30d再插一次。

5. 防治甜菜细菌性斑枯病

喷72%可溶性粉剂3 000～4 000倍液。

6. 防治药用植物葛细菌性叶枯病

用72%可溶性粉剂720倍液浸种2～3h后催芽播种。

防治百合细菌性软腐病，可喷72%可溶性粉剂4 000倍液。

7. 花卉病害

可防治多种花卉的细菌性叶斑病、软腐病和根癌病。喷雾用72%可溶性粉剂3 000～4 000倍液，灌根用72%可溶性粉剂400～720倍液。防治月季、梅花、樱花、大丽花等的根癌病，在移栽或换盆时，将病株癌瘤切除后，将根茎与根部在72%可溶性粉剂500～1 000倍液中浸泡30min。

8. 防治水稻白叶枯病、细菌性条斑病

于零星发病时，亩用24%可溶性粉剂42～80g，对水喷雾，7d左右喷1次，连喷2～3次。

注意事项

1. 本制剂容易吸潮，应贮存在避光通风处，结块不影响药效。

2. 避免和碱性农药、污水混合，否则易失效。

3. 本药现用现配，药液不能久存。

灭瘟素（blasticidin-S）

化学名称

1-（4-氨基-1,2-二氢-2-羰基吡啶-1-基）-4-[（s）-3-氨基-5-（1甲基胍基）戊酰胺基]-1,2,3,4-四脱氧-（-D-赤型-六-2-吡喃糖醛酸

其他名称

勃拉益斯，稻瘟散，杀稻瘟菌素

理化性质

是从一种放线菌的代谢物中分离出来的选择性的高抗生素，纯品为白针状结晶，熔点235～236℃（分解），难溶于大多数有机溶剂，在水和醋酸中溶解>30g/L（20℃）。在pH值<4和碱性条件下容易分解。

毒性

中等毒（接近高毒），大鼠急性经口 LD_{50} 为56.8mg/kg，大鼠急性经皮 LD_{50}>500mg/kg；对眼睛有严重的刺激作用。

生物活性

主要是抑制氨基酸的活化反应，从而影响蛋白质的生物合成。对稻瘟病有内吸治疗作用，尤其对穗颈瘟有良好的防治效果；能抑制孢子萌发，菌丝生长发育以及孢子的形成，但预防效果较差。对病毒病也有抑制作用。

制剂

2%乳油。

生产企业

浙江钱江生物化学股份有限公司。

应用

灭瘟素作为杀菌剂于1959年被报道，并随后被日本农药企业研究开发应用于防治稻瘟病，每亩次用2%乳油500～1 000倍液喷雾。我国也有相应产品登记注册。但由于其毒性高，并且由于更高活性防治稻瘟病的药剂进入市场，灭瘟素目前已很少应用。

申嗪霉素（phenazino-1-carboxylicacid）

化学名称

吩嗪-1-羧酸

其他名称

M18

理化性质

熔点241~242℃，溶于醇、醚、氯仿、苯，微溶于水，在偏酸性及中性条件下稳定。

毒性

微毒，大鼠急性经口 LD_{50} > 5 000mg/kg，大鼠急性经皮 LD_{50} > 2 000mg/kg；对家兔的眼刺激属无刺激性。

生物活性

申嗪霉素是荧光假单胞菌株M18分泌的一种微生物源抗生素，是我国在“十五”期间研究开发的农药成果，其对多种植物病原菌都有很强的抑制作用。

制剂

1%悬浮剂。

生产企业

上海农乐生物制品股份有限公司。

应用

申嗪霉素对镰刀菌、疫霉菌等土传病原有较好的抑制效果，可用于蔬菜、园艺植物的土传病害的防治，使用方法可采用罐根、喷雾或者两者结合的方法。申嗪霉素对水稻纹枯病菌也有很好的抑制活性。

防治辣椒疫病，每亩用1%悬浮剂50~120ml，对水喷雾。

防治西瓜枯萎病，用1%悬浮剂500~1 000倍液灌根。

第六篇

抗病毒剂应用篇

第六篇

抗病毒剂应用篇

概述

植物病毒病是由比真菌、细菌更小的微生物——病毒引起的，与真菌、细菌不同，植物病毒是包被在蛋白或脂质蛋白保护性衣壳中的、只能在适合的寄主细胞内完成自身复制的一个核酸分子（DNA或RNA）。病毒区别于其他生物的主要特征是:（1）病毒是个体微小的分子寄生物，其结构简单，主要由核酸及保护性衣壳组成;（2）病毒是严格寄生性的一种专性寄生物，其核酸复制和蛋白质合成需要寄主提供原材料和场所。因此，当我们在田间一旦看到植物病毒病的症状时，说明病毒RNA或DNA在植物体内的细胞内已经大量繁殖，可以说是“病入膏肓”，而此时不可能靠外来药剂“杀死”植物细胞内的病毒，市场上那些号称能“杀死”病毒的药剂多半有虚假宣传之嫌。

一、植物病毒的传播和移动

病毒是专性寄生物，在田间必须在寄主植物间转移。植物病毒从一植株转移或扩散到其他植物的过程称为传播（transmission），而从植物的一个局部到另一局部的过程称为移动（mobement）。因此，传播是病毒在植物群体中的转移，而移动是病毒在个体中的位移。根据自然传播方式的不同，可以分为介体传播（vectortransmission）和非介体传播两类（图6–1）。

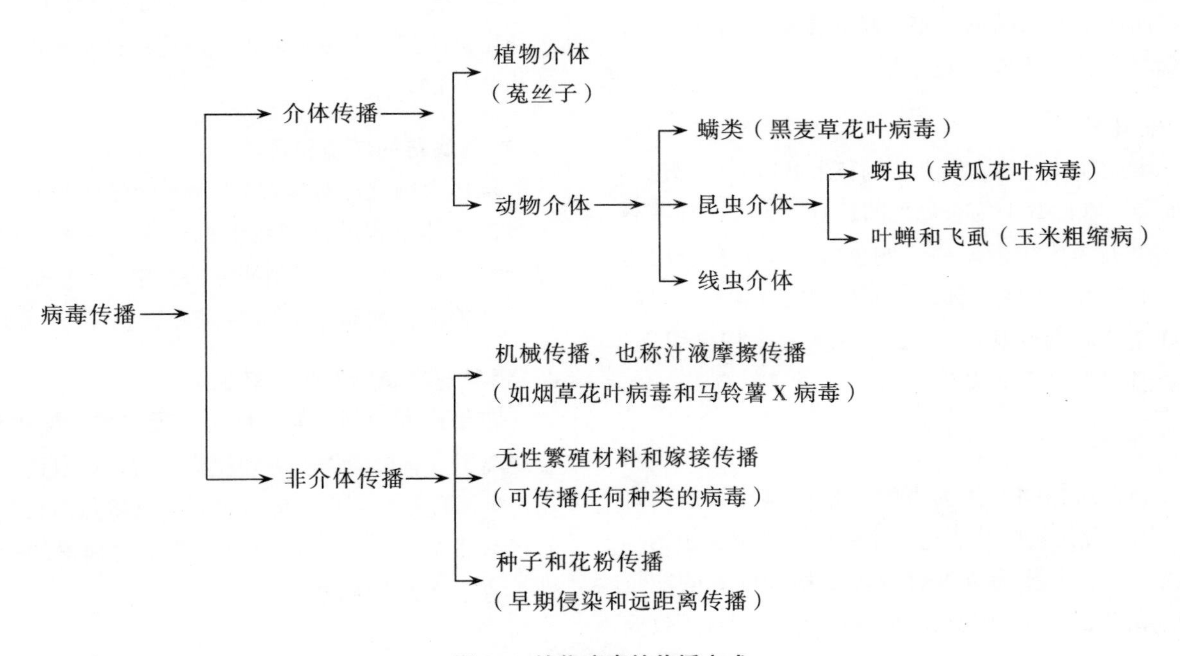

图6–1 植物病毒的传播方式

病毒不同于真菌，在寄主体外的存活期一般比较短，也没有主动侵入寄主无伤组织的能力，因此，只有被动的传播，不像真菌那样主动和有效。植物病毒的有效传播，近距离主要靠活体接触摩擦而传播，远距离则依靠寄主繁殖材料和传毒介体的传带。不少病毒只有一种常规的传播方式，但许多病毒则不止一种方式，所以，了解病毒的传播方式是进行有效防治的前提。

防治植物病毒病时，首先需要了解病毒病的传播方式，特别是要了解其传播介体。植物病毒的介体种类很多，主要有昆虫、螨类、线虫、真菌、菟丝子等，其中以昆虫最为重要，蚜虫、叶蝉和飞虱是最主要的病毒传播介体，例如，玉米粗缩病病毒、小麦丛矮病和水稻矮缩病就是由灰飞虱传播的。因此，对于昆虫传播的植物病毒病（如玉米粗缩病），喷洒杀虫剂防治传播介体是防治病毒病的有效措施。

二、植物病毒病的症状识别

植物病毒病症状表现主要有花叶型、卷叶型、条斑型三种。

1. 花叶形

叶片上出现黄绿相间或深浅相间斑点、叶脉透明、叶片略有皱缩的不正常现象，病株较正常植株略矮。

2. 卷叶形

叶脉间黄化，叶片边缘向上弯曲，小叶呈球形或扭曲成螺旋状畸形，整个植株萎缩，有时丛生，染病早的，多不能开花结果。

3. 条斑型

发生在叶、茎、果上。病斑形状因发生部位不同而异，在叶片上为茶褐色的斑点或云纹；在茎蔓上、果上为黑褐色斑块，变色部分仅处在表层组织，不深入茎、果内部，这种类型的症状往往是由烟草花叶病毒或其他 1 ~ 2 种病毒复合侵染引起，在高温与强光下易发生。

三、抗病毒剂的作用方式

病毒对植物产生为害的过程可以分为侵染寄主、体内复制和症状表达三个阶段，病毒在植物细胞内生活，其生命周期过程需要植物细胞的能量和酶系统的参与，因此，理想的抗病毒制剂不仅要能选择抑制并阻断病毒在植物细胞内的复制，还要无害于植物细胞的增殖及其代谢过程。目前研究开发的抗病毒制剂只能是依靠保护、钝化或诱导等作用方式抑制病毒对植物的为害。

抗病毒制剂的作用方式有如下几种：

1. 抑制病毒对寄主植物的侵染

植物抗病毒剂澡酸液蛋白以及在美国当时使用的脱脂牛奶，这类物质很难被植物吸收，可以在植物叶片表面形成一层薄膜，覆盖于植物表面的伤口上，减少病毒的感受点。这种由多糖和蛋白质形成的膜对通过机械摩擦后汁液传播的病毒，如烟草花叶病毒（TMV）有一定的抑制作用，但对已经被病毒侵染的植物或经蚜虫传播的病毒（如黄瓜花叶病毒）就没有太大作用了。

2. 钝化病毒的侵染性

我国目前使用的NS-83增抗剂、菌毒清等药剂多属于这种作用方式的抗病毒制剂。这类药剂的结构特点是都属于膜脂化合物或其类似物，其抑制作用是通过与病毒粒子结合，将病毒暂时或永久钝化，使其失去侵染能力，以达到抑制病毒侵染植物的目的。

3. 抑制病毒的增殖和运转

抗病毒剂通过对病毒 RNA 复制过程和病毒相关蛋白表达过程的抑制或干扰，或对病毒合成过程产生影响，来达到抑制病毒的作用。这些药剂多为碱基类似物或碱基前体类似物。

4. 诱导寄主植物产生抗药性

植物病毒抑制剂如多糖类、蛋白类、核酸类、金属离子、有机酸类喷洒到植物上后，可以诱导植物产生病程相关蛋白（PR 蛋白），这些蛋白自身没有抗病毒活性，却可以使植物获得对病毒的免疫性，称为系统抗病性。

毒氟磷

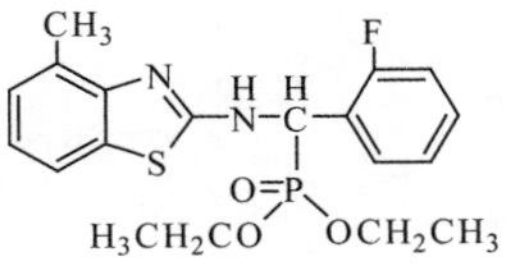

化学名称

N-[(4-甲基苯并噻唑-2-基)]-α-氨基-2-氟代苄基膦酸-O，O-二乙基酯

其他名称

病毒星。

理化性质

分子式为$C_{19}H_{22}FN_2O_3PS$，相对分子质量：408.43。毒氟磷纯品为无色晶体，其熔点为143～145℃。易溶于丙酮、四氢呋喃、二甲基亚砜等有机溶剂，溶解度（22℃）水0.04g/L，丙酮147.8g/L，环己烷17.28g/L，环己酮329g/L，二甲苯73.3g/L。毒氟磷对光、热和潮湿均较稳定；遇酸和碱时逐渐分解。

毒性

微毒抗病毒剂，大鼠急性经口LD_{50}＞5 000mg/kg，大鼠急性经皮LD_{50}＞2 000mg/kg；三项致突变试验皆为阴性；对斑马鱼LC_{50}（96h）＞12.4mg/L，对蜜蜂LC_{50}（48h）>5 000mg/L，对鹌鹑LD_{50}（7d）＞450mg/kg体重，对家蚕LC_{50}（二龄）＞5 000mg/kg桑叶，对鱼、蜂、鸟、蚕低毒；对蜜蜂、家蚕实际风险性低。

残留

以30%病毒星可湿性粉剂按推荐剂量300～500g.a.i/ha施药，收获期30%病毒星可湿性粉剂在土壤中最终残留小于0.23mg/kg，在烟叶中残留量小于0.46mg/kg。说明按其推荐剂量300～500g.a.i/ha施用残留低、施用安全、对环境影响小。

作用方式

毒氟磷具有使烟草花叶病毒（TMV）粒子聚集的趋势，显示出毒氟磷具有钝化TMV的作用；可提高烟草叶片总水杨酸含量，而使烟草获得系统性获得性抗性（SAR）；对烟草水杨酸信号传导通路下游调控靶标基因PR-1和PR-5进行研究，结果表明毒氟磷具有诱导PR-5基因表达上调发挥抗TMV病毒作用。

生物活性

对蔬菜和烟草的烟草花叶病毒（TMV）和黄瓜花叶病毒（CMV）有高效活性。

制剂

30%可湿性粉剂，10%乳油。

生产企业

贵州省精细化工试验中心、广西田园生物化工股份公司。

应用

防治烟草花叶病，每亩用30%可湿性粉剂50～100g（含有效成分15～30g），对水喷雾。

盐酸吗啉胍（moroxydine hydrochloride）

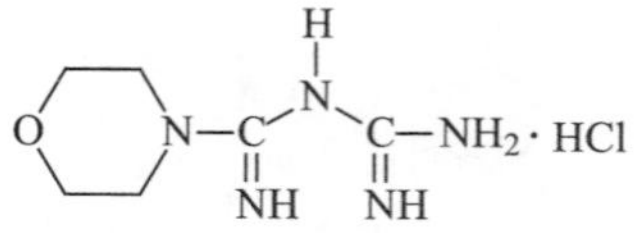

$$\text{O}\langle\text{morpholine}\rangle\text{N}-\underset{\|}{\overset{}{C}}(=NH)-\overset{H}{N}-C(=NH)-NH_2\cdot HCl$$

化学名称

N，N-（2-乙胍基亚氨基）-吗啉盐酸盐

理化性质

白色结晶状粉末，熔点206～212℃，易溶于水。

毒性

微毒抗病毒剂，原药大鼠急性经口LD_{50} > 5 000mg/kg，大鼠急性经皮LD_{50} > 10 000mg/kg。对兔眼睛和皮肤均无刺激性。在试验条件下，对实验动物无致突变作用，在动物体内代谢、排出较快，无蓄积作用。

生物活性

是一种广谱病毒防治剂。盐酸吗啉胍首先是用于医疗上防治病毒引起的疾病，最近，我国把其开发在农业生产中应用，但有关其用于蔬菜、瓜果病毒病防治是否安全，有学者认为其理论基础还需做进一步的试验验证。目前市场上提供的含盐酸吗啉胍的产品，防治植物病毒病的效果是肯定的，并能取得增产的效果。盐酸吗啉胍的作用机制是能抑制病毒的DNA和RNA聚合酶，从而抑制病毒繁殖，对病毒增殖周期各个阶段均有抑制作用，对游离病毒颗粒无直接作用。在植物上应用，稀释后的药液喷施到植物叶面后，药剂可通过水气孔进入植物体内，抑制或破坏核酸和脂蛋白的形成，阻止病毒的复制过程，起到防治病毒的作用。

制剂

20%悬浮剂，20%可湿性粉剂，10%、5%可溶粉剂。混剂：25%吗呱·硫酸锌可溶粉剂（5%盐酸吗啉胍+20%硫酸锌），20%吗胍·乙酸铜可湿性粉剂（16%盐酸吗啉胍+4%乙酸铜），10%羟烯·吗啉胍水剂（10%盐酸吗啉胍+0.0001%羟烯腺嘌呤）。

生产企业

山东鑫星农药有限公司，上海惠光化学有限公司，山西运城绿康实业有限公司，山东美罗福农化有限公司，陕西省西安嘉科农化有限公司，山东省青岛瀚生生物科技股份有限公司，威海韩孚生化药业有限公司，黑龙江省齐齐哈尔四友化工有限公司，河北省保定市科绿丰生化科技有限公司。

应用

防治番茄病毒病，在发病初期，亩用20%可湿性粉剂167～250g或20%可溶性粉剂150～200g或25%可溶性粉剂134～200g，对水喷雾。7～10d喷1次，共喷2～3次。

防治烟草病毒病，在发病初期，亩用20%可湿性粉剂150～200g，对水50～70kg喷雾。

可试用于防治辣椒、大豆、瓜类、小麦、玉米、水稻等作物病毒病，以及香蕉束顶病，一般用20%可湿性粉剂500～700倍液喷雾，共施2～3次。

40%吗啉胍·羟烯腺·烯腺可溶性粉剂，是盐酸吗啉胍与羟烯腺嘌呤、烯腺嘌呤复配的混剂，本混剂中含有两个嘌呤类化合物，因而对病毒具有治疗和钝化作用的同时，还对作物具有调节生长，使叶片增厚、增绿、果实增大的优异作用，使用后经济效益显著。

防治番茄病毒病，在发病初期，亩用制剂100～150g，对水50～70kg喷雾，7～10d喷1次，共喷2～3次。

注意事项

1. 与醋酸铜的合剂（毒克星）不可与碱性农药混合使用；对铜敏感的作物，不可随意加大使用浓度；也应避免在中午高温时使用，以免产生药害。

2. 使用时浓度不低于300倍，否则易产生药害。

宁南霉素（ningnanmycin）

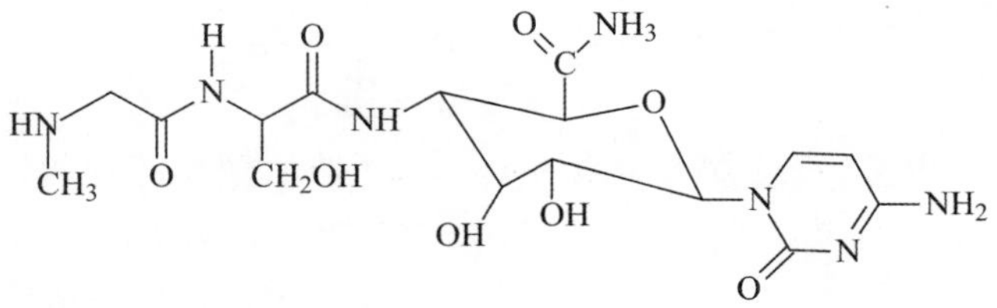

化学名称

1-（4-肌氨酰胺-L-丝氨酰胺-4-脱氧-β-D-吡喃葡萄糖醛酰胺）胞嘧啶

理化性质

其游离碱为白色粉末，熔点195℃（分解），易溶于水，可溶于甲醇，微溶于乙醇，难溶于丙酮、乙酯、苯等有机溶剂，pH值3.0～5.0较为稳定，在碱性时易分解失去活性。制剂外观为褐色液体，带酯香。无臭味，沉淀<2%，pH值3.0～5.0，遇碱易分解。

毒性

微毒抗病毒剂，原药大鼠急性经口 LD_{50} > 5 492mg/kg，小鼠急性经皮 LD_{50} > 1 000mg/kg。

生物活性

该药是一种胞嘧啶核苷肽型广谱抗生素杀菌剂，具有预防、治疗作用。对烟草花叶病毒病有良好的防治效果，具有抗雨水冲刷，毒性低等特点。

制剂

10%可溶性粉剂，8%水剂，4%水剂，2%水剂。

生产企业

黑龙江强尔生化技术开发有限公司，广西田园生化股份有限公司，广东省东莞市瑞德丰生物科技有限公司，四川金珠生态农业科技有限公司。

应用

防治番茄病毒病，每亩用8%水剂75～100mL（含有效成分6～8g），对水喷雾。

防治辣椒病毒病，每亩用8%水剂75～100mL（含有效成分6～8g），对水喷雾。

防治烟草病毒病，每亩用8%水剂42～62mL（含有效成分3.3～5g），对水喷雾。

注意事项

不能与碱性物质混用。

植病灵（sodium dodecyl sulphate+copper sulfate+triacontanol）

$$CH_3(CH_2)_{10}CH_2-O-\overset{O}{\underset{O}{\overset{\|}{\underset{\|}{S}}}}-ONa,\quad CuSO_4\cdot 5H_2O,\quad CH_3(CH_2)_{28}CHOH$$

化学组成

由十二烷基硫酸钠、硫酸铜、三十烷醇组成的混剂

其他名称

三十烷 · 十二烷 · 硫铜，硫铜 · 十二烷 · 三十烷，硫铜 · 烷基 · 烷醇

生物活性

植病灵中的三十烷醇是植物生长调节剂，能促进作物生长、发育，防止早衰，增强作物抗御病毒侵染和复制；十二烷基硫酸钠为表面活性剂，能从宿主细胞中脱落病毒和钝化病毒；硫酸铜中的铜离子具有强杀菌作用，消灭一些毒源及其他病原真菌、细菌。

制剂

2.5% 可湿性粉剂，1.5% 水乳剂，1.5% 乳油。

生产企业

山东省曲阜市尔福农药厂，山东省植物保护总站服务部，山东省淄博市淄川黉阳农药有限公司，山东亚星农药有限公司。

应用

防治烟草花叶病，亩用 1.5% 水乳剂或乳油 75 ~ 95mL，对水 800 ~ 1 000 倍后喷洒。一般在苗床期喷 1 次。定植缓苗后再施 1 次，在初花期发病前施 1 次。持效期 7 ~ 10d。重病区应适当增加施药次数。

防治番茄病毒病，亩用 1.5% 水乳剂或乳剂 50 ~ 75mL（有的厂家产品为 80 ~ 120mL）或 2.5% 可湿性粉剂 50 ~ 75g，对水 50 ~ 70kg 喷雾。一般是在定植前、缓苗后、现蕾前、坐果前各喷 1 次。定植前的一次施药，除喷雾外，还可用 1.5% 乳剂 1 000 倍液浇灌，每平方米浇药液 5L。

防治十字花科、豆科、葫芦科等蔬菜的病毒病，一般是在幼苗期、发病前开始喷 1.5% 水乳剂或乳剂 1 000 倍液，10 ~ 15d 施 1 次，共施 3 ~ 5 次。

可试用于防治麦类、玉米、谷子、棉花、花生、大豆、葡萄等作物的病毒病。

注意事项

1. 植病灵制剂可同其他杀虫、杀菌剂混用，但不宜与生物农药混用。

2. 制剂使用时要充分摇匀，贮存于阴凉干燥处，有效贮存期 2 年。

菌毒清（dioctyl divinyltriamino glycine, hydrochloride）

$$\begin{matrix} C_8H_7NHCH_2CH_2 \searrow \\ \qquad\qquad\qquad\quad NCH_2COOH\cdot HCl \\ C_8H_7NHCH_2CH_2 \nearrow \end{matrix}$$

化学名称

二[辛基胺乙基]甘氨酸盐

其他名称

环中菌毒清。

理化性质

外观棕黄色或棕红色黏稠含结晶液体（常温），相对密度1.02～1.04（20℃），沸点>100℃，可与水混溶。

毒性

低毒，大鼠急性经口LD_{50}为851mg/kg，未见人中毒报道；对鱼安全，对鲤鱼、罗非鱼、草鱼和鲢鱼的LC_{50}约为40mg/L（48h）。

生物活性

甘胺酸类杀菌剂，通过破坏各类病原体的细胞膜、凝固蛋白、阻止呼吸和酵素活动等方式达到杀菌（病毒）。该药有一定的内吸和渗透作用，可用于防治苹果树腐烂病及部分病毒病。

制剂

5%水剂，混剂：6%菌毒·烷醇可湿性粉剂。

生产企业

江苏东宝农药化工有限公司，山东省济南中科绿色生物工程有限公司。

应用

菌毒清是杀菌剂，也能防治某些作物的病毒病，持效期7～10d，一般施药3次。

防治番茄病毒病，亩用5%水剂233～350g；防治烟草花叶病，亩用5%水剂200～250g，对水50～70kg喷雾。

防治辣椒病毒病，亩喷5%水剂200～300倍液75kg；防治百合病毒病和牛蒡花叶病，喷5%水剂500倍液。

防治番茄病毒病，亩用6%菌毒·烷醇可湿性粉剂88～140g，对水50～70kg喷雾。

注意事项

本品不宜与其他药剂混用。因气温低，药液出现结晶沉淀时，应用温水将药液温至30℃左右，将其中结晶全部溶化后再进行稀释使用。

三氮唑核苷（ribavirin）

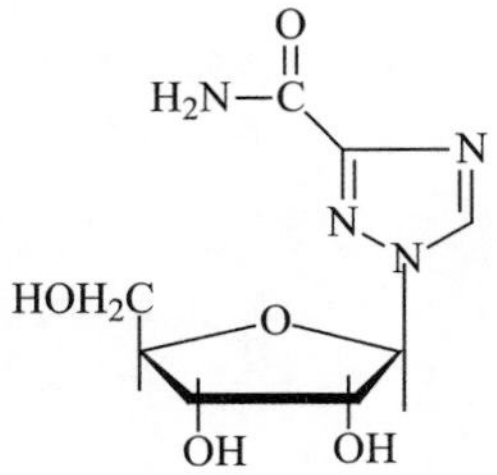

化学名称

1-β-D呋喃核糖-1，24-三氮唑-3-羧酰胺

其他名称

病毒必克。

理化性质

原药为白色结晶粉末，无臭、无味，在水中易溶，在乙醇中微溶；熔点：205℃，对水、光、空气、弱酸、弱碱均稳定。

毒性

微毒，大鼠急性经口 LD_{50} > 10 000mg/kg，急性经皮 LD_{50} > 10 000mg/kg。

生物活性

核苷类抗病毒药，首先作为医药来应用，用于治疗流行性感冒、小儿腺病毒肺炎、病毒性肝炎、呼吸道合胞病毒感染、急性角膜炎、结膜炎、流行性血热等。现被开发用于植物病毒病的防治，三氮唑核苷有很强的内吸性，通过钝化病毒活性，抑制病毒在植物体内的增殖，诱发和提高作物抗性。

制剂

3% 水剂；混剂：31% 氮苷·吗啉胍可溶粉剂，3.85% 三氮唑·铜·锌水乳剂（0.1% 三氮唑核苷 +1.25% 硫酸铜 +2.5% 硫酸锌），1.05% 氮苷·硫酸铜水剂（0.05% 三氮唑核苷 +1% 硫酸铜）等。

生产企业

华北制药集团爱诺有限公司，海南正业中农高科股份有限公司，河北省唐山鑫华农药有限公司，陕西恒田化工有限公司，福建新农大正生物工程有限公司，河南省郑州郑氏化工产品有限公司，陕西省西安海浪化工有限公司，广西田园生化股份有限公司，河南省濮阳市农科所科技开发中心，山东省烟台鑫润精细化工有限公司，河南省安阳市国丰农药有限责任公司等。

应用

有关三氮唑核苷单剂，只有华北制药集团爱诺有限公司开发了 3% 水剂，用于防治黄瓜病毒病，每亩用 3% 水剂 60 ~ 75mL，对水均匀喷雾。

三氮唑核苷更多是开发为混剂来应用。

1.05% 氮苷·硫酸铜水剂，防治番茄病毒病，亩用制剂 570 ~ 710mL，对水喷雾。

3.85% 三氮唑核苷·铜·锌水乳剂是三氮唑核苷与硫酸铜、硫酸锌复配的三元混剂，对由黄瓜花叶病毒、烟草花叶病毒及其他病毒引起的植物病毒病有很好防治效果。一般用制剂 600 ~ 800 倍液喷雾，或亩用制剂 100g 左右对水喷雾。

防治番茄病毒病，亩用制剂 74 ~ 117mL，对水 50 ~ 70kg 喷雾。

防治辣椒病毒病，在发病初期，亩用制剂 100mL，对水常规喷雾，7d 喷 1 次，共喷 3 次。

还可参照以上用法，试用于防治烟草、黄瓜、叶菜类、豆类、花生、西瓜、香蕉、柑橘、小麦、玉米等作物的病毒病。

1.45% 三氮唑核苷·铜·烷醇可湿性粉剂，是三氮唑核苷与硫酸铜、三十烷醇复配的三元混剂，用于防治番茄病毒病，亩用制剂 188 ~ 250g，对水 50 ~ 70kg 喷雾。

注意事项

1. 本品可与中、酸性农药混合使用，不可与碱性物质混合。
2. 使用前充分摇匀。

混合脂肪酸

化学名称

C13 ~ C15 脂肪酸混合物

其他名称

83 增抗剂，耐病毒诱导剂。

理化性质

乳黄色液体。

毒性

微毒，大鼠急性经口 LD_{50}>9 580mg/kg，无人体中毒报道。

生物活性

为抗病毒诱导剂，能诱导作物抗病基因的提前表达，有助于提高抗病相关蛋白、多种酶、细胞分裂素的含量，使感病品种达到或接近抗病品种的水平；具有使病毒在作物体外失去侵染活性的钝化作用，抑制病毒初侵染，降低病毒在作物体内的增殖和扩展速度；对传毒蚜虫有抑制作用；并具有植物激素活性、刺激作物根系生长的作用；所以说混合脂肪酸防治病毒病是综合作用的结果。

制剂

10%混合脂肪酸水剂；混剂：24%混合脂肪酸·硫酸铜水乳剂（22.8%混合脂肪酸+1.2%硫酸铜）。

生产企业

江西益隆化工有限公司，北京市东旺农药厂。

应用

防治烟草花叶病，亩用10%水剂600～1 000g，对水50kg喷雾。可在苗床期、移载前2～3d、定植后2周各喷1次。

防治番茄、辣椒、豇豆、白菜类、榨菜等蔬菜的病毒病，用10%水剂100倍液喷雾。10d左右喷1次，共喷3～4次。

混脂酸·铜是混合脂肪酸与硫酸铜复配的混剂，产品为8%、24%水乳剂。用于防治烟草花叶病，亩用24%水乳剂84～125mL或8%水乳剂200～250mL；防治番茄病毒病、亩用24%水乳剂84～125mL或8%水乳剂250～375mL，对水50～70kg喷雾。

注意事项

本剂宜在作物生长前期施用，生长后期施用的效果不佳。

菇类蛋白多糖

其他名称

真菌多糖，抗毒剂1号。

理化性质

其主要成分是菌类多糖，其结构是由葡萄糖、甘露糖、半乳糖、木糖并挂有蛋白质片段，原药乳白色粉末，溶于水，制剂外观为深棕色，稍有沉淀。无异味，pH值为4.5～5.5，常温贮存稳定，不宜与酸碱性药剂相混。

毒性

微毒，大鼠急性经口LD_{50}>10 000mg/kg，急性经皮LD_{50}>10 000mg/kg。

生物活性

该药为预防型抗病毒剂，对病毒起抑制作用的主要组分系食用菌菌体代谢所产生的蛋白多糖，本剂通过钝化病毒活性，有效地破坏植物病毒基因和病毒细胞，抑制病毒复制。在病毒病发生前施用，可使作物生育期内不感染病毒。同时产品中还含有作物所需的多种氨基酸，有促进生长、增加产量的作用。

制剂

0.5%水剂。

生产企业

黑龙江省大地丰农业科技开发有限公司，河南省安阳市振华化工有限责任公司，北京燕化永乐农药有限公司等。

应用

防治番茄病毒病，亩用0.5%水剂166～210mL，对水常规喷雾或用制剂300～500倍液喷雾。白番茄幼苗4片真叶期开始施药，5d施1次，共施5次。

防治黄瓜绿斑花叶病，喷制剂250～300倍液，自发病初期开始，10d喷1次，连喷2～3次。

防治大蒜花叶病，喷制剂250～300倍液，自发病初期开始，10d左右喷1次，连喷2～3次。也可用250倍液灌根，每株灌药液50～100mL。喷雾与灌根相结合，防效更好。

防治烟草由普通花叶病毒、黄瓜花叶病毒、马铃薯X病毒、马铃薯Y病毒等引起的病毒病，用制剂400倍液喷苗床1次，定植后喷3次，间隔5～7d。也可在烟苗移栽前，用400～600倍液浸根10min。

本剂还可用于瓜类、豆类、花生、小麦、玉米、水稻、木瓜、罗汉果、荔枝、龙眼等作物由病毒引起的病害。

注意事项

避免与酸性物质、碱性物质及其他物质混用。配制时必须用清水，现配现用，配好的药剂不可贮存。

氨基寡糖素（oligosaccharins）

化学名称

低聚-D氨基葡萄糖

其他名称

葡聚寡糖素

理化性质

原药外观为黄色或淡黄色粉末，相对密度1.002（20℃），熔点190～194℃；外观为黄色（或绿色）稳定的均相液体。

毒性

微毒，大鼠急性经口LD_{50} > 10 000mg/kg，急性经皮LD_{50} > 10 000mg/kg。

生物活性

氨基寡糖是从海洋生物外壳经酶解而得的多糖类天然产物，一般为聚合度2～15的寡聚糖，是个很好的杀菌剂，对病毒病也有较好的防治效果，在体外对烟草花叶病毒有钝化作用，并能诱导植物产生抗病性。

制剂

2%、0.5%水剂。

生产企业

四川稼得利科技开发有限公司，河北奥德植保药业有限公司，福建新农大正生物工程有限公司，山东省济南科海有限公司，山东省泰安市泰山现代农业科技有限公司，广西北海国发海洋生物农药有限公司，山东省乳山韩威生物科技有限公司等。

应用

防治大豆病毒病，亩用2%葡聚寡糖素水剂120～150mL，对水常规喷雾。一般要自大豆苗期开始施药防治。

防治苹果花叶病，用2%氨基寡糖水剂400～500倍液喷雾，自苹果树展叶后开始喷药，10～15d喷1次，连喷3～4次。

防治香蕉、番木瓜病毒性病害，可试用0.5%氨基寡糖素水剂400倍液喷雾，在育苗期或移栽后营养生长期，10～15d喷1次，共喷3～4次，以提高植株的免疫力。

注意事项

严禁与碱性农药和肥料混用。

第七篇

除草剂应用篇

第七篇

除草剂应用篇

概 述

一、除草剂的定义及发展简史

除草剂是用于灭除杂草或控制杂草生长的一类农药。广义地说，除草剂是防除所有不希望其存在的植物的药剂。凡是要除去的植物都可以称其为莠，因而除草剂亦称除莠剂。

19世纪末，欧洲在防治葡萄霜霉病时，偶尔发现喷到葡萄园附近禾谷类作物田中的波尔多液能杀死某些十字花科杂草而不伤害作物。1895年法、德、美几乎同时发现硫酸铜的除草作用，并于翌年小面积用于防除麦田杂草。一般被认为这是应用除草剂的开端。

1932年发现具有选择性的除草剂二硝酚与地乐酚，尽管其选择性还不强，除草效果也不高，但其却使除草剂由无机化合物进入有机化合物的领域。直到1942年发现内吸选择性除草剂2，4-滴，才真正开始了除草剂发展的新纪元。继而于20世纪50～60年代开发出多种类型的有机除草剂，1971年美国孟山都公司研发的草甘膦，是有机磷除草剂的重大突破。进入20世纪80年代，主要研究开发对环境友好、高活性和超高活性、高选择性、持效期长、杀草谱广、用于旱田的除草剂新类型，同时，对已有除草剂品种进行生产技术和剂型加工的改造，将含有分子立体异构体的外消旋除草剂品种转化为单一旋光活性体产品，研究助剂对提高除草剂药效的影响，研究开发除草剂安全剂，培育抗除草剂作物品种等。

纵观除草剂的发展史，除草剂的研究开发将呈现如下趋势：

（1）根据杂草与作物代谢机理的差异已开发了选择性高、作用机理独特的多种酶抑制剂（表7-1），继续研究开发对环境友好、安全的、使用剂量更低的酶抑制剂。

（2）大力研究开发天然除草剂和以天然产物为先导化合物开发新作用机理和多作用机理的除草剂。天然除草剂是指植物代谢物，特别是异株克生物质。

（3）应用生物技术选育抗除草剂作物新品种、应用除草剂安全剂，以扩大现有除草剂品种的应用范围或延长其使用寿命。同时针对抗性杂草（包括对草甘膦等非选择性除草剂产生抗性的杂草）及使用转基因作物后新产生的“超级杂草”研究开发新作用机理的除草剂。

（4）研究开发微生物及其代谢物质的生物除草剂。

（5）加强除草剂的剂型、制剂研究，使其向着促进药效发挥、对作物安全、施药轻便等方向发展。

（6）进一步研究、阐明除草剂雾滴或药粒的形成、运动、沉积规律及植物对药剂吸收、运转机制，设计出新的对靶施药机具及相应的施药方法，以提高除草剂的药效和对作物的安全性。且尽可能地延缓或避免杂草抗药性的发生与发展。

二、除草剂按化学结构和作用靶标的分类法

除草剂是农药中化学结构类型最多的药剂。已知的多达30多个类型。过去曾经大量使用的无机除草剂，如氯酸钾、氯酸钠、亚砷酸钠、硫酸亚铁、硫酸铜等，均由于效力有限，单位面积施用剂量大；选择性差，易引起作物药害；或毒性高而先后退出除草剂行列。

同类型化学结构除草剂的各个品种具有许多通性，掌握各类型除草剂的特性，有助于安全、有效地使用。随着对除草剂作用机理研究的深入，发现具有相似化学结构的除草剂可能具有不同的作用靶标，而不同化学结构的除草剂也可能具有相同的作用靶标，从而总结出一种除草剂新分类方法，即根据除草剂的作用位点（靶酶）、作用机理，

结合除草剂的化学结构类型对除草剂分类，称之为作用靶标分类法。

除草剂作用靶标分类法是将具有相同作用位点或作用机理的除草剂归为一类，用一个英文大写字母表示。有些情况下，同一类除草剂又分成几个亚类，如C类的光合作用抑制剂，又根据各除草剂对结合蛋白D_1不同的结合方式又分成C_1、C_2、C_3等三个亚类；F类的退色剂（色素合成抑制剂），根据造成失绿症状原因又分成F_1、F_2、F_3等三个亚类；K类的生长抑制剂也分成K_1、K_2、K_3等三个亚类。到目前为止，尚不清楚作用位点和作用机理的除草剂都归为Z类当中（表7-1）。

表7-1 除草剂按作用靶标分类一览表

类别	作用靶标	化学结构类型	主要品种
A	乙酰辅酶A羧化酶（ACC，ACCase）抑制剂	芳氧苯氧基丙酸酯类	禾草灵、精吡氟禾草灵、精噁唑禾草灵、精喹禾灵、氟吡乙禾灵、氰氟草酯、噁草酸、喹禾糠酯
		环己烯酮类	烯禾啶、烯草酮、吡喃草酮
B	乙酰乳酸合成酶（ALS，AHAS）抑制剂	磺酰脲类	氯磺隆、甲磺隆、苯磺隆、胺苯磺隆、醚磺隆、噻吩磺隆、甲嘧磺隆、氯嘧磺隆、苄嘧磺隆、吡嘧磺隆、烟嘧磺隆、啶嘧磺隆、砜嘧磺隆、环丙嘧磺隆、酰嘧磺隆、乙氧嘧磺隆、单嘧磺隆、甲酰氨磺隆
		咪唑啉酮类	咪唑喹啉酸、咪唑乙烟酸、咪唑烟酸、甲氧咪唑烟酸、咪草酸
		磺酰胺类	唑嘧磺草胺
		嘧啶水杨酸类	双嘧双苯醚
C_1	光合系统Ⅱ抑制剂	均三嗪类	西玛津、莠去津、扑灭津、西草净、扑草净、莠灭净、氟草净、氰草津
		三嗪酮类	嗪草酮、环嗪酮
		苯基氨基甲酸酯类	甜菜安、甜菜宁
C_2	光合系统Ⅱ抑制剂	取代脲类	敌草隆、异丙隆、绿麦隆
		酰胺类	敌稗
C_3	光合系统Ⅱ抑制剂	苯腈类	溴苯腈、辛酰溴苯腈
		苯噻二嗪类	灭草松
		苯哒嗪类	哒草特
D	光合系统Ⅰ-电子传递抑制剂	联吡啶类	百草枯、敌草快
E	原卟啉原氧化酶抑制剂	二苯醚类	三氟羧草醚、氟磺胺草醚、乙氧氟草醚、乙羧氟草醚、乳氟禾草灵
		酞酰亚胺类	丙炔氟草胺、氟烯草酸
		噁二唑类	噁草酮、丙炔噁草酮
		三唑啉酮类	甲磺草胺
F_1	退色剂：类胡萝卜素生物合成抑制剂——八氢番茄红素脱氢酶（HPPD）抑制剂	哒嗪酮类	氟草敏
		烟酰替苯胺类	吡氟酰草胺
		其他	氟啶草酮、氟咯草酮、呋草酮
F_2	退色剂：4-羟基苯基丙酮酸双氧酶抑制剂	三酮类	磺草酮
		异噁唑类	异噁唑草酮
		吡唑类	吡唑特、吡草酮、苄草唑

续 表

类别	作用靶标	化学结构类型	主要品种
F_3	退色剂：类胡萝卜素生物合成抑制剂—不明作用点	三唑类 异噁唑烷二酮类	杀草强 异噁草松
G	5-烯醇丙酮酰莽草酸-3-磷酸合成酶（EPSP）抑制剂	甘氨酸类	草甘膦
H	谷氨酰胺合成酶抑制剂	膦酸类	草胺膦、双丙氨膦
I	DHP合成酶抑制剂	氨基甲酸酯类	磺草灵
K_1	微管组装抑制剂	二硝基苯胺类 哒嗪类	氟乐灵、二甲戊灵、氨磺乐灵、氟硫草定
K_2	有丝分裂抑制剂	氨基甲酸酯类 二苄醚类	氯苯胺灵 环庚草醚
K_3	细胞分裂抑制剂	酰胺类 氨基甲酸酯类	甲草胺、乙草胺、丁草胺、丙草胺、异丙草胺、异丙甲草胺、吡唑草胺、萘丙胺、苯噻酰草胺、噻唑草酰胺、毒草胺 双酰草胺
L	细胞壁（纤维素）合成抑制剂	腈类 酰胺类	敌草腈 异噁酰草胺
N	脂肪合成抑制剂——非ACC酶抑制剂	硫代氨基甲酸酯类 氨碳酸类 其他	禾草丹、野麦畏、禾草敌、哌草丹、灭草敌 茅草枯 野燕枯
O	合成激素类	苯氧羧酸类 苯甲酸类 吡啶羧酸类 喹啉羧酸类 其他	2，4-滴、2，4-滴丁酯、2甲4氯 麦草畏 氯氟吡氧乙酸、氨氯吡啶酸、三氯吡氧乙酸 二氯喹啉酸 草除灵

本书采用化学结构及作用靶标相结合进行分类，即将124个除草剂品种归纳为22种化学结构类型，再将作用靶标相同的化学结构类型相连排列。

除草剂按作用靶标分类具有多方面应用价值，尤其是在除草剂新化合物类型和新品种的研制、开发以及推广使用中具有指导作用。

（1）除草剂新有效成分的设计、合成与筛选

近些年来，世界各大农药公司都在集中人力和财力研究具有特殊作用机制的化合物类型和分子结构，在除草剂作用靶标分类的指导下，采用针对性强的对靶生物筛选方法，开发使用量很低、收益很高的小规模生产的产品。

（2）混用和混剂开发

选择两种具有不同作用靶标的除草剂进行混用或制成混剂已被证明是一个治理杂草抗性的行之有效的策略。作用靶标分类法为混用和开发混剂时选择单剂提供了一个简便、有效的途径。

（3）杂草抗药性的预防与治理

杂草抗药性问题日益普遍与严重，为此，有些国家政府规定在除草剂使用标签中必须注明除草剂的化合物类型、作用靶标，以便交替使用或混用。交替使用作用靶标不同的除草剂品种，能预防及解决杂草抗药性问题。否则，交替使用作用靶标相同的除草剂品种，不仅不能延缓或解决抗性，反而由于交互抗性的产生而导致抗性形成速度加快。选择防治抗性杂草的除草剂，要选择作用靶标不同的除草剂。

（4）药害鉴别

同一作用靶标的除草剂各品种对作物造成的药害症状基本相同或相似，因而可以根据作用靶标分类法诊断药害症状，也可以根据查明造成药害的除草剂类别采取相应的补救措施。

（5）制定正确使用技术

在使用前首先需知道所用除草剂的作用靶标，才能制定合理的使用技术。例如，酰胺类除草剂甲草胺、异丙甲草胺、乙草胺等是以脂类合成为靶标，芽前土表处理后，禾本科杂草种子萌芽、出土过程中胚芽鞘不断吸收药剂，并在出土前或出土时死亡。但如果施药期较晚，由于气温高、湿度大，杂草幼芽迅速通过药土层出土，胚芽鞘吸药较少，因而除草效果下降。

类型	禾本科杂草	莎草料杂草	阔叶类杂草
叶形			
叶脉			
茎切面			
举例	稗草	香附子	鸭舌草

图7-1 禾本科杂草、莎草科杂草和阔叶类杂草的区分
（Vergara，1979）

三、何谓杂草

除草剂的作用对象是杂草，那么何谓杂草？广义地说，杂草是指长错了地方的植物。同一种植物，长对了地方就是栽培植物，长错了地方就是杂草。荠菜，种植在菜园里就是蔬菜，长在麦地里就是杂草；狗牙根种植在草坪里就是很好的草坪草，长在麦地里就是难于防除的杂草。

杂草有的是草本植物，有的则是木本植物。农田杂草，一般是指农田中非有意识栽培的植物，均为草本植物。我国幅员辽阔，纵跨热带、亚热带、暖温带、温带和寒温带，农田杂草种类繁多。从除草剂及化学除草的角度，为了正确制定化学除草的策略，选准除草剂品种及采用的使用技术，按照除草剂控制杂草的类别，可以将农田杂草划分为禾草（禾本科杂草）、阔叶杂草（阔叶类杂草）和莎草（莎草科杂草）三大类，其区分见图7-1、图7-2、图7-3。这三类杂草，按其生活周期又各分为一年生杂草、越年生（二年生）杂草和多年生杂草。（图7-4）

禾本科杂草（稗草）　　莎草科杂草（碎米莎草）

阔叶类杂草（鸭舌草）

图7-2 稻田最普遍的三类杂草

阔叶类杂草（荠菜）

莎草科杂草（香附子）

禾本科杂草（马唐）

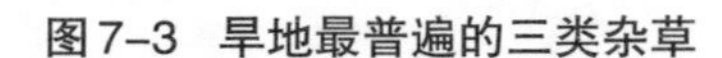

图7–3　旱地最普遍的三类杂草

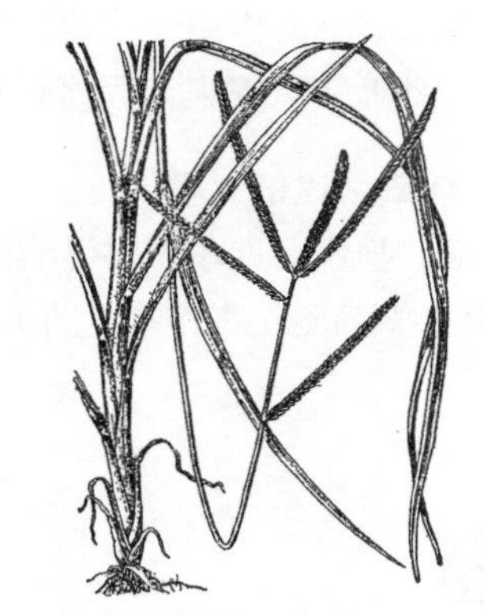

一年生禾本科杂草（蟋蟀草）

多年生禾本科杂草（狗牙根）

越年生禾本科杂草（看麦娘）

图7–4　三类生活周期杂草

四、除草剂最常用的使用方法是土壤处理

土壤处理就是采用适宜的施药方法把除草剂直接施于土壤表面或土壤表层中。一般多用于防除由种子萌发的杂草或浅根性的多年生杂草。由于目前使用的除草剂大多为芽前处理剂，因而以土壤处理使用除草剂最为广泛。

将除草剂施于土表的称为土表处理，使土壤表面形成药膜层，施药后不能动土，以免破坏药膜层，降低除草效果。一般是在作物播后苗前施药，通过根或幼芽吸收的除草剂多采用此法使用。

将除草剂施于土壤表层的称为混土处理，使药剂均匀混和到5～10cm土层内，形成封闭的药土层。农田杂草的种子重量为0.1～5mg，而绝大多数的杂草幼苗是由土表以下5cm内的种子萌发出土的，土层中的除草剂通过种子萌发后的芽鞘、胚轴或幼根进入草体内发挥毒杀作用。混土处理主要适用于易挥发或易光解的除草剂，一般是在作物播前施药；某些不易挥发或不易光解除草剂，在播前或播后苗前施药后，在土壤干旱、施药后无降雨又无灌溉条件时，可进行浅混土2～3cm（不要把种子耙出来），以提高除草效果。

那么，土层中的除草剂为何杀草不伤苗（作物）？除了药剂本身性能，在使用技术上是采用了两项措施：

(1)利用杂草种子与播种的作物种子在土壤中的位置差异

选用水溶性小、不易淋溶的除草剂品种，在播种后出苗前将药施于土壤表面或表层，其药土层一般为0～3cm，而作物播种深度一般在5cm以下，作物种子发芽所需水分由没有除草剂的土层供给，就不会因种子吸水而遭到伤害，可正常发芽生长（图7–5）。

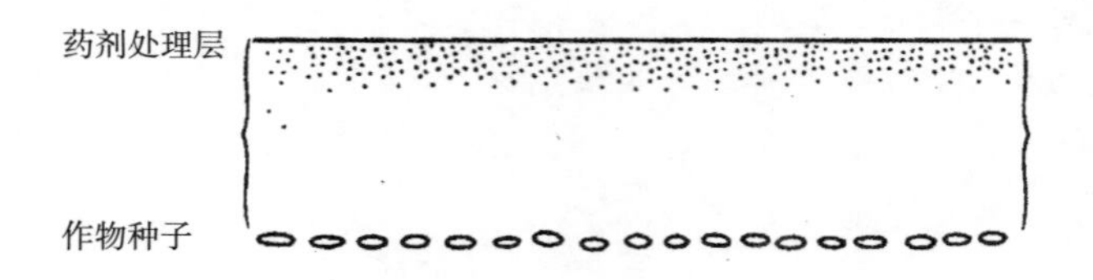

图7–5 播后苗前土壤处理法除草示意图

作物种子发芽出土速度较慢，从发芽到出土一般需要5～10d，这时除草剂的活性已经大大降低，幼芽出土时多由子叶或芽鞘保护生长点，还常常掀开土钻出地面（特别是双子叶作物），也不易接触到药剂。比较容易吸收药剂的根系是在药层以下向下扎，接触不到药剂。

有些除草剂持效期较短，可在播种前施用，当药剂已经分解失效，再进行播种。在冬季寒冷的西北、东北地区，还可在土壤结冻前20d施药，随后翻耙混土10cm左右，翌年春季按生产程序播种。

(2)利用作物根深、杂草根浅的差异

在深根作物生育期，把水溶性小不易淋溶的除草剂，施于土表，杀死杂草而不伤害作物（图7–6）。

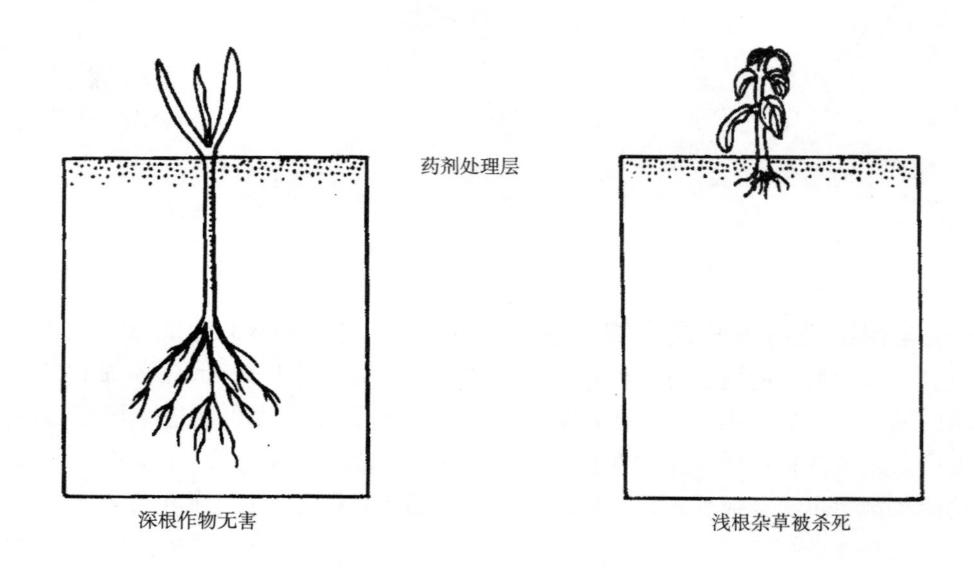

图7–6 利用作物根系与杂草根系在土壤中的位差，采用土壤处理法除草的示意图

水稻插秧后撒施除草剂颗粒剂或撒毒土，能安全有效地防除稻田杂草，也是这个道理。颗粒剂或毒土不易附着在稻苗上而落入田水中，固着在表土层，使萌动的杂草接触药剂而中毒死亡，而栽插的稻苗根系和生长点均处在药层以下，接触不到药剂而比较安全（图 7–7）。

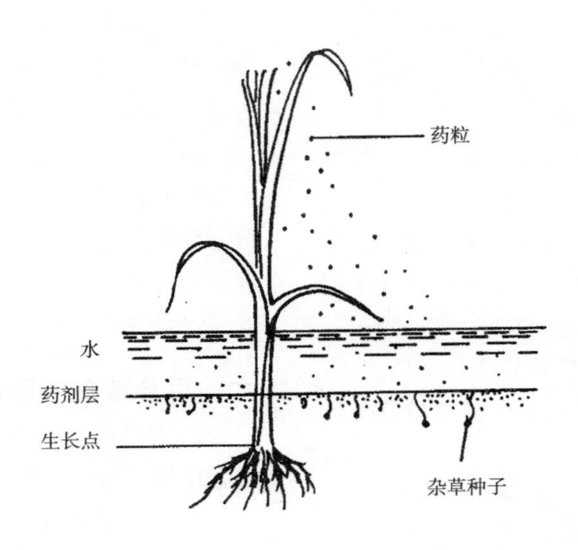

图 7–7 水稻本田土壤处理法除草示意图

土壤处理是把除草剂直接施于土壤，土壤的种类、团粒结构、有机质含量、含水量、氢离子浓度（pH 值）以及土壤中的微生物种类和数量等因素，都会对除草剂产生影响，其中影响大的是土壤的种类和有机质含量。某些除草剂用于不同种类的土壤或有机质含量不同的土壤，其施用量是不相同的（表 7–2 和表 7–3）。所以，在设计和实施土壤处理时必须考虑上述土壤因素。

表 7–2 72% 异丙甲草胺乳油防除大豆田杂草在有机质含量不同的土壤中每亩的使用量（mL）

土壤种类	有机质含量	
	<3%	>3%
沙质土壤	100	133
壤土	167	133
黏质土壤	185	200

表 7–3 某些除草剂在不同种类土壤中每亩的使用量（g、mL）

土壤种类	88.5%灭草猛乳油用于大豆田除草	40%莠去津悬浮剂用于果园除草	40%西玛津悬浮剂用于玉米、高粱地除草
轻质沙土	175	150 ~ 200	130 ~ 180
壤土	225	200 ~ 350	150 ~ 200
黏质土	265	350 ~ 450	200 ~ 300

五、除草剂的茎叶处理使用法

茎叶处理是将除草剂配成药液喷洒到杂草茎叶上使杂草中毒死亡。被处理的杂草通常是生长在已种植农作物的田里，作物与杂草混生，要求所用的除草剂具有较强的选择性，杀草不伤苗。随着选择性除草剂新类型和新品种日益增多，茎叶处理法使用除草剂也在快速发展中。

茎叶处理法使用除草剂有3个时期：①在作物种植或移栽前，用除草剂全面喷洒，杀灭已生长的杂草；②在作物生长期，根据杂草发生情况，采用全面施药，对全田进行均匀茎叶喷洒；或采用带状施药，将药剂喷洒于作物苗带上或行间，一般是苗带喷药除草，行间中耕除草；③果林苗圃，如果树砧木种子育苗，在苗后对全苗圃或苗带喷洒除草剂。

在作物生长期采用茎叶处理使用除草剂，选准施药时期很重要，一般应考虑的有：①选择除草剂对作物安全无药害时期，也就是作物对所用除草剂耐药力最强的时期。例如，用噻吩磺隆防除麦田阔叶杂草，只能在小麦2叶期至孕穗前施药，小麦孕穗以后施药易产生药害；②选择杂草耐药力最差的时期。一般来说，杂草处于萌发阶段和幼苗阶段对除草剂最为敏感，随着杂草的长大，敏感性逐渐下降，到接近开花时敏感性降低到最低点。所以，采用茎叶处理时，禾本科草一般为1.5叶期，最好不超过3叶期，而阔叶草一般为4～6叶期内。对个别的除草剂，如茎叶吸收的草甘膦、触杀性的百草枯，为使杂草有较大面积的茎叶接受药液，和利于传导性除草剂向植物根部传导，施药时期就不宜过早；③待杂草已萌发出齐苗，并在除草剂有效控制期内。总之，要从作物、杂草、药剂三者综合考虑，选准最佳施药时期，并注意与气候条件及其他措施相协调，以确保施药后的除草效果和对作物的安全。

在采用茎叶处理使用除草剂时，助剂对药效和安全性的影响，也是很值得注意的。通常情况下，助剂能提高除草剂药液在植株上的分布，从而提高除草剂的防除效果。不同的杂草和作物种类对助剂的反应不尽相同，选用时须特别注意。

在作物生育期喷施选择性较差的除草剂或灭生性除草剂时需采用定向喷雾，即利用作物和杂草在地面和空间分布的差异，控制喷洒方法，把药液施于杂草，尽可能不飘落到作物体上。具体操作方法，参见第一篇。

六、用除草剂须防药害

药害是除草剂使用中存在的一个重要问题，因为作物和杂草都是绿色植物，有些还是同科、同属，当使用某种除草剂杀灭农田杂草时，稍有不当，就会伤害作物。须知，任何作物对除草剂都不具有绝对的耐性或抗性，而所有除草剂品种对作物与杂草的选择性也都是相对的，仅是在一定范围内才显现出选择性杀草而不伤害作物，超越其选择范围，就会伤及作物。在除草剂大面积使用中，使作物产生药害的原因多种多样，其中70%的药害是由于使用技术不当而造成的，以过量用药和误用、错用或混用不当者为最多，因而也是可以避免的。

过量施药是有些用户对超高效除草剂用少量药剂就能除草有怀疑，随意增加施药量；或遇到药效不够好时也不认真寻找原因，盲目增加施药量，致使用药过量引起药害。也有的称量药剂不准确、施药不均匀、重喷重施，使局部施药过量引起药害。（图7-8、图7-9）

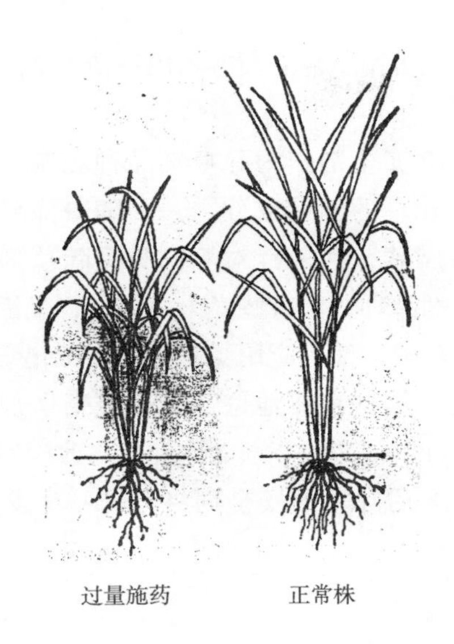

图7-8 过量施药引起水稻矮化
（Vergara，1979）

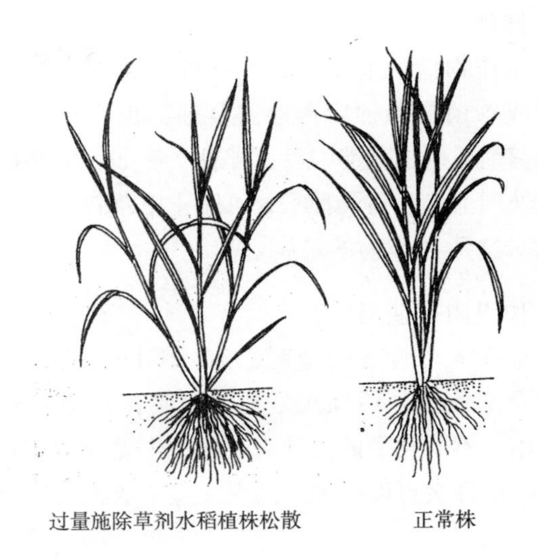

图7-9 过量施除草剂引起水稻生长松散
（Vergara，1979）

误用、错用或混用不当，将除草剂误当杀虫剂或杀菌剂使用，在杀虫剂或杀菌剂中意外混入除草剂，不同除草剂品种间以及除草剂与杀虫剂、杀菌剂等其他农药混用不当，都易造成药害。例如，1997 年河南一农民误把标签脱落的 2 甲 4 氯当杀虫脒（此药已禁用）喷洒棉花防治棉红蜘蛛，造成棉花绝收；脲类除草剂与有机磷杀虫剂混用，会严重伤害棉花幼苗；敌稗与 2，4- 滴、有机磷、氨基甲酸酯及硫代氨基甲酸酯农药混用，能使水稻受害；玉米施过有机磷后对烟嘧磺隆敏感，两药施用间隔期需 7d 左右等。

但是，有些除草剂在使用后，因其自身的特性，致使作物不可避免的出现一些异常症状，稍后迅速恢复正常，并不影响作物产量，因而不将其看做药害，也就不用去管它。如野燕枯喷施后，小麦叶片短时期变黄；三氟羧草醚喷施大豆后，大豆叶片灼伤，不抑制大豆生长，一般 1 ~ 2 周可恢复正常生长；灭草松是抑制光合作用的，苗后喷施后 2h，大豆叶片二氧化碳同化作用开始受抑制，4h 叶片下垂，8h 后可恢复正常等。

采用化学除草，在施药后，每隔一定时间要仔细观察对作物的安全性，一旦出现药害，要根据情况，查明原因，设法补救。具体措施参见其他同类书籍，这里仅谈谈用除草剂安全剂减轻除草剂药害。

除草剂安全剂曾称除草剂解毒剂或作物安全剂。由于“解毒剂”这个名称极易与医疗和药物学中早已广泛应用的解毒剂相混淆。所以，目前普遍将“除草剂解毒剂”称为“除草剂安全剂”。顾名思义，除草剂安全剂是能提高除草剂对作物的安全性，使作物免受或减轻除草剂药害的一类药剂。它的主要作用有三：①增强除草剂选择性，使灭生性除草剂可选择性除草；防除在植物学方面与作物科属相邻近的杂草，如禾本科作物田中的禾本科杂草；使某些除草剂可用于原本对这些除草剂敏感的作物上，扩大了应用范围；②消除土壤中除草剂残留，避免伤害后茬作物；③起解毒作用，减轻或消除已产生的药害，如小麦误喷西玛津后喷葡萄糖溶液解毒；棉花受 2，4- 滴类药害，可马上喷石灰水解毒。

根据安全剂的作用特性，特别是选择性，其应用有三：

（1）与除草剂混配制成混合制剂

例如，威霸和骠马的有效成分都是精噁唑禾草灵，而威霸仅能用于阔叶作物田防除禾本科杂草，不能用于麦类等禾本科作物田；骠马是加有安全剂的制剂（产品），使小麦能将有效成分分解而具选择性。所以，能用于小麦田防除禾本科杂草。

(2)拌种

在作物播种前用安全剂拌种，通常是在用杀虫剂或杀菌剂拌种后再拌安全剂，也可将安全剂与杀菌剂或杀虫剂混匀后再拌种，例如，用萘二甲酸酐处理玉米、高粱种子，可防止甲草胺、异丙甲草胺对这两种作物的药害。

(3)作吸附剂使用

早在人工合成安全剂之前，就已经把活性炭当安全剂使用。活性炭是通过吸附作用而起安全剂作用，不同类型的活性炭吸附能力差异达100倍以上。活性炭可以拌种、蘸根（茎）或土壤处理方法使用，也可用于清除喷雾器内残留的2，4–滴类除草剂。

除草剂安全剂作为除草剂品种和制剂开发与农田化学除草的辅助成分之一，随着除草剂品种开发而发展着，目前针对不同类型除草剂已有相应的安全剂品种，但有些尚未商品化，又因多数安全剂价格较贵，使其应用受影响。由于化学除草在近代农业中占据重要地位，而通过安全剂的开发与应用，可以提高除草剂的选择性，改善对作物的安全性，今后除草剂安全剂将会进一步发展。

第一章
芳氧基苯氧基丙酸酯类除草剂

本类除草剂是自20世纪70年代才开发的一类防除禾本科杂草的新型除草剂，如禾草灵、吡氟禾草灵、吡氟乙草灵、喹禾灵、噁唑禾草灵等，是在研究苯氧乙酸类除草剂2，4-滴的基础上发展起来的，它具有许多优异的特性。

（1）作用靶标是乙酰辅酶A羧化酶，抑制脂肪酸生物合成，干扰代谢作用，主要是破坏细胞膜结构和抑制分生组织的细胞分裂以及破坏叶绿体，光合作用及同化物质运输受阻，生长受抑制，进而植株死亡。

（2）选择性强。不仅在阔叶与禾本科植物间具有良好的选择性，在禾本科植物内也有良好的属间选择性，因而也可用于麦田除草（如禾草灵）和稻田除草（如氰氟草酯）。这类除草剂各品种的适用作物及杀草谱差异不大，几乎对所有的阔叶作物都安全。其中苯氧基苯氧丙酸类的品种，如禾草灵防除一年生禾本科杂草特效；而杂环氧基苯氧丙酸类的品种，如吡氟禾草灵等品种的内吸传导性更强，可传导至杂草的地下根茎，因而对多年生禾本科杂草也有较好的防除效果。

（3）为内吸传导型除草剂，可通过茎、叶、根被植物吸收，并传导全株。用于茎叶处理时对幼芽的抑制作用更强。因而以杂草幼龄期叶面喷雾的除草效果为佳。

（4）为植物激素的拮抗剂，因而影响植物体内广泛的生理、生化过程。使用时不能与激素型苯氧乙酸类除草剂2，4-滴丁酯、2甲4氯、植物生长调节剂赤霉素、吲哚乙酸及敌稗等混用或连用。

（5）分子结构中有手性碳原子（即不对称碳原子），因而产品中有R-体和S-体两个光学异构体，其中的S-体没有除草活性。只含具有除草活性R-体的称为精品，如精吡氟禾草灵、精噁唑禾草灵、精喹禾灵等，它们的药效分别比含R-体和S-体的吡氟禾草灵、噁唑禾草灵、喹禾灵高1倍。以此精品取代含有R-和S-体的混合产品，是此类除草剂品种发展的必然趋势。而且，出于考虑使用及环境保护，有些国家已撤销了含两种异构体的混合产品的登记以及采取一些其他的限制措施，促进精品的生产和使用。

此类除草剂的原药均为酯类化合物，被植物吸收以后，其酯键在细胞内通过酯酶，特别是羧酸酯酶的诱导被水解为酸，而酸对作用靶标乙酰辅酶A羧化酶的抑制作用（即杀草能力）显著大于酯，因而原药酯易于水解的品种具有更高的除草活性。施药后，土壤中含水量充足，或数小时至数日内有一定降雨，都有利于由酯水解为酸，从而显著提高除草效果。

（6）对作物安全性较好。对适用作物安全，若不慎发生药害，一般于施药后5～10d表现出来。药害较轻者，可以通过加强肥水管理，一般在短期内可以恢复。药害较严重者，因这类除草剂的土壤活性低，应及时补种作物，补种何种作物可视季节而定，可以不考虑除草剂的影响。

禾草灵（diclofop-methyl）

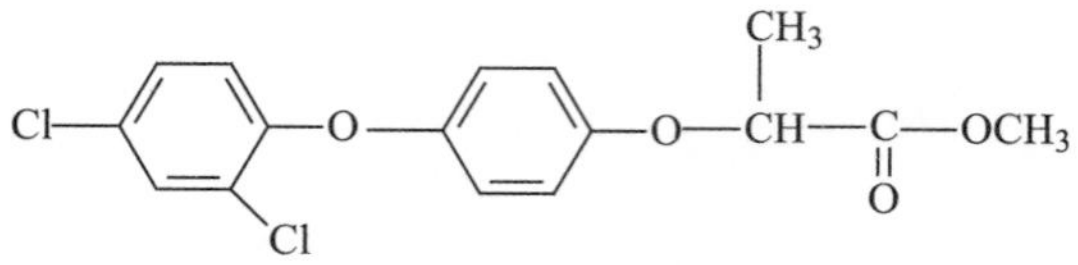

化学名称

2-〔4-（2，4-二氯苯氧基）苯氧基〕丙酸甲酯

理化性质

为无色结晶固体，相对密度1.2（40℃），熔点39～41℃，蒸气压0.034mPa（20℃）。22℃时在水中溶解度为3mg/L。20℃时在下列有机溶剂中溶剂度（g/L）为：丙酮2 490，乙醇110，乙醚2 280，石油醚（60～95℃）600，二甲苯2 530。

毒性

低毒，大鼠急性经口LD_{50}为563～693mg/kg，急性经皮LD_{50}>5 000mg/kg。对眼睛无刺激作用，对皮肤有轻微刺激作用。对大鼠亚急性经口无作用剂量为12.5～32mg/kg（90d），对狗亚急性经口无作用剂量为80mg/kg。对大鼠慢性经口无作用剂量为20mg/kg，对狗慢性经口无作用剂量8mg/kg。在实验条件下，未见致畸、致突变、致癌作用。对日本鹌鹑急性经口LD_{50}为>1 000mg/kg。对虹鳟鱼LC_{50}0.35mg/L（96h）。

生物活性

禾草灵是苗后处理剂，主要供茎叶喷雾，可被杂草叶、根吸收，但在体内传导性不强。被叶片吸收的药剂，大部分分布在施药点上、下叶脉中，破坏叶绿体，使叶片坏死。被根吸收的药剂，绝大部分停留在根部，杀伤初生根，只有很少量药剂能传导到地上部。

禾草灵是植物激素的拮抗剂。它在植物体内以酯和酸两种形式存在，其酯型是强植物激素拮抗剂，抑制茎生长，酸型是弱拮抗剂，破坏细胞膜。因此，在施药后5d内保持土壤有较高的湿度，或在施药后数日内有一定的降雨，都有利于禾草灵由酯型水解成酸型，提高杀草效果。同理，禾草灵不能与激素型苯氧羧酸类除草剂2，4-滴丁酯、2甲4氯以及麦草畏、灭草松等混用，否则会降低药效。喷施禾草灵的5d前或7～10d后，方可使用上述除草剂。

制剂及生产厂

360g/L（进口）、36%、28%乳油。生产厂有黑龙江鹤岗市禾本农药有限责任公司、江苏七洲绿色化工股份有限公司、浙江龙游绿得农药化工有限公司、浙江一帆化工有限公司、德国拜耳作物科学公司等。

应用

适用于小麦、大麦、大豆、油菜、花生、向日葵、甜菜、马铃薯、亚麻等作物地防除稗草、马唐、毒麦、野燕麦、看麦娘、早熟禾、狗尾草、画眉草、千金子、牛筋草等一年生禾本科杂草。对多年生禾本科杂草及阔叶杂草无效。也不能用于玉米、高粱、谷子、水稻、燕麦、甘蔗等作物地。

1．用于麦田

最适宜的施药时期是野燕麦等禾本科杂草2～4叶期，防除稗草和毒麦亦可在分蘖开始时施药。施药适期可以不考虑小麦的生育期，重要的是杂草不能被作物覆盖，影响杂草受药。亩用36%乳油120～200mL，（超过200mL，对麦苗有抑制作用）或20%乳油215～270mL，对水叶面喷雾。

禾草灵防除野燕麦受温度、土壤湿度、土壤有机质含量的影响很小，在黑龙江等北方早春低温、干旱的情况下，药效也很稳定。

施药后，受药的野燕麦等杂草的细胞膜及叶绿体均受到破坏。光合作用及同化物向根部的运输作用均受抑制。经 5～10d 后即可见到褪绿等中毒症状。接触到药液的小麦叶片会出现稀疏的褪绿斑，但新长出的叶片完全不会受害。

2．用于甜菜、大豆等阔叶作物田

在作物苗期、杂草 2～4 叶期，亩用 36% 乳油 170～200mL或28%乳油220～300mL，对水叶面喷雾。

3．用于油料作物田

在大豆、油菜、花生等油料作物田使用，施药时期视禾本科杂草的生育期而定。防除野燕麦、稗草、毒麦、狗尾草，应在杂草 2～4 叶期施药；防除马唐、看麦娘等，应在马唐 2～3 叶期或看麦娘 1～1.5 个分蘖期施药。亩用 36% 乳油 150～250mL 或 28% 乳油 250～300mL，对水茎叶喷雾。施药后，对 3～4 片复叶期的大豆有轻微药害，叶片可能出现褐色斑点，1 周后可恢复，对大豆苗生长无影响。

高效氟吡甲禾灵（haloxyfop-P-methyl）

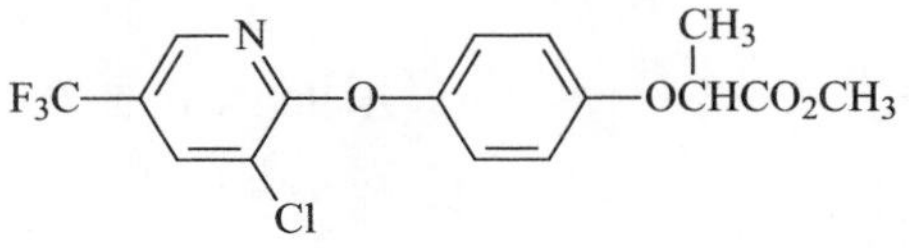

化学名称

（R）-2-〔4（3-氯-5-三氟甲基-2-吡啶氧基）苯氧基〕丙酸甲酯

其他名称

精吡氟氯禾灵

理化性质

纯品为亮棕色液体，相对密度 1.372（20℃），沸点 > 280℃。25℃水中溶解度 9.08mg/L，20℃在二甲苯、甲苯、甲醇、丙酮、环己酮、二氯甲烷中溶解度均 > 1kg/L。

毒性

低毒。大鼠急性经口 LD_{50}300（雄）、623（雌）mg/kg。大鼠急性经皮 LD_{50} > 2 000mg/kg，对兔眼睛有轻微刺激性，对兔皮肤无刺激性。大鼠 2 年饲喂无作用剂量为 0.065mg/kg·d。对繁殖无不良影响。

对鸟和蜜蜂低毒：野鸭和山齿鹑急性经口 LD_{50} > 1 159mg/kg，蜜蜂 LD_{50}（48h）> 100μg/只。对鱼高毒，虹鳟鱼 LC_{50}（96h）0.7mg/L。

生物活性

是内吸性茎叶处理剂，喷施后能很快被杂草叶片吸收并传导至整株，落入土壤中的药剂也易被根部吸收起杀草作用。受药杂草一般在 48h 后可见受害症状，6～10d 陆续死亡。在用药量少、杂草较大或干旱条件下，杂草有不完全死亡的，但生长受到严重抑制，表现为根尖发黑、地上部短小、结实率很低等。其除草特点有：①杀草谱广，对大龄杂草也有很好的防治效果；②施药适期长，禾本科杂草从 3 叶期至分蘖、抽穗初期均可施药，但最佳施药期是 3～5 叶期；③对作物高度安全，对几乎所有双子叶作物安全，即使超过正常用药量数倍也不易引起药害；④吸收迅速，传导快，喷施后 1h 降雨，也对药效影响很小；⑤对后茬作物安全。

制剂及生产厂

158g/L、108g/L、10.8% 乳油，原药生产厂 15 家以上。

应用

可用于绝大多数阔叶作物如大豆、花生、油菜、向日葵、芝麻、红花、棉花、亚麻、甜菜、烟草、啤酒花，及豌豆、茄子、甘蓝、白菜、菠菜、番茄、辣椒、芹菜、韭菜、萝卜、胡萝卜、马铃薯、莴苣、大蒜、葱、姜、黄瓜、南瓜等阔叶蔬菜，也可用于西瓜、果园、茶园、桑园、林业苗圃、花卉圃以及豆科草坪防除一年生和多年生禾本科杂草如稗草、狗尾草、马唐、千金子、早熟禾、牛筋草、看麦娘、早雀麦、野燕麦、黑麦草、匍匐冰草、堰麦草、狗牙根、假高粱、芦苇等。

使用药量一般是防除一年生禾本科杂草，在3～4叶期亩用108g/L或10.8%乳油25～30mL，4～5叶期用30～35mL，5叶期以上适当增加用药量。防除多年生禾本科杂草，3～5叶期亩用40～60mL。干旱时，可酌加用药量。对水30～40kg，喷洒杂草茎叶。为同时防除阔叶杂草，可与灭草松、氟磺胺草醚、三氟羧草醚、乳氟禾草灵等混用。现举数例用法如下：

1. 用于大豆田

在大豆苗后2～4片复叶，禾本科杂草3～5叶期施药。雨水充足，杂草生长茂盛，有利于药效发挥的条件下，亩用10.8%乳油30～35mL（春大豆）、25～30mL（夏大豆），对水茎叶喷雾。干旱条件下，用药量可增加一半。防除多年生禾本科杂草，用药量加倍。

2. 用于油菜、花生田

在长江流域或直播、稻板移栽油菜田，多以看麦娘为主，于看麦娘1～2个分蘖期，亩用10.8%乳油20～30mL；春油菜田地区用30～40mL，花生田用20～30mL，对水茎叶喷雾。

3. 用于棉田

直播棉、移栽棉田禾本科杂草3～5叶期，亩用10.8%乳油20～30mL，对水茎叶喷雾。

4. 用于菜地

在作物苗后，禾本科杂草3～5叶期，甘蓝亩用10.8%乳油30～40mL，马铃薯和西瓜用35～50mL，对水茎叶喷雾。

吡氟禾草灵（fluazifop-butyl）

$$F_3C-\text{(吡啶-2-基)}-O-C_6H_4-O-CH(CH_3)-C(=O)-OC_4H_9$$

化学名称

（R，S）-2-｛4-〔（5-三氟甲基吡啶-2-基）氧基〕苯氧基｝丙酸丁酯

其他名称

氟草除。

理化性质

为无色或淡黄色液体，相对密度1.21（20℃），沸点165℃/0.02mmHg，蒸气压0.05mPa（20℃）。在水中溶解度1mg/L（pH6.5），易溶于丙酮、二氯甲烷、乙酸乙酯、己烷、甲醇、甲苯、二甲苯。在25℃下可保存3年，37℃下保存6个月。

毒性

低毒。原药雄、雌大鼠急性经口LD_{50}分别为3 030mg/kg和3 600mg/kg，雌、雄小鼠急性经口LD_{50}分别为1 770mg/kg和1 490mg/kg；大鼠、家兔急性经皮LD_{50}分别>6 050mg/kg和2 000mg/kg；大鼠吸入LC_{50}>524mg/L。对兔眼睛的刺激轻微，对皮肤无刺激作用。在试验剂量内对动物无致突变、致畸、致癌作用，繁殖试验也未见异常。虹鳟鱼LC_{50}（96h）

为1.37mg/L，鲤鱼LC_{50}（96h）为3.50mg/L，翻车鱼LC_{50}（96h）为0.53mg/L；对蚯蚓、土壤微生物未见任何影响。蜜蜂经口毒性＞120μg/只，接触毒性＞240μg/只。野鸭急性经口LC_{50}＞17 000mg/kg。

生物活性

是内吸性茎叶处理剂，施药后可被禾本科杂草茎叶迅速吸收，传导到生长点及节间分生组织，阻碍生长顶端能量传递，破坏光合作用，抑制细胞分裂，从而抑制茎、节、根的生长，使杂草逐渐死亡。由于药剂能传导到地下茎，故对多年生禾本科杂草也有较好的防治效果，一般在施药后2～3d，杂草停止生长，7～10d后茎节及幼芽坏死，嫩叶萎缩枯死，老叶呈紫红色，15～20d后大量死亡。

制剂及生产厂

35%乳油，由日本石原产业株式会社生产。

应用

适用于油菜、花生、向日葵、豆类、甜菜、烟草、棉花、麻类、西瓜、甜瓜、马铃薯、阔叶蔬菜以及橡胶园、果园、茶园、油棕、咖啡、可可、香蕉、林业苗圃等作物防除一年生禾本科杂草，提高剂量可防除多年生禾本科杂草，如看麦娘、日本看麦娘、野燕麦、狗尾草、蟋蟀草、马唐、千金子、稗草、牛筋草、芦苇、白茅、狗牙根、双穗雀稗等。

防除一年生禾本科杂草，在杂草3～5叶期，亩用35%乳油30～50mL对水喷雾。防除多年生禾本科杂草，在杂草大量出土形成新个体、新个体有3～4片叶时，亩用35%乳油100～120mL对水喷雾，可在间隔40d左右再施药1次。

1．用于油料作物田

在作物苗后，禾本科杂草3～5叶期或看麦娘1～1.5分蘖时施药。若喷药防除后再结合中耕除草1次，可控制作物全生育期内的杂草（表7-4）。

2．用于菜地

可用于胡萝卜、萝卜、花椰菜、大白菜、小白菜、甘蓝、芦笋、芜菁、苦苣、菠菜、芥菜、大葱、圆葱、辣椒、马铃薯、菜豆、蚕豆、黄瓜、番茄等菜地防除一年生禾本科杂草，在杂草3～5叶期，亩用35%乳油30～50mL，防除多年生禾本科杂草用130～160mL，对水进行茎叶喷雾。

表7-4　油料作物用药量

作物	35%乳油用量（mL/亩）	备注
大豆	40～80	适用于各生物型油菜
冬油菜	50～66	
花生	50～66	
芝麻	50～75	
向日葵	110～130	
蓖麻	50～60	长江流域及其以南地区
	100～120	北方地区
红花	110～130	

3．用于甜菜田和亚麻田

在杂草3～5叶期，甜菜田亩用35%乳油50～67mL，亚麻4～6叶期亩用66～100mL，对水茎叶喷雾。

4．用于果园、林业苗圃等

当杂草4～6叶期，亩用35%乳油67～100mL；对多年生杂草用130～160mL，对水后茎叶喷雾。

注意事项

1．施药时相对湿度较高时，除草效果好。在

7

高温、干旱条件下，应使用给定剂量的上限。

2. 不能与激素型苯氧乙酸类除草剂2，4-滴丁酯、2甲4氯等混用，因有明显的拮抗作用，降低药效；也不能同百草枯等快速触杀性除草剂混用，因为杂草叶片迅速被杀枯，影响其在植株体内传导，而降低药效。

精吡氟禾草灵（fluazifop-P-butyl）

化学名称

（R）-2-｛4-〔（5-三氟甲基吡啶-2-基）氧基〕苯氧基｝丙酸丁酯

理化性质

纯品为褐色液体，相对密度1.22（20℃），沸点154℃/0.02mmHg，20℃时蒸气压3.3×10^{-2}mPa。20℃水中溶解度为1.1mg/L，可与二甲苯、甲苯、丙酮、乙酸乙酯、甲醇、已烷、二氯甲烷等有机溶剂混溶。在正常条件下稳定。

毒性

低毒。大鼠急性经口LD_{50}4 096（雄）、2 712（雌）mg/kg，兔急性经皮LD_{50}2 000mg/kg，大鼠急性吸入LC_{50}（4h）5.24mg/L。对兔眼睛无刺激性，对兔皮肤有轻微刺激性。亚慢性和慢性饲喂试验无作用剂量：大鼠9.0mg/kg·d（90d）、1.0mg/kg·d（2年），狗为25mg/kg·d（1年）。在试验剂量内对动物无致突变、致畸、致癌作用。

野鸭急性经口LD_{50}3 500mg/kg。虹鳟鱼LC_{50}（96h）1.3mg/L。蜜蜂经口LD_{50} > 100μg/只。对蚯蚓、土壤微生物未见任何影响。

生物活性

精吡氟禾草灵是吡氟禾草灵除去了没有杀草活性的S-异构体，只含具有杀草活性的R-异构体，因而杀草效力提高1倍多，其适用的作物地、防除杂草的种类、施药适期、应用、须注意事项也与吡氟禾草灵完全相同。

制剂及生产厂

15%、150g/L、10%乳油。生产厂有浙江宁波中化化学品有限公司、浙江一帆化工有限公司、黑龙江佳木斯黑龙农药化工股份有限公司、山东滨农科技有限公司、山东侨昌化学有限公司、山东济南绿霸化学品有限责任公司、江苏连云港立本农药化工有限公司、江苏南京第一农药有限公司等。

应用

1. 用于油料作物田

一般是在作物苗后，禾本科杂草3～6叶期，亩用有效成分5～7.6g，进行茎叶喷雾。

（1）大豆田

一年生禾本科杂草2～3叶期亩用15%乳油33～50mL，4～5叶期用50～67mL，5～6叶期用67～80mL，对水茎叶喷雾。防治多年生禾本科杂草，如20～60cm高的芦苇，则需亩用15%乳油83～130mL。

当豆田混生有阔叶杂草，可与氟磺胺草醚、灭草松、异噁草酮混用。最好在大豆2片复叶、杂草2～4叶期施药，防治鸭跖草一定要在3叶期施药。混用能防治一年生禾本科杂草和阔叶杂草，对多年生阔叶杂草，如问荆、苣荬菜、刺儿菜、大蓟等也有效。

（2）油菜田

对各种生物型冬油菜田的看麦娘防效好。在看麦娘1～2个分蘖期，亩用15%乳油50～67mL，对水茎叶喷雾。

（3）花生田

在花生2～3片复叶，禾草3～5叶期，亩用15%乳油50～66mL，对水喷雾。之后结合中耕除草一次，即可控制花生全生育期的禾本科杂草。

（4）其他油料作物田

15%乳油亩用量为：芝麻田用50～75mL，向日葵田110～130mL，蓖麻田50～60mL或110～120mL（干旱的北方地区），红花田110～130mL，对水茎叶喷雾。

2. 用于糖料作物田

（1）甜菜田

在直播甜菜苗后，留种甜菜播后20d左右，禾本科杂草3～5叶期，亩用15%乳油66～120mL，对水喷洒杂草茎叶。在禾本科杂草与阔叶杂草混生的田块，亩用15%乳油50～70mL加16%甜菜宁乳油400mL对水喷雾。

（2）甜叶菊

于甜叶菊栽插成活后，禾本科杂草3～5叶期，亩用15%乳油50～60mL，对水喷洒茎叶。

3. 用于棉、麻田

棉田防除一年生禾本科杂草，在杂草3～5叶期，全田喷施或苗带喷施，亩用15%乳油34～67mL，对水茎叶喷雾。

用于黄麻、亚麻、红麻和苎麻田除草，在苗后，杂草3～5叶期，亩用15%乳油40～60mL，对水喷洒杂草茎叶。若防除多年生杂草，用药量需适当增加。

4. 用于茶、果、橡胶园

（1）茶苗圃

茶园待茶籽出苗后，或短穗扦插后，主要一年生禾本科杂草3～5叶期，亩用15%乳油40～60mL，对水50kg，喷洒杂草茎叶。

在定植茶园，防除一年生禾本科杂草亩用15%乳油40～60mL，防除白茅、狗牙根、香附子、双穗雀稗等多年生禾本科杂草用100～130mL，对水50kg，喷洒杂草茎叶。若天气干旱，应增加用药量和喷水量。

（2）北方果园

防除一年生禾本科杂草亩用15%乳油75～125mL。防除茅草、芦苇等多年生禾本科杂草亩用量要增加到160mL。与氟磺胺草醚混用，可兼除某些阔叶杂草。

（3）南方果园

在菠萝和柑橘砧木—枳壳苗圃中，一年生禾本科杂草3～6叶期，多年生禾本科杂草分蘖前，亩用15%乳油50mL，对水喷雾，持效期1月左右。在荔枝、龙眼、枇杷、芒果、油梨、洋桃等育苗圃，可于果树出苗1个月左右施药，用药量相同。

（4）西瓜田

一年生禾本科杂草3～5叶期，亩用15%乳油50～67mL，对水喷雾。

（5）橡胶园

在树苗茎干尚未木栓化的苗圃，一年生禾本科杂草3～5叶期、多年生禾本科杂草分蘖前，亩用15%乳油40～60mL，对水茎叶喷雾。防除幼龄橡胶园行间豆科覆盖作物苗后的禾本科杂草，可按苗圃的施药时期、用药量和方法施药。

5. 用于其他作物田

（1）烟草田

烟草移栽后15～30d，一年生禾本科杂草3～6叶期，亩用15%乳油75mL，对水茎叶喷雾。

（2）啤酒花田

在禾本科杂草3～5叶期，亩用15%乳油100～130mL，对水喷洒杂草茎叶。土壤干旱、短期无雨，则应先灌溉后施药。防除芦苇、田旋花等多年生杂草，可用15%乳油对水5倍，以涂抹器涂抹杂草茎叶，也可收到显著防治效果。

（3）香料作物田

在薄荷、留兰香田、玫瑰园等，禾本科杂草3～5叶期，亩用15%乳油50～70mL（一年生草）、100～130mL（多年生草），对水喷洒杂草茎叶。

（4）花卉圃和绿化园地

用于阔叶花卉圃、藤本花卉圃、杨和柳树扦插及留根苗圃的苗期、槐树苗圃的树苗长到3～10cm高时即定苗前等防除禾本科杂草，亩用15%乳油67～120mL，对水喷雾。在南方的油棕、椰子、腰果苗圃待作物种子萌发后，咖啡、可可育苗苗圃、剑麻苗圃和幼龄剑麻园，木薯出苗后等田块防除禾本科杂草，亩用15%乳油50～60mL，对水喷雾。

以苜蓿、三叶草等豆科草坪防除禾本科杂草，一般亩用15%乳油50～130mL（一年生草用低量，多年生草用高量），对水喷雾。

精喹禾灵（quizalofop-P-ethyl）

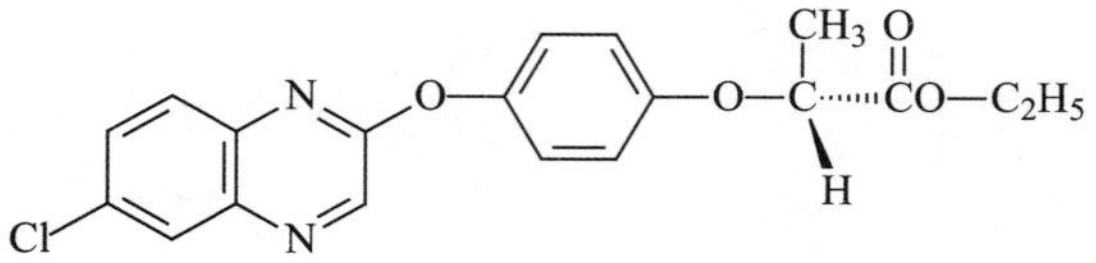

化学名称

（R）-2-〔4-（6-氯喹喔啉-2-基氧）苯氧基〕丙酸乙酯

理化性质

纯品为浅灰色晶体，相对密度1.36，熔点76～77℃，沸点220℃/26.66Pa，蒸气压0.011mPa（20℃）。溶解性（20℃）水中0.4mg/L，其他有机溶剂中为（g/L）：丙酮中650，乙醇中22，甲醇中34.87，辛烷中7，二氯甲烷中＞10 000，乙酸乙酯中＞250，二甲苯中360。在蒸馏水中的半衰期1～3d。在缓冲溶液中光解半衰期3～6d。

毒性

低毒。急性经口LD_{50}（mg/kg）：雄大鼠1 210，雌大鼠1 182，雄小鼠1 753，雌小鼠1 805。对兔眼睛和皮肤无刺激性。大鼠90d饲喂无作用剂量8mg/kg。两年慢性毒性喂养试验，大鼠急性经口无作用剂量25mg/kg。在试验剂量内，对试验动物无致突变、致畸和致癌作用。对虹鳟鱼的LC_{50}（97h）0.5mg/L，蜜蜂急性经口LD_{50}＞50μg/只。在0.1～10μg剂量下观察，对家蚕无影向。野鸭急性经口LD_{50}＞2 000mg/kg，鹌鹑急性经口LD_{50}＞2 000mg/kg。

生物活性

是内吸性茎叶处理剂。喷施后被杂草茎叶吸收，在植株体内向上和向下双向传导。积累在顶端及中间的分生组织，起毒杀作用。与含R-和S-体的喹禾灵相比，被植物吸收的速度和在体内传导的速度均提高了，药效更加稳定，不易受降雨、湿度和温度等环境条件的影响。施药后2～3d内杂草停止生长，5～7d心叶失绿变紫色，分生组织变褐，然后分蘖基部坏死，叶片逐渐枯死。由于传导性能强，药剂可达地下茎，使多年生杂草的节间和生长点受到破坏，失去再生能力。

制剂及生产厂

17.5%、15.8%、15%、10%、8.8%、88g/L、8%、5%、50g/L乳油，3%高渗乳油，8%微乳剂，60%水分散粒剂。多家生产，有原药生产的达15家以上。

应用

适用于阔叶作物田防除一年生和多年生禾本科杂草。可用于大豆、油菜、花生、芝麻、向日葵、棉花、亚麻、豌豆、蚕豆、甜菜、马铃薯、阔叶蔬菜等多种作物，以及果树、林业苗圃、幼林抚育、苜蓿等。可防除的杂草有：稗草、狗尾草、金狗尾草、马唐、看麦娘、千金子、画眉草、牛筋草、野黍、野燕麦、雀麦、毒麦、大麦属、多花黑麦草、稷属、早熟禾、双穗雀稗、狗牙根、白茅、匍匐冰草、芦苇等。

适用作物的任何生长期都可耐受精喹禾灵。禾本科杂草在发芽后的旺盛生长时期，随时都可施药，但最好在杂草3～5叶期、作物封垄前施药。防除多年生杂草时，一次用药量分两次使用，可提高除草效果，两次施药间隔时间为20～30d。一般防除一年生禾本科杂草亩用5%乳油50～70mL，防除多年生禾本科杂草用100～133mL。由于在土壤中降解半衰期在1d之内，故对后茬作物安全。

1．用于油料作物田

（1）大豆田

在多数一年生禾本科杂草达3叶期至分蘖期之间亩用5%乳油50～70mL（夏大豆）、70～100mL（春大豆），或8%微乳剂40～50mL（春大豆），或60%水分散粒剂5～6g（夏大豆）、6～8g（春大豆），对水茎叶喷雾。防除多年生禾本科杂草，需适当增加用药量，如亩用5%乳油100～130mL。

（2）油菜田

防除油菜田看麦娘，于油菜苗后在看麦娘出齐苗，处于分蘖或有1～1.5个分蘖时施药，亩用5%乳油50～70mL，对水茎叶喷雾。在其他一年生禾本科杂草为主的油菜田，可将亩用药量增加到100mL。

（3）其他油料作物田

在禾本科杂草3～5叶期施药，亩用5%乳油：花生田50～80mL，芝麻田50～70mL，向日葵田70～100mL，蓖麻田90～110mL，红花田80～100mL，各对水茎叶喷雾。

2．用于棉、麻田

（1）棉田

在直播棉田、移栽棉田或地膜棉田都可使用，于一年生禾本科杂草3～5叶期，亩用5%乳油50～70mL，对水茎叶喷雾，防除多年生禾本科杂草，需适当增加用药量（可达100mL）。

（2）麻田

对亚麻、红麻、黄麻、苎麻都较安全。在麻类作物苗后，一年生禾本科杂草3～5叶期，亩用5%乳油50～80mL，对水茎叶喷雾。

3．用于菜地

目前登记仅用于大白菜，但在阔叶蔬菜上使用已很普遍，如在育苗韭菜田、移栽园葱田、芹菜、胡萝卜、十字花科蔬菜、茄科蔬菜等。在蔬菜苗后或移栽活棵后，一年生禾本科杂草3～5叶期施药。例如，大白菜田亩用5%乳油40～60mL。

防除菜田沟、埂上以双穗雀稗为主的多年生禾本科杂草，可亩用5%乳油150～250mL，对水喷雾。

4．用于果园、茶园、桑园、林业苗圃

在禾本科杂草3～6叶期施药。

（1）北方果园

在苗圃亩用5%乳油50～100mL，在定植果园亩用5%乳油50～100mL（一年生禾本科杂草）或130～200mL（多年生禾本科杂草），对水40～50kg，喷洒杂草茎叶。

（2）南方果园

在荔枝、龙眼、芒果、枇杷、油梨、洋桃等苗圃，在果树苗后1个月左右，亩用5%乳油50～70mL，对水25～30kg，喷洒杂草茎叶。还可用于柑橘园、菠萝园除草。

（3）瓜田

精喹禾灵是瓜田防除禾本科杂草的优良药剂，对西瓜、甜瓜安全。例如，防除西瓜田杂草，亩用5%乳油40～60mL，对水茎叶喷雾。

（4）茶园

在苗圃，当茶出苗后，亩用5%乳油40～60mL，对水喷雾。也可用于定植茶园除草。

（5）桑园

一般是亩用5%乳油80～100mL，对水1 000倍，喷洒杂草茎叶。此浓度药液喷到桑叶，也不会产生药害。施药后3d，采叶喂蚕，对蚕也无不良影响。

（6）林业苗圃

杨、柳扦插及留根的苗圃、泡桐及曲柳苗高10cm以上的苗圃、桉树及杉树苗圃等，一般亩用5%乳油50～100mL，对水茎叶喷雾。对定植的大苗及幼树栽植地，用药量可增加到120～150mL。

5．用于其他作物田

在苗后，杂草3～5叶期施药。

用于绿豆和红小豆田除草，亩用5%乳油50～70mL，对水茎叶喷雾。

对甜菜非常安全，一般亩用5%乳油80～100mL。在阔叶杂草多的田块，可以亩用5%精喹禾灵乳油50～60mL，加16%甜菜宁乳油350～400mL，对水混合喷雾。

在阔叶花卉圃及藤木花卉圃、啤酒花田、苜蓿和三叶草等豆科植物的草坪，亩用5%乳油50～100mL，对水喷雾。

喹禾灵（quizalofop-ethyl）

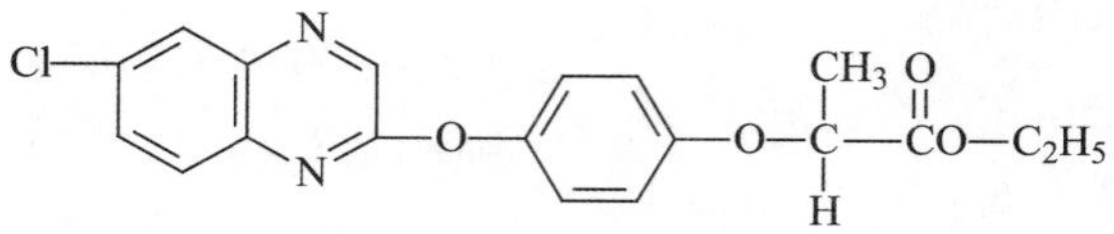

化学名称

（R，S）-2-〔4-（6-氯-2-喹喔啉-2-基氧）-苯氧基〕丙酸乙酯

理化性质

纯品为无色晶体，相对密度1.35（20℃），熔点91.7～92.1℃，沸点220℃/0.2mmHg，蒸气压0.866mPa（20℃）。溶解度（20℃）：水0.3mg/L，有机溶剂中溶解度（g/L）：丙酮110、二甲苯120、正己烷2.6。原药有效成分为白色或淡褐色粉末，含量不低于97%，正常条件下贮存稳定。

毒性

低毒。原药雄、雌性大鼠急性经口LD_{50}为1 670mg/kg、1 480mg/kg（另一资料为1 210mg/kg、1 182mg/kg），雄雌小鼠急性经口LD_{50}为2 350mg/kg、2 360mg/kg（另一资料为1 753mg/kg、1 805mg/kg）；大鼠和小鼠急性经皮LD_{50}均＞10 000mg/kg，大鼠急性吸入LC_{50}（4h）为5.8mg/L。对皮肤无刺激作用，对眼睛有轻度刺激作用，但在短期内即可消失。在试验剂量内对动物无致畸、致突变、致癌作用。在三代繁殖试验中未见异常。狗六个月喂养试验无作用剂量为100mg/kg。大鼠两年喂养试验无作用剂量为25mg/kg。对鱼类毒性中等偏低，如虹鳟鱼LC_{50}（96h）为10.7mg/L，蓝鳃翻车鱼LC_{50}（96h）为2.8mg/L。蜜蜂LD_{50}＞50μg/只。野鸭和鹌鹑LD_{50}均＞2 000mg/kg。

生物活性

同精喹禾灵。但喹禾灵为R-异构体与S-异构体的混合物，故其除草效力减半。

制剂及生产厂

10%乳油，5%高渗乳油，生产厂有江苏南通江山农药化工股份有限公司、江苏丰山集团有限公司、浙江巨化股份有限公司兰溪农药厂、湖北枣阳市先飞高科农药有限公司等。

应用

适用作物、除草种类、施药时期和应用均与精喹禾灵相同，仅是用药量约需增加1倍。用于大豆、油菜、棉花、甜菜田除草，一般亩用10%乳油70～100mL。

喹禾糠酯（quizalofop-P-tefuryl）

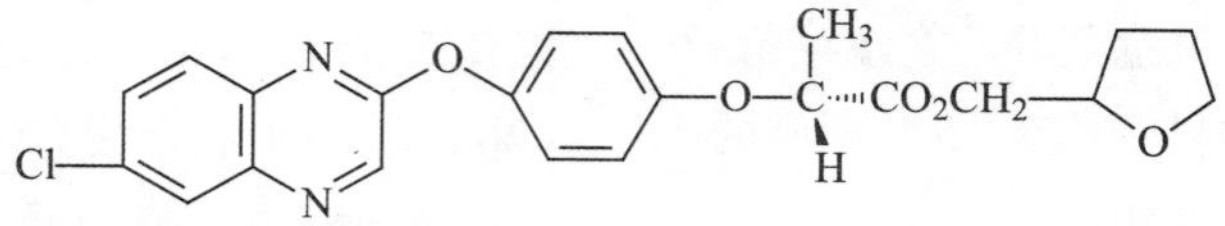

化学名称

（R）-2-〔4-（6-氯喹喔啉-2-基氧）苯氧基〕丙酸-（RS）-四氢糠酯

理化性质

深黄色液体，在室温下即可结晶，熔点59～68℃，蒸气压7.9×10^{-3}mPa（25℃）。溶解度（25℃，g/L）：水中0.004，甲苯中652，己烷中12，甲醇中64。

毒性

低毒。大鼠急性经口LD_{50}大于2 000mg/kg，家兔急性经皮LD_{50}大于4 000mg/kg。对兔眼睛有中度刺激作用，对兔皮肤无刺激作用。两年饲喂试验无作用剂量（mg/kg·d）：大鼠1.25，狗无作用剂量19。在试验剂量下未见致畸、致突变、致癌作用。对鱼类高毒，LC_{50}（mg/L，96h）：虹鳟鱼>0.51，翻车鱼0.25。对蜜蜂无毒，LD_{50}>100μg/只。

生物活性

是内吸茎叶处理剂。喷施后很快被杂草茎叶吸收，传导至整株的分生组织，抑制脂肪酸的合成，阻止发芽和茎根生长而杀死杂草。杂草受药后很快停止生长，3～5d心叶基部变褐，5～10d出现明显变黄坏死，14～21d内整株死。

制剂及生产厂

40g/L乳油，由哈尔滨正业农药有限公司生产。

应用

对阔叶作物田的禾本科杂草有很好的防效。适用于大豆、花生、油菜、向日葵、亚麻、棉花、甜菜、马铃薯、蚕豆、豌豆、苜蓿以及阔叶蔬菜、西瓜、果树、林业苗圃、幼林抚育等阔叶作物田防除禾本科杂草，如稗草、野燕麦、雀麦、大麦属、多花黑麦属、画眉草、剪股颖、野黍、稷属、狗牙根、匍匐冰草、白茅、芦苇、龙爪茅、假高粱、双穗雀稗等。一般在作物苗后，一年生禾本科杂草3～5叶期亩用40g/L乳油50～80mL，对多年生杂草用80～120mL，对水喷雾。

在我国现已登记用于大豆、花生和油菜。春大豆田亩用40g/L乳油70～80mL，花生田亩用50～80mL，冬油菜亩用60～90mL，对水茎叶喷雾。为兼治阔叶杂草，在大豆田可与三氟羧草醚、氟磺胺草醚、灭草松、乳氟禾草灵等混用，在油菜田可与草除灵混用。

精噁唑禾草灵（fenoxaprop-P-ethyl）

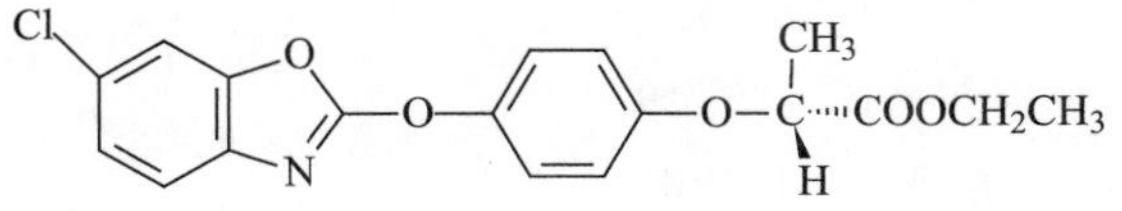

化学名称

（R）-2-〔4-（6-氯-苯并噁唑-2-氧基）苯氧基〕丙酸乙酯

其他名称

高噁唑禾草灵。

理化性质

纯品为无色固体，相对密度1.3（20℃），熔点89～91℃，蒸气压5.3×10^{-4}mPa（20℃）。25℃水中溶解度0.9mg/L，有机溶剂中溶解度（20℃，g/L）：丙酮200，环己烷、乙醇、正辛醇>10，乙酸乙酯>200，甲苯200。

毒性

低毒。急性经口LD_{50}（mg/kg）：雄大鼠3 040，雌大鼠2 090，小鼠>5 000。大鼠急性经皮LD_{50}>2 000mg/kg，大鼠急性吸入LC_{50}>1.224mg/L（4h）。亚

急性试验（90d）无作用剂量（mg/kg·d）：大鼠0.75，小鼠1.4，狗15.9。未见致畸、致突变、和致癌作用。

对鱼类高毒，LC_{50}mg/L（96h）：虹鳟鱼0.46，翻车鱼0.58。对其他水生生物中等毒，水蚤LC_{50}（48h）7.8mg/L。对鸟类低毒，鹌鹑LD_{50}>2 000mg/kg。

生物活性

内吸传导型茎叶处理剂。喷洒后被杂草的茎叶吸收，传导到叶茎、节间分生组织、根的生长点，迅速转变成游离酸，抑制脂肪酸的生物合成，损坏杂草的生长点、分生组织，导致杂草死亡。一般施药后2～3d内停止生长，5～7d心叶失绿变紫色，分生组织变褐，然后分蘖基部坏死，叶片逐渐枯死。

制剂及生产厂

7.5%、6.9%、69g/L水乳剂，10%、8.5%、80.5g/L、6.9%乳油。生产厂有沈阳化工研究院试验厂、安徽华星化工股份有限公司、安徽丰乐农化有限责任公司、江苏天容集团股份有限公司、江苏中旗化工有限公司、山东京博农化有限公司、浙江海正化工股份有限公司、浙江龙游绿得农药化工有限公司、杭州宇龙化工有限公司、德国拜耳作物科学公司等。

应用

适用于多种阔叶作物及果、茶、桑、阔叶木本植物等防除多种禾本科杂草：稗、看麦娘、狗尾草、画眉草、蟋蟀草、千金子、野燕麦、野高粱、种子繁殖的假高粱、野属等，略增加用药量还可防除剪股颖、马唐、野大麦、金狗尾草、苏丹草、狗牙根、狼尾草等。

产品中添加除草剂安全剂的可用于小麦、黑麦田防除禾本科杂草，但不能用于大麦、青稞、燕麦、玉米、高粱等禾谷类作物田。

1．用于油料作物田

油菜3～6叶期、杂草3～5叶期，亩用6.9%乳油（水乳剂）或69g/L水乳剂40～50mL（冬油菜）、50～60mL（春油菜），10%乳油50～60mL，对水茎叶喷雾。

在大豆田于大豆2～3片复叶、杂草2叶期至分蘖前，亩用6.9%水乳剂50～60mL（夏大豆）、60～80mL（春大豆），对水茎叶喷雾。

在花生田于花生2～3叶期，杂草3～5叶期，亩用69g/L水乳剂45～60mL或80.5g/L乳油35～50mL，对水茎叶喷雾。

2．用于棉田

直播棉田和移栽棉田的棉花任何生育期均可施药。但防除一年生禾本科杂草的最佳施药时期为杂草2叶期至分蘖期。亩用69g/L水乳剂50～60mL，或80.5g/L乳油40～50mL，对水茎叶喷雾。

3．用于麦田

加有安全剂的精噁唑禾草灵方可使用，亩用有效成分2.8～4g。

冬小麦田防除看麦娘等一年生禾本科杂草，于杂草2叶至拔节期均可使用，但以3叶至分蘖中期施药除草效果好。亩用69g/L水乳剂40～50mL，或10%乳油30～40mL，对水喷雾。防除沿草、硬草时要适当增加用药量。早播麦田在冬前施药比冬后返青期施药的除草效果好，对小麦的安全性也更好。晚播麦田可在第二年麦苗返青至拔节前施药。春季麦苗耐药力弱，在推荐用药量下，有时麦苗轻度发黄，7～10d后可恢复，不影响产量。

春小麦田防除野燕麦为主的禾本科杂草，于春小麦3叶期至分蘖期，亩用6.9%水乳剂50～60mL（有的产品需用70～80mL），对水喷雾。

4．用于烟草、茶和药用植物

在烟草田于烟草移栽后，杂草2叶至分蘖期，亩用6.9%水乳剂50～80mL，对水喷雾。

在茶园防除看麦娘、狗尾草、马唐、牛筋草等，于杂草3～5叶期，亩用6.9%水乳剂55～65mL，对水50kg喷雾。防除狗牙根等多年生禾本科杂草，于杂草5～8叶期，亩用80～108mL，对水50～70kg喷雾。

据报道，在药用植物黄芪、桔梗、板蓝根田，亩用10%乳油50mL，对水喷雾，除草效果好，对药用植物安全。

注意事项

1．在单、双子叶杂草混生的田块，可与异丙隆、溴苯腈等混用，但不宜与苯氧羧酸类除草剂、灭草松混用，因会降低对野燕麦、看麦娘等禾本科杂草的防效，也会降低对阔叶杂草的防效，可相隔 7～10d 连用。

2．施药适期虽宽，但仍以早施为佳。

3．土壤墒情好有利于药效发挥。若极端干旱或遇寒流不利条件，应推迟到条件改善后施药。霜冻时切勿施药。

噁唑禾草灵（fenoxaprop-ethyl）

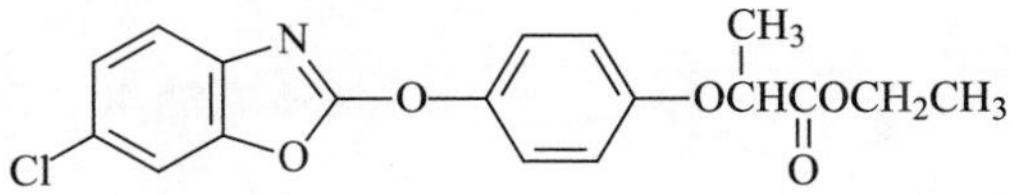

化学名称

（R，S）-2-〔4-（6-氯苯并噁唑-2-氧基）苯氧基〕丙酸乙酯

理化性质

无色固体，熔点84～85℃，蒸气压19mPa（20℃）。溶解度（25℃，mg/L）：水 0.9，丙酮>500，环已烷、乙醇、正辛醇>10，乙酸乙酯>200，甲苯 300。

毒性

低毒。急性经口 LD_{50}（mg/kg）：雄大鼠 2 357，雌大鼠 2 500，雄小鼠 4 670，雌小鼠 5 490；急性经皮 LD_{50}（mg/kg）：大鼠>2 000，兔>1 000。对兔、鼠的皮肤和眼睛有轻微刺激性。鹌鹑急性经口 LD_{50}> 2 510mg/kg，翻车鱼 LC_{50}（96h）0.3mg/L。

生物活性

同精噁唑禾草灵

制剂及生产厂

10% 乳油。生产厂有杭州市宇龙化工有限公司，江苏江阴凯江农化有限公司，江苏瑞禾化学有限公司。

应用

由于目前广泛生产和使用精噁唑禾草灵，已很少使用噁唑禾草灵。其适用作物、除草种类、应用均与精噁唑禾草灵相同，现仅登记用于冬小麦和夏大豆，亩用药量分别为 10% 乳油 67～80mL 和 80～100mL。

氰氟草酯（cyhalofop-butyl）

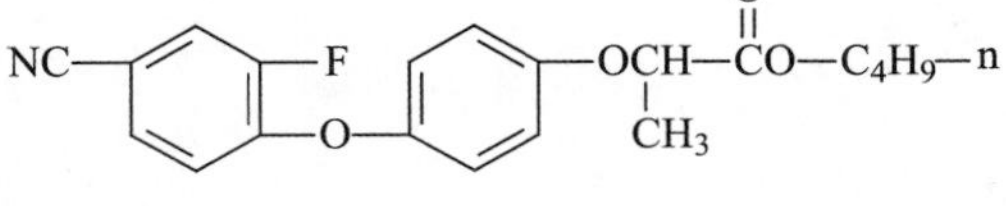

化学名称

（R）-2-〔4-（4-氰基-2-氟苯氧基）苯氧基〕丙酸丁酯

理化性质

白色结晶体，相对密度 1.172，熔点 50℃，沸点>270℃（分解），蒸气压 1.2×10^{-6}Pa（20℃）。溶

解度（mg/L，20℃）：水0.44（pH7）、0.46（pH5），乙腈>250，丙酮250，乙酸乙酯>250，甲醇>250，正辛醇16.0，二氯甲烷>250。pH4时稳定，pH7分解缓慢，pH1.2或9时迅速分解。

毒性

低毒。大、小鼠急性经口LD_{50}>5 000mg/kg，大鼠急性经皮LD_{50}>2 000mg/kg，大鼠急性吸收LC_{50}（4h）5.63mg/L。对兔眼睛有轻微刺激性，对皮肤无刺激性和致敏性。对大鼠无作用剂量为0.8（雄性）、2.5（雌性）mg/kg·d。在试验剂量下无致突变、致畸、致癌性、无繁殖毒性。

对鸟、蜜蜂低毒。野鸭和鹌鹑急性经口LD_{50} 5 620mg/kg。蜜蜂经口LD_{50}>100μg/只，蚯蚓（14d）LD_{50}>1 000mg/kg土壤。对鱼类高毒，虹鳟鱼LC_{50}（96h）>0.49mg/L，大翻车鱼0.76，由于本剂在水和土壤中降解迅速，且使用量低，在实际应用时一般不会对鱼类产生毒害。

生物活性

内吸传导型茎叶处理剂，由杂草的叶片和叶鞘吸收，韧皮部传导，积累于分生组织，抑制脂肪酸合成，从而抑制细胞分裂和生长，导致植株死亡，一般需1～3周时间。

制剂及生产厂

10%乳油，由美国陶氏益农公司生产。

应用

是本类除草剂中唯一对水稻具有高度选择性的品种，也是目前市场上对水稻安全性最高的防除禾本科杂草的除草剂，这是由于药剂在稻株体内可被迅速降解为对乙酰辅酶A羧化酶无活性的二羧态。可用于各种栽培方式（如水育秧、旱育秧、直播、插秧、抛秧等）的稻田，且在水稻苗期至拔节期均可施药，对各种稗草高效，对大龄稗草也有高效，可作为水稻生长中、后期补救性用药品种。

具体方法是：育秧田在秧苗1.5～2叶期，亩用10%乳油40～50mL；直播田、移栽田、抛秧田在稗草2～4叶期，亩用10%乳油50～60mL，对水茎叶喷雾。施药时，土表水层应小于1cm或排干田水仅保持土壤水分饱和状态，育秧田和直播田的田间持水量饱和可使杂草生长旺盛，获最佳防效。施药后24～48h灌水，防止新的杂草萌发。防除大龄杂草（5～7叶期）或田面干燥情况下应适当增加施药量。

注意事项

1. 本剂在土壤中和稻田水中降解迅速，不宜采用毒土或药肥法撒施。

2. 本剂对阔叶杂草和莎草无效，可与异噁草酮、噁草酮、禾草丹、丁草胺、二甲戊乐灵、氟草烟混用。在与2，4-滴丁酯、2甲4氯、磺酰脲类、灭草松混用可能会有拮抗作用，最好施用本剂7d后再施用阔叶除草剂。

第二章
环已烯酮类除草剂

环已烯酮类除草剂是20世纪70年代初期，以杀螨剂苯螨特（benzoxamate）的化学结构为依据开始研究的，从多种杂环化合物中筛选出双甲酮类衍生物具有较强的除草活性，进而从环已烯酮类中开发出活性更高、并使之商品化的烯禾啶，从而开创了环已烯酮类除草剂。这类除草剂的显著特点是具有高度选择性和强内吸传导性。

与芳氧基苯氧基丙酸酯类除草剂一样，对双子叶作物非常安全，防除禾本科杂草高效。其作用靶标是乙酰辅酶A羧化酶，抑制禾本科植物体内此酶的活性，阻碍脂肪酸生物合成，抑制分生组织生长；但对双子叶作物体内此种酶的活性及脂肪酸生物合成的影响极小，且能被迅速分解。近来还发现此类除草剂中的某些品种具有科内的属间选择，能用于防除禾本科作物田中的禾本科杂草，如三甲苯草酮（traLkoxydim，又称苯草酮、肟草酮）用于防除麦田禾本科杂草。

喷施后能被植物叶片迅速吸收，并在植株体内运转。施药后3h降雨对防效基本无影响，故此类除草剂品种均以苗后茎叶喷雾的方式使用。它们在土壤中的半衰期很短，对后茬作物安全。但在喷药当时及喷药后，也要求土壤含有充足的水分，以利杂草对药剂的吸收及在植株体内传导，发挥药效，土壤严重干旱会降低除草效果。

环已烯酮类除草剂已商品化的品种近10个，但国内市场上仅有烯禾啶、烯草酮和吡喃草酮。

烯禾啶（sethoxydim）

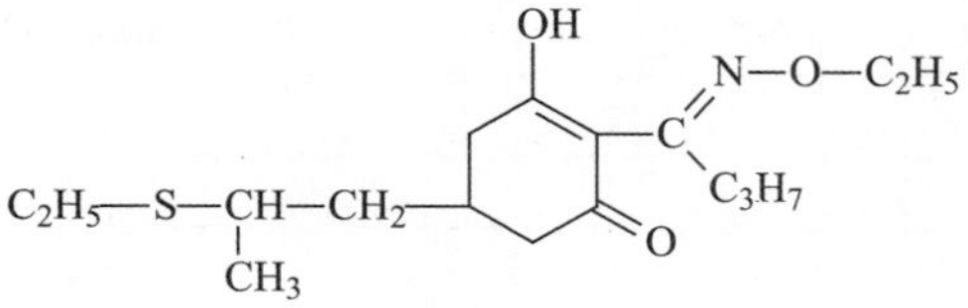

OH
N—O—C_2H_5
C_2H_5—S—CH—CH_2— C C_3H_7 O
CH_3

化学名称

2-〔1-（2-乙氧基亚氨基）丁基〕-5-〔2-（乙硫基）丙基〕-3-羟基-环已-2-烯-1-酮

理化性质

纯品为淡黄色无臭味油状液体，相对密度1.05（20℃），沸点大于90℃/3 × 10^{-5}mmHg，蒸气压<0.013mPa。20℃时可溶于甲醇、正已烷、乙酸乙酯、甲苯、辛醇、二甲苯、橄榄油，溶解度>1Kg/L（25℃）。在水中溶解度（20℃，mg/L）：25（pH4），4 700（pH7）。

毒性

低毒。大鼠急性经口LD_{50}为3 200 ~ 3 500mg/kg，急性经皮LD_{50}大于5 000mg/kg，急性吸入LC_{50}大于6.03 ~ 6.28mg/L。对兔皮肤和眼睛无刺激作用。大鼠

亚慢性经口无作用剂量为20mg/kg·d，慢性经口无作用剂量为17mg/kg·d。在试验条件下，未见致畸、致突变和致癌作用。对鱼类低毒，鲤鱼LC_{50}（96h）为148mg/L，鹌鹑LD_{50}大于5 000mg/kg。在常用剂量下，对蜜蜂低毒。

生物活性

内吸性茎叶除草剂。在禾本科和阔叶植物（双子叶植物）间选择性很强，对阔叶植物无影响。对禾本科杂草高效，施药后能被杂草的茎、叶迅速吸收，传导到顶端或节间分生组织，破坏细胞分裂能力，使生长点坏死。受药3d后停止生长，5d心叶手拔易抽出，7d后新叶退色或出现青紫色，15～20d全株枯死。落入土壤后很快分解失效。

制剂及生产厂

20%乳油、12.5%机油乳油。含机油的产品可使药效显著提高，通常可减少有效成分用量的25%。生产厂有沈阳化工研究院试验厂、河北沧州科润化工有限公司、河北万全力华化工有限责任公司、山东先达化工有限公司、日本曹达株式会社等。

应用

适用于大豆、油菜、花生、甜菜、棉花、亚麻、阔叶蔬菜、马铃薯和果园、苗圃等所有双子叶作物地中防除禾本科杂草，如稗草、野燕麦、马唐、狗尾草、牛筋草、看麦娘、黑麦草、早雀麦、野黍、臂形草、稷属、自生玉米、自生小麦等。适当提高用药量可防除白茅、匍匐冰草、狗牙根等。

一般在一年生禾本科杂草3～4叶时喷雾效果好，杂草6叶期施药效果稍差，需适当增加施药量。土壤含水量20%～30%时施药，杂草生长较旺，有利于药剂在杂草植株体内传导，因而药效高。土壤含水量在10%以下，杂草生长停滞，吸收和传导药剂能力减弱，这时施药，防效下降，因此，在干旱地区施药前农田宜先浇水。

在喷洒药液中，添加非离子型表面活性剂0.1%或普通中性洗衣粉0.2%，能显著提高除草效果。施药时间以早晚为好，中午或气温高时不宜喷药。

1. 用于油料作物田

一般是在作物苗后禾本科杂草3～5叶期喷雾使用。

（1）大豆田

根据《农药合理使用准则》（国家标准GB8321.1-87和GB8321.2-87）20%乳油和12.5%机油乳油在大豆上每亩次最高用量为100mL，于杂草3～5叶期用药，每季作物最多使用1次。但实际施药量因杂草叶龄和制剂种类而异（表7-5）。

表7-5 烯禾啶在大豆田亩用药量

干旱条件	一年生禾本科杂草叶龄	12.5%机油乳油或20%乳油，mL/亩
水分适宜	2～3	67或67
	4～5	100或100
	6～7	130或130
干旱	2～3	67或67
	4～5	100或130
	6～7	130或170

由表7-5可见，在干旱条件下，烯禾啶机油使用常量也能获得稳定的药效。防除多年生禾本科杂草，亩用12.5%机油乳油或20%乳油200～300mL。

为兼治阔叶杂草，可与三氟羧草醚、氟磺胺草醚、乳氟禾草灵、灭草松等混用。与三氟羧草醚混用对大豆药害略有加重，最好间隔1d分期使用。与乳氟禾草灵混用，药效增加，但药害较重，可恢复，对产量无影响，可降低乳氟禾草灵用药量来解决。与灭草松混用，对大豆安全性好，但有拮抗作用，会降低对禾本科杂草的药效，应适当增加烯禾啶用量；但最好两药分期使用，即使用烯禾啶24h后再使用灭草松，或使用灭草松后7d再使用烯禾啶。

（2）油菜田

在冬油菜区于看麦娘等出齐后长至5叶期前，亩用12.5%机油乳油或20%乳油53～80mL，对水茎叶喷雾。当土壤和气候干燥时，应先灌水后施药，或增加喷液量及适当增加用药量。

在春油菜区防除野燕麦等，于杂草3～4叶期，亩用12.5%机油乳油70～100mL，对水茎叶喷雾。

（3）其他油料作物田

于禾本科杂草3～5叶期，亩用12.5%机油乳油或20%乳油用量：花生70～100mL，芝麻90～100mL，蓖麻110～140mL，向日葵120～130mL，红花120～140mL。防除多年生杂草需增加至150～200mL。

2. 用于果园

南方和北方果园均可使用，其用药量根据杂草叶龄而定。一般一年生禾本科杂草2～3叶期亩用20%乳油65～100mL，4～5叶期用100～150mL，6～7叶期用150～175mL；多年生禾本科杂草3～6叶期用150～200mL，对水茎叶喷雾。

在单、双子叶杂草混生的果园，可与氟磺胺草醚、乳氟禾草灵混用，也可与三氟羧草醚、灭草松等间隔1d配合使用。

在果园喷药时，要求土壤墒情好，防效才好。在土壤干旱时，需适当增加施药量，或先灌溉后施药。

烯禾啶也可用于茶园、桑园、林业苗圃、幼林抚育，用法参考果园。

3. 用于其他作物田

烯禾啶对绝大多数阔叶作物安全，因而还可用于作物，见表7-6。

表7-6　烯禾啶在某些作物田的用药量

作物	12.5%机油乳油mL/亩	20%乳油mL/亩
甜菜	67～100	100
棉花、亚麻	80～100	
阔叶蔬菜	65～100	
阔叶和藤木花卉	67～120	67～120
苜蓿、三叶草等豆科植物的草坪或非耕地	85～130	80～130

* 阔叶蔬菜包括甘蓝、白菜、花椰菜、芥菜、菠菜、芹菜、莴苣、苦苣、黄瓜、南瓜、西葫芦、扁豆、马铃薯、番茄、辣椒、芦笋等。

烯草酮（clethodim）

$$\mathrm{CH_3CH_2SCH(CH_3)CH_2}\text{-环己烯酮环}\ (\mathrm{C{=}O},\ \mathrm{OH}),\ \mathrm{C(CH_2CH_3){=}N{-}OCH_2CH{=}CHCl}$$

化学名称

（RS）–2–｛（E）–1–〔（E）–3–氯烯丙氧基亚氨基〕丙基｝–5–〔2–（乙硫基）丙基〕–3–羟基环己–2–烯酮

理化性质

原药外观为淡黄色黏稠液体，沸点下分解，相对密度1.1395（20℃），蒸气压小于0.013mPa（20℃），溶于大多数有机溶剂。对紫外光稳定，在高pH值下不稳定。

毒性

低毒。大鼠急性经口LD_{50}为1 630mg/kg（雄）和1 360mg/kg（雌），家兔急性经皮LD_{50}>5 000mg/kg。大鼠急性吸入LC_{50}（4h）>3.9mg/L，对眼睛和皮肤有轻微刺激性，对皮肤无致敏性。无作用剂量（mg/kg·d）：大鼠16，小鼠30，狗1。在试验剂量内，对试验动物无致畸、致癌和致突变作用。

对鱼、鸟、蜜蜂、土壤微生物低毒。鱼毒LC_{50}（96h，mg/L）：虹鳟鱼67，翻车鱼120。山齿鹑急性经口LD_{50}>2 000mg/kg。山齿鹑和野鸭饲喂LD_{50}（8d）>6 000mg/kg。蚯蚓LD_{50}（14d）45mg/kg土壤。

生物活性

内吸传导型茎叶处理剂，喷施后被植株吸收并传导到分生组织，抑制支链脂肪酸和黄酮类化合物的生物合成，使细胞分裂受到破坏，生长延缓，在施药后1～3周内植株退绿坏死，随后叶片干枯死亡。在施药后3～5d杂草虽未死，叶子可能仍呈绿色，但抽心叶已可拔出，即已有除草效果，不必急于补施其他除草剂。

制剂及生产厂

24%、240g/L、12%、120g/L乳油。生产厂有沈阳化工研究院试验厂、大连瑞泽农药股份有限公司、山东先达化工有限公司、河北沧州科润化工有限公司、河北万全力华化工有限责任公司、浙江一帆化工有限公司、日本爱利思达生命科学株式会社等。

应用

适用于大豆、油菜、花生、芝麻、向日葵、红花、亚麻、棉花、烟草、甜菜、马铃薯、甘薯、阔叶蔬菜、果树等阔叶作物田防除禾本科杂草，如稗草、野燕麦、看麦娘、狗尾草、马唐、早熟禾、牛筋草、千金子、毒麦、野高粱、假高粱、芦苇、狗牙根等一年生和多年生禾本科杂草。

一般在杂草3～5叶期以茎叶喷雾法施药，对一年生禾本科杂草，在大豆田亩用12%乳油35～40mL或24%乳油28～40mL；油菜田用12%乳油30～40mL；芝麻田用12%乳油25～35mL。对多年生杂草，一般在杂草分蘖期、株高40cm以下时，亩用12%乳油60～80mL。在单、双子叶杂草混生田块，烯草酮与氟烯草酸、氟磺胺草醚、三氟羧草醚、乳氟禾草灵、灭草松等混用，可提高对阔叶杂草的防效。

吡喃草酮（tepraloxydim）

O
CH_2CH_3
O
C=N–OCH_2CH=CHCl
OH

化学名称

（EZ）–（RS）–2–｛1–〔（2E）–3–氯烯丙氧基亚氨基〕丙基｝–3–羟基–5–四氢吡喃–4–基环己–2–烯–1–酮

理化性质

米色固体，熔点 74℃，蒸气压 1.1×10^{-2}mPa（20℃）。水中溶解度（20℃）430mg/L。

毒性

低毒。大鼠急性经口 LD_{50} 约 5 000mg/kg，大鼠急性经皮 LD_{50}>2 000mg/kg，大鼠急性吸入 LC_{50}（4h）5.1mg/L。对兔眼睛和皮肤无刺激性。虹鳟鱼 LC_{50}（96h）>100mg/L。蜜蜂经口 LD_{50}>200μg/只。鹌鹑急性经口 LD_{50}>2 000mg/kg。蚯蚓 LD_{50}（14d）>1 000mg/kg 土壤。

生物活性

具有本类除草剂共有的特点，是内吸传导型茎叶处理剂，叶面施药后迅速被吸收和转移到生长点，抑制新芽生长，杂草先失绿，渐变色枯死，从受害至枯死需经 2～4 周。

制剂及生产厂

10% 乳油，由日本曹达株式会社生产。

应用

可用于多种阔叶作物如大豆、油菜、甜菜、棉花等苗后除草。在禾本科杂草 2～4 叶期，亩用 10% 乳油：春大豆 30mL，冬油菜 20～25mL，棉花和亚麻 34～50mL，对水茎叶喷雾。本剂在土壤中极易降解，对当茬作物及后茬作物安全。

7

第三章
磺酰脲类除草剂

磺酰脲类除草剂是分子结构中具有磺酰脲桥的一类除草剂。它的开发是除草剂进入超高效时代的标志。自1982年氯磺隆在美国注册登记以来，已有30多个品种问世。近期新开发的品种具有两个显著特点：一是克服了原先某些品种土壤长残留的缺点，提高了对轮作后茬作物的安全性；二是一些新品种的生物活性更进一步提高，出现了亩用有效成分仅0.2g的品种。

目前，在我国生产和使用的这类除草剂品种具有一些共同的使用特性。

1. 是乙酰乳酸合成酶抑制剂

通过抑制乙酰乳酸合成酶的活性而阻断侧链氨基酸缬氨酸、亮氨酸及异亮氨酸的生物合成，影响细胞分裂，使杂草生长逐渐停止而死亡。

2. 内吸传导性强

施药后很快被植物的叶和根吸收，输导到全株，停止生长，不再对作物造成危害，但杂草全株枯萎至死亡则需要一段时间。

3. 杀草谱广

所有品种都能有效地防除绝大多数阔叶杂草，并兼除一部分禾本科杂草。特别是对难于防治的鼬瓣花、苦荞麦、麦家公、雀麦等也有较好的防效。

4. 持效期长

一般施药1次即能控制作物全生育期的杂草；还可与各种类型除草剂混用、复配以扩大杀草谱，调整持效期，从而为开发“一次性”除草剂创造了物质条件。

5. 使用方便

除少数品种因在土壤中持效期短而进行茎叶处理外，其余品种可做土壤处理，也可做苗后茎叶处理。

6. 对作物安全性问题

早期开发的某些品种对作物安全性不高，易使当茬作物受药害，轻度药害时，应及时喷施萘二酸酐等除草剂安全剂解毒，或喷施芸薹素内酯，以促进作物生长提高抗逆能力，同时加强肥水管理。有些品种在土壤中残留期长，易造成后茬作物药害。使用时须注意对后茬作物安全间隔期。

7. 杂草耐药性

由于作用靶标单一，在连年使用的情况下，杂草易产生抗药性与交互抗性。通常在连续使用4～5年后，一些杂草便产生一定程度的抗性。

·以稻田除草为主要用途的品种

国内目前稻田使用的磺酰脲类除草剂品种计有5个：苄嘧磺隆、吡嘧磺隆、醚磺隆、乙氧嘧磺隆、环丙嘧磺隆。曾使用过的有四唑嘧磺隆（azimsulfuron）。国外使用的尚有：氯吡嘧磺隆（halosulfuron-methyl）主要用于防除阔叶杂草和莎草科杂草，苗前亩用有效成分4.67～6g，苗后使用1.2～2.3g；咪唑磺隆（imazosulfuron）对牛毛毡、慈姑、莎草、泽泻、眼子菜、水芹等具有很好的效果，亦能防除野荸荠、野慈姑等恶性杂草，亩用有效成分5～6.7g。

苄嘧磺隆（bensulfuron-methyl）

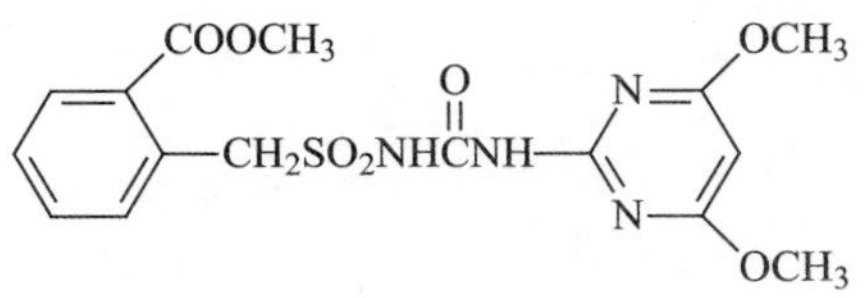

化学名称

3-（4，6-二甲氧基嘧啶-2-基）-1-（2-甲氧基甲酰基苄基）磺酰脲

理化性质

原药有效成分含量大于96%，为白色略带浅黄色无臭固体，纯品为白色固体，熔点185～188℃，蒸气压为2.8×10^{-9}mPa（25℃），相对密度1.410，20℃在各种溶剂中溶解度（g/L）为：二氯甲烷中11.72，乙腈5.38，醋酸乙酯1.66，丙酮1.38，甲醇0.99，二甲苯0.28，已烷>0.01；25℃在含有磷酸钠缓冲水溶液中的溶解度（mg/L）随pH变化而有所不同，pH5为2.9，pH6为12.0，pH7为120，pH8为1 200。在微碱性（pH8）水溶液中特别稳定，在酸性水溶液中缓慢降解，在醋酸乙酯、二氯甲烷、乙腈和丙酮中稳定，在甲醇中可能分解。在土壤中半衰期因土壤类型不同而不同，为4～21周。在水中半衰期因pH不同而不同，为15～30d。

毒性

微毒。大鼠急性经口LD_{50} > 5 000mg/kg，小鼠急性经口LD_{50} > 10 985mg/kg，兔急性经皮LD_{50} > 2 000mg/kg。大鼠急性吸入LC_{50} > 7.5mg/L。大鼠90d饲喂试验无作用剂量为1 500mg/kg·d，雄、雌小鼠90d喂养试验无作用剂量分别为300mg/kg·d和3 000mg/kg·d，狗为1 000mg/kg·d，大鼠2年饲喂试验无作用剂量为750mg/kg·d。在试验条件下，对动物未发现致畸、致突变、致癌作用。对鱼、鸟、蜜蜂低毒。鲤鱼（48h）LC_{50} < 1 000mg/kg，蓝鳃翻车鱼LC_{50}（96h）> 150mg/L，虹鳟鱼（96h）LC_{50}50mg/L。水蚤（48h）LC_{50} > 100mg/L，绿头鸭经口LD_{50}> 2 510mg/kg，绿头鸭饲料LC_{50} > 5620mg/kg，白喉鹑饲料LC_{50} > 5 620mg/L，蜜蜂5%死亡率时的剂量 > 12.5 μg/只。

生物活性

是选择性内吸除草剂。在水中能迅速扩散，被杂草根部和叶片吸收后转运到植株各部位，抑制乙酰乳酸合成酶的活性，从而阻碍几种氨基酸的生物合成，阻止细胞分裂和生长，使杂草生长受阻，幼嫩组织过早发黄，抑制叶部和根部生长而坏死。由于此药进入稻株体内，能很快被分解成无毒物质，所以对水稻安全。

制剂及生产厂

32%、30%、10%可湿性粉剂，30%、60%水分散粒剂，1.1%水面扩散剂。生产企业有江苏常隆化工有限公司，江苏省激素研究所有限公司，江苏金凤凰农化有限公司，江苏连云港立本农药化工有限公司，江苏快达农化股份有限公司，安徽华星化工股份有限公司，上海杜邦农化有限公司，美国杜邦公司等。

应用

主要用于稻田防除阔叶杂草和莎草科杂草，如鸭舌草、眼子菜、节节菜、陌上菜、野慈姑、圆齿萍和牛毛草、异型莎草、水莎草、碎米莎草、萤蔺等。对稗草有一定抑制作用，可与丁草胺等杀稗剂混用，以提高防除稗草的效果。药剂在土壤中移动性小，湿度、土质对除草剂效果影响不大。持效期40～50d，与后茬作物安全间隔期：南方为80d，北方为90d。

1．移栽田使用

在移栽前至移栽后3周内均可施药，但以早施及插秧后5～7d杂草发芽初期施药的防效高，亩用10%可湿性粉剂13～20g，或30%水分散粒剂8～11g，拌细土20kg，田间水层3～5cm，均匀撒施；也可亩用1.1%水面扩散剂120～200mL，直接滴撒。施药后保水5～7d，可缓慢补水，但不能排水、串水。水层低于3cm会影响药剂在田水中均匀分布，从而降低除草效果。

为了一次施药防除阔叶杂草、莎草、稗草，可与丁草胺、乙草胺、禾草丹、哌丹等混用。

2．水直播田使用

在播前至播后3周内均可施药，以播后早期施药防效高，亩用药量、施药药量、施药方法及田水管理与移栽田同。还可亩用60%水分散粒剂3～5g，撒毒土或喷雾。

3．冬小麦田使用

冬小麦田防除一年生阔叶杂草，于小麦2～4叶期杂草1～2叶期，亩用32%可湿性粉剂10～15g，对水常规喷雾。仅个别生产厂登记其用于小麦田除草，用户可试用。

吡嘧磺隆（pyrazosulfuron-ethyl）

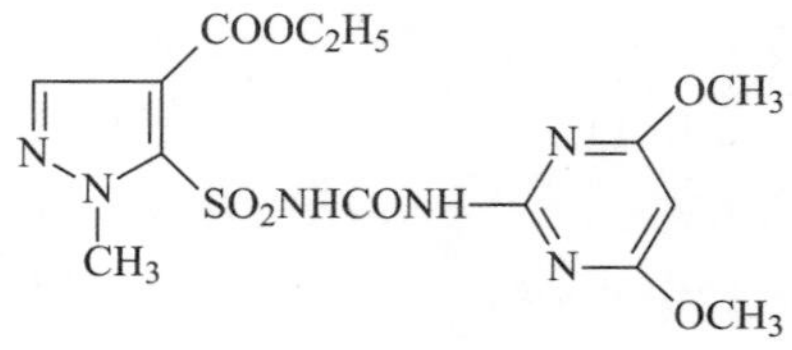

$COOC_2H_5$ OCH_3 N N $SO_2NHCONH$ N N CH_3 OCH_3

化学名称

3-（4，6-二甲氧基嘧啶-2-基）-1-（甲基-4-乙氧基甲酰基吡唑-5-基）磺酰脲

理化性质

为灰白色结晶体，相对密度1.44（20℃），熔点177.8～179.5℃，20℃时蒸气压4.2×10^{-5}mPa，溶解度（20℃，g/L）：水0.01，甲醇4.32，正己烷0.0185，氯仿200，苯15.6，丙酮33.7。正常条件下贮存稳定，在pH7时相对稳定，在酸、碱条件下不稳定。

毒性

低毒。原药雌雄大鼠和小鼠急性经口LD_{50}均＞5 000mg/kg，雌、雄大鼠急性经皮LD_{50}均＞2 000mg/kg，大鼠急性吸入LC_{50}＞3.9mg/L。对兔皮肤和眼睛无刺激作用。在试验剂量内，对动物无致畸、致突变、致癌作用。大鼠1.5年饲喂试验无作用剂量为4.3mg/kg·d。大鼠二代繁殖试验无作用剂量为1 600mg/kg。对鱼、鸟、蜜蜂无毒害，虹鳟鱼LC_{50}（96h）＞100mg/L，对水蚤EC_{50}＞700mg/L。蜜蜂LD_{50}＞100μg/头。野鸭和鹌鹑LD_{50}分别>292mg/kg和250mg/kg。

生物活性

为选择性内吸除草剂，主要通过杂草幼芽、根及茎叶吸收并在体内传导，其杀草原理及对水稻的选择性与苄嘧磺隆相同。

制剂及生产厂

20%、10%、7.5%可湿性粉剂，10%片剂，10%可分散片剂，2.5%泡腾片剂。生产厂有江苏连云港立本农药化工有限公司、江苏扬农化工集团有限公司、江苏绿利来股份有限公司、江苏常隆化工有限公司、江苏天容集团股份有限公司、沈阳丰收农药有限公司、河北宣化农药有限责任公司等。

应用

主要用于稻田，能防除一年生和多年生阔叶杂草及莎草科杂草，如鸭舌草、节节草、眼子菜、矮慈姑、水芹、泽泻、水龙、青萍、异型莎草、水莎草、牛毛草、萤蔺、鳢肠等。对萌芽的稗草有较好防效，对已出土的稗草有较好抑制作用。

1．移栽田和抛秧田使用

在插秧后、抛秧后 5 ~ 7d，稗草 1 叶 1 心期，亩用 10% 可湿性粉剂 10 ~ 20g，南北稻区因地制宜地调整用量，拌细土 20kg，均匀撒施，保水层 3 ~ 5cm、5 ~ 7d，可缓慢补水，但不能排水、串水。

2．秧田和水直播田使用

在播种后 6 ~ 10d（北方约 14d）、稗草 1 叶 1 心期之前施药，保水 5 ~ 6d 后排水晒田。用药量、施药方法、水层管理与移栽田相同。

旱直播田使用，在水稻 1 ~ 3 叶期，亩用 10% 可湿性粉剂 15 ~ 30g，对水 40 ~ 60kg 喷雾，施药后灌水，并保持土壤湿润。

3．在水稻移栽田或直播田

可亩用10%片剂10 ~ 20g，10%可分散片剂15 ~ 20g，或 2.5% 泡腾片剂 50 ~ 80g，直接撒施，田水管理与使用可湿性性粉剂相同。

4．防治多年生莎草

如扁秆曙草、日本曙草、曙草等应在它们刚出土到株高 7cm 以前施药防治效果好；若施药过晚，杂草叶片虽发黄、弯曲、生长严重受抑制，但在 10 ~ 15d 后慢慢恢复生长，仍能开花结实。可采用两次施药以获稳定防效。具体方法是：

①移栽稻田于整地后插秧前 5 ~ 7d，亩用 10% 可湿性粉剂 10 ~ 15g；插秧后 10 ~ 15d，杂草株高 4 ~ 7cm，再用 10 ~ 15g，可与杀稗剂混用，毒土法施药。

②直播稻田于催芽播种后 5 ~ 7d，亩用 10% 可湿性粉剂 10 ~ 15g，晒田灌水后 3 ~ 5d 再用 10 ~ 15g，采用毒土法施药。

注意事项

1．对 2 叶期以上的稗草，单用防效很差，因而常与禾草特或二氯喹啉酸等杀稗剂采用喷雾法混用，有极好的防效。

2．不同水稻品种对吡嘧磺隆的耐药性有差异。在正常条件下使用对水稻安全。但在稻田漏水、栽植太浅或用药量过高时，水稻生长可能会受到暂时的抑制，但能很快恢复生长，对产量无影响。与后茬作物安全间隔期为 80d。

3．在漏水比较严重的稻田施药时，应注意保持水层，否则会降低防效。在撒施可分散片剂、泡腾片剂更需要保有足够深的水层。

醚磺隆（cinosulfuron）

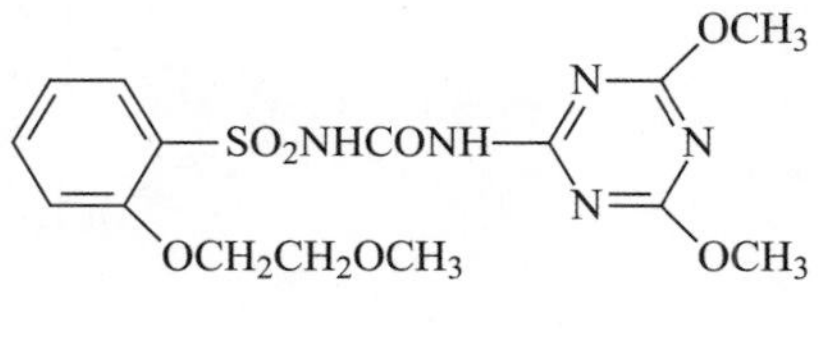

化学名称

3-（4，6-二甲氧基-1，3，5-三嗪-2-基）-1-〔2-（2-甲氧基乙氧基）苯基〕磺酰脲

其他名称

甲醚磺隆

理化性质

无色粉状结晶体，相对密度 1.47（20℃），熔点 144.6℃，蒸气压 0.01mPa（25℃），溶解度（25℃，g/L）：水 0.12（pH5）、4（pH6.7）、19（pH8.1），丙酮 36，乙醇 19，甲苯 0.54，二氯甲烷 9.5，二甲基亚砜 320。在

pH7～10时无明显分解现象，pH3～5时水解。在稻田水中半衰期19～48d，在土壤中半衰期20d。

毒性

低毒。大鼠急性经口LD_{50}>5 000mg/kg，大鼠急性经皮LD_{50}>2 000mg/kg，大鼠急性吸入LC_{50}（4h）>5mg/L。对兔眼睛和皮肤无刺激性。饲喂试验无作用剂量（mg/kg·d）：大鼠（2年）400，小鼠（2年）60，狗（1年）2500。对鱼、蜜蜂、鸟类低毒：虹鳟鱼、鲤鱼、翻车鱼LC_{50}（96h）均>100mg/L，蜜蜂经口LD_{50}>100μg/只，日本鹌鹑经口LD_{50}>2 000mg/kg。

生物活性

内吸性除草剂，通过根、茎吸收，传导至叶片，但叶片吸收较少。进入植株体内后传导到分生组织，抑制细胞分裂和长大。杂草受药后很快停止生长，5～10d后草株开始黄化、枯萎，直至死亡。进入稻株体内的药剂能被代谢成无活性物质，在水稻叶片中半衰期为3d，在稻根中半衰期小于1d，因而对水稻安全。

制剂及生产厂

10%可湿性粉剂，20%水分散粒剂，分别由江苏安邦电化有限公司和瑞士先正达作物保护有限公司生产。

应用

适用于稻田防除阔叶杂草及莎草，如水苋菜、陌上菜、眼子菜、鸭舌草、沟繁缕、日照飘拂草、碎米莎草、尖瓣花、扁秆藨草等。对泽泻、节节菜、瓜皮草、野慈姑也有较好防效。对稗草、千金子等禾本科杂草无效，可与杀稗剂如异丙甲草胺、敌稗、二氯喹啉酸等混用。

1. 移栽稻田使用

在插秧后5～10d、秧苗已转青、稗草芽期至1叶期、其他杂草未发生前，亩用10%可湿性粉剂12～20g或20%水分散性粒剂6～10g，拌细土10～15kg，均匀撒施。田面保水层3～5cm、3～5d。

2. 水直播稻田使用

在播后10～15d、秧苗达3～4叶至分蘖期，亩用10%可湿性粉剂20～26.5g或20%水分散性粒剂10～13.3g，拌细土10～15kg，均匀撒施。田面保水层3～5cm、3～5d。水稻秧苗3叶期以前不宜使用。

防治扁秆藨草，需施2次。第一次亩用20%水分散性粒剂8～10g；10～15d后第二次施药，亩用6～8g。

对稗草防效差。漏水田禁用。与后茬作物安全间隔期80d。

乙氧嘧磺隆（ethoxysulfuron）

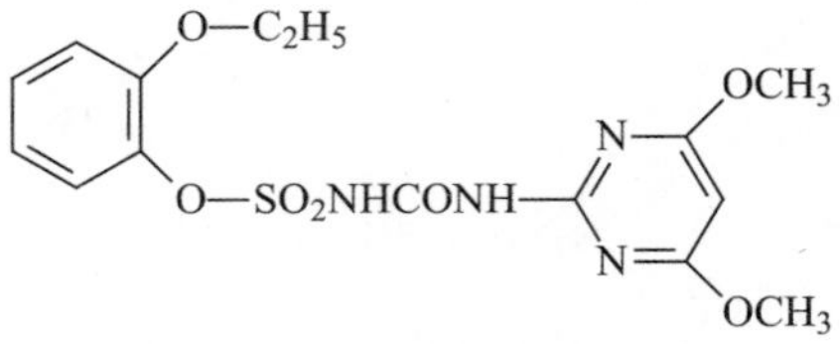

化学名称

1-（4，6-二甲氧基嘧啶-2-基）-3-（2-乙氧苯氧基）磺酰脲

其他名称

乙氧磺隆

理化性质

纯品为白色至粉色粉状固体，熔点144～147℃，蒸气压6.6×10^{-5}Pa（25℃）。水中溶解度（20℃，mg/L）为：26（pH5）、1 353（pH7）、7 628（pH9）。

毒性

低毒。大鼠急性经口 LD_{50}>3 270mg/kg，大鼠急性经皮 LD_{50}<4 000mg/kg，大鼠急性吸入 LC_{50}（4h）>6.0mg/L。对兔眼睛和皮肤无刺激性。无致突变性。

生物活性

为内吸剂，通过杂草根及叶片吸收，并传导至全株，使杂草停止生长，继而枯死。其杀草原理与苄嘧磺隆相同，在土壤中残留期短，施药 80d 后对后茬作物生长无影响。

制剂及生产厂

15% 水分散粒剂，生产厂有浙江泰达作物科技有限公司，德国拜耳作物科学公司。

应用

主要用于稻田（插秧田、抛秧田、秧田、直播田）防除一年生阔叶杂草、莎草及藻类，如水苋菜、眼子菜、节节菜、鸭舌草、野荸荠、野慈姑、狼把草、鬼针草、丁香蓼、泽泻、鳢肠、雨久花、萤蔺、异型莎草、碎米莎草、牛毛草、水莎草、日照飘拂草及水绵、青苔等，对稗草防效差。

1. 插秧田和抛秧田使用

南方稻区在栽后 3 ~ 6d，长江以北稻区在栽后 4 ~ 10d，水稻扎根立苗后施药，亩用 15% 水分散性粒剂 3 ~ 5g（华南）、5 ~ 7g（长江流域）或 7 ~ 14g（华北、东北），拌细土 10 ~ 15kg，均匀撒施，保浅水层 7 ~ 10d。

2. 秧田和直播田使用

在秧苗 2 ~ 4 叶期，亩用 15% 水分散性粒剂 4 ~ 6g（华南）、6 ~ 9g（长江流域）或 9 ~ 15g（华北、东北），拌细土撒施。

3. 也可采用喷雾法施药

插秧田和抛秧田在栽后 20 ~ 30d，直播田在秧苗 2 ~ 4 片叶时施药，用药量同上。喷药前排干田水，喷药后 2d 恢复常规水层管理。

注意事项

1. 施药后 10d 内勿使田水外流和淹没稻苗心叶。

2. 当稗草等禾本科杂草与阔叶杂草、莎草混生时，乙氧嘧磺隆可按常用量与莎稗磷、二氯喹啉酸、丙炔噁草酮、禾草特、环庚草醚、丁草胺等杀稗剂的常量混用，或选用相应的混剂使用。

环丙嘧磺隆（cyclosulfamuron）

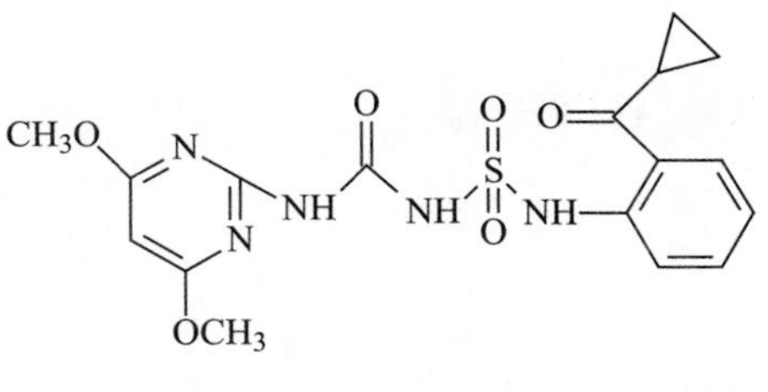

化学名称

1-〔2-（环丙酰基）苯基氨基〕-3-（4，6-二甲氧嘧啶 -2- 基）磺酰脲

其他名称

环胺磺隆

理化性质

淡白色固体，相对密度 0.64（20℃），熔点 170 ~ 171℃；蒸气压 2.2×10^{-2}mPa（20℃）。水中溶解度（mg/L）：0.17（pH5），6.5（pH7），549（pH9）。可溶于丙酮和二氯甲烷。在 pH ≤ 5 时水解迅速。土壤吸附常数为 4.6。在室温下存放 18 个月稳定，36℃存放 16 个月稳定，45℃存放 3 个月稳定。在水中半衰期（d）2.2（pH3）、2.2（pH5）、5.1（pH6）、40（pH7）、91（pH8）。

毒性

低毒。大、小鼠急性经口 LD_{50} > 5 000mg/kg，兔急性经皮 LD_{50} > 4 000mg/kg，大鼠急性吸入 LC_{50}（4h）> 5.2mg/L。对兔皮肤无刺激性，对兔眼睛有轻微刺激性。慢性饲喂试验无作用剂量（mg/kg·d）：大鼠（2年）50，狗（1年）3。Aemes 试验呈阴性，无致突变性。对鱼、蜜蜂低毒，鲤鱼 LC_{50} > 10mg/L（48h）、> 50mg/L（72h），虹鳟鱼 LC_{50}（96h）> 7.7mg/L。蜜蜂 LD_{50}（24h）> 106 μg/只（接触）> 99 μg/只（经口）。

生物活性

为内吸剂，通过杂草的根和叶片吸收，并在植株体内传导，抑制细胞分裂，幼芽和根停止生长，幼嫩组织发黄，一年生草经 5～15d 枯死，多年生草要长一些时间才枯死。有时施药后杂草仍呈绿色，不死，但也不生长，不为害了。杀草原理与苄嘧磺隆相同，但对乙酰乳酸合成酶的抑制活性远高于苄嘧磺隆。

制剂及生产厂

10% 可湿性粉剂，由德国巴斯夫股份有限公司生产。

应用

适用于稻田防除一年生和多年生阔叶杂草、莎草及藻类，如鸭舌草、节节菜、眼子菜、陌上菜、雨久花、泽泻、尖瓣花、野慈姑、狼把草、异型莎草、碎米莎草、牛毛草、萤蔺、水绵、小茨藻等。除草效果优于苄嘧磺隆和吡嘧磺隆。也可用于麦田防除猪殃殃、繁缕等阔叶杂草，对稗草防效差。

1. 移栽稻田使用

在移栽后 3～6d（南方）或 7～10d（北方）秧苗扎根返青后施药，亩用 10% 可湿性粉剂 10～20g（南方）或 20～25g（北方），毒土法施药。施药时需有 3～5cm 水层，施药后保水层 5～7d。

2. 直播稻田使用

南方稻区于播后 2～7d，北方稻区于播后 10～15d 秧苗一叶一心期施药。用药量、施药方法同移栽田。但田面必须保持潮湿或混浆状态。

防除稻田多年生的扁秆嘟草等莎草，需亩用 10% 可湿性粉剂 40～60g。

在稻田与后茬作物安全间隔期 80d。

3. 冬小麦田使用

一般是苗后早期茎叶喷雾，亩用 10% 可湿性粉剂 20～30g。可防除猪殃殃、繁缕等阔叶杂草。当麦田混生有看麦娘时，可亩用 10% 可湿性粉剂 10g 与 33% 二甲戊乐灵乳油 150mL 混合喷雾。与后茬作物安全间隔期 90d。

氟吡磺隆（flucetosulfuron）

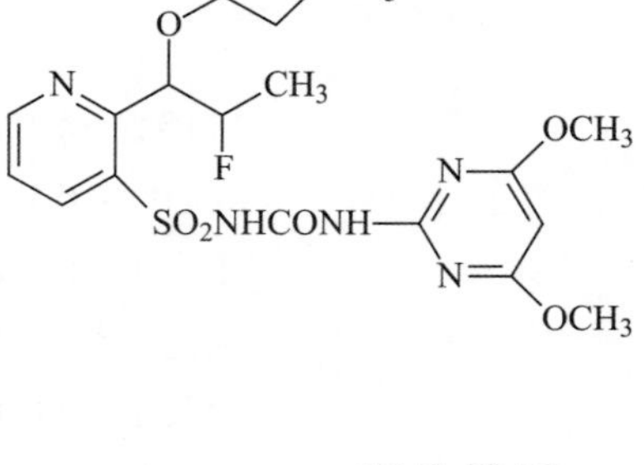

化学名称

3-（4，6-二甲氧基嘧啶-2-基）-1-〔2-氟-1-（甲氧基乙酰氧基）丙基-3-吡啶基〕磺酰脲

理化性质

白色固体粉末，熔点 172～176℃，蒸气压 0.7mPa（25℃）。溶解度（25℃，g/L）：水 114，二氯

甲烷113，丙酮22.9，乙酸乙酯11.7，甲醇3.8，乙醚1.1，己烷0.006。

毒性

低毒。大鼠急性经口LD_{50}>5 000mg/kg，急性经皮LD_{50}>2 000mg/kg，急性吸入LC_{50}>5.11mg/L。对兔眼睛有中度刺激性，对兔皮肤无刺激性，对豚鼠皮肤无致敏性。大鼠13周亚慢性饲喂试验无作用剂量（mg/kg · d）：雄性为15.2，雌性为18.8。无致突变性。

生物活性

为选择性内吸除草剂，经杂草幼芽、根及茎叶吸收。其杀草原理与苄嘧磺隆相同。

制剂及生产厂

10%可湿性粉剂，由韩国LG生命科学有限公司生产。

应用

可用于稻田防除多种一年生杂草，如稗草、鸭舌草、野慈姑、扁秆藨草、丁香蓼等，但对双穗雀稗、千金子、眼子菜的防效较差。

水稻移栽田和直播田都可用。在移栽田可于杂草芽前亩用10%可湿性粉剂13～20g，或在杂草2～4叶期用20～26g，毒土法撒施。在水稻直播田于苗后，亩用10%可湿性粉剂13～20g，对水茎叶喷雾。

用药后，水稻幼苗叶片有黄化现象，并随剂量增加而药害加重，但于2周后恢复，对产量无明显影响。药剂在水田降解较快，对后茬油菜、小麦、菠菜、胡萝卜、大蒜及移栽黄瓜、甜瓜、番茄、辣椒、莴苣、草莓等的生长无不良影响。

7

· 以麦田除草为主要用途的品种

国内目前用于麦田的磺酰脲类除草剂品种主要是噻吩磺隆、苯磺隆、酰嘧磺隆、醚苯磺隆、单嘧磺脂；氯磺隆和甲磺隆的使用地区受限制，用量逐年减少；甲基二磺隆（mesosulfuron-methyl）现已不单用，仅用于混配。环丙嘧磺隆和乙氧嘧磺隆亦可用于麦田除草。国外使用的尚有：磺酰磺隆（sulfosulfuron）防除雀麦有很好效果，亩用有效成分0.67～2.3g；氟啶嘧磺隆（flupyrsulfuron-methyl-sodium）对看麦娘等有特效，亩用有效成分0.67g；氟酮磺隆（flucarbazone-sodium）对抗性野燕麦和狗尾草有很好防效，亩用有效成分2g。

噻吩磺隆（thiameturon-methyl）

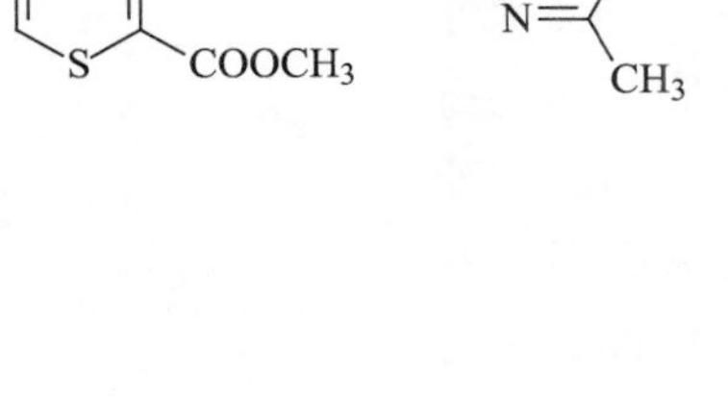

化学名称

3-(4-甲氧基-6-甲基-1,3,5-三嗪-2-基)-1-(2-甲氧基甲酰基噻吩-3-基)磺酰脲

其他名称

噻磺隆

理化性质

纯品为无色固体，相对密度 1.49，熔点 186℃，蒸气压 1.7 × 10^{-5}mPa（25℃）。溶解度（25℃）：水 24mg/L（pH4）、260mg/L（pH5.0）、2.4g/L（pH6），有机溶剂中溶解度（25℃，g/L）：丙酮中 11.9，乙醇 0.9，乙酸乙酯 2.6，甲醇 2.6，二氯甲烷 27.5，乙腈 7.3，己烷<0.1，二甲苯 0.2。

毒性

大鼠急性经口 LD_{50} > 5 000mg/kg，兔急性经皮 LD_{50} > 2 000mg/kg，大鼠急性吸入 LC_{50}（4h）> 7.9mg/L。对兔眼睛有轻微刺激作用，对兔皮肤无刺激作用。亚慢性饲喂试验无作用剂量（90d，mg/kg 饲料）：大鼠 100，小鼠 7 500，狗 1 500。对大鼠 2 年饲喂试验无作用剂量为 25mg/kg 饲料。在试验剂量下无致畸、致突变作用。对鸟类低毒，野鸭急性经口 LD_{50} > 2 510mg/kg，LC_{50}（8d）> 5620mg/kg 饲料，鹌鹑 LC_{50}（8d）> 5 620mg/kg 饲料。对鱼和蜜蜂低毒，蓝鳃翻车鱼和虹鳟鱼 LC_{50}（96h）> 100 μg/L。蜜蜂 LD_{50} > 12.5ug/只。

生物活性

是内吸传导型茎叶处理剂。杂草受药后十几小时就受害，虽然仍保持青绿，但已经停止生长，1～3 周后生长点的叶片开始退绿变黄，周边叶片披垂，随后生长点枯死，草株萎缩，最后整株死亡。个别未死草株，生长严重受抑制，萎缩在麦株或玉米株下面，难于开花结实。

制剂及生产厂

75%、25%、15%、10% 可湿性粉剂，75% 水分散粒剂、75% 干悬浮剂。生产厂有江苏腾龙生物药业有限公司、江苏省激素研究所有限公司、江苏常隆化工有限公司、南京第一农药有限公司、安徽丰乐农化有限责任公司、河南周口山都丽化工有限公司、山东胜邦绿野化学有限公司、美国杜邦公司等。

应用

在禾谷类作物与阔叶杂草之间有很高的选择性，可用于麦田、玉米田防除一年生阔叶杂草，如播娘蒿、繁缕、牛繁缕、荠菜、猪殃殃、麦瓶草、荞麦蔓、麦家公、大巢菜、猪毛菜、狼把草、酸模、藜、鬼针草、遏蓝菜、鼬瓣花、麦蓝菜、野西瓜苗、野田芥、羊蹄、3 叶以前的鸭跖草等。对苣荬菜、刺儿菜、田蓟、田旋花等多年生草有一定抑制作用。在土壤中被好气性微生物迅速分解，残效期只有 30d，因而在麦田使用后对花生、大豆、芝麻、棉花、水稻、蔬菜、花卉等后茬作物无任何影响，比使用苯磺隆还安全。施药与后茬作物安全间隔期为 60d。

1. 麦田使用

在小麦、大麦 2 叶期至拔节前（杂草 2～4 叶期为佳）亩用有效成分 1.5～2.5g，即长江流域麦区用 1.5～1.8g，黄河流域麦区用 1.8～2.1g，东北和西北麦区用 2.1～2.4g，在干旱条件下或杂草密度大、草株大、低温时应使用高剂量。折合制剂用量为 10% 可湿性粉剂 15～25g 或 15% 可湿性粉剂 10～16.7g 或 25% 可湿性粉剂 6～10g 或 75% 可湿性粉剂（干悬浮剂）2～2.7g，对水 30～40kg，喷洒茎叶。在喷洒液中加入 0.125%～0.2% 中性洗衣粉，可显著提高药效；一般是背负式手动喷雾器每药桶装水 12.5kg，可加洗衣粉 25g。

冬前施药，在气温低于 5℃时不可施药。

春季施药要早，避免杂草过大时施药。春季杂草叶表面已有蜡质层形成，在喷洒液中添加中性洗衣粉，增强药滴在杂草表面上的附着能力和杂草吸收药液的能力，提高除草效果。洗衣粉加入量为喷洒液的 0.125%～0.2%，即一般背负式手动喷雾器每药桶装水 12.5kg，可加洗衣粉 25g。

2. 玉米田使用

在玉米田可防除一年生阔叶杂草；当有藜、蓼、铁苋菜、鸭跖草等发生时可与莠去津混用，以提高防效；当禾本科杂草与阔叶杂草混生时可与乙草胺混用。在正确使用下对玉米安全。可在两个时期施药。

①苗前土壤处理在玉米播后苗前施药，华北地区夏玉米亩用有效成分1～1.34g，即10%可湿性粉剂10～13.4g或15%可湿性粉剂6.7～9g或25%可湿性粉剂4～5.3g或75%可湿性粉剂（干悬浮剂）1.33～1.78g；东北地区春玉米亩用有效成分1.34～1.65g，即10%可湿性粉剂13.4～16.5g或15%可湿性粉剂9～11g或25%可湿性粉剂5.3～6.6g或75%可湿性粉剂（干悬浮剂）1.78～2.2g。土壤有机质含量高时用推荐剂量的上限。亩对水30～40kg，喷洒于土壤表面。沙质土、高碱性土及低洼地不宜采用此法施药。

②苗后茎叶喷雾于玉米3～4叶期、杂草2～4叶期施药。华北地区夏玉米，亩用有效成分0.73～1.0g，即10%可湿性粉剂7.3～10g或15%可湿性粉剂5～6.6g或25%可湿性粉剂3～4g或75%可湿性粉剂（干悬浮剂）1～1.3g；东北地区春玉米，亩用有效成分1～1.3g，即10%可湿性粉剂10～13g或15%可湿性粉剂6.7～8.7g或25%可湿性粉剂4～5g或75%可湿性粉剂（干悬浮剂）1.3～1.7g。亩对水30～50kg，喷洒茎叶。

须注意施药不宜过晚，当玉米9～10叶期以后施药，极易引起药害，抑制生长，不抽雄，不结穗（见彩照）。

3. 大豆田使用

一般是在大豆播后苗前施药，亩用75%水分散粒剂1.6～2g，对水30～40kg，采用两次稀释法配药，均匀喷洒于土壤表面。也可在大豆出苗后，当大豆1～3片复叶期，杂草2～4叶期，亩用药量降至75%水分散粒剂0.7～0.86g，对水30～40kg喷雾。为确保对大豆安全，使用时须注意：在长期干旱、空气湿度低于65%、低温时，不宜施药；田间有积水、低温，不利于大豆苗生长，不宜施药；在有效积温少、无霜期短的地区，应慎用。

苯磺隆（tribenuron-methyl）

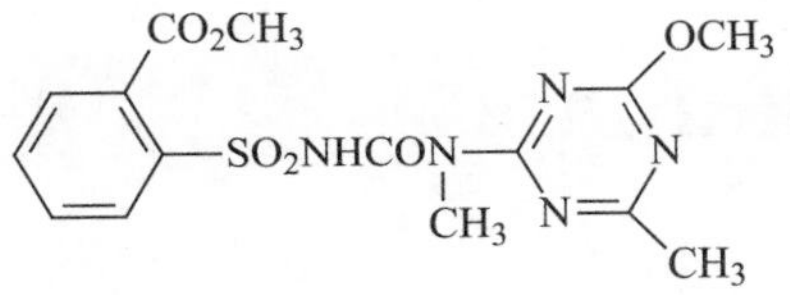

化学名称

3-（4-甲氧基-6-甲基-1，3，5-三嗪-2-基）-1-（2-甲氧基甲酰基苯基）磺酰脲

理化性质

固体粉末，相对密度1.54，熔点141℃，蒸气压5.2×10^{-5}mPa，溶解度（25℃，mg/L）：水28（pH4）、50（pH5）、280（pH6），丙酮43.8，乙腈54.2，四氯化碳3.12，己烷0.028，醋酸乙酯17.5，甲醇3.39。

毒性

低毒。原药大鼠急性经口LD_{50}>5 000mg/kg，兔急性经皮LD_{50}>2 000mg/kg，大鼠急性吸入LC_{50}>5mg/L（4h）。对兔皮肤无刺激作用，对眼睛有轻度刺激，1d后可恢复。90d喂养试验无作用剂量（mg/kg·d）为：大鼠100，小鼠500，狗500。两年饲喂试验无作用剂量（mg/kg·d）：大鼠1.1，小鼠30，狗8.2。以20mg/kg·d喂养大鼠和兔，未见致畸和二代繁殖的不良影响。试验结果无致突变和致癌作用。对鸟、鱼、蜜蜂、蚯蚓等无毒害，鹌鹑和野鸭LD_{50}5 620mg/kg（饲料），蓝鳃翻车鱼LC_{50}>1 000mg/L（96h）。蜜蜂LD_{50}大于100μg/只。蚯蚓LD_{50}1 299mg/kg（14d）。

生物活性

与噻吩磺隆相似，为内吸传导型茎叶处理剂，喷施后被杂草叶面和根吸收，并在体内传导。用药初期，杂草虽然保持青绿，但生长已受到严重抑制，不再对作物构成为害。施药后10～14d杂草受到严重抑制，逐渐心叶褪绿坏死，叶片褪绿，一般在冬小麦用药后30d杂草逐渐整株枯死，未死植株生长已严重受抑制。

制剂及生产厂

75%、25%、20%、18%、10%可湿性粉剂，20%可溶粉剂，75%干悬浮剂，75%水分散粒剂。有原药生产的企业达25家以上。

应用

主要用于小麦、大麦、燕麦田防除多种阔叶杂草，如繁缕、猪殃殃、蓼、雀舌草、反枝苋、田蓟、麦家公、播娘蒿、猪毛菜、荠菜、遏蓝菜、绿叶泽兰、地肤等。对田旋花、铁苋菜、刺儿菜、卷茎蓼也有较好防治效果。

1. 麦田使用

于小麦、大麦等麦类作物2叶期至拔节前均可使用，因此，可冬前（冬小麦播种后30d左右）或早春麦苗返青拔节前施药。以一年生阔叶杂草2～4叶期、多年生阔叶杂草6叶期前株高不超过10cm施药效果最好。亩用有效成分0.75～1.2g，最多不超过1.3g，折合75%干悬浮剂或75%可湿性粉剂1～1.3g，75%水分散粒剂1～1.5g或10%可湿性粉剂7～13g或18%可湿性粉剂4.2～6.5g或20%可溶性粉剂3.75～5g，对水喷雾。因用药量很少，称量要准确。气温20℃以上时对水量不能少于25kg，随配随用。气温高于28℃应停止施药。沙质土有机质含量低、pH值高、轮作花生、大豆的冬小麦田应冬前施药。春季施药不宜过晚，对阔叶作物安全间隔期为90d。

2. 草坪使用

禾本科草坪的草种有匍茎紫羊毛、草地早熟禾等，常见的阔叶杂草有黄花蒿、蒲公英、小蓟、反枝苋、铁苋菜、马齿苋、苍耳、小白酒草、问荆、苣荬菜等，可用苯磺隆防除。一般是在杂草2～5叶期，亩用有效成分0.75～1.5g，即10%可湿性粉剂7.5～15g或75%可湿性粉剂或干悬浮剂1～2g，对水30～40kg喷雾。药效表现较慢，药后10d株防效仅50%左右，药后30d可达90%以上。喷药时应注意防止雾滴漂移到邻近阔叶花卉上，以免产生药害。

酰嘧磺隆（amidosulfuron）

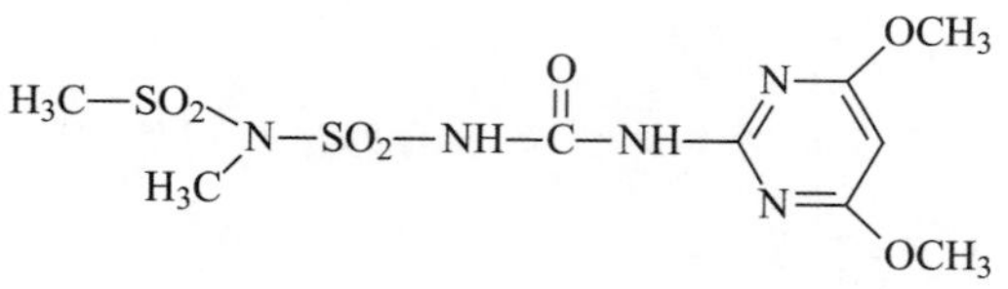

$$H_3C-SO_2-N(CH_3)-SO_2-NH-C(=O)-NH-C_4HN_2(OCH_3)_2$$

化学名称

3-（4，6-二甲氧基嘧啶-2-基）-1-（N-甲基-N-甲基磺酰基-氨基）磺酰脲

其他名称

氨基嘧磺隆。

理化性质

纯品外观白色结晶状固体，相对密度1.5（20℃）熔点160～163℃。蒸气压2.2×10^{-2}mPa（25℃）溶解度（20℃，mg/L）：水3.3（pH3.0）、9（pH5.8）、13 500（pH10），异丙醇99，甲苯256，甲醇872，丙酮8 100；在水中半衰期（20℃）大于33.9d（pH5时），大于365d（ph7时）。

毒性

低毒。大鼠急性经口LD_{50}>5 000mg/kg，兔急性经口LD_{50}>5 000mg/kg。大鼠急性经皮LD_{50}>5 000mg/kg。大鼠急性吸入LC_{50}>1.8mg/L。对兔皮肤无刺激性，对兔眼睛有轻微刺激。对豚鼠皮肤无致敏性。亚慢性毒性试验无作用剂量（90d，mg/kg·d）：雄、雌大鼠分别为388和434，雄、雌小鼠分别为649和698，狗195.7。雄大鼠2年饲喂试验无作用剂量为19.45mg/kg·d。对啮类动物（大鼠和小鼠）的取食试验表明，无致癌性。大鼠两代繁殖试验表明，没有发现繁殖毒性。对妊娠大鼠和兔口服的无作用剂量均为1 000mg/kg·d，没有发现致畸现象。体内和体外试验证明，无致突变性。

由于使用量低（有效成分1～2g/亩），对鱼、水生无脊椎动物及藻类基本无急性毒性，无作用剂量1 000mg/L。对绿头鸭、北美鹑和日本鹌鹑LD_{50}>2 000mg/kg，按推荐方法使用对鸟类没有危险。对蜜蜂口服LD_{50}>916μg/只，蚯蚓14dLD_{50}>1 000mg/kg土壤，对蜜蜂和蚯蚓无毒。对土壤微生物的影响可以忽略。

生物活性

内吸传导型茎叶处理剂，杀草原理与噻吩磺隆、苯磺隆相同，但其更具特点：在土壤中易被微生物分解，对后茬作物安全，若在施药后作物遭到意外毁坏（如霜冻），可在15d后改种大麦、燕麦。对后茬玉米、水稻、马铃薯等安全，与后茬作物安全间隔期为90d；除草效果不受天气影响，防效稳定。

制剂及生产厂

50%水分散粒剂，由德国拜耳作物科学公司生产。

应用

具有高选择性，在麦类作物体内迅速代谢成无活性物质，在麦田最佳施药期一般为阔叶杂草2～5叶期。冬小麦播种早的麦田可在冬前施药，播种迟的麦田可在返青拔节前施药，亩用50%水分散粒剂3～4g；春小麦以杂草基本出齐，达2～5叶期，亩用3.5～4g，对水30kg，喷洒茎叶。对6～8叶期的大草，应采用上限用药量。能有效地防除猪殃殃、播娘蒿、繁缕、牛繁缕、荠菜、野芥菜、田旋花、大巢菜、卷茎蓼、离子草、酸模叶蓼、苋、野萝卜等阔叶杂草。

在阔叶杂草与看麦娘、野燕麦等禾本科杂草混生的麦田，可与加有安全剂的噁唑禾草灵（如骠马）按常量混用；也可与苯磺隆、二甲四氯等防除阔叶杂草的除草剂减量混用，以扩大杀草谱。

醚苯磺隆（triasulfuron）

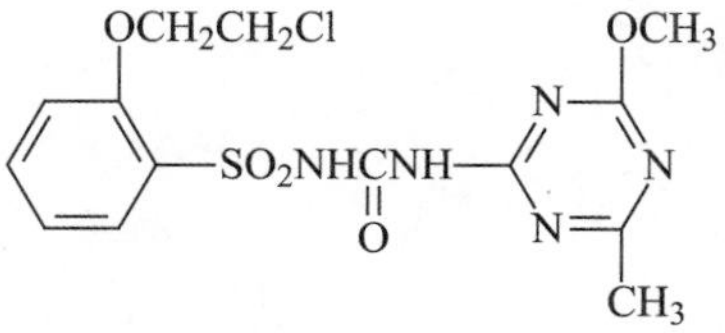

OCH_2CH_2Cl OCH_3

SO_2NHCNH N N

O N

CH_3

化学名称

1-〔2-（2-氯乙氧基）苯基〕-3-（4-甲氧基-6-甲基-1，3，5-三嗪-2-基）磺酰脲

理化性质

白色晶体，相对密度1.5，熔点178.1℃（分解），蒸气压<2×10^{-3}mPa。溶解度（25℃，g/L）：水0.032（pH5）、0.815（pH7）、13.5（pH8.4），丙酮14，二氯甲烷36，乙酸乙酯4.3，乙醇0.42，正辛醇0.13，甲苯0.3。

毒性

微毒。大鼠急性经口LD_{50}>5 000mg/kg，大鼠急性经皮LD_{50}>2 000mg/kg，大鼠急性吸入LC_{50}（4h）>5.18mg/L。对兔皮肤有轻微刺激性，对眼睛无刺激性。饲喂试验无作用剂量（mg/kg·d）：大鼠（2年）

32.1，小鼠（2年）1.2，狗（1年）33。对鸟类、鱼、蜜蜂无毒，鹌鹑和野鸭急性经口 LD_{50}>2 150mg/kg，虹鳟鱼 LC_{50}（96h）>100mg/L，蜜蜂经口和接触 LD_{50}>100μg/只。

生物活性

是内吸剂，被杂草叶、根吸收后，迅速传导到分生组织，阻止细胞分裂，使杂草停止生长，1～3周内死亡。

制剂及生产厂

75%水分散粒剂，10%可湿性粉剂。生产企业有江苏省激素研究所有限公司、江苏农用激素工程技术研究中心、浙江泰达作物科技有限公司等。

应用

主要用于麦田防除一年生阔叶杂草和某些禾本科杂草，对猪殃殃、三色堇防效很高。在小麦播后芽前土壤处理或小麦生长前期茎叶喷雾，而以苗后茎叶喷雾的除草效果更好，春季施药比冬前效果好。通常亩用75%水分散粒剂1.5～2g或10%可湿性粉剂12～16g，对水30～40kg喷雾。可与溴苯腈、2甲4氯或异丙隆混用，增加除草范围和效果。

氟唑磺隆（flucarbazone-sodium）

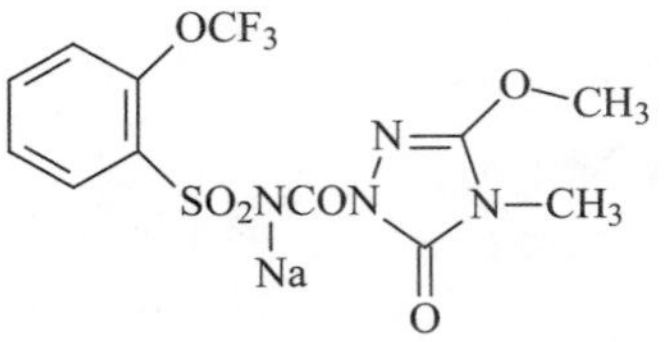

化学名称

N-（2-三氟甲氧基苯基磺酰基）-4，5-二氢-3-甲氧基-4-甲基-5-氧-1H-1，2，4-三唑甲酰胺钠盐

其他名称

氟酮磺隆

理化性质

无嗅、无色的结晶体。熔点200℃（开始分解）；相对密度1.59。蒸气压：由于其常温下蒸气压值极低，不能直接测出（70℃时测得蒸气压为4 × 10^{-5}mPa，推测其在20℃时的相应值<1 × 10^{-9}Pa）；溶解度（g/L，20℃）：水44（pH4～9），正庚烷、二甲苯<0.1，乙酸乙酯0.14，异丙醇0.27，二氯甲烷0.72，丙酮1.3，乙腈6.4，聚乙烯乙二醇48，二甲基亚砜>250。

毒性

微毒。大鼠急性经口 LD_{50}>5 000mg/kg，大鼠急性经皮 LD_{50}>5 000mg/kg，大鼠急性吸入 LC_{50}>5.13mg/L；对兔皮肤、眼睛无刺激性；豚鼠皮肤致敏试验结果无致敏性。大鼠14周亚慢性饲喂试验最大无作用剂量为雄性17.6mg/kg，雌性为101.7mg/kg；致突变试验：Ames试验、小鼠骨髓细胞微核试验、生殖细胞染色体畸变试验均为阴性；大鼠致畸、繁殖试验未见致畸、生殖及母体毒性。

对鱼、鸟、蜜蜂、家蚕、蚯蚓均为低毒，虹鳟鱼 LC_{50}>96.7mg/L，翻车鱼 LC_{50}>99.3mg/L，水蚤 LC_{50}>109mg/L；野鸭 LD_{50}>4 672mg/kg，鹌鹑 LD_{50}>2 621mg/kg；对蜜蜂的剂量至200μg/只蜂无影响；蚯蚓在1 000mg/kg土壤的剂量无影响。

生物活性

氟唑磺隆属新型磺酰脲类即磺酰胺类羧基三唑啉酮类除草剂，作用机理仍为乙酰乳酸合成酶抑制剂。喷施后通过杂草的叶、茎和根吸收，使杂草脱绿、枯萎，最后死亡。落入土壤中的药剂仍有活性，通过根吸收对施药后长出的杂草也有效。

制剂及生产厂

70% 水分散粒剂，由美国爱利思达生物化学品北美有限公司生产。

应用

能防除麦田多种杂草。用于春小麦田除草，于小麦苗后早期（3～4 叶期），亩用制剂 1.9～2.86g，对水 30～40kg，茎叶喷雾。对稗草、野燕麦、荠菜、地卷茎蓼、藜、鼬瓣花、反枝苋有较好的防效，对抗性野燕麦、狗尾草也有效，对问荆、鸭跖草有一定的防效。施药后 5d，小麦叶片可能有沿叶脉失绿现象，10d 后能恢复，不影响产量。也可以混用，亩用制剂 1.9～2.86g 加 20%2 甲 4 氯水剂 57g 或 72%2，4– 滴丁酯乳油 68.6g，混合后喷雾。

单嘧磺酯（monosulfuron–ester）

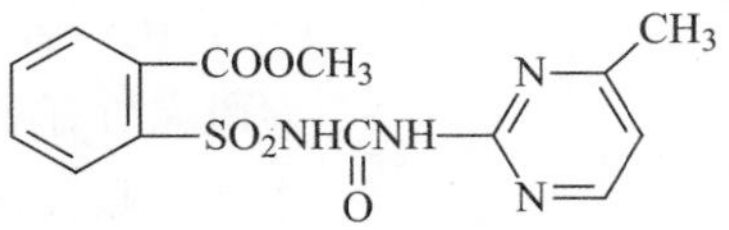

$$\text{C}_6\text{H}_4(\text{COOCH}_3)\text{–SO}_2\text{NHC(=O)NH–(4-CH}_3\text{-pyrimidin-2-yl)}$$

化学名称

N–〔2'–（4'– 甲基）– 嘧啶基〕–2– 甲酸甲酯基苯磺酰脲

理化性质

纯品为白色结晶，熔点 179～180℃，分解温度>200℃。溶解度（20℃，g/L）：水 0.06，二甲基二酰胺 24.68，四氢呋喃 4.83，丙酮 2.09，甲醇 0.30。碱性条件下可溶于水。在强酸或强碱条件下易发生水解，在中性或弱碱条件下稳定。原药（含量≥90%）为白色或浅黄色结晶或粉末。

毒性

低毒。原药对大鼠急性经口 LD_{50}>1 000mg/kg，大鼠急性经皮 LD_{50}>1 000mg/kg。对兔皮肤无刺激性，对眼睛有轻度刺激性。三个月亚慢性喂养试验无作用剂量：雄大鼠 161mg/kg，雌大鼠 231mg/kg。Ames 试验、小鼠骨髓细胞微核试验和小鼠睾丸细胞染色体畸变试验均为阴性。

对鱼、鸟、蜜蜂、桑蚕、均属低毒。

生物活性

是苗后处理剂，主要供茎叶喷雾，可被杂草根、茎、叶吸收进入体内，并在体内传导。因为磺酰脲类除草剂，其作用机理为乙酰乳酸合成酶抑制剂。

制剂及生产厂

10% 可湿性粉剂，由天津市绿保农用化学科技开发公司生产。

应用

适用于麦田防除一年生阔叶杂草播娘蒿、宝瓶草、糖芥、虱缀、密花香薷等。对荞麦蔓、扁蓄、藜等防效差。

用于麦田除草，于冬小麦返青后至返青中期，亩用 10% 可湿性粉剂 12～15g；春小麦 3～4 叶期，亩用 10% 可湿性粉剂 15～20g，对水 30～50kg，茎叶喷雾。杂草受药后叶片变厚、发脆、心叶发黄、生长受抑制，10d 以后逐渐干枯、死亡。持效期较长，1 次施药即可控制麦田主要阔叶杂草。

注意事项

对麦田后茬作物玉米、谷子安全性好，对花生、大豆棉花安全性较差，对油菜及十字花科蔬菜最不安全。在西北地区春小麦田后茬若种油菜，需间隔 1 年时间。

7

氯磺隆（chlorsulfuron）

化学名称

1-（2-氯苯基）-3-（4-甲氧基-6-甲基-1，3，5-三嗪-2-基）磺酰脲

其他名称

绿磺隆，嗪磺隆

理化性质

白色结晶固体，相对密度1.48，熔点174～178℃，蒸气压3×10^{-6}mPa（25℃）。溶解度（g/L，25℃）：水0.1～0.125（pH4.1）、0.3（pH5）、27.5（pH7），甲醇15，丙酮4，二氯甲烷1.4，甲苯3，正己烷<0.01。对光稳定，在pH<5水解快，在偏碱性条件下水解慢。

毒性

低毒。大鼠急性经口LD_{50}5 545（雄性）mg/kg、6 293（雌性）mg/kg，兔急性经皮LD_{50}2 500mg/kg，大鼠急性吸入LC_{50}（4h）>5.9mg/L。对兔眼睛有中度刺激性，对皮肤无刺激性和致敏性。饲喂试验无作用剂量（mg/kg·d）：大鼠（2年）100，小鼠（2年）500，狗（1年）2 000。在试验条件下，无致突变、致畸、致癌作用。

对鱼、蜜蜂、鸟低毒。虹鳟鱼LC_{50}（96h）250mg/L，蜜蜂LD_{50}（接触）>25μg/只，野鸭和鹌鹑LD_{50}（8d）>5 000mg/kg饲料。蚯蚓LD_{50}>2 000mg/kg土壤。

生物活性

内吸性除草剂，经杂草根、茎、叶吸收，并向顶和向基传导至生长点，抑制杂草生长，直至死亡。杀草原理与磺酰脲类除草剂其他品种相同。

制剂及生产厂

75%可湿性粉剂（专供出口），75%水分散粒剂（专供出口），25%水分散粒剂。生产厂有江苏省激素研究所有限公司、江苏省农用激素工程技术研究中心有限公司、允发化工（上海）有限公司等。

应用

由于土壤残留对后茬作物药害严重，现已极少再使用，仅有25%水分散粒剂登记用于冬小麦。能用于麦田防除繁缕、牛繁缕、猪殃殃、荠菜、碎米荠、雀舌草、麦瓶草、离子草、卷茎蓼、播娘蒿等阔叶杂草，以及看麦娘、日本看麦娘、早熟禾等禾本科杂草，对苦菜、硬草、野燕麦的效果差。于小麦播后芽前或小麦立针到2叶1心以前施药，按农业行业标准NY686-2003规定亩用有效成分0.5～1g与绿麦隆、2，4-滴丁酯、异丙隆、麦草畏等混用。而25%水分散粒剂登记用量为4～6g，对水常规喷雾。

由于氯磺隆的活性高，土壤中残留期长，易引起小麦及后茬作物的药害，为此在麦田使用氯磺隆除草有严格限制。

1. 限制在长江流域及以南麦、稻轮作区及酸性土壤。麦-稻轮作区的麦田使用，不得任意扩大地区范围。禁止在低温、少雨、pH > 7碱性土壤的麦田使用。这是因为氯磺隆在土壤中是通过水解作用消失，在酸性土壤中降解快，碱性土壤中降解很缓慢。例如，在pH4.0时，经1周约水解50%；pH5.7时，水解半衰期为4周；pH7.0时，水解半衰期为6周；在碱性条件下，氯磺隆主要以离子态形式存在，其水解半衰期更长。

2. 施药后20d可移栽水稻。后茬作物不宜种植甜菜、玉米、高粱、谷子、大豆、油菜、向日葵、

棉花、烟草、甘蔗、小扁豆、南瓜、芹菜、辣椒、大葱等敏感作物，也不可在麦田套种这些作物。

3．虽为酸性土壤，后茬准备作水稻秧田或直播田、小苗移栽田、抛苗田的麦田，均不宜使用单剂及含此药的混剂。

4．少免耕麦田、播种粗放露籽多的麦田，均不宜使用。

5．配药要准确，采用两步配药法稀释药液；喷洒务必均匀，勿重喷、漏喷。

自氯磺隆在我国麦田推广使用以来，多次发生后茬作物遭受严重药害的事故，故已有一些地区明令禁止使用氯磺隆及其复配制剂。

甲磺隆（metsulfuron-methyl）

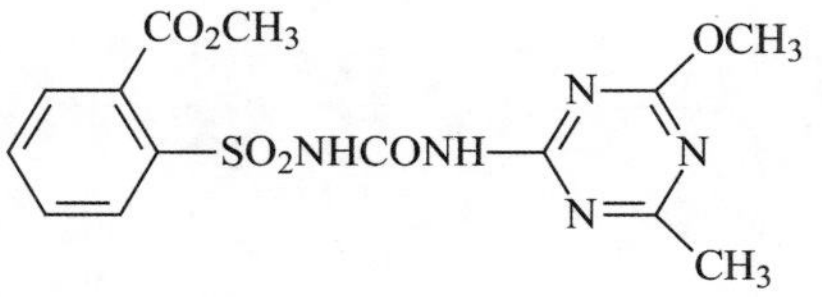

CO_2CH_3　OCH_3　$SO_2NHCONH$　N　N　N　CH_3

化学名称

3-（4-甲氧基-6-甲基-1，3，5-三嗪-2-基）-1-（2-甲氧基甲酰基苯基）磺酰脲

理化性质

无色晶体，熔点158℃。相对密度1.47，蒸气压3.3×10^{-7}mPa（25℃）。溶解度（g/L）：水1.1（pH5）、9.5（pH7），丙酮36，二氯甲烷121，乙醇2.3，己烷0.79，甲醇7.3，二甲苯58。

毒性

低毒。大鼠急性经口LD_{50}大于5 000mg/kg，兔急性经皮LD_{50}>2 000mg/kg。大鼠急性吸入LC_{50}（4h）>5mg/L。2年饲喂试验无作用剂量（mg/kg饲料）：大鼠500，雄狗500，雌狗5 000。虹鳟鱼和翻车鱼LC_{50}（96h）>150mg/L，水蚤LC_{50}（48h）>12.5mg/L。野鸭和鹌鹑LC_{50}>5 620mg/kg饲料。对蜜蜂无害，LD_{50}>25μg/只。

生物活性

内吸性除草剂，经杂草的根、茎、叶吸收，并向顶向基传导至全株，发挥毒杀作用，杀草原理与噻吩磺隆、苄嘧磺隆等相同。

制剂及生产厂

60%、10%可湿性粉剂，60%、20%水分散粒剂，85%甲磺隆钠盐可溶性粉剂。生产厂有沈阳化工研究院试验厂、沈阳丰收农药有限公司、大连瑞泽农药股份有限公司、天津农药股份有限公司、江苏天容集团股份有限公司、江苏省激素研究所有限公司、江苏常隆化工有限公司、上海杜邦农化有限公司、美国杜邦公司等。

应用

1．用于麦田

能防除大巢菜、繁缕、荠菜、苋、藜、蓼、播娘蒿、碎米荠等阔叶杂草，以及看麦娘、日本看麦娘、早熟禾等禾本科杂草。对猪殃殃、婆婆纳、野燕麦、硬草等防效较差。持效期比氯磺隆短，根据出草情况施药宜早不宜迟。麦田使用，目前仅限于长江流域及以南地区麦稻轮作区，在小麦播后苗前或早期苗后（看麦娘2叶1心期）冬前，亩用10%可湿性粉剂5～7.5g或20%干悬乳剂2.5～3.75g，对水均匀喷雾。

2．用于稻田

主要是用于移栽田插秧后10～20d、杂草2～3叶期，亩用20%水分散粒剂0.6～0.8g或10%可湿性粉剂1～1.3g，保浅水层，拌细土撒施，可防除眼子菜、矮慈姑、鳢肠、狼把草、四叶萍、节节菜、异型莎草、水花生等杂草。防效不如吡嘧磺隆。

甲磺隆对水稻安全性较差。在上述用药量范

围内，随剂量增高，稻苗表现不同程度的叶黄和生长受抑制，7～10d后基本恢复。若用药量再稍增高，药效虽好，但药害随之加重，除草后不增产或略有减产。因此，为保证对水稻安全，最好不单用，而采用甲磺隆与苄嘧磺隆，或甲磺隆与苄嘧磺隆及乙草胺的混剂。

注意事项

用甲磺隆的田块，后茬不宜种植油菜、大豆、花生、芝麻、棉花、玉米、绿豆、红小豆、白菜、瓜类等。对后茬水稻的敏感性表现为粳稻>糯稻>杂交粳稻>常规籼稻>杂交籼稻；早稻>晚稻。避免麦茬地作育秧田、直播稻田，药后150d对移栽稻较安全。在稻田施药后与后茬作物安全间隔期为100d。

·以玉米田除草为主要用途的品种

目前国内用于玉米田除草的磺酰脲类除草剂品种有砜嘧磺隆、烟嘧磺隆、甲酰氨磺隆和噻吩磺隆。国外使用的还有：氟磺隆（prosulfuron）对苘麻属、苋属、蓼属、藜属、繁缕属等杂草防效优异，亩用有效成分0.67～2.67g；氟嘧磺隆（primisulfuron-methyl）用于3～7叶期玉米田防除禾本科杂草及阔叶杂草，亩用有效成分0.67～2.67g；氯吡嘧磺隆（haLosulfuron-methyl）用于玉米田除草需与除草剂安全剂MON13 900一起使用。

烟嘧磺隆（nicosulfuron）

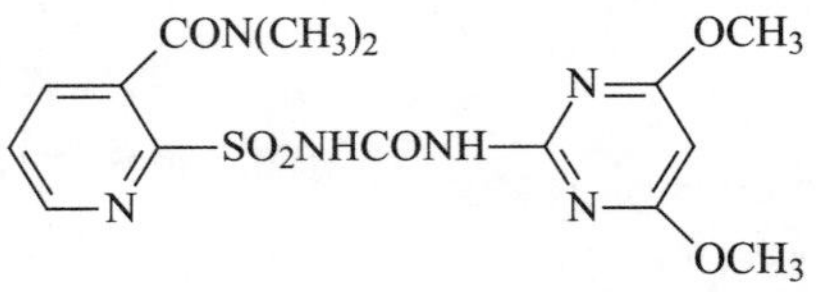

$CON(CH_3)_2$ OCH_3

$SO_2NHCONH$

N N N

OCH_3

化学名称

3-（4，6-二甲氧基嘧啶-2-基）-1-（3-二甲基氨基甲酰吡啶-2-基）磺酰脲

理化性质

白色固体，20℃时相对密度1.4113，熔点169～172℃。蒸气压<8 × 10^{-7}mPa。20℃时溶解度（g/L）：水0.4（pH5）、12（pH6.8）、39.2（pH8.8），丙酮18.0，乙腈23.0，氯仿、二甲基甲酰胺64.0，二氯甲烷160，乙醇4.5，己烷<0.02，甲苯0.33。

毒性

低毒。大、小鼠急性经口LD_{50}>5 000mg/kg，大鼠急性经皮LD_{50}>2 000mg/kg，大鼠急性吸入LC_{50}>5.47mg/L。对兔皮肤无刺激性，对兔眼睛有中度刺激性，饲喂试验无作用剂量（mg/kg·d）：大鼠（90d）36.0（雄性）和42.5（雌性），狗（90d）200；大鼠（2年）199.3（雄性）和254（雌性），狗（2年）2 000。在试验剂量内，对试验动物无致突变、致畸和致癌作用。

对鱼、蜜蜂、鸟等低毒。鲤鱼和虹鳟鱼LC_{50}

（96h）>105mg/L；蜜蜂急性经口 LD_{50}76μg/只、接触 LD_{50}>20μg/只；野鸭急性经口 LD_{50}2 000mg/kg，鹌鹑急性经口 LD_{50}>2 250mg/kg；蚯蚓 LD_{50}（14d）>1 000mg/kg土壤。

生物活性

为内吸剂，通过叶、茎、根吸收，传导至分生组织。阻止细胞分裂，使杂草停止生长，随后枯死。受害杂草，先是心叶变黄、退绿、白化，继而其他叶片由上至下依次变黄，一般要在施药后 3～4d 始见受害症状，20～25d 杂草死亡。在较冷气候条件下，还需要较长时间才死亡。药剂进入玉米植株体内迅速被代谢为无活性物质，对大多数玉米品种安全。

制剂及生产厂

40g/L 悬浮剂，80% 水分散粒剂，由日本石原产业株式会社生产。

应用

主要用于玉米田防除禾本科杂草和阔叶杂草及莎草，如马唐、狗尾草、牛筋草、稗草、野燕麦、野麦、乌麦、早熟禾、野高粱、反枝苋、荠菜、鸭跖草、龙葵、香薷、狼把草、苍耳、苘麻、遏蓝菜、刺儿菜、马齿苋以及香附子、碎米莎草等。对禾本科杂草的防效优于阔叶杂草。

茎叶处理除草效果优于土壤处理，因而施药适期为玉米 3～5 叶期、一年生草 2～4 叶期、多年生草 6 叶期以前、草株高 5cm 左右时施药。亩用药为：东北春玉米为 4% 悬浮剂 70～100mL 或 75% 水分散粒剂 5.3g；华北夏玉米为 4% 悬浮剂 60～80mL 或 75% 水分散粒剂 3.2～4.2g；南方玉米为 4% 悬浮剂 33.3～66.6mL 或 75% 水分散粒剂 1.8～3.6g，对水 30～40kg 喷雾。持效期 30～35d。

注意事项

1. 玉米的不同品种对烟嘧磺隆的敏感性有差异，其安全性顺序为马齿型>硬质玉米>爆裂玉米>甜玉米。甜玉米、爆裂玉米、黏玉米对本剂敏感，勿用。在玉米 2 叶期前及 6 叶期以后也不宜施药。在正常条件下使用，有时玉米也会出现暂时的伤害，1 月后症状完全消失。

施过有机磷杀虫剂的玉米对本剂敏感，两药剂的使用间隔期为 7d 以上。

2. 在喷洒药液中加入表面活性剂有提高防效、降低用药量的作用。日本石原产业株式会社提供的助剂加入量为喷洒药液的 0.2%，国产 YZ-901 表面活性剂加入量为 0.03%（亩用 15mL），或 AA-921 亩用 15mL。加入表面活性剂的喷洒药液喷施后，在干旱条件下亦可获得稳定的药效。

3. 本剂对禾本科杂草在低剂量下的防效优于莠去津，但对阔叶杂草的防效略低于莠去津。可与莠去津混用，例如，亩用4%悬浮剂40～60mL加38%莠去津悬浮剂 80mL，现混现用。或者选用 4% 烟嘧磺隆悬浮剂 +38% 莠去津悬浮剂桶混制剂或 52% 烟嘧磺隆·莠去津可湿性粉剂。

4. 在土壤中残留期长，对后茬甜菜、小白菜、菠菜有药害，与其他后茬作物安全间隔期为 120d。

砜嘧磺隆（rimsulfuron）

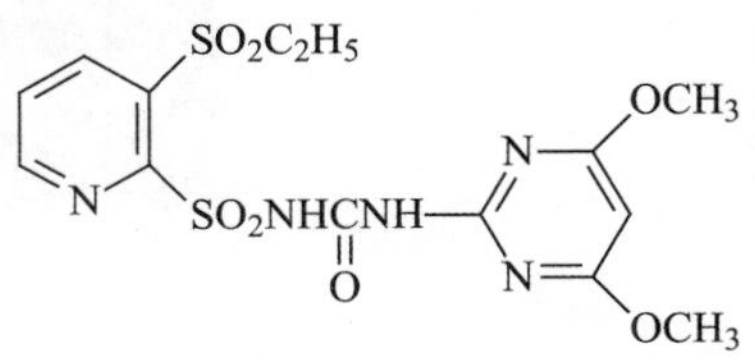

$SO_2C_2H_5$ OCH_3 N N SO_2NHCNH O N OCH_3

化学名称

1-（4，6-二甲氧基嘧啶-2-基）-3-（3-乙基磺酰-2-吡啶基）磺酰脲

其他名称

玉嘧磺隆

理化性质

纯品为无色结晶体，熔点176～178℃，相对密度0.784（25℃），蒸气压1.5×10^{-3}mPa（25℃）。水中溶解度（25℃）：< 10mg/L，7.3g/L（缓冲溶液，pH7）。

毒性

微毒。大鼠急性经口LD_{50} > 7 500mg/kg，兔急性经皮LD_{50} > 5 500mg/kg，大鼠急性吸入LC_{50}（4h）5.8mg/L。饲喂试验无作用剂量（mg/kg・d）：大鼠（2年）300（雄性）和3 000（雌性），小鼠（1.5年）2 500，狗（1年）50。Ames试验呈阴性。

对鱼、蜜蜂、鸟低毒。鲤鱼LC_{50}（96h）> 900mg/L，虹鳟鱼LC_{50}（96h）> 390mg/L。蜜蜂接触LD_{50} > 100μg/只。野鸭急性经口LD_{50} > 2 000mg/kg，鹌鹑急性经口LD_{50} > 2 250mg/kg。

生物活性

杀草原理同烟嘧磺隆。杂草受药后先是停止生长，然后褪绿。产生枯斑、直至全株死亡。

制剂及生产厂

25% 干悬浮剂，由美国杜邦公司生产。

应用

适用于玉米田防除阔叶杂草和禾本科杂草，如鸭跖草、荠菜、马齿苋、猪毛菜、反枝苋、苘麻、鳢肠、鼬瓣花、刺儿菜、狼把草、豚草、繁缕、宝瓶草、酸模叶蓼、藜、地肤、稗草、马唐、狗尾草、野燕麦、野高粱、千金子、多花黑麦草、野黍及莎草等。对铁苋菜、苣荬菜、牛筋草防效差。

在玉米2～4叶期、杂草基本出齐达2～4叶期，亩用25% 干悬浮剂5～6g，对水30kg，沿单垄定向喷雾施于土壤表面。或者与莠去津混用，对春玉米亩用25%干悬浮剂4～5g加38%莠去津悬浮剂126～150g，再加表面活性剂60mL；对夏玉米亩用25% 干悬浮剂3～4g加38% 莠去津悬浮剂105～126g，对水30kg，沿单垄定向喷施于土壤表面。喷雾时定喷头高度及行走速度，不要左右甩动喷头。最好采用扇形喷头。

注意事项

1. 应在玉米4叶期前施药，最迟不要超过5叶期，否则，单用或混用均会产生药害，症状为玉米植株矮小，但粗壮，叶色浓绿，心叶发皱、卷缩变硬（图7-10），药害较重的拔节困难，或拔不了节。有的在基部分生1～2个分叉（图7-11），受害轻者10～15d能恢复。

2. 甜玉米、爆裂玉米、黏玉米及制种田不宜使用。由于农业生产上种植的玉米品种众多，在推广应用本剂前应先在小面积上观察其安全性。

3. 在土壤中有残留，与后茬作物安全间隔期为90d。

图7-10
玉米受药害植株矮粗叶色浓

图7-11
玉米受药害基部有分叉

甲酰氨基嘧磺隆（foramsulfuron）

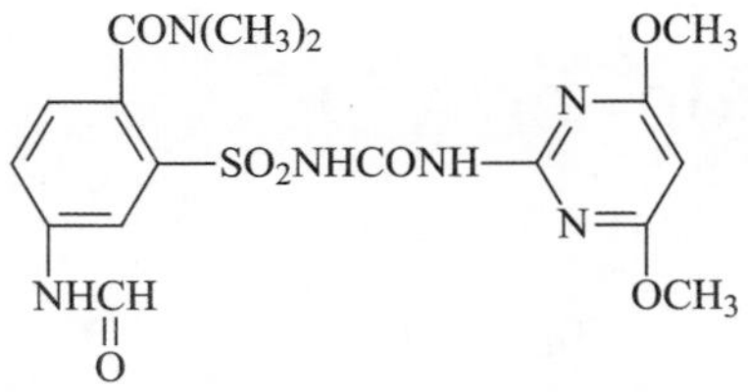

化学名称

1-（4，6-二甲氧基嘧啶-2-基）-3-（2-二甲氨基羰基-5-甲酰氨基苯基）磺酰脲

其他名称

甲酰胺磺隆

理化性质

淡黄褐色固体，熔点199.5℃，蒸气压4.2×10^{-8}mPa（20℃），不光解。20℃时在水中溶解度（g/L）为0.04（pH5）、3.3（pH7）、94.6（pH8）。

毒性

低毒。大鼠急性经口$LD_{50}>5\ 000$mg/kg，大鼠急性经皮$LD_{50}>2\ 000$mg/kg。对兔皮肤无刺激，对眼睛中度刺激（1d后可消退）。对豚鼠皮肤无致敏性。对大鼠13周饲喂试验无作用剂量为1 677mg/kg·d。无致突变、致畸和致癌作用。100mg/L时对鱼和水生无脊椎动物无毒。鹌鹑$LD_{50}>2\ 000$mg/kg。蜜蜂LD_{50}（72h）＞163μg/只。蚯蚓LD_{50}（7～14d）＞1 000mg/kg土壤。

生物活性

内吸传导型茎叶处理剂。通过杂草的叶和根吸收，并传导至全株，抑制杂草生长，施药后1～2d即可见杂草中毒，叶片黄化、坏死，而后整株枯死。杀草原理与烟嘧磺隆相同。

制剂及生产厂

35%水分散粒剂，由德国拜耳作物科学公司生产。

应用

主要用于玉米田防除一年生禾本科杂草和阔叶杂草，如马唐、狗尾草、苋、藜、苘麻等。一般在玉米3～4叶期、杂草2～4叶期，亩用35%水分散粒剂7.6～9.5g（夏玉米）或9.5～11g（春玉米），对水30kg，茎叶喷雾。

注意事项

1. 现仅推荐用于硬粒型、粉质型、马齿型和半马齿型的玉米品种，不推荐用于糯玉米、爆裂玉米、甜玉米。在推荐玉米品种上施药后，玉米幼苗可能会出现暂时褪绿、矮化现象，一般2～3周可以恢复生长，至药后40～50d长势与不施药的玉米趋于一致，不影响产量。

2. 在土壤中有一定残留性，与后茬作物安全间隔期为90d。

· 用于其他作物田除草的品种

氯嘧磺隆（chlorimuron–ethyl）

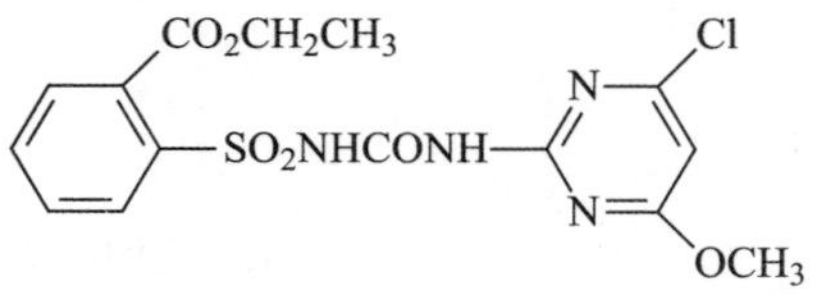

$$\text{2-}(CO_2CH_2CH_3)C_6H_4\text{-}SO_2NHCONH\text{-}(4\text{-Cl-6-}OCH_3\text{-pyrimidin-2-yl})$$

化学名称

3–（4–氯–6–甲氧基嘧啶–2–基（–1–（2–乙氧基甲酰基苯基）磺酰脲

其他名称

豆磺隆，豆草隆，氯嗪磺隆，乙磺隆

理化性质

无色固体，相对密度 1.51（25℃），熔点 185～187℃，蒸气压 4.9 × 10^{-7}mPa（25℃）。在水中溶解度（mg/L，25℃）：11（pH5）、450（pH6.5）、1 200（pH7）。在有机溶剂中溶解度也不大。

毒性

低毒。大鼠急性经口 LD_{50}4 102（雄性）mg/kg、4 236（雌性）mg/kg，大鼠急性经皮 LD_{50}>4 000mg/kg，兔急性经皮 LD_{50}>2 000mg/kg。大鼠急性吸入 LC_{50}（4h）>5mg/L。对兔眼睛无刺激性，对皮肤有轻度刺激性。饲喂试验无作用剂量（mg/kg · d）：大鼠（2年）250、狗（1年）250。在试验条件下，未发现致畸、致突变、致癌作用。

对鱼、鸟、蜜蜂等低毒。虹鳟鱼 LC_{50}（96h）>1 000mg/L，翻车鱼>100mg/L，水蚤 LC_{50}（48h）>1 000mg/L。野鸭急性经口 LD_{50}>2 510mg/kg，蜜蜂 LD_{50}（48h）>12.5μg/只，蚯蚓 LD_{50}>40 500mg/kg土壤。

生物活性

选择性内吸传导型除草剂。施药后通过杂草的根、芽吸收并转运到植株各部位，抑制杂草生长，叶片在 3～5d 内失绿，生长点坏死，继而全株死亡；或矮化，失去为害作物的能力。杀草原理与磺酰脲类除草剂的其他品种相同。

制剂及生产厂

20% 可溶性粉剂，50%、20%、10% 可湿性粉剂，75% 水分散粒剂，生产厂较多。

应用

由于大豆可将本剂代谢为无活性物质，因而主要用于大豆田防除阔叶杂草和某些莎草科杂草，如反枝苋、铁苋菜、马齿苋、鳢肠、苍耳、狼把草、香薷、鼬瓣花、大籽蒿、蒙古蒿、牵牛、苘麻、苣荬菜、荠菜、车前、野薄荷、大叶藜、本氏蓼、地瓜儿苗等，以及碎米莎草、香附子等。对苋、小叶藜、蓟、问荆、小苋、卷茎蓼及稗草等仅有抑制作用。对繁缕、鸭跖草、龙葵及马唐等禾本科杂草无效。

在大豆田使用，以播后苗前土壤处理为主（避开大豆拱土期施药），也可在大豆出现 1 片复叶、杂草出土至 3 叶期前茎叶喷雾。亩用药量：春大豆用 20% 可湿性粉剂 5～7.5g、或 75% 水分散粒剂 2～3g，夏大豆用 20% 可湿性粉剂 4～5g。具体用药量务依各厂产品标签。

注意事项

1. 不同品种大豆耐药力有差异，新品种初次使用此药，应先试后推广。

2．本剂在土壤中移动性较大，土壤类型和状况对药效或药害影响很大。土壤中有机质含量低于2%或大于6%、pH值大于7的田块不宜采用土壤处理方法施药。低洼易涝地也不宜采用土壤处理法。土壤墒情好，药效好，对大豆安全。当春旱、风大时，土壤施药后应浅混土或覆土盖压。

3．大豆苗后茎叶喷雾受土壤干旱影响较小，药效比较稳，一般也优于土壤处理。但施药后大豆叶片可能有皱缩发黄现象，积水地块更甚。高温（气温30℃以上）时应酌情减少用药量。

4．在土壤中残留时期长，易伤害后茬作物。后茬不能种植甜菜、马铃薯、瓜类、油菜、白菜、向日葵、烟草。间隔90d后方可播小麦、大麦，间隔300d以上种植玉米、谷子、棉花、花生。

5．不宜与芳氧基苯氧基丙酸酯类除草剂禾草克、吡氟禾草灵等混用，喷氯嘧磺隆后7d内也不宜喷这些药防治禾本科杂草。可与乙草胺、塞克津、三氟羧草醚、乳氟禾草灵、嗪草酮、异噁草酮等混用。

胺苯磺隆（ethametsulfuron-methyl）

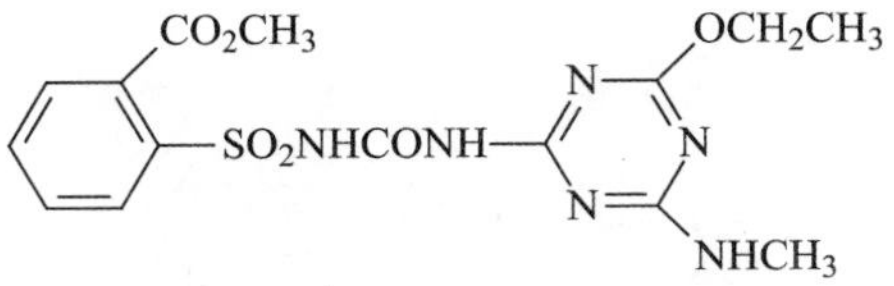

化学名称

3-（4-乙氧基-6-甲氨基-1，3，5-三嗪-2-基）-1-（2-甲氧基甲酰基苯基）磺酰脲

其他名称

油磺隆

理化性质

白色结晶，相对密度1.6，熔点194℃，蒸气压 7.73×10^{-10}mPa（25℃）。溶解度（g/L，25℃）：水0.05（pH5～7），丙酮1.6，二氯甲烷3.9，甲醇0.35，乙酸乙酯0.68，乙腈0.8。

毒性

微毒。急性经口LD_{50}（mg/kg）：大鼠11 000，小鼠>5 000，兔>5 000。兔急性经皮LD_{50}>2 000mg/kg。大鼠急性吸入LC_{50}（4h）>5.7mg/L。对兔皮肤无刺激性，对兔眼睛有轻度刺激性，饲喂试验无作用剂量（mg/kg·d）：大、小鼠（90d）5 000，大鼠（1年）500，狗（1年）3 000，小鼠（1.5年）5 000，大鼠（2年）100（雄性）、750（雌性）。在试验条件下无致突变、致畸、致癌所用。对鱼、鸟、蜜蜂无毒害。翻车鱼、虹鳟鱼和蓝鳃鱼LC_{50}（96h）>600mg/L。野鸭和鹌鹑LD_{50}（5d）5 620mg/kg。蜜蜂LD_{50}>12.5μg/只。蚯蚓LD_{50}（14d）>1 000mg/kg土壤。

生物活性

内吸传导型除草剂。可由杂草的茎、叶和根吸收，并传导至全株，施药后杂草停止生长，失绿、直至枯死，一般需15～25d。杀草原理与磺酰脲类除草剂的其他品种相同。

制剂及生产厂

20%可溶粉剂，25%、5%可湿性粉剂，20%水分散粒剂，生产厂有沈阳化工研究院试验厂、大连松辽化工有限公司、大连瑞泽农药股份有限公司、湖南海利化工股份有限公司、安徽华星化工股份有限公司、江苏省激素研究所有限公司等。

应用

主要用于油菜田防除一年生阔叶杂草，如繁缕、猪殃殃、雀舌草、碎米荠、荠菜、野芥菜、野芝麻、香薷、鼬瓣花、蓼及禾本科的看麦娘、日本看麦娘等。主要用于甘蓝型油菜，慎用于白菜型油菜，禁用于芥菜型油菜。在移栽油菜后 7～10d（或延长至 30d）、直播油菜 4.5～6 叶期，当田间杂草出齐或出土后早期（苗岭不超过 10～15d）施药，亩用 5% 可湿性粉剂 30～40g（春油菜）、25～30g（冬油菜）或 20% 可溶性粉剂、20% 水分散粒剂 8～10g（移栽冬油菜），对水茎叶喷雾。

注意事项

1. 禁用于土壤 pH>7 的田块、土壤黏重、积水田块。

2. 油菜萌芽至 2 叶期对本剂敏感，4 叶期后耐药性强。

3. 不同类型水稻对本剂敏感强弱依次为直播稻>移栽稻；粳稻>糯稻>籼稻；早稻>一季中稻或单晚稻。后茬种植棉花、花生、大豆较安全，但对秧田和直播田水稻、玉米不安全。在推荐剂量且土壤 pH<7 的地区，施药后间隔 180d 以上，对移栽水稻较安全。

甲嘧磺隆（sulfometuron-methyl）

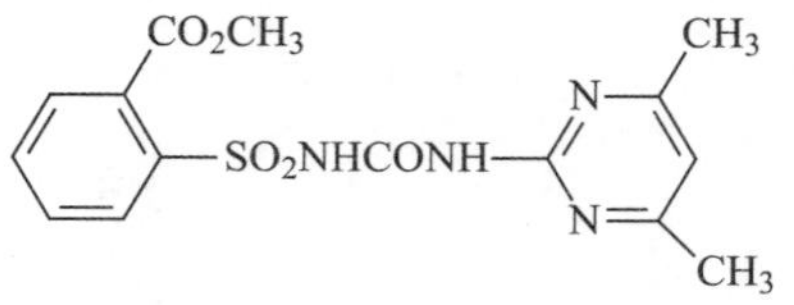

化学名称

3-（4，6-二甲基嘧啶-2-基）-1-（2-甲氧基甲酰基苯基）磺酰脲

其他名称

嘧磺隆，甲基嗪磺隆

理化性质

白色固体，相对密度 1.48，熔点 203～205℃，蒸气压 7.3×10^{-13}mPa（25℃）。溶解度（g/L，25℃）：水 0.244（pH7），丙酮 3.3，乙腈 1.8，乙酸乙酯 0.65，乙醚 0.06，甲醇 0.55，乙醇 0.137，辛醇 0.14，甲苯 0.24，二甲苯 0.037，二氯甲烷 15，二甲亚砜 32，己烷<0.001。

毒性

微毒。大鼠急性经口 LD_{50}>5 000mg/kg，兔急性经皮 LD_{50}>2 000mg/kg，大鼠吸入 LC_{50}（4h）>11mg/L。对鼠、兔皮肤有轻微刺激性，对兔眼睛有暂时轻微刺激性。大鼠 2 年饲喂试验无作用剂量为 50mg/kg，对大鼠繁殖（二代）无作用剂量为 500mg/kg。在 1 000mg/kg 饲料剂量下未见致突变性。

对鱼、蜜蜂、鸟低毒。虹鳟鱼和翻车鱼 LC_{50}（96h）>12.5mg/L。蜜蜂 LD_{50}（接触）>100μg/只。野鸭急性经口 LD_{50}>5 000mg/kg，鹌鹑急性经口 LD_{50}>5 600mg/kg。

生物活性

内吸传导型、苗前、苗后灭生性除草剂。施药后通过杂草的根和叶迅速吸收，传导至植株的各生长点，抑制细胞分裂，从而抑制生长。落入土壤的药剂发挥芽前活性，抑制种子萌发或被杂草根部吸收；茎叶喷雾后，药剂很快被叶片吸收发挥芽后活性。中毒杂草植株先后呈现红紫色、失绿、坏死，直至整株死亡。杀草原理与磺酰脲类除草剂其他品种相同。

制剂及生产厂

10% 可溶粉剂，10% 悬浮剂，75% 可湿性粉剂，75% 水分散粒剂。生产厂有西安近代农药科技股份有限公司、江苏省激素研究所有限公司、江苏常隆化工有限公司等。

应用

本剂选择性极差，几乎是灭生性的，因而仅适用于果园、林地、针叶树苗圃及非耕地防除一年生和多年生杂草和杂灌。

1. 针叶树苗圃使用，在播后苗前、杂草萌芽前和萌芽初期，亩用10%可溶性粉剂70～140g，对水30～40kg喷雾。

2. 林地消灭杂草，亩用10%可溶性粉剂250～500g，对水40～50kg喷雾。在非耕地及森林防火隔离带杀除阔叶杂灌木用700～2 000g，或用75%可湿性粉剂40～60g或75%水分散粒剂45～60g，对水喷雾。

3. 苹果园、柑橘园、茶园使用。据试验，在杂草萌芽前到萌芽初期，亩用10%可溶粉剂10～20g，对水喷雾，持效期达90d以上，全年使用1次即可控制杂草。喷药时压低喷头向下喷，严防雾滴漂移到果树叶上。沙性土壤药剂易被淋溶至土壤下层伤害树根，不能使用。各地在推广前应先进行试验。

在橡胶园使用，用药量视草龄及气温而定。

啶嘧磺隆（flazasulfuron）

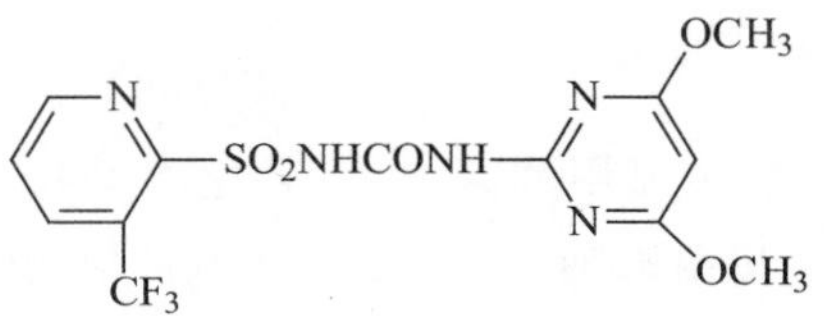

化学名称

1-（4，6-二甲氧基嘧啶-2-基）-3-（3-三氟甲基吡啶-2-基）磺酰脲

理化性质

白色结晶粉末，熔点166～170℃，蒸气压<0.01mPa。溶解度（25℃，g/L）：水2.1（pH7），丙酮22.7，乙腈8.7，甲醇4.2，甲苯0.56，已烷0.0005。

毒性

低毒。急性经口LD_{50}（mg/kg）：大鼠>5 000、小鼠>5 000，大鼠急性经皮LD_{50}>2 000mg/kg，大鼠急性吸入LC_{50}（4h）5.99mg/L。对兔皮肤无刺激性，对兔眼睛有中等刺激性，对豚鼠皮肤无过敏性。慢性饲喂试验对大鼠无作用剂量1.313mg/kg·d。对染色体畸变试验为阴性。

对鱼、鸟、蜜蜂低毒。鲤鱼LC_{50}（48h）>20mg/L。鹌鹑急性经口LD_{50}>2 000mg/kg。蜜蜂LD_{50}>100μg/只。蚯蚓LD_{50}（14d）>160mg/kg土壤。

生物活性

为内吸剂，主要经叶片吸收，传导到根部及其他组织，使杂草停止生长，施药后4～5d新生叶失绿，逐渐枯萎、坏死，20～30d完全枯死。

制剂及生产厂

25%水分散粒剂，由日本石原产业株式会社生产。

应用

适用于暖季型草坪，对结缕草类（马尼拉草、台湾草、天鹅绒草、日本结缕草、大穗结缕草）和狗牙根草类（天堂草、天堂路、天堂328、百慕大）很安全。从休眠期到生长期均可使用。可防除这些草坪中一年生和多年生阔叶杂草、禾本科杂草和莎草，如稗草、早熟禾、马唐、牛筋草、看麦娘、狗尾草、荠菜、繁缕、苋、黄花草、小飞蓬、空心莲子草、白车轴、碎米莎草、异型莎草、扁穗莎草、香附子、水蜈蚣等。

虽可在任何时期施药，但以苗后早期施药为

好，尤以春季苗后早期或剪草后杂草 3 ~ 4 叶期为最佳。虽可叶面喷雾和土壤施药，但以叶面喷雾的防效好，尤其是对多年生杂草，因为该药主要是通过叶面吸收的。一般亩用25% 水分散粒剂 10 ~ 20g，对水喷雾。在恶劣条件下施药，结缕草属和狗牙根属草坪会有一些新生叶、节出现暂时失绿，但很快就能恢复。

注意事项

冷季型草坪草对本剂敏感，故不可用于高羊茅、黑麦划、早熟禾、剪股颖等冷季型草坪除草。

三氟啶磺隆钠盐（trifloxysulfuron-sodium）

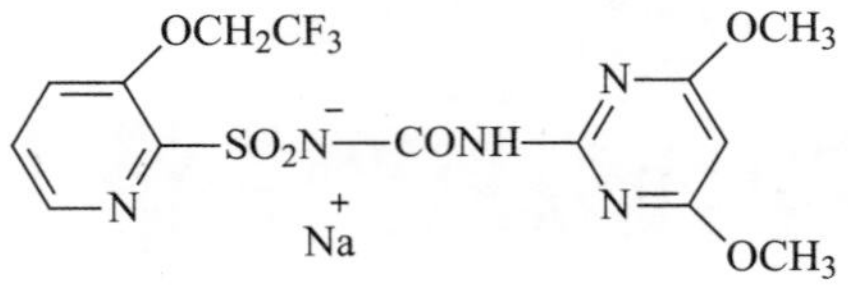

化学名称

N-[(4，6- 二甲氧基 - 嘧啶 -2- 基)氨基甲酰]-N'-(2，2，2- 三氟乙氧基)- 吡啶 -2- 磺酰脲钠

其他名称

英飞特

理化性质

原药为白色无味粉末，相对密度 1.63；熔点 170.2 ~ 177.7℃，沸点为纯品在熔化后立即开始热分解时热分解，蒸气压 < 1.3 × 10^{-3}mPa；水中溶解度 25.7g/L（25℃），丙酮中 17g/L，甲醇中 50g/L，甲苯中 > 500g/L，正己烷中 < 1mg/L，辛醇中 4.4g/L。

毒性

低毒，大鼠急性经口 LD_{50}>5 000mg/kg，急性经皮 LD_{50} > 2 000mg/kg；对皮肤和眼睛无刺激性；无任何对人体有害的记录；对鱼安全，对虹鳟鱼和翻车鱼 LC_{50} > 103mg/L（96 小时）。

生物活性

乙酰乳酸合成酶（acetolactate synthase）抑制剂，能被植物的芽或根吸收，通过木质部和韧皮部在根部和芽上部的分裂组织传导，敏感的杂草在几天内出现失绿症状，1~3 周内死亡。棉花植株对其代谢能力强，且该药剂在棉花植株体内传导能力差，因此，棉花对该药剂表现出很好的耐药性。

制剂

75% 水分散粒剂。

生产企业

瑞士先正达作物保护有限公司，江苏省昆山市鼎烽农药有限公司。

应用

三氟啶磺隆钠盐可以用于棉田、甘蔗田；在我国已经登记用于甘蔗田，防除稗草、莎草及阔叶杂草，每亩用75% 水分散粒剂 1~2 克，对水均匀喷雾，做苗后茎叶喷雾处理。

第四章
咪唑啉酮类除草剂

本类除草剂是以咪唑啉酮为基本化学结构的除草剂，是从随机筛选中发现具有除草活性的先导化合物酞酰亚胺（苯邻二甲酰亚胺）。再经过结构优化而发展起来的。目前在我国应用的这类除草剂品种共有5种，其共有的特点是：

（1）为乙酰乳酸合成酶抑制剂，杀草原理与磺酰脲类除草剂极为近似，主要是抑制植物体内乙酰乳酸合成酶的活性，阻止支链氨基酸如缬氨酸、亮氨酸与异亮氨酸的生物合成，从而破坏蛋白质的合成，导致细胞有丝分裂停滞，使植物停止生长而死亡。

（2）为内吸传导剂。通过植物的根及茎叶吸收，在木质部和韧皮部传导，积累于分生组织。土壤处理后，根吸收药剂并向上传导至植物顶端的分生组织，使其停止生长并坏死；某些杂草种子虽能发芽出苗，但植株生长达2.5～5cm时生长便停止，而后死亡。茎叶处理后，杂草吸收药剂后很快停止生长，经2～4周全株死亡。

（3）杀草谱广。能防除多种禾本科杂草、阔叶杂草及某些莎草科杂草。且都是旱田除草剂，在我国主要用于大豆田除草。

（4）具有一定的选择性，其选择原理主要是药剂在不同种类植物体内被代谢速度有快有慢。通常，耐药性植物能迅速将吸收的药剂代谢为无活性物质，因而安全不受害。但有的品种选择性很差。

（5）近几年在使用中多次发生药害事故。当药害较轻，应及时喷施萘二酸酐等除草剂安全剂解毒，或喷芸苔素内酯以提高作物抗逆能力，同时加强肥水管理；药害较严重的地块，应及时与农技部门联系，对土壤进行酸洗、深翻、播种对该药剂不敏感的作物。

7

咪唑乙烟酸（imazethapyr）

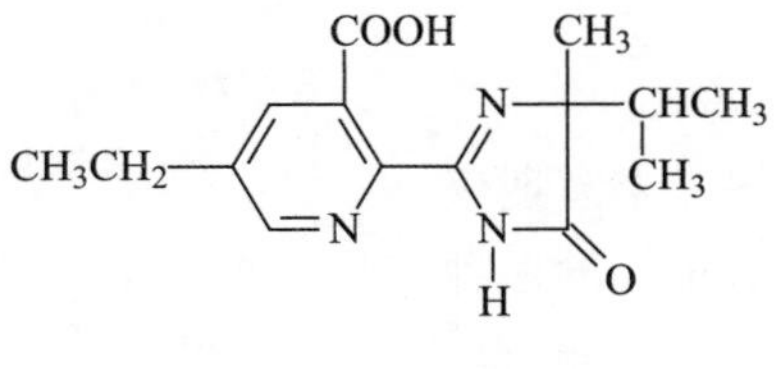

COOH　CH_3
CH_3CH_2　N　CHCH$_3$
N　N　CH_3
H　O

化学名称

（RS）-5-乙基-2-（4-异丙基-4-甲基-5-氧-2-咪唑啉-2-基）烟酸

其他名称

咪草烟，豆草唑

理化性质

白色结晶体，相对密度1.10～1.12（21℃）。熔点169～173℃，蒸气压<1.3 × 10^{-2}mPa（60℃）。溶解度（25℃，g/L）：水1.4，丙酮48.2，甲醇105，异丙醇17，辛烷0.9，二氯甲烷185，二甲基亚砜422，甲苯5。常温下稳定，光照下快速分解。

毒性

低毒。小鼠急性经口LD_{50}>5 000mg/kg，兔急性经皮LD_{50}>2 000mg/kg，大鼠急性吸收LC_{50}（4h）3.27mg/L。对兔眼睛及皮肤有中等刺激性。饲喂试验无作用剂量（mg/kg）：大鼠（2年）10 000，狗（1年）10 000。

对鱼、蜜蜂、鸟低毒。虹鳟鱼LC_{50}（96h）340mg/L，翻车鱼LC_{50}（96h）420mg/L，野鸭和鹌鹑急性经口LD_{50}>2 150mg/kg。蜜蜂LD_{50}（接触）>100μg/只，（经口）>24.6μg/只。

生物活性

具有本类除草剂共有的特点，是内吸传导型除草剂，经杂草根、茎、叶吸收，并传导至分生组织起毒杀作用。

制剂及生产厂

21.8%、20%、16%、160g/L、15%、10%、5%、50g/L水剂，5%微乳剂，70%可溶粉剂，70%可湿性粉剂，75%水分散粒剂。生产厂有沈阳化工研究院试验厂、河北景县景美化学工业有限公司、山东先达化工有限公司、山东淄博新农基农药化工有限公司、江苏长青农化股份有限公司、德国巴斯夫股份有限公司等。

应用

本剂在大豆植株体内能快速降解，半衰期仅1～6d，因而对大豆安全。杀草谱广，能防除多种一年生、多年生禾本科杂草和阔叶杂草，如稗草、马唐、狗尾草、野高粱、野黍、秋稷、马齿苋、反枝苋、荠菜、藜、酸模叶蓼、苍耳、香薷、田芥、曼陀罗、龙葵、苘麻、地肤、狼把草、刺儿菜、苣荬菜、3叶期以前的鸭跖草等。对牛筋草、千金子防效差。对决明、马利筋、田菁无效。

在我国，目前主要用于东北地区春大豆田、亩用有效成分5～7g。例如，亩用5%水剂100～130mL、20%水剂25～35mL、5%微乳剂90～100mL、70%可湿性粉剂8～10g、70%可溶性粉剂8.6～11.4g或75%水分散粒剂6.7～8.9g，由于剂型多、制剂多、生产厂家更多，具体用药量请细看标签。可在三个时期施药：

1. 播前或播后苗前土壤处理

喷药时土壤墒情好，或施药后短期内有降雨，可不必混土；若是土壤干旱，应浅混土。苗前土壤处理，还可与乙草胺、异丙甲草胺、异噁草酮、二甲戊乐灵混用。药效受土壤质地和有机质含量的影响，在土壤质地疏松、有机质含量较低及水分充足时，采用推荐剂量的下限；反之，土壤黏重、有机质含量高的情况下，采用推荐剂量的上限。

2. 苗后早期茎叶处理

在不晚于大豆2片复叶期施药，若在大豆3叶期施药，大豆生长受抑制，20d后才能恢复正常生长，施药过晚，大豆结荚少。在杂草萌发将近出土时施药除草效果最佳，最好不要晚于杂草2叶期、5cm高度时施药。喷药时高温、空气相对湿度低于65%时，会影响杂草对药剂的吸收及在体内传导，因此，应在早、晚气温低、湿度大时即8：00～9：00时以前及16：00～17：00时以后喷药为好。

在喷洒药液中加入适量的非离子表面活性剂（0.03%），可明显提高除草效果，减少用药量，在干旱条件下亦能获得稳定的药效。

苗后茎叶处理可与氟磺胺草醚、三氟羧草醚混用，可减少本剂施用量，从而减轻对后茬作物的药害。

3. 秋施

秋施就是在秋季气温降低到10℃以下时施药，最好在10月中下旬气温降到5℃以下至封冻前施药。可与乙草胺、异丙甲草胺、异噁草酮、二甲戊乐灵混用。施药前要整好地，施药后要混土，耙浑10～15cm。秋施的目的是防除第二年春季杂草，也是很有效的措施，比春季施药对大豆安全，提高药效5%～10%，特别是对鸭跖草、野燕麦更有效。

注意事项

1. 本剂在土壤中残留时期长，在土壤中降解速度受温度、pH、水分等条件影响，随pH值增高降解加快，在高寒地区残留时期更长，应严格控制施药量，同一地块一年内只能用药1次。施药后第1年（12个月）后茬可种大豆、小麦、玉米，但在亩用有效成分6g以上时，玉米可能受药害；施药后第2年不可种植油菜、白菜、茄子、番茄、辣椒、萝卜、葱、瓜类等；当土壤pH低于6.5时，施药后36个月对后茬甜菜、亚麻可能仍有药害。后茬作物受害后的症状多为植株矮小、叶片条状发黄或心叶坏死，根少而粗，但全株死亡需要较长时间。

2. 喷药的雾滴飘移虽不伤害柳树、杨树、松树等树林，但能使周边的玉米受害，表现为植株矮小、不孕、穗小、籽粒少，小麦、高粱、水稻、油菜、白菜、番茄、茄子、马铃薯、大葱等受害致死；甜菜特别敏感，微量即可致死。因此，不可进行低容量和超低容量喷雾，大豆地块较小，周边有敏感作物时，不能采用飞机喷药法。

3. 据报道，本剂可安全用于花生除草。方法是在播后芽前，亩用5%水剂75～100mL，对水30kg，喷洒地表。

甲氧咪草烟（imazamox）

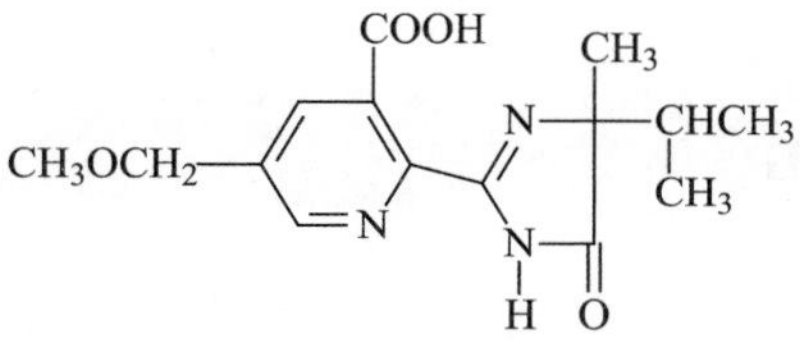

化学名称

（RS）-2-（4-异丙基-4-甲基-5-氧-2-咪唑啉-2-基）-5-甲氧基甲基烟酸

其他名称

甲氧咪唑烟酸，甲氧咪草酸

理化性质

灰白色固体。相对密度1.39（20℃），熔点166～166.7℃，蒸气压1.3×10^{-2}mPa（25℃），溶解度（25℃，g/L）：水4.16，丙酮29.3，甲醇67，乙酸乙酯10。在pH5～9时稳定。

毒性

低毒。大鼠急性经口LD_{50} > 5 000mg/kg，兔急性经皮LD_{50} > 4 000mg/kg，大鼠急性吸入LC_{50}（4h）6.3mg/L。对兔眼睛有中等刺激性，对兔皮肤无刺激性。对狗1年饲喂试验无作用剂量1 165mg/kg·d。无致畸、致突变作用。

对鱼、鸟低毒。虹鳟鱼LC_{50}（96h）122mg/L。鹌鹑急性经口LD_{50}（14d）> 1 846mg/kg。蜜蜂LD_{50}（接触）> 25μg/只。

生物活性

具有本类除草剂共有的特点，但根内吸性弱，仅为21%，因而不宜苗前土壤处理方法使用。主要经叶片吸收，喷施后受药的禾本科杂草首先是生长点及节间分生组织变黄、变褐坏死，心叶变黄紫色坏死；阔叶杂草的叶脉变成褐色，叶皱缩，心叶枯。受害杂草，一般经5～10d全株枯死。对杂草的活性高于咪唑乙烟酸，亩需有效成分2.3～3g。

制剂及生产厂

4%水剂，由德国巴斯夫股份有限公司生产。

应用

主要用于大豆和花生（在我国未登记）苗后早期茎叶处理防除一年生的禾本科杂草和阔叶杂草，

如野燕麦、雀麦、稗草、狗尾草、金狗尾草、看麦娘、千金子、马唐、野稷、龙葵、苘麻、反枝苋、铁苋菜、藜、苍耳、香薷、水棘针、狼把草、猪殃殃、婆婆纳、繁缕、荠菜、鼬瓣花等。多年生的苣荬菜、刺儿菜有抑制作用。在大豆田具体应用是：在大豆苗后2片复叶期，禾本科杂草2～4叶期，阔叶杂草2～7cm高时，亩用4%水剂75～83mL，对水常规喷雾。在使用低剂量时在喷洒液中加2%硫酸铵，可增加药效。在每亩喷洒液中加100mL米醋，遇不良条件时可增强对大豆的安全性。

注意事项

1. 施药后2d内遇10℃以下低温，易使大豆造成药害。在北方低洼地及山间冷寒地区不宜使用。

2. 在土壤中残留期较短，喷药时药落入土壤中的药剂能较快降解失效，对大多数后茬作物安全，但在混作、间作、复种时，则需考虑各类作物的敏感性及间隔时间，见表7-7。

表7-7 使用甲氧咪草烟（亩用4%水剂83mL）后种植作物所需间隔期（月）

0	4	12	18
大豆	小麦、大麦	玉米、谷子、黍米、水稻（不含苗床）、棉花、烟草、马铃薯、向日葵、西瓜	油菜、甜菜

甲咪唑烟酸（imazapic）

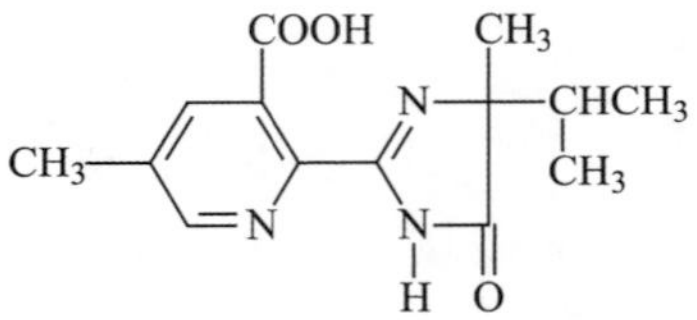

化学名称

（RS）-2-（4-异丙基-4-甲基-5-氧-2-咪唑啉-2-基）-5-甲基烟酸

其他名称

甲基咪草烟

理化性质

灰白色或粉色固体，熔点204～206℃，蒸气压＜1×10^{-2}mPa（25℃）。去离子水中溶解度（25℃）为2.15g/L，丙酮中溶解度18.9g/L。

毒性

低毒。大鼠急性经口LD_{50}＞5 000mg/kg，兔急性经皮LD_{50}＞2 000mg/kg，大鼠急性吸入LC_{50}（4h）4.83mg/L。对兔眼睛有中度刺激性，对兔皮肤无刺激性。对大鼠90d亚慢性饲喂试验无作用剂量为1 625mg/kg·d。无致畸、致突变作用。

对鱼、蜜蜂、鸟低毒。虹鳟鱼和翻车鱼LC_{50}（96h）＞100mg/L。蜜蜂LD_{50}（接触）＞100μg/只。野鸭和鹌鹑急性经口LD_{50}＞2 150mg/kg。

生物活性

具有本类除草剂共有特点，主要经叶片吸收，禾本科杂草在受药后8h即停止生长，1～3d后生长点及节间分生组织变黄、变褐坏死，心叶变黄紫色枯死。

制剂及生产厂

240g/L水剂，由德国巴斯夫股份有限公司生产。

应用

主要用于甘蔗和花生田防除阔叶杂草、莎草科杂草和一年生禾本科杂草。甘蔗田芽前土壤处理亩用240g/L水剂30～40g，对水喷于土表；在苗后亩用20～30g，对水定向喷雾。在花生田于苗后早期，亩用20～30g，对水喷雾。

咪唑喹啉酸（imazaquin）

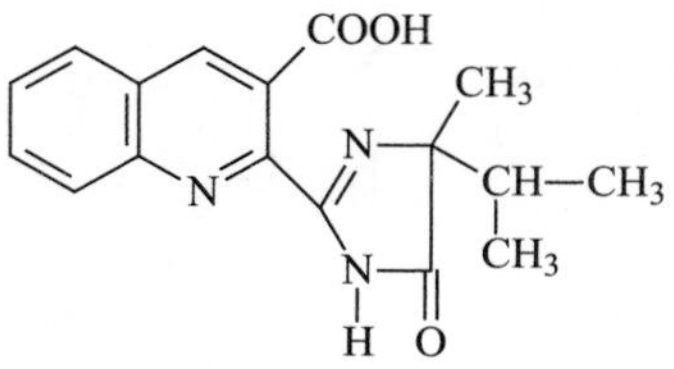

化学名称

（RS）-2-（4-异丙基-4-甲基-5-氧-2-咪唑啉-2-基）喹啉-3-羧酸

其他名称

灭草喹

理化性质

粉色固体，有刺激性气味，熔点219～224℃（分解）。蒸气压＜1.3×10^{-2}mPa（60℃）。溶解度（25℃，g/L）：水0.06～0.12，二甲基亚砜159，二甲基甲酰胺68，二氯甲烷14，甲苯0.4。咪唑喹啉酸铵盐在水中溶解度（pH7，20℃）为160g/L。

毒性

低毒。大鼠急性经口LD_{50}＞5 000mg/kg，雌小鼠急性经口LD_{50}＞2 000mg/kg，兔急性经皮LD_{50}＞2 000mg/kg。大鼠急性吸入LC_{50}（4h）5.7mg/L。对兔眼睛无刺激性，对兔皮肤有中度刺激性。饲喂试验无作用剂量：大鼠（90d）为10 000mg/kg·d，大鼠（2年）为5 000mg/kg·d。

对鱼、蜜蜂、鸟低毒。虹鳟鱼LC_{50}（96h）280mg/L，翻车鱼LC_{50}（96h）410mg/L。蜜蜂LD_{50}（接触）＞100μg/只。野鸭和鹌鹑急性经口LD_{50}＞2 150mg/kg。

生物活性

具有本类除草剂共有特性，为内吸剂，经杂草叶及根吸收，并传导、积累于分生组织起毒杀作用。土壤处理后，杂草顶端分生组织坏死，生长停止，虽然一些杂草能发芽出苗，但不久便停止生长，而后死亡。茎叶处理后，叶片吸收药剂后很快停止生长，经2～4周后死亡。

制剂及生产厂

10%、15%水剂。生产厂有河北景县景美化学工业有限公司，山东先达化工有限公司等。

应用

适用于大豆、豌豆、烟草、花生田防除禾本科杂草和阔叶杂草，如苋属、苘麻、藜、番薯属、鬼针草、春蓼、马齿苋、苍耳、鸭跖草、刺苞菊、臂形草、马唐、狗尾草、稗草、野黍等。

在我国登记用于东北地区春大豆田除草，于大豆播前混土处理、播后芽前土表处理或大豆苗后早期即大豆1～2片复叶、杂草2～3叶期茎叶处理均可。亩用15%水剂60～70mL或10%水剂100～120mL，对水喷雾。芽前土壤处理如遇干旱，应在施药后浅混土。大豆苗后茎叶喷雾时，在喷洒液中加入适量非离子表面活性剂，可提高除草效果。

注意事项

用药量过高，如亩用有效成分超过15g，会抑制大豆生长，表现为叶片皱缩、节间缩短，但能较快恢复，不影响产量。

咪唑烟酸（imazapyr）

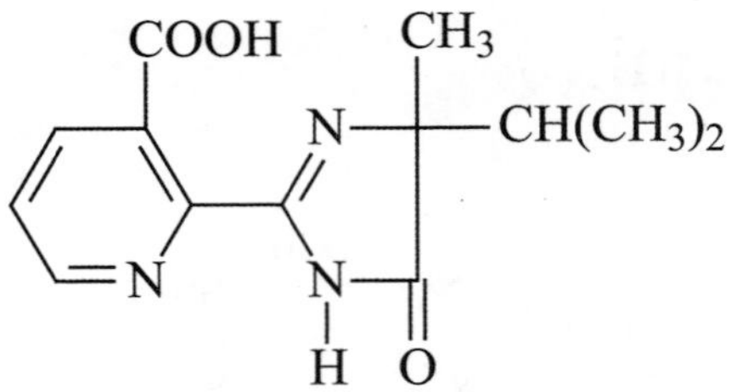

化学名称

2-（4-异丙基-4-甲基-5-氧基-2-咪唑啉-2-基）烟酸

其他名称

灭草烟

理化性质

无色固体，熔点169～173℃，蒸气压0.013mPa（60℃）。在水中溶解度为9.7g/L（15℃），在有机溶剂中溶解度（25℃，g/L）：丙酮339，甲醇105，乙醇72，二氯甲烷87.2，二甲基亚砜4.17，甲苯1.8。

毒性

低毒。大鼠急性经口LD_{50}>5 000mg/kg，小鼠急性经口LD_{50}>2 000mg/kg，兔急性经皮LD_{50}>2 000mg/kg。对兔皮肤有中度刺激性，对兔眼睛有可逆的刺激性。

对鱼、鸟低毒，野鸭和鹌鹑急性经口LD_{50}>2 150mg/kg，饲喂8dLC_{50}>5 000mg/kg饲料。虹鳟鱼LC_{50}（96h）>100mg/L。对蜜蜂高毒，接触LD_{50}>0.1mg/只。

生物活性

内吸剂，但选择性较差，基本上为灭生性的。经叶和根吸收，草本植物2～4周内失绿，组织坏死；木本植物1个月内幼龄叶片变红或变褐色，一些树种3个月内全部落叶而死亡。在土壤中持效期可达1年。

制剂及生产厂

25%水剂，由德国巴斯夫股份有限公司生产。

应用

主要用于非耕地和林地，很少用于农田除草。能防除一年生和多年生的禾本科杂草、阔叶杂草、莎草科杂草以及灌木、杂树。可采用茎叶喷雾或土壤处理。采用涂抹或注射法可防止落叶树的树桩萌发而不生萌条。

1. 非耕地灭生性防除一年生和多年生杂草，亩用25%水剂200～400mL，对水30～50kg，喷洒茎叶。

2. 林地除草，亩用25%水剂70～340mL，对水30～60kg喷雾。防止树桩萌发，每树桩注射25%水剂1.25～6mL。

3. 橡胶园、油棕田，于种植时，亩用25%水剂35～135mL，对水喷雾。

4. 茶园，亩用25%水剂30～40mL，对水后进行防护式喷雾。当茶园更新时，亩用25%水剂200～400mL，对水喷雾。

第五章 嘧啶水杨酸类除草剂

本类除草剂是从磺酰脲类化合物的分子结构特点的启发而研制开发成功的。这类除草剂在国内目前使用的有5个品种；其中的双草醚、嘧草醚和双嘧双苯醚主要用于稻田除草，丙酯草醚和异丙酯草醚主要用于油菜田除草。它们的共同特点是：

1．是乙酰乳酸合成酶抑制剂，与乙酰乳酸合成酶的结合位点和磺酰脲类除草剂近似。

2．嘧啶水杨酸的酯被植物吸收后，在体内迅速转变为活性的酸，从而产生杀草作用。这种特性与芳基苯氧丙酸类除草剂很相似。

3．高活性，使用剂量低，可与磺酰脲类除草剂匹敌。

4．在土壤中残留期短，对轮作中后茬作物安全。

双草醚（bispyribac-sodium）

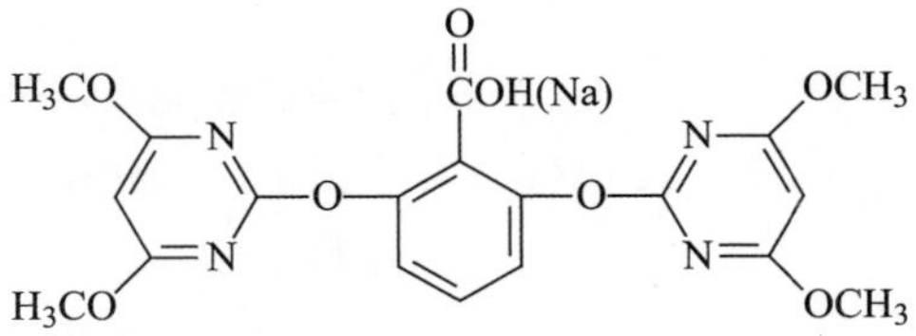

H_3CO O COH(Na) OCH_3 N N O O N N H_3CO OCH_3

化学名称

2，6-双[（4，6-二甲氧基嘧啶-2-基）氧]苯甲酸钠

理化性质

白色粉状固体，相对密度0.0737（20℃）。熔点223～224℃，蒸气压<5.05×10^{-6}mPa（25℃）。溶解度（25℃，g/L）：水73.3，甲醇26.3，丙酮0.043。在水中半衰期为1d（pH7～9）、448h（pH4）。

毒性

低毒。大鼠急性经口LD_{50}为4 111mg/kg（雄性）、>2 635mg/kg（雌性）。大鼠急性经皮LD_{50}>2 000mg/kg。大鼠急性吸入LC_{50}（4h）4.48mg/L。对兔眼睛有轻微刺激性。2年慢性饲喂试验无作用剂量（mg/kg·d）：雄性大鼠1.1，雌性大鼠1.4，雄性小鼠14.1，雌性小鼠1.7。无致突变性、致癌性。

对鱼、蜜蜂、鸟低毒。虹鳟鱼和翻车鱼LC_{50}（96h）>100mg/L。蜜蜂LD_{50}>100μg/只（经口）。鹌鹑急性经口LD_{50}>2 250mg/kg。蚯蚓无作用剂量（14d）>1 000mg/kg土壤。

生物活性

内吸性茎叶处理剂，通过茎叶及根吸收并在体内传导，使杂草停止生长，而后枯死。杀草原理是抑制乙酰乳酸合成酶的活性，阻止支链氨基酸的生物合成。

制剂及生产厂

10%悬浮剂，20%可湿性粉剂。生产厂有江苏省激素研究所有限公司、江苏省农用激素工程技术研究中心有限公司、日本组合化学工业株式会社等。

应用

对水稻具有优异的选择性，主要用于稻田防除阔叶杂草、莎草及某些禾本科杂草，对稗草防效尤佳，是防除大龄稗草的有效药剂，对1～7叶期的稗草均有效，对3～6叶期的防效最好。

在水稻直播田的秧苗3叶1心至6叶1心期，亩用20%可湿性粉剂10～15g（南方）或10%悬浮剂15～20g（南方）、20～25g（北方）+0.03%～0.1%展着剂A-100，对水40～50kg喷雾，喷药前田表面排干水，喷药后灌薄水层，保持4～5d。

嘧草醚（pyriminobac-methyl）

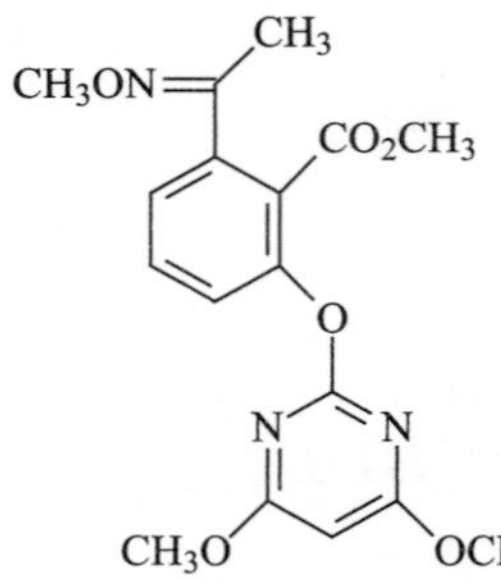

$CH_3ON=C(CH_3)$–, CO_2CH_3, O, N, N, CH_3O, OCH_3

化学名称

2-（4，6-二甲氧嘧啶-2-氧基）-6-（1-甲氧亚氨乙基）苯甲酸甲酯

理化性质

原药为淡黄色颗粒状固体，顺式占75%～78%，反式占21%～11%。纯度>97%。纯品为白色粉状固体，相对密度（20℃）：顺式1.3868，反式1.2734。熔点108℃（纯顺式70℃，纯反式107～109℃）。蒸气压（25℃）：顺式2.681×10^{-2}mPa，反式3.5×10^{-2}mPa。溶解度（20℃，g/L）：水0.00925（顺式）、0.175（反式），甲醇14.6（顺式）、14.0（反式）。在pH4～9的水中存放1年稳定。

毒性

低毒。大鼠急性经口LD_{50}>5 000mg/kg，兔急性经皮LD_{50}>5 000mg/kg，大鼠急性吸入LC_{50}（4h）5.5mg/L。对兔眼睛和皮肤有轻微刺激性。2年慢性饲喂试验无作用剂量（mg/kg·d）：雄大鼠0.9，雌大鼠1.2，雄小鼠8.1，雌小鼠9.3。无致突变性、致畸性。

对鱼、蜜蜂、鸟低毒。鱼毒LC_{50}（96h，mg/L）：虹鳟鱼21.2，鲤鱼30.9。蜜蜂经口与接触LD_{50}（24h）>200μg/只。鹌鹑急性经口LD_{50}>2 000mg/kg。蚯蚓LD_{50}（14d）>1 000mg/kg土壤。

生物活性

与双草醚相同。通过茎叶吸收并在体内传导，使杂草停止生长，而后枯死。

制剂及生产厂

10%可湿性粉剂，由日本组合化学株式会社生产。

应用

对直播水稻和移栽水稻具有优异的选择性，

且施药适期宽，对稗草特效，且对0～4叶期的稗草都有高效，并对稻田的莎草、阔叶杂草也有很好的防效。在移栽稻和直播稻各生育期均可使用，一般亩用10%可湿性粉剂20～30g，对水苗后茎叶喷雾或毒土法施药。持效期达50d。若用10%嘧草醚可湿性粉剂20g与10%苄嘧磺隆可湿性粉剂14～20g混用，对大龄稗草的防效高于两单剂单独使用，且不影响苄嘧磺隆对莎草和阔叶杂草的防效。

双嘧双苯醚（pyribenzoxim）

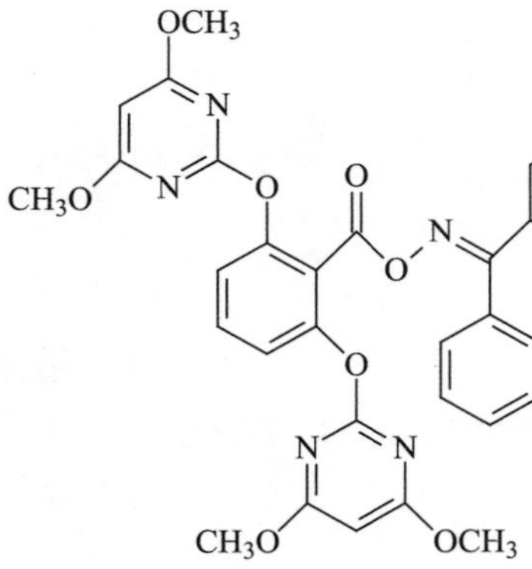

化学名称

O-｛2，6-双-〔(4，6-二甲氧基-2-嘧啶基)氧〕苯甲酰基｝二苯甲酮肟

其他名称

嘧啶肟草醚，嘧啶水杨酸

理化性质

白色固体，熔点128～130℃。溶解度（25℃，g/L）：水0.0035，丙酮1.63，己烷0.4，甲苯110.8。

毒性

低毒。大、小鼠急性经口 LD_{50}>5 000mg/kg，急性经皮 LD_{50}>2 000mg/kg。无致畸、致突变、致癌作用。

生物活性

内吸性苗后处理剂，被杂草茎叶吸收，在体内传导，抑制氨基酸的合成，首先是幼芽和根停止生长，幼嫩组织如心叶发黄，随后整株枯死。从吸收药剂到草株死亡，一年生杂草需时5～15d，多年生杂草需更长一些时间。

制剂及生产厂

5%、1%乳油，由韩国乐喜化学株式会社生产。

应用

主要用于稻田防除稗草、千金子、野慈姑、雨久花、毋草、眼子菜、狼把草、鸭舌草、节节草、四叶萍、泽泻、萤蔺、水莎草、异型莎草、牛毛草等。在水稻移栽后、抛秧后或直播田苗后，稗草3.5～4.5叶期，亩用1%乳油200～250mL（南方）、200～300mL（北方），或5%乳油40～50mL（南方）、50～60mL（北方），对水30～40kg喷雾。喷药前排干田水，露出杂草，施药后1～2d灌薄水层，保水5～7d。

在低温条件下施药过量，水稻会出现叶黄，生长受抑制，一天后可恢复正常生长，一般不影响产量。

丙酯草醚

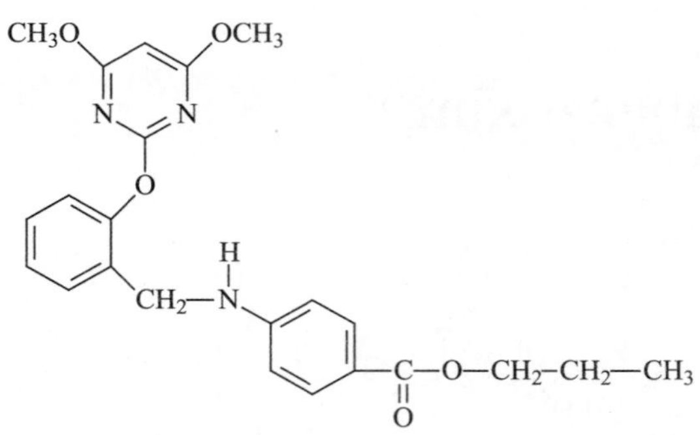

CH₃O OCH₃ N N O H CH₂—N C—O—CH₂—CH₂—CH₃ O

化学名称

4-[2-（4，6-二甲氧基嘧啶-2-氧基）苄氨基]苯甲酸正丙酯

理化性质

白色固体，熔点96.4～97.5℃，沸点279.3℃（分解温度），310.4℃（最快分解温度）。溶解度（20℃，g/L）：水0.0015，二甲苯11.7，丙酮43.7，乙醇1.13。对光、热稳定，在中性或微酸、微碱介质中稳定，但在一定的酸、碱强度下逐渐分解。

毒性

低毒。大鼠急性经口 LD_{50}>4 640mg/kg，急性经皮 LD_{50}>2 150mg/kg，对兔皮肤、眼睛均无刺激性，对皮肤有弱致敏性。无致突变性。大鼠13周亚慢性饲喂试验无作用剂量（mg/kg·d）：417.82（雄）、76.55（雌）。

对鱼、蜜蜂、鸟均为低毒。对家蚕低风险。

生物活性

内吸性苗后茎叶处理剂，可通过植物的根、芽、茎、叶吸收，其中以根吸收为主，茎、叶吸收次之；并在植株体内双向传导，向上传导性能好于向下传导。作用机理为抑制乙酰乳酸合成酶的活性，阻止氨基酸的生物合成。施药10d以后，杂草表现出受害症状，20d后充分显示药效。

制剂及生产厂

10%悬浮剂，10%乳油，由山东侨昌化学有限公司生产。

应用

能防除冬油菜田一年生禾本科杂草及部分阔叶杂草，对看麦娘、日本看麦娘、棒头草、繁缕、雀舌草的防效好，对大巢菜、野老鹳草、稻茬菜、泥糊菜的防效差。

用于油菜田除草，在冬油菜移栽缓苗后，看麦娘2叶1心期，亩用10%悬浮剂30～45g，或10%乳油40～50mL，对水茎叶喷雾。本品对甘蓝型油菜较安全，对4叶期以上的油菜安全。当亩用10%乳油60mL以上时，对油菜生长前期有一定的抑制作用，但能很快恢复正常。对后茬水稻、棉花、玉米安全。

异丙酯草醚

化学名称

4-〔2-（4，6-二甲氧基嘧啶-2-氧基）苄氨基〕苯甲酸异丙酯

理化性质

白色固体，熔点（83.4+0.5）℃，沸点280.9℃（分解温度）、316.7℃（最快分解温度）。溶解度（20℃，g/L）：水0.0014，二甲苯23.2，丙酮52，乙醇1.07。对光、热稳定，在中性、弱酸和弱碱介质中稳定，但在一定的酸、碱强度下会逐渐分解。

毒性

低毒。大鼠急性经口 LD_{50}>5 000mg/kg，急性经皮 LD_{50}>2 000mg/kg。对兔眼睛有轻度刺激性，对兔皮肤无刺激性，对皮肤有弱致敏性。无致突变性。大鼠13周亚慢性饲喂试验无作用剂量（mg/kg・d）：14.78（雄）、16.45（雌）。

对鱼中等毒性，对鸟、蜜蜂低毒，对家蚕低风险。

生物活性

异丙酯草醚为丙酯草醚的同系化合物，故两者的生物活性相同。

制剂及生产厂

10%悬浮剂，10%乳油，由山东侨昌化学有限公司生产。

应用

用于油菜田，对看麦娘、日本看麦娘、牛繁缕、雀舌草的防效较好，对大巢菜、野老灌草、碎米荠的防效差，对泥糊菜、稻茬菜、鼠L草基本无效。一般在冬油菜移栽缓苗后，一年生禾本科杂草2～3叶期，亩用10%悬浮剂35～45g或10%乳油35～50mL，对水喷雾。施药后15d才能表现出明显的受害症状，30d以上除草活性才完全发挥出来。对甘蓝型油菜较安全。在亩用10%乳油60mL时，对4叶期以上的油菜安全。对后茬棉花、大豆、玉米、水稻安全。

第六章 三唑并嘧啶磺酰胺类除草剂

本类除草剂是在磺酰脲类基础上研制开发的，多数品种为旱田（大豆、小麦、大麦、玉米）除草剂，其中的五氟磺草胺为水稻田除草剂，其共有特性为：

1．作用靶标是乙酰乳酸合成酶，与磺酰脲类、咪唑啉酮类、嘧啶水杨酸类成为乙酰乳酸合成酶抑制剂中四类重要的除草剂。

2．是内吸剂，通过杂草的叶片和根吸收，并在体内传导，积累于分生组织起毒杀作用。杂草受害后，心叶褪绿变黄，节间缩短，顶芽坏死，最终全株死亡。从产生受害症状到死亡约需 10 ~ 15d。

3．主要用于防除阔叶杂草，特别是一年生阔叶杂草，当需要同时防除禾本科杂草时，无论是土壤处理或茎叶处理，都应与防除禾本科杂草的除草剂混用或配合使用。如土壤处理可与乙草胺、异丙甲草胺、氟乐灵等混用。

4．在土壤中主要是通过微生物降解，降解速度受土壤 pH 影响，在高碱性土壤中降解迅速，随着 pH 下降，降解缓慢，残留时间延长。因此，在安排后茬作物时，应考虑土壤的酸碱度。

唑嘧磺草胺（flumetsulam）

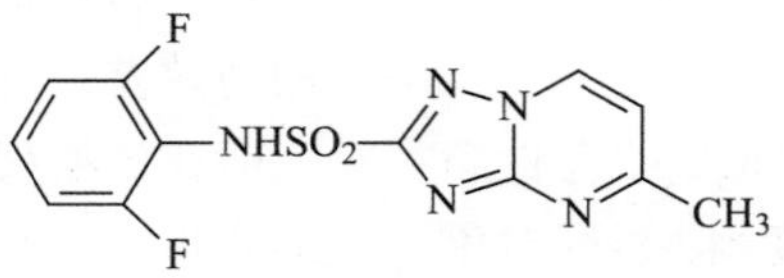

F, F, NHSO$_2$, N, N, N, N, CH$_3$

化学名称

2'，6'- 二氟 -5- 甲基〔1，2，4〕三唑并〔1，5a〕嘧啶 -2- 磺酰苯胺

理化性质

灰白色固体，相对密度 1.77，熔点 251 ~ 253℃，蒸气压 1.6×10^{-7}mPa（25℃）。溶解度（25℃，mg/L）：水 49（pH2.5）、5 600（pH7），甲醇<40，丙酮<16，几乎不溶于甲苯和正己烷。

毒性

低毒。大鼠急性经口 LD_{50}>5 000mg/kg，兔急性经皮 LD_{50}>2 000mg/kg，大鼠急性吸入 LC_{50}（4h）>1.2mg/L。对兔眼睛有轻微刺激性，对兔皮肤无刺激性。18 个月饲喂试验无作用剂量（mg/kg · d）：雄大鼠 500，雌大鼠 1 000，小鼠>1 000，狗 1 000。在试验剂量下无致畸、致突变、致癌作用，无繁殖毒性。

对鱼、蜜蜂、鸟低毒。虹鳟鱼 LC_{50}19.6mg/L，虾 LC_{50}>349mg/L。蜜蜂经口 LD_{50}36μg/ 只。野鸭急性经口 LD_{50}3 158mg/kg，饲喂 LC_{50}（8d）>5 620mg/L；鹌鹑急性经口 LD_{50}>2 250mg/kg。饲喂 LC_{50}（8d）>5 620mg/L。

生物活性

具有本类除草剂共有的特性。杂草由根系和叶片吸收药剂后叶片中脉失绿，叶脉和叶尖褪色，心叶开始黄白化、紫色，节间缩短，顶芽死亡，最终全株枯死。从出现受害症状至死约需10～15d。

制剂及生产厂

80%水分散粒剂，由美国陶氏益农公司生产。

应用

用于防除阔叶杂草，如猪殃殃、繁缕、苍耳、龙葵、苣荬菜、荠菜、遏蓝菜、凤花菜、大巢菜、铁苋菜、反枝苋、凹头苋、藜、蓼、野西瓜苗、野萝卜、野芝麻、曼陀罗、地肤、问荆、香薷、水棘针等。

1．用于大豆田

可在大豆播前或播后苗前施药。播前施药亩用80%水分散粒剂4～5g，为增加对禾本科杂草的防效，可与氟乐灵混用；播后苗前施药亩用80%水分散粒剂2.5～3.75g，可与乙草胺、异丙草胺、异丙甲草胺混用。播后苗前施药最好在大豆播后随即施药，施药后在干旱条件下应用旋转锄浅混土，起垄播种的大豆可在施药后培2cm左右的土并及时镇压。

2．用于玉米田

播后苗前施药最好在播后随即施药，一般在3d内施完。亩用80%水分散粒剂2.5～3.75g（夏玉米）、3.75～5g（春玉米），土壤质地疏松、有机质含量低、墒情好时用低剂量；土壤质地黏重、有机质含量高、岗地土壤水分少时用高剂量。可与异丙甲草胺、异丙草胺、乙草胺混用。

3．苗后茎叶喷药

一般是亩用80%水分散粒剂1.63～2g。小麦和大麦于3叶期至分蘖末期施药。豌豆于2～6节期施药。苜蓿和三叶草（草坪）于2～3片复叶期施药。茎叶喷雾也可用于大豆和玉米。在喷洒药液中加适量植物油或非离子表面活性剂可增加药效。为防止雾滴飘移伤害邻近敏感作物，宜选用扇形喷头，喷头距地面高度40～50cm。不宜航空喷雾。

4．秋季施药

应在秋后气温降到10℃以下，最好在气温降到5℃以下至封冻前施药，用药量比春施增加10%。施药前要整地达到播种状态，地表无土块或植物残体。施药后混土要彻底、均匀，耙深10～15cm，先顺耙一遍，药剂入土深度为耙深的1/3～1/2，再与第一遍成垂直方向耙一遍，耙深与第一遍相同。耙后可起垄，但须注意不要把无药土层翻上来。

唑嘧磺草胺与其他除草剂混合秋施是防除农田杂草的有效措施，比春施对大豆、玉米更安全；防效也好，特别是对鸭跖草、苘麻、苍耳等难除杂草更有效；还比春施增产5%～10%。

注意事项

1．唑嘧磺草胺在土壤中残留期适中，其在土壤中残留量及残留期长短与土壤pH、有机质含量、土壤湿度与温度有密切关系。在高pH（碱性）、低有机含量的土壤中降解迅速，残留期短；反之，残留期较长。故本剂适用于pH5.9～7.8、有机质含量5%以下的土壤，在此条件下，其半衰期为1～3个月，一般情况下，使用后次年不伤害大豆、玉米、小麦及大麦、花生、豌豆、高粱、水稻、烟草、马铃薯、苜蓿、三叶草等多种作物。棉花、油菜和甜菜对本剂最敏感，不宜作为后茬作物。

2．播种前施药，可与化肥混拌撒施，但需进行两次混土作业。第一次耕后3～5d，再进行第二次耕地混土。播后苗前喷雾于土表时，若遇天气干旱，施药后最好浅混土。

双氟磺草胺（florasulam）

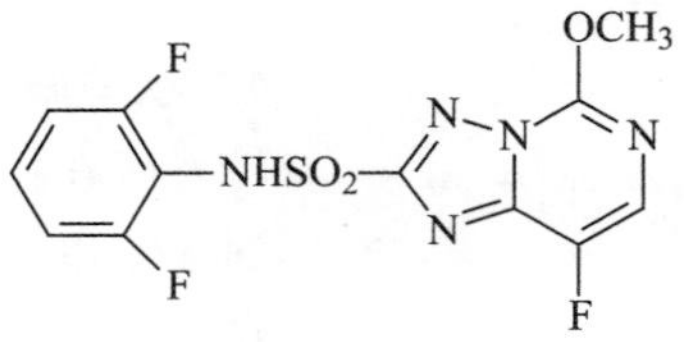

化学名称

2'6'-二氟-5-甲氧基-8-氟〔1，2，4〕三唑并〔1，5-c〕嘧啶-2-磺酰苯胺

其他名称

唑嘧氟磺胺

理化性质

灰白色固体，相对密度1.77（21℃），熔点193.5～230.5℃，蒸气压1×10^{-2}mPa（25℃）。20℃pH7.0的水中溶解度为6.36g/L。

毒性

低毒。大鼠急性经口LD_{50} > 6 000mg/kg，兔急性经皮LD_{50} > 2 000mg/kg。对兔眼睛有刺激性，对兔皮肤无刺激性。对大、小鼠亚慢性（90d）饲喂试验无作用剂量为100mg/kg·d。在试验剂量下无致畸、致突变、致癌作用，对遗传亦无不良影响。

对鱼、蜜蜂、鸟低毒。鱼毒LC_{50}（96h，mg/L）：虹鳟鱼 > 86，翻车鱼 > 98。蜜蜂LD_{50}（48h）> 100 μg/只（经口和接触）。野鸭和鹌鹑饲喂LD_{50}（5d）> 5 000mg/kg饲料。蚯蚓LD_{50}（14d）> 1 320mg/kg土壤。

生物活性

除具有本类除草剂共有特性，还有3个独有特点：①是本类除草剂中生物活性最高的品种，每公顷使用量仅为有效成分3～5g；②无土壤残留性，在农田土壤中半衰期为2～18d，对后茬作物安全；③对禾谷类作物具有高度选择性。

制剂及生产厂

50g/L悬浮剂，由美国陶氏益农公司生产。

应用

主要用于小麦、玉米田防除猪殃殃、繁缕、十字花科、菊科及其他多种阔叶杂草。对禾本科杂草防效很差，可与其他除草剂混用。防除冬小麦田阔叶杂草，于苗后亩用50g/L悬浮剂5～6g，对水茎叶喷雾。

五氟磺草胺（penoxsulam）

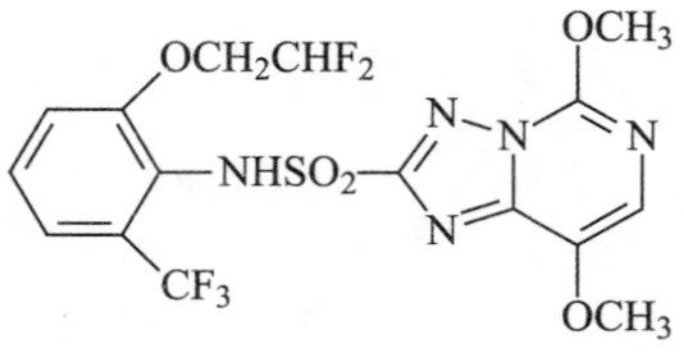

化学名称

2'-（2，2-二氟乙氧基）-6'-三氟甲基-5，8-二甲氧基〔1，2，4〕三唑并〔1，5-c〕嘧啶-2-磺酰苯胺

理化性质

白色固体，有霉味。熔点223～224℃，蒸气压（20℃）2.493×10^{-11}mPa。溶解度（19℃，g/L）：水0.408（pH7），丙酮20.3，乙腈15.3，甲醇1.48，辛醇0.035，二甲基甲酰胺39.8，二甲苯0.017。在常温下稳定，在pH4、5、7、9缓冲液中稳定。

毒性

低毒。大鼠急性经口、经皮LD_{50}均>5 000mg/kg，大鼠急性吸入LC_{50}（4h）>3.5mg/L。对兔眼睛有刺激性，对兔皮肤有轻度刺激性。对豚鼠皮肤无致敏性。13周亚慢性饲喂试验无作用剂量（mg/kg·d）：雄大鼠17.8，雌大鼠19.9。无致突变性，繁殖试验在1 000mg/kg·d时对大鼠母体和胚胎都未见有毒性。

对鱼、蜜蜂、鸟均为低毒。对家蚕为中等毒。

生物活性

除草活性高，药效作用快。药剂经杂草叶片、鞘部及根部吸收，传导至分生组织，抑制乙酰乳酸合成酶的活性，造成杂草停止生长，黄化，然后死亡。

制剂及生产厂

25g/L油悬浮剂，由美国陶氏益农公司生产。

应用

主要用于水稻直播田、秧田和移栽田，对一年生杂草如稗草、泽泻、萤蔺、异型莎草、眼子菜、鲤肠有好的防效，但对牛毛毡、雨久花、日本曙草的防效各地表现不一致。在稗草2～3叶期，在移栽田茎叶喷雾亩用制剂40～80g，毒土法亩用60～100g，在直播田、秧田，亩用34～46g，对水茎叶喷雾。在推荐剂量下对水稻安全。

第七章 二苯醚类除草剂

本类除草剂是20世纪50年代由随机筛选，再进行结构优化而发展起来的。最初开发的除草醚、草枯醚、甲羧除草醚、甲氧除草醚等都是稻田除草剂，进入20世纪70年代后开发出一些旱田除草剂，如乙氧氟草醚、三氟羧草醚、氟磺胺草醚、乙羧氟草醚、乳氟禾草灵等。但此类除草剂的发展不如其他类型除草剂迅速，近期开发只有一个氯氟草醚（ethoxyfen-ethyl），是具有单一旋光活性体的高效旱田苗后除草剂，主要用于大豆、大麦、小麦、花生、豌豆等作物田中阔叶杂草，亩用有效成分0.67～2g，其活性可与磺酰脲类除草剂媲美。这类除草剂的主要特点有：

1．是原卟啉原氧化酶抑制剂。由于抑制此酶活性，使植物光合作用膜的脂类过氧化，造成膜丧失完整性，导致细胞死亡，使叶片或幼芽萎蔫，最后干枯脱落。多数品种活性的发挥有赖于光照，即在有日光照射条件下才能有效地起杀草作用。因此，茎叶喷雾宜在傍晚施药，使杂草在夜间吸收药剂，次日被日光照射，更好地发挥药效。同理，用于土壤处理的品种施于土表后不混土，以免将药剂混入土层中，晒不着太阳，影响药效的发挥。

2．大多数品种防除阔叶杂草效果好，对禾本科杂草的防效差。几乎所有品种都是触杀性除草剂，被杂草吸收后在植株体内的传导作用是极其有限的。因此，主要用于防除一年生杂草和由种子繁殖的多年生杂草的幼芽，对幼龄杂草防效好，而对已长成植株的杂草及无性繁殖的多年生杂草防效差或无效。施药时，喷洒应均匀一致，使杂草各部位都沾着药剂，有利于提高除草效果。

3．大多数品种在茎叶喷施后，会使作物产生一定程度的药害，其症状是触杀性的，局部性的。轻者叶片皱缩，有灼烧状枯斑；重者叶片枯焦，但不抑制生长，一般经1～2周即可恢复正常，不影响产量，仅会延迟作物成熟3～5d。

在土壤中易降解，对后茬作物安全。

国内目前使用本类除草剂的5个品种均为高活性的含氟品种。

乙氧氟草醚（oxyfluorfen）

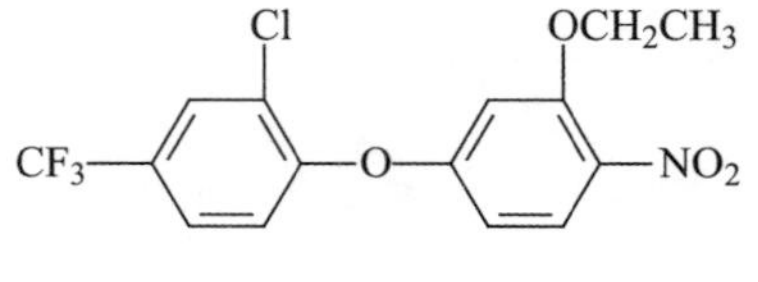

Cl　　OCH_2CH_3

CF_3—⟨苯环⟩—O—⟨苯环⟩—NO_2

化学名称

2- 氯 -4- 三氟甲基苯基 -4'- 硝基 -3'- 乙氧基苯基醚

理化性质

橘色结晶体，相对密度 1.35（73℃），熔点 85～90℃，沸点358.2℃（分解）蒸气压0.026 7mPa（25℃）。水中溶解度仅为 0.116mg/L（25℃）。在有机溶剂中的溶解度（20℃，g/L）：丙酮 725，氯仿 500～550，环己酮 615，二甲基甲酰胺>500。

毒性

低毒。大鼠急性经口 LD_{50} > 5 000mg/kg，兔急性经皮 LD_{50}>10 000mg/kg，大鼠急性吸入 LC_{50}（4h）> 5.4mg/L。对兔皮肤有轻度刺激性，对兔眼睛有中度刺激性。2 年饲喂试验无作用剂量（mg/kg · d）：大鼠 40，小鼠 2，狗 100。在试验剂量下未见致畸、致突变、致癌作用。在三代繁殖试验和迟发性神经毒性试验中未见异常。

对鱼和某些水生动物高毒，LC_{50}（mg/L）：虹鳟鱼 0.41，翻车鱼 0.2，草虾 0.018。对螃蟹低毒，LC_{50} 320mg/L。对蜜蜂毒性较低，急性经口 LD_{50} 25.38 μg/ 只。对鸟类低毒，野鸭 LC_{50}（8d）> 5 000mg/L，鹌鹑 LD_{50} > 2 150mg/kg。

生物活性

具有本类除草剂共有特性，是触杀性除草剂，采用喷雾法或毒土法进行芽前或芽后早期处理，药剂主要通过胚芽鞘、中胚轴进入杂草体内，杀死以种子繁殖的杂草的幼芽和幼苗，杀草作用需有光照条件。

制剂及生产厂

250g/L 悬浮剂，240g/L、24%、23.5%、20% 乳油，2% 颗粒剂，生产厂有江苏中意化学有限公司、上海南申科技开发有限公司、浙江巨化股份有限公司兰溪农药厂、山东侨昌化学有限公司、浙江龙湾化工有限公司、浙江一帆化工有限公司、美国陶氏益农公司、新西兰塔拉纳奇化学有限公司等。

应用

杀草谱广，可用于移栽稻、陆稻、玉米、大豆、花生、棉花、甘蔗、果园、茶园、针叶树苗圃等地防除一年生单双子叶杂草，如稗草、牛毛草、鸭舌草、水苋菜、野荸荠、异型莎草、节节草、陌上菜、碱草、铁苋菜、狗尾草、蓼、藜、苘麻、龙葵、曼陀罗、豚草、刺黄花稔、田芥、苍耳、牵牛花等。

1. 用于稻田

主要防除一年生阔叶杂草、莎草和稗草。如鸭舌草、陌上菜、节节菜、水苋菜、半边莲、三蕊沟繁缕、泽泻、千金子、异型莎草、碎米莎草、日照飘拂草等。对眼子菜、牛毛毡、扁秆藨草等多年生杂草仅有抑制作用，防除效果差。可与丁草胺、苄嘧磺隆、吡嘧磺隆、噁草酮等混用，以增加对禾本科杂草的防效和扩大杀草谱，但用量需酌减。

（1）大苗移栽稻田。在长江流域及以南稻区，秧龄 30d 以上、苗高 20cm 以上的秧苗移栽后 4～7d，稗草芽期至 1.5 叶期，气温 20℃以上时，亩用 24% 乳油 10～20mL、20% 乳油 12.5～25mL 或 2% 颗粒剂 180～250g，毒土法施药。应在露水干后施药，施药后稳定水层 3～5cm，保持 5～7d。切忌水层过深淹没稻心叶。气温低于 20℃、土温低于 15℃时不宜施药，以免伤害秧苗。

（2）移栽前施药。仅适用于半旱式移栽田。其稻苗栽插在起垄的田上。经常是垄台上无水，垄沟有水，田间湿生性杂草发生量大。可在移栽前 2～3d，亩用 20% 乳油 10mL，对水喷施于地表。

（3）陆稻。于播后苗前在土壤湿度高的情况下，掌握在杂草萌发出土前，亩用 24% 乳油 40～50mL，或减半量与 60% 丁草胺乳油 100mL，对水 60kg，喷洒于土表。

2. 用于棉田

主要以土壤处理方式用于各类棉田除草。

（1）直播棉田。播后苗前，亩用 24% 乳油 36～48mL（沙质土用低量）对水喷洒于土表。如有 5% 棉苗出土，应停止用药。田面积水，棉苗可能有轻微药害，但可恢复。

（2）地膜覆盖棉田。播种覆土后，保持土表湿润，但不能积水。亩用 24% 乳油 18～24mL（沙质土用低量），对水喷洒于土表，再覆膜。遇高温应及时破膜、将棉苗露出膜外。

7

（3）棉花苗床。一般与丁草胺混用。棉花播种后覆土1cm左右，保持土表湿润，但不积水。亩用24%乳油12～18mL，加60%丁草胺乳油50mL，对水喷洒于土表。覆膜时，膜离苗床不可太低，遇高温要及时揭膜，防止高温引起药害。

（4）移栽棉田。移栽前，亩用240g/L乳油40～60mL（沙质土用低量，壤质土、黏重土用高量），对水喷洒于土表。

乙氧氟草醚对棉苗安全性稍差，用药切勿过量。播后苗前24%乳油用量超过50mL（有效成分12g），再遇高温高湿，极易产生药害。受害棉花的叶片出现褐斑，少数叶片枯死，生长会受到暂时的抑制，以后可恢复，一般不影响产量。在棉花生长期切勿施药，以防产生严重药害。

3. 用于菜地

主要用于大蒜、洋葱和姜田除草。

（1）大蒜田。施药适期为大蒜播种后至立针期或大蒜苗后2叶1心期以后，杂草4叶期以前。前期露地栽培、后期拱棚盖膜保温、春节前收获青蒜的大蒜田，在播后苗前或大蒜立针期施药。以收获蒜薹和蒜头为目的大蒜田，在杂草出齐后，大蒜2叶1心至3叶期施药。避开大蒜1叶1心至2叶期，因为在这期间施药极易造成心叶折断或严重灼伤。在大蒜2叶1心期以后施药，也可能出现大蒜叶片产生褐色或白色斑点，但对大蒜中后期生长无影响。

用药量一般为每亩24%乳油40～50mL，沙质土用低量，壤质土、黏重土用较高药量。地膜大蒜在播后，浅灌水，水落干后，亩用24%乳油40mL。盖草大蒜在播后、盖草、杂草出齐后，亩用24%乳油67mL。

注意：气温低于6℃时严禁施药。

（2）洋葱田。直播田在洋葱2～3叶期亩用24%叶期乳油40～50mL，移栽田在移栽后6～10d（洋葱3叶期以后）亩用24%乳油67～100mL，对水喷雾。

（3）姜田。亩用24%乳油40～50mL，对水喷雾。

4. 用于木本作物园

（1）针叶树苗圃。播种后立即进行土壤处理，亩用24%乳油50～80mL，对水40～50kg，喷洒于土表，对苗木安全。

（2）茶园、果园、幼林抚育。在杂草4～5叶期，亩用24%乳油30～50mL，对水定向喷雾。或与百草枯、草甘膦混用，扩大杀草谱，提高防效。

（3）观赏植物。在杂草芽前或4叶期前，或观赏植物移栽前，亩用24%乳油60～140mL，通常是用100mL，对水喷雾。

5. 用于甘蔗、花生、大豆田

于芽前亩用24%乳油40～50mL，对水喷洒于土表。油菜田于移栽前2～4d施药。

注意事项

本剂对鱼类及某些水生动物高毒，施药后的稻田水、清洗施药用具的废水均勿排入或倒入河、塘、湖内。

三氟羧草醚（acifluorfen）

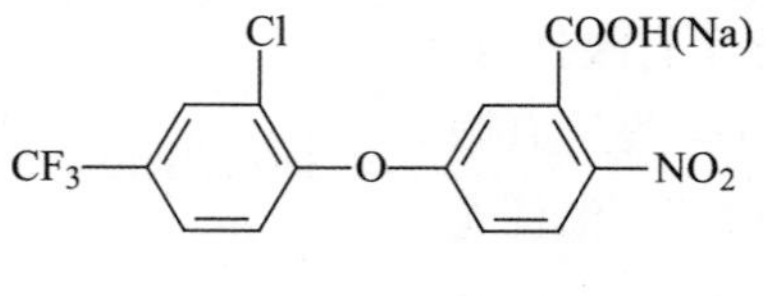

化学名称

2-氯-4-三氟甲基苯基-3'-羧基-4'-硝基苯基醚

其他名称

杂草焚

理化性质

棕色固体，相对密度 1.546，熔点 142 ~ 146℃，235℃分解，蒸气压<0.01mPa（20℃）。溶解度（25℃，g/L）：水 0.12，丙酮 600，二氯甲烷 50，乙醇 500，煤油和二甲苯<10。在土壤中半衰期<60d，在太阳光照射下半衰期大约 110h。

三氟羧草醚钠盐为白色固体，相对密度 0.4 ~ 0.5，熔点 274 ~ 278℃（分解），蒸气压<0.01mPa（25℃）。溶解度（25℃，g/L）：水 600.81（pH7）、600.71（pH9），甲醇 641.5，辛醇 53.7。水溶液在 20 ~ 25℃存放 2 年稳定。

毒性

低毒。急性经口 LD_{50}（mg/kg）：雄大鼠 2 025、雌大鼠 1 370、雄小鼠 2 050、雌小鼠 1 370，兔急性经皮 LD_{50}3 680mg/kg，大鼠急性吸入 LC_{50}（4h）>6.9mg/L。对兔皮肤有中度刺激性，对兔眼睛有强刺激性。大鼠 2 年饲喂试验无作用剂量为 180mg/kg·d。小鼠淋巴瘤试验无诱变性。对鸟低毒，野鸭急性经口 LD_{50}2 821mg/kg，鹌鹑急性经口 LD_{50}325mg/kg。

三氟羧草醚钠盐也是低毒。急性经口 LD_{50}（mg/kg）：大鼠 1 540、小鼠 1 370、兔 1 590，急性经皮 LD_{50}>2 000mg/kg，大鼠急性吸入 LC_{50}（4h）>6.9mg/L。对鱼、鸟低毒，虹鳟鱼 LC_{50}（96h）17mg/L，野鸭和鹌鹑 LC_{50}（5d）>5 620mg/L。

生物活性

具有本类除草剂共有的特性。是苗后早期茎叶处理剂，可被杂草茎、叶吸收，促使气孔关闭，借助阳光发挥除草活性，增高植物体温而坏死；并抑制线粒体电子传递，引起呼吸系统和能量生产系统的停滞，抑制细胞分裂，致使植株死亡。作用方式为触杀，叶片受药后失绿枯死。

制剂及生产厂

214g/L、21.4%、21% 水剂，14.8% 高渗水剂。生产厂有大连松辽化工有限公司、大连瑞泽农药股份有限公司、黑龙江佳木斯恺乐农药有限公司、福建三农集团股份有限公司、江苏长青农化股份有限公司、江苏连云港立本农药化工有限公司等。

应用

主要用于大豆、花生、水稻田防除多种阔叶杂草，如马齿苋、铁苋菜、鸭跖草、龙葵、藜、苍耳、水棘针、辣子草、鬼针草、粟米草、苋、香薷、氢草、牵牛花、曼陀罗、蒿属等。对 1 ~ 3 叶期的狗尾草、稷、野高粱等禾本科杂草也有效。对多年生的苣荬菜、刺儿菜、大蓟、问荆等有较强抑制作用。

在大豆田使用，因本剂在土壤中易被微生物分解，不能作土壤处理使用，应在大豆苗后 3 片复叶以前、阔叶杂草 2 ~ 3 叶期，长至 5 ~ 10cm 高时施药，亩用21.4%水剂67 ~ 100mL或14.8高渗水剂100 ~ 120mL，对水茎叶喷雾。为提高对藜、苍耳、苘麻、鸭跖草、苣荬菜、刺儿菜等阔叶杂草的防效，可与灭草松混用。为提高对禾本科杂草的防效，可与高效氟吡甲禾灵、精喹禾灵混用，但不能与喹禾灵混用，若两者混用会加重对大豆的药害。

注意事项

三氟羧草醚进入大豆植株体内，能被迅速分解，对大豆苗较安全。但为确保药效、防止药害，须注意：

1. 准确掌握施药时期，勿在大豆 3 片复叶以后施药。否则，会因大豆叶片接受药剂过多而加重药害，造成贪青晚熟减产；还会因大豆叶片遮盖杂草而影响除草效果。

2. 气候干燥，最高日温低于 21℃或高于 27℃，土壤气温低于 15℃、含盐碱过多、含水分过低、肥料过多，水淹等情况下均不宜施药，以免造成药害。也应避免在 6h 内可能下雨的情况下施药。

3. 在正常条件下于施药初期，有时会引起大豆苗灼伤，叶色变黄。本剂对大豆的药害为触杀性药害，不抑制大豆生长，恢复快，一般经 1 ~ 2 周可恢复生长，对产量影响甚微。

为扩大杀草谱，提高对大豆的安全性，可在大豆苗前用氟乐灵、甲草胺、异丙甲草胺等处理。待大豆苗后早期再使用三氟羧草醚。

乙羧氟草醚(fluoroglycofen-ethyl)

$$CF_3-C_6H_3(Cl)-O-C_6H_3(NO_2)-\overset{O}{\overset{\|}{C}}OCH_2\overset{O}{\overset{\|}{C}}OH(CH_2CH_3)$$

化学名称

2-氯-4-三氟甲基苯基-3'-甲羧基甲氧基甲酰基-4'-硝基苯基醚(乙酯)

理化性质

深琥珀色固体,相对密度1.01(25℃),熔点65℃。在水中溶解度为0.6mg/L(25℃),在大多数有机溶剂中溶解度>100mg/kg。其水悬液因紫外光而迅速分解,在土壤中被微生物迅速降解,半衰期约11h。

毒性

低毒。大鼠急性经口LD_{50}1 500mg/kg,兔急性经皮LD_{50}>5 000mg/kg,大鼠急性吸入LC_{50}(4h)7.5mg/L(10%乳油)。对兔眼睛和皮肤有轻度刺激性。无致突变作用。对狗1年饲喂试验无作用剂量为320mg/kg。

对鱼、蜜蜂、鸟低毒。鱼毒LC_{50}(96h,mg/L):虹鳟鱼23,翻车鱼1.6。蜜蜂接触LD_{50}(96h)>100μg/只。鹌鹑急性经口LD_{50}>3 160mg/kg,野鸭和鹌鹑饲喂试验LC_{50}(8d)>5 000mg/kg。

生物活性

与三氟羧草醚相似,被杂草叶和根吸收后,只有在日光照射下,才能发挥杀草作用,使细胞膜破坏,引起细胞内含物渗漏,导致杂草死亡。

制剂及生产厂

20%、10%、5%乳油,10%水乳剂。生产厂有江苏省苏化集团有限公司、江苏绿利来股份有限公司、南京苏研科创农化有限公司、江苏连云港立本农药化工有限公司、黑龙江佳木斯市恺乐农化有限公司、内蒙古宏裕科技股份有限公司、青岛双收农药化工有限公司、山东神星农药有限公司等。

应用

适用于大豆、花生、小麦、大麦和水稻田防除多种阔叶杂草和某些禾本科杂草,如猪殃殃、马齿苋、铁苋菜、荠菜、野芥、野芝麻、曼陀罗、龙葵、香薷、黄鼬瓣花、鸭跖草、刺儿菜、苍耳、窍蓄、苣荬菜、三色堇、鬼针草、狼把草等。是触杀性除草剂,可以芽前土表处理或苗后茎叶处理,以后者除草效果好。

用于大豆田防除一年生阔叶杂草,在大豆1~2.5片复叶、杂草2~5叶期、株高2~5cm时施药,春大豆亩用10%乳油60~70mL,夏大豆亩用20%乳油20~25mL或10%乳油40~50mL,对水茎叶喷雾。

用于苗后茎叶喷雾,花生田亩用10%乳油30~50mL,冬小麦田亩用10%乳油25~35mL。

注意事项

1. 当天气干旱或草岭较大时,杂草受药后死亡较慢,可按推荐的高剂量使用,无需重喷或补喷。

2. 施药后,作物可能出现某种程度触杀性灼伤或黄化症状,经1~2周后可自行恢复,不影响作物生长和产量。

乳氟禾草灵（lactofen）

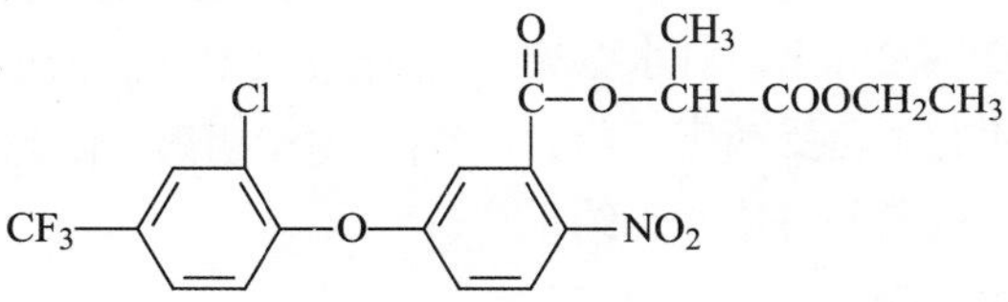

化学名称

O-〔5-（2-氯-4-三氟甲基苯氧基）-2-硝基苯甲酰基〕-DL-乳酸乙酯

理化性质

深红色液体，相对密度1.222（20℃），沸点135～145℃，闪点33℃（闭式），熔点0℃以下，蒸气压666.6～800.0Pa（20℃）。几乎不溶于水，溶于二甲苯，在煤油中溶解度为12.7%，在丙酮中溶解度为19.2%。易燃。在土壤中易被微生物分解。

毒性

低毒。大鼠急性经口LD_{50}>5 000mg/kg，兔急性经皮LD_{50}>2 000mg/kg，大鼠急性吸入LC_{50}>6.3mg/L。对兔眼睛有中度刺激性，对皮肤刺激性很小。2年饲喂试验无作用剂量（mg/kg·d）：大鼠2～5，狗5。在三代繁殖试验中未见异常。在试验剂量下无致畸、致突变作用，但在高剂量组大鼠的肝腺瘤和肝癌的发病率有增高趋势。

对鱼高毒，虹鳟鱼和翻车鱼LC_{50}（96h，mg/L）>0.1。对蜜蜂低毒，LD_{50}>160μg/只。对鸟低毒，鹌鹑急性经口LD_{50}>2 510mg/kg，野鸭和鹌鹑饲喂LC_{50}（5d）>5 620mg/L。

生物活性

乳氟禾草灵的名字可能使人联想到它属于芳氧苯氧基丙酸类除草剂，但是它的化学结构和除草活性都是属于二苯醚类除草剂。它是苗后茎叶处理剂，在苗后早期施药后，被杂草茎叶吸收，在体内进行有限的传导，抑制光合作用，破坏细胞膜的完整性，导致细胞内含物的流失，使叶片干枯死亡。充足的阳光有助于药效的发挥，阳光充足时，施药后2～3d敏感植物叶片出现灼烧斑，逐渐扩大到整个叶片变枯、全株枯死。

制剂及生产厂

24%、240g/L乳油，生产厂有黑龙江佳木斯恺乐农药有限公司、江苏长青农化股份有限公司、江苏连云港立本农药化工有限公司、德国拜耳作物科学公司等。

应用

适用于大豆、花生、棉花、马铃薯、水稻、观赏植物、木本植物等防除多种一年生的阔叶杂草，如苍耳、龙葵、苘麻、铁苋菜、反枝苋、凹头苋、刺苋、马齿苋、鸭跖草、狼把草、鬼针草、辣子草、蓼、藜、小棘针、野西瓜苗、香薷、地肤、荠菜、遏蓝菜、曼陀罗、豚草、田芥菜、粟米草、刺黄花稔、地锦草、猩猩草、鲤肠等。在干旱条件下，对苘麻、苍耳、藜的防效明显下降。

1. 在大豆田，于大豆1～3片复叶期、阔叶杂草2～4叶期，亩用24%乳油25～30mL（夏大豆）、30～40mL（春大豆），对水茎叶喷雾。施药后，大豆叶片可能出现枯斑或黄化，尤其在不利于大豆生长发育的环境条件下，如高温（>27℃）、低洼地排水不良、低温高湿、病虫为害等，大豆苗更易受害，但这是暂时触杀性药害，不影响新叶生长，经1～2周便可恢复正常生长，不影响后期产量。严重的药害可造成贪青晚熟。

在大豆田为同时兼除禾本科杂草，可与精噁唑禾草灵，高效氟吡甲禾灵、烯禾啶、灭草松、异噁草松等混用，这种混用的防效虽好，但药害可能加重。如与另一种防除阔叶杂草的除草剂降低用量后再与防除禾本科杂草的除草剂混用，就对大豆安全。

2. 在花生田，于花生苗后1～2.5片复叶，阔叶杂草基本出齐并达2叶期时施药。在华北及南方地区夏花生田，亩用24%乳油25～30mL，对水茎叶喷雾。用药量超过50mL，会使花生苗受药害，药后2d受害叶片出现红棕色褐斑，重者药斑连片，约经10～12d有所恢复，新生叶片不受。

注意事项

杂草生长状况和环境条件可影响乳氟禾草灵的除草效果。在杂草4叶期以前施药效果好。过早施药，由于杂草尚未出齐，后长出的杂草还需采用其他除草措施；过晚施药，由于杂草耐药能力增强，防除效果不佳。低温、持续干旱，影响药效。施药后，连续阴雨，阳光不足，也影响药效的迅速发挥。

氟磺胺草醚（fomesafen）

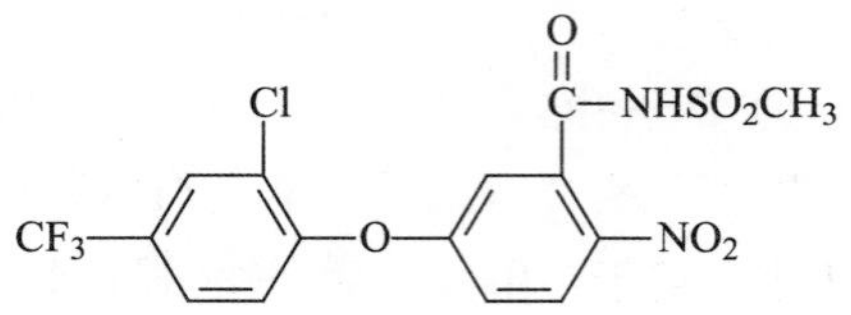

Cl, O, C—$NHSO_2CH_3$, CF_3, O, NO_2

化学名称

2-氯-4-三氟甲基苯基-3′-甲磺酰基氨基甲酰基-4′-硝基苯基醚

其他名称

磺氟草醚

理化性质

白色结晶体，相对密度1.61（20℃），熔点219℃，蒸气压<4 × 10^{-3}mPa（20℃）。溶解度（20℃，g/L）：水约0.05（纯水）、<0.01（pH1～2）、10（pH9），丙酮300，已烷0.5，二甲苯1.9。能生成水溶性盐。

毒性

低毒。大鼠急性经口LD_{50}1 250～2 000mg/kg（雄）、1 600mg/kg（雌），兔急性7经皮LD_{50}>1 000mg/kg，雄大鼠急性吸入LC_{50}（4h）4.97mg/L。对兔眼睛和皮肤有轻度刺激性。饲喂试验无作用剂量（mg/kg·d）：大鼠（2年）5，小鼠（1.5年）1，狗（6个月）1。在试验剂量内无致畸、致突变、致癌作用。三代繁殖试验和迟发性神经毒性试验中未见异常。

对鱼、蜜蜂、鸟低毒。鱼毒LC_{50}（96h，mg/L）：虹鳟鱼170，翻车鱼1 507，蜜蜂经口LD_{50}50μg/只，接触LD_{50}100μg/只。野鸭急性经口LD_{50}>5 000mg/kg，饲喂野鸭和鹌鹑LD_{50}（5d）>20 000mg/kg饲料。蚯蚓LD_{50}（14d）>1 000mg/kg土壤。

氟磺胺草醚钠盐：大鼠急性经口LD_{50}为1 860mg/kg（雄）、1 500mg/kg（雌），兔急性经皮LD_{50}>780mg/kg。

生物活性

苗前苗后均可使用的除草剂，因为它可被杂草的茎、叶及根吸收。苗后茎叶喷雾后4～6h也不会降低除草效果。喷洒时落入土壤的药剂和从叶片上被雨水冲淋入土壤的药剂会被杂草根部吸收，经木质部向上输导，进入杂草体内的药剂，破坏叶绿体，影响光合作用，使叶片产生褐斑、黄化，迅速枯萎死亡。

制剂及生产厂

20%、12.8%、10%乳油，20%、12.8%微乳剂，25%、250g/L、18%水剂，16.8%高渗水剂，73%可溶粉剂。生产厂有黑龙江佳木斯恺乐农药有限公司、福建三农集团股份有限公司、江苏连云港立本农药化工有限公司、江苏长青农化股份有限公司、江苏苏化集团有限公司、江苏新港农化有限公司、山东神星农药有限公司、青岛瀚生生物科技股份有限公司等。

应用

可用于大豆田、果园、橡胶园防除一年生和多年生阔叶杂草，如铁苋菜、反枝苋、凹头苋、刺苋、荠菜、刺儿菜、苘麻、狼把草、鬼针草、田旋花、鸭跖草、辣子草、曼陀罗、猪殃殃、龙葵、苍耳、刺黄花稔、窍蓄、野芥、田菁、荨麻、香薷、豚草、鲤肠、马齿苋、自生油菜等。

1. 用于大豆田

播后苗前土壤处理或苗后茎叶喷雾均可。播后苗前施药对大豆安全，但除草效果稍差；苗后施药除草效果好，但对大豆叶片有暂时触杀性伤害，能很快恢复，不影响后期生长和产量。所以在大豆田主要以苗后茎叶喷雾为主。在大豆1～3片复叶期、杂草2～5叶期，亩用25%水剂85～120mL（春大豆）、67～80mL（夏大豆），或20%微乳剂60～80mL（春大豆）、50～60mL（夏大豆），20%乳油70～90mL（春大豆），73%可溶性粉剂30～40g（春大豆），16.8%高渗水剂100～120mL（春大豆），对水茎叶喷雾。当大豆田混生有较多禾本科杂草时，可与吡氟禾草灵、噁唑禾草灵、氟吡乙禾灵、烯禾啶等混用。为提高对苣荬菜、刺儿菜、大蓟、问荆等多年生阔叶杂草的防除效果，可与异噁草酮、灭草松混用。

2. 用于果园

主要是防除阔叶杂草，在常规用药量情况下对禾本科杂草防效差。在中耕松土后，杂草1～5叶期，亩用25%水剂85～140mL，对水喷雾。当果园内混生禾本科杂草时，可与烯禾啶、吡氟禾草灵等防除禾本科杂草的除草剂混用。持效期可达3～4个月。

注意事项

1．茎叶喷雾时，在喷洒药液中加入0.1%非离子表面活性剂或0.1%～0.2%不含酶的洗衣粉（非浓缩型），可提高杂草对药剂的吸收，特别是在干旱条件下药效更稳定。也可在每亩喷洒药液中加入330g尿素，可提高除草效果5%～10%。

2．土壤水分、空气湿度适宜时，有利于杂草对药剂的吸收。长期干旱、气温高时施药，应增加喷水量，以保证除草效果。如近期下雨，可待雨后土壤水分和空气湿度改善后再施药，虽施药时期拖后，但会比干旱时施药的除草效果好。

3．果园喷雾时要防止雾滴飘落到果树枝叶上，可采用低压喷雾或用防护罩定向喷雾。果园苗圃不宜使用本剂。

4．本剂在土壤中残效期较长，当用药量高（如亩用25%水剂200mL以上）时，翌年种植白菜、油菜、高粱、玉米、小麦、甜菜、亚麻等敏感作物会造成不同程度的影响。在推荐用药量下，不翻耕就种植甜菜、白菜、油菜、玉米、高粱，仍可能有轻度影响，对小麦无伤害。

第八章 酰亚胺类和苯基吡唑类除草剂

国内目前使用的酰亚胺类除草剂有 2 个品种：氟烯草酸和丙炔氟草胺。苯基吡唑类的仅有吡草醚。它们都是原卟啉原氧化酶抑制剂。

氟烯草酸（flumiclorac-pentyl）

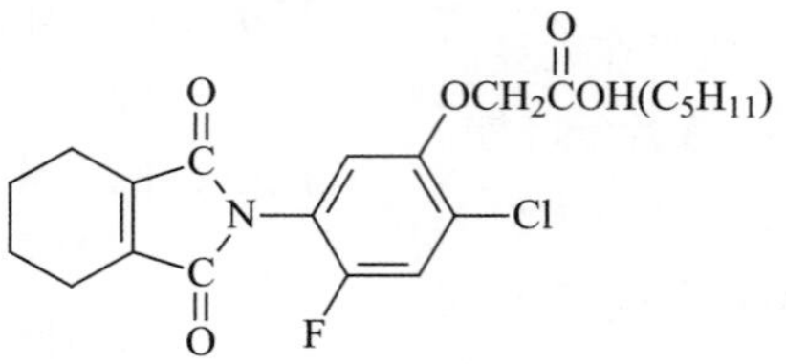

$$\text{OCH}_2\overset{\text{O}}{\overset{\|}{\text{C}}}\text{OH}(\text{C}_5\text{H}_{11})$$

Cl　F　N　O

化学名称

〔2-氯-5-（环己-1-烯-1，2-二甲酰亚氨基）-4-氟苯氧基〕乙酸（戊酯）

其他名称

氟胺草酯，氟亚胺草酯

理化性质

白色粉状固体，相对密度 1.33（20℃），熔点 88.9～90.1℃，蒸气压 0.013mPa（22.4℃）。水中溶解度 0.189mg/L（25℃），有机溶剂中溶解度（25℃，g/L）：甲醇 47.8，正辛醇 16.0，丙酮 590，正己烷 3.28。水中半衰期：4.2d（pH5），19h（pH7），6min（pH9）。

毒性

低毒。大鼠急性经口 LD_{50}>5 000mg/kg，兔急性经皮 LD_{50}>2 000mg/kg。对兔眼睛和皮肤有中度刺激性。在试验剂量下无致畸、致突变、致癌作用。对鱼、蜜蜂、鸟低毒。鱼毒 LC_{50}（96h，mg/L）：虹鳟鱼 1.1，翻车鱼 13～21。蜜蜂接触 LD_{50}>196μg/只。鹌鹑急性经口 LD_{50}>2 250mg/kg。鹌鹑和野鸭饲喂 LC_{50}（5d）>5 620mg/L。

生物活性

为原卟啉原氧化酶抑制剂，被杂草的幼芽和叶片吸收后引起原卟啉积累，增强细胞膜脂质过氧化，导致细胞膜结构和细胞功能不可逆损害，杂草迅速凋萎、坏死及干枯。阳光和氧是除草活性必不可少的。常在施药后 24～48h 出现叶面白化、枯斑等症状。

制剂及生产厂

100g/L 乳油，由日本住友化学株式会社生产。

应用

主要用于大豆、玉米田防除阔叶杂草，如反枝苋、凹头苋、苘麻、龙葵、苍耳、藜、蓼、香薷、水棘针、地肤、曼陀罗等。

在我国主要用于大豆田，在大豆 2～3 片复叶、杂草 2～4 叶期，亩用 100g/L 乳油 30～45mL，对水 20～30kg，选用扇形喷头喷雾。不要用超低容量喷雾，以免药液浓度高对大豆有伤害，也不要用背负式机动喷雾机喷雾。

大豆对本剂有良好的耐药性，大豆植株有分解本剂的能力，但在高温、高湿条件下施药，大豆苗可能出现轻微触杀性斑点药害症状，对长出的叶片无影响，经 1 周左右可恢复，对产量无影响。

丙炔氟草胺（flumioxazin）

化学名称

N-〔7-氟-3，4-二氢-3-氧-4-丙炔-2-基-2H-1，4-苯并噁嗪-6-基〕环己-1-烯-1，2-二甲酰亚胺

理化性质

浅棕色粉状固体，相对密度 1.536（20℃），熔点 201.0～203.8℃，蒸气压 0.32mPa（22℃）。水中溶解度（25℃）为 1.79mg/L。有机溶剂中溶解度（25℃，g/L）：醋酸 17.8，甲醇 1.56。

毒性

低毒。大鼠急性经口 LD_{50}>5 000mg/kg，大鼠急性经皮 LD_{50}>2 000mg/kg，大鼠急性吸入 LC_{50}（4h）>3 930mg/m³。对兔眼睛有中等刺激性，对兔皮肤无刺激性、无致敏性。90d 饲喂试验无作用剂量（mg/kg·d）：大鼠 30，狗 10。2 年大鼠饲喂试验无作用剂量为 50mg/（kg·d）。无突变性。鱼毒 LC_{50}（96h，mg/L）：虹鳟鱼 2.3，大翻车鱼>21。

生物活性

同氟烯草酸。

制剂及生产厂

50% 可湿性粉剂，由日本住友化学株式会社生产。

应用

主要用于大豆、花生田防除阔叶杂草，如反枝苋、马齿苋、铁苋菜、荠菜、遏蓝菜、苍耳、龙葵、藜、蓼、窍蓄、鼬瓣花、苘麻、水棘针、鸭跖草等。对一年生禾本科杂草如稗草、狗尾草、金狗尾草、野燕麦及多年生的苣荬菜有一定的抑制作用。

可以作土表处理或茎叶处理。土表处理后，被土壤团粒吸附，不易向下淋溶，在 0～2cm 土壤表面形成药土层，待杂草种子发芽时，幼苗接触药土层就中毒枯死。茎叶喷雾后，可被杂草幼芽和叶片吸收，在阳光照射下发挥杀草作用。

1. 用于大豆田

可在三个时期施药。

（1）播后苗前土壤处理：最好在播后随即施药，至少也应在播后 3d 内施药。在大豆拱土期施药对大豆苗有抑制作用。亩用 50% 可湿性粉剂 8～12g，或亩用 50% 可湿性粉剂 6g 加 40% 乙草胺可湿性粉剂 63～90g。土质疏松、有机质含量低、低洼地水分好时用低剂量；土壤黏重、有机质含量高、岗地水分少时用高剂量。亩喷水量 30kg。施药后如遇干旱，可灌溉，或浅混土并及时镇压。

（2）苗后早期喷雾：亩用50%可湿性粉剂3～4g（东北春大豆）、3～3.5g（夏大豆），对水茎叶喷雾。

（3）秋施：秋施时间一般是在气温降到10℃以下至封冻之前。施药量比播后苗前土壤处理的增加10%～20%。施药前整地达到播种状态，施药后彻底混土，混土深度为5～7cm。秋施等于把药剂贮存在农田土壤表层，待第二年春季杂草种子萌发时就接触药剂，药效会更好，对大豆安全性好于春施。

2. 用于花生田

播后苗前土表处理。亩用50%可湿性粉剂6～8g，或亩用50%可湿性粉剂6g加40%乙草胺可湿性粉剂63～90g。

注意事项

1. 土壤湿度对药效影响大，干旱时严重影响除草效果。

2. 播后苗前施药不混土，若遇暴雨药剂会随雨滴溅到大豆幼苗叶片上造成触杀性药害斑，但药剂不向体内传导，短时期内可恢复正常生长，不影响产量。

吡草酯（pyraflufen-ethyl）

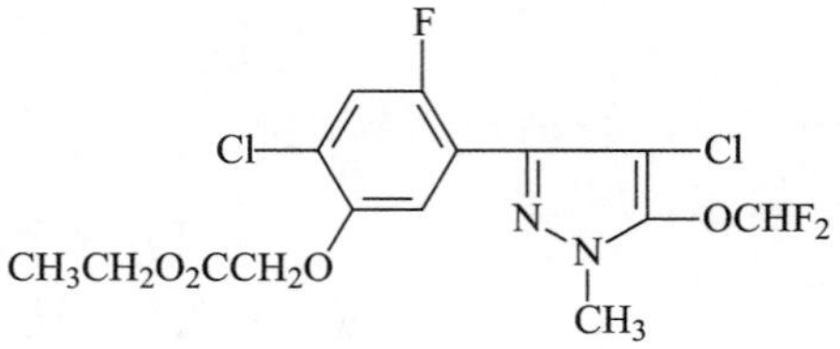

F; Cl; Cl; N; N; $OCHF_2$; $CH_3CH_2O_2CCH_2O$; CH_3

化学名称

2-氯-5-（4-氯-5-二氟甲氧基-1-甲基吡唑-3-基）-4-氟苯氧基乙酸乙酯

其他名称

吡氟苯草酯

理化性质

棕色固体，相对密度1.565，熔点126～127℃，蒸气压1.6×10^{-4}mPa（25℃）。20℃水中溶解度为0.082mg/L。有机溶剂中溶解度（20℃，g/L）：二甲苯41.7～43.5，丙酮167～182，甲醇7.39，乙酸乙酯105～111。pH4水溶液中稳定，pH7时半衰期为13d，pH9时快速分解。

毒性

低毒。大鼠急性经口LD_{50}>5 000mg/kg，大鼠急性经皮LD_{50}>2 000mg/kg，大鼠急性吸入LC_{50}（4h）5.03mg/L。对眼睛有轻微刺激性，对兔皮肤无刺激性。饲喂试验无作用剂量（mg/kg·d）：大鼠（2年）2 000，小鼠（1.5年）2 000，狗（1年）1 000。无致突变性。

对鱼毒性中等，鲤鱼LC_{50}（48h）>10mg/L。对蜜蜂、鸟低毒。蜜蜂LD_{50}>111μg/只（经口），>100μg/只（接触）。鹌鹑急性经口LD_{50}>2 000mg/kg，鹌鹑和野鸭饲喂LC_{50}>5 000mg/kg。蚯蚓LD_{50}>1 000mg/kg土壤。

生物活性

是苯基吡唑类除草剂第一个商品化品种。其作用机理是抑制原卟啉原氧化酶的活性。茎叶处理后，可迅速被吸收到植物组织中，使植株迅速坏死或在阳光照射下，使茎叶脱水干枯。故苗后茎叶处理的除草效果优于苗前处理。

制剂及生产厂

2%悬浮剂，由日本农药株式会社生产。

应用

主要用于小麦等禾谷类作物地防除阔叶杂草，如猪殃殃、繁缕、阿拉伯婆婆纳、野芝麻等。在冬小麦田，于小麦苗后早期、杂草 2 ~ 4 叶期，亩用 2% 悬浮剂 30 ~ 40mL，对水 30kg 喷雾。

第九章 噁二唑酮类和三唑啉酮类除草剂

噁草酮（oxadiazon）

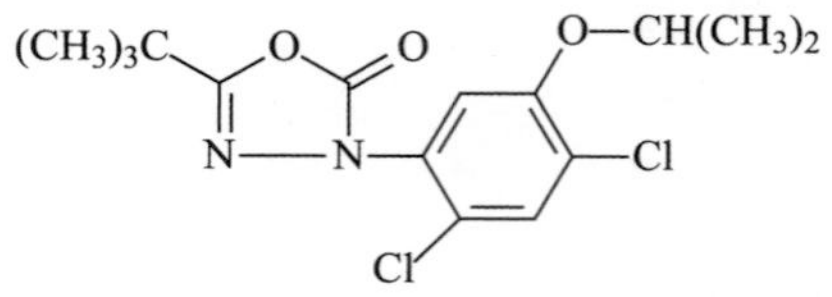

化学名称

5-特丁基-3-（2，4-二氯-5-异丙氧基苯基）-1，3，4-噁二唑-2-酮

其他名称

噁草灵

理化性质

白色固体，熔点87℃，蒸气压0.1333mPa（20℃）、0.1mPa（25℃），20℃水中溶解度0.7mg/L。有机溶剂中溶解度（20℃，g/L）：甲苯、二甲苯、氯仿1 000，丙酮、丁酮、四氯化碳600，环己烷200，甲醇、乙醇100。一般贮存条件下稳定性良好，中性或酸性条件下稳定，碱性条件下相对不稳定。

毒性

低毒。大鼠急性经口LD_{50}>5 000mg/kg，大鼠和兔急性经皮LD_{50}>2 000mg/kg，大鼠急性吸入LC_{50}（4h）>2.77mg/L。大鼠2年饲喂试验无作用剂量为10mg/kg·d。大鼠3代繁殖无作用剂量为7mg/kg·d。在试验剂量下未见致突变性、致癌性。对鱼类毒性中等，LC_{50}（96h，mg/L）：虹鳟鱼1～9，鲤鱼1.76。对蜜蜂、鸟低毒，蜜蜂经口LD_{50}>400μg/只，野鸭急性经口LD_{50}>1 000mg/kg（24d），鹌鹑急性经口LD_{50}>2 150mg/kg（24d）。

生物活性

属噁二唑酮类除草剂，作用机理是抑制原卟啉原氧化酶的活性。主要经幼芽吸收，幼苗和根也能吸收，积累在生长旺盛的部位而起杀草作用。土壤处理后，药剂被表层土壤胶粒吸附而形成稳定的药膜封闭层，萌发的杂草幼芽经过药膜层吸收药剂，在光照条件下，使触药部位的细胞组织及叶绿素遭到破坏，促使幼芽枯萎死亡。茎叶处理后，药剂被地上部分吸收，进入植株体内的药剂积累在生长旺盛的部位，在光照条件下，抑制生长，继而使草株组织腐烂死亡。在水稻田施药前已出土但尚未露出水面的杂草幼苗，在药剂沉降之前即从田水中接触吸收到药剂，很快坏死腐烂。被吸附在土壤表层的药剂向下移动有限，因而很少被根部吸收。在杂草萌芽至2～3叶期施药，除草效果最好，对成株杂草基本无效。

制剂及生产厂

25%、250g/L、13%、12.5%、12%、120g/L乳油，有原药生产的厂家达10家以上。

应用

适用于水稻、大豆、花生、向日葵、甘蔗、棉花以及果园、茶园，能防除一年生禾本科杂草和阔叶杂草，如水田稗草、鸭舌草、矮慈姑、水马齿、节节菜、水苋菜、陌上菜、千金子、草龙、泽泻、繁缕、鲤肠、水芹、苦草、四叶萍、茨藻、水绵、尖瓣花、牛毛草、水莎草、球花碱草、日照飘拂草、蒲草、具芒碎米莎草、萤蔺、种子发芽的扁秆曙草等；旱田的稗、藜、苋、蓼、鸭跖草、铁苋菜、反枝苋、马齿苋、皱果苋、苍耳、龙葵、田旋花、灰灰菜、荠菜、婆婆纳、通泉草、酢将草、狗尾草、牛筋草、小画眉草、半夏等几十种草，杀草谱很广。

1. 用于稻田

在水稻秧田、移栽田、抛秧田和直播田都可使用。

（1）移栽田。在移栽前2d最后一次整地后，趁水浑浊时使用。亩用12%乳油100～150mL（南方）、200～250mL（北方），直接用原瓶均匀甩洒或亩用25%乳油65～100mL（南方）、100～120mL（北方）对水喷雾或拌细土撒施。施药时田间有3cm左右水层，并保水层2～3d。提倡移栽前用甩瓶法施药，若栽前未来得及施药，可在栽后用喷雾法或毒土法施药。

（2）秧田。湿润育秧和旱育秧田都可使用，亩用12%乳油65～100mL（南方）、100～150mL（北方）。湿润秧田一般在落谷前2d，用甩瓶法、喷雾法或毒土法施药。落谷时和落谷后田面保持湿润状态，切勿渍水，以防产生药害。

旱育秧田。先播种，盖土0.5～1cm，再用喷雾法施药，盖膜，畦面切不可渍水。

（3）旱直播田。据试验，在水稻旱种或陆作稻田，在播种盖土后（不能有露籽）出苗前，亩用12%乳油150～200mL，对水喷雾土表。

（4）抛秧田。在抛秧前2d，最后一次整地时施药，亩用12%乳油135～200mL，用甩瓶法或毒土法浅水层施药。保持2～3cm水层，抛秧后水层不可淹没秧苗心叶。也不可在抛秧后秧苗扎根成活后，用毒土法施药。

噁草酮在移栽田使用，弱苗、小苗或水层淹过心叶，均易出现药害。秧田和直播田使用，不能播催芽谷种，否则易发生药害。

施药后，若由于某些原因造成防效不好，可在直播田秧苗1～2叶期，或移栽田第一次施药后8～10d，补施1次，用药量为前次的一半。

2. 用于旱作物田

不宜选用含水面扩散剂的12%乳油（成本高），宜选用其他含量的乳油制剂。应用为土壤处理。各作物用药量及施药时间见表7-8。

表7-8 噁草酮旱地除草的应用

作物	25%乳油用量（mL/亩）	施药时期
花生	100～150（南方）	播后芽前
	150～200（北方）	播后芽前
地膜花生	100～120	播后覆膜前
向日葵	250～300	播后立即
露地棉	100～150（南方）	播后芽前
	130～170（北方）	播后芽前
地膜棉	80～120	播后覆膜前
甘蔗	100～150	种植后芽前
马铃薯	125～180	种植后出苗前
芦笋	300	壅土后
大蒜	70～80	播后苗前
洋葱及其他移栽直立蔬菜	250～300	移栽后即喷

（续 表）

作物	25% 乳油用量（mL/ 亩）	施药时期
果园	200～300	杂草发芽出土前
茶园	200～300	春、夏季杂草大量出土前
香石竹移栽园	300～400	移栽后 3～4d 或第一次锄地后
唐菖蒲移栽园	250	球茎栽植前 5～6d

* 原种（第一代）球茎对本剂敏感不宜使用。

注意事项

在果园、茶园喷药时要防止雾滴飘落到果树或茶树的叶片上。

丙炔噁草酮（oxadiargyl）

$(CH_3)_3C$ — O — O — OCHC≡CH — N — N — Cl — Cl

化学名称

5–叔丁基–3–（2，4–二氯–5–丙炔氧基苯基）–1，3，4–噁二唑–2–酮

其他名称

炔噁草酮

理化性质

白色或米色粉状固体，相对密度 1.484（20℃），熔点 131℃，蒸气压 2.5×10^{-3}mPa。20℃水中溶解度为 0.37mg/L。有机溶剂中溶解度（20℃，g/L）：丙酮 250，二氯甲烷 500，乙酸乙酯 121.6，乙腈 94.6，甲醇 14.7，正辛醇 3.5，甲苯 77.6。对光稳定，在 pH4、pH5、pH7 时稳定。

毒性

低毒。大鼠急性经口 LD_{50}>5 000mg/kg，大鼠急性经皮>2 000mg/kg，兔急性经皮<2 000mg/kg，大鼠急性吸入 LC_{50}>5.16mg/L。对兔皮肤无刺激性，对兔眼睛有轻度刺激性。无致突变性、致畸性。

对鱼、蜜蜂、鸟低毒。虹鳟鱼 LC_{50}（96h）>201mg/L。蜜蜂经口和接触 LD_{50}>200μg/ 只。鹌鹑急性经口 LD_{50}>2 000mg/kg。野鸭和鹌鹑饲喂 LC_{50}（8d）>5 200mg/L。

生物活性

属噁二唑酮类除草剂，生物活性与噁草酮基本相同。

制剂及生产厂

80% 可湿性粉剂，80% 水分散粒剂，由德国拜耳作物科学公司生产。

应用

适用于水稻、马铃薯、向日葵、甜菜、甘蔗、蔬菜、果树、草坪等田间除草，但目前在我国仅用于稻田防除一年生禾本科、莎草科和阔叶杂草及某些多年生杂草，如稗草、千金子、牛毛草、萤蔺、

碎米莎草、异型莎草、野荸荠、节节菜、鸭舌草、雨久花、泽泻、紫萍、水绵、小茨藻等。施药适期为稗草1叶1心期以前和莎草、阔叶草萌发初期，因而可以：①移栽前施药，即在耙地之后进行耢平时趁水浑浊时将配好的药液泼浇到田里，经3d后再插秧；②移栽后施药，即在插秧后5～7d，采用毒土法施药。保水层3～5cm、5～7d。用药量为每亩80%可湿性粉剂或80%水分散粒剂6g（南方）、6～8g（北方）。

在施药期若气温低，为保证除草效果，最好采用两次施药：第一次在插秧前3～10d于最后一次整地时，亩用80%可湿性粉剂或80%水分散粒剂6g；第二次在插秧后15～20d（视杂草出土情况而定），亩用4g。

为扩大杀草谱和提高除草效果也可以混用。例如，亩用80%丙炔噁草酮6g与10%苄嘧磺隆可湿性粉剂20～30g混用，或10%吡嘧磺隆可湿性粉剂10～15g混用。

注意事项

本剂仅适用于籼稻和粳稻的移栽田，不得用于糯稻田。也不宜用于弱苗田、抛秧田和制种田。

唑草酮（carfentrazone-ethyl）

$CH_3CH_2O_2CCH(Cl)CH_2$ — Cl — F — N — N — CH_3 — C(=O) — N — CHF_2

化学名称

（RS）-2-氯-3-〔2-氯-5-（4-二氟甲基-4，5-二氢-3-甲基-5-氧-1H-1，2，4-三唑-1-基）-4-氟苯基〕丙酸乙酯

其他名称

氟唑草酮，唑酮草酯，三唑草酯，唑草酯

理化性质

黏稠的黄色液体，相对密度1.457（20℃），沸点350～355℃，熔点-22.1℃，蒸气压1.6×10^{-5}Pa（25℃）。水中溶解度（μg/L）：12（20℃）、22（25℃）、23（30℃）。有机溶剂中溶解度（20℃，mg/L）：甲苯0.9，己烷0.03，与丙酮、乙醇、乙酸乙酯、二氯甲烷互溶。pH5时稳定。

毒性

低毒。大鼠急性经口LD_{50}5 134mg/kg，兔急性经皮LD_{50}>4 000mg/kg，大鼠急性吸入LC_{50}（4h）>5.09mg/L。对兔眼睛有轻微刺激性，对兔皮肤无刺激性。大鼠2年饲喂试验无作用剂量为3mg/kg·d，小鼠淋巴瘤和活体小鼠微核试验呈阴性。

对鱼中等毒，LC_{50}（96h）1.6～4.3mg/L。对蜜蜂、鸟低毒，蜜蜂LD_{50}35μg/只（经口）>200μg/只（接触），鹌鹑和野鸭急性经口LD_{50}>1 000mg/kg，鹌鹑和野鸭饲喂LC_{50}>5 000mg/L。蚯蚓LD_{50}>820mg/kg土壤。

生物活性

属三唑啉酮类除草剂，为原卟啉原氧化酶抑制剂，破坏杂草细胞膜，使叶片迅速干枯死亡。喷施后15min内即能被植物叶片吸收，3～4h出现中毒症状，2～4d死亡。在土壤中极不易移动，也极易被微生物降解，半衰期2.5～4d，对后茬作物无影响。

制剂及生产厂

40% 水分散粒剂，由美国富美实公司生产。

应用

适用于小麦、玉米、果园，也可用于稻田，防除阔叶杂草，如播娘蒿、荠菜、麦家公、宝瓶草、婆婆纳、刺儿菜、苣荬菜、反枝苋、铁苋菜、卷茎蓼、窍蓄、田旋花、鼬瓣花、苘麻、龙葵、小藜、猪殃殃、地肤、遏蓝菜、水棘针等。

1. 小麦田

可用于冬小麦和春小麦。在小麦3～4叶期，杂草基本出齐后，亩用40% 水分散粒剂3.4～5g（冬小麦）、5～6g（春小麦），对水茎叶喷雾。当田间敏感杂草如播娘蒿占绝对优势的麦田，亩用药量可降至2g。可与噻吩磺隆、苯磺隆、氟草烟、溴苯腈、麦草畏等混用。

2. 玉米田

在玉米3～5叶期，杂草基本出齐后，亩用40% 水分散粒剂3.4～5g，对水茎叶喷雾。

3. 水稻田

主要用于移栽田。单用除草效果不理想，最好是混用，例如，亩用40% 唑草酮水分散粒剂2.5～3.7g加10%苄嘧磺隆可湿性粉剂20～30g，或加20%2甲4氯水剂150mL，混合喷雾。使用后，水稻叶片虽有锈色斑点，但不影响水稻生长。

注意事项

1. 由于用药量很少，配药时应采用二次稀释法。

2. 不得加助剂或洗衣粉，否则可能引起作物药害。

3. 小麦拔节后不得施药。

第十章
三嗪类除草剂

本类除草剂是随机筛选所得。自1957年发现莠去津以来，开发的品种众多，在我国现时使用的主要有莠去津、氰草津、西玛津、扑草净、西草净、莠灭净等6个。它们具有一些共同的特性。

1. 是典型的光合作用抑制剂。抑制光合作用的希尔反应，因而植物中毒后叶片失绿是最先出现的典型症状，最后全株干枯死亡。某些阔叶杂草叶片出现不规则的坏死斑点，随后扩大而死亡。

2. 是内吸剂。被植物根系吸收后，沿木质部随蒸腾流迅速向上传导；当茎叶喷雾时，叶片吸收后向其他部位及向下传导甚少；在喷洒液中添加表面活性剂可提高吸收速度，在干旱时也能取得好的除草效果。

3. 绝大多数品种是土壤处理剂。土壤有机质和黏粒对药剂吸附作用较强，应根据土壤质地和有机质含量确定药剂使用量。当土壤有机质含量超过10%，即使增加用药量，除草效果也不会相应提高，反而使残留期更长，降低对后茬作物的安全性。

土壤水分对药效发挥影响大。在旱田播前或播后苗前施药后应进行混土，或起垄播种苗带施药后培土2cm左右，可减少干旱和风蚀影响，获得稳定的除草效果。

7

莠去津（atrazine）

C_2H_5HN—(1,3,5-三嗪环)—Cl；$NHCH(CH_3)_2$

化学名称

2-氯-4-乙氨基-6-异丙氨基-1，3，5-三嗪

其他名称

阿特拉津

理化性质

白色晶体，相对密度1.23（20℃），熔点175℃，蒸气压3.99mPa（20℃）。22℃水中溶解度33mg/L（pH7）。有机溶剂中溶解度（25℃，g/L）：乙酸乙酯24，丙酮31，二氯甲烷28，三氯甲烷52，正己烷0.11，正辛烷8.7，甲醇18，乙醇15，甲苯4，二甲基亚砜183。在中性、弱酸、弱碱性介质中稳定。

毒性

低毒。大鼠急性经口LD_{50}3 080mg/kg，小鼠急性经口LD_{50}1 500mg/kg，兔急性经皮LD_{50}7 500mg/kg，大鼠急性经皮LD_{50}>3 100mg/kg，大鼠急性吸入LC_{50}（4h）>5.8mg/L。对兔皮肤有中度刺激性，对兔眼睛无刺激性，对豚鼠皮肤有致敏性，但对人无致敏

性。在试验剂量内，致畸、致癌试验为阴性。

对鱼、蜜蜂、鸟低毒。鱼毒 LC_{50}（96h，mg/L）：虹鳟鱼4.5～11.0，鲤鱼76～100。蜜蜂 LD_{50} > 97μg/只（经口）、> 100μg/只（接触）。山齿鹑急性经口 LD_{50}940～2 000mg/kg，日本鹌鹑急性经口 LD_{50}940～4 237mg/kg。蚯蚓LD_{50}（14d）78mg/kg土壤。

生物活性

为内吸性在苗前、苗后使用的除草剂，主要被杂草根吸收，茎叶吸收很少。土壤处理后通过根系吸收，由木质部向地上部位传导至叶片，抑制光合作用的希尔反应，使叶片褪绿变黄，全株枯死。

制剂及生产厂

80%、48%可湿性粉剂，50%、38%、20%悬浮剂，20%高渗悬浮剂，90%水分散粒剂。有原药生产的厂家达20家。

应用

可用于玉米、高粱、糜子、谷子、甘蔗、果园（桃除外）、林地、苗圃等田地防除一年生禾本科杂草和阔叶杂草。因其水溶性较大，对多年生草也有抑制作用。提高用药量，可作为公路、铁路、仓库旁、森林防火带等非耕地灭生性除草。对稗草、马唐、狗尾草、看麦娘、早熟禾、鸭跖草、蓼、藜、苋菜、铁苋菜、苍耳、苘麻、龙葵、繁缕、牛繁缕、玻璃繁缕、芥菜、田芥、千里光、佛座、勿忘我、虞美人、莎草等都可防除。持效期长，玉米田等用药1次，即可控制整个生育期杂草。

1．用于玉米田

苗前、苗后均可使用。

（1）苗前土壤处理。于播后（3～5d）苗前喷雾处理土壤，用药量因土壤质地和地区不同，差异很大。华北、山东等地夏玉米地，亩用50%可湿性粉剂或38%悬浮剂150～200g，或80%可湿性粉剂100～120g，或90%水分散粒剂100～110g；东北地区春玉米亩用38%悬浮剂200～250g，或90%水分散粒剂110～130g。播后苗前施药，防除禾本科杂草的药效高于阔叶杂草。土壤有机质含量6%以上的田块不宜土壤处理，以茎叶喷雾为好。

（2）苗后茎叶喷雾。于玉米3～4叶期、杂草2～4叶期，亩用38%悬浮剂或50%可湿性粉剂200～250g（超过300g极易产生药害），或20%高渗悬浮剂180～250g（夏玉米）、200～300g（春玉米），对水喷雾茎叶。苗后施药，防除阔叶杂草的药效高于禾本科杂草。用作青贮饲料的玉米地不宜采用苗后施药，以免药剂影响后茬作物。

在华北地区，玉米后茬多为冬小麦，莠去津亩用有效成分超过100g，可能引起小麦叶片受药害，甚至死苗断垄。为减轻或消除莠去津对小麦的药害，可减量与乙草胺、甲草胺、异丙甲草胺、丁草胺等混用。在北方干旱冷凉地区，莠去津亩用有效成分超过133g，第二年不能种植小麦、大豆、谷子等敏感作物。

2．用于高粱田

用法与玉米地相似。一般是在播前或播后苗前喷雾处理土壤。土壤有机质含量小于2%的田块，亩用38%悬浮剂150g，有机质含量大于2%的田块用200g。若在高粱4～5叶期茎叶喷雾，亩用38%悬浮剂150g，不得超过200g。施药后，高粱在拔节前有时表观有抑制生长现象，到拔节后能转为正常生长。有些品种高粱对本剂敏感，必须慎重使用。

3．用于甘蔗田

露地栽培的甘蔗，于植后（5～7d）苗前，禾本科杂草已出土，阔叶杂草尚未出土时，亩用50%可湿性粉剂或38%悬浮剂200～250g或90%水分散粒剂100～110g，对水喷于土表。覆膜栽培甘蔗的用药量要少些，一般亩用38%悬浮剂150～200g。

4．用于果园和茶园

不得用于桃园。

（1）北方果园。主要是苹果园和梨园。定植1年以上的清栽果园，在杂草萌芽时，亩用38%悬浮剂150～200g（轻质沙土）、200～350g（壤土）、350～450g（黏土），对水喷于土表。含沙量高、有机质含量很低土壤，不宜使用，以防药剂被淋溶到果树根部引起药害。

（2）南方果园。防除柑橘园一、二年生杂草，于杂草萌芽出土前或刚出土时，亩用38%悬浮剂

200g，对水定向喷于土表。若用药偏晚，施药前应将已长出的大草人工除掉。

防除香蕉园和菠萝杂草，于杂草出土前施药。防除一、二年生杂草亩用38%悬浮剂300～400g，防除多年生杂草用500～600g，对水喷于土表。喷药时须防止雾滴落在作物叶片上引起药害。

（3）定植茶园于杂草出土高峰期施药，茶苗圃于茶籽播后苗前或短穗扦插前施药，亩用38%悬浮剂200～250g，对水喷于地表。

5．用于林木苗圃和非耕地

（1）林木苗圃。在春季杂草萌发时或树苗移栽前7～10d，亩用38%悬浮剂200～250g，对水（50～60kg）喷于地表。用于松苗的苗床要在松苗开始生长时施药，假植苗床要在树苗完全缓苗后施药。

（2）无植被非耕地和森林防火道。在杂草出土前或出土后早期施药。防除一年生敏感杂草亩用38%悬浮剂500～700g，防除一年生的耐药杂草和某些多年生杂草需用800～1 200g，对水50～60kg，喷于地表。

6．用于芦笋地

据报道，在芦笋的采笋期的扒笋初期或芦笋生长期的开沟放笋的当天或第二天施药。亩用38%悬浮剂100～200g，对水喷于地表。在推荐用药量下对芦笋安全，与不施药相比，笋的长度和粗度无差异，也无弯曲和畸形现象。

注意事项

本剂易被土壤胶体吸附，在土壤中较稳定，残留期视用药量、土壤质地等因素影响，可长达0.5～1年，特别是在用药量偏高时易对后茬敏感作物小麦、豆类等产生药害，要严格按推荐剂量和产品标签上的用药量使用，不要盲目增加用药量。

西玛津（simazine）

7

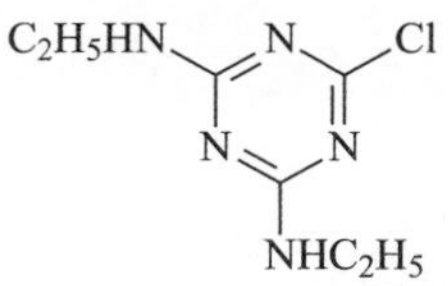

C_2H_5HN—三嗪环—Cl；NHC_2H_5

化学名称

2-氯-4，6-双（乙氨基）-1，3，5-三嗪

理化性质

白色结晶，熔点225～227℃（分解），蒸气压8.1×10^{-4}mPa（20℃）。溶解度（20℃，mg/L）：水5，氯仿900，甲醇400，乙醚300，石油醚2。

毒性

低毒。大鼠急性经口LD_{50}>5 000mg/kg。兔急性经皮LD_{50}>3 100mg/kg。对兔眼睛和皮肤无刺激性。大鼠2年慢性毒性试验无作用剂量为100mg/kg・d。无致畸、致突变、致癌作用。对鱼、蜜蜂、鸟低毒，鱼毒LC_{50}（96h）：虹鳟鱼和鲤鱼>100mg/L。

生物活性

与莠去津相同，但其活性低于莠去津。

制剂及生产厂

50%可湿性粉剂，40%悬浮剂。生产厂有吉林省吉化集团农药化工有限责任公司、浙江长兴第一化工有限公司、长兴中山化工有限公司、山东潍坊润丰化工有限公司等。

应用

主要用于深根作物，如果园、茶园、橡胶园、苗圃、非耕地除草，也用于玉米、甘蔗田除草。因其水溶性比莠去津差，喷施于土表只能防除一年生浅根杂草，对多年生深根杂草防效很差，甚至无效。可以防除的杂草有稗草、狗尾草、看麦娘、早熟禾、马唐、野苋菜、铁苋菜、蓼、藜、苍耳、龙葵、繁缕等。应用为土壤处理。

1．用于果园、茶园

北方和南方果园都可以使用，主要是用于12年以上树龄的苹果园和梨园，施用方法和注意事项与莠去津相同，但其水溶性、杀草活性、作用速度、除草效果都不及莠去津。在果树各生育期均可施药，主要掌握在杂草萌发出土前或刚出土时施药。用药量因土壤质地、有机质含量而异，一般是沙质土亩用50%可湿性粉剂150～250g，壤质土用300～400g，黏质土和有机质含量3%以上的土壤用500～600g，对水50kg，喷于地表。

果树苗圃一般在播种或移栽前7～10d施药。亩用50%可湿性粉剂200～250g，对水40kg，喷于地表。苗圃幼苗期和幼树园不宜使用。

茶园防除一年生杂草，亩用50%可湿性粉剂150～250g，对水喷于行间土表，尽量避免雾滴飞落到茶树叶片上。

2．用于林地、非耕地

（1）林地。用于化学整地，亩用50%可湿性粉剂400～600g，用于防火道600～2 000g，用于苗圃200～300g，杂草出土前喷于地表。

（2）非耕地。如公路、铁路两旁，于杂草出土前，亩用50%可湿性粉剂1 000～2 000g，一年生杂草用低量，多年生杂草用高量，对水喷于地表。

3．用于玉米、高粱地

曾广泛使用，现已极少使用，仅个别地区或特殊条件下才选用它。一般于播后苗前亩用50%可湿性粉剂300～400g，对水喷于地表。

注意事项

在土壤中残留期比莠去津长，特别是在干旱、低温、低肥条件下，可长达1年以上。因而易对后茬作物引起药害，有时隔年对敏感作物还有毒害。敏感作物有麦类、大豆、花生、油菜、向日葵、瓜类、棉花、水稻。十字花科蔬菜高度敏感。

氰草津（cyanazine）

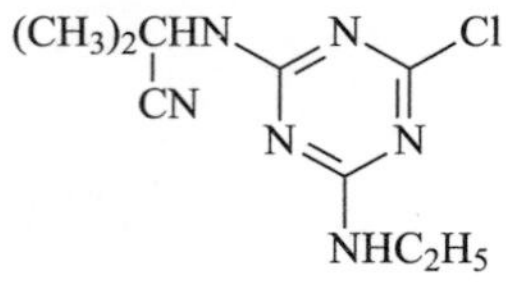

$(CH_3)_2C(CN)NH$—, N, Cl, N, N, NHC_2H_5

化学名称

2-氯-4-（1-氰基-1-甲基乙氨基）-6-乙氨基-1，3，5-三嗪

其他名称

草净津

理化性质

白色结晶体，熔点166.5～167.0℃，蒸气压2.0×10^{-4}mPa（20℃）。溶解度（25℃，g/L）：水0.171，氯仿210，乙醇45，苯15，己烷15。对光和热稳定。

毒性

低毒。急性经口LD_{50}：大鼠288mg/kg，小鼠380mg/kg，兔急性经皮LD_{50}>2 000mg/kg，大鼠急性吸入LC_{50}（4h）2.46mg/L。对兔眼睛和皮肤有中度刺激性。在试验剂量内无致畸、致突变、致癌作用。

对鱼、鸟低毒。虹鳟鱼LC_{50}（48h）5mg/L，鲇鱼LC_{50}（48h）10mg/L。鹌鹑LD_{50}400～500mg/kg，野鸭LD_{50}>2 000mg/kg，来亨鸡LD_{50}750mg/kg。

生物活性

与莠去津相同。但在土壤中残留期比莠去津

短，一般为2～3个月，对后茬作物较安全。

制剂及生产厂

43%、40%悬浮剂、50%可湿性粉剂，生产厂有山东大成农药股份有限公司、沙隆达郑州农药有限公司等。

应用

主要用于玉米地防除繁缕、荠菜、反枝苋、凹头苋、苘麻、苦苣菜、遏蓝菜、鼬瓣花、辣子草、柳叶刺蓼、酸模叶蓼、春蓼、红蓼、龙葵、豚草、香薷、曼陀罗、野田芥、野萝卜、蒿属等阔叶杂草，以及稗、狗尾草、金狗尾草、大狗尾草、看麦娘、早熟禾、黑麦草、画眉草、马唐等一年生禾本科杂草。

1. 玉米播后苗前使用，亩用43%、40%悬浮剂200～300g，或50%可湿性粉剂200～250g，对水喷于土表。施药后10d内遇小雨有利于药效发挥。若施药后干旱应浅混土2～3cm，垄上苗带施药后可培土2cm左右。

2. 玉米苗后使用，在玉米3～4叶期、杂草2～4叶期，亩用43%、40%悬浮剂250～300g，或50%可湿性粉剂250g，对水茎叶喷雾。当玉米超过5叶期或气温低于15℃时不得用药。春玉米苗后使用除草效果好于苗前使用。

莠灭净（ametryn）

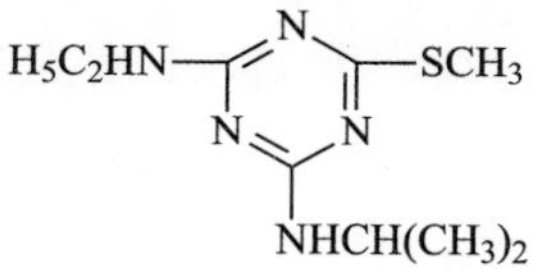

H_5C_2HN—(1,3,5-三嗪环)—SCH_3；$NHCH(CH_3)_2$

化学名称

2-甲硫基-4-乙氨基-6-异丙氨基-1，3，5-三嗪

其他名称

阿灭净

理化性质

白色粉末，相对密度1.18（22℃），熔点86.3～87.0℃，蒸气压0.112mPa（20℃）、0.365mPa（25℃）。20℃水中溶解度200mg/L，有机溶剂中溶解度（25℃，g/L）：丙酮610，甲醇510，甲苯470，正辛醇220，己烷12。在中性、弱酸、弱碱性介质中稳定，遇强酸（pH1）或强碱（pH13）分解为无活性的6-羟基衍生物，光照下缓慢分解。

毒性

低毒。大鼠急性经口LD_{50}1 110mg/kg，急性经皮LD_{50}（mg/kg）：大鼠>3 100，兔>2 000，大鼠急性吸入LC_{50}（4h）>5.17mg/L。对兔眼睛和皮肤无刺激性。对鱼、蜜蜂、鸟低毒。鱼毒LC_{50}（96h，mg/L）：虹鳟鱼5，金鱼14，蜜蜂经口LD_{50}>100μg/只。鹌鹑和野鸭LC_{50}（5d）>5 620mg/L，鹌鹑急性经口LD_{50}>30 000mg/kg。蚯蚓LD_{50}（14d）166mg/kg土壤。

生物活性

内吸性除草剂，杀草作用迅速，是光合作用抑制剂，对刚萌发的杂草防效最好。但在低浓度下能促进植物生长，即刺激幼芽和根的生长，促进叶面积增大，茎增粗等。

制剂及生产厂

50%悬浮剂，80%、76%、40%可湿性粉剂，90%、80%水分散粒剂。生产厂有浙江长兴县中山化工有限公司、浙江长兴第一化工有限公司、江苏无锡瑞泽农药有限公司、吉化集团农药化工股份有限责任公司、山东胜邦绿野化学有限公司、山东潍坊润丰化工有限公司、山东中科侨昌化工有限公司、昆明农药有限公司、以色列阿甘化学公司等。

应用

苗前或苗后处理，可用于甘蔗、香蕉、菠萝、玉米、棉花、柑橘等作物田防除稗草、马唐、狗尾草、狗牙根、牛筋草、雀稗、千金子、秋稷、大黍、苘麻、一点红、苦苣菜、田芥、菊芹、大戟属、蓼属、空心莲子菜、鬼针草、田旋花、臂形草等。

1. 用于甘蔗田

（1）芽前土壤处理。在甘蔗种植后出苗前施药，亩用有效成分超过160g，对蔗苗有药害。一般亩用80%可湿性粉剂130～200g，或50%悬浮剂200～250g、80%水分散粒剂125～180g、90%水分散粒剂110～133g，对水喷于土表。在稗草、千金子、田旋花、空心莲子菜、胜红蓟、狗牙根较重的蔗田，最好采用苗前施药。

（2）苗后早期茎叶喷雾。在甘蔗种植后10～15d，蔗苗3～4叶期、株高25cm左右，杂草3叶期前，亩用80%可湿性粉剂100～150g，对水进行行间定向喷雾，尽量避免把药液直接喷到蔗苗上。

2. 用于其他作物田

香蕉田。在种植前或苗后施药，亩用80%可湿性粉剂70～230g，对水30～50kg喷雾。当多次施药时，两次间隔3～4个月。

菠萝田。收获后或种植前、杂草苗前施药，亩用80%可湿性粉剂130～260g，对水30～50kg喷雾。

用作马铃薯藤本干燥剂，亩用80%可湿性粉剂70～150g，对水30～50kg喷雾。干燥时间为10～14d。

扑草净（prometryn）

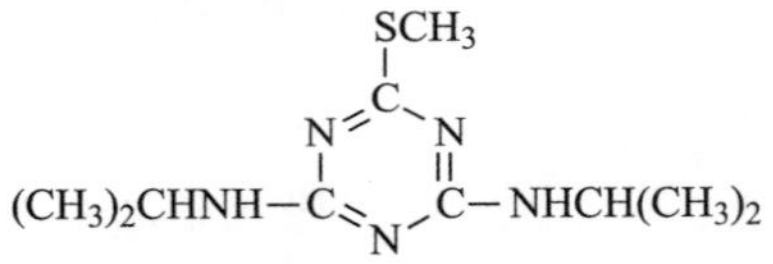

2-甲硫基-4,6-双(异丙氨基)-1,3,5-三嗪 structure: ring with SCH_3 at top, $(CH_3)_2CHNH-$ and $-NHCH(CH_3)_2$ substituents.

$$(CH_3)_2CHNH-C_3N_3(SCH_3)-NHCH(CH_3)_2$$

化学名称

2-甲硫基-4，6-双（异丙氨基）-1，3，5-三嗪

理化性质

白色结晶，相对密度1.157（20℃），熔点118～120℃，蒸气压0.165mPa（25℃）、0.133mPa（20℃）。溶解度（25℃，g/L）：水0.033，丙酮300，乙醇140，正辛醇110，己烷6.3，甲苯200。弱酸和弱碱性介质中稳定，遇中等强度的酸和碱分解，遇紫外光分解。

毒性

低毒。大鼠急性经口LD_{50} 2 100mg/kg，兔急性经皮LD_{50} > 2 000mg/kg，大鼠急性吸入LC_{50}（4h）> 5.17mg/L。对兔眼睛有轻微刺激性，对兔皮肤无刺激性，对豚鼠皮肤无致敏性。饲喂试验无作用剂量（mg/kg·d）：大鼠（2年）750，狗（2年）150，小鼠（21个月）10。

对鱼、蜜蜂、鸟低毒。鱼毒LC_{50}（96h，mg/L）：虹鳟鱼5.5，鲤鱼8～9，银鱼7，蓝鳃鱼10。蜜蜂LD_{50} > 99 μg/只（经口）、> 130 μg/只（接触）。野鸭和鹌鹑LC_{50}（8d）> 500mg/L。蚯蚓LD_{50}（14d）153mg/kg土壤。

生物活性

内吸性除草剂，从根系吸收，也可从叶、茎吸收，进入绿色叶片内抑制光合作用，使杂草失绿，逐渐干枯死亡。对刚萌发的杂草防效最好，持效期20～70d，旱地较水田时间长，黏土中更长。

制剂及生产厂

50%悬浮剂，50%、40%、25%可湿性粉剂，25%泡腾粒剂。生产厂有昆明农药有限公司、上海升联化工有限公司、吉化集团农药化工有限责任公司、浙江长兴第一化工有限公司、长兴县中山化工有限公司、山东大成农药股份有限公司、山东胜邦绿野化学有限公司、山东潍坊润生化工有限公司、山东侨昌化学有限公司等。

应用

能有效地防除多种一年生杂草和某些多年生杂草。主要用于稻田防除眼子菜、鸭舌草、牛毛草、节节菜、稗草、四叶萍、野慈姑、异型莎草、藻等杂草。用于大豆、花生、向日葵、棉花、小麦、玉米、甘蔗、茶园以及胡萝卜、芹菜、韭菜、香菜、茴香等菜田，可防除马唐、狗尾草、稗草、看麦娘、千金子、野苋菜、马齿苋、车前草、藜、蓼、繁缕等杂草。玉米对扑草净敏感，不宜使用。

1. 用于稻田

（1）移栽稻田使用。以防除眼子菜和莎草为主，在插秧后15～20d（南方）、25～45d（北方），眼子菜叶片由红转绿时，亩用50%可湿性粉剂30～40g（南方）、65～100g（北方），或亩用25%泡腾粒剂60～80g，拌细土，在稻叶露水干后均匀撒施。施药后要保水层7d以上，并不得下田作业。因扑草净水溶性大，在土壤中移动性较大，在沙质土壤田不宜使用。气温35℃以上不宜施药。

（2）冬水稻田使用。防除眼子菜、四叶萍等，宜在水稻收割后，亩用50%可湿性粉剂100～150g，拌细土撒施，保水层6～10cm1周。对已翻耕的稻田，待杂草重新长出后，按同样方法进行处理。

2. 用于旱作物田

棉田使用。在播后出苗前，亩用50%可湿性粉剂100～150g，对水喷雾土表，施药后1月内不要锄土。棉苗出土后禁止施药。地膜育苗不宜使用。

花生、大豆田使用。在播前或播后苗前，亩用50%可湿性粉剂100g，花生地还可亩用50%悬浮剂125～150g，向日葵在播后苗前亩用135～200g，对水喷雾土表。

甘薯地，在栽插前或栽插成活后长蔓前，亩用50%可湿性粉剂100g，对水喷雾。

谷子地于播后苗前50%可湿性粉剂50g，对水喷于土表。

麦田于麦苗2～3叶期，杂草1～2叶期，亩用50%可湿性粉剂75～100g，对水喷雾，防除麦田繁缕、看麦娘等杂草。

蔬菜地，主要用于胡萝卜、芹菜、大蒜、洋葱、韭菜、茴香等。在播种时、播后苗前或1～2叶期，亩用50%可湿性粉剂100g，对水喷雾。十字花科蔬菜地不宜使用。

3. 用于果树等木本植物园

（1）成年果园。常绿和落叶果树的各生育期均可施药，宜在杂草芽前或芽后早期做土壤处理。对苹果、梨、桃等定植1年以上果园，在中耕除草后，亩用50%可湿性粉剂150～200g，对水喷于土表。柑橘、荔枝、龙眼、菠萝等果园，在中耕除草后或春季杂草萌芽出土前，亩用50%可湿性粉剂200～250g，对水定向喷于土表。

施药时或施药后表土保持湿润，除草效果才好。

有机质含量低的沙质土果园，不宜使用本剂。

（2）茶园和桑园，在中耕后，一年生杂草大量萌芽时，土壤湿度较好的情况下，亩用50%可湿性粉剂200～300g，对水喷于土表，或拌细土撒施于土表。本剂对茶树有轻度药害，喷施时尽量避免药雾飘落茶树叶片上。也要防止药液沾染桑树的枝叶。

（3）二年生以上木本花圃，在杂草萌发出土前，亩用50%可湿性粉剂100～200g，采用喷雾法或毒土法施于土表。

在桉树树苗长出3对叶片后，亩用50%可湿性粉剂200g，对水喷于土表，可防除多种一年生杂草。

西草净（simetryn）

SCH_3 N N H_5C_2HN N NHC_2H_5

化学名称

2-甲硫基-4，6-双（乙氨基）1，3，5-三嗪

理化性质

白色结晶，熔点81～82.5℃。22℃水中溶解度450mg/L。易溶于甲醇、乙醇、氯仿等有机溶剂。

毒性

低毒。大鼠急性经口LD_{50}1 830mg/kg，小鼠急性经口LD_{50}535mg/kg，雄性豚鼠急性经皮LD_{50}>5 000mg/kg。

生物活性

内吸剂，主要经根部吸收，也可经茎叶吸收，传导至绿色叶片内，抑制光合作用的希尔反应，使叶片失绿变黄，干枯而死。

制剂及生产厂

25%可湿性粉剂。生产厂有吉化集团农药化工有限责任公司、辽宁营口三征农用化工有限公司、浙江长兴第一化工有限公司、长兴县中山化工有限公司等。

应用

对稻田眼子菜有特效，也能防除稗草、牛毛草、鸭舌草、瓜皮草、野慈姑、三棱草等杂草。除草原理与扑草净同。

1. 移栽稻田使用。在插秧后15～20d（水稻分蘖期），田间眼子菜由红转绿时，亩用25%可湿性粉剂100～150g（南方）、150～200g（北方），气温30℃以上时用量不得超过100g，拌细土均匀撒施。不能重复撒，以免局部施药量过多而产生药害。施药时田间保水层4～5cm，药后保水6～7d。

2. 直播稻田，在稻苗分蘖盛期，按移栽田的方法使用。

有机质含量少的沙质土壤，地势低洼排水不良、重盐碱或强酸性土壤，均不宜使用，因易产生药害。

在新品种稻田使用，应先做试验。

为提高对水稻安全性和扩大杀草谱，通常采用与禾草丹、丁草胺混用。

第十一章
三嗪酮类除草剂

本类除草剂在国内目前使用的有两个品种。嗪草酮，属1，2，4-三嗪酮；环嗪酮，属1，3，5-三嗪酮。都是光合作用抑制剂。

嗪草酮（metribuzin）

O　NH_2　$(CH_3)_3C$　N　N　N　SCH_3

化学名称

3-甲硫基-4-氨基-6-特丁基-4，5-二氢-1，2，4-三嗪-5-酮

其他名称

特丁嗪，赛克津

理化性质

白色结晶，相对密度1.28（20℃），熔点126.5℃，沸点132℃/2Pa，蒸气压0.058mPa（20℃）。溶解度（20℃，g/L）：水1.05，丙酮820，二甲苯90，甲苯87，苯220，氯仿850，二氯甲烷340，甲醇450，乙醇190，正丁醇150，异丙醇77，环己酮1 000，二甲基甲酰胺1 780。20℃时在稀酸、稀碱条件下稳定，在紫外光下相对稳定，正常情况下在土壤表面半衰期14～25d。

毒性

低毒。急性经口LD_{50}（mg/kg）：大鼠2 000，小鼠700，大鼠和兔急性经皮LD_{50}>2 000mg/kg，大鼠急性吸入LC_{50}（4h）>0.65mg/L。对兔眼睛和皮肤无刺激性。2年饲喂试验无作用剂量（mg/kg饲料）：大鼠100，小鼠800，狗100。每日允许摄入量0.013mg/kg。

对鱼、蜜蜂、鸟低毒。鱼毒LC_{50}（96h，mg/L）：虹鳟鱼76，翻车鱼80。蜜蜂经口LD_{50}>35μg/只。野鸭和鹌鹑急性经口LD_{50}分别为168mg/kg和460～800mg/kg，饲喂LD_{50}（5d）>4 000mg/kg。蚯蚓LD_{50}（14d）>331.8mg/kg土壤。

生物活性

内吸性除草剂，主要由根吸收随蒸腾流向上传导，也可被叶片吸收并进行有限的传导。主要是抑制杂草的光合作用，使叶片褪绿而枯死。表现症状是整个叶变黄，但叶脉常残留有淡绿色。在土壤中半衰期为28d左右，对后茬作物无影响。

制剂及生产厂

70%、50%可湿性粉剂。生产厂有大连瑞泽农药股份有限公司、江苏七洲绿色化工股份有限公

司、江苏常州市武进恒隆农药有限公司、江苏昆山瑞泽农药有限公司、河北新兴化工有限责任公司、德国拜耳作物科学公司等。

应用

可用于大豆、马铃薯、番茄、胡萝卜、豌豆、芦笋、甘蔗、菠萝、咖啡、苜蓿等田地，防除多种阔叶杂草，如蓼、苋、藜、荠菜、苣荬菜、野胡萝卜、小野芝麻、窍蓄、马齿苋、繁缕、卷茎蓼、香薷等。对苘麻、苍耳、龙葵也有效。对禾本科杂草有一定效果，而对多年生杂草无效。

1. 用于大豆田

在大豆播前或播后苗前 3~5d 进行土壤处理。土壤有机质含量较高、质地黏重和干旱时，宜采用播前混土或播后苗前混土施药法；土壤有机质含量较低、土质疏松、水分适宜时，宜播后苗前施药；起垄播种的大豆，可进行苗带施药，结合旋转锄灭草，也能获得好的除草效果。施药量因土壤质地和有机质含量而异（表 7-9）。

注意

（1）大豆品种间对嗪草酮的耐药性有差异，在大面积推广前应进行品种敏感性试验。

（2）一般不宜单用，可与氟乐灵、乙草胺、异丙甲草胺、异丙草胺、甲草胺、异噁草酮、丙炔氟草胺、灭草猛等混用，以提高对大豆的安全性，且除草效果好而稳定。

（3）单用或混用都需要严格控制用药量。用药量过大，或低洼排水不良地、低温等都可引起大豆药害，轻者叶片浓绿、皱缩，重者叶片失绿、变黄、变褐坏死。下部叶片先受影响，上部叶片一般不受影响。在大豆拱土期施药，会加重药害，对产量影响大。

2. 用于玉米田

一般不单用，目前登记仅有用于东北春玉米，在播后苗前亩用 70% 可湿性粉剂 50~70g，对水喷于土表。可与异丙甲草胺、异丙胺、甲草胺、乙草胺、莠去津混用，或用乙·嗪混剂，仅可用于土壤有机质含量大于 2%、pH 值低于 7 的玉米田。当土壤 pH 值大于 7 和有机质含量低于 2% 时，不论是单用或混用，施药后遇大雨易使药剂淋溶造成药害，受害玉米在第四叶片尖端首先变黄，重者可造成死苗。

3. 用于菜地

可用于番茄、胡萝卜、马铃薯和芦笋地除草。一般不与其他除草剂混用。在冷、湿、连阴天或作物受伤 3 日内不得使用。

（1）番茄田。直播田在苗后 4~6 叶期、移栽田在载前或移栽缓苗后施药，亩用 70% 可湿性粉剂 30~40g（壤土）、40~60g（黏土、有机质含量 3%~6%），对水喷雾。

（2）马铃薯田。在播后苗前或杂草芽后使用，

表 7-9 嗪草酮在大豆田的亩用药量（g）

土壤有机质含量	土壤质地	嗪草酮可湿性粉剂	
		70%	50%
<2%	沙质土	不能使用	不能使用
	壤质土	40~50	56~70
	黏质土	50~70	70~98
2%~4%	沙质土	50	70
	壤质土	50~70	70~100
	黏质土	70~80	
>4%	沙质土	70	100
	壤质土	70~80	100~110
	黏质土	70~90	100~126

亩用70%可湿性粉剂20～40g（砂壤土）、40～60g（黏土、有机质含量中等），对水喷雾。有机质含量很低的砂质土壤，不宜使用。

也可在马铃薯苗后至苗高10cm期间施药，亩用70%可湿性粉剂40～60g，对水喷雾。

（3）芦笋田。定植1年后的芦笋，在采收后参照番茄田用药量进行喷雾。

4. 用于甘蔗和苜蓿田

（1）甘蔗田。嗪草酮是蔗田优良除草剂。在甘蔗种植后出苗前，亩用70%可湿性粉剂30～50g，对水喷于土表。南方砂质土甘蔗田行间施药，用量不宜超过30g。

在甘蔗苗后株高1m以上，进行定向喷雾，除草效果也好。

（2）苜蓿田。只能用于生长12个月以上的多年生苜蓿地。在早春杂草出土前，亩用70%可湿性粉剂40～60g，对水喷雾。

环嗪酮（hexazinone）

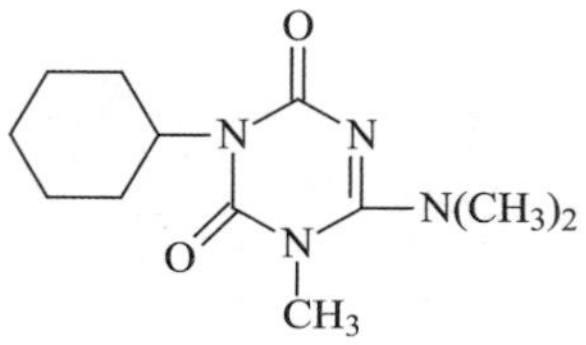

化学名称

3-环己基-6-（二甲基氨基）-1-甲基-1，3，5-三嗪-2，4-（1H，3H）二酮

理化性质

白色结晶，相对密度1.25，熔点115～117℃，蒸馏时分解，蒸气压0.03mPa（25℃）、8.5mPa（86℃）。溶解度（25℃，g/L）：水33，甲醇2650，丙酮792，苯940，甲苯386，氯仿3880，二甲基甲酰胺836，己烷3。对光稳定。强酸、强碱下分解。

毒性

低毒。大鼠急性经口LD_{50}1 690mg/kg，豚鼠急性经口LD_{50}860mg/kg，兔急性经皮LD_{50}>5 278mg/kg，大鼠急性吸入LC_{50}（1h）7.48mg/L。对兔眼睛有严重刺激性，对豚鼠皮肤无刺激性。大鼠和小鼠2年饲喂试验无作用剂量为200mg/kg·d。在试验剂量内无致畸、致突变、致癌作用。在三代繁殖试验和神经毒性试验中未见异常。

对鱼、蜜蜂、鸟低毒。鱼毒LC_{50}（48h，mg/L）：虹鳟鱼388，翻车鱼370～420，草虾94。蜜蜂经口LD_{50}>60μg/只。山齿鹑急性经口LD_{50}2 258mg/kg。野鸭和山齿鹑饲喂LD_{50}（8d）>10 000mg/kg饲料。

生物活性

是内吸剂，由植物根系和叶片吸收，抑制光合作用，使杂草枯死。用药后7d杂草嫩叶出现枯斑，至整片叶子干枯，地上部死亡约需15d，至地下根腐烂，至少需1个月；灌木需2个月；乔木受害后20～30d第一次脱叶，长出新叶再脱落，再长新叶，叶片一次比一次小，连续3～5次，地上部在60～120d内枯死，根系第二年开始腐烂。

制剂及生产厂

25%可溶液剂，25%水可溶剂，5%颗粒剂。生产厂有江苏省苏化集团新沂农药有限公司、江苏江阴凯江农化有限公司、美国杜邦公司等。

应用

非选择性除草剂，常用于常绿针叶林，如红松、马尾松、云杉、樟子松等幼林抚育、造林前除草灭灌、维护森林防火道及林地改造等。能除草，也能灭阔叶树木，如狗尾草、蚊子草、羊胡薹草、走马芹、芦苇、香薷、窄叶山蒿、铁线莲、婆婆纳、刺儿菜、蓼、藜、野燕麦等一年生和多年生单、双子叶杂草，以及黄花忍冬、珍珠梅、柳叶锈线菊、刺五加、翅香榆、山杨、桦、椴、蒙古柞、榛材、水曲柳、橡木、核桃秋等木本植物。

环嗪酮的药效发挥与降雨量有密切关系，最好在雨季前使用。持效期比草甘膦长，两者混用，可扩大杀草谱，减少抗性植株出现。

1. 造林前除草灭灌，用喷枪点射植树点，以一年生杂草为主的，每点用25%制剂1mL；以多年生杂草为主并伴生少量灌木的，每点用2mL；灌木密集林地，每点用3mL。20～45d后杂草、灌木死亡。

2. 林分改造。用飞机亩喷5%颗粒剂2～2.5kg。

3. 消灭非目的树种，在树根周围点射，每株10cm胸径的树，点射25%水剂8～10mL。点射法若离目的树很近时，可能会引发药害，但顶芽不死，1～2个月后可恢复生长。

4. 幼林抚育，在距幼树1m远用药枪点射四个角，或在行间点射1个点，每点用25%制剂1～2mL。

5. 维护森林防火线，每公顷用25%制剂6L，对水150～300kg喷雾。或每公顷用5%颗粒剂22.5～37.5kg（除草）、37.5～45kg（灭灌），撒施。对个别残存灌木，可再点射补药。

第十二章
苯基氨基甲酸酯类除草剂

本类除草剂是随机筛选而得，品种较多，现仅介绍国内使用的两个品种：甜菜宁、甜菜安，都是光合作用抑制剂，也都是用于甜菜田的除草剂。

甜菜宁（phenmedipham）

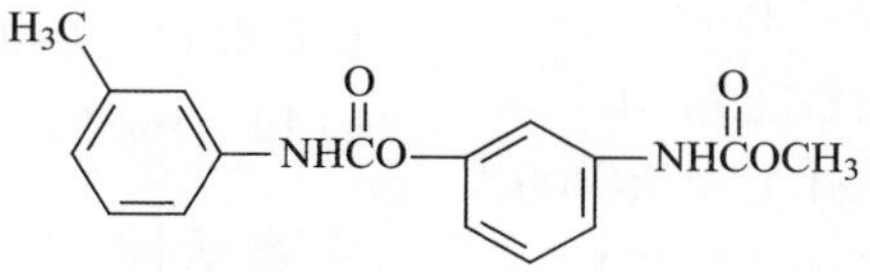

H_3C　NHCO(=O)O　NHCO(=O)OCH_3

化学名称

3-（3-甲苯基氨基甲酰氧基）苯基氨基甲酸甲酯

理化性质

白色结晶，相对密度0.34～0.54（20℃）。熔点143～144℃，蒸气压1.33×10^{-6}mPa（25℃）。20℃水中溶解度6mg/L。有机溶剂中溶解度（20℃，g/L）：丙酮、环己酮约200，乙酸乙酯56.3，甲醇50，氯仿20，二氯甲烷16.7，甲苯0.97，己烷0.5。常温下贮存可达数年。

毒性

低毒。大鼠和小鼠急性经口LD_{50} > 8 000mg/kg，大鼠急性经皮LD_{50} > 4 000mg/kg，大鼠急性吸入无影响浓度为1mg/L。对眼睛和皮肤有轻度刺激性。2年饲喂试验无作用剂量（mg/kg·d）：大鼠5～10，狗25～35。在试验剂量内无致畸、致突变、致癌作用。大鼠三代繁殖试验无作用剂量为25mg/kg·d。迟发性神经毒性试验未见异常。

对鱼中等毒，LC_{50}（96h）：虹鳟鱼1.4～3.0，翻车鱼3.98。对海藻高毒，LC_{50}241 μ g/L。对鸟类低毒，急性经口LD_{50}（mg/kg）：鹌鹑2 900，野鸭2 100，鸡 > 3 000；野鸭和山齿鹑饲喂LC_{50}（8d）> 10 000mg/kg饲料。蚯蚓LD_{50}447.6mg/kg土壤。

生物活性

选择性苗后茎叶处理剂。杂草的茎叶吸收药剂后在体内传导，破坏光合作用，杀死杂草。甜菜能把进入体内的药剂水解成无活性物质，故对甜菜高度安全。

制剂及生产厂

160g/L乳油，生产厂有江苏好收成韦恩农药化工有限公司、浙江一帆化工有限公司、德国拜耳作物科学公司等。

应用

主要用于甜菜地防除阔叶杂草，如繁缕、荠菜、芥菜、乔麦蔓、野芝麻、野萝卜、牛舌草、鼬瓣花、牛藤菊等，但蓼、苋耐药性强，对禾本科杂草和未萌发的杂草无效。用于甜菜地除草，在甜菜生育期内、杂草2～4叶期，亩用160g/L乳油400～600mL，对水茎叶喷雾。当气候条件不好、干旱、杂草出土不齐时，应采用低剂量分次施药，例如，亩用200mL，每7～10d喷一次，连喷2～3次。

甜菜安（desmedipham）

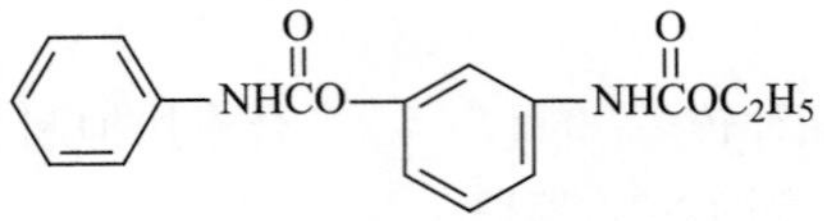

$NHCO$ … $NHCOC_2H_5$

化学名称

3－苯基氨基甲酰氧基苯基氨基甲酸乙酯

理化性质

白色结晶，相对密度0.536，熔点120℃，蒸气压4×10^{-5}mPa（25℃）。20℃水中溶解度7mg/L（pH值7），有机溶剂中溶解度（20℃，g/L）：丙酮400，甲醇180，乙酸乙酯149，氯仿80，二氯乙烷17.8，苯1.6，甲苯1.2，己烷0.5。

毒性

低毒。大鼠急性经口LD_{50}10 250mg/kg，小鼠急性经口LD_{50}＞5 000mg/kg，兔急性经皮LD_{50}＞4 000mg/kg。大鼠急性吸入LC_{50}（4h）＞7.4mg/L。对兔眼睛有轻度刺激性，对皮肤无刺激性。饲喂试验无作用剂量（mg/kg饲料）：大鼠（2年）60，小鼠（2年）1 250，狗（1年）300。在两代繁殖试验中无作用剂量为50mg/kg。在试验剂量内无致畸、致突变、致癌作用。

对鱼中等毒，虹鳟鱼LC_{50}（96h）1.7mg/L，翻车鱼3.2mg/L。对蜜蜂、鸟、土壤微生物低毒，蜜蜂急性接触LD_{50}＞100μg/只，经口LD_{50}＞50μg/只。对野鸭急性经口LD_{50}＞5 000mg/kg，对野鸭和山齿鹑饲喂LC_{50}（8d）＞5 000mg/kg饲料。蚯蚓LD_{50}（14d）466.5mg/kg土壤。

生物活性

同甜菜宁。

制剂及生产厂

无单剂，现有160g/L甜安·甜宁乳油，是甜菜安与甜菜宁1：1的混合制剂。由德国拜耳作物科学公司生产。

应用

用于甜菜地防除藜、反枝苋、野苋、荠菜、肠草属、荞麦蔓等阔叶杂草。在甜菜苗后、阔叶杂草2～4叶期，亩用160g/L甜安(甜宁乳油333～400mL)，对水茎叶喷雾。

第十三章
脲类除草剂

本类除草剂的第一个品种是20世纪50年代初期随机筛选而得，其余品种是经进一步优化而得，现已开发的品种达40种以上，但由于新类型、高效和超高效除草剂的相继推出，目前仍在使用的品种约10个，在我国使用的品种有6个，其中异丙隆、敌草隆、利谷隆和绿麦隆是光合作用抑制剂，苄草隆和杀草隆是抑制细胞分裂。施药后，主要通过杂草根系吸收，随蒸腾流向上传导，积累于叶片中，防除杂草幼苗，而不抑制杂草种子萌发。主要作用部位在叶片，当叶片受害后自叶尖起发生褪绿、然后呈水浸状，最后坏死。

异丙隆（isoproturon）

$$(CH_3)_2HC-C_6H_4-NHC(=O)N(CH_3)_2$$

化学名称

1，1-二甲基-3-（4-异丙基苯基）脲

理化性质

白色结晶，相对密度1.16（20℃），熔点151～153℃，蒸气压3.15×10^{-3}mPa（20℃）。20℃水中溶解度70mg/L。有机溶剂中溶解度（20℃，g/L）：甲醇75，二氯甲烷63，丙酮38，二甲苯38，苯5，己烷0.1。

毒性

低毒。急性经口LD_{50}mg/kg：大鼠>3 900，小鼠3 350；急性经皮LD_{50}mg/kg：兔2 000，大鼠>3 170。大鼠急性吸入LC_{50}（4h）>1.95mg/L。对兔皮肤无刺激性。大鼠亚慢性毒性试验无作用剂量为400mg/kg饲料，大鼠慢性毒性试验无作用剂量为2 000mg/kg饲料。每日允许摄入量0.006 2mg/kg。

对鱼、鸟低毒。鱼毒LC_{50}（96h）mg/L：鲤鱼193，虹鳟鱼37，翻车鱼>100，鲇鱼9。日本鹌鹑急性经口LD_{50}3 042～7 926mg/kg，鸽子急性经口LD_{50}>5 000mg/kg。对蜜蜂低毒，经口LD_{50}>50～100μg/只。

生物活性

内吸性药剂，主要由根吸收，叶片吸收很少。在导管内随水分向上传导到叶，多分布于叶尖和叶缘，在绿色细胞内抑制光合作用，在光照条件下能放出氧和二氧化碳，有机物生成停止，使杂草因饥饿2～3周而死亡。受害症状是叶尖、叶缘褪绿、变黄、枯死。

制剂及生产厂

75%、70%、50%可湿性粉剂，50%高渗可湿性粉剂，50%悬浮剂。生产厂有江苏常隆化工有限公司、江苏快达农化股份有限公司、江苏凯江农化有

限公司、苏州华源农用生物化学品有限公司、江苏颖泰化学有限公司、安徽广信农化有限公司等。

应用

用于麦田可防除马唐、看麦娘、硬草、网草、早熟禾、野燕麦、碎米荠、荠菜、春蓼、母菊、窍蓄、繁缕、苋等一年生禾本科杂草和阔叶杂草。对硬草、看麦娘、网草有特效。对猪殃殃、婆婆纳基本无效。

1. 用于麦田

施药适期较宽，冬麦于冬前或春季麦苗返青期、看麦娘拔节之前均可施药，春麦于苗后茎叶喷雾。

（1）冬麦田。冬小麦、冬大麦的最佳施药时期为麦齐苗至3叶期之前、看麦娘分蘖前，一般在冬前施药，亩用75%可湿性粉剂90～105g、70%可湿性粉剂100～115g、50%可湿性粉剂120～140g、25%可湿性粉剂240～280g，或50%悬浮剂100～150g，对水喷雾。在春季施用同样剂量，除草效果稍差。春季施药只应作为冬前漏治田块的一种补救措施。

在长江中下游冬小麦、冬大麦也有播后苗前施药，亩用75%可湿性粉剂80～100g，对水喷于土表。但药剂与露籽麦或麦根接触，易引起死苗，成苗减少，大元麦受害重。因此，套种麦或免耕麦必需精细盖籽，要求不露籽，不露根。

（2）春麦田。于春小麦、春大麦3叶期、野燕麦1～2叶期，亩用75%可湿性粉剂180～200g，对水60kg喷雾。对野燕麦、藜、窍蓄、野芥菜等有较好的防治效果。

2. 用于大豆和马铃薯田

一般于大豆播后苗前，马铃薯种植培土后出苗前，亩用50%可湿性粉剂（或悬浮剂）125～200g，对水喷于土表。

敌草隆（diuron）

Cl
O
Cl—NHCN(CH₃)₂

化学名称

1，1-二甲基-3-（3，4-二氯苯基）脲

理化性质

白色结晶，相对密度1.48，熔点158～159℃，180～190℃分解，蒸气压1.1×10^{-3}mPa（25℃）。25℃水中溶解度36.4mg/L。有机溶剂中溶解度（27℃，g/L）：丙酮53，硬脂酸丁酯1.4，苯1.2。

毒性

低毒。大鼠急性经口LD_{50}3 400mg/kg，兔急性经皮LD_{50}>2 000mg/kg，大鼠急性吸入LC_{50}（4h）>5mg/L。对兔眼睛有中度刺激性，对豚鼠皮肤无刺激性和致敏性。2年饲喂试验无作用剂量（mg/kg饲料）：大鼠250，狗125。每日允许摄入量0.002mg/kg。

对鱼中等毒，LC_{50}（96h，mg/L）：虹鳟鱼5.6，翻车鱼5.9。对蜜蜂无毒。对鸟低毒，8d饲喂试验LC_{50}（mg/kg饲料）：山齿鹑1 730，日本鹌鹑>5 000，野鸭>5 000。

生物活性

内吸剂，主要由根吸收，叶片吸收很少。根吸收的药剂随蒸腾流传导到地上叶片，并沿着叶脉向四周传导，抑制光合作用中的希尔反应，使叶尖的边缘开始褪色，终致全叶枯萎，不能制造养分，使杂草饥饿而死。对种子的萌发无影响，持效期60d以上。

制剂及生产厂

80%、50%、25%可湿性粉剂，50%高渗可湿

性粉剂，20% 悬浮剂，生产厂有黑龙江鹤岗市禾友农药有限责任公司、苏州华源生物化学品有限公司、江苏优士化学有限公司、江苏常隆化工有限公司、江苏嘉隆化工有限公司、江苏快达农化股份有限公司、沈阳丰收农药有限公司、安徽广信农化集团有限公司、美国杜邦公司、以色列阿甘化学公司等。

应用

由于主要由根部吸收。茎叶吸收很少，宜做土壤处理，不宜叶面喷雾。可用于甘蔗、棉花、果园、茶园、桑园、橡胶园、林地及苗圃、非耕地，防除马唐、狗尾草、早熟禾、龙葵、铁苋菜、繁缕、藜、荠菜、田芥、牛藤菊、（辣子草）、欧洲菊、大爪草、野萝卜等杂草。对窍蓄、卷茎蓼、千里光也有较好的防效。但对婆婆纳、直立婆婆纳、猪殃殃、田旋花、大巢菜等杂草无效。与扑草净混用可防除稻田眼子菜、四叶萍、牛毛草等。

1．用于甘蔗田

露地栽培甘蔗于植后苗前，亩用 80% 可湿性粉剂 100 ~ 150g、25% 可湿性粉剂 400 ~ 600g 或 20% 悬浮剂 500 ~ 700g，对水喷于土表。清种覆膜蔗田，在覆膜前亩用 25% 可湿性粉剂 300 ~ 400g，套种蔗田用 250 ~ 350g，对水喷洒于床面，立即覆膜。

2．用于棉田

在播后苗前或移栽前，亩用 50% 可湿性粉剂 100 ~ 150g（多年生杂草可用到 175g），对水喷洒于土表。砂质土用低量，黏质土用高量。

3．用于果园、茶园、桑园、橡胶园等木本植物园

一般是在早春杂草大量萌发出土前，亩用 50% 可湿性粉剂 250 ~ 400g（砂质土用量酌减），对水 30 ~ 60kg 喷于土表，持效期可达 30 ~ 60d。果园需是定植 4 年以上。喷药时防止雾滴飘落在枝叶上。

4．用于香料作物园

薄荷、留兰香田，可在头刀、二刀后出苗前，亩用 50% 可湿性粉剂 100 ~ 125g，对水喷于土表。茅香田，可在头茬茅香出苗前或二茬茅香田在头茬茅香收割后 2 ~ 5d，亩用 50% 可湿性粉剂 100 ~ 150g，对水喷于土表。

5．非耕地灭生性除草

在杂草发芽出土前，亩用 50% 可湿性粉剂 150 ~ 250g（一年生杂草）、300 ~ 500g（多年生杂草），对水 50 ~ 60kg，喷于土表。

注意事项

本剂对多种作物的叶片有较强杀伤力，喷雾时要防止雾滴飘落在周边作物的枝叶上，喷过药的喷雾器必须用清水多次清洗。

利谷隆（linuron）

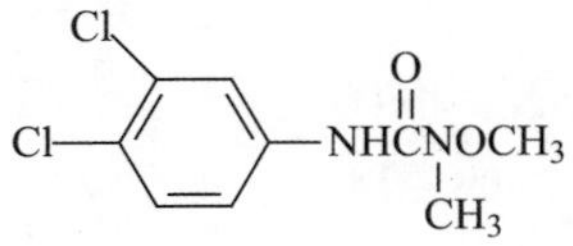

Cl
Cl—C₆H₃—NHC(=O)N(CH₃)OCH₃

化学名称

1- 甲氧基 -1- 甲基 -3-（3，4- 二氯苯基）脲

理化性质

白色结晶，相对密度 1.49，熔点 93 ~ 94℃，蒸气压 0.051mPa（20℃）。20℃水中溶解度 63.8mg/L（pH7）。有机溶剂中溶解度（25℃，g/L）：丙酮 500，乙醇 150，苯 150，二甲苯 130，易溶于二甲基甲酰胺、氯仿和乙醚，在芳香烃中溶解度适中，微溶于脂肪烃。

毒性

低毒。大鼠急性经口 LD_{50}4 000mg/kg，大鼠急性经皮 LD_{50} > 2 000mg/kg，大鼠急性吸入 LC_{50}（4h）> 6.1mg/L。对兔皮肤有中度刺激性，对豚鼠皮肤无致敏性，每日允许摄入量 0.008mg/kg。

对鱼类中等毒，虹鳟鱼 LC_{50}（96h）3.15mg/L。对蜜蜂、鸟低毒，蜜蜂经口 LD_{50} > 1 600μg/只，山齿鹑急性经口 LD_{50}940mg/kg。饲喂 LC_{50}（8d，mg/kg 饲料）：野鸭 3 083，日本鹌鹑 > 500。蚯蚓 LD_{50} > 1 000mg/kg 土壤。

生物活性

是内吸剂，也有一定的触杀作用，被杂草的根和芽吸收并向上传导，抑制光合作用中的希尔反应，使杂草因饥饿致死。这种作用首先从叶尖端开始，再向全叶发展。

制剂及生产厂

50% 可湿性粉剂，生产厂有江苏常隆化工有限公司、江苏优士化学有限公司等。

应用

主要用于玉米、小麦、棉花、甘蔗、果园、桑园、苗圃及某些蔬菜地防除多种一年生阔叶杂草和禾本科杂草，如反枝苋、马齿苋、铁苋菜、藜、繁缕、蓼、狼把草、鬼针草、窍蓄、苍耳、猪毛菜、鸭跖草、辣子草、地肤、香薷、水棘针、豚草、马唐、看麦娘、稗草、狗尾草、牛筋草、野燕麦等。对多年生的香附子、牛毛草、眼子菜也有较好防除效果。

1. 玉米田

目前登记可用于东北春玉米田。一般是在播前或播后苗前进行土壤喷雾处理，用药量受土壤质地和土壤有机质含量影响（表 7-10），有机质含量低于 1% 或高于 5% 均不宜使用，因有机质含量低易产生药害，有机质含量高则用药也随之增加，不经济。

表 7-10 50% 利谷隆可湿性粉剂的使用量

土壤有机质含量	土壤质地	亩用药量（g）
1% ~ 2%	沙质土	67 ~ 110
	壤质土	85 ~ 150
	黏质土	95 ~ 180
3% ~ 5%	沙质土	110 ~ 200
	壤质土	165 ~ 260
	黏质土	180 ~ 330

2. 麦田

主要用于冬小麦田除草。对青稞有药害，不宜使用。土壤有机质含量低于 1% 或高于 3% 的麦田不宜使用，土壤干旱也不宜使用。

①冬小麦播后（3 ~ 5d）苗前，亩用 50% 可湿性粉剂 100 ~ 130g，对水 20 ~ 30kg，喷洒于土表，并进行浅混土。

②在小麦 3 叶期，用上述药量配成毒土撒施，为充分发挥药效，结合灌水施药最好，并对小麦安全。但不能进行茎叶喷雾。

3. 稻田

用于移栽田防除眼子菜和稗草，可在水稻移栽后 20 ~ 25d，亩用 50% 可湿性粉剂 70 ~ 100g，拌细土 20kg，撒施。施药时需保持水层 3 ~ 6cm，使眼子菜叶片漂浮水面。

4. 棉麻田

用于棉田可防除多种禾本科杂草和阔叶杂草。一般是在棉花播后苗前或移栽前喷施。西北内陆棉区亩用 50% 可湿性粉剂 200 ~ 350g，长江流域棉区用 75 ~ 120g。黏质土用高量，沙质土用低量。土壤墒情好有利于药效发挥，持效期达 50～60d。

用于亚麻田可在播后苗前，亩用 50% 可湿性粉剂 200～300g，对水喷洒于土表。注意不能过量，否则影响亚麻出苗率。最好是先试验，找准用药量后再推广。

5. 蔗田

用于清种覆膜蔗田，亩用 50% 可湿性粉剂 250～300g，对水 40kg，喷洒于床面，立即覆膜。

6. 蔬菜田

马铃薯在种植后到出苗前使用（拱土出苗时即停止用药），用药量随土壤有机质含量而变化：有机质含量低于 2% 时亩用 50% 可湿性粉剂 75～185g，有机质含量 2%～5% 时用 185～300g，有机质含量大于 5% 或杂草已出土时用 300g，对水喷洒于土表。施药田块的马铃薯播种深度至少 5cm。

韭菜田在播后苗前，亩用 50% 可湿性粉剂 75～100g，对水喷于土表。

宿根小葱田于小葱越冬后返青前或返青初杂草出土前亩用 50% 可湿性粉剂 100g，对水喷于地表。移栽大葱田于移栽成活后、大部分杂草出土前，亩用 100g，对水定向喷于土表。

元葱田在移栽成活后，大部分杂草出土前，亩用 50% 可湿性粉剂 100g，对水定向喷于土表。

7. 果园

定植 4 年以上的果园，可在早春大量杂草萌发出土前或中耕后，亩用 50% 可湿性粉剂 150～300g，对水 50～60kg，喷于地面。喷药时要防止药液或雾滴污染果树叶片。

注意事项

1. 用于播后苗前土壤处理，作物播种深度不能少于 4cm，不能有露籽。

苗后使用不够安全，尽量少采用。必须采用时，要采取低喷头定向喷雾法。

2. 严格掌握用药量，不能过量使用，并注意随土壤质地和土壤有机质含量调整用药量。

3. 土壤干旱不利于利谷隆药效的发挥，但灌水或降雨过多，药剂又易被淋洗到土壤下层而产生药害。因此，在施药后 10～15d 内不降雨，则可进行 2cm 以内的浅耙混土。

绿麦隆（chlorotoluron）

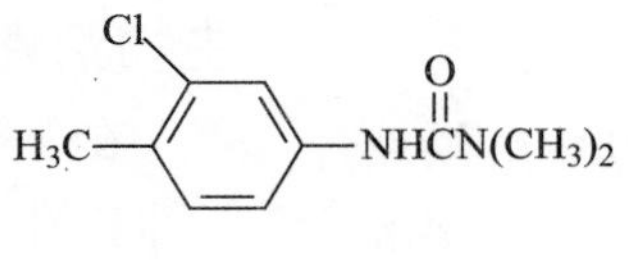

化学名称

1，1-二甲基-3-（3-氯-4-甲基苯基）脲

理化性质

白色结晶，相对密度 1.40，熔点 148.1℃，蒸气压 0.004 8mPa（20℃）、0.005mPa（25℃）。溶解度（25℃，g/L）：水 0.074，丙醇 54，乙醇 48，正辛醇 24，乙酸乙酯 21，二氯甲烷 51，甲苯 3，正己烷 0.06。对光和紫外线稳定。

毒性

低毒。大鼠急性经口 LD_{50}>5 000mg/kg，大鼠急性经皮 LD_{50}>2 000mg/kg，大鼠急性吸入 LC_{50}（4h）5.3mg/L。对兔眼睛和皮肤无刺激性，对豚鼠皮肤无致敏性。2 年饲喂试验无作用剂量（mg/kg 饲料）：雄小鼠 5，雌小鼠 11.3。

对鱼、蜜蜂、鸟低毒。鱼毒 LC_{50}（96h，mg/L）：虹鳟鱼 35，鲫鱼>100，翻车鱼 50。蜜蜂 LD_{50}（μg/只）>20（接触）、>1 000（经口）。8d 饲喂 LD_{50}（mg/L）野

鸭>6 800，日本鹌鹑>2 150。蚯蚓LC_{50}>1 000mg/kg土壤。

生物活性

具有根部吸收和叶面触杀作用，进入杂草体内抑制光合作用中的希尔反应，使叶片产生缺绿症，经10d左右枯死。

制剂及生产厂

25%可湿性粉剂，生产原药和制剂的有上海东风农药厂、江苏快达农化股份有限公司，另有8家制剂加工厂。

应用

主要用于谷类作物如小麦、大麦、青稞、玉米和高粱田中的禾本科杂草和阔叶杂草，如看麦娘、马唐、狗尾草、早熟禾、硬草、碱茅、牛繁缕、婆婆纳、荠菜、藜、苋、附地菜、苍耳等。对猪殃殃、问荆、田旋花、苣荬菜、窃蓄等防效差。

1. 小麦田

播后苗前土壤处理，亩用25%可湿性粉剂250～300g（北方可增至350g）；苗期茎叶喷雾，一般在麦苗2叶1心期，最迟到3叶期、杂草1～2叶期施药，亩用25%可湿性粉剂200～250g，超过300g易产生药害。

2. 玉米和高粱田

在播后苗前或在玉米、高粱4～5叶期，亩用25%可湿性粉剂200～300g，对水喷雾。

苄草隆（cumyluron）

$$\text{2-Cl-C}_6\text{H}_4\text{-CH}_2\text{NHCONH-C(CH}_3)_2\text{-C}_6\text{H}_5$$

化学名称

1-（2-氯苄基）-3-（1-甲基-1-苯基乙基）脲

理化性质

白色针状结晶，相对密度1.213（20℃），熔点166～167℃，蒸气压8.0 × 10^{-12}mPa（25℃）。溶解度（20℃，g/L）：水0.001，甲醇14.5，丙酮11.0，苯1.4，二甲苯0.4，己烷0.00357。

毒性

低毒。大鼠急性经口LD_{50}（mg/kg）：2 074（雄），961（雌），大鼠和小鼠急性经皮LD_{50}>2 000mg/kg，大鼠急性吸入LC_{50}（4h）6.21mg/L。对兔皮肤无刺激性，对兔眼睛有轻度刺激性，对豚鼠皮肤无致敏性。小鼠90d亚慢性饲喂试验无作用剂量（mg/kg・d）：7.0（雄）、7.72（雌）。无致畸、致突变、致癌作用。

对鱼、蜜蜂、鸟、家蚕均为低毒。鱼毒LC_{50}（96h，mg/L）：虹鳟鱼10，鲤鱼>50。鹌鹑急性经口LC_{50}>5 620mg/kg饲料。

生物活性

在脲类除草剂中它是属于细胞分裂和细胞生长抑制剂。主要由根和茎吸收，阻碍根部细胞的分裂和生长，使杂草自发芽时至生长初期的发根受抑制，阻碍根的伸长和发育，促使草枯死。

制剂及生产厂

45%悬浮剂，由日本丸红株式会社生产。

应用

用于苯特草和蓝骨草草坪防除早熟禾（对其他杂草防效差），100m^2用45%悬浮剂150～300g对水喷雾，对成草草坪在生长期施药，新植草坪在播后出苗前施药。对草坪草苯特草、蓝骨草安全。

另有8%颗粒剂，可用于水稻移栽田和直播田防除某些一年生和多年生禾本科杂草。一般在苗前施药，移栽田亩用8%颗粒剂1.6～3.2kg，直播田用934～2 000g，毒土法施药。

杀草隆（daimuron）

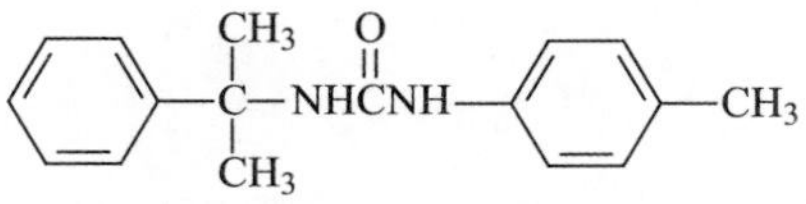

$$\text{C}_6\text{H}_5-\text{C}(\text{CH}_3)_2-\text{NH}-\text{C}(=\text{O})-\text{NH}-\text{C}_6\text{H}_4-\text{CH}_3$$

化学名称

1-（4-甲基苯基）-3-（1-甲基-1-苯基乙基）脲

其他名称

莎扑隆

理化性质

白色针状结晶，相对密度1.108（20℃），熔点203℃，蒸气压4.53 × 10^{-4}mPa（25℃），20℃水中溶解度1.3mg/L。有机溶剂中溶解度（20℃，g/L）：甲醇10，丙酮16，苯0.5，己烷0.03。在pH4～9范围内及紫外光照射下稳定。

毒性

低毒。大鼠和小鼠急性经口LD_{50} > 5 000mg/kg，大鼠急性经皮LD_{50}>2 000mg/kg，大鼠急性吸入LC_{50}（4h）3.25mg/L。饲喂试验无作用剂量：雄狗（1年）30.6mg/kg饲料，雄大鼠（90dmg/kg·d）3 118，雌大鼠（90d，mg/kg·d）3 430，雄小鼠（90d，mg/kg·d）1 513，雌小鼠（90d，mg/kg·d）1336。每日允许摄入量0.3mg/kg。

对鱼、鸟低毒。鲤鱼LC_{50}（48h）> 40mg/L。山齿鹑急性经口LD_{50} > 2 000mg/kg，山齿鹑饲喂LC_{50}（5d）> 500mg/L。

生物活性

是细胞分裂抑制剂，通过植物根吸收，抑制根和地下茎的伸长，从而抑制地上茎的伸长。不抑制光合作用。

制剂及生产厂

40%可湿性粉剂，由江苏江阴市凯江农化有限公司生产。

应用

主要用于稻田，亦可用于玉米、大豆、向日葵、小麦、甘薯、棉花等旱作物田。防除异型莎草、日照飘拂草、牛毛草、球花碱草、萤蔺、扁秆曙草、香附子等莎草科杂草。对稻田稗草有一定的效果，对其他阔叶杂草和禾本科杂草无效。是芽前除草剂，只能混土处理，茎叶喷雾无效。

1. 用于稻田

可用秧田、直播田和移栽田。

在水稻秧田和直播田于播前施药。在稻田粗整理后，亩用40%可湿性粉剂400～500g，拌细土撒施于土表，并增施过磷酸钙20kg，再交叉耙地混土5～7cm，随后平整田板，即可播种。

移栽稻田于移栽前施药。防除浅根性莎草，亩用40%可湿性粉剂125～200g，拌细土撒施，混土深度2～5cm；防除多年生深根性莎草，亩用40%可湿性粉剂400～500g，拌细土撒施，混土深度7～10cm。混土后即可移栽。

2. 用于旱地

用药量约比水稻田高1倍。例如，在玉米、大豆田于播前施药，亩用40%可湿性粉剂400～800g，防除一年生浅根性莎草用低量，防除多年生深根性莎草用高量，细土撒施或对水喷于土表，混土深度10cm。

第十四章 苯腈类除草剂

仅有两个品种：溴苯腈和辛酰溴苯腈，都是光合作用抑制剂。

溴苯腈（bromoxynil）

化学名称

3，5–二溴–4–羟基苯腈

理化性质

白色固体，熔点194～195℃，蒸气压1.7×10^{-4}mPa（20℃）。溶解度（25℃，L）：水0.13，二甲基甲酰胺610，丙酮170，环己酮170，甲醇90，乙醇70，苯10，四氢呋喃410，石油醚<20。

毒性

中等毒。急性经口LD_{50}（mg/kg）：大鼠81～177、小鼠110，兔260，狗约100。急性经皮LD_{50}（mg/kg）：大鼠＞2 000，兔3 660，大鼠急性吸入LC_{50}（4h）＞0.38mg/L。对兔皮肤无刺激性，对眼睛有中度刺激性。在试验剂量下无致畸、致突变、致癌作用。在三代繁殖试验中未见异常。

对鱼类高毒，虹鳟鱼LC_{50}（48h）0.15mg/L，翻车鱼LC_{50}（96h）29.2mg/L。水蚤LC_{50}（48h）12.5mg/L。对鸟类低毒，急性经口LD_{50}（mg/kg）：野鸭200，母鸡240。对蜜蜂低毒，LD_{50}（48h，μg/只）：经口5，接触150。

生物活性

是苗后茎叶处理触杀型除草剂，被杂草吸收后仅能进行有限的传导，主要是抑制光合作用和蛋白质合成，促使叶片褪绿和产生枯斑，2～6d即死亡。

制剂及生产厂

225g/L乳油，生产厂有浙江禾本农药化学有限公司、浙江东风化工有限公司、德国拜耳作物科学公司等。

应用

在我国主要用于小麦、玉米田防除一年生阔叶杂草，如播娘蒿、麦家公、麦瓶草、荠菜、猪毛菜、遏蓝菜、苦苣菜、苍耳、龙葵、豚草、窍蓄、田旋花、曼陀罗、千里光、鸭跖草、婆婆纳、母菊、矢车菊、地肤、苋、藜、蓼等。在土壤中半衰期10～15d，对后茬作物安全。

1．麦田

在小麦3～5叶期、大部分阔叶杂草开始进入生长旺盛的4叶期，亩用225g/L乳油80～130mL，对水30～40kg喷雾。

还可与激素型除草剂混用，例如，亩用225g/L

乳油75mL，加72%2，4-滴丁酯乳油25～40mL（春小麦）或加20%2甲4氯水剂100mL（冬小麦）混合喷雾。

注意：只能在小麦3～4叶期施药，错过此时期施药易造成麦苗药害。

2．玉米田

在玉米4～8叶期、阔叶杂草4叶期，亩用225g/L乳油80～100mL（夏玉米）、100～120mL（春玉米），对水30～40kg喷雾。玉米叶片沾着药液后，或多或少会产生一些触杀型灼斑，但不会影响玉米正常生长和产量。

3．亚麻田

在亚麻长到5～10cm高时，亩用225g/L乳油80mL，对水喷雾。用药量超过80mL，或延至亚麻孕蕾后使用，均不安全。

4．水稻田

据报道，溴苯腈与扑草净混用，可有效地防除比较难防除的疣草。在水稻移栽后20～30d，疣草长到4～6叶时施药。亩用225g/L乳油70～80mL加25%扑草净可湿性粉剂30～40g，对水喷洒于杂草茎叶上。在施药前1d排干田水，施药24h后灌水恢复正常水层管理。

注意事项

不要与化肥混用。施药时气温低于8℃，除草效果下降；气温超过30℃或高湿，对作物安全性降低。施药后6h内降雨，会降低药效。

辛酰溴苯腈（bromoxynil octanoate）

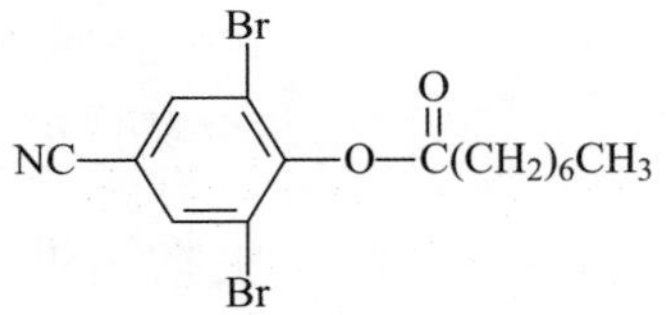

Br
NC—(苯环)—O—C(=O)(CH$_2$)$_6$CH$_3$
Br

7

化学名称

3，5-二溴-4-辛酰氧苯腈

其他名称

溴苯腈辛酸酯

理化性质

白色固体，熔点45～46℃。水中溶解度0.03mg/L（pH7，25℃），有机溶剂中溶解度（20～25℃，g/L）：丙酮和乙醇100，苯和二甲苯700，氯仿800，环己酮550，乙酸乙酯620，四氯化碳500，正丙醇120。

毒性

中等毒。急性经口LD_{50}（mg/kg）：大鼠240～400，兔325。兔急性经皮LD_{50}1 675mg/kg。90d饲喂试验无作用剂量（mg/kg·d）：大鼠15.6，狗5。对鱼类高毒，虹鳟鱼LC_{50}（96h）0.041mg/L，翻车鱼0.06mg/L。水蚤LC_{50}（48h）0.046mg/L。对鸟低毒，野鸭经口LD_{50}175mg/kg。3.4g/L喷雾对蜜蜂无触杀毒性。

生物活性

同溴苯腈。

制剂及生产厂

25%乳油，生产厂有沙隆达郑州农药有限公司、浙江禾本农药化学有限公司、浙江东风化工有限公司、山东胜邦绿野化学有限公司、江苏长青农化股份有限公司、江苏辉丰农化股份有限公司、德国拜耳作物科学公司。

应用

比溴苯腈应用广泛，应用与溴苯腈相同。例如，用于防除小麦、玉米田一年生阔叶杂草。在小麦3～5叶期、玉米2～8叶期、阔叶杂草4叶期，亩用25%乳油100～120mL（冬小麦、夏玉米）、120～150mL（春小麦、春玉米），对水30～40kg，茎叶喷雾。

第十五章
联吡啶类除草剂

本类除草剂仅有两个品种：百草枯和敌草快，都是抑制光合作用中的电子传递。

百草枯（paraquat）

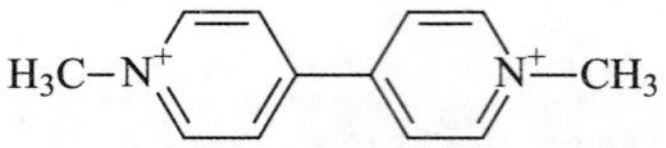

$$H_3C-N^+\langle\text{pyridinium}\rangle-\langle\text{pyridinium}\rangle N^+-CH_3$$

化学名称

1，1'-二甲基-4，4'联吡啶阳离子

其他名称

对草快

理化性质

白色结晶，相对密度1.24～1.26（20℃），熔点340℃（分解），蒸气压<1×10^{-2}mPa（25℃）。20℃水中溶解度为620g/L，不溶于大多数有机溶剂，在中性和酸性介质中稳定，在碱性介质中迅速分解。

毒性

中等毒。大鼠急性经口LD_{50}129～157mg/kg，兔急性经皮LD_{50}240mg/kg。对兔眼睛有刺激性，对皮肤无刺激性和致敏性。人接触后可引起指甲暂时性损害。饲喂试验无作用剂量（mg/kg·d）：大鼠（2年）1.7，狗（1年）0.65。每日允许摄入量0.004mg/kg。

对鱼、蜜蜂、鸟低毒。虹鳟鱼LC_{50}（96h）26mg/L。蜜蜂LD_{50}（72h）μg/只：150（接触），36（经口）。急性经口LD_{50}（mg/kg）：山齿鹑175，野鸭199；饲喂LC_{50}（5d，mg/kg饲料）：山齿鹑981，日本鹌鹑970，野鸭4 048。蚯蚓LC_{50}>1 380mg/kg土壤。

生物活性

是触杀型灭生性除草剂，对单子叶和双子叶植物都可灭除。被植物叶片吸收后，使光合作用和叶绿素合成很快中止，叶片着药后2～3h就开始变色发黄，3～4d内可杀死所有绿色部分，全株干枯而死。阴天药效来得慢些，但杂草有更多的时间吸收药剂，除草更彻底。无传导作用，叶片吸收的药剂不能传导到根部或地下茎，因而对多年生杂草只能杀伤地上绿色部分，对地下部分无杀伤作用，施药后有再生现象。

百草枯一经与土壤接触，其阳离子与带负电荷的土壤团粒相结合，或被土壤胶体吸附，失去毒杀能力，对后茬作物无伤害，因而施药后很短时间就可种植作物。

制剂及生产厂

250g/L、200g/L、20%水剂，17%高渗水剂。生产厂众多。

应用

茎叶喷雾法使用，土壤处理法无效。

1. 果、林、茶、桑及场院除草

在杂草 15cm 高以下，亩用 20% 水剂 150～250mL，对水喷雾。对水量要能喷湿所有杂草。百草枯对绿色树皮有杀伤作用，应在株、行间定向喷雾。在苗圃播种后出苗前或树苗移栽前，可直接对地面杂草茎叶喷雾。

2. 少（免）耕田除草

在前茬收割后，后茬播种、栽植前，亩用 20% 水剂 100～150mL，对水喷雾杂草茎叶。

在稻麦（或油菜）轮作区，可于小麦或油菜收割后，不经翻耕，直接对杂草茎叶喷雾，3d 后残株呈褐色变软，此时放水入田，加速腐烂，经浅耕平整后可插秧或播种。在水稻收割后，可按同样方法处理，不经翻耕，直接移栽油菜或播种小麦。

麦茬玉米，可在小麦收割后不经翻耕，直接播种玉米并覆土，在出苗前对地面杂草茎叶喷雾。或在收麦后施药灭除前茬禾秆和杂草，再播种玉米。

棉花、甜菜和某些蔬菜也可按此法使用。

3. 作物生长期定向喷雾

一般是在玉米、甘蔗、棉花、大豆等作物长至一定高度（如 30～70cm）时，于宽行内杂草生长旺盛期，亩用 20% 水剂 150～200mL，对水进行作物行间杂草茎叶喷雾或加防护罩的保护性喷雾，切勿将药液喷到作物茎叶上。

4. 多年生作物萌前除草

薄荷可在收获后 1～2d，亩用 20% 水剂 150～200mL，对水喷雾，可灭除田间残留杂草及薄荷留茬上的赘芽。

多年生苜蓿地，可在苜蓿休眠期，亩用 20% 水剂 160～230mL；或在苜蓿生育期间收割后 6～7d，亩用 90～100mL，对水喷雾。

5. 防除水生杂草

防除沉水杂草，以水深 0.5m 的静止水面计算，亩用 20% 水剂 1L；防除浮于水面的空心莲子草等，亩用 200mL，对水喷雾。百草枯能在水中很快扩散，被杂草吸收，对鱼无毒害。由于土壤吸附作用，使水中药剂迅速失效，施药后 48h 就可灌溉农田。

6. 非耕地除草

如工业用地、道路、机场、仓库等空旷地带，以及田埂、渠道，在杂草高 15cm 以下时，亩用 20% 水剂 200～250mL，对水喷洒杂草茎叶。在作物田梗喷药时，要严防雾滴漂移伤害田中禾苗。道路除草，杂草地上部很快枯死，地下根茎腐烂很缓慢，有利于减少水土流失。

7. 作物收获前干燥、脱叶

用于棉花脱叶，于霜前 10d 施药，此时 80% 棉铃已开裂，其余棉铃已成熟，亩用 20% 水剂 80～100mL（新疆）或 100～140mL（其他地区），对水 40kg，喷洒棉叶。还可与催熟剂乙烯利混用。在棉花自然脱叶 40%、自然吐絮 35% 时，亩用 20% 百草枯水剂 30mL 加 40% 乙烯利水剂 50mL，对水 40kg 喷洒茎叶，可加快脱叶和棉铃开裂吐絮进程，提高霜前花率。

马铃薯、胡萝卜、甜菜、向日葵、大豆、亚麻、芦苇等，也可参照上述方法进行脱叶，以利于机械收割。

敌草快（diquat dibromide）

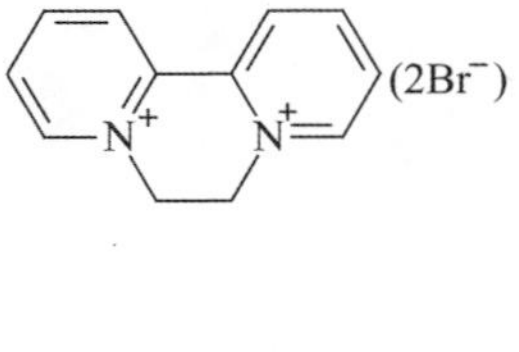

$(2Br^-)$

化学名称

1，1'–亚乙基–2–2'–联吡啶阳离子或二溴盐或二溴盐水合物

其他名称

杀草快

理化性质

敌草快二溴盐以单水合物形式存在，是白色或浅黄色结晶，相对密度1.61（25℃），熔点324℃（300℃以上开始分解），蒸气压1.3 × 10^{-5}Pa。20℃水中溶解度为700g/L，微溶于乙醇，不溶于非极性有机溶剂。在酸性和中性介质中稳定，在碱性介质中分解。

毒性

中等毒。急性经口LD_{50}（mg/kg）：大鼠408，小鼠234，急性经皮LD_{50}（mg/kg）：大鼠793、兔>400（另一资料为750）。对皮肤和眼睛有中等刺激性。狗2年饲喂试验无作用剂量为1.7mg/kg・d，大鼠三代繁殖试验无作用剂量为25mg/kg・d。在试验剂量内无致畸、致突变、致癌作用。

对鱼、蜜蜂、鸟低毒。鱼毒LC_{50}（mg/L）：鲤鱼40（48h），虹鳟鱼45（24h）。水蚤LC_{50}（48h）2.2μg/L。蜜蜂急性经口LD_{50}约为950μg/只。鹧鸪急性经口LD_{50}270mg/kg，野鸭LD_{50}155mg/kg。

生物活性

与百草枯相似。是光合作用电子传递抑制剂。可被植物绿色组织吸收，不能穿透成熟的树皮，对地下根茎无毒杀作用。

制剂及生产厂

20%水剂，生产厂有南京第一农药有限公司、济南绿霸化学品有限责任公司、浙江永农化工有限公司、英国先正达有限公司等。

应用

是触杀型灭生性除草剂，还可作为植物催枯干燥剂。

1. 防除杂草

（1）免耕田除草。用于水稻收割后除草免耕种植小麦和油菜，在种植前2～3d，亩用20%水剂80～130mL，对水25～30kg，喷杂草茎叶。

用于夏玉米免耕田，可在小麦接近成熟时套种玉米播后苗前，亩用20%水剂150～200mL，对水喷雾，可达到玉米免耕除草，小麦催枯的双重目的。

（2）果园除草。在苹果园、梨园内杂草生长旺盛期，亩用20%水剂200～300mL，对水进行杂草叶面喷雾。施药时须防止雾滴污染果树的幼嫩枝叶。由于敌草快持效期较短，可与三嗪类、脲类除草剂混用。

2. 催枯脱叶

可在水稻、小麦收割前6～8d，谷粒腊熟初期，即青籽粒仅占4.1%～5%时施药催枯。亩用20%水剂100～150mL，对水常规喷雾。大豆催枯在上部已变黄而下部仍绿、豆荚黄棕色时亩用药150～200mL。马铃薯催枯亩用药200～250mL，油菜催枯在荚70%已变黄时亩用药150～200mL，可使种子含水量下降3%～4%。芝麻催枯在茎叶尚绿、籽粒已成熟时，亩用150～200mL，可提早收获14d。向日葵在叶、茎和肉质的盘状花序干枯之前，籽粒已成熟时，亩用200mL，施药10d后收获，比不催枯提早15d收获，种子含水量下降4.5%。亚麻催枯，当80%～90%蒴果转为棕色时，亩用150～200mL。

敌草快是触杀性药剂，喷水量不能过少，务使作物茎叶充分均匀着药。催枯期间为晴天、光照强可使用低剂量；若遇阴雨天，光照弱时，叶枯速度慢，则应用高剂量。

第十六章
酰胺类除草剂

酰胺类除草剂是自20世纪60年代发展起来的一类重要的除草剂，品种多，使用广泛，在近代农田化学除草中占据重要地位。酰胺类除草剂品种发展至今有两个显著的特点：①化合物结构趋于复杂，向着环方向发展，开发出一些活性更高的品种，但其在农田使用量上仍未达到每公顷以克计的水平；②随着化合物结构的日益复杂，含异构体的品种逐渐增多，如异丙甲草胺含4种光学异构体，并已开发出仅含具有除草活性异构体的产品精异丙甲草胺。

多数品种为土壤处理剂，禾本科杂草靠幼芽吸收药剂，仅有少量（约10%）是通过种子和根吸收，因此只能防除一年生禾本科杂草幼芽，对成株杂草无效，或效果很差。阔叶杂草主要是通过根吸收药剂，其次是通过幼芽吸收。其用量与土壤胶体吸附作用和土壤含水量有密切关系，一般是土壤有机质和黏粒含量增加、土壤干旱，吸附作用强，除草效果下降，用药量相应要增加；反之，除草效果提高，用药量可相应减少些。作土壤处理的品种，在土壤中的持效期较长，一般为1～3个月。

多数品种的作用机理为细胞分裂抑制剂，干扰核酸代谢和蛋白质合成，使幼芽、幼根停止生长，最终死亡。

7

乙草胺（acetochlor）

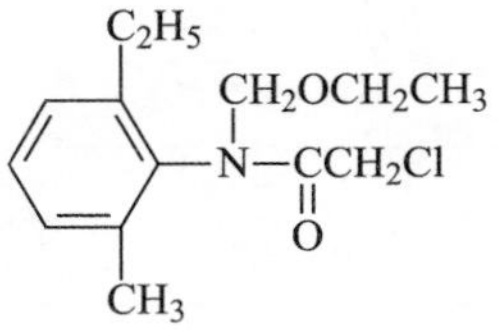

C_2H_5　$CH_2OCH_2CH_3$　N—$\overset{\|}{C}CH_2Cl$ (C=O)　CH_3

化学名称

N-（2-乙基-6-甲基苯基）-N-（乙氧基甲基）氯乙酰胺

理化性质

透明黏稠油状液体（原药为黄色至琥珀色），相对密度1.123（25℃），沸点172℃/667Pa，熔点10.6℃，蒸气压6.0mPa（25℃）。25℃水中溶解度223mg/L。易溶于丙酮、乙醇、乙酸乙酯、苯、甲苯、氯仿、四氯化碳、乙醚等有机溶剂。

毒性

低毒。大鼠急性经口LD_{50}2 148mg/kg，兔急性经皮LD_{50}4 166mg/kg，大鼠急性吸入LC_{50}（4h）>3mg/L。对兔眼睛和皮肤无刺激性，对豚鼠皮肤有潜在致敏性。饲喂试验无作用剂量（mg/kg·d）：大鼠（2年）11，狗（1年）2，每日允许摄入量0.01mg/kg。

对鱼高毒，LC_{50}（96h，mg/L）：虹鳟鱼0.45，翻

车鱼 1.5。水蚤 LC_{50}（48h）9mg/L。对蜜蜂、鸟低毒，蜜蜂 LD_{50}（24h，μg/只）：>100（经口），>200（接触）。山齿鹑急性经口 LD_{50} 1 260mg/kg，鹌鹑和野鸭饲喂 LC_{50}（5d）>5 620mg/kg 饲料，蚯蚓 LC_{50}（14d）211mg/kg 土壤。

生物活性

是细胞分裂抑制剂，在作物播种出苗前进行土壤表面喷雾处理。禾本科杂草由幼芽吸收、阔叶杂草由根和幼芽吸收，吸进体内的药剂能干扰核酸代谢和蛋白质合成，使幼芽、幼根停止生长，使禾本科杂草的心叶卷曲萎缩，其他叶片皱缩；阔叶杂草的叶片皱缩变黄，最终死亡。出土后的杂草，主要靠根吸收向上传导而起毒杀作用。在土壤内持效期可达 2 个月左右。

制剂及生产厂

98.5%、90.9%、90%、88%、50%、15.7%、999g/L、990g/L、900g/L、880g/L 乳油，50% 微乳剂，900g/L、50%、48%、40% 水乳剂，40%、20% 可湿性粉剂。原药生产厂 20 家以上，制剂生产厂更多。

应用

它是氯代乙酰胺类除草剂诸品种中用量最大的品种，因为它是这类除草剂中杀草活性最高、用药成本最低的品种，必然成为农民的首选品种。

乙草胺适用于大豆、油菜、花生、水稻、玉米、棉花、甘蔗、蔬菜、果园等，防除一年生禾本科杂草及部分阔叶杂草，如马唐、稗草、狗尾草、蟋蟀草、臂形草、牛筋草、看麦娘、早熟禾、秋稷、画眉草以及鸭跖草、菟丝子等。对马齿苋、苋、藜、龙葵、蓼等防效差。对多年生杂草无效。

黄瓜、菠菜、韭菜、小麦、谷子、糜子、高粱、西瓜、甜瓜对乙草胺敏感，不能使用。

1. 用于稻田

主要用于南方稻区以稗草、异型莎草等一年生杂草为主的移栽稻田。在水稻移栽秧苗返青后使用，早稻在移栽后 6 ~ 8d，晚稻在移栽后 5 ~ 6d，亩用 20% 可湿性粉剂 30 ~ 37.5g 或 40% 可湿性粉剂 15 ~ 20g，用细土或细沙拌匀后撒施。施药时灌 3 ~ 4cm 水层，保水 5 ~ 7d。

移栽田要求秧龄 30d 以上的大苗，秧苗粗壮。水稻萌芽及幼苗期对乙草胺敏感。

2. 用于玉米田

在玉米播种后 0 ~ 3d，杂草出土前进行土表喷雾。用药见表 7–11。

表 7–11 乙草胺在玉米田使用量

制剂	春玉米（mL/亩）	夏玉米（mL/亩）
90%g/L乳油	90 ~ 135	70 ~ 90
90% 乳油	70 ~ 140	60 ~ 80
50% 乳油	120 ~ 200	100 ~ 140
50% 微乳剂	200 ~ 250	120 ~ 160
48% 水乳剂	——	150 ~ 200

土壤有机质含量高、黏壤土或干旱天气，可适当增加用药量。可与噻吩磺隆、嗪草酮、莠去津混用，以扩大对阔叶杂草的防除效果。喷药前后，土壤宜保持湿润，以确保药效。施药后，如遇雨，应注意排水，以免积水引起药害。

3. 用于油料作物田

（1）大豆田

播种前或播后出苗前均可施药。播后出苗前施药，要尽量缩短播种与施药的间隔时间，最好在播后 3d 之内；若土壤干旱应浅混土；起垄播种者，在施药后培土 2cm 左右。

施药量与土壤质地和有机质含量密切相关。当土壤有机质含量在 6% 以下，亩用 50% 乳油 150 ~

200mL，或 90% 乳油 95 ~ 115mL；土壤有机质含量低、沙质土、低洼地、水分足时用低量，反之则用高量。当土壤有机质含量在 6% 以上，亩用 50% 乳油 200 ~ 270mL，或 90% 乳油 115 ~ 150mL，对水 30 ~ 40kg，喷施于土表。

秋季休闲地施药，用药量要比春季施药增加 10%，最好采用混土施药法，耙深 4 ~ 6cm，并应在气温降到 5℃以后到封冻之前进行。

施药后，大豆在幼苗期遇低温、多湿、田间长时间积水或用药量过多，易受药害。受害症状表现为叶片皱缩，待大豆苗长到 3 片复叶以后，温度升高时即可逐渐恢复正常，一般不影响产量。

（2）油菜田

在移栽田于油菜移栽前或移栽后 3d，亩用 50% 乳油 70 ~ 100mL，对水 40 ~ 50kg，喷洒土表。

（3）花生田

露地花生于播种后当天，亩用 50%（48%）水乳剂 150 ~ 200mL，或 900g/L 乳油 80 ~ 100mL，或 50% 乳油 100 ~ 150mL，对水 30 ~ 40kg，喷洒土表。覆膜花生的用药量应适当减少，一般为 50% 乳油 75 ~ 100mL，喷药后覆膜。

4. 用于棉麻田

（1）棉田

播种前，亩用 50% 乳油 180 ~ 240mL（露地）、100 ~ 160mL（覆膜地），对水喷洒土表。覆膜地在施药后覆膜，打孔播种。

直播棉田在播后出苗前、移栽田在移栽前后，育苗苗床在播种覆土后，亩用 50% 乳油 60 ~ 100mL，对水喷洒土表。

（2）亚麻田

在亚麻播种后出苗前，亩用 50% 乳油 120 ~ 160mL，对水喷洒土表。对禾本科杂草和阔叶杂草混生的亚麻田，可以亩用 50% 乙草胺乳油 50mL 加 50% 嗪草酮可湿性粉剂 30 ~ 40g 混用。

丙草胺（pretilachlor）

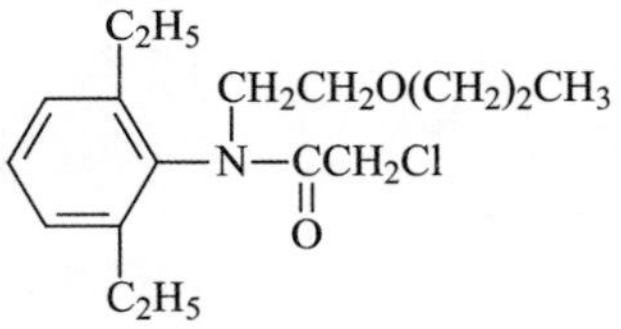

C_2H_5
$CH_2CH_2O(CH_2)_2CH_3$
N—C(=O)CH$_2$Cl
C_2H_5

化学名称

N-（2，6-二乙基苯基）-N-（丙氧基乙基）氯乙酰胺

理化性质

无色油状液体，相对密度 1.076（20℃），沸点 135℃/0.133Pa，蒸气压 0.133mPa（20℃）。20℃水中溶解度 50mg/L，易溶于苯、甲醇、己烷、二氯乙烷等有机溶剂，20℃水溶液中稳定。

毒性

低毒。急性经口 LD_{50}（mg/kg）：大鼠 6 099，小鼠 8 537；大鼠急性经皮 LD_{50} > 3 100mg/kg，大鼠急性吸入 LC_{50}（4h）> 2.9mg/L。对兔眼睛无刺激性，对兔皮肤有中度刺激性。饲喂试验无作用剂量（mg/kg）：大鼠（2年）30，小鼠（2年）300，狗（半年）300。在试验剂量下无致畸、致突变、致癌作用。每日允许摄入量 0.018mg/kg。

对鱼毒性高，LC_{50}（96h，mg/L）：虹鳟鱼 0.9，鲤鱼 2.3，对蜜蜂、鸟低毒，蜜蜂接触 LD_{50} > 93 μg/只，日本鹌鹑急性经口 LD_{50} > 10 000mg/kg，饲喂 LC_{50} > 1000mg/L。

生物活性

与乙草胺相似，是细胞分裂抑制剂，在杂草发芽过程中，通过下胚轴、中胚轴和胚芽鞘吸收药剂，根吸收较差，不影响杂草种子发芽。杂草中毒表现症状为：初生时不能出土，或从胚芽鞘侧面伸出，出土后叶面扭曲，不能正常伸展，叶片变深绿色，生长发育不正常，不久死去。

制剂及生产厂

50%、500g/L、30%、300g/L乳油，50%水乳剂。生产厂有杭州庆丰农化有限公司、江苏常隆化工有限公司、山东侨昌化学有限公司、哈尔滨利民农化技术有限公司、瑞士先正达作物保护有限公司等。

应用

是用于稻田的除草剂。水稻对丙草胺具有较强的分解能力，但正在发芽的水稻幼苗的这种分解能较弱，所以在育秧稻田和直播稻田使用对稻苗不安全。但加有安全剂的丙草胺制剂如30%扫陪特乳油（含丙草胺30%）内含10%安全剂（GA123407），通过幼根吸收进入稻株，可加速体内丙草胺的分解，保护稻苗免受药害，故可安全地用于秧田和直播田。

安全剂（GA123407）的化学名称为4，6-二氯-2-苯基嘧啶，为白色结晶，熔点96.9℃，蒸气压12×10^{-3}Pa（20℃），20℃水中溶解度2.5mg/L，微溶于有机溶剂。化学结构式为：

1. 水稻直播田

应选用含安全剂的制剂，如含安全剂的30%乳油。使用的关键技术是掌握准施药的最佳时期，因丙草胺是通过杂草的芽鞘吸收，安全剂是通过水稻根吸收，因而最佳施药时期应是杂草芽前或发芽时和稻谷播后开始扎根时。例如，在长江流域等南方稻区，在正常催芽落谷的水直播田，以播后2~4d施药为宜，最迟不得晚于播后6d；在催短芽播种的水直播田，以播后3~5d施药为宜，不宜在播后第二天立即进行。北方水直播田，播种时气温低，播后需泡水保温6~8d，待气温回升后再排水晾芽，促进水稻扎根，施药时期大约为播后8~10d。

用药量为亩用30%乳油100~115mL，北方可增加到130mL。以喷雾法或毒土法施药，喷雾法比毒土法施药均匀，喷雾时田间应有泥皮水或浅水层，施药后保水3d，以利药剂均匀分布，充分发挥药效。3d后恢复正常水管理。

2. 水稻秧田

与水稻直播田相同，应选用含安全剂的30%乳油，技术要求也与直播田相同。但应注意到秧田播种期早于直播田，往往气温较低，稻谷播后秧苗立针扎根缓慢，施药期应掌握在落谷后有根芽长出时或气温稳定在14℃以上时。浸种催芽（需有短根）落谷的秧田，一般在播后0~5d内施药；覆膜育秧田在浸种催芽（需有短根）落谷后当天施药，再盖膜；没有短根的稻谷，应在播后稻苗立针后揭膜喷雾，药后立即盖膜保温；东北落谷时气温低，在稻谷扎根后方可施药；双季晚稻秧田，应在播前2d施药。

用药量、施药方法及技术要求同水直播田。

3. 抛秧田

含安全剂和不含安全剂的两种产品都可以使用。含安全剂的产品，可在抛秧后4~5d，亩用30%乳油75~100mL，毒土法撒施。施药时田面保持3~4cm水层，药后保水5~7d。

不含安全剂的产品50%乳油可在抛秧前或抛秧后施药。抛秧前1~2d，稻田平整后，以毒土法施药，然后抛秧。或在抛秧后2~4d内，以毒土法施药，保浅水层3~5d，但水层不能淹没水稻心叶。用于抛秧的秧苗叶龄应达到3叶1心以上，或南方秧龄18~20d以上，北方秧龄30d以上。3叶以前的秧苗易受药害。亩用药量一般为50%乳油60~80mL（北方稻区）、50~60mL（长江及淮河流域）、40~50mL（珠江流域）。

4. 移栽稻田

应选用不含安全剂的50%乳油或其他制剂。在水稻移栽后3～5d，采用毒土法施药。亩用药量同抛秧田，施药时田间应有3cm左右的水层，并保水层3～5d，以充分发挥药效。

渗漏的稻田不宜使用不含安全剂的产品，因为渗漏的丙草胺过多地集中在根区，易使水稻产生轻度药害。

异丙草胺（propisochlor）

$$\text{2-ethyl-6-methylphenyl}-N(CH_2OCH(CH_3)_2)-C(=O)CH_2Cl$$

化学名称

N-（2-乙基-6-甲基苯基）-N-（异丙氧基甲基）氯乙酰胺

理化性质

淡棕色至紫色油状液体，相对密度1.097（20℃），熔点21.6℃，蒸气压4mPa（20℃）。20℃水中溶解度184mg/L，溶于大多数有机溶剂。

毒性

低毒。大鼠急性经口LD_{50}（mg/kg）：3 433（雄）、2 088（雌），大鼠急性经皮LD_{50}>2 000mg/kg，大鼠急性吸入LC_{50}>5mg/L。对兔眼睛和皮肤有刺激性。对大鼠90d饲喂试验无作用剂量250mg/kg·d。每日允许摄入量2.5mg/kg。

对鱼毒性中等，LC_{50}（96h，mg/L）：虹鳟鱼0.25，鲤鱼7.52，水蚤0.25。对蜜蜂、鸟低毒，蜜蜂经口和接触LD_{50}100μg/只，日本鹌鹑急性经口LD_{50}688mg/kg，野鸭急性经口LD_{50}2 000mg/kg，鹌鹑和野鸭饲喂LC_{50}（8d）5 000mg/kg。

生物活性

与乙草胺相似。是内吸性除草剂，通过植物的幼芽吸收，单子叶植物通过胚芽鞘吸收，双子叶植物通过胚轴吸收，然后向上传导。种子和根也能吸收传导，但吸收量较少，传导缓慢，出苗后要靠根吸收向上传导。作用机理是细胞分裂抑制剂，药剂被吸入植物体内后，能抑制蛋白质合成，芽和根停止生长，不定根无法形成。如果土壤水分适宜，杂草幼芽还没出土即被杀死；如果土壤水分少，杂草出土后随着降雨后土壤湿度增加，杂草吸收药剂后禾本科杂草心叶扭曲、萎缩，其他叶子皱缩，整株枯死，而双子叶杂草则表现为叶皱缩变黄，整株枯死。

制剂及生产厂

72%、720g/L、70%、50%乳油，30%可湿性粉剂。生产厂12家以上。

应用

适用于玉米、大豆、花生、向日葵、甜菜、马铃薯、豌豆、洋葱、苹果、葡萄等作物田防除稗草、狗尾草、金狗尾草、牛筋草、马唐、画眉草、早熟禾、反枝苋、龙葵、藜、鬼针草、猪毛菜、香薷、水棘针等杂草。对鸭跖草、苘麻、卷茎蓼、柳叶刺蓼、酸模叶蓼有较好防除效果。持效期适中，施药1次，能基本控制草害，对后茬作物无影响。

1. 用于玉米和大豆田

一般是在播后苗前喷雾处理土壤，最好是播后随即施药，一般应在播后3d内施完药。施药后如土壤干旱应浅混土，垄作栽培的应培土2cm。由于土壤黏粒和有机质对异丙草胺有吸附作用，土壤有机质含量也影响药效的发挥，因而在不同地区的用药量有所不同。一般在春玉米、春大豆地区亩用72%乳油150～200mL，或50%乳油180～250mL；在夏玉米、夏大豆地区用72%乳油100～150mL，或50%乳油140～180mL，或30%可湿性粉剂250～300g，土壤呈黏性、有机质含量3%以上时，采用上限药量。对水30～40kg喷雾。

在玉米田可与莠去津、嗪草酮、唑嘧磺草胺混用。在大豆田可与嗪草酮、异噁草酮、丙炔氟草胺混用。

2．用于其他作物田

一般是在播后苗前和移栽前喷雾处理土壤。亩用药量以72%或720g/L乳油为例：春油菜125～175mL，花生120～150mL，向日葵130～160mL，洋葱130～160mL，马铃薯150～200mL，大蒜和甘薯100～125mL。

异丙甲草胺（metolachlor）

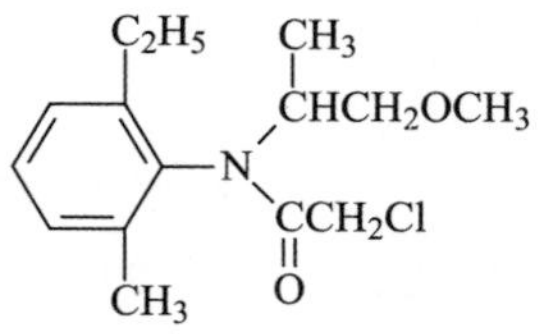

$$\text{2-ethyl-6-methylphenyl}-N(\text{CH(CH}_3\text{)CH}_2\text{OCH}_3)\text{C(=O)CH}_2\text{Cl}$$

化学名称

N-（2-乙基-6-甲基苯基）-N-（2-甲氧基-1-甲基乙基）氯乙酰胺

其他名称

甲氧毒草胺

理化性质

无色油状液体，相对密度1.12（20℃），熔点-62.1℃，沸点100℃/0.133Pa，蒸气压4.2mPa。20℃水中溶解度488mg/L。与苯、甲苯、二甲苯、甲醇、乙醇、辛醇、丙酮、环己酮、二氯甲烷、二甲基甲酰胺、己烷等有机溶剂互溶。加热到270℃以前稳定，常温贮存稳定性2年以上，遇强碱、强酸则分解。

毒性

低毒。急性经口LD_{50}（mg/kg）：大鼠2 780、小鼠894，大鼠急性经皮LD_{50}>3 170mg/kg。大鼠急性吸入LC_{50}（4h）>1.75mg/L。对兔眼睛和皮肤有轻度刺激性。90d饲喂试验无作用剂量（mg/kg·d）：大鼠15，小鼠100，狗9.7，在试验剂量下，未见致畸、致突变、致癌作用。每日允许摄入量0.1mg/kg。

对鱼中等毒，LC_{50}（96h，mg/L）：虹鳟鱼3.9，鲤鱼4.9，翻车鱼10。对蜜蜂、鸟低毒，蜜蜂经口和接触LD_{50}>100μg/只，山齿鹑和野鸭急性经口LD_{50}>2 150mg/kg，饲喂LC_{50}（8d）>10 000mg/kg。蚯蚓LC_{50}（14d）140mg/kg土壤。

生物活性

是内吸剂，作用机理是细胞分裂抑制剂。杂草对药剂吸收、传导及中毒症状与异丙草胺相同。持效期30～35d。

制剂及生产厂

960g/L、72%、720g/L、70%乳油，生产厂12家以上。

应用

适用于大豆、花生、油菜、芝麻、向日葵、玉米、马铃薯、棉花、甜菜、甘蔗、亚麻、红麻、某些蔬菜及果园、苗圃等旱田防除一年生禾本科杂草如稗草、马唐、狗尾草、画眉草、早熟禾、牛筋草、臂形草、黑麦草等，对鸭跖草、繁缕、藜、小藜、反枝苋、猪毛菜、马齿苋、芥菜、柳叶刺蓼、酸模叶蓼等阔叶杂草有较好防除效果，但对看麦娘、野燕麦防效差。

1．用于玉米田

在玉米播前或播后苗前土壤处理，亩用72%乳油150～200mL（春玉米）、100～150mL（夏玉米），视土壤质地选用剂量上限或下限，有机质含量高和质地较黏时用上限，反之用下限，地膜覆盖田选用下限。对水30～50kg，喷洒土表，最好是在降雨或灌溉前施药，若土壤过于干旱，施药后浅混土2～3cm。

当田间阔叶杂草较多时，可与莠去津、嗪草酮、噻吩磺隆、草净津等混用。

2．用于油料作物田

（1）大豆田

在大豆播种前或播种后出苗前施药。有机质含量3%以下的沙质土壤，亩用72%乳油100mL，壤土用133mL，黏土用167mL；有机质含量3%以上的沙质土壤，亩用72%乳油133mL，壤土185mL，黏土用200mL，均对水30～50kg，喷雾土表，如土壤较干，施药后可浅混土。

（2）油菜田

冬油菜田可在移栽前施药，亩用72%乳油100～150mL，对水30kg喷雾。南方在水稻收割后已有部分看麦娘出苗时，可在移栽前采用低量草甘膦与之混用，如亩用72%异丙甲草胺乳油100mL加10%草甘膦水剂10～60mL，对水25～30kg喷雾。

（3）花生田

花生播后出苗前，最好在播后随即施药，亩用72%乳油80～100mL（南方）或100～150mL（北方），对水30～40kg，喷洒土表。

（4）芝麻田

通常在播后苗前，亩用72%乳油100～150mL，对水30～40kg，喷洒土表。

（5）向日葵

播前土壤处理，当土壤有机质含量小于4%，沙质土亩用72%乳油100～130mL，壤质土用130～200mL；土壤有机质含量大于4%时用170～270mL，加水25～30kg，喷洒土表，立即混土3～5cm深。

3．用于菜地

可用于多种蔬菜田化学除草，一般亩用量为72%乳油75～100mL，于蔬菜播后苗前或移栽前喷雾处理土壤，也可在移栽成活后作定向喷雾。施药田块要求整地质量好，田中大团粒多会影响除草效果；覆盖地膜的作物，应先施药后覆膜，并选择推荐剂量的低用药量；移栽作物地一般是在移栽前施药，移栽时应尽量不要翻动开穴周围的土层，如果需要在移栽后施药，应尽量不把药液喷在作物上，或喷药后及时喷水洗苗。

直播的甘蓝、花椰菜、萝卜、白菜、菜豆、豌豆、豇豆、芹菜苗圃、韭菜苗圃、大蒜、姜、马铃薯等，在播后苗前，亩用72%乳油100mL，对水30～40kg，喷洒土表。

移栽的甘蓝、花椰菜、辣椒、番茄、茄子等，在移栽前，亩用72%乳油100～120mL，老韭菜田在割后2d，亩用75～100mL，对水30～40kg，喷洒土表。

以小粒种子繁殖的一年生蔬菜，如苋菜、香菜、西芹等对异丙甲草胺敏感，不宜使用。

4．用于稻田

用于水稻移栽田防除稗草、牛毛草、异型莎草、萤蔺等杂草，在水稻移栽后5～7d稗草1.5叶期前，亩用72%乳油8～10mL（早稻）、10～15mL（中稻或晚稻），或70%异丙甲草胺乳油10～20mL，采用毒土法撒施。

注意

只能用于水稻大苗移栽田，移栽的秧苗必须在5.5叶以上。秧田、直播田、抛秧田和小苗移栽田都不能使用。小苗、弱苗、栽后未返青活棵的苗均易产生药害，施药不匀也易产生药害。若采用毒肥法施药，配制时不可将乳油直接倒在尿素上搅拌，这样不易搅拌均匀，施后易产生药害，造成秧苗矮化，一般2～3周内能逐渐恢复。

5．用于其他旱作物田

种植前或播后苗前喷雾处理土壤，具体见表7-12。

表 7-12 异丙甲草胺旱作物地除草的用药量及施药时期

作物	制剂及用量（mL/ 亩）	施药时期
高粱	960g/L EC90 ~ 110	播后苗前
甘蔗	720g/L EC100 ~ 150	种植后苗前或覆膜前
西瓜	72% EC100 ~ 150	移栽前
赤豆	720g/L EC120 ~ 150	播后苗前
甜菜	72% EC120 ~ 160	播后苗前或移栽前
棉花	72% EC100 ~ 200	播后苗前或移栽前 3d
红麻、黄麻	72% EC100	播后苗前
亚麻	72% EC100 ~ 170	播前或播后苗前
苎麻	72% EC150 ~ 200	头麻出苗前
烟草	72%乳油100 ~ 120	移栽后 2d 内或苗床播种前、大田移栽前

注：EC 代表乳油。

精异丙甲草胺（S-metolachlor）

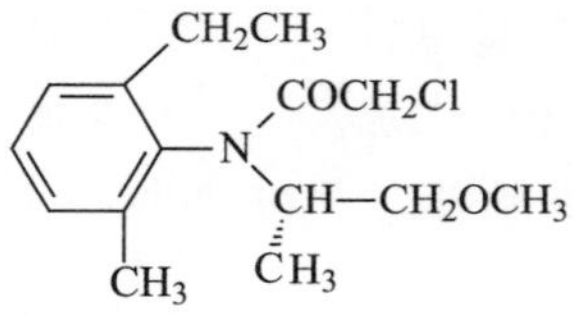

化学名称

（RS，1S）-N-（2-乙基-6-甲基苯基）-N-（2-甲氧基-1-甲基乙基）氯乙酰胺

其他名称

高效异丙甲草胺，S-异丙甲草胺

理化性质

淡黄色至棕色液体，相对密度1.117（20℃），熔点-61.1℃，沸点334℃，蒸气压3.7mPa，在25℃水中溶解度480mg/L，与苯、甲苯、二甲苯、甲醇、乙醇、辛醇、丙酮、环己酮、二氯甲烷、二甲基甲酰胺等有机溶剂互溶。

毒性

低毒。大鼠急性经口 LD_{50} 2 672mg/kg，兔急性经皮 LD_{50}>2 000mg/kg，大鼠急性吸入 LC_{50}（4h）2.91mg/L。对兔眼睛和皮肤无刺激性。

对鱼中等毒，LC_{50}（96h，mg/L）：虹鳟鱼1.2，翻车鱼3.2。对蜜蜂、鸟低毒，蜜蜂 LD_{50}（μg/ 只）：经口85，接触>200。山齿鹑和野鸭经口 LD_{50}>2 510mg/kg，饲喂（8d）LC_{50}>5 620mg/kg。蚯蚓 LC_{50}（14d）570mg/kg 土壤。

生物活性

同异丙甲草胺。

制剂及生产厂

960g/L乳油。先正达（苏州）作物保护有限公司、瑞士先正达作物保护有限公司。

应用

它是对异丙甲草胺进行化学拆分，除去非活性异构体（R体），而制得精制的活性异构体（S体），其S-体含量80%~100%，R-体仅含0%~20%，它的杀草谱、适用作物、应用均与异丙甲草胺相同，现将其用药量及施药时期列成简表7-13。

表7-13 960g/L精异丙甲草胺乳油应用简表

作物	用药量（mL/亩）	施药时期
春大豆	80~120	播后苗前
夏大豆、夏玉米	60~85	播后苗前
棉花	60~100	播后苗前或移栽后3d
花生	45~60	播后苗前
移栽油菜	45~60	移栽前
芝麻	50~65	播后苗前
甜菜	60~90	播后苗前
烟草	40~75	移栽前
西瓜	40~65	移栽前

丁草胺（butachlor）

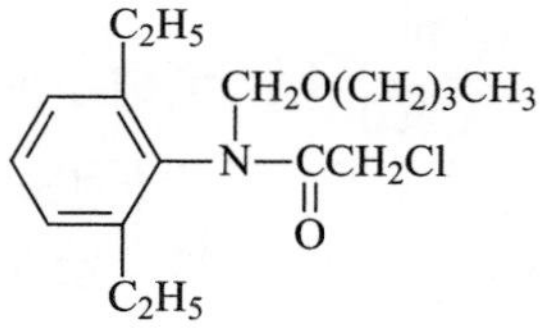

化学名称

N-（2，6-二乙基苯基）-N-（丁氧基甲基）氯乙酰胺

理化性质

淡黄色油状液体，带甜香气味，相对密度1.076（25℃），熔点-2.8~1.0℃，沸点156℃/66.7Pa，蒸气压0.24mPa（25℃）。20℃水中溶解度20mg/L，能溶于丙酮、乙醇、乙酸乙酯、乙醚、苯、己烷等有机溶剂。

毒性

低毒。急性经口LD_{50}（mg/kg）：大鼠2 000、小鼠4 747，兔急性经皮LD_{50} > 1 300mg/kg，大鼠急性吸入LC_{50}（4h）> 3.34mg/L。对兔眼睛有轻度刺激性，对兔皮肤有中度刺激性。在试验剂量内无致畸、致突变作用。两年饲喂试验无作用剂量（mg/kg）：大鼠100，狗1 000。

对鱼高毒，LC_{50}（96h，mg/L）：虹鳟鱼0.52，鲤鱼0.32，翻车鱼0.44。对蜜蜂、鸟低毒，蜜蜂接触LD_{50} > 100μg/只，野鸭急性经口LD_{50} > 4 640mg/kg，饲喂LC_{50}（7d，mg/kg）：野鸭 > 10 000，山齿鹑 > 6 597。

生物活性

与乙草胺相似，是内吸剂，作用机理是抑制细胞分裂。单子叶植物主要是通过胚芽鞘吸收，双子叶植物主要通过下胚轴吸收；其次是幼芽吸收；种子也可以吸收，但吸收量很少。杂草吸收药剂后，抑制蛋白合成，从而抑制芽和根的生长。持效期30～40d。

制剂及生产厂

900g/L、80%、600g/L、60%、50%乳油，25%高渗乳油，600g/L、400g/L、40%水乳剂，50%微乳剂，5%颗粒剂，10%微粒剂。生产厂较多。

应用

1. 用于稻田

防除一年生的禾本科杂草和莎草科杂草，如稗草、千金子、异形莎草、碎米莎草、牛毛草等，以及部分阔叶杂草如节节菜、陌上菜、水母、泽泻、水苋等，对鸭舌草、鳢肠、尖瓣花等有抑制作用。一般亩用有效成分50～85g。

（1）秧田

南方湿润育秧田，在秧板做好后，播种前2～3d，田间排干畦面水，亩用60%乳油75～100mL，对水30kg，喷洒土表，然后上浅水保水2～3d，排水进行播种。施药时，床面要平整无积水，以免发生药害。

北方覆膜湿润育秧田（也称肥床旱育秧田），在播下浸种不催芽的种子后，覆盖1cm厚的土层，亩用60%乳油55～100mL，对水40kg喷雾，加盖薄膜，保持床面湿润。

秧田在播后芽苗期施药，施药适期短，对水稻安全性差，应谨慎使用。

（2）直播田

基本与秧田相同。播种前2～3d，亩用60%乳油80～100mL，对水喷于土表，保水层，使其自然落干，进行播种。也可在秧苗1叶1心期至2叶期、稗草1叶1心期，亩用60%乳油100～120mL或900g/L乳油84～100mL，对水喷雾。喷药时田间湿润，后灌浅水不淹秧苗心叶，保水2～3d。

（3）移栽田

在移栽后3～5d，最迟不超过7d，杂草处于萌动至1.5叶期，亩用60%乳油100～110mL（南方），或110～140mL（北方），或5%颗粒剂1～1.75kg、10%微粒剂500～850g、50%微乳剂120～170mL、900g/L乳油80～100mL、600g/L水乳剂84～140mL、400g/L（或40%）水乳剂125～175mL，采用毒土法施药。施药时田面有3～4cm水层，施药后保水层3～5d。

（4）抛秧田

在抛秧后5～7d，秧苗已成活，杂草处于萌动至1.5叶期，亩用60%乳油100～110mL，采用毒土法施药。施药时田面有2～3cm水层，施药后保水3～5d。

水稻种子萌芽期对丁草胺敏感，此时不能用药，在秧苗1叶期以前使用也不安全，因而在播种前1d或随播种随用药，对成秧率有严重影响。在秧田和直播田使用，技术要求高，应先试验后推广。亩用量为60%乳油超过150mL，极易产生药害。杂交稻对丁草胺有一定敏感性，使用时要特别注意。

2. 用于旱田

丁草胺用于旱田除草仅见花生有登记，但在农业生产中常有使用，以下介绍的供参考。

（1）麦田

为防除小麦田的看麦娘、硬草，在小麦播后苗前到少数见苗立针时，亩用60%乳油75mL，对水50～60kg喷雾。或用60%丁草胺乳油50mL加25%绿麦隆可湿性粉剂150g，对水30～40kg喷雾。施药时土壤干旱影响药效，以土壤含水量20%左右时除草效果最好，土壤含水量超过30%时，对小麦药害严重。施药田的播种质量要高，不应有露籽麦。大麦和元麦田不宜施用丁草胺，以免药害。

（2）油菜田

防除以看麦娘等禾本科杂草为主的直播油菜田杂草，在播后苗前亩用60%乳油75～100mL。对水50～60kg，喷洒土表。

（3）菜田

可用于十字花科蔬菜田。甘蓝在移栽前或移栽后施药，萝卜在播前施药，一般亩用60%乳油120～150mL，对水30～40kg喷雾。大白菜、小白菜在播后立即施药，每亩用60%乳油100～120mL，对水喷洒土表，用量超过120mL，会对白菜有一定的伤害。

（4）甜菜田

直播甜菜田于播后苗前施药，甜菜纸筒育苗移栽田于移栽前施药，亩用60%乳油100～125mL，对水25～30kg，喷洒土表。

（5）麻园

红麻、黄麻、亚麻在播后出苗前，亩用60%乳油90～110mL，对水40～50kg，喷洒土表。

（6）花生田

播后苗前，亩用40%水乳剂125～175mL，对水喷于土表。

甲草胺（alachlor）

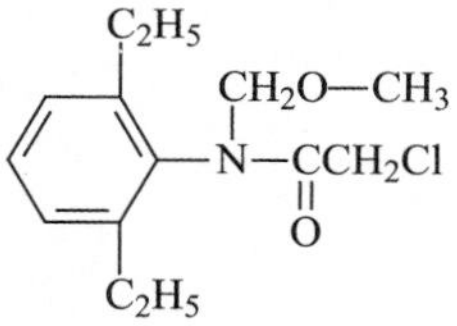

$$\text{2,6-}(C_2H_5)_2C_6H_3\text{-}N(CH_2O\text{-}CH_3)\text{-}C(=O)CH_2Cl$$

化学名称

N-（2，6-二乙基苯基）-N-（甲氧基甲基）氯乙酰胺

理化性质

白色结晶，相对密度1.133（25℃），熔点39.5～41.5℃，沸点100℃/2.67Pa、135℃/40Pa，105℃时分解，蒸气压2.9mPa（25℃）。25℃水中溶解度242mg/L，能溶于丙酮、乙醇、苯、氯仿、乙醚等有机溶剂。

毒性

低毒。大鼠急性经口LD_{50}930mg/kg，兔急性经皮LD_{50}1 330mg/kg。大鼠急性吸入LC_{50}（4h）>1.04mg/L。对兔眼睛和皮肤有中度刺激性。亚慢性饲喂试验无作用剂量（mg/kg·d）：大鼠2.5，小鼠260。在试验剂量下未见致畸、致突变作用。大鼠在15mg/kg和小鼠在240～260mg/kg致癌试验中，出现支气管肺泡肿瘤和肝、肺肿瘤。

对鱼毒性高，LC_{50}（96h，mg/L）：虹鳟鱼1.8，蓝鳃鱼2.8，对鸟低毒，鹌鹑急性经口LD_{50}1 536mg/kg，饲喂LC_{50}（5d）野鸭和鹌鹑>5 620mg/kg。

生物活性

与乙草胺相似，为芽前和芽后早期除草剂。作用机理是抑制细胞分裂。

制剂及生产厂

480g/L、43%乳油，生产厂有江苏南通江山农药化工股份有限公司、江苏常隆化工有限公司、兴农药业（上海）有限公司、山东潍坊润丰化工有限公司、山东滨农科技有限公司、山东侨昌化学有限公司、山东中石药业有限公司等。

应用

可用于大豆、玉米、棉花、花生、芝麻、甘蔗、马铃薯、洋葱、萝卜、辣椒等作物地，防除马唐、稗草、狗尾草等一年生禾本科杂草及苋、马齿苋、菟丝子等阔叶杂草。而高粱、谷子、麦类、水稻、菠菜、瓜类、韭菜等对甲草胺敏感，不宜使用。

甲草胺为土壤处理剂，在播种前或播种后出苗前，移栽作物在移栽前施药。一般亩用有效成分100～150g，相当于480g/L乳油200～300mL，土壤质地轻，有机质含量少，用药量少；土壤质地黏重，有机质含量高，用药量宜大。

土壤含水量是影响药效发挥的关键因素之一。施药后一周内灌溉或下雨，有利于药效的发挥。如干旱无灌溉条件，应混土 3 ~ 4cm，以保证药效。

例如，以下作物亩用480g/L乳油量：棉花于苗前或播后苗前250 ~ 300mL（华北地区）、200 ~ 250mL（长江流域），覆膜棉用 150 ~ 200mL（华北地区）、125 ~ 150mL（长江流域）；大豆用 260 ~ 300mL（沙壤土）、300 ~ 400（壤土）、400 ~ 450（黏土）；玉米 135 ~ 170mL；花生 150 ~ 250mL；番茄、辣椒、萝卜、洋葱等蔬菜 200mL，覆膜地用药减少 1/3 ~ 1/2。

克草胺（ethachlor）

$$\text{N-(2-ethylphenyl)-N}(CH_2OC_2H_5)\text{-}C(=O)CH_2Cl$$

化学名称

N-（2-乙基苯基）-N-（乙氧基甲基）氯乙酰胺

理化性质

棕色油状液体，相对密度 1.058（25℃），蒸气压 2.67×10^{-3}Pa。不溶于水，可溶于丙酮、乙醇、苯、二甲苯等有机溶剂。

毒性

低毒。急性经口 LD_{50}（mg/kg）：雄小鼠 774，雌小鼠 464。对眼睛黏膜及皮肤有刺激作用。

生物活性

参见乙草胺。

制剂及生产厂

47% 乳油，由大连瑞泽农药股份有限公司生产。

应用

可用于水稻移栽田防除稗草、牛毛草等，也可用于覆膜或有灌溉条件的玉米、棉花、花生等旱地作物田。

1. 水稻移栽田

于移栽后 4 ~ 7d 稻苗完全缓苗后毒土法施药，亩用47%乳油75 ~ 100mL（东北地区）、50 ~ 75mL（其他地区）。不宜用于秧田、直播田及小苗、弱苗、漏水田。由于克草胺的活性高于丁草胺，而对水稻的安全性低于丁草胺，因此，在移栽田使用也应严格控制用药量。

2. 旱作物田

用于玉米田可防除阔叶杂草和某些一年生禾本科杂草，以喷雾处理土壤方法施用，在覆膜前亩用47% 乳油 200 ~ 300mL（东北地区）、120 ~ 150mL（其他地区）。花生、棉花于覆膜前施药，亩用 47% 乳油160 ~ 190mL。

注意事项

本剂对鱼类有毒，防止污染水源。

毒草胺（propachlor）

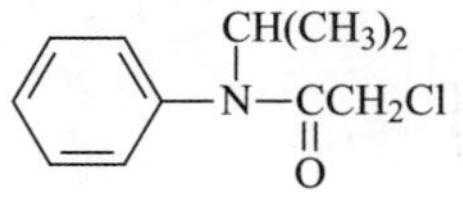

$$C_6H_5-N(CH(CH_3)_2)-C(=O)CH_2Cl$$

化学名称

N- 苯基 -N- 异丙基氯乙酰胺

理化性质

淡黄色粉末，相对密度1.242（25℃），熔点67～76℃，沸点110℃/3.99Pa，蒸气压3.99Pa（110℃）。20℃水中溶解度770mg/L，溶于脂肪烃以外的大多数有机溶剂。

毒性

低毒。大鼠急性经口 LD_{50}1 200mg/kg，急性经皮 LD_{50}>2 000mg/kg，对眼睛有刺激性。对鱼毒性高，LC_{50}（96h，mg/L）：虹鳟鱼0.17，蓝鳃鱼>1.4。

生物活性

与乙草胺相似，为细胞分裂抑制剂。

制剂及生产厂

50%、10% 可湿性粉剂，由江苏常隆化工有限公司生产。

应用

芽前除草剂，能防除一年生杂草，如稗草、马唐、狗尾草、看麦娘、早熟禾、鸭舌草、马齿苋、龙葵、藜、异型莎草、牛毛草等。对刚萌发的杂草有很强的杀伤力，对已出土的杂草无杀伤力，因而要在杂草出土前施于土表作封闭处理。在旱地施药后要浅耙混土。

登记用于水稻移栽田除草。在水稻移栽后4～6d，亩用50% 可湿性粉剂200～300g，制成毒土撒施，保水3cm左右7d。

也可用于玉米和大豆，在播后苗前3～5d，亩用50% 可湿性粉剂300g，对水喷于土表。

敌草胺（napropamide）

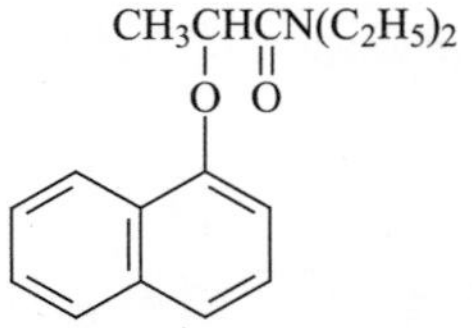

$$CH_3CH(O-C_{10}H_7)C(=O)N(C_2H_5)_2$$

化学名称

（R，S）-N，N- 二乙基 -2-（1- 萘氧基）丙酰胺

其他名称

萘氧丙草胺，草萘胺，萘丙酰草胺

理化性质

白色结晶体，相对密度0.584，熔点74.8～75.5℃，蒸气压0.53mPa（25℃）。25℃水中溶解度73mg/L。有机溶剂中溶解度（20℃，g/L）：煤油62，二甲苯505，己烷15，与丙酮、乙醇互溶。

毒性

低毒。急性经口 LD_{50}（mg/kg）：雄大鼠>5 000，雌大鼠 4 680，兔急性经皮 LD_{50}>4 640mg/kg，大鼠急性吸入 LC_{50}（4h）>5mg/L。对眼睛和皮肤有轻微刺激性。饲喂试验无作用剂量（mg/kg · d）：大鼠（2 年）30，小鼠（2 年）100，狗（90d）40。每日允许摄入量 0.1mg/kg。在试验剂量内无致畸、致突变、致癌作用。在三代繁殖试验中未见异常。

对鱼、蜜蜂、鸟低毒。鱼毒 LC_{50}（96h，mg/L）：虹鳟鱼 16.6，翻车鱼 30，金鱼 10。水蚤 LC_{50}（48h）14.3mg/L。蜜蜂 LD_{50}121μg/ 只。山齿鹑饲喂 7d 无作用剂量为 5 600mg/kg。

生物活性

是细胞分裂抑制剂。R- 异构体对某些杂草的活性是 S- 异构体的 8 倍。R- 异构体又称 R- 左旋敌草胺。敌草胺是芽前土壤处理剂，杂草的根和芽鞘吸收淋入土层中的药剂，使根芽不能生长而死亡。对已出土的杂草无效，持效期约 2 个月。

制剂及生产厂

50% 可湿性粉剂，20% 乳油、50% 水分散粒剂。生产厂有江苏快达农化股份有限公司、四川宜宾川安高科农药有限公司、印度磷化物有限公司。25%R- 左旋敌草胺可湿性粉剂由南京农药科技发展有限公司生产。

应用

适用于蔬菜、油菜、大豆、花生、烟草田以及果园、桑园、茶园、林业苗圃等，防除一年的禾本科杂草稗、马唐、狗尾草、千金子、看麦娘、早熟禾、雀稗、野燕麦、黍草等。也能防除藜、猪殃殃、马齿苋、繁缕、窍蓄等阔叶杂草。对以地下茎繁殖的多年生禾本科杂草无效，因而可用于绿化草地。

1. 蔬菜田

在番茄、茄子、辣椒、油菜、白菜、芥菜、萝卜、大蒜及葫芦科等田，于播后苗前或移栽后，亩用 20% 乳油 200 ~ 250mL，或 50% 可湿性粉剂 80 ~ 100g，对水 30kg，喷雾土表。对芹菜、莴苣、茴香、胡萝卜有药害，不能使用。短生育期蔬菜使用后，下茬不宜种玉米、高粱、小麦、大麦等作物，以免产生药害。

2. 油料作物田

花生、大豆在播前或播后苗前，冬油菜于移栽前或移栽后 2 ~ 3d 施药。亩用 50% 可湿性粉剂 80 ~ 120g 或 20% 乳油 200 ~ 300mL，对水喷洒土表。冬油菜也可亩用 25%R- 左旋敌草胺可湿性粉剂 50 ~ 60g。

在西北地区油菜田，按推荐剂量使用，对后茬小麦的出苗及幼苗生长无不良影响，但对青稞的出苗及幼根生长有一定的抑制作用。

3. 其他作物田

一般是在播前、播后苗前或移栽后 2 ~ 3d 喷雾于土表。50% 可湿性粉剂亩用量：棉花 150 ~ 250g，甜菜 100 ~ 200g，西瓜 150 ~ 200g，烟草苗床 100 ~ 120g，烟草移栽后 100 ~ 150g。

4. 果园、茶园、桑园、林业苗圃等

亩用 20% 乳油 500 ~ 600mL，或 50% 可湿性粉剂 200 ~ 250g，对水定向喷雾。

敌草胺在土壤湿润条件下，除草效果好。施药后如干旱，应在施药后 3d 内灌水。

苯噻酰草胺（mefenacet）

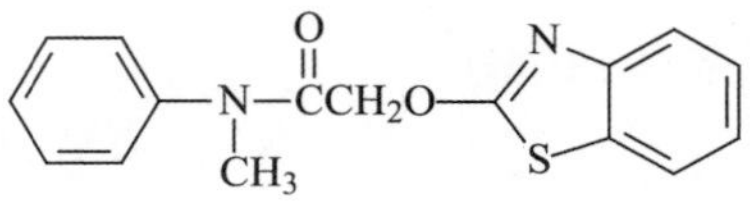

N(CH₃)—C(=O)CH₂O— (结构式)

化学名称

2-（1，3-苯并噻唑-2-基氧基）-N-甲基乙酰苯胺，2-苯并噻唑-2-基氧基-N-甲基乙酰苯胺

其他名称

苯噻草胺

理化性质

白色固体，熔点134.8℃，蒸气压6.4 × 10^{-4}mPa（20℃）、11mPa（110℃）。20℃水中溶解度4mg/L，有机溶剂中溶解度（20℃，g/L）：丙酮60～100，甲苯20～50，二氯甲烷>200，二甲基亚砜110～220，乙腈30～60，乙酸乙酯20～50，异丙醇5～10，己烷0.1～1.0。对光、热、酸、碱（pH值4～9）稳定。

毒性

低毒。大鼠和小鼠急性经口LD_{50}>5 000mg/kg，大鼠和小鼠急性经皮LD_{50}>5 000，大鼠急性吸入LC_{50}（4h）0.02mg/L（粉剂）。对眼睛和皮肤无刺激性。大鼠2年饲喂试验无作用剂量100mg/kg饲料。

对鱼中等毒。鱼毒LC_{50}（96h，mg/L）：鲤鱼6.0、虹鳟鱼6.8。对鸟低毒，山齿鹑饲喂LC_{50}（5d）>5 000mg/kg饲料。蚯蚓LC_{50}（28d）>1 000mg/kg土壤。

生物活性

细胞生长和分裂抑制剂。主要通过芽鞘和根吸收，传导至幼芽和嫩叶，抑制生长点细胞分裂，致使草株死亡。

制剂及生产厂

50%可湿性粉剂，生产厂有广东江门市大光明农化有限公司、江苏快达农化股份有限公司、江苏常隆化工有限公司、辽宁大连瑞泽农药股份有限公司、辽宁丹东市农药总厂、山东胜邦绿野化学有限公司、浙江美丰农化有限公司、湖南海利化工股份有限公司等。

应用

适用于稻田防除禾本科、莎草科和阔叶杂草，也可用于旱田，对稗草有特效，并能有效防除泽泻、鸭舌草、水苋菜、异型莎草、碎米莎草、牛毛草、萤蔺、母草、节节菜、马唐、沟繁缕等杂草。对移栽水稻选择性强，施药后药剂被吸附于土壤表层，并在土表1cm以内形成药土层，这样就能避免水稻生长点与药剂接触，使水稻安全；对生长点处在土壤表层的稗草等杂草有较强的毒杀能力，并对表层由种子繁殖的多年生杂草也有抑制作用，对深层杂草效果低。

移栽水稻田应用为：水稻移栽后5～7d，或抛秧后稻苗完全活棵后，稗草1.5叶期前，亩用50%可湿性粉剂50～60g（南方及抛秧田）或60～80g（北方），稗草基数大的田块用推荐剂量上限，基数小的用下限。毒土法撒施，施药后保水3～5cm水层5～7d，水层淹过水稻心叶易产生药害。抛秧田也按这种方法使用。

吡氟酰草胺（diflufenican）

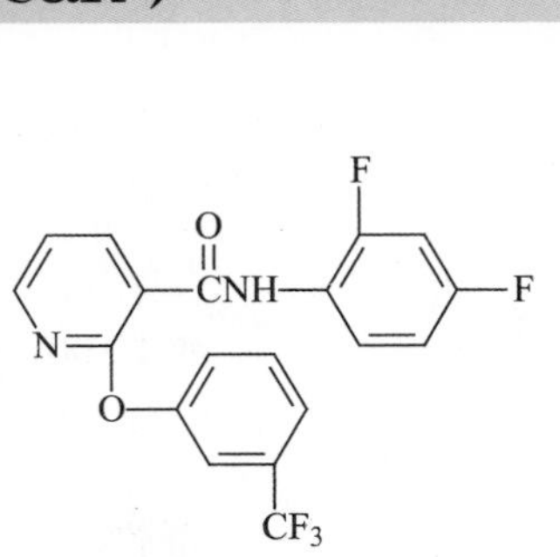

O
CNH
F
F
N
O
CF_3

7

化学名称

N-（2，4-二氟苯基）-2-（3-三氟甲基苯基）-3-吡啶甲酰胺

其他名称

吡氟草胺

理化性质

白色结晶，熔点159～161℃（另一资料为161～162℃）。25℃水中溶解度＜0.05mg/L。有机溶剂中溶解度（20℃，g/L）：丙酮、二甲基甲酰胺100，环己酮、苯乙酮50，环己烷、2-乙氧基乙醇和煤油＜10，3，5，5-三甲基环己-2-烯酮35，二甲苯20。

毒性

低毒。急性经口 LD_{50}（mg/kg）：大鼠＞2 000，小鼠＞1 000。急性经皮 LD_{50}（mg/kg）：兔＞5 000、大鼠＞2 000。大鼠急性吸入 LC_{50}（4h）＞2.34mg/L。对兔眼睛和皮肤无刺激性。在14d亚急性试验中，于1 600mg/kg饲料的高剂量下，对大鼠无不良影响。90d饲喂试验无作用剂量（mg/kg·d）：狗1 000，大鼠500。无诱变性。

对鱼、鸟低毒，鱼毒 LC_{50}（96h，mg/kg）：虹鳟鱼56～100，鲤鱼105。急性经口 LD_{50}（mg/L）：鹌鹑＞2 150，野鸭＞4 000。对蜜蜂、蚯蚓几乎无毒。

生物活性

类胡萝卜素生物合成抑制剂。杂草吸收药剂后，体内类胡萝卜素含量下降，导致叶绿素被破坏，细胞膜破裂。光照强，杂草死亡快；光照弱，死亡则慢。

制剂及生产厂

原药生产厂有沈阳化工研究院试验厂、江苏常隆化工有限公司。国内尚无单剂生产，国外单剂有50%可湿性粉剂和50%悬浮剂。江苏常隆化工有限公司生产60%吡氟·异丙可湿性粉剂，内含10%吡氟酰草胺、50%异丙隆。

应用

适用于秋播小麦、大麦、水稻、胡萝卜、向日葵田防除禾本科杂草和阔叶杂草，如猪殃殃、婆婆纳、繁缕、鹅不食草、马齿苋、播娘蒿、野油菜、野苋菜、荠菜、苍耳、曼陀罗、黄鼬瓣花、地肤、蓼、龙葵、芥菜、辣子草、猪毛草、黄花稔以及稗草、早熟禾等。

60%吡氟·异丙可湿性粉剂用于冬小麦田，在麦苗3～4叶期，亩用120～150g，对水喷雾。50%可湿性粉剂和50%悬浮剂，用于麦田可在冬小麦播后芽前作土壤封闭处理，或在小麦3～4叶期茎叶处理，亩用50%制剂17～33g，对水30kg喷雾。

敌稗（propanil）

$$C_2H_5\overset{O}{\overset{\|}{C}}NH-C_6H_3Cl_2\ (3,4\text{-dichlorophenyl})$$

化学名称

N-3，4-二氯苯基丙酰胺

理化性质

白色针状结晶，相对密度1.41，熔点91.5℃，蒸气压0.05mPa（25℃），溶解度（20℃，g/L）：水0.13，异丙醇、二氯甲烷>200，甲苯50～100，苯70，乙醇1 100，丙酮1 700。在强酸、强碱介质中分解为3，4-二氯苯胺和丙酸。

毒性

低毒。急性经口 LD_{50}（mg/kg）：大鼠>2 500，小鼠1 800，急性经皮 LD_{50}（mg/kg）：大鼠>5 000、兔7 080，大鼠急性吸入 LC_{50}（4h）>1.25mg/L。对兔眼睛

和皮肤无刺激性，对豚鼠皮肤无致敏性。2年饲喂试验无作用剂量（mg/kg饲料）：大鼠400，狗600。每日允许摄入量0.005mg/kg。在试验剂量内无致突变和致癌作用。

对鱼、鸟低毒。鲤鱼LC_{50}（96h）8～11mg/L（另一资料为13mg/L）。急性经口LD_{50}（mg/kg）：野鸭375，山齿鹑196。5d饲喂LC_{50}（mg/kg饲料）：野鸭5 627，山齿鹑2 861。

生物活性

触杀性除草剂，在植物体内几乎不输导，只能在药剂接触的部位起触杀作用。药剂进入稗草体内，破坏其细胞膜，导致失水加速，引起细胞质壁分离，叶片逐渐干枯而死。水稻对敌稗的耐受力约为稗草的100倍，这是因为水稻植株体内的酰胺水解酶能把敌稗迅速分解成无毒物质。种子萌发期水稻比稗草的分解能力高20倍，幼苗期高25倍。

制剂及生产厂

20%、16%、360g/L乳油。生产厂有沈阳丰收农药有限公司、黑龙江鹤岗市禾友农药有限责任公司、鹤岗市清华紫光英力农化有限公司、浙江龙游绿得农药化工有限公司、山东潍坊润丰化工有限公司等。

应用

主要用于水稻田防除稗草和鸭舌草、野慈姑、牛毛草、水蓼、水芹、水马齿苋；用于旱稻田防除旱稗、马唐、狗尾草、千金子、看麦娘、野苋菜、红蓼等杂草。对水稻田的四叶萍、野荸荠、眼子菜等基本无效。

用于除稗，主要是使稗草很快失水，故需在施药前2h或前一天晚上排干田水，施药时使稗草整株受药，施药后1～2d不灌水，在晒田后灌水淹没稗草心叶（但不能淹没水稻秧苗的心叶）两昼夜，可提高杀稗效果。在温暖晴天，施药6h后，稗草就严重枯萎，再下雨也不影响药效，很有利于长江以南地区使用。以茎叶喷雾法施药。

1. 秧田

一般稗草2叶至2叶1心期施药。南方亩用20%乳油750～1 000mL，北方用1 000～1 200mL，保温育秧田用量不得超过1 000mL，对水35kg喷雾茎叶。施药前一天晚上排干田水，施药当天待露水干后施药，1～2d后灌水淹没稗心而不淹没秧苗，并保水层2d（南方）、3～4d（北方），以后正常灌水。

2. 水直播田

以稗草为主田块，在稗草2叶期前，亩用20%乳油1 000mL，按秧田方法对水喷雾。

3. 旱直播田

因稗草出土不齐，应施药2次。在稗草2～3叶期，亩用20%乳油500～750mL，对水50kg喷雾茎叶。当再出生的稗草2～3叶期，亩用500mL再喷1次，喷药前将大草拔除。

4. 移栽田

在插秧后，稗草1叶1心至2叶1心期，晴天排干田水，亩用20%乳油1 000mL，在东北地区还可用360g/L乳油556～833mL，对水喷雾茎叶，2d后灌水淹稗草心叶2d，再正常管水。

7

注意事项

1. 二叶期的稗苗种子内养分消耗已尽，初生根吸收养分和水分的能力弱，次生根还未发生，生活力很弱，叶片受药失水，很快枯焦，是用药的最好时机。稗草长至3～4片真叶，不宜用药，因此，此时次生根已大量发生，能迅速从土壤中吸取所需养分和水分，生活力不断增强，生长速度比秧苗快，叶片较硬而直于秧苗之上，药剂不易沾附，在常用剂量下，往往不会枯萎，如增加用药量，对秧苗又不安全。所以须选择在2～3叶期施药，既有效又安全。

2. 粳稻对敌稗的抗药力较强，糯稻次之，籼稻较差，但注意操作规程，不致产生药害。只要秧苗已立针扎根，就可使用。但对瘦弱的秧苗，用药量过高或喷药不匀，易产生药害，轻者叶色稍黄，重者叶片上出现斑点或叶尖枯焦，更严重者会整个叶片枯死。用药后连续淹水两昼夜，稻苗较软弱。这些现象，只要加强管理，及时施肥，即可很快恢复生长。

3. 盐碱较重的秧田，由于晒田引起泛盐，也会伤害水稻，用药时应特别注意。可在保持浅水或保持秧板湿润的情况下喷药，或在晒田过程中过一次浅水湿润秧板，以防泛盐。

4．敌稗可与多种除草剂混用，扩大杀草谱。

敌稗不能与仲丁威、异丙威、甲萘威等氨基甲酸酯类农药和马拉硫磷、敌百虫等有机磷农药混用，以免产生药害。喷敌稗前后10d内也不能喷上述药剂。敌稗也不能与2，4滴丁酯混用。

5．敌稗对棉花、大豆、蔬菜、果树等幼苗有药害，应避免污染。喷过敌稗的喷雾器，要及时用水冲洗。

第十七章
二硝基苯胺类除草剂

二硝基苯胺类除草剂是1953年开始筛选，1959年从80种化合物中筛选出了氟乐灵，至今曾问世的品种有十多个，目前在我国农业上使用的仅有3个：氟乐灵、仲丁灵和二甲戊灵。

这类除草剂多用于土壤处理，防除一年生禾本科杂草特效，对由种子繁殖的多年生禾本科杂草也有效，并能防除某些阔叶杂草。在作物播种前、栽植前或播后苗前施于土壤中，被禾本科杂草的幼芽或阔叶杂草的下胚轴吸收，子叶和幼根也能吸收，主要是触杀作用，杀伤杂草的幼芽和幼根，导致杂草死亡。作用机理是微管系统抑制剂。在土壤中持效期中等，对大多数后茬作物安全，但对高粱、谷子有一定的影响。

氟乐灵（trifluralin）

NO_2

F_3C—（苯环）—$N(CH_2CH_2CH_3)_2$

NO_2

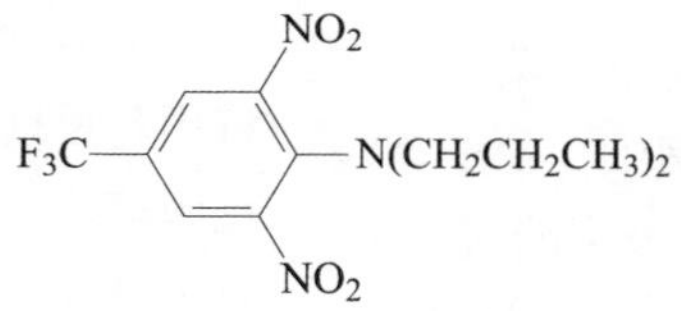

化学名称

N，N–二丙基–4–三氟甲基–2，6–二硝基苯胺

理化性质

橙黄色结晶，具有芳香族化合物气味。相对密度1.23（20℃）、1.36（25℃），熔点48.5～49℃，沸点96～97℃/24Pa，蒸气压6.1mPa（25℃）。水中溶解度（25℃，mg/L）：0.184（pH值5）、0.221（pH7）、0.189（pH9）。有机溶剂中溶解度（25℃，g/L）：丙酮、氯仿、甲苯、乙腈、乙酸乙酯>1 000，甲醇33～40，己烷50～67，二甲苯580。易挥发，易光解，对热稳定。

毒性

低毒。大鼠急性经口LD_{50}>5 000mg/kg，兔急性经皮LD_{50}>5 000mg/kg，大鼠急性吸入LC_{50}（4h）>4.8mg/L。对兔眼睛和皮肤有刺激性。饲喂试验无作用剂量：狗（90d）<2.4mg/kg·d，大鼠（2年）2 000mg/kg·d，大鼠（2年）<813mg/kg饲料。每日允许摄入量0.024mg/kg。在实验条件下未见致畸、致突变、致癌作用。

对鱼类高毒，LC_{50}（96h，mg/L）：虹鳟鱼0.088，大翻车鱼0.089。水蚤LC_{50}0.2～0.6mg/L。对蜜蜂无毒害，经口LD_{50}24mg/只。对鸟类低毒，各种鸟经口LD_{50}均>2 000mg/kg。

生物活性

是微管系统抑制剂。杂草种子在发芽穿过土层的过程中吸收药剂。主要是禾本科杂草的幼芽、阔叶杂草的下胚轴吸收，子叶和幼根也能吸收，但出土后的茎和叶不能吸收。进入草株体内的药剂影响激素的生成和传递，抑制细胞分裂，根尖分生组织细胞变小，厚而扁，皮层薄壁组织中的细胞增大，细胞壁变厚。由于细胞中的液泡增大，使细胞丧失活性，产生畸形：单子叶杂草如稗草呈“鹅头”的根茎，双子叶杂草的下胚轴变粗变短、脆而易折，难于出土；有的虽能出土，但胚根和次生根变粗、根尖肿大，呈鸡爪状，没有须根，生长受抑制。

制剂及生产厂

480g/L、40%、38%、乳油。原药生产超过12家，制剂生产厂更多。

应用

应用广泛的旱田除草剂，适用作物多达40种，主要有大豆、油菜、花生、芝麻、向日葵、蓖麻、红花、棉花、红麻、黄麻、马铃薯、胡萝卜、芹菜、番茄、茄子、辣椒、甘蓝、白菜、甘薯、果树、桑树、苜蓿、观赏植物等。瓜类作物及育苗韭菜、直播小葱、菠菜、甜菜、小麦、玉米、高粱、谷子等对氟乐灵比较敏感，不宜应用，以免产生药害。

能防除的禾本科杂草有稗草、马唐、狗尾草、牛筋草、早熟禾、看麦娘、千金子、大画眉草、雀麦、野燕麦等，小粒种子的阔叶杂草藜、蓼、马齿苋、繁缕、窍蓄、猪毛菜等。

氟乐灵为芽前土壤处理剂。一般是在作物播种前或播种后出苗前，采用喷雾法或毒土法将药剂施于土表。要求施药后立即混土，混土深度为1～5cm。这是因为：①氟乐灵易挥发、易光解，即遇日光照射极易分解失效。施于土表的药，在最初的30h内，挥发和光解损失可达30%。所以，药剂施于土表后要立即进行混土，最多不要相隔8h。②经混土后形成药土层，杂草种子在萌发穿过药土层时吸收药剂。这个药土层可维持3～6个月的药效期，施药1次，作物整个生长期就不需除草。

1. 用于油料作物田

（1）大豆田

春大豆可在播前5～7d施药或在前一年的秋季施药。用药量因土壤有机质含量而异。土壤有机质含量3%以下时亩用48%乳油60～110mL，有机质含量3%～5%时用110～140mL，有机质含量5%～10%时用140～175mL，有机质含量10%以上时不宜施用；土壤质地黏重用高剂量，质地疏松用低剂量，防治野燕麦用高剂量，但用药量一般不宜超过200mL，否则会对大豆产生药害，根瘤减少，根尖肿大，还会对后茬小麦、高粱、谷子产生药害。采用喷雾法施药，喷药后1～2h内混土，最迟不超过8h，耙深8～12cm，药剂入土5～7cm。

夏大豆可在播前3～5d施药，亩用48%乳油100～150mL，采用喷药、混土复式作业，做到随喷随混土，耙深5～8cm，药剂入土3～4cm。

在特殊条件下为抢时间必须随施药随播种，一定要做到深施药、浅播种，适当增加播种量。

（2）油菜田

油菜苗床和直播田在播种前5～7d，移栽田在移栽前5～7d，亩用48%乳油100～150mL，对水40～50kg，喷洒土表，随后及时混入3～5cm土层中。

春油菜产区防除以野燕麦为主的杂草时，需将用药量增至175～200mL，混土深度达10cm。为克服氟乐灵对后茬小麦、青稞的药害，可以用48%氟乐灵乳油100mL加40%野麦畏乳油100mL混用。

（3）其他油料作物

花生、芝麻、向日葵、蓖麻、红花等于播前5～7d，亩用48%乳油100～150mL，对水喷于土表，随后及时混入3～5cm土层中。地膜覆盖栽培的田块用药量可酌减20%～30%。

2. 用于棉田

（1）苗床

采用播后芽前土壤封闭处理。在播种覆土后，立即亩用48%乳油75～100mL，对水30～40kg，喷洒苗床表面。也可采用毒土法施药，但在撒毒土后再喷1次清水以提高药效。

（2）直播田

在播种前2～3d，亩用48%乳油100～125mL，有机质含量高的田块可增至150mL，对水30～

40kg，喷洒土表，随后立即混入3～4cm土层中。

（3）地膜棉田

在整地以后，亩用48%乳油75～100mL，对水30～40kg，喷洒土表，然后混土、播种、覆膜。

（4）移栽田

在移栽前喷药、混土，用药量和方法同直播田。但移栽后，应把开穴挖出的药土覆盖在棉苗根部周围。

以上各类棉田在推荐用药量下，对棉花出苗和地上部分生长没有影响，但有机质含量低的土壤亩用量超过150mL，有机质含量高的土壤超过175mL，或喷药不匀、重喷、滴漏会使棉苗受药害，表现为侧根少，主根近地表部位肿胀，影响棉苗生长。

3．用于菜园

氟乐灵可用于十字花科、豆科、茄科等多种蔬菜田除草。48%乳油亩用药量为：土壤有机质含量2%以下为100～120mL，有机质含量超过2%为120～150mL，沙质土地用低量。使用方式如下：

（1）播后苗前土壤处理

在胡萝卜、茴香、芹菜、香菜、大豆、菜豆、豇豆、蚕豆、大蒜等播后苗前，喷洒土表，喷药后根据作物播种深度作适当的混土，深度不必强求一致。

（2）移栽前施药

对茄子、辣椒、番茄、黄瓜、西葫芦、甘蓝、花椰菜、芹菜等移栽蔬菜，可在移栽前施药，即混土1～3cm，然后再移栽。带土坨移栽，安全性更好。移栽时尽量不让药土落入穴内，以免抑制根系生长。栽后即可灌水。

（3）定向喷雾

适用于行垅明显的蔬菜，定向喷雾后立即混土。喷药时千万不要将药液喷到蔬菜的顶芽上，否则会抑制生长，不易恢复。但老茎叶沾上少量药雾滴不会产生药害。

（4）老根韭菜

是割1次用药1次，待伤口愈合后以喷雾或毒土法施药。芦笋可在出苗前或收获后施药。

4．用于果园、桑园

氟乐灵在南北方的常绿或落叶果园均可使用，新栽植果园在缓苗后杂草出土前施药，定植果园在中耕除去已出土的大杂草后施药，亩用48%乳油100～150mL，对水30～50kg，喷洒土表，立即混土，将药剂混入2～5cm土层中。为防止雾滴飘移到果树叶片上引起的药害，不得采用超低容量喷雾；也不宜在大风天气喷药；土壤含水量过大或积水易涝地块也不宜施用。

氟乐灵用于桑园，可在桑籽播种前2～3d，亩用48%乳油100～150mL，对水80kg，喷洒土表，随即用钉齿耙混土，深度3～5cm，镇压保墒。

二甲戊灵（pendimethalin）

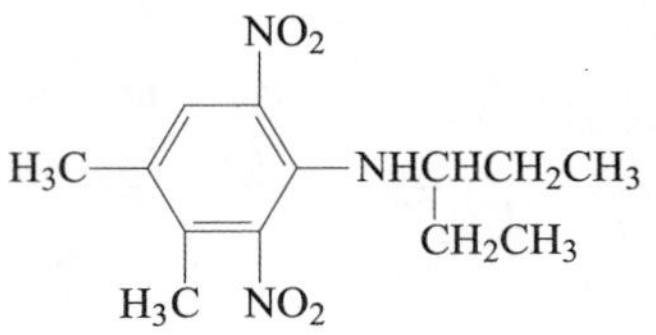

NO_2
H_3C—（苯环）—$NHCHCH_2CH_3$
CH_2CH_3
H_3C　NO_2

化学名称

N-（1-乙基丙基）-3，4-二甲基-2，6-二硝基苯胺

理化性质

橙黄色结晶，相对密度1.19（25℃），熔点54～58℃，蒸馏时分解，蒸气压4.0mPa（25℃）。20℃水中溶解度0.33mg/L。有机溶剂中溶解度（20℃，g/L）：丙

酮200，异丙醇77，二甲苯628，辛烷138，玉米油148。易溶于苯、甲苯、氯仿、二氯甲烷，微溶于石油醚。

毒性

低毒。急性经口 LD_{50}（mg/kg）：雄大鼠1 250，雌大鼠1 050，雄小鼠1 620，雌小鼠1 340，狗 > 5 000。兔急性经皮 LD_{50} > 5 000mg/kg，大鼠急性吸入 LC_{50}（4h）> 0.32mg/L。对兔眼睛和皮肤无刺激性。大鼠2年饲喂试验无作用剂量100mg/kg·d。在试验剂量内无致畸、致突变、致癌作用。在三代繁殖试验和迟发性神经毒性试验中未见异常。

对鱼类及水生生物高毒。鲤鱼 LC_{50}（48h）0.95mg/L，对鱼无作用剂量（mg/L）：虹鳟鱼0.075，蓝鳃鱼0.1，鲶鱼0.32。水蚤 LC_{50}（3h）> 40mg/L，泥鳅 LC_{50}（48h）35mg/L。对蜜蜂、鸟低毒，蜜蜂经口 LD_{50} 49.8μg/只。饲喂 LC_{50}（8d，mg/kg饲料）：野鸭10 388，山齿鹑4 187。

生物活性

与氟乐灵相似，主要是抑制分生组织细胞分裂，而不影响种子的萌发。是在杂草种子萌发过程中由幼芽、幼茎和幼根吸收药剂后直接抑制幼芽和次生根的生长，导致幼株死亡。

制剂及生产厂

330g/L、33%、30%乳油，45%微胶囊剂，30%、20%悬浮剂，生产厂较多。

应用

适用于多种蔬菜、油料作物、棉花、玉米、烟草、甘蔗、果树等作物地防除马唐、狗尾草、稗草、看麦娘、早熟禾、画眉草、牛筋草、臂形草、藜、蓼、苋、猪殃殃、繁缕、荠菜、窍蓄、地肤、异型莎草等一、二年生禾本科杂草和阔叶杂草。当禾本科杂草在1叶1心期、阔叶杂草在2叶期前施药都有很好的防除效果。因二甲戊灵挥发性不大，施药后混土与否影响不大，仅在土壤墒情较差的地块混土可稍提高防效。为减轻对作物的药害，在土壤处理时应先施药，后浇水，可增加土壤对药剂的吸附，从而减轻药害。

1．用于菜田

二甲戊灵广泛用于豆科、百合科、伞形花科、茄科、十字花科菜园除草，故有菜草通之称。一般菜园，除沙土田外，亩用药量为33%乳油150～200mL。土壤有机质含量少的田块用低剂量，土壤有机质含量高、质地偏黏田块用高剂量。

（1）直播菜田

韭菜、小葱、甘蓝、小白菜、花菜、胡萝卜、茴香、芹菜、香菜、菜豆等直播菜田，可在播种前、播后苗前使用，亩用33%乳油100～150mL，或用30%悬浮剂140～160g、20%悬浮剂200～250g、45%微胶囊剂105～130g，对水25～40kg，喷洒土表，施药后洒水保湿，持效期达45d左右。第一次用药后40～45d再施药一次，基本可控制全生育期的杂草为害。

韭菜播后苗前施药，因其出苗慢，干籽播种一般在12d左右才出苗，所以不必播后马上施药，宜在第三次浇水前施药。老根韭菜是收割一次用药一次，待伤口愈合后作喷雾处理或撒毒土。

洋葱播后苗前施药，其选择效应与播后覆土深度密切相关，覆土要求必须达到3cm，且苗床平整，土壤细碎、覆土要均匀细致，过筛除去土块才用。

矮生菜豆对二甲戊灵有很好的耐受力，在种植前施药渗入土表后播种，除草效果更好。

马铃薯种植前施药会产生药害，但可在种植后，杂草与马铃薯芽出土前使用，播后3d内施药，马铃薯芽露出土后不能用，否则会出现药害。大蒜、胡萝卜、茴香、豌豆于播后5d内施药。

（2）移栽菜田

甘蓝、花椰菜、莴苣、茄子、辣椒、番茄、黄瓜、西葫芦等，可在移栽前1～3d或移栽菜苗成活后（移栽后3～5d），亩用33%乳油100～200mL，对水25～40kg喷雾。沙质土田块应选用中低药量。

2．用于油料作物田

（1）大豆田

大豆播前或播后苗前土壤处理，最适施药期是在杂草萌发前，播后苗前应在播后3d内施药。亩用33%乳油200～300mL，对水25～40kg，喷洒土表。

垄播大豆于播后苗前也可采用苗带施药法，用药量可酌减 1/3 ~ 1/2。

（2）花生田

在花生播前或播后苗前施药，亩用 33% 乳油 200 ~ 300mL，在华北及以南地区用 150 ~ 250mL，对水 25 ~ 40kg 喷雾。

（3）向日葵

播前土壤处理，亩用33%乳油 250 ~ 300mL，对水 40 ~ 50kg，喷洒土表，并混土，过 5 ~ 7d 播种。

（4）蓖麻和红花田

在播后出苗前，亩用33%乳油300mL，对水25 ~ 40kg，喷洒土表，并耙地混土，耙深 2 ~ 3cm。

3. 用于玉米田

北方春玉米在播后 3d 内苗前施药，覆膜或不覆膜，亩用 33% 乳油 200 ~ 300mL，对水 30 ~ 50kg，喷洒土表。华北及其他地区夏玉米用 33% 乳油 150 ~ 250mL，对水喷雾。

注意

整地要精细，避免有大土块及植物残茬，切忌药剂与正发芽的玉米种子接触。

4. 用于其他经济作物田

（1）果园

在果树生长季节，杂草出土前施药，亩用 33% 乳油 200 ~ 400mL，对水 30 ~ 40kg 喷雾。为扩大杀草谱，可与莠去津混用（在桃园不能用莠去津）。

（2）棉田

棉花播前或播后苗前施药，播前施药最好施后浅混土，一般用33%乳油 200 ~ 300mL，对水 30 ~ 40kg 喷雾。

（3）烟草田

烟苗移栽后，亩用33%乳油 100 ~ 200mL，对水 30 ~ 40kg 喷雾。

（4）甘蔗田

甘蔗栽后，亩用 33% 乳油 200 ~ 300mL，对水 30 ~ 40kg 喷雾。

注意事项

1. 为减轻对作物可能产生的药害，在土壤处理时可先施药后灌水，增强土壤对药剂的吸附。

2. 本剂对鱼类等水生生物高毒，防止药剂污染水源。

7

仲丁灵（butralin）

$$(CH_3)_3C-C_6H_2(NO_2)_2-NH-CH(CH_3)CH_2CH_3$$

化学名称

N- 仲丁基 -4- 特丁基 -2，6- 二硝基苯胺

其他名称

地乐胺，双丁乐灵，丁乐灵

理化性质

橘黄色结晶体，相对密度 1.25（25℃），熔点 60 ~ 61℃，沸点 134 ~ 136℃/66.7Pa，蒸气压 1.7mPa（25℃）、分解温度 265℃。25℃水中溶解度 0.3mg/L。有机溶剂中溶解度（mg/L）：苯 2 700，二氯甲烷 1 460，丙酮 4 480，己烷 300，乙醇 73，甲醇 98。

毒性

低毒。大鼠急性经口 LD_{50} 2 500mg/kg，大鼠急性经皮 LD_{50} 4 600mg/kg，大鼠急性吸入 LC_{50} >9.35mg/L。对眼睛黏膜有轻度刺激性，对皮肤无刺激性。大鼠 2 年饲喂试验无作用剂量 20 ~ 30mg/kg · d。对

鱼中等毒，鱼毒LC_{50}（48h，mg/L）：虹鳟鱼3.4，翻车鱼4.2。蜜蜂LD_{50}95μg/只（经口）、100μg/只（接触）。

生物活性

是萌芽前除草剂，与氟乐灵相似，主要是抑制分生组织的细胞分裂，从而抑制杂草幼芽和幼根的生长，致杂草死亡。

制剂及生产厂

48%、37.3%、36%、360g/L乳油。生产厂有江西盾牌化工有限责任公司、甘肃张掖市大弓农化有限公司、江苏金凤凰农化有限公司、江苏连云港立本农药化工有限公司、山东滨农科技有限公司、山东鸿汇烟草用药有限公司、山东侨昌化学有限公司、山东华阳和乐农药有限公司等。

应用

是水旱地两用除草剂，主要用于大豆、花生、向日葵、棉花、蔬菜、水稻、苜蓿、甜菜、甘蔗地防除稗、马唐、狗尾草、牛筋草等禾本科杂草，小粒种子的野苋菜、马齿苋、藜等阔叶杂草，对大豆菟丝子有很好的防除效果。

1. 用于油料作物田

（1）大豆田

大豆播种前，亩用48%乳油沙质土为150mL，壤质土为230mL，黏质土为300～375mL，对水40kg，喷洒土表，及时耙入5～7cm土层中，镇压保墒，再播种。

防除大豆菟丝子，在大豆开花期或菟丝子已缠在大豆植株上并开始向周围株蔓延（即转株）为害时，用48%乳油100～150倍液，喷洒在菟丝子寄生的豆株上。

（2）花生田

露地栽培花生，在播种前或播后苗前施药，亩用48%乳油200mL（南方）或200～300mL（北方），对水40kg，喷洒地面，及时混土。

地膜花生，在播后覆膜前施药，亩用48%乳油150～200mL，进行土壤封闭，立即覆膜，也可在播前4～5d施药。

（3）向日葵田

亩用48%乳油150～200mL，按大豆、花生田的方法使用。

2. 用于菜田

对已出苗蔬菜的毒害作用比氟乐灵高，与二甲戊灵基本相同。在菜田一般是亩用48%乳油150～200mL（有效成分72～96g），对水喷于土表，但黄瓜地用药量不要超过180mL。直播田在播前或播后苗前施药，移栽田在移栽前或移栽后施药，移栽后施药应定向喷雾。

（1）移栽的

茄子、番茄、辣椒、甘蓝、花椰菜，以及瓜类的西葫芦、南瓜、冬瓜、西瓜等可在移栽前喷雾做土壤处理；洋葱、芹菜可在移栽缓苗后喷雾做土壤处理。

（2）直播的

菜豆、豌豆、豇豆、胡萝卜、茴香、芹菜、韭菜、黄瓜，可在播后苗前喷雾做土壤处理。

防治豆田的菟丝子，在菟丝子转株之前，用48%乳油100～200倍液细致地喷雾，使菟丝子的茎部喷着药，有很好的防效。

（3）苗期定向喷雾

凡行垄明显的蔬菜都可作定向喷雾处理。喷药时注意不要让雾滴飘移到蔬菜的顶芽上，否则抑制生长，不易恢复，但老茎叶黏着点药液不会发生药害。

3. 用于其他作物田

（1）棉田

主要用于地膜棉田土壤封闭处理。在播后覆膜前亩用48%乳油100～150mL，对水30～50kg，喷于地表，及时盖膜。

（2）防除亚麻田菟丝子

应用有二：①种子处理防除混入麻种中的菟丝子籽。每100kg亚麻种子，用48%乳油160～240mL（超过400mL对亚麻出苗有影响），加水25倍，用拌种器搅拌；②茎叶处理。在亚麻出苗后，菟丝子已基本出齐而尚未造成危害之前施药，亩用48%乳油100～150倍液喷雾，对水小于100倍，对亚麻有轻度药害。菟丝子受药后，即停止生长蔓延，一周后丝顶端膨大成球状，并从麻株上脱落死亡。

（3）稻田

在移栽后 3～5d 秧苗返青后，亩用 48% 乳油 150～200mL，拌细土 15～20kg 撒施。

（4）瓜类作物田

包括西瓜、甜瓜、哈密瓜、白兰瓜和打瓜等，可在播前施药处理土壤，亩用 48% 乳油：砂质土为 150mL，壤质土为 225mL，黏质土 300mL，对水 30kg，喷洒土表，及时混土 5～7cm 深。

（5）苜蓿地

用于新种植苜蓿，在播种前或播后苗前，亩用 48% 乳油 200～250mL，对水 30～40kg，喷雾土表，及时混土。

（6）玫瑰园

在早春冰雪融化后、杂草萌发出土前，亩用 48% 乳油 230～350mL，对水 30kg，喷洒地表，及时混土 3～5cm 深。

第十八章 硫代氨基甲酸酯类

本类除草剂是随机筛选而得，已有品种二十多个，作用机理是类脂合成抑制剂，但不是ACC酶抑制剂。作土壤处理时主要通过杂草的幼根和幼芽吸收，茎叶处理时主要通过叶和茎吸收，进入植物体内的药剂通常向分生组织传导，发挥杀草作用。

禾草丹（thiobencarb）

$$Cl-C_6H_4-CH_2SC(=O)N(CH_2CH_3)_2$$

化学名称

N，N-二乙基硫代氨基甲酸-S-对氯苄基酯

其他名称

杀草丹，稻草丹，灭草丹

理化性质

淡黄色液体，相对密度1.16（20℃），沸点126～129℃/1.07Pa，熔点3.3℃，闪点172℃，蒸气压2.93mPa（23℃）。20℃水中溶解度30mg/L，易溶于二甲苯、丙酮、醇类等有机溶剂，对酸、碱、热稳定，对光较稳定。

毒性

低毒。急性经口LD_{50}（mg/kg）：雄大鼠1 033，雌大鼠1 130，雄小鼠1 102，雌小鼠1 402。急性经皮LD_{50}（mg/kg）：大鼠>1 000，兔>2 000。大鼠急性吸入LC_{50}（1h）4.3mg/L（另一资料为7.7）。对兔眼睛和皮肤有一定刺激性。饲喂试验无作用剂量（mg/kg·d）：雄大鼠（2年）0.9，雌大鼠（2年）1.0，狗（1年）1.0。在试验剂量内无致畸、致突变、致癌作用。大鼠三代繁殖试验未见异常。

对鱼类中等毒，鱼毒LC_{50}（48h，mg/L）：鲤鱼3.6，大翻车鱼2.4。白虾LC_{50}（96h）0.264mg/L。对蜜蜂、鸟低毒。鸟类急性经口LD_{50}（mg/kg）：母鸡2 629，山齿鹑>7 800，野鸭>10 000。山齿鹑和野鸭饲喂LC_{50}（8d）>5 000mg/kg。

生物活性

为内吸性除草剂。作用机理为类脂合成抑制剂，主要由杂草的根和幼芽吸收，传导到体内，阻碍淀粉酶和蛋白质的生物合成，使已发芽的杂草种子中的淀粉不能水解成为容易被吸收利用的糖类，从而使刚发芽的幼芽得不到养料而生长受抑制，叶片先呈现浓绿色，生长停止，畸形（卷曲），以后叶片逐渐褪色而枯死。对杂草幼芽杀伤力强，在杂草1叶期应用效果最好，对2～3叶期以上的大草杀伤力很小，对未萌发的种子也不起作用。

制剂及生产厂

90%、50%乳油，10%颗粒剂。生产厂有日本组合化学株式会社、江苏镇江农药厂有限公司、浙江威尔达化工有限公司、北京中农科美化工有限公司、北京比荣达生化技术开发有限公司等。

应用

主要以处理土壤方式施用。在土壤中的持效期为20～30d，随土质和温度的不同而变化，在黏土中持效期25d左右，沙壤土中约35d；在15～20℃时为30d左右，20～25℃时为25～30d，25～30℃时为25d左右。

1. 用于稻田

可防除水稻秧田、直播田、插秧本田的稗草、牛毛草、异型莎草、鸭舌草、千金子、碎米莎草、日照飘拂草等一年生杂草。而对水苋菜、母草、节节草及多年生杂草的防效较差。

施药方法主要是苗前土壤处理和幼苗期喷雾。施药量一般是南方低于北方，秧田低于本田，晚稻略低于早稻。

（1）水稻秧田和直播田

做好秧板后灌浅水，亩用50%乳油200～250mL，对水喷雾或拌细土撒施，隔3～5d排水播种。播种后不能浸水，以湿润苗床出苗为宜。如药后遇低温，也不可上水护芽，否则易产生药害。

秧苗期使用。在秧苗1叶1心，稗草1～2叶期，亩用50%乳油150～200mL，对水喷雾。施药时田面留有浅水层或湿润，施药后2～3d内不能排水，自然落干，以保证药效，施药后也不能灌深水，以防药害。

萌芽的稻谷对禾草丹很敏感，芽期用药会影响出苗；禾草丹不能防除2叶期以上的稗草，所以只能采用播前或早苗期施药。

（2）水稻插秧田

在移栽5～7d秧苗返青后，稗草2叶期以前，亩用90%乳油125～210mL或50%乳油200～300mL，10%颗粒剂1.33～2.0kg，拌细土撒施。保水层3～4cm，保持5～7d。缺水田可采用细水缓灌的办法补水，切不可排水。

如稻田内有水莎草、瓜皮草等阔叶杂草，可与2甲4氯混用，即亩用50%禾草丹乳油150mL，加20%2甲4氯水剂100mL，拌细土撒施。

2. 用于麦田

可防除棒头草、早熟禾、看麦娘、马唐、狗尾草等禾本科杂草，适用于条播麦田，撒播田因露籽多易产生药害，影响出苗率。播种后出苗前施药，亩用50%乳油200～250mL，对水30～40kg，喷洒土表。与绿麦隆混用，可兼除阔叶杂草，并提高对禾本科杂草的防效，一般用50%禾草丹乳油100～150mL，加25%绿麦隆可湿性粉剂150g。

茎叶喷雾于小麦1.5叶期、看麦娘立针期时施药，亩用50%乳油300mL，对水喷雾。应在灌溉后施药，保持土壤湿润状态，方可发挥药效。

3. 用于蔬菜田

可用于多种蔬菜田防除旱稗、马唐、狗尾草、牛筋草、千金子等禾本科杂草及部分阔叶杂草。适用的蔬菜种类及用药方法为：

（1）直播小白菜、青菜、大白菜、油菜、荠菜、萝卜等十字花科以及芹菜、胡萝卜、芫荽等伞形花科蔬菜，在播前灌透水，然后播种、盖籽，再亩用50%乳油100～125mL，对水喷洒土表，持效期为20～25d。注意播种后一定要盖土，否则易产生药害；如土壤干旱要灌沟水，保持畦面湿润，有利于药效发挥。

（2）地膜移栽的番茄、辣椒、茄子、黄瓜、冬瓜、瓠子等，可在移栽前亩用50%乳油100～200mL，对水喷洒畦面，再覆膜，隔2d后破膜移栽。

（3）韭菜、大葱移栽活棵后，用鳞茎播种的大蒜在播后苗前，亩用50%乳油100～200mL，对水喷洒地面。

4. 用于油料作物田

可防除马唐、蟋蟀草、狗尾草、看麦娘、雀舌草、鳢肠、马齿苋、鸭跖草、藜、繁缕等杂草。

（1）油菜田

①油菜秧田及直播田使用。在播后1～3d，亩用50%乳油200～250mL，对水40～50kg喷雾。施药时田土太干，应先用清水浇洒后再施药。在油菜育苗苗床使用，由于水肥管理较好，有利于药效发挥，因而用药量可酌减。

②移栽油菜田使用。在油菜苗活棵后，看麦娘等杂草1.5叶期以前，亩用50%乳油200～250mL，对水40～50kg喷雾。对水量少，喷洒后油菜嫩叶易产生点状药斑。田土较干时，应对水80～100kg喷雾。

以阔叶杂草为主，或禾本科杂草与阔叶杂草并重田，在油菜移栽前，用禾草丹与绿麦隆混用，亩用50%禾草丹乳油150mL，加25%绿麦隆可湿性粉剂150g，对水40～50kg喷雾。

（2）芝麻、大豆、花生田

在芝麻播后苗前亩用50%乳油150～200mL，对水30～50kg，喷洒土表。大豆、花生在播后出芽前使用，可参考油菜田使用方法。

禾草敌（molinate）

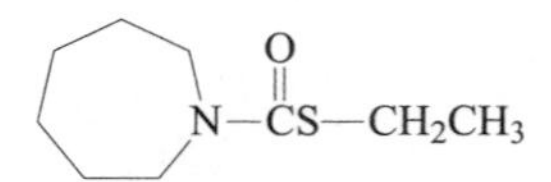

化学名称

氮杂环庚-1-基硫代氨基甲酸-s-乙基酯

其他名称

禾草特，环草丹

理化性质

透明液体，有芳香气味，相对密度1.063（20℃），沸点202℃/1 333.3Pa，蒸气压746mPa（25℃）。25℃水中溶解度（mg/L）：990（pH5）、900（pH9）。可溶于丙酮、甲醇、乙醇、异丙醇、苯、甲苯、二甲苯等有机溶剂，对光不稳定。

毒性

中等毒。急性经口LD_{50}（mg/kg）：雄大鼠369，雌大鼠450，小鼠259。急性经皮LD_{50}（mg/kg）：兔>4 640，大鼠>1 200。大鼠急性吸入LC_{50}（4h）1.36mg/L。对兔眼睛和皮肤有刺激性。饲喂试验无作用剂量mg/kg·d：大鼠（90d）8，狗（90d）20，大鼠（2年）0.63，小鼠（2年）7.2。在试验剂量下无致畸、致突变、致癌作用。

对鱼、鸟低毒。鱼毒LC_{50}（48h，mg/L）：虹鳟鱼13.0，大翻车鱼29，金鱼30。饲喂LC_{50}（mg/kg）：野鸭（5d）13 000，山齿鹑（11d）5 000。蚯蚓LD_{50}（14d）289mg/kg土壤。

生物活性

与禾草丹相似，为类脂合成抑制剂，并影响蛋白质合成。

制剂及生产厂

90.9%乳油，生产厂有天津施普乐农药技术发展有限公司、先正达（苏州）作物保护有限公司、瑞士先正达作物保护有限公司等。

应用

能有效地防除稗草和异型莎草，对1～4龄的大稗草也有好的效果。早期使用，也能防除牛毛草、碎米莎草。但不能防除阔叶杂草，适用于稗草危害严重的稻田除草。用于水稻的秧田、直播田、移栽田、抛秧田除草，用药量随地区而不同，一般是在华东、华南、华中及西南稻区亩用90.9%乳油100～150mL，在华北、东北稻区则用150～220mL，防除4叶期的大龄稗草需稍增加用量。采用毒土法撒施，或对水30～50kg喷雾。沉降在土表的药剂形成药土层，杂草种子在土壤中萌发，幼芽和初生根穿过药土层吸收药而中毒致死。

1．秧田和直播稻田

于播前整理好秧板后，以毒土法撒施，立即混土耙平，灌水1～1.5cm深，2～3d后落干水，泥面湿润，播下催芽露白的稻种，不要覆土，可以浅塌谷，保水层1～3cm、5～7d。注意不能深塌谷，否则芽鞘在药土层中吸收药剂易发生药害；也不能播后施药。

秧苗期使用，在秧苗3叶期以上，稗草2～3叶期，田间保3cm左右水层，以毒土法或喷雾法施药，保水层5～7d。

2. 移栽田

于移栽后4～5d，抛秧田于抛秧后3～5d，秧苗返青后使用，以毒土法施药，保水层3～5cm，保水5～7d。

籼稻对禾草敌较敏感，用药量过高或施药不匀，易产生药害。药剂易挥发，毒土应随拌随用，使用时田面必须有水层。

由于禾草敌的杀草谱窄，连续使用会使稻田杂草群落发生明显变化，注意与其他除草剂混用或交替使用。

野麦畏（tri-allate）

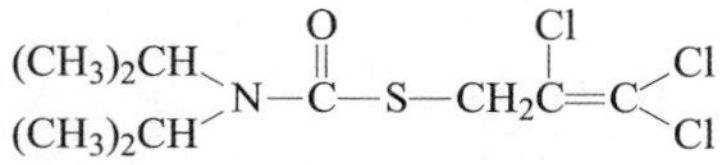

$$(CH_3)_2CH\backslash N-\overset{O}{\overset{\|}{C}}-S-CH_2\overset{Cl}{\overset{|}{C}}=C\begin{matrix}Cl\\Cl\end{matrix}$$
$$(CH_3)_2CH/$$

化学名称

S-（2，3，3-三氯烯丙基）-N，N-二异丙基硫代氨基甲酸酯

其他名称

燕麦畏，野燕畏

理化性质

深黄或棕色固体，相对密度1.27（25℃），熔点29～30℃，沸点117℃/40mPa，分解温度>200℃，蒸气压16mPa（25℃）。25℃水中溶解度4mg/L。可溶于丙酮、乙醚、苯等多数有机溶剂。紫外光辐射下不易分解。

毒性

低毒。大鼠急性经口LD_{50}1 100mg/kg，兔急性经皮LD_{50}8 200mg/kg（另一资料为2 225～4 050mg/kg），大鼠急性吸入LC_{50}（12h）>5.3mg/L。对兔眼睛和皮肤有轻度刺激性。饲喂试验无作用剂量：大鼠（2年）50mg/kg饲料（折合2.5mg/kg·d），小鼠（2年）20mg/kg饲料（折合3.9mg/kg·d），狗（1年）2.5mg/kg·d。无致畸、致突变、致癌作用。

对鱼毒性较高，虹鳟鱼LC_{50}（96h）1.2mg/L，大翻车鱼LC_{50}（96h）1.3mg/L。对鸟类低毒，鹌鹑急性经口LD_{50}2 251mg/kg，野鸭8d饲喂LC_{50}>500mg/kg。对蜜蜂几乎无毒。

生物活性

与禾草丹相似，为类脂合成抑制剂，并影响蛋白质的合成。野燕麦在萌芽通过药土层时，主要由芽鞘或第一片子叶吸收药剂，中毒后芽鞘顶端膨大，鞘顶空心，不能出土而死。出土后的野燕麦由根、地中茎、分蘖节吸收药剂。中毒后即停止生长，叶片深绿，短、宽而脆，心叶干枯而死。

制剂及生产厂

400g/L、48%乳油。生产厂有兰州市农药厂、青海京科生物技术开发有限公司、美国高文国际商业有限公司等。

应用

是芽前土壤处理用除草剂，适用于小麦、大麦、青稞等麦田防除野燕麦、毒麦、看麦娘等禾本科杂草。也可用于油菜、大豆、豌豆、蚕豆、甜菜、亚麻等旱作物田除草。

1. 在麦田应用

可用于小麦、大麦、青稞田。

（1）播前混土处理

适用于干旱少雨地区，亩用40%乳油：西北、东北春麦区为175～200mL，新疆和西藏为200～250mL。播前整好地，以喷雾或毒土法施药，随即（要求在24h以内）混土8～10cm（播种深度为5～6cm），然后播种。如混土过深（14cm），除草效果差；混土太浅（5～6）cm，对小麦、青稞药害加重。在正常情况使用，也会因小麦种子接触药剂易产生药害，伤苗1%左右，影响出苗率，因而需增加播种量1%～2%。在西藏等寒冷地区早播春麦，需20d左右才出苗，芽鞘接触药剂时间长，伤苗率可达10%左右，宜在播前5～7d施药，使药剂被土壤吸附后再播种。

（2）播后苗前处理

适用于播种期雨水多、土壤潮湿、气温较高的冬麦区，亩用40%乳油200mL，对水喷雾，或拌细土撒施，立即浅混土2～3cm，以不耙出种子、不伤种芽为宜。

（3）苗水处理

适用于有灌溉条件的地区。在小麦3叶期，野麦2～3叶期，结合田间灌水，亩用40%乳油200mL，与追肥尿素或细土混匀后撒施。随施药随灌水。不灌水或没有降透雨都无效。

注意：野燕麦4叶期至分蘖时施药，效果显著下降。

（4）秋翻地时施药

仅适用于冬季寒冷的西北、东北地区，在土壤结冻前20d，亩用40%乳油200～250mL，对水喷雾或撒毒土，随后翻耙混土10～12cm。翌年春季按生产程序播种。

2．用于其他作物田

（1）油菜田

在油菜播种前亩用40%乳油200mL，对水30～40kg，喷洒土表，随即耙地混土，再播种油菜。在春油菜区用药季节干旱少雨，混土要深达10cm左右，并于施药后2h内及时进行；其他油菜产区，如土壤墒情好，浅混土即可获得好的除草效果。

此外，也可于野燕麦2～3叶期，结合油菜田灌水施药，亩用40%乳油200mL，配成毒土或与尿素混合，随施药随灌水。

（2）大豆田

大豆播种前，亩用40%乳油160～200mL，对水30～40kg喷洒或配毒土撒施，立即混土5～7cm，再播种。

在东北、西北地区，冬季严寒，土壤处于冰冻状态，因而可以秋季施药，次年春季播种。用药量和应用同油菜田。

注意事项

野麦畏易挥发、光分解快，施药后要及时混土。施药后4h才混土，药效明显下降。如果施药后24h才混土，除草效果只有50%左右。播种深度与药效、药害关系极大，如果麦种在药土层中直接接触药剂，则会产生药害。

哌草丹（dimepiperate）

$$\text{(piperidine)N}-\overset{\overset{\displaystyle O}{\|}}{C}S-\underset{\underset{\displaystyle CH_3}{|}}{\overset{\overset{\displaystyle CH_3}{|}}{C}}-C_6H_5$$

化学名称

S-（α，α-二甲基苄基）哌啶-1-硫代甲酸酯或S-（1-甲基-1-苯基乙基）哌啶-1-硫代甲酸酯

理化性质

蜡状固体，熔点38.8～39.3℃，沸点164～168℃/100Pa，蒸气压0.53mPa（30℃）。25℃水中溶解度20mg/L。有机溶剂中溶解度（25℃，kg/L）：丙酮6.2，环

己酮 4.9，乙醇 4.1，氯仿 5.8，己烷 2.0。

毒性

低毒。急性经口 LD_{50}（mg/kg）：雄大鼠 946，雌大鼠 959，雄小鼠 4 677，雌小鼠 4 519。大鼠急性经皮 LD_{50} > 5 000mg/kg。大鼠急性吸入 LC_{50}（4h）> 1.66mg/L。对兔眼睛和皮肤无刺激性，对豚鼠皮肤无致敏性。饲喂试验无作用剂量（mg/kg·d）：大鼠（2 年）0.5，小鼠（1.5 年）> 65。每日允许摄入量 0.001mg/kg。对大鼠和兔无致畸作用，对小鼠无致肿瘤作用，对大鼠繁殖无影响。

对鱼中等毒，LC_{50}（mg/L）：虹鳟鱼 5.7（48h）、1.7（96h），鲤鱼 5.8（48h），翻车鱼 4.2（96h）。对鸟低毒，急性经皮 LD_{50}（mg/kg）：雄日本鹌鹑 > 2 000，母鸡 > 5 000。

生物活性

为类脂合成抑制剂，也是植物内源激素拮抗剂，打破内源激素的平衡，使细胞内蛋白质合成受阻，破坏生长点细胞分裂，致使生长停止，茎叶由绿变黄、变褐、枯死。此过程约需 1 ~ 2 周。

制剂及生产厂

50% 乳油，由日本拜耳作物科学公司生产。

应用

适用于水稻秧田、移栽田、水和旱直播田防除稗草和牛毛草。旱直播田及夏播陆稻田中防除马唐效果也好。对 2 叶期以前的稗草效果突出。施于田中的药剂，大部分分布在土壤表面 1cm 以内，对移栽水稻安全。对浸种不催芽或催芽的种子安全，故可用于秧田和直播田。

1．育秧田

亩用 50% 乳油 150 ~ 200mL，薄膜育秧田用药量酌减。旱育秧田和湿润育秧田，于播前 2d 或芽谷覆土后当日施药，对水喷洒苗床。水育秧田可在播后 1 ~ 4d，拌细土撒施。

2．水直播田

播后 2 ~ 3d，亩用 50% 乳油 150 ~ 200mL，拌细土撒施，保浅水层 5 ~ 7d。

3．移栽田

移栽后 3 ~ 7d 秧苗返青后，稗草 1.5 叶期以前，亩用 50% 乳油 150 ~ 260mL，对水喷雾或拌细土撒施。

7

灭草敌（vernolate）

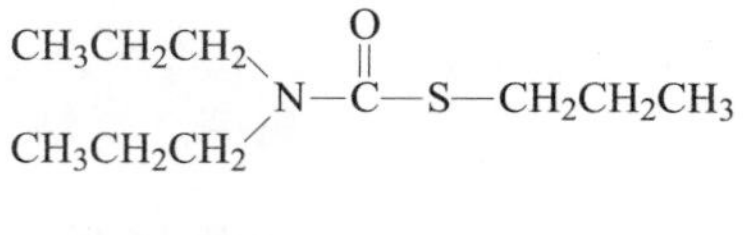

$$
\begin{array}{l}
CH_3CH_2CH_2 \diagdown \quad \overset{O}{\overset{\|}{C}} \\
\qquad\qquad\quad N-C-S-CH_2CH_2CH_3 \\
CH_3CH_2CH_2 \diagup
\end{array}
$$

化学名称

S- 丙基 -N，N- 二丙基硫代氨基甲酸甲酯

其他名称

灭草丹，灭草猛

理化性质

透明液体，具有芳香气味，相对密度 0.952，沸点 150℃/4 000Pa，蒸气压 1.39Pa（25℃）。20℃水中溶解度 90mg/L，溶于丙酮、乙醇、煤油、二甲苯、4- 甲基戊 -2- 酮。

毒性

低毒。急性经口 LD_{50}（mg/kg）：雄大鼠 1 500，雌大鼠 1 550。兔急性经皮 LD_{50}>5 000mg/kg。大鼠急性吸入 LC_{50}（4h）>5mg/L。对眼睛和皮肤无刺激性。对豚鼠皮肤无致敏性。饲喂试验无作用剂量（mg/kg·d）：对大鼠（51 周）5，兔（90d）32，狗

(90d)38。对鱼类中等毒，LC_{50}(96h，mg/L)：虹鳟鱼9.6，翻车鱼8.4。对鸟低毒，鹌鹑7d饲喂LD_{50}12 000mg/kg。在11μg/只剂量下对蜜蜂无毒害。

生物活性

内吸性除草剂。用于处理土壤，在杂草种子萌发出土过程中，幼根、幼芽吸收药剂，并在体内传导，干扰核糖核酸代谢，抑制蛋白质合成，从而抑制分生组织生长，受害杂草多数在出土前幼芽期被杀死，少数虽能出土，但是幼叶卷曲，茎肿大、脆而易折，不能正常生长。

制剂及生产厂

88.5%乳油。生产厂为英国先正达有限公司。

应用

为芽前土壤处理用除草剂。适用于大豆、花生、烟草、甘薯、马铃薯等作物地防除一年生禾本科杂草、阔叶杂草和莎草，如稗、看麦娘、狗尾草、马唐、野燕麦、牛筋草、猪毛菜、鸭跖草、马齿苋、藜、田旋花、苘麻、莎草等。

1．大豆

播种前，亩用88.5%乳油，砂质土壤175mL，壤土225mL，黏质土265mL，对水40～50kg喷雾，立即混土5～7cm，然后播种。播深超过5cm，易产生药害。

2．花生田

播前亩用88.5%乳油150～200mL，对水40～50kg喷雾，立即混土5～7cm，然后播种。

3．甘蔗地

亩用88.5%乳油200～270mL，对水40～50kg喷雾。浅植蔗田在植前施药并混土；种植深度在15cm以上的田块，可在植后施药并混土。

灭草敌挥发性强，需高容量喷雾和混土，最好在喷药后20min内将药剂混入土中。施药前要求土地整平耙细，将已出土的杂草除掉，使地表无植物残体。大豆、花生等作物也能吸收药剂，并转移到叶和茎，但6～7d后就被分解。当用药量过大或播种过深，在低温情况下大豆也会受害，症状与杂草同。

磺草灵（asulam）

H_2N—⟨苯环⟩—$SO_2NHCO_2CH_3$

化学名称

对氨基苯磺酰氨基甲酸甲酯

理化性质

棕色固体颗粒，熔点142～143℃。溶解度(20℃～25℃，g/L)：水4，丙酮300，甲醇290。常温下贮存稳定。

毒性

微毒。小鼠急性经口和经皮LD_{50}均>10 000mg/kg。对眼睛和皮肤无刺激性。无致突变、致畸作用。大鼠90d亚慢性饲喂试验无作用剂量为55.6mg/kg。对鱼类、蜜蜂、家蚕和鸟类均为低毒。

生物活性

为氨基甲酸酯类的内吸除草剂，通过杂草的叶和根吸收，向分生组织输导，抑制细胞分裂，抑制光合作用中的希尔反应，影响蛋白质合成，致使草株退绿黄化，停止生长，逐渐枯死。其药效表现缓慢，双子叶杂草一般在喷药5d以后心叶开始变黄，停止生长，逐渐退绿变黄；单子叶杂草受害变化过程比双子叶还慢3～5d，药后15d才整株黄化，逐渐枯死。

制剂及生产厂

40% 钠盐水剂和 33.3% 水剂，生产厂有江苏剑牌农药化工有限公司、浙江慈溪农药化工有限公司。

应用

防除甘蔗田一年生杂草，于甘蔗苗后亩用 33.3% 水剂 400 ~ 500mL，对水喷雾。对较大龄杂草也有效，但仍以草龄较幼小时施药效果好。对甘蔗有一定药害，药后 10 ~ 15d 蔗叶出现黄化，以心叶和不完全叶受害明显，但新长出的叶片正常，蔗株可很快恢复正常生长。因此，喷药液量要足，喷头最好装防护罩，使蔗叶尽量少接触药液。

第十九章 有机磷类

有机磷类除草剂多数是随即筛选而得，其中的双丙氨膦是模仿天然产物所得。品种虽然较多，但在农业生产中大面积应用的不多，主要原因是此类除草剂的选择性很差。但是，作为灭生性除草剂，草甘膦以其杀草谱广、成本低、高度稳定性、在植物体内快速吸收与传导、对环境安全等特点而在世界各地广泛应用，每年在世界范围内的销售额都居于所有农药品种之榜首，从而也使有机磷类除草剂居于各类除草剂之榜首。

目前在我国农业上使用的有机磷类除草剂主要有5个：草甘膦、双丙氨膦、莎稗磷，在开发中的有草铵膦和双甲胺草磷。

草甘膦（glyphosate）

$$(HO)_2P(=O)-CH_2NHCH_2COOH$$

化学名称

N-（膦酰基甲基）甘氨酸

理化性质

白色结晶固体，相对密度1.705，熔点189.5℃ ± 0.5℃，约在230℃左右熔化，并伴随分解。蒸气压1.31×10^{-2}mPa（25℃）。25℃水中溶解度11.6g/L，不溶于多数有机溶剂，其碱金属、铵、胺的盐溶于水。草甘膦及其所有的盐不挥发，在空气中稳定。

毒性

微毒。急性经口LD_{50}（mg/kg）：大鼠5 600，小鼠11 300，山羊3 530。兔急性经皮LD_{50}>5 000mg/kg，大鼠急性吸入LC_{50}（4h）4.98mg/L。对兔眼睛有刺激性，对皮肤无刺激性。饲喂试验无作用剂量（mg/kg · d）：大鼠（2年）410，狗（1年）500。大鼠三代繁殖试验未见异常，在试验中无致畸、致突变、致癌作用。每日允许摄入量0.3mg/kg。

对鱼、蜜蜂、鸟低毒。鱼毒LC_{50}（96h，mg/L）：虹鳟鱼86，翻车鱼120。水蚤LC_{50}（48h）780mg/L。蜜蜂经口和接触LD_{50}>100μg/只。山齿鹑急性经口LD_{50}>3 581mg/kg，山齿鹑和野鸭饲喂（8d）LC_{50}>4 640mg/kg饲料。

生物活性

为5－烯醇丙酮酰莽草酸－3－磷酸合成酶（EPSP）抑制剂。由于抑制了此酶的活性，从而抑制莽草酸向苯基丙氨酸、酪氨酸及色氨酸的转化，使蛋白质合成受到干扰，并使细胞核内染色体异常，致使草株死亡。

草甘膦属内吸除草剂。植物的绿色部分都能吸收药剂。可以被茎、叶吸收向下传导，杀死多年生深根植物的地下根茎；也可在同一植株的不同分蘖间传导，杀死未接触到药剂的分蘖或分枝。但杀草速度较慢。一般一年生植物在施药1周后才表现出中毒症状，多年生植物在2周后表现中毒症状。中毒植物先是地上叶片逐渐枯黄，继而变褐，最后根部腐烂死亡。

制剂及生产厂

74.7%、65%、60%、58%、50%、41%、30%、28%可溶粉剂，30%增效可溶粉剂，75.7%、31.5%铵盐可溶粉剂，75.7%、74.7%、60%、可溶粉剂，58%钠盐可溶粒剂，95%、88.8%、77.7%、75.7%、74.7%铵盐可溶粒剂，70%、50%水分散粒剂，41%、30%、20%、16%、12%、120g/L、10%、7%水剂，10%、7.5%高渗水剂，62%、480g/L、41%、410g/L、16%、10%异丙胺盐水剂等。生产厂家众多。

应用

为灭生性除草剂。对植物没有选择性，几乎所有绿色植物，不论是作物还是杂草，着药后都会被杀伤或被杀死。据不完全统计，对40多科100多种杂草有优良的防除作用，包括单子叶和双子叶杂草、一年生和多年生草本植物，还能防除一些灌木和小乔木。因此可广泛用于非耕地，如铁道、公路、机场、仓库、边防线、森林防火隔离带、庭院以及果园、橡胶园、桑园、茶园、菜园、甘蔗田等，也可用于免耕麦田播前除草和免耕移栽油菜田栽前除草。采用防护措施定向喷雾或在播前、芽前、收割后施药，还可用于棉花、大豆、玉米等作物田。

草甘膦的用途广，草甘膦的剂型多，制剂种类更多，它们的用法难于一一介绍，请参阅各产品的标签和使用说明书。下面仅举些例子说明其应用范围及应用。

1. 木本作物园及非耕地

在果园、茶园、桑园、橡胶园以及田埂、道路、庭院、仓库、机场等非耕地除草，用药量因草种类而异。一般是一年生杂草亩用41%水剂100～200mL或10%水剂400～750mL；防除香附子、马兰、鸭跖草、蒿、艾、车前草、鱼腥草、小飞蓬等，用41%水剂200～300mL或10%水剂750～1 000mL；防除白茅、芦苇、水蓼、犁头草、刺儿菜、千里光、狗牙根、半夏、紫菀等用41%水剂300～500mL或10%水剂1 000～2 000mL。防除多年生杂草时，把一次用药量分两次喷洒，两次之间间隔1个月，效果更好。

在使用不含助剂的草甘膦水剂喷雾时，在喷洒药液中加入适量助剂，能显著提高药效，助剂加入量为喷洒药液的0.2%～0.4%。

在成年果、桑、茶园喷洒草甘膦，由于褐色木质化的茎秆不吸收药剂，不会对树干产生药害，但要避免喷洒到叶片和幼嫩枝条上；在幼年园中施药，应在喷头上加防护罩进行定向喷雾。无干或矮秆密植桑园易产生药害，春季施药后，叶片发黄，夏伐以后新的枝条抽不出，或虽能抽出，但枝条短而少，叶片皱缩。

在幼林抚育中使用草甘膦时，若树苗基干部褐色部位较高可在喷头上加防护罩进行定向喷雾，防止药液飞溅到苗木绿色部分。若苗木矮小，埋没在杂草、灌丛之中，可以用塑罩、塑袋或塑膜将幼苗遮护后喷药。针叶树对草甘膦有较强的耐药能力，在针叶树苗休眠期，可以直接喷药。

草甘膦用于池塘、沟、渠等水面防除空心莲子草（水花生）、凤眼莲（水葫芦）、水浮莲、香蒲、水烛、芦苇等水生和湿生杂草时，对大面积杂草丛生的鱼塘应划区分期施药，以保证杂草死亡腐败过程中，不会因耗氧过多导致鱼池缺氧。

水稻田埂喷药时要压低喷头，加防护罩，最好选择在早上无风条件下喷药，不可在刮风条件下喷药，以免雾滴飘落到稻株上。

2. 大田作物

可在作物播前施药或作物行间定向喷雾。

①作物种植前施药灭草，是利用草甘膦在土壤中很快失去对植物毒杀作用的特点，在前茬作物收割后与后茬作物种植前的一段时间内施药灭草，例如在小麦、水稻、大豆等作物播种前或油菜、甘蔗、蔬菜等移栽前喷洒草甘膦，灭除上茬作物收割后残留下的杂草和地表杂草，一般亩用10%水剂300～500mL。

免耕麦、水稻、油菜及玉米、大豆等田块，可在前茬作物收割后、后茬作物种植前1～3d施药，亩用41%水剂80～150mL，对水全面喷雾。然后不经翻土壤（免耕），直接进行播种或移栽。

开荒地可在翻耕之前喷施草甘膦，把宿根性多年生杂草杀灭后再翻耕，可以有效地减轻当年作物的除草压力。

②作物行间定向喷雾，适用于作物行间较宽的高秆作物田，采用手动喷雾器在喷头上加防护罩，定向在行间喷雾，灭除行间杂草。一般亩用41%水剂60～80mL或10%水剂250～300mL，对水20～30kg，喷杂草茎叶。

棉田喷药时，要求棉株高30cm以上或现蕾期，这时棉株茎基部已木质化，即使喷洒到少许药液影响也不大。棉苗过小，茎基部未木质化，沾着药液易造成死苗。在南方棉区，如遇梅雨期长可施药2次，即入梅前1次，入梅后1次。

玉米田施药，可在玉米株高70cm以上至雄蕊抽出前进行。喷洒时喷头应加防护罩，并压低喷头，避免将药液喷洒到植株上。不加防护罩常使玉米下部叶片和叶鞘喷到药，使叶片、叶鞘干枯，进而导致上部叶片出现枯死。

防除向日葵田的芦苇和向日葵列当，一般在向日葵列当出苗后，用10%水剂对水4～5倍，涂抹列当茎枝或芦苇茎叶，防除效果好。

注意事项

1. 因草甘膦是靠植物绿色茎、叶吸收进入体内的，施药时杂草必须有足够吸收药剂的叶面积。一年生杂草要有5～7片叶，多年生杂草要有5～6片新长出的叶片，即以养分向根及根茎传导最旺盛时，也就是根系发育最旺盛时施药除草效果最好。

2. 使用高剂量，叶片枯萎太快，影响对药剂的吸收，即吸入药量少，除草效果下降。有些草株因过快干枯脱落，而茎和根未死，过一段时间后又长出新叶。也由于叶片枯萎太快，使吸收的药剂难于传导到地下根茎，对多年生深根杂草的防除反而不利。

3. 草甘膦进入土壤后，很快与土壤中的金属离子结合而失去杀草能力。因此,，施药时或施药后对土壤中的作物种子都无杀伤作用，对施药后新长出的杂草也无杀伤作用。当然，也不能采用土壤处理法施药，必须是茎叶喷雾。

4. 施药后3d内勿割草、放牧和翻地。

5. 施药后4h内下大雨，药效可能会降低，应选择晴天施药。

莎稗磷（anilofos）

$$(CH_3O)_2P(=S)-SCH_2C(=O)N(CH(CH_3)_2)-C_6H_4-Cl$$

化学名称

O，O-二甲基-S-（N-对氯苯基-N-异丙基氨基甲酰基）甲基-二硫代磷酸酯

理化性质

白色结晶固体，相对密度1.27（25℃），熔点50.5～52.5℃，150℃分解，蒸气压2.2mPa（60℃）。溶解度（20℃，g/L）：水0.0136，丙酮、甲苯、氯仿>1 000，苯、乙醇、乙酸乙酯、二氯甲烷>200，已烷12。

毒性

低毒。急性经口LD_{50}（mg/kg）：雄大鼠830，雌大鼠472。兔急性经皮LD_{50}>2 000mg/kg，大鼠急性吸入LC_{50}（4h）26mg/L。对兔皮肤有轻微刺激性，对兔眼睛有一定的刺激性。饲喂试验无作用剂量（mg/kg）：大鼠（90d）10，狗（6个月）5。在试验剂量下无致突变作用。

对鱼中等毒，虹鳟鱼LC_{50}（96h）2.8mg/L，金鱼LC_{50}（96h）4.6mg/L。对蜜蜂、鸟低毒，蜜蜂

经口 LD_{50} 0.66 μg/只，日本鹌鹑急性经口 LD_{50}（mg/kg）：雄 3 360、雌 2 339。

生物活性

细胞分裂抑制剂。为内吸性除草剂，主要通过植物的幼芽和地中茎吸收，抑制细胞分裂与伸长，对正在萌发的杂草效果更好，对已长大的杂草效果较差。杂草受害后生长停止，叶色加深，有时表现为不典型褪绿，叶片变短而厚，极易折断，逐渐死亡。持效期 20～40d。

制剂及生产厂

300g/L、30% 乳油，生产厂有上海农药厂有限公司、江苏连云港立本农药化工有限公司、黑龙江佳木斯恺乐农药有限公司、德国拜耳作物科学公司等。

应用

可用于水稻移栽田防除 2.5 叶期以前稗草、千金子、一年生莎草、牛毛草等，也可用于花生、大豆、油菜、棉花田防除稗草、马唐、狗尾草、牛筋草、野燕麦、异型莎草、碎米莎草等，对阔叶杂草效果差。

1. 移栽稻田

水稻移栽后 4～8d，稗草 2.5 叶期前，亩用 30% 乳油 60～75mL（北方）或 50～60mL（南方），对水 30kg，排干田水喷雾，施药 24h 后复水，以后正常管理；或拌细土 20kg，保浅水层撒施，施后保水层 5～7d。不可用于小苗移栽田，抛秧田慎用。

2. 花生等旱田

可在播后苗前或中耕后使用，一般亩用 30% 乳油 100～150mL，对水喷雾。

双丙氨膦（bialaphos，bialaphos-sodium，bilanafos）

7

$$\mathrm{CH_3\overset{\overset{\displaystyle O}{\|}}{\underset{\underset{\displaystyle OH}{|}}{P}}(CH_2)_2\overset{\overset{\displaystyle H}{|}}{\underset{\underset{\displaystyle NH_2}{|}}{C}}-\overset{\overset{\displaystyle O}{\|}}{C}NH\overset{\overset{\displaystyle CH_3}{|}}{\underset{\underset{\displaystyle H}{|}}{C}}-\underset{\underset{\displaystyle O}{\|}}{C}NH\overset{\overset{\displaystyle CH_3}{|}}{\underset{\underset{\displaystyle H}{|}}{C}}-COOH(Na)}$$

化学名称

4-（羟基甲基膦酰基）-L-2-氨基丁酰-L-丙氨酰基-L-丙氨酸（钠）

其他名称

双丙氨酰膦

理化性质

双丙氨膦的钠盐为无色粉末，熔点约 160℃（分解）。易溶于水，>1kg/L；微溶于甲醇，不溶于丙酮、乙醇、正丁醇、乙醚、氯仿、己烷、苯等有机溶剂。

毒性

双丙氨膦钠盐为中等毒。大鼠急性经口 LD_{50}（mg/kg）：雄 268、雌 404，大鼠急性经皮 LD_{50}>3 000mg/kg。对兔眼睛和皮肤无刺激性。无致畸作用，无诱变作用。大鼠 2 年和 90d 饲喂试验结果都表明无致癌作用。对鱼、鸟低毒，鲤鱼 LC_{50}（48h）1 000mg/L，水蚤 LC_{50}（3h）5 000mg/L。小鸡急性经口 LD_{50}>5 000mg/kg。

生物活性

它是三肽抗生物质，属生物源除草剂，为谷氨酰胺合成酶（GS）抑制剂。通过抑制植物体内氨基酸生物合成过程中的谷氨酰胺合成酶，导致氮的积累，谷氨酰胺缺少，进而抑制光合作用中的光合磷酸化，致使细胞及植株死亡。

制剂及生产厂

20% 可溶粉剂，由日本制果株式会社生产。

应用

与草甘膦一样，本剂为灭生性的内吸传导型茎叶处理除草剂，能防除大多数一年生和多年生杂草，以及灌木与木本植物。喷施后只能被植物叶部吸收，吸收与传导速度很快，对树木的根部不会造成危害。杀草速度比草甘膦快，但比百草枯慢。通常在施药后3～5d叶片失绿黄化，1～2周植株死亡。

目前在国内仅登记用于柑橘园、橡胶园除草。在杂草生长旺盛期并有一定叶面积时，防除一年生杂草，亩用20%可溶粉剂350～670g，防除多年生杂草用700～1 000g，对水进行定向茎叶喷雾。防除蔬菜田行间一年生杂草，亩用20%可溶粉剂320～500g。

还可以参照草甘膦的应用，用于免耕地及非耕地。

注意事项

本剂进入土壤后即失去活性，只能作茎叶处理，土壤处理无效。在土壤中半衰期为20～30d，而80%是在30～45d内降解，对后茬作物安全。

草铵膦（glufosinate-ammonium）

$$CH_3-\overset{\overset{O}{\|}}{\underset{\underset{O^-}{|}}{P}}-CH_2-CH_2-CH\begin{matrix}NH_2\\CO_2H\end{matrix}\quad NH_4^+$$

化学名称

（RS）-2-氨基-4-（羟基甲基膦酰基）丁酸铵

其他名称

草丁膦

理化性质

结晶固体，具有微弱的刺激性气味，相对密度1.4（20℃），熔点215℃，蒸气压<0.1mPa（20℃）。溶解度（20～25℃，g/L）：水1 370，丙酮0.16，乙醇0.65，甲苯0.14，乙酸乙酯0.14，己烷0.2。草铵膦的原体及其盐不挥发，在空气中稳定。

毒性

低毒。急性经口LD_{50}（mg/kg）：雄大鼠2 000，雌大鼠1 620，雄小鼠431，雌小鼠416，狗200～400。急性经皮LD_{50}（mg/kg）：雄大鼠>4 000，雌大鼠约4 000。大鼠急性吸入LC_{50}（4h）1.26mg/L。对兔眼睛和皮肤无刺激性。大鼠2年饲喂试验无作用剂量2mg/kg·d。无致畸性，无诱变性。

对鱼、蜜蜂、鸟低毒。鱼毒LC_{50}（96h，mg/L）：虹鳟鱼710，鲤鱼>1 000。蜜蜂经口LD_{50}>100μg/只。日本鹌鹑饲喂8dLC_{50}>5 000mg/kg。蚯蚓LD_{50}>1 000mg/kg土壤。

生物活性

同双丙氨膦。是三肽抗生物质，为谷氨酰胺合成酶抑制剂。通过植物叶片吸收，具有部分内吸作用，可由叶片基部向顶端转移，向植株其他部位转移甚少。被吸收植物体内的药剂干扰氮代谢，使铵离子在植株体内积累，致使植物中毒而死。同时也抑制光合作用，受害植物失绿后呈黄白色，2～5d开始枯黄死去。药剂接触土壤后很快失去活性，对未出土的幼芽和种子无害，只宜作苗后茎叶喷雾。

制剂及生产厂

200g/L水剂，生产厂有浙江永农化工有限公司、山东中石药业有限公司等。

应用

灭生性除草剂，适用于果园、橡胶园及棕榈园、观赏性灌木、森林、苗圃、非耕地及免耕农田进行灭生性除草，防除一年生和多年生禾本科杂草看麦娘、野燕麦、马唐、稗草、早熟禾、狗牙根、匍匐冰草、狗尾草、剪股影、芦苇、羊茅等；也可防除藜、蓼、苋、荠、龙葵、繁缕、猪殃殃、苦苣菜、田蓟、田旋花、蒲公英等阔叶杂草；对莎草和蕨类植物也有一定效果。一般是在杂草生长旺盛始期及禾本科杂草分蘖始期，亩用200g/L水剂350～700mL（有效成分70～140g），对水喷杂草茎叶，持效期1～1.5个月，必要时再施一次药，可显著延长有效期。具体操作方法，参考草甘膦。

双甲胺草磷

NO_2

S

CH_3O

P—O

CH_3

$(CH_3)_2CHNH$

CH_3

化学名称

O-甲基-O-（2-硝基-4，6-二甲基苯基）-N-异丙基硫代磷酰胺酯

理化性质

原药为浅黄色固体，熔点92～93℃，>120℃分解，难溶于水。有机溶剂中溶解度（25℃，g/L）：乙酸乙酯300，乙醚65，石油醚40，甲醇150。

毒性

低毒。大鼠急性经口LD_{50}2 150mg/kg，大鼠急性经皮LD_{50}>2 000mg/kg。对兔皮肤无刺激性，对眼睛有轻度刺激性。对豚鼠皮肤无致敏性。大鼠90d灌胃染毒试验无作用剂量25mg/kg·d。无致突变作用。

20%乳油对鱼中等毒，斑马鱼LC_{50}（96h）5.67mg/L。对蜜蜂、鸟、家蚕低毒。蜜蜂经口LD_{50}>200μg/只，接触LC_{50}>100μg/μL。桑蚕（食下毒叶法）LC_{50}（24h）>5 000mg/L。鹌鹑经口LD_{50}（14d）>2 000mg/kg。

生物活性

内吸性土壤处理剂，通过杂草出土过程中的幼芽、幼根和分蘖节吸收，向上传导抑制杂草分生组织的生长，致死亡。

制剂及生产厂

20%乳油。由江苏南通江山农药化工股份有限公司创制并生产。

应用

能有效防除胡萝卜地的一年生禾本科杂草及部分阔叶杂草，如马唐、牛筋草、铁苋菜、马齿苋。于胡萝卜播后苗前亩用20%乳油250～375mL，对水50kg，喷洒于土表。在推荐剂量下对胡萝卜安全。在亩用20%乳油300g下，对后茬作物小麦、油菜、葱安全。

第二十章
苯氧羧酸类除草剂

本类除草剂是20世纪40年代研究开发的，它开拓了有机选择性除草剂的新领域，为现代化学除草技术奠定了基础，先后问世的品种约20个，其中第一个商品化品种2，4-滴是随机筛选而得，其他品种都是在2，4-滴结构基础上研制的。他们具有许多优异的特性，主要表现为：

1. 选择性强。主要对阔叶杂草有效，适用于禾谷类作物，特别是水稻、小麦和玉米田防除一年生和多年生阔叶杂草及莎草。禾谷类作物对本类除草剂耐受性较强，但在不同生育阶段的耐药力也是有差别的。一般的在幼苗期和拔节孕穗期因植株生长迅速、对药剂敏感，不宜施药除草；在4～5叶期至拔节前的阶段的耐药力较强，为施药适期。

2. 内吸传导性强。可通过叶、茎、根被植物吸收。经茎叶吸收的药剂主要随光合作用产物沿韧皮部筛管传导，运送到根、茎、叶生长旺盛部分；经根系吸收的药剂随蒸腾流沿木质部导管向上传送到植株各部位，因此，若使用量过大，杀伤输导组织，有碍药剂传导，反而药效不好。

3. 属激素型除草剂。即低浓度时促进植物生长，高浓度时抑制生长，更高浓度时具有毒杀作用，对植物体内的几乎所有生理、生化功能产生广泛的影响。受害植株的主要症状为各种器官的扭曲、变形，如叶片卷缩，呈鸡爪状，生长点向下弯曲，茎基部膨胀，根系短而粗等。

此类除草剂是使用历史最久的一类除草剂，目前在世界各地仍广泛应用。其中主要是2，4-滴酯类和2甲4氯盐类与酯类。

2，4-滴（2，4-D）

Cl—(苯环)—OCH_2COOH
Cl

化学名称

2，4-二氯苯氧乙酸

理化性质

白色固体，相对密度1.508（20℃），熔点140.5℃，蒸气压1.86×10^{-2}mPa（25℃）。水中溶解度（25℃，g/L）：0.311（pH1），20.03（pH5），23.18（pH7），34.2（pH9）。有机溶剂中溶解度（20℃，g/kg）：乙醇1 250，二乙醚243，辛烷1.1，甲苯6.7，二甲苯5.8，辛醇120g/L（25℃），不溶于石油。能与各种碱生成相应的盐类。其钠、铵和胺盐易溶于水。2，4-滴钠盐为白色针状结晶，水中溶解度350g/L，在硬水中形成钙、镁盐而沉淀。2，4-滴二甲胺盐水中溶解度3kg/L。

毒性

低毒。急性经口 LD_{50}（mg/kg）：大鼠 639～764，小鼠 138。急性经皮 LD_{50}（mg/kg）：大鼠>1 600，兔>2 400。大鼠急性吸入 LC_{50}（24h）>1.79mg/L。对兔眼睛和皮肤有刺激性。饲喂试验无作用剂量：大鼠和小鼠为 5mg/kg（2 年），狗 1mg/kg（1 年）。每日允许摄入量 0.01mg/kg。

对鱼、蜜蜂、鸟低毒。虹鳟鱼 LC_{50}（96h）>100mg/L，水蚤 LC_{50}（21d）235mg/L。蜜蜂经口 LD_{50} 104.5μg/只。急性经口 LD_{50}（mg/kg）：野鸭>1 000，日本鹌鹑 668，鸽子 668，野鸡 472。蚯蚓 LC_{50}（7d）860mg/kg 土壤。

生物活性

具有苯氧羧酸类除草剂的典型特性。

制剂及生产厂

登记用于麦田除草的仅有 85% 钠盐可溶粉剂和 860g/L、720g/L、72%、55% 二甲胺盐水剂，35% 高渗二甲胺盐水剂。生产厂较多。

应用

在历史上，2，4-滴曾开创了有机除草剂的先河。但随着性能优异的新除草剂品种不断涌现，2，4-滴已逐步退出除草剂的舞台。现在主要用作植物生长调节剂。

1．用于防除春小麦田一年生阔叶杂草

于分蘖后期拔节前，亩用 85%2，4-滴钠盐 85～125g，或 55%2，4-滴二甲胺盐水剂 120～150g，35% 高渗二甲胺盐水剂 150～200g，对水茎叶喷雾。冬小麦亩用 72% 二甲胺盐水剂 50～70g。

2．玉米田

于玉米 4～5 叶期，株高 7～15cm 时，亩用 35% 高渗二甲胺盐水剂 150～200mL 水剂，对水喷雾，用药后 10～14d 内应避免中耕，防止玉米根茎折断。也可播后苗前 3～5d 喷雾处理土壤。

3．水稻田

移栽后秧苗完全返青时或第一次中耕后毒土法施药，亩用 860g/L 二甲胺盐水剂 150～250g。浅水层保水 3d，以后正常管水。有的水稻品种用药后叶色稍退，分蘖缓慢，植株矮缩，但对产量无大影响。

4．柑橘园

在草高 10～15cm 时，亩用 720g/L 二甲胺盐水剂 200～250g，对水定向喷雾。严防雾滴污染树叶。

注意事项

参见 2，4-滴丁酯。

7

2，4-滴丁酯（2，4-D-butyl）

Cl—(2,4-二氯苯基)—$OCH_2C(=O)OCH_2CH_2CH_2CH_3$

化学名称

2，4-二氯苯氧乙酸丁酯

理化性质

无色油状液体，相对密度 1.248，沸点 146～147℃/133.3Pa，蒸气压 0.13Pa（25～28℃）。难溶于水，易溶于有机溶剂。挥发性强，遇碱易水解。

毒性

低毒。急性经口 LD_{50}（mg/kg）：大鼠 500～1 500，雌小鼠 375，兔 1 400。大鼠 2 年饲喂试验无作用剂量 625mg/kg。对鱼低毒，鲤鱼 LC_{50}（48h）40mg/L。

生物活性

是激素型内吸性除草剂。在植物表面展着性

好。渗透性强，可迅速进入植物体内，不易被雨水冲刷。主要是茎叶喷雾使用，喷布到杂草茎叶后，被吸收并传导到全株。传导到植物顶端的药剂，抑制核酸代谢和蛋白质合成，使生长点停止生长，幼嫩叶片不伸展，光合作用受抑制。传导到下部的药剂，促进细胞分裂，根尖膨大，丧失吸收水分、养分的能力，造成茎秆扭曲、畸形，筛管堵塞、韧皮部遭破坏，有机物质运输受阻碍，以致全株死亡。

制剂及生产厂

80%、72%、57%乳油，58%高渗乳油。生产厂有大连松辽化工有限公司、河北万全农药厂、黑龙农药化工股份有限公司（佳木斯）、江苏常州永泰丰化工有限公司、山东潍坊润丰化工有限公司等。

应用

适用于水稻、麦类、玉米、高粱、谷子、甘蔗及禾本科牧草地，防除铁苋菜、反枝苋、马齿苋、荠菜、芥菜、苦荬菜、刺儿菜、氢草、鸭舌草、醉马草、问荆、播娘蒿、苍耳、苘麻、旋花、雨久花、野慈姑等阔叶杂草及三棱草。对禾本科杂草无效。

1. 麦田使用

在麦类作物分蘖盛期（4～5叶期）至拔节期前（一般早播麦在冬前11月上旬，晚播麦在冬后返青期）、阔叶杂草3～5叶期，冬小麦、冬大麦、青稞亩用72%乳油40～50mL，冬燕麦用25mL，对水30kg喷雾。春小麦、春大麦4～5叶期至分蘖盛期，亩用58%高渗乳油40～50mL或72%乳油50～60mL，对水喷雾。春燕麦不宜使用。在湿度较大的地区，如长江流域的某些地区，小麦、大麦易受药害，可改用2甲4氯。

2. 玉米田使用

①播后出苗前喷雾处理土壤，亩用72%乳油50～100mL，或用72%，2，4–滴丁酯乳油25～40mL，加48%甲草胺乳油300～500mL；②玉米4～6叶期株高10cm以上时，亩用50mL，对水喷雾。施药过早、过晚或用药量过高，均易引起药害。玉米6叶期后施用，易产生药害，形成“牛尾巴”苗和畸形气生根。

3. 高粱田使用

高粱5～6叶期，亩用72%乳油60～75mL，对水喷雾。

4. 谷子田使用

谷子4～6叶期，亩用72%乳油30～50mL，对水喷雾。

5. 稻田使用

水稻分蘖末期至拔节期前，亩用72%乳油40～50mL，对水喷雾。施药前排干田水，施药后第二天灌水，并保浅水层3～5d。在水稻分蘖前或拔节后用药易产生药害。

6. 甘蔗田使用

用药前先拔除行间大草，并培土覆盖蔗芽，或在蔗苗高30～50cm时，亩用72%乳油50mL，对水喷洒在行间。

7. 禾本科牧草地使用

禾本科牧草3叶期至分蘖期，亩用72%乳油45～60mL，选晴天、气温高、无露水时喷雾。防除牧场醉马草（小花棘豆）的幼芽和成株，亩用72%乳油150～200mL，对水喷雾。

8. 消除森林迹地上伐根萌条

在树木砍伐后立即施药的效果最好，2～10d施药也可以。防除柞、桦伐根萌条用1%～5%药液喷洒，防除以杨树伐根萌条为主时，用1%～2%药液喷洒，直到根桩潮湿透为止。当土壤湿润肥沃时用药液上限浓度。

9. 苇田使用

据试验，在苇田的杂草3～4叶期、芦苇高10cm以上时，亩用72%乳油50mL，对水超低容量喷雾，效果良好。

10. 禾本科草坪

在野牛草、匍茎紫羊茅草草坪播种出苗或移栽返青后，亩用72%乳油65～80mL，对水喷雾，可防除阔叶杂草，对草坪草安全。按同样方法和用药量，可用于以禾本科草为植被的非耕地防除阔叶杂草。

11．春大豆

能防除大豆田刺儿菜、苣荬菜、酸模叶蓼等阔叶杂草，但对大豆安全性差，在 20 世纪 70 ~ 80 年代推广使用过程中时有药害事故发生。使用时要充分利用时差和位差选择，于播后苗前亩用 900g/L 乳油 40 ~ 70mL，对水喷于土表。

注意事项

1．2，4- 滴丁酯挥发性强，在田间使用时，它的蒸气能影响邻近敏感作物（棉花、豆米、油菜、向日葵等双子叶作物）的生长。因此，，在邻近有敏感作物时，要留 100m 宽的隔离带不施药，最好改用 2 甲 4 氯。

2．使用 2，4- 滴丁酯的喷雾器最好专用。如再用于其他农药喷洒，特别是喷对 2，4- 滴类农药敏感的作物，喷施前要用碱水充分洗净。

3．施药人员工作完成之后要换衣、鞋、袜，用肥皂洗净手，有条件需洗澡，然后才能到敏感作物田继续工作。

2，4- 滴异辛酯（2，4-D-isooctylester 或 2，4-D-isoctyl）

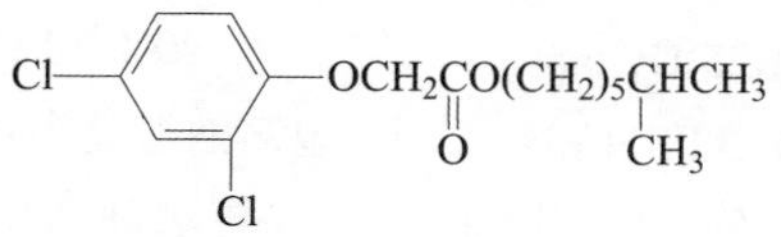

Cl, Cl, $OCH_2CO(CH_2)_5CHCH_3$, O, CH_3

化学名称

2，4- 二氯苯氧乙酸异辛酯

理化性质

黄褐色液体，相对密度 1.14 ~ 1.17（20℃）。沸点 317℃。水中溶解度 10mg/L，易溶于有机溶剂。

毒性

低毒。大鼠急性经口 LD_{50}650mg/kg，大鼠急性经皮 LD_{50}>3 000mg/kg。饲喂试验无作用剂量（mg/kg 饲料）：大鼠 1250，狗 500。虹鳟鱼 LC_{50}（96h）0.5 ~ 1.2mg/L。

生物活性

在 2，4- 滴酯类中，由于短侧链、低相对分子量酯类如 2，4- 滴丁酯的挥发性强，易于严重伤害一些敏感的作物和树木，近年来着重开发、使用长侧链、高相对分子量、低挥发性酯类，其中以异辛酯使用最为普遍。2，4- 滴异辛酯的作用机理与 2，4- 滴丁酯相同，但活性略低于 2，4- 滴丁酯，对作物安全性相对要好得多。

制剂及生产厂

900g/L、62%、50% 乳油。生产厂有大连松辽化工有限公司、江苏常州永泰丰化工有限公司、山东潍坊润丰化工有限公司、美国陶氏益农公司等。

应用

适用作物和防除杂草种类与 2，4- 滴丁酯基本相同。例如防除一年生阔叶杂草，春小麦亩用 62% 乳油 85 ~ 100mL，冬小麦亩用 900g/L 乳油 40 ~ 50mL，春玉米、春大豆亩用 900g/L 乳油 40 ~ 50mL，对水喷雾。

2甲4氯（MCPA）

$$Cl-C_6H_3(CH_3)-OCH_2COOH$$

化学名称

2-甲基-4-氯苯氧乙酸

理化性质

白色结晶固体，具有芳香气味。相对密度1.41（23.5℃），熔点119～120.5℃，蒸气压2.3×10^{-2}mPa（20℃）、0.4mPa（32℃）。水中溶解度（25℃，mg/L）：395（pH1）、26.2（pH5）、273.9（pH7）、320.1（pH9）。有机溶剂中溶解度（25℃，g/L）：乙醚770，甲苯26.5，二甲苯49，甲醇775.6，二氯甲烷69.2，正辛醇218.3，辛烷5。对酸很稳定，可形成水溶性碱金属盐和胺盐，其中的钠盐在水中溶解度270g/L，甲醇中340g/L。遇硬水析出钙盐和镁盐。

毒性

低毒。大鼠急性经口LD_{50}700～1 160mg/kg，大鼠急性经皮LD_{50}>4 000mg/kg，大鼠急性吸入LC_{50}（4h）>6.36mg/L。对皮肤和眼睛无刺激性，对皮肤无致敏性。2年饲喂试验无作用剂量：大鼠20mg/kg饲料（折合1.33mg/kg·d），小鼠100mg/kg饲料（折合18mg/kg·d）。

对鱼、蜜蜂、鸟低毒。鱼毒LC_{50}（96h，mg/L）：虹鳟鱼50～560，大翻车鱼>150，鲤鱼317。水蚤LC_{50}（48h）>190mg/L。蜜蜂LD_{50}104μg/只。山齿鹑急性经口LD_{50}377mg/kg，山齿鹑和野鸭饲喂LC_{50}（5d）>5 620mg/kg饲料。蚯蚓LC_{50}（14d）325mg/kg土壤。

生物活性

防除杂草的原理与2，4-滴丁酯相同，同是激素型内吸性除草剂，主要是通过杂草的茎叶吸收，亦能被根吸收，并传导全株，破坏植物正常生理机能。在除草使用浓度范围内，对禾谷类作物安全。2甲4氯的挥发性、作用速度比2，4-滴丁酯低且慢，在湿度较大、寒冷地区使用比2，4-滴丁酯安全。

制剂及生产厂

20%、13%钠盐水剂，40%钠盐高渗可溶粉剂，9%钠盐高渗水剂、70%、56%钠盐可溶粉剂，75%铵盐水剂。生产厂有佳木斯黑龙化工股份有限公司、江苏健谷化工有限公司、江苏利民化工有限责任公司、山东侨昌化学有限公司、山东潍坊润丰化工有限公司、英国玛克斯有限公司等。

应用

主要用于防除稻、麦、玉米、高粱等禾谷类作物田中的阔叶杂草和三棱草。在稻田使用能防除异型莎草、荆三棱、扁秆藨草、鸭舌草、牛毛草、野慈姑、矮慈姑、野荸荠、四叶萍、水苋菜、眼子菜等，但不能除稗。在小麦、青稞、玉米、高粱等旱作物田能防除灰灰菜、大巢菜、苦荬菜、荠菜、刺儿菜、猪殃殃、马齿苋、苍耳、苘麻、蒲公英等，但对野燕麦无效。在除草使用浓度范围内，对禾谷类作物安全。禾谷类作物在萌芽期对药剂很敏感，3～4叶期以后逐渐耐药，到无效分蘖期耐药力最强，拔节孕穗期耐药力又下降。因此，在禾谷类作物生育早期用药量要低些，随植株生长耐药力的增强，用药量可相应增加，到拔节孕穗期就不能用药了。

1. 稻田使用

①秧田：一般在秧苗5片叶至拔秧前7～10d，

亩用20%水剂100～150mL，对水喷雾。施药前一天晚上排干田水，施药后2～3d再正常水层管理。用于秧田脱根扯秧，可在拔秧前6～7d，亩用20%水剂100～130mL，对水喷雾，移栽后返青成活快。②移栽本田：在水稻分蘖盛期到拔节前，亩用20%水剂200～300mL或20%水剂150～200mL加20%敌稗乳油200mL，或40%钠盐可溶粉剂100～150g，75%铵盐水剂40～50g（南方）、70～120g（北方），对水喷雾。施药前一天晚上排干水，施药后隔天灌水。③直播田：以水稻分蘖盛期施药最安全。北方亩用20%水剂150～200mL，南方亩用100～150mL。防除荆三棱、异型莎草，亩用300～400mL。一般是喷雾。④防除扁秆藨草：2甲4氯对扁秆藨草地上部分防效较好，对地下鳞茎、根部防效不好，为此，可与其他除草剂混用。例如，亩用20%2甲4氯水剂100mL加25%灭草松水剂100mL，或20%2甲4氯水剂100mL加60%丁草胺100mL，或20%2甲4氯水剂150mL加20%敌稗乳油150mL，对水喷雾。施药前排干田水，施药后隔天灌水。⑤播前防除三棱草、扁秆藨草：在这两种草害严重的田块，往往在早春整地前已有许多草株长出地面，可在耕地前，亩用70%钠盐可溶粉剂80～100g或20%水剂300～350mL，对水喷洒杂草茎叶，能杀死已出土的杂草幼苗，药剂向下输送到杂草地下块茎，能抑制其繁殖、再生，但对未出土的地下块茎无效。

2．麦田使用

在冬小麦4～6叶期至拔节前，春小麦和春大麦2叶期至拔节前，春燕麦5叶期至拔节期，可以施药。一般亩用20%水剂250～300mL，对水喷雾。

3．谷子地使用

谷子4～6叶期，亩用56%钠盐可溶粉剂40～50g，对水喷雾。

4．亚麻地使用

亚麻株高15～20cm时，亩用56%钠盐可溶粉剂100～150g，对水喷雾。

5．禾本科牧杂草地使用

在禾本科牧草2～3叶期至分蘖期，亩用56%钠盐可溶粉剂100～120g，对水喷雾。

6．桑园或松、柏等针叶树苗圃

在阔叶杂草2～3叶期，亩用20%水剂300～500g，对水喷雾。

7．造林前化学整地

防除小灌木及杨、桦、柞的伐根萌条，亩用70%钠盐水溶性粉剂150～200g，对水喷雾。

注意事项

参考2，4-滴丁酯。

2甲4氯乙硫酯（MCPA-thioethyl）

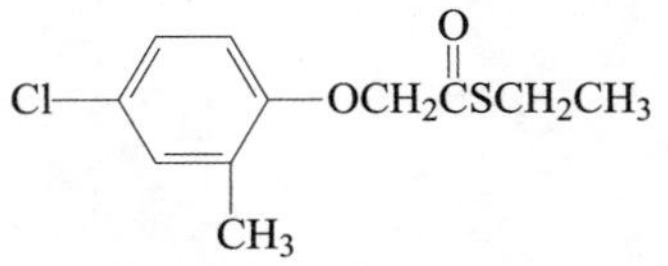

$$Cl-C_6H_3(CH_3)-OCH_2C(=O)SCH_2CH_3$$

化学名称

2-甲基-4-氯苯氧基硫代乙酸乙酯

其他名称

硫代2甲4氯乙酯，酚硫杀

理化性质

白色针状结晶，熔点41～42℃，沸点165℃/933Pa，蒸气压21mPa（20℃）。25℃水中溶解度2.3mg/L。有机溶剂中溶解度（20℃，g/L）：氯仿、丙酮、苯、二甲苯>1 000，甲醇>130，乙醇>330，己烷290。200℃以下稳定，在弱酸性介质中稳定，在碱性介质中不稳定。

毒性

低毒。急性经口LD_{50}（mg/kg）：790（雄大鼠）、877（雌大鼠）、811（雄小鼠）、749（雌小鼠）。雄小鼠急性经皮LD_{50}>1 500mg/kg，大鼠急性吸入LC_{50}（4h）>5mg/L。对兔眼睛和皮肤无刺激性。饲喂试验无作用剂量（mg/kg饲料）：大鼠和小鼠300（90d），大鼠100（2年），小鼠20（2年）。在试验剂量内无致畸、致突变、致癌作用，每日允许摄入量0.002 5mg/kg。

对鱼毒性中等，鲤鱼LC_{50}（48h）2.5mg/L。对蜜蜂低毒，LD_{50}（接触）>40μg/只。对鸟类毒性很低，日本鹌鹑LD_{50}（经口）>3 000mg/kg。

生物活性

是激素型内吸性除草剂，苗后茎叶处理剂。施药后被叶、根吸收渗透进入植物组织内，干扰酶系统作用，影响植物内源激素平衡，而使正常生理机能紊乱、细胞分裂加快，营养物质迅速消耗，呼吸作用加速，导致生理机能失去平衡，出现茎叶扭曲、畸形、根肿大，生长停滞而死。

制剂及生产厂

20%乳油，由日本北兴化学工业株式会社生产。

应用

可用于麦田防除播娘蒿、藜、野荠菜、本氏蓼、反枝苋、繁缕、野油菜、苣荬菜、鼬瓣花、香薷、问荆等阔叶杂草。

冬小麦田应于小麦分蘖期、杂草3～5叶期，亩用20%乳油130～150mL，对水喷雾于茎叶。

春小麦田应于小麦3～4叶期至分蘖末期，亩用20%乳油150～200mL，对水喷雾于茎叶。

它的挥发飘移性虽小于2，4-滴丁酯，但在麦田施药时也应防止雾滴飘移污染邻近的油菜、豆类等阔叶作物。

炔草酸（clodinafop-propargyl）

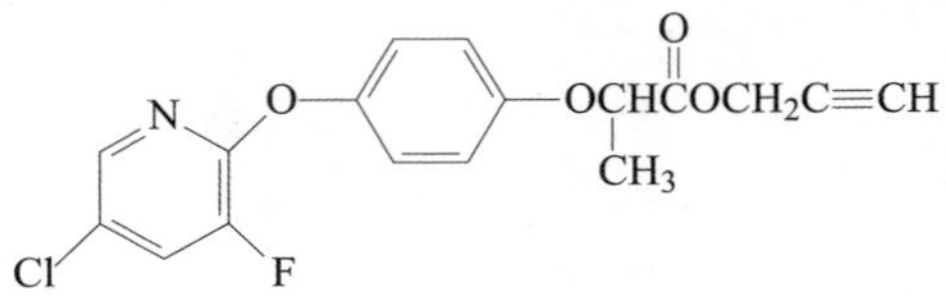

Cl, F, N, O, OCHCOCH$_2$C≡CH, O, CH$_3$

化学名称

（R）-2-[4-（5-氯-3-氟吡啶-2-氧基）苯氧基]丙酸炔丙酯

其他名称

炔草酯

理化性质

白色结晶，相对密度1.37（20℃），熔点59.5℃，蒸气压3.19×10^{-3}mPa（25℃）。25℃水中溶解度4.0mg/L（pH7）。有机溶剂中溶解度（25℃，g/L）：乙醇97，甲醇115，辛醇25，丙酮880，甲苯690，二甲苯480，己烷0.086。在56℃以下稳定，光照下很易分解。

毒性

低毒。急性经口LD_{50}（mg/kg）：1 392（雄大鼠），2 271（雌大鼠），小鼠>2 000。大鼠急性经皮LD_{50}>2 000mg/kg。大鼠急性吸入LC_{50}（4h）2 325mg/L。对兔眼睛和皮肤无刺激性，对豚鼠皮肤有致敏性。饲喂试验无作用剂量（mg/kg·d）：大鼠（2年）0.35，小鼠（1.5年）1.2，狗（1年）3.3。每日允许摄入量0.004mg/kg。无致畸、致突变、致癌作用。

对鱼高毒，LC_{50}（96h，mg/L）：虹鳟鱼0.39，鲤

鱼0.46。水蚤LC_{50}（48h）>74mg/L。对蜜蜂、家蚕、鸟、蚯蚓低毒。蜜蜂经口和接触（48h）LD_{50}>100μg/只。鸟LD_{50}（8d，mg/kg）：野鸭>2 000，山齿鹑>1 455。家蚕LC_{50}（96h饲喂）1 965.7mg/kg桑叶。蚯蚓LC_{50}>210mg/kg土壤。

生物活性

本剂的化学结构可归属苯氧羧酸类或吡啶类，但其作用机理是乙酰辅酶A羧化酶（ACCase）抑制剂。由植物的叶片和叶鞘吸收，韧皮部传导，积累于分生组织，抑制乙酰辅酶A羧化酶的活性，使脂肪酸合成停止，影响细胞分裂，经1～3周后，导致植株死亡。在土壤中基本无活性，对后茬作物无影响。

制剂及生产厂

15%可湿性粉剂，由瑞士先正达作物保护公司生产。

应用

对小麦田的看麦娘、野燕麦、黑麦草、早熟禾、稗草等禾本科杂草有较好防除效果，但对雀麦的防效较差。于小麦苗后亩用15%可湿性粉剂13.3～20g喷雾1次。用药量增加到27g可造成小麦叶片黄化，20d后恢复。

第二十一章 芳基羧酸类除草剂

主要包括苯甲酸类、喹啉羧酸类、吡啶氧羧酸 等除草剂，均为激素型除草剂。

麦草畏（dicamba）

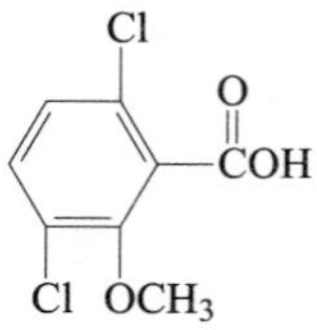

Cl
O
COH
Cl OCH$_3$

化学名称

2- 甲氧基 -3，6- 二氯苯甲酸

其他名称

百草敌

理化性质

原药为淡黄色结晶固体，纯度 85%，其余 15% 为 2- 甲氧基 -3，5- 二氯苯甲酸。纯品为白色固体，相对密度 1.57（25℃），熔点 114 ~ 116℃，沸点>200 ℃（分解），蒸气压 1.67mPa（25℃）。溶解度（25℃，g/L）：水 6.1，乙醇 922，环己酮 916，丙酮 810，二氯甲烷 260，二氧六环 1180，甲苯 130，二甲苯 78。具有一定的抗氧化和抗水解作用。

毒性

低毒。大鼠急性经口 LD_{50}1 707mg/kg，兔急性经皮 LD_{50}>2 000mg/kg。大鼠急性吸入 LC_{50}（4h）>9.6mg/L。对兔眼睛有强刺激性和腐蚀性，对兔皮肤有中度刺激性。饲喂试验无作用剂量（mg/kg · d）：大鼠（2 年）110，狗（1 年）52。在试验条件下，未见致畸、致突变、致癌作用。

对鱼、蜜蜂、鸟低毒。虹鳟鱼和翻车鱼 LC_{50}（96h）为 135mg/L。蜜蜂 LD_{50}>100μg/ 只。野鸭急性经口 LD_{50}2 000mg/kg，野鸭和山齿鹑 8d 饲喂 LC_{50}>10 000mg/kg饲料。

生物活性

是苯甲酸类化合物，是激素类除草剂，对杂草的作用性质与 2，4- 滴丁酯、2 甲 4 氯等相同。具有内吸传导作用，喷施后，能被杂草根、茎、叶很快吸收，向上、下传导，积累在生长点和生长旺盛部位，阻碍植株体内植物激素活动，导致杂草死亡。一般在施药后 24 ~ 48h 杂草就出现畸形卷曲，一周后变褐色开始死亡。

制剂及生产厂

480g/L、48% 水剂。生产厂有浙江升华拜克生物股份有限公司、江苏省激素研究所有限公司、江苏生化农药有限公司、江苏扬农化工股份有限公司、瑞士先正达作物保护有限公司。

应用

适用于麦类、玉米、禾本科草坪及牧草、芦苇等作物田防除阔叶杂草。

1. 用于麦田

可防除卷茎蓼、香薷、猪殃殃、繁缕、牛翻缕、野芥菜、麦瓶草、播娘蒿、荠菜、宝瓶草、遏蓝菜、泽泻、苣荬菜、野豌豆、独行菜、离子草、麦加公、王不留行、泥糊菜、卷耳、薄蒴草、大巢菜、野老鹤草等阔叶杂草。

（1）冬小麦

于小麦4叶期至分蘖末期，亩用48%水剂15～20mL，加水30kg，喷洒于茎叶。生产上多采用48%麦草畏水剂13～15mL与20%2甲4氯水剂125mL或72%2，4-滴丁酯乳油25mL混用，可提高对麦苗的安全性，扩大杀草谱，除草效果也有提高。

注意

在小麦3叶期以后拔节前，温度10℃以上时施药对小麦安全，在冬前气温低于5℃时施药，由于药剂在小麦体内不能很快代谢、降解，易引起葱管叶，抑制分蘖，导致麦株偏矮，有效穗减少，造成减产。晚播小麦，在冬前小麦达不到用药叶龄，施药易引起药害，可以改在来年开春以后，小麦和杂草进入旺长时施药，但必须在小麦幼穗分化以前即拔节以前施药，拔节以后绝对不能施药，否则将产生严重药害。

（2）春小麦

于麦苗3叶1心到5叶期（分蘖盛期），亩用48%水剂20～25mL，加水30kg，茎叶喷雾。为扩大杀草谱，提高对麦苗的安全性，生产上多采用48%麦草畏水剂13～15mL与20%2甲4氯水剂125～150mL混用。

（3）大麦

参照冬、春小麦田除草。

麦类不同品种对麦草畏耐药力有差异，在新品种上使用前应先做试验。

2. 用于玉米田

能防除玉米田多种阔叶杂草，如马齿苋、苍耳、窍蓄、田旋花、藜、小藜、灰绿藜、大马蓼、酸模叶蓼、皱叶酸模、车前、反枝苋、龙葵、猪毛蒿、野苏子、兰花菜、刺儿菜、野大豆、蒲公英等。

（1）播后苗前施药

亩用48%水剂30mL，加水30～50kg，喷洒于土表。为兼治马唐、狗尾草、牛筋草、旱稗等禾本科杂草，可采用48%麦草畏水剂30mL加72%异丙甲草胺乳油100～180mL混用。注意勿使玉米种子接触药剂，种子播种深度不少于4cm，不能有裸露种子，防止药害；施药20d内不能中耕除草，以免破坏药土层，降低药效。

（2）苗后茎叶喷雾

在玉米3～6叶期，杂草3～5叶期，亩用48%水剂25～30mL，加水30kg，茎叶喷雾。为兼除禾本科杂草，可用48%麦草畏水剂25～30mL加4%烟嘧磺隆悬浮剂30～40mL混用。

在玉米株高达90cm或玉米开始抽雄时对麦草畏敏感，不能施药，应在抽雄前15d停止用药，否则易产生药害。过量用药也易产生药害。玉米受药害的症状是：苗前施药的是根系增多，地上部生长受抑制，叶片变窄；苗后施药的是支撑根变扁，茎脆弱，叶片长成葱管叶。在正常施药情况下，玉米苗有倾斜或弯曲现象，经1周后可恢复正常。

3. 用于苇田、草场、桑园及非耕地

（1）苇田

主要防除阔叶杂草。在杂草4叶期左右，亩用48%水剂30～70mL，对水30～50kg，茎叶喷雾。为兼除莎草可用48%麦草畏水剂20mL加48%灭草松水剂150mL混用。

（2）禾本科牧草场地

可防除多种阔叶杂草和阔叶小灌木。一般在一年生阔叶杂草苗高2～5cm时亩用48%水剂25～40mL；多年生阔叶杂草苗高10～25cm时用82mL。为提高防效和扩大杀草谱，可与2甲4氯或2，4-滴丁酯混用，参与混用的单剂用量，可比单用减少1/3。施药后短期不要放牧。

（3）桑园

在阔叶杂草3～5叶期，亩用48%水剂25～40mL，加水50kg，压低喷头喷洒于行间杂草，对桑树较为安全。

（4）非耕地

以禾本科草为植被的非耕地防除阔叶杂草，在杂草4～6叶期，亩用48%水剂30～40mL；在无植被的非耕地防除阔叶杂草每亩用40～80mL，防除灌木用80～160mL，对水喷雾。

（5）根除树桩

防止伐木的树桩萌发新条，用48%水剂对水5～10倍后，涂满树桩全部剖面，或在树桩干上钻多个2～5cm深的孔，再滴入药液，使树根中毒、死亡，加速枯烂。

二氯喹啉酸（quinclorac）

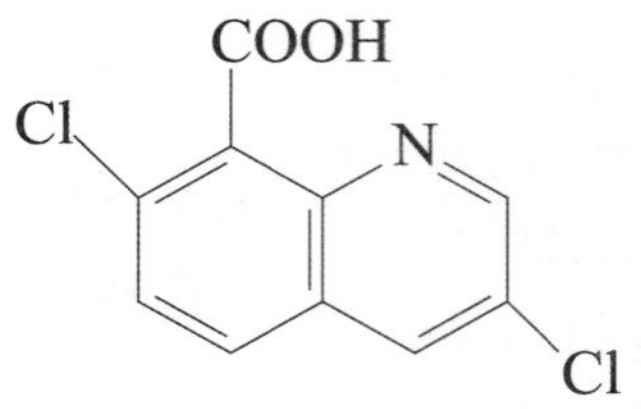

COOH
Cl N
Cl

化学名称

3，7-二氯喹啉-8-羧酸

理化性质

白色结晶体（原药为淡黄色固体），相对密度1.75，熔点274℃，蒸气压<0.01mPa（20℃）。在水中溶解度0.065mg/L（pH值7，20℃）。乙醇和丙酮中溶解度2g/L（20℃），几乎不溶于其他有机溶剂。对光、热稳定，在pH值3～9条件下稳定。

毒性

低毒。急性经口LD_{50}（mg/kg）：大鼠2 680，小鼠>5 000。大鼠急性经皮LD_{50}>2 000mg/kg，大鼠急性吸入LC_{50}（4h）>5.2mg/L。对兔眼睛和皮肤无刺激性，对豚鼠皮肤有致敏性。2年饲喂试验无作用剂量大鼠为533mg/kg·d，狗29mg/kg·d。无致癌、致畸作用。在动物体内代谢迅速，无累积，主要经尿排出。

对鱼、蜜蜂、鸟低毒。对虹鳟鱼、大翻车鱼LC_{50}（96h）>100mg/L，水蚤LC_{50}（48h）113mg/L。对蜜蜂无影响，对野鸭和鹌鹑急性经口LD_{50}>2 000mg/kg，对野鸭8d饲喂LD_{50}>5 000mg/kg。

生物活性

属喹啉羧酸类化合物，为激素类除草剂。施药后能被萌发的种子、根及叶吸收，以根吸收为主。施于土壤的药剂，迅速被根吸收，主要向新生叶输导，向已定型的叶片输导较少；喷施于茎叶的药剂，被叶片吸收在叶内滞留数日后，逐渐向新生叶和次生叶输导，部分向根输导。

受药的稗草嫩叶出现轻微失绿现象，叶片出现纵向条纹并弯曲。夹心稗受药后叶尖失绿变为紫褐色至枯死。阔叶杂草受药后生长受阻，叶片扭曲，根部畸形肿大。水稻根吸收药剂的速度比稗草慢，吸进去的药剂能被分解，在3叶期以后施药，对水稻安全。

制剂及生产厂

50%、45%可溶粉剂，250g/L、25%悬浮剂，50%、25%可湿性粉剂、50%水分散粒剂，25%泡腾粒剂。生产厂有沈阳化工研究院试验厂、江苏绿利来股份有限公司、江苏安邦电化有限公司、江苏省激素研究所有限公司、上海农药厂有限公司、江苏新沂中凯农用化工有限公司、江苏天容集团股份有限公司、浙江新安化工集团股份有限公司、德国巴斯夫股份有限公司等。

应用

它是稻田稗草的特效除草剂，对4～7叶期大龄稗草防效突出，施药适期宽，施药1次即能控制整个水稻生育期内的稗草。还能兼治鸭舌草、水芹、瓜皮草、苦草、眼子菜、异型莎草。但对多年生莎草效果差。

秧田和直播田，在秧苗3叶期以后、稗草1～7叶期均可施药，以秧苗2叶期复水前即稗草2～3叶期施药最佳。薄膜育秧田须练苗1～2d再施药。移栽田，在插秧后5～20d均可施药，但以移栽后5～10d，以稗草2～3叶期施药最佳。亩用50%可湿性粉剂20～30g（南方）、30～50g（北方），对水喷雾。稗草叶龄大、基数多时用高剂量，反之用低剂量。施药前一天晚上排干田水，以利稗草茎叶接触药剂；施药后1d灌水，保水5～7d。

在田面有水层情况下可采用毒土法施药。撒施泡腾粒剂宜用于水层较深的水稻本田。

注意事项

1. 浸种和露芽的稻种对药剂敏感，秧田和直播田的2叶期前秧苗初生根易受药害，在此时不能施药。北方旱育秧田不宜使用。

2. 对二氯喹啉酸敏感易受药害的作物有番茄、茄子、辣椒、马铃薯、莴苣、胡萝卜、芹菜、香菜、菠菜、瓜菜、甜菜、烟草、向日葵、棉花、大豆、甘薯、紫花苜蓿等，其中番茄最敏感。施药时要防止雾滴漂移到这些作物上，也不要用喷过二氯喹啉酸的稻田水浇这些作物。

3. 本剂在土壤中残留时期较长，可能对后茬作物产生残留药害。下茬最好种植水稻、小粒谷物、玉米、高粱等耐药力强的作物。用药后8个月内不宜种植棉花、大豆，下一年不能种植甜菜、茄子、烟草、两年后方可种植番茄、胡萝卜。

草除灵（benazolin，benazolin-ethyl）

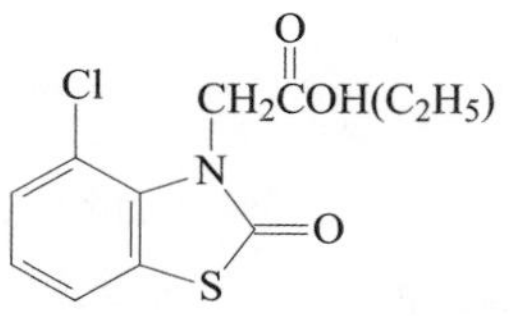

化学名称

4-氯-2-氧代苯并噻唑-3-基乙酸（乙酯）

其他名称

草除灵乙酯（由于常用的为其酯而得名）

理化性质

乙酯的原药为白色结晶固体，相对密度1.45（20℃），熔点79.2℃，蒸气压0.37mPa（25℃）。溶解度（25℃，g/L）：水0.047，丙酮229，二氯甲烷603，乙酸乙酯148，甲醇28.5，甲苯198。在酸性及中性条件下稳定。

毒性

乙酯的原药为低毒。急性经口LD_{50}（mg/kg）：大鼠>6 000，小鼠>4 000，狗>5 000。大鼠急性经皮LD_{50}>2 100mg/kg。大鼠急性吸入LC_{50}（4h）5.5mg/L。对兔眼睛和皮肤无刺激性，饲喂试验无作用剂量：大鼠2年为12.5mg/kg（折合0.61mg/kg·d），狗1年为500mg/kg（折合18.6mg/kg·d）。在试验剂量内无致畸、致突变、致癌作用，但在骨髓细胞染色体畸变试验中，高剂量（2 000～6 000mg/kg）时对大鼠为阳性，小鼠为阴性。

对鱼中等毒，LC_{50}（96h，mg/L）：虹鳟鱼5.4，蓝鳃翻车鱼2.8。水蚤48hLC_{50}6.2mg/L。对鸟低毒，LD_{50}（mg/kg）：日本鹌鹑>9709，山齿鹑>600，野鸭>3 000。

生物活性

内吸性激素类除草剂，杂草经叶片吸收药剂，中毒后生长停滞，叶片僵绿、增厚反卷，新生叶扭曲，节间缩短，致使死亡。在土壤中转化成游离酸并很快降解成无毒物质，对后茬作物无影响。

制剂及生产厂

500g/L、50%、30%悬浮剂，50%可湿性粉剂，15%乳油。生产厂10家以上。

应用

适用于油菜、大豆、麦类、玉米、亚麻、苜蓿等作物防除阔叶杂草，如猪殃殃、婆婆纳、繁缕、牛繁缕、苍耳、雀舌草、曼陀罗、地肤、野芝麻、皱叶酸模等，对大巢菜、荠菜效果差。在我国目前主要用于油菜田除草。茎叶喷雾法使用，土壤处理无效。对未出土的杂草无效。

冬油菜，在直播油菜6~8叶或移栽油菜活棵后，阔叶杂草2~3叶至2~3个分枝，冬前气温较高时施药，也可在冬后油菜返青期（6~8叶）气温回升时施药。亩用50%悬浮剂27~40mL，对水30~40kg喷雾。

在春油菜田一般不宜单用，可与胺苯磺隆混用。在油菜6叶期，亩用50%草除灵悬浮剂17~20mL加15%胺苯磺隆可湿性粉剂45g，对水常规喷雾。

不同类型油菜对草除灵耐受性不同，甘蓝型油菜耐药性较强；白菜型油菜耐药性较弱；芥菜型油菜耐药性差，不宜用此药除草。

氯氟吡氧乙酸（fluroxypyr）

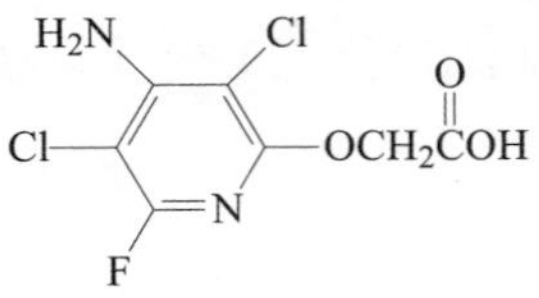

H_2N Cl Cl O OCH_2COH N F

化学名称

4-氨基-3，5-二氯-6-氟吡啶-2-氧乙酸

其他名称

氟草烟，氟草定（为1-甲基庚基酯），氟氧吡啶，氟氯比，治莠灵

理化性质

白色结晶体，相对密度1.09（24℃），熔点232~233℃，蒸气压3.784×10^{-6}mPa（20℃）。溶解度（20℃，g/L）：水5.7（pH5）、7.3（pH9.2），丙酮51.0，甲醇34.6，乙酸乙酯10.6，异丙醇9.2，二氯甲烷0.1，甲苯0.8，二甲苯0.3。

毒性

低毒。大鼠急性经口LD_{50}2 405mg/kg，兔急性经皮LD_{50} > 5 000mg/kg，大鼠急性吸入LC_{50}（4h）> 0.296mg/L。饲喂试验无作用剂量（mg/kg·d）：大鼠（2年）80，小鼠（1.5年）320。每日允许摄入量0.8mg/kg，三代繁殖试验和迟发性神经毒性试验未见异常。在试验条件下无致畸、致突变、致癌作用。

对鱼、蜜蜂、鸟低毒。虹鳟鱼LC_{50}（96h）> 100mg/L。蜜蜂LD_{50}（接触，48h）> 25μg/只。急性经口LD_{50}（mg/kg）：野鸭>2 000，山齿鹑 > 2 000。

生物活性

为吡啶氧乙酸类化合物，是激素型除草剂，喷施后很快被植物吸收，传导到全株各部位，使敏感植物畸形，扭曲，最终死亡。温度能影响药效发挥速度，但不影响最终除草效果。在温度较低时，杂草中毒后停止生长，但不立即死亡；气温升高，杂草很快死亡。在土壤中半衰期较短，不会对后茬阔叶作物产生影响。

制剂及生产厂

250g/L、20.6%、200g/L、20%乳油。生产厂有

重庆市双丰农药有限公司、四川利尔化学有限公司、济南绿霸化学品有限责任公司、江苏中旗化工有限公司、南京第一农药有限公司、河北万全力华化工有限责任公司、美国陶氏益农公司等。

应用

适用于小麦、大麦、玉米、水稻、蔬菜田及果园、桑园、林地、草坪、非耕地防除阔叶杂草，如猪殃殃、卷茎蓼、马齿苋、繁缕、大巢菜、雀舌草、鼬瓣花、酸模叶蓼、柳叶刺蓼、反枝苋、田旋花、鸭跖草、香薷、野豌豆、播娘蒿等，对禾本科杂草及大多数莎草无效。

1. 用于禾谷类作物田

（1）麦田

冬小麦在2叶期至抽穗前均可使用，而以杂草出齐后早施药为佳，一般是早播麦在冬前出草高峰、阔叶杂草2～4叶期，晚播麦在冬后小麦返青期或分蘖盛期至拔节前施药。春小麦在麦苗2～5叶期、杂草2～4叶期施药。亩用20%乳油40～50mL（南方）、50～67mL（北方），对水30kg，并加喷洒液0.1%～0.2%非离子表面活性剂，进行茎叶喷雾。

（2）玉米田

在玉米苗后6叶期植前，杂草2～5叶期，亩用50～67mL，对水30kg，进行茎叶喷雾。防除田旋花、小旋花、马齿苋等则用药67～100mL。

（3）半旱稻田和水田畦畔

防除半旱稻田牛毛草，在半旱栽培（垄畦耕作）后10～20d，畦面牛毛草2～3叶期，亩用20%乳油50～60mL，对水50kg，选晴天喷洒于畦面，施药时间不宜过早，畦面不能有水。防除水田畦畔空心莲子草（水花生）用药50mL，对水喷雾。

2. 用于防除果园、桑园、非耕地阔叶杂草

（1）果园和桑园

在果园阔叶杂草2～5叶期，亩用20%乳油75～150mL，对水30kg，加喷洒液0.1%～0.2%非离子表面活性剂，采用压低喷头定向喷雾，避免雾滴飘落到树叶上。

桑园在伐桑、中耕后，杂草出齐期使用，用药量和方法同果园。

应避免在茶园、香蕉园及其附近地块使用。

（2）渠道和田埂

在作物种植后15～30d，用20%乳油10mL，对水10kg，喷施140～150m^2。

三氯吡氧乙酸（triclopyr）

Cl　N　Cl　OCH_2COOH　Cl

化学名称

[(3，5，6-三氯吡啶-2-)氧基]乙酸

其他名称

绿草定，定草酯

理化性质

白色固体，相对密度1.85（21℃），熔点150.5℃，分解温度205℃，蒸气压0.2mPa（25℃）。溶解度（25℃，g/L）：水0.408（纯水），7.69（pH5）、8.10（pH7）、8.22（pH9），丙酮581，甲苯19.2，乙腈92.1，二氯甲烷24.9，甲醇665，乙酸乙酯271，己烷0.09。可形成水溶性盐和油溶性酯。

毒性

低毒。急性经口LD_{50}（mg/kg）：雄大鼠692，雌

大鼠577。兔急性经皮LD_{50} > 2 000mg/kg。大鼠急性吸入LC_{50}（4h）> 256mg/L。对兔眼睛有轻度刺激性，对兔皮肤无刺激性。大鼠90d饲喂试验无作用剂量为5.5mg/kg·d。2年饲喂试验无作用剂量（mg/kg·d）：大鼠3，小鼠35.7。每日允许摄入量为0.005mg/kg。在试验条件下，未见致畸、致突变、致癌作用。

对鱼、蜜蜂、鸟低毒。鱼毒LC_{50}（96h，mg/L）：虹鳟鱼117，翻车鱼148。蜜蜂接触LD_{50} > 100μg/只。野鸭急性经口LD_{50} > 1 689mg/kg，饲喂LC_{50}（8d，mg/kg）：野鸭>5 000，日本鹌鹑3 278，山齿鹑2935。

生物活性

属吡啶氧乙酸类化合物，为激素型除草剂。被杂草叶和根吸收、传导全株后，作用于核酸代谢，产生过量核酸，使一些组织转变成分生组织，造成叶片、茎和根生长畸形，贮藏物质耗尽、维管束组织被栓塞或破裂，植株逐渐死亡。

制剂及生产厂

480g/L乳油。生产厂有河北万全力华化工有限责任公司、四川利尔化学有限公司、美国陶氏益农公司。

应用

主要用于森林防除阔叶杂草、灌木和非目的树种，如婆婆纳、香薷、走马芹、唐松草、水花生、玉竹、山梅子、山丁子、榛材、蒙古柞、黑桦、山杨、榆、槭、柳、山梨、地榆等。杂草受药后3～7d心叶卷曲、无法生长，顽固杂草连根完全死亡约需30d，杂树死亡所需时间更长些。对禾本科和莎草科杂草无效。

1. 除草灭灌。在杂草和灌木的叶面充分展开、生长旺盛阶段使用。造林前化学整地及防火线，亩用480g/L乳油278～500mL；幼林抚育亩用128mL，对水常规喷雾。

2. 防除非目的树种。当树木胸径10～20cm时，取480g/L乳油对柴油40～50倍后喷树干基部，每株喷药液70～90mL。

注意事项

松树和云杉用药每公顷超过1kg有效成分会有不同程度的药害。

二氯吡啶酸（clopyralid）

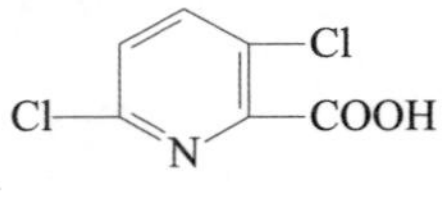

Cl—(吡啶环, N)—Cl, —COOH

化学名称

3，6-二氯吡啶-2-羧酸

理化性质

白色结晶固体，相对密度1.57（20℃），熔点151～152℃，蒸气压1.33mPa（24℃）、1.36mPa（25℃，工业品）。溶解度（20℃，g/L）：水7.85（蒸馏水）、118（pH5）、143（pH7）、157（pH9），乙腈121，己烷6，甲醇104，丙酮153，环己酮387，二甲苯6.5。可形成水溶性盐，如钾盐溶解度>300g/L。

毒性

低毒。急性经口LD_{50}（mg/kg）：雄大鼠3 738、雌大鼠2 675，兔急性经皮LD_{50} > 2 000mg/kg，大鼠急性吸入LC_{50}（4h）> 0.38mg/L。对眼睛有强刺激性，对皮肤无刺激性。2年饲喂试验无作用剂量（mg/kg·d）：大鼠15，雄小鼠500，雌小鼠 > 2 000。每日允许摄入量0.15mg/kg，无致畸、致突变、致癌作用。

对鱼、蜜蜂、鸟低毒。鱼毒LC_{50}（96h，mg/L）：虹鳟鱼103.5，大翻车鱼125.4。蜜蜂经口和接

触 LD_{50}（48h）> 100 μg/只。急性经口 LD_{50}（mg/kg）：野鸭 1 465，鹌鹑 > 2 000。对野鸭和鹌鹑饲喂 8d LC_{50} > 4 640mg/kg 饲料。蚯蚓 LC_{50}（14d）> 1 000mg/kg 土壤。

生物活性

内吸性芽后除草剂，属吡啶羧酸类化合物，为激素型除草剂，主要由叶片吸收，传导全株，使生长停滞，叶片下卷、扭曲畸形，致死亡。

制剂及生产厂

75% 可溶粒剂，生产厂有四川利尔化学有限公司、河北万全力华化工有限责任公司、浙江永农化工有限公司、美国陶氏益农公司等。

应用

能有效地防除菊科、豆科、茄科和伞形科杂草。用于防除油菜田阔叶杂草如稻槎菜、牛繁缕，可于油菜苗后至初苔期，阔叶杂草 4 ~ 8 叶期，亩用制剂 5 ~ 8g，对水 30 ~ 40kg，茎叶喷雾。药后 1d，杂草叶片就开始下卷，3 ~ 10d 叶片在萎缩、扭曲畸形，15d 开始死亡，持效期长达 60d。若亩用本制剂 5g 与 50% 草除灵悬浮剂 30mL 混用，可提高防效，且对油菜安全。

本剂还可用于麦类、玉米、非耕地、休闲地除草。

氨氯吡啶酸（picloram）

NH_2
Cl　Cl
Cl　N　COH
O

7

化学名称

4- 氨基 -3，5，6- 三氯吡啶 -2- 羧酸

其他名称

毒莠定

理化性质

无色粉末，带有氯的气味，相对密度 0.895（25℃），熔化前约 190℃分解，蒸气压 0.082mPa（25℃）。溶解度（25℃，g/L）：水 0.43，丙酮 19.8，二氯甲烷 0.6，异丙醇 5.5，己烷<0.04，甲苯<0.13。可形成水溶性碱金属盐和胺盐，如钾盐在 25℃水中溶解度为 400g/L。其水溶液在紫外光下半衰期 2.6d（25℃）。土壤中半衰期 30 ~ 330d。

毒性

低毒。急性经口 LD_{50}（mg/kg）：大鼠>5 000，小鼠 2 000 ~ 4 000，兔约 2 000，豚鼠约 3 000，羊>100，牛>750。兔急性经皮 LD_{50}>4 000mg/kg。接触后对眼睛和皮肤无严重危害。大鼠 2 年饲喂试验无作用剂量 150mg/kg · d。每日允许摄入量 0.2mg/kg。

对鱼、蜜蜂、鸟低毒。鱼毒 LC_{50}（mg/L）：虹鳟鱼 19.3（96h），大翻车鱼 14.5（96h），金鱼 27 ~ 36（24h）。水蚤 34.4mg/L（96h）。蜜蜂 LD_{50}>1 000μg/只。鸡急性经口 LD_{50} 约 6 000mg/kg，野鸭和山齿鹑 LC_{50}>5 000mg/kg 饲料。

生物活性

与二氯吡啶酸相似，同为吡啶羧酸类化合物，为激素型除草剂，可被植物的叶和根迅速吸入与传导（十字花科植物除外），抑制核酸代谢，干扰蛋白质合成，致使植物畸形，死亡。杂草中毒症状很像 2，4- 滴。

制剂及生产厂

国内尚无单剂登记，通常加工成钾盐或胺盐

水剂或颗粒剂。国外有25%水剂（钾盐），还有与2，4-滴类的混剂。原药生产厂有四川利尔化工有限公司、浙江升华拜克生物股份有限公司、浙江永农化工有限公司、河北万全力华化工有限责任公司等。

应用

能防除多种多年生深根性阔叶杂草及木本植物，对麦田中抗2，4-滴类的阔叶杂草很有效。可用于麦类、玉米、高粱及非耕地、休闲地除草、灭灌。

第二十二章
其他化学结构类除草剂

灭草松（bentazone）

H
N
SO_2
$NCH(CH_3)_2$
O

化学名称

3-异丙基-（1H）-苯并-2，1，3-噻二嗪-4-酮-2，2-二氧化物

其他名称

苯达松，排草丹

理化性质

白色结晶，相对密度1.41（20℃），熔点138℃，蒸气压0.17mPa（20℃）。20℃水中溶解度570mg/L（pH值7）。有机溶剂中溶解度（20℃，g/L）：丙酮1 387，甲醇106.1，乙醇801，乙酸乙酯582，二氯甲烷206，乙醚616，苯33。在酸、碱介质中易水解，日光下分解。

毒性

低毒。急性经口LD_{50}（mg/kg）：大鼠>1 000，狗>500，兔750，猫500。大鼠急性经皮LD_{50}>2500mg/kg，大鼠急性吸入LC_{50}（4h）>5.1mg/L。对兔眼睛和皮肤有中度刺激性。饲喂试验无作用剂量（mg/kg·d）：大鼠10（2年）、25（90d），狗13.1（1年）、10（90d）。每日允许摄入量0.1mg/kg。在试验条件下未见致畸、致突变、致癌作用。三代繁殖试验未见异常。

对鱼、蜜蜂、鸟低毒。对虹鳟鱼和大翻车鱼LC_{50}（96h）>100mg/L。水蚤LC_{50}（48h）125mg/L。水藻EC_{50}（72h）47.3mg/L。蜜蜂经口LD_{50}>100μg/只。山齿鹑急性经口LD_{50}1 140mg/kg，山齿鹑和野鸭饲喂LC_{50}（5d）5 000mg/kg饲料。蚯蚓LD_{50}（14d）>1 000mg/kg土壤。

生物活性

光合作用抑制剂。主要通过叶片吸收，旱田茎叶喷雾后，先通过叶面渗透进入叶绿体内抑制光合作用，水稻田使用还可通过根吸收传到茎叶。不能被未发芽的种子吸收，幼芽通过土层过程中吸收药剂也很少，所以只能在杂草出土后茎叶喷雾法使用。落入土壤的药剂很少被吸附，易淋入土壤深层，也易被土壤微生物分解，因而不宜用作土壤处理。杀草作用速度快，施药后10h，叶片开始萎蔫、变黄。

制剂及生产厂

48%、480g/L、25%水剂，生产厂有江苏绿利来股份有限公司、江苏省农用激素工程技术研究中心、苏州联合伟业科技有限公司、江苏建湖建农农药化工有限公司、安徽丰乐农化有限责任公司。

应用

用于多种水、旱作物田防除莎草和阔叶杂草。在稻田中可防除水莎草、异型莎草、碎米莎草、荆三棱、牛毛草、萤蔺、矮慈姑、野慈姑、泽泻、眼子菜、鸭舌草、节节菜等杂草，对扁秆藨草也有较好防效。在旱田中能防除猪殃殃、蓼、鸭跖草、马齿苋、苦荬菜、荠菜、蒿草、问荆、刺儿菜、龙葵、曼陀罗、苍耳、繁缕、野胡萝卜、苘麻、鬼针草、豚草、香附子等杂草。灭草松对禾本科杂草无效。

1．稻田

在水稻生育的任何时期均可施药，适宜施药时期根据杂草发生情况而决定。一般秧田在秧苗2～3叶期，直播田在播后30～40d，移栽田在栽秧后20～30d，田间杂草已基本出齐，大多处于3～5叶期，莎草科杂草约10cm高时施药，亩用48%水剂150～200mL或25%水剂300～400mL，对水30kg（不宜过多）喷雾。施药前一天晚上排干田水，施药后1～2d正常管理。可与二氯喹啉酸、2甲4氯、敌稗等混用，防除稗草、莎草科杂草、阔叶杂草。

2．麦田

用于防除猪殃殃、大巢菜、荠菜、牛繁缕等阔叶杂草。亩用25%水剂200mL，对水30～40kg喷雾。早播冬小麦田应在冬前麦苗3叶期以后施药，迟播冬小麦田则应在第二年春气温上升期施药，麦拔节前结束施药。北方在小麦苗后，阔叶杂草2～4叶期施药。

3．大豆田

灭草松对大豆有良好选择性，确定施药时间无需考虑大豆生育期，而由杂草大小来确定，一般是在阔叶杂草2～5叶期，株高5～10cm时，春大豆亩用48%水剂200～250mL或25%水剂350～450mL；夏大豆亩用48%水剂160～200mL或25%水剂300～400mL，对水30～40kg喷雾。土壤水分适宜、杂草生长旺盛和杂草幼小时用低剂量；土壤干旱、杂草数量多或叶龄大则用高剂量。灭草松对苍耳特效，用48%水剂67～133mL即可。为提高对多年生杂草如香附子、小蓟、田旋花等的防效可分两次施药，第一次施用48%水剂100mL，隔7～10d多年生杂草抽生新芽时再施100mL。

4．花生田

用于防除苍耳、蓼、马齿苋、反枝苋、凹头苋、油莎草等，在阔叶杂草2～5叶期施药，此时约为花生下针期。亩用48%水剂100～150mL，或25%水剂200～400mL，对水30～40kg喷雾。

5．菜田

菜豆2复叶期亩用25%水剂150～200mL；豌豆株高5～10cm、第三复叶形成后，用150～250mL；洋葱幼苗1.5叶以后，株高8～10cm时，用250～300mL；甜玉米2～5叶期，杂草2～6叶期，用150～250mL；分别对水30～40kg喷雾。

6．果园、茶园、甘薯地

亩用25%水剂200～400mL，对水30～40kg喷雾。

7．草原牧场

防除禾本科牧草地的阔叶杂草和莎草，亩用25%水剂400～500mL对水30～40kg喷雾。

8．草坪

据报道在缀花草坪亩用48%水剂300mL，对水40kg喷雾，药后10d对2～5叶期的黄花蒿、小白酒草、苍耳等阔叶杂草防效很好。

9．薄荷、留兰香田

防除阔叶杂草，可在头茬薄荷、留兰香收割以后，第二茬已长出，杂草3～5叶期，亩用48%水剂100mL，对水30～40kg喷雾。

注意：灭草松对棉花、黄麻、油菜、芝麻、向日葵、烟草、甜菜、胡萝卜、萝卜、甘蓝、芹菜、芥菜等有伤害，不能使用。

异噁草松（clomazone）

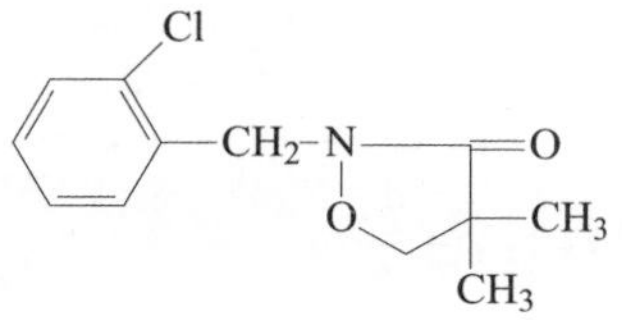

$$\text{2-氯苄基}-CH_2-N(\text{异噁唑环}: N-O-CH_2-C(CH_3)(CH_3)-C=O)$$

化学名称

2-（2-氯苄基）-4，4-二甲基异噁唑-3-酮

其他名称

异噁草酮

理化性质

淡棕色黏稠液体，相对密度1.192（20℃），熔点25℃，沸点275℃，蒸气压19.2mPa（25℃）。水中溶解度1.1g/L，易溶于丙酮、乙腈、氯仿、环己酮、二氯甲烷、甲醇、甲苯、己烷、二甲基甲酰胺。在室温下2年或50℃下3个月稳定。其水溶液在日光下半衰期30d。

毒性

低毒。大鼠急性经口LD_{50}（mg/kg）：2 077（雄）、1 369（雌）。兔急性经皮LD_{50}>2 000mg/kg。大鼠急性吸入LC_{50}（4h）4.8mg/L。对兔眼睛几乎无刺激性。大鼠2年饲喂试验无作用剂量4.3mg/kg·d。每日允许摄入量0.043mg/kg（建议）。

对鱼、鸟低毒。鱼毒LC_{50}（96h，mg/L）：虹鳟鱼19，大翻车鱼34。水蚤LC_{50}（48h）5.2mg/L。水藻EC_{50}（48h）2.10mg/L。山齿鹑和野鸭急性经口LD_{50}>2 510mg/kg。山齿鹑和野鸭饲喂（8d）LC_{50}>5 620mg/kg饲料。蚯蚓LC_{50}（14d）156mg/kg土壤。

生物活性

类胡萝卜素合成抑制剂。是芽前选择性除草剂，通过植物的根和幼芽吸收，向上传导到植株各部位；茎叶处理仅有触杀作用，不向下传导。进入植物体内的药剂阻碍胡萝卜素和叶绿素的生物合成，使萌芽出土的杂草失绿，在短期内即死亡。

制剂及生产厂

48%、480g/L乳油，36%高渗乳油，40%水乳剂，360g/L微囊悬浮剂。生产厂较多。

应用

适用于大豆、甘蔗、马铃薯、花生、烟草、油菜及水稻防除一年生禾本科杂草和阔叶杂草，如稗草、狗尾草、马唐、牛筋草、二色高粱、阿拉伯高粱、臂形草、龙葵、香薷、水棘针、马齿苋、苘麻、藜、遏蓝菜、蓼、鸭跖草、狼把草、鬼针草、曼陀罗、苍耳、豚草等。对多年生的刺儿菜、大蓟、苣荬菜、问荆等有较强抑制作用。

1．春大豆田

限于非豆麦轮作区使用，即豆麦轮作区禁用。于大豆播前或播后苗前使用。播前施药，施后可浅混土，耙深5～7cm。播后苗前施药，起垄播种大豆如土壤水分少可培土2cm左右。亩用48%乳油140～150mL，或360g/L微囊悬浮剂70～100g。在沙性土壤或有机质含量低于2%的壤土使用会使大豆产生药害。

2．水稻田

防除稻田的稗草、千金子等一年生杂草，移栽田可在插秧后3～5d，稗草1叶1心期，亩用36%微囊悬浮剂28～35mL或48%乳油25～30mL，拌细土10～15kg撒施。直播稻田，北方可于播前3～5d，用36%微囊悬浮剂35～40mL，对水喷雾；南方（长江以南）可在播后稗草高峰期，用36%微囊悬浮剂25～30mL，毒土法施药。

7

3．甘蔗田

在甘蔗下种覆土后蔗芽萌发出土前，亩用48%乳油70～100mL对水30kg，喷洒土表。

注意事项

本剂在土壤中残留时期6个月以上，施药田的后茬及第二年春季都不宜种植麦类、谷子、苜蓿、甜菜，但第二年可种植玉米、水稻、棉花、花生、向日葵等。

噁嗪草酮（oxaziclomefone）

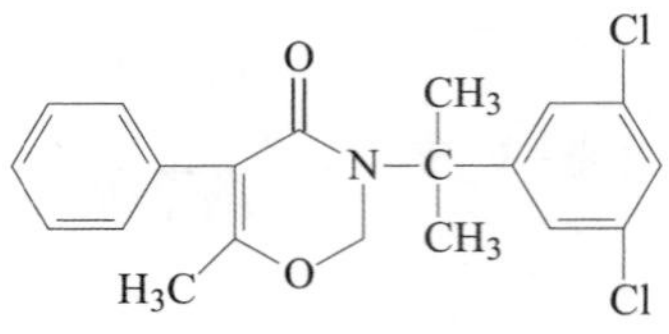

化学名称

3–[1–（3，5–二氯苯基）–1–甲基乙基]–2，3–二氢–6–甲基–5–苯基–4H–1，3–噁嗪–4–酮

理化性质

白色结晶体，熔点149.5～150.5℃，蒸气压≤ 1.33×10^{-2}mPa（50℃）。25℃水中溶解度0.18mg/L。50℃水中半衰期为30～60d。

毒性

低毒。大、小鼠急性经口 LD_{50}>5 000mg/kg，大、小鼠急性经皮 LD_{50}>2 000mg/kg，对兔皮肤无刺激性，对兔眼睛有轻微刺激性。无致突变、致畸作用。鲤鱼 LC_{50}（48h）>5mg/L。

生物活性

杀草作用机理尚不清楚，但已有的生化研究结果表明它是以不同于其他除草剂的方式在抑制分生组织细胞生长。

制剂及生产厂

1%悬浮剂。由日本拜耳作物科学公司生产。

应用

用于稻田防除稗草、千金子、异型莎草、沟繁缕等杂草，整个生长季节除稗仅用药1次即可。水稻秧田在稗草2叶期前亩用1%悬浮剂200～250mL，对水20～35kg喷雾；移栽稻田和水直播稻田，亩用1%悬浮剂267～336mL，对水喷雾或瓶甩施。与其他除草剂如苄嘧磺隆、吡嘧磺隆混用，可扩大杀草谱，有增效作用。对后茬作物小麦、大麦、胡萝卜、白菜、洋葱等无不良影响。

野燕枯（difenzoquat metilsulfate）

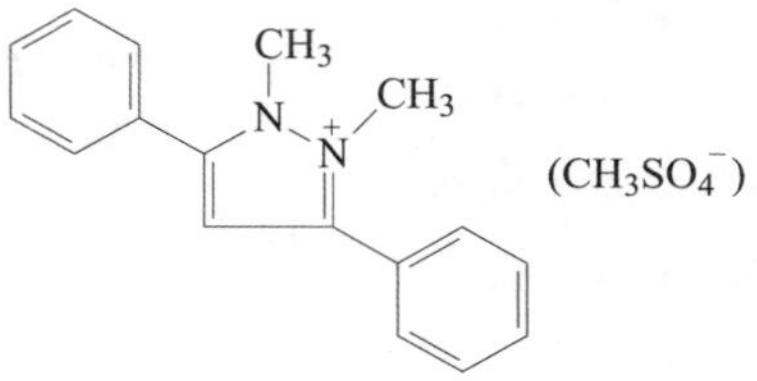

$(CH_3SO_4^-)$

化学名称

1，2–二甲基–3，5–二苯基吡唑阳离子或硫酸甲酯

其他名称

燕麦枯，双苯唑快

理化性质

白色固体，相对密度0.8（25℃），熔点156.5～158℃，蒸气压<1 × 10^{-2}mPa（25℃）。溶解度（25℃，g/L）：水817，二氯甲烷360，氯仿500，甲醇558，异丙醇23，1，2–二氯乙烷71，丙酮9.8，二甲苯<0.01。微溶于石油醚、苯、二氧六环。水溶液对光稳定，热稳定，弱酸介质中稳定，遇强酸和氧化剂分解。

毒性

中等毒。急性经口LD_{50}（mg/kg）：雄大鼠617，雌大鼠373，雄小鼠31，雌小鼠44。雄兔急性经皮LD_{50}>3 540mg/kg。急性吸入LC_{50}（4h，mg/L）：雄大鼠0.36，雌大鼠0.62。对兔皮肤中度刺激性，对兔眼睛严重刺激性。大鼠2年饲喂试验无作用剂量500mg/kg饲料。每日允许摄入量0.2mg/kg。

对鱼、蜜蜂、鸟低毒。鱼毒LC_{50}（96h，mg/L）：虹鳟鱼694，大翻车鱼696，水蚤LC_{50}（48h）2.63mg/L。蜜蜂接触LD_{50}36μg/只。饲喂LC_{50}（8d，mg/kg饲料）：山齿鹑 > 4 640，野鸭10 388。

生物活性

脂肪合成抑制剂（非ACC酶抑制剂），茎叶喷施后由心叶和幼嫩叶吸收，传导至生长点，破坏细胞分裂和顶端及节间分生组织的伸长，使其停止生长、坏死，10d后开始出现中毒症状，逐渐枯死。有的中毒植株不枯死，而呈矮化、分蘖增多、茎轴不出、心叶卷成筒状，少数中毒植株虽能抽穗，但呈畸形、穗小弯曲、籽粒空瘪。

制剂及生产厂

40%水剂，64%、65%可溶粉剂。生产厂有陕西农大德力邦科技股份有限公司、德国巴斯夫股份有限公司。

应用

主要用于麦地防除野燕麦，在野燕麦3～5叶期，亩用40%水剂200～250mL，或65%可溶粉剂123～150g、64%可溶粉剂80～125g，对水喷洒茎叶，若再加入药液量的0.1%非离子表面活性剂，可提高除草效果。麦类虽具耐药力，但有时用药后会有暂时褪绿现象，20d后可恢复。

注意事项

不可与其他农药的钠盐或钾盐、铵盐混用，否则会降低药效。

7

环庚草醚（cinmethylin）

CH_3　CH_3　O　OCH_2　$CH(CH_3)_2$

化学名称

（1RS，2SR，4SR）–1，4–桥氧对孟–2–基–2–甲基苄基醚，或1–甲基–4–（1–甲基乙基）–2–[（2–甲基苯基）甲氧基]–7–噁二环（2，2，1）庚烷

其他名称

环庚草烷

理化性质

深琥珀色液体，相对密度 1.014（20℃），沸点 313℃/760mmHg。蒸气压 10.1mPa（20℃）。20℃水中溶解度 63mg/L。与大多数有机溶剂互溶。≤ 145℃稳定。25℃，在 pH 值 5 ~ 9 水溶液中稳定。

毒性

低毒。大鼠急性经口 LD_{50}3 960mg/kg，大鼠和兔急性经皮 LD_{50}>2 000mg/kg，大鼠急性吸入 LC_{50}（4h）3.5mg/L。对兔皮肤有中度刺激性，对兔眼睛有轻度刺激性。2 年饲喂试验无作用剂量（mg/kg 饲料）：大鼠 100，小鼠 30。

对鱼具有中等毒，LC_{50}（96h，mg/L）：虹鳟鱼 6.6，大翻车鱼 6.4，鲦鱼 1.6。水蚤 LC_{50}（48h）7.2mg/L。对鸟类无毒，山齿鹑急性经口 LD_{50}>2 150mg/kg，山齿鹑和野鸭饲喂 LC_{50}（5d）>5 620mg/kg 饲料。

生物活性

为有丝分裂抑制剂。由植物的幼芽和根吸收，传导到芽和根的生长点，抑制分生组织的生长，使杂草死亡。

制剂及生产厂

10% 乳油，由德国巴斯夫股份有限公司生产。

应用

用于稻田可防除稗草、矮慈姑、鸭舌草、眼子菜及萤蔺、碎米莎草、异型莎草等杂草。在移栽稻田的稗草 2 叶期前施药除草效果最好，即在插秧后 5 ~ 7d，缓苗后，亩用 10% 乳油 13 ~ 20mL，拌细土 20kg 撒施。防除眼子菜应在插秧后 7 ~ 10d，用 20 ~ 30mL，拌细土撒施。亦可用喷雾法和瓶甩法施药。持效期 35d 左右。

注意事项

1. 在南方稻区，亩用 10% 乳油 27mL 以上，稻苗可能会出现生长缓慢矮化现象。

2. 因整地距插秧间隔时间过长，稗草叶龄过大，此时施药，除草效果差。为此，最好分两次施药。第一次在插秧前 5 ~ 7d，单用本剂防除已出土的稗草；第二次在插秧后 15 ~ 20d，与防除阔叶杂草的除草剂混用，可防除阔叶杂草，兼治后出土的稗草。

3. 环庚草醚在无水层条件下易光解和蒸发，因此，稻田水层要求严格，施药时应有 3 ~ 5cm 水层，水深不要没过秧苗心叶，保水层 5 ~ 7d，只灌不排。沙质土、漏水田或施药后短期缺水、水源无保证的稻田不要施用。

磺草酮（sulcotrione）

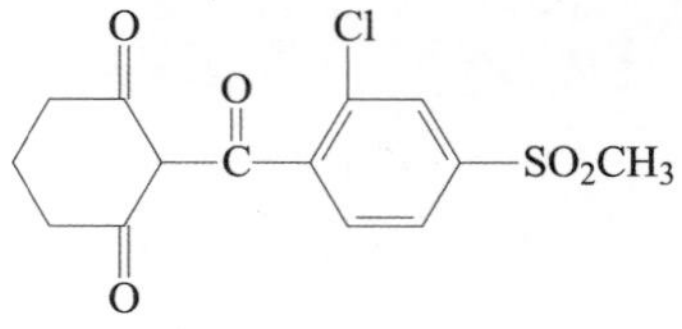

O Cl O C SO_2CH_3 O

化学名称

2-（2- 氯 -4- 甲磺酰基苯甲酰基）环己烷 -1，3- 二酮

理化性质

淡褐色固体。熔点 139℃，蒸气压 5 × 10^{-3}mPa。25℃水中溶解度 165mg/L，溶于丙酮和氯苯，在水中或日光下稳定。

毒性

低毒。大鼠急性经口 LD_{50}>5 000mg/kg，兔急性经皮 LD_{50}>4 000mg/kg，大鼠急性吸入 LC_{50}（4h）>1.6mg/L。对兔皮肤无刺激性，对兔眼睛有中度刺激性。对猪皮肤有强致敏性。对大鼠 2 年饲喂试验无作用剂量 100mg/kg 饲料（合 0.5mg/kg·d）。每日允许摄入量 0.005mg/kg。无致畸、致突变、致癌作用。

对鱼、蜜蜂、鸟低毒。鱼毒 LC_{50}（96h，mg/L）：虹鳟鱼 227，鲤鱼 240。蜜蜂急性经口和接触 LD_{50}>200μg/只。山齿鹑和野鸭饲喂 LC_{50}>5 620mg/kg。蚯蚓 LC_{50}（14d）1 000mg/kg 土壤。

生物活性

为对羟基苯基丙酮酸双氧化酶抑制剂，即为褪色剂。致使植物产生白化症而死亡。通过植物根系和叶片吸收并在体内传导，抑制靶酶的合成，导致酪氨酸的积累，质体醌和生育酚的前体物质尿黑酸生物合成停止，进而造成八氢番茄红素积累及类胡萝卜素生物合成下降，最终使植物分生组织失绿白化死亡。

制剂及生产厂

15% 水剂，15% 油悬浮剂。生产厂有沈阳化工研究院试验厂、大连松辽化工有限公司、吉林省八达农药有限公司、南京祥宇农药有限公司等。

应用

可用于玉米、甘蔗、冬小麦田防除一年生阔叶杂草及某些禾本科杂草，但对稗草、狗尾草、苍耳、马齿苋及多年生杂草防效差。芽前土壤处理或苗后茎叶喷雾。在欧洲广泛应用于玉米田，在我国目前也主要是用于玉米田。

在玉米田，于玉米 2～5 叶期、杂草 2～4 叶期时施药。春玉米亩用 15% 水剂 300～400mL 或 15% 油悬浮剂 250～300mL，夏玉米亩用 15% 水剂 250～300mL或15%油悬浮剂150～250mL，对水茎叶喷雾。

磺草酮在玉米植株体内被迅速代谢而失去活性，但在不良的生长条件下，玉米叶片有时会出现失绿现象，随着生长很快能恢复正常，不影响产量。喷药后，药剂主要停留于 0～5cm 土层，玉米收获后在 0～20cm 土层中未检出残留，故对后茬作物安全。在正常轮作条件下，对后茬冬小麦、冬大麦、冬油菜、马铃薯、甜菜、豌豆、菜豆等均未产生药害现象。

嗪草酸甲酯（fluthiacet-methyl）

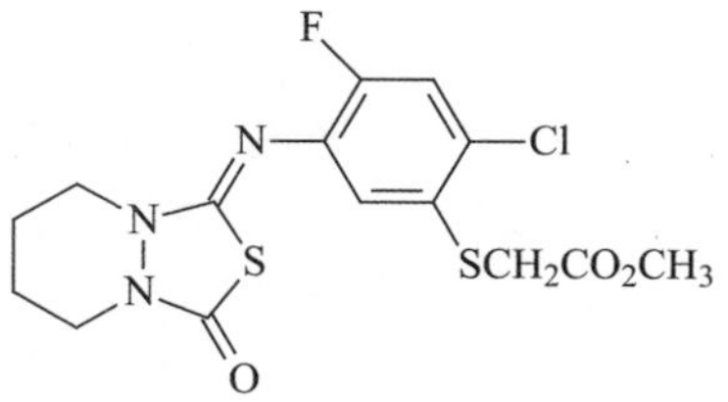

化学名称

〔2-氯-4-氟-5-（5，6，7，8-四氢-3-氧-1H，3H-[1，3，4-]噻二唑[3，4α]哒嗪-1-亚氨基）苯硫基〕乙酸甲酯

其他名称

氟噻乙草酯

理化性质

白色粉状固体，相对密度 0.43（20℃），熔点 105～106.5℃，蒸气压 4.41×10^{-4}mPa（25℃）。水中溶解度（25℃，mg/L）：0.85（蒸馏水），0.78（pH 值 5 和 pH 值 7），0.22（pH 值 9）。有机溶剂中溶解度（25℃，g/L），甲醇 4.41，丙酮 101，甲苯 84，乙腈 68.7，乙酸乙酯 73.5，二氯甲烷 9，正辛醇 1.86，正己烷 0.232（20℃）。水中半衰期：484.8d（pH 值 5），17.7d（pH 值 7），0.2d（pH 值 9）。对光半衰期为 4.92d。

毒性

低毒。大鼠急性经口 LD_{50}>5 000mg/kg，兔急

性经皮LD_{50}>2 000mg/kg，大鼠急性吸入LC_{50}（4h）5.048mg/L。饲喂试验最大无作用剂量（mg/kg·d）：大鼠（2年）2.1，小鼠（1.5年）0.1，雄狗（1年）58，雌狗（1年）30.3。每日允许摄入量0.014mg/kg。对大鼠和兔在试验剂量下无致突变性，无致畸性。

对鱼类高毒，LC_{50}（96h，mg/L）：虹鳟鱼0.043，鲤鱼0.60，翻车鱼0.14。水蚤LC_{50}（48h）>2.3mg/L。对蜜蜂和鸟类低毒，蜜蜂LD_{50}（接触）>100μg/只，野鸭和山齿鹑急性经口LD_{50}>2 250mg/kg，野鸭和山齿鹑饲喂LC_{50}（5d）>5 620mg/kg饲料。蚯蚓LC_{50}>948mg/kg土壤。

生物活性

属原卟啉原氧化酶抑制剂，使敏感植物细胞膜酯质过氧化作用增强，从而导致细胞膜结构和细胞功能的不可逆损害，细胞死亡。在有阳光照射下才能有效发挥杀草作用。宜傍晚施药，使杂草夜间吸收药剂，次日白天在光照下更好的发挥药效，常在施药后24～48h出现叶面枯斑。土壤活性很低，对后茬作物安全。

制剂及生产厂

5%乳油。生产厂有沈阳化工研究院试验厂，大连瑞泽农药股份有限公司等。

应用

主要用于玉米、大豆防除一年生阔叶杂草，对一些难除的杂草如苍耳、苘麻、牵牛、大马蓼等也很有效。在大豆1～3叶期，玉米2～5叶期茎叶喷雾。春大豆和春玉米亩用5%乳油10～15mL，夏大豆和夏玉米亩用5%乳油7～10mL。

注意事项

本药剂对鱼类高毒，切勿污染水源。

第二十三章
混合除草剂

·以稻田除草为主要用途的混剂

苄·乙

特性

是由苄嘧磺隆与乙草胺复配的混合除草剂。杀草谱广，在稻田使用，能防除稗草、异型莎草、碎米莎草、牛毛草、萤蔺、鸭舌草、节节菜、水苋菜、陌上菜、丁香蓼、鳢肠、矮慈菇等杂草。持效期长，是一年生禾本科杂草、莎草科杂草及阔叶杂草混生稻田的一次性除草剂，一季稻用药1次即可。

制剂及生产厂

30%、25%、22%、20%、18%、17%、16%、15%、14%、12%可湿性粉剂，25%、14%泡腾粒剂，12%颗粒剂，6%微粒剂，14%乳油，15%展膜油剂。苄嘧磺隆与乙草胺配比，多数为1∶3左右，也有1∶6～9。生产厂15家以上。

应用

仅适用于长江流域及其以南稻区大苗移栽田。在插秧后4～7d缓苗后施药。一般亩用有效成分6～8g，折合制剂用量参见表7-14。

7

表7-14　苄·乙在移栽稻田用量及用法

制剂名称	亩用制剂量（g）	用 法	制剂名称	亩用制剂量（g）	用 法
30%WP	20～30	毒土法	25%WP	23～32	毒土法
22%WP	26～35	毒土法	20%WP	28～40	毒土法
18%WP	31～44	毒土法	17%WP	32～46	毒土法
16%WP	32～40	毒土法	15%WP	38～52	毒土法
14%WP	40～56	毒土法	12%WP	47～65	毒土法
12%粒剂	50～60	毒土法	6%微粒剂	50～60	毒土法
14%乳油	40～56	毒土法	25%泡腾粒剂	30～40	撒施
14%泡腾粒剂	50～60	撒施	15%展膜油剂	40～50	撒施

*WP= 可湿性粉剂

15% 展膜油剂含有水面扩散剂，能使入水的药剂迅速扩散，在水面形成极薄的一层油膜，毒杀萌发出来的杂草，使用时直接滴施田水中即可。

25%、14% 泡腾粒剂撒施田水后能很快崩解，并产生大量气泡，将药剂鼓动、扩散，为充分发挥气泡的鼓动作用，要求有一定的水层。

苄・乙混剂禁止用于小苗、病弱苗移栽田、抛秧田、秧田、直播田及漏水田。

苄嘧・丙草胺

特性

是由苄嘧磺隆与丙草胺复配的混合除草剂，可扩大杀草谱，增加对水稻的安全性。能防除稻田多种阔叶杂草、莎草科杂草及部分禾本科杂草，如鸭舌草、水苋菜、节节菜、鳢肠、泽泻、陌上菜、眼子菜、四叶萍、牛毛草、异型莎草、碎米莎草、日照飘拂草、萤蔺、扁秆曙草等，由于含丙草胺，提高了对稗草、千金子的防效。

制剂及生产厂

40%、35%、30%、25%、20% 可湿性粉剂，25% 高渗可湿性粉剂，0.1% 颗粒剂（药肥混剂），两单剂配比差异很大。生产厂 18 家以上。

应用

主要用于南方水稻移栽田、抛秧田和直播田。移栽田在插秧后 5 ~ 7d，抛秧田在秧苗扎根后，直播田在播后 3 ~ 7d（苗前），杂草萌发初期（以不超过 2 叶期为佳）施药。以毒土法或喷雾法施药，直播田宜用喷雾法。0.1% 颗粒剂直接撒施，施药时田面应有水层 3 ~ 5cm，保水 5 ~ 7d。一般亩用有效成分 20 ~ 30g，折合各制剂用量参见表 7–15。

表 7–15 苄嘧・丙草胺各制剂亩用量

制剂名称	亩用量（g）	稻田类型
0.1% 颗粒剂	20 ~ 30（kg）	移栽田
40%WP	75 ~ 80	直播田
35%WP	60 ~ 70	抛秧田
	70 ~ 80	移栽田、直播田
30%WP	70 ~ 80	移栽田
25%WP	90 ~ 100	直播田
25% 高渗 WP	20 ~ 25	直播田
20%WP	120 ~ 140	移栽田
	100 ~ 150	抛秧田、直播田

*WP= 可湿性粉剂

苄・噁・丙草胺

特性

由苄嘧磺隆、异噁草松、丙草胺复配的混合除草剂，是在苄嘧・丙草胺的基础上增加异噁草松，可提高对稗草、千金子的防效，减轻或克服丙草胺单用于水稻直播田或育秧田时对水稻幼苗的伤害。能防除稻田多种阔叶杂草、莎草科杂草及部分禾本科杂草。

制剂及生产厂

38%可湿性粉剂，内含苄嘧磺隆4%、异噁草松10%、丙草胺24%。生产厂有浙江天一农化有限公司等。

应用

主要用于南方水稻直播田，也可用于本田。在正常催芽落谷的水直播田，以播后2～4d施药为宜，最迟不得晚于播后6d；在催短芽播种的水直播田，以播后3～5d施药为宜，不宜在播后第二天立即施药。亩用38%可湿性粉剂30～35g，对水喷雾。

异丙草・苄

特性

由苄嘧磺隆与异丙草胺复配的混合除草剂，为了弥补苄嘧磺隆对稗草防效差之不足，增加对水稻幼苗的安全性。

制剂及生产厂

30%、10%可湿性粉剂，生产厂13家以上。

应用

主要用于南方水稻本田防除一年生和部分多年生杂草。一般在插秧或抛秧后4～8d，秧苗扎根返青后，以毒土法施药。由于生产厂众多，各产品中两单剂配比差异大，因而亩用制剂量差异也大，一般是亩用30%可湿性粉剂20～30g，或10%可湿性粉剂60～80g。

7

异丙甲・苄

特性

由苄嘧磺隆与异丙甲草胺复配的混合除草剂，混剂弥补了苄嘧磺隆除稗效果差和异丙甲草胺对阔叶杂草效果差的不足，对稻田稗草、千金子、鸭舌草、节节菜、眼子菜、矮慈菇、丁香蓼、牛毛草、异型莎草、碎米莎草、萤蔺等有良好的防治效果。

制剂及生产厂

26%、25%、23%、20%、16%、14%可湿性粉剂，16%、9%细粒剂，苄嘧磺隆与异丙甲草胺配比多为1∶4～6。生产厂15家以上。

应用

适于长江流域及其以南水稻移栽田使用，用于秧龄30d以上的大苗，在早稻移栽后5～9d，中、晚稻移栽后5～7d，秧苗扎根返青后，亩用有效成分8～12g，折合26%可湿性粉剂30～40g，20%可湿性粉剂40～50g或16%细粒剂30～40g、9%细粒剂80～100g（详见各产品标签），拌细土或化肥撒施，保水层3～4cm，3～5d。

本混剂一般也有用于抛秧田，但需降低用药量。不得用于秧田、直播田和小苗移栽田。

苄·精异丙甲

特性

由苄嘧磺隆与精异丙甲草胺复配的混合除草剂，其除草性能与异丙甲·苄相同，但对水稻秧苗安全性好。

制剂及生产厂

20% 可湿性粉剂，内含苄嘧磺隆 5%，精异丙甲草胺 15%，生产厂为浙江美丰农化有限公司。

应用

适用于南方水稻本田。用于抛秧田，于抛秧后 5 ~ 8d，秧苗扎根返青后，亩用20% 可湿性粉剂 25 ~ 35g，毒土法施药，保水层 3 ~ 5cm、5 ~ 7d。

苄·丁

特性

由苄嘧磺隆与丁草胺复配的混合除草剂。混剂弥补了苄嘧磺隆防除稗草效果差的不足，扩大了杀草谱，对稗草、千金子、异型莎草、碎米莎草、牛毛草、节节菜、鸭舌草、丁香蓼等都有良好的防效，对野慈姑也有较好抑制生长的作用。

制剂及生产厂

25%、20% 粉剂，47%、35%、30%、25%、20%、15% 可湿性粉剂，32%、0.32% 颗粒剂，35%、25% 细粒剂，24%、20%、10% 微粒剂，12.5% 大粒剂。生产厂 50 家以上。

应用

主要用于南方水稻本田。于移栽后 3 ~ 5d、抛秧后 5 ~ 8d，秧苗扎根返青后施药，毒土法施药，其他大粒剂和 0.32% 颗粒剂直接撒施。一般亩用有效成分 40 ~ 60g（详见各产品标签）。施药时田面需有水层 3 ~ 5cm，保水 3 ~ 5d。也有用于秧田和直播田的，一般是在播前 2 ~ 3d 秧板做好后喷施。

苄·四唑酰

特性

由苄嘧磺隆与四唑酰苯胺复配的混合除草剂。混剂弥补了苄嘧磺隆除稗及千金子效果差之不足，并增强对莎草科杂草和鸭舌草的防效。

制剂及生产厂

50% 可湿性粉剂，内含苄嘧磺隆 8%，四唑酰苯胺 42%，由浙江天丰化学有限公司生产。

应用

登记用于水稻直播田，于苗后、稗草苗前至 2 叶 1 心期喷雾法施药，亩用制剂 3 ~ 6g。也可用于移栽田和抛秧田，毒土法或喷雾法施药，施药时应有薄水层，但水不可淹没稻苗心叶，以免产生药害。

苄嘧·毒草胺

特性

由苄嘧磺隆与毒草胺复配的混合除草剂。复配目的和苄嘧·丙草胺及苄·丁相同，本混剂的除草性能、杀草谱也与其基本相似。

制剂及生产厂

10%可湿性粉剂，内含苄嘧磺隆1.25%，毒草胺8.75%，由江苏常隆化工有限公司生产。

应用

适用于稻田除草。本田在稻苗移栽后3～5d，亩用10%可湿性粉剂80～100g，毒土法施药，保田面3～4cm水层5～7d。抛秧田和直播田整地后，种植前2～3d亩用10%可湿性粉剂110～150g，毒土法或喷雾法施药。

苄·丁·乙草胺

特性

由苄嘧磺隆与丁草胺、乙草胺复配的混合除草剂，可将其看作是苄·丁和苄·乙的复合体，因而其除草性能和应用也是相似的。

制剂及生产厂

27.4%、22.5%、20%可湿性粉剂，生产厂有袁隆平农业高科技股份有限公司、湖南娄底农科所农药实验厂。

应用

主要用于南方水稻本田，于移栽后3～5d、抛秧后5～8d，秧苗扎根返青后，亩用27.4%可湿性粉剂80～100g、或22.5%可湿性粉剂80～100g、20%可湿性粉剂30～40g，毒土法施药，施药时田面需有水层3～5cm，保水层3～5d。

苄·乙·扑草净

特性

由苄嘧磺隆与乙草胺、扑草净复配的混合除草剂，混剂增强了对眼子菜和稗草的防除效果。

制剂及生产厂

19%可湿性粉剂，14.5%、7%粉剂，生产厂有河南沁阳市新兴草酸厂、贵州利尔化工有限公司、江苏常隆化工有限公司、江苏富田农化有限公司等。

应用

主要用于南方大苗移栽稻田，于插秧后4～7d，亩用19%可湿性粉剂40～50g或14.5%粉剂40～58g或7%粉剂80～100g，毒土法施药。施药时田面需水层3～5cm，保水层3～5d。

7

苄·二氯

特性

由苄嘧磺隆与二氯喹啉酸复配的混剂。混剂中的二氯喹啉酸弥补了苄嘧磺隆杀稗不强之不足，可防除稻田的稗草、阔叶杂草及莎草科杂草，施药1次可基本控制稻田杂草的为害。

制剂及生产厂

40%、36%、35%、32%、27.5%、22%可湿性粉剂，36%、31%泡腾粒剂。生产厂近80家。

应用

用于各种植型的稻田。水稻秧田和直播田在秧苗3叶期以后、稗草2~3叶期施药；移栽田和抛秧田在栽植后5~20d均可施药，以稗草2~3叶期施药为最佳。亩用药量以36%可湿性粉剂计为30~40g（南方）、40~60g（北方），对水茎叶喷雾。喷药前一天晚上排干田水，以利杂草茎叶接触药液，喷药后1d灌浅水，保水5~7d。其他含量的可湿性粉剂按标签的用量使用。

可湿性粉剂也可采用毒土法撒施。36%泡腾粒剂亩用40~60g，31%泡腾粒剂亩用70~80g，直接撒施。撒施时田面应有水层3~5cm，并保水5~7d。

3叶期以前的秧苗不可用药，否则易产生药害，症状为心叶呈葱管状。

苄嘧·禾草丹

特性

由苄嘧磺隆与禾草丹复配的混合除草剂。混剂弥补了苄嘧磺隆对稗草防效不高及禾草丹对阔叶杂草防效差之不足，扩大了杀草谱，而且能加快水稻对苄嘧磺隆的代谢降解作用。

制剂及生产厂

50%、45%、42%、36%、35.75%、35%、23.5%可湿性粉剂，10.2%颗粒剂，生产厂有浙江美丰农化有限公司、浙江金牛农药有限公司、浙江平湖农药厂、江苏省激素研究所有限公司、江苏苏科农化有限责任公司、江苏镇江农药厂有限公司、江苏东宝农药化工有限公司、上海杜拜农化有限公司、美国杜拜公司等。

应用

适用于水稻秧田、直播田、移栽田、抛秧田及北方稻区育秧苗床，能防除稗草、千金子、鸭舌草、节节菜、陌上菜、水苋菜、矮慈姑、野慈姑、四叶萍、眼子菜、丁香蓼、萤蔺、异型莎草、牛毛草等。

1. 秧田

一般亩用有效成分55~80g，例如，45%可湿性粉剂150~200g（南方）、35.75%可湿性粉剂150~200g，35%可湿性粉剂200~250g（详见各产品标签），在播种塌谷后立即施药，对水10~15kg，喷洒泥面；或在稻苗立针期、稗草1~2叶期，采用喷雾法或毒土法施药。

北方稻区育秧苗床使用，可在播种覆土后立即施药，亩用50%可湿性粉剂200~250g，对水25kg，喷洒床面。

注意：秧板或床面要平整，防止积水，施药前排干田水，保持湿润，谷种不要露出泥面。

2. 直播田

一般用于苗后早期处理，即在秧苗2~3叶期、稗草2叶期前施药。亩用有效成分75～107g（南方）或107～140g（北方），例如，42%可湿性粉剂150～200g（南方），35.75%可湿性粉剂200～300g（南方）、300～400g（北方），23.5%可湿性粉剂200～300g，36%可湿性粉剂240～300g。拌细土10～15kg撒施。也可采用喷雾法施药。

3. 移栽稻田和抛秧田

在插秧或抛秧后5～7d，稻苗扎根返青后，按直播稻田用药量，采用毒土法施药。亩用10.2%颗粒剂1.2～1.5kg，毒土法施药。

苄嘧·二甲戊

特性

由苄嘧磺隆与二甲戊复配的混合除草剂。混剂扩大了杀草谱，增强对禾本科杂草、阔叶杂草和莎草科杂草的防除效果。

制剂及生产厂

25%、17%、16%可湿性粉剂，生产厂有江苏昆山市鼎烽农药有限公司、江苏丰山集团有限公司、江苏金凤凰农化有限公司、上海农乐生物制品股份有限公司、北京华戎生物激素厂、黑龙江绥化农垦晨环生物制剂有限责任公司等。

应用

主要用于稻田防除稗草、鸭舌草、节节菜、陌上菜、水苋菜、野慈姑、矮慈姑、眼子菜、异型莎草、牛毛草、水莎草等。直播稻田于播后3～7d，亩用25%可湿性粉剂80～100g或17%或16%可湿性粉剂50～60g，对水喷洒土表。移栽田于插秧后5～7d，杂草萌发出土初期，亩用17%或16%可湿性粉剂50～70g，毒土法施药，田面保水层3～5cm、3～5d。

7

苄嘧·环庚醚

特性

由苄嘧磺隆与环庚草醚复配的混合除草剂，主要是为提高对稗草的防效，用于稻田防除稗草、鸭舌草、节节菜、陌上菜、丁香蓼、泽泻、矮慈姑、野慈姑、异型莎草、牛毛草、萤蔺等。

制剂及生产厂

10%、8.8%、7%可湿性粉剂，两单剂配比约1∶1。生产厂有浙江天一农化有限公司、江苏三迪化学有限公司、湖南大方农化有限公司等。

应用

1. 移栽稻田

在插秧后5～7d，亩用10%可湿性粉剂30～35g或8.8%、7%可湿性粉剂45～50g，拌细土10～15kg撒施，保水层3～5cm，4～5d。

2. 抛秧田

在抛秧后7～9d（早稻）或4～6d（晚稻）、稗草1叶1心期前，亩用有效成分2.5～3g（早稻）或3.5～4g（晚稻），拌细土10～15kg撒施，保水层3～4cm、5～7d。

早稻田亩用有效成分超过3g，即10%可湿性粉剂30g，会产生局部稻苗矮化现象。

苄嘧・苯噻酰

特性

由苄嘧磺隆与苯噻酰草胺复配的混合除草剂。混剂对稗草特效，对大龄稗草也有较好的防除效果，并增加了对阔叶杂草和莎草的药效。对水稻安全性也好。

制剂及生产厂

60%、55%、53%、50% 可湿性粉剂，42.5% 泡腾粒剂。生产厂近 50 家。

应用

1. 直播稻田

在秧苗 2 叶期后、稗草 1 叶 1 心期，亩用 50% 可湿性粉剂 40 ~ 60g（即有效成分 20 ~ 30g），若稗草多而大，用药量可增加到 80g，拌细土 10 ~ 15kg 撒施。保持水层 3 ~ 4cm，5 ~ 7d。

2. 移栽稻田

在插秧后 3 ~ 7d、稗草 1 叶 1 心期，亩用 50% 可湿性粉剂 40 ~ 60g（南方）或 80g（北方），拌细土 10 ~ 15kg 撒施。保水层 3 ~ 5cm、5 ~ 7d。

3. 抛秧田

抛秧后 3 ~ 14d、秧苗扎根返青后均可施药，亩用 50% 可湿性粉剂 40 ~ 60g 或 53% 可湿性粉剂 40 ~ 50g，拌细土撒施。

42.5% 泡腾粒剂用于移栽田或抛秧田，亩用 80 ~ 100g，直接撒施。其余各制剂按标签用量使用。施药时田面有水层 3 ~ 5cm，保水 3 ~ 5d。水层不能淹没水稻心叶，否则易产生药害。

苯・苄・甲草胺

特性

由苄嘧磺隆与苯噻酰草胺、甲草胺复配的混合除草剂。与苄嘧・苯噻酰相似，对稗草特效，对 2 ~ 3 叶期稗草也很有效，能防除稻田中一年生及部分多年生禾本科杂草、莎草科杂草和阔叶杂草，是水稻田一次性除草剂，一次用药保全季。

制剂及生产厂

30% 泡腾粒剂，生产厂有辽宁丹东市红泽农化有限公司、济南天邦化工有限公司等。

应用

在水稻移栽田或抛秧田植秧前或植秧后均可使用。亩用制剂 30 ~ 50g（南方）、60 ~ 80g（北方），直接撒施。田面应有足够深的水层（以不淹没稻秧苗心叶为主），以保证药剂发泡、扩散均匀。

苯・苄・乙草胺

特性

由苄嘧磺隆与苯噻酰草胺、乙草胺复配的混合除草剂，其除草性能与苯・苄・甲草胺基本相同。

制剂及生产厂

40%、36%、8% 可湿性粉剂，生产厂有湖南娄底农科所农药实验厂、上海威敌生化（南昌）有限公司等。

应用

南方抛秧田，一般于抛秧后 5 ~ 10d 内，秧苗扎根返青后，亩用 36% 可湿性粉剂 40 ~ 50g 或 8% 可湿性粉剂 180 ~ 220g；移栽田于插秧后 5 ~ 7d，亩用 40% 可湿性粉剂 40 ~ 60g（南方）、60 ~ 90g（北方）。毒土法施药，施药时田面应有 3 ~ 5cm 水层，并保水 3 ~ 5d。

苯·苄·禾草丹

特性

由苄嘧磺隆与苯噻酰草胺、禾草丹复配的混合除草剂。混剂是在苄嘧·禾草丹的基础上增加了对稗草特效的苯噻酰草胺，这就增强了对稗草、阔叶杂草及莎草科杂草的防除效果，也增加了对水稻的安全性。

制剂及生产厂

40% 可湿性粉剂，内含苄嘧磺隆 1.65%、苯噻酰草胺 17%、禾草丹 21.4%，由南京第一农药有限公司生产。

应用

可用于水稻秧田、直播田和本田。目前仅登记用于水稻直播田，于苗后早期即秧苗 2 ~ 3 叶期、稗草 2 叶期施药。亩用 40% 可湿性粉剂 200 ~ 300g，毒土法撒施，田面应有 3 ~ 5cm 水层（但不能淹水稻心叶）、3 ~ 5d。

苄嘧·甲磺隆

特性

由苄嘧磺隆与甲磺隆复配的混合除草剂。甲磺隆对稻田阔叶杂草防效虽好，但对水稻安全性极差，对莎草科杂草防效也较差，故与苄嘧磺隆复配可以互补相长，提高对水稻安全性，能防除稻田多种阔叶杂草和莎草科杂草，如节节菜、陌上菜、鸭舌草、水苋菜、丁香蓼、鳢肠、牛毛草、异型莎草、水莎草等。对稗草、矮慈姑、扁秆嚯草、萤蔺、四叶萍仅有一定的防效或抑制作用。

制剂及生产厂

10% 可湿性粉剂，生产厂有江苏省激素研究所有限公司、上海杜邦农化有限公司、福建科丰农药有限公司、美国杜邦公司等。

应用

仅适用于秧龄 25d 以上的中苗或大苗移栽稻田，不宜用于小苗、弱苗、工厂化育秧的移栽田及抛秧田，也不宜用于秧田和直播稻田。移栽稻田使用，在插秧后 3 ~ 10d 均可施药，但对稗草、矮慈姑数量较多的稻田宜在插秧后 3 ~ 5d 施药，北方可推迟到插秧后 15 ~ 20d 施药，亩用 10% 可湿性粉剂 4 ~ 6g，毒土法或喷雾法施药，施药时田面有水层 3 ~ 4cm，保水层 5 ~ 7d。

苄·乙·甲

特性

由苄嘧磺隆与甲磺隆、乙草胺复配的混合剂。与苄嘧·甲磺隆相比，本混剂增强了对稗草、矮慈姑、四叶萍的防效。

制剂及生产厂

25%、22.5%、18.2%、15% 可湿性粉剂，生产厂有沈阳化工研究院试验厂、浙江美丰农化有限公司、浙江威尔达化工有限公司、浙江乐吉化工股份有限公司、浙江龙湾化工有限公司、江苏三泉农化有限责任公司、江西日上化工有限公司等。

应用

与苄嘧·甲磺隆相同，仅适用于中苗或大苗（秧苗 4 叶期以上）插秧稻田使用。一般于移栽后 5～10d 内秧苗扎根返青后毒土法施药。在稗草 3 叶期使用，矮慈姑多的田块可在其出土后（移栽后 15d）使用，以提高防效。亩用 25%、22.5% 可湿性粉剂 20～25g，或 18.2% 可湿性粉剂 25～30g，15% 可湿性粉剂 30～50g。须注意事项与苄嘧·甲磺隆相同。

苄嘧·禾草敌

特性

由苄嘧磺隆与禾草敌复配的混合除草剂。由于禾草敌对稗草特效，本混剂就弥补了苄嘧磺隆除稗草效果差和禾草敌对阔叶杂草无效的缺点，用于稻田能防除多种一年生禾本科杂草、阔叶杂草、莎草科杂草及部分多年生杂草。

制剂及生产厂

45% 细粒剂，45% 可湿性粉剂，生产厂有江苏常隆化工有限公司、浙江乐吉农化有限公司、浙江新农化有限公司等。

应用

水稻秧田和直播田，在稻苗 2～3 叶期、稗草 2～3 叶期，亩用 45% 细粒剂 150～200g，毒土法施药，保水层 3cm、5～7d。

移栽田和抛秧田，在移栽或抛秧后 4～7d，稻苗扎根返青后，亩用 45% 可湿性粉剂或 45% 粒剂 150～200g，毒土法施药，保水层 3～5cm、5～7d。

苄嘧·哌草丹

特性

由苄嘧磺隆与哌草丹复配的混合除草剂。混剂弥补了苄嘧磺隆除稗效果差和哌草丹对莎草科杂草、阔叶杂草无效之不足，它的杀草谱广，对稻田稗草、异型莎草、碎米莎草、牛毛草、萤蔺、鸭舌草、节节菜、陌上菜、泽泻、鳢肠、丁香蓼、矮慈姑等有良好的防除效果。

制剂及生产厂

17.5% 可湿性粉剂，内含苄嘧磺隆 0.6%、哌草丹 16.6%，由浙江乐吉化工股份有限公司生产。

应用

1. 直播稻田

南方稻区于播种当天至播后2d、稗草1叶1心期前，亩用制剂250～300g，对水20～30kg喷雾。喷药时土表保持湿润。药后保持浅水层。自然落干后进入正常管理。

2．水稻秧田

播种塌谷当天至播后4d、稗草1叶1心期前施药，亩用制剂150～200g，对水20～30kg喷雾。喷药时保持土表湿润。

苄嘧・莎稗磷

特性

由苄嘧磺隆与莎稗磷复配的混合除草剂，混剂增强了对稗草和莎草科杂草的防效。

制剂及生产厂

20%、17%、15%、13%可湿性粉剂，25%细粒剂，生产厂有上海农药厂有限公司、浙江乐吉化工股份有限公司、江苏常隆化工有限公司、黑龙江齐齐哈尔四友化工有限公司、吉林省八达农药有限公司、吉林市农科院农药实验厂等。

应用

主要用于水稻移栽田，也可用于抛秧田。一般于移栽后4～8d，稗草2叶1心期毒土法施药。亩用25%细粒剂60～80g或20%可湿性粉剂100～130g、17%可湿性粉剂120～140g（东北地区）、15%可湿性粉剂100～140g、13%可湿性粉剂150～180g。施药时田面应有水层3～5cm，保水5～7d。

苄嘧・扑草净

特性

由苄嘧磺隆与扑草净复配的除草剂。混剂增强了对眼子菜和莎草的防除效果。

制剂及生产厂

36%可湿性粉剂，内含苄嘧磺隆4%，扑草净32%，由江苏瑞东农药有限公司生产。

应用

主要用于以眼子菜和莎草为主的移栽或抛秧稻田。可在水稻移栽或抛秧后15～20d（南方），眼子菜叶片由红转绿时，亩用制剂30～40g，毒土法施药。施药时田面应有水层3～5cm，并保水5～7d。

苄・丁・扑草净

特性

由苄嘧磺隆与丁草胺、扑草净复配的混合除草剂，混剂增强了对稗草、千金子的防效。

制剂及生产厂

33%可湿性粉剂，内含苄嘧磺隆1%，丁草胺28%，扑草净4%，由吉林市农科院农药实验厂生产。

应用

主要用于水稻半旱育秧田和旱育秧田除草。一般是在播前2～3d秧板做好后喷雾法施药。亩用制剂267～339g。施药后保持秧板湿润。

苄嘧·西草净

特性

由苄嘧磺隆与西草净复配的除草剂。混剂增强了对眼子菜、稗草、鸭舌草及莎草科杂草的防效。

制剂及生产厂

22%可湿性粉剂，内含苄嘧磺隆3%，西草净19%，由吉林金秋农药有限公司生产。

应用

很适宜用于眼子菜多的移栽稻田除草。在水稻移栽后15～20d（水稻分蘖期），田间眼子菜叶片由红转绿时，亩用制剂100～120g，毒土法施药。施药时田面应有水层3～5cm，并保持6～7d。气温高于30℃时宜用低药量。

苄·乙氧氟

特性

由苄嘧磺隆与乙氧氟草醚复配的混合除草剂。混剂增强了对稗草的防除效果，也增强了对阔叶杂草和莎草科杂草的防除效果。

制剂及生产厂

12%可湿性粉剂，由浙江巨化股份有限公司兰溪农药厂生产。

应用

主要用于大苗移栽稻田，当秧龄30d以上，苗高约20cm，气温20℃以上时，于移栽后3～7d，亩用制剂30～40g，毒土法施药。须注意：切忌在日温低于20℃，土温低于15℃时施药；秧苗过小，嫩弱秧苗不宜用药；漏水田也不宜用药。

苄嘧·双草醚

特性

由苄嘧磺隆与双草醚复配的混合除草剂。双草醚是防除大龄稗草的有效药剂。且可在秧苗3叶1心期后施药，因而混剂弥补了苄嘧磺隆对稗防效不高的不足，提高了对水稻的安全性，延长了施药适期，很适合稗草多的稻田使用。

制剂及生产厂

30%可湿性粉剂，内含苄嘧磺隆12%，双草醚18%，由江苏省激素研究所有限公司生产。

应用

南方直播稻田，在播种后5～7d至秧苗4～6叶期均可施药。亩用30%可湿性粉剂10～15g，对水喷雾。施药前排干田水使杂草露出水面，以便接受药液；施药后灌浅水层以不淹没稻苗心叶为准，保水4～5d。

吡嘧·二氯喹

特性

由吡嘧磺隆与二氯喹啉酸复配的混合除草剂。混剂中的二氯喹啉酸对稗草特效，对大龄稗草防效也好；吡嘧磺隆对多种阔叶杂草和莎草科杂草防效好，从而使混剂扩大杀草谱，提高除草效果，延长了施药适期。

制剂及生产厂

50%、20% 可湿性粉剂，生产厂有江苏绿利来股份有限公司、江苏南通丰田化工有限公司等。

应用

可用于各种植类型的稻田。

插秧或抛秧田的秧苗扎根后至 20d 内均可施药。当稗草 2 ~ 3 叶期时，亩用 50% 可湿性粉剂 30 ~ 40g，或 20% 可湿性粉剂 70 ~ 90g，对水喷雾。施药前排干田水，方便杂草接受药液。施药后再保水层 3 ~ 5cm、5 ~ 7d。

秧田和直播田。可在秧苗 3 叶期以后，稗草 1 ~ 7 叶期内施药，但以稗草 2 ~ 3 叶期施药最佳，亩用 20% 可湿性粉剂 70 ~ 90g。施药方法同本田。浸种和露芽稻种对药剂敏感，2 叶期的秧苗的初生根易受药害，不宜在此期施药。

吡嘧·苯噻酰

特性

由吡嘧磺隆与苯噻酰草胺复配的混合除草剂。与吡嘧·二氯喹相似，很适合稗草多的水稻使用。

制剂及生产厂

50% 可湿性粉剂（吡嘧磺隆：苯噻酰草胺为 1:24 ~ 27），10% 泡腾片剂（内含吡嘧磺隆 0.3%，苯噻酰草胺 9.7%）。生产厂有江苏绿利来股份有限公司、江苏连云港立本农药化工有限公司、南京祥宇农药有限公司、沈阳丰收农药有限公司、北京燕化永乐农药有限公司等。

应用

水稻于插秧或抛秧的稻苗扎根返青后，以毒土法施药，亩用药量为：南方移栽田为 50% 可湿性粉剂 50 ~ 70g，北方移栽田为 50% 可湿性粉剂 70 ~ 100g，南方抛秧田为 50% 可湿性粉剂 50 ~ 60g。10% 泡腾片剂亩用 300 ~ 350g（移栽田）、250 ~ 300g（抛秧田），直接撒施。田面保水层 4 ~ 5cm、5 ~ 7d。

苯·吡·甲草胺

特性

由吡嘧磺隆与苯噻酰草胺、甲草胺复配的混合除草剂。本混剂与吡嘧·苯噻酰相似，对稗草特效，对 2 ~ 3 叶期稗草也很有效，能防除稻田中一年生和部分多年生阔叶杂草、莎草科杂草和稗草。

制剂及生产厂

31% 泡腾粒剂，内含吡嘧磺隆 4%，苯噻酰草胺 20%，甲草胺 7%，由辽宁丹东市农药总厂生产。

应用

在水稻移栽田移栽前或移栽秧返青后施药。亩用31%泡腾粒剂30～40g（南方）、50～70g（北方），直接撒施。田面要有足够深的水层（以不淹没稻秧苗心叶为准），以保证药剂发泡、扩散均匀。

吡嘧·甲磺·乙

特性

由吡嘧磺隆、甲磺隆与乙草胺复配的混合除草剂。混剂保持了对稗草、莎草科杂草和阔叶杂草的防效，并可减轻或避免甲磺隆对稻苗的伤害。

制剂及生产厂

10%可湿性粉剂，内含吡嘧磺隆1.8%，甲磺隆0.2%，乙草胺8%。由四川达州市兴隆化工有限公司生产。

应用

可用于南方水稻大苗移栽田，于移栽后3～7d，秧苗完全返青后，亩用10%可湿性粉剂50～60g，毒土法施药，保水层3～5cm、5～7d。不能用于抛秧田、小苗或弱苗移栽田。

吡嘧·丙草胺

特性

由吡嘧磺隆与丙草胺复配的混合除草剂，除草性能、杀草谱与苄嘧·丙草胺基本相似。可防除稻田中稗草和多种阔叶杂草及莎草科杂草。

制剂及生产厂

35%、20%可湿性粉剂，生产厂有浙江平湖农药厂、浙江天丰化学有限公司。

应用

主要用于南方直播稻田除草，一般在播种后4～5d，亩用20%可湿性粉剂80～167g或35%可湿性粉剂70～80g，对水20～30kg喷雾。喷药时土表有水膜，喷药后24h灌浅水层，保持土表不干，3d后正常管水。

吡嘧·丁草胺

特性

由吡嘧磺隆与丁草胺复配的混合除草剂。由于吡嘧磺隆对已出土的稗草也有较好的抑制作用，对施药期要求不甚严，可减轻丁草胺对较小水稻秧苗的伤害，杀草谱扩大了，可防除稗草、千金子及多种一年生和多年生阔叶杂草及莎草科杂草。

制剂及生产厂

28%、24%可湿性粉剂，生产厂有江苏绿利来股份有限公司、江苏南通丰田化工有限公司等。

应用

主要用于稻田除草。水稻移栽田和抛秧田，在秧苗扎根返青后至20d内，杂草萌芽期至1.5叶期施药。移栽田亩用28%可湿性粉剂120～150g或24%可湿性粉剂200～250g；抛秧田亩用24%可湿性粉剂180～220g。毒土法施药，保水层3～5cm、7～10d。

南方水稻直播田，在秧板做好后，于播种前2～3d，排干田水，亩用24%可湿性粉剂150～200g，对水喷于土表，然后上浅水，使其自然落干，进行播种。

吡·西·扑草净

特性

由吡嘧磺隆与西草净、扑草净复配的混合除草剂。混剂中的西草净和扑草净对眼子菜特效，对莎草科杂草也很有效，与吡嘧磺隆复配后，对稻田的眼子菜、莎草、阔叶杂草和稗草的防效都增强了。

制剂及生产厂

26%可湿性粉剂，内含吡嘧磺隆2%，西草净12%，扑草净12%，由浙江长兴第一化工有限公司生产。

应用

主要用于水稻移栽田，更适合用于眼子菜、莎草多的田块。一般于插秧后15～20d，眼子菜叶片由红转绿时施药，亩用26%可湿性粉剂60～100g，稻叶露水干后，毒土法施药。田间保水层4～5cm、6～7d。严格掌握用药量，气温超过35℃时不宜用药。

醚磺·乙草胺

特性

由醚磺隆与乙草胺复配的混合除草剂。醚磺隆对禾本科杂草无效，与对禾本科杂草防效好的乙草胺复配，扩大了杀草谱。

制剂及生产厂

25%、17.6%可湿性粉剂，生产为湖南大方农化有限公司、江苏安邦电化有限公司。

应用

仅适用于长江流域及其以南大苗移栽稻田，在插秧后5～7d，秧苗活棵返青后，亩用25%可湿性粉剂20～30g，或17.6%可湿性粉剂30～40g，毒土法施药，田面应有水层3～4cm、4～5d。水层不可淹没水稻心叶。由于乙草胺对水稻安全性差，本混剂不宜用于小苗、弱苗、工厂化育秧移栽田和抛秧田，也不宜用于漏水田。

醚磺·异丙甲

特性

由醚磺隆与异丙甲草胺复配的混合除草剂。混剂弥补了醚磺隆对禾本科杂草和异丙甲草胺对阔叶杂草防效差的不足，扩大了杀草谱。

制剂及生产厂

16%可湿性粉剂，内含醚磺隆2%，异丙甲草胺14%，由江苏扬州苏灵农药化工有限公司生产。

应用

主要用于长江流域及其以南地区大苗移栽稻田。移栽后5~7d，秧苗活棵返青后，亩用16%可湿性粉剂50~60g，毒土法施药。保水层3~4cm、3~5d。不得用于秧田、直播田、小苗移栽田。抛秧田慎用。漏水田不宜使用。

二氯·醚磺隆

特性

由醚磺隆与二氯喹啉酸复配的混合除草剂。二氯喹啉酸弥补了醚磺隆对稗草无效之不足，对水稻安全。

制剂及生产厂

40%可湿性粉剂，内含醚磺隆2.5%，二氯喹啉酸37.5%。由江苏南通正大农化有限公司生产。

应用

用于南方水稻移栽田，在插秧后5~10d，亩用40%可湿性粉剂40~50g，毒土法施药。保水层3~4cm、3~5d。漏水田不宜使用。

二氯·乙氧隆

特性

由乙氧磺隆与二氯喹啉酸复配的混合除草剂。二氯喹啉酸弥补了乙氧磺隆对稗草无效之不足，施药适期较宽。

制剂及生产厂

26.2%悬浮剂，内含乙氧磺隆1.2%，二氯喹啉酸25%，由江苏新沂中凯农用化工有限公司生产。

应用

用于稻田防除稗草、一年生阔叶杂草和莎草科杂草。南方水稻直播田于秧苗2~4叶期施药。施药前排干田水使杂草露出，亩用26.2%悬浮剂30~40g，对水茎叶喷雾，施药后2d恢复正常管水。

也可用于水稻秧田、移栽田和抛秧田。

甲磺·乙草胺

特性

由甲磺隆与乙草胺复配的混合除草剂。本混剂可减轻或克服甲磺隆单用对水稻的伤害，但乙草胺对水稻的安全性也不高，故本混剂仅适用于水稻大苗移栽田。

制剂及生产厂

20%、19.2%、19%可湿性粉剂，生产厂有安徽嘉日成技术有限公司、广西喷施宝集团有限公司、江苏省激素研究所有限公司、湖南娄底农科所农药实验厂等。

应用

主要用于长江流域及其以南水稻大苗移栽田。在插秧后5~7d，秧苗返青扎根后，亩用20%可湿性粉剂25~30g或19.2%、19%可湿性粉剂25~35g，毒土法施药。保水3~4cm、5~7d。水层不可淹没稻苗心叶。不可用于小苗、弱苗、工厂化育苗的移栽田。

2甲·灭草松

特性

由2甲4氯钠盐与灭草松复配的混合除草剂。混剂扩大了杀草谱，加快杀草速度，并降低成本，能有效地防除多种阔叶杂草和莎草科杂草。

制剂及生产厂

460g/L可溶液剂，37.5%、30%、26%、25%、22%水剂，42%泡腾粒剂。生产厂较多。

应用

1．稻田

能有效防除稻田鸭舌草、节节菜、陌上菜、水苋菜、眼子菜、矮慈姑、野慈姑、泽泻、鳢肠、水莎草、异型莎草、牛毛草、萤蔺、扁秆藨草等阔叶杂草和莎草。

移栽稻田，于水稻分蘖末期至拔节前施药，亩用46%可溶液剂133～167mL或37.5%水剂160～180mL或30%水剂150～200mL或26%水剂180～250mL或25%水剂220～300mL或22%水剂250～350mL，对水40～50kg，喷洒茎叶。施药前1d傍晚排干田水，让杂草植株全部露出；施药后1～2d灌浅水层，恢复正常水管理。

42%泡腾粒剂，亩用130～160g，直接撒施，施药时田面应有足够水层（以不淹没稻秧心叶为准），使药剂充分发泡，扩散均匀。

水直播稻田，在秧苗4～5叶期、杂草3～5叶期，亩用46%可溶液剂133～167mL，对水30kg，喷洒茎叶。施药前1d傍晚排干田水，施药后1～2d灌浅水层。

2．麦田

能有效防除播娘蒿、猪殃殃、婆婆纳、麦加公、猪毛菜、荠菜、苣荬菜、苍耳、龙葵、狼把草、鬼针草、刺儿菜、野西瓜苗、藜、蓼等阔叶杂草。冬小麦在春季麦苗返青后至拔节前，春小麦在分蘖末期至拔节前，亩用46%可溶性液剂150～200mL或22%水剂250～350mL，对水30～40kg，喷洒茎叶。

2甲·异丙隆

特性

由2甲4氯与异丙隆复配的混合除草剂。稻田除草剂多数是用于水稻生长前期，而生产上常遇到水稻生长中期阔叶杂草和莎草的为害，本混剂施药适期宽，可满足这种需要。

制剂及生产厂

40%、19%可湿性粉剂，由江苏省苏州市宝带农药有限责任公司生产。

应用

1．水稻移栽田

可在插秧后10～30d内、最佳时期为20d左右，即稻苗分蘖末期至拔节前施药。亩用40%可湿性粉剂60～70g，对水30～40kg，喷洒茎叶。施药前1d傍晚排干田水，施药后24h才能灌水。

2．水稻直播田

在水稻秧苗4～5叶期，亩用19%可湿性粉剂80～100g，对水30～40kg，喷洒茎叶。施药前1d傍晚排干田水，施药后1～2d灌浅水层，正常管水。

在水稻小苗期和生长前期不能用药。喷药必须均匀，不能超量使用。

2甲·扑草净

特性

由2甲4氯与扑草净复配的混合除草剂，对稻田眼子菜有特效，对稗草、鸭舌草、野慈姑、四叶萍、水白草、牛毛草、异型莎草、扁秆嚼草及藻类有很好的防效。

制剂及生产厂

30%可湿性粉剂，内含2甲4氯20%，扑草净10%，由江苏三泉农化有限责任公司生产。

应用

移栽稻田，于插秧10~14d（南方）、水稻分蘖前期或盛期、眼子菜大部分叶片由红转绿时，亩用制剂80~100g，拌细土10~15kg，撒施，保水层3~5cm、5~7d。

2甲·禾·西草净

特性

由2甲4氯丁酸乙酯与禾草敌、西草净复配的混合除草剂。杀草谱广，持效期长，适于在杂草群落复杂的稻田使用，一次施药可取得防除多种杂草的效果。对稗草、牛毛草、眼子菜、鸭舌草、萤蔺、异型莎草、沟繁缕、慈藻等杂草防效优良。对野慈姑、狼把草、扁秆嚼草也有一定的防效。

制剂及生产厂

78.4%乳油，内含2甲4氯丁酸乙酯6.4%，禾草敌60%，西草净12%，由英国先正达有限公司生产。

应用

水稻移栽田使用，在插秧后13~20d，稗草2~3叶期，眼子菜由红转绿，大部分杂草已出齐，气温在28℃以下时施药最佳。东北地区，亩用78.4%乳油200~260mL，长江流域单季稻和华南双季稻区早稻，用150mL。以毒土法施药，不宜喷雾或泼浇，施药后保水层3~5cm、5~7d。

高温时易产生药害，气温30℃以上时不得使用。正常使用后5~7d，秧苗可能有不同程度褪色，2周后能恢复。

敌隆·扑

特性

由敌草隆与扑草净复配的混合除草剂，对眼子菜、四叶萍特效，价格低。

制剂及生产厂

12%粉剂，内含敌草隆5%，扑草净7%，由贵州黔东南州农业开发公司生产。

应用

主要用于移栽稻田除草、在插秧后3~5d，亩用12%粉剂60~75g，毒土法施药，保水层3~5cm、5~7d。秧田、直播田、弱苗田及漏水田禁用。

丁·扑

特性

由丁草胺与扑草净复配的混合除草剂，主要用于东北地区水稻旱育秧、半旱育秧（盘育秧、湿润育秧）的苗床防除稗草、牛毛草、苋菜、藜等一年生杂草。

制剂及生产厂

50%、19%、9.8%可湿性粉剂，1.2%粉剂，4.7%、1.15%颗粒剂，45%、40%乳油。生产厂近20家。

应用

一般于水稻秧田播种覆土后施药。亩用1.2%粉剂6 670～8 330g，19%可湿性粉剂530～700g，4.7%颗粒剂1 750～2 830g，1.15%颗粒剂5～8.54g，毒土法施药。或者亩用45%乳油230～300mL，40%乳油267～330mL，对水喷洒土表。施药后保持床面湿润，但土壤含水量不能超过30%，更不可有浅水层，否则易产生药害。用药量需严格掌握，详见各产品标签。

丁·禾·扑

特性

由丁草胺与禾草丹、扑草净复配的混合除草剂，除草性能及用途与丁·扑基本相同。

制剂及生产厂

2%粉剂，内含丁草胺1.3%，禾草丹0.5%，扑草净0.2%，由黑龙江牡丹江市水稻壮秧剂厂生产。

应用

目前仅限于东北地区旱育秧和半旱育秧的水稻田使用。于播种覆土后，每100m² 苗床用2%粉剂850～1 050g，毒土法施药，施药后保持床面湿润，但不能有积水。

丁·西

特性

由丁草胺与西草净复配的混合除草剂。混剂扩大了杀草谱，能防除稻田的稗草、千金子、鸭舌草、沟繁缕、异型莎草、碎米莎草、牛毛草及眼子菜等，其中对眼子菜防效突出。

制剂及生产厂

5.3%颗粒剂，内含丁草胺4%，西草净1.3%，生产厂有河南获嘉县星火化工厂、河南信阳市信化农药化工厂、吉林市新民农药有限公司等。

应用

主要用于水稻移栽田，在插秧后7～10d，稗草1.5～2.5叶期，亩用5.3%颗粒剂1～1.5kg（南方）、1.5～2.0kg（北方），均匀撒施。施药时田面应有水层3～5cm，保水4～5d。气温高于30℃、秧苗高20cm以下的弱苗，或水层淹没秧苗2/3以上时，易产生药害，表现为叶色发黄，叶尖干枯，生长缓慢。

滴酯·丁草胺

特性

由丁草胺与2，4-滴丁酯复配的混合除草剂。混剂增强了对阔叶杂草和莎草科杂草的防效。

制剂及生产厂

35%乳油，内含丁草胺25.5%，2，4-滴丁酯9.5%，由广东英德广农康盛化工有限责任公司生产。

应用

主要用于水稻大苗移栽田防除稗草、鸭舌草、野慈姑、牛毛草、异型莎草、日照飘拂草等。在水稻大苗移栽后3～5d，稗草1.5叶期，亩用制剂80～100mL，毒土法施药。保水层3～5cm、5～7d。不能用于小苗、弱苗移栽田和抛秧田。

噁草·丁草胺

特性

由丁草胺与噁草酮复配的混合除草剂。混剂两有效成分的药效互补，互增，也增加了对水稻的安全性。

制剂及生产厂

60%、42%、40%、36%、35%、30%、20%、18%乳油，生产厂20多家。

应用

可用于稻田和旱地除草。

1. 用于稻田

可防除多种一年生单、双子叶杂草及莎草。

（1）水稻秧田

在旱育秧和半旱育秧田于播种覆土后施药。亩用60%乳油80～100mL或42%乳油90～110mL或40%乳油100～120mL或36%乳油120～140mL或30%乳油134～160mL或20%乳油150～200mL或18%乳油240～280mL，对水40～60kg，喷洒土表。施药后保持田面湿润，但不能积水。

（2）水稻旱直播田

在播后苗前或水稻秧苗1叶期、杂草1叶1心期，亩用60%乳油80～100mL，对水40～60kg喷雾。

（3）移栽稻田

在插秧前2～3d或插秧后3～7d，亩用40%乳油100～113mL或36%乳油150～200mL或30%乳油200～250mL或20%乳油200～250mL，拌细土10～15kg撒施，保水层3～5cm、3～5d。

2. 用于花生田和棉花苗床

（1）花生田

播后苗前，亩用35%乳油200～250mL或20%乳油150～200mL，对水40～60kg，喷洒土表。

（2）棉花苗床

在播后2～4d，亩用42%乳油150～190mL或40%乳油150～200mL或36%乳油150～200mL，对水40～60kg，喷洒土表。

注意事项

生产厂家多，各厂产品两有效成分配比不同，亩用药量详见产品标签。

西·乙

特性

由乙草胺与西草净复配的混合除草剂，主要是为了增强对稻田眼子菜、矮慈姑和莎草的防效。

制剂及生产厂

2.4% 颗粒剂，20% 可湿性粉剂，50%、40% 乳油，分别由安徽安庆市苗壮农药有限公司、湖北枣阳市先飞高科农药有限公司、吉林美联化学品有限公司生产。

应用

1. 水稻田

主要用于移栽稻田防除稗草、千金子、鸭舌草、眼子菜、节节菜、矮慈姑、泽泻、牛毛草、异型莎草、萤蔺等杂草。可用于大苗移栽稻田，在插秧后 7 ~ 10d，亩用 2.4% 颗粒剂 700 ~ 1 000g 或 20% 可湿性粉剂 40 ~ 50g 或 50% 乳油 20 ~ 30mL，拌细土 10 ~ 15kg 撒施，保持水层 3 ~ 5cm、5 ~ 7d。

2. 旱地作物

主要用于玉米、大豆、花生田防除一年生单、双子叶杂草。于作物播后苗前，春大豆亩用 40% 乳油 200 ~ 250mL，夏大豆、夏玉米、花生亩用 150 ~ 200mL，对水 40 ~ 60kg，喷洒土表。

2 甲·苄

特性

由苄嘧磺隆与 2 甲 4 氯复配的混合除草剂，复配的主要目的为提高对莎草科杂草的防效。

制剂及生产厂

38%、18% 可湿性粉剂，生产厂有浙江美丰农化有限公司、江苏绿盾植保农药实验有限公司等。

应用

1. 移栽稻田

防除阔叶杂草及莎草，在稻苗 4 叶期至分蘖末期、三棱草 5 ~ 20cm 高时，亩用 18% 可湿性粉剂 100 ~ 150g，对水 40 ~ 50kg，排干田水后喷雾，施药后 1 ~ 2d 灌水 3 ~ 5cm，保水 3 ~ 5d。

2. 冬小麦田

防除一年生阔叶杂草。于冬小麦 4 ~ 6 叶期至拔节前，亩用 38% 可湿性粉剂 40 ~ 60g，对水茎叶喷雾。

苄·丁·草甘膦

特性

由苄嘧磺隆与丁草胺、草甘膦复配的混合除草剂。混剂既可灭杀成株杂草，又可防除新萌发的杂草。

制剂及生产厂

50% 可湿性粉剂，内含苄嘧磺隆 0.5%，丁草胺 18.3%，草甘膦 31.2%。由江苏通州正大农药有限公司生产。

应用

主要用于免耕直播水稻和免耕小麦田防除一

年生和多年生杂草，目的防除前茬收割后残留的杂草和后茬播种后萌发出土的新草。使用与草甘膦相同。即在冬小麦或冬油菜收割后直播水稻播种前1～3d，亩用制剂400～420g，对水40kg以上，全面喷洒。在水稻收割后，小麦播种前1～2d，亩用制剂300～400g，对水喷洒。须注意事项参见草甘膦。

·以麦田除草为主要用途的混剂

苯磺·异丙隆

特性

由苯磺隆与异丙隆复配的混合除草剂。混剂可以减轻苯磺隆在麦田春用后可能危害后茬作物的风险性，兼除单、双子叶杂草，特别对硬草、看麦娘、洽草防效好。

制剂及生产厂

75%、60.7%、50%、45%可湿性粉剂，生产厂10家以上。

应用

主要用于麦田防除一年生阔叶杂草和禾本科杂草。

各小麦可于冬前或春季麦苗返青至拔节前施药，但以冬前施药除草效果好。并减轻对后茬作物的危害。春季用药只是作为冬前漏治田块的一种补救措施。亩用药量详见各产品标签，以下仅举例说明，70%可湿性粉剂100～120g，60.7%可湿性粉剂100～120g，50%可湿性粉剂80～120g（或120～150g）或45%可湿性粉剂120～180g，对水茎叶喷雾。

春小麦于2叶期至拔节前施药，但以2～3叶期为好，亩用60.7%可湿性粉剂120～150g，对水茎叶喷雾。

须注意的事项参见苯磺隆。

苯·扑·异丙隆

特性

由苯磺隆与扑草净、异丙隆复配的混合除草剂。混剂的目的与苯磺·异丙隆相同。

制剂及生产厂

50%可湿性粉剂内含苯磺隆1.2%，扑草净15%，异丙隆33.8%。由江苏通州正大农药化工有限公司生产。

应用

主要用于冬小麦防除多种一年生阔叶杂草和禾本科杂草。于小麦2叶期至拔节前，亩用制剂100～120g，对水茎叶喷雾。须注意事项参见苯磺隆。

2甲·苯磺隆

特性

由苯磺隆与2甲4氯钠盐复配的混合除草剂。混剂中两单剂都是防治阔叶杂草有效药剂。混剂的优点是速效性和特效性都好。并可减轻苯磺隆在春用后对后茬作物危害的风险性。

制剂及生产厂

50.8%、50%、48.8%可湿性粉剂，生产厂有江苏省苏科农化有限公司、江苏健谷化工有限公司、河南新乡中电除草剂有限公司等。

应用

主要用于冬小麦防除多种一年生阔叶杂草。于麦苗3叶期至分蘖末期施药，麦苗2叶期前对2甲4氯敏感，不可用药。亩用50.8%可湿性粉剂50~70g，50%可湿性粉剂50~60g或48.8%可湿性粉剂40~50g，对水茎叶喷雾。须注意事项参见苯磺隆。

滴丁·苯磺隆

特性

由苯磺隆与2，4-滴丁酯复配的混合除草剂。除草性能、杀草谱及应用与2甲·苯磺隆基本相同，优点是增强了杀草的速效性，施药后1~2d即可见效，并减轻苯磺隆春用后对后茬作物危害的风险性。

制剂及生产厂

35%、20%可湿性粉剂，生产厂有山东胜邦绿野化学有限公司、山东华阳科技股份有限公司、山东东泰农化有限公司等。

应用

主要用于麦田防除多种一年生阔叶杂草。于小麦4~5叶期（分蘖盛期）至拔节前、阔叶杂草3~5叶期施药。亩用35%可湿性粉剂50~70g，或20%可湿性粉剂50~60g，对水茎叶喷雾。须注意，在喷药时防止雾滴飘移由2，4-滴丁酯伤害邻近阔叶作物，对后茬作物的影响参见苯磺隆。

麦畏·苯磺隆

特性

由苯磺隆与麦草畏复配的混合除草剂。除草性能、杀草谱及应用与2甲·苯磺隆、滴丁·苯磺隆基本相同。优点是加快杀草速度，一般施药后2d即可见到杀草效果。

制剂及生产厂

46%可湿性粉剂，内含苯磺隆6%，麦草畏40%，生产厂由上海宏邦化工有限公司、宁夏裕农化工有限责任公司等。

应用

主要用于麦田防除一年生阔叶杂草。于小麦4叶期至分蘖末期施药。气温低于5℃或冬前晚播小麦未达用药叶龄时施药，易引起麦苗药害。在长江中下游当暖冬使得初春时小麦就拔节，也不能施药。一般亩用46%可湿性粉剂100～140g（南方）、150～200g（北方），对水茎叶喷雾。须注意的其他事项参见苯磺隆。

唑草·苯磺隆

特性

由苯磺隆与唑草酮复配的混合除草剂。混剂的突出特点时杀草速度快，其中的唑草酮可使杂草在用药后4h出现中毒症状，2～4d开始死亡。混剂还扩大了杀草谱，增加对阔叶杂草的防效。

制剂及生产厂

36%、28%可湿性粉剂，生产厂有河北宣化农药有限责任公司、苏州富美实植物保护剂有限公司等。

应用

主要用于麦田防除一年生阔叶杂草。于冬小麦3～4叶期，阔叶杂草基本出齐后尽早施药。亩用36%可湿性粉剂4～5g或28%可湿性粉剂5～6g，对水茎叶喷雾。施药后阳光充足，有利于药效发挥。春小麦田也可使用。须注意事项参见苯磺隆。

氯吡·苯磺隆

特点

由苯磺隆与氯氟吡氧乙酸复配的混合除草剂。混剂两有效成分都是防治阔叶杂草的有效药剂，可相互增效，扩大杀草谱。主要优点是氯氟吡氧乙酸在土壤中半衰期短，对后茬作物无影响，从而减轻苯磺隆单用对后茬作物的影响，提高了混剂对后茬作物的安全性。

制剂及生产厂

20%、19%可湿性粉剂，生产厂有上海杜邦农化有限公司、四川利尔农化有限公司等。

应用

主要用于麦田防除一年生阔叶杂草，对禾本科杂草和大多数莎草无效。

冬小麦在2叶期至拔节前均可使用，而以杂草出齐后早施为佳。亩用20%或19%可湿性粉剂30～40g，对水茎叶喷雾。也可用于春小麦，在麦苗2～5叶期、杂草2～4叶期施药。须注意事项参见苯磺隆。

乙羧·苯磺隆

特性

由苯磺隆与乙羧氟草醚复配的混合除草剂。混剂主要是为减轻苯磺隆对后茬作物的影响，两有效成分对阔叶杂草相互增效，扩大杀草谱。

制剂及生产厂

20%可湿性粉剂，内含苯磺隆10%，乙羧氟草醚10%，生产厂为江苏富田农化有限公司。

应用

主要用于麦田防效一年生阔叶杂草。冬小麦于麦苗3叶期后，杂草2～4叶期施药，亩用20%可湿性粉剂10～15g，对水茎叶喷雾。须注意事项参见苯磺隆。

精噁·苯磺隆

特性

由苯磺隆与精噁唑禾草灵复配的混合除草剂。混剂的优点兼除阔叶杂草与禾本科杂草。精噁唑禾草灵能有效防除禾本科杂草，但也易伤害禾谷类作物，当用于禾谷类作物地除草时是需要添加安全剂的。

制剂及生产厂

9%可湿性粉剂，内含苯磺隆2.4%，精噁唑禾草灵6.6%，生产厂为江苏金凤凰农化有限公司。

应用

主要用于麦田防除一年生阔叶杂草与禾本科杂草。对看麦娘防效高。冬小麦于麦苗2叶期后，杂草2～4叶期施药，亩用9%可湿性粉剂50～60g，对水茎叶喷雾。也可用于春小麦，一般于小麦3叶期至分蘖期施药。春季使用，部分田块可能出现麦苗轻度发黄，7～10d可恢复。其他须注意事项参见苯磺隆。

苯磺·乙草胺

特性

由苯磺隆与乙草胺复配的混合除草剂。混剂的优点是兼除单、双叶杂草，并可减少苯磺隆在土壤中的残留量。

制剂及生产厂

20%可湿性粉剂，内含苯磺隆0.8%，乙草胺19.2%，生产厂为江苏无锡瑞泽农药有限公司。

应用

主要用于麦田防除一年生阔叶杂草和禾本科杂草。冬小麦于播后苗前或小麦2叶期至拔节前施药，亩用20%可湿性粉剂100～130g，对水喷雾。须注意事项参见苯磺隆。

苄嘧·苯磺隆

特性

由苯磺隆与苄嘧磺隆复配的混合除草剂，两有效成分药效互补，扩大杀草谱。

制剂及生产厂

30%可湿性粉剂，内含苯磺隆10%，苄嘧磺隆20%，生产厂为安徽华星化工股份有限公司。

应用

主要用于麦田防除一年生阔叶杂草。冬小麦于小麦2叶期以后，杂草2～4叶期，亩用30%可湿性粉剂10～15g，对水茎叶喷雾。注意安排好用药田块的后茬作物，以防药害。

苯磺·甲磺隆

特性

由苯磺隆与甲磺隆复配的混合除草剂。混剂在防除阔叶杂草的同时，增强对看麦娘、日本看麦娘、早熟禾等禾本科杂草的防效。

制剂及生产厂

10% 可湿性粉剂，内含苯磺隆 7.5%，甲磺隆 2.5%。生产厂为江苏金凤凰农化有限公司。

应用

本剂含有甲磺隆，仅限于长江流域及其以南麦稻轮作区稻茬麦田使用。为减轻药剂在土壤中的残留及除草效果好，冬前施药优于冬后小麦返青期施药。所以一般是选择在小麦苗后早期，看麦娘 2 叶 1 心期，亩用 10% 可湿性粉剂 16 ~ 18g，对水茎叶喷雾。用药田块须注意安排好后茬作物，参见甲磺隆和苯磺隆。

噻吩·苯磺隆

特性

由苯磺隆与噻吩磺隆复配的混合除草剂，两种有效成分可在除草性能和价格两方面优势互补，扩大杀草谱，增强药效。

制剂及生产厂

10% 可湿性粉剂，内含苯磺隆 7%，噻吩磺隆 3%，生产厂为广东东莞市瑞德丰生物科技有限公司。

应用

主要用于麦田防除一年生阔叶杂草，于小麦 2 叶期至拔节前施药，亩用 10% 可湿性粉剂 10 ~ 15g，对水茎叶喷雾。用药田块须注意安排好后茬作物。

噻·噁·苯磺隆

特性

由噻吩磺隆、苯磺隆与精噁唑禾草灵复配的混合除草剂，可兼除单、双子叶杂草。

制剂及生产厂

55% 可湿性粉剂，内含噻吩磺隆 2%，苯磺隆 8%，精噁唑禾草灵 45%，生产厂为广东东莞市瑞得丰生物科技有限公司。

应用

主要用于麦田防除一年生禾本科杂草及阔叶杂草，对看麦娘防效高。冬小麦于麦苗 2 叶期后，杂草 2 ~ 4 叶期施药。亩用 55% 可湿性粉剂 10 ~ 12g，对水茎叶喷雾，也可用于春小麦苗后除草。春季用药，可能出现麦苗轻度发黄，7 ~ 10d 可恢复。其他注意事项分别参见噻吩磺隆和苯磺隆。

精噁·苄

特性

由苄嘧磺隆与精噁唑禾草灵复配的混合除草剂，可以兼除单、双子叶杂草。

制剂及生产厂

15%悬浮剂，内含苄嘧磺隆5%，精噁唑禾草灵10%，生产厂为安徽华星化工股份有限公司。

应用

除草性能与精噁·苯磺隆基本相同，主要用于麦田防除一年生阔叶杂草及禾本科杂草，对看麦娘防效好。冬小麦于麦苗2～4叶期后，杂草2～3叶期施药。亩用15%可湿性粉剂80～100g，对水茎叶喷雾。若春季用药，可能会出现麦苗轻度发黄，7～10d可恢复。也可用于春小麦苗后除草。与后茬作物安全间隔期80d（南方）、90d（北方）。

苄嘧·麦草畏

特性

由苄嘧磺隆与麦草畏复配的混合除草剂。混剂的优点是加快杀草速度，麦、稻田均可使用。

制剂及生产厂

19%、14%可湿性粉剂，生产厂有江苏金凤凰农化有限公司、江苏植物生长调节剂中心农药厂等。

应用

主要用于防除阔叶杂草和莎草。

1. 冬小麦

防除一年生阔叶杂草，于小麦4叶期至分蘖末期施药。亩用19%可湿性粉剂31～45g或14%可湿性粉剂50～60g，对水茎叶喷雾。气温低于5℃或冬前晚播小麦未达用药叶龄时施药，易引起麦苗药害。

2. 移栽稻

防除一年生或多年生阔叶杂草及莎草。在南方稻区，于水稻移栽后5～7d，秧苗返青扎根后施药，亩用14%可湿性粉剂50～60g，毒土法施药，保持3～5cm水层、5～7d。

注意与后茬作物安全间隔期80d（南方）、90d（北方）。

苄嘧·异丙隆

特性

由苄嘧磺隆与异丙隆复配的混合除草剂。混剂可兼除单、双子叶杂草，特别是对硬草、看麦娘、洽草防效好，还可减轻苄嘧磺隆对后茬作物的伤害。

制剂及生产厂

70%、60%、50%可湿性粉剂，生产厂有江苏市宝带农药有限责任公司、江苏快达农化股份有限公司、江苏南通金陵农化有限公司等。

应用

主要用于麦田、稻田防除一年生阔叶杂草及

禾本科杂草。

1. 冬小麦

只要于冬前使用，也可在麦苗返青至拔节前使用。亩用70%可湿性粉剂100～120g或50%可湿性粉剂100～150g或150～200g（不同厂家的产品），对水茎叶喷雾。

2. 稻田

仅用于南方水稻田除草。移栽田于插秧后5～7d，亩用60%可湿性粉剂60～80g，毒土法施药。直播田于秧苗3叶期前，亩用60%可湿性粉剂40～50g，对水茎叶喷雾。

注意事项

与后茬作物安全间隔期80d（南方）、90d（北方）。

噻磺·异丙隆

特性

由噻吩磺隆与异丙隆复配的混合除草剂。本混剂的目的与苯磺·异丙隆、苄嘧·异丙隆相同，是为兼治单、双子叶杂草和减轻磺酰脲类除草剂单用对后茬作物安全性差。

制剂及生产厂

72%可湿性粉剂，内含噻吩磺隆1.5%，异丙隆70.5%，生产厂为安徽丰乐农化有限责任公司。

应用

主要用于麦田防除多种一年生单、双子叶杂草。对硬草、看麦娘、洽草防效很好。冬小麦田可在冬前或春季麦苗返青至拔节前施药。亩用72%可湿性粉剂100～120g，对水茎叶喷雾。也可用于春小麦，一般于麦苗2叶期后至拔节前使用。用药田块须注意安排好后茬作物。

噻磺·乙

特性

由噻吩磺隆与乙草胺复配的混合除草剂。混剂可以兼除多种单、双子叶杂草。

制剂及生产厂

39%、20%可湿性粉剂，50%、48%乳油。生产厂10家以上。

应用

主要用于麦田、玉米、大豆、花生田防除一年生阔叶杂草及禾本科杂草。

1. 冬小麦

播后苗前或小麦返青至起身前施药，亩用20%可湿性粉剂80～100g，对水喷雾。

2. 玉米、大豆、花生

于播后苗前喷雾处理土壤，在干旱时喷药后，可浅混土，并及时镇压。夏大豆、夏玉米、夏花生田，亩用39%可湿性粉剂100～150g、20%可湿性粉剂200～300g或50%乳油80～100mL。春玉米和春大豆田，亩用48%乳油200～250mL。

2甲·麦草畏

特性

由2甲4氯钠盐与麦草畏复配的混合除草剂。与单剂相比，混剂对小麦安全性有所提高。

制剂及生产厂

30%水剂，内含2甲4氯钠盐22.8%，麦草畏7.2%。

电除草剂有限公司、爱普瑞（焦作）农药有限公司等。

应用

用于麦田防除猪殃殃、大巢菜、猪毛菜、芥菜、刺儿菜、苍耳、繁缕、牛繁缕、蓼、水棘针、荞麦蔓、田旋花、蒲公英等阔叶杂草。对小麦安全。豆类、油菜、棉花、果树等阔叶作物对混剂敏感，施药时防止雾滴飘逸污染，造成这些作物药害。

麦田使用，在小麦分蘖盛期至分蘖末期或未拔节前使用，小麦3叶期前或拔节后禁用。亩用30%水剂67～100mL，或100～130mL（各厂家推荐用量不同，详见产品标签），对水喷雾杂草茎叶。喷雾时不得重喷。用过的喷雾器要彻底清洗后，方可用于喷其他作物。

2甲·氯氟吡

特性

由2甲4氯钠盐与氯氟吡氧乙酸复配的混合除草剂。在杀草谱及防除效果方面两单剂可优势互补。主要用于防除阔叶杂草及莎草，对禾本科杂草无效。

制剂及生产厂

30%可湿性粉剂，内含2甲4氯钠盐25%，氯氟吡氧乙酸5%。生产厂为江苏三泉农化有限责任公司、重庆双丰农药有限公司等。

应用

1. 冬小麦

防除荠菜、苣荬菜、婆婆纳、问荆、田旋花、苍耳、苘麻、氢草等杂草。在小麦4～6叶期、阔叶杂草2～4叶期，亩用制剂120～150g，对水喷洒茎叶。

2. 移栽稻田

防除阔叶杂草、水花生及莎草科杂草。在水稻分蘖末期至拔节前，亩用制剂120～150g，对水茎叶喷雾。施药前1d傍晚排干田水，施药后2～3d再正常水层管理。

喷雾时防止雾滴飘移伤害邻近敏感的阔叶作物。

2甲·绿麦隆

特性

由2甲4氯与绿麦隆复配的混合除草剂。混剂增强对阔叶杂草防效，还可防治看麦娘、日本看麦娘、马唐、早熟禾等禾本科杂草。并可免除绿麦隆伤害麦苗的可能性。

制剂及生产厂

35%可湿性粉剂，内含2甲4氯30.5%，绿麦隆4.5%。生产厂为河南新乡植物化学厂。

应用

主要用于麦田防除一年生阔叶杂草，兼除某些禾本科杂草。冬小麦于3叶期，杂草2～3叶期，亩用35%可湿性粉剂130～180g，对水喷雾。注意防止雾滴漂移伤害邻近敏感的阔叶作物。

2甲·唑草酮

特性

由2甲4氯钠盐与唑草酮复配的混合除草剂。两个阔叶除草剂复配可以扩大杀草谱，增强药效，其中的唑草酮对因长期使用磺酰脲类除草剂而产生抗性的杂草有很好的防效。

制剂及生产厂

70.5%干悬浮剂，内含2甲4氯66.5%，唑草酮4%，生产厂为苏州富美实植物保护剂有限公司。

应用

主要用于冬小麦防除一年生阔叶杂草，也可用于春小麦。在麦苗3～4叶期，阔叶杂草基本出齐后尽早用药。亩用70.5%干悬浮剂40～45g，对水茎叶喷雾。注意防止雾滴漂移伤害邻近敏感的阔叶作物。施药后阳光充足，有利于药效发挥。

也可试用于稻田除草。

2甲·溴苯腈

特性

由2甲4氯与溴苯腈复配的混合除草剂。两个防除阔叶杂草的除草剂复配，可以扩大杀草谱，增强防效。

制剂及生产厂

400g/L乳油，内含2甲4氯200g，溴苯腈200g。生产厂为江苏辉丰农化股份有限公司。

应用

主要用于防除麦田一年生阔叶杂草。冬小麦于麦苗3～5叶期，大部分阔叶杂草进入4叶期时施药。亩用400g/L乳油80～100g，对水茎叶喷雾。其他时期用药对麦苗不安全，气温低于8℃除草效果下降。

2甲酯·辛酰溴

特性

由2甲4氯异辛酯与辛酰溴苯腈复配的混合除草剂。除草性能与2甲·溴苯腈基本相同。

制剂及生产厂

40%乳油，内含2甲4氯异辛酯20%，辛酰溴苯腈20%，生产厂为江苏皇马农化有限公司。

应用

主要用于麦田防除多种一年生阔叶杂草，于冬小麦3～5叶期，阔叶杂草基本出齐处于4叶期旺盛生长时施药。亩用40%乳油120～150mL，对水茎叶喷雾。气温低于8℃或近期有霜冻时不能用药。麦苗其他生育期也不宜用药。

辛溴·滴丁酯

特性

由2，4-滴丁酯与辛酰溴苯腈复配的混合除草剂。两个防除阔叶杂草的除草剂复配后可以优点互补，扩大杀草谱（30多种），增强速效性和最终防效，对鸭跖草特效。

制剂及生产厂

60%、40%乳油。生产厂有安徽华星化工有限公司、沙隆达郑州农药有限公司、浙江温州市鹿城植保化学有限公司、浙江禾本农药化学有限公司、山东胜邦绿野化学有限公司、山东侨昌化学有限公司等。

应用

主要用于小麦、玉米田防除一年生阔叶杂草。

1. 麦田

于小麦3～5叶期、阔叶杂草多数进入4叶期时施药，冬小麦亩用60%乳油60～80mL或40%乳油100～120mL(有的厂家产品用90～120mL或120～140mL，详见产品标签)。春小麦亩用40%乳油120～140mL，对水茎叶喷雾。气温低于8℃或近期有霜冻时不宜用药。

2. 春玉米

于玉米4～6叶期，株高10cm以上施药，过早或过晚施药易造成玉米苗药害。亩用40%乳油100～120mL或120～140mL（详见产品标签），对水茎叶喷雾。玉米叶片沾着药液，可能会出现一些触杀性灼斑，但不影响玉米正常生长和产量。

注意事项

本混剂含有2，4-滴丁酯，喷药时防止雾滴漂移伤害邻近敏感的阔叶作物。使用过的喷雾器必须彻底清洗。

滴丁·乙羧氟

特性

由2，4-滴丁酯与乙羧氟草醚复配的混合除草剂。两个防除阔叶杂草的除草剂复配后可以优势互补，扩大杀草谱，加快杀草速度，增强除草效果。

制剂及生产厂

40%乳油，内含2，4-滴丁酯38%，乙羧氟草醚2%。生产厂为辽宁新民市农药厂。

应用

主要用于麦田防除一年生阔叶杂草。于小麦3～5叶期，阔叶杂草基本出齐后，亩用40%乳油50～60mL（冬小麦）、40～60mL（春小麦），对水茎叶喷雾。注意防止雾滴漂移伤害邻近敏感的阔叶作物，使用过的喷雾器具必须彻底清洗。

双氟·滴辛酯

特性

由2，4-滴异辛酯与双氟磺草胺复配的混合除草剂。由于双氟磺草胺的高活性，使得混剂防除阔叶杂草高效。

制剂及生产厂

459g/L悬浮剂，内含2，4-滴异辛酯45.3%，双氟磺草胺0.6%。生产厂为美国陶氏益农公司。

应用

主要用于麦田防除一年生阔叶杂草。于冬小麦3~5叶期、阔叶杂草基本出齐后，亩用459g/L悬浮剂30~40g，对水茎叶喷雾。

绿麦·异丙隆

特性

由异丙隆与绿麦隆复配的混合除草剂。混剂能防除单、双子叶杂草，还增强了对某些阔叶杂草的防效。

制剂及生产厂

50%可湿性粉剂，内含异丙隆25%，绿麦隆25%，生产厂为江苏省苏科农化有限责任公司。

应用

主要用于冬小麦田防除一年生单、双子叶杂草。对看麦娘、日本看麦娘、硬草高效。冬小麦于播后苗前土壤处理，或于小麦齐苗后至3叶期前、杂草1~2叶期茎叶喷雾。亩用50%可湿性粉剂125~150g，对水喷雾。播后苗前用药，要求整地和播种质量高，精细盖籽，无露籽，无露根。

噁禾·异丙隆

特性

由异丙隆与精噁唑禾草灵复配的混合除草剂。混剂能防除单、双子叶杂草，对看麦娘、日本看麦娘、硬草防效好。

制剂及生产厂

50%可湿性粉剂，内含异丙隆48%，精噁唑禾草灵2%。生产厂为安徽华星化工股份有限公司。

应用

用于冬小麦田，在麦苗3叶期，杂草2~4叶期，亩用50%可湿性粉剂60~80g，对水茎叶喷雾。

吡酰·异丙隆

特性

由异丙隆与吡氟酰草胺复配的混合除草剂。混剂能防除单、双子叶杂草。混剂中两种有效成分对看麦娘、早熟禾都有效，混合后防效会更好。

制剂及生产厂

60%可湿性粉剂，内含异丙隆50%，吡氟酰草胺10%。生产厂为江苏常隆化工有限公司。

应用

主要用于麦田除草，于冬小麦3~4叶期，亩用60%可湿性粉剂120~150g，对水茎叶喷雾。

·以玉米田除草为主要用途的混剂

异丙草·莠

特性

由莠去津与异丙草胺复配的混合除草剂。混剂主要优点时可以减轻或消除莠去津单用对后茬小麦可能造成的危害。两单剂在杀草谱上还可优势互补。

制剂及生产厂

50%、45%可湿性粉剂，50%、42%、41%、40%悬乳剂，40%悬浮剂。生产厂近50家。

应用

主要用于玉米地防除一年生禾本科杂草和阔叶杂草，一般是在播后苗前喷雾处理土壤，最好是在播后3d内施完药。因生产厂家多，各产品中两单剂配比不同，使用量就不同，详见各产品标签。以下仅举数例作为说明，夏玉米亩用50%可湿性粉剂150～200g、45%可湿性粉剂200～250g、50%悬乳剂100～150g、42%悬乳剂180～240g、41%悬乳剂200～250g、40%悬浮剂180～250g，春玉米亩用45%可湿性粉剂210～240g、50%悬乳剂200～300g、42%悬乳剂300～400g、40%悬乳剂300～400g或40%反兴奋剂300～400g。施药1次能基本控制草害，土壤墒情好有利于药效发挥。

7

异甲·莠去津

特性

由莠去津与异丙甲草胺复配的混合除草剂。混剂可以减轻或消除莠去津单用对后茬小麦可能造成的危害，并增强对禾本科杂草的防效。

制剂及生产厂

500g/L、50%、45%、42%、40%、28%悬乳剂。生产厂10家以上。

应用

主要用于玉米地防除一年生单、双子叶杂草。一般是在播后苗前喷雾处理土壤。夏玉米亩用500g/L或50%悬乳剂150～200g、45%悬乳剂150～200g、42%悬乳剂200～238g、40%悬乳剂200～250g或28%悬乳剂250～350g。春玉米亩用42%悬乳剂280～340g。土壤湿度对防除效果有影响。用药量与土壤质地及有机质含量有关，土壤较黏和有机质含量高用推荐量的上限，反之用推荐量的下限。

丁·莠

特性

由莠去津与丁草胺复配的混合除草剂。混剂的优点及除草性能与异甲·莠去津基本相同。

制剂及生产厂

48%、42%、40%、25%悬乳剂，40%悬浮剂。生产厂20家以上。

应用

主要用于玉米地防效一年生禾本科杂草和阔叶杂草，如马唐、稗草、牛筋草、狗尾草、野黍、苋菜、马齿苋、藜、龙葵等，比单用杀草谱广，增效明显，对后茬作物无害。夏玉米于播后苗前亩用48%悬乳剂150～200g，42%悬乳剂200～250g，40%悬乳剂200～250g，25%悬乳剂300～400g或40%悬浮剂200～250g；东北春玉米于播前或播后苗前亩用48%悬乳剂175～250g，40%悬乳剂300～400g，或40%悬浮剂350～400g，对水喷洒于土表。土壤有机质含量高用推荐用量的上限，有机质含量低用推荐用量的下限。土壤墒情好有利于药效发挥。

丁·异·莠去津

特性

由莠去津与丁草胺、异丙草胺复配的混合除草剂。混剂可消除莠去津单用可能对后茬小麦的危害，比三单剂单用杀草谱广，增效明显。

制剂及生产厂

42%悬乳剂，内含莠去津18%，丁草胺4%，异丙草胺20%。生产厂有山东胜邦绿野化学有限公司、济南科赛基农化工有限公司。

应用

主要用于玉米地防除一年生禾本科杂草和阔叶杂草。夏玉米于播后苗前，亩用42%悬乳剂200～300g对水喷洒于土表。土壤墒情好有利于药效发挥。

甲草·莠去津

特性

由莠去津与甲草胺复配的混合除草剂。混剂扩大杀草谱，提高莠去津对后茬作物安全性。

制剂及生产厂

55%可湿性粉剂，48%、38%悬乳剂，生产厂有山东侨昌化学有限公司、济南天邦化工有限公司、辽宁丹东市红泽农化有限公司等。

应用

主要用于防除一年生禾本科杂草和阔叶杂草。

1. 玉米地

一般于播后苗前施药，春玉米亩用55%可湿性粉剂200～240g或48%悬乳剂300～400g；夏玉米亩用48%悬乳剂200～250g或38%悬乳剂250～300g，对水喷于土表。在干旱而无落水条件的春玉米地区，宜采用播前混土法施药。

2. 大蒜、大葱、姜地使用

一般于播前或移栽前，亩用48%悬乳剂150～200g，对水喷洒于土表，再混土、播种或移栽。

乙·莠

特性

由莠去津与乙草胺复配的混合除草剂。性能与甲草·莠去津、丁·莠基本相同。

制剂及生产厂

48%、40%可湿性粉剂，52%、48%、40%悬乳剂，20%高渗悬乳剂，生产厂有15家以上。

应用

主要用于玉米和甘蔗田防除一年生杂草。

1. 玉米地

于播后苗前施药，覆膜玉米于播后覆膜前施药。夏玉米亩用48%可湿性粉剂150~200g，40%可湿性粉剂200~250g，或52%悬乳剂125~200g，40%悬乳剂200~250g，25%高渗悬乳剂250~300g；春玉米亩用40%可湿性粉剂300~400g，或52%悬乳剂200~250g，40%悬乳剂300~400g，20%高渗悬乳剂400~500g。对水喷于土表。为保证药效，最好灌溉或雨后施药。土壤有机质含量低于1%的沙壤土，不宜使用。

2. 甘蔗地

在植后苗前，亩用48%或40%可湿性粉剂200~250g，对水喷于土表。

甲·乙·莠

特性

由莠去津与甲草胺、乙草胺复配的混合除草剂。本混剂是将甲草·莠去津及乙·莠合二为一，兼有二者优点，杀草谱广，增效明显，持效适中，对后茬作物无影响。

制剂及生产厂

43%、42%、41%、40%悬乳剂，40%可湿性粉剂，生产厂有10家以上。

应用

玉米地防效一年生禾本科杂草和阔叶杂草，根据杀草谱及产品特性，更适合华北地区夏玉米地除草。于播后苗前喷雾处理土壤，夏玉米亩用43%悬乳剂160~220g，42%悬乳剂150~200g，41%悬乳剂170~250g，40%悬乳剂170~250g或40%可湿性粉剂170~250g；春玉米亩用42%悬乳剂300~400g。应根据土壤质地和有机质含量选择合宜的用药量。施药后在玉米种子处于萌芽期，如遇雨易产生药害，表现为叶缩，10d可恢复生长。

在大蒜、姜地使用，一般于播前或移栽前，亩用42%悬乳剂150~200g，对水喷于土表。

乙·莠·氰草津

特性

由莠去津、氰草津与乙草胺复配的混合除草剂。混剂扩大杀草谱，能防除一年生阔叶杂草和部分禾本科杂草，由于混剂中乙草胺含量较少，可以茎叶喷雾。

制剂及生产厂

40%悬浮剂，生产厂有山东京蓬生物药业股份有限公司、中国农科院植保所农药厂等。

应用

用于夏玉米地除草，于玉米3～4叶期，亩用40%悬浮剂200～250g或220～300g（详见各产品标签），对水茎叶喷雾。

绿·莠·乙草胺

特性

由莠去津与绿麦隆、乙草胺复配的混合除草剂。混剂中的绿麦隆增强对看麦娘、日本看麦娘、硬草的防效。

制剂及生产厂

40%悬乳剂，内含莠去津8%，绿麦隆1%，乙草胺31%。生产厂有山东中石药业有限公司、济南科赛基农化工有限公司等。

应用

主要用于玉米地防除一年生单、双子叶杂草。夏玉米于播后苗前亩用40%悬乳剂200～250g，对水喷于土表。土壤墒情好，有利于药效发挥；土壤干旱时，应灌溉后再施药。

氰草·莠去津

特性

由三嗪类除草剂的两个品种莠去津与氰草津复配的混合除草剂，可以扩大杀草谱，苗前、苗后均可使用，克服了莠去津单用对后茬小麦不够安全的缺点，持效期适中，一季用药一次即可。

制剂及生产厂

40%、30%悬浮剂，两单剂配比1∶1。生产厂有河南农科院植保所农药实验厂、石家庄志诚农药化工有限公司、山东大城农药股份有限公司、山东滨农科技有限公司、深圳诺普信农化股份有限公司、河南富邦化工股份有限公司等。

应用

主要用于玉米地防除一年生禾本科杂草和阔叶杂草，对某些多年生杂草有抑制作用。播后（3～5d）苗前亩用40%悬浮剂250～300g或30%悬浮剂300～400g，对水喷于土表。防除禾本科杂草的药效好于阔叶杂草。苗后使用于玉米3～4叶期，杂草基本出齐达2～4叶期，亩用30%悬浮剂300～380g（春玉米），对水茎叶喷雾。

甲戊·莠去津

特性

由莠去津与二甲戊灵复配的混合除草剂。混剂扩大杀草谱、增效明显，可防除多种单、双子叶杂草，还可减轻对当茬作物及后茬作物的危害性。

制剂及生产厂

42%、40%悬乳剂，生产厂有山东省东方农业科技实业公司、山东泗水丰田农药有限公司、山东侨昌化学有限公司、山东莒县鲁农化工有限公司、安徽丰乐农化有限公司等。

应用

主要用于玉米地除草，一般于播后苗前喷雾处理土壤。夏玉米亩用42%悬乳剂150～200g或40%悬乳剂180～220g；春玉米亩用42%悬乳剂300～400g。

注意事项

切忌药剂与正发芽的玉米种子接触，以防药害。

磺草・莠去津

特性

由莠去津与磺草酮复配的混合除草剂。磺草酮是防除玉米地单、双子叶杂草的好药剂，其作用机理是影响类胡萝卜素的生物合成，从而与三嗪类除草剂无交互抗性，对后茬作物安全，使混剂扩大杀草谱，增效明显。

制剂及生产厂

40%悬浮剂，内含莠去津30%，磺草酮10%，生产厂为大连松辽化工有限公司。36%悬浮剂，内含莠去津24%，磺草酮12%，生产厂为河北博嘉农业有限公司。

应用

用于玉米地除草，于玉米3～4叶期，杂草2～4叶期，茎叶喷雾法施药。夏玉米亩用40%悬浮剂200～250g或36%悬浮剂200～300g；春玉米亩用40%悬浮剂250～350g。

7

噻磺・莠去津

特性

由莠去津与噻吩磺隆复配的混合除草剂。由于噻吩磺隆对多种阔叶杂草高效，对小麦安全，这就使得混剂扩大杀阔叶杂草谱，增效明显，并消除莠去津单用可能对后茬小麦的危害。

制剂及生产厂

50%可湿性粉剂，内含莠去津49%，噻吩磺隆1%。生产厂为黑龙江科润生物科技有限公司。

应用

用于玉米地除草，于玉米3～4叶期，杂草2～4叶期，亩用50%可湿性粉剂100～150g（夏玉米）、150～200g（春玉米），对水茎叶喷雾。

砜嘧・莠去津

特性

由莠去津与砜嘧磺隆复配的混合除草剂。混剂中两种有效成分都是优秀的玉米地除草剂，两者药效互补，扩大杀阔叶杂草谱，增效明显，并可消除莠去津在土壤中的残留药害。

制剂及生产厂

50%可湿性粉剂，内含莠去津49%，砜嘧磺隆1%。19.5%油悬浮剂，内含莠去津19%，砜嘧磺隆

0.5%。生产厂为河北宣化农药有限责任公司。

应用

用于玉米地防除一年生阔叶杂草和禾本科杂草，于米 3～4 叶期，茎叶喷雾。亩用 50% 可湿性粉剂 90～120g（夏玉米）、120～150g（春玉米），对水茎叶喷雾。或亩用 19.5% 油悬浮剂 200～250g（夏玉米）、250～300g（春玉米），直接使用或用有机溶剂、油等稀释后喷雾。注意：玉米超过 4 叶期时使用易产生药害，症状为拔节困难，植株矮小，叶色浅、发黄，心叶卷缩变硬，有发红现象。甜玉米、爆裂玉米、黏玉米及制种田不宜使用。

滴丁・莠去津

特性

由莠去津与 2，4– 滴丁酯复配的混合除草剂。2，4– 滴丁酯对阔叶杂草速效、高效，这使得混剂扩大杀阔叶杂草谱，增效明显。

制剂及生产厂

50%、45% 悬乳剂，生产厂有吉林省农科院农药实验厂、吉林邦农生物农药有限公司、哈尔滨利民农化科技有限公司、浙江美丰农化有限公司等。

应用

目前主要用于春玉米地防除一年生杂草，播后苗前喷雾处理土壤，或在玉米 4～5 叶期茎叶喷雾，玉米 3 叶期前或 6 叶期后施药，均易引起药害。亩用50%悬乳剂200～300g或45%悬乳剂220～300g，对水喷雾。

混剂中含有 2，4– 滴丁酯，为防止药害，喷雾时需距离邻近敏感阔叶作物 100m，使用过的喷雾器具必须彻底清洗。

丙・莠・滴丁酯

特性

由莠去津与异丙草胺、2，4– 滴丁酯复配的混合除草剂。本混剂是在异丙草・莠的基础上又增加 2，4– 滴丁酯，扩大杀草谱，增加速效性，持效性适中，对后茬作物安全。

制剂及生产厂

55%、45%、42% 悬乳剂，生产厂有大连松辽化工有限公司、吉林金秋农药有限公司。

应用

目前主要用于春玉米地防除一年生杂草。播后苗前亩用 55% 悬乳剂 250～350g 或 45%、42% 悬乳剂 300～400g，对水喷于土表。茎叶喷雾于玉米 4～5 叶期，亩用 55% 悬乳剂 200～250g，对水喷雾。须注意事项参见滴丁・莠去津。

乙・莠・滴丁酯

特性

由莠去津与 2，4– 滴丁酯、乙草胺复配的混合除草剂。本混剂在乙・莠的基础上又增加 2，4– 滴丁酯，扩大杀草谱，增加速效性，持效性适中，对后茬作物安全。

制剂及生产厂

43.2%、37%、28%悬乳剂。生产厂有河北宣化农药有限责任公司、吉林通化农药化工股份有限公司、山东侨昌化学有限公司等。

应用

目前主要用于春玉米地防除一年生杂草。于播后苗前，亩用43.2%悬乳剂450～500g，37%悬乳剂300～400g或28%悬乳剂450～500g，对水喷于土表。注意事项参见滴丁·莠去津。

麦草·莠去津

特性

由莠去津与麦草畏复配的混合除草剂。麦草畏能防除多种阔叶杂草，这就使本混剂扩大对阔叶杂草的杀草谱，并增快速效性，更适宜苗后茎叶喷雾。

制剂及生产厂

40%可湿性粉剂，内含莠去津34%，麦草畏6%，生产厂为江苏省激素研究所有限公司。

应用

目前主要用于春玉米防除一年生杂草。于玉米3～5叶期，亩用40%可湿性粉剂250～350g，对水喷雾。也可在玉米播后苗前施药。玉米株高达90cm或玉米开始抽雄时对本剂敏感，不宜用药。

2甲·莠去津

特性

由莠去津与2甲4氯复配的混合除草剂。混剂扩大对阔叶杂草的杀草谱，增效明显。

制剂及生产厂

45%悬浮剂，内含莠去津25%，2甲4氯20%。生产厂为山东侨昌化学有限公司。

应用

主要用于夏玉米地防除一年生阔叶杂草。于玉米4～5叶期，亩用45%悬浮剂200～250g，对水茎叶喷雾。

2甲·砜嘧

特性

由2甲4氯钠盐与砜嘧磺隆复配的混合除草剂。混剂扩大对阔叶杂草的杀草谱，增效明显。

制剂及生产厂

75.5%可湿性粉剂，内含2甲4氯钠盐75%，砜嘧磺隆0.5%。生产厂为河北宣化农药有限责任公司。

应用

主要用于玉米地防除一年生阔叶杂草和某些禾本科杂草，在玉米3～4叶期，亩用75.5%可湿性粉剂75～100g，对水茎叶喷雾。玉米超过4叶期就不能施药，否则易产生药害，症状为株矮、拔节困难，叶色浅、发黄，心叶卷缩变硬，有发红现象。

2甲·百草枯

特性

由2甲4氯钠盐与百草枯复配的混合除草剂。百草枯是灭生性除草剂，这就使混剂扩大杀草谱，增快杀草速度，叶片着药后3h就变色发黄，3～4d全株枯死。

制剂及生产厂

12%水剂，内含2甲4氯钠盐4%，百草枯8%，生产厂为河南新乡植物化学厂。

应用

仅适用于宽行单种玉米田防除一年生单、双子叶杂草。在玉米株高70cm以上至抽雄前，亩用12%水剂200～300mL对水30kg，用带防护罩的喷头在玉米行间对杂草进行定向喷雾。勿使雾滴飘落到玉米叶片、茎秆绿色部分，否则会产生药害。

异丙·滴丁酯

特性

由2，4-滴丁酯与异丙草胺复配的混合除草剂。混剂弥补2，4-滴丁酯对禾本科杂草无效之不足，使其对阔叶杂草高效，还可兼治稗草、狗尾草、马唐、早熟禾等禾本科杂草。

制剂及生产厂

58%乳油，内含2，4-滴丁酯18%，异丙草胺40%；50%乳油，内含2，4-滴丁酯15%，异丙草胺35%。生产厂为大连松辽化工有限公司。

应用

主要用于东北地区春玉米和春大豆田防除一年生杂草。于播后苗前，亩用58%乳油或50%乳油250～300mL，对水喷于土表。施药后如土壤干旱，应浅混土。须注意事项参见滴丁·莠去津。

扑·丙·滴丁酯

特性

由2，4-滴丁酯与扑草净、异丙草胺复配的混合除草剂。本混剂是在异丙·滴丁酯的基础上又增加扑草净，从而增强对某些禾本科杂草的防效。但是，玉米对扑草净敏感，使用时谨慎，不宜苗后使用。

制剂及生产厂

64%、60%乳油。生产厂为大连松辽化工有限公司。

应用

用于东北地区春玉米和春大豆地防除一年生杂草。于播后苗前，亩用64%乳油或60%乳油200～250mL，对水喷于土表。施药后如土壤干旱，应浅混土。须注意事项参见滴丁·莠去津。

滴丁・磺草酮

特性

由2，4-滴丁酯与磺草酮复配的混合除草剂。混剂弥补了2，4-滴丁酯对禾本科杂草无效之不足。能兼除一年生单、双子叶杂草。

制剂及生产厂

25%乳油，内含2，4-滴丁酯18%，磺草酮7%，生产厂为大连松辽化工有限公司。

应用

用于东北春玉米除草，于玉米4～6叶期，株高10cm以上时，亩用25%乳油200～300mL，对水茎叶喷雾。须注意事项参见滴丁・莠去津。

滴丁・乙草胺

特性

由乙草胺与2，4-滴丁酯复配的混合除草剂。混剂发挥了两单剂分别对阔叶杂草或禾本科杂草高效的优势，一次施药兼治两类杂草，扩大了杀草谱。

制剂及生产厂

80%、79%、78%、73%、72%、52%、51%、50%乳油。生产厂20家以上。

应用

主要用于春玉米和春大豆地防除一年生单、双子叶杂草，于播后0～3d出苗前喷雾处理土壤，若土壤干旱应浅混土。春大豆地也可在播前施药。制剂种类多，生产厂家多，具体使用量详见各产品标签。以下仅举数例作为说明，如亩用80%乳油200～240mL，78%乳油170～200mL，70%乳油200～250mL，或50%乳油200～300mL。须注意事项参见滴丁・莠去津。

7

扑・乙・滴丁酯

特性

由乙草胺与2，4-滴丁酯、扑草净复配的混合除草剂。混剂由三类作用机理的单剂复配，增效明显，扩大杀草谱，可兼除单、双子叶杂草。

制剂及生产厂

68%、65%、60%、55%、50%、40%乳油。生产厂十余家。

应用

主要用于春玉米和春大豆地防除一年生单、双子叶杂草。于播后苗前喷雾处理土壤。严禁苗后施药，大豆拱土期也不能施药。具体用药量详见各产品标签，以下仅举数例说明，如亩用68%乳油200～230mL、65%乳油150～200mL，60%乳油175～200mL、55%乳油200～250mL、50%乳油210～250mL，或40%乳油270～330mL。须注意事项参见滴丁・莠去津。

乙·嗪·滴丁酯

特性

由乙草胺与2，4-滴丁酯 、嗪草酮复配的混合除草剂。混剂由三类作用机理的单剂复配，增效明显，扩大杀草谱，可防除多种一年生单、双子叶杂草。还可消除嗪草酮单用对作物的不安全性。

制剂及生产厂

65%、60%乳油。生产厂有哈尔滨益农生化制品开发有限公司、哈尔滨利民农化技术有限公司、山东胜邦绿野化学有限公司、江苏长青农化股份有限公司等。

应用

主要用于东北地区的春玉米和春大豆地除草，于播后苗前喷雾处理土壤，亩用65%乳油200～250mL，或60%乳油200～250mL（或250～300mL）。土壤有机质含量低于2%的沙质土，pH值等于或大于7的田块，不能使用。用药量过高、低温、低洼排水不良田块或施药后遇大雨，都可能引起玉米、大豆药害。施药时防止雾滴漂移污染邻近阔叶作物，使用过的喷雾器具必须彻底清洗。

乙·噻·滴丁酯

特性

由乙草胺与2，4-滴丁酯、噻吩磺隆复配的混合除草剂。混剂由三类作用机理的单剂复配，增效明显，扩大杀草谱，可防除单、双子叶杂草。

制剂及生产厂

81%乳油，内含乙草胺59%，2，4-滴丁酯21.5%，噻吩磺隆0.5%。生产厂为黑龙江科润生物科技有限公司。

应用

主要用于东北地区的春玉米和春大豆地除草。于播后苗前喷雾处理土壤，亩用81%乳油150～200mL。须注意事项参见滴丁·莠去津。

麦畏·乙草胺

特性

由乙草胺与麦草畏复配的混合除草剂。麦草畏能防除多种阔叶杂草，使混剂扩大了对阔叶杂草的杀草谱。并增效明显，还可兼治某些禾本科杂草。

制剂及生产厂

42%乳油，内含乙草胺35%，麦草畏75%。生产厂为大连瑞泽农药股份有限公司。

应用

可用于玉米地防除一年生阔叶杂草和禾本科杂草。于玉米3～5叶期，亩用42%乳油170～200mL（夏玉米）、200～300mL（春玉米），对水茎叶喷雾。玉米株高达70cm或玉米开始抽雄时对本剂敏感，不宜用药。

氰津・乙草胺

特性

由乙草胺与氰草津复配的混合除草剂。乙草胺能防除多种一年生禾本科杂草及部分阔叶杂草，氰草津能防除多种阔叶杂草及部分禾本科杂草，两者复配扩大了杀草谱，能防除多种单、双子叶杂草，增效明显。

制剂及生产厂

40%悬乳剂，内含乙草胺20%，氰草津20%；42%悬浮剂，内含乙草胺20%，氰草津22%；40%悬浮剂，内含乙草胺28%，氰草津12%。生产厂有山东侨昌化学有限公司、山东华阳科技股份有限公司、水稻东泰农化有限公司、郑州大河农化有限公司等。

应用

主要用于玉米和花生地防除多种一年生杂草。一般是于作物播后苗前喷雾处理土壤。夏玉米亩用40%悬乳剂200～250g、42%悬浮剂180～220g或40%悬浮剂185～200g；春玉米亩用42%悬浮剂300～400g；花生亩用40%悬乳剂175～200g。土壤墒情好，有利于药效发挥。

氰净・乙草胺

特性

由乙草胺与氰草净复配的混合除草剂。除草性能与氰津・乙草胺基本相同，能防除多种一年生单、双子叶杂草。

制剂及生产厂

42%、40%、32%乳油，生产厂有大连瑞泽农药股份有限公司、青岛农冠农药有限责任公司、江西日上化工有限公司、山东侨昌化学有限公司等。

应用

主要用于玉米地除草，于作物播后苗前喷雾处理，春玉米亩用42%乳油300～400mL，40%乳油或32%乳油120～150mL；夏玉米亩用42%乳油180～220mL，40%乳油100～120mL，或32%乳油125～150mL（或160～200mL）。由于混剂中含氰草净，茎叶喷雾，易产生药害。

用于花生和棉花地除草，于播后苗前亩用32%乳油150～200mL，对水喷于土表。

特津・乙草胺

特性

由乙草胺与特丁津复配的混合除草剂。除草性能与氰津・乙草胺基本相同，能防除多种一年生单、双子叶杂草。

制剂及生产厂

50%悬乳剂，内含乙草胺20%，特丁津30%，生产厂为浙江长兴第一化工有限公司。

应用

主要用于玉米田除草。于玉米播后苗前，亩用50%悬乳剂180～240g（夏玉米）或240～300g（春玉米），对水喷于土表。

7

禾丹·乙草胺

特性

由乙草胺与禾草丹复配的混合除草剂。混剂中两单剂在对禾本科杂草的杀草谱有互补作用，并可兼治某些阔叶杂草。

制剂及生产厂

50%乳油，内含乙草胺38%，禾草丹12%，生产厂为天津施普乐农药科技发展有限公司。

应用

适于华北地区夏玉米地防除稗草、狗尾草、苋、马齿苋等一年生单、双子叶杂草，对玉米安全，持效期大于45d。于玉米播后苗前，亩用50%乳油100~120mL，对水喷于土表。土壤墒情好有利于药效发挥，施药后15d内无雨，土壤干旱药效差。

利谷·乙草胺

特性

由乙草胺与利谷隆复配的混合除草剂，混剂中两单剂在杀草谱上有互补作用，能防除多种一年生阔叶杂草和禾本科杂草，对香附子等多年生杂草也有较好防除效果。

制剂及生产厂

40%悬浮剂，内含乙草胺24%，利谷隆16%，生产厂为河北景县景美化学工业有限公司。

应用

主要用于玉米地除草。于玉米播后苗前亩用40%悬浮剂150~200g（夏玉米）或200~300g（春玉米），对水喷于土表。沙土或有机质含量低于1%的土壤，用药量应酌减。施药田块作物播种深度不能小于4cm，并尽量减少露籽。

磺草·乙草胺

特性

由乙草胺与磺草酮复配的混合除草剂。三嗪类除草剂用于玉米地除草已很长时期，杂草已有某种程度的抗性，而磺草酮与三嗪类除草剂无交互抗性，故而本混剂对多种单、双子叶杂草有很好的防效。

制剂及生产厂

30%悬乳剂，内含乙草胺15%，磺草酮15%，生产厂为沈阳化工研究院试验场。

应用

目前主要用于春玉米地除草，于播后苗前亩用30%悬乳剂300~400g，对水喷于土表。

· 以大豆田除草为主要用途的混剂

氯嘧 · 乙草胺

特性

由氯嘧磺隆与乙草胺复配的混合除草剂。混剂弥补了氯嘧磺隆对禾本科杂草无效之不足，扩大杀草谱，对阔叶杂草增效明显。

制剂及生产厂

860g/L、50%、45%、43%乳油，生产厂十余家。

应用

主要用于东北地区大豆田防除一年生禾本科杂草、阔叶杂草及部分莎草。于播后苗前，即大豆拱土前施药。春大豆亩用860g/L乳油100～150mL、50%乳油150～200mL，或43%乳油190～230mL，对水喷于土表。也可用于夏大豆田，亩用45%乳油100～120mL。土壤墒情好，有利于药效发挥。低洼易涝地及碱性土壤不宜使用。本混剂土壤残留期，与后茬作物安全间隔期为90d。

氯嘧 · 噻吩

特性

由氯嘧磺隆与噻吩磺隆复配的混合除草剂。磺酰脲类的这两个单剂都是大豆田防除阔叶杂草的有效药剂。混剂减少氯嘧磺隆使用量，即可减轻对后茬作物的危害性。

制剂及生产厂

70%水分散粒剂，内含氯嘧磺隆50%，噻吩磺隆20%，生产厂为南京祥宇农药有限公司。

应用

用于大豆田防除一年生阔叶杂草。于春大豆播后苗前，即大豆拱土前，亩用70%水分散粒剂2～2.6g，对水喷于土表。须注意事项参见氯嘧 · 乙草胺。

氯嘧 · 咪乙烟

特性

由氯嘧磺隆与咪唑乙烟酸复配的混合除草剂。混剂中的两单剂都是豆田除草有效药剂，咪唑乙烟酸不仅对阔叶杂草，还对稗草、狗尾草、马唐、野高粱、野黍等禾本科杂草有效，并对大豆高度安全，从而使混剂扩大杀草谱，增加对大豆的安全性，减轻氯嘧磺隆对后茬作物的危害性。

制剂及生产厂

20%可湿性粉剂，内含氯嘧磺隆1.5%，咪唑乙烟酸18.5%，生产厂为吉林省瑞宇农药有限公司。

应用

用于春大豆防除一年生阔叶杂草和部分禾本科杂草。春大豆于播后苗前，亩用20%可湿性粉剂35～45g，对水喷于土表。须注意事项参见氯嘧 · 乙草胺。

7

咪乙·异噁松

特性

由咪唑乙烟酸与异噁草松复配的混合除草剂。混剂扩大杀草谱，增效明显，能防除一年生单、双子叶杂草，对多年生的刺儿菜、大蓟、苣荬菜、问荆等有较强抑制作用，还可减轻异噁草松单用对后茬作物的危害。

制剂及生产厂

45%、40.5%、40%、36%、31%、30%、28%、27%乳油，20%微乳剂，生产厂已有15家。

应用

主要用于春大豆田除草。于大豆播后苗前喷雾处理土壤或大豆苗后早期即大豆1片复叶期茎叶喷雾。苗前亩用40.5%乳油70～100mL、36%乳油125～150mL、31%乳油150～200mL或20%微乳剂200～300mL。苗后亩用45%乳油100～120mL、36%乳油100～125mL、30%乳油100～150mL、28%乳油100～120mL、27%乳油100～120mL，或20%微乳剂160～200mL。在苗前使用，当亩用药量中异噁草松的量超过48g，可能对后茬小麦、甜菜产生药害。

唑喹·咪乙烟

特性

由咪唑乙烟酸与咪唑喹啉酸复配的混合除草剂。混剂中的两单剂均属咪唑喹啉酮类，作用机理为抑制乙酰乳酸合成酶的活性。混剂杀草谱有所扩大，但可消除咪唑喹啉酸单用剂量高时对大豆苗的伤害。

制剂及生产厂

7.5%水剂，内含咪唑乙烟酸2.5%，咪唑喹啉酸5%，生产厂有沈阳化工研究院试验厂、河北衡水北方农药化工有限公司等。

应用

用于大豆田防除一年生禾本科杂草和阔叶杂草。于播后苗前土壤处理或苗后早期即大豆1～2片复叶、杂草2～3叶期茎叶处理。亩用7.5%水剂100～120mL，对水喷雾。在苗后喷雾的药液中加入适量的非离子表面活性剂，能提高除草效果。在大豆3片复叶以后喷雾可能产生轻微药害。

咪乙·甲戊灵

特性

由咪唑乙烟酸与二甲戊灵复配的混合除草剂。混剂中两单剂的杀草谱相似，但其作用机理不同，复配后增效明显，可以防除一年生禾本科杂草和阔叶杂草及某些两年生杂草。

制剂及生产厂

34.5%乳油，内含咪唑乙烟酸2.25%，二甲戊灵32.25%，生产厂为英国先正达有限公司。

应用

用于春大豆田除草，于大豆播后苗前，亩用34.5%乳油160～200mL，对水喷于土表。最适宜施药时期是在播后3d内、杂草萌发前。

利·咪乙烟

特性

由咪唑乙烟酸与利谷隆复配的混合除草剂。混剂中两单剂的杀草谱都较广，复配后更扩大杀草谱，能防除多种一年生禾本科杂草和阔叶杂草，对多年生的香附子、刺儿菜、蓟、苣荬菜也有较好防效。

制剂及生产厂

27%乳油，内含咪唑乙烟酸3%，利谷隆24%，生产厂为河北景县景美化学工业有限公司。

应用

用于东北地区春大豆除草。于大豆播前或播后苗前（拱土前），亩用27%乳油140～180mL，对水喷于土表。播后苗前施药，播种深度不应少于4cm，更不能有露籽。施药后10～15d内不降雨，可进行2cm以内的浅混土，但降雨或灌水过多，药剂又易被淋溶到土壤下层而引起药害。

氟草·咪乙烟

特性

由咪唑乙烟酸与三氟羧草醚复配的混合除草剂。混剂增加对阔叶杂草的杀草谱，对刺儿菜、苣荬菜、大蓟等也有较强抑制作用。

制剂及生产厂

25%水剂，内含咪唑乙烟酸4%，三氟羧草醚21%，生产厂为哈尔滨益农生化制品开发有限公司。

应用

用于东北地区春大豆田除草。在大豆苗后3片复叶以前，阔叶杂草2～3叶期，亩用25%水剂125～150mL，对水茎叶喷雾。在大豆3片复叶以后、最高气温低于21℃或高于27℃或土壤温度低于15℃、土壤干旱等条件下施药，可能引起药害。

咪·丙·异噁松

特性

由咪唑乙烟酸与异丙草胺、异噁草松复配的混合除草剂。三单剂复配后杀草谱扩大很多，且对鸭跖草、问荆、蓼、刺儿菜、苣荬菜、大蓟等也有较好的防效。三类作用机理协同作用，增效明显。

制剂及生产厂

56%乳油，内含咪唑乙烟酸2%，异丙草胺44%，异噁草松10%，生产厂为大连松辽化工有限公司。

应用

用于东北地区春大豆田除草，于大豆播后出苗前（大豆拱土前），亩用56%乳油230～280mL，对水喷雾。

7

咪·异·滴丁酯

特性

由咪唑乙烟酸与异丙草胺、2，4-滴丁酯复配的混合除草剂。混剂扩大杀草谱。增快杀草速度，能防除多种一年生单、双子叶杂草。

制剂及生产厂

55%乳油，内含咪唑乙烟酸2%，异丙草胺37%，2，4-滴丁酯16%，生产厂为大连松辽化工有限公司。

应用

用于东北地区春大豆田除草，于大豆播后苗前，即播后3d内大豆尚未拱土时，亩用55%乳油280～300mL，对水喷于土表。喷药时防止雾滴漂移伤害邻近敏感的阔叶作物，使用后的药具必须彻底清洗。

乙·噁·滴丁酯

特性

由乙草胺、异噁草松与2，4-滴丁酯复配的混合除草剂。混剂扩大杀草谱，增快杀草速度，能防除多种一年生单、双子叶杂草。

制剂及生产厂

70%、48%乳油。生产厂有哈尔滨富利生化科技发展有限公司、江苏长青农化股份有限公司、大连松辽化工有限公司等。

应用

用于东北地区春大豆田除草，于大豆播后苗前，亩用70%乳油170～230mL或48%乳油120～150mL，对水喷于土表。喷药时防止雾滴漂移伤害邻近敏感阔叶作物。使用后的药具必须彻底清洗。

丙·噁·滴丁酯

特性

由异丙草胺、异噁草松与2，4-滴丁酯复配的混合除草剂。除草性能与乙·噁·滴丁酯相似。

制剂及生产厂

76%、70%乳油，生产厂有大连松辽化工有限公司、广东佛山市盈辉作物科学公司等。

应用

用于春大豆田除草。于大豆播后苗前，亩用76%乳油200～230mL或70%乳油200～250mL，对水喷于土表。喷药时防止雾滴漂移伤害邻近敏感的阔叶作物。使用后的药具必须彻底清洗。

丙·噁·嗪草酮

特性

由异丙草胺与异噁草松、嗪草酮复配的混合除草剂。混剂主要优点是克服了嗪草酮单用对大豆的不安全性，并扩大杀草谱。

制剂及生产厂

52%乳油，内含异丙草胺32%，异噁草松14%，嗪草酮6%。生产厂为大连松辽化工有限公司。

应用

用于春大豆田除草，于大豆播后苗前（最好在3d内，大豆拱土前），亩用52%乳油250～300mL，对水喷于土表。

氟胺·烯禾啶

特性

由氟磺胺草醚与烯禾啶复配的混合除草剂。氟磺胺草醚是大豆田防除阔叶杂草的优良药剂，但对禾本科杂草无效，在土壤中残留时期较长，对后茬作物不够安全，需与其他除草剂混用。此混剂在很大程度上满足了这种需求。

制剂及生产厂

22.5%、20.8%、13%、12%乳油，12.8%微乳剂。生产厂有江苏克胜集团股份有限公司、山东华阳科技股份有限公司、大连瑞泽农药股份有限公司、大连松辽化工有限公司、青岛海利尔药业有限公司、内蒙古宏裕科技股份有限公司、福建三农集团股份有限公司等。

应用

用于大豆田防除一年生单、双子叶杂草。于大豆1～3片复叶，杂草3～5叶期，茎叶喷雾。春大豆亩用22.8%乳油85～105mL，20.8%乳油120～150mL，13%乳油200～250mL，12.8%微乳剂250～300mL或12%乳油250～300mL。夏大豆亩用13%乳油150～200mL，12.8微乳剂200～250mL或12%乳油200～250mL。

氟胺·灭草松

特性

由氟磺胺草醚与灭草松复配的混合除草剂。灭草松对大豆有良好的选择性，使混剂减轻对后茬敏感作物的影响，提高对苣荬菜、刺儿菜、大蓟、问荆等多年生阔叶杂草的防效。

制剂及生产厂

447g/L、30%水剂，生产厂有江苏绿利来股份有限公司、大连广达农药有限公司、辽宁丹东红泽农化有限公司等。

应用

用于大豆田防除单、双子叶杂草及部分莎草。于大豆1～3片复叶，杂草3～5叶期茎叶喷雾。夏大豆亩用447g/L乳油150～200mL，春大豆亩用30%乳油160～200mL。

7

精喹·氟磺胺

特性

由防除阔叶杂草的氟磺胺草醚与防除禾本科杂草的精喹禾灵复配的混合除草剂。使混剂能兼除两大类杂草，并可减轻氟磺胺草醚单用对后茬作物的影响。

制剂及生产厂

21%、18%、15% 乳油。生产厂有黑龙江科润生物科技有限公司、黑龙江佳木斯市恺乐农药有限公司、大连松辽化工有限公司等。

应用

用于大豆、花生等作物田防除一年生和部分多年生的禾本科杂草及阔叶杂草。于苗后早期茎叶喷雾。大豆 1~3 片复叶时，春大豆亩用 21% 乳油85~120mL,18%乳油100~125mL或15%乳油150~180mL；夏大豆亩用 15% 乳油 100~140mL。花生于苗后早期施药，亩用 15% 乳油 100~140mL。

松·喹·氟磺胺

特性

由氟磺胺草醚与精喹禾灵、异噁草松复配的混合除草剂。它是在精喹·氟磺胺的基础上又增加了能防除多种单、双子叶杂草的异噁草松，既扩大了杀草谱，又增效明显，对大豆安全。

制剂及生产厂

36%、35%、18%、15%、13.6% 乳油。生产厂 15 家以上。

应用

主要用于大豆田除草，于大豆 1~2 片复叶时茎叶喷雾。春大豆亩用 36% 乳油 110~130mL，35% 乳油 100~150mL，18% 乳油 180~200mL，15% 乳油 240~280mL 或 13.6% 乳油 240~280mL。夏大豆亩用 15% 乳油 200~240mL。

喹·唑·氟磺胺

特性

由氟磺胺草醚与精喹禾灵、咪唑乙烟酸复配的混合除草剂。混剂扩大杀草谱，能防除多种一年生单、双子叶杂草，对刺儿菜、苣荬菜、大蓟等多年生杂草有较强抑制作用。

制剂及生产厂

20% 乳油，16.8% 微乳剂。生产厂由黑龙江齐齐哈尔市合成助剂厂、大连松辽化工有限公司、吉林省八达农药有限公司等。

应用

目前主要用于春大豆田除草。于大豆 1~3 片复叶，亩用 20% 乳油 100~140mL 或 16.8% 微乳剂 150~180mL，对水茎叶喷雾。

灭·喹·氟磺胺

特性

由氟磺胺草醚与精喹禾灵、灭草松复配的混合除草剂。本混剂在精喹·氟磺胺的基础上又增加了灭草松，兼治多种一年生单、双子叶杂草，对刺儿菜、问荆、鬼针草、香附子等也有很好防效。

制剂及生产厂

24%乳油，内含氟磺胺草醚7%，精喹禾灵2%，灭草松15%，生产厂为青岛翰生生物科技股份有限公司。21%微乳剂，内含氟磺胺草醚5%，精喹禾灵1.5%，灭草松14.5%，生产厂为大连松辽化工有限公司。

应用

用于大豆田防除一年生杂草。于大豆1～3片复叶时茎叶喷雾，春大豆亩用24%乳油100～130mL，或21%微乳剂200～220mL；夏大豆亩用21%微乳剂185～200mL。

咪乙·氟磺胺

特性

由氟磺胺草醚与咪唑乙烟酸复配的混合除草剂。混剂弥补了氟磺胺草醚对禾本科杂草无效之不足，扩大杀草谱，兼除单、双子叶杂草，对阔叶杂草增效明显。

制剂及生产厂

16%水剂，内含氟磺胺草醚12%，咪唑乙烟酸4%，生产厂为黑龙江强尔生化技术开发有限公司。25%水剂，内含氟磺胺草醚21%，咪唑乙烟酸4%，生产厂为吉林省瑞野农药有限公司。

应用

目前用于大豆田防除一年生杂草。于大豆1～3片复叶时，亩用25%水剂100～120mL或16%水剂100～120mL，对水茎叶喷雾。

氟·咪·灭草松

特性

由氟磺胺草醚与咪唑乙烟酸、灭草松复配的混合除草剂，除草性能与咪乙·氟磺胺相似，但对刺儿菜、问荆、鬼针草、香附子等也有较好防效。

制剂及生产厂

31.5%水剂，内含氟磺胺草醚10%，咪唑乙烟酸1.5%，灭草松20%，生产厂为大连瑞泽农药股份有限公司。32%水剂，内含氟磺胺草醚9%，咪唑乙烟酸3%，灭草松20%，生产厂为江苏长青农化股份有限公司。

应用

目前主要用于春大豆田防除一年生单、双子叶杂草。于大豆1～3片复叶时，亩用20%水剂140～160mL，或31.5%水剂120～150mL，对水茎叶喷雾。

7

异噁·氟磺胺

特性

由氟磺胺草醚与异噁草松复配的混合除草剂。混剂扩大杀草谱，增效明显，能防除一年生单、双子叶杂草，对多年生的刺儿菜、苣荬菜、大蓟、问荆等也有较强抑制作用，还可减轻两单剂各自单用时对后茬作物的危害。

制剂及生产厂

40%、36%乳油，18%微乳剂。生产厂有大连松辽化工有限公司、哈尔滨利民农化有限公司等。

应用

目前主要用于春大豆田除草。于大豆1~3片复叶时，亩用40%乳油80~120mL，36%乳油90~100mL或18%微乳剂180~200mL，对水茎叶喷雾。

松·烟·氟磺胺

特性

由氟磺胺草醚与异噁草松、咪唑乙烟酸复配的混合除草剂，它是在异噁·氟磺胺的基础上又增加咪唑乙烟酸，由三种作用机理协同作用，增效明显杀草谱也更扩大，能防除多种单、双子叶杂草。

制剂及生产厂

38%、18%微乳剂，39%、36%乳油。生产厂有大连松辽化工有限公司、山东先达化工有限公司、山东滨农科技有限公司等。

应用

苗前主要用于春大豆田除草。于大豆1~3片复叶时，亩用38%微乳剂90~110mL，18%微乳剂250~280mL，39%乳油100~120mL或36%乳油125~140mL，对水茎叶喷雾。也可用于夏大豆田除草。

乳禾·氟磺胺

特性

由氟磺胺草醚与乳氟禾草灵复配的混合除草剂。混剂中的两单剂都是防除阔叶杂草的有效药剂，复配后杀草谱互补，更扩大对阔叶杂草的杀草谱，但对禾本科杂草无效。

制剂及生产厂

15%乳油，内含氟磺胺草醚11%，乳氟禾草灵4%。生产厂有黑龙江佳木斯市恺乐农药有限公司、合肥星宇化学有限责任公司等。

应用

目前主要用于春大豆田除草。于大豆1~3片复叶时，亩用15%乳油120~150mL，对水茎叶喷雾。也可用于夏大豆田除草。本剂对鱼有毒，注意不要污染鱼池及河流。

氟吡·氟磺胺

特性

由氟磺胺草醚与高效氟吡甲禾灵复配的混合剂。混剂中两单剂分别是防除阔叶杂草或禾本科杂草的有效药剂，复配后可兼除两大类杂草。

制剂及生产厂

24%乳油，内含氟磺胺草醚21%，高效氟吡甲禾灵3%，生产厂为沈阳化工研究院试验厂。18.5%乳油，内含氟磺胺草醚15%，高效氟吡甲禾灵3.5%，生产厂为安徽绩溪农化生物科技有限公司。

应用

目前主要用于大豆田除草。于大豆1～3片复叶时，春大豆亩用24%乳油100～120mL或18.5%乳油80～100mL；夏大豆亩用24%乳油75～100mL，对水茎叶喷雾。持效期可达3～4个月。

乙羧·氟磺胺

特性

由氟磺胺草醚与乙羧氟草醚复配的混合除草剂。由二苯醚类除草剂的两个品种组成，对阔叶杂草的杀草谱有互补作用和协同作用。

制剂及生产厂

30%水剂，内含氟磺胺草醚25%，乙羧氟草醚5%，生产厂为青岛翰生生物科技股份有限公司。

应用

主要用于春大豆防除一年生阔叶杂草。于大豆苗后早期（1～3片复叶），亩用30%水剂40～60mL，对水茎叶喷雾。

乙羧·异噁松

特性

由乙羧氟草醚与异噁草松复配的混合除草剂。混剂扩大杀草谱，能防除多种一年生单、双子叶杂草，并克服了异噁草松单用对后茬作物的影响。

制剂及生产厂

52%乳油，内含乙羧氟草醚4%，异噁草松48%。生产厂为大连越达农药化工有限公司。

应用

用于春大豆田除草。于大豆1～2.5复叶时，亩用52%乳油50～70mL，对水茎叶喷雾。当天气干旱或草龄较大时，杂草受药后死亡较慢，可按推荐的高剂量使用，但无需重喷或补喷。

7

咪·羧·异噁松

特性

由乙羧氟草醚与异噁草松、咪唑喹啉酸复配的混合除草剂。混剂能防除多种一年生单、双子叶杂草，还因由三种作用机理的单剂协同作用，增效明显。并克服了异噁草松单用对后茬作物的影响，也克服了咪唑喹啉酸单用对大豆可能产生的暂时性影响。

制剂及生产厂

51.5%乳油，内含乙羧氟草醚4%，异噁草松40%，咪唑喹啉酸7.5%。生产厂为山东先达化工有限公司。

应用

用于东北地区春大豆田除草，于大豆1～2片复叶时，亩用51.5%乳油80～100mL，对水茎叶喷雾。

烯禾·乙羧氟

特性

由防除阔叶杂草的乙羧氟草醚与防除禾本科杂草的烯禾啶复配的混合除草剂。使混剂能防除两大类杂草。

制剂及生产厂

11.8%乳油，内含乙羧氟草醚2.8%，烯禾啶9%。生产厂为江苏克胜集团股份有限公司。

应用

用于春大豆田除草，于大豆1～2片复叶时，亩用11.8%乳油100～120mL，对水茎叶喷雾。

精噁·乙羧氟

特性

由防除阔叶杂草的乙羧氟草醚与防除禾本科杂草的精噁唑禾草灵复配的混合除草剂，使混剂能防除两大类杂草，还提高了对大豆的安全性。

制剂及生产厂

21%乳油，内含乙羧氟草醚9%，精噁唑禾草灵12%。生产厂为安徽华星化工股份有限公司。

应用

用于大豆田除草，于大豆2～3片复叶时，亩用21%乳油40～50mL（夏大豆）或50～60mL（春大豆），对水茎叶喷雾。

精喹·乙羧氟

特性

由防除阔叶杂草的乙羧氟草醚与防除禾本科杂草的精喹禾灵复配的混合除草剂，使混剂能防除两大类杂草，还提高了对大豆的安全性。除草性能与精噁·乙羧氟相似。

制剂及生产厂

15%乳油（三厂家产品的配比不同），生产厂为深圳诺普信农化有限公司、山东胜邦绿野化学有限公司、青岛海纳生物科技有限公司；12%水乳剂，内含乙羧氟草醚8%，精喹禾灵4%，生产厂为南京祥宇农药有限公司。

应用

用于大豆和花生田除草，于大豆1～3片复叶或花生苗后早期施药。夏大豆亩用15%乳油25～30mL或40～60mL（详见产品标签），春大豆亩用12%水乳剂50～60mL，花生亩用15%乳油50～60mL，对水茎叶喷雾。

喹·草·乙羧氟

特性

由乙羧氟草醚与精喹禾灵、异噁草松复配的混合除草剂，它是在精喹·乙羧氟的基础上又增加了能防除多种单、双子叶杂草的异噁草松，杀草谱更扩大，三类作用机理的单剂协同作用，增效明显，杀草速度快。

制剂及生产厂

18%乳油，内含乙羧氟草醚6.5%，精喹禾灵1.5%，异噁草松10%。生产厂为哈尔滨市益农生化制品开发有限公司。

应用

用于春大豆田除草，于大豆1～3片复叶时，亩用18%乳油170～250mL，对水茎叶喷雾。

氟醚·灭草松

特性

由三氟羧草醚与灭草松复配的混合除草剂。灭草松对大豆很安全，使混剂克服三氟羧草醚单用对大豆可能引起的影响，也提高对藜、苍耳、苘麻、鸭跖草、苣荬菜、刺儿菜等阔叶杂草防效。但对禾本科杂草防效差。

制剂及生产厂

440g/L、44%、40%水剂。生产厂有江苏绿利来股份有限公司、青岛双收农药化工有限公司、华北制药集团爱诺有限公司、江苏长青农化股份有限公司、印度联合磷化合物有限公司等。

应用

主要防效阔叶杂草。

1. 大豆田

于大豆3片复叶前，阔叶杂草旺盛生长的2～4叶期（鸭跖草3叶期前）茎叶喷雾法施药。夏大

7

豆亩用44%水剂100mL或40%水剂100～130mL。春大豆亩用44%水剂130～150mL或40%水剂200～250mL。喷药后，大豆叶片可能会出现黄色斑点，10d后新叶长出，症状消失，不影响生长。

2. 花生田

于花生苗后，杂草2～4叶期，亩用44%水剂100～130mL，对水茎叶喷雾。

精喹·氟羧草

特性

由防除阔叶杂草的三氟羧草醚与防除禾本科杂草的精喹禾灵复配的混合除草剂。使混剂能兼除两大类杂草。

制剂及生产厂

20%乳油，内含三氟羧草醚17.5%，精喹禾灵2.5%，生产厂为江苏富田农化有限公司。5%乳油，内含三氟羧草醚3.5%，精喹禾灵1.5%，生产厂为河南周口山都丽化工有限公司、河南商丘天神农药厂。

应用

主要用于大豆田除草、于大豆3片复叶期前，阔叶杂草2～4叶期茎叶喷雾法施药。夏大豆亩用20%乳油30～40mL或5%乳油120～160mL。春大豆亩用5%乳油150～200mL。

氟·喹·异噁松

特性

由三氟羧草醚与精喹禾灵、异噁草松复配的混合除草剂，它是在精喹·氟羧草的基础上又增加了能防除多种单、双子叶杂草的异噁草松，既扩大杀草谱，又增效明显，对大豆安全。

制剂及生产厂

32%乳油，内含三氟羧草醚9.4%，精喹禾灵3.4%，异噁草松19.2%，生产厂为上海威敌生化（南昌）有限公司。15.8%乳油，内含三氟羧草醚4.7%，精喹禾灵1.5%，异噁草松9.6%，生产厂为大连松辽化工有限公司。

应用

用于防除大豆田一年生单、双子叶杂草，于大豆3片复叶期前、杂草2～4叶期茎叶喷雾法施药。春大豆亩用32%乳油150～200mL或15.8%乳油200～220mL。夏大豆亩用32%乳油100～150mL。

精喹·乳氟禾

特性

由防除阔叶杂草的乳氟禾草灵与防除禾本科杂草的精喹禾灵复配的混合除草剂，能兼除两大类杂草。

制剂及生产厂

30%乳油，内含乳氟禾草灵20%，精喹禾灵10%，生产厂为黑龙江强尔生化技术开发有限公司。11.8%乳油，内含乳氟禾草灵1.8%，精喹禾灵

10%，生产厂为深圳诺普信农化股份有限公司。

应用

用于大豆和花生田防除一年生单、双子叶杂草。大豆于3片复叶以前，亩用30%乳油30～50mL（夏大豆）或50～70mL（春大豆）；花生于1～2.5叶期亩用11.8%乳油30～40mL，对水茎叶喷雾。本剂对鱼有毒，注意防止污染水源。

精喹·咪乙烟

特性

由精喹禾灵与咪唑乙烟酸复配的混合除草剂。混剂扩大对禾本科杂草的杀草谱，还兼除某些阔叶杂草，也减轻或消除咪唑乙烟酸对后茬作物的影响。

制剂及生产厂

9%乳油，内含精喹禾灵4%，咪唑乙烟酸5%，生产厂为山东先达化工有限公司。

应用

用于春大豆田除草，于大豆苗后3叶期以前，亩用9%乳油75～100mL，对水茎叶喷雾。

精喹·嗪酯

特性

由防除禾本科杂草的精喹禾灵与防除阔叶杂草的嗪草酸甲酯复配的混合除草剂。能兼除两大类杂草，对难除的问荆、藜、苍耳、牵牛等也很有效。

制剂及生产厂

6%乳油，内含精喹禾灵5%，嗪草酸甲酯1%。生产厂为大连瑞泽农药股份有限公司。

应用

用于防除春大豆田杂草，于大豆苗后早期，杂草3～5叶期，亩用6%乳油60～80mL，对水茎叶喷雾。本品对鱼类有毒，切勿污染水源。

精喹·乙草胺

特性

由精喹禾灵与乙草胺复配的混合除草剂，混剂扩大对禾本科杂草的杀草谱，还兼除某些阔叶杂草。

制剂及生产厂

35%、30%乳油，生产厂有安徽丰乐农化有限责任公司、浙江平湖农药厂、江苏南通新华农药有限公司等。

应用

1. 大豆田

于大豆苗后早期，亩用35%乳油60～70mL，对水茎叶喷雾。

2. 冬油菜田

于油菜移栽活棵后至杂草3叶期前，亩用30%乳油100～130mL，对水茎叶喷雾。

7

·以油菜地除草为主要用途的混剂

精喹·草除灵

特性

由防除阔叶杂草的草除灵与防除禾本科杂草的精喹禾灵复配的混合除草剂，能防除多种一年生单、双子叶杂草，如繁缕、猪殃殃、婆婆纳、曼陀罗、雀舌草、地肤、卷耳、皱叶酸模、野芝麻、看麦娘、稗草、野燕麦、狗尾草、牛筋草、千金子、马唐、早熟禾、画眉草、雀麦、狗牙根等。

制剂及生产厂

35%可湿性粉剂，34%悬浮剂，18%、17.5%、14%、12%乳油。生产厂近50家。

应用

主要用于油菜田除草。适用于甘蓝型和白菜型油菜，不推荐用于芥菜型油菜。在冬油菜移栽活棵后，杂草基本出齐达3～4叶期，冬季气温较高时施药；也可在冬后油菜返青期（6～8叶期）气温回升时施药。直播的冬油菜或春油菜可在6～8叶期施药。由于本混剂产品种类多，生产单位更多，各产品的配方不尽相同，亩使用量就有所不同。一般亩用有效成分总量为18～26g，约相当于35%可湿性粉剂50～70g，34%悬浮剂55～70g，18%乳油100～120mL，15%乳油120～150mL，或12%乳油150～200mL（详见各产品标签），对水茎叶喷雾。

噁唑·草除灵

特性

由草除灵与精噁唑禾草灵复配的混合除草剂。除草性能与精喹·草除灵基本相同。

制剂及生产厂

18%乳油，内含草除灵14.7%，精噁唑禾草灵3.3%。生产厂为浙江新安江化工集团股份有限公司。

应用

也与精喹·草除灵相似。目前主要用于冬油菜田防除一年生杂草，于油菜移栽活棵后冬前施药，或冬后油菜返青期，杂草3～5叶期施药。亩用18%乳油100～120mL，对水茎叶喷雾。

氟吡·草除灵

特性

由草除灵与高效氟吡甲禾灵复配的混合除草剂。高效氟吡甲禾灵防除看麦娘、马唐、狗尾草、早熟禾、白茅、狗牙根等禾本科杂草的高校药剂，与草除灵复配后，可以防除多种单、双子叶杂草。

制剂及生产厂

20%乳油，内含草除灵16%，高效氟吡甲禾灵4%，生产厂为济南绿霸化学品有限责任公司生产。

应用

用于油菜田防除一年生单、双子叶杂草及部

分多年生禾本科杂草。在冬油菜移栽活棵后及直播油菜6～8叶期，看麦娘1～2个分蘖期，其他杂草3～5叶期时，以茎叶喷雾法施药。亩用20%乳油80～110mL（冬油菜）或90～110mL（春油菜）。

烯酮·草除灵

特性

由草除灵与烯草酮复配的混合除草剂。烯草酮是防除一年生和多年生禾本科杂草的有效药剂，草除灵与其复配，可防除多种单、双子叶杂草。

制剂及生产厂

20%悬浮剂，12%乳油，生产厂有沈阳化工研究院试验厂、安徽丰乐农化有限公司等。

应用

主要用于冬油菜田除草。移栽油菜（包括免耕移栽油菜）活棵后冬前施药，或冬后返青期施药，一般是冬前施药的防效好于冬后施药。亩用20%悬浮剂100～120mL或12%乳油200～250mL，对水茎叶喷雾。

胺·喹·草除灵

特性

由对阔叶杂草高效的草除灵和胺苯磺隆与对禾本科杂草高效的精喹禾灵复配的混合除草剂，使混剂能兼除两大类杂草，并减轻草除灵和胺苯磺隆对某生物型油菜的危害性，也可减少胺苯磺隆在土壤中的残留量，提高对后茬作物的安全性。

制剂及生产厂

20%可湿性粉剂，内含草除灵13%，胺苯磺隆1%，精喹禾灵6%，生产厂为山东淄博新农基农药化工有限公司。

应用

用于油菜田防除一年生单、双子叶杂草，在冬油菜移栽后10～30d或直播油菜4叶期以后，杂草2～4叶期时，亩用20%可湿性粉剂60～70g，对水茎叶喷雾。对芥菜型和白菜型油菜，应先试验后推广使用。

喹·胺·草除灵

特性

由草除灵和胺苯磺隆与喹禾灵复配的混合除草剂，其除草性能与胺·喹·草除灵基本相同。

制剂及生产厂

21.2%可湿性粉剂粉剂，内含草除灵15%，胺苯磺隆1.2%，喹禾灵5%。生产厂有安徽嘉日成技术有限公司，湖北农本有限公司，浙江锐特华工科技有限公司等。20%可湿性粉剂，内含草除灵14%，胺苯磺隆1%，喹禾灵5%，生产厂为江苏富田农化有限公司。

应用

与胺·喹·草除灵相同。亩用21.2%可湿性粉剂或20%可湿性粉剂50～70g，对水茎叶喷雾，主要用于冬油菜。对荠菜型和白菜型油菜，应先试验后推广使用。

噁·胺·草除灵

特性

由草除灵和胺苯磺隆与精噁唑禾草灵复配的混合除草剂，其除草性能与胺·喹·草除灵基本相同。

制剂及生产厂

26%悬浮剂，内含草除灵16%，胺苯磺隆2%，精噁唑禾草灵8%，生产厂为安徽华星化工股份有限公司。

应用

主要用于冬油菜田防除一年生单、双子叶杂草，在移栽油菜活棵后或直播油菜3～6叶期，亩用26%悬浮剂50～60g，对水茎叶喷雾。对芥菜型和白菜型油菜应先试验后推广使用。

精噁·胺苯

特性

由防除阔叶杂草的胺苯磺隆与防除禾本科杂草的精噁唑禾草灵复配的混合除草剂，能防除多种一年生单、双子叶杂草，并可减轻胺苯磺隆对油菜的危害性及在土壤中残留对后茬作物的危害性。

制剂及生产厂

14%悬浮剂，内含胺苯磺隆4%，精噁唑禾草灵10%，生产厂为安徽华星化工股份有限公司。

应用

用于冬油菜田除草，于油菜移栽活棵后或直播油菜3叶期以后，亩用14%悬浮剂50～60g，对水茎叶喷雾。对甘蓝型油菜安全，对芥菜型和白菜型油菜慎用。

胺·喹·乙草胺

特性

由胺苯磺隆与精喹禾灵、乙草胺复配的混合除草剂，既能防除阔叶杂草，还扩大对禾本科杂草的杀草谱，还可减轻或消除胺苯磺隆对油菜的危害性和在土壤中残留对后茬作物的危害性。

制剂及生产厂

21%悬浮剂，内含胺苯磺隆0.75%，精喹禾灵2.5%，乙草胺17.75%，生产厂为江苏省苏科农化有限责任公司。

应用

用于冬油菜田除草，于油菜移栽活棵后，亩用21%悬乳剂100～125g，对水茎叶喷雾。

胺苯·乙草胺

特性

由防除阔叶杂草的胺苯磺隆与防除禾本科杂草的乙草胺复配的混合除草剂，能防除多种一年生单、双子叶杂草，并可减轻胺苯磺隆对油菜的危害性和在土壤中残留对后茬作物的危害性。

制剂及生产厂

30%可湿性粉剂，内含胺苯磺隆2%，乙草胺28%，生产厂为江苏瑞禾化学有限公司。17%可湿性粉剂，内含胺苯磺隆1%，乙草胺16%，生产厂为湖南资江农药厂。

应用

用于冬油菜田除草，于油菜移栽活棵后，亩用20%可湿性粉剂70～80g，或17%可湿性粉剂100～120g，对水喷雾或撒毒土。

·其他混合除草剂

2甲·莠灭净

特性

由2甲4氯钠盐与莠灭净复配的混合除草剂，莠灭净是甘蔗地有效除草剂，与2甲4氯复配能有效地防除一年生阔叶杂草和禾本科杂草，对阔叶杂草的防效好于禾本科杂草。

制剂及生产厂

48%可湿性粉剂，内含2甲4氯钠盐8%，莠灭净40%，生产厂有广西易多收生物科技有限公司、吉化集团农药化工有限责任公司、广西金穗农药有限公司。49%可湿性粉剂，内含2甲4氯钠盐7%，莠灭净42%，生产厂为广西田园生化股份有限公司。

应用

主要用于甘蔗地除草，在蔗苗3～4叶期，株高25cm左右，杂草1～3叶期，亩用48%可湿性粉剂或49%可湿性粉剂200～300g，对水定向喷雾于行间，尽量避免将药液喷到蔗苗上。

甲·灭·敌草隆

特性

由2甲4氯钠盐、莠灭净、敌草隆复配的混合除草剂，是在2甲·莠灭净中加入敌草隆，三类作用机理的除草剂协同作用，除草效果更好，能防除多种一年生单、双子叶杂草，对双子叶杂草的防效好于单子叶。

制剂及生产厂

30%可湿性粉剂，内含2甲4氯钠盐6%，莠灭净20%，敌草隆4%，生产厂为广西乐土生物科技有限公司。

应用

与2甲·莠灭净相同，主要用于甘蔗地除草，在蔗苗3~4叶期，株高25cm左右，杂草1~3叶期，亩用30%可湿性粉剂300~400g，对水定向喷雾于行间，尽量避免将药液喷到蔗苗上。

2甲酯·莠灭

特性

由2甲4氯异辛酯与莠灭净复配的混合除草剂，其除草性能与2甲·莠灭净基本相同。

制剂及生产厂

55%乳油，内含2甲4氯异辛酯35.4%，莠灭净19.6%。生产厂为广西化工研究院。

应用

主要用于甘蔗地防除一年生单、双子叶杂草。在甘蔗苗后株高25cm左右，杂草1~3叶期，亩用55%乳油150~250mL，对水定向喷雾于行间杂草茎叶。尽量避免将药液喷到蔗苗上。

2甲·草甘膦

特性

由2甲4氯钠盐与草甘膦复配的混合除草剂。2甲4氯的速效性与草甘膦的灭生性及杀草根性相配合，可使除草快速又彻底。

制剂及生产厂

46%可溶粉剂，内含2甲4氯钠盐8%，草甘膦38%，生产厂有浙江天一农化有限公司、河南金田地农化有限责任公司、河南安阳市锐普农化有限责任公司等。

应用

适用于南北方果园防除一年生单、双子叶杂草及某些多年生杂草。于夏季杂草旺盛生长期，亩用46%可溶粉剂150~200g（如南方柑橘园、苹果园）或180~300g（如北方苹果园），对水40~50kg，对杂草茎叶常规喷洒。须注意防止雾滴漂落到果树叶片上。按此用法，也可用于桑园及其他木本植物园、非耕地除草。

滴胺·百草枯

特性

由2，4-滴二甲胺盐与百草枯复配的混合除草剂，2，4-滴的内吸及速效性与百草枯的灭生性相配合，可使除草快速又彻底。

制剂及生产厂

36%水剂，内含2，4-滴二甲胺盐22.5%，百草枯13.5%，生产厂为大连松辽化工有限公司。

应用

本品为灭生性除草剂，能防除多种一年生单、双子叶杂草，一般亩用36%水剂200~250mL，对水40～50kg，对杂草茎叶喷雾。用于稻茬免耕小麦田，在播种前1～2d施药；用于果园、桑园等木本作物园及非耕地，在初夏杂草旺盛生长期施药。须注意防止雾滴飘落到作物茎（嫩枝）叶上。

滴酸・草甘膦

特性

由草甘膦与2，4–滴复配的混合除草剂，2，4–滴的内吸性及速效性与草甘膦的内吸性及灭生性相配合，使除草快速又彻底，对双子叶杂草效果好于单子叶杂草，还对多年生深根性杂草有较好的防效。

制剂及生产厂

10.8%水剂，内含草甘膦10%，2，4–滴0.8%，生产厂为广西化工研究院。

应用

可用于果园、桑园等木本作物园及非耕地灭生性除草，例如，在柑橘园，于初春杂草生长有一定叶面积时，亩用10.8%水剂250～1 500mL，对水40～50kg，喷洒杂草茎叶。须注意防止雾滴漂落到果树叶片上及嫩梢上。

苄嘧・草甘膦

特性

由草甘膦与苄嘧磺隆复配的混合除草剂。苄嘧磺隆对萌发初期至3叶期的小草高效，草甘膦对长大的草高效，两者对不同生育期杂草有互补作用，甚至对施药后不久新萌发的杂草也有较好的高效。

制剂及生产厂

75%可湿性粉剂，内含草甘膦72%，苄嘧磺隆3%。生产厂有江苏省激素研究所有限公司、江苏瑞禾农药厂、湖南娄底化工总厂等。

应用

是灭生性除草剂，可用于木本作物园及非耕地除草，例如，在柑橘园或橡胶园，于初春杂草生长有一定叶面积时，亩用75%可湿性粉剂100～200g，对水40～50kg，喷洒杂草茎叶。须注意防止雾滴飘落到树叶及嫩梢上。

甲嘧・草甘膦

特性

由草甘膦异丙胺盐与甲嘧磺隆复配的混合除草剂。甲嘧磺隆的选择性极差，几乎是灭生性的，对萌芽初期的小草有效，与草甘膦复配成的混剂，对在施药后萌发的小草也有效，从而延长了持效期。

制剂及生产厂

15%悬浮剂，内含草甘膦13.5%，甲嘧磺隆1.5%，生产厂为北京燕化永乐农化有限公司。

7

应用

可用于木本作物园及非耕地除草。持效期长，一般全年施药1次，即可控制杂草危害。例如，在橡胶园，于初春杂草长到一定叶面积时，亩用15%悬浮剂800～1 500g，对水喷洒杂草茎叶。须注意防止雾滴飘落到木本作物的叶片或嫩梢上。在沙性土壤药剂易被淋溶到土壤下层伤害树根，不宜使用。

扑·乙

特性

由扑草净与乙草胺复配的混合除草剂。两个旱地广为应用的单剂复配后在杀草谱和杀草活性上互补，能防除多种一年生单、双子叶杂草。

制剂及生产厂

20%粉剂，40%、37.5%、35%、25%可湿性粉剂，52%、51%、50%、45%、40%、30%、25%、20%乳油，40%、30%、26%悬浮剂，40%悬乳剂。生产厂近30家。

应用

可用于水、旱作物田除草，持效期适中，对后茬无不良影响。用于旱地除草效果与土壤湿度关系极大，施药后遇干旱应先浇地，才能收到应有效果。制剂种类多，生产厂家多，亩用药量详见各产品标签，以下仅为举例。

1. 稻田

南方移栽稻田除草，在栽插的秧苗返青活棵后，亩用20%粉剂80～100g或40%可湿性粉剂20～30g，毒土法施药。

2. 小麦田

播后苗前，亩用40%可湿性粉剂80～100g（冬小麦）或120～150g（春小麦），对水40～60kg，喷洒土表。

3. 玉米田

播后苗前喷雾处理土壤。春玉米亩用40%或45%乳油200～250mL，夏玉米亩用35%可湿性粉剂150～200g或26%悬浮剂180～250g，对水40～60kg，喷洒土表。

4. 大豆田

播后苗前，春大豆亩用40%或45%乳油200～250mL或40%可湿性粉剂175～250g或35%可湿性粉剂200～300g；夏大豆亩用35%可湿性粉剂150～250g或26%悬浮剂180～250g，对水40～60kg，喷洒土表。

5. 花生田

播后苗前，亩用40%或45%乳油150～250mL或35%可湿性粉剂150～200g，30%悬浮剂200～300g，40%悬乳剂150～225g，对水40～60kg，喷洒土表。

6. 棉花田

播后苗前，亩用35%可湿性粉剂200～250g或40%可湿性粉剂125～200g，对水40～60kg，喷洒土表。

7. 其他作物

播后苗前喷雾处理土壤。大蒜苗50%乳油130～150mL，马铃薯亩用40%乳油200～250mL，红小豆和绿豆亩用40%乳油150～200mL（华北地区）或200～300mL（东北地区）。

噁酮·乙草胺

特性

由乙草胺与噁草酮复配的混合除草剂。噁草酮杀草谱极广，适用作物多，在旱地持效期长达60d，与乙草胺复配后，能防除多种作物田里的多种一年生杂草及部分多年生杂草。

制剂及生产厂

54%、42%、37.5%、36%、35%、30%、20%乳油，生产厂10家以上。

应用

适用多种旱作物地除草，方法是作物播后苗前喷洒于土壤，喷水量应多些。

1. 花生田

播后苗前施药。春花生亩用36%或35%乳油200~250mL；夏花生亩用54%乳油70~80mL或36%或35%乳油150~200mL，对水喷洒土表。

2. 大豆田

播后苗前施药。夏大豆亩用54%乳油60~80mL，36%乳油100~150mL或30%乳油150~250mL；春大豆亩用36%乳油200~250mL，对水喷洒土表。

3. 油菜田

冬油菜移栽前，亩用37.5%乳油120~150mL或36%乳油100~200mL，对水喷于土表。

4. 棉花田

播后（约隔2~3d）苗前施药。亩用36%乳油120~150mL，对水喷洒土表。

5. 大蒜田

播后苗前施药。亩用37.5%乳油120~150mL，对水60kg，喷洒土表。

甲戊·乙草胺

特性

由二甲戊灵与乙草胺复配的混合除草剂。二甲戊灵对百合科蔬菜有很高的选择性，故本混剂最初开发为大蒜专用除草剂，又因其杀草谱广，相继开发用于其他作物。

制剂及生产厂

40%、33%乳油，生产厂有山东华阳科技股份有限公司、江苏富田农化有限公司、济南仕邦农化有限公司、上海威敌生化（南昌）有限公司、吉化集团农药化工有限责任公司等。

应用

适用于旱作物田防除一年生单、双子叶杂草，于作物播（栽）种后出苗前喷雾处理土壤，亩用药量为：大蒜用40%乳油100~200mL（详见产品标签）或33%乳油150~250mL；姜用40%乳油150~200mL；棉花用40%乳油150~175mL；夏玉米用40%乳油150~200mL。

氧氟·甲戊灵

特性

由二甲戊灵与乙氧氟草醚复配的混合除草剂。混剂中两种有效成分对百合科蔬菜都有较好的选择，因而混剂很适合用于大蒜、姜等防除一年生阔叶杂草和稗草、马唐、狗尾草、看麦娘等禾本科杂草。

制剂及生产厂

34%、20%乳油，生产厂有山东省农科院高效农药实验厂、青岛好利特生物农药有限公司、江苏龙灯化学有限公司、浙江宁波中化化学品有限公司等。

应用

1. 大蒜和姜

用于大蒜田的施药适期为大蒜播种后至立针期或大蒜苗后2叶1心期以后，杂草4叶期以前，避开大蒜1叶1心至2叶期。亩用34%乳油75～100mL或50～80mL（不同厂家的产品），对水喷于土表。地膜大蒜在播种后，浅灌水，水干后，施药，再覆膜。盖草大蒜在播后、盖草、杂草出齐后施药。

姜田于播后苗前亩用20%乳油130～180mL，对水喷于土表。

2. 花生田

于播后苗前亩用34%乳油80～120mL，对水喷于土表。

本品对鱼有毒，勿污染水源。

甲戊·扑草净

特性

由二甲戊灵与扑草净复配的混合除草剂。与甲戊·乙草胺相似，是在利用二甲戊灵对百合科蔬菜的良好选择性，开发用于大蒜、姜田的除草剂，防除一年生单、双子叶杂草。

制剂及生产厂

35%乳油，36%悬乳剂，生产厂有山东胜邦绿野化学有限公司、吉林省吉化集团农药化工有限责任公司等。

应用

在作物播后苗前喷雾处理土壤。大蒜和姜田亩用35%乳油150～200mL；马铃薯田亩用35%乳油250～300mL（东北地区）或150～250mL（其他地区）；花生田亩用36%悬乳剂175～200g。

扑草·仲丁灵

特性

由仲丁灵与扑草净复配的混合除草剂。仲丁灵也是菜田广为使用的除草剂，与扑草净复配扩大对禾本科杂草的杀草谱，也可防除部分阔叶杂草。

制剂及生产厂

33%乳油，内含仲丁灵22%，扑草净11%，生产厂为江西盾牌化工有限责任公司。

应用

一般采用喷雾处理土壤的方法使用，直播田在播前或播后苗前施药，移栽田在移栽前或移栽后施药。移栽后施药应定向喷雾。例如，用于大蒜和棉田除草，在作物播后苗前施药，或播后施药再覆膜，亩用药量为33%乳油150～200mL。

仲灵·异噁松

特性

由仲丁灵与异噁草松复配的混合除草剂。混剂扩大杀草谱，特别是杀阔叶杂草的谱，能防除多种一年生杂草，对多年生的刺儿菜、大蓟、苣荬菜、问荆也有较强抑制作用。

制剂及生产厂

40%乳油，内含仲丁灵30%，异噁草松10%，生产厂为江西盾牌化工有限责任公司。

应用

目前主要用于烟草田防除一年生单、双子叶杂草，于烟草移栽前亩用40%乳油150～200mL，对水喷于土表。

氨氯·氯吡氧

特性

由氨氯吡啶酸与三氯吡氧乙酸复配的混合除草剂。对阔叶杂草及灌木近于灭生性，杀草谱很宽，但对禾本科杂草防效不好。

制剂及生产厂

243g/L乳油，内含氨氯吡啶酸5%，三氯吡氧乙酸19.3%，生产厂为美国陶氏益农公司。

应用

适用于造林前防除灌木、非目的树种和阔叶杂草，维护森林防火线及林分改造，防除山蒿、升麻、蚊子草、唐松草、小叶芹、水苏、土三七、山胡萝卜、白花地榆、紫菀、山杨梅、水杨梅、珍珠梅、红丁香、白丁香、金丝桃、山柳、蒙古柞、榛材、桦、五味子、鼠李、山丁子、蕨类等。

1. 茎叶喷雾

防除灌木及杂草，在灌木叶充分展开时，亩用制剂670～1 000mL，对水30～40kg，喷洒茎叶。

2. 茎干处理

可采用两种方式施药。①于6月中旬至8月中旬，用1份制剂，对5份水，喷湿1m以下树干。施药后1个月大部分树叶变黄，2个月后树叶基本脱落，第二年春季树体死亡。②环状砍截处理，即用斧在树干上砍一环状圈，深度要能使药液通过树皮渗透到形成层，再用1份制剂对1份水，喷洒砍痕区。除了树液流动期外，一年中任何时期都可施药。施药后7d内，叶子开始出现枯斑，30～45d内叶片干枯、小枝枯死、整株死亡，可以比较彻底防除防火线上的各类灌木。

3. 代桩用制剂

原液涂抹或喷洒对1倍的药液，可有效地防止根蘖萌条。

本剂对禾本科杂草防效不好，在单、双子叶杂草混生的林地应与草甘膦混用或连用。

喷雾时防止雾滴飘落到落叶松、樟子松的幼树上及临近农作物上。

第八篇

植物生长调节剂应用篇

第八篇

植物生长调节剂应用篇

概述

植物激素是在植物体内产生的、在极低的剂量下就有生理活性、对植物生长发育有调节功能的化学物质。早在1880年达尔文通过实验证明了植物的向光性是由植物自身产生的一种生理活性物质引起的，经过众多科学家的长期探索，1928年终于有人从植物中分离得到了这种物质，即生长素（吲哚乙酸），它是人类发现的第一类植物激素。此后，陆续发现赤霉素、细胞分裂素、脱落酸、乙烯和芸薹素内酯等。

植物生长调节剂是指那些从外部施加给植物，并能引起植物生长发生变化的化学物质。这些化学物质是人工合成的，或是通过微生物发酵方法取得的。其中有的是模拟植物激素的分子结构而合成的，有的是合成后经活性筛选而得到的。天然植物激素可以作为生长调节剂使用，但更多的生长调节剂则是植物体内并不存在的化合物。由赤霉菌制取的赤霉素商品作为生长调节剂与植物体内产生的赤霉素在来源上是有所不同的。若将外加的植物生长调节剂称之为植物激素，容易将两个不同概念相混淆。

一、主要品种

吲哚丁酸（4-indol-3-ylbutyric acid）

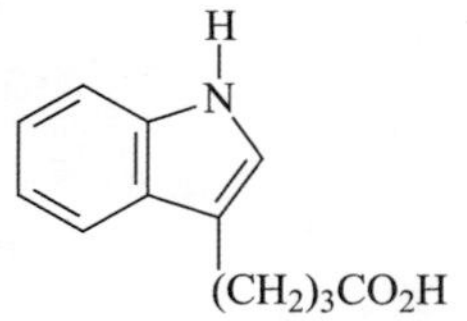

H

N

$(CH_2)_3CO_2H$

化学名称

4-（吲哚-3-基）丁酸

理化性质

白色结晶固体，熔点124～125℃，蒸气压<0.01mPa（25℃）。20℃时在水中溶解度250mg/L。在有机溶剂中溶解度（g/L）：苯>1 000，丙酮、乙醇、乙醚30～100。对酸稳定，在碱金属的氢氧化物和碳酸化物的溶液中则成盐。

毒性

中等毒。小鼠急性经口LD_{50}100mg/kg，小鼠腹膜内（i.p）LD_{50}100mg/kg。对蜜蜂无毒害。

制剂及生产厂

原药，生产厂有四川国光农化有限公司、重庆双丰农药有限公司、浙江泰达作物科技有限公司等。

应用

促进植物细胞在长度和宽度两个方向同等增大，使植物组织与器官扩大，并提高细胞膜的透性，加快原生质流动。被植物吸收后不易在体内传导，往往停留在处理部位，因而主要用于促进插条生根，一般使用浓度为0.5～1mg/kg。很少单用，主要与其他生根剂混用，也有数个混剂取得了登记。切勿用到植物的叶部。

2，4-滴（2，4-D）

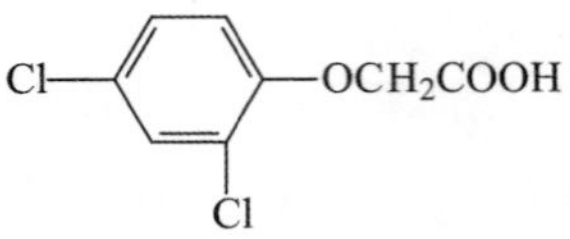

Cl　OCH_2COOH　Cl

化学名称

2，4-二氯苯氧乙酸

理化性质

参见除草剂篇，三乙醇胺盐的熔点142～144℃，30℃水中溶解度440%。

毒性

参见除草剂篇。

制剂及生产厂

85%、10.2%钠盐可溶粉剂，2%水剂，0.5%三乙醇胺水剂。生产厂有上海蓝申生化科技有限公司、四川国光农化有限公司、重庆双丰农药有限公司、重庆永川农药厂、大连松辽化工有限公司、广东粤果农业化学科技有限公司、黑龙江佳木斯黑龙农药化工有限公司、江苏生化农药有限公司、江苏常州市泰丰化工有限公司、山东潍坊润丰化工有限公司等。

应用

2，4-滴具有生长素作用，高浓度抑制植物生长，直至杀死，作为除草剂应用；低浓度则具有促进作用，作为植物生长调节剂应用，由植物的叶、茎、根吸收后传导到生长活跃的组织内起作用，促进同化产物向幼嫩部位转送，促进细胞伸长，根系、果实膨大；防止离层形成，从而防止落花、落果、脱帮；并能诱导单性结实，形成少籽、无籽果实等。曾广为应用，现在应用范围在减少，逐渐被新药剂替代。

1．蔬菜

番茄，防止落花、落果，在每一花穗有2～3个花朵开放时，一手持盛有10～20mg/L药液的容器，一手将花压入药液至开花花穗的花梗。也可用毛笔或棉花球蘸药液涂在每朵花的柱头或花柄上。每朵花只浸、蘸1次。

茄子，在植株上有2～3朵花开放时，用2.5mg/L药液喷花簇，可增加坐果率。用30mg/L药液浸、蘸花朵，可增加早期产量，操作方法同番茄。

甜椒，防止落花、落果，促进果实生长，于开花时，用20mg/L药液浸花或涂花柄，操作方法同番茄。

防止葫芦科化瓜，冬瓜可在上午9：00左右，用30～40mg/L药液涂雌花基部，西葫芦用15～20mg/L药液涂花柄或浸花。

大白菜在采收前3～5d，用40～50mg/L药液喷叶片，可防止贮存期脱帮。甘蓝在收获前喷30～50mg/L药液，可促进早熟和延长贮藏期。花椰菜在立冬前贮藏时，用50mg/L药液喷洒叶片，可促进花球在贮藏期间继续生长。

2. 果树

板栗采收后，喷300～500mg/L药液，晾干后贮藏；或用药液喷锯末后将板栗放在锯末中贮藏，保持相对湿度50%，可保持板栗新鲜、不霉烂、不发芽。

葡萄在采收前或采收后，用40～60mg/L药液喷洒果实或浸果实，可减少贮藏期间落粒。

盆栽柑橘和金橘，在幼果期喷10mg/L药液，可延长挂果期。露地柑橘，在谢花后或绿色果实趋于成熟将变色时，用20～25mg/L药液喷果实，可减少落果，增加大果数。

芒果，在盛花后喷10～20mg/L药液，可减少落果。如浓度过高，反而会增加落果。

荔枝，在初花和盛花期喷150～200mg/L药液，可防止落花，提高坐果率。

3. 促进松树分泌松脂

用100～200mg/L药液涂抹切口处。

以上介绍的使用浓度均以毫克/升计，各2，4-滴产品可以此计算对水倍数或遵照各产品标签、说明书。

对氯苯氧乙酸钠（sodium 4-CPA）

Cl—⟨苯环⟩—OCH_2COONa

化学名称

对-氯苯氧乙酸钠

其他名称

防落素

理化性质

游离酸是白色针状或柱状固体。熔点163～165℃，易溶于多数有机溶剂。本品钠盐易溶于水。化学性质稳定。

毒性

低毒。其酸对大鼠急性经口LD_{50}2 000mg/kg，兔急性经皮LD_{50}>2 000mg/kg。对皮肤无刺激性。每日允许摄入量0.022mg/kg。

制剂及生产厂

95%原药，10%可溶粉剂，0.11%水剂，生产厂有重庆双丰农药有限公司，大连诺斯曼化工有限公司等。

应用

抑制脱落酸的形成，阻止花柄、果柄处的离层形成，减少落花落果，促进坐果，诱导单性结实等作用，应用范围与2，4-滴基本相同，但比2，4-滴安全，不易产生药害。

1. 蔬菜

为防止番茄落果，在一个花序上由3～4朵花开放时施药，操作方法是：戴胶皮手套，把花序夹在指间，并用手遮住嫩芽新梢，另一手用手持小型喷雾器对准花朵喷一两下即可。每朵花只喷药1次。在气温15～20℃时，用10%可溶粉剂3 500～5 000倍液，20～30℃用5 000～10 000倍液。须注意，在用药剂处理畸形花，将产生畸形果，因此在施药时应摘去畸形花或不喷药任其自然脱落。

为防止茄子落果，用10%可溶粉剂3 000～4 000倍液喷花或蘸花序。气温低于20℃时用较高浓度，气温20℃以上时用较低浓度。此法也可用于辣（甜）椒。

对黄瓜、南瓜，用10%可溶粉剂4 000～5 000

倍液涂雌花柱头，保花、保果。

菜豆，用0.11%水剂250～500倍液喷全株，10～14d喷1次，可促进坐果，增加豆荚数和荚重。用220倍液处理幼荚，可促进坐果，增加荚豆持水力，采后延长保绿保鲜期。采收前4d，用55倍液喷豆荚，可延长货架期。

大白菜收获前，用10%可溶粉剂2300倍液沿基部自下而上喷洒，可减少贮藏期脱帮。

2.果树

防止红星苹果采前落果，在采前20d，喷10%可溶粉剂3 500～5 000倍液。

玫瑰香葡萄，在盛花期喷10%可溶粉剂3 700～9 000倍液，15d喷1次，连续3次，可控制副梢生长，增加新梢粗度和叶绿素含量，提高坐果率、单果重和含糖量。葡萄采收前4d，喷5 000～10 000倍液，可延缓果柄离层形成，减少浆果脱落，并能减少采后贮存期间的脱落。

金丝小枣，在采收前4周，喷10%可溶粉剂5 000～10 000倍液，能防止采前落果。

荔枝，在盛花期喷10%可溶粉剂2 500倍液，生理落果初期喷6 800倍液，可提高坐果率。

菠萝，在苗期喷10%可溶粉剂3 300倍液，打顶期喷2 500倍液，能促进果实长大。

萘乙酸（1–naphthylacetic acid）

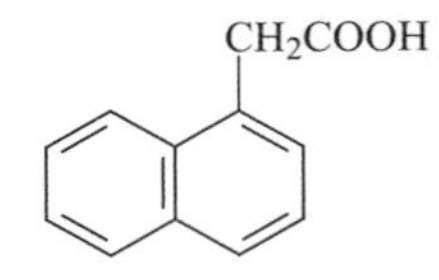

化学名称

1–萘乙酸

理化性质

白色结晶固体，熔点134～135℃，蒸气压＜0.01mPa（25℃）。20℃时在水中溶解度420mg/L，在有机溶剂中溶解度（26℃，g/L）：二甲苯55.5，四氯化碳10.6，它的碱金属盐和铵盐能溶于水，性质稳定。

毒性

低毒。大鼠急性经口LD_{50}1 000～5 900mg/kg，小鼠约700mg/kg（钠盐）。兔急性经皮LD_{50}＞5 000mg/kg。吸入LC_{50}（1h）＞20 000mg/L。对皮肤和黏膜有刺激性，对蜜蜂无毒害。对鱼低毒，LC_{50}（96h，mg/L）：虹鳟鱼57，大翻车鱼82。水蚤LC_{50}（48h）360mg/L。对鸟类低毒，饲喂野鸭和山齿鹑8dLC_{50}＞10 000mg/kg饲料。

制剂及生产厂

20%粉剂，40%、20%、1%可溶粉剂，5%、4.2%、1%、0.6%、0.1%水剂，1%水乳剂，2.5%微乳剂。生产厂较多。

应用

具有生长素的活性，其生理作用和作用机理类似吲哚乙酸，在农业生产上常用其代替吲哚乙酸。其活性比吲哚乙酸强，药效较温和，不会产生2，4–滴类所引起的药害。主要促进细胞伸长，促进生根，低浓度抑制离层形成，可用于防止落花、落果和落叶；高浓度促进离层形成，可用于疏花、疏果，可诱导单性结实，形成无籽果实。诱发枝条不定根的形成，促进扦插生根，提高成活率。还可提高某些作物的抗逆性，增强抗旱、涝、寒及盐碱的能力。

萘乙酸用途广，制剂种类多，各产品具体使用量详见其标签。下面介绍的仅以5%水剂为例说明（表8–1）。

表 8-1 萘乙酸使用方法及应用效果简表

作物	施药适期	5% 水剂对水倍数	施药方法	效果
水稻	播前 移栽前	3100 5000	浸种 12h，捞出清洗后催芽 浸秧根 1~2h	促生根，状秧 促返青，壮苗
小麦	播前 灌浆期	5000 2500	浸种 10~12h，捞出清洗 喷穗部及旗叶	促发芽，壮苗 促灌浆，粒满，增产
玉米、高粱	播前 灌浆期	5000 2500	浸 12~24h，捞出清洗 喷穗部及旗叶	早出苗，壮苗 促灌浆，增产
甘薯	插前	2500~5000	浸薯秧基部 6~12h	早生根，缓苗快，成活率高
大豆、蚕豆、绿豆	结荚盛期	5000~8000	重点喷豆荚	减少荚脱落，早熟，增产
甜菜	播前	10000~20000	浸种 12h	早出苗，壮苗，提高抗寒能力
苹果	插前 盛花期 采果前 20d（北方）30d（南方）	20% 粉剂对滑石粉 100~200倍 1250 1700~2500	插条基部浸湿后蘸粉 喷树冠 喷（重点喷内膛，隔 15d 重点喷外围）	促生根，提高成活率 克服大小年 防止采前落果
梨	盛花期 开始生理落果前3~7d	1250 1300~2000	喷树冠 喷（重点喷果柄，隔 10~15d 再喷 1 次）	克服大小年 减少采前落果
桃	一般在开花后20d 大久保盛花后7d 白凤桃开花期	900~1200 1300~2500 2500	喷 喷 喷	疏果 疏果 疏果
葡萄	插前 花期 采收前 3d	170 5000~10000 500	浸插条基部 1min 喷 喷	促生根，提高成活率 使果枝疏松 防贮藏期间落粒
金丝小枣	采前 4 周	2500~5000	喷	减少采前落果
李	插前	2500	浸插条	促生根，提高成活率
枳	插前	25	2 年生枝条快速浸蘸	促生根，提高成活率
橙	插前 夏梢停止生长期 8 月中旬	50~100 500 50	未发枝的上年生的春梢（长 6~13cm，3~7 个芽，带 1~2 张叶片）浸剪口 5 秒钟 喷树冠 喷树冠	促生根 控制秋梢萌发 控制新梢生长和抽发晚秋梢
温州蜜柑	花后20~30d	170~250	喷	疏果
平原地区温州蜜柑	8 月下旬	250~500	喷	疏果，促果实增大、着色
金橘	8 月下旬	150	喷	促果实增大
柠檬	早秋	50	喷	促果实成熟

（续 表）

作物	施药适期	5% 水剂对水倍数	施药方法	效果
荔枝	插前 春梢吐发前	80~100 130~250	浸 喷	促生根 控制新梢生长，增加花枝数，增产
芒果	盛花后	1700	喷	提高坐果率
枇杷	花期	3000~5000	喷	疏花，但不疏果
菠萝	开始形成花芽时 末花期	2500~3000 100	每株从株心注入 30~50ml 喷果	诱导花芽加速形成与开花 增产
香蕉	幼果期	500~1000	7d 喷 1 次，共 3~4 次	提早 15~30d 收获
番石榴	吐梢前	700~1200	喷	促花芽分化，增加果数和果重
西瓜	开花期	1700~2500	喷花或浸花	提高坐瓜率
番茄	播前 开花前	2500 4000~5000	浸种 12h，捞出清洗 喷蕾	促生长 增加雌花数和坐果
辣（甜）椒	开花期	1000	喷花，7~10d 喷 1 次	减少落花，提高座果率，增加前期产量和总产量
黄瓜	约3片真叶期	5000	喷	增加早花数量
南瓜	开花时	2500~5000	涂子房	防止幼瓜脱落，促瓜生长
白菜	播前 包心期或采前15d	2500 250	浸种 12h，捞出清洗 1~2 遍 喷全株	促生长 防止贮存期间脱帮
菜豆	盛花期	5000	喷全株	防落荚，延长荚果保鲜期
茶树	播前 插前	100 25~50	浸种 48h 浸插条 1~5min	茶籽提早萌发 促生根，提高成活率
秋海棠	花芽刚出现	4000	喷	控制落花
仙客来	播前	5000~8000	浸球茎 6~12h	促生根
夹竹桃，车桑子	插前	2000	浸插条基部 5~10h	促生根
侧柏	插前	150~250	浸插条基部 12h	促生根
金鸡纳	插前	500~1000	浸插条基部 12~24h	促生根
秋葵	播前	1000	浸种 6~12h	促种子萌发
盆栽金橘	坐果期	5000	每 10d 喷 1 次，共 2 次	延长观赏期

注意事项

本品用于提高坐果率和防止落果时，不宜随意提高浓度，因为高浓度能促进植物体内的乙烯产生，会引起相反的作用。用作促进生根时，一般需与吲哚乙酸等生根剂混用或用其混剂。

复硝酚钠（sodium nitrophenolate 或 nitrophenolate mixture）

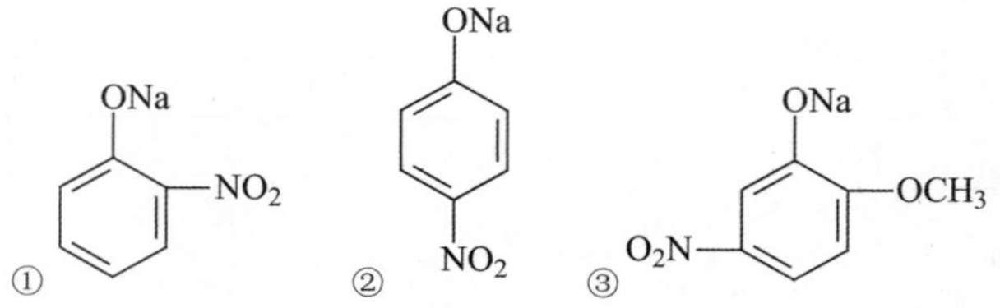

化学名称

①邻硝基苯酚钠；②对硝基苯酚钠；③5- 硝基邻甲氧基苯酚钠。某些产品还含有 2，4- 二硝基苯酚钠

理化性质

列入下表 8-2。

表 8-2 复硝酚钠理化性质

	邻硝基苯酚钠	对硝基苯酚钠	5- 硝基邻甲氧基苯酚钠
外观	红色针状结晶	黄色片状结晶	橘红色片状结晶
原药纯度（%）	≥98.1	≥98	≥99
相对密度（22℃）	1.65	1.42	1.55
熔点（℃）	280（分解） 105～106（游离酸）	175（分解） 113～114（游离酸）	145（分解） 44.9（游离酸）
蒸气压（mPa，饱和气体，25℃）	3.33×10^{-13}	2.80×10^{-9}	4.8×10^{-9}
水中溶解度（g/L）pH4	0.78	14.7	1.3
pH7	2.8	13.9	1.8
pH10	181.6	57.4	86.8
有机溶剂中溶解度（mg/L）:			
正辛烷	< 0.2	0.094	2.8
O- 二甲苯	< 0.28	1.0	29
1，2- 二氯乙烷	< 0.5	2.5	39
丙酮	1200	2400	170
甲醇	47000	181000	53000
乙酸乙酯	180	180	59

毒性

低毒。混合物的毒性，大鼠急性经口 LD_{50}> 5 000mg/kg，大鼠急性经皮 LD_{50}>2 000mg/kg，大鼠急性吸入 LC_{50}>6.7mg/ml。对兔眼睛和皮肤有刺激性，对猪皮肤有致敏性。蜜蜂 LD_{50}（经口和接触）>100 μg/ 只。藻类 EC_{50}>100mg/L。蚯蚓 LC_{50}310mg/kg 土壤。三种有效成分的毒性列入表 8-3。

表 8-3 复硝酚钠的毒性

指标	邻硝基苯酚钠	对硝基苯酚钠	5-硝基邻甲氧基苯酚钠
大鼠急性经口 LD_{50}，mg/kg	960	345	716
大鼠急性经皮 LD_{50}，mg/kg	>2 000	>2 000	>2 000
大鼠急性吸入 LC_{50}，mg/L（粉剂）	1.24	1.2	2.38
眼睛和皮肤刺激性	无	无	无
无作用剂量，mg/kg	1 235（亚慢性）	480（3个月）	400（3个月）
致突变性	无	无	无
虹鳟鱼 LC_{50}（96h），mg/L	69	25	37
水蚤 EC_{50}（48h），mg/L	68.8	27.7	71.1
蜜蜂 LD_{50}，μg/只（接触）	>100	111	>100
山齿鹑急性经口 LD_{50}，mg/kg	1046	>2 000	2 067
山齿鹑饲喂 LC_{50}，mg/kg	>5 620	>5 620	>5 620

制剂及生产厂

1.4%可溶粉剂，0.9%可湿性粉剂，2%、1.95%、1.8%、1.4%、0.9%、0.7%水剂。生产厂多。

应用

为单硝化愈创木酚钠盐植物细胞赋活剂，能迅速渗入植物体内，促进细胞的原生质流动，对植物发根、生长、开花结实等都有不同程度的促进作用。促进花粉管伸长，帮助授粉结实的作用，尤为显著。可用于打破种子休眠，促进发芽；促进生长发育，提早开花；防止落花、落果，改良产品质量等方面。与植物激素不同，自播种至收获的全生育期内的任何时期皆可施药。浸种、浸根、苗床灌注、叶及花蕾喷雾均可。现以1.8%水剂为例介绍用法，其他制剂的使用量详见各产品标签。

1. 粮食作物上应用

小麦在播种前用1.8%水剂3 000倍液浸种12h，清水冲洗后播种，能提早发芽，促进根系生长、壮苗。

水稻用6 000倍液浸种36～72h，移栽前4～5d，用6 000倍液喷雾，有助于移栽后新根生长。幼穗形成期和齐穗期用3 000倍液喷雾，可提高结实率，增加产量。

玉米在开花前数日及花蕾期用6 000倍液各喷1次，可减秃尖，提高穗粒重，增产。

2. 棉花上应用

在幼苗2叶期用1.8%水剂3 000倍液喷雾，或8～10叶期用2 000倍液喷雾，或在初花期用2 000倍液喷雾。可促进生长，增加霜前花产量。

3. 烟草上应用

在秧苗移栽前4～5d，用1.8%水剂20 000倍液灌注苗床，有利于移栽根生长。移栽后用1200倍液喷雾2次，间隔7d。采烟叶前1个月停止用药，否则使生殖生长过于旺盛。

4. 甘蔗上应用

用1.8%水剂8 000倍液浸苗8h后插栽，分蘖始期用2 500倍液喷雾。

5. 蔬菜上应用

多数菜籽用1.8%水剂6 000倍液浸8～24h，阴干播种。大豆只浸3h左右。马铃薯是将整个薯块浸5～12h，然后切开，消毒后立即播种。番茄、茄子、黄瓜等在生长期、花蕾期用6 000倍液喷雾。10d喷1次，共3～4次。叶类菜在生长期用5 000～6 000倍液喷2～3次。结球性叶菜应在结球前1个月停止用药，否则会推迟结球。

6. 果树上应用

在葡萄、李、柿发芽后、开花前20d和坐果后，用1.8%水剂5 000～6 000倍液各喷1次；梨、桃在发芽后、开花前20d至开花前、结果后，各喷1次1 500～2 000倍液；可帮助受精，促进果实肥大，提早恢复树势。

葡萄、梨、桃、柿树苗圃，在发芽后每月喷6 000倍液1次；草莓苗圃种植后喷6 000倍液2～3次，定植后至收获前喷6 000倍液3次，均可促进植株发根生长，帮助受精，促进果实肥大和提高果实质量。

龙眼、柠檬、番石榴、木瓜等在发新芽之后，开花前20d至开花前夕、结果后，用1.8%水剂5 000～6 000倍液，各喷1～2次；柑橘、荔枝按同样时期喷1 500～2 000倍液，可促使树势健壮，促使果实肥大。

成年果树施肥时，在树干周围开沟，每株树浇灌1.8%水剂6 000倍液20～35L。

7. 大豆上应用

开花前4～5d，用1.8%水剂6 000倍液喷叶片与花蕾，可减少落花、落荚。播前用6 000倍液浸种3h，可促进生根。

8. 花卉上应用

在开花前用1.8%水剂6 000倍液喷洒花蕾，可提早开花。

注意

使用药液浓度过高，对作物幼芽及生长有抑制作用。

复硝酚钾（potassium nitrophenolate）

化学名称

①对硝基苯酚钾；②邻硝基苯酚钾；③2，4-二硝基苯酚钾

理化性质

易溶于水，水溶液呈中性。

毒性

对高等动物低毒。制剂对鱼类和蜜蜂低毒。鲤鱼LC_{50}（48h）16.65mg/L。蜜蜂接触LD_{50}>33μg/只。对家蚕也安全。

制剂及生产厂

2%水剂。生产厂有广州广氮农化有限公司、湖北天门斯普林植物保护有限公司、天门易普乐农化有限公司、湖北汉川瑞天利化工有限公司、山西运城绿康实业有限公司、深圳瑞德丰生物科技有限公司、河南安阳市全丰农药化工有限责任公司、北京顺意生物农药厂等。

应用

生理性能和用途与复硝酚钠基本相似，只是活性低些，这是因为产品中不含活性很高的5-硝基邻甲氧基苯酚，而是用价格低、易得的2，4-二硝基苯酚代替，其活性也略低于复硝酚钠。

1. 瓜豆类蔬菜上应用

自苗上架至收获期，用2%水剂2 000～3 000倍液喷雾3～4次，可使结瓜多、豆荚多而嫩。

2. 叶菜类蔬菜上应用

自子叶期至收获期，用2%水剂2 000～3 000倍液，共喷2～3次，可使叶色青绿、叶肉增厚、产量增加。甘蓝在结球前1个月不可使用，以免推迟结球。

3. 茶树上应用

用2%水剂4 000～6 000倍液，自1芽1叶开始喷，间隔10～15d，共喷3次，能促进茶树早发芽、

多发芽、叶色青绿、大而嫩、增产。

4．甘蔗上应用

用2%水剂3 000～4 000倍液浸种，能使全苗、早生、快发。生长后期施药，可提高含糖量。

5．麻类作物上应用

黄麻用2%水剂5 000～6 000倍液，亚麻用2 000～3 000倍液，在苗期、旺长前期和中期各喷1次，能增产。

赤霉酸（gibberellic acid）

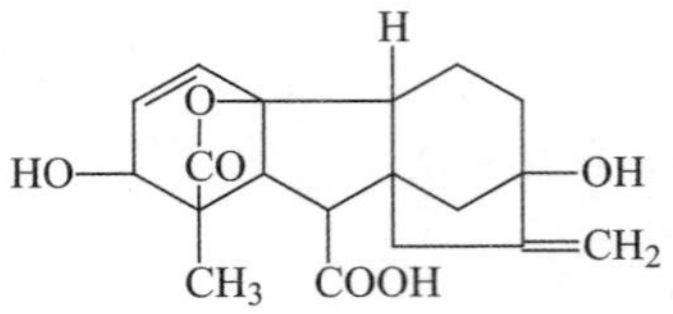

化学名称

2β，4α，7-三羟基-1-甲基-8-亚甲基-4αα，β-赤酸-3-烯-1α，10β-二羧酸-1，4α-内酯

其他名称

赤霉素，赤霉素 A_3，GA_3，赤霉素3

理化性质

八面体双锥形白色固体，熔点223～225℃（分解，另一资料为233～235℃）。可溶于甲醇、乙醇、丙酮；微溶于乙醚、乙酸乙酯；不溶于氯仿、石油醚、苯。在水中溶解度为0.5%（室温），亦能溶于pH6.3的磷酸缓冲液。他的钠、钾和铵盐易溶于水，其钾盐在水中溶解度为5%。在干燥状态下稳定，在酸性和弱酸性溶液中较稳定，在碱性溶液中不稳定。遇水缓慢水解，其水溶液遇热或氯气时则迅速分解。

毒性

微毒。大鼠和小鼠急性经口 LD_{50}>15 000mg/kg，大鼠急性经皮 LD_{50}>2 000mg/kg，大鼠每天吸2h，至21d无作用剂量为400mg/L。对眼睛和皮肤无刺激性。大鼠和狗饲喂90d，无作用剂量为>1 000mg/kg饲料。对鱼、鸟低毒。虹鳟鱼 LC_{50}（96h）为>150mg/L。对山齿鹑急性经口 LD_{50}>2 250mg/kg，LC_{50}>4 640mg/kg。

制剂及生产厂

85%、75%原粉，40%、20%、10%、3%、0.2%可溶粉剂，40%、20%、16%、10%可溶片剂，40%可溶粒剂、4%乳油，4%水剂，2.7%膏剂。生产厂多家。

应用

植物体内普遍存在着内源赤霉酸，它是促进植物生长发育的重要植物激素之一，是多效唑、矮壮素等生长抑制剂的拮抗剂。其作用是多方面的，可促进细胞、茎伸长，叶片扩大，加速生长和发育，使之早熟，增加产量和改进品质；影响开花时间，改变雌雄比例，减少落花、落果，促进坐果和果实生长，或形成无籽果实；能打破某些植物的种子、块茎、鳞茎等器官休眠，促进发芽；也能使某些两年生的植物在当年开花。外源赤霉酸进入植物体内，具有内源赤霉酸同样的生理功能，因而可以将工业化生产的赤霉酸应用于农业生产。它主要由叶片、嫩枝（茎）、花、种子或果实进入植物体内，再传导至生长活跃的部位起作用。

1．水稻上应用

（1）促进稻种发芽，培育壮秧

在稻谷浸种后、破肚露白时晾干，再用赤霉酸药液喷拌种子，粳稻用20～30mg/kg浓度药液（相当于10%可溶片剂或粉剂3 500～5 000倍液或4%乳油1 350～2 000倍液），籼稻用10～15mg/kg浓度药液（相当于10%可溶片剂6 670～10 000倍液或4%乳油2 670～4 000倍液），拌匀拌湿为止。

也可以在播种前用上述浓度的赤霉酸药液浸种24h，药液量与种子量之比为1：0.8，其间翻动数次。

（2）解决杂交稻制种田稻穗包颈、花期不遇问题

杂交稻制种田因稻穗包颈、抽穗不整齐而使父母本花期不遇，不利于异交授粉，从而降低结实率，影响制种产量。使用赤霉酸能使父母本盛花期吻合，提高了母本结实率，增加了制种产量。

使用方法是：在母本抽穗5%～15%期间用药2～3次，每亩用总量为有效成分5.7～8.5g（相当于40%可溶片剂、可溶粒剂或可溶粉剂14.25～21.25g或4%乳油142.5～212.5g），第一次在母本抽穗10%左右时每亩用40%水溶性片剂4.5g；第二次在次日用总量的50%，即7～10g；第三次在第二次用药的次日视稻抽穗情况而定，用总药量的30%，即4～7g。每次每亩对水50kg喷雾。

有两点须注意。一是在用过多效唑调节花期的杂交稻制种田，由于多效唑有抑制细胞伸长的作用，故必须增加赤霉酸的用量，一般是增加25%～50%；二是在每亩药液中加磷酸二氢钾1～1.5kg，有利于提高千粒重。

（3）促进一季中稻抽穗、提高成穗率和千粒重

在一季中稻的始穗期至齐穗期，亩喷10～30mg/kg浓度的赤霉酸药液50kg（相当于10%可溶片剂或可溶粉剂5.1～15.3g，对水50kg），可促进抽穗提高成穗率；延缓生育后期叶片衰老过程中叶绿素的降解速度，延长叶片功能期7d左右；利于根系生长，增加千粒重，增加籽粒产量5%～10%。

（4）解决晚稻“翘穗头”问题

晚稻由于种植较晚，在低温来得早的年份，常出现大量“翘穗头”，影响产量，为解决这一问题，可在孕穗、抽穗期亩用10%可溶片剂或可溶粉剂8.5g，对水50kg，进行穗部喷雾，能使抽穗提早2d，促进籽粒灌浆，减少空秕率，从而提高产量。

（5）调控再生稻产量和品质

一般是施药2次。第一次在头季稻收割后的当天及时施药，亩用10%可溶片剂或可溶粉剂4.3g，对水21.5kg喷洒，以促进再生蘖的萌发和形成。第二次在孕穗至抽穗20%时，亩用10%可溶片剂或可溶粉剂8.5g，对水43kg，喷洒穗部，能促使抽穗整齐一致，增加产量，提高稻米中的支链淀粉和蛋白质含量。

2. 小麦作物应用

可在三个时期使用。

一是播前浸种。用10%可溶片剂或可溶粉剂2 000～10 000倍液（10～50mg/kg）浸种6～12h，捞出，阴干后播种。可促进种子萌发，提高发芽率，使出苗整齐一致。

二是在冬小麦返青初期施用。亩用10%可溶片剂或可溶粉剂5～10g，对水50kg，配成10～20mg/kg浓度的药液，均匀喷雾。有促进前期分蘖生长和控制后期分蘖的双重作用，提高成穗率。其效果可维持1个多月，直到拔节后才消失。

三是在小麦拔节至扬花期或灌浆期（扬花后10d）施用。亩用10%可溶片剂或可溶粉剂10～20g，对水50kg，配成20～40mg/kg浓度的药液，喷洒茎叶，重点是穗部。可增强叶片的光合速率，促进灌浆，增加结实率和千粒重，增产6%～10%。

3.其他作物上应用

见表8-4。

注意

本品活性极高，要掌握准使用浓度，若浓度过高，会引起徒长，失绿，甚至发生畸形或枯死。为便于配药准确，应选用低含量、水溶性制剂。

表 8-4 赤霉酸在其他作物上的应用

作物	施药时期	10% 可溶剂对水倍数	施药方法	效果
玉米	播前	5000~10000	浸种 2h	出苗早而齐，提高出苗率
	苗期，苗大小不齐	5000~10000	小苗叶面喷洒	促小苗生长，使全田株高一致，减少空秆
	雌花授粉后	1000~2500	喷花丝或灌入苞叶内（1mL）	减少秃尖，增加粒数，促灌浆，增粒重
高粱	播前	5000~10000	浸种 2h	出苗早而齐，提高出苗率
	孕穗期	亩用 10g 对水	喷洒	促抽穗，早成熟
甘薯	播前	6700~10000	浸种薯 10min	打破休眠，促发芽
	插前	5000	浸薯秧基部 10min	提高成活率
苹果	花芽分化临界期前	1000~2000	喷树冠	为减少明年大年的花量
	花期	4 000（金冠） 2 000（祝光） 5 000（青香蕉） 4 000~5 000（金帅）	喷树冠	提高坐果率
梨	谢花后40~60d	2000~4000	喷	减少明年花芽形成，避免大小年
	沙梨现蕾期	2000	喷	提高坐果率及单果重
	京白梨盛花期及幼果膨大期	4000	喷	提高坐果率及单果重
	砀山梨盛花期及幼果期	5000	喷	提高坐果率及单果重
葡萄	巨峰葡萄谢花后 7d	320或1 000~2 000	蘸果3~5s	增大果粒，降低酸度，提早着色
	玫瑰露葡萄开花前 10~20d 及盛花后 10d	1000~2000	喷果穗 浸果穗	提高无籽率
猕猴桃	播前	1000	浸种 4h	提高出苗率
	花期	配 2% 浓度羊毛脂	涂花梗	减少种子数
山楂	种子砂藏前	1000	浸泡 60h	提高播种后发芽率
	盛花期	1000	喷树冠	提高坐果率、单果重，提早成熟
柿	果实由绿变黄时	2000~4000	喷全株	可脱涩，延长贮藏期不变软腐败
	采收的果实	100~200	浸果3~12h	推迟软化
柑橘	播前	100	浸种 24h	提高发芽率
红橘	花期	5000~10000	喷全株	提高坐果率
	采前15~30d	5000~10000	喷全株	提高果实耐贮藏性
锦橙	谢花后至第二次生理落果初期	500或200	喷涂果柄	提高坐果率
脐橙	谢花后20~30d	400	涂果柄，隔 15~20d 再涂 1 次	提高坐果率
早熟蜜柑	花谢 2/3 时	2500	喷全株	提高坐果率
	采前15~30d	5000~10000	喷全株	提高耐贮性
柠檬	秋季	10000~20000	喷全株	延迟成熟，贮藏期转色慢
杧果	幼果期	1000~2000	喷全株	减少落果，提高坐果率
荔枝	花期	5000	喷全株	提高坐果率
菠萝	花期	1300~2500	喷花	促果实增大、增重
香蕉	采收的果穗	1000	浸	延迟成熟

（续 表）

作物	施药时期	10%可溶剂对水倍数	施药方法	效果
草莓	长出2~3片新叶时 始花、盛花、盛果期	1000 1000	喷茎叶 各喷1次	提前发生匍匐茎，增大叶面积，生长健壮 提高果实糖、酸比例，增产，增强耐贮性
西瓜	2叶1心期 采瓜前	2000 2000~4000	喷2次 喷瓜	诱导雌花形成 延长贮藏期
茎叶类菜	生长期间	4000~8000	3~5d喷1次，共喷1~3次	促进嫩茎、叶生长，增产
黄瓜	1叶期 开花期 采前	1000~2000 1000~2000 1000~2000	喷叶 喷花 喷瓜	诱导雌花生成 促坐果 延长贮藏期
番茄、茄子	盛花期	2000~4000	喷茎叶	促坐果，防空洞果
豌豆	播前	2000	浸种24h	促发芽，出苗齐而壮
扁豆	播前	8000	拌种	促发芽，出苗齐而壮
莴笋	播前	1000	浸种2~4h	促发芽，出苗齐而壮
马铃薯	播前	10万~20万（0.5~1mg/L）	浸上半年收的薯块10min，捞出沥干，在湿沙中催芽，待芽长1~2mm时播种。药液可连续使用4次	出苗快而齐
蒜薹	收获后	2000	浸泡10~30min	延长贮藏期
棉花	苗期 当日花冠或1~3d的幼龄	5000 5000	喷叶 下午三点钟时涂或点	促弱苗生长 减少落铃，增长纤维。处理者不能留种
麻	苗期至生长中期	2500~3000	喷茎叶3次	增产
油菜	盛花期	亩用55ml	喷花序	提高结实率
人参	播前	5000	浸种15min	增加发芽
绿肥	收获前20~50d	5000~10000	喷	增产
郁金香	株高5~10cm	2500	滴入筒状中心	提前开花
仙客来		20000~40000	喷花蕾1次	促开花
紫罗兰	秋季	3000~4000	喷	提前开花
山茶花		50~100	滴花蕾腹部	提前开花
丁香	冬季休眠期	1000	喷树冠	提前开花
鸡冠花	播前	400~800	浸种6h	打破休眠，促萌发
凤仙花	播前	500~1000	浸种6h	打破休眠，促萌发
茶树	插前	2000~3000	浸插条基部3h	促插条萌发

赤霉素 A4+A7（gibberellin A4 with gibberellin A7）

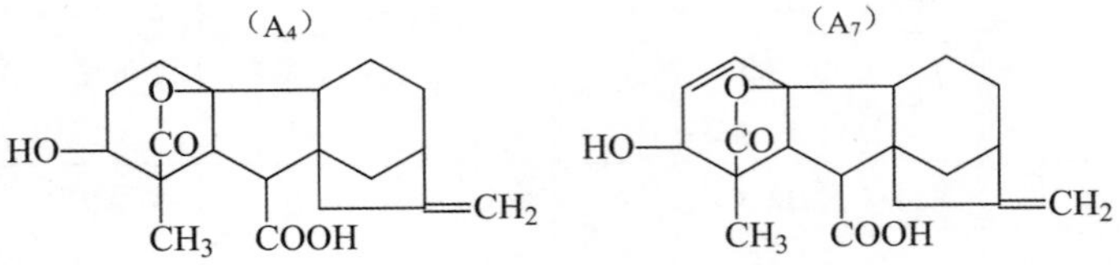

（A_4） HO— CO CH$_3$ COOH =CH$_2$

（A_7） HO— CO CH$_3$ COOH =CH$_2$

化学名称

A4：2β，4α－二羟基－1－甲基－8－亚甲基－4αα，β－赤霉－1α，10β－二羧酸－1，4α－内酯；

A7：2β，4α－二羟基－1－甲基－8－亚甲基－4αα，β－赤霉－3－烯－1α，10β－二羧酸－1，4α－内酯

理化性质

A4 熔点 332.4℃，A7 熔点 330.38℃。

毒性

A4 和 A7 的复合体低毒，大鼠急性经口 LD_{50}>5 000mg/kg，大鼠急性经皮 LD_{50}>2 000mg/kg，对眼睛有轻微刺激性，对皮肤无刺激性，对皮肤无致敏性。对兔无作用剂量为 300mg/kg·d。

制剂及生产厂

90% 以上原药，生产厂有浙江升华拜克生物股份有限公司、浙江钱江生物化学股份有限公司、江苏丰源生物化工有限公司等。

应用

国内尚无单剂登记和应用。有几种混剂登记用于果树调节果型及增产。

据有关资料介绍，赤霉素 A4、A7 具有赤霉素 3 促进坐果、打破休眠、性别控制等功效，且作用更显著。例如：

在苹果、梨开花后 2 周，用 16mg/L 浓度药液喷洒幼果，可防止幼果脱落，增加坐果。但是果实表面着药必须均匀，否则会引起果实不对称生长，造成果实变形。

杜鹃花需要低温打破休眠时，可使用本剂代替。也可用 1 000mg/L 浓度药液每周喷全株 1 次，共约喷 5 次，直到花芽发育健全为止，可延长花期达 35d。

为调控黄瓜花的性别，当全雌性黄瓜幼苗第一片真叶完全扩开时，用 1 000mg/L 浓度药液喷幼苗，在 1 周内喷 3 次，可诱导雄花发育，为未处理的雌花植株提供花粉，使单性结实的黄瓜杂交，使所有的后代都是 F1 杂交种。

乙烯利（ethephon）

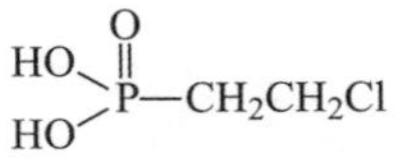

$$(HO)_2P(=O)-CH_2CH_2Cl$$

化学名称

2-氯乙基膦酸

理化性质

白色针状结晶，相对密度1.409 ± 0.02（20℃），熔点74～75℃，蒸气压<0.01mPa（20℃）。23℃水中溶解度约1kg/L。易溶于甲醇、乙醇、丙酮、乙醚及其他极性有机溶剂中。但难溶于非极性有机溶剂如苯、甲苯，也不溶于石油醚和煤油、柴油。在pH3.5的水溶液中稳定，在pH>4时能逐渐分解，释放出乙烯，与水或羟基反应，亦能放出乙烯。

毒性

低毒。大鼠急性经口LD_{50}3 030mg/kg或4 229mg/kg（在丙二醇中），兔急性经皮LD_{50}1 560mg/kg，大鼠急性吸入LC_{50}（4h）4.52mg/L。对眼睛和皮肤有刺激性，对大鼠2年饲喂试验无作用剂量为3 000mg/kg饲料。无致突变、致畸、致癌作用。每日允许摄入量0.05mg/kg。乙烯利与酯类有亲和性，故可抑制胆碱酯酶的活性。

对鱼、鸟类低毒。鱼毒LC_{50}（96h，mg/L）：鲤鱼>140，虹鳟鱼720。水蚤EC_{50}（48h）1 000mg/L。藻类EC_{50}（24～48h）32mg/L。对蜜蜂无害，对蚯蚓无毒。对山齿鹑急性经口LD_{50}1 072mg/kg，8d饲喂LC_{50}>5 000mg/kg饲料。

制剂及生产厂

40%水剂，10%可溶粉剂。生产厂有江苏安邦电化有限公司、江苏常熟市农药厂有限公司、江苏江阴市农药二厂有限公司、江苏连云港立本农药化工有限公司、江苏百灵农化有限公司、河北瑞宝德生物化学有限公司、浙江绍兴市东湖生化有限公司、山东大成农药股份有限公司等。

应用

乙烯是一种植物内源激素。高等植物的所有组织、器官在一定条件下都能释放出乙烯。其生理功能主要是促进果实、籽粒成熟，促进叶、花、果脱落，也有诱导花芽分化、打破休眠、促进发芽、抑制开花、矮化植株及促进不定根生成等作用。乙烯利经植物的叶片、果实、种子或皮层进入植物体内，而植物细胞液的pH值一般在4以上，就能使乙烯利分解释放出乙烯，在作用部位发挥内源乙烯激素的生理功能，可以促进雌花发育，诱导雄性不育，提高雌花比例；促进菠萝等植物开花；促进果实成熟、脱落；减弱顶端优势，增加有效分蘖，矮化植株，增加茎粗；诱导不定根形成；打破某些植物种子休眠，促进发芽等。

乙烯利是广谱、广效性植物生长调节剂，适用于多种作物的多种用途，是目前应用量较大的品种之一。

1．粮食作物上应用

（1）水稻

用于促根增蘖，培育壮苗，主要用于后季稻，特别是连作晚粳、糯稻品种，在秧苗5～6叶期或拔秧前15～20d，亩用40%水剂125～150mL，对水40～50kg，喷秧苗。药后15～20d的秧苗明显矮壮老健，叶色深绿，拔秧省力，且有移栽后返青快、分蘖早、抽穗早和增产效果。但须注意：喷秧苗的时期不要过早，喷药早，药效消失早，对秧苗后期几片叶子生长不起控制作用，仅能促进生长，达不到苗矮、苗壮的目的；播种量大、秧苗过密、生长瘦弱的秧苗不宜用药。

为控制徒长、防止倒伏，可于移栽后20～30d，亩用40%水剂188g，对水50kg喷雾。

为调控产量和品质，可于水稻齐穗期，亩用40%水剂125mL，对水50kg喷雾，能加速光合产物向籽粒运输和淀粉在籽粒中积累，促进灌浆和改善品质，提早3～7d成熟。

（2）小麦

对高秆小麦品种，为控制徒长，防止倒伏，可于小麦拔节至抽穗始期，亩用40%水剂125～150mL，对水50～60kg喷雾，能使麦株矮化，增强抗倒能力。

为调控产量和品质，可于小麦孕穗期、抽穗期各施药1次，每次亩用40%水剂6.25～9.38mL，对水50kg喷雾。能增加粒数、粒重。若在灌浆期喷施，可提高籽粒蛋白质含量和面筋强度，改善加工品质。

作为杂交小麦杀雄剂，可在小麦抽穗期，用40%水剂200～400倍液喷麦株。

（3）玉米

在玉米有1%抽雄时，亩喷40%水剂500倍液30～50kg，能抑制植株矮化、穗位降低表现抗倒效果；并使叶面积增加，光合势增强，玉米穗秃尖减少，千粒重增加，有一定增产效果。

2．棉花上应用

主要用途是催棉铃成熟、吐絮。也可用于脱叶。

棉花是陆续开花、结铃，陆续成熟、吐絮的。棉铃在正常发育过程中，一直在自身合成产生乙烯，促进棉铃的开裂、吐絮。但是，晚期结的棉铃，株上秋桃累累，却因气温低、发育缓慢，自身不能合成足够的乙烯使其自然成熟。使用乙烯利，令铃内乙烯含量增加，加速棉铃成熟、开裂、吐絮，提高霜前花的产量。

（1）催熟田间棉铃

掌握正确使用技术，才能取得预期效果。一般在喷施后7d，即可见催熟效果，10～15d出现集中吐絮高峰。

主要用于单产高和秋桃当家的棉田。对能够正常成熟、吐絮或单产水平较低的棉田，则不必用药。一般是在大部分棉桃已近七八分成熟或铃期45d以上时为宜。亩用4%乙烯利100～150mL，对水50～60kg喷雾。棉株发育较早，秋季气温较高，或是用药较早，可选用低剂量；棉株愈晚熟、气温低或用药偏晚，用药量要高。

乙烯利被棉株吸收后，在棉株体内由下向上运输的能力弱，因此喷药时，要由下向上全株均匀喷洒，尤其是棉铃一定要喷着药。

留种棉田不能用药，或是用过药的棉籽不能作种子用。因为用过药的棉籽养分不足，发芽率低，出土的棉苗也不壮。

（2）催熟摘回的青棉铃

将摘回的基本成熟而未开裂的青棉铃摊在地面上，每100kg青棉桃用40%水剂200～300mL，对水5～10kg，均匀喷湿棉铃。堆积在一起，覆盖塑料薄膜，5～7d开始开裂，10～15d可全部吐絮。比在地里未摘回的同期棉铃要提早7～8d开裂、吐絮。

（3）脱叶

在棉花采收前15～20d或50%～60%棉铃开裂时，亩用40%水剂210～480mL，对水50kg，全株喷洒，5～7d脱叶率在90%以上。

3．其他作物上应用

见表8-5。

表8-5 乙烯利在某些作物上使用方法及应用效果

作物	施药时期	40%水剂对水倍数	施药方法	效果
番茄	果实进入转色期后 一次性采收的番茄，大部分果实转红 采收的果实	140~200 400~800 400~800	涂果 喷全株，重点喷青果 浸1min，贮于20~25℃	果实变红，提早6~8d成熟加速叶转黄，青果成熟快，增加红果产量 3d后青果转红成熟
红辣椒	1/3果实转红时	1000~2000 或400~500	喷全株浸果1min	4~6d后果实全部转红5~7d转红
黄瓜、南瓜、瓠瓜等	苗3~4叶期	2000~4000	喷苗，可10d后再喷1次）	增加雌花数
苹果	开花前10d 采收前20~30d	2000~4000 1000	喷树冠 喷全株	增加雌花数 果实早着色、成熟

（续 表）

作物	施药时期	40% 水剂对水倍数	施药方法	效 果
梨	秋白梨盛花后 30d	300~400	喷树冠	控制新梢生长，树冠紧凑
	鸭梨盛花后 135d	500	喷全株	促早熟
	其他梨在采前 25d	3000~4000	喷全株	促早熟
桃	谢花后 8d	6700	喷全株	疏果
	春梢旺长前	300~400	喷树冠	控制新梢徒长，促花
	盛花后70~80d	4000	喷全株	促早熟
葡萄	6~8 片叶时	16000~20000	喷全株	减少新梢生长量，增加果实含糖量
	巨峰葡萄果实生长后期	800	浸蘸果穗	早 3~5d 成熟
	酿酒葡萄 15% 果实着色时	800~1200	喷果穗	增加果皮内色素形成
猕猴桃	采收的果实	2000	浸果 2min，装塑料袋中	催熟脱涩
柿	9 月中旬 ~10 月上旬	4000~5000	喷树冠	提早 10~25d 成熟
	采收的黄柿子	1330	浸30s	48~60h 软化脱涩
	采收的青柿子	440	浸30s	48~60h 软化脱涩
杏	采收的淡绿色杏	400	蘸果后装箱	2d 后外观颜色、风味与自然成熟杏相当
板栗	采前5~7d	1400~2000	喷全株	促栗果开裂
核桃	出现少数裂果时	1500~3000	喷全株	促裂果，提前收获
	采收的果实	800~1300	喷湿果实，盖上塑料布	促裂果，即可脱皮
	采收的果实	60~120	浸果 30s	晾干后易脱皮
枣	采前7~8d	1400~2000	喷全株	催落，采时不用竹竿打枣
山楂	采前 7d	500~660	喷全株	促果实着色、成熟、无涩味
李	谢花 50% 时	4000~8000	喷全株	增大果实，增加果实可溶性固体物
	成熟前 1 个月	800	喷全株	催熟
梅	成熟前 14d	1200~1600	喷全株	早 5~6d 成熟
香蕉	7~8 成熟的果实	400~600或	浸果	催熟
		200~260	在销售地浸果	催熟
	晚熟品种于 11 月初	2000~4000	喷全株	加速着色，提早 7~14d 采收
温州柑	采前20~30d	4000	喷树冠	提早 9~15d 采收
	9 月下旬采收的果实	800~1600	浸果数秒，保持24℃	经 5d 后着色成熟
橘、橙、柚	采收的果实当日	800	浸果	经 7d 后可安全转色
柠檬	采收的果实	400	浸果	经 7d 后可全着色
荔枝	秋季	1000	喷树冠	提高翌年成花枝数，并抑制抽发冬梢
	果实豌豆大时	40000~80000	喷全株，30d后再喷 1 次	预防裂果
杧果	冬季和早春花芽分化期	500~1000	喷 8cm 以下的嫩梢	杀梢促开花
菠萝	果实 7~8 成熟时	400~800	喷果	催熟
枇杷	谢花后 135d	400~800	喷	促着色、早成熟、防裂果

（续 表）

作物	施药时期	40% 水剂对水倍数	施药方法	效 果
西瓜	果实长大后	1500~2600	喷	促成熟
甜瓜	瓜苗 2~4 叶期	2000~4000	喷	增加雌花数
茶树	花蕾期	800~1000	喷树冠	促落花、落果，减少结籽
大豆	9~12 片叶期	800~1300	喷茎叶	植株矮化，促果实早熟、增产
甘蔗	采前28~35d	400~500	喷全株	增加含糖量
甜菜	采前28~40d	800	喷全株	增加含糖量
咖啡	树上绿色咖啡豆	300~500	喷	提早成熟
郁金香	开花前 1d	2000	喷叶	花茎短而粗，延长观赏期
八仙花	休眠期	200~400	喷叶	控制株高
橘梗	盛花前期	400	喷全梗，10d喷1次，共2~3 次	除花，促块根生长
黄麻	收割前25~30d	4000	重点喷植株中下部	脱叶，便于收割
红麻	收割前 7d	450	喷茎叶	脱叶，便于收割
烟草	生长后期 采收的绿烟叶	600~800（夏季） 200~400（晚烟） 400~800 或600~800	喷全株 喷全株 浸渍后烘烤置烘房中任其释放出乙烯	促烟叶落黄 促烟叶落黄 促烟叶转黄

1- 甲基环丙烯（1-methylcyclopropene）

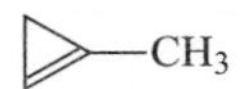

化学名称

1- 甲基环丙烯

理化性质

无色气体，沸点4.68℃，蒸气压2×10^5Pa（20 ~ 25℃）。无法单独存在，也不能贮存。生产过程中，当其一经形成，即被α－环糊精分子吸附，形成稳定的微胶囊，并经葡萄糖稀释，直接生产制剂——3.3% 微胶囊剂。制剂为白色粉状固体。

毒性

原药对大鼠急性吸入LC_{50}（4h）>165mg/L。3.3% 微胶囊剂属低毒。对大鼠急性经口和经皮LD_{50}>5 000mg/kg，大鼠急性吸入LC_{50}>2.5mg/L；兔皮肤有轻度刺激性，兔眼睛有轻度至中度刺激性，对豚鼠皮肤无致敏性；无致突变性；大鼠生殖试验（整体吸入染毒）无作用剂量为 100mg/L。本剂是用于水果在控制条件下室内密闭熏蒸使用，释放到室外空气中或土壤中的几率很小，与环境生物接触的可能很低。

制剂及生产厂

3.3% 微胶囊粉剂，装在聚乙烯醇塑料袋中。塑料袋带有特制的发生器。生产厂为美国罗门哈斯公司。

应用

用于水果保鲜的植物生长调节剂。其作用是阻断或降低植物产生乙烯，从而延缓水果成熟，使水果保鲜。苹果和香甜瓜采收后贮于密闭的储藏库，于7～10d内按每立方米用制剂35～70mL计算用药量，使用时将装着药塑料袋中特制的发生器密闭盖打开，加入适量的室温自来水，约5min后便会释放出1–甲基环丙烯气体，密闭熏蒸12～24h，并结合低温（0～2℃）贮藏，有利于果品保鲜。柿子和猕猴桃保鲜用0.5mg/L熏蒸。

芸薹素内酯（brassinolide）

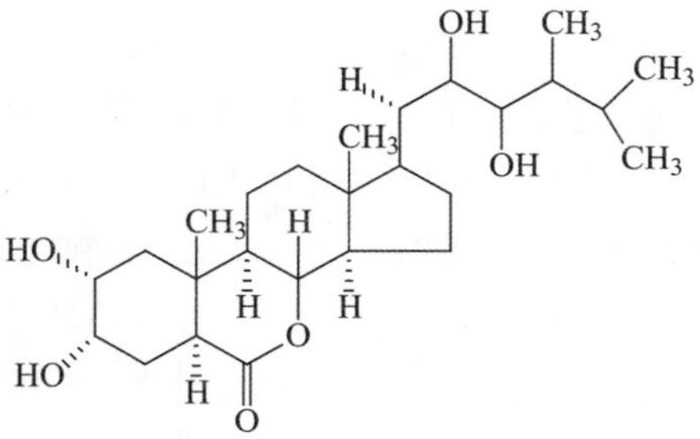

化学名称

2α，3α，22R，23R–四羟基–24–S–甲基–β–7–氧杂–5α–胆甾烷–6–酮

其他名称

油菜素内酯，油菜素甾醇。24–表–芸薹素内酯

理化性质

白色结晶粉末，熔点256～258（另一资料为274～275℃），水中溶解度5mg/L，溶于甲醇、乙醇、丙酮、四氢呋喃等有机溶剂。

毒性

低毒。大鼠和小鼠急性经口LD_{50}>2 000mg/kg，小鼠急性经口LD_{50}>1 000mg/kg，大鼠急性经皮LD_{50}>2 000mg/kg。无致突变性作用。对鱼类低毒，鲤鱼LC_{50}（96h）>10mg/L。水蚤LC_{50}（3h）>100mg/L。

制剂及生产厂

0.01%乳油，0.04%、0.01%、0.0075%、0.004%水剂，0.1%可溶粉剂。生产厂有云大科技股份有限公司、广东江门市大光明农化有限公司、上海农乐生物生物制品股份有限公司、上海威敌生化（南昌）有限公司、成都新朝阳生物活性有限公司、山东京蓬生物药业股份有限公司等。

应用

芸薹素内酯是具有调节植物生长作用的第一个甾醇类化合物，是一种新内源激素。从油菜花粉中提取的芸薹素内酯是多种类酯化合物的混合物，其中生理活性最强的是24–表–芸薹素内酯，目前农业生产上推广使用的就是其化学复制品。

芸薹素内酯的生理活性较高，起作用的浓度极微，一般在10^{-6}～10^{-5}mg/L，农业生产上常用浓度为0.01～0.1mg/L。可经由植物的根、茎、叶吸收，再传导到起作用的部位，其生理作用表现有生长素、赤霉素、细胞激动素的某些特点。作用机理目前尚无统一的看法，有的认为可增加RNA聚合酶的活性，增加RNA、DNA含量；有的认为可增加细胞膜的电势差、ATP酶的活性；也有认为能强化生长素的作用。

1. 水稻上应用

为促根增蘖、培育壮苗，可于播种前用0.1%可溶性粉剂100 000倍液（0.01mg/L）浸种24h，或在苗期亩喷此浓度药液50kg。

为促进开花和籽粒灌浆，增加穗重和千粒重，可在分蘖末期、幼穗形成期到开花期，亩喷0.01～0.05mg/L浓度药液50kg。例如亩用0.04%水剂0.25～6.25g，对水50kg；或0.2%可溶粉剂0.25～1.25g，对水50kg。施药后还可提高水稻秧苗对丁草胺、西草净等除草剂的耐药性，减轻纹枯病的发病程度。

2. 小麦上应用

为促进发芽、壮苗和提高分蘖能力，可用0.01%乳油10 000倍液浸种12h后播种，还能增强幼苗越冬抗低温的能力。在小麦孕穗至扬花期，亩用0.01%乳油10～20g，对水50kg，喷洒茎叶，可增加叶片叶绿素含量，提高结实率、穗粒数、穗重和千粒重，从而提高产量。

3. 玉米上应用

播前用0.04%水剂40 000倍液浸种24h，捞出晾干后播种，可加快种子萌发，增加根系长度，提高单株鲜重。

在抽雄前，亩用0.04%水剂1.25～2.5mL或0.01%乳油10～20mL，对水50kg，喷全株，可增强光合作用，减少穗秃顶，增加穗粒数。

4. 油料作物上应用

为培育大豆壮苗，可于播前用0.04%水剂40 000倍液浸种6～12h，捞出放在阴凉处，待豆种皱皮时播种，可促进幼苗生长，增加株高和根重。在大豆花期，用0.15%乳油10 000倍液喷洒茎叶，可增强抗倒伏能力，减少秕荚，增产。

在油菜现蕾期和开花期各喷药1次，每亩次用0.01%乳油5 000倍液50kg，能增加植株茎粗、主轴分枝数、每株荚果数、每荚籽粒数和千粒重，从而增产10%以上。

为增强南方春花生幼苗的抗寒能力，播前用0.01%乳油1 000～10 000倍液浸种24h。在花生苗期、花期、扎针期喷洒0.01%乳油2 500～5 000倍液或0.000 2%可溶性粉剂400倍液，可增产10%以上。

5. 蔬菜上应用

在叶菜类的幼苗期和生长期喷2～3次，每亩次用0.04%水剂20 000～40 000倍液50kg，可促进生长，提高产量。

番茄于花期至果实增大期叶面喷洒0.1mg/L浓度药液（相当于0.01%乳油1 000倍液或0.04%水剂4 000倍液），可明显增加果重，并提高植株抗低温能力，减轻疫病为害。

在黄瓜苗期用0.01mg/L浓度药液（相当于0.01%乳油10 000倍液）喷洒茎叶，可提高幼苗抗夜间7～10℃低温的能力。

6. 甘蔗上应用

在分蘖抽节期叶面喷洒0.01～0.04mg/L浓度药液（相当于0.04%水剂10 000～40 000倍液），可增产、增糖。

7. 果树上应用

脐橙于开花盛期和第一次生理落果后各喷1次0.01～0.1mg/L浓度药液，可明显增加座果率，还有一定增甜作用。

西瓜于开花期间用0.01%乳油1 000倍液喷3次，每次间隔5d，能明显增加坐瓜率、单瓜重。

荔枝在花蕾、幼果、果实膨大期，用0.02～0.04mg/L（相当于0.01乳油2 500～5 000倍）药液各喷1次。香蕉用同样浓度药液在抽蕾、断蕾和幼果期各喷1次。柑橘在始花期和生理落果前期，用相同浓度药液喷洒叶面，可保花、保果，增加含糖量。

8. 烟草上应用

用0.01%乳油2 000～10 000倍液浸种3h，可提高种子发芽率10%以上。用0.01%乳油10 000倍液，于移栽后20～35d喷1次，团棵期再喷1次，可使植株粗壮，叶片增大、增厚，提高烤烟的产量和质量。

丙酰芸薹素内酯

化学名称

它是在芸薹素内酯分子结构的2，3-位羟基酰化和22，23位羟基氧化，暂时保护起来

理化性质

原药纯度≥95%，白色结晶粉末，熔点155～158℃。溶于甲醇、乙醇、氯仿、乙酸乙酯。难溶于水，在弱酸、中性介质中稳定，在强碱介质中分解。

毒性

低毒。大鼠急性经口LD_{50}>4 640mg/kg，大鼠急性经皮LD_{50}≥2 150mg/kg。对眼睛和皮肤无刺激性，无致敏性、无突变作用。饲喂试验对大鼠无作用剂量（90d，mg/kg·d）：雌性88.9，雄性77.2。

对鱼、蜜蜂、家蚕为低毒。斑马鱼LC_{50}（48h）>273.4μg/L（高于田间使用浓度25.6倍）。蜜蜂LC_{50}>10.65mg/L（高于田间使用浓度1 000倍）。对家蚕经口LC_{50}>16mg/kg桑叶（高于田间使用浓度1 500倍）。对鸟高毒，日本鹌鹑经口LD_{50}（7d）0.077mg/kg，但此值高于田间使用浓度1 000多倍。

制剂及生产厂

0.003%、0.001 6水剂。深圳市云达科技产业有限公司、江苏龙灯化学有限公司、日本卫村食品化学株式会社。

应用

适用作物和使用方法与芸薹素内酯基本相同，但使用浓度有所不同，持效期略长。

在水稻拔节期和孕穗期各施药1次，使用浓度为0.01～0.02mg/L，相当于0.0016%水剂800～1 600倍液。施药后，可增加有效穗数和实粒数，有明显增产作用，但对千粒重影响较小。

在烟草移栽后20～35d和团棵期，用0.003%水剂2 000～4 000倍液喷洒茎叶，可使叶片增大、增厚、增加烤烟产量。

在黄瓜移栽后生长期，用0.003%水剂3 000～5 000倍液，每10d左右喷1次、共喷2～3次，可使花期提前，提高坐瓜率，增加产量。

甲哌鎓（mepiquat chloride）

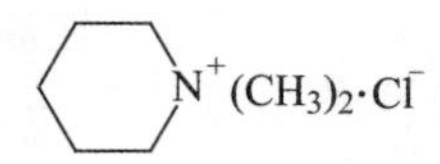

化学名称

1，1-二甲基哌啶氯化铵，或1，1-二甲基哌啶鎓氯化物

其他名称

缩节胺，助壮素，甲哌啶，调节啶，壮棉素

理化性质

白色结晶，相对密度1.187（工业品，20℃），熔点285℃（分解），223℃（工业品），蒸气压<0.01mPa（20℃）。溶解度（20℃，g/kg）：水>500，乙醇162，氯仿10.5，丙酮、乙酸乙酯、苯、环已烷、乙醚<0.1。对热稳定，在酸性水溶液中稳定。易潮解，潮解后可在100℃左右下烘干。

毒性

低毒。大鼠急性经口 LD_{50}464mg/kg，大鼠急性经皮 LD_{50}>2 000mg/kg。大鼠急性吸入 LC_{50}（7h）>3.2mg/L。对兔眼睛和皮肤无刺激性，对皮肤无致敏性。2 年饲喂试验无作用剂量（mg/kg 饲料）：大鼠 3 000，小鼠 1 000。每日允许摄入量 1.5mg/kg。

对鱼、鸟低毒，对蜜蜂无毒。鱼毒 LC_{50}（96h，mg/L）：蛙鱼 4 300，虹鳟鱼 1580。水蚤 LC_{50}（48h）68.5mg/L。藻类 EC_{50}（72h）>1 000mg/L。山齿鹑急性经口 LD_{50}>2 000mg/kg，对野鸭和山齿鹑饲喂 LC_{50}>10 000mg/kg 饲料。蚯蚓 LC_{50}（14d）440mg/kg 土壤。

制剂及生产厂

98%、96%、12.5%、10%、8% 可溶粉剂，250g/L、25% 水剂。生产厂较多。

应用

它能抑制植物体内赤霉素的生物合成和作用，被叶片吸收后，向各部位输送，能控制营养生长，降低植株高度，使节间缩短、粗壮、株型紧凑，增强抗逆性，故被尊称为缩节安，为广大群众所接受。还能促进坐果及早熟，增加叶绿素含量等。

1. 在棉田使用的关键技术

（1）选准棉田

选择高产和中等产量（亩产皮棉 50kg 以上）的棉田施药，才能发挥药剂调节生产、增加产量的效果。对盐碱地的棉花以及生育期长的晚熟棉田施药，也能促早熟、增产。对肥水条件差、棉株长势瘦弱的低产棉田，不宜用药。

（2）选准施药时期

宜在盛蕾至盛花期施药。目前生产上主要是在棉株高 50 ~ 60cm、10 个果枝以上、30% ~ 50% 棉株开始开花时施药；易早衰品种，如鲁棉一号施药期应偏晚些。

（3）严格用药量和施药次数

亩用 25% 水剂 12 ~ 16mL，对水 50kg，喷施 1 次。在肥水条件好的棉田，可分两次施药，初花期用 10 ~ 12mL，20d 后（盛花期）用 4 ~ 8mL，两次总用量不得超过 20mL。

对不徒长棉田要均匀喷洒，株株着药，不需整株喷淋。对已徒长的棉田，为了尽快控制生长，可以增加药液量，做到全株上下着药。

（4）如不小心，用药量过高，对棉株抑制过度，使植株过分矮小，蕾花脱落较多，就应及时灌水、追肥，并喷施 30 ~ 50mg/L 浓度的赤霉素药液进行补救，以减轻损失。

使用甲哌鎓后，可促进开花结铃。一般可增开花量 25%、结铃率 15% ~ 20%，脱落率可减 3% ~ 9%，增加伏前铃数。

（5）为出苗整齐，培育壮苗，增加育苗移栽成活率，可于播前浸种

用 25% 水剂 1 250 ~ 2 500 倍液（硫酸脱绒后的光籽）或 810 ~ 1 250 倍液（未脱绒的毛籽）浸种 6 ~ 8h，药液与种子重量比不要低于 1 : 1，使浸种结束时种子都在液面下，以保证种子吸药均匀。浸后及时捞出种子，控干浮水，稍晾干再播种。

2. 在粮食作物上应用

小麦

播前，每 100kg 种子用 25% 水剂 40mL，对水 6 ~ 8kg 拌种，可增根、抗寒。拔节期，亩用 20mL，对水 50kg 喷雾，有抗倒伏效果。扬花期，亩用 20 ~ 30mL，对水 50kg 喷雾，可增加千粒重。

玉米

在喇叭口期，亩喷 25% 水剂 5 000 倍液 50kg，可提高结实率。

甘薯

在结薯初期，亩喷 25% 水剂 5 000 倍液 40kg，可促使块根肥大。

3. 在油料作物上应用

花生

在下针期和结荚初期，亩用 25% 水剂 20 ~ 40mL，对水 50kg 喷雾，可提高根系活力，增加荚果重量，改善品质。

油菜

在抽薹期喷 25% 水剂 3 200 ~ 6 000 倍液，能使结荚枝紧凑，封行期推迟，延长中下部叶片的光合时间，提高产量。

芝麻

在早芝麻 5 层蒴果时，喷 25% 水剂 3 500 倍液，

可矮化株高，增加单株蒴果数量和蒴果粒数，使之增产。

4．在其他作物上应用

（1）番茄

移栽前6～7d和初花期，各喷25%水剂2 500倍液1次，可促进早开花、多结果、早熟。

（2）黄瓜、西瓜

在初花期和结瓜期，用25%水剂2 500倍液各喷1次，可促进早开花、多结瓜、提前采收。

（3）大蒜、洋葱

收获前喷25%水剂1 670～2 500倍液，可推迟鳞茎抽芽、延长贮存时间。

（4）苹果

从开花至果实膨大期、梨幼果膨大期、葡萄花期，喷25%水剂1 670～2 500倍液，均有提高坐果率和增产效果。在葡萄浆果膨大期，用160～500倍液喷副梢和叶片，可显著抑制副梢生长，使养分集中到果实，增加果实含糖量，早熟。

（5）百合

当百合茎生长约6～7cm时，每15cm花盆浇灌25%水剂500～2 500倍液，200mL，可控制株型。

矮壮素（chlormequat chloride）

$$[ClCH_2CH_2N(CH_3)_3]^+Cl^-$$

化学名称

2-氯乙基三甲基氯化铵，或2-氯乙基三甲基铵氯化物

理化性质

原药为浅黄色粉末，带有鱼腥气味。纯品为白色结晶，相对密度1.141（20℃），熔点245℃（分解）。蒸气压<0.01mPa（25℃）。溶解度（20℃，g/kg）：水1 000，甲醇>25，乙醇320，二氯乙烷、乙酸乙酯、丙酮、庚烷<1，氯仿0.3。极易吸潮，其水溶液稳定。对铁或其他金属有腐蚀性，需用玻璃、高密度塑料、橡胶或涂有环氧树脂的金属材料容器包装。

毒性

低毒。急性经口LD_{50}（mg/kg）：雄大鼠966，雌大鼠807。急性经皮LD_{50}（mg/kg）：大鼠>4 000，兔>2 000。大鼠急性吸入LC_{50}（4h）>5.2mg/L。对眼睛和皮肤无刺激性，对皮肤无致敏性。饲喂试验无作用剂量（2年，mg/kg·d）：大鼠50，雄小鼠336，雌小鼠23。每日允许摄入量0.05mg/kg。

对鱼、蜜蜂、鸟低毒。鱼毒LC_{50}（96h）：鲤鱼和虹鳟鱼>100mg/L。水蚤LC_{50}（48h）31.7mg/L。经口LD_{50}（mg/kg）：日本鹌鹑555，野鸡261，鸡920。蚯蚓LC_{50}（14d）2 111mg/kg土壤。

制剂及生产厂

80%可溶粉剂，50%水剂。生产厂有河北黄骅市鸿承企业有限公司、河南安阳市全丰农药化工有限公司、浙江绍兴市东湖生化有限公司等。

应用

是一种用途很广的植物生长调节剂，几十年来一直在农、林、园艺上应用。可经由叶片、幼枝、芽、根系和种子进入到植株的体内，抑制植株体内赤霉素的生物合成。其主要生理功能是防止植株徒长，促进生殖生长，使节间变短，株型紧凑，根系发达，抗倒伏，叶色加深，叶绿素含量增多，可以提高某些作物的坐果率，提高产量，还能提高某些作物的抗旱、抗寒、抗盐碱的能力。

矮壮素是用途很广的植物生长调节剂，几十年来一直在农林、园艺上应用，使用技术也已成熟，现将其列入表8-6。

表 8-6 矮壮素使用技术简表

作 物	50% 水剂对水倍数	施药方法	施药时间	效 果
小麦	120~150	浸种	浸 6~12h，捞出晾干	壮苗，增蘖
	16~33	拌种	播前	壮苗，增蘖
	250~500	喷	冬小麦在返青拔节前，春小麦在开始拔节时	矮化，防倒伏，增产
玉米	80~100	浸种	浸 6h	壮苗
	300~500	喷	孕穗前喷顶	矮化、穗位低、减少秃顶、穗大、粒满
水稻	300~500	喷	分蘖末期	矮化、防倒，粒满、增产
高粱	500	喷	拔节前	矮化、增产
大豆	500~1000	喷	开花期	秕荚少、粒多
花生	1000~1500	喷	播后 50d	矮化、增荚、增产
番茄	2000~5000	喷	3~4 片真叶，喷洒土表	植株紧凑，提早开花
	500~1000	喷	开花前	提高坐果率、增产
辣椒	500~1000	喷	花期	植株健壮、提早结果
瓜类蔬菜	1000~2000	浇灌根部	幼苗期	控制瓜蔓徒长，减少化瓜
黄瓜	5000~1000	喷	14~15片叶	提高坐瓜率，增产
马铃薯	200~300	喷	开花前	提高抗旱、盐碱、寒能力、增产
苹果、梨	1000	喷	花芽萌动期、春梢和秋梢开始生长期各 1 次	增加短枝和叶丛枝数量，提高坐果率、增产
苹果幼树	160~200	喷	7 月下旬至 8 月下旬喷 3 次	新梢加粗、叶色增绿、提早封顶、增强抗寒力
葡萄	500~1000	喷	开花前 7d	抑制主、副梢生长，促花芽分化
	2500~5000	喷	盛花前 7d	提高坐果率、使果穗紧凑
	2000~4000	喷	7~8 月份	抑制枝条生长，增强抗寒性
扁桃	2000~3000	喷	芽开绽时	增强花芽抗寒力
柑橘	500	喷	花芽未分化前 3d 喷 1 次，共喷 5 次	促花
	300~500	喷	花后 20~40d	防果皮粗糙
杧果	100	喷	初春	抑制枝条生长，促进花芽形成
甘蔗	300~500	喷	收获前 6 周喷全株	矮化、增糖
一品红、石竹、天竺葵	167~250	浇灌	定植 1~2 周后，每盆 100ml	降低苗高，叶色绿，开花均一
竹节海棠	2000	浇灌	定植 1 周后，每盆 200ml	促进开花
杜鹃花	200~300	浇灌	修剪后 3 周，每盆 200ml	改善株型，促进提前发花芽、开花多
百合	82	浇灌	株高 6~7cm，每盆 200ml	控制徒长，矮化株型
		或浸球茎	播前浸 12h	
郁金香	100~500	喷	开花后 10d	矮化、鳞茎增大

氯化胆碱（choline chloride）

$$HOCH_2CH_2-\overset{CH_3}{\underset{CH_3}{N^+}}-CH_3 \cdot Cl^-$$

化学名称

氯化胆碱或（α－羟基乙基）三甲基氯化铵

理化性质

白色结晶（原药为微黄色固体），熔点240℃，易溶于水，吸湿性强。pH值为6.8，呈微酸性，在碱性介质中不稳定。在室温下可贮存3年以上，进入土壤中易被微生物分解。

毒性

低毒。急性经口LD_{50}（mg/kg）：雄大鼠2 692，雌大鼠2 884，雄小鼠4 169，雌小鼠3 548，雄兔31 000，雌兔18 000。对兔眼睛有轻度刺激性，对皮肤无刺激性。无致突变作用。对鱼低毒，对鲤鱼LC_{50}（48h）>5 100mg/L。

制剂及生产厂

60%、30%水剂，5%可湿性粉剂。生产厂有黑龙江丹东市红泽农化有限公司。重庆市双丰农药有限公司、广东东莞市瑞德丰生物科技有限公司、江苏省激素研究所有限公司等。

应用

是植物光合作用促进剂，经叶、茎、根吸收后，矮化作用与矮壮素相似，与矮壮素混用，效果更好。

1. 小麦在扬花期和灌浆期各施药1次，每亩次用60%水剂10～20mL，对水50kg喷雾，或用30%水剂750～1 500倍液喷雾。可加快灌浆速度，穗粒饱满，千粒重增加。

2. 玉米在2～3叶期、11叶期喷施60%水剂400～600倍液，可矮化植株，增加产量。

3. 甘薯移栽前，用60%水剂1 000～1 500倍液浸切口24h后再移栽，可促进发根和早期块根肥大。

4. 水稻用60%水剂600倍液浸种12～24h，可促进生根、壮苗。在分蘖末期亩用5%可湿性粉剂200～250g对水喷雾。可矮化、防倒、粒满。

5. 白菜和甘蓝种子用60%水剂6 000～12 000倍液浸种泡12～24h，萝卜种子用3 000～6 000倍液浸泡12～24h后播种，均可明显促进生长。

6. 苹果、桃、柑橘在收获前15～60d，用60%水剂1200～2 500倍液喷树冠，可增大果实，提高含糖量。

巨峰葡萄在采收前30d，用60%水剂600倍液喷洒叶面，可提前着色，增加甜度。

8

多效唑（paclobutrazol）

$$Cl-C_6H_4-CH_2CH(N\text{-}1,2,4\text{-triazolyl})CH(OH)C(CH_3)_3$$

化学名称

（2RS，3RS）-1-（4-氯苯基）-4，4-二甲基-2-（1H-1，2，4-三唑-1-基）戊-3-醇

理化性质

白色结晶固体，相对密度1.22，熔点165～166℃，蒸气压0.001mPa（20℃）。溶解度（20℃，g/L）：水0.026，环已酮180，甲醇150，丙酮110，二氯甲烷100，二甲苯60，丙二醇50，已烷10。50℃时能稳定6个月以上，常温（20℃）贮存稳定在2年以上。稀溶液在pH4～9均稳定，对光也稳定。

毒性

低毒。急性经口LD_{50}（mg/kg）：雄大鼠2 000，雌大鼠1300，雄小鼠490，雌小鼠1200，豚鼠400～600，雄兔840，雌兔940。兔和大鼠急性经皮LD_{50}>1 000mg/kg。大鼠急性吸入LC_{50}（4h，mg/L）：雄4.79，雌3.13。对兔皮肤有中等刺激性，对兔眼睛有严重刺激性。饲喂试验无作用剂量：狗（1年）75mg/kg·d，大鼠（2年）250mg/kg饲料，每日允许摄入量0.1mg/kg。

对鱼、鸟低毒。虹鳟鱼LC_{50}（96h）27.8mg/L，无作用剂量3.3mg/L。水蚤LC_{50}（48h）33.2mg/L。野鸭急性经口LD_{50}>7 900mg/kg，对蜜蜂无作用剂量（mg/只）：经口>0.002，经皮0.040。

制剂及生产厂

15%、10%可湿性粉剂，25%悬浮剂。生产厂较多。

应用

是广谱的植物生长延缓剂。主要通过作物的根系吸收，叶部吸收的量很少。吸收后经木质部向顶输导到幼嫩的分生组织部位，抑制赤霉酸和吲哚乙酸的生物合成，延缓植物细胞分裂和伸长，使节间缩短，茎秆粗壮，植株矮化紧凑；使叶片增厚，叶色增绿，增强光合效率；减弱顶端生长优势，促进侧芽（分蘖）滋生，促进花芽形成，保花、保果，还能增加植株体内的乙烯释放速率和脱落酸含量。所以多效唑是通过调节植物体内的多种内源激素含量平稳和交互作用，多方位的影响植物形态（如株高、分蘖、分枝、叶片着生角度及叶面积、叶厚度等）发生有利的变化。

上述多效唑的生理活性，引来众多学者对其开展了多方面的理论和应用研究，并进行了广泛的推广应用。但经过几年的连续使用，逐渐暴露出一些难于避免和克服的副作用，因此，应扬其长、避其短，使之合理应用。

1．在粮食作物上应用

（1）水稻

主要是为培育矮壮秧和防止倒伏。

早稻，于秧苗1叶1心前，亩用15%可湿性粉剂120g，对水100kg，落水后淋洒，12～24h后灌水。达控苗促蘖、带蘖壮秧移栽，并有矮化防倒、增产之功效。

二季晚稻，于秧苗1叶1心期（一般是在播后5～7d）或2叶1心期，亩用15%可湿性粉剂150g，对水100kg，落水喷淋，药后1d内不灌水即可收到控长促蘖的功效，解决因秧龄长、秧高、移栽后易败苗、返青慢等问题。

控制机插秧苗徒长，用15%可湿性粉剂1 500倍液浸种36h后再催芽播种，使35d秧龄的秧苗高度不超过25cm，适于机插。

防止倒伏，在水稻抽穗前30～40d，亩用15%可湿性粉剂18g，对水50～60kg喷雾，可缩短稻株基部节间长度、矮化植株、降低重心、增强抗倒伏能力。

多效唑在稻田应用最易出现残留药害，伤及后茬作物。为此，同一块田不能一年多次或连年使用；用过药的秧田，应翻耕暴晒后，方可插秧或种其他作物，也不能在秧田拔秧留苗；与其他作物生长延缓剂或生根剂混用，以减少多效唑的用量。

（2）小麦

在麦苗1叶1心期，亩用15%可湿性粉剂60～70g，对水75kg，喷麦苗和地表，喷后可灌水1次，可培育越冬壮苗，增加冬前分蘖、增穗、增产。或在小麦返青后、拔节前，亩用15%可湿性粉剂40～45g，或10%可湿性粉剂51～60g，对水50kg喷茎叶，主要是防倒，也有增产作用。

（3）玉米

用15%可湿性粉剂250倍液浸种12h，捞出晾干、播种，有壮苗、控高、防倒之功效。

（4）甘薯

在栽插前，用15%可湿性粉剂1 500倍液，浸秧苗基部2h，有促进生根、提高成活率、壮苗的功效。插后50～70d，亩喷1 500～3 000倍液50kg，可控制蔓徒长。

2．在果树上应用

多效唑对果树最显著的生物学效应是抑制枝条的加长生长，延缓树冠向外扩张，使株型紧凑。此外，还有促进花芽分化、增加坐果率、促使幼树早挂果等。

（1）在苹果上应用

土施，在秋季（8～9月），每平方米树冠下地面施15%可湿性粉剂3.4～6g，因土壤和苹果品种不同，用药量差异较大。

叶面喷雾以谢花后10d左右为宜。一般用15%可湿性粉剂300倍液喷两次。

（2）在桃树上应用

土施，在旺盛生长前1.5～2个月进行。用药量按树冠投影面积计算，黄河流域每平方米用15%可湿性粉剂1.7g，长江流域为0.84～1.7g，北方（北京、天津、河北）及西北（甘肃、宁夏）一带为0.84g。

叶面喷雾宜在旺盛生长开始时进行，此时新梢平均5～10cm，用300倍液。

（3）柑橘上应用

在秋梢初发期，用1 000mg/L药液喷雾叶面。可控制秋梢生长，促进花芽分化，增加花量，增产。

（4）在荔枝上应用

在冬梢抽出前后，用300～400mg/L药液（约为25%悬浮剂630～840倍液）。喷茎叶，可以杀冬梢，第二年可提高成花率、坐果率，减少落果。

（5）芒果上应用

为解决因冷空气影响造成的开花多、结果少的问题，需将花期推迟40d左右，从而避开了冷空气，据试验应用多效唑可取得较好的效果：土施，于9月下旬至10月底，用500mg/L浓度药液喷洒，喷施次数因树势而异。

多效唑在果树上使用几年后也暴露出明显的副作用，如果实变小、变扁等，可考虑与赤霉素、疏果剂等混用或交替使用，以收到矮化植株、控制新梢旺长、促进坐果，又不使结果过多，保持果形。也可考虑树干注射，以减少施用量。

3．在油料作物上应用

（1）油菜培育壮秧

在油菜秧3叶期最为适宜，喷药过早，苗体尚小，控制过头，不利培育壮秧。每亩喷施100～200mg/L的药液即15%可湿性粉剂750～1 500倍液50kg为宜，在用药3d后，就能明显看出叶色转深，新生叶柄伸长受到抑制，可使油菜秧苗矮壮，茎粗根壮，能显著提高移栽成苗率。

（2）大豆防止疯长

在大豆初花期为最佳用药期，如长势旺盛的用药要早些，反之，用药稍晚些，每亩喷施100～200mg/L药液即15%可湿性粉剂750～1 500倍液50kg。药剂浓度过高、过低都不适宜。

大豆播种前，用15%可湿性粉剂750倍液（200mg/L）浸种后阴干，种子不皱缩即可播种，效果也好，还减少药剂对土壤污染。

（3）花生

在花生初花期至盛花期，用100～150mg/L药液，即15%可湿性粉剂1 000～1 500倍液或10%可湿性粉剂670～1 000倍液，喷洒茎叶，可抑制植株旺长，促进扎针结荚，增加荚果产量。春花生用25～100mg/L药液喷茎叶。

4．在花卉上应用

对需要控制株高、防止徒长、延长开花期的花卉，使用多效唑后株型调整明显，更具观赏价值。一般为土壤浇灌，也可叶面喷洒。一年生花卉在种子出芽后1～2周后用5mg/L药液喷叶，效果明显。春季生长的苗木，用20mg/L浓度药液。为延长花期（如菊花、月季）可于蕾期喷50～60mg/L浓度应用。直径15cm的花盆可用5～10mg药剂配成药液浇灌。

5．在药用植物上应用

枸杞控制徒长，促进生殖生长，达早期丰产，可在树冠外缘挖对称环状沟，深15cm，长30～50cm，每株施15%可湿性粉剂1g（1～4年幼树）、

2g（5年以上成龄树），对3kg水后浇淋沟内。为控制人参营养生长，加快生殖生长，于出苗末期5月下旬用10%可湿性粉剂300～500倍液喷洒或每平方米用0.3～0.5施入土壤，隔15d后再施药1次。

烯效唑（uniconazole）

$$\text{Cl}-\text{C}_6\text{H}_4-\text{CH}{=}\text{C}(\text{N-1,2,4-triazol-1-yl})-\text{CH(OH)C(CH}_3)_3$$

化学名称

（E）-（RS）-1-（4-氯苯基）-4，4-二甲基-2-（1H-2，4-三唑-1-基）戊-1-烯-3-醇

理化性质

白色结晶固体，相对密度1.28（21.5℃），熔点147～164℃，蒸气压8.9mPa（20℃）。25℃水中溶解度8.41mg/L。有机溶剂中溶解度（25℃，g/kg）：甲醇88，二甲苯7，己烷0.3。易溶于丙酮、乙酸乙酯、氯仿和二甲基甲酰胺。在正常贮存条件下稳定。

毒性

低毒。原药（含量90%）急性经口LD_{50}（mg/kg）：大鼠>464.2，小鼠>600。大鼠急性经皮LD_{50}>2 000mg/kg。对豚鼠皮肤无刺激性，对眼睛有轻微刺激性。未见致突变作用。鱼毒LC_{50}（48h，mg/L）：金鱼>1，大翻车鱼6.4。

制剂及生产厂

5%可湿性粉剂，生产厂有江苏七洲绿色化工股份有限公司、江西农大锐特化工科技有限公司、四川化学工业研究设计院、四川国光农化有限公司、江苏剑牌农药化工有限公司等。

应用

烯效唑和多效唑均为三唑类化合物，是植物生长延缓剂，作用机理及生物学效应基本相同，但烯效唑的生物活性约为多效唑的6～10倍，持效期较多效唑短，在土壤中残留也低于多效唑。

1. 水稻

浸种所用药液浓度和浸种时间因水稻品种而有差异，一般是用5%烯效唑可湿性粉剂500～1 000倍液浸种36～48h（杂交稻浸24h），然后稍加洗涤催芽。可培育多蘖矮壮秧、移栽后不败苗，促早发棵、早分蘖，增穗、增粒，增产。

在一晚或二晚杂交稻秧田，于秧苗1叶1心期喷40～80mg/L浓度（约相当于5%可湿性粉剂650～1 200）药液，有很好的控长、增叶、促根及促蘖效果，移栽后不落黄、不败苗、无明显返青期，从而为水稻增产创造了有利条件。

在水稻拔节初期，亩用5%可湿性粉剂20～25g，对水50～75kg喷雾，有矮化植株、增产的功效。

2. 小麦

每10kg种子，用5%可湿性粉剂0.3g，对水1.5kg（即5 000倍液），喷拌麦粒，稍摊晾后即可播种，或堆闷3h后播种，可增加冬前分蘖数，提高成穗率。

播前未经药剂处理的麦苗，可在拔节前10～15d，亩用5%可湿性粉剂30～40g，对水30～40kg（即1 000倍液）喷雾，可使麦株矮化防倒、增穗、增粒。

3. 油菜

3叶期，亩用5%可湿性粉剂20～40g，对水50kg喷雾，可使油菜叶色深绿、叶片增厚，根粗、根多，茎杆粗壮、矮化，多结荚、增产。

4. 大豆

始花期，亩用5%可湿性粉剂30～50g，对水30～50kg，喷全株，可降低株高，增荚、增产。

5. 花生

初花期，喷5%可湿性粉剂1 000倍液，可矮化植株，多结果。

6. 甘薯和马铃薯

在初花期即薯块膨大时，常规喷5%可湿性粉剂1 000～1 600倍液，可控制地上部旺长，促进薯块膨大。

烯效唑土壤残留问题虽小于多效唑，但在作物上也应与生根剂、钾盐混用，尽量减少烯效唑施用量。

烯效唑也可用作果树坐果剂，但也须预防结果过多、果形变化等问题。

氯吡脲（forchlorfenuron）

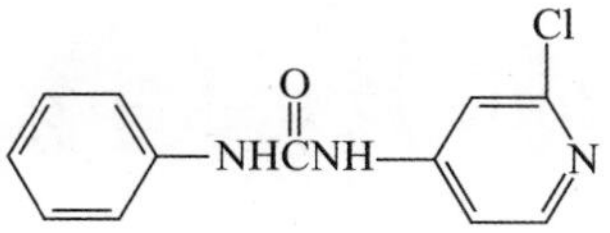

Cl

O

NHCNH

N

化学名称

1-（2-氯吡啶-4-基）-3-苯基脲

其他名称

调吡脲，吡效隆

理化性质

白色结晶粉末，相对密度1.3839（25℃），熔点176℃，蒸气压4.6×10^{-5}mPa（25℃）。在水中溶解度（pH6.4，21℃）39mg/L。在有机溶剂中溶解度（g/L）：甲醇119，乙醇149，丙酮127，氯仿2.7。对热、光和水稳定。

毒性

低毒。急性经口LD_{50}（mg/kg）：雄大鼠2 787，雌大鼠1 568，雄小鼠2 218，雌小鼠2 783。对兔急性经皮LD_{50}>2 000mg/kg。对兔皮肤有轻度刺激性，无致突变作用。

对鱼中等毒，LC_{50}（mg/L）：虹鳟鱼（96h）9.2，鲤鱼（48h）8.6，金鱼10～40。水蚤LC_{50}（48h）8.0mg/L。藻类EC_{50}（3h）11mg/L。对鸟类低毒，山齿鹑急性经口LD_{50}>2 250mg/kg。山齿鹑饲喂LC_{50}（5d）>5 600mg/kg饲料。

制剂及生产厂

0.1%可溶液，生产厂有成都施特优化工有限公司，四川兰月科技开发公司、四川国光农化有限公司、云大科技股份有限公司。

应用

是具有激动素作用的植物生长调节剂，经由植物的根、茎、叶、花、果吸收，传导到起作用的部位，主要生物学效应是促进细胞分裂，增加细胞数量，增大籽实，改善品质。

作用机理与嘌呤型细胞分裂素相同，但活性比激动素（糠氨基嘌呤）和苄氨基嘌呤高10～100倍，是目前细胞分裂素类植物生长调节剂中活性最高的一个人工合成的品种。用途多而广，适用于多种作物（表8-7）。

表 8-7 氯吡脲使用方法及应有效果

作 物	施药时期	0.1% 制剂对水倍数	施药方法	效 果
猕猴桃	谢花后20~25d	100	浸幼果 1 次	促果实膨大，单果增重
葡萄	谢花后10~15d	100~200	浸幼果穗	提高坐果率，促果实增大、增重，增加可溶性固形物
柑橘类	谢花后3~7d和25~30d	100~200	涂果梗蜜盘各 1 次	促果实膨大
西瓜	开雌花前 1d 或当天	20~33	涂果柄 1 圈	提高坐果率，增产
甜瓜	幼瓜期	100	涂幼瓜	提高坐瓜率，增甜
草莓	采收的果实	100	喷果或浸果	延长保存期
黄瓜	开花前 1d 或当天	20	涂瓜柄	提高坐瓜率，增单瓜重量
洋葱	鳞茎生长期	50	喷	延长叶片功能，增产
小麦、大麦	穗期	67	喷旗叶	增产
向日葵	花期	20	喷花盘	粒满，增加千粒量和总产量

苄氨基嘌呤（benzyladenine 或 6-benzylaminopurine）

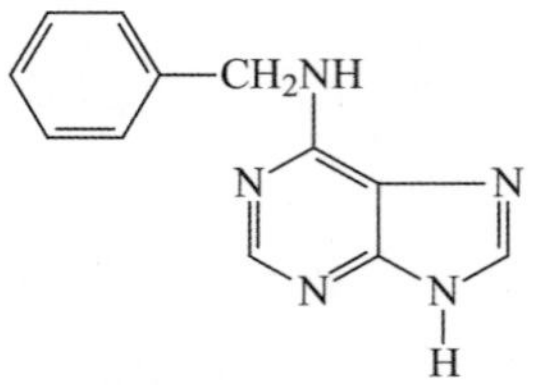

化学名称

6-（N- 苄基）氨基嘌呤或 6- 苄基腺嘌呤

理化性质

白色针状结晶，熔点 234 ~ 235℃，蒸气压 2.373×10^{-6}mPa（20℃）。20℃水中溶解度 60mg/L。不溶于大多数有机溶剂，溶于二甲基甲酰胺和二甲基亚砜。在酸、碱介质中稳定。对光、热（8h，120℃）稳定。

毒性

低毒。急性经口 LD_{50}（mg/kg）：雄大鼠 2 125，雌大鼠 2 130，小鼠 1 300。大鼠急性经皮 LD_{50}> 5 000mg/kg。对兔眼睛和皮肤无刺激性，对皮肤无致敏性。2 年饲喂试验无作用剂量（mg/kg · d）：雄大鼠 5.2，雌大鼠 6.5，雄小鼠 11.6，雌小鼠 15.1。每日允许摄入量 0.05mg/kg。对鼠和兔无致突变和致畸作用。

对鱼、蜜蜂、鸟低毒。鲤鱼 LC_{50}（48h）>40mg/L。水蚤 LC_{50}（24h）>40mg/L。藻类 EC_{50}（96h）363.1mg/L。蜜蜂急性经口 LD_{50}400μg/ 只。野鸭饲喂 LC_{50}（5d）> 8 000mg/kg 饲料。

制剂及生产厂

2% 可溶液剂，2% 乳油，1% 可溶粉剂。生产厂有浙江台州市大棚药业有限公司、四川兰月科技开发公司、四川国光农化有限公司、江西正邦化工有限公司、美商华伦生物科学公司。

应用

为带嘌呤环的合成细胞分裂素类植物生长调节剂，具有较高的细胞分裂素活性，主要是促进细胞分裂、增大和伸长；抑制叶绿素降解，提高氨基酸含量，延缓叶片变黄变老；诱导组织（形成层）

的分化和器官（芽和根）的分化，促进侧芽萌发，促进分枝；提高坐果率，形成无核果实；调节叶片气孔开放，延长叶片寿命，有利于保鲜；等等。因而其用途多而广，但在使用中尚须注意：用作绿叶保鲜，单用有效，与赤霉酸混用效果更好；用作坐果剂，与赤霉酸混用更好；由于移动性小，叶面处理时单用效果欠佳，与某些生长抑制剂混用才有较理想效果（表 8-8）。

表 8-8　苄氨基嘌呤使用方法及应用效果

作 物	施药时期	2% 制剂对水倍数	施药方法	效 果
水稻	秧苗 1~1.5 叶期	2000	喷	延缓下部叶片变黄，增强根系活力，提高插秧成活率
	孕穗期或扬花期	1000~2000	喷	促进灌浆，粒满，增产
	灌浆期	2000	喷	促进灌浆，减少空秕率，增产
小麦	播前	700~1000	浸种 24h	提高发芽率，出苗快，促进幼根和幼苗生长
	孕穗期或扬花期	1000~2000	喷	促进灌浆，粒满
玉米	播前	1000	浸种 24h	促进幼根和幼苗生长
	早期雌花	1000	喷	提高结实率
棉花	播前	1000	浸种24~48h	出苗快，苗齐、苗壮
向日葵	播前	1000~2000	浸种 6h	解除休眠，提前播种，提高发芽率
苹果	高接枝伸长生长旺盛	67	喷	促进高接一年枝侧芽的发生
	期幼树新梢生长期	67	喷	诱导主干中、下部长出分枝角度较大的侧枝
	盛花期后	100	喷	能适当疏果，促进坐果，增大果实，改善品质
	采后的果实	40~80	浸蘸	保鲜，延长贮藏期
	播前	800~1600	浸种6~24h	很快萌发，生长正常
桃	播前	100~400	浸种 24h	很快萌发，生长正常
核桃	接芽芽片	400	蘸	提高嫁接成活率
甜樱桃	采收的果实	2000	浸泡 10min	延长保鲜期
柑橘	谢花后 7d 和第二次生理落果初期	400~600	喷	提高坐果率
	采收的果实	40~80	浸蘸	保鲜
荔枝、龙眼	接芽芽片	400	蘸	提高嫁接成活率
葡萄	休眠芽插条	20	浸	促进插条萌发，提高成活率
	采收的果实	40~80	浸蘸	保鲜
西瓜、香瓜	开花后 1~2d	40~80	涂花梗	促进坐瓜
香蕉	采收的果实	2000	浸泡 10min	延长保鲜期
黄瓜	移栽前	1300	浸秧苗根 24h 浸	增加早花数，增产
	开花后 2~3d	20~40	蘸小瓜条	促进营养物质向瓜条输送，增大瓜条
南瓜，葫芦	开花前 1d 或当天	200	涂抹瓜柄	促进坐瓜
花椰菜	采收前	2000~4000	喷	延长贮存期
	采收后	100	浸一下	延长贮存期
芹菜	采收后	200	喷或浸蘸	延长贮存期
蘑菇	采收后	200	喷或浸蘸	延长贮存期
芦笋嫩茎	采收后	800	浸10min	延缓嫩茎褪绿

（续 表）

作 物	施药时期	2% 制剂对水倍数	施药方法	效 果
萝卜	播前 苗期	2000 5000	浸种24h 喷叶	苗壮 增产
番茄	采收的果实	2000~4000	浸蘸	保鲜
马铃薯	播前	1000~2000	浸块茎6~12h	出苗快，苗壮
杜鹃花	生长期	40~80	喷2次（隔1d）	促进侧芽生长
蔷薇	播前	200	浸种	打破休眠，提早播种，提高出苗率
唐菖蒲	播前 切花	1000 400	浸球茎12~24h 浸15min	打破休眠，促发芽 控制叶变黄
蟹爪兰	短日照处理5d后遮光7~10d	200 400	喷 喷	增蕾 促开花
洋晚玉香	播前	500~2000	浸球茎12~24h	打破休眠，促发芽
春兰	初春，脱盆洗净的假鳞茎及根	100~200	浸10~12h	促新芽萌生
小苍兰	播前	500~20000	浸球茎12~24h	打破休眠，促发芽
百合	插穗	1000~3000	浸	增加子球数量，提高着生年
水仙	切花	200	浸5秒	插瓶后延长观赏期
天堂草、马尼拉草	分蘖期	2000~4000	喷	促进匍匐茎的伸长生长和分蘖，缩短成坪天数

三十烷醇（triacontanol）

$$H_3C—(CH_2)_{28}—CH_2OH$$

化学名称

正三十烷醇

理化性质

白色鳞片状结晶体，相对密度0.77，熔点86.5～87.5℃，在室温水中溶解度约10mg/L，难溶于冷的乙醇、苯，可溶于乙醚、二氯甲烷、氯仿、己烷及热苯。对光、空气、热、碱稳定。

毒性

微毒。它是天然产物，多以酯的形式存在于多种植物和昆虫的蜡质中，人们每天吃的食品、蔬菜中三十烷醇的含量比一亩作物使用的量还要多，许多果皮中也含有三十烷醇，所以，它实际上对人、畜禽、环境是无害的。

制剂及生产厂

1.4%可溶粉剂，0.1%可溶液剂，0.1%微乳剂。生产厂有厦门大学化工厂、郑州天邦生物制品有限公司、广西桂林宏田生化有限责任公司、四川国光农化有限公司等。

应用

对作物具有促进生根、发芽、开花、茎叶生长、早熟、提高结实率的作用。在作物生长早期使用，可提高种子发芽率、改善秧苗素质、增加有效分蘖。在作物生长中、后期使用，可增加蕾花、坐果率（结实率）、千粒重，从而增产。作用机理是提高光合速率，增多能量积累，增加干物质积累。

1．浸种

需要催芽的稻种用0.5～1mg/kg浓度药液浸种2d后，催芽播种；旱作物种子用1mg/kg浓度药液浸种0.5～1d后播种。可增强发芽势，提高发芽率，增产。水稻、大豆、玉米等作物一般可增产5%～10%，谷子增产5%～15%。

2．苗期喷雾

以茎叶为产品的作物，如叶菜类、牧草、甘蔗、烟草、苗木等，用0.5～1mg/kg浓度药液喷洒茎叶，一般可增产10%以上。

3．花期喷雾

在果树、茄果类蔬菜、禾谷类作物、大豆、花生、棉花等作物，于始花期和盛花期用0.5%mg/kg浓度药液各喷1次。

4．浸插条

用1～5mg/kg浓度药液，可促进生根，提高成活率。

5．烟草

在团棵至生长旺盛期，用0.1%微乳剂1 670～2 500倍液喷2～3次，可增产。

6．茶树

在鱼叶初展至1叶初展期，亩用0.1%微乳剂25～50ml，对水50kg喷雾。每个茶季喷2次，间隔15d。如加0.3%尿素，可提高效果。

7．柑橘

苗木用0.1%微乳剂3300倍液喷布，有促进生长作用。在初花期至壮果期喷1 500～2 000倍液，有增产作用。

8．海带

分苗出库时，用1.4%可溶粉剂7 000倍液浸苗2h或用28 000倍液浸苗12h，夹苗放养，可促进假根生长，增加固着力，减少脱落；提高光合速率，增加干物质积累。提高产量和核酸、蛋白质含量。

9．紫菜

育苗后，用1.4%可溶粉剂7 000倍液浸泡或喷洒苗帘，可促进丝状体生长，提高菜苗数。每采收1次紫菜，施药1次，可增产，提高天门冬氨酸和谷氨酸含量，增加采收次数。

10．裙带菜

育苗疏散养殖时，用0.1%微乳剂4 000倍液浸苗绳12h，或用500倍液浸2h，可促进生长，增产。

11．蘑菇

刺激菌丝体生长，一般用0.5～1mg/kg浓度（即0.1%微乳剂1 000～2 000倍液）喷洒。

12．甘蔗

在甘蔗伸长期和生长后期，喷0.1%微乳剂1 000～2 000倍液，可提高蔗糖含量。

13．蚕桑

用0.1%微乳剂5 000～10 000倍液浇灌桑树根，可促进生长，增加桑叶产量；用相同浓度药液喷洒桑叶后喂蚕，能促进蚕老熟整齐，茧量增加。

三十烷醇在我国的推广应用曾大起大落，20世纪80年代初曾每年推广几千万亩，尔后大多生产厂停产。到20世纪90年代以来，由于三十烷醇生产技术的改进，产品质量稳定，应用效果随之稳定，在海带、紫菜上的应用获得成功，单剂生产厂也多了起来，并开发了复配混剂。

苯肽氨酸（N-phenylphthalamic acid）

COOH
CNH
O

化学名称

N－苯基肽氨酸或N－苯基邻苯二甲酸单酰胺

其他名称

苯肽氨酸

理化性质

白色粉末，熔点169℃（分解）。20℃水中溶解度20mg/L。易溶于甲醇、乙醇、丙酮、乙腈。不溶于石油醚，在中性介质中稳定，遇强酸、碱分解。

毒性

低毒。大鼠和小鼠急性经口LD_{50}>5 000mg/kg。兔和大鼠急性经皮LD_{50}>2 000mg/kg。大鼠急性吸入LC_{50}（4h）5.3mg/L。对兔眼睛有中度刺激性，对皮肤无刺激性。对皮肤无致敏性。

对鱼、蜜蜂、鸟低毒。鱼毒LC_{50}（96h，mg/L）：鲤鱼650，金鱼1 000。水蚤EC_{50}（96h）42mg/L。藻类EC_{50}（96h）72mg/L。蜜蜂经口LD_{50}>1 000μg/只。对雄日本鹌鹑和野鸡LD_{50}>10 700mg/kg。

制剂及生产厂

20%水剂，20%可溶液剂。生产厂有西北化工研究院，陕西上格之路生物科学有限公司等。

应用

它能通过叶面喷施，迅速渗入植物体内，促进营养物质输送至花蕾的生长点；增强细胞活力，促进叶绿素形成；利于授粉、受精；诱发花蕾成花结果，提高坐果率；防止生理落果和采前落果；提早果实成熟5～7d。

在大豆盛花期和结荚期各喷施1次，每亩次用20%水剂270～400倍液40～60kg。

还可用于番茄、辣椒、菜豆、豌豆、油菜、向日葵、水稻、葡萄、樱桃、苹果等作物。一般是在花期施药，亩用有效成分13～30g。

胺鲜酯（diethyl aminoethyl hexanoate）

$$CH_3CH_2CH_2CH_2CH_2\overset{O}{\overset{\|}{C}}-OCH_2CH_2N\begin{matrix}CH_2CH_3\\CH_2CH_3\end{matrix}$$

化学名称

己酸－β－二乙胺基乙酯

理化性质

纯品外观为无色液体，原药（含量≥90%）为浅黄色至棕色油状液体。沸点：138～139℃（0.01mPa）；相对密度0.88（20℃），易溶于乙醇、丙酮、三氯甲烷等有机溶剂。对稀酸稳定，在碱中易水解。

毒性

低毒。大鼠急性经口LD_{50}（mg/kg）：雄性3 690，雌性3 160；急性经皮LD_{50} > 2 150；对眼睛有轻度刺激性，对皮肤有强刺激性，对皮肤有弱致敏性，无致突变性。大鼠90d饲喂试验无作用剂量34.2mg/kg·d。

对鱼、蜜蜂、家蚕、鸟均为低毒。对斑马鱼LC_{50}（96h）50mg/L；蜜蜂LC_{50}（48h）>1 000mg/L；家蚕经口LC_{50}（48h）>500mg/kg桑叶，鹌鹑LD_{50}（7d）>550mg/kg。

制剂及生产厂

2%、1.6%水剂，8%可溶粉剂。生产厂有广州植物龙生物技术有限公司、郑州郑氏化工产品有限公司、四川国光农化有限公司等。

应用

主要是通过调节植物体内的内源激素水平，提高叶绿素、蛋白质、核酸的含量；提高过氧化酶和硝酸还原酶的活力；提高光合速率，促进光合产物向籽粒积累；提高碳、氮代谢，促进根系发达，增强植株对肥、水的吸收。兼有速效性和持效性。增产作用明显。

1．白菜

在白菜生长第二周（3 叶 1 心），用 8% 可溶性粉剂 1 350 ~ 2 000 倍液或 1.6% 水剂 400 ~ 800 倍液喷雾，7d 喷 1 次，连喷 2 ~ 3 次。

2．甜豌豆

播前，每 10kg 种子用 8% 可溶性粉剂 200mL 拌种。苗后在 6 叶期前后，亩喷 4 000 倍液 30kg。

3．苜蓿

每次刈后在进入快速生长时，亩喷 8% 可溶性粉剂 2 000 ~ 4 000 倍液 30 ~ 45kg，可提高产量。

吡啶醇（pyripropanol 或 pyridyl propanol）

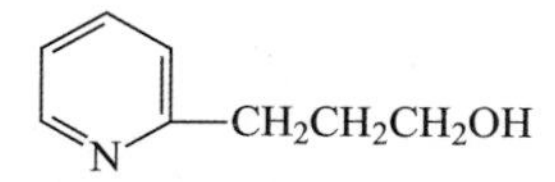

化学名称

3-（吡啶 -2- 基）丙醇

其他名称

丰啶醇，大豆激素，增产醇

理化性质

无色透明油状液体，沸点 98℃/133Pa。难溶于水，可溶于氯仿、甲苯等有机溶剂。

毒性

中等毒。急性经口 LD_{50}（mg/kg）：雄大鼠 111.5，雄小鼠 154.9，雌小鼠 152.1。大鼠致畸试验表明，高浓度（4.13mg/kg）对孕鼠有一定胚胎毒，其他各浓度组未发现致畸作用。2 个月大鼠饲喂试验结果：223mg/kg 饲料时未发现肾和肝功能的异常，但病理组织学观察，对肝脏有一定程度的特异性毒性作用。

对鱼高毒，白鲢鱼 LC_{50}（96h）0.027mg/L。

制剂及生产厂

8% 乳油，生产厂为上海威敌生化（南昌）有限公司。江苏常隆化工有限公司曾生产 80%、90% 乳油。

应用

是生长延缓剂，可由根、茎、叶及萌发的种子吸收，抑制营养生长，促进生殖生长和提高产量。表现为使植株矮化，茎秆粗壮，叶面积增大，增加花数，并刺激生根，促进胚芽鞘伸长。在大豆、花生上使用后，根瘤菌数量增加，空秕率降低，荚数和果数增多、籽实增重、增产明显。

1．蔬菜

在白菜生长期喷 8% 乳油 800 ~ 1 000 倍液，可促进叶生长。

黄瓜和番茄用 8% 乳油 450 ~ 800 倍液浸种 4h，晾干后播种；或用 800 倍液喷叶面，可使植株健壮，增强光合作用，有一定抗病和增产作用。

2．油料作物

（1）大豆用 8% 乳油 400 倍液浸种 2h，或每 100kg 种子用 26mL 对水 1kg 拌种，在盛花期用 290mL 对水 30 ~ 40kg 喷雾，均可使植株矮化、荚多、粒重。

（2）花生用 8% 乳油 400 倍液浸种 2 ~ 3h，或在盛花期用 200 倍液喷雾，均有增产效果。

（3）向日葵用8%乳油300倍液浸种2h，晾干播种，可促进幼苗生长，使籽增重、增产。

（4）油菜在盛花期，亩用8%乳油500mL，对水45～50kg喷雾。

（5）芝麻 8%乳油320倍液浸种4h，晾干后播种，可降低始蒴部位，增加有效蒴和粒重、增产。在初花期喷160倍液，也可增产。

3．水稻

浸种或浸根。浸种用8%乳油533～800倍液浸24h，换清水继续浸后播种。浸根用800倍液浸秧根5min后在移栽。

抗坏血酸（vitamin C）

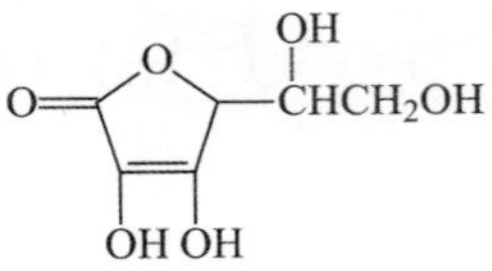

OH
O
O　CHCH$_2$OH
OH OH

化学名称

L-抗坏血酸

其他名称

Vc，维生素C，丙种维生素

理化性质

白色结晶，熔点190～192℃。水中溶解度（g/L）：400（45℃），800（100℃）。其水溶液呈酸性，接触空气很快被氧化成脱氢坏血酸。稍溶于乙醇，不溶于乙醚、氯仿、石油醚、苯。是较强还原剂，贮藏时间较长后变淡黄色。

毒性

它是广泛存在植物子实、叶茎类农产品中，对人、畜安全，每日以500～1 000mg/kg饲喂小鼠一段时间后，未见有异常现象。

制剂及生产厂

6%水剂，生产厂为贵阳市花溪茂业植物速丰剂厂。

应用

在植物体内参与电子传递系统中的氧化还原作用，促进新陈代谢。在诱导插枝生根上，与吲哚乙酸混用，效果更好。也有捕捉植物体内自由基的作用，提高抗病能力。

在烟草上，用6%水剂2 000倍液喷烟叶2次，可增加烟叶产量。

它是大量生产、价格适中、对人、畜及环境安全的天然生理活性物质，应提倡广为试用。

核苷酸（nucleotide）

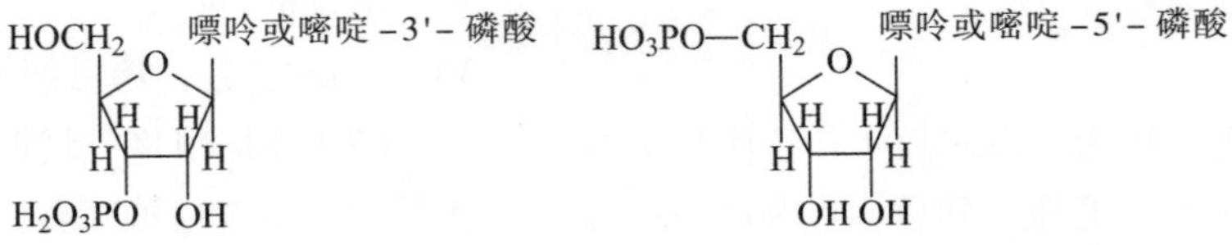

HOCH$_2$　嘌呤或嘧啶-3'-磷酸
O
H H
H H
H$_2$O$_3$PO　OH

HO$_3$PO—CH$_2$　嘌呤或嘧啶-5'-磷酸
O
H H
H H
OH OH

化学名称

核苷酸为核酸的水解混合物，其中一类是嘌呤或嘧啶-3'-磷酸，另一类是嘌呤或嘧啶-5'-磷酸。因采用不同水解方法，其产物的组分有所不同

理化性质

核苷酸干制剂容易吸水，但不溶于水，在稀碱液能完全溶解。在水溶液pH为2.0～2.5时形成沉淀。不溶于乙醇。

毒性

核苷酸为核酸水解产物，为生物制剂，对人、畜安全，不污染环境。

制剂及生产厂

0.05%水剂。生产厂由河北绿风集团有限公司、河南洛阳安邦生化科技有限公司、石家庄天鸿绿色生物工程科技发展中心、广东省东莞市瑞德丰生物科技有限公司、宁夏绿泰生物工程有限公司等。

应用

它可由植物的根、茎、叶吸收，主要生理作用是促进细胞分裂、提高细胞活力、加快新陈代谢，从而表现为促进根系较多、叶色较绿、加快地上部生长，但外观上表现不很明显，最终可不同程度提高产量。也具有防病作用。

1. 黄瓜

主要用于保护地黄瓜，一般是用0.05%水剂400～600倍液喷洒幼苗，有调节生长和增产作用。

2. 水稻

可浸种、浸秧根及生育期喷雾。早稻浸种或浸秧根的增产效果虽不很突出，但可促进秧苗生长苗壮，根系发达，抗寒力强，对防治烂秧有一定意义。生育期喷施，以苗期增产效果较为稳定，而以幼穗分化期增产效果好。

浸种，用0.05%水剂20～60倍液浸种24～48h后催芽播种。

浸秧根，在0.05%水剂20～60倍液中浸10～30min。

喷雾，可在移栽前1～3d苗期、幼穗分化期、抽穗始期或灌浆初期喷0.05%水剂25～50倍液。

3. 防治病害

防治辣椒疫病，亩用0.05%水剂80～120mL；防治棉花黄萎病，亩用120～150mL，对水常规喷雾。

4. 我国于20世纪60年代末至70年代曾对核苷酸进行过广泛应用研究

涉及的作物有小麦、玉米、高粱、棉花、花生、油菜、甘蔗、蚕豆、马铃薯、韭菜、萝卜、黄瓜、南瓜以及橡胶树、桑树等，现将当年应用结果列入表8～9。由于当时药剂产品名称“702”，产品质量尚未标准化，产品质量不稳定，所使用的药剂量或药液浓度均须进行再验证。

表8-9 “702”在某些作物上应用简况

作物	使用浓度（μg/L）	施药时间和方式	施药效果
玉米	20	喷洒在早期雌花上	提高结实率
小麦	20~30	浸种24h	提高发芽率，出苗快
	20~30	各生育期喷洒	叶片增宽，叶色变浓
高粱	40	拔节初期喷洒	植株粗壮，根系发达，果穗大
花生	20~30	开花期或种子膨大期喷洒	提高结荚率，籽粒饱满
棉花	20	浸种48h	出苗快，苗齐苗壮
	20	盛花期或现铃期，涂花或整株喷洒	提早开花，增加伏前桃，防止落蕾落铃，棉纤维增长
甘蔗	20~40	淋蔗头或整株喷洒	植株粗壮，根系发达，提高含糖量
马铃薯	10~20	浸薯块6~12h后风干播种	出苗快，苗齐苗壮
	10~20	苗高20cm时喷洒	结薯快，薯夫集中

（续 表）

作 物	使用浓度（μg/L）	施药时间和方式	施药效果
油菜	40	浸根24h	移栽后恢复生长快，叶嫩绿，长势旺盛
蚕豆	20	苗期、花期和结实期喷洒	豆粒饱满
韭菜	30	苗高7～cm时喷洒	增产
洋白菜	30	生长期喷洒	增产
水萝卜	50	直根膨大期喷洒	增产
黄瓜	40	根瓜初喷洒	增产
南瓜	20~40	浸种24h	增产
橡胶	20~30	涂割胶口或在割胶口以下5cm处剥一层皮再涂抹	增产
桑	20~30	浸扦插枝条12~24h	提高发根率
	20~30	叶面喷雾	叶片增大，叶色变浓

核苷酸与赤霉素、萘乙酸、矮壮素等混用或交替使用，效果更为显著。

呋苯硫脲

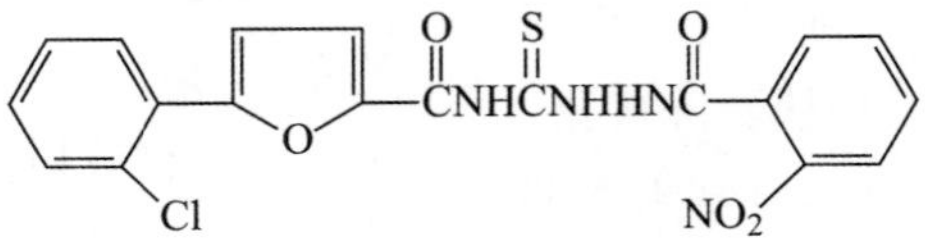

化学名称

N-5-邻氯苯基-2-呋喃甲酰基-N'-（邻硝基苯甲酰氨基）硫脲

理化性质

原药（含量≥90%）浅黄色粉末，熔点207～209℃，不溶于水，微溶于醇、芳香烃，略溶于乙腈、二甲基甲酰胺。一般情况下，对酸、碱稳定。

毒性

低毒。大鼠急性经口LD_{50}5 000mg/kg，急性经皮LD_{50}>2 000mg/kg。对兔眼睛有轻度刺激性，对兔皮肤无刺激性，对豚鼠有弱致敏性。大鼠3个月饲喂试验无作用剂量（mg/kg·d）：雄性70，雌性96。未见致突变作用。

10%乳油对鱼、蜜蜂、家蚕、鸟均低毒。斑马鱼LC_{50}（96h）148.18mg/L。蜜蜂接触24hLC_{50}>100μg/ml，经口LD_{50}>200μg/只。家蚕LC_{50}>5 000mg/kg桑叶。鹌鹑急性经口LD_{50}>5 000mg/kg。

制剂及生产厂

10%乳油，生产厂为河北万全农药厂。

应用

是我国具有自主知识产权的植物生长调节剂，对水稻具有增强光合作用、促进生长、增加产量的作用。用10%乳油500～1 000倍液（100～200mg/L浓度）浸种48h，催芽24h，再播种，能促进秧苗发根，根系生长旺盛，提高秧苗素质，移栽后能促进分蘖，增加成穗数和实粒数，但对千粒重无明显影响，总的是增加产量。

单氰胺（cyanamide）

$H_2N-C\equiv N$

化学名称

单氰胺

理化性质

白色结晶，相对密度1.282（20℃），熔点45～46℃，沸点83℃/0.5mmHg，蒸气压500mPa（20℃）。20℃水中溶解度4.59kg/L。溶于醇、苯酚类、醚，微溶于苯、卤化烃类，几乎不溶于环已烷；在下列溶剂中溶解度（20℃，g/kg）：甲基乙基甲酮505，乙酸乙酯424，正－辛醇288，氯仿2.4。遇碱分解生产双氰胺和聚合物，遇酸分解生产尿素；加热至180℃，对光稳定。

毒性

中等毒。大鼠急性经口LD_{50}223mg/kg，兔急性经皮LD_{50}848mg/kg，大鼠急性吸入LC_{50}（4h）>1mg/L。对兔眼睛和皮肤有刺激性。大鼠90d饲喂试验无作用剂量0.2mg/kg·d。每日允许摄入量0.01mg/kg。未见致突变性。

对鱼类低毒。LC_{50}（96h，mg/L）：大翻车鱼44，鲤鱼87，虹鳟鱼90。水蚤LC_{50}（48h）3.2mg/L。藻类EC_{50}（96h）13.5mg/L。对鸟低毒，山齿鹑急性经口LD_{50}350mg/kg。对山齿鹑和野鸭饲喂5dLC_{50}>5 000mg/kg饲料。对蜜蜂有毒。田间使用时雾滴漂移至桑叶上对家蚕影响较小。

制剂及生产厂

50%水剂，生产厂为宁夏大荣实业有限公司。

应用

是植物生长调节剂，也是除草剂。作为植物生长调节剂可有效地控制植物体内过氧化氢酶的活性，加速氧化磷酸戊糖循环，从而加速基础物质的生成，起调节生长的作用。主要用于果树打破休眠、促进早发芽。一般使用浓度为50%水剂10～20倍液，在葡萄发芽前15～20d喷于枝条，使芽眼处均匀着药，可提早发芽7～10d，从而对开花、果实、着色、成熟均有提早作用；在樱桃休眠期喷洒，使芽眼处均匀着药，可打破休眠，促进早发芽、早开花、早成熟，有明显提高产量和改善品质的作用。

本剂对蜜蜂有高风险性，在蜜源植物花期禁止使用。

8

硅丰环

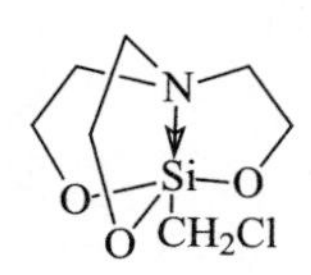

化学名称

1-氯甲基-2，8，9-三氧杂-5-氮杂-1-硅三环（3，3，3）十一碳烷

理化性质

原药（含量≥98%）为白色粉末，熔点211～213℃。20℃水中溶解度1%、在52～56℃条件下稳定。

毒性

原药低毒。大鼠急性经口LD_{50}（mg/kg）：雄性926，雌性1 260。大鼠急性经皮；LD_{50}>2 150mg/kg。对兔眼睛和皮肤无刺激性，对豚鼠皮肤无致敏性。大鼠12周饲喂试验无作用剂量（mg/kg·d）：雄性28.4，雌性6.1。无致突变性。

50%湿拌种剂对鱼、蜜蜂、鸟低毒。对斑马鱼LC_{50}（96h）为115mg/L。蜜蜂接触24hLD_{50}>200μg/只。柞蚕经口LC_{50}>10 000mg/kg食叶。鹌鹑急性经口LD_{50}（mg/kg）：雄性2 350.7，雌性2 770.7。

制剂及生产厂

50%湿拌种剂，生产厂为吉林市绿邦科技发展有限公司。

应用

拌种后种子吸收药剂，诱发细胞分裂、促进生根；由根吸收药剂传至叶片，增强光合作用，促进分蘖，增加穗粒数和千粒重，有明显的增产作用。小麦用50%湿拌种剂250～500倍液1kg拌麦种10kg，再闷种4h，或2 500倍液浸种3h，然后播种。

乙二醇缩糠醛（furalane）

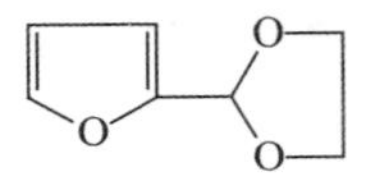

化学名称

2-（呋喃-2-基）-1，3-二氧戊环

理化性质

原药（含量≥95%）为浅黄色均相液体。沸点82～84℃/1.33×10^{-2}Pa。微溶于水和石油醚，易溶于甲醇、乙醇、丙酮、乙酸乙酯、苯、四氢呋喃、二氧六环、二甲基甲酰胺、二甲基亚砜等有机溶剂。在弱酸性、中性及碱性条件下稳定，光照下接触空气不稳定。

毒性

低毒。大鼠急性经口LD_{50}562mg/kg，急性经皮LD_{50}>2 150mg/kg，急性吸入LC_{50}（2h）>2mg/L。对眼睛和皮肤无刺激性，对皮肤无致敏性。大鼠饲喂试验无作用剂量11.24mg/kg·d（90d）。致突变试验：对小鼠骨髓细胞染色体畸变试验和睾丸精母原细胞染色体畸变试验均为阴性，但对骨髓嗜多染红细胞微核试验的高剂量组（56.2mg/kg）的微核率明显增高。

对鱼、蜜蜂、家蚕、鸟均为低毒。20%乳油对斑马鱼LC_{50}（96h）17.03mg/L，蜜蜂LC_{50}（48h）1 096.5mg/L，家蚕（二龄）LD_{50}>3 000mg/kg桑叶，鹌鹑LD_{50}（7d）253.59mg/kg。

制剂及生产厂

20%乳油，生产厂为山西平遥腾龙科技发展有限公司。

应用

主要活性是增强作物对逆境（干旱、盐碱）的抵抗能力。当喷洒在叶面上，在叶面氧自由基催化下发生聚合反应，生成单分子膜，封闭部分气孔，减少水分蒸发，从而增强保水能力，起到抗旱作用；并能促进植物根系生长，尤其是次生根的数量明显增加，提高作物在逆境条件下成活力。

在小麦上用法：用20%乳油2 000～4 000倍液，于播前浸种10～12h；在麦苗越冬后返青、拔节、扬花和灌浆期各喷1次，可有效的调节小麦生长，增加产量。

2-（乙酰氧基）苯甲酸（aspilin）

化学名称

2-（乙酰氧基）苯甲酸

理化性质

白色结晶，熔点50℃，沸点210～250℃。蒸气压0.2mPa。20℃水中溶解度1.2g/L。遇酸、碱易分解，遇湿气即缓缓水解。

毒性

低毒。大鼠急性经口LD_{50}（mg/kg）：雄3 160，雌3 830。大鼠急性经皮LD_{50}>5 000mg/kg。对眼睛和皮肤无刺激性，对皮肤有轻度致敏性。

对鱼、蜜蜂、家蚕、鸟均为低毒。对斑马鱼LC_{50}（48h）150mg/L。蜜蜂LC_{50}（48h）>6 000mg/L。家蚕（二龄）LC_{50}>5 000mg/kg桑叶。鹌鹑LD_{50}（7d）>350mg/kg。

制剂及生产厂

30%可溶粉剂，生产厂为湖南海洋生物工程有限公司。

应用

主要作用是减轻活性氧对作物叶面细胞膜的伤害，能有效地调节叶片毛孔启闭，减少水分蒸发，或调节气孔扩张，增强光合作用，增加叶绿素含量，延缓叶片衰老，延长灌浆期时间，从而增加穗粒数和千粒重。

水稻上应用，于扬花期，亩用30%可溶粉剂50～60g，对水喷洒茎叶。

丁酰肼（daminozide）

化学名称

N-二甲氨基琥珀酸

其他名称

比久

理化性质

白色结晶，熔点157～164℃（另一文献报道为154～156℃），蒸气压22.7mPa（23℃）。溶解度（25℃，g/kg）：水100，甲醇50，丙酮25；不溶于低级脂肪烃。在pH值5.7和9条件下稳定30d以上，在酸、碱中加热稳定。

毒性

微毒。大鼠急性经口LD_{50}>5 000mg/kg，兔急性经皮LD_{50}>5 000mg/kg，大鼠急性吸入LC_{50}（4h）>2.1mg/L。饲喂试验无作用剂量（1年，mg/kg·d）：狗188，大鼠5。每日允许摄入量0.5mg/kg。

对鱼、蜜蜂、鸟类低毒。鱼毒LC_{50}（96h，mg/L）：虹鳟鱼149，大翻车鱼423。水蚤LC_{50}（96h）76mg/L。藻类EC_{50}180mg/L。蜜蜂LD_{50}>100μg/只。对野鸭和山齿鹑饲喂8dLC_{50}>10 000mg/kg饲料。蚯蚓LC_{50}>632mg/kg土壤。

20世纪80年代中后期怀疑其具有致畸作用，有些国家曾禁用或限制使用。1992年世界卫生组织进行再次评估，认为产品中丁酰肼的水解产物偏二甲基肼（或称非对称二甲基联氨）含量小于30mg/kg可以使用。但仍须注意，近期将收获的作物勿使用，也不要食用刚用药处理不久的果品等农产品。

制剂及生产厂

92%、50%可溶粉剂。生产厂有河北邢台市农药有限公司、邢台化工工贸公司化工厂、四川国光农化有限公司等。

应用

被植物吸收后，抑制植物体内的内源赤霉素和生长素的生物合成，因而其主要作用是抑制新生梢生长，缩短节间长度，增加叶片厚度及叶绿素含量，常用于调整树干高度和观赏植物外形。丁酰肼也有防止落花，促进坐果，诱导不定根形成，刺激根系生长，提高抗寒能力等功效。

1. 花卉

主要用于促进插条生根、化学整型、调节花期、切花保鲜等。

香石竹、菊花、大丽花、一品红、茶花等插条的基部5cm，用50%可溶性粉剂100倍液浸泡15～20秒钟，取出晾干、扦插苗床内，可促进生根。丁香、一品红等插入苗床后，用1700倍液滴洒，10d1次，共3次，也有促进生根的效果。

对灌木和乔木的观赏植物，用1%～2%药液处理，可有效控制营养生长，使株型矮壮。例如，八仙花为灌木，当盆栽的株高3～5cm时，用50%可溶性粉剂70～100倍液喷洒叶面，15～20d后再喷1次，矮化效果明显。花坛里的金鱼草、百日草、鼠尾草、金盏花、龙面花、紫菀等幼苗，用100～200倍液喷雾1～2次，均可矮化株型。

盆栽菊花，在短日照开始后14d，喷50%可溶性粉剂200倍液，30d后再喷1次，可降低株高、改善花型、增大花茎、延长观赏期。

香石竹切花浸在含丁酰肼100～500mg/L的保鲜液中，可延缓衰老、延长插花寿命。对月季、菊花、唐菖蒲也有保鲜作用。

2. 荔枝杀冬梢

在冬梢萌发后，小叶将展开时，喷洒50%可溶粉剂500倍液。

在果树及其他食用作物上应用，在此就不列举了，如确有需用者，请参阅其他有关书籍。

氯苯胺灵（chlorpropham）

$$\text{3-ClC}_6\text{H}_4\text{-NHCOOCH(CH}_3\text{)}_2$$

化学名称

3-氯苯基氨基甲酸异丙酯

理化性质

白色固体，相对密度1.180（30℃），熔点41.1℃

（原药38.5～40℃），沸点256～258℃（纯度>98%）。蒸气压24mPa（20℃，纯度98%）。25℃水中溶解度89mg/L，易溶于大多数有机溶剂，如醇类、酮类、酯类和氯代烃类，在矿油中有中等程度溶解度（例如煤油中为100g/kg）。对光稳定，但能被酸和碱缓慢分解。

毒性

低毒。急性经口LD_{50}（mg/kg）：大鼠5 000～7 500，兔5 000。兔急性经皮LD_{50}>2 000。对眼睛和皮肤无刺激性。对大鼠和狗2年饲喂试验无作用剂量2 000mg/kg饲料，每日允许摄入量0.03mg/kg。

对鱼有中等毒。LC_{50}（48h，mg/L）：虹鳟鱼3.02～5.7，大翻车鱼6.3～6.8。水蚤LC_{50}（48h）3.7mg/L。藻类EC_{50}（96h）3.3mg/L。在推荐用量下对蜜蜂没有危险。对鸟类基本无毒，对野鸭急性经口LD_{50}>2 000mg/kg。蚯蚓LC_{50}为62mg/kg土壤。

制剂及生产厂

49.65%气雾剂，2.5%粉剂。生产厂有四川国光农化有限公司、美国仙农有限公司等。

应用

主要用于马铃薯抑制发芽。本品可自动升华为气体，抑制萌动的芽很难发芽生长。曾经也用作防除单子叶杂草的除草剂。

在马铃薯收获后至少两周或经过冬贮度过休眠期的薯块在室内贮存时使用。使用药量根据贮存期长短、马铃薯品种（芽眼深浅不同）、贮存目的、温度等因素而定。一般用量是每吨无泥土清洁的马铃薯用2.5%粉剂400～600g将马铃薯分成若干层，均匀撒药或用喷粉器轻轻地把药粉吹入薯堆里。

每吨薯块用49.65%气雾剂60～80mL，用热雾机喷雾，与通风设备联合使用，将热雾送入薯层。

若贮存时期长，可在2个月后再施药1次。

不能用于马铃薯大田或种薯。

S-诱抗素（abscisic acid）

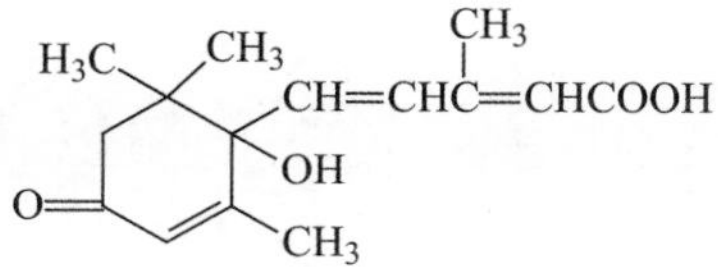

H_3C, CH_3, CH_3, CH=CHC=CHCOOH, OH, O, CH_3

化学名称

（+）-2-顺-4-反脱落酸，或[S-（Z，E）-5-（1'-羟基-2'，6'，6'-三甲基-4'-氧代环己-2'-烯-1'-基）-3-甲基-2-顺-4-反-戊二烯酸

其他名称

脱落酸

理化性质

白色结晶，熔点160～161℃，120℃升华。20℃水中溶解度1～3g/L。微溶于苯，可溶于碳酸氢钠水溶液、甲醇、乙醇、丙酮、乙酸乙酯、乙醚、氯仿。诱抗素有顺式和反式两种异构体，顺式异构体在紫外光下缓慢转化为反式异构体。

毒性

它是植物体内存在的激素，大鼠急性经口LD_{50}>2 500mg/kg，对生物和环境无副作用。

制剂及生产厂

0.1%、0.006%水剂，生产厂为四川龙蟒福生科技有限责任公司。

应用

能抑制其他植物内源激素（生长素、赤霉素、细胞分裂素）所调节的生理功能。在植物的生长发育过程中，其主要功能是诱导植物在逆境条件下产生抗逆性，如诱导植物产生抗旱性、抗寒性、耐盐性、抗病性等被称为“抗逆诱导因子”，当植物遭逆境胁迫时，能在细胞间传递逆境信息，诱导植株产生相应的抵抗能力。例如，在土壤干旱胁迫下，能启动叶片细胞质膜上的信号传递，诱导叶面气孔不均匀关闭，减少水分蒸发，提高抗干旱能力；在寒冷胁迫下，能启动细胞抗寒冷基因的表达，诱导产生抗寒能力，等等。

能促进种子发芽，缩短发芽时间，提高发芽率；促进秧苗根系发达，使移栽秧苗早生根、早返青；增加有效分蘖数，促进灌浆；防止果树生理落果，促进果实成熟；还有诱导某些短日照植物开花的功能。

1. 水稻

用0.006%水剂150～200倍液（0.3～0.4mg/L）浸种24h，捞出沥干，催芽露白，常规播种。能提高发芽率，促进根系生长，早分蘖并增加有效分裂，促进灌浆，增产，提高品质。

2. 烟草

在移栽前，用0.1%水剂290～370倍液（2.7～3.5mg/L）喷苗床烟苗，移栽后促生根，早返青，增产。

3. 黄瓜

生长期，用0.1%水剂200～400倍液（2.5～5mg/L）喷茎叶，可以促进开花，提高坐瓜率，增产。

4. 组织培养

在培养基中加入低浓度诱抗素，能促进愈伤组织生长，提高胚性组织的产生与植株的再生率，以及不定根的生长。例如在水稻培养基中加入0.3mg/L的诱抗素，可防止褐化，使球形胚发育成苗。

注意事项

1. 诱抗素有顺式和反式两种异构体，即S-体和R-体，只有S-体才有活性，故国内生产的产品定名为S-诱抗素。S-体对光敏感，在紫外光下会缓慢地转化为R-体而失去活性，因而产品应避光贮存，田间使用宜在傍晚施药。

2. 本品在国内外成熟的大面积应用技术还很少，应用时应先试验后推广。

3. 施药1次，持效期7～15d。

抑芽丹（maleic hydrazide，简称MH）

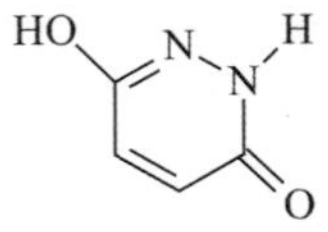

化学名称

1，2-二氢哒嗪-3，6-二酮

其他名称

青鲜素，马来酰肼

理化性质

白色结晶固体，相对密度1.61（25℃），熔点298～300℃，蒸气压$<1\times10^{-2}$mPa（25℃）。溶解度（25℃，g/L）：水4.507，水（pH4.3）4.417，甲醇4.179，乙醇1，二甲基甲酰胺24，丙酮、二甲苯<10，己烷、甲苯<0.001。光下25℃时半衰期58d（pH5.7）、34d（pH9）。对氧化剂和强酸会分解。对铁器有轻微腐蚀性。

毒性

微毒。大鼠急性经口 LD_{50}>5 000mg/kg，兔急性经皮 LD_{50}>5 000mg/kg，大鼠急性吸入 LC_{50}（4h）4.0mg/L。对眼睛和皮肤有轻度刺激性，对皮肤无致敏性。但在慢性毒性试验中，发现对猴子有潜在的治肿瘤危险，故仅限于在烟草等非直接食用作物及花卉上使用。

对水生生物低毒。鱼毒 LC_{50}（96h，mg/L）：虹鳟鱼>1435，大翻车鱼 1608。水蚤 LC_{50}（48h）108mg/L。藻类 LC_{50}（96h）>100mg/L。对鸟类低毒，野鸭急性经口 LD_{50}>4 640，野鸭和山齿鹑饲喂 8dLC_{50}>10 000mg/kg饲料。

制剂及生产厂

30.2%、25% 水剂。生产厂有山东鸿汇烟草用药有限公司、山东恒利达化学品公司、遵义泉通化工厂、重庆双丰农药有限公司等。

应用

它是植物体内尿嘧啶代谢拮抗物，可渗入核糖核酸中，抑制尿嘧啶进入细胞与核糖核酸结合。它被植物吸收后传导到生长活跃部位，破坏顶端优势，抑制顶芽旺长。使光合产物向下输送到腋芽、侧芽或块根、块茎的芽里，控制这些芽的萌发或延长这些芽的萌发期。在生产上主要用于延缓植物休眠、延长农产品贮藏期、控制侧芽生长、诱导雄性不育等。

1. 抑制烟草腋芽生长

在打顶后人工抹去大腋芽 1 次，再用 30.2% 水剂 50 ~ 60 倍液，每株 20 ~ 25mL，顺烟株主茎淋下即可，也可用喷雾法，喷上部叶片。喷过药的烟叶易出现假熟现象，叶片提前落黄，宜等到叶脉变白时再收获。

2. 化学整形

主要用于观赏植物的化学修剪或打尖剂。例如女贞、黄杨、鼠李等绿篱植物，在春季腋芽开始生长时，用 30.2% 水剂 150 ~ 300 倍液喷洒茎叶，可以控制新梢生长，促进下部侧芽生长，减少夏季修剪，使株形密集，提高观赏价值。

行道树于春季腋芽开始生长时，用 30.2% 水剂 150 ~ 300 倍液喷洒叶面，可使受药叶片附近的顶芽受抑制，起到化学整形的效果。

3. 切花保鲜

月菊、菊花、香石竹等切花的含糖保鲜液中，加入 2 500mg/L 的抑芽丹，有良好保鲜效果。在金鱼草、羽扇豆、大丽花的保鲜液中加 250 ~ 500mg/L 抑芽丹，可延长保鲜期。

矮化水仙，可于展叶期用 30.2% 水剂 100 倍液灌注。

8

氟节胺（flumetralin）

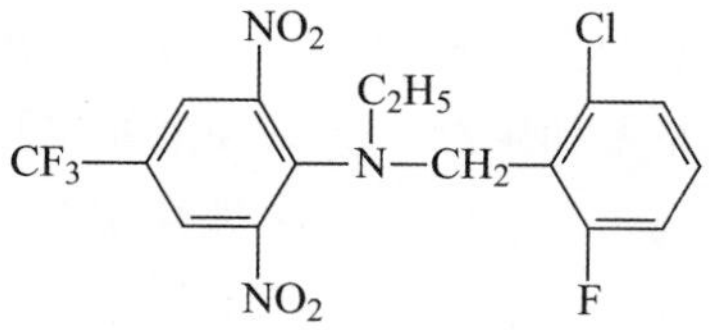

化学名称

N-（2-氯-6-氟苄基）-N-乙基-4-三氟甲基-2，6-二硝基苯胺

其他名称

抑芽敏

理化性质

黄色至橘黄色结晶，相对密度1.55（20℃），熔点101～103℃，蒸气压3.2×10^{-2}mPa（25℃）。25℃水中溶解度0.07mg/L。有机溶剂中溶解度（25℃，g/L）：丙酮560，甲苯400，乙醇18，己烷14，辛醇6.8。在pH5～9时稳定，250℃以上分解。

毒性

低毒。大鼠急性经口LD_{50}>5 000mg/kg，大鼠急性经皮LD_{50}>2 000mg/kg，大鼠急性吸入LC_{50}2.13mg/L。150g/L乳油对兔皮肤有中度刺激性，对兔眼睛有强烈刺激性。大鼠和小鼠2年饲喂试验无作用剂量300mg/kg饲料。每日允许摄入量0.17mg/kg。在试验剂量下对供试动物无致畸、致突变作用。

对鱼高毒，LC_{50}（μg/L）：大翻车鱼18，虹鳟鱼25。水蚤LC_{50}（48h）>66μg/L。藻类EC_{50}>0.85mg/L。对蜜蜂无毒。对鸟类低毒，山齿鹑和野鸭急性经口LD_{50}>2 000mg/kg，LC_{50}>5 000mg/kg饲料。蚯蚓LC_{50}>1 000mg/kg土壤。

制剂及生产厂

25%，125g/L乳油。生产厂有浙江禾田化工有限公司、瑞士先正达作物保护有限公司等。

应用

是接触兼局部内吸的高效烟草腋芽抑制剂，吸收快、作用迅速、持效期长，打顶后施药1次即可。氟节胺适用于烤烟、晒烟及雪茄烟。在烟株上部花蕾伸长期至始花期，人工打顶并抹去大于2.5cm的腋芽，24h内用杯淋法或涂抹法施药1次。杯淋法每株用25%乳油350倍液或125g/L乳油250～300倍液15～20mL，顺烟茎淋下；或用毛笔或棉球蘸药液涂在腋芽上。施药后2h内无雨即可收效。对烟叶很安全。药液接触烟叶也不会产生药害。

仲丁灵（butralin）

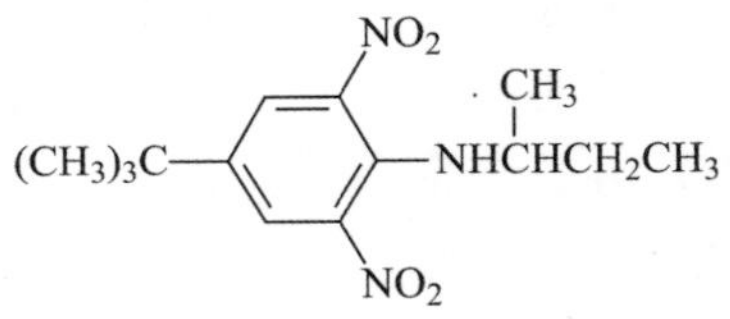

NO_2

CH_3

$(CH_3)_3C$— —$NHCHCH_2CH_3$

NO_2

化学结构式、化学名称、理化性质、毒性等见除草剂篇。

制剂及生产厂

36%乳油。生产厂有江西盾牌化工有限责任公司，山东鸿汇烟草用药有限公司、山东华阳和乐农药有限公司、山东绿土农药有限公司、山东文登市东方化工厂，江西益隆化工有限公司、甘肃张掖市大弓农化有限公司、遵义泉通化工厂、澳大利亚纽发姆有限公司等。

应用

对烟草腋芽抑制效果好，药效快。在烟株中心花开打顶后24h内施药，施药前将2.5cm以上长的腋芽全部抹去，每株用36%乳油100倍液15～20mL，顺烟株主茎淋下或用毛笔、棉球等将药液涂抹在每个腋芽上。只需施药1次。由于仲丁灵也是除草剂不能采用喷雾法。

二甲戊灵（pendimethalin）

化学结构式、化学名称、理化性质、毒性等见除草剂篇。

制剂及生产厂

33%乳油。生产厂有山东华阳科技股份有限公司、江西盾牌化工有限责任公司、苏州联合伟业科技有限公司、浙江宁波中华化学品有限公司、吉林省吉化集团农药有限责任公司、德国巴斯夫股份有限公司等。

应用

用于抑制烟草腋芽，当烟株现蕾50%时打顶，打顶当日施药，用33%乳油80～100倍液，每株喷淋20～25mL，沿烟株主茎均匀流下到地面触及每一个叶腋。

在早上有露水或气温高于30～35℃时勿施药。烟株未开花前不宜过早打顶施药。本品也是除草剂，不能当作叶面喷雾使用，施药时药液勿接触到幼嫩烟叶。施药后被抑制而呈卷曲状的腋芽，不要摘除，以免再生新腋芽。

噻苯隆（thidiazuron）

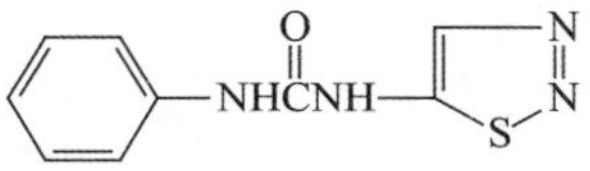

NHCNH（O）— 1,2,3-噻二唑-5-基

化学名称

N-苯基-N'-（1，2，3-噻二唑-5-基）脲

其他名称

赛苯隆，脱叶脲，脱叶灵

理化性质

白色结晶，熔点210.5～212.5℃（分解），蒸气压4×10^{-6}mPa（25℃）。水中溶解度31mg/L（pH7，25℃），有机溶剂中溶解度（20℃，g/L）。丙酮6.67，甲醇4.2，乙酸乙酯1.1，甲苯0.4，二氯甲烷0.003，己烷0.002，二甲基甲酰胺>500，二甲基亚砜>800。光照下能迅速转化成光异构体N-苯基-N'-（1，2，3-噻二唑-3-基）脲，在室温条件下对pH5～9水解稳定。在54℃贮存14d不分解。在60℃、90℃和120℃贮存，稳定期超过30d。

毒性

低毒。急性经口LD_{50}（mg/kg）：大鼠>4 000，小鼠>5 000。急性经皮LD_{50}（mg/kg）：兔>4 000，大鼠>1 000。大鼠急性吸入LC_{50}（4h）>2.3mg/L。对兔眼睛有中度刺激性，对皮肤无刺激性。对猪皮肤无致敏性。饲喂试验无作用剂量（mg/kg饲料）：大鼠（90d）200，狗（1年）100。未见致突变、致畸、致癌作用。

对鱼、鸟低毒。鱼毒LC_{50}（96h，mg/L）：虹鳟鱼>19，大翻车鱼>32。水蚤LC_{50}（48h）>10mg/L。日本鹌鹑急性经口LD_{50}>3 160mg/kg，对山齿鹑和野鸭饲喂LC_{50}（8d）>5 000mg/kg饲料，对蜜蜂无毒害，蚯蚓LC_{50}（14d）>1 400mg/kg土壤。

制剂及生产厂

50%可湿性粉剂，0.1%可溶液剂。生产厂有江苏省激素研究所有限公司、江苏辉丰农化股份有限公司、四川国光农化有限公司、陕西咸阳德丰有限责任公司、德国拜耳作物科学公司等。

应用

1. 作脱叶剂使用

用于棉花，喷洒后被叶片吸收，促使叶柄与茎之间的离层形成而提早10d左右自然脱落，有利于机械收花和提高棉花品级。在棉铃60%~90%开裂时，亩用50%可湿性粉剂20~40g，对水喷洒棉株叶面。喷药后可脱叶90%左右。

2. 作生长调节剂使用

具有很强的细胞分裂活性，能促进植物光合作用，增产，改善果品质量，增加果品耐贮性。例如，在葡萄花期喷0.1%可溶液剂170~250倍液，用0.1%可溶液剂50~75倍液喷涂西瓜的瓜柄，均可提高坐果率，增加产量。

噻节因（dimethipin）

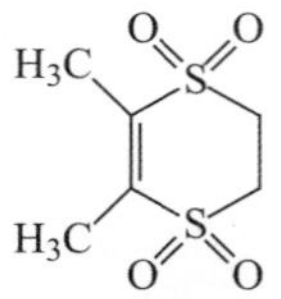

化学名称

2，3-二氢-5，6-二甲基-1，4-二噻因-1，1，4，4-四氧化物

理化性质

白色结晶。相对密度1.59（23℃），熔点167~169℃，蒸气压0.051mPa（25℃）。溶解度（25℃，g/L）：水4.6，乙腈180，甲醇10.7，二甲苯8.979。稳定性：pH3和pH9稳定（25℃），1年（20℃），14d（55℃），光照≥7d（25℃）。

毒性

低毒。大鼠急性经口LD_{50}500mg/kg，兔急性经皮LD_{50}>5 000mg/kg，大鼠急性吸入LC_{50}（4h）1.2mg/L。对兔眼睛有极强刺激性。饲喂试验无作用剂量（mg/kg饲料）：大鼠（2年）2，狗（2年）2.5。每日允许摄入量0.02mg/kg。对实验动物无致癌作用。

对鱼、蜜蜂、鸟低毒。鱼毒LC_{50}（96h，mg/L）：虹鳟鱼52.8，大翻车鱼20.9，鲦鱼17.8。水蚤LC_{50}（48h）21.3mg/L，藻类EC_{50}（5d）5.12mg/L。对蜜蜂LD_{50}>100μg/只（25%悬浮剂）。对野鸭和山齿鹑饲喂LC_{50}（8d）>5 000mg/kg饲料。蚯蚓LC_{50}（14d）39.4mg/kg土壤（25%悬浮剂）。

制剂及生产厂

22.4%悬浮剂，生产厂为科聚亚美国公司。

应用

能促进植物叶柄区纤维素酶的活性，诱导离层形成，引起叶片干燥而脱落。在我国主要用于新疆地区的棉花脱叶。在棉铃80%开裂，正常收获前7~14d，亩用22.4%悬浮剂90~110g或用22.4%悬浮剂90g加40%乙烯利水剂100g，对水喷洒棉花茎叶，可促使棉叶干燥、脱落，不影响子棉产量和纤维长度。如施药过早，会降低棉花质量。

噻节因还用于水稻、马铃薯、向日葵、葡萄、苹果等作物的脱叶、促使籽实干燥等，一般在正常收获前14~20d使用，喷洒药液的浓度一般为350~700mg/L。

苯哒嗪丙酯（BAU-9403）

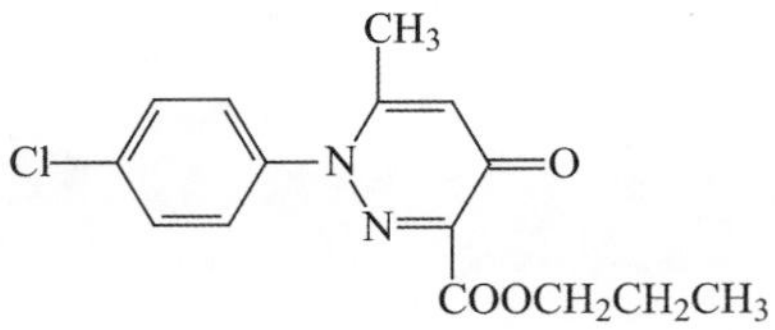

$$Cl-C_6H_4-N_1\text{(pyridazinone ring: 6-}CH_3\text{, 4=O, 3-}COOCH_2CH_2CH_3\text{)}$$

化学名称

1-（4-氯苯基）-1，4-二氢-4-氧-6-甲基哒嗪-3-羧酸丙酯

理化性质

原药为浅黄色粉末，熔点101～102℃。溶解度（20℃，g/L）：水<1，苯280，甲醇362，乙醇121，丙酮427。在一般贮存条件下和中性介质中稳定。

毒性

低毒。对大鼠急性经口LD_{50}（mg/kg）：雄性3 160，雌性3 690。急性经皮LD_{50} > 2 150mg/kg。对眼睛和皮肤无刺激性，有轻度致敏性。无致突变作用。大鼠90d饲喂试验无作用剂量（mg/kg·d）：雄性31.6，雌性39。

10%乳油对鱼中等毒，斑马鱼LC_{50}（48h）1.0～10mg/L。对蜜蜂、家蚕、鸟低毒。蜜蜂LC_{50}为1 959mg/L。家蚕LC_{50}>2 000mg/kg桑叶。鸟LD_{50}183.7mg/kg。

制剂及生产厂

10%乳油。生产厂为河北新兴化工有限责任公司。

应用

它是我国具有自主知识产权的小麦杀雄剂，具有诱导自交作物雄性不育，培育杂交种子，用于小麦育种，施药适期为小麦幼穗发育的雌雄蕊原基分化期至药隔后期，亩用10%乳油500～666mL，对水30～40kg，喷施于小麦母本植株，不育率可达95%以上。

8

二、主要混剂

吲丁·萘乙酸

特性

由吲哚丁酸与萘乙酸复配的混剂。主要功能是促进生根，药剂经由根、叶、发芽的种子吸收后，刺激根部细胞分裂生长，使侧根生长快而多，促使植株生长健壮。还刺激不定根形成，促进插条生根，提高扦插成活率。因而它是光谱性生根剂，使用方法简便灵活。

制剂及生产厂

50%粉剂和50%可溶粉剂，内含吲哚丁酸40%，萘乙酸10%，生产厂有广西喷施宝集团有限公司博林公司、哈尔滨绿海应用技术研究所。20%可湿性粉剂，内含吲哚丁酸2%，萘乙酸18%，生产厂为吉林省八达农药有限公司。10%可湿性粉剂（两厂的配比不同），生产厂为河南周口山都丽化工有限公司，重庆双丰农药有限公司。2%可溶粉剂内含吲哚丁酸1%，萘乙酸1%，生产厂为四川兰月科技开发公司。

应用

1．水稻

干稻种用2%可溶粉剂500～1200倍液浸泡10～12h再浸种催芽后播种，能提高发芽率，根多、壮苗、抗病。

秧苗生长期，寒流来之前喷50%可溶粉剂33 000～50 000倍液，可防止烂秧。

在移栽前1～3d喷50%可溶粉剂33 000～50 000倍液或用50%可溶粉剂25 000～50 000倍液或2%可溶性粉剂1 000～2 000倍液浸秧苗根部10～20min，可使栽插后缓苗快。

2．玉米

播前用10%可湿性粉剂5 000～6600倍液浸种8h或浸种2～4h再闷种2～4h后播种，可提高发芽率、苗齐、苗壮，气生根多，抗逆性强，增产。

3．其他作物

如小麦、花生、大豆、蔬菜、棉花等，都可以浸种或拌种方式处理。浸种，一般用10～20mg/L浓度药液浸1～2h再闷种2～4h。拌种，一般用25～30mg/L浓度药液1kg拌种子15～20kg，再闷种2～4h。

烟草在苗期或移栽前1～2d用5～10mg/L浓度药液喷洒，可促进新根生长、壮苗、防病。

树苗和花卉，在移栽时用25～30mg/L浓度药液蘸苗根，或在移栽后用10～15mg/L浓度药液顺植株灌根，可促进新根长出，提高成活率。

薯秧在栽插前用50～60mg/L浓度药液浸蘸薯秧下部3～4cm处，可促进生根、成活。

4．林木、花卉插枝生根

快速浸泡法：将插条下端3～4cm在500～1 000mg/L药液（相当于50%可溶粉剂500～1 000倍液）中浸10～15秒钟。

慢速浸泡法：将插条下端3～4cm在10～100mg/L药液（相当于50%可溶粉剂5 000～50 000倍液）浸12～24h。

易生根的植物用低浓度、时间短些；难生根的用高些浓度，时间长些。

吲乙·萘乙酸

特性

由吲哚乙酸与萘乙酸复配的混剂，也就是常说的ABT生根粉。萘乙酸进入植物体内能诱导乙烯形成，内源乙烯在低浓度下有促进生根的作用。吲哚乙酸是植物体内普遍存在的内源生长激素，可诱导不定根生成、促进侧根增多的作用。由萘乙酸与吲哚乙酸复配的混剂比单剂促进生根的效果更好，可以促进插条不定根形成，缩短生根时间；使移栽苗木受伤根系迅速恢复，提高成活率；在组织培养中能促进生根，减少白化苗。

制剂及生产厂

50%可溶粉剂，内含吲哚乙酸30%，萘乙酸20%，生产厂为北京艾比蒂研究开发中心。

应用

主要用于促进生根，例如：

花生用20～30mg/kg拌种，可促进萌发和生根。

小麦用20～30mg/kg拌种，可促进萌发和生根。

沙棘用100～200mg/kg浸插条基部，可诱导不定根形成。

本混剂已由单一的生根促进剂，发展成包括可叶面喷雾的系列产品，可用于多种农、林作物。具体使用方法请阅各型号产品的说明书。

硝钠·萘乙酸

特性

由复硝酸钠与萘乙酸复配的混剂。两个广效的单剂复配后应用范围更广。

制剂及生产厂

2.85%水剂，内含复硝酸钠1.65%，萘乙酸1.2%，生产厂有福建漳州快丰收植物生长剂有限公司、河南力g化工有限公司、河南欣农化工有限公司、河南安阳市国丰农药有限责任公司、河南焦作市红马农药厂、河南中威高科技化工有限公司、宁夏银川凯元生物化工科技有限公司等。

应用

主要用于促进作物生长、开花、结实、增产。

1. 水稻

于小穗分化期和齐穗期各施药1次，每亩次用制剂3 000～4 000倍液30～40kg。

2. 小麦

于齐穗期和灌浆期各喷药1次，每亩次用制剂2 000～3 000倍液30～40kg。

3. 花生

于结荚期喷药2次，间隔期10d。每亩次用制剂5 000～6 000倍液30～40kg。

4. 大豆

于结荚期和鼓粒期各喷药1次，每亩次用制剂4 000～6 000倍液30～40kg。

5. 柑橘树

一般在谢花后至果实膨大期，用制剂6 000～7 000倍液喷树冠。

6. 黄瓜

生长期用制剂5 000～6 000倍液喷茎叶。

赤霉·萘乙酸

特性

由赤霉酸与萘乙酸复配的混剂。两单剂都有促进生长作用，复配后效应会更好，可有效地促进坐果，加速果实膨大，增大果实及增加果实内含物含量，减少空洞果最终表现是增产。

制剂及生产厂

4%乳油，内含赤霉酸1%，萘乙酸3%，生产厂为广西田园生化股份有限公司。

应用

适用范围较广，目前仅登记用于番茄调节生长和增产。一般在花期喷施4%乳油1 500～2 500倍液，可减少落花，促进坐果增加产量。

萘乙·乙烯利

特性

由萘乙酸与乙烯利复配的混剂，具有促控相配合的作用。

制剂及生产厂

10%水剂，内含萘乙酸0.5%，乙烯利9.5%，生产厂为广东植保蔬菜专用药剂中试厂。

应用

主要用于荔枝树控制花穗上的小叶生长，保护花芽生长。荔枝的花芽为混合芽，花序分化时出现花芽原始体和叶芽原始体，因而可能发育成花芽或叶芽。一般是在气温较高时（如18℃）有利于叶芽发育，形成带叶的小花穗，或形成的小花穗干枯脱落，成为春梢。此时可用10%萘乙·乙烯利水剂1 000～1 200倍液喷雾，杀伤嫩叶，使其脱落，保护花芽。

氯胆·萘乙酸

特性

由萘乙酸与氯化胆碱复配的混剂，具有促进生根和增产作用。

制剂及生产厂

50%可溶粉剂，内含萘乙酸3%，氯化胆碱47%，由重庆双丰农药有限公司生产。

应用

1. 甘薯

用法有二，一是用50%可溶粉剂1 000倍液浸薯秧基部1～2节6～10h后栽插，能促发根；二是在栽插后30～50d，亩用50%可溶粉剂12～15g，对水喷茎叶，能提高单株结薯数，增加大、中薯块的比例。

2. 姜

在生长期，亩用18%可湿性粉剂50～70g，对水喷茎叶，能促使营养物质向根茎输送，增加产量。

丁肼·乙烯利

特性

由丁酰肼与乙烯利复配的混剂。复配的目的是利用乙烯利的促成熟、衰老、脱落的作用，与植物生长延缓剂或抑制剂相配合，控杀某些作物的某种器官或组织，达到调节植物生长。

制剂及生产厂

12% 丁酰肼可溶粉剂 +5% 乙烯利桶混剂。生产厂为广东粤果农业化学科技有限公司。60% 水剂，内含丁酰肼 45%，乙烯利 15%，生产厂为广东立威化工有限公司。

应用

主要用于控杀荔枝树的冬梢。在荔枝栽培上常遇到幼年结果树或生长健壮的中年树萌发冬梢，特别是较晚萌发的冬梢，消耗树体营养，还会减少第二年开花结果数量。过去是人工除冬梢，现用药剂控杀冬梢。用药时期一般为荔枝树末次秋梢老熟、冬梢抽出前 10 ~ 15d，或抽出后长至 2 ~ 3cm 时。用 60% 水剂 500 ~ 750 倍液，或 12.5% 桶混剂 300 ~ 500 倍液，喷洒树冠。

烯效·乙烯利

特性

由烯效唑与乙烯利复配的混剂，复配的目的同丁肼·乙烯利。

制剂及生产厂

5.2%、10% 水剂。生产厂有广东植保蔬菜专用药剂中试厂、四川兰月科技开发公司等。

应用

主要应用控杀荔枝树冬梢，用药时期同丁肼·乙烯利。用 10% 水剂 1 500 ~ 2 000 倍液或 5.2% 水剂 500 ~ 1 000 倍液喷洒树冠。

多效·乙烯利

特性

由多效唑与乙烯利复配的混剂。复配的目的同丁肼·乙烯利。

制剂及生产厂

25.5% 可湿性粉剂，内含多效唑 5.5%，乙烯利 20%。生产厂为广东粤果农业化学科技有限公司。

应用

主要用于控杀荔枝树冬梢，用药时期同丁肼乙烯利。用 25.5% 可湿性粉剂 600 ~ 800 倍液喷洒树冠。

芸薹·乙烯利

特性

由芸薹素内酯与乙烯利复配的混剂。复配的目的是为克服乙烯利单用易使玉米早衰，且保有使植株矮化、气生根增多、叶片增厚、叶色深绿的效应。

制剂及生产厂

30% 水剂，内含乙烯利 30%，芸薹素内酯 0.000 4%。生产厂为吉林市农业科学院高新技术研究所。

应用

主要用于调节玉米生长。在玉米1%抽雄时，亩用30% 水剂 35 ~ 40mL，对水调配后，用长秆喷雾器自上而下喷洒植株上部叶片。在计划用药的田块，增加 10% ~ 15% 玉米种植密度，增产效果更好些。

苄氨·赤霉酸

特性

由6–苄氨基嘌呤与赤霉酸 A_{4+7} 复配的混剂。它可经由植物的叶、茎、花吸收，再传导到分生组织活跃部位，促进坐果，提高果形指数，增加坐果率，促进元帅系苹果果实萼端发育，使五棱凸起，并有增重作用。

制剂及生产厂

3.8%、3.6% 乳油，3.6% 液剂。生产厂有浙江升华拜克生物股份有限公司、浙江钱江生物化学股份有限公司、江苏丰源生物化工有限公司、美商华仑生物科学公司等。

应用

主要用于调节苹果的果型，增加产量。已在元帅系的红星、新红星、短枝红星、玫瑰红、红富士和青香蕉苹果上应用，一般是盛花期（中心花开70% 以上）施药 1 次，或是在盛花期对花喷药 1 次，隔 15 ~ 20d 再喷幼果 1 次。使用浓度为 3.6% 乳油（或液剂）600 ~ 800 倍液或 3.8% 乳油 800 ~ 1 000 倍液。

据报道，本混剂对猕猴桃的生长有很好的调节效果，于盛花期用制剂 400 ~ 800 倍液喷雾 1 次，主要着药部位为花朵，能显著提高果形指数、果实硬度，增加单果重、产量，并可延长货架期。

芸薹·赤霉酸

特性

由赤霉酸与芸薹素内酯复配的混剂。两单剂都属于植物内源激素，具有促进生长的作用，但对植物生长的调节作用有所不同，混用后可增强调节作用。

制剂及生产厂

0.4% 水剂，内含赤霉酸 A_4、A_7 0.398%，芸薹素内酯 0.002%，由云南云大科技股份有限公司生产。

应用

主要用于果树促开花、坐果，一般在花期使用，例如柑橘、龙眼树用0.4%水剂800～1600倍液，荔枝用800～1800倍液，喷洒树冠。

矮壮·甲哌鎓

特性

由甲哌鎓与矮壮素复配的混剂。两单剂都是赤霉素生物合成抑制剂，但它们在抑制赤霉素生物合成的部位不同，两者混用后会在一些作物上表现有加成作用，即增效作用。

制剂及生产厂

45%、25%、20%、18%水剂。生产厂有天津施普乐农药技术发展有限公司、宁夏垦原生化化工科技有限公司、河南博爱惠丰生化农药有限公司、山东京蓬生物药业股份有限公司、河北新丰农药化工有限公司、郑州豫珠新技术实验厂等。

应用

1．棉花

用于控制旺长，一般在初花期，亩用45%水剂8～12mL，25%水剂15～20mL，20%水剂15～25mL或18%水剂15～25mL，对水后自上而下均匀喷雾。

2．黄瓜

在10片叶以上初花期和结瓜期，亩用25%水剂15～24mL，或18%水剂20～30mL，对水喷雾。可适量控制营养生长，促早开花、多结瓜，提前采收。

种子的药剂处理在我国具有非常悠久的历史，

第九篇

种衣剂应用篇

第九篇

种衣剂应用篇

概 述

种子的药剂处理在我国具有非常悠久的历史，早在汉代就有关于谷物药剂拌种和浸种处理的记载，是世界上最早记录进行种子药剂处理的国家。种子是植物生长发育的开始，是植物发育生长过程中最早遭受病虫害等有害生物危害的阶段，种子往往带有病菌，播种后引起植株发病，种子播种后也会遭受土壤害虫的危害。因此，为植物全程健康考虑，需要对种子进行处理。种子处理技术的主要特点是经济、省药、省工，操作比较安全。用少量药剂处理使种子表面带药播种，防止种子或幼苗受害。有些内吸性强的药剂则能进入植株体内并在幼苗出土后仍保持较长时间的药效。

我国目前发现的种传病害已达1 000种以上，致病病原包括细菌、真菌、病毒和线虫等。这些病原物可在种子上寄生、繁殖并随种子传播，有的引起种子发病，有的侵染幼苗或植株。可以对种苗造成严重危害的地下害虫有60余种，其中蛴螬、蝼蛄、地老虎、金针虫和根蛆的危害最为严重。这些害虫食性杂、分布广，不仅危害种子、根等地下部分，而且还危害靠近地面的嫩茎。种传病害和地下害虫的共同特点是潜伏危害，不易及时发现；危害期长，防治困难。因此，药剂处理逐渐发展成为种子处理的重要技术。

药剂处理种子的方法在本书第一篇中已经做了介绍，有关不同药剂处理种子的方法可参从本书的杀虫剂、杀菌剂等章节中找到相关介绍，本篇主要介绍种子包衣方法以及种衣剂的应用问题。

一、种子包衣法的优点

种子包衣法具有许多优点。种子包衣使用的药剂配方中可以包含杀菌剂、杀虫剂、植物生长调节剂，也可以含有肥料、微量元素等利于种子萌发与生长的营养物质；这些有效成分可以单独使用，也可以复合使用，而且与浸种或拌种所用药肥不同，种子包衣后这些成分能够在种子上立即固化成膜，在土中遇水溶胀，但不被溶解，不易脱落流失，具有更好的靶标施药性能；另外，种子包衣是一种隐蔽施药技术，对人、畜及天敌安全。

与传统的种子处理技术相比，种子包衣法研究起步较晚。20世纪20年代后期，美国首先提出了种子包衣问题，接着英国也成功研制出了种子包衣的专用制剂，即种衣剂；70至80年代，种子包衣技术在美国、德国等西方发达国家得到迅速发展，目前已在玉米、棉花、蔬菜等作物上得到广泛应用。我国20世纪70年代后期才开始种子包衣技术的研究，90年代以后得到较大发展，目前已在玉米、棉花、水稻、蔬菜、大豆、花生等多种作物上得到广泛应用，而且以年增长30%的速度增加，取得了显著的经济、社会和生态效益。但是，种子包衣技术毕竟不同于传统的其他种子处理技术，是一个涉及多学科、多因子的复杂的系列化过程，对种子、药剂、设备、加工等均有不同要求。

种子包衣必须使用专用的农药剂型，即种衣剂。种衣剂是由农药原药、肥料、生长调节剂、成膜剂及配套助剂等经特定加工工艺制成，直接或稀释后可包覆于种子表面形成具有一定强度和通透性的保护膜的农药剂型。

种衣剂的质量首先是指其制剂的各项性能指标，无论哪种型号的种衣剂都要求必须符合以下技术要求。①成膜性：经包衣的种子不需要晾晒和烘干，包衣后可迅速固化成膜，并牢固地附着在种子表面。成膜性是种衣剂的关键技术指标，是影响包衣质量的关键因素。一般要求，种衣剂在种子表面的固化成膜时间不超过15min。②脱落率：表示种子包衣后种衣剂薄膜在种子表面黏附的牢固程度。一般要求，包衣种子在1 000r/min模拟振荡器上振荡后，种衣剂的脱落量与种衣剂总干重的百分比（即脱落率）不超过0.7%。③黏度：种衣剂一般不再稀释而直接使用，所以要想使药剂在种子表面形成均匀包覆，必须具有一定粘度。不同种子的表面结构不同，所需种衣剂的粘度也不同。用于棉花种子包衣种衣剂粘度一般为250～400厘泊，玉米为150～250厘泊，小麦、大豆为180～270厘泊。④细度：种衣剂的细度是影响制剂贮存稳定及包衣效果的关键因素，一般要求平均粒径在2～4 μm。⑤贮存稳定性：按照农药产品的一般要求，种衣剂必须保证在两年有效期内主要技术指标符合相关标准规定。主要通过冷贮存（0 ± 1℃，7d）和热贮存（54 ± 1℃，14d）试验进行检测。一般要求种衣剂冬季不结冰，夏季不分解，具有较好的稳定性。⑥酸碱度：是影响制剂稳定与种子安全的主要因素之一，一般用pH表示。种衣剂大多要求pH4～7，过酸容易影响种子发芽，过碱容易引起药剂分解（图9-1）。

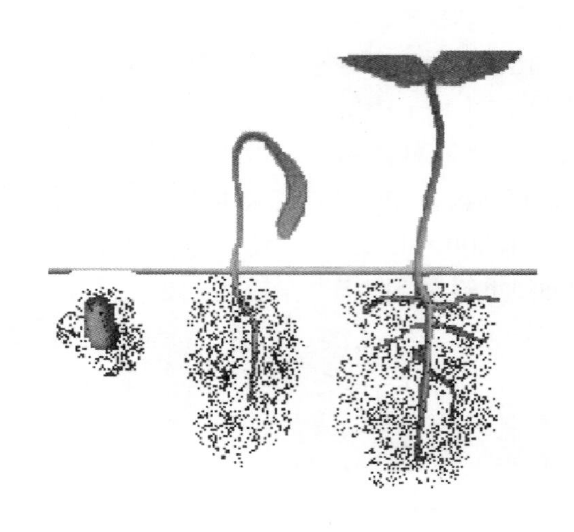

图9-1 种子包衣后的发芽情况

在播种后，包覆在种子外表的种衣剂药膜即开始吸收土壤水分而释放出药剂有效成分；此时种子也已开始吸水膨胀萌芽过程。药剂有效成分逐渐溶散在土壤水中或分布在种子周围的土壤中，在种子周围形成一个“药圈”，并且随着种子萌发“药圈”逐渐扩大，对种子表面及土壤中病原菌发生作用。如果是内吸性药剂，则被种子的胚芽或幼根所吸收。

二、种衣剂的有效成分

种衣剂的有效成分为杀虫剂、杀菌剂，其有效成分的理化性质、生物活性特点等请查阅本书的杀虫剂、杀菌剂部分。种衣剂使用的主要农药有效成分及其生物活性和作用机制列于表9-1。从中看出，种衣剂产品中，使用杀虫剂品种较少，主要是吡虫啉、硫双威、氟虫腈、克百威、噻虫嗪等，而杀菌剂的品种则较多，主要是萎锈灵、苯醚甲环唑、福美双、咯菌腈、多菌灵、戊唑醇、甲霜灵和三唑醇等。目前，种衣剂中有效成分用量最大的农药品种是吡虫啉，其次是萎锈灵。

表 9-1　种衣剂中使用的主要农药有效成分

有效成分	生物活性	化学结构	作用机制
吡虫啉	杀虫剂	新烟碱类	烟酸乙酰胆碱酯酶受体
萎锈灵	杀菌剂	酰胺类	内吸杀菌剂
苯醚甲环唑	杀菌剂	三唑类	麦角甾醇抑制剂
福美双	杀菌剂	二硫代氨基甲酸酯类	多作用位点
硫双威	杀虫剂	氨基甲酸酯类	乙酰胆碱酯酶抑制剂
氟虫腈	杀虫剂	苯基吡唑类	g- 氨基丁酸受体
咯菌腈	杀菌剂	吡咯腈	蛋白激酶
灭菌唑	杀菌剂	三唑类	麦角甾醇抑制剂
多菌灵	杀菌剂	苯并咪唑	干扰有丝分裂
蒽醌	驱避剂	其他	-
戊唑醇	杀菌剂	三唑类	麦角甾醇抑制剂
克百威	杀虫剂	氨基甲酸酯类	乙酰胆碱酯酶抑制剂
丁硫克百威	杀虫剂	氨基甲酸酯类	乙酰胆碱酯酶抑制剂
噻虫嗪	杀虫剂	新烟碱类	烟酸乙酰胆碱酯酶受体
甲拌磷	杀虫剂	有机磷类	乙酰胆碱酯酶抑制剂
毒死蜱	杀虫剂	有机磷类	乙酰胆碱酯酶抑制剂
甲基异柳磷	杀虫剂	有机磷类	乙酰胆碱酯酶抑制剂
甲霜灵	杀菌剂	苯胺类	RNA 生物合成抑制剂
三唑醇	杀菌剂	三唑类	麦角甾醇抑制剂
苯菌灵	杀菌剂	苯并咪唑	干扰有丝分裂
噻菌灵	杀菌剂	苯并咪唑	干扰有丝分裂
咪鲜胺	杀菌剂	咪唑类	麦角甾醇抑制剂
甲硫威	灭螺剂	氨基甲酸酯类	乙酰胆碱酯酶抑制剂
烯唑醇	杀菌剂	三唑类	麦角甾醇抑制剂
氟硅唑	杀菌剂	三唑类	麦角甾醇抑制剂

三、我国种衣剂的应用

我国种衣剂的真正发展是从 20 世纪 80 年代开始的。在过去的 20 年里，种衣剂发展大概可以分为三个阶段：研究阶段、推广阶段和发展成熟阶段。种衣剂也由原来的单一型逐步完善成以杀虫、杀菌剂、微肥、激素、生长调节剂等多功能、防治多种病害的复合型种衣剂。目前病虫复合型种衣剂占种衣剂品种的 40％左右，此外还有一些药肥复合型种衣剂。

与国际种衣剂市场相比，我国种衣剂市场比较薄弱，产品质量差，品种相对单一，原药加工工艺落后，原药品种更少，不能满足我国现代农业发展的要求，主要表现在（1）种衣剂剂型落后、技术水平低，我国目前种子包衣的制剂大多是悬浮剂，常会出现分层、沉淀和包衣不牢固等现象，产品质量差，严重影响了种衣剂的推广和使用；（2）种衣剂产品结构不合理、发展不平衡，新产品的开发滞后。

国际种衣剂市场和发展趋势已经表明，随着现代农业发展和农药新化合物的出现，种衣剂市场仍会呈现较大的发展。我国农业结构调整和无公害农业生产的发展，也需要新型种衣剂，参照国际种衣剂的发展趋势，我们国家应在以下几方面采取措施，迅速提高我国种衣剂的技术水平。

1．种衣剂中的高毒农药成分替代

我国种衣剂中，多采用克百威为杀虫有效成分，克百威为高毒杀虫剂，并且对鸟类有毒，包衣的种子被鸟取食后导致死亡。因此，很多国家已经开始禁止克百威的使用，如美国和加拿大1997年就禁止克百威的使用。

为保护环境和用户安全，我国也急需研究种衣剂中克百威的替代技术，新烟碱类杀虫剂的研究开发为克百威的替代提供了可能，在这方面，中国农业科学院植物保护研究所农药研究室已经开展了大量研究工作。

2．种衣剂的贮存稳定性问题

我国种衣剂多为悬浮种衣剂，产品质量差，在贮存过程中常出现分层、沉淀和包衣不牢固等现象，影响了种衣剂的推广和应用。为解决此问题，中国农业科学院植物保护研究所农药研究室研究开发了可逆弱絮凝态悬浮种衣剂体系，有效地解决了悬浮种衣剂的分层、结块问题，并获得了国家发明专利。

四、水稻种衣剂的选用

水稻苗期常遭受恶苗病、立枯病、青枯病等病害的危害，也会发生稻蓟马、稻飞虱、稻瘿蚊等。为防治以上病虫害，常采用种子包衣法。我国登记的水稻种衣剂的主要品种、防治对象、应用技术和生产企业等基本信息见表9-2。读者可以根据当地水稻生产需要选择合适的水稻种衣剂品种，可以选择含有单一有效成分的种衣剂，也可以选择含有两个或三个有效成分的种衣剂，以防治多种病虫害。

需要注意的是，在水稻育秧时，用户不要过分依赖种衣剂对立枯病、青枯病的防治效果。2004年，黑龙江省发生多起因为应用水稻种衣剂但不能有效控制立枯病，导致秧苗大量死亡，用户寻找农药生产企业索赔的案例；究其原因，厂家为了推销，在没有科学的田间试验前提下，过分夸大本厂的种衣剂效果，误导用户放弃对苗床的消毒措施，最后导致立枯病大发生。表9-2列出了在我国登记的水稻种衣剂主要品种和部分生产企业，供读者参考。由于同一品种的种衣剂生产企业众多，如多菌灵+福美双种衣剂，生产企业有10余家，因此，本书作者只是随机列出一个企业，请没有被列入表格中的生产企业谅解。

表 9-2　水稻上可选用的部分种衣剂种类

防治对象	有效成分	制 剂	药种比	部分生产企业
水稻恶苗病	咪鲜胺	0.5% 悬浮种衣剂	1∶30~40	江苏华农种衣剂有限责任公司
		1.5% 水乳种衣剂	1∶100~200	江苏省南通南沈植保科技开发有限公司
	萎锈灵 + 福美双	40% 悬浮种衣剂	1∶250~333	美国科聚亚公司
水稻立枯病	萎锈灵 + 福美双	40% 悬浮种衣剂	1∶200~250	美国科聚亚公司
水稻恶苗病、立枯病	多菌灵 + 咪鲜胺 + 福美双	18% 悬浮种衣剂	1∶40~50	天津科润北方种衣剂有限公司
		20% 悬浮种衣剂	1∶50~80	江苏南通市科星农药厂
	多菌灵 + 福美双	15% 悬浮种衣剂	1∶40~50	吉林省八达农药有限公司
水稻苗期立枯病	福美双 + 甲霜灵	50% 干拌种剂	1∶400~500（浸种后拌药）	瑞士先正达作物保护有限公司
水稻恶苗病	咯菌腈	25g/L悬浮种衣剂	1∶167~250	瑞士先正达作物保护有限公司
	咯菌腈 + 精甲霜灵	62.5g/L悬浮种衣剂	1∶250~333	
水稻烂秧病	精甲霜灵	350g/L 种子处理乳剂	1∶4 000~6667(拌种)	
			4 000~6 000倍液浸种	
恶苗病、蓟马	咪鲜胺 + 吡虫啉	2.5% 悬浮种衣剂	1∶40~50	河北省北农（海利）涿州种衣剂有限公司
水稻苗瘟	多菌灵 + 三环唑	10% 悬浮种衣剂	1∶50~70	四川省农药研究开发中心
恶苗病、立枯病、苗瘟	多菌灵 + 福美双 + 甲基立枯磷	13% 悬浮种衣剂	1∶25~50	吉林市农科院高新技术研究所
		15% 悬浮种衣剂	1∶30~50	江苏华农种衣剂有限责任公司
		18% 悬浮种衣剂	1∶30~40	安徽丰乐农化股份有限责任公司
水稻稻瘿蚊	氟虫腈	5% 悬浮种衣剂	1∶125~250	德国拜耳作物科学公司
水稻稻蓟马				
稻纵卷叶螟				
水稻稻飞虱				
杂交水稻稻瘿蚊	氟虫腈	5% 悬浮种衣剂	1∶67~100	德国拜耳作物科学公司
杂交水稻三化螟				
杂交水稻稻飞虱	氟虫腈	5% 悬浮种衣剂	1∶31~63	德国拜耳作物科学公司
杂交水稻稻蓟马				

五、麦类作物种衣剂的选用

小麦散黑穗病（*Ustilago nuda*）、小麦腥黑穗病（*Tilletia foetida*）是危害我国小麦生产的重要病害。

小麦散黑穗病菌以休眠菌丝在种子胚内越夏，带菌种子是小麦散黑穗病的初次侵染来源，系统性侵染，无再次侵染。虽然小麦散黑穗病主要为害穗部，但由于其是种传病害，因此种子处理是防治该病的惟一方法。苯醚甲环唑、戊唑醇、福美双、萎锈灵等种衣剂合理应用，均可有效控制其危害，请参见表 9-3。

小麦腥黑穗病菌以冬孢子在土壤中或黏附于种子表面越夏，种子萌发时，病菌从芽鞘侵入，在生长点发展，为系统性侵染，无再次侵染。与散黑穗病一样，小麦腥黑穗病是种传病害，因此种子处理是防治该病的惟一方法。苯醚甲环唑、戊唑醇、福美双、萎锈灵等种衣剂合理应用，均可有效控制其危害，请参见表 9–3。

小麦全蚀病、小麦纹枯病等都是土传病害，从小麦幼苗根部、根茎节或幼芽鞘侵入。采用种子处理的方法是防治这两种病害的有效方法。

另外，小麦种子采用内吸药剂处理，对于小麦白粉病等也有一定的防治效果。

我国不少地区采用三唑酮拌种防治小麦病害，但在河南、陕西等地曾发生三唑酮处理种子导致小麦药害的事故，其原因是用量过大。作者曾在室内研究了三唑酮对小麦的安全性研究，证明三唑酮容易造成小麦出苗率底、根部发育短、植株矮小等症状；与之相比，苯醚甲环唑对小麦的安全性要高 4 倍以上，推荐各地用苯醚甲环唑替代三唑酮用于小麦种子处理。

表 9–3 小麦上（含大麦）可选用的种衣剂

防治对象	有效成分	制 剂	药种比	部分生产企业
小麦散黑穗病	福美双 + 戊唑醇	6% 干粉种衣剂	1∶560~840	河北省北农（海利）涿州种衣剂有限公司
	福美双 + 戊唑醇	10.2% 悬浮种衣剂	1∶60	重庆种衣剂厂
	萎锈灵 + 福美双	40% 悬浮种衣剂	1∶304~368	美国科聚亚公司
	戊唑醇	6% 悬浮种衣剂	1∶2 222~3 333	德国拜耳作物科学公司
		2% 湿拌种剂	1∶667~1 000(拌种)	德国拜耳作物科学公司
	苯醚甲环唑	3% 悬浮种衣剂	1∶300~400	天津科润北方种衣剂有限公司
	灭菌唑	25g/L悬浮种衣剂	1∶500~1 000(拌种)	德国巴斯夫股份有限公司
小麦纹枯病	戊唑醇	6% 悬浮种衣剂	1∶1 500~2 000	德国拜耳作物科学公司
	戊唑醇	2% 湿拌种剂	1∶500~667(拌种)	德国拜耳作物科学公司
	苯醚甲环唑	30g/L悬浮种衣剂	1∶333~500	瑞士先正达作物保护有限公司
小麦根腐病	咯菌腈	25g/L悬浮种衣剂	1∶500~667	瑞士先正达作物保护有限公司
小麦腥黑穗病	咯菌腈	25g/L悬浮种衣剂	1∶500~1 000	瑞士先正达作物保护有限公司
小麦根腐病 小麦散黑穗病	多菌灵 + 福美双	15% 悬浮种衣剂	1∶60~80	安徽丰乐农化有限责任公司
小麦全蚀病	苯醚甲环唑	30g/L悬浮种衣剂	1∶167~200	瑞士先正达作物保护有限公司
	苯醚甲环唑	3% 悬浮种衣剂	1∶300~400	天津科润北方种衣剂有限公司
	硅噻菌胺	125g/L 悬浮剂	1∶313~625(拌种)	美国孟山都公司
	腈菌唑 + 戊唑醇	0.8% 悬浮种衣剂	1∶30~40	河南中州种子科技发展有限公司
小麦散黑穗病 小麦地下害虫	克百威 + 戊唑醇	7.3% 悬浮种衣剂	1∶35~45	辽宁省本溪经济开发区壮苗科技开发有限公司
小麦黑穗病 小麦地下害虫	多菌灵 + 福美双 + 甲拌磷	17% 悬浮种衣剂	1∶40~50	河北省北农（海利）涿州种衣剂有限公司
	多菌灵 + 甲拌磷 + 硫酸锌	20% 悬浮种衣剂	1∶50~60	天津科润北方种衣剂有限公司
小麦纹枯病 小麦地下害虫	福美双 + 甲基异柳磷 + 戊唑醇	14% 悬浮种衣剂	1∶50	山东华阳科技股份有限公司
小麦调节生长	萎锈灵 + 福美双	40% 悬浮种衣剂	1∶333	美国科聚亚公司
大麦条纹病	萎锈灵 + 福美双	40% 悬浮种衣剂	1∶330~500	美国科聚亚公司
大麦黑穗病	萎锈灵 + 福美双	40% 悬浮种衣剂	1∶330~500	美国科聚亚公司
大麦调节生长	萎锈灵 + 福美双	40% 悬浮种衣剂	1∶333~400	美国科聚亚公司

六、玉米种衣剂的选用

玉米播种季节，地温逐渐升高，此时的蛴螬、金针虫等地下害虫越来越活跃，需要采取措施防治地下害虫。另外，玉米丝黑穗病菌（*Sphacelotheca reiliana*）以冬孢子在土壤、粪肥或黏附在种子表面越冬，病害无再次侵染，采取种子处理是防治黑穗病的最有效措施。玉米种衣剂的选择请参见表 9-4。

值得注意的是，在采用种衣剂处理种子时，玉米出苗时间会推迟 1d 左右，但不影响出苗率。另外，在采用戊唑醇处理玉米种子时，假如种子萌动季节遭遇低温（如倒春寒），玉米可能会出现药害，与戊唑醇相比，苯醚甲环唑对玉米更安全一些。

表 9-4　玉米上可选用的种衣剂

防治对象	有效成分	制　剂	药种比	部分生产企业
玉米金针虫	福双 + 乙酰甲胺磷	70% 干粉种衣剂	1∶150~180	河北省北农（海利）涿州种衣剂有限公司
玉米蛴螬				
玉米地下害虫				
玉米地下害虫 玉米丝黑穗病	福美双 + 克百威 + 戊唑醇	63% 干粉种衣剂	1∶200~300	
	福美双 + 丁硫克百威 + 戊唑醇	20.6% 悬浮种衣剂	1∶40~50	江苏天禾宝农化有限责任公司
	多菌灵 + 福美双 + 毒死蜱	20.3% 悬浮种衣剂	1∶40~60	山东华阳科技股份有限公司
	克百威 + 戊唑醇	7.3% 悬浮种衣剂	1∶35~45	辽宁省本溪经济开发区壮苗科技开发有限公司
玉米根腐病	福美双 + 辛硫磷	18% 种子处理微囊悬浮剂	1∶40~60	黑龙江省哈尔滨嘉禾化工有限公司
玉米地下害虫				
玉米茎基腐病	咯菌腈 + 精甲霜灵	35g/L悬浮种衣剂	1∶667~1 000	瑞士先正达作物保护有限公司
玉米茎基腐病 玉米地下害虫	福美双 + 克百威	60% 干粉种衣剂	1∶120~150	吉林市吉九农科农药有限公司
	甲基异柳磷 + 福美双	20% 悬浮种衣剂	1∶40~50	河北省北农（海利）涿州种衣剂有限公司
	福美双 + 辛硫磷	16% 悬浮种衣剂	1∶40~50	辽宁凤凰蚕药厂
玉米茎基腐病	福美双 + 腈菌唑 + 克百威	20.75%悬浮种衣剂	1∶40~50	天津科润北方种衣剂有限公司
玉米丝黑穗病				
玉米地下害虫				
玉米丝黑穗病	戊唑醇	6% 悬浮种衣剂	1∶500~1 000	德国拜耳作物科学公司
	戊唑醇	2% 湿拌种剂	1∶167~250(拌种)	德国拜耳作物科学公司
	福美双 + 烯唑醇	15% 悬浮种衣剂	1∶30~40	吉林省八达农药有限公司
	福美双 + 戊唑醇	10.2% 悬浮种衣剂	1∶40~60	重庆种衣剂厂
	福美双 + 戊唑醇	11% 悬浮种衣剂	1∶30~50	黑龙江省哈尔滨市农丰科技化工有限公司
	萎锈灵 + 福美双	40% 悬浮种衣剂	1∶200~250	美国科聚亚公司
玉米调节生长	萎锈灵 + 福美双	40% 悬浮种衣剂	1∶333	美国科聚亚公司

七、棉花种衣剂的选用

棉花立枯病、猝倒病在各地棉花产区发生都很严重，此两种病害菌为土传病害，采用种子处理，切断病原菌对棉苗的根部侵染，是防治棉花苗期病害的有效手段。另外，棉花苗蚜在各地发生也非常严重，小苗期采用喷雾，天气炎热，由于此时棉田为开放式群体结构，喷雾时大量杀虫剂流失到地表；而采用内吸性杀虫剂种子处理，药剂在棉花出苗后，通过植株内吸传导分布在棉花幼苗植株体内，蚜虫刺吸棉苗汁液时，把药剂吸入体内，导致死亡。我国登记注册使用的主要种衣剂品种和部分生产企业见表9-5。

表9-5 棉花上可选用的玉米种衣剂

防治对象	有效成分	制 剂	药种比	部分生产企业
棉花苗期立枯病	拌种灵＋福美双	10%悬浮种衣剂	1:40~50	安徽省宿州市农药厂
		15%悬浮种衣剂	1:60~75	安徽丰乐农化有限责任公司
	多菌灵+福美双+甲基立枯磷	26%悬浮种衣剂	1:40~50	新疆锦华农药有限公司
棉花立枯病	拌种灵＋福美双	70%干粉种衣剂	1:330~250	江苏华农种衣剂有限责任公司
棉花炭疽病	甲基立枯磷＋福美双	20%悬浮种衣剂	1:40~60	安徽省六安市种子公司安丰种衣剂厂
	甲基立枯磷＋福美双	20%悬浮种衣剂	1:40~60	宁夏华西中天新材料有限公司
棉花立枯病	拌种灵＋福美双	7.2%悬浮种衣剂	1:40~50	新疆绿洲科技开发公司
	萎锈灵＋福美双	40%悬浮种衣剂	1:500~625	陕西恒田化工有限公司
	咯菌腈	25g/L悬浮种衣剂	1:125~167	瑞士先正达作物保护有限公司
棉花猝倒病	精甲霜灵	350g/L种子处理乳剂	1:1 250~2 500(拌种)	瑞士先正达作物保护有限公司
棉花立枯病	吡虫啉＋萎锈灵＋福美双	63%干粉种衣剂	1:270~600	河北省北农（海利）涿州种衣剂有限公司
棉花蚜虫	吡虫啉＋多菌灵＋萎锈灵	16%悬浮种衣剂	1:20~30	天津科润北方种衣剂有限公司
棉花蚜虫	吡虫啉	60%悬浮种衣剂	1:120~170	德国拜耳作物科学公司
棉花苗蚜	噻虫嗪	70%种子处理可分散粉剂	1:500~1 000(拌种)	瑞士先正达作物保护有限公司

八、大豆种衣剂的选用

大豆幼苗根腐病是由多种病原真菌引起的，主要有立枯丝核菌（*Rhizoctonia solani*），尖镰孢（*Fusarium oxysporum*），终极腐霉（*Pythium ultimum*）。这些病原菌主要造成幼苗根茎腐烂，幼苗地下根茎部病斑初为褐色，迅速扩大为梭形、长条形，并扩大至全茎，使皮层腐烂、病部缢缩，地上部生长衰弱，植株矮小，重病者死亡。采用种子处理是防止病原菌侵染大豆幼苗的有效方法。大豆我国登记注册的主要大豆种衣剂和部分生产企业见表9-6。

表 9-6 大豆上可选用的种衣剂

防治对象	有效成分	制 剂	药种比	部分生产企业
大豆根腐病 大豆孢囊线虫	多菌灵 + 福美双 + 阿维菌素	35.6% 悬浮种衣剂	1:80~100	中种集团农业化学有限公司
大豆根腐病	咯菌腈	25g/L悬浮种衣剂	1:125~167	瑞士先正达作物保护有限公司
	精甲霜灵	350g/L种子处理乳剂	1:1 250~2 500(拌种)	瑞士先正达作物保护有限公司
	咯菌腈 + 精甲霜灵	62.5g/L悬浮种衣剂	1:250~333	瑞士先正达作物保护有限公司
	多菌灵 + 福美双	30% 干粉种衣剂	1:60~80	黑龙江省新兴农药有限责任公司
	多菌灵 + 福美双	25% 悬浮种衣剂	1:50~70	黑龙江五常农化技术有限公司
	萎锈灵 + 福美双	40% 悬浮种衣剂	1:200~300	美国科聚亚公司
大豆根腐病 大豆地下害虫	丁硫克百威 + 福美双	25% 悬浮种衣剂	1:40~50	河南省郑州良友种衣剂有限公司
	多菌灵 + 福美双 + 毒死蜱	30% 悬浮种衣剂	1:60~80	黑龙江梅亚种业有限公司
	多菌灵 + 福美双 + 克百威	25% 悬浮种衣剂	1:50~60	天津科润北方种衣剂有限公司
大豆根腐病 大豆蓟马 大豆蚜虫	多菌灵 + 福美双 + 克百威	35% 悬浮种衣剂	1:50~67	河北省北农（海利）涿州种衣剂有限公司
绿豆根腐病 绿豆地下害虫	福美双 + 辛硫磷	18% 种子处理微囊悬浮剂	1:80~110	黑龙江省哈尔滨嘉禾化工有限公司

九、花生种衣剂的选用

花生根腐是镰刀菌（*Fusarium*）引起的，病菌以菌丝体及孢子在病残体上或土中越冬，种子也带菌。花生茎腐病是色二孢（*Diplodia*）引起的，病菌在土壤和粪肥中的病残体内以及种子上越冬，花生幼苗在顶土前感病。采用种子药剂处理，使药剂在种子萌发时在周围形成一“药圈”，保护种子免受病原菌的侵染，是防治这两种病害的有效措施。我国登记注册的部分花生种衣剂和部分生产企业见表 9-7。

表 9-7 花生上可选用的种衣剂

防治对象	有效成分	制 剂	药种比	部分生产企业
花生根腐病 花生地下害虫	多菌灵 + 福美双 + 毒死蜱	25% 悬浮种衣剂	1:50~60	河北省北农（海利）涿州种衣剂有限公司
	福美双 + 辛硫磷	18% 种子处理微囊悬浮剂	1:40~60	黑龙江省哈尔滨嘉禾化工有限公司
花生根腐病 花生茎腐病 花生地下害虫	多菌灵 + 甲拌磷	15% 悬浮种衣剂	1:40~50	河北省北农(海利)涿州种衣剂有限公司
花生根腐病	咯菌腈	25g/L悬浮种衣剂	1:125~167	瑞士先正达作物保护有限公司
	精甲霜灵	350g/L种子处理乳剂	1:1 250~2 500(拌种)	瑞士先正达作物保护有限公司
花生蚜虫	甲拌磷 + 克百威	20% 悬浮种衣剂	1:70~82	天津科润北方种衣剂有限公司

9

十、高粱、谷子、向日葵等种衣剂的选用

种衣剂除了可以在水稻、小麦、玉米、棉花、大豆等主要农作物上应用外，也可以在向日葵、谷子、蔬菜、油菜等更多的农作物上应用，我国在这方面还有很大的空缺，值得农药生产企业和农业技术部门合作，研究开发更多的种衣剂品种。表9-8是我国目前登记注册的高粱、谷子、向日葵、西瓜等作物的主要种衣剂品种和部分生产企业。

表9-8 其他作物可选用的种衣剂

防治对象	有效成分	制 剂	药种比	部分生产企业
高粱丝黑穗病	戊唑醇	6%悬浮种衣剂	1:667~1 000	德国拜耳作物科学公司
	戊唑醇	2%湿拌种剂	1：167~250（拌种）	德国拜耳作物科学公司
谷子白发病	甲霜灵	35%拌种剂	1:333~500	瑞士先正达作物保护有限公司
向日葵菌核病	咯菌腈	25g/L悬浮种衣剂	1:125~167	瑞士先正达作物保护有限公司
向日葵霜霉病	精甲霜灵	350g/L种子处理乳剂	1：333~1 000拌种（晾干后播种）	瑞士先正达作物保护有限公司
向日葵根腐病	福美双＋辛硫磷	18%种子处理微囊悬浮剂	1:25~40	黑龙江省哈尔滨嘉禾化工有限公司
向日葵地下害虫				
西瓜枯萎病	咯菌腈	25g/L悬浮种衣剂	1:167~250	瑞士先正达作物保护有限公司

第十篇

杀软体动物剂应用篇

第十篇

杀软体动物剂应用篇

概述

杀软体动物剂是用于防治有害软体动物的农药，是八大类农药之一。有害软体动物主要是指危害农作物的蜗牛（俗称水牛儿、旱螺蛳）、蛞蝓（俗称鼻涕虫、蜒蚰）、田螺（俗称螺蛳）和血吸虫的中间寄主钉螺等。

1922年哈利尔报道硫酸铜处理水坑防治钉螺有效。1934年吉明哈姆在南非开始用四聚乙醛饵剂防治蜗牛和蛞蝓试验。1938年在美国出现蜗牛敌饵剂商品，同年试验发现1.5–2.5%四聚乙醛+5%砷酸钙混合饵剂杀蜗牛效果好。20世纪50年代初五氯酚钠开始用于杀钉螺，后期杀螺胺问世。60年代又出现了丁蜗锡和蜗螺杀。之后杀软体动物剂发展缓慢。我国自20世纪50年代以来在用五氯酚钠治钉螺灭血吸虫病方面取得了巨大成就，在研究和开发新的灭钉螺剂（如杀虫丁和杀虫环）方面也取得了一定成绩。

杀软体动物剂按物质类别分为无机和有机杀软体动物剂2类。无机杀软体动物剂的代表品种有硫酸铜和砷酸钙，现已停用。

有机杀软体动物剂仅10来个品种，按化学结构分为下列几类：①酚类，如五氯酚钠、杀螺胺；②吗啉类，如蜗螺杀；③有机锡类，如丁蜗锡、三苯基乙酸锡；④沙蚕毒素类，如杀虫环、杀虫丁；⑤其他，如四聚乙醛、灭梭威、硫酸烟酰苯胺。

目前生产上使用最多的是杀螺胺、四聚乙醛、灭梭威等3个有机杀软体动物剂。

四聚乙醛（metaldehyde）

H_3C CH_3 O O O O H_3C CH_3

10

化学名称

2，4，6，8-四甲基-1，3，5，7-四氧杂环辛烷

理化性质

原药为白色结晶粉（含量>98%），相对密度0.65（20℃），熔点246℃，升华温度115℃，蒸气压6.6Pa（25℃）。在水中的溶解度0.22g/L（22℃），乙烷中0.005 21g/L，甲苯中0.53g/L，甲醇中1.73g/L，四氢呋喃中1.56g/L。不光解，不水解。

毒性

中等毒性。大鼠急性经口LD_{50}283mg/kg，急性经皮LD_{50}>5 000mg/kg，急性吸入LC_{50}>15mg/L，小鼠急性经口LD_{50}425mg/kg。对兔皮肤无刺激性，对眼睛有轻微刺激性。对豚鼠无致敏作用。在试验剂量下，无致畸、致突变和致癌作用，大鼠两年喂养试验无作用剂量2.5mg/kg。对鱼低毒，虹鳟鱼LC_{50}（96h）75mg/L，水蚤LC_{50}（48h）>90mg/L，绿藻EC_{50}（96h）73.5mg/L。对鸟低毒，鸭经口LD_{50}1 030mg/kg，鹌鹑181mg/kg。对蜜蜂微毒，每公顷用300g蜜蜂无

死亡。在土壤中的半衰期1.4～6.6d，不易水解和光解。

生物活性

本品胃毒作用很强，并对福寿螺、蜗牛和蛞蝓有一定引诱作用。植物体不吸收该药，因此不会在植物体内积累。

制剂和生产企业

5%、6%四聚乙醛颗粒剂。瑞士龙沙公司（Lonza Led.）。

应用

1. 稻田害螺

选择合适的天气（一般不宜超过35℃），于稻田福寿螺，棉田、烟草田、菜田蜗牛发生始盛期，按每亩5%的颗粒剂480～660g，或6%颗粒剂400～550g，混合砂土10～15kg均匀撒施，或间隙性条施，即药剂和砂土的比例为1：20～32。

2. 菜田蜗牛、蛞蝓

菜田防治也可将多聚乙醛与豆饼粉或玉米粉制成毒饵，于傍晚施于田间垄上诱杀。

如遇大雨，药粒易被冲散至土壤中，致药效减低，需重复施药，但小雨对药效影响不大。

注意事项

1. 施药后不要在田间践踏。

2. 遇低温（<15℃）或高温（>35℃），害虫的活动能力减弱，药效会受影响。

3. 使用本剂后应用肥皂水清洗双手及接触药物的皮肤。如误服，应立即喝3～4杯开水，但不要诱导呕吐。

4. 贮存和使用过程中，应远离食物、饮料及饲料，忌用有焊锡的铁器包装。

5. 如发生中毒，立即灌洗清胃和导泻，用抗痉挛作用的镇静药。输葡萄糖液保护肝脏，帮助解毒和促进排泄。如伴随发生肾衰竭，应仔细测液体平衡状态和电解质，以免发生液体超负荷，现在无专用解毒剂。

杀螺胺（niclosamide）

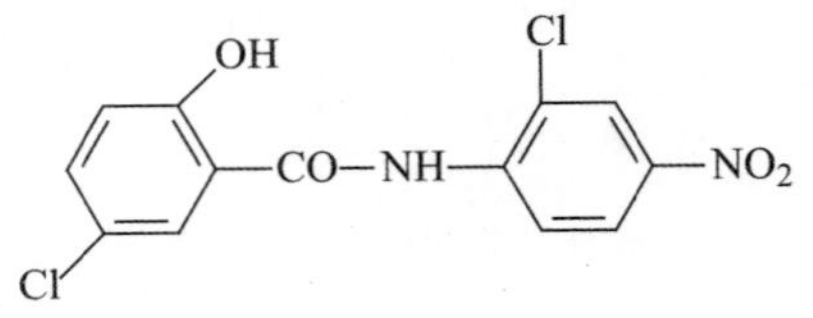

化学名称

N-（2'-氯-4'-硝基苯）-5-氯水杨酸酰胺

理化性质

为几乎无色的固体。熔点为230℃。蒸气压<1mPa（20℃）。溶解性（20℃）：pH6.4的水中1.6mg/L，pH9.1的水中110mg/L。

毒性

低毒。大鼠急性经口LD_{50}>5 000mg/kg。

生物活性

为一种强杀软体动物剂，并用于水处理，以干扰人类的血吸虫病的传染媒介。药物通过阻止水中害螺对氧的摄入而降低呼吸作用，最终使其窒息死亡。该药剂可在流动水和不流动水中使用，既杀成螺也杀灭螺卵。但如果水中盐的含量过高，会削弱杀螺效果。本品杀螺速度快，按正常剂量使用，对塘鸭安全，对益虫无害，但对鱼和浮游生物有毒。田间使用浓度下对植物无药害。在土壤和水中的半衰期分别为 19～30d 和 3.9～1.1d。

制剂

70% 可湿性粉剂、50% 可湿性粉剂。

应用

防治水稻福寿螺，直播稻和移栽稻的用药时间均在第一次降雨或灌溉后，施药时保持田间水深度 3cm，但不淹没稻苗。每亩用 70% 可湿性粉剂 28.6～32.8g，50% 可湿性粉剂 60～80g，对水 20～50kg，即稀释 700～1 500 倍液喷雾。或与砂土拌匀后均匀撒施，施药后 2d 不再灌水，含盐量高的水体会影响药效，所以要适当提高药量。

注意事项

1．推荐剂量下，杀螺胺对作物安全，但对浮游动物和浮游植物有害；两栖类、原尾目和鱼类对该药剂较敏感。

2．本品只宜在水体中使用，不宜在干旱的环境下使用。

3．应避免皮肤和黏膜直接接触本品，用药时注意防护。

4．药剂应贮藏在阴凉、干燥且儿童接触不到的地方，必须远离食品和饲料。

杀螺胺乙醇胺盐（niclosamide ethanolamine）

理化性质

为黄色固体，熔点 2.6℃。水中溶解度 178～282mg/L。

毒性

低毒。大鼠急性经口 LD_{50}>5 000mg/kg。

生物活性

药物通过阻止水中害螺对氧的摄入而降低呼吸作用，最终使其窒息死亡。该药剂可在流动水和不流动水中使用，既杀成螺也杀灭螺卵。但如果水中盐的含量过高，会削弱杀螺效果。本品杀螺速度快，按正常剂量使用，对塘鸭安全，对益虫无害，但对鱼和浮游生物有毒。田间使用浓度下对植物无药害。在土壤和水中的半衰期分别为 19～30d 和 3.9～1.1d。

制剂

50% 可湿性粉剂、25% 可湿性粉剂。

应用

防治水稻福寿螺，直播稻和移栽稻的用药时间均在第一次降雨或灌溉后，施药时保持田间水深度 3cm，但不淹没稻苗。每亩用 50% 可湿性粉剂 60～80g，或 25% 杀螺胺乙醇按盐 WP 则每亩施用 120～160g，对水 20～50kg，即稀释 700～1 500 倍液喷雾。或与沙土拌匀后均匀撒施，施药后 2d 不再灌水，含盐量高的水体会影响药效，所以要适当提高药量。

注意事项

1．推荐剂量下，对作物安全，但对浮游动物和浮游植物有害；两栖类、原尾目和鱼类对该药剂较敏感。

2．本品只宜在水体中使用，不宜在干旱的环境下使用。

3．应避免皮肤和黏膜直接接触本品，用药时注意防护。

三苯基乙酸锡（triphenyltin acetate）

$$[(C_6H_5)_3Sn]^+ \cdot CH_3COO^-$$

理化性质

纯品是无色晶体。熔点121～122℃。不溶于水。溶于一般有机溶剂。蒸气压小。对阳光稳定。

毒性

中等毒性。急性毒性：LD_{50}125mg/kg（大鼠经口）；81.3mg/kg（小鼠经口）； 人吸入125mg/kg，2h，呼吸系统，神经系统和胃肠道功能有变化；人经皮肤接触125mg/kg·2d，有皮肤刺激，肝、胆炎症。 亚急性和慢性毒性：豚鼠经口0.25mg/kg × 90d，血液系统和中枢神经系统改变，死亡。对人的毒性不大。

生物活性

农业上主要作为杀菌剂使用，用于防治甜菜褐斑病、马铃薯晚疫病等，和铜剂一样有效。防治甜菜褐斑病、马铃薯晚疫病、大豆炭疽病、黑点病、褐纹病、紫斑病。对水稻稻瘟病、稻曲病、条斑病也有较好防效。对洋葱黑斑病、芹菜叶枯病、菜豆炭疽病、咖啡的生尾孢病也都有很好的防效。由于对福寿螺、藻类、水蜗牛有着特殊防效。因此，也用作杀软体动物剂，用于防治有害软体动物。

注意事项

对番茄类作物有严重的药害，需注意使用。对人的毒性不大。

四聚乙醛－甲萘威混剂

杀软体动物混剂

药剂名称	适用作物	防治对象	用药量	应用	生产企业
6% 四聚乙醛－甲萘威颗粒剂（4.5：1.5）	旱地	蜗牛	600～900g/亩	撒布	重庆市诺意农药有限公司

第十一篇

杀鼠剂应用篇

第十一篇

杀鼠剂应用篇

概述

杀鼠剂是用于控制鼠害（啮齿类动物）的一类农药。狭义的杀鼠剂仅指具有毒杀作用的化学药剂，广义的杀鼠剂还包括能熏杀鼠类的熏蒸剂、防止鼠类损坏物品的驱鼠剂、使鼠类失去繁殖能力的不育剂、能提高其他化学药剂灭鼠效率的增效剂等。

早期使用的杀鼠剂多为天然植物性杀鼠剂或无机化合物，如红海葱、马钱子、黄磷、亚砷酸、硫酸钡、磷化锌等，药效低、选择性差。1933年第一个有机合成的杀鼠剂甘伏问世，不久，又出现了合成的杀鼠剂氟乙酸钠、鼠立死、安妥等毒性更强的杀鼠剂，但是这类品种都是急性单剂量的杀鼠剂，在施药过程中需一次投足量使用，否则，就易产生拒食现象。1944年，林克等在研究加拿大牛的“甜苜蓿病”时发现双香豆素有毒，后来合成第一个抗凝血性杀鼠剂杀鼠灵。为杀鼠剂开辟了一个新的领域。这类杀鼠剂与早先的杀鼠剂相比，具有鼠类中毒慢，不拒食，可连续摄食造成累积中毒死亡，对其他非毒杀目标安全的特点，提高了大规模灭鼠的效果，并减少了对其他动物的危害，也不易引起人畜中毒。因此，这些杀鼠剂很快就在害鼠的防治中占有了举足轻重的地位。以杀鼠灵为代表的多种抗凝血剂，称第一代抗凝血杀鼠剂，曾大量推广使用。但随着这类杀鼠剂用量的增加和频繁使用，在20世纪50年代末期鼠类对这类杀鼠剂就形成了严重的抗药性及交互抗性，1958年英国首先发现褐家鼠对杀鼠灵产生了抗药性，其他品种的杀鼠效果也降低。20世纪70年代，英国首先合成了能克服第一代抗凝血性杀鼠剂抗性的药剂鼠得克，1977年德国开发出溴敌隆。70年代末，英国又试验成功大隆等新抗凝血杀鼠剂，其特点是杀鼠效果好，且兼有急性和慢性毒性，对其它动物安全，称为第2代抗凝血杀鼠剂，溴鼠隆是突出的代表品种。此后，一些类似的杀鼠剂也相继合成并投入生产，这类杀鼠剂不仅克服了第一代抗凝血杀鼠剂需多次投药的缺点，且增加了急性毒性，对抗药性鼠类毒效好，称为第二代抗凝血性杀鼠剂。一些趋鼠剂、诱鼠剂、不育剂也有所研究，但投入实用者不多。

按杀鼠作用的速度，杀鼠剂可分为速效性和缓效性两大类。速效性杀鼠剂或称急性单剂量杀鼠剂，如磷化锌、安妥等。其特点是作用快，鼠类取食后即可致死。缺点是毒性高，对人、畜不安全，并可产生第二次中毒，鼠类取食一次后若不能致死，易产生拒食性。缓效性杀鼠剂或称慢性多剂量杀鼠剂，如杀鼠灵、敌鼠钠、鼠得克、大隆等。其特点是药剂在鼠体内排泄慢，鼠类连续取食数次，药剂蓄积到一定剂量方可使鼠中毒致死，对人、畜危险性较小。按来源可分为3类:无机杀鼠剂有黄磷、白砒等；植物性杀鼠剂有马前子、红海葱等；有机合成杀鼠剂有杀鼠灵、敌鼠钠、大隆等。

杀鼠剂的使用方法因药剂品种、使用剂量大小和鼠类栖息地等情况而异。一般制成毒饵、毒水、毒粉、毒糊投放，也可进行飞机灭鼠、仓库熏蒸。此外如氟乙酰胺溶液能被牧草吸收并传导至植株各部分，对营地下生活的鼢鼠具有毒杀作用。

杀鼠剂进入鼠体后可在一定部位干扰或破坏体内正常的生理生化反应：作用于细胞酶时，可影响细胞代谢，使细胞窒息死亡，从而引起中枢神经系统、心脏、肝脏、肾脏的损坏而致死（如磷化锌等）；作用于血液系统时，可破坏血液中的凝血酶源，使凝血时间显著延长，或者损伤毛细血管，增加管壁的渗透性，引起内脏和皮下出血，导致内脏大出血而致死（如抗凝血杀鼠剂）。

根据鼠类的生物学特性，杀鼠剂除具有强大的毒力外，理想的杀鼠剂还应有以下特点：选择性强，对人、畜、禽等动物毒性低；鼠类不拒食，适口性好；无二次中毒危险；在环境中较快分解；有特效解毒剂或中毒治疗法；不易产生抗药性；易于制造，性质稳定，使用方便，价格低廉等。兼具上述特点的杀鼠剂是新品种开发的方向。现在，兼有急性和慢性毒性的第二代抗凝血剂正在大力发展、研制。不育剂、驱鼠剂、鼠类外激素、增效剂等新的化学灭鼠药剂也正在广泛探索。

目前所使用的一些专用杀鼠剂均为胃毒剂，鼠类取食后，通过消化系统的吸收而发挥毒效，使鼠中毒死亡。一些熏蒸性农药也可作杀鼠剂使用，如磷化铝、氯化苦等，这些药剂的毒气通过鼠类的呼吸系统进入体内而使老鼠中毒死亡。

从作用机理来看，抗凝血杀鼠剂是抑制鼠体内的凝血酶原，使血液失去凝结作用，引起为血管出血及内出血死亡。安妥则破坏肺组织，造成肺水肿，呼吸困难，窒息而死。

磷化锌（zinc phosphide）

Zn_3P_2

理化性质

原药为灰黑色粉末，有微弱大蒜气味，熔点742℃。缺氧条件下加热可升华，如在100℃氢气中升华。不溶于水和乙醇，可溶于苯和二硫化碳。干燥条件下性质稳定，潮湿空气中缓慢分解释放出不愉快气味。与酸剧烈反应。放出能自燃的剧毒气体磷化氢。

毒性

剧毒。对大鼠急性经口 LD_{50} 为47mg/kg。对哺育动物和鸟类剧毒。

生物活性

强胃毒作用的无机杀鼠剂。鼠吞食后与胃液中的盐酸作用，释放出剧毒的磷化氢，使鼠类中枢神经系统麻痹，血压下降，休克致死。对家鼠及野鼠毒力均强，且收效快（鼠食后24h死亡），如食饵中药量不足，则鼠类将长期拒食。广泛用于防治田鼠、家鼠和其他啮齿类动物。

制剂

1%、3%饵剂；1%、3%糊剂。

应用

可以毒饵、毒糊、毒水或毒粉方式使用。防治小型家鼠、砂土鼠、仓鼠等。将磷化锌与滑石粉混配成20%毒粉，撒布在鼠洞和鼠道上，鼠经过时黏附身上，利用鼠舔毛习性使之中毒。

溴敌隆（bromadiolone）

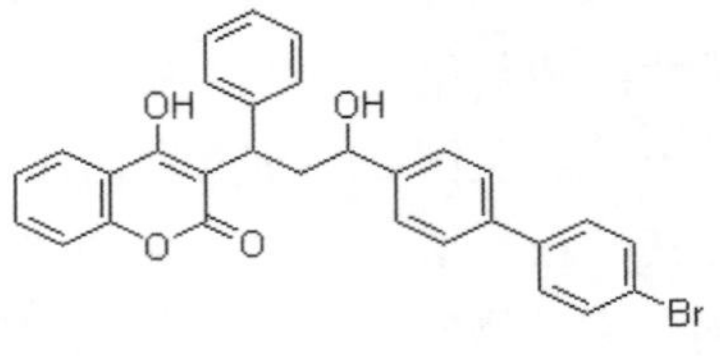

OH OH O O Br

化学名称

3–[3–（4–溴联苯基）–3–羟基–1–苯基–1–丙基]–4–羟基香豆素

理化性质

为淡黄色粉末 。熔点：200～210℃，蒸汽压（30℃）：1.86 × 10^{-8} mPa。溶解度（20℃）：难溶于水、乙醚、己烷，易溶于丙酮、乙醇、甲醇和丙二醇，中度溶于三氯甲烷。

毒性

剧毒。原药对大鼠经口急性毒性LD_{50}为1.125 è / ī（雌性），1.75 è / ī（雄性）。小鼠1.25 è / ī 。对眼睛有中度刺激作用。对鱼类及水生生物毒性中等。对鸟类低毒，对人、畜安全。

生物活性

是一种适口性好、毒性大、靶谱广的高效杀鼠剂。它不但具备敌鼠钠盐、杀鼠醚等第一代抗凝血剂作用缓慢、不易引起鼠类惊觉、容易全歼害鼠的特点，而且还具有急性毒性强的突出优点，单剂量使用对各种鼠都能有效地防除。同时，它还可以有效地杀灭对第一代抗凝血剂产生抗性的害鼠。动物取食中毒死亡的老鼠后，会引起二次中毒。对家栖鼠及野栖鼠均有较好的防治效果。常用毒饵浓度为0.005%，防治某些野栖鼠可提高浓度至0.01%～0.02%。使用时将母粉直接与饵料拌匀，母液可先用水按1：20比例稀释，再浸拌饵料制成毒饵。

制剂

0.05%、0.5%母粉、0.5%母液、0.005%毒饵。

应用

可根据不同使用场所及不同种类害鼠的生活习性，选择适宜的施饵方法和灭鼠时间。施饵可采用均匀投饵、带状投饵、等距离投饵、洞口或洞群投饵等施饵方法。褐家鼠、小家鼠，用0.005%毒饵，每间房毒饵5～15g，每堆2g左右。投毒饵1次或2次，如果两次投饵，可在第一次投饵后7～10d检查毒饵被食情况并予以补充。田间灭鼠，一般采用1次性投饵，每亩农田投饵150～200g。防治高原鼢鼠，用0.02%毒饵，按鼠洞投放，每洞10g；防治高原鼠兔，用0.01%毒饵，每洞2g；防治长爪沙鼠，用0.01%毒饵，每洞1g，或用0.005%毒饵，每洞2g；防治达乌饵黄鼠，用0.005%毒饵，每洞20g。此外，沿田埂、地边等处老鼠出没路线投饵，每隔5m或5 × 10m设一饵点，每点5g。

杀鼠迷（coumatetralyl）

化学名称

3–（1，2，3，4–四氢化萘–1–基）–4–羟基香豆素，4–羟基–3–（1，2，3，4–四氢–1–萘基）香豆素

理化性质

纯品为无色粉末，原药为黄色结晶。熔点172～176℃，蒸气压1.33 × 10^{-8}Pa（20℃）。溶解性（20℃）：水中pH7为425mg/L，二氯甲烷50～100g/L，异丙醇20～50g/L。水中不水解，但阳光下有效成分迅速分解。

毒性

剧毒。大鼠急性经口 LD_{50}16.5mg/kg，豚鼠急性经口 LD_{50}250mg/kg，大鼠亚慢性毒性 LD_{50}5 × 0.3mg/kg，母鸡大于 8 × 50mg/kg，乌鸦 23 × 6.73mg/kg；虹鳟鱼 TLm（96h）约 1 000mg/L，鲤鱼、水蚤 TLm（48h）为 40mg/L 以上。0.75% 追踪粉对大白鼠急性经皮毒性大于 5 000mg/kg，对实验动物和皮肤无明显刺激作用。

生物活性

抗凝血性杀鼠剂，慢性、广谱、高效、适口性好，老鼠中毒后不会引起同伴警觉而让其他老鼠连续取食。对黑线姬鼠、褐家鼠、黄胸鼠、黄毛鼠、小家鼠等均有毒杀作用。一般无二次中毒现象，不会产生忌饵现象。可有效杀灭对杀鼠灵有抗性的鼠。

制剂

7.5 % 母粉，0.0375% 饵剂。

应用

0.037 5% 饵剂可直接投放使用。自配毒饵配制方法是，先用水 3 开 1 凉（60 ~ 70℃）的少量温水将杀鼠迷母液稀释，再按原药（7.5%）母液、水、大米以 1∶20∶200 的比例拌匀，待大米把药液吸干后即可投放。投放时，每 5 ~ 10m^2 投 1 堆，每堆投 5 ~ 10g，晚放晨收，连投 3 个晚上。

杀鼠灵（warfarin）

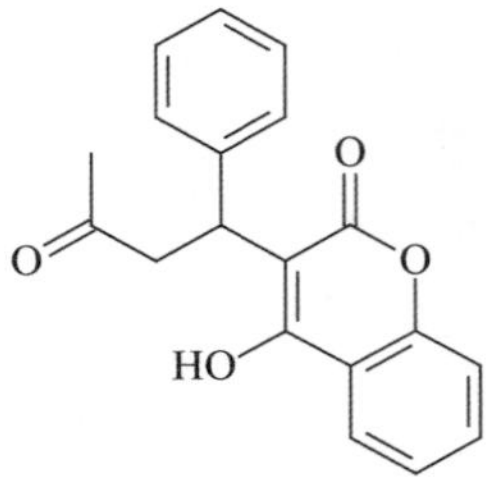

化学名称

4- 羟基 -3-（3- 氧代 - 1- 苯基丁基）香豆素

理化性质

纯品为鞣白色结晶粉末。熔点：159 ~ 161℃，蒸汽压（20℃）：1.33 × 10^{-14}mPa。溶解度（20℃）：不溶于水、苯和环己烷，易溶于丙酮、二噁烷和碱溶液（生成钠盐），中度溶于甲醇、乙醇、异丙醇等醇类。无腐蚀性。

毒性

高毒。大鼠急性经口服 LD_{50} 为 3mg/kg（10mg/kg），小鼠 LD_{50} 为 1.25 è / ī 。对猫、狗敏感，狗 LD_{100} 为 20 ~ 50mg/kg，猫 LD_{100} 为 5mg/kg。对牛、羊、鸡、鸭毒性较低。

生物活性

属急性毒性低、慢性毒性高，连续多次服药才致死的第一代抗凝血杀鼠剂。适口性好，一般不产生拒食。广泛应用于城乡住宅、宾馆、饭店、车、船、粮食、副食仓库，家畜、家禽、饲养场以及农田、森林、草原等各种环境防治大鼠、小鼠、鼷鼠等鼠类。

制剂

2.5% 粉剂，25% 液剂。

应用

1. 毒饵灭鼠

用玉米、小麦、高粱、玉米粉为饵料，加适量糖做引诱剂，用植物油（约 3%）作黏合剂，按一定比例混拌均匀制成含有效成分0.005%～0.025%的毒饵。在鼠经常活动的地方，1次投饵量基本够3d消耗，如家庭、仓库，每间房（$15m^2$）投毒饵60～100g，分5～8堆。投饵48h后才检查，已经吃掉的要及时补充。保证有充足的毒饵。药效可维持10～14d。低浓度连续多次投饵灭鼠效果好。也可用0.05%饵剂防治农田野栖鼠。

饱和投饵法，即投饵后的每二天检查补充鼠吃掉的毒饵，连续投放到鼠不再取食为止的方法适合防治家栖鼠。

2. 毒粉灭鼠

可用原粉或2.5%粉剂与面粉或滑石粉混拌匀制成0.5%～1.0%的毒粉。撒施于老鼠经常活动的地方，作为舔剂灭鼠。

溴鼠隆（brodifacoum）

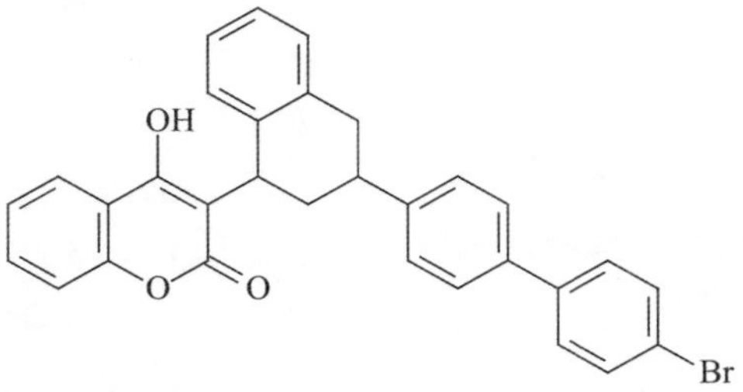

OH O O Br

化学名称

3-[3-（4-溴联苯基-4）-1，2，3，4-四氢萘-1-基]-4-羟基香豆素

理化性质

纯品为白色至浅黄褐色粉末，熔点228～232℃，蒸气压<0.13 mPa（25℃）。不溶于水（20℃、pH7的水中<10mg/L）和石油醚，稍溶于苯、醇类，易溶于丙酮、氯仿和其他氯代烃溶剂。不容易形成可溶性碱金属盐，但易形成在水中溶解度不大的铵盐。

毒性

剧毒。急性经口LD_{50}雄大鼠为0.27mg/kg；雄兔0.3mg/kg；雄小鼠为0.4mg/kg；雌豚鼠为2.8mg/kg；猫为25mg/kg；狗为0.25～1.0mg/kg。

生物活性

是4-羟基香豆素类第二代抗凝血杀鼠剂中毒力最强的一种，兼具急性和慢性杀鼠剂的优点，同时具有使用浓度低、毒杀力强、灭鼠谱广、鼠类适口性好、安全、高效、不产生“二次中毒”等特点。是间接抗凝血性杀鼠剂，可以较低剂量杀灭褐家鼠、黑家鼠和台湾鼷鼠、明达那玄鼠等以及用其他抗凝血剂难杀灭的仓鼠。一次投药对一切害鼠均有较高的灭鼠效果，包括对其他抗凝血鼠药产生抗性的老鼠。广泛应用于城乡住宅、宾馆、饭店、车、船、粮食，副食仓库，家畜、家禽饲养场以及农田、森林、草原等各种环境下灭鼠。被誉为大面积灭鼠最理想的灭鼠剂。

制剂

0.25%、0.5%、1.0%、2.5%母液；0.001%、0.002%、0.005%、0.01%饵剂。

应用

在农村使用时应放置在毒饵站内使用，适于加工成0.005%或0.002 5%的毒饵。稻田、旱地采用一次性饱和投饵法，遵循少放多堆原则，按每亩投饵量150～200g，每5m一堆，每堆3～5g。村湾及住宅区采用连续多次投饵法，每房间$15m^2$投饵2～3堆，每堆5～10g，投药后第2～3d根据取食情况补充饵料，做到户不漏间，不漏有鼠活动的环境。

安妥（antu）

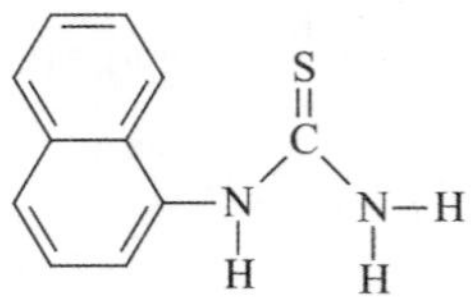

化学名称

α－萘硫脲

理化性质

纯品为白色结晶，工业品为灰色或灰褐色粉末，无臭、味苦。熔点198℃。溶于沸乙醇，碱性溶液，难溶于水、酸和一般有机溶剂。

毒性

高毒。大鼠经口急性毒性LD_{50}为6mg/kg，家鼠50mg/kg，狗380mg/kg，猫100mg/kg，猴4 250mg/kg。人最小致死量588mg/kg。该药剂的生产原料α－萘胺为致癌物质，可能会残留于产品中，故一些国家已停止使用。

生物活性

安妥选择性较强，适口性好，主要用于防治褐家鼠及黄毛鼠，对其他鼠种毒力较低。能毒杀各种家鼠，其平均致死量为25～40mg/kg，如食饵中低于此量，则易产生耐药性，须隔数周后才能再用。在同一个地区重复使用安妥时需间隔6个月以上。

安妥原粉主要用以配制毒饵防治褐家鼠为主的家栖鼠类。

制剂

应用

毒饵有效成分含量一般为0.5%～2%，可用本品15g，拌食饵500g，最好再滴香油少许。拌食饵时不可直接接触手，以免鼠类拒食，且不宜用有酸味食品作食饵。安妥味苦，可在毒水中加5%蔗糖做引诱剂。

①0.5%安妥胡萝卜块毒饵（亦可用水果、蔬菜代替），每个房间放2～3堆，每堆10～20g毒饵量，3d后回收剩余毒饵。

②安妥原粉1份，鱼骨粉1份、食用油1份、97份玉米面，混合均匀后加适量水和成面团，并制成黄豆粒大小的毒丸。每个房间放2～3堆，每堆10～20g，防治褐家鼠效果很好。

③2%安妥小麦毒饵，每个洞口投50g毒饵，在褐家鼠密度大的地方使用，灭鼠率在80%以上。

④毒粉法灭鼠，取安妥1份、面粉5份，配制成20%的安妥毒粉，撒入鼠洞内或者鼠类经常通行的地方。老鼠经过时，药粉黏附在鼠体上，利用鼠类频繁舔毛净足的习性将药物吞入口内而中毒。铺撒地面的毒粉一般厚2mm，形状、面积视场合而定，约20cm×20cm。每日检查毒粉块上的鼠迹，并用毛刷抹平，由此决定毒粉放置的持续时间。若连续两天检查无鼠迹，即可清理干净。

⑤在粮仓、面粉厂等特殊场合，可利用褐家鼠需要饮水的习性，配制2%～3%安妥水悬剂进行毒杀。

氟鼠酮（flocoumafen）

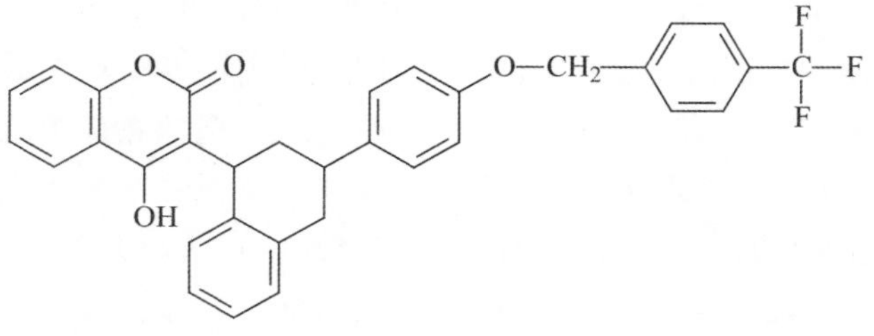

化学名称

4-羟基-3-{1，2，3，4-四氢-3-[4-（4-三氟甲基苄氧基）苯基]萘基}香豆素

理化性质

为灰白色固体。熔点163～162℃。溶解性：水中1.1mg/L，丙酮、醇类、氯仿、二氯甲烷中>10g/L。不水解，在50℃于pH7～9贮存28d未检测到降解。

毒性

高毒。原药急性经口LD_{50}：大鼠0.25mg/kg，小鼠0.8mg/kg。对非靶动物比较安全，包括对鸟类的急性毒力较低，狗对氟鼠酮很敏感。对猪的毒性比大白鼠小175倍，这种选择性毒力优于其他同类的杀鼠剂。

生物活性

本品为抗凝血杀鼠剂，对鼠类不产生忌食性，有高生物活性和较好的适口性。鼠一次摄食即可达到防治目的，一个致死剂量被吸收后大鼠的致死时间5～6d，小鼠致死时间3～10d。使用浓度为0.005%毒饵灭鼠。对于对其他抗凝血杀鼠剂有抗性的啮齿类有效。可用于城市、工业和农业区防治鼠害，也可用于建筑物周围，对防治可可、棉花、油棕、水稻和甘蔗田中的鼠害非常有效。

制剂

0.005%毒饵，0.1%粉剂。

应用

毒饵配制方法：

1. 沾附法

将0.5份食油或米汤拌入19份饵料（可根据各地具体情况选择鼠喜食的新鲜谷物），拌匀，使每粒饵料外包一层油膜或米汤沾膜，再加入1份0.1%粉剂搅拌均匀即制成0.005%的毒饵。

2. 水浸法

先将饵料谷物用水浸泡至发胀后捞出，稍晾后取19份饵料加1份0.1%粉剂搅拌均匀即可。

（1）防治黄毛鼠

在我国南方农田灭鼠，一年必须进行两次全面灭鼠和一次局部补充灭鼠。早稻灭鼠时间在2月份为适期；晚稻在8月份进行。根据黄毛鼠行为、生态习性，利用基巢区相对集中的特点，重点将毒饵投在主栖居柑橘地、香蕉地、排灌渠及塘基等处高于稻田、大小田埂以及丢荒长草的五边地。使用0.005%的稻谷毒饵，每亩使用毒饵量150～160g，带状撒投，秧田每亩投饵点5～6个，每点投毒饵20g，一次投毒即可。本田每人每天撒杀它仗毒饵25亩，使用杀它仗毒饵省工、省饵料粮，灭鼠效果一般可达90%以上。

（2）防治褐家鼠

使用0.005%杀它仗毒饵。

①室内投毒饵，褐家鼠喜栖息于温度稳定潮湿隐蔽地方，鼠洞多挖掘在屋基周围、垃圾堆、地

下室、墙基、下水道、厨房、仓库等场所。有迁移习性，冬季向室内迁移越冬，室内灭鼠最好于春初及秋冬季节，投毒饵时注意上述这类场所，可适当多投一些。投毒饵量，每间房（$15m^2$）投1～2个点，每点3～5g，饱和式投饵，或一次投饵，适当加大投饵量，其灭杀率均可达90%以上。

②田间投毒饵，夏、秋季节，田间食物丰富，褐家鼠多迁移至室外靠近村庄、道路两旁的路面上、田梗、四边地、坟丘、灌渠、池塘边缘、沿河岸的冲积地，投毒饵时注意这类地方。在田间投撒毒饵可按5 × 10（m^2）等距投饵，每点投3～5g。在春、夏季节，选择田间食物缺少时投毒饵效果好。

（3）防治小家鼠

据国外报道，在农场谷仓、牲畜饲料仓和应用粮仓中用0.005%杀它仗燕麦片毒饵，防治效果达87.1%～100%。

（4）防治长爪沙鼠

在牧区和农牧交错地区防治长爪沙鼠，其鼠洞明显易找，可按洞投撒0.005%杀它仗毒饵，每洞投撒1g毒饵；或者按5 × 20（m^2）等距投撒毒饵，每亩投毒饵50～75g即可。若鼠密度过高，每公顷有鼠洞超过2 000个时，投毒饵量适当增加。等距投撒毒饵灭效好于按洞投撒毒饵，且成本低。

（5）防治布氏田鼠

在草原春季鼠密度较高，每公顷洞口数超过385个，有鼠23只时即达防治指标，使用0.005%杀它仗毒饵，每公顷1 000g毒饵（即每亩使用毒饵66.7g），撒在地面上的毒饵，要散开不成堆，使鼠不易一次吃下，使其一天内数次吃到或经过向天才能吃尽，能充分发挥抗凝血杀鼠剂慢性毒力强的特点，提高灭效和工作效率，也便于使用机械和飞机投饵。

氯鼠酮（chlorophacinone）

化学名称

2-（4-氯苯基-苯基乙酰基）-1H-茚-1，3（2H）-二酮

理化性质

原药淡黄色无臭粉末。相对密度0.38，熔点140℃。蒸气压1.4×10^{-7}Pa（20℃）。不溶于水，可溶于乙醇、丙酮、乙酸、乙酯和油脂，是唯一易溶于油的抗凝血杀鼠剂。稳定性不受温度影响，在酸性条件下稳定。

毒性

高毒。大鼠急性经口服1次染毒LD_{50}雄性为9.6mg/kg，雌性为13.0mg/kg。5次染毒LD_{50}雄性为0.16mg/kg，雌性为0.18mg/kg。狗对氯鼠酮较敏感，但对人、畜、家禽均较安全。

生物活性

属第一代抗凝血型杀鼠剂，适口性好，杀鼠谱广，作用缓慢，灭鼠效果好，对人畜比较安全。油溶性好，水溶性差，不怕雨淋，适合野外灭鼠作用。适用于室内外和田野防治大部分害鼠，可防治黑线姬鼠、黑线仓鼠、大仓鼠以及林区害鼠棕背鼠等。

制剂

0.5%油剂、0.25%母粉、0.01%颗粒剂、0.005%、0.0075%、0.03%饵剂。

应用

主要是配制毒饵使用。毒饵中有效成分含量一般为0.005% ~ 0.025%。饵料一般以鼠类喜食的谷物为原料。取1份0.25%油剂倒入49份饵料中搅拌均匀，堆闷数小时即成，如用粉剂，则加适量水和成面团，制成颗粒状或块状使用。

1. 防家鼠

每个房间设1 ~ 3饵点，可1次投放15 ~ 30g毒饵，亦可连续3 ~ 5d投放，每天每个饵点投放3 ~ 5g。

2. 防田间鼠种

可在鼠类活动频繁的渠道旁、水沟边、田埂上、小桥下、涵洞口、田边等处每隔3 ~ 5米投放5g毒饵，还可在鼠洞旁投饵2 ~ 15g。

3. 粮库灭鼠

可用植物油加氯鼠酮配成毒油灭鼠，效果也很好。

使用0.005%氯鼠酮毒饵，每亩200g，采取饱和式投毒饵方法，一般投药后1 ~ 2d开始出现死鼠，第五至第八天死鼠达高峰，死鼠时间可延续10d左右，有部分死在洞内。如适当加大毒饵浓度，用含量0.01%的毒饵，每亩用量1 ~ 1.5kg，一次投饵。将毒饵撒开投，使老鼠多次取食，效果更好。切忌使用毒饵浓度过高，因其影响老鼠嗜口性，效果不一定好。

（1）防治家栖鼠类

最好使用毒饵盒，将毒饵投入毒饵盒内，毒饵盒放在墙头、柜下、墙根、屋角等家鼠活动必经之路。每间房（15m²）放置一个毒饵盒，盒中投毒饵10g左右即可。一般应在谷仓、厨房、猪栏屋、阁楼、家具上下、屋外阴沟、厕所、垃圾堆、杂物堆等处重点放置。

防治黄胸鼠，因其多活动在建筑物上层，注意毒饵盒或投毒饵投在屋梁等上层活动地方。

室外投毒饵时，投饵点或毒饵盒放置地点之间的距离，如防治褐家鼠和黄胸鼠应小于10m，防治小家鼠应小于2m。小家鼠摄食行为零散，投饵点或毒饵盒中放置的毒饵量不需太多，但需密集，间隔距离应小于2m，毒饵颗粒应尽量细碎，毒饵浓度应加倍，才能收到良好效果。

（2）防治野栖鼠类

根据不同鼠种其生活习性、栖息场所不同，分别选择不同投饵时间及投毒饵点。

防治黑线姬鼠：防治适期在3月中旬至4月中旬，黑线姬鼠多喜栖息于林缘、河谷灌丛、荒地、草甸、沼泽地以及居民点和农田周围，向阳潮湿近水处，投毒饵时注意这类场所。饵料采用玉米面、大米等，因系小形鼠，饵料颗粒小一点为好。

防治仓鼠类：在4月和7月两个灭鼠有利时期，根据其喜栖居于土质疏松而干燥离水较远和高于水源的农田、田埂、路旁、坟地、堤边、菜地、山坡、平原和丘陵地，可用各种谷物作饵料，毒饵要撒播在鼠道上和鼠洞口勿成堆，以免被仓鼠搬入洞内贮存。或采用封锁带式投饵（即将毒饵投在田埂、地边等特殊环境内侧3 ~ 5m处间隔5m投放1堆，围地投饵一周），每堆1g毒饵。

防治达乌尔黄鼠：黄鼠鼠洞明显，按洞投毒饵，投在每个鼠洞旁距洞口10cm处，每洞投10 ~ 15g毒饵。具体防治时间、方法参照溴敌隆防治黄鼠方法。

防治长爪沙鼠：按洞投毒饵，每洞2g毒饵，防治指标与溴敌隆防治指标相同。

防治布氏田鼠：在春季使用0.075%毒饵，按洞投饵，每洞0.5g，可节省毒饵3/4，如使用0.037 5%氯鼠酮莜麦毒饵，等距条撒（相隔20m）每公顷用1 000 ~ 1 500g毒饵（即每亩66.7 ~ 100g）。

灭鼠优（pyrinuron）

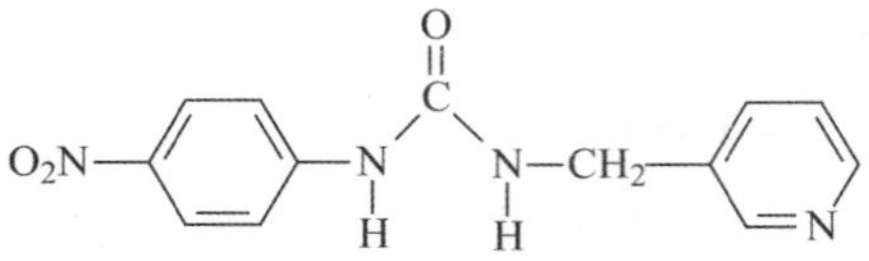

$$O_2N-C_6H_4-NH-C(=O)-NH-CH_2-C_5H_4N$$

化学名称

N-（3-吡啶甲基）-N′-（4-硝基苯基）脲

理化性质

产品为黄色粉末。熔点217～220℃。不溶于水，溶于乙醇。常态下稳定。

毒性

高毒。大鼠急性经口 LD_{50} 为 18mg/kg，褐家鼠 4.75mg/kg，小家鼠 45.0mg/kg，长爪沙鼠 16.5mg/kg，黑线姬鼠 35.0mg/kg，狗>500.0mg/kg，小鸡>10.0mg/kg。

生物活性

选择性较强，人、畜较安全，二次中毒小，适口性较好。作用机制是橘抗烟酰胺，造成严重维生素B缺乏，呼吸肌麻痹致死。对家鼠、野鼠等多种鼠毒力较强，一般中毒潜伏期3～4h，8～12h为死亡高峰。鼠多死于隐蔽场所不易被发现。可用于住宅、工厂、轮船、码头、粮仓、旱田、水田、林区、草原灭鼠。适应范围 适于褐家鼠、长爪沙鼠、黄毛鼠、黄胸鼠等。

制剂

0.5%～2% 毒饵。

应用

1. 小麦毒饵

将小麦泡至发芽，捞出晾干后拌入少量食油、按饵料重量 1%，加入灭鼠优并搅拌均匀。

2. 高粱毒饵

将高粱米润湿，加3% 食用油，2% 灭鼠优，搅拌均匀投饵 1～2g/ 洞。

①灭鼠优小麦毒饵。将小麦浸泡至发芽，捞出稍晾后拌入少量食油，按饵料重量的1%加入灭鼠优原粉并充分拌匀。视鼠密度每个房间投10～50g毒饵，防治褐家鼠效果很好，用同样的方法配制的2%灭鼠优小麦毒饵防治黄胸鼠效果亦佳。

② 1%灭鼠优莜麦蜡饵。1份灭鼠优原粉、49份莜麦面粉、15份鱼骨粉、35份石蜡、食用油适量。将药粉用食用油调匀，与莜麦面粉、鱼骨粉一齐倒入溶化的石蜡中，在微火加热下搅拌，制成10g重的蜡块，每间房投1～5块，在北方盛产莜麦的地区使用此饵防治家栖鼠类效果很好。

③ 2%灭鼠优高粱毒饵。将高粱米润湿，加3%食用油拌匀，倒入相当于饵料重量的2%的灭鼠优原粉，反复搅拌。防治长爪鼠可按洞投饵，每洞1～2g毒饵即可。

④ 1%灭鼠优甘薯毒饵。将甘薯去皮切块，每块重约1g，按薯量拌入1%的灭鼠优原粉即成，等距离法布点，每5m放一堆，每堆5粒毒饵，防治黄毛鼠等农田害鼠效果很好。

一般配成黏附毒饵剂型，诱饵以甘薯和胡萝卜为佳，现用现配。（1）取本品1g加9g淀粉或面粉，充分搅拌研细，然后加入90g甘薯块或胡萝卜块拌匀，即成1% 的饵块。（2）取本品1g加9g面粉充分拌匀，倒入90g已泡好麦粒中拌匀，即成1%颗粒毒饵。（3）取本品1g，鱼粉15g，莜麦45g，植物油4 g混合调匀，倒入35g熔融石蜡中，立即成型，冷却后即成1% 蜡块毒饵。毒饵投放：将毒饵投放于鼠洞内、鼠洞旁或其经常出没地方，每间房投入4堆，5～10g。田间灭鼠，每洞放饵1g。

鼠甘伏（gliftor）

I　　Ⅱ

化学名称

1，3- 二氟丙醇 -2（Ⅰ）与 1- 氯 -3- 氟丙醇 -2（Ⅱ）的混合物

理化性质

无色或微黄色油状液体。相对密度:（Ⅰ）1.244，（Ⅱ）1.300，混合物（23℃）1.25～1.27。沸点:（Ⅰ）127～128，（Ⅱ）146～148，混合物 120～132℃。折射率:（Ⅰ）1.3 800，（Ⅱ）1.4360。沸点 120～132℃，较易挥发，能与水、乙醇等互溶，常温下在酸性溶液中稳定，碱性溶液中分解。

毒性

高毒。原药急性口服 LD_{50}: 豚鼠 3.987mg/kg，高原鼠兔 3.377mg/kg，斑点黄鼠 3.0mg/kg，达乌里黄鼠 4.8mg/kg，小黄鼠 4.5mg/kg；长爪沙土鼠 10.0mg/kg，酚鼠 2.8mg/kg，褐家鼠 30mg/kg，小鼠大于 330mg/kg。

生物活性

鼠甘伏是氟乙酸的衍生物，在动物体内代谢生成剧毒的氟柠檬酸盐，抑制三羧酸循环中的乌头酸酶从而切断哺乳动物细胞的能量供应，使葡萄糖的利用受阻，细胞变性导致器官坏死。中毒主要表现为中枢神经抽搐，中毒动物死于心室纤维性颤动或中枢神经系统抽搐。鼠甘伏是一种植物内吸性药剂，在植物体内能保留 20～30d。具有选择毒性，对鸡和鸭的毒性很小，对鸟类安全，对鼠类毒力很强。鼠中毒后多死于 24h 以内。二次中毒的危险性比氟乙酸钠和氟乙酰胺小。

制剂

0.5～2% 饵剂。

应用

鼠甘伏主要用于野外杀鼠，农田、牧区草原及林区使用较多，尤其适用于草原牧区。常用毒饵浓度 0.5%～2%。

敌鼠（diphacinone）

化学名称

2– 二苯基乙酰基 –1，3– 茚二酮

理化性质

纯品为黄色针状结晶。工业品是黄色无臭针状晶体，熔点 146 ~ 147℃。不溶于水，溶于丙酮、乙醇等有机溶剂。钠盐溶于热水。两者化学性质都稳定。敌鼠的钠盐为淡黄色粉末，无臭无味，可溶于热水和乙醇等有机溶剂。

毒性

高毒。大鼠急性经口服 LD_{50} 为 3mg/kg，狗急性经口服 LD_{50} 为 3 ~ 7.5mg/kg，猫为 14.7mg/kg。

生物活性

是目前应用最广泛的第一代抗凝血杀鼠品种之一。具有适口性好、效果好等特点，一般投药后 4 ~ 6d 出现死鼠。在鼠体内不易分解和排泄。有抑制维生素 K 的作用，阻碍血液中凝血酶原的合成，使摄食该药的老鼠内脏出血不止而死亡。中毒个体无剧烈的不适症状，不易被同类警觉。

制剂

1% 粉剂。

应用

一般以配毒饵防治害鼠为主，配饵可采用小麦小米、大米等。毒饵于傍晚投放于鼠洞附近，第一天全洞投放，第二天检查，如已被吃掉，应立即补放。

1. 毒饵灭鼠

室内用0.025% ~ 0.05%浓度的毒饵，傍晚投放，投饵量根据鼠量多少而定，以能满足 1d 的食量为宜，连续投放 3 ~ 4d。野外灭鼠用 0.2% ~ 0.3% 浓度的毒饵。1 次性投饵。每鼠洞投 5 ~ 10g。或在鼠道上投放，每隔 10m 左右投放 2 ~ 3g。

2. 毒水灭鼠

在贮存粮食、食品及其他物品的仓库等无水的地方，可采用 0.05% 浓度的毒水灭鼠效果更好。

毒鼠磷（phosazetim）

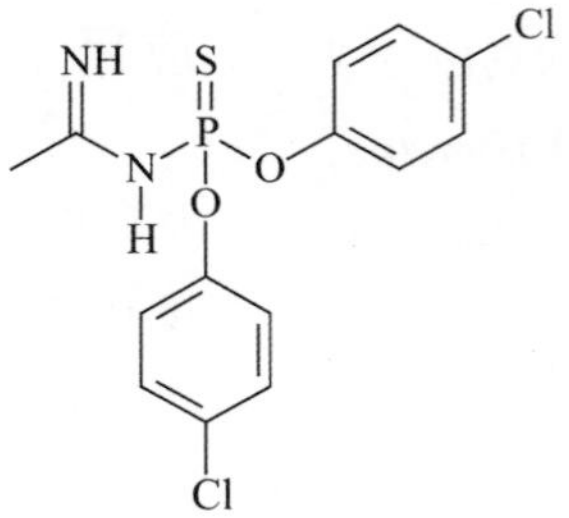

NH S Cl
N P O
H O
Cl

化学名称

O，O– 双（对氯苯基）–N–1– 亚氨基乙基硫代磷酰胺

理化性质

纯品为白色粉末，工业品为浅粉色或黄色粉末。熔点 100 ~ 110℃。化学性质较稳定，常温不易分解。不吸潮。易溶于二氯甲烷、氯仿、乙醇、丙酮等，不溶于水。

毒性

高毒。急性口服 LD_{50}（mg/kg）：8.89 ~ 10.75（小白鼠），4.81 ~ 6.85（褐家鼠），21.9 ~ 27.9（黄胸鼠），9.75 ~ 12.81（黄毛鼠），6.36 ~ 9.64（长爪沙鼠），3.91 ~ 5.67（黑线姬鼠）。经皮毒性较强，生产时注意安全。

生物活性

杀鼠谱广，适于城市、农田、草原、森林灭鼠用效果很好，使用浓度为0.2%～1%。老鼠食毒饵后，多在2～24h内死亡，二次中毒轻，适口性好，无拒食现象。

制剂

0.5%，1%毒饵。

应用

一般使用0.5%～1%浓度的毒饵，防治小家鼠可使用0.3%的毒饵。毒饵的配法是：将毒鼠磷原粉和麦粒或谷、米等加入适量的糖、香油混合均匀，制成油粘谷物毒饵。也可将毒鼠磷原粉和面粉加适量水，做成面团，再把大面团做成每粒1～2g的小丸即可使用。

鼠立死（crimidine）

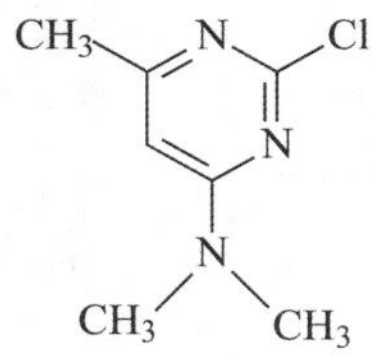

化学名称

2-氯-4-二甲胺基-6-甲基嘧啶

理化性质

纯品为白色蜡状物，熔点87℃，沸点140～147℃（0.53kPa），工业品为黄褐色蜡状物，熔点84～89℃，沸点140～160℃（0.53kPa），有异味，不溶于水，可溶于丙酮、乙醇、氯仿、苯中，工业品纯度为95%。

毒性

口服急性LD_{50}：褐家鼠1.0mg/kg，小家鼠1.8mg/kg，鸭14.8mg/kg，羊200mg/kg。

生物活性

具有灭鼠谱广、使用浓度低的特点，鼠立死的突出优点是蓄积毒性微弱，不易发生二次中毒，有高效解毒剂、低浓度毒饵的接受性能，杀鼠效果与被禁用的氟乙酰胺相当。

C型肉毒梭菌毒素（botulin type C）

C型肉毒梭菌毒素是由腐生厌氧菌培养过程中，菌体自溶并释放毒素，经除菌过滤的滤液，即为不带菌的肉毒梭毒素。

理化性质

原毒素及水剂呈棕黄色透明液体；冻干剂为灰白色块状或粉末固体。易溶于水，无异味。性质较稳定，在低温干燥条件下毒素的毒力可保持数年。

毒性

原药对高原鼠兔经口致死中量LD_{50}为1.71mL/kg，狗喂食500～840mg/kg未见死亡。不能经皮肤渗透而产生急性毒性反应。对眼睛和皮肤无刺激性。无致癌、致畸、致突变。

生物活性

是一种极毒的嗜神经性麻痹毒素。鼠食肉毒

素配制的毒饵后，如剂量大，一般3～6h就出现症状，食欲废绝，嘴鼻流液，行走左右摇摆，继而四肢麻痹，全身瘫痪，最后死于呼吸麻痹，个别死鼠脏器有不同程度的淤血出血；中毒轻者经24～48h后出现症状。鼠类中毒的潜伏期一般为12～48h，死亡时间在2～4d，介于急性与慢性化学药剂灭鼠剂之间。C型肉毒梭菌毒素为广谱灭鼠剂，对高原鼠兔致死中量（LD_{50}）为1.71mL/kg体重（口服），属极毒，适口性好，毒饵残效期短，在自然条件下自动分解，无残留，无二次中毒，在常温下失效，安全性好，对生态环境几乎无污染，如误食毒素可用C型肉毒梭菌抗血清治疗，对人、畜比较安全。

制剂

100万毒价/mL水剂和100万～200万毒价/mL冻干菌。

应用

C型肉毒梭菌毒素近几年经各地试用防治高原鼠兔、高原鼢鼠、布氏田鼠、棕色田鼠和几种家鼠防治效果均好。

1. 防治高原鼢鼠

在春季4～5月份，日平均地表温度在4℃以下，高原鼢鼠洞道内温度在0℃左右，此时使用C型肉毒梭菌毒素毒饵，鼢鼠洞道内温度较低，毒素毒力保持期长，可以收到较好的防治效果。防治指标一般当高原鼢鼠密度达4.18只/hm^2时需要进行防治，用0.1%毒素青稞毒饵，每洞平均投毒素毒饵70粒，灭效可达90%左右。投饵方法与溴敌隆防治高原鼢鼠相同。

2. 防治高原鼠兔

冬春季12月份或3～4月份，当高原鼠兔密度达到30只/hm^2或150个有效洞口/hm^2时，进行防治。用0.1%C型肉毒梭菌毒素燕麦或青稞毒饵。一般4粒燕麦毒饵就含1个高原鼠兔MLD的毒力，鼠兔一次采食毒饵都在4粒以上，按洞投饵，每洞投饵量0.5～1g（约15粒），其灭效可达90%以上。

3. 防治棕色田鼠

在春季3～4月份繁殖高峰前，投撒C型肉毒梭菌毒素小麦（燕麦、玉米粉）毒饵，每洞100粒，每粒含毒量为1 500鼠单位（相当于6个MLD）。投毒饵后大约15～16h，鼠死洞内，投毒饵后立即将饵处的洞口封好，避免田鼠推土堵洞时将毒饵盖在土下。

4. 防治布氏田鼠

一般在春季，鼠经过冬季严寒，大批死亡，次年春季4～5月牧草返青之前利用毒饵灭鼠成本低，效果好。用C型肉毒梭菌毒素水剂配制每克含1.0万单位肉毒素莜麦毒饵，每洞投1g，投在有效洞的10～20cm处。

5. 防治家栖鼠

对褐家鼠、黄胸鼠、小家鼠效果均好。以褐家鼠为主的发生地区，如早稻秧田害鼠密度达2%夹次，晚稻秧田害鼠密度达3%夹次，稻田孕穗期和乳熟期害鼠密度达5%夹次时就要进行防治。使用0.1%～0.2%C型肉毒梭菌毒素毒饵，饵料用褐家鼠喜食的用面粉制成的面团毒饵；小家鼠喜食玉米糁，以此配制毒饵效果更好，使用大米制作毒饵亦可。一般在15℃以下使用灭效可达85%左右。

室内防治家栖鼠，在北方农村秋冬季为最佳灭鼠时机，将毒饵直接投放室内地面、墙边、墙角等鼠经常活动处，每堆5～10g，一般15m^2房内可投2堆，一次投饵，平均投100g左右，可根据鼠情，鼠多多投，鼠少少投。

注意事项

拌制毒饵时，不要在高温、阳光下搅拌，不要用碱性水，以防减低毒力。

附录

附录

附录一

中华人民共和国农业行业标准

NY/T 1276-2007

农药安全使用规范 总则

General Guidelines for Pesticide Safe Use

1. 范围

本标准规定了使用农药人员的安全防护和安全操作的要求。

本标准适用于农业使用农药人员。

2. 规范性引用文件

下列文件中的条款通过本标准的引用而成为本标准的条款。凡是注日期的引用文件，其随后所有的修改单（不包括勘误的内容）或修订版均不适用于本标准。然而，鼓励根据本标准达成协议的各方研究是否可使用这些文件的最新版本。凡是不注日期的引用文件，其最新版本适用于本标准。

GB 12475 农药贮运、销售和使用的防毒规程

NY 608 农药产品标签通则

3. 术语和定义

下列术语和定义适用于本标准。

3.1 持效期　pesticide duration

农药施用后，能够有效控制农作物病、虫、草和其他有害生物为害所持续的时间。

3.2 安全使用间隔期　preharvest interval

最后一次施药至作物收获时安全允许间隔的天数。

3.3 农药残留　pesticide residue

农药使用后在农产品和环境中的农药活性成分及其在性质上和数量上有毒理学意义的代谢（或降解、转化）产物。

3.4 用药量　formulation rate

单位面积上施用农药制剂的体积或质量。

3.5 施药液量　spray volume

单位面积上喷施药液的体积。

3.6 低容量喷雾　low volume spray

每公顷施药液量在 50 ~ 200L（大田作物）或 200L ~ 500L（树木或灌木林）的喷雾方法。

3.7 高容量喷雾　high volume spray

每公顷施药液量在 600L 以上（大田作物）或 1 000L 以上（树木或灌木林）的喷雾方法。也称常规喷雾法。

4. 农药选择

4.1 按照国家政策和有关法规规定选择

4.1.1 应按照农药产品登记的防治对象和安全使用间隔期选择农药。

4.1.2 严禁选用国家禁止生产、使用的农药；选择限用的农药应按照有关规定；不得选择剧毒、高毒农药用于蔬菜、茶叶、果树、中药材等作物和防治卫生害虫。

4.2 根据防治对象选择

4.2.1 施药前应调查病、虫、草和其他有害生

物发生情况，对不能识别和不能确定的，应查阅相关资料或咨询有关专家，明确防治对象并获得指导性防治意见后，根据防治对象选择合适的农药品种。

4.2.2 病、虫、草和其他有害生物单一发生时，应选择对防治对象专一性强的农药品种；混合发生时，应选择对防治对象有效的农药。

4.2.3 在一个防治季节应选择不同作用机理的农药品种交替使用。

4.3 根据农作物和生态环境安全要求选择

4.3.1 应选择对处理作物、周边作物和后茬作物安全的农药品种。

4.3.2 应选择对天敌和其他有益生物安全的农药品种。

4.3.3 应选择对生态环境安全的农药品种。

5. 农药购买

购买农药应到具有农药经营资格的经营点，购药后应索取购药凭证或发票。所购买的农药应具有符合NY 608要求的标签以及符合要求的农药包装。

6. 农药配制

6.1 量取

6.1.1 量取方法

6.1.1.1 准确核定施药面积，根据农药标签推荐的农药使用剂量或植保技术人员的推荐，计算用药量和施药液量。

6.1.1.2 准确量取农药，量具专用。

6.1.2 安全操作

6.1.2.1 量取和称量农药应在避风处操作。

6.1.2.2 所有称量器具在使用后都要清洗，冲洗后的废液应在远离居所、水源和作物的地点妥善处理。用于量取农药的器皿不得作其他用途。

6.1.2.3 在量取农药后，封闭原农药包装并将其安全贮存。农药在使用前应始终保存在其原包装中。

6.2 配制

6.2.1 场所

应选择在远离水源、居所、畜牧栏等场所。

6.2.2 时间

应现用现配，不宜久置；短时存放时，应密封并安排专人保管。

6.2.3 操作

6.2.3.1 应根据不同的施药方法和防治对象、作物种类和生长时期确定施药液量。

6.2.3.2 应选择没有杂质的清水配制农药，不应用配制农药的器具直接取水，药液不应超过额定容量。

6.2.3.3 应根据农药剂型，按照农药标签推荐的方法配制农药。

6.2.3.4 应采用“二次法”进行操作：

1）用水稀释的农药：先用少量水将农药制剂稀释成“母液”，然后再将“母液”进一步稀释至所需要的浓度。

2）用固体载体稀释的农药：应先用少量稀释载体（细土、细沙、固体肥料等）将农药制剂均匀稀释成“母粉”，然后再进一步稀释至所需要的用量。

6.2.3.5 配制现混现用的农药，应按照农药标签上的规定或在技术人员的指导下进行操作。

7. 农药施用

7.1 施药时间

7.1.1 根据病、虫、草和其他有害生物发生程度和药剂本身性能，结合植保部门的病虫情报信息，确定是否施药和施药适期。

7.1.2 不应在高温、雨天及风力大于3级时施药。

7.2 施药器械

7.2.1 施药器械的选择

7.2.1.1 应综合考虑防治对象、防治场所、作物种类和生长情况、农药剂型、防治方法、防治规模等情况：

1）小面积喷洒农药宜选择手动喷雾器。

2）较大面积喷洒农药宜选用背负机动气力喷雾机，果园宜采用风送弥雾机。

3）大面积喷洒农药宜选用喷杆喷雾机或飞机。

7.2.1.2 应选择正规厂家生产、经国家质检部门检测合格的药械。

7.2.1.3 应根据病、虫、草和其他有害生物防治需要和施药器械类型选择合适的喷头，定期更换磨损的喷头：

1）喷洒除草剂和生长调节剂应采用扇形雾喷头或激射式喷头。

2）喷洒杀虫剂和杀菌剂宜采用空心圆锥雾喷头或扇形雾喷头。

3）禁止在喷杆上混用不同类型的喷头。

7.2.2 施药器械的检查与校准

7.2.2.1 施药作业前，应检查施药器械的压力部件、控制部件。喷雾器（机）截止阀应能够自如板动，药液箱盖上的进气孔应畅通，各接口部分没有滴漏情况。

7.2.2.2 在喷雾作业开始前、喷雾机具检修后、拖拉机更换车轮后或者安装新的喷头时，应对喷雾机具进行校准，校准因子包括行走速度、喷幅以及药液流量和压力。

7.2.3 施药机械的维护

7.2.3.1 施药作业结束后，应仔细清洗机具，并进行保养。存放前应对可能锈蚀的部件涂防锈黄油。

7.2.3.2 喷雾器（机）喷洒除草剂后，必须用加有清洗剂的清水彻底清洗干净（至少清洗三遍）。

7.2.3.3 保养后的施药器械应放在干燥通风的库房内，切勿靠近火源，避免露天存放或与农药、酸、碱等腐蚀性物质存放在一起。

7.3 施药方法

应按照农药产品标签或说明书规定，根据农药作用方式、农药剂型、作物种类和防治对象及其生物行为情况选择合适的施药方法。施药方法包括喷雾、撒颗粒、喷粉、拌种、熏蒸、涂抹、注射、灌根、毒饵等。

7.4 安全操作

7.4.1 田间施药作业

7.4.1.1 应根据风速（力）和施药器械喷洒部件确定有效喷幅，并测定喷头流量，按以下公式计算出作业时的行走速度：

$$V=\frac{Q}{q \times B} \times 100$$

式中：

V 行走速度，米/秒（m/s）；

Q 喷头流量，mL/秒（mL/s）；

q 农艺上要求的施药液量，L/公顷（L/hm^2）；

B 喷雾时的有效喷幅，米（m）。

7.4.1.2 应根据施药机械喷幅和风向确定田间作业行走路线。使用喷雾机具施药时，作业人员应站在上风向，顺风隔行前进或逆风退行两边喷洒，严禁逆风前行喷洒农药和在施药区穿行。

7.4.1.3 背负机动气力喷雾机宜采用降低容量喷雾方法，不应将喷头直接对着作物喷雾和沿前进方向摇摆喷洒。

7.4.1.4 使用手动喷雾器喷洒除草剂时，喷头一定要加装防护罩，对准有害杂草喷施。喷洒除草剂的药械宜专用，喷雾压力应在0.3MPa以下。

7.4.1.5 喷杆喷雾机应具有三级过滤装置，末级过滤器的滤网孔对角线尺寸应小于喷孔直径的2/3。

7.4.1.6 施药过程中遇喷头堵塞等情况时，应立即关闭截止阀，先用清水冲洗喷头，然后戴着乳胶手套进行故障排除，用毛刷疏通喷孔，严禁用嘴吹吸喷头和滤网。

7.4.2 设施内施药作业

7.4.2.1 采用喷雾法施药时，宜采用低容量喷雾法，不宜采用高容量喷雾法。

7.4.2.2 采用烟雾法、粉尘法、电热熏蒸法等施药时，应在傍晚封闭棚室后进行，次日应通风1h后人员方可进入。

7.4.2.3 采用土壤熏蒸法进行消毒处理期间，人员不得进入棚室。

7.4.2.4 热烟雾机在使用时和使用后半个小时内，应避免触摸机身。

8. 安全防护

8.1 人员

配制和施用农药人员应身体健康，经过专业

技术培训，具备一定的植保知识。严禁儿童、老人、体弱多病者、经期、孕期、哺乳期妇女参与上述活动。

8.2 防护

配制和施用农药时应穿戴必要的防护用品，严禁用手直接接触农药，谨防农药进入眼睛、接触皮肤或吸入体内。应按照 GB 12475 的规定执行。

9 农药施用后

9.1 警示标志

施过农药的地块要树立警示标志，在农药的持效期内禁止放牧和采摘，施药后 24h 内禁止进入。

9.2 剩余农药的处理

9.2.1 未用完农药制剂

应保存在其原包装中，并密封贮存于上锁的地方，不得用其他容器盛装，严禁用空饮料瓶分装剩余农药。

9.2.2 未喷完药液（粉）

在该农药标签许可的情况下，可再将剩余药液用完。对于少量的剩余药液，应妥善处理。

9.3 废容器和废包装的处理

9.3.1 处理方法

玻璃瓶应冲洗 3 次，砸碎后掩埋；金属罐和金属桶应冲洗 3 次，砸扁后掩埋；塑料容器应冲洗 3 次，砸碎后掩埋或烧毁；纸包装应烧毁或掩埋。

9.3.2 安全注意事项

9.3.2.1 焚烧农药废容器和废包装应远离居所和作物，操作人员不得站在烟雾中，应阻止儿童接近。

9.3.2.2 掩埋废容器和废包装应远离水源和居所。

9.3.2.3 不能及时处理的废农药容器和废包装应妥善保管，应阻止儿童和牲畜接触。

9.3.2.4 不得用废农药容器盛装其他农药，严禁用作人畜饮食用具。

9.4 清洁与卫生

9.4.1 施药器械的清洗

不得在小溪、河流或池塘等水源中冲洗或洗涮施药器械，洗涮过施药器械的水应倒在远离居民点、水源和作物的地方。

9.4.2 防护服的清洗

9.4.2.1 施药作业结束后，应立即脱下防护服及其他防护用具，装入事先准备好的塑料袋中带回处理。

9.4.2.2 带回的各种防护服、用具、手套等物品，应立即清洗 2～3 遍，晾干存放。

9.4.3 施药人员的清洁

施药作业结束后，应及时用肥皂和清水清洗身体，并更换干净衣服。

9.5 用药档案记录

每次施药应记录天气状况、作物种类、用药时间、药剂品种、防治对象、用药量、对水量、喷洒药液量、施用面积、防治效果、安全性。

10 农药中毒现场急救

10.1 中毒者自救

10.1.1 施药人员如果将农药溅入眼睛内或皮肤上，应及时用大量干净、清凉的水冲洗数次或携带农药标签前往医院就诊。

10.1.2 施药人员如果出现头痛、头昏、恶心、呕吐等农药中毒症状，应立即停止作业，离开施药现场，脱掉污染衣服或携带农药标签前往医院就诊。

10.2 中毒者救治

10.2.1 发现施药人员中毒后，应将中毒者放在阴凉、通风的地方，防止受热或受凉。

10.2.2 应带上引起中毒农药的标签立即将中毒者送至最近的医院采取医疗措施救治。

10.2.3 如果中毒者出现停止呼吸现象，应立即对中毒者施以人工呼吸。

（附录）

用药档案记录卡格式

农药使用日期和时间：
农田位置：
作物及生长阶段：
目标有害生物以及生长发育阶段：
使用的农药品种和剂量：
用水量：
操作者姓名：
邻近作物：
助剂的使用：
采用的个人防护设备：
喷雾过程中和喷雾后的气象条件：
操作者在雾滴云中暴露的时间：

附录二

病虫害防治农药选用参考

防治对象	可选用药剂
1、粮食作物	
1.1 水稻	
水稻螟虫	氯虫苯甲酰胺、杀虫双、杀虫单、杀虫安、杀虫单铵、杀螟丹、毒死蜱、杀螟硫磷、哒嗪硫磷、乙酰甲胺磷、氧乐果、稻丰散、三唑磷、喹硫磷、二嗪磷、亚胺硫磷、乙酰甲胺磷、氯唑磷、甲氧虫酰肼、抑食肼、克百威、丙硫克百威、丁硫克百威、硫双威
稻纵卷叶螟	氯虫苯甲酰胺、阿维菌素、杀虫双、杀虫单、杀虫安、三唑磷、杀螟硫磷、敌百虫、毒死蜱、乙酰甲胺磷、氯胺磷、喹硫磷、辛硫磷、稻丰散、丙溴磷、亚胺硫磷、醚菊酯、氟硅菊酯、氧乐果、硫双威、除虫脲、氟苯脲、抑食肼、苏云金杆菌
稻飞虱	醚菊酯、吡虫啉、吡蚜酮、啶虫脒、噻虫嗪、氯噻啉、噻嗪酮、异丙威、甲萘威、混灭威、仲丁威、速灭威、克百威、丙硫克百威、丁硫克百威、敌敌畏、辛硫磷、氧乐果、稻丰散、毒死蜱、马拉硫磷、亚胺硫磷、氯唑磷、嘧啶磷、丙溴磷、三唑磷、乙酰甲胺磷、二嗪磷、氟硅菊酯、抑食肼
叶蝉	异丙威、混灭威、仲丁威、速灭威、克百威、甲萘威、吡虫啉、毒死蜱、二嗪磷、杀螟硫磷、乐果、乙酰甲胺磷、马拉硫磷、抑食肼、乐·稻净、噻·杀单
稻苞虫	苏云金杆菌、杀虫双、杀虫单、杀虫安、杀螟丹、甲萘威、马拉硫磷、杀螟硫磷、敌百虫、敌敌畏，氧乐果、醚菊酯、氟苯脲、噻·杀单
稻瘿蚊	吡虫啉、毒死蜱、二嗪磷、氯唑磷、杀螟硫磷、灭线磷、敌百虫、敌敌畏、乐果、哒嚷硫磷、水胺硫磷、克百威、丁硫克百威、速灭威、毒·唑磷、毒·噻
稻蓟马	丁硫克百威、杀虫单、三唑磷、乐果、敌百虫、亚胺硫磷、吡虫啉、抑食肼、杀虫双、杀虫安
稻象甲	醚菊酯、毒死蜱、甲基异柳磷、三唑磷、倍硫磷、吡虫啉、乙氰菊酯、克百威、丁硫克百威
稻水象甲	醚菊酯、三唑磷、丁硫克百威、辛硫·三唑磷、敌畏·马、倍硫磷、甲基异柳磷、水胺硫磷、克百威、乙氰菊酯、三唑磷、甲基异柳磷、水胺硫磷、克百威
稻根叶甲	三唑磷、甲基异柳磷、水胺硫磷、克百威
稻蝗	杀螟硫磷、乐果、稻丰散
稻负泥虫	杀螟硫磷、乐果、敌百虫、醚菊酯
稻黏虫	敌百虫、敌敌畏、杀虫双、抑食肼
稻秆潜蝇	杀螟硫磷、马拉硫磷、敌百虫、乐果、醚菊酯
稻潜叶蝇	杀虫双、杀螟硫磷、马拉硫磷、敌百虫、醚菊酯
稻蝽象	仲丁威
蚂蝗	异丙威、速灭威、克百威、治螟磷
干尖线虫病	杀螟丹、二硫氰基甲烷、多·硫·杀螟、咪鲜·杀螟丹、杀螟·乙蒜
稻瘟病	稻瘟酰胺、春雷霉素、枯草芽孢杆菌、三环唑、丙环唑、戊唑醇、敌瘟磷、苯氧菌胺、四氯苯酞、稻瘟灵、百菌清、福美双、代森铵、多菌灵、甲基硫菌灵、丙硫多菌灵、三乙膦酸铝、三氯异氰尿酸、氯溴异氰尿酸、异稻瘟净、乙蒜素、烯丙苯噻唑、灭瘟素、四霉素、咪鲜胺、三环·多菌灵、硫磺·三

（续 表）

防治对象	可选用药剂
	环唑、硫磺·多菌灵、异稻·三环唑、异稻·稻瘟灵
纹枯病	井冈霉素、多抗霉素、噻氟酰胺、嘧啶核苷类抗生素、己唑醇、丙环唑、三唑酮、三氯异氰尿酸、多菌灵、甲基硫菌灵、百菌清、枯草芽孢杆菌、络氨铜、灭锈胺、氟酰胺、苯甲·丙环唑、多·硫·酮、井·三环、井·农抗120、井·三环·酮、井·酮、井·氧化亚铜、多·井
恶苗病	咯菌腈、戊唑醇、丙环唑、乙蒜素、二硫氰基甲烷、咪鲜胺、溴硝醇、多·森铵、多·多效、多·福、多·福·三环、多·酮、福·酮、福·戊唑、福·萎、福·锰锌、敌磺·福、甲霜·咪鲜
立枯病	甲基立枯磷、戊唑醇、噁霉灵、甲霜·噁霉、噁霉·福、稻灵·噁霉、敌磺·多、敌磺·甲霜、敌磺·福·甲霜、福·甲霜、稻瘟·福·甲霜
稻曲病	戊唑醇、己唑醇、三唑醇、三唑酮、咪鲜胺、络氨铜、碱式硫酸铜、琥胶肥酸铜、井冈霉素、苯甲·丙环唑、井冈·蜡芽菌、多·井、多·酮、多·福·溴菌、苯乙锡·酮、酮·氧化亚铜、井·氧化亚铜、井·三环、井·烯唑、腈菌·井、纹曲宁
白叶枯病	叶枯唑、噻枯唑、噻森铜、代森铵、乙蒜素、农用链霉素、中生菌素、三氯异氰尿酸、氯溴异氰尿酸、克菌·叶唑
细菌性条斑病	叶枯唑、乙蒜素、农用链霉素、代森铵、噻森铜、噻菌铜、三氯异氰尿酸、噻唑锌、链·土、链·铜·锌、络铜·络锌·柠铜、多·溴硝
胡麻叶斑病	乙蒜素、福美双
叶尖枯病	三唑酮、多菌灵、多菌灵·三唑酮、硫·酮
叶黑粉病	三唑酮
叶鞘腐败病	三唑酮、多菌灵
云形病	三唑酮、多菌灵、三环唑、稻瘟灵、硫·酮、多·硫·酮、禾枯灵
小粒菌核病	三唑酮、多菌灵、甲基硫菌灵
紫秆病	三唑酮、多菌灵
粒黑粉病	三唑酮、双苯三唑醇、多菌灵、多·硫、多·烯唑、多·唑醇
稻烂秧	敌磺钠、噁霉灵、乙蒜素
秧田杂草	氰氟草酯、五氟磺草胺、苄嘧磺隆、吡嘧磺隆、乙氧嘧磺隆、噁草酮、杀草隆、2甲4氯、二氯喹啉酸、丙草胺、丁草胺、敌稗、禾草丹、禾草敌、灭草松、噁嗪草酮
直播田杂草	氰氟草酯、五氟磺草胺、精噁唑禾草灵、苄嘧磺隆、吡嘧磺隆、醚磺隆、乙氧嘧磺隆、环内嘧磺隆、双草醚、双嘧双苯醚、嘧草醚、噁草酮、2,4-D丁酯、2甲4氯、二氯喹啉酸、西草净、丙草胺、丁草胺、敌稗、四唑草胺、禾草丹、禾草敌、哌草丹、敌草快、灭草松、噁嗪草酮
移栽田杂草	氰氟草酯、五氟磺草胺、精噁唑禾草灵、甲磺隆、苄嘧磺隆、吡嘧磺隆、醚磺隆、乙氧嘧磺隆、环丙嘧磺隆、四唑嘧磺隆、双嘧双苯醚、嘧草醚、乙氧氟草醚、噁草酮、丙炔噁草酮、唑草酮、2,4-D丁酯、2甲4氯、二氯喹啉酸、利谷隆、杀草隆、扑草净、西草净、溴苯腈、乙草胺、丙草胺、丁草胺、异丙甲草胺、精异丙甲草胺、毒草胺、克草胺、敌稗、苯噻酰草胺、四唑草胺、禾草丹、禾草敌、哌草丹、仲丁灵、草甘膦、莎稗磷、百草枯、敌草快、灭草松、异噁草松、噁嗪草酮、环庚草醚
抛秧田杂草	氰氟草酯、吡嘧磺隆、乙氧嘧磺隆、双嘧双苯醚、双草醚、噁草酮、2,4-D丁酯、二氯喹啉酸、丙草胺、丁草胺、苯噻酰草胺、四唑草胺、禾草敌、敌草快、灭草松
1.2 麦类	
麦蚜	吡虫啉、啶虫脒、吡蚜酮、抗蚜威、高效氯氰菊酯、氯氰菊酯、溴氰菊酯、氰戊菊酯、丁硫克百威、氯噻啉、毒死蜱、乐果、氧乐果、辛硫磷、敌敌畏、马拉硫磷、丙溴磷、氰戊·氧乐果、氰戊·乐果、氰戊·辛硫磷、氰戊·杀螟松、氯氟·吡虫啉、氯氟·啶虫脒、氯氰·辛、抗蚜·吡虫啉、高氯·吡虫啉、啶虫·辛硫磷、敌畏·吡虫啉、柴油·吡虫啉等

（续 表）

防治对象	可选用药剂
麦蜘蛛	乐果、氧乐果、马拉硫磷、马拉·辛硫磷
小麦吸浆虫	林丹、辛硫磷、甲基异柳磷、倍硫磷、敌敌畏、二嗪磷
麦秆蝇	敌敌畏、乐果、敌百虫、甲萘威
麦种蝇	杀螟硫磷、辛硫磷、敌敌畏、溴氰菊酯
麦水蝇	乐果、杀螟硫磷、敌百虫、马拉硫磷、亚胺硫磷
麦叶蝇	辛硫磷、敌百虫、甲萘威、硫双威、氰戊菊酯、溴氰菊酯
麦茎蝇	甲基异柳磷、敌百虫
麦茎叶甲	辛硫磷、敌百虫、杀螟硫磷、马拉硫磷、乐果、溴氰菊酯
麦穗夜蛾	敌百虫、敌敌畏、辛硫磷、敌·马
麦茎谷蛾	敌百虫、敌敌畏、辛硫磷、敌·马
小麦皮蓟马	敌敌畏、乐果、马拉硫磷、敌·马
麦蝽	敌百虫、敌敌畏、马拉硫磷、敌·马
条沙叶蝉	乐果、氧乐果、甲拌磷、亚胺硫磷、敌·马
灰飞虱	氧乐果、马拉硫磷、敌敌畏、甲拌磷、异丙威、速灭威、噻嗪酮
青稞穗蝇	敌百虫、马拉硫磷、乐果、敌敌畏、敌·马
赤霉病	多菌灵、多菌灵盐酸盐、苯菌灵、甲基硫菌灵、咪鲜胺、三氯异氰尿酸、氰烯菌酯、福美双、多菌灵·烯肟菌酯、多·酮、多·福·酮、多·福·硫、多·井、多·水杨、多·烯唑、福·甲硫、福·甲硫·硫等
白粉病	三唑酮、三唑醇、戊唑醇、烯唑醇、粉唑醇、苯醚甲环唑、腈菌唑、丙环唑、醚菌酯、烯肟菌酯、烯肟菌胺、咪鲜胺、福美双、福美胂、硫磺、多抗霉素、硫合剂、多·酮、酮·烯唑、酮·烯效、福·酮、多·酮、多·福·酮、多·硫·酮、井·酮、甲硫·硫、福·甲硫、福·甲硫·硫、福·烯唑、福·腈菌
纹枯病	戊唑醇、丙环唑、苯醚甲环唑、已唑醇、三唑酮、三唑醇、多菌灵、甲基硫菌灵、井冈霉素、多抗霉素、农抗 120、多·酮、苯醚·丙环唑
小麦锈病	三唑酮、烯唑醇、粉唑醇、戊唑醇、丙环唑、氟环唑、硫悬浮剂、醚菌酯、嘧啶核苷类抗生素
全蚀病	苯醚甲环唑、硅噻菌胺、丙环唑、三唑酮、三唑醇、荧光假单孢杆菌
根腐病	苯醚甲环唑、丙环唑、咯菌腈、三唑酮、三唑醇、双苯三唑醇、萎锈灵、甲基硫菌灵、多菌灵、福美双
小麦猩黑穗病	咯菌腈、苯醚甲环唑、三唑酮、三唑醇、烯唑醇、戊唑醇、亚胺唑、多菌灵、苯菌灵、甲基硫菌灵、敌菌灵福美双、萎锈灵
小麦散黑穗病和秆黑粉病	苯醚甲环唑、戊唑醇、灭菌唑、三唑酮、三唑醇、多菌灵、苯菌灵、甲基硫菌灵、萎锈灵、克菌丹、福美双、多·福
小麦叶枯病和颖枯病	多菌灵、苯菌灵、甲基硫菌灵、三唑酮、三唑醇、丙环唑、萎锈灵、百菌清、代森锰锌、多·福
小麦、青稞雪霉叶枯病	三唑酮、三唑醇、多菌灵、甲基硫菌灵、福美双、多·硫
小麦雪霉病	多菌灵
小麦秆枯病	福美双
小麦白秆病	三唑酮、多菌灵、甲基硫菌灵、敌磺钠、拌种双
小麦禾谷胞囊线虫病	克线磷
大麦散黑穗病与坚黑穗病	三唑酮、三唑醇、灭菌唑、多菌灵、多菌灵盐酸盐、苯菌灵、多·福

（续 表）

防治对象	可选用药剂
大麦条纹病	苯醚甲环唑、三唑酮、三唑醇、多菌灵、福美双、石硫合剂、二硫氰基甲烷、稻瘟灵、乙蒜素
大麦网斑病	苯醚甲环唑、灭菌唑、三唑酮、三唑醇、烯唑醇、乙蒜素、石硫合剂、多菌灵
大麦叶锈病	三唑酮、三唑醇
大麦云纹病	多菌灵
燕麦坚黑穗病与散黑穗病	三唑酮、三唑醇、多菌灵、苯菌灵、拌种双
燕麦秆锈病	三唑酮
燕麦冠锈病	同小麦锈病，以三唑酮、三唑醇为主
黑麦秆锈病与叶锈病	同小麦锈病，以三唑酮、三唑醇为主
小麦（冬、春）田杂草	禾草灵、噁唑禾草灵、精噁唑禾草灵、唑嘧磺草胺、噻吩磺隆、苯磺隆、氯磺隆、酰嘧磺隆、甲基二磺隆、甲硫嘧磺隆、醚苯磺隆、氟唑磺隆、单嘧磺隆、溴苯腈、辛酰溴苯腈、特丁净、唑草酮、2，4-D丁酯、2甲4氯、2甲4氯乙硫酯、麦草畏、氯氟吡氧乙酸、氯氟吡氧乙酸异辛酯、绿麦隆、异丙隆、丁草胺、禾草丹、野麦畏、敌草快、灭草松、野燕枯、双氟磺草胺、炔草胺
大麦田杂草	精噁唑禾草灵、绿麦隆、苯磺隆、异丙隆、吡氟酰草胺、野麦畏
燕麦田杂草	苯磺隆
1.3 玉米	
玉米螟	辛硫磷、哒嗪硫磷、乙酰甲胺磷、二嗪磷、亚胺硫磷、甲萘威、丙硫克百威、杀虫双、溴氰菊酯、白僵菌、除虫脲、苏云金杆菌
玉米蚜虫	吡虫啉、溴氰菊酯、亚胺硫磷、抗蚜威
玉米蓟马	丁硫克百威、克百威、吡虫啉、高效氯氰菊酯
玉米叶螨	三氯杀螨醇、双甲脒、溴螨酯、噻螨酮、克螨特、乐果
玉米旋心虫	甲萘威、敌百虫、敌敌畏
玉米蛀茎夜蛾	辛硫磷、溴氰菊酯、敌百虫、敌敌畏
丝黑穗病	戊唑醇、三唑酮、三唑醇、烯唑醇、粉唑醇、苯醚甲环唑
散黑穗病	戊唑醇、苯醚甲环唑、福·萎
纹枯病	井冈霉素、农抗120、甲基硫菌灵、菌核净、代森锌
小斑病	代森铵、多菌灵、甲基硫菌灵、百菌清、代森锌、异稻瘟净、稻瘟灵
大斑病	代森铵、多菌灵、敌瘟磷、代森锰锌、稻瘟灵
圆斑病	三唑酮
锈病	三唑酮、石硫合剂
玉米田杂草	硝草酮、硝磺草酮、唑草酮、莠去津、氰草津、西玛津、氟草净、绿麦隆、麦草畏、杀草隆、氯氟吡氧乙酸、2甲4氯、2,4-D丁酯、噻吩磺隆、烟嘧磺隆、砜嘧磺隆、甲酰氨基嘧磺隆、溴苯腈、辛酰溴苯腈、甲草胺、乙草胺、异丙草胺、异丙甲草胺、精异丙甲草胺、灭草松、异噁唑草酮、二甲戊灵、嗪草酸甲酯、唑嘧磺草胺
1.4 谷类杂粮	
高粱蚜虫	吡虫啉、甲拌磷、乐果、杀螟硫磷、氰戊菊酯、溴氰菊酯、氯氰菊酯、高效氯氰菊酯
高粱条螟	苏云金杆菌、溴氰菊酯、甲萘威
高粱丹蛾	马拉硫磷、氰戊菊酯、溴氰菊酯
小穗螟（高粱）	杀虫双、氰戊菊酯、顺式氰戊菊酯、溴氰菊酯
桃蛀螟（高粱）	苏云金杆菌、乐果

（续 表）

防治对象	可选用药剂
高粱芒蝇	乐果、克百威
双斑荧叶甲（高粱）	氧乐果、杀螟硫磷、亚胺硫磷、马拉硫磷、伏杀磷
粟灰螟	敌百虫、甲萘威
粟穗螟	杀虫双、溴氰菊酯
粟秆蝇	敌百虫、乐果
粟芒蝇	克百威、氰戊菊酯
粟茎跳甲	敌百虫
粟叶甲	氧乐果、辛硫磷、敌敌畏、乐果、氰戊菊酯、溴氰菊酯
粟鳞斑叶甲	乐果、辛硫磷
黍吸浆虫	敌百虫、敌敌畏、甲萘威
高粱丝黑穗	三唑酮、三唑醇、烯唑醇、戊唑醇、粉唑醇、敌菌灵、萎锈灵
高粱散黑穗病与坚黑穗病	除上几种药剂外，还可用多菌灵、五氯硝基苯、克菌丹
粟(谷子)白发病	甲霜灵、敌磺钠、琥铜·甲霜、嗯霜·锰锌、嗯霜·菌丹
粟瘟病	春雷霉素、敌瘟磷、四氯苯酞、敌菌灵
粟粒黑穗病	三唑醇、萎锈灵、多菌灵、甲基硫菌灵、五氯硝基苯、萎·福、拌种双
粟锈病	三唑酮、三唑醇、萎锈灵、代森锌
粟粒线虫病	克百威、涕灭威
黍子黑穗病	多菌灵、苯菌灵、甲基硫菌灵
糜子黑穗病	多菌灵、苯菌灵、甲基硫菌灵
高粱田杂草	莠去津、绿麦隆、异丙甲草胺、2甲4氯钠、2,4-D丁酯
谷子田杂草	扑草净、2甲4氯、2,4-D丁酯、单嘧磺隆·扑草净
1.5 薯类	
甘薯天蛾	敌百虫、敌敌畏、乙酰甲胺磷、亚胺硫磷、苏云金杆菌、氰戊菊酯
甘薯麦蛾	敌百虫、乐果、亚胺硫磷、氧乐果、辛硫磷、倍硫磷、杀虫双
甘薯潜叶蛾	乐果、敌百虫、杀螟丹、溴氰菊酯
甘薯蠹野螟	乐果、敌百虫
甘薯大象甲	乐果、敌百虫、三唑磷、杀螟硫磷、倍硫磷
甘薯纹象甲	乐果、辛硫磷、杀螟硫磷、甲萘威
甘薯叶甲	乐果、辛硫磷、杀螟硫磷、氧乐果、敌百虫、倍硫磷
马铃薯二十八星瓢虫	敌百虫、敌敌畏、氧乐果、亚胺硫磷、杀螟硫磷、鱼藤精、氰戊菊酯、甲氰菊酯、乙氰菊酯
马铃薯块茎蛾	马拉硫磷、乐果、乙酰甲胺磷、杀螟丹、溴甲烷
马铃薯甲虫	抑食肼、甲萘威、苏云金杆菌、吡虫啉
甘薯黑斑病	乙蒜素、多菌灵、甲基硫菌灵、代森铵
甘薯茎线虫病	苯线磷、灭线磷、涕灭威、甲基异柳磷
马铃薯晚疫病	波尔多液、三乙膦酸铝、氰霜唑、三苯基氢氧化锡、嘧菌酯、氟啶胺、双炔酰菌胺、甲霜灵、代森锌、代森锰锌、百菌清、烯酰吗啉、甲霜·锰锌、唑醚·代森联、霜脲·锰锌
马铃薯早疫病	嘧菌酯、代森锌、代森锰锌、百菌清
马铃薯环腐病	敌磺钠、甲基硫菌灵、代森锌

（续 表）

防治对象	可选用药剂
甘薯杂草	精喹禾灵、异丙甲草胺、灭草松、烯草酮、扑草净、敌草隆、乙草胺、敌草胺、烯禾啶
马铃薯杂草	异丙甲草胺、乙草胺、嗪草酮、扑草净、莠灭净、高效氟吡甲禾灵、烯草酮、异丙隆、利谷隆、烯禾啶、禾草灵、噻唑禾草灵、甲草胺、氟乐灵
1.6 豆类杂粮	
豆叶螟	辛硫磷、杀螟硫磷、敌敌畏、敌百虫、溴氰菊酯、氟戊菊酯、顺式氯氰菊酯、氯氰菊酯、高效氯氰菊酯、高效氯氟氰菊酯、氟铃脲、氟虫脲、氟啶脲
豆荚螟	虱螨脲、氰戊菊酯、辛硫磷、杀螟硫磷、敌百虫、溴氰菊酯、顺式氯氰菊酯、氯氰菊酯、高效氯氟氰菊酯、氟铃脲、氟虫脲、氟啶脲
豌豆潜叶蝇	敌百虫、敌敌畏、乐果、辛硫磷、杀螟硫磷、马拉硫磷、二嗪磷、吡虫啉、杀虫双、阿维菌素、丁硫威、氯氰菊酯、顺式氯氰菊酯、氰戊菊酯、溴氰菊酯
豌豆象	溴甲烷、磷化铝、马拉硫磷
豆类锈病	嘧菌酯、苯醚甲环唑、苯甲・丙环唑、三唑酮、石硫合剂、百菌清、硫磺・代森锰锌
蚕豆赤斑病	多菌灵、甲基硫菌灵、三唑酮、波尔多液、代森锌
蚕豆褐斑病	甲基硫菌灵、波尔多液
蚕豆轮纹病	波尔多液、多菌灵、甲基硫菌灵、代森锌
蚕豆枯萎病	多菌灵、甲基硫菌灵
蚕豆立枯病	多菌灵、甲基硫菌灵、代森锌
蚕豆白粉病	三唑酮、硫悬浮剂、石硫合剂
蚕豆菌核病	腐霉利、乙烯菌核利
蚕豆油壶火肿病	三唑酮、多菌灵、甲基硫菌灵、代森锌
豌豆白粉病	三唑酮、石硫合剂、代森铵、多菌灵、甲基硫菌灵、多・硫、氟菌唑
豌豆褐斑病	波尔多液、多菌灵、甲基硫菌灵、百菌清、代森锌、异菌脲、福美双
豌豆菌核病	甲基硫菌灵、苯菌灵
豌豆立枯病	福美双、井冈霉素
豌豆枯萎病	五氯硝基苯、甲基硫菌灵、络氨铜
蚕豆、豌豆田杂草	咪唑乙烟酸、咪唑喹啉酸、异丙甲草胺、唑嘧磺草胺、氟乐灵、仲丁灵、灭草松
2 纤维作物	
2.1 棉花	
棉铃虫	毒死蜱、辛硫磷、丙溴磷、三唑磷、喹硫磷、敌敌畏、亚胺硫磷、水胺硫磷、氟铃脲、氟虫脲、氟啶脲、杀铃脲、氟苯脲、灭多威、硫双威、甲萘威、丁硫克百威、硫丹、甲氧虫酰肼、茚虫威、阿维菌素、甲氨基阿维菌素苯甲酸盐、多杀菌素、苏云金杆菌、苦参碱内酯、苦皮藤素、氯氰菊酯、高效氯氰菊酯、溴氰菊酯、高效氯氟氰菊酯、氟氯氰菊酯、氟胺氰菊酯、氟氰戊菊酯、氰戊菊酯、顺式氰戊菊酯、联苯菊酯、醚菊酯、甲氰菊酯、四溴菊酯
红铃虫	辛硫磷、毒死蜱、敌敌畏、杀螟硫磷、水胺硫磷、伏杀硫磷、亚胺硫磷、二嗪磷、三唑磷、灭多威、硫双威、氟铃脲、氟虫脲、氟啶脲、氟苯脲、红铃虫性诱剂、氯氰菊酯、高效氯氰菊酯、高效氯氟氰菊酯、氟胺氰菊酯、氰戊菊酯、顺式氰戊菊酯、溴氰菊酯、甲氰菊酯、醚菊酯
棉蚜	亚胺硫磷、甲拌磷、乐果、氧乐果、敌敌畏、辛硫磷、杀螟硫磷、马拉硫磷、喹硫磷、毒死蜱、杀扑磷、二嗪磷、亚胺硫磷、吡虫啉、啶虫脒、噻虫嗪、吡蚜酮、克百威、丙硫克百威、丁硫克百威、涕灭威、甲萘威、混灭威、速灭威、灭多威、唑蚜威、烟碱、氰戊菊酯、溴氰菊酯、柴油

（续表）

防治对象	可选用药剂
棉红蜘蛛	阿维菌素、甲氨基阿维菌素、唑螨酯、哒螨灵、四螨嗪、多杀菌素、浏阳霉素、双甲脒、单甲脒、甲氰菊酯、联苯菊酯、高效氯氟氰菊酯、倍硫磷、毒死蜱、敌敌畏、水胺硫磷、亚胺硫磷、三氯杀螨醇、溴螨酯、克螨特、噻螨酮、苦参碱、丁醚脲、吡螨胺、炔螨特
盲蝽象	马拉硫磷、毒死蜱、二溴磷、杀扑磷、伏杀硫磷、氰戊菊酯、顺式氰戊菊酯、高效氯氰菊酯、溴氰菊酯、甲氰菊酯、吡虫啉
棉叶蝉	毒死蜱、杀螟硫磷、伏杀硫磷、速杀威、甲萘威、氯氰菊酯、溴氰菊酯、氰戊菊酯、高效氯氟氰菊酯
棉蓟马	吡虫啉、噻虫嗪、溴氰菊酯、氰戊菊酯、顺式氰戊菊酯、甲氰菊酯、辛硫磷、甲拌磷、喹硫磷、甲萘威
棉大卷叶螟	苏云金杆菌、溴氰菊酯、敌百虫、氰戊菊酯、甲氰菊酯
棉造桥虫	甲萘威、敌百虫、敌敌畏、马拉硫磷、杀螟硫磷、溴氰菊酯、甲氰菊酯
棉金刚钻	杀螟硫磷、敌百虫、灭多威、硫双威、甲萘威、氰戊菊酯、溴氰菊酯
苗期病害	五氯硝基苯、多菌灵、甲基硫菌灵、敌磺钠、苯醚甲环唑、三唑酮、三氯异氰尿酸、福美双、甲基立枯磷、拌种双、络氨铜
棉苗疫病	三乙膦酸铝、甲霜灵、百菌清
棉花黄萎病	氨基寡糖素、三氯异氰尿酸、枯草芽孢杆菌、核苷酸、萎锈灵、乙蒜素、氯化苦、混合氨基酸酮
棉花枯萎病	菌毒清、乙蒜素、三氯异氰尿酸、多菌灵、甲基硫菌灵、氯化苦、棉隆、农用氨水、福尔马林
棉铃疫病	三乙膦酸铝、甲霜灵、多菌灵、代森锌、代森锰锌、甲霜·锰锌
棉铃红腐病	多菌灵、苯菌灵、甲基硫菌灵、甲霜灵、代森锌
棉铃软腐病	碱式硫酸酮、氢氧化铜、琥胶肥酸铜、络氨铜、氧化亚铜、甲基硫菌灵
棉铃黑果病	多菌灵、甲基硫菌灵、波尔多液、百菌清、三乙膦酸铝
棉铃灰霉病	多菌灵、多菌灵盐酸盐、甲基硫菌灵、三乙膦酸铝、甲霜灵、异菌脲、腐霉利
棉铃曲霉病	苯菌灵、甲基硫菌灵、代森锰锌、异菌脲
棉铃红粉病	多菌灵、甲基硫菌灵、波尔多液、百菌清、三乙膦酸铝
棉花茎枯病	波尔多液、代森锰锌、苯菌灵
棉花角斑病	波尔多液、叶枯唑、农用链霉素
棉花根结线虫病	克百威、硫线磷、阿维菌素
苗床杂草	乙氧氟草醚、乙草胺、氟乐灵
直播田杂草	氟吡乙禾灵、高效氟吡甲禾灵、精噁唑禾草灵、喹禾灵、精喹禾灵、噁草酸、烯禾啶、烯草酮、吡喃草酮、乙氧氟草醚、噁草酮、敌草隆、利谷隆、扑草净、乙草胺、异丙甲草胺、精异丙甲草胺、克草胺、氟乐灵、仲丁灵、二甲戊灵、草甘膦、百草枯
移栽田杂草	氟吡乙禾灵、高效氟吡甲禾灵、精噁唑禾草灵、喹禾灵、精喹禾灵、噁草酸、噁草酮、烯禾啶、烯草酮、吡喃草酮、乙氧氟草醚、敌草隆、利谷隆、乙草胺、异丙甲草胺、精异丙甲草胺、氟乐灵、草甘膦、百草枯
2.2 麻类作物	
黄麻夜蛾	辛硫磷、马拉硫磷、敌百虫、敌敌畏、乙酰甲胺磷、杀螟硫磷、伏杀硫磷、甲萘威、氰戊菊酯、溴氰菊酯、苏云金杆菌
黄麻刺蛾类	乐果、氧乐果、辛硫磷、菊酯类、马拉硫磷、亚胺硫磷
亚麻蚜虫	吡虫啉、啶虫脒、噻虫嗪、吡蚜酮、辛硫磷、亚胺硫磷、辛硫磷、杀螟硫磷、马拉硫磷、喹硫磷、毒死蜱、杀扑磷、二嗪磷、丙硫克百威、丁硫克百威、甲萘威、混灭威、速灭威、唑蚜威、氰戊菊酯、溴氰菊酯
亚麻细卷蛾	敌百虫、水胺硫磷
苎麻夜蛾	茚虫威、溴氰菊酯、氯氰菊酯、苏云金杆菌、虱螨脲、甲氨基阿维菌素苯甲酸盐、敌敌畏、克百威

（续 表）

防治对象	可选用药剂
苎麻蝙蛾	敌百虫、倍硫磷、杀虫双、氰戊菊酯、克百威
苎麻横沟象	敌百虫
苎麻金象甲	敌百虫、马拉硫磷、速灭威、杀虫双、氰戊菊酯、溴氰菊酯
苎麻赤蛱蝶	敌百虫、敌敌畏、马拉硫磷、杀虫双、氰戊菊酯、溴氰菊酯
苎麻黄蛱蝶	辛硫磷、水胺硫磷、氰戊菊酯、溴氰菊酯
苎麻天牛	敌百虫、敌敌畏、马拉硫磷、杀螟硫磷、氯氰菊酯、高效氯氰菊酯
红麻造桥虫	甲萘威、敌百虫、敌敌畏、马拉硫磷、杀螟硫磷、溴氰菊酯、甲氰菊酯
大麻食心虫	亚胺硫磷、杀螟硫磷、敌敌畏、乐果、甲萘威、溴甲烷
大麻叶蜂	敌百虫
大麻小象甲	敌百虫
大麻跳甲	敌百虫、敌敌畏、杀虫双、氰戊菊酯、溴氰菊酯
黄麻立枯病	五氯硝基苯、多菌灵、甲基硫菌灵、波尔多液、络氨铜、棉隆、敌磺钠、威百亩
黄麻枯萎病	多菌灵、甲基硫菌灵
黄麻黑点炭疽病	波尔多液、百菌清、克菌丹、代森锰锌、多菌灵、苯菌灵、甲基硫菌灵、炭特灵、拌种双、五氯硝基苯、退菌特、炭疽福美、多·福
黄麻茎斑病	波尔多液、多菌灵、甲基硫菌灵、络氨铜、多·福、拌种双、百菌清、代森锰锌
黄麻枯腐病	波尔多液、络氨铜、百菌清、绿乳铜、多菌灵、拌种双、多·福
黄麻褐斑病	甲基硫菌灵、多·福
黄麻叶枯病	波尔多液
黄麻、红麻根结线虫病	辛拌磷、涕灭威、苯线磷、威百亩、棉隆
红麻炭疽病	代森锰锌、代森铵、百菌清、克菌丹、炭特灵、拌种双、炭疽福美、退菌特、甲·福、
红麻斑点病	多菌灵、甲基硫菌灵、拌种双、炭疽福美、退菌特、多·硫、多·福、代森锰锌
红麻灰霉病	甲基硫菌灵、多菌灵、炭疽福美、退菌特
红麻腰折病	波尔多液、退菌特
亚麻苗期根病	五氯硝基苯、多菌灵、甲基硫菌灵
亚麻炭疽病	代森锰锌、多菌灵、苯菌灵、甲基硫菌灵、炭特灵
亚麻锈病	三唑酮、三唑醇、萎锈灵
苎麻炭疽病	代森锌、克菌丹、苯菌灵、炭特灵、炭疽福美、退菌特
苎麻茎腐病	多菌灵、甲基硫菌灵、波尔多液
苎麻疫病	甲基硫菌灵、井冈霉素
苎麻立枯病	多菌灵、甲基硫菌灵
苎麻白纹羽病	五氯硝基苯、甲基硫菌灵、福尔马林、硫酸钠、石灰水
剑麻斑马纹病	波尔多液、三乙膦酸铝、敌磺钠、代森锰锌
剑麻茎腐病	多菌灵、多·硫
剑麻炭疽病	多菌灵、波尔多液
剑麻褐斑病	多菌灵、波尔多液
亚麻田杂草	吡氟禾草灵、精吡氟禾草灵、氟吡乙禾灵、高效氟吡甲禾灵、喹禾灵、烯禾啶、烯草酮、吡喃草酮、氯磺隆、2 甲 4 氯、利谷隆、溴苯腈、乙草胺、丁草胺、异丙甲草胺、精异丙甲草胺、仲丁灵
黄麻田杂草	精吡氟禾草灵、氟吡乙禾灵、高效氟吡甲禾灵、喹禾草、丁草胺、异丙甲草胺、精异丙甲草胺
红麻田杂草	精吡氟禾草灵、氟吡乙禾灵、高效氟吡甲禾灵、喹禾灵、丁草胺、异丙甲草胺、精异丙甲草胺

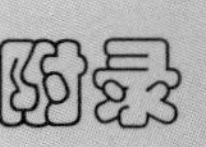

（续 表）

防治对象	可选用药剂
苎麻田杂草	精吡氟禾草灵、氟吡乙禾灵、高效氟吡甲禾灵、喹禾灵、异丙甲草胺、精异丙甲草胺
芦苇田杂草	2,4-D 丁酯、麦草畏、莠去津、草甘膦
3 油料作物	
3.1 大豆	
食心虫	毒死蜱、亚胺硫磷、倍硫磷、马拉硫磷、杀螟硫磷、敌百虫、敌敌畏、伏杀硫磷、混灭威、甲萘威、灭多威、氰戊菊酯、顺式氰戊菊酯、氯氰菊酯、高效氯氰菊酯、溴氰菊酯、氟氯氰菊酯、高效氟氯氰菊酯、溴氟菊酯、醚菊酯、白僵菌
蚜虫	辛硫磷、马拉硫磷、哒嗪硫磷、抗蚜威、氰戊菊酯、顺式氰戊菊酯、溴氰菊酯、氯氰菊酯、高效氯氰菊酯、吡虫啉、啶虫脒、噻虫嗪、吡蚜酮
豆荚螟	毒死蜱、杀螟硫磷、倍硫磷、氰戊菊酯、顺式氰戊菊酯、氯氰菊酯、高效氯氰菊酯、溴氰菊酯、高效氟氯氰菊酯、甲萘威
红蜘蛛	阿维菌素、甲氨基阿维菌素、唑螨酯、哒螨灵、四螨嗪、多杀菌素、浏阳霉素、甲氰菊酯、联苯菊酯、高效氯氟氰菊酯、倍硫磷、毒死蜱、亚胺硫磷、三氯杀螨醇、溴螨酯、噻螨酮
造桥虫	敌百虫、马拉硫磷、灭幼脲、氰戊菊酯、顺式氰戊菊酯、氯氰菊酯、高效氯氰菊酯
豆天蛾	辛硫磷、敌百虫、敌敌畏、杀螟硫磷、马拉硫磷、乙酰甲胺磷、甲萘威、灭幼脲、溴氰菊酯、氰戊菊酯、顺式氰戊菊酯、氯氰菊酯、高效氯氰菊酯
毒蛾、苜蓿夜蛾	敌百虫、乙酰甲胺磷、氰戊菊酯、顺式氰戊菊酯、白僵菌
卷叶螟、卷叶蛾	敌敌畏、杀螟硫磷、倍硫磷
豆秆潜蝇	辛硫磷、马拉硫磷、杀螟硫磷、克百威、氰戊菊酯、顺式氰戊菊酯、溴氰菊酯
二条叶甲	辛硫磷、敌百虫、敌敌畏、杀螟硫磷、氯氰菊酯、高效氯氰菊酯
豆芫菁	辛硫磷、敌百虫、马拉硫磷、杀螟硫磷、氰戊菊酯、溴氰菊酯
豆根潜蝇	敌百虫、敌敌畏、乐果、甲萘威、溴氰菊酯
四纹豆象	溴甲烷
根腐病	苯醚甲环唑、宁南霉素、多菌灵、福美双、多·福
孢囊线虫病	阿维菌素、甲基异柳磷、苯线磷、克百威、溴甲烷
锈病	戊唑醇、苯醚甲环唑、丙环唑、嘧菌酯、百菌清、甲基硫菌灵
菌核病	腐霉利、菌核净
霜霉病	甲霜灵、苯霜灵、百菌清、波尔多液、碱式硫酸铜、代森锌、甲霜·锰锌
灰斑病	甲基硫菌灵、多菌灵、福美双
紫斑病	甲基硫菌灵、多菌灵、波尔多液、碱式硫酸铜、代森锌、福美双
褐纹病	福美双、多菌灵
细菌性斑点病	琥胶肥酸酮
杂草	禾草灵、吡氟禾草灵、精吡氟禾草灵、氟吡乙禾灵、高效氟吡甲禾灵、噁唑禾草灵、精噁唑禾草灵、喹禾灵、精喹禾灵、喹禾糠酯、噁草酸、烯禾啶、烯草酮、吡喃草酮、咪唑乙烟酸、甲氧咪草烟、咪唑喹啉酸、唑嘧磺草胺、乙氧氟草醚、氟磺胺草醚、三氟羧草醚、乙羧氟草醚、乳氟禾草灵、氟烯草酸、丙炔氟草胺、氯嘧磺隆、噻吩磺隆、异丙隆、扑草净、嗪草酮、异丙草胺、异丙甲草胺、精异丙甲草胺、敌草胺、禾草丹、灭草敌、野麦畏、氟乐灵、仲丁灵、二甲戊灵、敌草快、灭草松、异噁草松、嗪草酸甲酯
3.2 油菜	
蚜虫（萝卜蚜、桃蚜、甘蓝蚜）	抗蚜威、毒死蜱、马拉硫磷、杀螟硫磷、倍硫磷、氰戊菊酯、顺式氰戊菊酯、氯氰菊酯、高效氯氰菊酯、溴氰菊酯、吡虫啉、啶虫脒、噻虫嗪、吡蚜酮

（续 表）

防治对象	可选用药剂
菜青虫、银纹夜蛾	参见蔬菜害虫部分
小菜蛾、菜螟	参见蔬菜害虫部分
斜纹夜蛾、甜菜夜蛾	参见蔬菜害虫部分
潜叶蝇	吡虫啉、阿维菌素、乐果、敌百虫、二嗪磷、氯氰菊酯、高效氯氰菊酯、溴氰菊酯
猿叶虫	辛硫磷、敌百虫、高效氯氰菊酯、溴氰菊酯、辛·马、
种蝇	敌百虫、敌敌畏、杀螟硫磷、二嗪磷、高效氯氰菊酯、溴氰菊酯
露尾甲	乐果、伏杀硫磷、甲拌磷、氰戊菊酯、高效氯氰菊酯、溴氰菊酯
茎象甲	乐果、甲拌磷、氰戊菊酯、高效氯氰菊酯、溴氰菊酯
菌核病	菌核净、腐霉利、乙烯菌核利、多菌灵、甲基硫菌灵、多菌灵盐酸盐、百菌清、异菌脲、三氯异氰尿酸、咪鲜胺、戊唑醇
霜霉病	波尔多液、碱式硫酸铜、三乙膦酸铝、百菌清、甲霜灵、苯霜灵、甲基硫菌灵、代森锰锌、代森锌、霜霉威
白锈病	甲基硫菌灵、波尔多液、代森锌、代森锰锌、石硫合剂
白粉病	三唑酮、多菌灵、硫悬浮剂、苯醚甲环唑、嘧菌酯
黑斑病	波尔多液、百菌清、代森锌、代森锰锌、农抗120、乙烯菌核利、退菌特
白斑病	代森锌、福美双、多菌灵、退菌特
黑腐病	福美双、农抗120、多菌灵、噁霉灵、枯草芽孢杆菌、敌磺钠、春雷霉素、多抗霉素、咯菌腈、嘧啶核苷类抗菌素、咪鲜胺、乙蒜素
软腐病	敌磺钠、农用链霉素、农抗120
根肿病	五氯硝基苯
立枯病、猝倒病	福美双、萎锈灵
杂草（冬、春）	禾草灵、氟吡乙禾灵、高效氟吡甲禾灵、喹禾灵、精喹禾灵、喹禾糠酯、精噁唑禾草灵、噁草酸、烯禾啶、烯草酮、吡喃草酮、草除灵、丁草胺、禾草丹、野麦畏、氟乐灵、二氯吡啶酸
冬油菜田杂草	吡氟禾草灵、精吡氟禾草灵、胺苯磺隆、丙酯草醚、异丙酯草醚、乙草胺、异丙甲草胺、烯草酮、百草枯、敌草快、异噁草松
3.3 花生	
蚜虫	辛硫磷、马拉硫磷、杀螟硫磷、抗蚜威、克百威、溴氰菊酯、吡虫啉、啶虫脒、噻虫嗪、吡蚜酮
种蝇	辛硫磷、敌百虫
金龟甲	辛硫磷、甲基异柳磷、地虫硫磷、克百威、毒死蜱、氧乐果、敌百虫
象甲类	杀螟硫磷、甲基硫环磷
棉铃虫	参见棉花害虫
斜纹夜蛾	参见蔬菜害虫
叶螨	阿维菌素、甲氨基阿维菌素、唑螨酯、哒螨灵、四螨嗪、多杀菌素、浏阳霉素、甲氰菊酯、联苯菊酯、高效氯氟氰菊酯、倍硫磷、毒死蜱、亚胺硫磷、三氯杀螨醇、溴螨酯、噻螨酮
根结线虫	阿维菌素、甲氨基阿维菌素、甲基异柳磷、苯线磷、灭线磷、硫线磷、氯唑磷、威百亩、棉隆、克百威、溴甲烷、氯化苦
叶斑病	戊唑醇、双苯三唑醇、丙环唑、波尔多液、碱式硫酸铜、氧氯化铜、代森锰锌、代森锌、多菌灵、甲基硫菌灵、百菌清、邻酰胺
锈病	拌种双、三唑酮、双苯三唑醇、三唑醇、百菌清、氯苯嘧啶醇

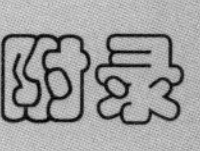

（续 表）

防治对象	可选用药剂
网斑病	代森锰锌、三唑酮、双苯三唑醇、多菌灵
焦斑病	甲基硫菌灵、多菌灵
冠腐病	福美双、多菌灵
茎腐病	甲基硫菌灵、多菌灵、萎·福、噁霉灵、枯草芽孢杆菌、敌磺钠、春雷霉素、多抗霉素、咯菌腈、嘧啶核苷类抗菌素、咪鲜胺、乙蒜素
立枯病	多菌灵、福美双、戊唑醇、咯菌腈、噁霉灵
白绢病	多菌灵、多·硫
杂草	禾草灵、吡氟禾草灵、氟吡乙禾灵、高效氟吡甲禾灵、精噁唑禾草灵、喹禾灵、精喹禾灵、喹禾糠酯、噁草酸、烯禾啶、烯草酮、咪唑乙烟酸、甲氧咪草酸、甲咪唑烟酸、乙氧氟草醚、乙羧氟草醚、乳氟禾草灵、丙炔氟草胺、噁草酮、扑草净、乙草胺、异丙甲草胺、克草胺、敌草胺、禾草丹、灭草敌、氟乐灵、仲丁灵、二甲戊灵、莎稗磷、灭草松、异噁草松
3.4 芝麻	
蚜虫	马拉硫磷、抗蚜威、吡虫啉、啶虫脒、噻虫嗪、吡蚜酮
芝麻螟、天蛾	敌百虫、敌敌畏、杀螟丹、甲萘威、灭幼脲、溴氰菊酯、甲氰菊酯、高效氯氟氰菊醋、苏云金杆菌、阿维菌素、吡虫啉
盲蝽	辛硫磷、马拉硫磷、毒死蜱、二溴磷、杀扑磷、伏杀硫磷、氰戊菊酯、顺式氰戊菊酯、高效氯氰菊酯、溴氰菊酯、甲氰菊酯、吡虫啉
甜菜夜蛾	参见蔬菜害虫
茎点枯病	多菌灵、甲基硫菌灵、波尔多液、碱式硫酸铜、福美双、代森锰锌、百菌清
疫病	代森锰锌、波尔多液、甲霜灵、甲霜铜、甲霜·锰锌、烯酰吗啉、醚菌酯、霜霉威盐酸盐、五氯硝基苯、福美双、硫酸铜
黑斑病	波尔多液、代森锌、嘧啶核苷类抗菌素
枯萎病	多菌灵、噁霉灵、枯草芽孢杆菌、敌磺钠、乙蒜素、硫酸铜
细菌性角斑病	波尔多液、农用链霉素、中生菌素、琥胶肥酸铜、氧氯化铜、氢氧化铜、碱式硫酸铜
杂草	吡氟禾草灵、精吡氟禾草灵、氟吡乙禾灵、高效氟吡甲禾灵、喹禾灵、烯禾啶、烯草酮、甲草胺、异丙甲草胺、禾草丹、氟乐灵
3.5 向日葵	
向日葵荚螟、草地螟	抗蚜威、毒死蜱、马拉硫磷、杀螟硫磷、倍硫磷、氰戊菊酯、顺式氰戊菊酯、氯氰菊酯、高效氯氰菊酯、溴氰菊酯、阿维菌素、吡蚜酮、敌百虫、苏云金杆菌、白僵菌
桃蛀螟	辛硫磷、杀螟硫磷、马拉硫磷、倍硫磷、氰戊菊酯、顺式氰戊菊酯、氯氰菊酯、高效氯氰菊酯、溴氰菊酯、阿维菌素、苏云金杆菌、白僵菌
菌核病	菌核净、腐霉利、乙烯菌核利、多菌灵、甲基硫菌灵、异菌脲、三氯异氰尿酸、咪鲜胺
黑斑病	百菌清、多菌灵、甲基硫菌灵、异菌脲、代森锰锌
锈病、白粉病	三唑酮、苯醚甲环唑、硫悬浮剂、代森锰锌
霜霉病	甲霜灵、苯霜灵、三乙膦酸铝、噁霜·锰锌、双脲氰、甲霜·锰锌
黄萎病	多菌灵、甲基硫菌灵、萎锈灵
茎腐病	乙烯菌核利
杂草	吡氟禾草灵、精吡氟禾草灵、氟吡乙禾灵、高效氟吡甲禾灵、喹禾灵、喹禾糠酯、烯禾啶、烯草酮、噁草酮、异丙甲草胺、氟乐灵、仲丁灵、二甲戊灵

（续 表）

防治对象	可选用药剂
3.6 蓖麻	
枯萎病	百菌清、代森锌、波尔多液、多菌灵、嗯霉灵、敌磺钠、春雷霉素、多抗霉素、咯菌腈、嘧啶核苷类抗菌素、咪鲜胺、乙蒜素
疫病	代森锰锌、波尔多液、百菌清、甲霜灵、苯霜灵、三乙膦酸铝、嗯霜·锰锌、烯酰吗啉
杂草	吡氟禾草灵、精吡氟禾草灵、氟吡乙禾灵、高效氟吡甲禾灵、喹禾灵、噻唑禾草灵、烯禾啶、氟乐灵、二甲戊灵
3.7 红花	
枯萎病	三唑酮、多菌灵、嗯霉灵、敌磺钠、春雷霉素、多抗霉素、咯菌腈、嘧啶核苷类抗菌素、咪鲜胺、乙蒜素
锈病	三唑酮、苯醚甲环唑
蚜虫	马拉硫磷、抗蚜威、吡虫啉、啶虫脒、噻虫嗪、吡蚜酮
杂草	吡氟禾草灵、精吡氟禾草灵、氟吡乙禾灵、高效氟吡甲禾灵、喹禾灵、烯禾啶、烯草酮、氯乐灵、二甲戊灵
4 蔬菜	
4.1 蔬菜苗期	
立枯病、猝倒病	多菌灵、福美双、 嗯霉灵、五氯硝基苯、敌磺钠、百菌清、克菌丹、井冈霉素、霜霉威盐酸盐、萎锈灵
枯萎病	多菌灵、多菌灵盐酸盐、苯菌灵、敌磺钠、嘧菌酯、三氯异氰尿酸、溴甲烷、棉隆
种蝇（根蛆）	毒死蜱、马拉硫磷、灭蝇胺、甲萘威、苦参碱、辛硫磷、敌敌畏、乐果、溴氰菊酯
4.2 十字花科蔬菜	
菜蚜	除虫菊、毒死蜱、二嗪磷、二溴磷、亚胺硫磷、辛硫磷、三唑磷、乐果、氧乐果、马拉硫磷、杀螟硫磷、敌敌畏、抗蚜威、烟碱、吡虫啉、啶虫脒、氯噻啉、阿维菌素、双素碱、苦参碱、茴蒿素、吡蚜酮、丁硫克百威、氯氰菊酯、高效氯氰菊酯、氰戊菊酯、顺式氰戊菊酯、溴氰菊酯、氟氯氰菊酯、氟氰菊酯、高效氟氯氰菊酪、甲氰菊酯、联苯菊酯、溴灭菊酯
菜青虫	除虫菊、毒死蜱、三唑磷、二嗪磷、丙溴磷、喹硫磷、亚胺硫磷、杀螟硫磷、伏杀硫磷、辛硫磷、马拉硫磷、乙酰甲胺磷、敌敌畏、杀虫双、杀虫安、灭幼脲、除虫脲、氟铃脲、氟啶脲、氟虫脲、氟苯脲、甲萘威、丁硫克百威、硫双威、氟虫腈、硫醚脲、丁醚脲、虫螨腈、阿维菌素、鱼藤酮、烟碱、楝素、茴蒿素、苦参碱、氧化苦参碱、藜芦碱、苏云金杆菌、抑食肼、溴氰菊酯、氰戊菊酯、顺式氰戊菊酯、氯氰菊酯、高效氯氰菊酯、氟氯氰菊酯、氟氰戊菊酯、高效氯氟氰菊酯、甲氰菊酯、乙氰菊酯、联苯菊酯、溴氟菊酯、溴灭菊酯、异羊角扭苷、莨菪烧碱、新狼毒素 A、蛇床子素、桉叶素
小菜蛾	除虫菊、氯虫苯甲酰胺、多杀菌素、杀虫双、杀虫安、杀螟丹、氟铃脲、氟虫脲、氟啶脲、氟苯脲、灭幼脲、除虫脲、丁醚脲、虫螨腈、阿维菌素、甲氨基阿维菌素、苯甲酸盐、抑食肼、苏云金杆菌、小菜蛾颗粒体病毒、烟碱、楝素、苦皮素、毒死蜱、丙溴磷、二嗪磷、二溴磷、三唑磷、辛硫磷、喹硫磷、马拉硫磷、乙酰甲胺磷、敌敌畏、硫双威、氰戊菊酯、顺式氰戊菊酯、溴氰菊酯、氟氰菊酯、氟氯氰菊酯、高效氯氟氰菊酯、甲氰菊酯、联苯菊酯、溴氟菊酯、醚菊酯、茚虫威
甜菜夜蛾	除虫菊、氯虫苯甲酰胺、多杀菌素、除虫脲、氟铃脲、氟啶脲、氟苯脲、灭幼脲、虫螨腈、阿维菌素、甲氨基阿维菌素苯甲酸盐、甜菜夜蛾核型多角体病毒、苜蓿银纹夜蛾核型多角体病毒、多杀菌素、苏云金杆菌、虫酰肼、甲氧虫酰肼、甲萘威、辛硫磷、丙溴磷、喹硫磷、伏杀硫磷、马拉硫磷、乙酰甲胺磷、杀虫双、溴氰菊酯、氰戊菊酯、氯氰菊酯、高效氯氰菊酯、高效氯氟氰菊酯、氟氰戊菊酯、氟胺氰戊菊酯、甲氰菊酯、乙氰菊酯、联苯菊酯

（续表）

防治对象	可选用药剂
甘蓝夜蛾	除虫菊、氟啶脲、苏云金杆菌、毒死蜱、敌敌畏、敌百虫、硫双威、氰戊菊酯、高效氯氟氰菊酯、甲氰菊酯
斜纹夜蛾	除虫菊、虫酰肼、氟铃脲、氟虫脲、氟啶脲、除虫脲、阿维菌素、苏云金杆菌、斜纹夜蛾核型多角体病毒、毒死蜱、喹硫磷、辛硫磷、乙酰甲胺磷、马拉硫磷、敌敌畏、甲萘威、溴氰菊酯、氰戊菊酯、氟氰戊菊酯、氯氰菊酯、高效氯氰菊酯、高效氯氟氰菊酯、甲氰菊酯、乙氰菊酯、联苯菊酯、醚菊酯
黄曲条跳甲	除虫菊、毒死蜱、辛硫磷、敌百虫、敌敌畏、马拉硫磷、乙酰甲胺磷、杀螟丹、鱼藤酮、溴氰菊酯、甲氰菊酯、氯氰菊酯、高效氯氰菊酯
猿叶虫	杀螟硫磷、鱼藤酮、防治菜青虫、小菜蛾时兼治
菜螟	敌敌畏、杀螟硫磷、亚胺硫磷、二嗪磷、杀虫双、杀虫安、甲萘威、高效氯氟氰菊酯、甲氰菊酯、氟氯氰菊酯
银纹夜蛾	除虫菊、甲萘威、氟啶脲、氰戊菊酯
黄翅菜叶蜂	辛硫磷、敌百虫、敌敌畏、氰戊菊酯、溴氰菊酯
白菜软腐病	敌磺钠、琥胶肥酸铜、络氨铜、任菌铜、氯溴异氰尿酸、土霉素、中生菌素、农用链霉素、春雷霉素、叶枯唑、噻森铜
白菜细菌性角斑病	农用链霉素、络氨铜
白菜霜霉病	三乙膦酸铝、甲霜灵、霜脲氰、百菌清、代森锌、丙森锌、松脂酸铜、霜霉威盐酸盐、嘧菌酯、甲霜·锰锌、霜脲·锰锌
白菜黑斑病	百菌清、灭菌丹、克菌丹、福美双、代森锌、代森锰锌、异菌脲、多菌灵、甲基硫菌灵、苯醚甲环唑、农抗120
白菜白斑病	代森锌、代森锰锌、克菌丹、多菌灵、甲基硫菌灵、氢氧化铜
白菜炭疽病	多菌灵、甲基硫菌灵、代森锰锌、炭疽福美
白菜白锈病	甲霜灵、三乙膦酸铝、甲霜·锰锌
白菜根肿病	五氯硝基苯、多菌灵
白菜黑腐病	琥胶肥酸铜、福美双、农用链霉素
甘蓝类黑腐病	络氨铜、氢氧化铜、农用链霉素、锰锌·乙铝
甘蓝类软腐病	络氨铜、敌磺钠、农用链霉素
甘蓝黑胫病	多菌灵、代森锌、代森锰锌、百菌清
杂草	吡氟禾草灵、氟吡乙禾灵、高效氟吡甲禾灵、喹禾灵、喹禾糠酯、噁草酸、烯禾啶、甲草胺、乙草胺、丁草胺、异丙甲草胺、敌草胺、禾草丹、氟乐灵、仲丁灵、二甲戊灵
4.3 葫芦科蔬菜	
瓜蚜	二溴磷、乐果、敌敌畏、杀螟硫磷、马拉硫磷、鱼藤酮、烟碱、吡虫啉、啶虫脒、阿维菌素、吡蚜酮、甲萘威、异丙威、顺式氰戊菊酯、氰戊菊酯、溴氰菊酯、氯氰菊酯、高效氯氰菊酯
黄守瓜	二溴磷、马拉硫磷、敌百虫、敌敌畏、辛硫磷、鱼藤酮、楝素、溴氰菊酯、氰戊菊酯
瓜蓟马	吡虫啉、噻虫嗪、丁硫克百威、阿维·三唑磷、阿维·啶虫脒、亚胺硫磷
瓜实蝇	多杀霉素、敌百虫、敌敌畏、氰戊菊酯、溴氰菊酯
瓜螟	毒死蜱、喹硫磷、亚胺硫磷、杀虫单、氰戊菊酯、溴氰菊酯、氯氰菊酯、高效氯氰菊酯
温室白粉虱	吡虫啉、噻虫嗪、矿物油乳剂、二嗪磷、乐果、敌敌畏、乙酰甲胺磷、氟啶脲、丁硫克百威、噻嗪酮、溴氰菊酯、高效氯氟氰菊酯、甲氰菊酯、联苯菊酯、醚菊酯、异丙威
黄瓜根结线虫病	阿维菌素、硫线磷、噻唑膦、苯线磷、溴甲烷、丙线磷、棉隆、威百亩、氰氨化钙
黄瓜霜霉病	百菌清、甲霜灵、三乙膦酸铝、烯酰吗啉、氟吗啉、丁吡吗啉、吡唑醚菌酯、嘧菌酯、醚菌酯、烯肟

（续表）

防治对象	可选用药剂
	菌酯、代森锌、代森锰锌、代森联、丙森锌、福美双、氰霜唑、任菌铜、松脂酸铜、硫酸铜钙、琥胶肥酸铜、喹啉铜、克菌丹、三氯异氰尿酸钠、霜脲氰、霜霉威盐酸盐、霜霉威乙膦酸盐、多抗霉素、噁霜·锰锌、霜脲·锰锌、甲霜·锰锌、唑醚·代森联、烯酰·吡唑酯、乙铝·锰锌、乙铝·百菌清、烯酰·锰锌、烯酰·百菌清
黄瓜白粉病	乙嘧酚、双胍三辛烷基苯磺酸盐、三唑酮、腈菌唑、氟硅唑、苯醚甲环唑、己唑醇、硫黄、百菌清、克菌丹、甲基硫菌灵、代森铵、福美双、福美胂、混合氨基酸铜、吡唑醚菌酯、醚菌酯、嘧菌酯、烯肟菌胺、农抗120、武夷菌素、宁南霉素、小檗碱、大蒜素
黄瓜灰霉病	乙霉威、腐霉利、异菌脲、乙烯菌核利、多菌灵、甲基硫菌灵、武夷霉素、多抗霉素、嘧霉胺、菌核净、烟酰胺、过氧乙酸、丙烷脒
黄瓜疫病	甲霜灵、三乙膦酸铝、百菌清、代森锌、福美双、琥胶肥酸铜、烯酰吗啉、霜霉威盐酸盐、烯酰·锰锌、甲霜·锰锌、唑醚·代森锌
黄瓜炭疽病	代森锰锌、代森锌、代森铵、多菌灵、苯菌灵、甲基硫菌灵、百菌清、敌菌灵、农抗120、克菌丹、咪鲜胺、咪鲜胺锰盐、福·福锌
黄瓜枯萎病	氯化苦、多菌灵、多菌灵盐酸盐、甲基硫菌灵、噁霉灵、敌磺钠、五氯硝基苯、代森铵、琥胶肥酸铜、多抗霉素、春雷霉素、甲霜·噁霉灵
黄瓜菌核病	腐霉利、菌核净、乙烯菌核利、异菌脲、多菌灵、多·霉威
黄瓜黑星病	氟硅唑、腈菌唑、嘧菌酯、异菌脲、多菌灵、多菌灵盐酸盐、多抗霉素、武夷霉素、代森锰锌、儿茶素、百菌清、福·腈菌
黄瓜黑斑病	代森锰锌、代森锌、多菌灵、克菌丹、多抗霉素、琥铜·甲霜
黄瓜蔓枯病	嘧菌酯、代森锰锌、多菌灵、甲基硫菌灵、百菌清、氢氧化铜、乙烯菌核利
黄瓜细菌性角斑病	琥胶肥酸铜、络氨铜、氢氧化铜、氧氯化铜、农用链霉素、春雷霉素、中生菌素、琥铜·霜脲
冬瓜疫病	甲霜灵、三乙膦酸铝、百菌清、代森锰锌、代森锌、烯酰吗啉、霜霉威盐酸盐、甲霜·锰锌
冬瓜枯萎病	多菌灵、噁霉灵、敌磺·琥铜、敌磺·琥铜·乙铝
苦瓜灰斑病	多·霉威、甲硫·霉威
苦瓜霜霉病	参见防治黄瓜霜霉病药剂
杂草	吡氟禾草灵、氟吡乙禾灵、高效氟吡甲禾灵、喹禾糠酯、烯禾啶、乙草胺、禾草丹、仲丁灵、二甲戊灵、喹禾灵
4.4 茄科蔬菜	
棉铃虫	参见棉花害虫，选用其中低毒农药
烟青虫	参见烟草害虫
茄子红蜘蛛	阿维菌素、四螨嗪、哒螨灵、三氯杀螨醇、双甲脒、单甲脒、浏阳霉素、硫悬浮剂、克螨特、炔螨特、氟丙菊酯、溴螨酯、哒螨酮
茶黄螨	阿维菌素、四螨嗪、哒螨灵、克螨特、浏阳霉素、乙酰甲胺磷、高效氯氟氰菊酯、甲氰菊酯、联苯菊酯
茄黄斑螟	辛硫磷、杀螟硫磷、马拉硫磷、乙酰甲胺磷、敌百虫、敌敌畏
二十八星瓢虫	辛硫磷、亚胺硫磷、马拉硫磷、杀螟硫磷、敌敌畏、杀螟丹、鱼藤酮、溴氰菊酯、甲氰菊酯、乙氰菊酯
番茄早疫病	苯醚甲环唑、氢氧化铜、络氨铜、波尔多液、嘧菌酯、三氯异氰尿酸、克菌丹、代森锰锌、丙森锌、敌菌灵、异菌脲、百菌清、多抗霉素、嘧啶核苷类抗菌素
番茄晚疫病	三乙膦酸铝、甲霜灵、氰霜唑、嘧菌酯、代森锰锌、代森锌、福美锌、百菌清、霜霉威盐酸盐、霜脲氰、烯酰吗啉、氟吗啉、氨基寡糖素、克菌丹、多抗霉素
番茄灰霉病	腐霉利、乙烯菌核利、乙霉威、多菌灵、甲基硫菌灵、百菌清、异菌脲、嘧霉胺、三氯异氰尿酸钠、

（续 表）

防治对象	可选用药剂
	双胍三辛基苯磺酸盐、武夷霉素、丁子香酚、啶菌噁唑、丙烷脒、儿茶素、小檗碱
番茄叶霉病	嘧菌酯、甲基硫菌灵、克菌丹、腐霉利、异菌脲、多菌灵、百菌清、武夷霉素、春雷霉素、多抗霉素
番茄枯萎病	多菌灵、甲基硫菌灵、敌磺钠、拌种双、硫酸铜
番茄斑枯病	敌菌灵、代森锰锌、百菌清、甲硫·硫、多·硫
番茄绵疫病	代森锌、三乙膦酸铝、甲霜灵、琥铜·乙铝、甲霜·锰锌
番茄青枯病	野枯唑、琥胶肥酸铜、氢氧化铜、络氨铜、农用链霉素、氯霉素、中生菌素
番茄病毒病	盐酸吗啉胍、宁南霉素、吗啉胍·乙酸铜、菇类蛋白多糖
茄子黄萎病	氯化苦、溴甲烷
茄子褐纹病	甲霜灵、三乙膦酸铝、霜霉威、络氨铜、百菌清、代森锰锌、代森锌
茄子绵疫病	代森锰锌、氢氧化铜
茄子立枯病	福美双、五氯硝基苯、多菌灵、噁霉灵、霜霉威盐酸盐
青（辣）椒疫病	烯酰吗啉、双炔酰菌胺、嘧菌酯、吡唑醚菌酯、氟啶胺、氢氧化铜、甲霜灵、霜霉威、三乙膦酸铝、霜脲氰、百菌清、甲霜·锰锌、申嗪霉素
辣椒炭疽病	苯醚甲环唑、多菌灵、甲基硫菌灵、代森锰锌、代森锌、百菌清、嘧菌酯、三氯异氯尿酸钠、波尔多液、多抗霉素
辣椒立枯病	福美双、五氯硝基苯、多菌灵、噁霉灵、霜霉威盐酸盐
辣椒菌核病	菌核净、腐霉利、乙烯菌核利
辣椒灰霉病	乙霉威、代森锰锌、腐霉利、乙烯菌核利
辣椒褐斑病	百菌清、甲基硫菌灵、甲硫·硫、甲霜·锰锌
辣椒病毒病	盐酸吗啉胍、宁南霉素、吗啉胍·乙酸铜、菇类蛋白多糖、高锰酸钾
杂草	氟乐灵、仲丁灵、二甲戊灵、噁草酮、甲草胺、乙草胺、异丙甲草胺、敌草胺、吡氟禾草灵、喹禾灵、喹禾糠酯、噁草酸、烯禾啶
4.5 豆科蔬菜	
豆荚螟、豆野螟	参见大豆害虫部分
豌豆潜叶蝇	辛硫磷、马拉硫磷、杀螟硫磷、二嗪磷、乐果、吡虫啉、杀虫双、阿维菌素、丁硫克百威、氰戊菊酯、溴氰菊酯、氯氰菊酯、高效氯氰菊酯
豌豆粉虱	参见茄科蔬菜部分
菜豆红蜘蛛	参见茄科蔬菜部分
斑潜蝇	灭蝇胺、吡虫啉、灭幼脲、毒死蜱、杀螟硫磷、敌敌畏、杀虫双、阿维菌素、氯氰菊酯、高效氯氰菊酯、顺式氯氰菊酯
豌豆立枯病	福美双、五氯硝基苯、多菌灵、噁霉灵、霜霉威盐酸盐
豌豆枯萎病	五氯硝基苯、甲基硫菌灵、络氨铜
豌豆褐斑病	异菌脲、福美双、甲基硫菌灵
菜豆灰霉病	腐霉利、乙烯菌核利、异菌脲、多菌灵、甲基硫菌灵、福美双、百菌清
菜豆枯萎病	多菌灵、琥胶肥酸酮、多·硫
菜豆根腐病	多菌灵、甲基硫菌灵、敌磺钠、代森锰锌、代森铵、氢氧化铜、络氨铜
菜豆白粉病	三唑酮、氟菌唑、宁南霉素、武夷菌素
菜豆炭疽病	多菌灵、甲基硫菌灵、百菌清、代森锰锌、代森锌、福美双、炭疽福美、多抗霉素
菜豆菌核病	腐霉利、乙烯菌核利、菌核净、异菌脲、多·霉威、甲硫·霉威
菜豆茎腐病	腐霉利、五氯硝基苯
菜豆及豇豆锈病	三唑酮、丙环唑、腈苯唑、烯唑醇、硫悬浮剂

（续 表）

防治对象	可选用药剂
菜豆细菌性疫病	农用链霉素、络氨铜、琥胶肥酸铜、氢氧化铜、敌磺钠
豇豆煤霉病	多菌灵、甲基硫菌灵、络氨铜、代森锰锌、代森锌、多·硫
豇豆病毒病	混合脂肪酸、盐酸吗啉胍、宁南霉素、吗啉胍·乙酸铜、菇类蛋白多糖
杂草	吡氟禾草灵、氟吡乙禾灵、高效氟吡甲禾灵、喹禾灵、喹禾糠酯、噁草酸、氟乐灵、仲丁灵、二甲戊灵、灭草松、乙氧氟草醚、氟磺胺草醚、异丙甲草胺
4.6 百合科蔬菜	
韭蛆	灭蝇胺、啶虫脒、辛硫磷、毒死蜱、喹硫磷、苦参碱、氟啶脲、甲萘威、溴氰菊酯
葱蓟马	乐果、二嗪磷、辛硫磷、氰戊菊酯、溴氰菊酯、氰·马
葱潜叶蝇	参见豌豆潜叶蝇用药
韭菜灰霉病	异菌脲、多菌灵、甲基硫菌灵、腐霉利、代森锰锌、多·霉威
韭菜疫病	甲霜灵、霜霉威、三乙膦酸铝、百菌清、甲霜·锰锌、噁霜·锰锌、甲霜铜
韭菜锈病	三唑酮、硫悬浮剂
葱灰霉病	腐霉利、乙霉威、异菌脲
葱霜霉病	甲霜灵、三乙膦酸铝、霜霉威、百菌清、代森锰锌、甲霜·锰锌、噁霜·锰锌
葱紫斑病	百菌清、代森锰锌、异菌脲、福美双、多菌灵、甲霜·锰锌、噁霜·锰锌
大蒜叶橘病	多菌灵、百菌清、代森锰锌、异菌脲、琥胶肥酸铜、中生菌素
芦笋茎枯病	苯醚甲环唑、多菌灵、苯菌灵、代森锌、甲基硫菌灵、百菌清、波尔多液、双胍三辛烷基苯磺酸盐、福美双、中生菌素、多·锰锌、异菌脲
芦笋褐斑病	参见茎枯病用药
杂草	吡氟禾草灵、氟吡乙禾灵、高效氟吡甲禾灵、喹禾灵、喹禾糠酯、烯禾啶、氟乐灵、二甲戊灵、仲丁灵、异丙隆、利谷隆、扑草净、嗪草酮、噁草酮、甲草胺、禾草丹、灭草松、乙氧氟草醚
4.7 稀有蔬菜	
长绿飞虱	辛硫磷、杀虫双、异丙威、溴氰菊酯
菰毛眼水蝇	溴氰菊酯、杀虫双、敌敌畏
二化螟	杀虫双、杀螟硫磷
莲藕根金花虫	敌百虫
荸荠白禾螟	杀虫双、乙酰甲胺磷、敌敌畏
芋单线天蛾	敌百虫、马拉硫磷、氰戊菊酯
粉斑螟	敌敌畏
莲藕枯萎病	多茵灵、甲基硫菌灵
莲藕败腐病	甲基硫菌灵、多菌灵、噻菌灵、丙环唑、百菌清、多硫、甲霜灵、甲霜·铜、甲霜灵·锰锌
莲藕叶枯病	甲基硫菌灵、多菌灵
茭白锈病	石硫合剂、三唑酮
茭白胡麻叶斑病	异菌脲、异稻瘟净、敌瘟磷、多·硫、春雷霉素、氟硅唑、甲基硫菌灵
茭白纹枯病	井冈霉素、甲基硫菌灵、多菌灵、菌核利
慈姑黑粉病	三唑酮、多菌灵、多硫
荸荠秆枯病	多菌灵、甲基硫菌灵、代森铵、三唑酮
菱角纹枯病	井冈霉素
菱角白绢病	敌磺钠、井冈霉素、多菌灵、甲基硫菌灵
芋头腐烂病	琥胶肥酸铜
芋头疫病	波尔多液、甲霜灵、百菌清、三乙膦酸铝、噁霜·锰锌

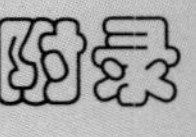

（续 表）

防治对象	可选用药剂
落葵（木耳菜）蛇眼病	百菌清、多·硫、农抗120
磨菇褐腐病	多菌灵、噻菌灵、甲基硫菌灵
蘑菇褐斑病	波尔多液、多菌灵、苯菌灵、甲基硫菌灵
金针菜锈病	石硫合利、三唑酮、代森锌
金针菜叶枯病	代森锌、甲基硫菌灵、波尔多液
4.8 其他蔬菜	
雪里蕻黑斑病	代森锰锌、农抗120
蕹菜白锈病	甲霜灵、甲霜灵锰锌、噁霜·锰锌、百菌清、三乙膦酸铝
芹菜斑枯病	百菌清、三乙膦酸铝、噁霜·锰锌、多·硫、硫悬浮剂、代森锰锌、波·锰锌、琥铜锌·乙铝
芹菜早疫病	多菌灵、硫悬浮剂、代森锰锌、波·锰锌
芹菜菌核病	多菌灵、腐霉利、甲基硫菌灵、菌核净
芹菜软腐病	农用链霉素
菠菜霜霉病	波尔多液、甲霜灵、甲霜灵锰锌、噁霜·锰锌、百菌清、三乙膦酸铝、代森锌
菠菜炭疽病	多菌灵、甲基硫菌灵、代森锰锌、农抗120
莴笋黑斑病	百菌清、异菌脲
莴笋霜霉病	百菌清、甲霜灵、甲霜灵锰锌、三乙膦酸铝、波尔多液、代森锌、甲霜铜、波·锰锌、霜脲·锰锌
莴笋菌核病	多菌灵、腐霉利、异菌脲、乙烯菌核利、甲基硫菌灵
莴笋灰霉病	异菌脲、多菌灵、甲基硫菌灵、多·霉威
萝卜根肿病	五氯硝基苯、多菌灵
胡萝卜黑斑病	代森锰锌、百菌清、噁霜·锰锌、甲霜·锰锌、农抗120
姜腐烂病（姜瘟）	氯化苦、硫酸铜钙、代森铵、琥胶肥酸铜、氢氧化铜、新植霉素、农用链霉素、波尔多液、三乙膦酸铝、噁霜·锰锌、克菌丹、叶枯唑
菠菜潜叶蝇	辛硫磷、敌百虫、氰戊菊酯、溴氰菊酯
芹菜地杂草	氟乐灵、地乐胺、甲草胺、异丙甲草胺、噁草酮、除草通
胡萝卜地杂草	氟乐灵、地乐胺、除草通、扑草净、噁草酮、甲草胺、吡氟禾草灵、稀禾定、双甲胺草磷
菠菜地杂草	丁草胺、禾草丹、氟乐灵
莴笋、茼蒿地杂草	氟乐灵
芹菜、菠菜调节生长	赤霉素

5 果树

5.1 落叶果树	
桃小食心虫	阿维菌素、辛硫磷、甲基异柳磷、毒死蜱、水胺硫磷、乙酰甲胺磷、杀螟硫磷、三唑磷、倍硫磷、除虫脲、灭幼脲、氟啶脲、氟虫脲、氟苯脲、溴氰菊酯、氰戊菊酯、氟氯氰菊酯、氯氰菊酯、高效氯氰菊酯、甲氰菊酯
红蜘蛛（苹果全爪螨、山楂红蜘蛛）	阿维菌素、三氯杀螨醇、唑螨酯、溴螨酯、克螨特、噻螨酮、四螨嗪、双甲脒、单甲脒、速螨酮、浏阳霉素、机油乳剂、苦参碱、苯丁锡、三唑锡、三磷锡、丁硫脲、氟丙菊酯、多硫化钡、吡螨胺、石硫合剂、硫悬浮剂、毒死蜱、亚胺硫磷、嘧螨酯、氟螨
金纹细蛾	氯虫苯甲酰脲、氟铃脲、杀铃脲、吡虫啉、甲氧虫酰肼、丁硫克百威

（续 表）

防治对象	可选用药剂
蚜虫（苹果黄蚜、苹果瘤蚜、绣线菊蚜）	氟啶虫酰胺、阿维菌素、矿物油乳剂、乐果、敌敌畏、毒死蜱、二溴磷、丁硫克百威、丙硫克百威、吡虫啉、啶虫脒、噻虫嗪
苹果根绵蚜	乐果、氧乐、辛硫磷、毒死蜱
苹果小卷叶蛾	亚胺硫磷、杀螟硫磷、敌百虫、敌敌畏、硫双威、氟虫脲、虱螨脲、甲氧虫酰肼、精高效氯氟氰菊酯
苹果树金龟甲	敌百虫、甲基异柳磷、氰戊菊酯、波尔多液（拒食作用）
梨木虱	吡虫啉、噻虫嗪、阿维菌素、喹硫磷、毒死蜱、氧乐果、水胺硫磷、双甲脒、氯氰菊酯、高效氯氰菊酯、顺式氰戊菊酯
梨小食心虫	氯虫苯甲酰胺、毒死蜱、杀螟硫磷、乐果、氟啶脲、氰戊菊酯
梨大食心虫	敌百虫、敌敌畏、杀螟硫磷、溴氰菊酯
梨黄粉蚜	乐果、吡虫啉、啶虫脒、敌敌畏、杀螟硫磷、抗蚜威
梨星毛虫	敌百虫、敌敌畏、乐果
梨网蝽	敌敌畏、马拉硫磷、乐果、杀螟硫磷
梨茎蜂	敌百虫、敌敌畏、乐果
梨圆蚧	柴油乳剂、速扑杀、氧乐果
桃树蚜虫	机油乳油、吡虫啉、氧乐果、敌敌畏、辛硫磷、马拉硫磷、抗蚜威
桃蛀螟	杀螟硫磷、敌百虫、敌敌畏
桃一点叶蝉	乐果、敌敌畏、马拉硫磷、杀螟硫磷
扁平球坚蚧	柴油乳剂、石硫合剂、速扑杀、氧乐果
苹果树腐烂病	福美胂、菌毒清、甲基硫菌灵、腐植酸铜、四霉素、碘
苹果干腐病	福美胂、多硫化钡
苹果轮纹病	氟硅唑、戊唑醇、克菌丹、碱式硫酸铜、喹啉铜、多硫化钡、代森锰锌、代森联、多菌灵、甲基硫菌灵、波尔多液、中生菌素、噻霉酮、吡唑醚菌酯
苹果斑点落叶病	醚菌酯、苯醚甲环唑、亚胺唑、戊唑醇、己唑醇、代森锰锌、丙森锌、异菌脲、三乙膦酸铝、多抗霉素、宁南霉素、氧化亚铜、百菌清、十二烷基苄基氯化铵、双胍三辛烷基苯磺酸盐
苹果炭疽病	波尔多液、多菌灵、甲基硫菌灵、百菌清、氯苯嘧啶醇、溴菌清、福美双、福美锌、代森锌、代森锰锌、代森联、多硫化钡、十二烷基二甲基苄基氯化铵、咪鲜胺、炭疽福美、退菌特
苹果褐斑病	波尔多液、多菌灵、甲基硫菌灵、多·井
苹果白粉病	石硫合剂、硫悬浮剂、多菌灵、苯菌灵、甲基硫菌灵、福美胂、百菌清、氯苯嘧啶醇、己唑醇、腈菌唑、嘧啶核苷类抗菌素
苹果锈病	三唑酮、苯醚甲环唑、多硫化钡、甲基硫菌灵、代森锌、波尔多液、菌毒清
苹果黑星病	醚菌酯、波尔多液、腈菌唑、多硫化钡、代森锌、多菌灵、甲基硫菌灵、双苯三唑醇、氯苯嘧啶醇、百菌清、烃基二甲基氯化铵
苹果花腐病	代森锌、多硫化钡、石硫合剂、多菌灵、甲基硫菌灵、代森锌、退菌特
梨黑星病	氟硅唑、亚胺唑、苯醚甲环唑、腈菌唑、烯唑醇、己唑醇、戊唑醇、双苯三唑醇、三唑酮、氯苯嘧啶醇、多菌灵、甲基硫菌灵、苦参碱、波尔多液、碱式硫酸酮、代森铵、代森锰锌、代森联、氯溴异氰尿酸、醚菌酯、噻霉酮、苦参碱、克菌丹
梨竭斑病	参考梨黑星病用药
梨黑斑病	异菌脲、三乙膦酸铝、百菌清、代森锌、波尔多液、多抗霉素
梨白粉病	三唑酮、硫悬浮剂、甲基硫菌灵、甲硫·硫、退菌特
梨锈病	三唑酮、甲基硫菌灵、代森锌、波尔多液

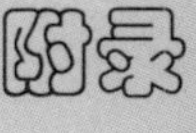

（续 表）

防治对象	可选用药剂
梨轮纹病	参考苹果轮纹病用药
桃褐腐病	腈苯唑、腐霉利、甲基硫菌灵、代森锌、代森铵、石硫合剂
桃疮痂病	敌菌灵、石硫合剂、代森锌
桃炭疽病	敌菌灵、甲基硫菌灵、炭疽福美、退菌特
桃缩叶病	波尔多液、井冈霉索、多菌灵、石硫合剂、代森锌、退菌特
桃细菌性穿孔病	农用链霉素、代森锌、叶枯唑
杏灰星病	多菌灵、苯菌灵
杏疔	石硫合剂
李灰星病	多菌灵、苯菌灵
李红点病	波尔多液、代森锰锌
李袋果病	波尔多液、腈菌·锰锌
李干腐病	波尔多液、代森锰锌、腈菌·锰锌
5.2 浆果类	
葡萄透翅蛾	杀螟硫磷、敌敌畏、菊酯类
葡萄根瘤蚜	辛硫磷、敌敌畏
葡萄短须螨	三氯杀螨醇、炔螨特、双甲脒
葡萄瘿螨	石硫合剂、硫悬浮剂
葡萄黑痘病	嘧菌酯、苯醚甲环唑、戊唑醇、氟硅唑、亚胺唑、咪鲜胺、咪鲜胺锰盐、波尔多液、代森锌、代森锰锌、百菌清、噻菌灵
葡萄白粉病	戊菌唑、己唑醇、腈菌唑、嘧啶核苷类抗菌素、武夷菌素、百菌清、甲基硫菌灵、苯菌灵、福美双、石硫合剂
葡萄白腐病	嘧菌酯、氟硅唑、腈菌唑、百菌清、福美双、波尔多液、多菌灵、苯菌灵、甲基硫菌灵、代森锰锌
葡萄霜霉病	嘧菌酯、吡唑醚菌酯、烯酰吗啉、克菌丹、硫酸铜钙、氢氧化铜、氰霜唑、甲霜灵、三乙膦酸铝、代森锰锌、丙森锌、百菌清、波尔多液、甲霜·锰锌、霜脲·锰锌、噁唑菌酮·锰锌
葡萄炭疽病	苯醚甲环唑、腈菌唑、咪鲜胺、百菌清、甲基硫菌灵、多菌灵、苯菌灵、波尔多液、代森锌、代森锰锌、炭疽福美
葡萄褐斑病	波尔多液、多菌灵、苯菌灵、甲基硫菌灵、代森锌、代森锰锌、戊唑醇
葡萄房枯病	波尔多液、福·甲硫
葡萄根瘤病	乙蒜素、福美胂
葡萄黑腐病	己唑醇
葡萄灰霉病	嘧菌环胺、嘧霉胺、异菌脲、腐霉利、双胍三辛烷基苯磺酸盐
黑醋栗透翅蛾	辛硫磷、敌敌畏、甲萘威、溴氰菊酯、氰戊菊酯
黑醋栗食叶害虫（舞毒蛾等）	敌敌畏、敌百虫
黑醋栗根腐病	敌磺钠、多菌灵
黑醋栗白粉病	三唑酮、烯唑醇
黑醋栗褐斑病	波尔多液、甲基硫菌灵
5.3 干果类	
枣尺蠖	氰戊菊酯、溴氰菊酯等菊酯类药剂、二溴磷
枣黏虫	敌百虫、二溴磷、氰戊菊酯、溴氰菊酯
枣锈壁虱	石硫合剂、硫悬浮剂

（续 表）

防治对象	可选用药剂
枣龟蜡蚧	柴油乳剂、水胺硫磷、氧乐果、杀扑磷、氰戊菊酯、甲萘威
食芽象甲	对硫磷、敌百虫、甲氧滴滴涕
柿蒂虫	甲氰菊酯、溴氰菊酯、氰戊菊酯、杀螟硫磷、敌敌畏、对硫磷
柿绵蚧	机油乳剂（或加辛硫磷或加杀螟硫磷）、氧乐果、水胺硫磷、石硫合剂
栗红蜘蛛	阿维菌素、石硫合剂、乐果、敌敌畏、双甲脒、三氯杀螨醇
栗瘤蜂（栗瘿蜂）	乐果、氧乐果、久效磷、杀螟硫磷、对硫磷
剪枝象甲（象鼻虫）	敌百虫
核桃举肢蛾	辛硫磷、马拉硫磷、高效氯氰菊酯、溴氰菊酯、甲氰菊酯
木橑尺蠖	吡虫啉、辛硫磷、高效氯氰菊酯、高效氯氟氰菊酯
草履蚧	敌敌畏、辛硫磷、氧乐果、伏杀硫磷、甲萘威、溴氰菊酯
山楂粉蝶	辛硫磷、氰戊菊酯、溴氰菊酯、甲氰菊酯
白小食心虫	杀螟硫磷、马拉硫磷、甲氰菊酯、顺式氰戊菊酯
枣锈病	噁唑菌酮、氟硅唑、三唑酮、代森锌
枣炭疽病	波尔多液
柿圆斑病	波尔多液、甲基硫菌灵、代森锌
柿炭疽病	同柿圆斑病
柿角斑病	同柿圆斑病
栗树干腐病	参见苹果树腐烂病
栗白粉病	三唑酮、石硫合剂、甲基硫菌灵、退菌特
核桃黑斑病	波尔多液、农用链霉素
核桃枝枯病	石硫合剂、福美胂、波尔多液、退菌特
山楂花腐病	三唑酮、多菌灵、甲基硫菌灵
山楂白粉病	石硫合剂、三唑酮、多菌灵、甲基硫菌灵
北方果园杂草	吡氟禾草灵、精吡氟禾草灵、氟吡乙禾灵、高效氟吡甲禾灵、喹禾灵、喹禾糠酯、烯禾啶、烯草酮、甲嘧磺隆、乙氧氟草醚、氟磺胺草醚、噁草酮、氯氟吡氧乙酸、敌草隆、利谷隆、莠去津、西玛津、扑草净、敌草胺、氟乐灵、二甲戊灵、草甘膦、百草枯
5.4 柑橘	
柑橘潜叶蛾	阿维菌素、吡虫啉、噻虫嗪、杀螟丹、虱螨脲、氟铃脲、氟啶脲、氟虫脲、氟苯脲、杀铃脲、毒死蜱、杀螟硫磷、水胺硫磷、喹硫磷、丁硫克百威、氰戊菊酯、顺式氰戊菊酯、氯氰菊酯、高效氯氰菊酯、溴氰菊酯、高效氯氟氰菊酯、氟氯氰菊酯、甲氰菊酯、联苯菊酯
橘蚜	吡虫啉、啶虫脒、噻虫嗪、氯噻啉、烯啶虫胺、毒死蜱、乐果、氧乐果、马拉硫磷、敌敌畏、喹硫磷、抗蚜威、丁硫克百威、烟碱、鱼藤酮、溴氰菊酯、氰戊菊酯、顺式氰戊菊酯、甲氰菊酯、机油
卷叶蛾	敌百虫、敌敌畏、亚胺硫磷、杀螟硫磷、苏云金杆菌、白僵菌、吡虫啉、氰戊菊酯
刺蛾类	敌百虫、敌敌畏、杀螟硫磷、溴氰菊酯、高效氯氟氰菊酯
粉虱类	噻嗪酮、乐果、敌敌畏、吡虫啉、阿维菌素、啶虫脒
木虱	稻丰散、噻嗪酮、乐果、敌敌畏、溴氰菊酯、喹硫磷、啶虫脒、阿维菌素
全爪螨	硫悬浮剂、石硫合剂、双甲脒、单甲脒、炔螨特、噻螨酮、四螨嗪、速螨酮、唑螨酯、苯丁锡、三唑锡、三磷锡、丁硫脲、吡螨胺、三氯杀螨醇、华光霉素、氟丙菊酯、矿物油乳剂、季酮螨酯、氟螨、嘧螨酯
锈壁虱	三氯杀螨醇、双甲脒、单甲脒、炔螨特、唑螨酯、浏阳霉素、硫悬浮剂、石硫合剂、噻嗪酮

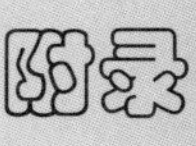

（续 表）

防治对象	可选用药剂
始叶螨	三氯杀螨醇、多硫化钡、乐果、氧乐果、马拉硫磷
矢尖蚧	稻丰散、毒死蜱、亚胺硫磷、杀螟硫磷、嘧啶磷、乐果、氧乐果、噻嗪酮、烟碱、机油乳油
糠片盾蚧	稻丰散、杀扑磷、氧乐果、喹硫磷、噻嗪酮、机油乳油
根结线虫病	苯线磷、硫线磷、克百威、涕灭威
疮痂病	嘧菌酯、苯醚甲环唑、亚胺唑、腈菌唑、百菌清、多菌灵、苯菌灵、甲基硫菌灵、代森锰锌、代森铵、络氨铜
炭疽病	咪鲜胺、咪鲜胺锰盐、嘧菌酯、噻霉酮、松脂酸铜、代森锰锌、丙森锌、石硫合剂、多菌灵、甲基硫菌灵、波尔多液、碘水剂
溃疡病	中生菌素、春雷霉素、乙酸铜、波尔多液、硫酸铜钙、络氨铜、氧氯化铜、噻菌铜、松脂酸铜、叶枯唑、农用硫酸链霉素
树脂病	代森锰锌、代森锌、多抗霉素、乙蒜素、多菌灵、甲基硫菌灵、退菌特、波尔多液
流胶病	多抗霉素、春雷霉素、农抗120、多菌灵、甲基硫菌灵、波尔多液、石硫合剂
脚腐病	多抗霉素、农抗120、三乙膦酸铝、甲霜灵、波尔多液、苯醚甲环唑
苗立枯病	敌磺钠、五氯硝基苯、萎锈灵、波尔多液、多菌灵、甲基硫菌灵
贮藏病害(青、绿霉病、蒂腐病)	噻菌灵、多菌灵、苯菌灵、甲基硫菌灵、抑霉唑、腈菌唑、咪鲜胺、异菌脲、邻苯基苯酚钠、双胍三辛烷基苯磺酸盐
杂草	精吡氟禾草灵、氟吡乙禾灵、高效氟吡甲禾灵、喹禾灵、喹禾糠酯、烯禾啶、烯草酮、噁草酮、甲嘧磺隆、乙氧氟草醚、氟磺胺草醚、氯氟吡氧乙酸、敌草隆、利谷隆、莠去津、西玛津、莠灭净、扑草净、乙草胺、敌草胺、氟乐灵、二甲戊灵、草甘膦、双丙胺膦、草铵膦、百草枯
5.5 热带果树	
荔枝叉纹细蛾	亚胺硫磷、抑食肼、杀虫双、敌敌畏、甲氰菊酯、顺式氯氰菊酯
荔枝尖细蛾	毒死蜱
荔枝蒂蛀虫	毒死蜱、高效氯氰菊酯、灭幼脲
荔枝蜷象	吡虫啉、敌百虫、高效氯氰菊酯、白僵菌
荔枝瘿螨	毒死蜱、三唑锡、三氯杀螨醇、炔螨特、石硫合剂、乐果、阿维菌素、楝素、羊角扭苷
荔枝霜疫霉病	嘧菌酯、吡唑醚菌酯、双炔酰菌胺、氧化亚铜、三乙膦酸铝、甲霜灵、百菌清、多菌灵磺酸盐、噻菌灵、代森锰锌、烯酰吗啉、波尔多液、霜脲·锰锌、甲霜·锰锌
荔枝黑腐病	咪鲜胺
荔枝炭疽病	波尔多液、百菌清、代森锌
荔枝酸腐病	噻菌灵、抑霉唑
杧果横线尾夜蛾	辛硫磷、杀螟硫磷、毒死蜱、敌百虫、敌敌畏、氯氰菊酯、高效氯氰菊酯、溴氰菊酯、阿维菌素
杧果毒蛾	敌百虫、敌敌畏、氟虫腈、溴氰菊酯
杧果切叶象	辛硫磷、敌敌畏、敌百虫、菊酯类
杧果花瘿蚊	杀螟硫磷、马拉硫磷、乐果
杧果炭疽病	咪鲜胺、丙森锌、百菌清、多菌灵、甲基硫菌灵、波尔多液、噻菌灵
杧果白粉病	三唑酮、腈菌唑、硫悬浮剂、甲硫·硫、福·甲硫
杧果疮痂病	代森锰锌、波尔多液、多菌灵、甲基硫菌灵、百菌清
杧果蒂腐病	百菌清、波尔多液、多菌灵、苯菌灵、噻菌灵、抑霉唑、咪酰胺、氢氧化铜
香蕉卷叶虫	敌百虫、敌敌畏、辛硫磷、氟啶脲、溴氰菊酯、高效氯氟氰菊酯
香蕉双黑带象甲	毒死蜱、敌敌畏、氯唑磷、灭线磷、克百威、乙酰甲胺磷、辛硫磷
香蕉交脉蚜	吡虫啉、吡虫脒、鱼藤精、氧乐果、敌敌畏、抗蚜威、高效氯氟氰菊酯、溴氰菊酯、氯氰菊酯

（续 表）

防治对象	可选用药剂
香蕉叶斑病	丙环唑、苯醚甲环唑、氟环唑、腈菌唑、戊唑醇、腈苯唑、三唑酮、代森锰锌、百菌清、嘧菌酯、吡唑醚菌酯
香蕉炭疽病	咪鲜胺、抑霉唑、异菌脲、多菌灵、苯菌灵、噻菌灵、甲基硫菌灵、代森锰锌、百菌清、波尔多液、腈菌唑
香蕉黑星病	吡唑醚菌酯、苯醚甲环唑、腈菌唑、甲基硫菌灵、百菌清、代森锰锌
香蕉冠腐病、黑腐病（采后）	参考炭疽病用药
菠萝粉蚧	松脂合剂、二嗪磷、杀扑磷、氧乐果、乐果、敌敌畏、喹硫磷、丙溴磷、吡虫啉
菠萝心腐病	多菌灵、苯菌灵、甲基硫菌灵、甲霜灵、三乙膦酸铝、波尔多液
菠萝黑腐病	多菌灵、苯菌灵、甲基硫菌灵
番木瓜圆蚧、蚜虫	氧乐果、啶虫脒
椰子犀甲	敌百虫、辛硫磷、丙溴磷、氧乐果
椰圆蚧	敌敌畏、丙溴磷、高效氯氰菊酯
椰子芽腐病	甲基硫菌灵、福美双、腐霉利
椰子干腐病	萎锈灵、腈菌・锰锌
椰子叶斑病	波尔多液、代森锌、咪鲜胺、腈菌・锰锌
罗汉果实蝇	敌敌畏、敌百虫、溴氰菊酯
罗汉果红叶螨	硫悬浮剂、唑螨酯、炔螨特、苯丁锡
罗汉果根结线虫病	苯线磷、丙线磷、克百威
罗汉果根腐病	敌磺钠、代森锌、甲醛、萎锈灵、腈菌・锰锌
杂草	参考柑橘园杂草用药
5.6 瓜类	
西瓜红蜘蛛	双甲脒、单甲脒
西瓜猝倒病	多菌灵、敌磺钠、甲霜灵、霜霉威
西瓜枯萎病	咯菌腈、中生菌素、多抗霉素、水杨菌胺、嘧啶核苷类抗菌素、咪鲜胺锰盐、敌磺钠、多菌灵、苯菌灵、甲基立枯磷、络氨铜、混合氨基酸铜、噁霉灵、氨基寡糖素、高锰酸钾
西瓜炭疽病	嘧菌酯、苯醚甲环唑、多菌灵、苯菌灵、敌菌灵、代森锌、代森锰锌、百菌清、炭疽福美
西瓜白粉病	腈菌唑、三唑酮、甲基硫菌灵、双胍三辛烷基苯磺酸盐、石硫合剂
西瓜蔓枯病	苯醚甲环唑、嘧菌酯、百菌清、双胍三辛烷基苯磺酸盐
香瓜霜霉病	代森联、霜脲・锰锌
甜瓜白粉病	苯醚甲环唑、腈菌唑
杂草	精吡氟禾草灵、氟吡乙禾灵、高效氟吡甲禾灵、喹禾灵、烯禾啶、仲丁灵、敌草胺、扑草净、草甘膦、百草枯

6 糖料作物

防治对象	可选用药剂
6.1 甘蔗	
甘蔗螟虫	丁硫克百威、甲萘威、敌百虫、杀螟硫磷、氯唑磷、甲基异柳磷、杀螟丹、氟虫腈
黄螟	杀螟硫磷、敌百虫、克百威、溴氰菊酯
白螟	敌百虫、敌敌畏、克百威
甘蔗绵蚜	毒死蜱、吡虫啉、抗蚜威、乐果、氧乐果、克百威、甲氰菊酯
黑色蔗龟	甲基异柳磷、地虫硫磷、辛硫磷、敌百虫、克百威、氰戊菊酯
两点褐鳃金龟	克百威、甲基异柳磷、辛硫磷、地虫硫磷、特丁磷、氯唑磷、毒死蜱、氟虫腈

附录

（续 表）

防治对象	可选用药剂
甘蔗象甲	甲基异柳磷、涕灭威
甘蔗蓟马	喹硫磷、马拉硫磷、乙酰甲胺磷、乐果、氧乐果、氰·马、氧乐·氰
甘蔗草蝉	克百威、甲拌磷、甲拌·克
甘蔗螨类	三氯杀螨醇、炔螨特
风梨病	多菌灵、苯菌灵、甲基硫菌灵
黄点病	多菌灵、苯菌灵、波尔多液
眼点病	多菌灵、苯菌灵、百菌清、菌核净、波尔多液、春雷霉素
黑穗病	三唑酮、代森锰锌、甲醛
下种前除草	灭草松
植后芽前除草	莠去津、西玛津、莠灭净、嗯草酮、异嗯草松、敌草隆、利谷隆、甲咪唑烟酸、甲草胺、乙草胺、异丙甲草胺、嗪草酮、乙氧氟草醚
苗后前期除草	草甘膦、磺草灵、2甲4氯、莠灭净、灭草松
苗后中、后期除草	草甘膦、磺草灵、莠去津、百草枯
覆膜前除草	敌草隆、利谷隆、莠去津、西玛津、甲草胺、异丙甲草胺
6.2 甜菜	
苗期害虫（金龟子、象甲、跳甲类）	甲基异柳磷、甲基硫环磷、敌敌畏、氟虫腈、溴氰菊酯、氰戊菊酯
甘蓝夜蛾	参考十字花科蔬菜用药
三叶草夜蛾	辛硫磷、敌敌畏、溴氰菊酯、氰戊菊酯、氯氰菊酯
草地螟	毒死蜱、辛硫磷、敌敌畏、溴氰菊酯、氰戊菊酯、氯氰菊酯
甜菜潜叶蝇	敌敌畏、乐果
甜菜斑蝇（根蛆）	敌敌畏、辛硫磷、毒死蜱、灭蝇胺
苗期病害	嗯霉灵、甲霜·锰锌、霜脲·锰锌、福美双、克菌丹
褐斑病	多菌灵、甲基硫菌灵、百菌清、异菌脲、多抗霉素、三苯基醋酸锡、代森锌、波尔多液
霜霉病	波尔多液、碱式硫酸铜、三乙膦酸铝、烯酰吗啉、代森锰锌
白粉病	三唑酮、十三吗啉、硫悬浮剂、多菌灵、甲基硫菌灵
蛇眼病	氧氯化铜、碱式硫酸铜、福美双、多菌灵、甲基硫菌灵
根腐病	络氨铜、敌磺钠、福美双、氧氯化铜
丛根病	福美双、氯化苦、溴甲烷
细菌性斑枯病	农用链霉素、绿乳铜、春雷·王铜
黄化病毒病	菇类蛋白多糠、吗啉胍·乙铜
植前除草	环草敌、野麦畏、异丙甲草胺、丁草胺、氟乐灵、禾草丹
播后苗前除草	异丙甲草胺、丁草胺
苗后除草	禾草灵、吡氟禾草灵、氟吡乙禾灵、喹禾灵、烯禾啶、甜菜宁、甜菜安、甜安宁、嗯草酸
7 烟草	
烟蚜	毒死蜱、乐果、氧乐果、辛硫磷、三唑磷、喹硫磷、乙酰甲胺磷、杀螟硫磷、敌敌畏、倍硫磷、抗蚜威、丙硫克百威、丁硫克百威、唑蚜威、吡虫啉、啶虫脒、吡蚜酮、苦参碱、鱼藤酮、溴氰菊酯、氯氰菊酯、高效氯氰菊酯、氟氯氰菊酯、氯噻啉

（续 表）

防治对象	可选用药剂
烟青虫	辛硫磷、杀螟硫磷、喹硫磷、敌敌畏、毒死蜱、苦参碱、苏云金杆菌、棉铃虫核型多角体病毒、灭多威、甲萘威、硫双威、丁硫克百威、溴氰菊酯、氯氰菊酯、氰戊菊酯、高效氯氟氰菊酯
斜纹夜蛾、甘蓝夜蛾、银纹夜蛾、苜蓿夜蛾	参见蔬菜害虫用药
烟草麦蛾及潜叶蛾	敌敌畏、杀螟硫磷、毒死蜱、丙硫磷
烟蛀茎蛾	乐果、氧乐果、杀螟硫磷、丙硫磷
斑须蝽	氧乐果、吡虫啉、鱼藤酮、溴氰菊酯、氯氰菊酯、高效氯氰菊酯
盲蝽	氧乐果、喹硫磷、乙酰甲胺磷、杀扑磷、溴氰菊酯、氯氰菊酯、高效氯氰菊酯、氟氯氰菊酯、吡虫啉、甲萘威
蓟马	氧乐果、三唑磷、乙酰甲胺磷、喹硫磷、苦参碱、鱼藤酮、吡虫啉、溴氰菊酯、氯氰菊酯、高效氯氰菊酯
烟粉虱	吡虫啉、苦参碱、甲萘威、氯氰菊酯、氟氯氰菊酯
烟草粉螟	烯虫酯、敌敌畏、溴甲烷、磷化铝
烟草甲虫	烯虫酯、溴甲烷、磷化铝
黑胫病	烯酰吗啉、霜霉威、霜霉威盐酸盐、甲霜灵、三乙膦酸铝、敌磺钠、波尔多液、氯化苦、地衣芽孢杆菌、噁霜·锰锌
赤星病	嘧霉胺、咪鲜胺锰盐、菌核净、多抗霉素、氟硅唑、代森锰锌、丙森锌、菌核净、三环唑、多菌灵、丙硫多菌灵、甲基硫菌灵、百菌清、异菌脲、灭菌丹、络氨铜、地衣芽孢杆菌
炭疽病	波尔多液、石硫合剂、多菌灵、丙硫多菌灵、苯菌灵、甲基硫菌灵、百菌清、代森锰锌、福美双、多抗霉素、炭疽福美、退菌特、苯醚甲环唑
猝倒病	威百亩、溴甲烷、敌磺钠、五氯硝基苯、福美双、多菌灵、甲基硫菌灵、三乙膦酸铝、百菌清、甲霜灵
立枯病	威百亩、溴甲烷、噁霉灵、敌磺钠、五氯硝基苯、甲基硫菌灵、百菌清
白粉病	三唑酮、农抗 120、嘧啶核苷类抗菌素、多抗霉素、百菌清、甲基硫菌灵、代森锌、丙硫多菌灵
根黑腐病	三乙膦酸铝、甲基硫菌灵、多菌灵、福美双、甲霜·锰锌
蛙眼病	波尔多液、石硫合剂、甲基硫菌灵、多菌灵、百菌清、代森锰锌
白绢病	乙烯菌核利、甲基硫菌灵、百菌清
青枯病	络氨铜、氢氧化铜、琥胶肥酸铜、春雷·王铜、溴甲烷
野火病	波尔多液、琥胶肥酸铜、农用链霉素、链·土、波·锰锌
角斑病	琥胶肥酸铜、络氨铜、氢氧化铜、波尔多液、农用链霉素、农抗 120
破烂叶斑病	波尔多液、代森锰锌、百菌清、多菌灵、甲基硫菌灵
穿孔病	波尔多液、多菌灵、甲基硫菌灵
病毒病	毒氟磷、混合脂肪酸、菌毒清、菇类蛋白多糖、南宁霉素、氨基寡糖素、吗啉胍·乙铜
根结线虫	苯线磷、硫线磷、涕灭威、克百威、淡紫拟青霉、厚壁孢子轮枝菌
孢囊线虫	苯线磷、丙线磷、克百威、涕灭威
杂草	吡氟禾草灵、精吡氟禾草灵、氟吡乙禾灵、高效氟吡甲禾灵、精噁唑禾草灵、喹禾灵、烯草酮、咪唑喹啉酸、异丙甲草胺、敌草胺、二甲戊灵、异噁草松、威百亩、溴甲烷

8 茶树

防治对象	可选用药剂
茶毛虫	敌敌畏、敌百虫、辛硫磷、杀螟硫磷、亚胺硫磷、喹硫磷、倍硫磷、马拉硫磷、毒死蜱、氟啶脲、氟虫脲、氟苯脲、鱼藤酮、苦参碱、苏云金杆菌、白僵菌、核型多角体病毒、硫丹、氯氰菊酯、高效氯氰菊酯、顺式氯氰菊酯、溴氰菊酯、高效氯氟氰菊酯、甲氰菊酯

附录

（续表）

防治对象	可选用药剂
茶黑毒蛾	参考茶毛虫用药
茶尺蠖	印楝素、除虫菊、毒死蜱、二溴磷、亚胺硫磷、辛硫磷、杀螟硫磷、喹硫磷、二嗪磷、杀螟丹、除虫脲、灭幼脲、氟啶脲、氟虫脲、硫丹、核型多角体病毒、鱼藤酮、苦参碱、苦皮藤素、苏云金杆菌、蛇床子素、白僵菌、溴氰菊酯、氯氰菊酯、高效氯氰菊酯、顺式氯氰菊酯、高效氯氟氰菊酯、联苯菊酯、甲萘威
刺蛾类	参考茶尺蠖用药
小绿叶蝉	噻虫嗪、吡虫啉、氯噻啉、噻嗪酮、乐果、敌敌畏、辛硫磷、杀螟硫磷、喹硫磷、亚胺硫磷、硫丹、杀螟丹、灭多威、速灭威、丁硫克百威、白僵菌、鱼藤酮、氯氰菊酯、高效氯氰菊酯、顺式氯氰菊酯、高效氯氟氰菊酯、联苯菊酯、甲氰菊酯
黑刺粉虱	毒死蜱、乐果、稻丰散、辛硫磷、吡虫啉、噻嗪酮、灭多威、苏云金杆菌、白僵菌、溴氰菊酯、联苯菊酯
卷叶蛾、茶细蛾	敌敌畏、毒死蜱、辛硫磷、杀螟硫磷、甲萘威、硫双威、杀螟丹、鱼藤酮、苏云金杆菌、白僵菌、氯氰菊酯、高效氯氰菊酯、顺式氯氰菊酯、高效氯氟氰菊酯、联苯菊酯
黄蓟马	乐果、敌敌畏、辛硫磷、马拉硫磷、灭多威、丁硫克百威、吡虫啉、氯氰菊酯、顺式氯氰菊酯、高效氯氰菊酯、高效氯氟氰菊酯、联苯菊酯、甲氰菊酯
蚜虫	乐果、敌敌畏、辛硫磷、喹硫磷、吡虫啉、甲萘威、速灭威、鱼藤酮、溴氰菊酯、氯氰菊酯、高效氯氰菊酯、高效氯氟氰菊酯、联苯菊酯
蚧类	噻嗪酮、辛硫磷、亚胺硫磷、喹硫磷、杀螟硫磷、马拉硫磷、二溴磷
叶螨类	达螨酮、噻螨酮、唑螨酯、炔螨特、溴螨酯、氟丙菊酯、高效氯氟氰菊酯、联苯菊酯
瘿螨类	四螨嗪、达螨酮、唑螨酯、溴螨酯、炔螨特、噻嚎酮、氟虫脲、毒死蜱
跗线螨	炔螨特、溴螨酯、达螨酮
象甲类	倍硫磷、杀螟丹、联苯菊酯
茶苗根结线虫	硫线磷、威百亩、棉隆、克百威
茶饼病	三唑酮、十三吗啉、萎锈灵、波尔多液、百菌清、波尔多液、多抗霉素
白星病、芽枯病	多茵灵、苯菌灵、甲基硫菌灵、福美双、灭菌丹、波尔多液
炭疽病	吡唑醚菌酯、苯醚甲环唑、代森锌、百菌清、灭菌丹、多菌灵、甲基硫菌灵、咪鲜胺锰、波尔多液、多抗霉素、炭疽福美
云纹叶枯病	参考炭疽病用药
轮斑病	多菌灵、苯菌灵、灭菌丹、波尔多液
红锈藻病	三乙膦酸铝、百菌清、波尔多液
枝稍黑点病	波尔多液、甲基硫菌灵、多菌灵
红根腐病	十三吗啉、甲基硫菌灵
苗病（立枯病、猝倒病、白绢病）	噁霉灵、多菌灵、棉隆、三乙膦酸铝
杂草	敌草隆、绿麦隆、扑草净、莠去津、西玛津、敌草胺、吡氟禾草灵、精吡氟禾草灵、精噁唑禾草灵、喹禾灵、烯禾啶、咪唑烟酸、乙氧氟草醚、噁草酮、甲嘧磺隆、草甘膦、百草枯
9 桑树	
尺蠖	二溴磷、敌百虫、敌敌畏、甲萘威、氰戊菊酯等菊酯类杀虫剂
毛虫	二溴磷、辛硫磷、喹硫磷、敌敌畏、速灭威、毛虫多角体病毒
野蚕	敌百虫、敌敌畏、辛硫磷、乙酰甲胺磷、喹硫磷、丁硫克百威、菊酯类农药（秋蚕后用）
蓟马	辛硫磷、敌敌畏、灭多威、异丙威、乐果、马拉硫磷

（续 表）

防治对象	可选用药剂
瘿蚊	乐果、敌敌畏、喹硫磷、甲基异柳磷、敌百虫、辛硫磷
叶螨	三氯杀螨醇、炔螨特、速螨酮、双甲脒、噻螨酮
白蚧	杀扑磷、水胺硫磷、杀螟硫磷、马拉硫磷、噻嗪酮、机油乳油、松脂合剂、敌敌畏、氧乐果
天牛	磷化铝、敌敌畏、氧乐果、杀螟硫磷
刺蛾类	敌百虫、亚胺硫磷、敌敌畏、马拉硫磷
桑螟	亚胺硫磷、敌敌畏、杀螟硫磷、乙酰甲胺磷、稻丰散、灭多威、丁硫克百威
桑蟥	敌百虫、鱼藤酮、桑磺性信息素
粉虱	敌百虫、敌敌畏、乐果、马拉硫磷
桑虱	敌百虫、乐果、马拉硫磷、亚胺硫磷
木虱	马拉硫磷、乐果
赤锈病	三唑酮、三唑醇、双苯三唑醇、烯唑醇、代森铵
桑里白粉病	三唑酮、多菌灵、甲基硫菌灵、石硫合剂、多硫化钡
褐斑病	多菌灵、甲基硫菌灵、波尔多液、硫悬浮剂、石硫合剂
疫病	土霉素、铜铵合剂、农用链霉素
灰霉病	腐霉利、甲基硫菌灵、多·福
炭疽病	多菌灵、波尔多液
芽枯病	络氨铜、石硫合剂、波尔多液、硫酸铜
桑椹菌核病	多菌灵、腐霉灵、乙烯菌核利、异菌脲、甲基硫菌灵
黄化型萎缩病	敌敌畏、辛硫磷等防治传毒叶蝉、土霉素
细菌性黑枯病	农用链霉素、琥胶肥酸铜、络氨铜
杂草	敌草隆、扑草净、草甘膦、百草枯、2甲4氯、麦草畏、氯氟吡氧乙酸、乙草胺、敌草胺、氟乐灵、吡氟禾草灵、喹禾灵、精喹禾灵、烯禾啶、灭草松、草甘膦、百草枯
10 橡胶	
割面条溃疡病	代森铵
炭疽病	炭疽福美、百菌清
白粉病	三唑酮、硫悬浮剂
红根病	十三吗啉
杂草	草甘膦、双丙氨膦、草甘膦、草铵膦、百草枯、吡氟禾草灵、精吡氟禾草灵、氟吡乙禾灵、高效氟吡甲禾灵、西玛津、甲嘧磺隆、咪唑烟酸
11 药用植物	
11.1 人参	
人参立枯病	溴甲烷、多菌灵、敌克松、甲基硫菌灵、五氯硝基苯
人参猝倒病	溴甲烷、多菌灵、敌克松、五氯硝基苯、波尔多液
人参锈腐病	溴甲烷、波尔多液、多菌灵、甲基硫菌灵、棉隆
人参黑斑病(斑点病)	多菌灵、甲基硫菌灵、异菌脲、多抗霉素、代森锌、代森铵、细胞分裂素
人参炭疽病	多菌灵、甲基硫菌灵、敌克松、异菌脲、代森锌、代森铵、多抗霉素
人参枯萎病	溴甲烷、多菌灵、敌克松
人参根腐病	溴甲烷、多菌灵、甲基硫菌灵
人参菌核病	退菌特、腐霉利、波尔多液、棉隆

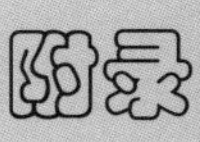

（续 表）

防治对象	可选用药剂
人参疫病	多菌灵、敌克松、甲基硫菌灵、腐霉利、百菌清、代森铵、甲霜灵、波尔多液
人参害虫	主要是地下害虫，选用药剂参见 14
11.2 贝母	
平贝母锈病	百菌清、三唑酮
平贝母菌核病	腐霉利、多菌灵
平贝母灰霉病	腐霉利、多菌灵
浙贝母黑斑病	腐霉利、多菌灵
浙贝母腐烂病	多菌灵
葱螨	三氯杀螨砜、敌敌畏
11.3 地黄	
地黄叶斑病	波尔多液、代森锌
地黄根腐病	五氯硝基苯、退菌特、多菌灵、敌克松
地黄病毒病	用敌敌畏防治传毒蚜虫
地黄拟豹纹蛱蝶	敌百虫等
棉红蜘蛛	氧乐果、敌敌畏、毒死蜱、双甲脒、单甲脒、噻螨酮、浏阳霉素
11.4 党参、北沙参	
党参锈病	三唑酮
党参根腐病	退菌特、多菌灵
北沙参锈病	三唑酮
北沙参根瘤线虫病	棉隆
蚜虫、红蜘蛛	氧乐果、敌敌畏、马拉硫磷
北沙参钻心虫	敌百虫、敌敌畏、马拉硫磷
大灰象甲	敌百虫、甲萘威、乐果
11.5 枸杞	
枸杞炭疽病	波尔多液、退菌特、代森铵
枸杞实蝇	敌百虫
枸杞木虱	乐果
枸杞瘿螨	石硫合剂（越冬前）、乐果、毒死蜱
枸杞刺皮瘿螨（锈螨、锈壁虱）	三氯杀螨醇、氧乐果、硫悬浮剂
枸杞负泥虫	敌百虫
枸杞蚜虫	乐果、氧乐果、马拉硫磷、氰戊菊酯、氯氰菊酯
11.6 当归	
当归根腐病	五氯硝基苯、代森铵、多菌灵、棉隆、甲基硫菌灵、退菌特
当归褐斑病	波尔多液、代森锌
当归白粉病	代森锌、三唑酮、甲基硫菌灵
菌核病	代森铵、代森锌、波尔多液
黄风蝶	敌百虫
种蝇	敌百虫、乐果
桃粉蚜	乐果、氧乐果、敌敌畏、氰戊菊酯、氯氰菊酯

（续 表）

防治对象	可选用药剂
11.7 板蓝根、白术	
板蓝根霜霉病	甲霜灵、代森锌
板蓝根灰斑病	甲霜灵、代森锌
板蓝根腐病	多菌灵、甲基硫菌灵
板蓝根菌核病	代森锌
板蓝根害虫	主要有菜白蝶、小菜蛾、桃蚜、防治药剂见蔬菜害虫
白术叶斑病	退菌特、波尔多液
白术根腐病	多菌灵、甲基硫菌灵、敌克松、农抗120
白术白绢病	五氯硝基苯、多菌灵、甲基硫菌灵
白术长管蚜、术子螟	乐果、氧乐果、敌敌畏
11.8 黄芪	
黄芪白粉病	三唑酮、甲基硫菌灵、多菌灵
黄芪根腐病	五氯硝基苯、多菌灵、甲基硫菌灵、敌克松
籽蜂	乐果、磷胺
豆荚螟	敌百虫、敌敌畏
拟地甲	辛硫磷、甲基异柳磷
12 森林	
苗木白粉病	硫悬浮剂、石硫合剂、退菌特、三唑酮
松苗叶枯病	霜霉威盐酸盐、退菌特
松、杉苗立枯病	霜霉威盐酸盐、五氯硝基苯、敌克松、退菌特、福美双、多菌灵、甲基硫菌灵
松针锈病	三唑酮、石硫合剂
落叶松黄锈病、褐锈病	三唑酮、代森锌、石硫合剂
落叶松早期落叶病	代森铵、五氯酚钠
落叶松烂叶病	波尔多液
杉木叶枯病、柳杉苗赤枯病	退菌特、波尔多液
杉木炭疽病	炭疽福美、甲基硫菌灵、百菌清
阔叶树白粉病	硫悬浮剂、石硫合剂、三唑酮
杨苗黑斑病	代森锌、波尔多液、百菌清
杨叶锈病	三唑酮、石硫合剂、代森锌
杨灰斑病	代森锌、波尔多液
杨黑星病、溃疡病	波尔多液、石硫合剂
毛白杨锈病	石硫合剂、硫悬浮剂
泡桐炭疽病	波尔多液
泡桐叶斑病	波尔多液
水曲柳翅果斑点病	波尔多液

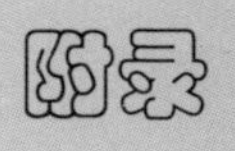

（续 表）

防治对象	可选用药剂
毛竹枯梢病	多菌灵、甲基硫菌灵
松毛虫类	敌百虫、敌敌畏、辛硫磷、马拉硫磷、伏杀硫磷、杀螟硫磷、氰戊菊酯、溴氰菊酯、氯氰菊酯、联苯菊酯、除虫脲、氟啶脲、苏云金杆菌
天幕毛虫	敌百虫、杀螟硫磷、氰戊菊酯、氯氰菊酯、除虫脲
毒蛾类	敌百虫、马拉硫磷、敌敌畏、氧乐果、对硫磷、甲基对硫磷、杀螟硫磷、辛硫磷、久效磷、倍硫磷、除虫脲
油桐尺蠖、木假尺蠖等	敌百虫、敌敌畏、乐果、马拉硫磷、苏云金杆菌、敌马、辛硫磷、伏杀硫磷、氯氰菊酯、氰戊菊酯、氟啶脲、甲氧滴滴涕
大袋蛾(避债蛾)	敌百虫、喹硫磷
刺蛾类	敌敌畏、伏杀硫磷、氰戊菊酯、氯氰菊酯、高效氯氰菊酯、醚菊酯
杨白潜叶蛾	乐果、马拉硫磷、杀螟硫磷、伏杀硫磷、联苯菊酯、甲氰菊酯、三氟氯氰菊酯
松黄叶蜂	敌百虫、敌敌畏、乐果
松干蚧	氧乐果、杀螟硫磷、久效磷、乙酰甲胺磷、石硫合剂
松梢螟	敌敌畏
松梢小卷蛾	乐果、杀螟硫磷、辛硫磷、溴氰菊酯
落叶松球果种蝇	敌百虫、敌敌畏
竹蝗类	林丹、敌敌畏
竹斑蛾	敌百虫、苏云金杆菌
黄栌丽木虱	氧乐果
红胫花椒跳甲	水胺硫磷
黄杨绢野螟	辛硫磷
美国白蛾	吡虫啉、敌百虫、敌敌畏、杀螟硫磷、伏杀硫磷、除虫脲、灭幼脲、溴氰菊酯
造林前化学整地	草甘膦、草铵膦、百草枯、环嗪酮、西玛津、2甲4氯、麦草畏、三氯吡氧乙酸
苗圃杂草	扑草净、莠去津、敌草胺、氟乐灵、乙氧氟草醚、2甲4氯、吡氟禾草灵、氟吡乙禾灵、高效氟吡甲禾灵、喹禾糠酯、烯禾啶、甲嘧磺隆、草铵膦、百草枯
幼林抚育除草	氟吡乙禾灵、喹禾糠酯、烯禾啶、乙氧氟草醚、扑草净、环嗪酮、草甘膦、百草枯
森林防火道除草	草甘膦、草铵膦、百草枯、环嗪酮、莠去津、甲嘧磺隆、咪唑烟酸、三氯吡氧乙酸
13 花卉	
白粉病	嘧菌酯、嘧啶核苷类抗菌素、多抗霉素、三唑酮、石硫合剂、代森铵、甲基硫菌灵、烯唑醇、硫黄
锈病	三唑酮、烯唑醇、石硫合剂、代森锌
黑斑病	石硫合剂、多菌灵、甲基硫菌灵
灰霉病	五氯硝基苯、代森锌、代森铵、波尔多液、多霉灵、硫菌·霉威、乙霉威、腐霉利
炭疽病	多菌灵、甲基硫菌灵
叶霉病	代森锌、波尔多液、甲基硫菌灵
褐斑病	代森锌、波尔多液
立枯病	五氯硝基苯、代森锌、代森铵、甲基硫菌灵
细菌性软腐病	农用链霉素
蚜虫类	吡虫啉、噻虫嗪、氧氧化苦参碱、乐果、敌敌畏、马拉硫磷、甲拌磷、克百威、涕灭威、菊酯类杀虫剂
红蜘蛛	阿维菌素、氧乐果、敌敌畏、三氯杀螨醇、双甲脒、单甲脒、溴螨酯、苯丁锡

（续 表）

防治对象	可选用药剂
粉虱类	氰戊菊酯、氯氰菊酯、溴氰菊酯、氧乐果、敌敌畏
叶蝉类	杀螟硫磷、溴氰菊酯、鱼藤精
斑衣蜡蝉	氧乐果、辛硫磷
刺蛾类	辛硫磷、杀螟硫磷、敌百虫、菊酸类
舟蛾	乐果、敌敌畏、杀螟硫磷
夜蛾、葡萄虎蛾	乐果、敌敌畏、辛硫磷
卷叶蛾	辛硫磷、杀螟硫磷
蓑衣蛾	敌百虫、敌敌畏、马拉硫磷、鱼藤精
风蝶	敌百虫、敌敌畏
天蛾	氧乐果、敌敌畏、苏云金杆菌
天牛	氧乐果、敌敌畏、氯氰菊酯、吡虫啉、甲拌磷、高效氯氰菊酯
大丽花螟蛾	氧乐果、杀螟硫磷
14 杂食性害虫	
黏虫	除虫脲、灭幼脲、敌百虫、敌敌畏、马拉硫磷、辛硫磷、喹硫磷、乐果、硫双威、白僵菌、苦参碱·内酯、敌·辛
东亚飞蝗	马拉硫磷、稻丰散、杀螟硫磷、氟虫腈、林丹、氰戊菊酯、溴氰菊酯等多种菊酯类杀虫剂、绿僵菌
土蝗	马拉硫磷、氟虫腈、杀螟硫磷、稻丰散、乐果、氧乐果、甲基异柳磷、林丹、氰戊菊酯等菊酯类杀虫剂
蛴螬、蝼蛄、金针虫	辛硫磷、甲基异柳磷、地虫硫磷、甲基硫环磷、乙基硫环磷、嘧啶氧磷、乐果、敌百虫、二嗪磷、毒死蜱、氯唑磷、啶虫脒、丁硫克百威
地老虎	三唑磷、辛硫磷、甲拌磷、甲基异柳磷、敌敌畏、毒死蜱、亚胺硫磷、吡虫啉、联苯菊酯、丁硫克百威、氯氰菊酯
草地螟	三唑磷、毒死蜱、辛硫磷、伏杀硫磷、敌敌畏、氰戊菊酯等多种菊酯类杀虫剂